国外电子与通信教材系列

电 子 学

（第二版）

The Art of Electronics
Second Edition

〔美〕 Paul Horowitz 著
Winfield Hill

吴利民　余国文　欧阳华　梅进杰　等译
吴利民　审校

电子工业出版社
Publishing House of Electronics Industry
北京·BEIJING

内容简介

本书是哈佛大学的经典教材，自出版以来已被译成多种语言版本。本书通过强调电子电路系统设计者所需的实用方法，即对电路的基本原理、经验准则及大量实用电路设计技巧的全面总结，侧重探讨了电子学及其电路的设计原理与应用。它不仅涵盖了电子学通常研究的全部知识点，还补充了有关数字电子学中的大量较新应用及设计方面的要点内容。对高频放大器、射频通信调制电路设计、低功耗设计、带宽压缩以及信号的测量与处理等重要电路设计，以及电子电路制作工艺设计方面的难点，都做了通俗易懂的阐述。本书包含丰富的电子电路分析设计实例和大量图表资料，内容全面且阐述透彻，是一本世界范围内公认的电子学电路分析、设计及其应用的优秀教材。

本书可作为电气、电子、通信、计算机与自动化类等专业本科生的专业基础课程教材或参考书。对于从事电子工程、通信及微电子等方面电路设计的工程技术人员，也是一本具有较高参考价值的好书。

版权贸易合同登记号　图字：01-2003-3946

图书在版编目（CIP）数据

电子学：第二版/（美）保罗·霍罗威茨（Paul Horowitz），（美）温菲尔德·希尔（Winfield Hill）著；吴利民等译.
北京：电子工业出版社，2017.2
书名原文：The Art of Electronics, Second Edition
国外电子与通信教材系列
ISBN 978-7-121-30835-2

Ⅰ．①电…　　Ⅱ．①保…　②温…　③吴…　　Ⅲ．①电子学—教材　　Ⅳ．①TN01

中国版本图书馆CIP数据核字（2017）第016058号

责任编辑：马　岚
印　　刷：北京雁林吉兆印刷有限公司
装　　订：北京雁林吉兆印刷有限公司
出版发行：电子工业出版社
　　　　　北京市海淀区万寿路 173 信箱　邮编：100036
开　　本：787×1092　1/16　印张：58　字数：1633 千字
版　　次：2017 年 2 月第 1 版（原著第 2 版）
印　　次：2024 年 7 月第 9 次印刷
定　　价：199.00 元

凡所购买电子工业出版社图书有缺损问题，请向购买书店调换。若书店售缺，请与本社发行部联系，联系及邮购电话：（010）88254888，88258888。
质量投诉请发邮件至zlts@phei.com.cn，盗版侵权举报请发邮件至dbqq@phei.com.cn。
本书咨询联系方式：classic-series-info@phei.com.cn。

序

　　2001年7月间，电子工业出版社的领导同志邀请各高校十几位通信领域方面的老师，商量引进国外教材问题。与会同志对出版社提出的计划十分赞同，大家认为，这对我国通信事业、特别是对高等院校通信学科的教学工作会很有好处。

　　教材建设是高校教学建设的主要内容之一。编写、出版一本好的教材，意味着开设了一门好的课程，甚至可能预示着一个崭新学科的诞生。20世纪40年代MIT林肯实验室出版的一套28本雷达丛书，对近代电子学科、特别是对雷达技术的推动作用，就是一个很好的例子。

　　我国领导部门对教材建设一直非常重视。20世纪80年代，在原教委教材编审委员会的领导下，汇集了高等院校几百位富有教学经验的专家，编写、出版了一大批教材；很多院校还根据学校的特点和需要，陆续编写了大量的讲义和参考书。这些教材对高校的教学工作发挥了极好的作用。近年来，随着教学改革不断深入和科学技术的飞速进步，有的教材内容已比较陈旧、落后，难以适应教学的要求，特别是在电子学和通信技术发展神速、可以讲是日新月异的今天，如何适应这种情况，更是一个必须认真考虑的问题。解决这个问题，除了依靠高校的老师和专家撰写新的符合要求的教科书外，引进和出版一些国外优秀电子与通信教材，尤其是有选择地引进一批英文原版教材，是会有好处的。

　　一年多来，电子工业出版社为此做了很多工作。他们成立了一个"国外电子与通信教材系列"项目组，选派了富有经验的业务骨干负责有关工作，收集了230余种通信教材和参考书的详细资料，调来了100余种原版教材样书，依靠由20余位专家组成的出版委员会，从中精选了40多种，内容丰富，覆盖了电路理论与应用、信号与系统、数字信号处理、微电子、通信系统、电磁场与微波等方面，既可作为通信专业本科生和研究生的教学用书，也可作为有关专业人员的参考材料。此外，这批教材，有的翻译为中文，还有部分教材直接影印出版，以供教师用英语直接授课。希望这些教材的引进和出版对高校通信教学和教材改革能起一定作用。

　　在这里，我还要感谢参加工作的各位教授、专家、老师与参加翻译、编辑和出版的同志们。各位专家认真负责、严谨细致、不辞辛劳、不怕琐碎和精益求精的态度，充分体现了中国教育工作者和出版工作者的良好美德。

　　随着我国经济建设的发展和科学技术的不断进步，对高校教学工作会不断提出新的要求和希望。我想，无论如何，要做好引进国外教材的工作，一定要联系我国的实际。教材和学术专著不同，既要注意科学性、学术性，也要重视可读性，要深入浅出，便于读者自学；引进的教材要适应高校教学改革的需要，针对目前一些教材内容较为陈旧的问题，有目的地引进一些先进的和正在发展中的交叉学科的参考书；要与国内出版的教材相配套，安排好出版英文原版教材和翻译教材的比例。我们努力使这套教材能尽量满足上述要求，希望它们能放在学生们的课桌上，发挥一定的作用。

　　最后，预祝"国外电子与通信教材系列"项目取得成功，为我国电子与通信教学和通信产业的发展培土施肥。也恳切希望读者能对这些书籍的不足之处、特别是翻译中存在的问题，提出意见和建议，以便再版时更正。

中国工程院院士、清华大学教授
"国外电子与通信教材系列"出版委员会主任

出 版 说 明

进入21世纪以来，我国信息产业在生产和科研方面都大大加快了发展速度，并已成为国民经济发展的支柱产业之一。但是，与世界上其他信息产业发达的国家相比，我国在技术开发、教育培训等方面都还存在着较大的差距。特别是在加入WTO后的今天，我国信息产业面临着国外竞争对手的严峻挑战。

作为我国信息产业的专业科技出版社，我们始终关注着全球电子信息技术的发展方向，始终把引进国外优秀电子与通信信息技术教材和专业书籍放在我们工作的重要位置上。在2000年至2001年间，我社先后从世界著名出版公司引进出版了40余种教材，形成了一套"国外计算机科学教材系列"，在全国高校以及科研部门中受到了欢迎和好评，得到了计算机领域的广大教师与科研工作者的充分肯定。

引进和出版一些国外优秀电子与通信教材，尤其是有选择地引进一批英文原版教材，将有助于我国信息产业培养具有国际竞争能力的技术人才，也将有助于我国国内在电子与通信教学工作中掌握和跟踪国际发展水平。根据国内信息产业的现状、教育部《关于"十五"期间普通高等教育教材建设与改革的意见》的指示精神以及高等院校老师们反映的各种意见，我们决定引进"国外电子与通信教材系列"，并随后开展了大量准备工作。此次引进的国外电子与通信教材均来自国际著名出版商，其中影印教材约占一半。教材内容涉及的学科方向包括电路理论与应用、信号与系统、数字信号处理、微电子、通信系统、电磁场与微波等，其中既有本科专业课程教材，也有研究生课程教材，以适应不同院系、不同专业、不同层次的师生对教材的需求，广大师生可自由选择和自由组合使用。我们还将与国外出版商一起，陆续推出一些教材的教学支持资料，为授课教师提供帮助。

此外，"国外电子与通信教材系列"的引进和出版工作得到了教育部高等教育司的大力支持和帮助，其中的部分引进教材已通过"教育部高等学校电子信息科学与工程类专业教学指导委员会"的审核，并得到教育部高等教育司的批准，纳入了"教育部高等教育司推荐——国外优秀信息科学与技术系列教学用书"。

为做好该系列教材的翻译工作，我们聘请了清华大学、北京大学、北京邮电大学、南京邮电大学、东南大学、西安交通大学、天津大学、西安电子科技大学、电子科技大学、中山大学、哈尔滨工业大学、西南交通大学等著名高校的教授和骨干教师参与教材的翻译和审校工作。许多教授在国内电子与通信专业领域享有较高的声望，具有丰富的教学经验，他们的渊博学识从根本上保证了教材的翻译质量和专业学术方面的严格与准确。我们在此对他们的辛勤工作与贡献表示衷心的感谢。此外，对于编辑的选择，我们达到了专业对口；对于从英文原书中发现的错误，我们通过与作者联络、从网上下载勘误表等方式，逐一进行了修订；同时，我们对审校、排版、印制质量进行了严格把关。

今后，我们将进一步加强同各高校教师的密切关系，努力引进更多的国外优秀教材和教学参考书，为我国电子与通信教材达到世界先进水平而努力。由于我们对国内外电子与通信教育的发展仍存在一些认识上的不足，在选题、翻译、出版等方面的工作中还有许多需要改进的地方，恳请广大师生和读者提出批评及建议。

电子工业出版社

教材出版委员会

译 者 序

  Paul Horowitz 是美国哈佛大学物理系与电子工程系的教授。他在哈佛任教物理学与电子学的同时，首开了哈佛的实验电子学课程。Winfield Hill 是一位研究科学家，并且是 Rowland 科学研究所电子工程研究室主任。他们两位多年来一直致力于现代电子电路设计理论及其在其他方面的应用研究，并均取得了丰硕的成果。由这样两位在电子学领域内颇有建树的知名大师级专家合著的 *The Art of Electronics*，已被公认是在模拟与数字电子电路设计方面的一本权威教材与工程参考书。该书的英文版已在世界范围内发行超过了 125 000 册，并已被翻译成 8 种其他语言文字。

  该书是作者根据自己在哈佛大学电子学实验室讲授电子学课程的讲稿改编的。与众多传统电子学教材大为不同的是，本书通过强调由电路设计者使用的实际方法，即由一些基本电路定律、经验准则与大量实用电路设计技巧相结合，将实用物理学家的实用研究方法与工程师的量化分析方法相结合，用这种简明的方法来探讨电路设计的基本原理。它对应的结果是给电子学课程的教学带来了一场巨大的变革；产生了一种不需要大量利用数学工具进行电路设计的简捷方法。这种方法着重激发学习者对电子电路的灵感，并能对电路数值与特性进行简化估算。该书已被世界上许多大学的电气、电子、通信、计算机等相关专业选为本科或研究生的电子学、电子技术应用、电子电路设计等课程的教材或教学参考书。由于该书的新版本仍保留了原版中的通俗易懂性，数学分析理论很少，因此也可作为那些从未接触过电子学的初学者的一本电子电路设计的学习用书或参考书，并能引导他们最终设计出性能优越的电子电路。

  该书内容全面，阐述翔实透彻。它不仅涵盖了经典电子学通常研究的全部知识点，而且还补充了有关数字电子学中大量较新的应用及设计方面的重要内容，主要包括电路的基本元器件（含晶体管与场效应管）、反馈与运算放大器、有源滤波器与振荡器、稳压器与电源电路、精度电路与低噪声技术；书中也包括了数字电子学中的各种数字逻辑电路、数/模转换和模/数转换、锁相环、伪随机码序列与数字噪声产生、小型计算机、微型计算机以及微处理器等的基本原理及应用。此外，本书还讨论了高频放大器、射频通信调制电路设计、低功耗设计、带宽压缩以及信号的测量与处理等重要电路的设计。与一般电子学教材不同的是，本书还对有关电子电路制作工艺设计方面的具体问题进行了通俗易懂的阐述。书中包含大量的实用电子电路的分析与设计实例、大量的图表资料以及有一定参考价值的有关附录。每一小节中均附有习题，以巩固相应知识点。

  该书是作者为本科生全年的电子电路设计课程而编写的，而在我国高校的电子信息类等相关专业的课程体系中，电子电路（其中包括高频电路和低频电路）或电子技术的课程一般不超过 100 学时。因此，在选用本书作为教材时需对相应内容进行一些取舍。此外，由于该书毕竟初版于 1980 年，改版于 1989 年，而现代微电子、集成芯片和计算机技术的发展日新月异，所以该书中的一些内容以及涉及芯片的应用就显得时过境迁了。因此，对于第 4 章、第 8 章和第 9 章，尤其是对于第 10 章和第 11 章中的内容的学习，更需注意精选取舍。承担本书审校工作的吴利民教授曾在国外用英语讲授近两年的高、低频电子线路和电子学课程，在此期间以及在国内的长期双语教学过程中均参考了该书英文版的许多内容。因此，译者可为选用该书作为教材的同行提供一些参考意见，并相互学习以取长补短。

本书主要由中国人民解放军空军雷达学院和华中科技大学的多位老师翻译完成,其中吴利民翻译了前言、第1章、第2章和第8章以及大部分附录,并负责审校全书;余国文、梅进杰、晁曙、李跃华和秦江敏翻译了第4章至第7章以及第12章至第15章;刘玉、欧阳华、倪炜、杨杰和戴锐翻译了第3章以及第9章至第11章,王振华和林静宜翻译了附录K和术语表。

在翻译这本巨著的过程中,面对书中如此广泛的涉猎范畴,如此丰富翔实的内容和如此庞大的专业术语量,再加上作者那独具的诙谐与幽默,并使用了在通常专业书中不常见的调侃与文学语言风格来叙述电子学专业知识,我们一直深感要翻译好此书具有较大的难度。因此,全书译文中的不当之处,差错与疏忽也就在所难免。恳请读者斧正并不吝赐教。若有任何建议或意见,欢迎 E-mail 至 wlm8649@hotmail.com。借此机会,我们也要向对本书的翻译工作给予帮助的所有同仁表示由衷的感谢。

最后,这里译出 *Radio Communication* 与 *EDN*(新闻版)分别给予该书英文版的精彩评论,以飨读者:

"该书堪称一本最好的电子学自学教材和参考书。全书淋漓尽致地展现了电子学的美妙与乐趣。"

"该书充满了各种颇有价值的信息。更重要的是,精读该书是一种享受,根本不是在枯燥地学习,而是乐在其中。"

作者简介

Paul Horowitz

哈佛大学物理学教授,在哈佛讲授物理学与电子学,首创了哈佛大学的实验电子学课程。他的研究兴趣广泛,涉猎观测天体物理学、X射线与粒子显微技术、光干涉测量技术以及外星人探索等研究领域。作为已有60篇科技论文与报告的作者,他不仅广泛地为工业和政府部门做咨询顾问工作,而且还设计了大量的电子与摄影仪器设备。

Winfield Hill

一位研究(型)科学家,是 Rowland 科学研究所(由 Edwin land 创立)电子工程研究室主任,研究人眼彩色视觉生理学与现象学。他原在哈佛大学工作,曾在那里设计了100多种电子科学仪器。之后,他创立了海洋数据(Sea Data)公司,作为首席工程师设计了约50种用于海洋学研究的仪器,并进行了大量深海实验。

前　言

在过去的 40 多年里，电子学及其技术比其他任何领域内的技术发展更为迅猛。这也是我们早在 1980 年就曾经试图编写一部关于电子学技术的教材的原因。这里，我们用"技术"或"技巧"来表明对电路与实际器件的本质与应用方面的精通与掌握，而不是像一些常用的电子学教材那样侧重于探讨电路及器件中的较抽象的理论部分。当然，在这种技术日新月异发展的领域中，探讨其主要特点及基本组成部分又不免蒙受讨论内容老套过时之责难。

电子学及其技术发展的步伐并没有令人们失望，但却让我们感慨万千。本书第一版还墨迹未干的时候，在我们对这样的陈述语句："2 Kb 经典 2716 EPROM……，其价格大约是 25 美元"还记忆犹新的时候，人们却在市场上再也找不到这类器件，而新的 EPROM 是原来容量的 64 倍，价格却低于原价的一半。因此，这也导致我们对本书进行了重大修改，以适应改进的器件与方法。我们完全重写了关于微计算机与微处理器的章节（使用 IBM PC 与 68008 芯片），修改了关于 PLD 与新的HC 与 AC 逻辑系列的数字电子学章节，修改了关于运算放大器与精度设计的内容，这些内容反映了具有优越性能的场效应管作为运算放大器输入级的可用性，还修改了关于 CAD/CAM 电路构造技术的章节。书中的每个表格也进行了修改，对其中一些表格还进行了重大修改。例如，在表 4.1（关于运算放大器）中，只保留了原有 120 个条目中的 65%，并添加了 135 种新的运算放大器。

借此机会，我们也根据读者的建议以及使用本书第一版进行教学所得的经验，对本书进行了修改。我们重写了关于 FET 的一章（原有的章节太复杂）并将其调整至运算放大器这一章之前（在这些运算放大器中大量增加了场效应管的应用），并新增了一章来讨论低功耗与微功耗设计（既含模拟部分，也含数字部分），这是一个虽重要但容易被忽视的部分。对于其他章节，也进行了大量修改，另外还添加了许多新的表格，包括 A/D 与 D/A 转换器、数字逻辑器件与低功耗器件等。本书中电路图的数量也增加了。全书现有 78 个表格和 1000 多幅图。

在修改过程中，我们力图保留本书第一版作为参考书或教材的通俗易懂性。正是由于这一点才使本书的第一版能如此成功与畅销。我们深知学生首次接触电子学课程的难度，因为这一学科错综交织，而且缺少一种能按照逻辑条理学习知识、引导初学者的途径。因此，在本书中附有大量参考条目。此外，本书还有一本配套的学生手册。该手册包含了许多电路设计实例、解释、习题与实验室练习以及对一些精选问题的解答。通过给学生提供一本补充材料，就能使本书不仅简明扼要，而且内容详实，这一点也正好满足了那些将此书作为参考书的读者的要求。

我们衷心希望本书的新版本能满足读者（无论是学生还是工程师）的需求。我们也欢迎读者提出建议与修改意见，并直接寄往：

Paul Horowitz

Physics Department

Harvard University

Cambridge, MA 02138

在新版本的编写过程中，我们得到了如下人员的帮助，在些一并表示衷心感谢。他们分别是 Mike Aronson 与 Brian Matthews（AOX 公司），John Greene（开普敦大学），Jeremy Avigad 与 Tom Hayes（哈佛大学），Peter Horowitz（EVI 公司），Don Stern 与 Owen Walker。我们也非常感谢 Jim Mobley 的认真校对；感谢剑桥大学出版社的 Sophia Prybylski 与 David Tranah 的鼓励与专注。我们还要感谢 Rosenlaui 出版公司的那些永不知疲倦的排版人员所做的工作。

最后，根据现代法律方面的条文精神，我们提醒读者阅读以下所附的法律通告。

Paul Horowitz
Winfield Hill
1989 年 3 月

法 律 通 告

在本书中，我们为讲授电子设计的技巧而采用了我们确信其准确的电路示例与数据。然而，这些示例、数据与其他信息在此仅用于教学目的。它们在未经单独测试与应用者确认的情况下不应当用于任何具体电路应用中。在任何应用中，对电路的单独测试与确认是尤其重要的，因为电路的不正确功能将引起人身安全与财产受损。

出于这些理由，我们不能保证，表示或隐含在本书中的示例、数据与其他资料信息是没有错误的，也不能保证它们一定会与工业标准一致或能满足任何具体应用的要求。尽管作者已有一个具体目的并示于书中。本书作者与出版商明确否认本书具有商业上的承诺和任何特殊应用的可能性。

作者与出版商也对任何直接、间接、偶然或必然采用本书中的示例数据或其他资料信息而引起的损失概不负任何责任。

第一版前言

我们的初衷是把此书作为一本电子电路设计的教材与参考书。本书适用于那些从未接触过电子学的初学者，希望引导他们最终能够合理地熟练设计电子电路。本书采用一种简明的方法来探讨电路设计的基本原理，并分不同主题选择了一些深层次内容。我们也试图将物理学家的实用研究方法与工程师的量化分析相结合。

本书是基于作者在哈佛大学电子学实验室讲授的一学期课程的讲稿改编而成的。这些年来，学习这门课程的学生范围已有了较大的变化，其中有本科生，因为在其最终从事的理工类工作中必须掌握相应的电子技术，另外还有在其他相关专业已有明确研究方向的研究生，以及一些博士生与博士后研究人员。最后这些高学历人员也需要学习电子学，因为他们在各自的研究过程中也会感觉到自己对与电子学有关的知识内容力不从心。

显而易见，现有的教材不足以适合这种课程。虽然有为四年工程师培养计划或为工程师实践应用而编写的对电子学各专题探讨极妙的各类教材，但这些书总是试图涵盖电子学的全部内容，从而使其显得过分烦琐（这正是手册类图书的通病）；或者又过于单一化（就像烹饪类的图书那样过于简单）；或者内容材料极不平衡。何况，常规电子学教材讲授的许多内容没有必要，因为并不实用，而有用的电路及其电路设计者常用的分析方法通常总是隐含于应用笔记、工程刊物以及一些难以获得的数据手册中。换句话说，一般电子学教材的作者总是习惯于陈述电子学的理论而不讲电子学及其电路设计的技术与技巧。

在本书的编著过程中，我们着重将电路设计工程师的规范要求与实用物理学家以及电子学教师的观点相结合。因此，本书主要反映了这样的思想，即电子学基本上是一种简单的技术，它是那些基本定律、经验准则与大量电路技巧的结合。出于这些理由，我们在书中完全省略了那些通常对固态物理学、晶体管的 h 参数模型以及复杂网络理论的讨论，也大大压缩了关于负载与 s 平面图的讨论。书中的理论讨论大部分不依赖于数学，作者着重鼓励读者利用对电路的直觉与独特见解，对电路参数值及特性进行心算或简单估算。

除了一般电子学教材通常讨论的主题以外，本书还包括了如下内容：

- 一种简易可用的晶体管模型。
- 一些有用的子电路，例如电流源与镜像电流源的扩展探讨。
- 单电源运算放大器设计。
- 对一些专题进行简明易懂的讨论，而关于它们的实用设计资料常常不易看到。这些专题包括运算放大器的频率补偿、低噪声电路、锁相环、精度线性设计。
- 用图表简化对有源滤波器的设计。
- 关于噪声、屏蔽与接地的内容。
- 一种特有的图解方法，用于合理改进的低噪声放大器分析。
- 用一章的篇幅来讨论电压参考电路与稳压电路（含恒流源电路）。
- 对单稳态多谐振荡器及其不同特性的讨论。
- 对数字逻辑错误的收集以及解决办法。
- 对逻辑接口的扩展讨论，并侧重于新 NMOS 与 PMOS LSI 的探讨。
- 对模/数和数/模转换技术的详细讨论。

- 关于数字噪声产生的讨论。
- 对小型计算机及数据总线接口的讨论，并介绍了汇编语言。
- 用一章的篇幅来讨论微处理器，并给出了设计实例与相应的讨论，包括如何将其设计成实用的设备，如何使其按要求实现所需功能。
- 用一章的篇幅来讨论结构工艺，主要包括原型、印刷电路板及仪器设计。
- 评价高速转换电路的一种简化方法。
- 用一章的篇幅来讨论科学测量与数据处理，包括能测量什么，如何准确测量以及使用测量数据能做些什么。
- 提出了清晰的带宽变窄方法，包括信号求均值、多信道估计、同步放大器与脉冲高度分析。
- 给出了一系列"电路集锦"和"不合理电路"。
- 非常有用的附录，讨论了如何画电路原理图、IC 类型、LC 滤波器设计、电阻值、示波器、数学知识回顾以及其他基础内容。
- 关于二极管、三极管、场效应管、运算放大器、比较器、稳压器、电压参考电路、微处理器以及其他器件的图表，一般列出通用型与最佳型的特性。

在本书的编写过程中，我们总是采用直接列出器件名称的原则来比较那些可用于任何电路的有竞争力的器件的特性，并对可替换电路结构的优点进行比较。书中的电路例子均采用实用的电路器件类型，而不是用一些未知框。这样做的目的是使读者彻底懂得在电路设计中如何选择电路结构、器件类型与元件值，并且知道不主要依赖数学方法来进行电路设计的技术并不会降低电路的精确性、性能或可靠性。与此相反，这种技术能使我们真正懂得在电路设计过程中所做的选择与面临的折中方案。这种技术才真正是设计性能优越的电路的最佳方法。

本书可用于本科生一年的电子电路设计课程，对学生的数学基础知识要求不高。也就是说，只需要学生对三角函数与指数函数有一定的了解。当然，他们能对微积分知识有一定的了解则更好（在附录中已回顾了复数与导数的知识）。如果省略一些基本的章节，本书也可以作为一学期使用（哈佛大学就是这样用的）。

此外，还有一本单独的实验手册（由 Horowitz 与 Robinson 在 1981 年编写）。该手册包含了 23 个实验，有阅读内容和书面作业，并附有习题答案。

为了帮助读者使用该书，我们已经在每一章的标题边沿用空方框标明了那些完全可用简略方式阅读的内容。此外，对于在一学期课程内使用本书的学生，可省略第 5 章（前半部分）、第 7 章、第 12 章到第 14 章，另外也可以省略第 15 章。省略的理由已在各章导读段落进行了解释。

最后，要感谢我们的同事在本书书稿准备过程中提供的许多真知灼见与巨大帮助。尤其要感谢 Mike Aronson, Howard Berg, Dennis Crouse, Carol Davis, David Griesinger, John Hagen, Tom Hayes, Peter Horowitz, Bob Kline, Costas Papaliolios, Jay Sage 与 Bill Vetterling。我们也非常感激剑桥大学出版社的 Eric Hieber 与 Jim Mobley, Rhona Johnson 与 Ken Werner，感谢他们富有想像力的高度专业化的工作。

Paul Horowitz
Winfield Hill
1980 年 4 月

目　　录

第1章　电子学基础 ·················· 1
1.1　概述 ···························· 1
1.2　电压、电流与电阻 ················ 1
　　1.2.1　电压与电流 ·············· 1
　　1.2.2　电压与电流之间的关系：电阻 ·· 3
　　1.2.3　分压器 ·················· 6
　　1.2.4　电压源和电流源 ·········· 7
　　1.2.5　戴维南等效电路 ·········· 9
　　1.2.6　小信号电阻 ·············· 11
1.3　信号 ···························· 13
　　1.3.1　正弦信号 ················ 13
　　1.3.2　信号幅度与分贝 ·········· 14
　　1.3.3　其他信号 ················ 15
　　1.3.4　逻辑电平 ················ 16
　　1.3.5　信号源 ·················· 16
1.4　电容与交流电路 ················ 17
　　1.4.1　电容 ···················· 17
　　1.4.2　RC 电路：随时间变化的 V 与 I ·· 19
　　1.4.3　微分器 ·················· 21
　　1.4.4　积分器 ·················· 22
1.5　电感与变压器 ·················· 24
　　1.5.1　电感 ···················· 24
　　1.5.2　变压器 ·················· 24
1.6　阻抗与电抗 ···················· 25
　　1.6.1　电抗电路的频率分析 ······ 26
　　1.6.2　RC 滤波器 ·············· 31
　　1.6.3　相位矢量图 ·············· 35
　　1.6.4　"极点"与每二倍频的分贝数 ·· 35
　　1.6.5　谐振电路与有源滤波器 ···· 36
　　1.6.6　电容的其他应用 ·········· 37
　　1.6.7　戴维南定理推广 ·········· 37
1.7　二极管与二极管电路 ············ 38
　　1.7.1　二极管 ·················· 38
　　1.7.2　整流 ···················· 38
　　1.7.3　电源滤波 ················ 39
　　1.7.4　电源的整流器结构 ········ 40
　　1.7.5　稳压器 ·················· 42
　　1.7.6　二极管的电路应用 ········ 42

　　1.7.7　感性负载与二极管保护 ···· 45
1.8　其他无源元件 ·················· 46
　　1.8.1　机电器件 ················ 46
　　1.8.2　显示部分 ················ 49
　　1.8.3　可变元器件 ·············· 50
1.9　补充题 ························ 51

第2章　晶体管 ·················· 53
2.1　概述 ···························· 53
　　2.1.1　第一种晶体管模型：电流放大器 ·· 53
2.2　几种基本的晶体管电路 ·········· 54
　　2.2.1　晶体管开关 ·············· 54
　　2.2.2　射极跟随器 ·············· 56
　　2.2.3　射极跟随器作为稳压器 ···· 59
　　2.2.4　射极跟随器偏置 ·········· 60
　　2.2.5　晶体管电流源 ············ 62
　　2.2.6　共射放大器 ·············· 66
　　2.2.7　单位增益的反相器 ········ 67
　　2.2.8　跨导 ···················· 68
2.3　用于基本晶体管电路的 Ebers-Moll 模型 ·· 69
　　2.3.1　改进的晶体管模型：跨导放大器 ·· 69
　　2.3.2　对射极跟随器的重新审视 ·· 70
　　2.3.3　对共射放大器的重新审视 ·· 71
　　2.3.4　共射放大器的偏置 ········ 73
　　2.3.5　镜像电流源 ·············· 76
2.4　几种放大器组成框图 ············ 78
　　□ 2.4.1　推挽输出级 ············ 78
　　2.4.2　达林顿连接 ·············· 81
　　□ 2.4.3　自举电路 ·············· 83
　　2.4.4　差分放大器 ·············· 84
　　2.4.5　电容与密勒效应 ·········· 87
　　2.4.6　场效应晶体管 ············ 89
2.5　一些典型的晶体管电路 ·········· 89
　　2.5.1　稳压源 ·················· 90
　　2.5.2　温度控制器 ·············· 90
　　2.5.3　带晶体管与二极管的简单逻辑电路 ·· 90
2.6　电路示例 ······················ 93
　　2.6.1　电路集锦 ················ 93

2.6.2 不合理电路 ……………… 93
2.7 补充题 ……………………… 93

第3章 场效应管 …………… 96
3.1 概述 ………………………… 96
   3.1.1 FET 的特性 ……………… 96
   3.1.2 FET 的种类 ……………… 99
   3.1.3 FET 的普遍特性 ………… 100
   3.1.4 FET 漏极特性 …………… 102
   3.1.5 FET 特性参数的制造偏差 … 103
3.2 基本 FET 电路 …………… 106
   3.2.1 JFET 电流源 …………… 106
   3.2.2 FET 放大器 ……………… 109
   3.2.3 源极跟随器 ……………… 112
   3.2.4 FET 栅极电流 …………… 114
   3.2.5 FET 用做可变电阻 ……… 116
3.3 FET 开关 ………………… 119
   3.3.1 FET 模拟开关 …………… 119
   3.3.2 场效应管开关的局限性 …… 121
   3.3.3 一些场效应管模拟开关举例 … 126
   3.3.4 MOSFET 逻辑和电源开关 … 128
   3.3.5 MOSFET 使用注意事项 … 141
3.4 电路示例 ………………… 143
   3.4.1 电路集锦 ………………… 143
   3.4.2 不合理电路 ……………… 144

第4章 反馈和运算放大器 … 145
4.1 概述 ………………………… 145
   4.1.1 反馈 ……………………… 145
   4.1.2 运算放大器 ……………… 145
   4.1.3 黄金规则 ………………… 146
4.2 基本运算放大器电路 ……… 147
   4.2.1 反相放大器 ……………… 147
   4.2.2 同相放大器 ……………… 147
   4.2.3 跟随器 …………………… 148
   4.2.4 电流源 …………………… 148
   4.2.5 运算放大器电路的基本注意事项 … 150
4.3 运算放大器常用实例 ……… 151
   4.3.1 线性电路 ………………… 151
   4.3.2 非线性电路 ……………… 154
4.4 运算放大器特性详细分析 … 155
   4.4.1 偏离理想运算放大器特性 … 156
   4.4.2 运算放大器限制对电路特性的
           影响 …………………… 171
   4.4.3 低功率和可编程运算放大器 … 176

4.5 详细分析精选的运算放大器电路 …… 177
   4.5.1 对数放大器 ……………… 177
   4.5.2 有源峰值检波器 ………… 179
   4.5.3 抽样和保持 ……………… 182
   □ 4.5.4 有源箝位器 ………… 184
   □ 4.5.5 绝对值电路 ………… 185
   4.5.6 积分器 …………………… 185
   □ 4.5.7 微分器 ……………… 187
4.6 单电源供电的运算放大器 … 188
   □ 4.6.1 单电源交流放大器的偏置 … 188
   □ 4.6.2 单电源运算放大器 …… 188
4.7 比较器和施密特触发器 …… 191
   4.7.1 比较器 …………………… 191
   4.7.2 施密特触发器 …………… 192
4.8 有限增益放大器的反馈 …… 193
   4.8.1 增益公式 ………………… 194
   4.8.2 反馈对放大电路的影响 … 194
   □ 4.8.3 晶体管反馈放大器的两个例子 … 197
4.9 一些典型的运算放大器电路 … 199
   4.9.1 通用的实验室放大器 …… 199
   4.9.2 压控振荡器 ……………… 200
   □ 4.9.3 带 R_{ON} 补偿的 JFET 线性开关 … 201
   □ 4.9.4 TTL 过零检测器 …… 201
   □ 4.9.5 负载电流感应电路 …… 202
4.10 反馈放大器的频率补偿 …… 202
   4.10.1 增益和相移与频率的关系 … 203
   4.10.2 放大器的补偿方法 …… 204
   □ 4.10.3 反馈网络的频率响应 … 206
4.11 电路示例 ………………… 208
   4.11.1 电路集锦 ……………… 208
   4.11.2 不合理电路 …………… 208
4.12 补充题 …………………… 208

第5章 有源滤波器和振荡器 ……… 219
5.1 有源滤波器 ………………… 219
   5.1.1 RC 滤波器的频率响应 … 219
   5.1.2 LC 滤波器的理想性能 … 220
   5.1.3 有源滤波器：一般描述 … 220
   5.1.4 滤波器的主要性能指标 … 222
   5.1.5 滤波器类型 ……………… 223
5.2 有源滤波器电路 …………… 226
   5.2.1 VCVS 电路 ……………… 227
   5.2.2 使用简化表格设计 VCVS 滤波器 … 227
   5.2.3 状态可变的滤波器 …… 229
   □ 5.2.4 双 T 型陷波滤波器 … 232

5.2.5 回转滤波器的实现 ……… 233
5.2.6 开关电容滤波器 ……… 233
5.3 振荡器 ……… 235
　5.3.1 振荡器介绍 ……… 235
　5.3.2 阻尼振荡器 ……… 236
　5.3.3 经典定时芯片：555 ……… 237
　5.3.4 压控振荡器 ……… 240
　5.3.5 正交振荡器 ……… 241
　□ 5.3.6 文氏电桥和 *LC* 振荡器 ……… 244
　□ 5.3.7 *LC* 振荡器 ……… 245
　5.3.8 石英晶体振荡器 ……… 247
5.4 电路示例 ……… 249
　5.4.1 电路集锦 ……… 249
5.5 补充题 ……… 249

第 6 章　稳压器和电源电路 ……… 253
6.1 采用典型稳压芯片 723 的基本稳压电路 … 253
　6.1.1 723 稳压器 ……… 253
　6.1.2 正电压稳压器 ……… 254
　6.1.3 大电流稳压器 ……… 256
6.2 散热和功率设计 ……… 257
　6.2.1 功率晶体管及其散热 ……… 257
　6.2.2 反馈限流保护 ……… 259
　6.2.3 杠杆式过压保护 ……… 260
　□ 6.2.4 大电流功率器件电源电路设计的
　　　　　进一步研究 ……… 262
　□ 6.2.5 可编程电源 ……… 263
　□ 6.2.6 电源电路实例 ……… 264
　6.2.7 其他稳压芯片 ……… 266
6.3 未稳压电源 ……… 266
　6.3.1 交流器件 ……… 266
　6.3.2 变压器 ……… 268
　6.3.3 直流器件 ……… 269
6.4 基准电压 ……… 271
　□ 6.4.1 齐纳管 ……… 271
　□ 6.4.2 能带隙基准源 ……… 275
6.5 3 端和 4 端稳压器 ……… 278
　6.5.1 3 端稳压器 ……… 278
　6.5.2 3 端可调稳压芯片 ……… 279
　6.5.3 3 端稳压器注意事项 ……… 284
　6.5.4 开关稳压器和直流－直流转换器 … 290
6.6 专用电源电路 ……… 299
　□ 6.6.1 高压稳压电路 ……… 299
　□ 6.6.2 低噪声、低漂移电源 ……… 304

　□ 6.6.3 微功耗稳压器 ……… 305
　6.6.4 快速电容（电荷泵）电压转换器 … 306
　6.6.5 恒流源 ……… 307
　6.6.6 商用供电模块 ……… 309
6.7 电路示例 ……… 311
　6.7.1 电路集锦 ……… 311
　6.7.2 不合理电路 ……… 311
6.8 补充题 ……… 311

第 7 章　精密电路和低噪声技术 ……… 317
7.1 精密运算放大器设计技术 ……… 317
　7.1.1 精度与动态范围的关系 ……… 317
　7.1.2 误差预算 ……… 317
　7.1.3 电路示例：带自动调零的精密
　　　　　放大器 ……… 318
　7.1.4 精密设计的误差预算 ……… 319
　7.1.5 元器件误差 ……… 320
　7.1.6 放大器的输入误差 ……… 321
　7.1.7 放大器输出误差 ……… 327
　7.1.8 自动调零（斩波器稳定）放大器 … 338
7.2 差分和仪器用放大器 ……… 341
　7.2.1 差分放大器 ……… 341
　7.2.2 标准 3 运算放大器仪器用放大器 … 344
7.3 放大器噪声 ……… 348
　7.3.1 噪声的起源和种类 ……… 348
　7.3.2 信噪比和噪声系数 ……… 350
　7.3.3 晶体管放大器的电压和电流噪声 … 353
　□ 7.3.4 晶体管的低噪声设计 ……… 355
　7.3.5 场效应管噪声 ……… 359
　7.3.6 低噪声晶体管的选定 ……… 360
　□ 7.3.7 差分和反馈放大器的噪声 ……… 361
7.4 噪声测量和噪声源 ……… 364
　□ 7.4.1 无需噪声源的测量 ……… 364
　□ 7.4.2 有噪声源的测量 ……… 365
　□ 7.4.3 噪声和信号源 ……… 366
　□ 7.4.4 带宽限制和电压均方根值的
　　　　　测量 ……… 367
　7.4.5 混合噪声 ……… 368
7.5 干扰：屏蔽和接地 ……… 369
　7.5.1 干扰 ……… 369
　7.5.2 信号接地 ……… 370
　□ 7.5.3 仪器之间的接地 ……… 371
7.6 电路示例 ……… 376
　7.6.1 电路集锦 ……… 376
7.7 补充题 ……… 380

第8章　数字电子学 ················ 381

8.1　基本逻辑概念 ················ 381
- 8.1.1　数字与模拟 ················ 381
- 8.1.2　逻辑状态 ················ 381
- 8.1.3　数码 ················ 383
- 8.1.4　门和真值表 ················ 386
- □ 8.1.5　门的分立电路 ················ 387
- 8.1.6　门电路举例 ················ 388
- 8.1.7　有效电平逻辑表示法 ················ 389

8.2　TTL 和 CMOS ················ 391
- 8.2.1　一般门的分类 ················ 391
- 8.2.2　IC 门电路 ················ 391
- 8.2.3　TTL 和 CMOS 特性 ················ 392
- 8.2.4　三态门和集电极开路器件 ················ 393

8.3　组合逻辑 ················ 395
- 8.3.1　逻辑等式 ················ 396
- 8.3.2　最小化和卡诺图 ················ 396
- 8.3.3　用 IC 实现的组合功能 ················ 398
- 8.3.4　任意真值表的实现 ················ 402

8.4　时序逻辑 ················ 407
- 8.4.1　存储器件：触发器 ················ 407
- 8.4.2　带时钟的触发器 ················ 408
- 8.4.3　存储器和门的组合：时序逻辑 ··· 412
- 8.4.4　同步器 ················ 414

8.5　单稳态触发器 ················ 415
- 8.5.1　一次触发特性 ················ 415
- 8.5.2　单稳态电路举例 ················ 417
- 8.5.3　有关单稳态触发器的注意事项 ··· 418
- 8.5.4　计数器的定时 ················ 419

8.6　利用集成电路实现的时序功能 ················ 420
- 8.6.1　锁存器和寄存器 ················ 420
- 8.6.2　计数器 ················ 420
- 8.6.3　移位寄存器 ················ 422
- 8.6.4　时序 PAL ················ 424
- 8.6.5　各种时序功能 ················ 432

8.7　一些典型的数字电路 ················ 435
- 8.7.1　模 n 计数器：时间的例子 ················ 435
- 8.7.2　多用 LED 数字显示 ················ 436
- □ 8.7.3　恒星望远镜驱动 ················ 437
- □ 8.7.4　n 脉冲产生器 ················ 439

8.8　逻辑问题 ················ 439
- 8.8.1　直流问题 ················ 439
- 8.8.2　开关问题 ················ 441
- 8.8.3　TTL 和 CMOS 的先天缺陷 ················ 442

8.9　电路示例 ················ 443
- 8.9.1　电路集锦 ················ 443
- 8.9.2　不合理电路 ················ 444

8.10　补充题 ················ 445

第9章　数字与模拟 ················ 451

9.1　CMOS 和 TTL 逻辑电路 ················ 451
- □ 9.1.1　数字逻辑电路家系列的发展历史 ··· 451
- 9.1.2　输入和输出特性 ················ 455
- 9.1.3　逻辑系列之间的接口 ················ 457
- 9.1.4　驱动 CMOS 和 TTL 输入端 ················ 459
- 9.1.5　用比较器和运算放大器驱动数字逻辑电路 ················ 461
- 9.1.6　关于逻辑输入的一些说明 ················ 462
- 9.1.7　比较器 ················ 463
- 9.1.8　用 CMOS 和 TTL 驱动外部数字负载 ················ 468
- 9.1.9　与 NMOS 大规模集成电路的接口 ··· 470
- 9.1.10　光电子 ················ 472

9.2　数字信号和长线传输 ················ 479
- 9.2.1　电路板上的连接 ················ 479
- 9.2.2　板卡间的连接 ················ 480
- □ 9.2.3　数据总线 ················ 481
- 9.2.4　驱动电缆 ················ 482

9.3　模/数转换 ················ 489
- 9.3.1　模/数转换概述 ················ 489
- 9.3.2　数/模转换器 ················ 491
- □ 9.3.3　时域（平均）D/A 转换器 ················ 493
- 9.3.4　乘法 D/A 转换器 ················ 494
- 9.3.5　如何选择 D/A 转换器 ················ 495
- 9.3.6　模/数转换器 ················ 495
- 9.3.7　电荷平衡技术 ················ 500
- □ 9.3.8　一些特殊的 A/D 和 D/A 转换器 ··· 503
- 9.3.9　A/D 转换器选择 ················ 505

9.4　A/D 转换示例 ················ 509
- 9.4.1　16 通道 A/D 数据采集系统 ················ 509
- 9.4.2　31/2 位数字电压计 ················ 511
- □ 9.4.3　库仑计 ················ 511

9.5　锁相环 ················ 515
- 9.5.1　锁相环介绍 ················ 515
- □ 9.5.2　锁相环设计 ················ 517
- □ 9.5.3　设计实例：倍频器 ················ 518
- □ 9.5.4　锁相环的捕捉和锁定 ················ 521
- □ 9.5.5　锁相环的一些应用 ················ 522

9.6　伪随机比特序列及噪声的生成 ················ 525

□ 9.6.1 数字噪声的生成 ·············· 525
□ 9.6.2 反馈移位寄存器序列 ·········· 525
□ 9.6.3 利用最大长度序列生成模拟噪声 ··· 527
□ 9.6.4 移位寄存器序列的功率谱 ······ 528
□ 9.6.5 低通滤波 ···················· 529
□ 9.6.6 小结 ························ 530
□ 9.6.7 数字滤波器 ·················· 533
9.7 电路示例 ·························· 536
9.7.1 电路集锦 ···················· 536
9.7.2 不合理电路 ·················· 536
9.8 补充题 ···························· 536

第 10 章　微型计算机 ················ 540
10.1 小型计算机、微型计算机与微处理器 ··· 540
10.1.1 计算机的结构 ·············· 541
10.2 计算机的指令集 ·················· 544
10.2.1 汇编语言和机器语言 ········ 544
10.2.2 简化的 8086/8 指令集 ······ 545
10.2.3 一个编程实例 ·············· 549
10.3 总线信号和接口 ·················· 550
10.3.1 基本的总线信号：数据、
地址、选通 ·············· 550
10.3.2 可编程 I/O：数据输出 ······ 550
10.3.3 可编程 I/O：数据输入 ······ 553
10.3.4 可编程 I/O：状态寄存器 ···· 554
10.3.5 中断 ······················ 557
10.3.6 中断处理 ·················· 558
10.3.7 一般中断 ·················· 560
10.3.8 直接存储器访问 ············ 563
10.3.9 IBM PC 总线信号综述 ······ 565
□ 10.3.10 同步总线通信与异步总线通
信的比较 ·············· 568
10.3.11 其他微型计算机总线 ······ 569
10.3.12 将外围设备与计算机连接 ····· 571
10.4 软件系统概念 ···················· 573
10.4.1 编程 ······················ 573
10.4.2 操作系统、文件以及存储器的
使用 ···················· 575
10.5 数据通信概念 ···················· 577
10.5.1 串行通信和 ASCII ·········· 577
10.5.2 并行通信：Centronics，SCSI，
IPI 和 GPIB（488） ······ 585
10.5.3 局域网 ···················· 589
□ 10.5.4 接口实例：硬件数据打包 ···· 590
10.5.5 数字格式 ·················· 592

第 11 章　微处理器 ················· 595
11.1 68008 的详细介绍 ················ 595
11.1.1 寄存器、存储器和 I/O ······· 596
11.1.2 指令集和寻址 ·············· 596
11.1.3 机器语言介绍 ·············· 601
11.1.4 总线信号 ·················· 603
11.2 完整的设计实例：模拟信号均衡器 ··· 609
11.2.1 电路设计 ·················· 609
11.2.2 编制程序：任务的确定 ······ 621
11.2.3 程序编写：详细介绍 ········ 624
□ 11.2.4 性能 ···················· 641
11.2.5 一些设计后的想法 ·········· 642
11.3 微处理器的配套芯片 ·············· 644
11.3.1 中规模集成电路 ············ 644
11.3.2 外围大规模集成电路芯片 ····· 646
11.3.3 存储器 ···················· 654
11.3.4 其他微处理器 ·············· 661
11.3.5 仿真器、开发系统、逻辑分
析器和评估板 ·········· 662

第 12 章　电气结构 ················· 666
12.1 基本方法 ························ 666
12.1.1 面包板 ···················· 666
12.1.2 印制电路原型板 ············ 666
12.1.3 绕线镶嵌板 ················ 667
12.2 印制电路 ························ 669
12.2.1 印制电路板生产 ············ 669
□ 12.2.2 印制电路板设计 ············ 671
12.2.3 印制电路板器件安装 ········ 674
12.2.4 印制电路板的进一步考虑 ···· 675
12.2.5 高级技术 ·················· 676
12.3 仪器结构 ························ 683
12.3.1 电路板安装 ················ 683
12.3.2 机壳 ······················ 685
12.3.3 提示 ······················ 685
12.3.4 冷却 ······················ 686
12.3.5 关于电子器件的注意事项 ···· 688
12.3.6 器件采购 ·················· 689

第 13 章　高频和高速技术 ··········· 691
13.1 高频放大器 ······················ 691
13.1.1 高频晶体管放大器 ·········· 691
□ 13.1.2 高频放大器交流模型 ········ 692
□ 13.1.3 高频计算举例 ·············· 693
13.1.4 高频放大器参数 ············ 694

□ 13.1.5　宽带设计举例 ················· 696
□ 13.1.6　改进的交流模型 ··············· 697
□ 13.1.7　分流级联对 ···················· 698
□ 13.1.8　放大器模块 ···················· 698
13.2　射频电路元件 ························· 703
　　13.2.1　传输线 ······················· 703
□ 13.2.2　短线、巴仑线和变压器 ········· 705
　　13.2.3　调谐放大器 ·················· 706
　　13.2.4　射频电路元件 ················ 707
　　13.2.5　信号幅度或功率检测 ········· 710
13.3　射频通信：AM ························ 714
　　13.3.1　通信基本概念 ················ 714
　　13.3.2　幅度调制 ···················· 715
　　13.3.3　超外差接收机 ················ 716
13.4　高级调制技术 ························ 717
□ 13.4.1　单边带 ······················· 717
□ 13.4.2　频率调制 ····················· 718
□ 13.4.3　频移键控 ····················· 720
□ 13.4.4　脉冲调制技术 ················· 720
13.5　射频电路技巧 ························ 721
□ 13.5.1　电路结构 ····················· 721
□ 13.5.2　射频放大器 ··················· 722
13.6　高速开关 ···························· 723
　　13.6.1　晶体管模型 ·················· 723
　　13.6.2　仿真建模工具 ················ 726
13.7　高速开关电路举例 ··················· 726
□ 13.7.1　高压驱动器 ··················· 726
□ 13.7.2　集电极开路总线驱动器 ········· 727
□ 13.7.3　举例：光电倍增器前置放大器 ··· 729
13.8　电路示例 ···························· 731
　　13.8.1　电路集锦 ···················· 731
13.9　补充题 ······························ 731

第 14 章　低功耗设计 ················· 733
14.1　引言 ································ 733
　　14.1.1　低功耗应用 ·················· 733
14.2　电源 ································ 735
　　14.2.1　电池类型 ···················· 735
　　14.2.2　插在墙上的便携式电源 ········ 743
□ 14.2.3　太阳能电池 ··················· 744
　　14.2.4　信号电流 ···················· 745
14.3　电源开关和微功耗稳压器 ············· 749
　　14.3.1　电源开关 ···················· 749
　　14.3.2　微功耗稳压器 ················ 751
　　14.3.3　参考地 ······················ 754

14.3.4　微功耗电压参考和温度传
　　　　　感器 ······················ 756
14.4　线性微功耗设计技术 ················· 758
　　14.4.1　微功耗线性设计 ·············· 758
　　14.4.2　分立器件线性设计举例 ········ 758
　　14.4.3　微功耗运算放大器 ············ 759
　　14.4.4　微功耗比较器 ················ 770
　　14.4.5　微功耗定时器和振荡器 ········ 770
14.5　微功耗数字设计 ····················· 773
　　14.5.1　CMOS ······················· 773
　　14.5.2　CMOS 低功耗保持 ············· 774
　　14.5.3　微功耗微处理器及其外围
　　　　　　器件 ······················ 777
　　14.5.4　微处理器设计举例：温度
　　　　　　记录仪 ···················· 781
14.6　电路示例 ···························· 786
　　14.6.1　电路集锦 ···················· 786

第 15 章　测量与信号处理 ············· 788
15.1　概述 ································ 788
15.2　测量传感器 ·························· 788
　　15.2.1　温度 ························ 788
　　15.2.2　光强度 ······················ 794
　　15.2.3　应变和位移 ·················· 798
　　15.2.4　加速度、压力、力和周转率
　　　　　　（速度） ·················· 800
　　15.2.5　磁场 ························ 802
　　15.2.6　真空计 ······················ 803
　　15.2.7　粒子检测器 ·················· 803
　　15.2.8　生物和化学电压探针 ········· 806
15.3　精度标准和精度测量 ················· 809
□ 15.3.1　频率标准 ····················· 809
　　15.3.2　频率、周期和时间间隔测量 ··· 811
□ 15.3.3　电压和阻抗标准与测量 ········· 815
15.4　限制带宽技术 ························ 816
　　15.4.1　信噪比问题 ·················· 816
　　15.4.2　信号平均和多通道计数 ········ 817
　　15.4.3　信号周期化 ·················· 819
　　15.4.4　锁定检测 ···················· 820
　　15.4.5　脉冲高度分析 ················ 823
　　15.4.6　时间幅度转换器 ·············· 823
15.5　频谱分析和傅里叶变换 ··············· 824
　　15.5.1　频谱分析仪 ·················· 824
　　15.5.2　离线频谱分析 ················ 826

15.6 电路示例 ···················· 826

　　15.6.1 电路集锦 ···················· 826

附录 A 示波器 ···················· 830

附录 B 数学工具回顾 ···················· 835

附录 C 5% 精密电阻的色标 ··········· 839

附录 D 1% 精密电阻 ···················· 840

附录 E 怎样画电路原理图 ··········· 842

附录 F 负载线 ···················· 845

附录 G 晶体管的饱和 ···················· 848

附录 H *LC* 巴特沃兹滤波器 ············ 850

附录 I 电子期刊和杂志 ··················· 854

附录 J IC 前缀 ···················· 855

附录 K 数据手册 ···················· 859

参考书目 ···················· 880

中英文术语对照表 ···················· 889

第1章　电子学基础

1.1　概述

电子学领域的巨大发展是本世纪取得的伟大成就之一。从本世纪初的原始火花间隙发射机与触须检波器开始，我们已经从一个复杂的电子管（真空管）年代迈进了当今迅猛发展的固态电子的新纪元。大规模集成电路（LSI）技术的发展，使得计算器、计算机以及能存储许许多多词汇的发声机器通常都可用单一的硅芯片来制成。而随着当前超大规模集成（VLSI）电路技术的迅猛发展，又导致一些性能更为优越的电子器件不断问世。

当然，也许还是当今最令人兴奋的电子器件性价比增加的发展趋势最为显著。随着器件制造过程的完善（如图8.87所示），一个微电子电路的成本已减少到当初的几分之一。事实上，现在一种电子设备的控制面板与机壳的价格往往要比内部电路的成本高。

在了解到这些令人激动的电子学领域的新发展之后，我们也许会有这样一种感受，那就是应当能够制成一些功能强大、一流但价格又不贵的电路装置来完成我们能想像到的所有功能。为了做到这些，需要了解这些电子器件是如何工作的。本书就是基于这种感受与思想而编写的。在此书中，我们主要想表达这种激励动因以及电子学这门学科的重要技术与技巧要点。

本章首先研究电路的定律、准则以及一些构成电子学技术的重要技巧。在此，我们有必要从电压、电流、功率以及构成电子电路的元件谈起。由于"电"不能被触摸、看见、闻或听到，因而它具有一定的抽象性。因此，在一定程度上，我们要依赖于一些可视仪器，如示波器与电压表等来观察它。从许多方面来看，第1章也是最数学化的，但我们努力把数学讨论降到最低程度，以培养读者对电路设计与电路特性的直觉意识及理解。

一旦了解了这些电子学基础知识，读者将很快涉足"有源"电路（如放大器、振荡器、逻辑电路等）。正是这些有源电路才使电子学进入了令人激动的发展领域。当然，已具有一些电子学背景知识的读者会想到跳过这一章，因为本章并不是优先或重要的电子学知识。在此，再做进一步的概括是没有必要的，还是让我们直接探讨那些具体主题吧。

1.2　电压、电流与电阻

1.2.1　电压与电流

在电路中，我们总要跟踪两个量：电压与电流，它们通常随时间变化。

电压（符号：V，有时用 E 表示）。两点之间的电压就是将一个单位正电荷从低电位点搬移到高电位点时所做的功（损耗的能量）。等效地看，它是一个单位电荷从高电位点向低电位点下降时所释放的能量。电压又称为**电位差**或**电动势**（EMF），其单位是伏特，通常表示为伏（V）、千伏（$1\ \text{kV} = 10^3\ \text{V}$）、毫伏（$1\ \text{mV} = 10^{-3}\ \text{V}$）或微伏（$1\ \mu\text{V} = 10^{-6}\ \text{V}$）。移动 1 C（库仑）电荷通过 1 V（伏）的电位差所需的功（能量）就是 1 J（焦），其中库仑是电荷的单位，近似等于 6×10^{18} 个电子的电量。在以后的讨论中可以看到，涉及到纳伏（$1\ \text{nV} = 10^{-9}\ \text{V}$）与兆伏（$1\ \text{MV} = 10^6\ \text{V}$）的场合非常少。

电流（符号：*I*）。电流是电荷流经一点的流量速率，单位是安培，即 amp，通常用安（A）、毫安（1 mA = 10^{-3} A）、微安（1 μA = 10^{-6} A）与纳安（1 nA = 10^{-9} A）表示，偶尔也用皮安（1 pA = 10^{-12} A）表示。1 安的电流就是每秒 1 库仑电荷的流动。根据习惯规定，电路中的电流被认为是正电荷从较正的电位点流向较负的电位点，尽管实际电路中的电子流动方向与这个规定相反。

要记住，电压是对电路两点之间而言的，而电流是对通过一个器件或电路连接而言的。

"电压是通过一个电阻……"的说法是完全不正确的。不过，我们也的确经常提到电路中**某一点**的电压，这是由于我们都已默认了它是指该点对"地"端的电位。这个"地"端是大家所知的电路中的一个公共点。

利用电池（电化学的）、发电机（磁力）、太阳能电池（光能量的电转换）等装置对电荷做功以产生电压，然后将电压加于一些电路中，即可获得电流。

这时，我们也许很想知道如何"看到"电压与电流。一个最有用的电子装置就是示波器。它可以让人看到电路中的电压（有时是电流）随时间变化的过程。在简单讨论信号时，我们将讨论示波器，也将涉及到电压表。作为简单预习，可参阅关于示波器（参见附录 A）与在本章后面介绍的万用表的内容。

在实际电路中，电子元器件总是用导线连接在一起的。对电路中的每根导线或导体而言，我们认为上面任何一点对地的电压都相同，即在导线上无电压降（在高频或低阻抗区域，这并不一定是正确的，以后对此再详细讨论。现在，这种观点还是一种较好的近似）。强调这一点是为了让读者明白，一个实际电路看起来不一定像它的原理图，因为导线在电路中可以重新布线连接。

以下是一些关于电压与电流的简单准则：

1. 流进某点的电流之和等于流出该点的电流之和（电荷守恒），称之为基尔霍夫电流定律。工程师们常称这一点为**节点**。由此得出以下结论：对于一个串联电路，流经电路中任何一点的电流相同。

2. 如图 1.1 所示的电路中各支路的端电压相同。它可以重述为，经一条路径从 *A* 到 *B* 的所有电压降的和等于经任何其他路径从 *A* 到 *B* 的电压降的和，即等于 *AB* 两端的电压。有时，也可重述为，任何闭合环路中的电压降之和为零。这就是基尔霍夫电压定律。

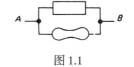

图 1.1

3. 一个电路元器件损耗的功率（单位时间内的功）是 $P = VI$，直接等于（功/电荷）×（电荷/时间）。电压用伏特表示，电流用安培表示，则功率为瓦特（W），即焦耳/秒。

功率通常转变成热量的形式，有时也变为机械功（如电动机）、辐射的能量（电灯、发射机）或存储的能量（电池、电容）。处理一个复杂系统中的热负荷也是系统设计的一个关键部分（例如，在一台大型计算机中，许多千瓦的电能量被转换成热量，而我们只得到看上去与能量无较大关系的几页计算结果）。

前缀

以下这些前缀是在科学与工程中通用的计算单位。

倍数	前缀	符号
10^{12}	太（拉）	T
10^{9}	吉	G
10^{6}	兆	M
10^{3}	千	k
10^{-3}	毫	m

		（续表）
倍数	前缀	符号
10^{-6}	微	μ
10^{-9}	纳	n
10^{-12}	皮	p
10^{-15}	飞	f

　　当用某个前缀缩写一个单位时，表示这个单位的符号应紧跟这一前缀。在前缀与单位中均要注意大写字母与小写字母（尤其是 m 与 M）。如 1 mW 指的是 1 毫瓦，即千分之一瓦；1 MHz 指的是 1 兆赫（1 百万赫）。一般而言，单位是用小写字母来拼写的，即使它们来自某人的名字。单位名称写出并带有前缀时，一般不大写，仅当这个单位名称被缩写时，可写成大写。例如：hertz（赫兹）与 kilohertz（千赫），可写成 Hz 与 kHz；watt（瓦）、milliwatt（毫瓦）与 megawatt（兆瓦），可写成 W、mW 与 MW。

　　当要讨论周期性变化的电压与电流时，需要将公式 $P = VI$ 推广，以便讨论平均功率，但是，将其作为瞬时功率来处理也是正确的。

　　顺便提一下，不要称电流为"安培数"，那是绝对不行的；同样，当下一节讲到电阻的概念时，也要注意不用"欧姆数"的说法。

1.2.2 　 电压与电流之间的关系：电阻

　　这是电子学中的一个核心问题。粗略地讲，它是表征电路中那些令人感兴趣且非常有用的电流关于电压（I/V）变化特性的一类装置。电阻（I 直接与 V 成正比）、电容（I 与电压的变化率成正比）、二极管（电流 I 仅在一个方向上流动）、热敏电阻（依赖于温度变化的电阻）、光电阻（依赖于光变化的电阻）、应力感应器（依赖于应力变化的电阻）等均可视为这类示例。我们将逐个讨论这些奇异的电路元件。现在先讨论最常见且用途最广的电路元件——电阻（如图 1.2 所示）。

图 1.2

电阻与电阻器

　　这是一个很有趣的事实，即通过一个金属导体（或其他具有部分导电性能的材料）的电流与它的端电压成正比（在电路中，通常选择足够粗的导线，以使这些导线本身的压降可被忽略）。然而，这并不是对所有导体电路通用的定律。例如，通过一个氖光灯泡的电流是这个灯泡两端所加电压的深度非线性函数（在某一临界电压值以下，电流为零；超过该临界值之后，电流急剧上升）。同样，对于一类有用的特殊器件，如二极管、三极管、灯泡等也是如此。如果读者想了解为什么这类金属导体会有如此的非线性表现，可参阅 *Berkeley Physics Course*, Vol. II, sec.4.4 ~ 4.5（见本书参考文献）。电阻是由某种导电材料制成的（如碳，一种薄层金属，即碳膜，或具有较差导电率的导线），电阻的每一端有引线接出。电阻的阻值由 $R = V/I$ 来描述。

　　当 V 的单位为伏特，I 的单位为安培时，R 的单位即为欧姆。这就是著名的欧姆定律。最典型的常用电阻的阻值范围为 1 Ω ~ 22 MΩ。电阻也可以用安全工作时所损耗的功率来描述（通常的标称值是 1/4 W）。也可有其他参数，如偏差（精度）、温度系数、噪声、电压系数（一种电压界限，在这种界限内，电阻依赖于所加的电压）、随时间的稳定性以及电感等。读者可参阅关于电阻的解释条目，在附录 C 与附录 D 中有更详细的解释。

　　粗略地讲，电阻可用于将电压转换为电流，反之亦然。这一点似乎是电子学中的一个基本常识，我们很快会明白这一点的重要性。

电　阻

电阻在电子电路中的应用非常广泛。在放大器中，它被用做有源器件的负载、偏置电路或反馈元件。它与电容结合使用即可形成时间常数，并作为滤波器使用。它也可用于设置工作电流与信号电平。电阻用于在电源电路中损耗功率，以减小相应电压，也用于测量电流以及在电源撤去后使电容放电，还用于在精确电路中建立电流，提供准确的电压比，以及设置准确的增益值。在逻辑电路中，电阻作为总线和线路终端以及"上拉"与"下拉"电阻。在高压电路中，电阻用于测量电压与均衡串接中的二极管或电容的泄漏电流。在射频电路中，电阻甚至可以用来作为线圈，以取代电感。

电阻通常具有 $0.01\ \Omega$ 至 $10^{12}\ \Omega$ 的阻值范围，标称功率值从 1/8 W 到 250 W，精度从 0.005% 至 20%。它可由碳合成膜、金属膜、模板上缠绕的导线或由类似于场效应晶体管（FET）的半导体元件组成。然而，最熟悉的电阻还是 1/4 W 或 1/2 W 的碳合成电阻，它们的标称值范围为 $1\ \Omega \sim 100\ M\Omega$，其偏差一般在 5% 左右（参见附录 C）。我们一般偏爱 Allen-Bradley 类型的通用电阻（1/4 W，5% 的偏差），因为它的标称清晰，引线座牢固，且特性稳定。

人们认为电阻如此容易使用是理所当然的。然而，它们并不是完美的。因此，有必要了解它的缺陷。具体地讲，最常用的 5% 合成型电阻虽可较好地用于所有非关键电路中，但在精确电路中，其特性是不稳定的。我们应当了解这种电阻的应用限制。它们的主要缺陷是电阻值随着温度、电压、时间与湿度变化。其他的一些缺陷也许与电感有关（在高频工作范围内更严重），也与在功率应用中的发热场合有关，还与低噪声放大器中的噪声产生有关。如下的特性指标是一些最差情形的值。

Allen–Bradley AB 系列 CB 型的特性指标

标称条件下的误差容限是 ±5%。对 70℃ 的环境温度的最大功率是 0.25 W，这将使其内部温度提升到 150℃。最大的可加电压规定是 $(0.25R)^{1/2}$ 或 250 V，通常应比这个值低，参见图 6.53。仅一个 5 s 的 400 V 过压过程，就会引起电阻值 2% 的恒定变化。

	（$R = 1\ k\Omega$）	电阻变化 （$R = 10\ M\Omega$）	恒定？
焊接（1/8 英寸处温度 350℃）	±2%	±2%	是
负载周期（1000 小时内 500 个接通/断开周期）	+4% ~ 6%	+4% ~ 6%	是
振动（20 g）与震动（100 g）	±2%	±2%	是
湿度（40℃ 时 95% 的相对湿度）	+6%	+10%	否
电压系数（10 V 变化）	−0.15%	−0.3%	否
温度（25℃ ~ −15℃）	+2.5%	+4.5%	否
温度（25℃ ~ 85℃）	+3.3%	+5.9%	否

在要求一般的现实精度或稳定度的应用场合，应当采用一个 1% 的金属膜电阻（参见附录 D）。在正常条件下，它的稳定度可优于 0.1%；即使在最差的情况下，其稳定度也会优于 1%。精确绕线电阻可用于一些最需要的场合。对于功率损耗高于 0.1 W 的情形，应当采用具有较高额定功率的电阻。碳合成电阻可用于额定功率损耗高达 2 W 的场合，而绕线电阻则可用于更高功率的场合。对于日益要求的功率应用情形，导电冷却型的功率电阻具有较理想的特性。这类精心设计的电阻的容差为 1%，并以可靠的工作寿命在其内部温度高达 250℃ 的情况下工作。此外，可允许的电阻功耗还依赖于空气的流动、经电阻引线的热传导以及电路元件的密度。这样，一个电阻的额定功率可以认为是一个粗略的指标。也需注意到电阻功率的额定值指的是平均功耗。实际上，电阻会在短期内（几秒甚至更长，取决于电阻的"热聚合"）经受比平均功率更大的值。

电阻的串联与并联

根据电阻 R 的定义，可得到如下的一些简单结果：

1. 如图 1.3 所示，两个电阻的串联值是 $R = R_1 + R_2$，因此，利用电阻的串联，总可以得到一个阻值较大的电阻。
2. 如图 1.4 所示，两个电阻的并联值是

$$R = \frac{R_1 R_2}{R_1 + R_2} \quad \text{或} \quad R = \frac{1}{\frac{1}{R_1} + \frac{1}{R_2}}$$

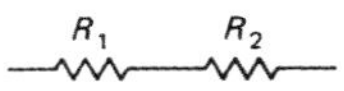

图 1.3

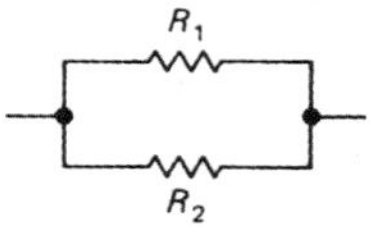

图 1.4

因此，利用电阻的并联，总可以得到一个阻值较小的电阻。在复习了这些有关电阻的基本知识点后，接下来看看它的有趣应用。

习题 1.1　有一个 5 kΩ 的电阻与一个 10 kΩ 的电阻，分别确定其串联与并联时的值。

习题 1.2　如果将一个 1 Ω 的电阻接在一个 12 V 的汽车电源两端，这个电阻将损耗多大功率？

习题 1.3　证明电阻串联与并联的公式。

习题 1.4　证明几个电阻并联后具有如下阻值：

$$R = \frac{1}{\frac{1}{R_1} + \frac{1}{R_2} + \frac{1}{R_3} + \cdots}$$

关于电阻并联的一个技巧是，初学者在电路设计中，或在对电子电路的理解过程中往往习惯于复杂的代数公式，而现在本书开始培养他们对电路的直觉与简化能力。

简化方案 1：一个较大的电阻与一个较小的电阻串联（或并联）后其阻值接近于较大的（或较小的）电阻。

简化方案 2：假设用一个 5 kΩ 的电阻与一个 10 kΩ 的电阻并联，如果把这个 5 kΩ 的电阻看成是两个 10 kΩ 电阻并联而成，那么整个电路就像是 3 个 10 kΩ 的电阻相并联。因为 n 个相同的电阻并联后的阻值等于单个电阻值的 $1/n$，这样，这种情况下的电阻并联值即为 10 kΩ/3，即 3.33 kΩ。显然，这种方案是非常便利的，因为它可使我们能通过思考来迅速分析电路，而不需要进行相应计算。我们鼓励智力设计，即一般只需少许计算的分析设计，以求得到电路分析的灵感。

更常见的特点是，在许多重要场合，初学者总有一种要计算电阻值与其他电路元件值的习惯。由于现在的廉价的计算器随手可得，所以这只会把问题搞得更糟。有两点理由使我们应当尽力回避这种习惯：（a）元件本身的精度是有限的（典型的电阻为 ±5%，晶体管参数的精度常常也只是其 2 倍）；（b）最佳电路设计的标准是，已完成的电路对电路元件的精度值变化并不敏感（当然，有时也有例外）。如果我们养成近似心算的习惯，就可以更快地获得对电路的直觉知识，而不必死盯着计算器显示屏上那些意义不大的数字。

为了培养对电阻的直觉，一些人发现记住电导 $G = 1/R$ 反而更有用。通过电压 V、电导 G 的电流可由 $I = GV$（欧姆定律）确定。一个较小的电阻反而是一个较大的电导，在所加的电压作用下可通过较大的电流。

以这种观点来考察电路，对于电阻并联计算公式的理解就简单了。当 n 个电阻（即通路）接在同一个电压两端，则总的电流即为单个支路电流之和。因此，总的电导即为各支路电导之和，$G = G_1 + G_2 + G_3 + \cdots$。这与以前推出的电阻并联阻值的计算公式是一致的。

工程师也常常喜欢定义倒数，他们定义电导的单位为西门子（$S = 1/\Omega$），也称为姆欧（用符号 ℧ 表示）。当然，尽管电导的概念对直观研究电路有利，但它并不常用，大部分人还是偏爱用电阻的概念来研究电路，而不用电导。

电阻的功率

一个电阻（或任何其他器件）损耗的功率是 $P = IV$。采用欧姆定律，可得到其等效形式：$P = I^2R$ 与 $P = V^2/R$。

习题 1.5 有一个阻值大于 1 kΩ 的电阻，其额定功率是 1/4 W，不无论怎样，将它连接于一个具有 15 V 电源供电的电路中，试证明要超过其额定功率是不可能的。

习题 1.6 选择题：美国纽约市需要大约 10^{10} W 的电能供应，电压是 110 V。相应的电力供应电缆直径粗上 1 英寸[①]。如果我们试图通过一根直径为 1 英尺[②]，由纯铜制成的电缆来传输这一功率，通过计算来看看所发生的情形。它的电阻是每英尺 0.05 μΩ（5×10^{-8} Ω）。

（a）计算每英尺由于"I^2R 损失"的损耗功率。

（b）计算损失所有 10^{10} W 功率的电缆的长度。

（c）如果知道相应的物理学知识（$\sigma = 6 \times 10^{-12}$ W/°K⁴cm²），那么，这根电缆的温度将会变得多高？

如果我们已经正确地完成了这些计算，就会发现其结果是十分荒谬的。那么，这道难题的答案到底是什么？

输入与输出

几乎可以在所有的电子电路上施加某种**输入**（通常是电压），然后产生某种相应的**输出**（通常还是电压）。例如，一个音频放大器可以产生一个变化着的输出电压，该电压的变化与输入电压的变化相似，但增大 100 倍。当描述这样一个放大器时，可以想像一个已知的输入电压，然后来测量其输出电压。工程师们常用**传递函数 H** 来研究这个问题。H 是已测量到的输出与所加的输入之比。对于上述的音频放大器，H 就是一个常数（$H = 100$）。我们将很快在下一章接触到放大器的内容。然而，仅就电阻而言，我们可以研究一个非常重要的电路，即**分压电路**（也称为"衰减器"）。

1.2.3　分压器

现在来分析分压器，它是一种应用最广泛的电子电路。考查任意实用的电路，会发现其中有一半是分压电路。简单地说，分压器是这样一种电路：在给定一个输入电压的情况下，它会将一个给定的输入电压的一部分作为输出电压。最简单的分压电路如图 1.5 所示。

图 1.5　分压电路。一个外加的电压 V_in 导致一个较小的输出电压 V_out

---

① 1 英寸 = 2.54 cm。——编者注
② 1 英尺 = 0.3048 m。——编者注

我们来看看输出 V_{out} 是多少。流经 R_1 与 R_2 的电流（假设在输出端未接负载，则流经 R_1 与 R_2 的电流相同）是

$$I = \frac{V_{\text{in}}}{R_1 + R_2}$$

（这里沿用电阻及其串联的定义）。考虑 R_2

$$V_{\text{out}} = IR_2 = \frac{R_2}{R_1 + R_2}V_{\text{in}}$$

注意，输出电压总是小于（或等于）输入电压，这就是被称为分压器的原因。仔细观察 V_{out} 的表达式，如果两个电阻中某一个阻值是负的，那么就可以得到放大作用（即输出大于输入）。事实上，这也是可能的。只要我们能构成一些具有负增量电阻的器件（如隧道二极管），甚至是真正的负阻抗（如本书后面章节中将要讨论的负阻抗变换器）。然而，这些应用是相当特殊的，目前不必考虑。

分压器常用于从一个较大且固定的（或变化的）电压中产生一个特定的电压值。例如，假设 V_{in} 是一个变化的电压，R_2 是一个可调电阻（如图 1.6A 所示），将得到一种音量控制；更简单的是，R_1 和 R_2 的组合可由一个可调电阻（或电位器）来构成（如图 1.6B 所示）。尽管这种普通的分压电路只是作为研究电路的一种方式，但它还是非常有用的。作为思考电路的一种方式，分压器的输入电压与上部分的电阻可代表一个放大器的输出，而下部分的电阻可以代表下一级的输入。在这种情况下，分压器方程可告诉我们有多少输入信号电压作为下一级的输入。在了解了一个显著的事实（在本书后面要讨论的戴维南定理）之后，对此的理解将会变得更清楚。现在，我们先来简单了解电压源和电流源。

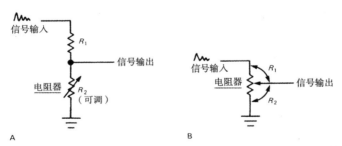

图 1.6　利用一个定值的可调电阻，或利用一个电阻计，可构成一个可调的分压电路

1.2.4　电压源和电流源

一个理想的电压源是一个二端黑匣子，不管所接的负载电阻如何，两端的输出总是一个恒定的电压。例如，当一个电阻 R 接到电压源的两端时，这就意味着电压源必须供给电阻 R 一个电流 $I = V/R$。而现实中的电压源只能供给一个有限的电流。并且，它通常表现为一个理想电压源与一个小电阻串联的特性。显然这个串联电阻越小，电压源的特性就越好。例如，一个标准 9 V 的碱性电池的特性就像一个理想的 9 V 电压源与一个 3 Ω 的电阻串联，能提供一个 3 A 的最大短路电流（当然，这会使电池在几分钟内耗尽）。显然，电压源"喜欢"开路负载，"憎恨"短路负载。在此简单解释一下电压源的开路与短路：开路是指输出端无任何支路连接，而短路则指输出端接一段导线。表示电压源的符号如图 1.7 所示。

一个理想的电流源也是一个二端黑匣子。不管所接的负载电阻与所加的电压如何，总是给外部电路输出一个恒定的电流。为了达到这一点，电流源两端必须能够输出所需的任何电压。现实中的电流源（这是一个在大多数教材中被忽视的主题）总有一个输出电压的限定值，又称容量。此外，

它们也不能提供一个绝对不变的输出电流。这样的电流源"偏爱"输出端短路，而"痛恨"开路。表示电流源的符号如图1.8所示。

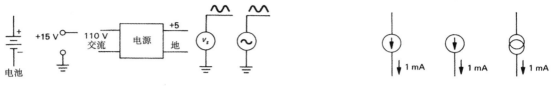

图 1.7　电压源既可以是稳定的直流也可以是变化的交流　　　　　　图 1.8　电流源符号

　　一个电池可视为是对电压源的实际近似（而对电流源则无近似）。例如，一个标准的 D 型电池两端电压为 1.5 V，等效为大约 1/4 Ω 的串联内阻及大约 10 000 W 的供电容量（它的特性随使用时间增加而逐渐变差，在使用寿命到期时，端电压也许大约只有 1.0 V，内阻变为几欧）。以后，当我们接触到反馈专题时，就会知道要构成特性较好的电压源还是不难的。当然，除了在一些用于移动场合的电路中，一般很少用电池给电路供电。我们将在第 14 章中讨论一个更有趣的专题，即低功率（电池供电）设计。

万　用　表

　　通常有较多的仪器用于测量电路中的电压与电流。示波器（参见附录 A）就是最通用的一种。它能让我们看见电路中一个点或多个点随时间变化的电压。逻辑探测仪与逻辑分析仪则属于数字电路中排除故障的专用仪器。简单的万用表则提供了一种能以较高精度测量电压、电流与电阻的便利途径。然而，万用表的反应速度慢，它不可能替代示波器用于那些要关注电压变化的场合。现在，万用表有两大类型：用移动的指针在常规刻度盘上显示测量结果，或采用数字显示。

　　标准的 VOM（伏特－欧姆－毫安表）万用表采用一个测量电流满刻度为 50 μA 的表头装置（参见一本面向简单设计的电子学书籍，可以看到这种表头的内部结构图；在此，出于我们的需要，只提及它内部采用了线圈与磁铁）。为了测量电压，这个 VOM 中有一个电阻与这个基本表头串联。例如，将一个 20 kΩ 的电阻与这个标准 50 μA 的装置串联，即可得到一个测量 1 V（满刻度）范围的 VOM；而用较大阻值的电阻与其相连，则可相应地测量较高的电压范围。这样的 VOM 规定为 20 kΩ/V，看起来像一个电阻，阻值为 20 kΩ，它总是与选择的一个特定量程满刻度电压值相乘。而在任何电压量程上，其满刻度总是 1/20 000，即 50 μA。现在，我们就明白了较高电压量程的电压表对电路的影响较小，因为它看起来像一个较大的电阻（把这个电压表视为一个分压器的下部支路，而将正在测量的电路的戴维南电阻看成分压器的上部电阻）。理想的期望值是，一个电压表应当具有无限大的输入电阻。

　　现在已有各种带电子放大、输入电阻高达 10^9 Ω 的测量仪表。大多数数字仪表，甚至一些采用 FET（场效应晶体管，详见第 3 章）的模拟读数的仪表也属于此类。注意，有时带有 FET 输入的仪表的输入电阻在最灵敏的量程范围内较高，而在较高量程范围内却只有较低的输入电阻。例如，在常见的 0.2 ~ 2 V 的量程范围内，输入电阻高达 10^9 Ω，而在所有较高的量程范围内只有 10^7 Ω。这就要求在使用时仔细阅读对应的说明书。在大多数测量晶体管电路场合，20 kΩ/V 是完全可以的。由这个仪表引起的对电路的负载效应也是几乎不需考虑的。在任何情况下，采用分压电路很容易计算出这种负载效应的严重程度。典型地有，万用表提供从 1 V（或更小）至 1 kV（或更高）的满量程测量范围。

　　可以直接用这个不连接任何电路的 VOM 表头装置来测量电流（如我们上述的例子，它将给出 50 μA 的满量程）；或者用一个小电阻与这个装置并联，以便测量其他量程范围内的电流。由于这个表头装置自身需要一个小的电压降，通常是 0.25 V，为了得到满偏转，这种不同量程内的并联已由仪表制造商选定好了（我们要做的只是将量程转换开关设置到要测量的范围），这样满刻度电流在流过表内电阻与外接电阻的并联组合时就会产生所需要的电压降。由于一个电流测量仪表在测量中总是与电路相串联，因此对电流表的理想要求是它应当具有零电阻，以便不会对电路测量造成任何影响。但在实际中，不管是对 VOM 表还是对数字表，我们都能允许其自身的零点几伏的压降（有时又称"电压负担"）。一般情况下，一个万用表的满量程能从 50 μA（或更小）至 1 A（或更高）。

万用表内部也有一节或多节电池，以便给电阻测量电路供电。通过给电阻提供一个小电流并测量其电压降，万用表也可测量电阻，其测量范围从 1 Ω（或更小）至 10 MΩ（或更大值）。

特别提醒：千万不要试图测量"电压源的电流"。例如将电流表接入墙上的电源插座，或将欧姆挡误接入。这些均为损坏万用表的主要原因。

习题 1.7　当把一个量程为 1 V 的 20 kΩ/V 表与一个内阻为 10 kΩ 的 1 V 电压源相连时，它的读数是多少？再把它与一个由源内阻为零的 1 V 电压源激励的 10 kΩ-10 kΩ 分压电路相连，它的读数又是多少？

习题 1.8　一个 50 μA 的电流表内阻为 5 kΩ，需并联一个多大的电阻能将它转换成 0~1 A 的电流表？若将它转换成一个 0~10 V 的电压表，则应串联一个多大的电阻？

1.2.5　戴维南等效电路

戴维南定理指出，任何一个具有电阻与电压源连接的二端口网络可以等效成一个电阻 R 与一个电压源 V 串联的电路。这是一个非常重要的定理。任何一个含有多个电源与电阻的复杂网络可以用只含有一个等效电压源与一个等效电阻串联的电路来等效模拟（如图 1.9 所示）（还有另一个定理，即诺顿定理。它指出类似的情形，可用只含有一个等效电流源与一个等效电阻并联的电路来模拟）。

那么对于一个给定的复杂电路，如何算出其戴维南等效电阻 R_{Th} 与等效电压源 V_{Th} 呢？这很容易！因为 V_{Th} 是戴维南等效电路的开路电压，如果这两个电路特性表现一致，那么 V_{Th} 就一定是原给定复杂电路的开路电压（如果知道这一电路是什么，就可以通过计算求出这个开路电压。如果不知道该电路结构，则可通过测量来得到该电压值）。注意戴维南等效电路的短路电流 I 是 V_{Th}/R_{Th}，这样可求出 R_{Th}，换句话说：

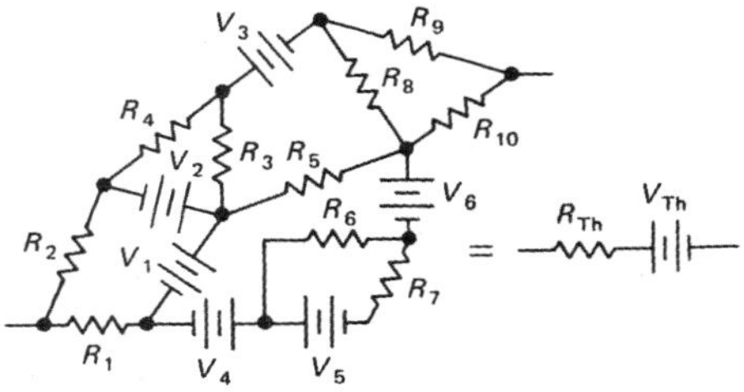

$V_{Th} = V$（开路电压）

$R_{Th} = V$（开路电压）$/I$（短路电流）

将这一定理应用至分压电路，可求得其戴维南等效电路，如下所示。

1. 开路电压为

图 1.9

$$V = V_{in} \frac{R_2}{R_1 + R_2}$$

2. 短路电流为 V_{in}/R_1。因此，戴维南等效电路是一个电压源

$$V_{Th} = V_{in} \frac{R_2}{R_1 + R_2}$$

与如下的一个电阻串联：

$$R_{Th} = \frac{R_1 R_2}{R_1 + R_2}$$

注意，R_{Th} 刚好是 R_1 与 R_2 的并联电阻，这并不是一个巧合，其理由将会在以后阐明。

从这个例子容易得知，一个分压器并不是一个很好的电压源，因为它的输出电压随负载接入而严重下降。作为一个示例，试考虑习题1.9，在题目中已知所有需要的量，从而可精确地计算出对于一个给定的负载电阻，输出电压将下降多少？其步骤包括，采用一个戴维南等效电路，连接一个负载，计算新电路的输出。注意，该新电路只不过是一个分压器（如图1.10所示）。

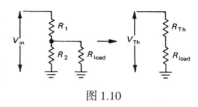

图 1.10

习题 1.9　对于图1.10所示的电路，$V_{in} = 30$ V，$R_1 = R_2 = 10$ kΩ，求：

（a）不接负载时（开路）的输出电压；

（b）带有 10 kΩ 负载的输出电压，仍把它看成一个分压器，将 R_2 与 R_{load} 合成一个电阻；

（c）戴维南等效电路；

（d）采用戴维南等效电路重复（b）中的工作，仍采用分压电路计算，但答案应与（b）一致；

（e）每一个电阻损耗的功率。

等效源电阻与电路负载效应

正如我们所知，由某个固定电压驱动的分压电路可等效成一个较小的电压源与一个电阻相串联。例如，一个 10 kΩ-10 kΩ 的分压电路与一个理想的 30 V 电源相连，这样它的输出端可等效为一个理想的 15 V 电源与一个 5 kΩ 电阻串联（如图1.11所示）。而在输出端连接一个负载电阻将会引起分压器的输出电压下降，这是由确定的源电阻引起的（分压器输出可视为一个电压源，这个源电阻即为戴维南等效电阻）。这种输出电压下降的现象是我们不希望的。对于这个问题的一种解答是构成一个坚挺电压源（"坚挺"在此意指输出电压不随负载的加入而变化），即在分压电路中采用较小的电阻。有时，这种简单方法还是行之有效的。不过，通常最好还是采用晶体管或运算放大器等有源器件构造一种电压源（常称为电源）。关于这一点将在第2章～第4章中讨论。用这种方法可以很容易地构成一个内阻（戴维南等效电阻）仅为毫欧（千分之一欧）级的电压源。它也不会像上述低电阻分压电路那样为了具有较小的源电阻而损耗大电流及相应的功率。此外，采用这种有源方式构成的电压源也非常便于产生可调整的输出电压。

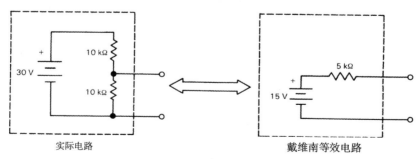

图 1.11

等效内阻的概念不仅适用于电源与分压电路，还可用于所有其他种类的电源。信号源（例如振荡器、放大器与传感器等）均具有一个等效内阻。当它们与一个阻值较小或与这些源内阻阻值相当的负载相连时，输出电压将大大减小。由于负载而引起这种不希望的开路电压（或信号）下降的现象被称为"电路加载效应"。因此，应当尽力使 $R_{load} \gg R_{internal}$，这是因为一个较高阻值的负载对于源电压的衰减几乎很小，如图1.12所示。在后续章节中将看到许多这类电路的例子。这种高阻条件在理论上常用于描述一类测量仪器的特征,例如电压表与示波器等（当然,这种一般性原理也有例外,例如后面将讨论到,传输线与射频技术只需考虑阻抗匹配,以防止功率的反射与损失）。

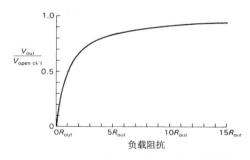

一般来说,我们常常会听到这种说法,诸如"朝分压器看进去的电阻"或"从输出端看负载阻值很大",这就好像电路也长有眼睛一样。通常指电路的那一部分正在"看"也是可以的（事实上,重点关注我们正要看的那部分电阻是一种相当容易讨论的方式）。

图 1.12　为了避免低于开路电压的信号源的衰减,保持负载电阻比输出电阻大得多

功率传输

以下再来看一个非常有趣的问题:对于一个确定的源内阻,什么样的负载使信号源传输给负载的功率最大? 注意,**源电阻、内阻与戴维南等效电阻**都具有相同意义。很容易看出,当 $R_{\text{load}} = 0$ 与 $R_{\text{load}} = \infty$ 时都导致零功率传输,这是因为 $R_{\text{load}} = 0$ 意味着 $V_{\text{load}} = 0$ 与 $I_{\text{load}} = V_{\text{source}}/R_{\text{source}}$,因此 $P_{\text{load}} = V_{\text{load}}I_{\text{load}} = 0$。但是,$R_{\text{load}} = \infty$ 意味着 $V_{\text{load}} = V_{\text{source}}$,以及 $I_{\text{load}} = 0$,因此 $P_{\text{load}} = 0$。这就是说,在它们之间的传输功率一定有一个最大值。

习题 1.10　证明在 $R_{\text{load}} = R_{\text{source}}$ 的情况下,从确定信号源至负载的功率传输可取得最大值。注意,如果还不了解微积分运算,可跳过这个习题。要求确保这一结论是正确的。

为了不给读者留下错误的概念,我们还是要再次强调,设计电路时应使负载电阻远高于驱动负载的信号源内阻。

1.2.6　小信号电阻

我们经常要处理这样一类电子器件,流经它的电流 I 并不与其两端的电压 V 成比例。在这类情况中,由于比值 V/I 取决于 V,而不是一个独立于 V 的常数值,因此没有多大必要再去谈论电阻值。然而,对于这些器件的分析通常是了解它们的 V-I 曲线的斜率,即一个器件上所加电压的微小变化与流过该器件上的电流的微小变化之比:$\Delta V/\Delta I$（即 dV/dI）。这种定义具有电阻的量纲（ Ω ）,并且在许多相应计算中取代了电阻的含义。这类器件又称为小信号电阻、增量电阻或动态电阻。

齐纳二极管

作为一个与上述有关的例子,现在来考虑**齐纳二极管**,它具有如图 1.13 所示的 V-I 曲线。齐纳二极管常用于在电路中产生一个恒定的电压输出,而流过齐纳二极管的电流是由电路中一个较高电压的激励所致,该电流值近似不变。例如,在图 1.13 中的齐纳二极管将把在图示范围内所加的电流转换成相应的较窄范围内的输出电压。更重要的是,我们应当知道由此而得到的齐纳二极管电压如何随所加的电流变化;这也是一种关于齐纳二极管能对驱动电流变化进行调节的衡量。包含于齐纳二极管特性参数中的是动态电阻,它是针对某一电流值给定的（一个有用的示例:齐纳二极管的动态电阻粗略地与电流成反比）。例如,一个齐纳二极管在 10 mA 处有 10 Ω 的动态电阻,它的齐纳电压是 5 V。采用动态电阻的定义,我们可求出所加电流的 10% 的变化将引起齐纳二极管端电压的变化量

$$\Delta V = R_{\text{dyn}}\Delta I = 10 \times 0.1 \times 0.01 = 10 \text{ mV}$$

即有

$$\Delta V/V = 0.002 = 0.2\%$$

上式显示了齐纳二极管良好的电压调节能力。在这种电路应用中，经常由这个电路中某点可得较高电压值的一个电阻与齐纳二极管串联，以保证电流通过后者，如图 1.14 所示。

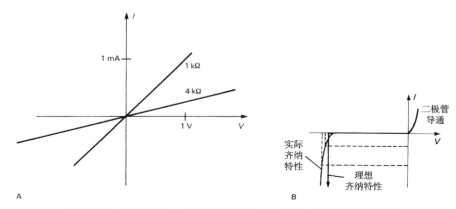

图 1.13　*V-I* 曲线。A. 电阻（线性）；B. 齐纳二极管（非线性）

然后，有

$$I = \frac{V_{\text{in}} - V_{\text{out}}}{R}$$

与

$$\Delta I = \frac{\Delta V_{\text{in}} - \Delta V_{\text{out}}}{R}$$

因此

$$\Delta V_{\text{out}} = R_{\text{dyn}}\Delta I = \frac{R_{\text{dyn}}}{R}(\Delta V_{\text{in}} - \Delta V_{\text{out}})$$

最后可得

$$\Delta V_{\text{out}} = \frac{R_{\text{dyn}}}{R + R_{\text{dyn}}}\Delta V_{\text{in}}$$

这样，对于电压的变化量，这个电路就像分压器一样，只不过电路中的齐纳二极管可用工作点处的动态电阻来替代。这也是引出增量电阻的意义所在。再如，假设在上述电路中，输入电压范围在 15 ~ 20 V 之间，采用一个型号为 1N4733（稳压值为 5.1 V，功率为 1 W 的齐纳二极管）以产生一个稳定的 5.1 V 电压输出。我们选择 $R = 300\ \Omega$，得到一个 50 mA 的最大齐纳电

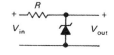

图 1.14　齐纳整流管

流：(20 – 5.1)/300。现在已知这个特定的齐纳二极管在 50 mA 处有一个规定的最大 7 Ω 动态电阻值，即可估算出输出电压的调节量（即输出电压的变化量）。在输入电压变化范围内，流过齐纳二极管的电流在 50 ~ 33 mA 之间变化；而 17 mA 的电流变化产生输出电压的变化量 $\Delta V = R_{\text{dyn}}\Delta I$，即 0.12 V。我们将在 2.2.3 节与 6.4.1 节中看到有关齐纳二极管的更多应用。

在实用中，如果一个齐纳二极管由一个电流源来激励，根据定义，这个电流源具有一个增量电阻 $R_{\text{incr}} = \infty$（不管端电压如何，电流相同），那么这个齐纳二极管将提供较好的电压调节特性。然而，电流源是较复杂的，因此在电路中还是常用简单的电阻。

隧道二极管

增量电阻的另一个有趣的应用是**隧道二极管**，有时又称为江崎二极管，它的 *V-I* 曲线如图 1.15 所示。在从 *A* 至 *B* 的区域，它有一个负增量电阻。这就导致了一个很有特点的结果：一个由电阻与隧道二极管构成的分压器实际上是一个**放大电路**（如图 1.16 所示）。对于一个起伏的电压 v_{sig}，分压电路方程为

$$v_{\text{out}} = \frac{R}{R + r_t} v_{\text{sig}}$$

其中，r_t 是这个隧道二极管在工作电流处的增量电阻，小写符号 v_{sig} 代表小信号变化，它迄今一直被称为 ΔV_{sig}（从现在起，将采用这种广泛应用的规定记法）。隧道二极管具有 $r_{t\,(\text{incr})} < 0$，即在特性曲线中从 A 到 B 的一段有

$$\Delta V / \Delta I \ (\text{或 } v/i) \ < \ 0$$

如果 $r_{t\,(\text{incr})} \approx R$，则 v_{out} 中的分母几乎为零，这一电路可用于放大。V_{batt} 给电路提供一个稳定电流，即**偏压**，使工作点进入负阻区域（当然，在任何放大器中，给它们提供这类偏压是非常必要的）。

图 1.15　　　　　　　　　　　　　　　　图 1.16

当隧道二极管在 20 世纪 50 年代晚期问世时，人们认为它是一大类电路的解决方案。因为它的工作速度快，因此给计算机带来了革命。然而遗憾的是，它也是一类很难使用的器件。鉴于这个事实，加上晶体管的巨大改进，使隧道二极管几乎过时不用了。

由于负阻这一概念与后面的有源滤波器有联系，因此将在以后讨论。我们将看到一个称之为负阻抗转换器的电路，这种转换器能在其他电路中产生一个纯负阻（并不是增量式的）。这种负阻抗转换器由运算放大器构成，是非常有用的。

1.3　信号

本章后面将讨论电容这种元件，它的特性依赖于电路中电压与电流的**变化方式**。迄今为止，直流电路的分析方法（如欧姆定律、戴维南等效电路等）对电压与电流随时间变化的电路也仍然有效。然而，要想对交流电路有很好的掌握，首先要对一类常用的信号有较好的了解。这类**信号**是随时间变化的电压信号。

1.3.1　正弦信号

正弦信号是现实生活中最常用的一种电信号，也是能从电源插座得到的电源信号。如果某人说："取一个 $10\ \mu\text{V}$，频率为 1 MHz 的信号"，就是指一个正弦波信号。从数学角度来看，正弦信号就是 $V = A \sin 2\pi f t$，其中 A 为振幅，f 是频率（次／秒，即赫兹）。正弦波如图 1.17 所示。有时确知该信号在某一个时刻 $t = 0$ 处的值也是非常重要的，这时，有一个相位 ϕ 存在于如下的表达式中：

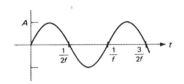

图 1.17　振幅为 A，频率为 f 的正弦波

$$V = A \sin(2\pi f t + \phi)$$

这个简单表达式的另一种变化形式是利用**角频率**，可表示为 $V = A \sin \omega t$，其中，ω 是角频率（弧度／秒）。请牢记 $\omega = 2\pi f$ 这一重要关系式。

正弦波的最大优点（也是人们为何总是选用这种波形的原因）是，它恰好是描述自然界中许多现象以及线性电路特性的微分方程的解。一个线性电路具有这种特性，即两个输入信号之和激励的输出响应等于单个输入分别激励的输出响应之和；即，假设用 $O(A)$ 表示由信号 A 激励的输出响应，如果 $O(A+B) = O(A) + O(B)$，则这个电路是线性的。由正弦波激励的线性电路总是输出一个正弦波响应，尽管一般其相位与振幅会发生改变。而其他任何信号不会如此。事实上，我们通常采用"**频率响应**"来描述一个电路的特性。这个频率响应指的是电路使输出正弦波的幅度特性随输入正弦波频率的函数关系而改变。例如，一个高保真度放大器应当具有一个至少在 20 Hz ~ 20 kHz 频率范围内的"平坦"的频率响应。

我们通常处理从几赫至几兆赫的正弦频率信号。低频信号如 0.0001 Hz 或更低的信号可由一些经精心设计而构成的电路来产生。当然，如果需要也可以产生更高频率（如高达 2000 MHz）的信号，但它们需要特殊的传输线技术来处理。在比这个频率更高的范围内，将涉及到微波技术。那些惯用的具有集中参数元件的导线电路将变得不实用了，取而代之的是较不稳定的波导或微波带状线。

1.3.2　信号幅度与分贝

除了用幅度来描述一个正弦波的幅值之外，还可用其他几种方式来描述正弦信号或任何其他信号的幅值。有时会看到**峰-峰值**（用 pp 表示），它是 2 倍幅度值。另一种是**均方根值**（用 rms 表示），$V_{rms} = (1/\sqrt{2}) A = 0.707 A$（此式仅对正弦波有效；对其他的信号波形，pp 值与 rms 值之比将不同）。尽管这点看起来有些奇异，但它也是一种通常的方法，因为 rms 值是用于计算功率的量。在美国，家用电源插座的端电压是 117 V（rms），60 Hz，其振幅是 165 V（而 pp 值为 330 V）。

分贝

如何来比较两个信号相应幅度的大小呢？譬如，我们可以说，信号 X 是信号 Y 的两倍，这又何尝不可呢？并且它们也适用于很多场合。然而，由于我们常要处理上百万倍的大比值，因此采用对数来衡量其倍数还是比较简单的。出于这个理由，我们采用分贝（它是 1 贝的 1/10，而"贝"现在不常用了）。根据定义，两种信号的比值（用分贝表示）可表示为

$$dB = 20 \lg \frac{A_2}{A_1}$$

其中，A_1 与 A_2 分别表示两个信号的幅度。因此，若一个信号幅度是另一个信号的两倍，由于 $\lg 2 = 0.3010$，则对应的比值分贝数为 6 dB；若一个信号是另一个信号的 10 倍，则对应的比值分贝数为 +20 dB；若一个信号是另一个信号的 1/10，则对应的比值分贝数为 –20 dB。非常有用的是，也可以用两个信号的功率比值表示其分贝数：

$$dB = 10 \lg \frac{P_2}{P_1}$$

其中 P_1 与 P_2 分别表示两个信号的功率。只需这两个信号有相同的波形，譬如正弦波，这两种定义就会给出相同的结果。当比较不相同的波形时，例如一个正弦波与"噪声"相比，则需要基于功率相比的定义（或用基于幅度相比的定义，但要用 rms 值替代）。

虽然分贝数通常用于规定两信号之比，但有时也用做对幅度的绝对衡量。这指的是，先假设某一参考信号的幅度，再来表示任何其他信号幅度相对于前者的分贝数。有几种标准的幅度用这种方式表示。最常见的参数值是（a）dBV，1 V rms；（b）dBm，在某个假设的负载阻抗上（对于射频，通常是 50 Ω；但对于音频，通常取 600 Ω）对应于 1 mW 的电压（例如，相应的 0 dBm 指的

是在那些负载阻抗上对应的 0.22 V rms 与 0.78 V rms）；（c）由电阻在室温下产生的低噪声电压（这一有趣的事实将在 7.3.1 节中讨论）。除了这些，还有一些参考幅值用于其他方面的衡量。例如，在声学中，0 dB SPL（声压级）指的是一个 rms（均方根）压强为 0.0002 微帕（1 帕是每平方厘米 10^6 达因，接近一个大气压）；在通信中，电平等级可用 dBrnC 表示（它是一个用"曲线 C"以频率加权的相对噪声参考电平）。当用这种方式表示幅度时，最好还是具体地针对 0 dB 参考幅值，例如可说"一个相对于 1 V rms 的 27 dB 的幅值"或"27 dB 基于 1 V rms"，也可定义一个术语，如"dBV"。

习题 1.11 对于具有如下分贝数的一对信号，确定其电压与功率比：（a）3 dB；（b）6 dB；（c）10 dB；（d）20 dB。

1.3.3 其他信号

斜坡信号如图 1.18 所示，它是以一个固定斜率上升（或下降）的电压信号。当然，它不可能永远上升或下降。有时，用一个有限的斜坡函数来近似（见图 1.19）或用一个周期性的斜坡函数近似，或用锯齿波（见图 1.20）近似。

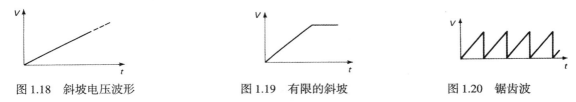

图 1.18 斜坡电压波形　　　　　图 1.19 有限的斜坡　　　　　图 1.20 锯齿波

三角波

三角波与斜坡类似，只不过它是一个对称斜坡（如图 1.21 所示）。

噪声

有用的信号常常伴随噪声，噪声通常源于热随机噪声。噪声电压特性可以用它的功率谱密度（每赫兹上的功率）或它的振幅分布来描述。一种最常见的噪声就是**带限高斯白噪声**。这种噪声的功率谱密度在某一段频率范围内是相等的；且当对噪声电压的振幅进行大量即时测量时，它的振幅满足高斯分布。这种噪声是由电阻产生的（Johnson 噪声），它困扰着各种灵敏电路的测量。在示波器上显示的噪声电压如图 1.22 所示。在第 7 章中将较详细地研究噪声及低噪声技术，而在 9.6.1 节 ~9.6.6 节中将探讨噪声产生技术。

图 1.21 三角波　　　　　　　　　　　　图 1.22 噪声

方波

方波信号随时间变化的波形如图 1.23 所示。就像正弦波一样，方波信号也可由它的振幅与频率来描述。由一个方波来激励的线性电路很少输出方波响应。对于方波，它的 rms 值等于振幅。

方波的边缘通常并不是完全方的。在典型的电子电路中，上升时间 t_r 在几纳秒到几毫秒之间。图 1.24 显示了这种通常可见的上升沿。上升时间定义为信号的总过渡转换量的 10% ~ 90% 之间的时间。

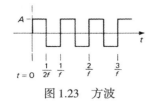

图 1.23　方波

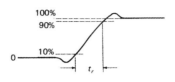

图 1.24　方波的上升时间

脉冲

脉冲信号如图 1.25 所示。它由脉冲振幅与脉冲宽度来定义。可以产生一系列均匀间隔的脉冲串信号。在这种情况下才能谈论它的频率，即脉冲重复率以及"占空比"，即脉冲宽度与周期之比（占空比范围为 0~100%）。脉冲也可有正的或负的极性；此外，它们也可以是"朝正方向变化的"或"朝负方向变化的"。例如，在图 1.25 中第 2 个脉冲就是从正向朝负向变化。

阶跃与尖脉冲

阶跃与尖脉冲是一类常被讨论但并不常用的信号。它们可较好地用于描述电路中发生的一些情形。其波形如图 1.26 所示。阶跃函数是方波的一部分，而尖脉冲是一个持续时间很短的跳跃信号。

图 1.25　双极性的正 – 负向变化的脉冲　　　　　　　　　　　　图 1.26

1.3.4　逻辑电平

脉冲与方波信号已广泛用于数字电路中，其中预先定义好的电压电平表示电路任何一点存在的两种可能状态之一。这两种状态又称为"高"与"低"，分别对应于布尔逻辑状态中的 0（假）与 1（真）（布尔逻辑是描述这两种系统状态的代数）。

精确的电压在数字电路中是不必要的，只需区分这两种可能状态中存在哪一种。因此，每一个数字逻辑系列均规定合理的"高"与"低"状态。例如，"74HC"数字逻辑系列就利用一个 +5 V 的电源供电，其典型的输出电平为 0 V（低）与 5 V（高），其输入判决门限电平是 2.5 V。实际上，正常的输出范围可以是 0 ~ 5 V 内。第 8 章与第 9 章将更深入地探讨逻辑电平问题。

1.3.5　信号源

信号源是我们研究的电路中的一部分。但是，出于测试目的，灵活多用的信号源是非常重要的，包括信号发生器、脉冲发生器与函数发生器。

信号发生器

信号发生器就是正弦波振荡器，它通常给出一个宽频率范围内的信号（典型输出范围为 50 kHz ~ 50 MHz），并且有精确的幅度控制装置（通常采用一个称为衰减器的电阻分压器）。信号发生器还可用来调节输出（参见第 13 章）。与它有点不同的是扫频仪，扫频仪也是一种信号发生器，但能在某个频率范围内对输出进行反复扫频。后者在用于测试电路特性随频率以一种特定方式变化的场合尤为方便，例如"调谐电路"或"滤波器"。现在，这类仪器以及许多其他测试仪器中都有一部分结构可利用计算机或其他数字仪器对频率、振幅等进行编程。

信号发生器的另一种变化形式是**频率合成器**。这种装置能产生频率被精确设置的正弦波信号。频率的设置是数字化的，常常是 8 位数字或更多，并按照一个精确的标准（石英晶体振荡器），根据将在9.5节中讨论的数字方法进行内部频率合成。如果要求得到更精确的频率信号，就只能利用这种频率合成器来实现。

脉冲发生器

脉冲发生器只产生脉冲信号，但这类脉冲信号的宽度、频率、振幅、极性和上升时间等均是可调的。此外，许多脉冲发生器也可产生脉冲对，并可设置这些脉冲对的间隔与频率，甚至是已编码的脉冲串。大多数现代脉冲发生器也备有逻辑电平输出，以方便与数字电路的连接。像信号发生器一样，脉冲发生器也有可编程之类的产品。

函数发生器

函数发生器在许多方面都是所有信号源中最灵活的一种。利用它可得到正弦波、三角波与方波函数，其典型的频率范围是0.01 Hz～10 MHz，并具有一定幅度与直流偏置（将一个恒定的直流电压加在信号上）。许多函数发生器还有频率扫描装置，并具有几种工作模式（相对时间的线性变化模式或对数频率的变化模式）。它们也可用于脉冲输出（虽然并不具有脉冲发生器的灵活性），并且一些函数发生器还有调制装置。

就像其他信号源一样，函数发生器也有可编程系列，并且有频率（有时也有幅度）的数字读出。函数发生器系列中的一种新产品是综合函数发生器，它是一种将函数发生器的各种灵活性与频率合成器的稳定性及准确性相结合的装置。例如，HP 8116A具有正弦波、方波与三角波（以及脉冲、斜坡、半正弦）函数输出，其输出频率范围是0.001 Hz～50 MHz。尽管是线性与对数扫频，但频率与振幅（10 mV至16 V_{pp}）是可编程的。这种装置也提供触发、门、分帧、调频、调幅、脉冲宽度调制、电压控制频率与单一周期的信号。如果只能选取一种信号源，就选用这种通用型信号发生器。

1.4　电容与交流电路

一旦进入电压与电流变化，即信号的世界，就会用到两种在直流电路中用处甚少，但在交流电路中却非常有用的元件：电容与电感。正如我们将看到的，这些并不高贵的元件与电阻相结合即组成三位一体的无源线性电路，也正是它们构成了几乎所有电路的基础。尤其是电容，它差不多是每种电路应用的基本元件，可用于波形产生、滤波、阻塞与旁路，也用于积分器与微分器中。在与电感结合应用时，它们可构成一种特性尽可能尖锐的滤波器，以便从背景噪声中滤出所需的信号。随着讨论的继续，将看到这方面的一些应用。在后面的章节中还将有许多这类令人感兴趣的例子。

现在继续深入讨论电容。以下的部分探讨不可避免地会与数学方面的知识有关。数学基础较差的读者可参阅附录B。然而，在任何情况下，从长远的观点来看，了解最终的结果总是比了解详细过程更为重要。

1.4.1　电容

电容（如图1.27所示）有两根引线接出，并具有如下性质：

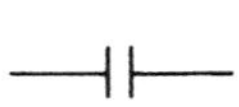

$$Q = CV$$

图 1.27　电容器

上式的意义是，在一个具有C法拉的电容两端跨接V伏的电压时，该电容的一个极板上就有Q库仑的电荷存储，而在另一个极板上也有$-Q$库仑的电荷存储。

首先，电容可近似地看成是一个依赖频率的电阻元件。这样就可用它构成一个依赖频率的分压电路。例如，在一些（旁路、耦合）应用场合，就需要用到这一点。但在其他（滤波、能量存储、谐振电路等）应用场合，就需要对电容具有更深刻的理解。例如，尽管电流能流过电容，但因电压与电流是正交的（90°相位差），所以电容不会损耗功率。取上面电容定义式（参见附录B）的导数，可以得到

$$I = C\frac{dV}{dt}$$

因此，电容比电阻复杂得多，流过的电流并不与电压成比例，而是与电压关于时间的变化率成比例。如果按 1 V/s 的速率改变加在 1 F 电容两端的电压，就相当于要供给其 1 A 的电流。相反地，如果提供 1 A 的电流，那么电容的电压按 1 V/s 变化。由此看来，1 F 的电容是非常大的，我们通常只处理微法（μF）或皮法（pF）的电容。例如，给 1 μF 的电容提供 1 mA 的电流，那么，它两端的电压将以 1000 V/s 的速度上升。一个 10 ms 脉宽的脉冲电流将会使该电容的端电压上升 10 V（见图 1.28）。

初学者容易混淆的是，在电路图中所标注的电容值的单位经常被省略，大家不得不从前后联系中来确认其正确单位。电容也有各种不同的种类与尺寸。随着时间的推移，我们将逐渐看到一类更通常的形式。电容的基本结构就是两块导体相互靠近（但不能接触）。事实上，最简单的电容就是这样。对于较大的电容，需要让两块导体的面积更大，靠得更近。通常的方法是将导体放在一块薄的绝缘材料（称为介质）上。例如，将镀铝的聚酯薄膜卷成一个小的圆柱形结构。其他常用形式还有细薄的陶瓷晶片（陶瓷圆片）、金属箔与氧化物绝缘材料（电解质）以及金属化的云母材料。这些材料中的每一种都有其独特的性质。对于它们的简要总结，可参见如下关于电容的表格。一般地，陶瓷与聚酯薄膜类用于大多数不太重要的电路中；钽电容用于需要较大电容量的场合，而电解质电容则用于电源滤波的场合。

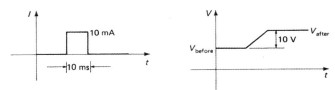

图 1.28   当电流流过电容时，该电容两端的电压变化

电容的并联与串联

几个电容的并联值是这些单个电容值之和。这一点很容易证明：令并联两端的电压为 V，则有

$$\begin{aligned}
C_{\text{total}}V = Q_{\text{total}} &= Q_1 + Q_2 + Q_3 + \cdots \\
&= C_1V + C_2V + C_3V + \cdots \\
&= (C_1 + C_2 + C_3 + \cdots)V
\end{aligned}$$

即有

$$C_{\text{total}} = C_1 + C_2 + C_3 + \cdots$$

对于电容串联，求其总等效电容值的关系式就像求电阻并联的等效值公式：

$$C_{\text{total}} = \frac{1}{\frac{1}{C_1} + \frac{1}{C_2} + \frac{1}{C_3} + \cdots}$$

或（只适用于两个电容的串联）

$$C_{\text{total}} = \frac{C_1 C_2}{C_1 + C_2}$$

电容类型总结表格

现行可用的电容有很多种类。以下表格仅对它们的优缺点进行简要比较与总结。当然,我们的结论略带有一定的主观性。

类型	电容值范围	最大电压	精度	温度稳定性	漏电	注释
云母	1 pF ~ 0.01 μF	100 ~ 600	良好		良好	优秀,尤其适应于射频
圆筒形陶瓷	0.5 ~ 100 pF	100 ~ 600	差	可选择的		几种工作温度兼容(含零度)
陶瓷	10 pF ~ 1 μF	50 ~ 3 × 10⁴	差	差	中等	体积小,价格低,常用
聚酯薄膜	0.001 ~ 50 μF	50 ~ 600	良好	差	好	价格低,受欢迎
聚苯乙烯	10 pF ~ 2.7 μF	100 ~ 600	优秀	好	优秀	高质量,体积大信号滤波
聚碳酸酯	100 pF ~ 30 μF	50 ~ 800	优秀	优秀	好	高质量,体积小
聚丙烯	100 pF ~ 50 μF	100 ~ 800	优秀	好	优秀	高质量,低介质,吸收
聚四氟乙烯	1000 pF ~ 2 μF	50 ~ 200	优秀	最好	最好	高质量,低介质,吸收
玻璃	10 ~ 1000 pF	100 ~ 600	好		优秀	长期稳定性
瓷绝缘	100 pF ~ 0.1 μF	50 ~ 400	好	好	好	较好的长期稳定性
钽	0.1 ~ 500 μF	6 ~ 100	差	差		大电容值,极化的,体积小的,低电感值
电解质	0.1 μF ~ 1.6 F	3 ~ 600	非常差	很差	非常差	电源滤波器,极化的,寿命短
双层膜	0.1 ~ 10 F	1.5 ~ 6	差	差	好	存储器备用,高串联电阻
油	0.1 ~ 20 μF	200 ~ 10⁴			好	高电压滤波器,体积大,寿命长
真空	1 ~ 5000 pF	2000 ~ 36 000			优秀	用于发射机中

习题 1.12　推导两个电容串联后的电容值公式。提示:由于在两个电容连接点处没有外部的连接,因此它们一定有相等的存储电荷。

在充电过程中流经电容的电流($I = C dV/dt$)有一些不寻常的特点。与流经电阻的电流不同,它并不与电压成比例。此外,与电阻的情形不同的还有,与电容电流有关的功率($V \times I$)并没有转变成热量,而是以能量的形式存储在电容的内部电场中。当对电容放电时,即可得到所有能量。在1.6.1 节中开始讨论电抗时,可以看到处理这种特性的另一种方式。

1.4.2　RC 电路:随时间变化的 V 与 I

当讨论交流电路时,总是采用两种可能的探讨方法。可以讨论相对于时间变化的 V 与 I,或者也可以涉及它随信号频率变化的振幅。这两种探讨方法均有它们自己的优点,我们将按照具体的情形来选择一种最方便使用的方法。以下将在时域开始研究交流电路。从 1.6.1 节开始,我们再来探讨有关频域的问题。

具有电容的电路的一些特征是什么呢?为了回答这一问题,先研究简单 RC 电路(如图 1.29 所示)。根据电容的公式,得到

$$C \frac{dV}{dt} = I = -\frac{V}{R}$$

以上得到的是一个微分方程,它的解是

$$V = A e^{-t/RC}$$

因此,一个已充电的电容与电阻并联之后将放电,如图 1.30 所示。

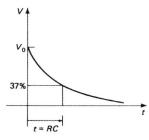

图 1.29

图 1.30　RC 放电波形

时间常数

上式中的 *RC* 乘积称为电路的时间常数，如果 *R* 的单位为欧姆，*C* 的单位为法拉，那么，*RC* 乘积的单位为秒。例如一个 1 μF 的电容并接在 1.0 kΩ 电阻之后，该 *RC* 电路的时间常数即为 1 ms；如果该电容初始充至 1 V，则初始电流为 1.0 mA。

图 1.31 显示了一个稍微不同的电路，在 $t = 0$ 时刻，电路接上电源。然后，关于这个电路的方程是

$$I = C\frac{dV}{dt} = \frac{V_i - V}{R}$$

它的解是

$$V = V_i + Ae^{-t/RC}$$

如果读者在此不能跟上这部分，不必担心，因为我们所做的只是为了得到它的重要结论。由于在后面经常用到这些结论，记住就可以了。然而，我们确实不需要理解那些用于推导结论的数学部分。上式中的常数 *A* 是由初始条件（见图 1.32）$t = 0$ 处 $V = 0$ 来确定的，因此 $A = -V_i$，便有

$$V = V_i(1 - e^{-t/RC})$$

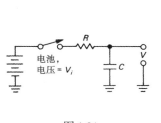

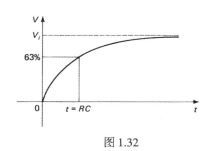

图 1.31

图 1.32

衰减至平衡状态

最终（当 $t \gg 5RC$），V 升至 V_i（常用"5RC 经验准则"：在 5 倍的时间常数内，一个电容充电或放电至最终值的 1% 范围内）。如果将 V_0 变化至一个其他值（譬如 0），那么 V 将以指数因子 $e^{-t/RC}$ 朝着那个新值下降。例如，一个具有 V_0 的方波输入将产生如图 1.33 所示的输出。

习题 1.13　证明这种信号的上升时间（要求从 10% 上升到最终值的 90% 的这段时间）是 2.2*RC*。

显然，要问的下一个问题可能是，对于任意的 $V_i(t)$，$V(t)$ 是什么？这一问题的答案已涉及非齐次微分方程，可由标准方法来求解（但已超出本书范围）。可求得

$$V(t) = \frac{1}{RC}\int_{-\infty}^{t} V_i(\tau)e^{-(t-\tau)/RC}d\tau$$

这就是说，RC 电路用一个加权因子 $e^{-\Delta t/RC}$ 对过去的输入求平均。事实上，我们很少提这种问题。而是在频域中研究 RC 电路时，会问输入信号中的每一频率成分的多少能通过这一 RC 电路？我们将很快讨论这一问题（见 1.6.1 节）。然而，在此之前可以简单地采用这种时域方法来分析其他一些有趣的电路。

利用戴维南等效电路来简化电路

可以继续用类似的方法来分析一些复杂的电路，如列出对应的微分方程，并试图求出对应的解。然而，在大多数情形下，这样做是没有必要的，这会使讨论电路的过程像 RC 电路那样复杂。事实上，其他许多电路能够简化（如图 1.34 所示）。利用由 R_1 与 R_2 构成的分压器的戴维南等效电路，可以求出对应阶跃输入 V_0 的输出 $V(t)$。

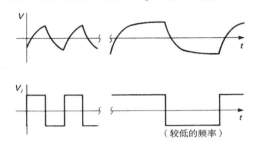
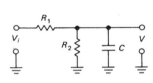

图 1.33 当通过一个电阻用方波激励电容时，电容两端的输出电压波形（上面的波形）

图 1.34

习题 1.14 在图 1.34 所示的电路中，$R_1 = R_2 = 10\ \mathrm{k\Omega}$，$C = 0.1\ \mathrm{\mu F}$，求出 $V(t)$ 并画出其曲线。

例：延时电路

我们已经提到了逻辑电平，它是数字电路中必有的电压形式。图 1.35 显示了产生一个延时脉冲的电容的一种应用。图中的三角形符号是"CMOS 缓冲器"，这个缓冲器在输入是"高电平"的情况下输出"高电平"（它通常高于供给电路的直流电压的一半）；反之，输入为"低电平"，则输出也为"低电平"。前面的缓冲器提供一个与输入信号完全相同的信号，但具有较低的源输出内阻，以防止由 RC 电路引起的输入加载（回忆 1.2.5 节已讨论的电路负载）。RC 输出也具有衰减特性，并且在输入过渡 10 μs 之后引起输出缓冲器转换状态（RC 电路在 0.7RC 的时间内即可达到 50% 的输出）。在一个实际应用中，我们不得不考虑缓冲器输入门限偏离电源电压一半的效应，这将改变时延并引起输出脉宽的变化。这种电路有时用于延时一个脉冲，以便让其他一些信号先出现。在设计电路时尽量不要依赖这种诀窍，但它们偶尔还是方便有用的。

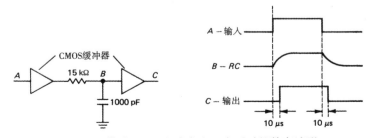

图 1.35 借助于 RC 电路产生一个延时的数字波形

1.4.3 微分器

考虑图 1.36 所示的电路，C 两端的电压是 $V_{\mathrm{in}} - V$，因此

$$I = C\frac{d}{dt}(V_{in} - V) = \frac{V}{R}$$

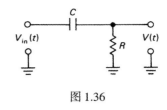

图 1.36

如果选择足够小的 R 与 C，以至于 $dV/dt \ll dV_{in}/dt$，那么

$$C\frac{dV_{in}}{dt} \approx \frac{V}{R}$$

或

$$V(t) = RC\frac{d}{dt}V_{in}(t)$$

也就是说，得到一个与输入电压波形变化率成正比的输出电压。

　　为了保证 $dV/dt \ll dV_{in}/dt$，应使 RC 的乘积很小，并应注意不要使 R 太小而增加输入负载（瞬态时电容两端的电压变化为零，因此 R 就是由输入端看进去的负载）。当在频域研究问题时，将为这一点制定一个较好的标准。如果用一个方波激励这个电路，它的输出将如图 1.37 所示。

　　微分器可方便地用于检测脉冲信号的**前沿**与**后沿**。在数字电路中，有时会遇到如图 1.38 所描述的波形。RC 微分器在输入信号的转换瞬间产生尖脉冲，而输出缓冲器把这些尖脉冲转换成窄方波脉冲。实际上，负的尖脉冲是很小的，这是由于缓冲器中用了一个二极管（1.7.1 节将讨论二极管这种便利实用的器件）。

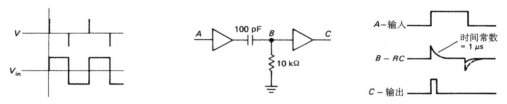

图 1.37　由方波 V_{in} 激励的微分电路输出波形（上）　　　　　图 1.38　脉冲前沿检测器

不需要的容性耦合

　　微分电路效应有时会自发地出现在电路中（这并不是我们所期望的）。可以看到如图 1.39 所示的那些信号。第一种情况是由于一个方波在电路某处被容性耦合至我们关心的信号通路上造成的。它意味着在这个信号通路上缺少一个电阻负载。如果不是这样，就必须减小信号通路上的源电阻，或找到一种方法来减少这种来自方波的容性耦合。第二种是我们会遇见的典型情形，当遇到一个方波输入但在电路中某点断开，通常是示波器探头断开，在中断处的很小电容与示波器的输入电阻相结合即构成一个微分电路。**了解这些不必要的微分电路的存在，有助于找到电路故障所在，并尽快消除。**

1.4.4　积分器

　　在图 1.40 所示的电路中，电阻 R 两端的电压是 $V_{in} - V$，因此

$$I = C\frac{dV}{dt} = \frac{V_{in} - V}{R}$$

图 1.39

通过保持 RC 乘积较大，以设法使 $V \ll V_{in}$，则有

$$C\frac{dV}{dt} \approx \frac{V_{in}}{R}$$

或者

$$V(t) = \frac{1}{RC} \int_0^t V_{\text{in}}(t)\, dt + 常数$$

这样就获得了一个在输入信号期间能对其执行积分功能的电路。也可以看到在一个方波输入中如何进行近似，$V(t)$ 就像以前看到的指数充电曲线（如图 1.41 所示）。指数曲线的第一部分是一个斜坡，即对一个常数 RC 的积分。我们只选取了指数曲线的一小部分，这样就接近一个理想的斜坡。

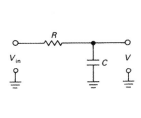

图 1.40

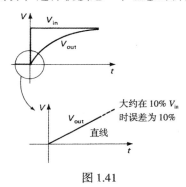

图 1.41

注意，$V \ll V_{\text{in}}$ 的条件如同是 I 与 V_{in} 成正比。如果将**电流** $I(t)$ 而不是电压来作为输入，就会有一个精确的积分器。一个大电阻两端的大电压可用来对一个电流源进行近似。事实上，这也是一种常用的技巧。

当研究运算放大器与反馈时，可以不受 $V_{\text{out}} \ll V_{\text{in}}$ 的限制来构造积分器，它们可以在宽频率与大电压范围内以很小的误差进行工作。

积分器已被广泛地运用于模拟计算中。作为一种有用的电子电路，它也在反馈控制系统、模/数转换与波形产生等方面有着重要的应用。

斜坡发生器

现在，我们可以很容易弄清楚一个斜坡发生器是如何工作的。这种电路也是非常有用的，例如可用在定时电路、波形与函数发生器、示波器扫描电路与模/数转换电路中。在这些电路中采用恒定的电流对电容进行充电（如图 1.42 所示）。根据电容方程 $I = C(dV/dt)$，可以得到 $V(t) = (I/C)t$。其输出波形如图 1.43 所示。当电流源到达自身能容忍的电压值时，斜坡停止。图中还画出了简单 RC 电路的曲线，以便进行比较。在这个电路中，R 和一个与原来电流源能容忍的电压值相等的电压源相连，并且 R 的值要经选择，以使零输出电压处的电流与原电流源的值相同（真正的电流源一般总有一个输出容限值，它受这种电流源电路中的电源电压限制，因此对这两种曲线进行比较是有意义的）。在下一章讨论三极管时将设计一些电流源。这些电流源具有某些改进，以便适应有关运算放大器与场效应管，我们还可以看到一些更新的电路。

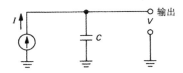

图 1.42　用一个恒流源对电容充电即可产生一个斜坡电压波形

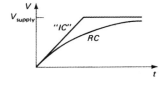

图 1.43

习题 1.15　用 1 mA 的电流对 1 μF 的电容充电。计算需要多长时间使斜坡值达到 10 V？

1.5 电感与变压器

1.5.1 电感

如果我们对电容有所了解，就不难理解如图 1.44 所示的电感，因为它们与电容密切相关。电感中的电流变化率取决于它两端所加的电压，而电容中的电压变化率则依赖于流过它的电流。电感的定义式是

$$V = L\frac{dI}{dt}$$

图 1.44

其中 L 称为电感，单位是亨利（H 或 mH、μH 等）。在电感两端加一电压会引起电流以斜坡函数形式上升（对于电容，一个恒定电流会引起其电压以斜坡函数形式上升）；1 V 的电压加于 1 H 的电感会产生每秒增加 1 A 的电流。

如同容性电流一样，感性电流也不是与电压成正比的。此外，与电阻情形也不同，与感性电流相关的功率（$V \times I$）并没有转化成热量，但仍以能量的形式存储在电感的磁场中。当中断电感电流时，可以得到所有的能量。

电感的符号看起来像一个线圈，这是它最简单又最具本质的形式。其他形式还有线圈绕在不同的芯材料上，最流行的铁心（即铁合金、铁心片或铁粉状）和铁氧体这种黑色的非导体脆性磁材料。这些都是利用磁心材料的磁导率来成倍增加一个给定线圈的电感量的技术。磁心的形状多种多样，如杆状、环状，甚至更奇异的形状，如"钵状心"（对于这一点，我们必须较好地理解，对其最好的描述是，如果环状是用模型铸造而成的，一个环状模型会在水平面上分成两半）。

电感在射频电路中用途最多。它作为射频扼流圈成为调谐电路的一部分（参见第 13 章）。而一对紧密耦合的电感又可构成非常有用的变压器。下一节将简单地讨论变压器。

从本质上看，电感是与电容相对立的，在本章以下的几节中将看到这一点。

1.5.2 变压器

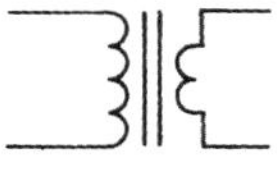

变压器是一种包含两个紧密耦合线圈的装置，这两个线圈分别称为初级与次级。在其初级加一交流电压，会引起次级电压出现。次级电压以变压器匝数比的倍数（正比）增加，而对应的次级电流则与匝数比的倍数成反比。显然，这是因为功率总是不变的。图 1.45 显示了一个层叠铁芯变压器的电路符号（这种变压器用于 60 Hz 的交流电源变换）。

图 1.45

变压器的功率传输效率相当高（输出功率非常接近输入功率）。因此，升压变压器能输出较高的电压，但给出较低的电流。再向前看，变压器的匝数比 n 将次级的阻抗变换至初级并呈 n^2 倍出现。如果次级开路（未带负载），那么初级只会出现很小的电流。

在电子仪器设备中，变压器有两个重要的功能。它们能将交流电源线上的电压改变至一个有用的值（通常是较低的电压值），这个较低的电压可用于实际电路。因为变压器的初次级绕组是相互绝缘的，还能将电子装置与电源线的连接进行隔离。电源变压器（专门用于 110 V 的电源线）能输出大量不同类型的次级电压与电流。例如，输出电压可以低至 1 伏或高至几千伏，输出电流从几毫安至几百安。典型的用于电子仪器中的变压器的次级电压为 10 ~ 50 V，而输出电流的额定值为 0.1 ~ 5 A 左右。

还有可用于音频与射频场合的变压器。在射频工作时，如果只有一个较窄的频率范围存在，则用可调谐变压器。在 13.2.2 节中还会对一种有用的传输线变压器进行简单的讨论。一般地讲，用于

高频场合的变压器必须采用特殊的磁心材料或结构来减小磁心对信号传输的损失。对于低频工作场合的变压器（例如电源变压器），由于沉重的铁心而使其笨重不堪。当然，这两种变压器一般是不能互换的。

1.6　阻抗与电抗

首先值得一提的是，本节内容或多或少与数学知识有关。我们或许想跳过数学部分，但千万记住相应的结果与图形。

包含电容与电感的电路要比以前讨论的电阻电路复杂得多，这是由于电容、电感电路的特性依赖于电路的工作频率。一个包含有电容与电感的分压器将会有一个依赖于频率的分压比。此外，正如我们刚刚讨论过的，包含这些元件（统称为电抗元件）的电路会使输入波形（如方波）变形。

然而，电容与电感均为线性元件。这意味着，无论输出波形的形状如何，其输出幅度总是与输入波形的幅度成正比。这种线性具有许多重要性，其中最重要的一点是，**由某个频率 f 的正弦波激励的线性电路的输出本身也是同频率的正弦波（至多改变了其幅度与相位）**。

由于包含电阻、电容与电感（将来还包含线性放大器）的电路的这种显著特性，对任何这类电路进行分析就特别方便简单。例如，考察单一频率的正弦波输入，只需看其输出电压波形（振幅与相位）是如何依赖于输入电压变化的。这也许不会是一种实用的输入，但可以得到一种频率响应图。**频率响应图**描绘出每一频率的正弦波的输出与输入之比，它可用于研究许多种类的波形。作为一个示例，某一放大器的扬声器具有如图 1.46 所示的频率响应特性，其中输出当然是声压而不是电压。通常，人们总要求扬声器具有一种平坦的响应特性，即关于频率的声压图形在音频频带范围内是一个常数。在这种情况下，将一个具有逆响应（如图 1.46 所示）的无源滤波器用于音频放大器中，以补偿与校正扬声器的缺陷。

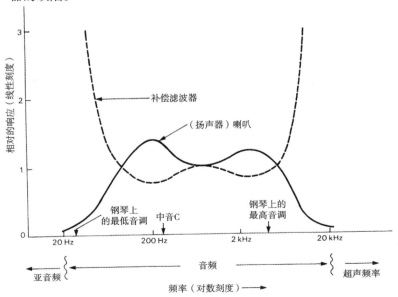

图 1.46　频率分析举例

正如我们将看到的，将欧姆定律中的电阻以阻抗代替，就可将其进行推广。这样做是为了描述任意包含这类线性无源元件（电阻、电容与电感）的电路。也可以考虑阻抗与电抗作为电路欧姆定律的主题，这些电路含有电容与电感。一些重要的技术术语是：阻抗是"推广的电阻"，电感与电容具有电抗（它们是"电抗的"），电阻器具有电阻（它们是"阻性的"）。换句话说，阻抗 = 电阻 + 电抗（以后还会更详细地讨论）。然而，我们会听到人们常提"电容在某一频率处的阻抗是……"，在这种情况中，不必提"电抗"这一词的理由是，阻抗已经包含了一切。事实上，我们经常用"阻抗"这一词，即使知道正在讨论的是电阻。再如，当提到一些电源的戴维南等效电阻时，我们还习惯于说"源阻抗"或"输出阻抗"。同样，它也适用于谈论"输入阻抗"。

在以下的所有情形中，我们将讨论由某单一频率正弦波激励的电路。而要对更复杂波形激励的电路进行分析则更复杂，它牵涉到以前应用过的微分方程法或将复杂波形分解成正弦波分量的傅里叶分析法。幸运的是，这些方法一般都不是必需的。

1.6.1　电抗电路的频率分析

首先考虑如图 1.47 所示的由正弦波电压源激励的电容电路，其电流是

$$I(t) = C\frac{dV}{dt} = C\omega V_0 \cos \omega t$$

即一个幅度为 I，相位超前输入电压 90° 的电流。倘若只考虑振幅，忽略相位因素，则有电流

$$I = \frac{V_0}{1/\omega C}$$

（记住 $\omega = 2\pi f$）。它表现为一个依赖频率的电阻 $R = 1/\omega C$，但实际的电流与电压的相位相差 90°（如图 1.48 所示）。例如，在一个 1 μF 的电容两端加上 110 V（均方根值），60 Hz 的交流电源，即可产生一个幅值（均方根值）如下的电流：

$$I = \frac{110}{1/(2\pi \times 60 \times 10^{-6})} = 41.5 \text{ mA (rms)}$$

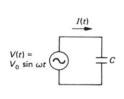

图 1.47

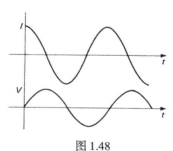

图 1.48

注意：这时有必要了解一些复杂的代数知识。在以下几个小节中，可以跳过这类数学推导，只需记住经推导得出的一些结论。要弄懂本书的剩余部分，也不一定要掌握那些详实的数学知识。在后续章节的探讨中，数学知识会用得非常少。而下面这一节对于数学知识了解甚少的读者来说显然是最困难的，但千万别丧失信心！

电压与电流的复数表示

正如我们所看到的，在一个由某一频率正弦波激励的交流电路中，电压与电流之间存在着相移。然而，只要该电路仅含有线性元件（电阻、电容或电感），电路中各点电流的幅值仍会正比于激励电压的幅值。因此，我们也许希望找到电压、电流与电阻这三者之间的一般推广表达式，以使欧姆定律仍然有效。显然，用单个数值不足以表示交流电路中某点的电流，因为必须设法同时表示关于幅值与相移这两方面的信息。

可以按这种方式规定电路中任一点处的电压与电流的幅值与相移。它们的表达式为 $V(t) = 23.7\sin(377t + 0.38)$，但是还可以找到一种更简单的方法来满足其要求。如用代数中的**复数**来表示电压与电流。这样，可直接对复数表达式进行加减，而无需对那些关于时间的正弦函数表达式进行复杂的加减运算。因为实际的电压与电流都是随时间变化的实数，因此，必须制订出一种准则，以便将实数转换成相应的复数表达式，反之亦然。再次回顾单一的正弦频率 ω，可以用如下的几点准则来分析：

1. 分别用 $\mathbf{V}$ 与 $\mathbf{I}$ 这两个复数来表示电压与电流。电压表达式 $V_0\cos(\omega t + \phi)$ 可用复数表达式 $\mathbf{V} = V_0 e^{j\phi}$ 来表示，$e^{j\theta} = \cos\theta + j\sin\theta$，其中 $j = \sqrt{-1}$。

2. 实际的电压与电流可由以下两步来得到。首先用 $e^{j\omega t}$ 乘以它们的复数式得到复数积；然后，取复数积的实部 $V(t) = \mathcal{R}e(\mathbf{V}e^{j\omega t})$，$I(t) = \mathcal{R}e(\mathbf{I}e^{j\omega t})$。即：

$$
\begin{array}{cc}
\text{电路电压关于} & \\
\text{时间的表达式} & \text{复数表达式} \\
V_0\cos(\omega t + \phi) \xleftrightarrow{\qquad} & V_0 e^{j\phi} = a + jb \\
\underset{\text{乘以 } e^{j\omega t},}{} & \\
\text{取实部} &
\end{array}
$$

在电子学中，上述指数表达式中常用 j 而不用 i，以避免与电流符号 i 相混淆。这样，在一般情况下实际的电压与电流可用下式来表示：

$$
\begin{aligned}
V(t) &= \mathcal{R}e(\mathbf{V}e^{j\omega t}) \\
&= \mathcal{R}e(\mathbf{V})\cos\omega t - \mathcal{I}m(\mathbf{V})\sin\omega t \\
I(t) &= \mathcal{R}e(\mathbf{I}e^{j\omega t}) \\
&= \mathcal{R}e(\mathbf{I})\cos\omega t - \mathcal{I}m(\mathbf{I})\sin\omega t
\end{aligned}
$$

例如，电压的复数表达式为

$$\mathbf{V} = 5j$$

它对应如下的（实数）电压时间表达式：

$$
\begin{aligned}
V(t) &= \mathcal{R}e[5j\cos\omega t + 5j(j)\sin\omega t] \\
&= -5\sin\omega t \ \text{V}
\end{aligned}
$$

电容与电感的电抗

采用上述规定，一旦知道电容或电感的电抗，就可以将复数欧姆定律应用于电容与电感电路，就像应用于电阻电路中一样。以下先来求出电容与电感的电抗。我们已经有

$$V(t) = \mathcal{R}e(V_0 e^{j\omega t})$$

对于一个电容，采用 $I = C(dV/dt)$，得到

$$
\begin{aligned}
I(t) &= -V_0 C\omega\sin\omega t = \mathcal{R}e\left(\frac{V_0 e^{j\omega t}}{-j/\omega C}\right) \\
&= \mathcal{R}e\left(\frac{V_0 e^{j\omega t}}{X_C}\right)
\end{aligned}
$$

即对于一个电容

$$X_C = -j/\omega C$$

X_C 即为一个电容在频率 ω 处的电抗。例如，$1\,\mu F$ 的电容在 $60\,Hz$ 频率上具有 $-2653j\,\Omega$ 的电抗，而在 $1\,MHz$ 频率上只有 $-0.16j\,\Omega$，它的直流电抗是无限大的。

如果分析电感，可求得

$$X_L = j\omega L$$

只含有电容与电感的电路总有一个纯的虚阻抗，它表明电压与电流之间总是具有 $90°$ 的相位差，它是纯电抗的。当电路中含有电阻时，在阻抗中就有一个实部，而虚部对应着电抗。

欧姆定律的推广

采用上述式子来表示电压与电流，欧姆定律就有一种简单的形式，可直接写为

$$\mathbf{I} = \mathbf{V}/\mathbf{Z}$$
$$\mathbf{V} = \mathbf{IZ}$$

其中由 $\mathbf{V}$ 表示的电压加于阻抗为 $\mathbf{Z}$ 的电路，产生电流 $\mathbf{I}$。串联或并联的复阻抗器件也遵从如电阻串并联一样的规则：

$$\mathbf{Z} = \mathbf{Z}_1 + \mathbf{Z}_2 + \mathbf{Z}_3 + \cdots \quad（串联）$$
$$\mathbf{Z} = \frac{1}{\frac{1}{\mathbf{z}_1} + \frac{1}{\mathbf{z}_2} + \frac{1}{\mathbf{z}_3} + \cdots} \quad（并联）$$

最后，我们完整地总结关于电阻、电容与电感阻抗的公式如下：

$$\mathbf{Z}_R = R \quad（电阻）$$
$$\mathbf{Z}_C = -j/\omega C = 1/j\omega C \quad（电容）$$
$$\mathbf{Z}_L = j\omega L \quad（电感）$$

根据上述定义式，结合采用在直流电路分析中所用的一般方法，如串并联公式与欧姆定律，就可以对大量交流电路进行分析。对于交流分压电路分析的结果也将和以前的接近。对于多连通的电路网络，也采用基尔霍夫定律，就像在直流电路中一样。此时，采用 V 与 I 的复数表达式，便有在一个闭合环路中的电压降（复数）和为零；流入一个节点处的电流（复数）和为零。后一个定律也意味着，与直流电路一样，在一个串联电路中的复电流到处相等。

习题 1.16 采用前面的串并联元件的阻抗准则来推导如下情形的公式：（a）两个电容并联的总电容；（b）两个电容串联的总电容。提示：在每一种情况中，令单个电容为 C_1 与 C_2，写出并联或串联阻抗；然后，使之等于一个电容量为 C 的电容的阻抗，求出 C。

以下将上述技巧试用于最简单的电路，它是以前考虑过的电路，即把交流电压加在电容电路中。然后，在简单讨论电抗电路的功率后，将分析一些虽简单但又极其重要的 RC 滤波电路。

试想，将一个 $1\,\mu F$ 的电容连接于 $110\,V$（均方根值），$60\,Hz$ 的电源，那么流过这一电容的电流有多大？

采用复欧姆定律，得到

$$\mathbf{Z} = -j/\omega C$$

因此，可得到电流的复表达式

$$\mathbf{I} = \mathbf{V}/\mathbf{Z}$$

由于电压的相位可为任意值，因此选择 $\mathbf{V} = A$，即 $V(t) = A \cos \omega t$，其中振幅 $A = 110\sqrt{2} \approx 156\ \text{V}$，然后有

$$\mathbf{I} = j\omega C A \approx 0.059 \sin \omega t$$

所得的电流有 59 mA 的振幅值（41.5 mA 的均方根值），并超前电压相位 90°。这与以前的计算一致。注意，如果只想知道电流振幅，而不关心相应的相位是什么，就能避免任何复杂的代数。如果

$$\mathbf{A} = \mathbf{B}/\mathbf{C}$$

则有

$$A = B/C$$

其中 A，B 和 C 是相应的复数的模，这也适应于相乘（见习题 1.17）。

这样，便有

$$I = V/Z = \omega C V$$

这种技巧非常常用。

令人吃惊的是，在这个例子中，电容不损耗任何功率，它也自然不会增加耗电费用。在下一节中将会明白这是怎么回事。下面将接着采用复欧姆定律来继续讨论包含电阻与电容的电路。

习题 1.17 证明：如果 $\mathbf{A} = \mathbf{BC}$，那么 $A = BC$，其中 A，B 与 C 分别是模值。提示：用极坐标形式表示每个复数，即 $\mathbf{A} = Ae^{i\theta}$。

电抗电路中的功率

释放给任何电路元件的瞬时功率总是由乘积 $P = VI$ 来确定的。然而，在电抗电路中 V 与 I 并不成一种简单的比例关系，也不能将它们简单地相乘。有趣的是，在交流信号的一个周期内乘积的符号还会相反。图 1.49 所示的就是这样一个例子。在 A 与 C 表示的时间区间内，功率被释放给电容（尽管是以一个可变的速度），使电容得以充电，它存储的能量也在增加（功率是能量的变化率）。在 B 和 D 之间，释放给电容的功率是负的，它正在放电。那么在这个例子中，一个周期内的平均功率正好是零。这一结论对于任何纯电抗电路（电感、电容或它们的任何结合）都是适用的。如果我们熟悉三角函数的积分，那么从以下的习题中可知如何证明这一点。

习题 1.18 此题可选做。证明：对于电流与激励电压相位差为 90° 的电路，在一个完整周期内的平均功率损耗为零。

对于任何一个电路，如何求出它的平均损耗功率呢？一般地，可以先想像将所有的 VI 乘积相加，然后以所用的时间相除，换句话说

$$P = \frac{1}{T} \int_0^T V(t) I(t)\, dt$$

其中 T 是一个完整的周期。幸运的是，这种方法并不是必需的。我们可用如下的简单方法来替代，从而求出平均功率，由下式确定

$$P = \mathcal{R}e(\mathbf{V} \mathbf{I}^*) = \mathcal{R}e(\mathbf{V}^* \mathbf{I})$$

其中 $\mathbf{V}$ 与 $\mathbf{I}$ 是复均方根值。

现在来看一例，考虑前述电路，它由 1 V（均方根值）的正弦波来激励电容。采用均方根值来表示，为了简单，有

$$\mathbf{V} = 1$$

$$\mathbf{I} = \frac{\mathbf{V}}{-j/\omega C} = j\omega C$$

$$P = \mathcal{R}e(\mathbf{VI}^*) = \mathcal{R}e(-j\omega C) = 0$$

也就是说，平均功率为零，如前所述。

再看另一例，考虑如图 1.50 所示的电路，计算如下：

$$\mathbf{Z} = R - \frac{j}{\omega C}$$

$$\mathbf{V} = V_0$$

$$\mathbf{I} = \frac{\mathbf{V}}{\mathbf{Z}} = \frac{V_0}{R - (j/\omega C)} = \frac{V_0[R + (j/\omega C)]}{R^2 + (1/\omega^2 C^2)}$$

$$P = \mathcal{R}e(\mathbf{VI}^*) = \frac{V_0^2 R}{R^2 + (1/\omega^2 C^2)}$$

（在上面第三行中，用分母的复共轭分别去乘分子与分母，以便将分母化成实数）。所得的功率值 p 小于 $\mathbf{V}$ 与 $\mathbf{I}$ 的幅值乘积。事实上，这两者的比值称为**功率因数**：

$$|\mathbf{V}|\,|\mathbf{I}| = \frac{V_0^2}{[R^2 + (1/\omega^2 C^2)]^{1/2}}$$

在这个例子中，

$$功率因数 = \frac{功率}{|\mathbf{V}|\,|\mathbf{I}|}$$

$$= \frac{R}{[R^2 + (1/\omega^2 C^2)]^{1/2}}$$

功率因数也可以是电压电流间的相位角的余弦值，它的取值范围从 0（纯电抗电路）至 1（纯电阻电路）。功率因数小于 1 表明电路中有一些电抗电流成分。

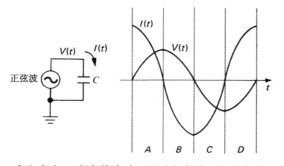
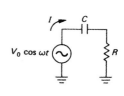

图 1.49　当电容由正弦波激励时，通过电容的电流相位超前电压 90°　　　　　　图 1.50

习题 1.19　证明在上述电路中释放的平均功率完全损耗在电阻上，通过计算 V_R^2/R 的值来验证。如果将一个 1 μF 的电容与 1 kΩ 电阻串联的电路与 110 V（均方根值），60 Hz 的电源连接，试计算出这一功率值（单位：W）。

功率因数在大容量电源功率输送分配中显得非常重要。这是因为电抗电流虽不造成有用的功率损耗，但它们仍然以 I^2R（其中 R 为发电机变压器与传输线的电阻）的形式使其发热，从而损耗了电力公司的大量功率。虽然电力公司只要求居民用户付"实"功率 $\mathcal{R}e(\mathbf{VI}^*)$，但它对工业用户则按功率因数来收费。这就能解释通常在大型工厂后面能看到的电容场地，它们是用来抵消工业机器（如电动机）中的感性电抗的。

习题 1.20　证明：在一个 RL 串联电路中再串联一个 $C = 1/\omega^2 L$ 的电容就可以使功率因数等于 1。然后将"串联"改成"并联"再证明同样的结果。

分压器的推广

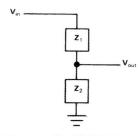

图 1.51　分压器的推广：一对任意的阻抗

　　最原始的分压电路（见图 1.5）包含了一个串联至地的电阻，输入从顶端加入，从中间连接处输出。那么，对这一简单电阻分压器的推广也可以是一个类似的电路，即用一个电容或电感（甚至由 R，L 或 C 组成的更复杂网络）去替代原电阻分压电路中的一个电阻或两个电阻，如图 1.51 所示。一般而言，这种分压器的分压比 V_{out}/V_{in} 并不是一个常数，因为它取决于输入工作频率。其相应的公式如下：

$$\mathbf{I} = \frac{\mathbf{V}_{in}}{\mathbf{Z}_{total}}$$

$$\mathbf{Z}_{total} = \mathbf{Z}_1 + \mathbf{Z}_2$$

$$\mathbf{V}_{out} = \mathbf{I}\,\mathbf{Z}_2 = \mathbf{V}_{in}\frac{\mathbf{Z}_2}{\mathbf{Z}_1 + \mathbf{Z}_2}$$

现在不必考虑这种一般表达式的结果，只看看如下一些简单但非常重要的例子。

1.6.2　*RC* 滤波器

　　由于电容的阻抗 $\mathbf{Z}_C = -j/\omega C$ 与工作频率有关，所以可以通过将电阻与电容相串联来构成一个与频率有关的分压电路，这种电路具有让所需频率通过而对不需要的频率进行抑制的特性。在这一节中将看到这种 *RC* 滤波器的最简单例子，它也是本书经常要用到的电路。在第 5 章与附录 H 中，将要描述更复杂的滤波器。

高通滤波器

　　图 1.52 显示了一个由电容与电阻构成的分压电路。由复欧姆定律可得到

$$\mathbf{I} = \frac{\mathbf{V}_{in}}{\mathbf{Z}_{total}} = \frac{\mathbf{V}_{in}}{R - (j/\omega C)}$$

$$= \frac{\mathbf{V}_{in}[R + (j/\omega C)]}{R^2 + 1/\omega^2 C^2}$$

（最后一步将上式分母的复共轭部分分别乘以分子与分母）。这样，电阻 R 两端的电压就是

$$\mathbf{V}_{out} = \mathbf{I}\,\mathbf{Z}_R = \mathbf{I}\,R = \frac{\mathbf{V}_{in}[R + (j/\omega C)]R}{R^2 + (1/\omega^2 C^2)}$$

在大多数情况下，并不关心输出的相位 V_{out}，只对它的幅度感兴趣：

$$\mathbf{V}_{out} = (\mathbf{V}_{out}\mathbf{V}_{out}^*)^{1/2}$$

$$= \frac{R}{[R^2 + (1/\omega^2 C^2)]^{1/2}}V_{in}$$

注意，与电阻分压器类比，它的输出为

$$V_{\text{out}} = \frac{R_2}{R_1 + R_2} V_{\text{in}}$$

而串联 RC 组合（见图 1.53）的阻抗如图 1.54 所示，因此，不考虑输出相移，只取复振幅的模值作为这一电路的响应，由下式确定：

$$V_{\text{out}} = \frac{R}{[R^2 + (1/\omega^2 C^2)]^{1/2}} V_{\text{in}}$$
$$= \frac{2\pi f R C}{[1 + (2\pi f R C)^2]^{1/2}} V_{\text{in}}$$

曲线如图 1.55 所示。实际上，也可以通过取阻抗模值之比（如习题 1.17 以及它上面紧邻的例子）来得到上述结果。这个比的分子就是分压器下部电阻 R，而分母则是 R 与 C 串联后的阻抗的模值。

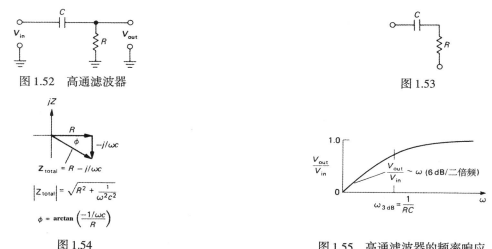

图 1.52　高通滤波器　　　　　　　　　　　　　　　图 1.53

图 1.54　　　　　　　　　　　　　图 1.55　高通滤波器的频率响应

可以看到，在高频部分，该电路输出近似等于输入（在 $f \geqslant 1/RC$ 处），而在低频处，输出趋近于零。这是一个非常重要的结果。这种电路称为高通滤波器。出于非常明显的原因，它也很常用。例如，示波器（参见附录 A）的输入就属于交流耦合形式。这正是 RC 高通滤波器，在 10 Hz 处具有弯曲点（如果要观察附在一个大直流电压上的小信号，就要采用交流耦合）。在工程中，人们喜欢采用滤波器的 -3 dB "截止点"（或在任何其他像滤波器一样的电路中采用）。在简单 RC 高通滤波器中，-3 dB 截止点由下式确定：

$$f_{3\text{ dB}} = 1/2\pi RC$$

注意到电容不让稳定直流（$f = 0$）电流通过，其作为**隔直电容**也是最频繁的用途之一。每当需要将信号从一个放大器耦合到另一个时，几乎常采用电容。例如，每个高保真音频放大器的所有输入端均采用电容耦合，这是因为音频放大器并不能判定输入信号附加在多高的直流电平上。在这种耦合应用中，总是通过选择 R 与 C 的值来使所有那些有用频率成分（在这种音频放大器中为 20 Hz ~ 20 kHz）无损失地通过 RC 高通滤波器。

我们也经常需要了解一个电容在给定频率处的阻抗。因此，图 1.56 提供了涵盖电容与大范围内的频率的非常有用的图，并给出了 $|Z| = 1/2\pi f C$ 的值。

考虑图 1.57 所示例子，它是一个 3 dB 点在 15.9 kHz 处的高通滤波器。为了防止电路的负载效应影响该滤波器的输出，该电路的负载应当远大于 1.0 kΩ。为了防止该滤波电路对激励信号源的影响，该激励信号源应当足以带动1.0 kΩ的负载，并没有较大的衰减（信号幅度的损失）。

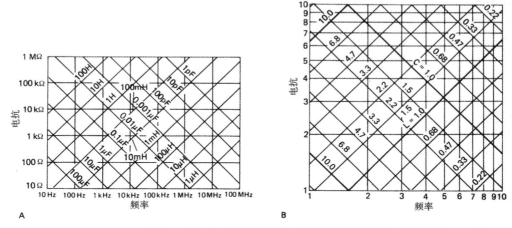

图 1.56　A. 电感与电容相对于频率的电抗，各十进位是相同的，只是刻度不同；B. 图 A 中单个十进制放大图，并标上了标准 20% 元件值

低通滤波器

将高通滤波器中的 R 与 C 互换即可得到具有相反频率特性的滤波器（如图1.58所示）。可求得

$$V_{out} = \frac{1}{(1 + \omega^2 R^2 C^2)^{1/2}} V_{in}$$

如图1.59所示，这就是低通滤波器。它的 3 dB 点仍在如下频率处：

$$f = 1/2\pi RC$$

低通滤波器在实际应用中非常普遍。例如，低通滤波器可用于消除来自附近电台与电视台的干扰（550 kHz ~ 800 MHz）。这种干扰一直是困扰音频放大器与其他灵敏度较高的电子设备的大问题。

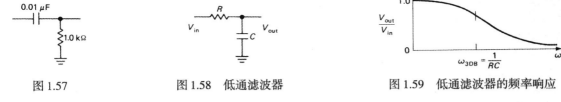

图 1.57　　　　　　图 1.58　低通滤波器　　　图 1.59　低通滤波器的频率响应

习题 1.21　证明上述有关低通滤波器响应的表达式是正确的。

从低通滤波器的右端看进去，它的输出也可视为一个信号源。当它被一个理想的交流电压（零源阻抗）信号源激励时，在低频处，这个滤波器的输出端看起来就像一个电阻 R（为了阻抗计算的方便，这个理想信号源可由短路来替代，即由它的小信号源阻抗来替代）；而在高频处，电容主要控制着输出阻抗，并呈现出零阻抗。激励滤波器的信号在低频处主要流经电阻 R 与负载电阻；而在高频率处，激励信号电压降在电阻 R 的两端。

图1.60在对数轴上描绘了同一低通滤波器的**响应**，这是一种更常见的方式。可以用纵轴表示分贝，水平轴为十倍频（即十进制）的频率。在这样的曲线中，相等的距离对应着相等的比率。这里采用一根线性垂直轴（表示角度）与相同的对数频率轴，画出了对应的相移。这种曲线有利于研

究其详细的响应，即使当它大大地衰减时（如曲线右边部分）；在第 5 章中研究有源滤波器时，将看到许多这类曲线。注意，这里画出的曲线在大幅度衰减时变成一条直线，它以 –20 dB/十倍频（工程上常采用 "–6 dB/ 二倍频"）的斜率衰减。还需注意到相移变化平滑地从 0°（在远低于截止点时对应的频率部分）至 90°（在远高于截止频率处），而在 –3 dB 点处对应的相移为 –45°。对于单节 RC 滤波器的经验准则是：$0.1f_{3\,dB}$ 与 $10f_{3\,dB}$ 处的相移大约是 6°。

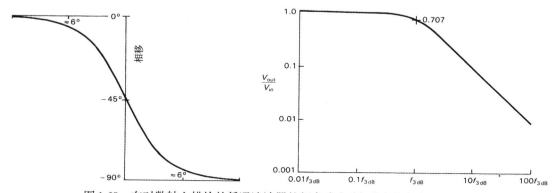

图 1.60   在对数轴上描绘的低通滤波器的频率响应（相位与振幅）。注意，在 3 dB 点处的相移是 45°，而在其频率变化 10 倍的近似值是 6°

习题 1.22   证明上述的经验准则。

随之而来的是一个有趣的问题，即能否做出这样的滤波器，使它具有任意规定的幅度响应与一些其他特定的相位响应？令人吃惊的是，回答是否定的。其理由是，响应必须跟随激励变化，而不会在激励之前。这一因果关系要求实现模拟滤波器的相位与振幅响应之间存在一种关系（正式称为 Kramers-Kronig 关系）。

频域中的 RC 微分器与积分器

在1.4.3节中看到的 RC 微分器与在本节中讨论的高通滤波器完全相同。事实上，它可以两种方式之一来考虑，这取决于我们考虑的是时域内的波形还是频域内的响应。基于频率响应，可以重新陈述以前它正常工作（$V_{out} \ll V_{in}$）时的时域条件：对于与输入比起来输出很小的情况，输出信号频率必须远低于 3 dB 点。这一点是很容易证明的。

假如有输入信号

$$V_{in} = \sin \omega t$$

然后，采用以前获得的关于微分器输出的等式：

$$V_{out} = RC \frac{d}{dt} \sin \omega t = \omega RC \cos \omega t$$

如果 $\omega RC \ll 1$，即 $RC \ll 1/\omega$，则有 $V_{out} \ll V_{in}$。假如输入信号包含一段频率范围，上面讨论的就必须对输入中的最高频率范围适用。

RC 积分器（见1.4.4节）与这里讨论的低通滤波器完全相同。根据类似推断，作为一个良好积分器的条件是最低的信号频率必须远高于 3 dB 点的频率。

电感与电容的对偶

不用电容，使用电感与电阻相结合也可以构成低通（或高通）滤波器。然而，在实际中很少看到 RL 低通或高通滤波器。其原因是电感比电容笨重，价格较贵，并且特性也不如电容好，也就是说它比电容更偏离理想情况。如果可选择，应该尽量选用电容。除非在一种例外的场合，如在高频电路中，常采用铁氧体磁珠与扼流圈。只需在电路中的不同点安置一些磁珠，就可使导线的互连略呈感性，从而提高高频工作时的阻抗，以防止"振荡"。这不像在 RC 滤波器中，需要用一个附加电阻。高频扼流圈是一个电感，它通常由绕在铁氧体心上的一些匝数的线圈构成，以起到与上述高频电路相同的作用。

1.6.3　相位矢量图

当要了解电抗电路时，可采用一种非常有用的图示方法进行。现在来看 RC 滤波器在频率 $f = 1/2\pi RC$ 处衰减 3 dB 的示例，这一点已在 1.6.2 节中推导过。它对高、低通滤波器均适用。在此很容易混淆的是，由于在 $f = 1/2\pi RC$ 频率处电容的电抗值等于电阻值，可以预先估计它有 6 dB 的衰减。例如，如果用相同阻抗值的电阻来替代电容，就会得到 6 dB 的衰减（回忆 6 dB 意味着一半的电压）。问题出在电容是电抗性的，但是它可以由相位矢量图（见图 1.61）来澄清。图中的轴分别代表阻抗的实部（电阻性的）分量与虚部（电抗性的）分量。在这种串联电路中，轴也代表（复）电压，因为流经各处的电流都相同。因此，对于这种电路（认为它是一个 RC 分压器），其输入电压（加于串联 RC 两端）与斜边的长度成正比，输出电压（仅在 R 两端）与三角形 R 边的长度成正比。该图表示的正好是处于某一频率的情形。在这种频率下，电容的电抗值等于电阻值 R，即 $f = 1/2\pi RC$，它表明输出电压与输入电压之比为 $1/\sqrt{2}$，即 -3 dB。

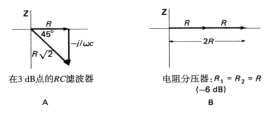

在 3 dB 点的 RC 滤波器　　　　　电阻分压器：$R_1 = R_2 = R$
　　　　　　　　A　　　　　　　　　　　　　　　　（-6 dB）
　　　　　　　　　　　　　　　　　　　　　　　　　　B

图 1.61

向量之间的角度即输入与输出的相移。例如，在 3 dB 点，输出幅值等于 $\sqrt{2}$ 除以输入幅值，并且输出超前 45° 相位。这种图解方法使 RLC 电路的幅值与相位关系一目了然。还可用这种图示法来求得以前用代数方法推导出的高通滤波器的响应。

习题 1.23　用相位矢量图来推导 RC 高通滤波器的响应

$$V_{\text{out}} = \frac{R}{[R^2 + (1/\omega^2 C^2)]^{1/2}} V_{\text{in}}$$

习题 1.24　在什么频率点上，RC 低通滤波器衰减 6 dB（输出电压等于输入电压的一半）？在这个频率处的相移是什么？

习题 1.25　采用矢量相位图求以前用代数方法推导出的低通滤波器的响应。

在下一章（见 2.2.7 节），我们将看到与常数－振幅相移电路有关的相位矢量图的一个极好的示例。

1.6.4　"极点"与每二倍频的分贝数

再来看看图 1.59 所示的 RC 低通滤波器响应。在远离曲线拐点的右边，输出振幅与 $1/f$ 成比例地下降。在一个二倍频（在音频中，一个二倍频就是两倍的频率），输出振幅将减半，即 -6 dB。

因此，简单的 RC 滤波器具有 6 dB/ 二倍频的降落特性。可以用几个 RC 环节来构成滤波器，然后得到 12 dB/ 二倍频（两个 RC 环节）、18 dB/ 二倍频（3 个 RC 环节）等。这是一种描述滤波器在截止点以外如何表现的通常方式。另一种常用方法是"3 极点滤波器"。例如，具有 3 个 RC 环节的滤波器（或表现得像一个整体滤波器）。"极点"这个词来自本书讨论范围之外的一种分析方法，它涉及一种在复频率平面内的复传输函数，这种平面在工程上称为"s 平面"。

关于多级滤波器，值得注意的问题是，不能通过简单级联几个完全相同的滤波器得到这些单个滤波器响应的级联。理由是每一级都是前一级的负载，从而会改变整个响应。记住，关于简单 RC 滤波器的响应函数是基于一个零（输出）阻抗的激励源与一个无限大阻抗（开路）的负载而推导出的。一种解决方法是使每一级滤波器具有比前一级高得多的阻抗。另一种较好的解决方法则涉及有源电路（如晶体管或运算放大器）级间"缓冲器"，即有源滤波器。这些内容将在第 2 章至第 5 章讨论。

1.6.5　谐振电路与有源滤波器

当电容与电感结合使用或用在一些称为有源滤波器的特殊电路中时，则完全有可能使电路具有很尖锐的频率特性曲线（例如，在一个特定的频率点上的响应是一个大的峰值），而不像通常所见的 RC 滤波器的缓慢变化曲线。这类电路在音频与射频电路中应用很广。现在我们粗略地看一个 LC 电路（在第 5 章与附录 H 中将会较多地涉及此类电路及有源滤波器）。

首先考虑图 1.62 所示的电路。LC 组合电路在频率 f 处的电抗正好是

$$\frac{1}{\mathbf{Z}_{LC}} = \frac{1}{\mathbf{Z}_L} + \frac{1}{\mathbf{Z}_C} = \frac{1}{j\omega L} - \frac{\omega C}{j}$$
$$= j\left(\omega C - \frac{1}{\omega L}\right)$$

即

$$\mathbf{Z}_{LC} = \frac{j}{(1/\omega L) - \omega C}$$

与电阻 R 相结合，可构成分压器。由于电感与电容的特性相反，并联 LC 电路在谐振频率 $f_0 = 1/2\pi\sqrt{LC}$（即 $\omega_0 = 1/\sqrt{LC}$）处的阻抗为无穷大，使得该频率点上的响应值为一个峰值。该电路总的响应曲线如图 1.63 所示。

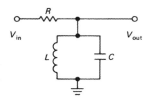

图 1.62　LC 谐振电路：带通滤波器

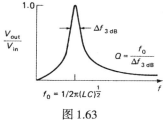

图 1.63

实际上，电感与电容中的损耗会限制峰值的尖锐度。然而，利用良好的设计，可使这些损失很小。相反地，一个具有 Q 损耗的电阻，有时被故意加入电路中，以减少谐振峰值的尖锐度。这种电路就是 LC 并联谐振电路，即谐振电路，它已被广泛地用于射频电路中，以选择一个特定频率来放大（其中 L 或 C 的值可以改变，因此可以调节谐振频率）。由于激励该电路的阻抗越高，其曲线峰值就越尖，因而通常不用一些类似于电流源的信号源来激励它们，后面将会了解这一点。**品质因数**

Q 是对响应曲线峰值尖锐度的衡量。它等于 -3 dB 处的频率宽度除以谐振频率。对于并联 RLC 电路，$Q = \omega_0 RC$。

另一种 LC 电路是串联 LC 电路（如图 1.64 所示）。从对应的阻抗式计算，可以确信 LC 串联电路的阻抗在谐振频率 $[f_0 = 1/2\pi(LC)^{1/2}]$ 处为零。这种电路可为谐振频率处或附近的信号设置一个陷阱，从而直接将它们短路至地。当然，这种电路也主要用于射频电路。图 1.65 显示了响应曲线特性。串联 RLC 电路的品质因数是 $Q = \omega_0 L/R$。

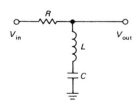

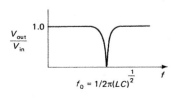

图 1.64　LC 陷波滤波器　　　　　　　　　　　　　　　　　　　　　　图 1.65

习题 1.26　求出图 1.64 所示的串联 LC 陷波电路 V_{out}/V_{in} 关于频率的响应曲线。

1.6.6　电容的其他应用

除了在滤波器、谐振电路、微分器以及积分器中的应用，电容还在其他一些方面有着重要的应用。这里仅预览一下这些应用，详细的内容将在本书的后面章节中介绍。

旁路

电容的另一重要应用是旁路，基于的是电容的阻抗随频率升高而降低的原理。当电路某支路只需要直流（或缓慢变化的）电压，而不需要变化的交流信号时，就可将一个电容并联在那个电路元件（通常是一个电阻）两端，这样就可以旁路交流信号，而不至于流经电阻支路。通常可选择旁路电容值，使其在信号频率处的阻抗值与欲旁路的支路阻抗值相比小得多，这样就可取得较理想的旁路效果。

电源滤波

电源滤波实质上仍是一种电容旁路形式，尽管人们认为它是能量存储的过程。在电子设备中使用的直流电压通常是由交流电源上的电压经**整流**而得到的（这一过程将在本章后面论述）。而一些 60 Hz 交流输入成分仍会残留在整流后的直流电压中，但可经适当的大电容来旁路，以使残留的交流成分降到最低。实际上，这些电容的体积也较大，在绝大部分电子仪器中可见到那些大而亮且圆的元件。在本章后面及第 6 章中，将学习如何设计电源与滤波器。

定时与波形产生

用一个恒定电流对电容充电，就能产生一个斜坡（电压）波形，这就是常用于函数发生器、振荡器扫描电路、模/数转换电路与定时电路中的斜坡与锯齿波发生器的理论根据。RC 电路也常用于定时，它们也构成了数字延时电路（单稳态多谐振荡器）的理论基础。这类定时与波形应用在电子技术的许多方面都是非常重要的，因此，我们将在第 3 章、第 5 章、第 8 章和第 9 章中探讨这些内容。

1.6.7　戴维南定理推广

当电路中还包括电容与电感时，必须对戴维南定理进行重述，即任何包含电阻、电容、电感与信号源的二端网络均可等效为一个复阻抗与一个信号源的串联。正如以前一样，我们根据开路输出电压与短路电流来求得其复阻抗与信号源。

1.7　二极管与二极管电路

1.7.1　二极管

迄今为止，我们已讨论的电路元件（电阻、电容与电感）都是线性的，也就是说，所加的信号（如电压）加倍，则会产生一个加倍的响应（如电流），这对电抗性质的器件也是如此。这些器件又称为**无源器件**，因为它们没有内置的电源。显然，它们都是二端器件。

图1.66所示的二极管是一个非常重要且有用的二端无源非线性器件。它具有如图1.67所示的 *V-I* 曲线（与本书的初衷一致，我们不试图去描述构成二极管的固态物理学原理）。

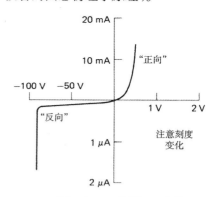

图1.67　二极管 *V-I* 曲线

图1.66　二极管

二极管的箭头（正极）表示正向电流的方向。例如，如果二极管在电路中有一个10 mA的电流从它的正极流向负极，那么从图中可知，正极电位就比负极的高大约0.5 V，这又称为二极管的"正向压降"。对于一个通用二极管，它的反向电流是在纳安数量级的（注意图中正反向电流的刻度不同），并且在反向击穿电压（又称反向峰值电压，PIV）以内，反向电流增加不大。对于一个通用二极管，如1N914，典型的反向击穿电压值为75 V（一般不会让二极管承受很高的反向电压，以引起反向击穿，除非是前面提到过的齐纳二极管）。经常要用到的概念是，只要二极管的正向电压降在0.5～0.8 V之间，这个二极管就可近似为一个理想的单向导体。当然，目前可用的成千上万的二极管还有其他重要特性，例如最大正向电流、电容、漏电流和反向恢复时间（见表1.1可知一些典型二极管的特性参数）。

在研究二极管电路之前应当指出两点：（a）二极管实际上不具有电阻（因而它不遵从欧姆定律）；（b）如果把一个二极管接入某电路，则该电路将没有戴维南等效电路。

1.7.2　整流

整流电路将交流变为直流，这是二极管的一个最简单且最重要的应用（二极管有时也就成为整流器）。一个最简单的整流电路如图1.68所示。图中符号"ac"代表一个交流电压源，在电子电路中，该交流电源通常来自一个由交流电源驱动的变压器。对于一个比二极管正向压降（通常应用的硅二极管的正向压降是0.6 V）大得多的正弦波输入，其输出如图1.69所示。如果把二极管看成一个单向导体，就很容易理解电路是如何工作的了。这个电路又称为**半波整流器**，因为只利用了一半输入波形。

图1.70表示另一个整流电路，即全波桥式整流器。图1.71显示了该电路负载两端的电压波形，其中利用了整个输入波形。由于二极管的正向压降，所以在输入零电压处出现空白。在这个电路中，总有两个二极管与输入串联，设计低电压电源时必须记住这一点。

表 1.1　二　极　管

类型	$V_R(\text{max})$ a (V)	$I_R(\text{max})$ b (μA)	连续 V_F (V)	连续 @ I_F (mA)	峰值 V_F (V)	峰值 @ I_F (A)	反向恢复时间 (ns)	电容 (10 V) (pF)	等级	注释
PAD-1	45	1 pA@20 V	0.8	5	–	–	–	0.8	最低的 I_R	Siliconix公司
FJT1100	30	0.001	–	–	1.1	0.05	–	1.2	非常低的 I_R	1 PA@5 V, 10 pA@15 V
ID101	30	10 pA@10 V	0.8	1	1.1	0.03	–	0.8	非常低的 I_R	Intersil, 双
1N3595	150	3	0.7	10	<1.0	0.2	3000	8.0	低 I_R	1 nA@125 V
1N914	75	5	0.75	10	1.1	0.1	4	1.3	通用的信号二极管	工业标准同1N4148
1N6263	60	10	0.4	1	0.7	0.01	0	1.0	肖特基效应:低 V_F	
1N3062	75	50	<1.0	20b	–	–	2	0.6	低性能信号二极管	0 V处1 pF电容
1N4305	75	50	0.6	1	–	–	4	1.5	可控制的 V_F	
1N4002 }	100	50	0.9	1000	2.3	25	3500	15	1 A整流	工业标准:7种系列
1N4007 }	1000	50	0.9	1000	2.3	25	5000	10		
1N5819	40	10 000	0.4	1000	1.1	20	–	50	功率肖特基	引线已固定
1N5822	40	20 000	0.45	3000	1.3	50	–	180	功率肖特基	引线已固定
1N5625	400	50	1.1	5000	2.0	50	2500	45	5 A整流	引线已固定
1N1183A	50	1000	1.1	40 000	1.3	100	–	–	大电流整流	1N1183RA反向

a. $V_{R(\text{max})}$ 是在 25°C，10 μA 漏电流时的反向电压峰值。　　b. $I_{R(\text{max})}$ 是在 V_R，100°C 时的反向漏电流。

图 1.68　半波整流器

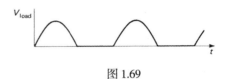

图 1.69

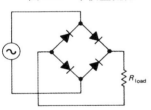

图 1.70　全波桥式整流器

图 1.71

1.7.3　电源滤波

　　显然，上面的各整流波形并不理想。它们只具有不改变极性的直流意义，但仍具有大量的纹波（这是一种在稳定电压值周围做周期性变化的成分）。为了得到真正的直流量，必须设法平滑这些纹波成分。利用低通滤波器（如图 1.72 所示）就能实现这一点。实际上，图中的串联电阻 R 是不必要的，可以省略（有时会存在一个很小的电阻 R，那是用来限制峰值整流电流的)，理由是整流器中的二极管

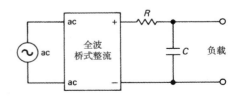

图 1.72

能阻止电流从电容回流，电容也就比传统低通滤波器中的 C 更能作为储能元件。在电容中存储的能量是 $U = 1/2\, CV^2$，其中 C 的单位为法拉，V 的单位为伏特，则 U 的单位为焦耳（瓦特 – 秒）。

　　电容值的选择要使

$$R_{\text{load}}C \gg 1/f$$

其中 f 是纹波频率，这里为 120 Hz。为了确保纹波小，应使放电时间常数远大于重新充电的时间。下一节将会对这一含糊论点陈述得更清楚些。

纹波电压的计算

要计算近似的纹波电压值是很容易的，尤其是当它与直流比起来很小时（见图 1.73）。负载会引起电容在一个周期间（或全波整流中的半个周期间）稍微放电。假设负载电流保持不变（实际上因为小纹波，所以会变化），因此得到

$$\Delta V = \frac{I}{C}\Delta t \qquad \left(\text{由 } I = C\frac{dV}{dt}\right)$$

用 $1/f$（或 $1/2f$，对于全波整流）代入上式的 Δt（这种估算比较安全，因为电容在小于半个周期内又再次充电），这样就得到

$$\Delta V = \frac{I_{\text{load}}}{fC} \qquad （半波）$$

$$\Delta V = \frac{I_{\text{load}}}{2fC} \qquad （全波）$$

（当给学生讲授电子学时，我们已经注意到学生很爱记这些公式！而在作者所做的非正式调查中显示，百分之百的工程师已不记得这些公式。当然，我们也请读者不要太费精力去记它们，而需要学会怎样去推导它们。）

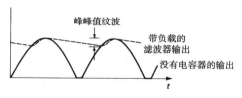

图 1.73　电源纹波计算

如果要做没有任何近似的计算，就要用精确的指数放电公式。实际上也没有必要坚持这种计算精度，主要出于如下两点理由：

1. 仅当负载是电阻性的，放电才会是指数型的，而许多负载并不如此。事实上，最通常的负载是**稳压器**，它看起来像一个恒定电流负载。
2. 电源中的电容精度通常是 20% 或更高，再考虑到制造的差异性，可进行一种保守的设计，即允许元件值的最差情形组合。

在这种情况下，把放电的起始段视为一个斜坡，事实上是相当精确的，尤其是当纹波较小时。不管怎样，在保守设计的思路中总会有误差出现，因为它过高地估算了纹波。

习题 1.27　设计一个全波桥式整流电路，输出直流电压为 10 V，其纹波（峰–峰值）小于 0.1 V，负载电流为 10 mA。选择合适的交流输入电压，假设二极管的压降为 0.6 V，确保在计算中使用正确的纹波频率。

1.7.4　电源的整流器结构

全波桥式整流

直流电源常采用刚讨论过的桥式整流电路，如图 1.74 所示。实际上，一般都可买到现成的桥式整流模块。最小的整流模块也具有最大额定值为 1 A 的电流，击穿电压从 100 ~ 600 V，甚至高

达 1000 V。可用的大电流桥式整流模块的电流额定值为 25 A 或更高，通过查阅表 6.4，可熟悉常用的几种类型。

带中心抽头的全波整流器

图 1.75 所示电路是一个带中心抽头的全波整流器，输出电压是桥式整流器的一半。基于变压器设计来考虑，这并不是一种最有效的电路。因为变压器次级的每一半只在一半时间内被利用。因此，在这段时间内流经次级绕组的电流就是流经全波电路中的电流的两倍。利用欧姆定律计算的绕组中的发热量为 I^2R。这样，在一半时间里就有 4 倍的发热量，或是一个等效全波桥式整流电路平均发热量的两倍。与较好的桥式电路相比，将不得不选择一个对应电流额定值 1.4（2 的平方根）倍的变压器；除了这种变压器的成本较高外，对应的电源体积也较笨重。

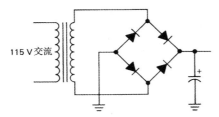

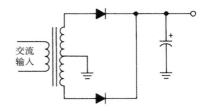

图 1.74　桥式整流电路。图中所标的极性与弯曲的电
　　　　极表示一个有极性电容，它不允许反向充电

图 1.75　采用中心抽头的全波整流器

习题 1.28　对 I^2R 发热量的阐述可以帮助我们了解带中心抽头的整流电路的缺陷。如图 1.76 所示的电流波形的平均值为 1 A，它通过一个熔断器，通常要求熔断器的额定值（最小值）最大为多少？提示：一个熔断器金属连接加热 I^2R 即可熔断，这也是一个稳定的大于熔断器电流额定值的电流流过时会发生的现象。对这一问题还可假设可熔连接的热时间常数远比方波的时间标度长。即，熔断器对根据许多周期求平均后的 I^2 值进行响应。

双电源

如图 1.77 所示，它是带中心抽头全波电路的一种常用的变化形式，能得到双电源（两组相同的正负电压），这是许多电路所需要的电源。它是一种非常有效的电路，因为输入的两个半波各被用于一个绕组中。

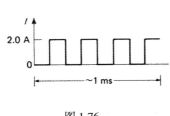

图 1.76

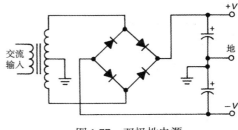

图 1.77　双极性电源

□ 倍压器

如图 1.78 所示的电路称为倍压器。可把它视为两个半波整流电路相串联。这是一个正规的全波整流电路，因为输入的两个半波波形都被利用上了，其纹波频率是输入交流频率的两倍（在美国，电源的交流频率是 60 Hz，则其纹波频率为 120 Hz）。

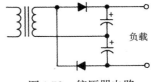

图 1.78　倍压器电路

这种电路的改变形式还有电压三倍器、四倍器等。图 1.79 显示了电压的倍压器、三倍器与四倍器电路，在这些电路中可将变压器的一边接地。

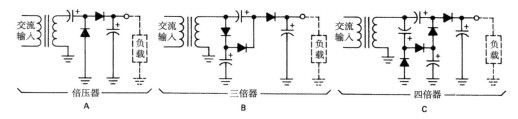

图 1.79　电压倍压器；这些结构不需要悬空的电压源

1.7.5　稳压器

通过选择充分大的电容，可以将纹波电压减小到所需的任意电平值。当然，采用这种平滑方法有两个缺陷：

1. 所需的电容也许相当笨重与昂贵。
2. 即使这些纹波被减小到可忽略的电平，仍然会面临输出电压由于其他原因而发生变化。例如，输出直流电压将近似地与输入交流电压成正比变化。这样，由于输入交流线上的电压变化会引起输出电压的漂移。此外，由于变压器次级绕组二极管等的有限内阻及负载电流的变化，也将引起输出电压的变化。换句话说，这个直流电源的戴维南等效电路具有 $R > 0$。

一种较好的方案可用于电源设计，它利用了足够大的电容来充分降低纹波（也许是直流电压的 10%）。然后利用一个**有源反馈**电路来消除遗留的纹波。这种反馈电路"监测"输出端，用一个可控制的串联电阻（晶体管）进行必要的调整，以保持输出电压恒定（如图 1.80 所示）。

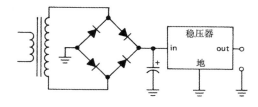

图 1.80　可调直流电源

这类稳压器已被用于电子电路的电源部分。如今可采用整块稳压器集成电路，并且其价格低廉。在一个具有稳压器的电源中，可以非常容易地调整其输出电压。它还具有自保护电路（防止外部短路、过热等）。它作为电压源时也有极好的特性（如内阻只在毫欧数量级）。我们将在第 6 章探讨可调直流电源。

1.7.6　二极管的电路应用

信号检波器

在其他一些场合，还可以利用二极管来获得单极性波形。如果输入波形不是正弦波，就不认为它是电源中的整流过程。例如，我们也许会想到一串对应于方波上升沿的脉冲。那么，最简单的方法是对已微分的波形（见图 1.81）进行检波。记住，二极管正向压降的近似值为 0.6 V。这样，对于峰 – 峰值小于 0.6 V 的方波波形，该电路无输出。倘若这是电路的主要问题，我们也许会用各种技巧来克服这一电路限制。一种可能性是采用**主载流子二极管**（肖特基二极管），它的正向压降仅为 0.25 V 左右（另一种器件称为**后向二极管**，它有接近于零的正向压降，但它的用途却被非常低的反向击穿电压所限制）。

对于二极管有限压降问题的另一种可能解决方法是采用如图 1.82 所示的电路。其中 D_1 补偿 D_2 的正向压降，它通过为 D_2 提供 0.6 V 的偏压来保持后者始终处于导通的门限。利用二极管（D_1）来提供偏压具有几个优点：它不需做任何调整，补偿也将会是趋于完美的；正向压降的变化（如随着温度的变化）也将会得到合适的补偿。在本书后面将会遇到其他有关二极管、晶体管以及场效应管的正向压降的配对补偿情形。这种配对方法是一种简单但行之有效的补偿技巧。

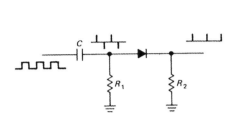

图 1.81

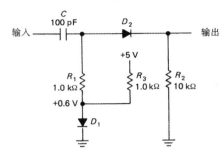

图 1.82　对二极管信号检波器的正向压降进行补偿

二极管门电路

在后面有关"逻辑"部分的内容中将看到二极管的另一种应用，就是让两个输入电压中的较高电平通过，但又不影响较低的电平。一个较好的示例是**电池备用电路**，它用于保持某种装置运行（如一个精密电子时钟），这种装置不会在电源出现故障时停止运行。图 1.83 就显示了实现这种功能的电路。在电源未出故障时，电池不起作用；在电源有问题时，它取代电源而不间断供电。

习题 1.29　对上述电路略加修改，以使电池能由接通的直流电源对其进行 10 mA 电流充电（这种电路对维持电池的充电是非常必要的）。

二极管箝位器

有时在电路某处需要对信号的范围进行限制（例如，防止信号超过某一电压）。如图 1.84 所示的电路即可完成这种箝位功能。电路中的二极管防止输出超过 5.6 V，但并不影响低于该值的电压（包括负电压）。对这个电路的惟一限制是输入电压不能过于负向，以至于超过二极管的反向击穿电压（如 1N914 二极管的反向击穿电压是 –70 V）。二极管箝位是所有 CMOS 系列数字逻辑电路输入端的标准电路部分。如果不采用，精细脆弱的输入电路就很容易被静电放电毁坏。

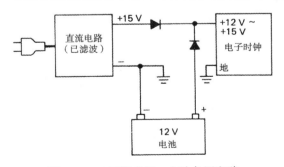

图 1.83　二极管或门：电池备用电路

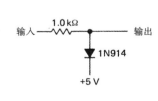

图 1.84　二极管电压箝位

习题 1.30　设计一个对称的箝位电路，即能把信号限制在 –5.6 ～ +5.6 V 之间。

分压电路可以为箝位电路提供参考电压值（见图 1.85）。在这种情况下，必须确保从分压器看进去的阻抗（R_{vd}）与 R 比起来的确很小，这是因为当分压电路被它的戴维南等效电路替代时，即可得到图1.86所示的电路。当输入电压超过箝位电压使二极管导通时，其输出就是分压器的输出。这时，它具有在参考电压处较低的戴维南等效电阻值，如图1.87所示。因此，对于图中所示值，对应三角波输入的箝位输出就像图1.88所示的波形。现在的问题是，用电子学的语言来描述，分压电路并不提供陡峭的参考值。一个陡峭的电压源是不易弯曲的，它的内阻（戴维南等效电阻）很低。

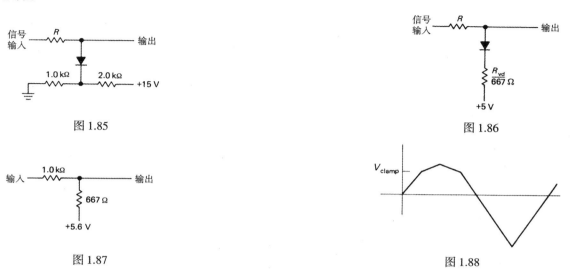

图1.85　　　　　　　　　　　　　　　　图1.86

图1.87　　　　　　　　　　　　　　　　图1.88

一种使图1.85所示电路陡峭箝位的简单方式是在1 kΩ电阻两端加上旁路电容，这至少对**高频**信号是有效的。例如，一个接地的15 μF电容在高于1 kHz的信号频率上将会把从分压器看进去的电阻减小至10 Ω以下（也可类似地在图1.82中给D_1两端加上一个旁路电容）。当然，这种方法的效果在低频处是减小的，在直流处完全无效。

实际中可利用晶体管或运算放大器较容易地解决分压参考电压处的有限阻抗值的问题。通常这也是解决这一问题的较好方法，因为它不用很小的电阻，从而不损耗很大的电流，但却能提供几欧或更小的阻抗。此外，还可用其他方式来构成箝位，如采用运算放大器作为箝位电路的一部分。我们将在第4章看到这些方法的应用。

箝位的一个非常有趣的应用是"直流恢复"，它是对一个已经被电容耦合的信号进行直流恢复。图1.89就显示了这一原理。这对于那些输入看起来像二极管一样的电路（例如发射极接地的晶体管电路）尤为重要，否则经交流耦合的信号将渐渐消失。

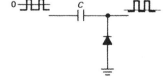

图1.89　直流恢复

限幅器

最后一个箝位电路的应用如图1.90所示。这种电路将输出限制为二极管的正向压降，大约在0.6 V左右，这似乎是一个相当小的值。然而，如果下一级是一个具有较大电压放大倍数的放大器，则其输入电压就要求很小，接近于0 V左右，否则输出将会处于"饱和"状态（例如，如果下一级有1000倍的增益，并且在±15 V的电源激励下，那么它的输入只能在±15 mV的范围内，以使它的输出不至于饱和）。这种箝位常用于高增益放大器的输入保护电路。

二极管作为非线性器件

作为一种较好的近似，在某一确定温度下，通过二极管的正向电流与其两端所加的电压成指数函数关系（对这一规律的精确讨论参见2.3.1节）。因此，可用二极管来产生一个与电流的对数成比例关系的输出电压（如图 1.91 所示）。因为电压 V 限于在 0.6 V 的区域内变化，并只有很小的反映输入电流变化的电压变化，因此如果输入电压远大于二极管的正向压降，就要用一个电阻来产生输入电流，如图 1.92 所示。

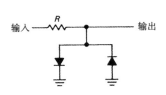

图 1.90　二极管限幅器

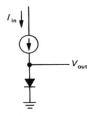

图 1.91　利用二极管非线性 V-I 曲线的对数转换器

实际上，我们需要一个不经二极管 0.6 V 压降补偿的输出电压。此外，也期望得到一个不随温度灵敏变化的电路。而二极管压降补偿方法在此是很有用的（见图 1.93）。在图中，R_1 使 D_2 导通，使 A 点保持 -0.6 V，而 B 点则接近于地电位（偶尔会使 I_{in} 确实与 V_{in} 成比例）。只要这两个完全一致的晶体管处于同一温度下，它们总会形成一种较好的抵消正向压降变化的作用。当然，它的例外是由于输入电流流经 D_1，产生所需的输出，这就形成了 D_1 与 D_2 之间的一定差异。因此，在这个电路中，应当如此选择 R_1，以使流经 D_2 的电流远大于最大的输入电流，以保持 D_2 处于导通状态。

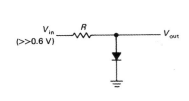

图 1.92

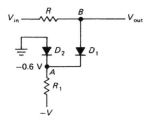

图 1.93　对数转换电路中的二极管压降补偿

在关于运算放大器的章节中，我们将探讨构成对数转换电路的更好方法，以及一些有关温度补偿的具体措施。用这些方法才有可能构成一些精确到输入电流百分之几或更高的对数转换器。当然，要实现这些，有必要先对二极管、晶体管以及运算放大器特性有较好的了解。而在这一节，我们只对这类器件进行概述。

1.7.7　感性负载与二极管保护

假如突然断开一个给电感提供电流的开关，那将发生什么呢？因为电感具有如下特性：

$$V = L\frac{dI}{dt}$$

这就不可能突然切断对应的电流，因为会有一个无限大的电压加在电感两端。接着发生的是，电感两端的电压突然上升，直到它迫使电流继续流动。显然，这类控制感性负载的电子器件在电路中很容易受损，尤其是那些击穿后以满足电感电流连续性需要的元件。考虑如图 1.94 所示的电路，电路中的开关在初始时是闭合的，电流流过电感（此电感也许是一个继电器，正如后面将描述的）。当开关被切断时，电感试图保持电流像先前那样从 A 流向 B，这就意味着端点 B 电位变得比端点 A 高了。这时，在开关触点断开瞬间将产生 1000 V 正电位。这将缩短开关的寿命并产生对邻近电路有影响的脉冲干扰。如果这个开关恰好由晶体管来充当，那么可以肯定其工作寿命要缩短，也可能会被损坏。

最好的解决方法是将一个二极管接在电感的两端，如图1.95所示。当开关接通期间，二极管是反向偏压的（它来自电感线圈电阻的直流压降）。在开关打开时，二极管进入导通状态，使开关端点比正电源电压高一个二极管正向压降，这个二极管必须能够应付初始电流，即以前一直流经电感的稳态电流；在此采用型号为1N4004的二极管足以胜任各种情况。

这种保护电路的惟一缺陷是它增加了电感电流的衰减，这是因为电感电流的变化率与它两端电压成正比例关系。在那些要求电流必须快速衰减的场合（如高速击打式打印机、高速继电器等），不妨用一个电阻跨接在电感两端，并通过适当选择该电阻的阻值，使 $V_{supply} + IR$ 小于开关两端的可允许的最大电压值。欲得到一个给定最大电压值内的最快衰减，可采用齐纳二极管来替代，它给出了斜坡向下的电流衰减，而不是指数衰减。

对于由交流（包括交流变压器、交流继电器）驱动的电感电路，上述的保护电路将不起作用。这是因为当开关闭合时，二极管会交替地在半周期内导通。对于这种情况，一种较好的解决办法是用一个 RC "阻尼"网络（如图1.96所示）。图中所示的是由交流电源驱动的小感性负载电路的典型值。因为变压器是感性的，这样的阻尼可用在由交流电源驱动的所有各种仪器中。一种可替换的保护器件是金属氧化物变阻器，即过渡型阻尼器。它是一种价格不贵的器件，看起来像圆形陶瓷电容，但却具有双向齐纳二极管的电特性。它们的可用电压范围为 10 ~ 1000 V，并且能处理上千安的瞬态电流（参见6.3.1节与表6.2）。采用这种过渡型阻尼器对于电子设备具有良好的意义，它不仅防止了感性尖峰对其他邻近设备的干扰，也防止了偶尔来自电源供电线上的大尖峰脉冲对设备仪器本身的损坏。

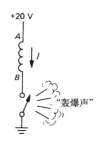

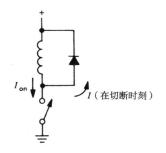

图1.94　感性"突变"　　　　　图1.95　阻止感性突变　　　　　图1.96　RC阻尼用于抑制感性突变

1.8　其他无源元件

在以下小节中将简单引出一类杂散但又必要的元件。如果对电子电路组成非常熟悉，可直接跳过这一节而进入下一章。

1.8.1　机电器件

开关

这些既普通又重要的器件总会出现在大部分电子设备中，因此有必要简短叙述一下。图1.97显示了一些常见的开关类型。

拨动式开关。简单的拨动式开关可用于各种电子设备中，它有不同的开关刀数；图1.98显示了通常的所有拨动开关类型（其中，SPDT表示单刀双掷开关）。拨动开关也可处于中央断开位置以及同时接通四掷。拨动开关通常总是在接通之前处于断开位置。例如，在一个单刀双掷开关中，移动触点不会与两端都相接。

图 1.97　面板式开关　　　　　　　　　　　　　　图 1.98　基本的开关类型

按钮式开关。按钮式开关可用于瞬间接通的场合。它们已在图 1.99 中简要地表示出来（其中，NO 与 NC 分别表示"正常开路"与"正常闭合"这两种模式）。对单刀双掷瞬间接通开关，端点必须标明 NO 与 NC 符号；而在单刀单掷类型中，这个符号的意义更加明显。瞬间接触开关也总是在"接通之前断开"。在电气（而不是电子）工业中，A 型、B 型与 C 型分别表示单刀单掷开关的 NO 和 NC 以及单刀双掷模式。

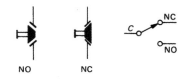

图 1.99　瞬间接通（按钮式开关）

旋转式开关。旋转式开关有许多位置，正像一些仪表工具中具有旋转轴与各个接触点的开关。不管是短接（在断开之前的接通）还是非短接（在接通之前的断开），这两种类型均可用，它们也可混合在同一开关中。在许多应用场合，短接类型用来防止开关接通位置间的开路，以避免电路在断开输入时的混乱。非短接类型在这种场合也是必需的，即当那些各自独立分开的连线被转换接至一根共用的连线时，这些独立分开的连线千万不能相互连通。

其他开关类型。除了上述那些基本的开关类型，还有一些特殊的开关可用。例如"半作用"开关、簧片开关、近程开关等。所有开关都具有最大的电流与电压额定值。例如，一个小的拨动开关也许额定值为 150 V 电压与 5 A 电流。用于感性负载中的开关由于受到关断时电弧的冲击而寿命大减。

开关应用示例。作为一个简单开关应用的示例，考虑如下的问题：假设当轿车司机坐下后，如果其中一边车门未关上，就可听到蜂鸣器的报警声。在车的两扇门与司机的座位上都设有开关，它们通常都处于未闭合状态。图 1.100 显示了一种能达到这种目的的电路。如果其中一扇门"或"另外一扇门是开着的（对应开关闭合的状态），"与"座位开关是闭合的，就会听到蜂鸣的声音。"或"和"与"在此具有逻辑含义。在第 2 章有关晶体管与第 8 章有关数字逻辑的内容中将再次涉及这一示例。

图 1.101 显示了一种经典的开关电路，它主要用于房间两个入口处对顶灯接通与断开的控制。

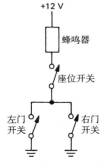

图 1.100

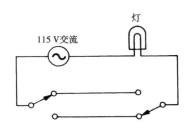

图 1.101　电工的 3 通开关接线

习题 1.31　　几乎很少有电子电路设计者知道每个电工怎样连接灯具混合电路，以使 N 个开关中的任何一个都能对灯进行控制。现在来试试能否对图1.101进行推广。它需要两个单刀双掷开关与 $N-2$ 个双刀双掷开关（提示：首先想出如何使用双刀双掷开关来交错一对连线）。

继电器

继电器是电控制开关。在常用类型中，当足够的电流流经线圈时，该线圈接通磁舌。还有许多种类的继电器可用，其中包括"闭锁"与"步进"继电器。步进继电器为电话交换站提供基础，并且它们在桌面弹球机器中仍然很流行。继电器适用于交、直流的激励，通常的激励电压范围为 5~110 V。水银式簧片继电器是专为高速（约 1 ms）接通应用而设计的。而能源供电公司则常采用非常大的继电器来控制上千安电流的开关。以前的许多继电器应用现在已被当今的晶体管与场效应管开关替代。而现在一些被人们熟知的固态继电器也可作为处理交流的开关使用。继电器的最基本用途是用于遥控开关与高电压（或大电流）的开关中。又因为保持电子电路与交流电源线一边的电气隔离非常重要，因而在保持控制信号电气隔离期间，继电器也常用于交流电源的开关控制。

连接器

电路连接器可将信号输入至一个仪器，或从一个仪器输出信号；一个仪器各部分之间的通路由信号以及直流电源连接，再加上考虑一些仪器的电路板以及大电路模块的插拔连接的灵活性，这些都需要使用连接器。因此，它们是电子设备中的最基本部分（当然，通常也是最不可靠的部分）。连接器通常具有各种大不相同的尺寸与形状。

单线连接器。它是一种最简单的连接器，采用针形插口或香蕉形插座。主要用于多功能仪表、电源等设备。这种连接器方便、简单且不贵，但它们不像常用的屏蔽电缆，即多线连接器那样有用。另一种较简单的单线连接器是接线柱。这种连接器虽然较笨重，但仍有一定的用途。

屏蔽式电缆连接器。为了防止容性感应噪声电压，以及将在第13章中涉及的一些理由，通常需要用屏蔽式同轴电缆实现仪器之间的信号连接。最常用的这种连接器是BNC（称为"小N"连接器），它通常装在大多数仪器的面板上。连接时需对它进行四分之一圈的扭转以达到同时对屏蔽地电路与机内信号电路的连接。就像所有用于将电缆连接至仪器的连接器一样，这种连接器也有面板安装部分与电缆连接终端部分（如图 1.102 所示）。

图 1.102　屏蔽电缆中用得最多的BNC速接器。从左至右依次是在电缆上的公接头，一个标准的安装在面板上的母接座，两类绝缘的安装在面板上的母接座与一个BNC "T"型连接器。常用于实验室中

另一类用于同轴电缆的连接器是 TNC 类（与 BNC 近似，但具有螺纹状外壳），还有性能好但笨重的 N 类、小型 SMA 类、更小型的 LEMO 类与 SMC 类以及 MHV 类（标准 BNC 连接器的高电压连接类型）。通常的音频插座用于音频设备中，但在设计方面有一定的缺陷。因为当插头插入时，内部的连接导体与外屏蔽部分相匹配。此外，这种连接器的设计还有如下缺点，即连接器外部与中

央连接器部分的接触较差，这是我们所知的后果。为了取得较好的连接效果，电视工业已经采用自己的标准来设计连接器，如F型同轴连接器，它将同轴内部的不固定连线作为连接中公插头的尖头连接，以替代及配合这种屏蔽连接。

多插针式连接器。仪器常常要求使用多连线电缆与连接器，也确实有很多种此类连接器在使用中。最简单的一种是三芯线连接器。而在较常用类型中非常优异的是D型超小型连接器、Winchester公司的 MRA 系列、一直被采用的 MS 类型以及扁平带式终端连接电缆（见图 1.103）。请牢记连接器不能摔在地上，否则很容易损坏（微型六边形连接器是最典型的例子），因为这种连接器不具备锁住功能（例如 Jones 300 系列）。

图 1.103　常用多插针式连接器，从左至右分别是：D型超小型，用于面板与电缆安装的部分，有 9 个、15 个、25 个、37 个或 50 个插针；一直在使用的 MS 类连接器，用于很多插针及固定场合，包括屏蔽式电缆连接的场合；具有组合的加固的插口螺纹的微型矩形连接器（Winchester MRA 类型），并具有多种可用的尺寸；还有一种电路板安装多终点连接器，具有与母带状连接器配合的功能

插件板式连接器。用于连接印刷电路板的最常用方式是采用插件板边缘式连接器，它能与印刷电路板边缘镀有金的触点相连接。板式边缘连接器通常有15 ~ 100个插针点。根据不同的连接方式，具有不同的边缘点。也可将它们焊在"母板"上，这个母板本身就是另一块印刷电路板，它包含与其他电路板连接的引线部分。另外，也可以将插件式边缘连接器与标准的焊点式终端连接，这一点尤其适用于只有几块插件板的电路（可参见第 12 章中的一些照片）。

1.8.2　显示部分

仪表

为了读出一些电压或电流值，可以选择用指针式仪表与数字显示仪表。后者通常较贵，但也较准。两类仪表均可用于电压与电流的量程范围内。此外，还有一些奇特的仪表用于测量某些量，如VU（音量单位，以音频的分贝为刻度）、扩展刻度的交流电压表（如 105~130 V）、测量热电偶输出的温度显示计、电机负载的百分比显示仪、频率显示仪等。除了可见的显示部分，数字面板显示仪表也常常给出逻辑电平输出的可选部分，以供仪器内部使用。

指示灯与发光二极管

闪烁的指示灯、充满数字与字母的计算机荧屏以及一阵阵奇怪的声音似乎构成了科幻影片的主要背景。然而，我们主要关心仪表上的指示灯与显示器的构成（见9.1.10节）。以往常用于仪器面板指示灯的小白炽灯泡如今早已被发光二极管所替代。这种发光二极管在电气方面就像普通二极管，但它们具有 1.5 ~ 2.5 V 的正向压降，当电流正向流通时它们就发光。通常有 5 ~ 20 mA 电流流经它们时即可产生足够的亮度。发光二极管比白炽灯泡便宜，也更经久耐用。它们还可用于发出 3 种光（红、黄、绿）。发光二极管也有便于在面板安装的外壳，还有一些内置的限流装置。发光二极管也可用于数字显示。

最常见的是我们熟悉的用于计算器上的7段码数字显示。为了显示字母与数字（又称为字母数字显示），可以采用16段显示或点阵显示。对于低功率的户外用途，通常采用液晶显示。

1.8.3　可变元器件

电阻器

可变电阻器（又称为音量控制器、电位器、分压器或微调器）在仪器的面板控制与电路内部调整中是非常有用的。用于面板上最常见的可调整电阻是一种2 W类型的AB电位器。它采用一种固定碳膜电阻，但在它上面有一个可调整的滑动触点。其他的面板控制类型是陶瓷或塑料元件，这类元件具有已改进的特性。多转类型（3，5或10转）也可用于电路调整控制中，它们具有可数的转动与改进的分辨率与线性度。虽然同轴电位器（在同一个轴上具有几个独立的调整部分）只有有限的几种，但它们还是被用于一些所需的场合。

可以在电子仪器内部使用（而不是装在面板上）的**微调分压器**也具有单转与多转形式，它们多半是为在印刷电路上安装而设计的。这类可调器件方便于"复位与无记忆"类型电路的校准。对于它们的应用，需注意这一忠告：在电路中尽量不用较多的微调器件，而尽量采用良好的电路设计来替代。

图1.104显示了一个可变电阻或分压器的电路符号。有时用符号CW与CCW来表示顺时针与逆时针方向的调整。

关于可变电阻的一个重要事项是，在电路某处千万别用电位器替代所需的精确电阻。因为这容易使人以为电位器可以调整到所需的准确电阻。这个问题的根源是，电位器不如精度较好（如1%）的电阻那样稳定，此外它们也不具有较高的分辨率（即不可能被设置在一个精确值上）。如果在电路中某处必须要用一个精确的可设置的电阻值，可采用一个1%（或更高）精度的电阻与一个电位器相结合，并且固定电阻必须占总电阻值的大部分。例如，如果需要一个23.4 kΩ的电阻，就用一个22.6 kΩ（1%精度）的固定电阻与一个2 kΩ的微调电阻相串联而得到。另一种可能是采用几个高精度电阻的串联组合，以选择最终的（或最小的）电阻来得到所需的串联阻值。

正如我们在后面将看到的，在一些应用场合，可利用场效应管（FET）作为电压控制可变电阻器。晶体管也可用于电压控制的可变增益放大器。当设计者想独创一些电路时，就需要扩展这类思路。

电容

可变电容主要限制在较小的电容值范围内（一般最高在1000 pF左右），并且它们通常用于射频（RF）电路中。微调电容主要用于电路内部调整，而装于面板上的可变电容类型可方便用户的调整使用。图1.105显示了可变电容的电路符号。

外加反向电压的二极管可用来作为随电压变化的可变电容。在这种应用中，它们被称为变容二极管。它们在射频电路中的应用非常重要，尤其是在自动频率控制（AFC）调制器和参数放大器中。

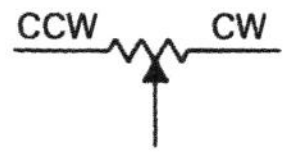

图1.104　电位器（3端可变电阻）

图1.105　可变电容器

电感

可变电感通常是通过调整一个固定线圈内的磁心位置来获得的。在这种形式中，电感值变化的范围可从微亨至亨。对于任一给定的电感，它的典型可调范围是2∶1。转动式电感（一个磁心线圈，但具有滚动接触）也属于可变电感的范畴。

变压器

可调变压器也是非常方便有用的一种可调器件,尤其是那些由 115 V 交流电源激励的变压器。它们通常被称为"自耦变压器",这意味着它们只有一个绕组,但具有一个滑动抽头触点。通常由 Technipower,Superior 与其他电气公司制造。典型的是,它们在 115 V 交流的激励下,可提供 0~135 V 的交流输出电压,并具有 1~20 A 甚至更高的电流输出。这类自耦变压器较适用于测量仪器,因为这类仪器易受电源线上电压波动的影响,从而使仪器的测试性能变差。警告:千万牢记自耦变压器的输出并没有像一般变压器那样与输入电源部分隔离绝缘。

1.9   补充题

1. 求出图 1.106 所示的分压电路的诺顿等效电路(电流源与电阻的并联形式)。当该实际电路接一个 5 kΩ 电阻时,证明其诺顿等效电路给出相同的输出电压。

2. 求出图 1.107 所示电路的戴维南等效电路,它与上题中的戴维南等效电路相同吗?

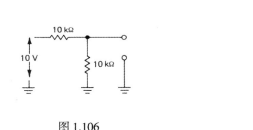 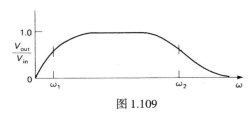

图 1.106   图 1.107

3. 为音频信号设计一个"噪声滤波器",使高于 20 Hz 的频率成分得以通过(在 10 Hz 处设置 −3 dB 点)。假设零内阻信号源(理想电压源)与 10 kΩ(最小)负载阻抗。这点假设是非常重要的,以便能够选择 R 与 C,使负载不明显影响滤波器特性。

4. 为音频信号设计一个"唱针沙音滤波器"(在 10 kHz 处下降 3 dB)。采用与上题中相同的激励源与负载阻抗。

5. 怎样用 R 与 C 构造一个滤波器,得到如图 1.108 所示的响应。

6. 设计一个带通 RC 滤波器(如图 1.109 所示),其中 f_1 与 f_2 是 3 dB 点。选择合适的阻抗以便使第一级不受第二级负载效应的影响。

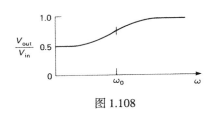

图 1.108   图 1.109

7. 描绘出如图 1.110 所示电路的输出特性曲线。

8. 设计一个示波器的"× 10 探头"(参见附录 A),它可与一个输入阻抗为 1 MΩ 与 20 pF 相并联的示波器连用。假设探头电缆附加了一个 100 pF 电容,它设置在电缆的顶端(而不是在示波器端,如图 1.111 所示),由此所得的网络应当在所有频率(包括直流成分)上具有 20 dB(× 10)的衰减。用一个×10探头的理由是增加从测试电路两端看进去的负载阻抗，从而可减小负载效应。试问，当使用这一示波器时，该×10探头会使测试电路呈现多大的输入阻抗（R与C并联）？

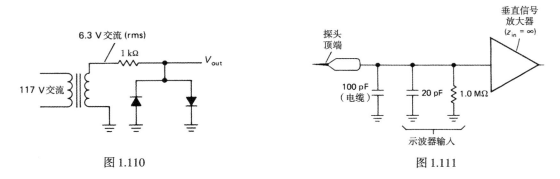

图 1.110　　　　　　　　　　　　　　　　　　图 1.111

第2章 晶 体 管

2.1 概述

　　晶体管是最重要的一种有源器件。它能放大输入信号,从而产生比输入信号大的输出信号。当然,输出信号增大的功率来自晶体管电路的外接供电电源。注意,电压放大倍数并非如此,正如类似电阻或电容这种无源器件的一个升压变压器,它往往有电压增益但无功率增益。功率增益器件具有的一种最显著的特征是,通过从其输出端反馈一定的输出信号至输入端可构成一类振荡器。

　　有趣的是,当初晶体管的发明者似乎感到了它的功率放大特性非常重要。他们所做的第一件事就是用自己发明的一种含有晶体管的装置来驱动扬声器,以使输出信号听起来比输入信号响得多。

　　纵观所有的电子电路,从最简单的放大器或振荡器至最复杂的数字计算机,其中无不包含了晶体管这种最基本的器件。尽管集成电路已经替代了由晶体管及其他分立元件构成的电路,但它本身也是由一片半导体材料上的晶体管阵列与其他元件共同构成的。

　　虽然绝大部分电路是由集成电路(IC)组成的,但因为要了解集成电路的输入输出特性,以便将其连接至电路的其他部分或外围电路,所以需较好地掌握晶体管的特性。此外,晶体管还是一种非常有效的接口电路,可用于集成电路与其他电路之间或一个子电路与另一个子电路之间。最后一点,我们经常会遇到找不到一个合适的集成电路可用的情形,这样只能靠自己设计由分立晶体管等元器件组成的电路来完成。正如我们将看到的,由于晶体管具有其独特的优点,了解它们的工作原理非常有趣。

　　本书探讨晶体管工作原理的方式也与其他许多教材中的方式大不相同。常见的方法是用h参数模型与等效电路来描述分析。而我们认为这些是不必要的复杂且非直观的方法。这是因为人们对电路特性的理解不仅仅是那些由复杂方程推导出的东西,更重要的是自己对电路如何发挥作用的理解,并且我们也常常并不关心晶体管的哪一个特性参数可以值得信赖,更主要的是看哪一个参数能在大范围内变化。

　　本章将推出一个非常简单的晶体管概述模型来替代传统的研究方法,并利用该模型估算一些电路。不久,还会揭示它的应用受限性。接着,我们将扩展这一模型并介绍著名的 Ebers-Moll 方程。采用 Ebers-Moll 方程和简单的三端模型,将会更好地掌握晶体管,并且无需做大量的计算。尤其独特的是,这些设计大部分不依赖于不易控制的晶体管参数,如电流增益。

　　在此也要强调一些重要的工程标记法。晶体管各极对地电压用单个下标(C, B 或 E)来表示,集电极电压用V_C来表示。在两极之间的电压用一个双下标来表示,如V_{BE}是基极与发射极之间的电压降。如果同一个下标字母双写,则表示接在该极的电源电压,如V_{CC}表示与集电极相连的(正)电源电压,而V_{EE}则表示与发射极相连的(负)电源电压。

2.1.1 第一种晶体管模型:电流放大器

　　首先,晶体管是一个如图 2.1 所示的三端器件,它通常有两种形式(NPN 型与 PNP 型),对于 NPN 晶体管,需满足如下供电特性(对于 PNP 晶体管则完全相反):

1. 集电极电位必须高于发射极电位。
2. 基极－发射极与基极－集电极的电路特征表现就像二极管一样（如图2.2所示）。通常基极－发射极间的二极管正向偏置，处于导通状态；而基极－集电极间的二极管处于反向偏置，显然此反向电压阻止其电流通过。
3. 对于任何一个晶体管而言，它的I_C，I_B与V_{CE}总有最大值。工作时相应的电流、电压不能超过这些最大值，以确保晶体管安全工作（典型值参见表2.1）。当然，还有其他一些限制，诸如功耗（$I_C V_{CE}$）、温度和V_{BE}等参数。在使用晶体管时，必须熟知这些要点。
4. 当满足上述3个规则时，I_C近似与I_B成正比，并能写成如下关系式：

$$I_C = h_{FE}I_B = \beta I_B$$

其中h_{FE}是电流增益（又称为β），它的典型值为100左右。集电极电流I_C与基极电流I_B均流向发射极。注意，这里的集电极电流并不是由于基极－集电极间二极管的正向导通引起的。事实上这个二极管是反向偏置的。那么这个集电极电流从何而来呢？先考虑它是由于"晶体管作用"而引起的。

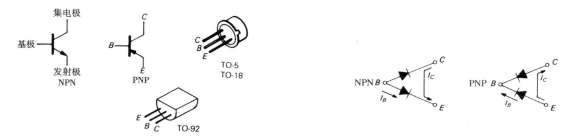

图2.1 晶体管符号与小晶体管外壳包装　　　　图2.2 晶体管端口电流的特性

特性4确定了晶体管的一个有用特性，即流进基极的较小电流能控制流进集电极的较大电流。

注意，h_{FE}并不是一个值得信赖的晶体管参数。例如，对于不同类型的晶体管，它的值可在50至250之间变化。它还依赖于集电极电流、集电极与发射极间的电压和工作温度。**如果一个电路仅依赖于h_{FE}的一个特定值，那它必定不是一个好电路。**

尤其需要注意上述晶体管特性2的作用。它意味着不能将基极－发射极间电压固定不变。这是因为如果基极电位高于发射极电位大约0.6～0.8 V（又称其为发射结正向压降），则会有较大的发射极电流流过。特性2也意味着工作中的晶体管具有$V_B \approx V_E + 0.6$ V（$V_B = V_E + V_{BE}$）。当然，再次强调，这种电位极性通常是针对NPN晶体管而言的，对于PNP则相反。

再值得强调的是，不要总认为晶体管集电极电流是由于二极管导通而形成的。事实并非如此，因为集电极－基极间的二极管通常总是加一个反向电压。此外，集电极电流随集电结电压变化很小（它此时的表现就像一个小电流源），并不像在一个正向导通的二极管中，其电流会随所加电压迅速变化。

2.2　几种基本的晶体管电路

2.2.1　晶体管开关

图2.3是晶体管开关电路示例。在这种电路中，一个支路上较小的电流能够控制另一支路上较大的电流。根据前述的晶体管特性，对此不难理解。当机械开关断开时，没有基极电流。根据晶体管特性4可知，它也没有晶体管集电极电流，此时灯泡熄灭。

当开关闭合时，基极电位上升 0.6 V（基极－发射极间二极管处于正向导通）。基极电阻上电压降为 9.4 V，因此基极电流为 9.4 mA。若直接应用上述特性 4，可得 I_C = 940 mA（对于典型的 β = 100），这是不正确的。为什么？因为仅当特性 1 满足时，特性 4 才正确。在集电极电流为 100 mA时，此灯泡有 10 V 的压降。为了得到更高的电流，不得不使集电极电位降至地电位。对于晶体管而言，是不允许这种情况出现的。这种结果称为饱和，即集电极电位尽可能接近它允许的低电位（典型的饱和电压大约是 0.05 ~ 0.2 V，参见附录 G）。在这种极限情况下，灯泡还继续亮着，其两端电压仍为额定值 10 V。

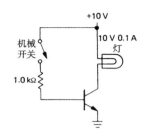

图 2.3　晶体管开关示例

上述方法过度地激励了基极电流（如用 9.4 mA，实际上用 1 mA 就足够了），使这个电路饱和工作。在这种特殊情况下，加大基极电流还是可以的，因为一个灯泡在未发热时需要流过更大的电流（处于未发热状态的灯泡电阻比它在发热时的电阻要低 5 至 10 倍）。另外，晶体管 β 值在较低的集电极至基极电压时要降低。因此，一些额外的基极电流是必要的，以便使晶体管进入全饱和状态（参见附录 G）。在实际电路中，常常在基极与地之间连接一个电阻（在这种电路中，大约为 10 kΩ），以便在开关断开时确保基极处于地电位。而且该外接电阻也不会影响开关接通的运行状态，因为它只会从基极电流中分流 0.06 mA。

当设计晶体管开关电路时，应注意如下几点：

1. 慎重地选择基极电阻以便使基极激励电流较大，尤其是在激励灯泡时，还需考虑在低 V_{CE} 处减小的 β 值。对于高速开关转换，由于容性效应，以及在高频（许多兆赫）工作时对应的 β 值也会减小，因此更需注意考虑这一点。通常，一个较小的加速电容可连接在基极电阻两端，以便改进电路的高速特性。

2. 当负载由于某种原因使集电极电流变化到地电位以下时（例如，由交流激励或是感性的），通常在集电极与电源之间串联一个二极管（或者集电极与地之间反接一个二极管），以防止集电极－基极在负电压范围内导通。

3. 对于感性负载，如图 2.4 所示，用一个二极管与该负载并联，以便保护晶体管。若不用此二极管，该电感在电路开关断开时将感应出一个很大的正电压加在集电极上。而这个正电压一般都可能超过集电极–发射极间的击穿电压，这是因为在开关断开时该电感试图维持原有的从 V_{CC} 至集电极的"接通"电流（参阅 1.7.7 节中有关电感的讨论）。

晶体管开关能使电路迅速地通断，通常在微秒的几分之几数量级上。同样，也可只用单一的控制信号来控制许多不同的电路。还有一个优点是可利用**晶体管开关**实现线控转换。在这种转换中，只用直流控制电压通过导线加在面板转换开关上，而不需要通过电缆与转换开关来传输信号本身（因为如果让大量的信号流经电缆，则有可能得到容性的拾音及产生一些信号损失）。

"晶体管人"

图 2.5 是一幅可以帮助我们了解一些晶体管特性限制的草图。图中这位男子的任务是试图永久保持 $I_C = h_{FE}I_B$。然而，他只能拨动可变电阻的抽头。这样，他可以使电路从短路（对应晶体管的饱和状态）至开路（对应晶体管的开路状态），也可在其之间任何一处停留，但不允许用电池、电流源等。在此必须提醒的是，千万不能认为晶体管的集电极像一个电阻，它不是电阻。相反地，由于这个小人物的努力，使集电极输出看起来有点像一个特性很差的恒流源（其输出的电流值取决于加在基极上的信号）。

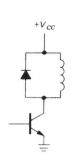

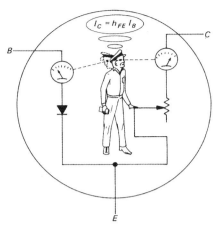

图 2.4 当连接一个感性负载时，总
是要并联一个抑制二极管

图 2.5 "晶体管人"在观察基极电流，然后调整输出电
阻，以试图维持输出电流为基极电流的 h_{FE} 倍

值得记住的另一点是，在任意给定的时刻，晶体管也许是（a）断开的（没有集电极电流），（b）在有源区域（有一定的集电极电流，集电极电位至少高于发射极电位零点几伏以上），或者（c）在饱和区（集电极－发射极间电压只有零点几伏）。参见附录 G 可以得到有关晶体管饱和的更详细论述。

2.2.2 射极跟随器

图 2.6 是**射极跟随器**电路示例。该电路的输出端是发射极，并跟随基极的输入，只是比基极低一个二极管压降：

$$V_E \approx V_B - 0.6 \text{ V}$$

输出除了比输入低 0.6～0.7 V 以外，它只是输入的一个复制。对于这种电路，输入 V_{in} 必须保持在 +0.6 V 以上，否则输出将会为地电位。如果将发射极电阻连至一个负电源，那么也允许输入负电压变化。注意射极跟随器没有集电极电阻。

乍看起来可能觉得射极跟随器没什么用，而实际上并非如此。正如我们就要证实的，该电路的输入阻抗要比输出阻抗高很多。这意味着，该射极跟随器只需从信号源中汲取较少的信号功率来激励一个给定的负载，而不会像用这个信号源直接激励该负载所需的信号源功率那样多。或者可以从戴维南定理方面来理解，具有某个内阻的信号源现在能够直接去激励一个与该内阻相当甚至更低的负载，而不至于像通常的分压器那样有信号幅度的损失。换句话说，射极跟随器具有电流增益，即使它没有电压增益，有功率增益即可（何况电压增益并不总是很重要的）。

源阻抗与负载

在以下详细分析射极跟随器的有效作用之前，有必要强调一个要点（很值得多加讨论）：在电子电路中，总要将本级输出与下级输入相连，如图 2.7 所示。信号源可以是一个具有戴维南串联等效阻抗 $\mathbf{Z}_{out}$ 的放大器输出级，它驱动下一级。下一级可视为一个具有某一输入阻抗 $\mathbf{Z}_{in}$ 的负载。一般而言，下一级的负载效应会引起输出信号的减少，正如 1.2.5 节中所讨论的。出于这个理由，通常的最佳方案是使 $Z_{out} \ll Z_{in}$（有用的经验准则是，前者常为后者的十分之几）。

当然，在一些情况下，也不一定坚持使信号源达到 $Z_{out} \ll Z_{in}$ 这种一般目标。在一些特殊场合，如果负载总是被连接于电路中，并且为一个常数 $\mathbf{Z}_{in}$，就没有必要太认真地去计较它对信号源的负载效应。然而，当负载已被连接于信号源时，信号源的输出电平并没有变化，这就是一种较理想的情形。同样，当 $\mathbf{Z}_{in}$ 随信号电平变化时，就需要一个苛刻的信号源（$Z_{out} \ll Z_{in}$）来确保其线性度。否则，在这种情况下依赖于信号电平的分压器将会造成输出失真。

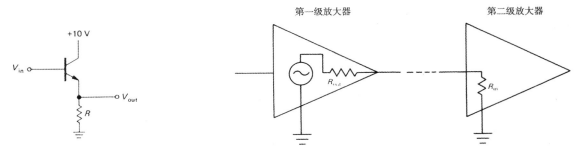

图 2.6　射极跟随器　　　　　　　　　　图 2.7　以分压器的形式来说明电路的"加载"

最后，$Z_{out} \ll Z_{in}$ 并不适应如下两种情形：首先，在射频电路中，通常偏爱阻抗匹配（$Z_{out} = Z_{in}$），关于这一点的理由将在第 14 章中讨论；另一个例外是，当级间被耦合的信号是电流而不是电压时。在这种情形中，情况相反，必须尽力使 $Z_{in} \ll Z_{out}$（对于电流源，其 $Z_{out} = \infty$）。

射极跟随器的输入与输出阻抗

由下面的分析可知，射极跟随器对于改变信号源或负载的阻抗非常有用，这正是射极跟随器的精髓所在。

下面计算射极跟随器的输入和输出阻抗。在上面的电路中，将 R 认为是负载（在实际电路中，R 有时直接是负载，有时负载与 R 并联，但不管怎样，R 总是在其中占主要地位）。若基极有一个电压变化量 ΔV_B，则在发射极就有一个相应的变化量为 $\Delta V_E = \Delta V_B$，发射极电流的变化量是

$$\Delta I_E = \Delta V_B / R$$

因此

$$\Delta I_B = \frac{1}{h_{fe}+1}\Delta I_E = \frac{\Delta V_B}{R(h_{fe}+1)}$$

（上面利用了 $I_E = I_C + I_B$），则有输入电阻为 $\Delta V_B / \Delta I_B$，因此

$$r_{in} = (h_{fe}+1)R$$

晶体管 β（h_{fe}）的典型值是 100，因此连接在发射极的较低阻抗的负载在基极处看起来就像一个高得多的大阻抗，这就容易被信号源所驱动。

与第 1 章中一样，在上面的计算中已使用小写符号。例如用 h_{fe} 来表征小信号增量变化的含义。我们也常常注意考虑电路中电压或电流的变化量，而不是电压（或电流）的稳态（直流）值。与一个音频放大器中一样，这些基于稳态直流偏置的小信号变化量代表有用信号，这也是最常见的一种现象（参见 2.2.4 节）。直流电流增益（h_{FE}）与小信号电流增益（h_{fe}）之间的不同并没有得到澄清，何况 β 可用于这两种情形。事实上，这并不是一个大问题，因为 $h_{FE} \approx h_{fe}$（除了在很高的工作频率上的例外情形）。不管怎样，很难准确地分清这两者的区别。

尽管在前面的推导过程中采用了电阻，但可以将 ΔV_B 和 ΔI_B 等推广为复数，从而得出复阻抗。这时会发现完全相同的变换规则适用于复输入阻抗：$\mathbf{Z}_{in} = (h_{fe}+1)\mathbf{Z}_{load}$。

还能进行相似的计算，以求出射极跟随器在一个具有源内阻 $\mathbf{Z}_{\text{source}}$ 驱动时的输出阻抗 $\mathbf{Z}_{\text{out}}$（从发射极看进去的阻抗）：

$$\mathbf{Z}_{\text{out}} = \frac{\mathbf{Z}_{\text{source}}}{h_{fe}+1}$$

严格地讲，射极跟随器的输出阻抗应当包括 R 的并联电阻，但是在实际电路中 $\mathbf{Z}_{\text{out}}$ 占主要地位。

习题2.1　证明上述关系式是正确的。提示：保持信号源电压不变，求出对应于输出电压变化的输出电流变化。记住源电压通过一个串联电阻连接至射极跟随器的基极。

由于射极跟随器具有这些较好的特性，所以已在许多场合中得以应用。例如，制成电路中（或在输出端）的一个低阻抗信号源；由一个较高阻抗的参考源（例如由分压器构成的）转换成一个严格陡峭的参考电压源，以及将信号源与下一级的负载隔离。

习题2.2　采用一个跟随器，其基极由一个分压器输出来驱动，以便从一个现成可调节的 +15 V 电压源中获得一个严格陡峭的 +5 V 电源。负载电流（最大值）等于 25 mA。选择合适的电阻值，以使该电路在满负载时的输出电压下降量不超过 5%。

关于射极跟随器的几个要点：

1. 根据 2.1.1 节中的第 4 个特性，必须注意到，在射极跟随器中 NPN 晶体管只能产生“拉”电流。例如，在如图 2.8 所示带负载的电路中，输出可以比 V_{CC} 低一个晶体管饱和压降的范围（大约 +9.9 V）内变化，但不能低于 –5 V。这是因为在极负的一端变化时，晶体管只能处于截止状态，这时输入为 –4.4 V，而输出为 –5 V。输入再进一步朝负向动态变化只会导致发射结的深度反向偏置，而不会在输出端有任何反映。对于一个振幅为 10 V 的正弦波输入，其输出波形如图 2.9 所示。

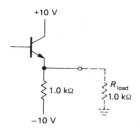

图 2.8　NPN 型射极跟随器通过晶体管能够产生足够大的拉电流，但通过发射极电阻只能得到有限的灌电流

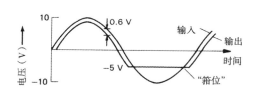

图 2.9　NPN 型射极跟随器的非对称电流驱动能力

看待这个问题的另一种方式是，射极跟随器具有较低的小信号输出阻抗，而跟随器的大信号输出阻抗非常高（像 R_E 那样高）。晶体管输出阻抗在刚离开放大有效区域时从小信号对应的值变化至大信号对应的值（在这种情形中，输出电压为 –5 V）。也可以这样解释：射极跟随器小信号输出阻抗的较小值并不一定意味着该电路能够在低负载电阻上产生大信号。较低的小信号输出阻抗并不表示大输出电流能力。

解决这一问题可能涉及两种因素之一，或者采用 PNP 晶体管（如果所有信号都只是负向的），以便减小发射极电阻（在大发射极电阻与晶体管上损耗较大的功率）；或者采用“推挽”结构，在这种电路中采用两个互补的晶体管（一个 NPN，一个 PNP，参见 2.4.1 节）。当射极跟随器包含自己的电压源或电流源时，这种问题也会随之出现。这种情况最常出现在稳压电源中,这时其输出是一个射极跟随器,并且用于驱动一个有其他电源的电路。

2. 硅晶体管的基极与发射极间的反向击穿电压较小,通常只有6 V。而足够大的输入变化范围会使晶体管处于反向截止状态,并容易导致击穿(也导致 h_{FE} 的减小)。为了克服这一缺点,可加上如图 2.10 所示的二极管保护电路。

图 2.10 用一个二极管来防止基极 – 发射极间反向击穿

3. 射极跟随器的电压增益实际略低于1。这是因为基极–发射极间电压降实际并不是一个常数,而是稍微依赖于集电极电流。在后面的章节中将会看到,利用 Ebers-Moll 方程就能正确处理这一问题。

2.2.3 射极跟随器作为稳压器

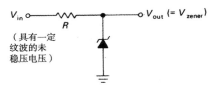

图 2.11 简单的齐纳二极管稳压器

最简单的稳压器是齐纳二极管(见图 2.11)。由于这种二极管需要一定的电流,因此可以选择

$$\frac{V_{\text{in}} - V_{\text{out}}}{R} > I_{\text{out}} \ (\text{max})$$

又因为 V_{in} 未经稳压,所以可用出现在上式中的 V_{in} 的最小值,这种设计称为最差情形设计。事实上,我们也会担忧电路中元件的容限值、线性电压范围等,以便设计出对应电路能容纳哪些最差可能组合的元件。

电路中的齐纳二极管必须能够损耗:

$$P_{\text{zener}} = \left(\frac{V_{\text{in}} - V_{\text{out}}}{R} - I_{\text{out}}\right) V_{\text{zener}}$$

再次考虑最差情形设计,需采用 $V_{\text{in}}(\text{max})$、$R_{\text{min}}$ 与 $I_{\text{out}}(\text{min})$。

习题 2.3 设计一个输出负载电流为 0 ~ 100 mA 的 +10 V 稳压源,其输入电压是 +20 ~ +25 V。若在所有(含最差)情况下,允许至少 10 mA 的齐纳二极管电流流过,试问齐纳二极管的额定功率为多少?

简单的齐纳二极管稳压源有时用于一些不太重要的电路,即一些只需小电源电流的场合。然而,它们的使用场合也很有限,这是因为如下几点:

1. V_{out} 是不可调整的,或不可设置到某一精确值。
2. 由于齐纳二极管只有有限动态阻抗,所以只能对纹波及由输入或负载引起的变化稍加抑制。
3. 对于负载电流变化较大的场合,有必要采用一个高功率齐纳二极管,以便应付低负载电流的功率损耗。

通过采用射极跟随器来隔离齐纳二极管,就会得到改进型电路,如图 2.12 所示。在这种电路中,情况已大为改善。因为晶体管基极电流较小,所以齐纳二极管电流与负载电流相对无关,且可以降低齐纳二极管的功率损耗（通过减小 $1/h_{FE}$）。通过集电极电阻 R_C 来限制电流，也可保护晶体管不出现瞬间的输出短路，尽管这一点不属于射极跟随器的基本功能。应该合理地选择 R_C，以使它两端的压降在最高正常负载电流流经时仍小于电阻 R 两端的压降。

习题 2.4　用一个齐纳二极管与射极跟随器来设计一个与习题 2.3 中相同特性参数的 +10 V 电源。计算最差情形的晶体管与齐纳管的功率损耗。从无负载到满负载，齐纳二极管电流的百分比变化是多少？与以前设计的电路进行比较。

　　为了消除流经 R 的纹波电流对齐纳电压的影响，可以通过一个电流源为齐纳二极管提供电流。这种改进也将是 2.2.5 节中要探讨的主题。图 2.13 表示了另一种替代方法，即在齐纳二极管的偏置电路中采用一个低通滤波器。其中 R 被选择成可提供足够的齐纳二极管电流。然后，C 应选择成足够大，以至于有 $RC \gg 1/f_{\text{ripple}}$（在这种电路的变化形式中，上部电阻可由二极管来替代）。

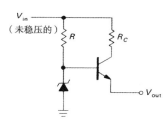

图 2.12　带跟随器的齐纳稳压器，对于增加的输出电流，R_C 通过限制最大输出电流来保护晶体管

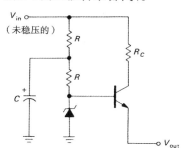

图 2.13　在齐纳稳压器中减小纹波电压

　　以后将会看到一类较好的稳压器，采用了反馈，从而易于连续调节输出电压。这类较好的电压源具有毫欧姆数量级的输出阻抗和很低的温度系数。

2.2.4　射极跟随器偏置

　　如图 2.14 所示，当射极跟随器由前级电路驱动时，通常可以直接将其基极连至前级的输出。因为晶体管 Q_1 集电极电位总是在电源电压以下，因此 Q_2 的基极电位将在 V_{CC} 与地之间，从而 Q_2 处于放大区（既非截止也非饱和），因此其基极 – 发射极间二极管导通，其集电极电位至少比发射极电位高零点几伏以上。当然，有时一个射极跟随器的输入信号源相对于供电电源而言，不像后者那样很便利地存在。一个典型的例子是来自某个外部信号源的容性耦合信号（例如一个高保真放大器的音频信号输入）。在这种情况下，输入信号的平均电压是零，它直接耦合到射极跟随器，将得到如图 2.15 所示的输出波形。

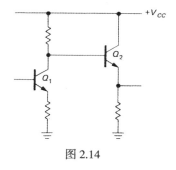

图 2.14

图 2.15　由单一正电源供电的晶体管放大器在晶体管输出端不会产生负向电压变化

因此，有必要给射极跟随器加偏置电压（事实上，任何晶体管放大器都需加偏置电压），以便在整个输入信号的变化范围内保证晶体管集电极电流的流动。在这种情况下，分压器是最简单的偏置方式（见图 2.16）。其中，适当选取 R_1 与 R_2 使基极在无信号输入时处于 V_{CC} 与地之间电位的一半。也就是说，R_1 与 R_2 近似相等。在无外加输入信号时，选择电路工作电压的过程就是人们熟悉的静态工作点的设置。就像在大多数情况下一样，此时的静态工作点被选取成能允许输出波形在最大对称信号范围内变化，即不会发生箝位现象（波形的底部或顶部平坦）。那么，R_1 与 R_2 应当取何值呢？采用一般的原则（参见 1.2.5 节），应使直流偏置源的阻抗（从分压器看进去的阻抗）比它的负载（从射极跟随器基极看进去的直流阻抗）小得多，即有

$$R_1 \| R_2 << h_{FE} R_E$$

即流经分压器的电流比基极电流大得多。

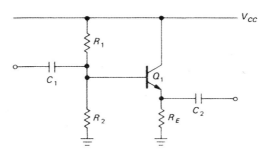

图 2.16　交流耦合的射极跟随器，注意其基极偏置分压器

射极跟随器设计举例

作为一个实际的设计示例，现在为音频信号（20 Hz ~ 20 kHz）设计一个射极跟随器。若 V_{CC} 是 +15 V，要求静态电流为 1 mA。

步骤 1　选取 V_E。考虑到不出现箝位的最大可能对称动态范围，$V_E = 0.5 V_{CC}$，即 +7.5 V。

步骤 2　选取 R_E。对于要求的 1 mA 静态电流，$R_E = 7.5$ kΩ。

步骤 3　选取 R_1 与 R_2。V_B 是 $V_E + 0.6$，即 8.1 V。这样就确定了 R_1 与 R_2 的比为 1 : 1.17。由前面对负载的标准要求可知 R_1 与 R_2 的并联阻抗大约是 75 kΩ 或更小（一般是 7.5 kΩ 乘以 h_{FE} 之值的十分之一）。合适的标准值是 $R_1 = 130$ kΩ，$R_2 = 150$ kΩ。

步骤 4　选取 C_1。C_1 与看起来是负载的阻抗一起构成高通滤波器。这个作为负载的阻抗就是从基极偏置分压器看进去的阻抗与直接从基极看进去的阻抗之并联。如果假定这一电路要驱动的负载与发射极电阻 R_E 相比较大，那么从基极看进去的阻抗是 $h_{FE} R_E$，即大约 750 kΩ，分压器看起来像 70 kΩ。因此，这个电容看起来得到一个 63 kΩ 的负载，从而该电容的取值至少应当为 0.15 μF，以保证对应 3 dB 频率点在我们所感兴趣的最低频率 20 Hz 以下。

步骤 5　选取 C_2。C_2 与未能确知的负载阻抗结合构成高通滤波器。假定该负载阻抗不小于 R_E，则 C_2 的值至少为 1.0 μF，以使其 3 dB 频率点低于 20 Hz。因为现有两级高通滤波器，所以电容值应再增大一些，以防止在有用的最低频率处出现较大的衰减（对信号幅度的衰减，在此是 6 dB）。因此，$C_1 = 0.5$ μF 与 $C_2 = 3.3$ μF 是一种较好的选择。

双电源供电的射极跟随器

因为信号通常是"接近于地"的，所以很方便采用对称的正负电源供电。这也可简化偏置与去除耦合电容，如图 2.17 所示。

　　注意，必须为基极偏流提供直流通路，即使它只通向地。在前面的电路中，已假设信号源有直流通路至地。如果没有（例如，信号是经容性耦合的），就必须接一电阻至地（如图 2.18 所示）。如前一样，R_B 大约是 $h_{FE}R_E$ 的十分之一。

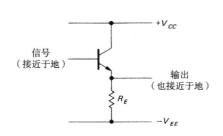

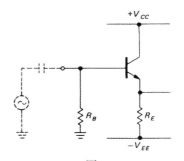

图 2.17　双电源供电的直流耦合射极跟随器　　　　　　　　　　图 2.18

习题 2.5　设计一个具有 ±15 V 电源的射极跟随器，它工作在音频范围（20 Hz ~ 20 kHz）。采用 5 mA 静态电流与容性输入耦合。

低劣的偏置电路

　　遗憾的是，有时会见到如图 2.19 所示的低劣电路。其中 R_B 的选取基于这几个步骤。首先假定 h_{FE} 为一个特定的值（如 100），估算基极电流，然后预计 R_B 两端的压降为 7 V，这是一种颇为下策的设计。首先，h_{FE} 并不是一个固定的参数，它随时间变化较大。另外，利用一个固定的分压式偏置电路（见前面所述的详细例子），电路的静态工作点对于晶体管的参数 β 变化很不敏感。例如，在前述的设计示例中，对于一个 $h_{FE} = 200$（而不用通常的 100）的晶体管，其发射极电压将只增加 0.35 V（5% 的变化）。正如这一射极跟随器示例，很容易陷入这种圈套从而在其他晶体管连接方式中设计出性能低劣的类似电路（例如共发射极放大器，稍后会在本章中讨论）。

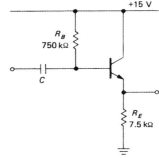

图 2.19　不能这样设计电路

2.2.5　晶体管电流源

　　虽然电流源常常被人们所忽视，但其实它与电压源一样重要。电流源常可作为晶体管的一种极好的偏置，也可作为超增益放大器的"有源负载"与差分放大器的发射极电流源。积分器、锯齿波发生器与斜坡发生器均需要电流源。此外，电流源在放大器与稳压器电路中能提供宽电压范围的正偏。最后，在其他一些需要恒定电流源的场合也可派上大用场，例如在电离子渗入法与电化学等应用场合。

电阻附加电压源

　　图 2.20 是对电流源的一种最简单的近似表示。在图中，只要 $R_{load} \ll R$（换句话说，$V_{load} \ll V$），电流就几乎是一个常数，并近似等于

$$I = V/R$$

当然，这个负载并不一定是阻性的，也可以是容性的。只需 $V_{电容} \ll V$，电容就以恒定速率充电，这正好是 RC 电路的指数充电曲线的初始部分。

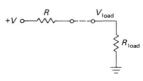

图 2.20

在这种简单的电阻电流源近似中存在几种缺陷。首先,为了对电流源进行较精确的近似,必须采用大电压,从而导致在电阻上引起大量功耗。此外,电流源也很不容易控制,即它不容易通过电路中其他点的电压来进行大范围控制。

习题2.6 如果想要得到一个电流源,它在0～+10 V的负载电压变化范围内的精度是1%,试问必须采用一个多大的电压源与一个电阻串联?

习题2.7 假设上一习题中需要10 mA电流,计算串联电阻上损耗多大的功率,负载上得到多大功率?

晶体管电流源

可用晶体管构成一个特性很好的电流源(如图2.21所示)。其原理分析如下:将 V_B 加于基极,并且 $V_B > 0.6$ V,这就确保了发射结总处于导通状态:

$$V_E = V_B - 0.6 \text{ V}$$

因此

$$I_E = V_E/R_E = (V_B - 0.6 \text{ V})/R_E$$

但是,由于 $I_E \approx I_C$,所以对于大 h_{FE} 值,有

$$I_C \approx (V_B - 0.6 \text{ V})/R_E$$

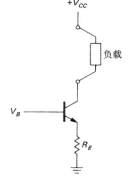

图2.21 晶体管电流源基本原理

从上式可知,只要晶体管没有处于饱和状态($V_C > V_E + 0.2$ V), I_C 就与 V_C 无关。

电流源偏置电路

可用多种方式来给基极提供偏压。分压器电路是一种可行的方案,只要它是固定不变的。正如以前所讨论的,分压器偏置电路的准则是其阻抗应当比从基极看进去的直流阻抗($h_{FE}R_E$)小得多。或者用一个由 V_{CC} 加偏置的齐纳二极管,甚至在基极与相应的发射极之间用几个串联的正向偏置二极管电路来充当偏置电路。图2.22 显示了这几种方式的例子。

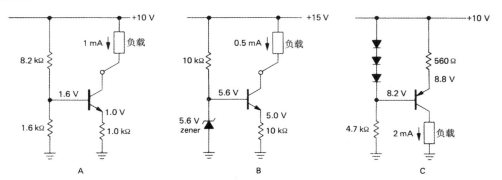

图2.22 晶体管电流源电路,阐述基极偏置的3种方式;NPN晶体管为灌电流,PNP晶体管为拉电流。图C中的负载接地

在最后一个电路示例中,如图2.22C所示,PNP晶体管集电极电流流至一个接地负载。而其他例子(采用NPN晶体管)可认为是灌电流,然而在通常的应用中它们又都被认为是电流源(注释,"灌"与"拉"指的是电流的流向:如果一个电路向某点提供正电流,即为"拉",反之则称为"灌")。在上图第一个电路中,大约1.3 kΩ 的分压器阻抗与基极看进去的大约100 kΩ(对于 $h_{FE} = 100$)

的阻抗相比是很小的，因此 β 值随集电极电压的任何变化将不会对输出电流影响太大，而这种影响是通过引起基极电压变化来实现的。而在其他两种电路中，适当选取偏置电阻来提供几毫安的电流，以使二极管处于导通状态。

电流源的适用范围

电流源只能在确定的负载电压范围内给负载提供恒定的电流，否则这个电流源就能等效地提供一个无限大功率。在电流源输出特性良好的范围内，对应的输出电压称为电流源的输出**适用范围**。对于上面讨论的晶体管电流源，它的适用范围是根据晶体管处于放大区的要求来设定的。这样，在第一个电路中，集电极电位下降，直至晶体管几乎处于饱和状态，集电极电位为 +1.2 V。对于第二个电路，由于它具有较高的发射极电压，可以灌入电流直至集电极电位大约为 +5.2 V。

考虑所有的情形，集电极电位的变化范围可以从很小（接近饱和值）一直变至电源电压。例如，上述最后一个电路能在零电压与大约 +8.6 V 的负载电压之间对负载释放电流。事实上，这一负载也许包含了它本身的电池或电源，使集电极在电源电压之上。但是，必须当心晶体管的击穿（V_{CE} 一定不能超过 BV_{CEO}，这是规定的集电极–射极间击穿电压）；也必须注意过量的功率损耗（由 $I_C V_{CE}$ 确定）。正如我们将在 6.2.4 节中所看到的，对于功率晶体管有一个附加的安全工作限制区域。

习题 2.8 假如有 +5 ~ +15 V 的可调电源用在电路中，试设计一个 5 mA 的 NPN 电流源（灌电流），并确认 +5 V 的电源用在基极电路上，试问对应的输出适用范围是多少？

电流源在基极不一定需要一个固定的电压，通过改变 V_B 能得到电压可控的电流源，但输入信号变化范围 v_{in}（记住，小写字母符号意味着交流**变化量**）必须保持足够小，以确保发射极电压不会降至零，使输出电流能平稳地反映输入电压的变化。这种结构是这样一种电流源，它的输出电流的变化与其输入电压的变化成正比，即 $i_{out} = v_{in}/R_E$。

□ 电流源的缺陷

这种电流源偏离理想电流源的程度有多大？换句话说，负载电流随电压变化吗？即电流源有一个有限的戴维南等效电阻（$R_{Th} < \infty$）。事实果真如此，那又是为什么呢？这是如下两种原因造成的：

1. 对于一个给定的集电极电流，V_{BE}（Early 效应）与 h_{FE} 均随集电极 – 发射极间的电压稍微变化。由负载两端电压变化产生的 V_{BE} 变化又引起输出电流的变化，这是由于即使已施加一个固定不变的基极电压，发射极电压（因此是发射极电流）也在变化。由于 $I_C = I_E - I_B$，对于固定的发射极电流，h_{FE} 的变化使输出（集电极）电流产生少量的变化。此外，当 h_{FE} 变化（因此又有基极电流）时，由偏置电路非零源阻抗及可变负载引起基极电压少量变化。虽然这些变化作用较小。例如，在图 2.22A 中，对一个 2N3565 晶体管进行实际测量，其电流的变化大约只有 0.5%。尤其是负载电压在 0 ~ 8 V 之间变化时，Early 效应对此贡献了 0.2%。此外 h_{FE} 的改变贡献了 0.05%（注意这个固定的分压器）。这样，这些变化就导致一个非理想电流源的客观存在。这种电流源的输出电流略依赖于电压，从而具有一个小于无穷大的源阻抗。以后将看到克服这种难题的一些方法。

2. V_{BE} 和 h_{FE} 依赖于温度。这会引起输出电流随温度变化而漂移。此外，随着负载电压的变化（由于晶体管功耗的变化），晶体管的结温也会随之变化，这又导致实际电流源偏离理想电流源的特性。V_{BE} 随环境温度的变化可用图 2.23 所示的电路来补偿。在该电路中，Q_2 基极 – 发射极压降由射极跟随器 Q_1 具有相似温度依赖性的压降来补偿。顺便指出，R_3 是用于 Q_1 的提升电阻，这是因为 Q_2 的基极灌电流，而 Q_1 又不能流出这一电流。

□ 改进电流源的特性

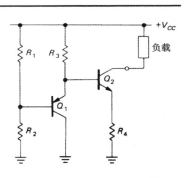

图 2.23　电流源温度补偿的一种方法

总体上看，无论是由温度依赖性（大约 –2 mV/℃）还是由 V_{CE} 的依赖性（Early 效应，粗略地由 $\Delta V_{BE} \approx -0.0001\Delta V_{CE}$ 来确定）所引起的 V_{BE} 可变性，其影响均可用下述方式降至最低：选取足够大的发射极电压（比如说，至少 1 V），以使几十毫伏的 V_{BE} 变化不会导致发射极电阻两端电压的大变化（记住，**基极**电压是靠我们设计的电路来保持不变的，它与温度变化关系不大）。例如，选取 $V_E = 0.1$ V（即加大约 0.7 V 的电压至基极），对于 V_{BE} 的 10 mV 的变化，这将引起 10% 的输出电流变化量；而选取 $V_E = 1.0$ V，对于相同的 V_{BE} 变化，则只会引起 1% 的输出电流变化量。此外还需要记住，输出适用范围的最低限度是由发射极电压来设定的。在一个由 +10 V 供

电的电流源中采用 5 V 的发射极电压，就将其输出适用范围限制在稍低于 5 V 的值（集电极电压可从大约 $V_E + 0.2$ V 上升至 V_{CC}，也就是说从 5.2 V 至 10 V）。

图 2.24 显示了用于完善电流源特性的改进电路。其中电流源 Q_1 的功能和以前的相同，但其集电极电压由 Q_2 的发射极保持固定。由于 Q_2 的集电极电流与发射极电流近似相等（对于大 h_{FE} 值），这也使负载电流和以前的相同。但是，在这一改进电路中，Q_1 的 V_{CE} 并不随负载电压变化，这样就可消除 V_{BE} 由于 Early 效应与功率损耗产生的温度变化而引起的少量变化。在对 2N3565 晶体管测量中得出了对应负载电压在 0~8 V 变化的 0.1% 的电流变化量。当然，为了获得这种精度特性，必须采用具有 1% 精度的稳定电阻，如图 2.24 所示。顺便指出，这种电路连接在高频放大器中也得以应用，即人们所知的"共射 – 共基"放大器。以后我们将看到采用运算放大器与反馈的电流源技术，这类技术完全可以克服 V_{BE} 变化的问题。

h_{FE} 可变性的效应可用下述方法降到最低程度：选取具有大 h_{FE} 的晶体管，以使基极电流对发射极电流的贡献相当小。

图 2.25 显示了最终得到的电流源，它的输出电流并不依赖于电源电压。在这一电路中，Q_1 的 V_{BE} 取自 R_2 的两端，这就使输出电流不依赖于 V_{CC}：

$$I_{\text{out}} = V_{BE}/R_2$$

其中 R_1 给 Q_2 加偏置，并保持 Q_1 的集电极比 V_{CC} 低两个二极管压降，从而消除如前述电路中的 Early 效应。当然，这一电路并没有经过温度补偿；电阻 R_2 两端的电压近似以 2.1 mV/℃ 的速率减小，从而引起输出电压近似以 0.3%/℃ 的速率减小。

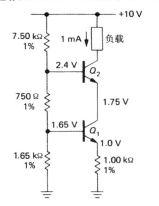

图 2.24　共射 – 共基电流源，用于改进随负载电压变化的电流稳定性

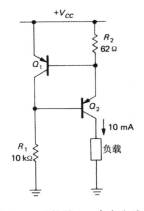

图 2.25　晶体管 V_{BE} 参考电流源

2.2.6　共射放大器

考虑如图 2.26 所示的带电阻负载的电流源，其集电极电压为

$$V_C = V_{CC} - I_C R_C$$

可以通过电容将一个信号耦合到基极使集电极电压变化，例如图2.27所示的电路，其中适当地选取了电容C值，以使所有有用频率均能通过这一高通滤波器。后者是由电容C与基极偏置电阻并联阻抗构成的（由于基极电阻的选择方式，使得从基极本身看进去的阻抗要比外部偏置电阻大得多，因此可以忽略），即

$$C \geqslant \frac{1}{2\pi f(R_1 \| R_2)}$$

基极偏置和1.0 kΩ的发射极电阻使集电极静态电流为1.0 mA，这一电流使集电极有 +10 V 的电压（可用 +20 V 减去 1.0 mA 流经 10 kΩ 电阻上的压降）。现在假设一个加在基极上的变化波形 v_B，发射极以 $v_E = v_B$ 跟随变化，从而引起发射极电流的变化：

$$i_E = v_E / R_E = v_B / R_E$$

它几乎与集电极电流的变化相同（h_{fe} 值较大），因此基极电压的变化最终引起集电极电压的变化：

$$v_C = -i_C R_C = -v_B(R_C / R_E)$$

显然，上述推导过程表明电路是一个**电压放大器**，它的电压放大倍数（或称"增益"）由下式确定：

$$增益 = v_{\text{out}} / v_{\text{in}} = -R_C / R_E$$

在该电路中，增益为 –10 000/1000，即为 –10。负号意味着输入端一个正向的变化波形将在输出端变成一个负向的变化波形（但其幅度是输入的10倍）。这个放大器称为**带发射极负反馈的共射放大器**。

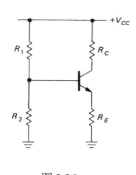

图 2.26

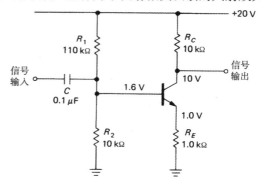

图 2.27　具有发射极负反馈的交流共射放大器，
　　　　注意其输出端是集电极而不是发射极

共射放大器的输入与输出阻抗

现在确定这一放大器的输入与输出阻抗。首先，输入信号看到的是110 kΩ、10 kΩ 和从基极看进去的阻抗这三者的并联。而最后一项的值大约是100 kΩ（$h_{fe} \times R_E$），因此输入阻抗（10 kΩ 起主要作用）大约是 8 kΩ。输入耦合电容与输入阻抗构成一个高通滤波器，它在 200 Hz 处具有 3 dB 点。驱动这一放大器的信号看到的是 0.1 μF 与 8 kΩ 的串联，对于那些高于 3 dB 点对应频率的正常频率范围内的信号也是如此。

输出阻抗是10 kΩ与从集电极看进去的阻抗的并联。现在来确定后者是多少。如果先不考虑集电极电阻，可直接向电流源看进去，这时的集电极阻抗很大（以MΩ来衡量），从而使整个输出阻抗就是集电极电阻10 kΩ。值得注意的是，从晶体管的集电极看进去的阻抗总是高的，而从发射极看进去的阻抗是低的（正如在射极跟随器中所讨论的）。虽然共射放大器的输出阻抗主要由集电极负载电阻决定，但射极跟随器的输出阻抗并不主要由发射极负载电阻决定，而主要由从发射极看进去的阻抗决定。

2.2.7 单位增益的反相器

在一些场合，有时也需要产生一个反相信号，也就是说两个信号相位相差180°。这在电路上很容易实现，只需采用一个增益为–1的发射极负反馈放大器。如图2.28所示，在该电路中，静态集电极电位为$0.75 V_{CC}$，而不是通常的$0.5 V_{CC}$。这是为了取得相同的结果——在输出的任一端获不出现箝位的最大对称输出变化范围。其集电极电位可在$0.5 V_{CC}$至V_{CC}范围内变化，而发射极电位只能在地至$0.5 V_{CC}$范围内变化。

注意，对于反相器输出，必须在两个输出端加载相等（或非常高）的阻抗，以保持增益对称。

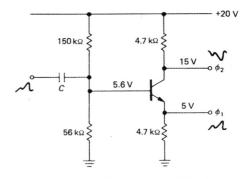

图 2.28　单位增益的反相器电路

反相器

反相器的一种较好应用如图2.29所示。对于一个正弦波输入，该电路给出了一个相位可调（从0°至180°）但幅度不变的输出。利用电压相位图（参见第1章），即可很好地理解其电路原理。若用一个沿实轴的单位矢量来表示输入信号，则各信号的相位关系如图2.30所示。

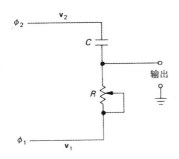

图 2.29　恒定幅度反相器

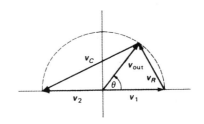

图 2.30　用于反相器的相位图

信号矢量v_R与v_C必须处于正确的角度，它们相加后一定能构成一个沿实轴为恒定长度的矢量。根据几何定理可知，这类点的轨迹可构成一个圆。因此，合成矢量（代表输出电压）总是具有单位长度，也就是说，与输入具有相同的幅度。当R从接近零的值变化至一个比在工作频率上的Z_C大得多的值时，相对输入而言，它的相位也可以从接近0°变化至接近180°。必须注意到，在电位器R的确定设置点，相位移还取决于输入信号的频率。还要注意的是，虽然简单的RC高通（或低通）网络也可用做一个可调的移相器，然而，它的输出幅度随着相位移的调整却在一个很大的范围内变化。

此外值得关注的另一个问题是，反相器对作为负载的 *RC* 移相器的驱动能力如何。在理想情形中，负载应当是这样一个阻抗，该阻抗与集电极和发射极电阻比起来应该是很大的。因此，该电路在需要宽相移范围的应用场合是受限制的。我们将在第 4 章了解到一些改进的反相器技术。

2.2.8　跨导

在前面一节中我们通过以下几种方式了解了发射极负反馈放大器的工作原理。首先假设一个基极电压的变化而得知发射极电压具有相同的变化；然后计算发射极电流的变化，并在忽略小基极电流后，得到集电极电流的变化；最后，得到集电极电压的变化。这样，电压增益就是集电极（输出）电压的变化量与基极（输入）电压的变化量之比。

也可以从另一种角度来看待这种放大器。设想把该电路分开，如图 2.31 所示。第一部分是电压控制的电流源，它的静态电流为 1.0 mA，增益为 1 mA/V。这里，增益意味着输出与输入之比。在这种情况下，增益的单位（量纲）为电流/电压，即 1/电阻。这种电阻的倒数称为**电导**（电抗的倒数是**电纳**，而阻抗的倒数是**导纳**）。电导具有一个特殊的单位"西门子"，以前称为**姆欧**。用电导作为增益单位的放大器可称为**跨导放大器**，对应的 $I_{\mathrm{out}}/V_{\mathrm{in}}$ 则称为跨导 g_m。

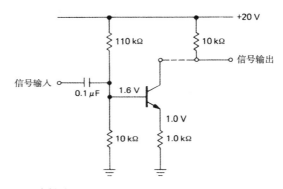

图 2.31　共射放大器是一个驱动（电阻）负载的跨导放大器

我们把上述电路的第一部分看成是一个跨导放大器，即一个具有跨导的电压对电流的放大器。该跨导增益 $g_m = 1$ mA/V（1000 μs，即 1 ms，正好是 $1/R_E$）。该电路的第二部分是负载电阻，可视其为一个将电流转换成电压的"放大器"。这一电阻可称为"跨阻"放大器，它的增益（r_m）具有电压/电流的单位，即电阻。在这种情况下，它的静态电压是 V_{CC}，增益（跨阻）是 -10 kV/A（-10 kΩ），这正好是 $-R_C$。将上述这两部分连接在一起即构成所需的放大器。也可将这两个增益相乘而得到总增益。在这种情况下，$G = g_m R_C = -R_C/R_E$，即为 -10，这是一个没有单位（量纲）的数值，它正好等于输出电压与输入电压之比。

上述方法对放大器的分析行之有效。它能够对放大器的每一部分进行独立分析。例如，通过对不同电路结构或不同器件的 g_m 进行分析，如对场效应管的 g_m 值的分析，能够得出放大器的跨导部分。然后，通过考虑增益对电压变化范围的权衡折中，又能够分析出跨阻（即负载）部分。假如对整个增益感兴趣，可由 $G_V = g_m r_m$ 给定，其中 r_m 是负载的跨阻。所以可知有源负载（电流源）和极高跨阻能提供 10 000 或更高电压增益的放大器。在后面将要讨论的共射－共基放大器电路结构中，采用这种分析方法也可使我们更容易理解该电路原理。

在第 4 章讨论运算放大器时，将进一步涉及电压或电流作为放大器输入或输出的例子，分别是电压放大器（电压/电压）、电流放大器（电流/电流）以及跨阻放大器（电流/电压）。

再论增益：这种简单模型的局限性

按照电路模型，发射极负反馈放大器的电压增益是 $-R_C/R_E$。当 R_E 减小趋于零时，会发生什么情况呢？按照上述公式推测，对应增益将会无限制上升。但是，当我们对前面的电路进行实际测量，并保持静态电流为 1 mA 不变时，发现当 R_E 值为零（即发射极接地）时对应增益值限定在 400，而且放大器出现严重非线性失真（输出不随输入变化）；输入阻抗也变得很小且是非线性的，偏置也接近临界且随温度变化。显然，此时的晶体管模型是不完全的，它需要重新修正，以应对这种电路情况以及我们将要简略探讨的其他情形。而我们称之为跨导模型的一种已改进模型将会被足够准确地运用在本书其他章节中。

2.3　用于基本晶体管电路的 Ebers–Moll 模型

2.3.1　改进的晶体管模型：跨导放大器

有关改进的重要变化是关于特性 4 的（参见 2.1.1 节），即 $I_C = h_{FE}I_B$。它把晶体管视为一个电流放大器，它的输入回路就像一个二极管电路，这大致是正确的。在某些应用场合，这也是足够正确的。但是，为了弄清楚微分放大器、对数放大器、温度补偿以及其他重要应用，还是必须把晶体管视为一个**跨导**器件，其集电极电流是由基极至发射极间**电压**决定的。

以下是经修正的特性 4：

4. 若满足特性 1~3（见 2.1.1 节），则 I_C 与 V_{BE} 有关，它由下式决定：

$$I_C = I_S \left[\exp\left(\frac{V_{BE}}{V_T} \right) - 1 \right]$$

其中 $V_T = kT/q = 25.3$ mV，在常温下（20℃），q 是一个电子电荷（1.60×10^{-19} 库），k 是玻尔兹曼常数（1.38×10^{-23} J/°K），T 是热力学温度，单位为 °K（1°K = 1°C + 273.16），I_S 是晶体管（依赖于热力学温度 T）发射结反向的饱和电流。这样，依赖于 V_{BE} 的基极电流可由下式近似得到：

$$I_B = I_C/h_{FE}$$

其中常数 h_{FE} 的典型值在 20~1000 范围之间，它取决于晶体管的类型、I_C、V_{CE} 以及温度。I_S 代表反向饱和电流，在有源（放大）区域，$I_C \gg I_S$，因此 "–1" 项与指数项比起来完全可以被忽略。

上述关于 I_C 的等式即为众所周知的 Ebers-Moll 方程。如果式中 V_T 被一个 $1 < m < 2$ 的修正因子相乘，它也可近似地描述二极管的电流随电压变化的特性。对于晶体管。重要的是明白其集电极电流是由基极 – 发射极间电压来准确确定的，而不是由基极电流来确定的。基极电流粗略地由 h_{FE} 来确定。还要弄清楚指数规律在电流的一个大范围内是准确的，通常在纳安至毫安范围内，图 2.32 为其对应的曲线。如果对应不同的集电极电流来测量基极电流，将得到 h_{FE} 关于 I_C 的图形，如图 2.33 所示。

尽管 Ebers-Moll 方程告诉我们基极 – 发射极间电压控制集电极电流，但这种特性在实际中不是直接有用的（如通过加一个基极电压来对晶体管加偏置），这是因为基极 – 发射极电压具有较大的温度系数。在后面，我们将了解 Ebers-Moll 方程对这一问题是如何提供解决方案的。

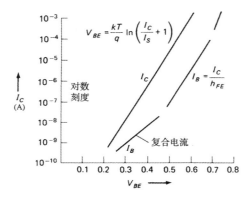

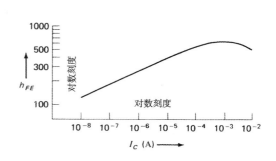

图 2.32　晶体管基极和集电极电流与基
极－发射极电压 V_{BE} 的关系曲线

图 2.33　典型的晶体管电流增益（h_{FE}）
与集电极电流的关系曲线

晶体管设计的经验准则

从 Ebers-Moll 方程可以得到几种电路设计中常用的重要数量关系：

1. 二极管曲线的陡峭性。V_{BE} 增加多少可以获得 I_C 的 10 倍增加呢？从 Ebers-Moll 方程可知，只需增加 $V_T\log_e 10$，即在常温下等于 60 mV。也就是说，**基极电压每增加 60 mV，集电极电流成 10 倍增加**。等效地有 $I_C = I_{C0}e^{\Delta V/25}$，其中 ΔV 以毫伏为单位。

2. 当基极保持在一个固定电压时，从发射极看进去的小信号阻抗取 V_{BE} 关于 I_C 的导数，可得：

$$r_e = V_T/I_C = 25/I_C \ \Omega$$

其中 I_C 的单位是毫安，$25/I_C$ 是对应室温下的数值。它是**发射极**的本征电阻值。r_e 在所有晶体管电路中与发射极相串联。它限制着发射极接地的放大器的增益，使射极跟随器只有一个小于 1 的电压增益，也阻止射极跟随器的输出阻抗取零值。注意，发射极接地放大器的跨导 $g_m = 1/r_e$。

3. V_{BE} 的温度依赖性：从 Ebers-Moll 方程可知，V_{BE} 具有一个正的温度系数。然而，由于 I_S 的温度依赖性，V_{BE} 大约以 2.1 mV/°C 的速率减小。这又粗略地与 $1/T_{abs}$ 成正比，其中 T_{abs} 是热力学温度。

   在一些场合还需要一个附加量，尽管这个量不能从上述的 Ebers-Moll 方程中推出。这就是在 2.2.5 节中描述过的 Early 效应。这种效应对电流源与放大器特性设置了重要的限制。

4. Early 效应：若 I_C 为常数，则 V_{BE} 随 V_{CE} 变化而稍有变化。这种效应是由改变有效的基区宽度而引起的，近似由下式确定：

$$\Delta V_{BE} = -\alpha\Delta V_{CE}$$

其中 $\alpha \approx 0.0001$。

上述是一些基本数量关系。利用它们能够处理晶体管电路设计中的大部分问题，而不再需要参考 Ebers-Moll 方程本身。

2.3.2　对射极跟随器的重新审视

在利用晶体管新模型的优越性再去看共射放大器之前，我们先快速了解一下普通的射极跟随器。根据 Ebers-Moll 模型可预知射极跟随器应当具有非零输出阻抗，即使它是由电压源来激励的，这是因为晶体管具有有限的 r_e（参见上述的第 2 项）。这一作用使电压增益略小于 1，因为 r_e 与负载电阻构成了一个分压电路。

很容易计算出上述跟随器的这些作用。采用一个固定的基极电压，往回看发射极的阻抗正好是 $R_{out} = dV_{BE}/dI_E$；但是 $I_E \approx I_C$，因此 $R_{out} \approx r_e$，为发射极本征电阻，$r_e = 25/I_C(mA)$。例如，在图 2.34A 中，由于 $I_C = 1$ mA，负载所遇到的是一个 $r_e = 25$ Ω 的驱动阻抗（如果电路中还用了 R_E，那将是 r_e 与 R_E 的并联。但实际上 R_E 总是比 r_e 大得多）。图 2.34B 表示一种更为典型的情形，还考虑了激励信号源的源内阻 R_S（在此，为了简单，略去了必备的基极偏置元件与隔直电容，而在图 2.34C 中给出）。在这种情况下，射极跟随器的输出阻抗恰好是 r_e 与 $R_S/(h_{fe} + 1)$ 的串联（当然，如果 R_E 存在，这个串联值又要与并不大的 R_E 并联）。例如，如果 $R_S = 1$ kΩ，$I_C = 1$ mA，则 $R_{out} = 35$ Ω（假设 $h_{fe} = 100$）。也很容易证明发射极的本征电阻 r_e 也会参与到射极跟随器的输入阻抗中，就好像它与负载电阻串联（而实际上，这里所提到的负载电阻由真正的负载与发射极电阻的并联组合而成）。换句话说，对于射极跟随器，Ebers-Moll 方程的作用就是将原来讨论的结果再加上一个串联的发射极电阻 r_e。

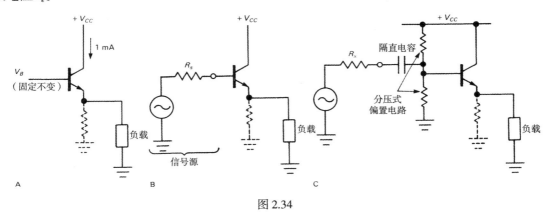

图 2.34

如前所述，由于 r_e 与负载构成分压器，因此使射极跟随器的电压增益略小于 1，关于这一点是很容易计算的。因为输出处于 r_e 与 R_{load} 的连接点处，则有 $G_V = v_{out}/v_{in} = R_L/(r_e + R_L)$。这样，在一个具有 1 mA 静态电流，带 1 kΩ 负载的射极跟随器中，其电压增益为 0.976。工程师们有时也喜欢以跨导的形式写出增益，这样做是为了用于场效应管放大器（参见 3.2.2 节），采用 $g_m = 1/r_e$，将得到 $G_V = R_L g_m/(1 + R_L g_m)$。

2.3.3 对共射放大器的重新审视

以前将发射极电阻设置为零时，得到过关于带发射极电阻的共射放大器（有时又称为发射极负反馈）电压增益的错误答案，问题就出在晶体管自身有 $25/I_C(mA)$ Ω 的发射极本征电阻 r_e。必须考虑 r_e，因为它与外部发射极电阻相串联，并且当外部发射极电阻较小（或根本不用）时电阻 r_e 则显得尤为重要。因此，在以前考虑的放大器中，当外部发射极电阻为零时，其电压增益为 -10 k$/r_e$，即 -400。正如原来预计的，输入阻抗（$h_{fe}R_E$）不为零，它近似等于 $h_{fe}r_e$，在目前这种情形（1 mA 的静态电流）下大约是 2.5 kΩ。

有时"发射极接地"与"共射"这两种说法可互换使用，但实际上这是很容易混淆的。发射极接地的放大器指的是 $R_E = 0$ 的共射放大器，而共射放大器可能还有一个发射极电阻；最关键的是发射极电路是输入回路与输出回路的共同部分。

发射极接地的共射放大器的缺点

当 $R_E = 0$ 时，可得到额外的电压增益，但这种电压增益的出现是以牺牲放大器其他性能为代价的。尽管接地的共射放大器在教材中频繁出现，但在实践中，除了在一些具有全负反馈的电路里，应尽量避免使用它。为了弄清这是为什么，我们来考虑图 2.35。

1. **非线性**：该电路增益是 $G = -g_m R_C = -R_C/r_e = -R_C I_C(\text{mA})/25$，因此，对于 1 mA 静态电流，其增益为 −400。但是，I_C 随输出信号而变化，在上例中，增益将从 −800（$V_{\text{out}} = 0$，$I_C = 2$ mA）下降至零（$V_{\text{out}} = V_{CC}$，$I_C = 0$）。对于三角波输入，输出波形如图 2.36 所示。显然，这一放大器具有较大的失真，即很差的线性。不带反馈的发射极接地的放大器仅当外加小信号在静态工作点附近变化时才是有用的。通过对照来看，发射极负反馈放大器具有一个几乎完全独立于集电极电流的增益，只要 $R_E \gg r_e$。即使是有大信号输入时，它也可以进行无失真放大。

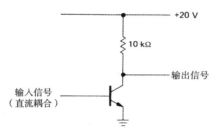

图 2.35　不具有发射极负反馈的共射放大器

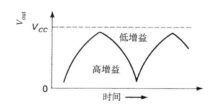

图 2.36　发射极接地的放大器的非线性输出波形

2. **输入阻抗**：输入阻抗大约是 $Z_{\text{in}} = h_{fe} r_e = 25 h_{fe}/I_C(\text{mA})\ \Omega$。$I_C$ 同样随信号而变化，从而又给出了一个变化的输入阻抗。除非是驱动基极的信号源具有很低的阻抗，才能避免这种非线性。而这种非线性是由非线性可变分压器引起的，这种分压器又是由信号源与放大器的输入阻抗构成的。通过对比，带发射极负反馈的放大器的输入阻抗是固定不变且很高的。

3. **偏置**：接地的发射极放大器是很难加偏置的。看起来好像只需按照 Ebers-Moll 方程施加一个（来自分压器电路的）能提供合适静态工作电流的电压即可。而实际上这是行不通的。因为 V_{BE} 的温度依赖性（在固定的 I_C 处），它以 2.1 mV/°C 的速率增加，实际上由于 I_S 随着 T 变化，V_{BE} 随着 T 的增加而减小，因此 V_{BE} 粗略地与 $1/T$ 成正比，其中 T 为热力学温度。这就意味着对于 30°C 的温度上升量，集电极电流（对于固定的 V_{BE}）将增加 10 倍。这种不稳定的偏置是不可用的，因为即使是相当小的温度变化也将引起放大器的饱和。例如，发射极接地放大器所加的集电极电压是电源电压的一半，如果温度上升 8°C，这一级放大器将进入饱和状态。

习题 2.9　证明环境温度有 8°C 的上升量将使一个具有基极电压偏置、发射极接地的放大器饱和，假设其集电极初始偏置电压为 $V_C = 0.5\ V_{CC}$。

我们将在以下几节里对偏置问题的一些解决方法加以探讨。与之形成对比的是，在发射极负反馈放大器中，加一固定电压至基极，但其大部分电压却会加在发射极电阻上，从而由其确定静态工作电流，使该放大器取得稳定工作点的偏置。

发射极电阻作为反馈

将发射极本征电阻 r_e 外接一个串联电阻，可以改进共射放大器的许多特性，当然它是以牺牲增益为代价的。在第 4 章与第 5 章中讨论**负反馈**时将看到同样的情况。负反馈是一种改进放大器特性的重要技巧，它本质上是在输出端取出一些输出信号至输入端，以减小有效的输入信号。此外，这种相似性并不是一种巧合，这是由于发射极负反馈放大器自身已采用了一种负反馈。我们将晶体管视为一种跨导器件，再按照加在基极与发射极之间的电压来确定集电极电流（因此确定了输出电压）；然而，放大器的输入是从基极至地的电压，因此从基极至发射极的电压等于输入电压减去输出电压（$I_E R_E$）的一个样本值，这就是负反馈。所以发射极负反馈改进了放大器的大部分特性（例如，线性、稳定性以及增加了输入阻抗；当反馈直接取自集电极时，其输出阻抗也将减小）。这些重要特性都将在第 4 章和第 5 章中讨论。

2.3.4 共射放大器的偏置

如果一定要获得共射放大器的最高可能增益（或如果这一级放大器是在反馈环的内部），就要对该共射放大器加一个较好的偏置。在此有 3 种方法可用（并且可单独采用或结合使用），分别是已旁路的发射极电阻、加匹配偏置的晶体管与直流反馈。

已旁路的发射极电阻

如图 2.37 所示，采用一个已经旁路的发射极电阻来给负反馈放大器加偏置。在这种情形中，R_E 选取为 $0.1 R_C$，以便加偏置。如果 R_E 太小，发射极电压将比基极 – 发射极间电压小得多，这样静态工作点又会由于 V_{BE} 随温度变化而导致不稳定。其发射极旁路电容是这样来选取的：当旁路电容在最低有用频率处的阻抗与 r_e（不是 R_E）相比很小时，选取对应的电容值。在该电路中，电容在 650 Hz 处的阻抗是 25 Ω。在信号频率处，输入耦合电容与一个 10 kΩ 基极阻抗并联。此时的基极阻抗为 $h_{fe} \times 25$ Ω，即大约 2.5 kΩ。在直流处，朝基极看进去的阻抗确实高多了（$h_{fe} \times$ 发射极电阻，即大约 100 kΩ），这就是发射极电阻为何能稳定偏置的原因。

上述这种电路的一种变形是由两个串联的发射极电阻组成的，并且其中只有一个被旁路。例如，假设需要一个这样的放大器，它的电压增益是 50，静态电流为 1 mA，$V_{CC} = 20$ V，且其输入信号频率在 20 Hz ~ 20 kHz 范围内变化。可试图用一个带发射极负反馈的电路，如图 2.38 所示，其中集电极电阻使集电极静态电压处于 $0.5 V_{CC}$。然后，发射极电阻的选取是为获得所需的增益，并包括考虑 $r_e = 25/I_C$ (mA) 的影响。现在的问题是，由于基极被 R_1 与 R_2 限定在一个常数电压，当变化的基极 – 发射极间压降（0.6 V）随温度变化（近似为 –21 mV/°C）时，仅有的 0.175 V 的发射极电压也将会有较大的变化。例如，我们可以证实一个 20°C 的温度增加量将会引起集电极电流增加近 25%。

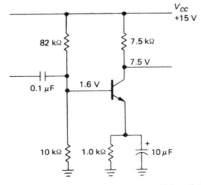

图 2.37　一个旁路的发射极电阻可用于改进发射极接地放大器的偏置稳定性

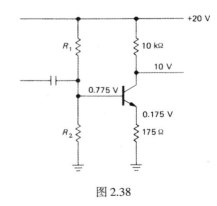

图 2.38

这里的解决方案是加入某个已旁路的发射极电阻，以得到稳定的偏置，但又不影响在信号频率上的增益（如图 2.39 所示）。与以前一样，通过选择集电极电阻，使集电极电压为 10 V（$0.5 V_{CC}$）。

然后，未经旁路的发射极电阻可提供数值为50的增益，其中包括发射极本征电阻 $r_e = 25/I_C$(mA)。经充分旁路的发射极电阻加入电路中，以使稳定偏置成为可能（常用经验准则：该电阻取值为集电极电阻值的十分之一）。对基极电压的恰当选择是为了给出1 mA的发射极电流，且其阻抗是从基极看进去的直流阻抗（在此大约为100 kΩ）的十分之一。发射极旁路电容在最低频率处的阻抗低于 $180 + 25$ Ω。最后，输入耦合电容在输入信号频率上的阻抗比输入阻抗小，放大器的输入阻抗等于分压器阻抗与 $(180 + 25)h_{fe}$ Ω的并联（图中820 Ω已被旁路，在信号频率上它看起来相当于短路）。

　　另一种替代电路能分离信号与直流通路（见图2.40），可以通过调整180 Ω的电阻来改变增益，且不改变偏置。

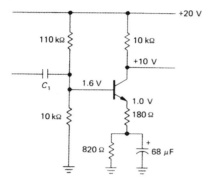

图2.39　具有偏置稳定性、线性与大电压增益的共射放大器

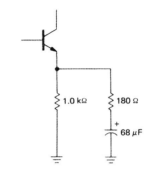

图2.40　图2.39的等效发射极电路

□ 加匹配偏置的晶体管

　　采用一个匹配的晶体管来产生合适的基极电压，以得到所需的集电极电流，且同时能确保该电路具有自动温度补偿特性（见图2.41）。由于 Q_1 的集电极灌电流为1 mA，如果 Q_1 与 Q_2 成一个匹配对（单个器件，在一条硅片上有两个晶体管），那么 Q_2 也将被偏置产生1 mA的灌电流，从而使它的集电极电位为 +10 V，并允许满幅为 ± 10 V 的对称变化。只要这两个晶体管都处于相同的环境温度下，温度的变化对该电路就不重要了。这就是在单条硅片上采用两个晶体管的充分理由。

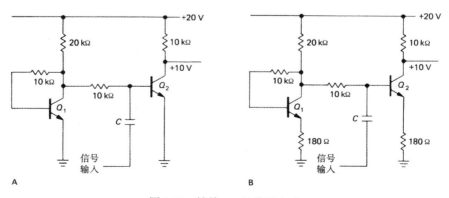

图2.41　补偿 V_{BE} 的偏置方式

直流反馈

　　采用直流反馈可稳定静态工作点，图2.42显示了这种方法，即通过从集电极而不是从 V_{CC} 来取偏置电压，从而得到偏置稳定的方法，见图2.42。基极已处于高于地的一个二极管压降上，由于

偏置取自一个 10∶1 的分压器，因此其集电极电位比地高 11 个二极管压降，即大约 7 V。这样，集电极电位的下降将减小基极偏置电压，使晶体管处于较稳定的状态（例如，该晶体管刚好有一个很高的 β 值）。如果对电路的稳定性要求不太高，这种稳定方案还是可接受的。由于其基极 – 发射极间电压有一个较大的温度系数，所以该晶体管的静态工作点随着环境温度的变化有 1 V 左右的漂移。如果将几级放大器连在一个反馈环内，就可能得到较好的稳定性。我们将在后面有关反馈的章节中看到这方面的例子。

对反馈有较好的理解才能弄清楚这个电路。例如，该反馈可以减小输入与输出阻抗。信号的输入电阻 R_1 会由于这一级的电压增益变化而有效减少。在这种情况下，它等效于一个接地的大约 300 Ω 的电阻。在第 4 章中将专门详细探讨反馈，以便能够估计出这一电路的电压增益与端阻抗。

注意，可以通过增加基极偏置电阻来提升输入阻抗，但是应当计及不可忽略的基极电流。合适的值可取 $R_1 = 220$ kΩ 与 $R_2 = 33$ kΩ。另一种可选的方法是对反馈电阻进行旁路，以去除交流反馈（但会降低信号频率处的输入阻抗）（见图 2.43）。

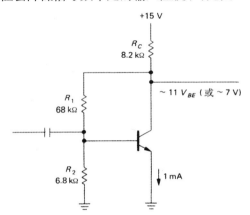

图 2.42　利用反馈改善偏置的稳定性

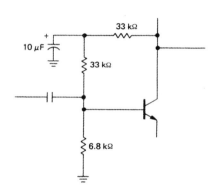

图 2.43　去除信号频率处的反馈

关于偏置与增益的几点看法

关于发射极接地放大器的一个要点是，可以认为其电压增益能通过增加静态电流的方式来提高，这是因为发射极本征电阻 r_e 随着静态电流上升而下降。虽然 r_e 确实随着增加的集电极电流而下降，但是用来获得相同静态集电极电压的较小集电极电阻又刚好抵消了这一优势。事实上，我们能够证明一个发射极已接地，集电极电压为 $0.5\ V_{CC}$ 的放大器的小信号电压增益由式 $G = 20\ V_{CC}$ 来确定，它独立于静态电流。

习题 2.10　证明上述论点正确。

如果需要一级放大器具有较大的电压增益，则可利用电流源作为它的**有源负载**。因为电流源的阻抗非常高，这样的单级放大器电压增益可能有 1000 或更高。但在目前已讨论过的偏置方法中，用电流源作为负载的方式是不能胜任的。这种电路一定是整个直流反馈环路中的一部分，关于这一点，我们将在第 3 章中讨论。应确保这种放大器带有一个高阻抗的负载，否则由高集电极负载阻抗获得的增益将会失去。像射极跟随器、场效应晶体管或运算放大器这类器件均可作为较好的放大器的负载。

在一个只限于窄频率范围内工作的射频放大器中，人们常用一个 LC 并联电路作为晶体管集电极负载。在这种情形中，非常高的电压增益是可能实现的，这是因为 LC 电路在信号频率上具有很高的阻抗（像一个电流源），但在直流成分上具有很低的阻抗，又因为 LC 处于"调谐"状态时频带外的干扰信号（与失真）均会被有效地抑制掉。另一个优点是其输出峰–峰值的动态范围是 $2V_{CC}$，还可用变压器经电感耦合至下一级。

习题 2.11 设计一个已调谐的共射放大器，使其工作在 100 kHz 上。采用一个旁路的发射极电阻，使静态工作电流为 1.0 mA。假定 $V_{CC} = +15\,\text{V}$，$L = 1.0\,\text{mH}$，并在 LC 回路两端并接一个 6.2 kΩ 的电阻，以使 $Q = 10$（这样才能获得 10% 的带通范围；见 1.6.5 节）。电路采用容性输入耦合。

2.3.5 镜像电流源

　　前面所讨论的匹配的基极–发射极偏置技巧可用于制成人们所称的**镜像电流源**（见图 2.44）。在图中，可以通过 Q_1 的集电极的灌电流来"控制"它的"镜像"。这样就产生了一个 Q_1 的合适的 V_{BE}，它与该电路所处温度下相应晶体管的电流成正比。因此与 Q_1 匹配的 Q_2（理想情形是在一个单片上有两个晶体管）可形成同样的电流给负载。当然，很小的基极电流是不重要的。

　　这种电路的一个较好特点是，由于不用再考虑发射极电阻的压降问题，所以电流源输出晶体管的电压适用范围可在 V_{CC} 至零点几伏之内；而且，在许多应用中，它能方便地用一个电流来控制另一个电流。产生这个控制电流 I_P 的一种简单方法是采用一个电阻（如图 2.45 所示）。因为基极处于比 V_{CC} 低一个二极管压降的电位上，所以 14.4 kΩ 的电阻产生一个控制电流，即 1 mA 的输出电流。在需要电流源的晶体管电路中，可考虑采用镜像电流源。它们也广泛地应用于集成电路中。在这类集成电路中，匹配的晶体管到处可见，并且设计者总是试图将其做成能在一个宽供电电压范围内工作的电路。现在，甚至还有无电阻的集成电路运算放大器出现，整个放大器的工作电流仅由一个外部电阻来设定，而其内部的各单级放大器的静态电流则由镜像电流源来确定。

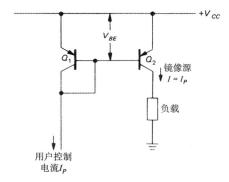

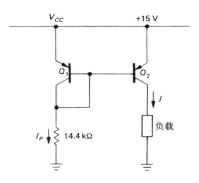

图 2.44　经典的双极型晶体管匹配对镜像电流源。即使在电路中采用 PNP 晶体管，仍需注意正电源为 V_{CC} 的惯用表示法

图 2.45

由 Early 效应引起的镜像电流源的局限性

　　简单的镜像电流源的一个问题是，输出电流会随着输出电压的变化而改变。也就是说，其输出阻抗并不是无穷大。这是因为在 Q_2 中（由于 Early 效应）对于一个给定的电流，V_{BE} 会随集电极电压发生微小的变化；换句话说，对于一个固定的基极–发射极间电压，集电极电流关于集电极–发射极间电压的变化曲线并不是平坦的（见图 2.46）。实际上，这个电流在输出适用范围内要变化 25% 左右，这就比以前讨论过的具有发射极电阻的电流源的特性差得多。

　　如果需要一个更好的电流源（但并不是经常需要），则可采用这种电路解决方案，如图 2.47 所示。在该电路中发射极电阻被选择成至少具有零点几伏的压降，这就使得该电路成为一个很好的电流源,因为该电路在确定输出电流时 V_{BE} 的小变化可以被忽略。当然,在此电路中还是应当采用匹配的晶体管。

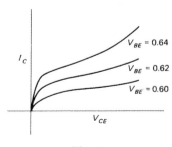

图 2.46

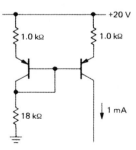

图 2.47 改进的电流源

Wilson 镜像源

另一种具有恒定电流的镜像电流源如图 2.48 所示。其中 Q_1 与 Q_2 为通常的镜像结构,Q_3 用于保持 Q_1 的集电极电压固定在比 V_{CC} 低两个二极管压降上。这样即可克服 Q_1 中的 Early 效应,而且 Q_1 的集电极现在是一个控制端,Q_2 同时流出电流。由于 Q_3 的基极电流可忽略,所以 Q_3 并不影响电流的平衡,它的惟一功能是箝制 Q_1 的集电极。最后的结果是,确定电流的两个晶体管(Q_1 与 Q_2)均具有固定的集电极 – 发射极压降。可以认为 Q_3 直接传送输出电流至一个可变电压负载(类似这样的技巧也用于共射 – 共基放大器连接中,本章后面将会讨论到)。顺便指出,Q_3 不一定与 Q_1 和 Q_2 匹配。

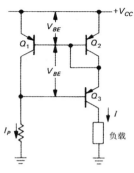

图 2.48 Wilson 镜像电流源,通过级联 Q_3 改善负载变化时的稳定性。Q_3 减小了 Q_1 的电压变化

多输出与电流比

镜像电流源可以扩展为向几个负载提供拉(或灌,对于 NPN 晶体管)电流,图 2.49 显示了这种原理。注意,如果电流源晶体管中有一个饱和(例如,它的负载是断开的),那么它的基极就从共用的基极参考电路上分享电流,从而减小其他输出电流。这种情况可通过加另一个晶体管来改善,如图 2.50 所示。

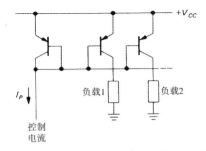

图 2.49 具有多个输出的镜像电流源。这种电路常用于获得多个可编程的电流源

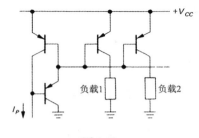

图 2.50

图 2.51 显示了有关多重镜像原理的两种变化形式。这些电路镜像是两倍(或1/2倍)的控制电流。在集成电路的设计中,具有任意所需电流比的镜像电流源可通过适当调整发射结的尺寸来实现。

TI 公司可提供一种具有 TO-92 晶体管封装的方便的单片 Wilson 镜像电流源。它们的 TL 011 系列包括了 1:1,1:2,1:4 与 2:1 这几种比值,并具有 1.2 ~ 40 V 的输出适用范围。这种 Wilson

结构给出了较好的电流源特性，即在恒定的可控电流下，输出电流增加量仅为0.05%/V，且它们的价格并不贵（50美分或更少）。遗憾的是，这些有用的器件只以NPN型出现。

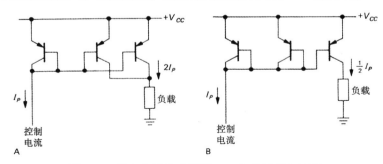

图 2.51　具有电流比（不是1∶1）的镜像电流源

　　产生可编程控制电流几分之几的输出电流的另一种方式是在输出晶体管的发射极电路中添加一个电阻（如图2.52所示）。在任何工作于不同电流密度的晶体管电路中，由Ebers-Moll方程预知 V_{BE} 的差别仅依赖于电流密度的比值。对于匹配的晶体管，集电极电流的比等于其电流密度的比。利用图2.53所示的图形曲线，可方便地确定这种情形下基极–发射极间电压降的差别。这就使设计一个"镜像比"更容易些。

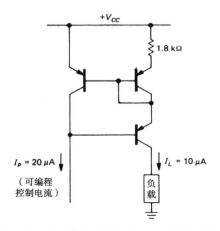

图 2.52　用一个发射极电阻来修正电流源的输出。注意输出电流不再是可控电流的简单倍数

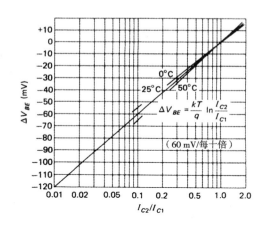

图 2.53　由基极–发射极间电压的差确定的匹配晶体管的集电极电流比

习题 2.12　证明图2.52所示的镜像比的确与其所标称的一样。

2.4　几种放大器组成框图

☐ 2.4.1　推挽输出级

　　正如在本章开始所提到的，NPN型射极跟随器不能产生灌电流，PNP型跟随器不能产生拉电流。结果使双电源供电的单端射极跟随器仅当采用大静态电流时才能驱动一个接地的负载（有时又称之为A类放大器）。这个静态电流至少是输出波形峰值时的最大输出电流那样大，毫无疑问，这会导致较高的静态功率损耗。例如，图2.54显示了一个用于驱动8 Ω的负载，以产生10 W音频功率的跟随器电路。电路中的PNP型跟随器 Q_1 主要用于减小对激励的要求，以及抵消 Q_2 的 V_{BE} 偏移（以使 0 V 输入对应 0 V 输出）。当然，为简单起见， Q_1 可以被省略。作为 Q_1 发射极负载的大电流源被用于确保在信号变化的峰值处有足够的基极激励给 Q_2。若发射极负载是一个电阻，将不能胜任这一工作，这是因为当负载电流最大时发射极电阻上的压降将会最小，使最终合成的 Q_1 静态电流过大，该电阻将只能选取很低的值（如50 Ω或更少），以确保在信号波动的峰值处至少有 50 mA 的基极激励给 Q_2。

这个示例电路的输出能够在两个极性方向上变化到接近±15 V，从而给出所需的输出功率（8 Ω阻抗两端的 9 V 均方根值）。然而，输出晶体管在无信号时损耗 55 W，而发射器电阻损耗另外的110 W。这个静态损耗功率比输出功率最大值还要大很多倍，这是这种A类放大器的固有特性（由于晶体管总处于导通状态）。这显然给我们留下了大量问题要解决，尤其是在那些需要考虑电源功率的场合。

图2.55显示了一个推挽跟随器来执行同样的功率放大功能。其中 Q_1 在正半周导通，而 Q_2 在负半周导通。对于零输入信号电压，将没有集电极电流与功率损耗。在 10 W 的输出功率上，每一个晶体管的损耗也将低于 10 W。

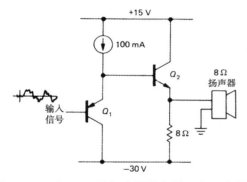

图 2.54　一个 10 W 的扬声器放大器，由一个单端
　　　　　射极跟随器构成，损耗 165 W 的静态功率

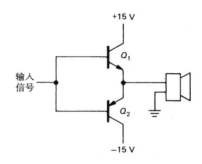

图 2.55　推挽射极跟随器

□ 推挽放大器的交越失真

在上述电路中也有一个问题，即其输出跟随输入，但少一个 V_{BE} 压降。在正半周，输出比输入大约低 +0.6 V，对于负半周则相反。对一个正弦波输入，输出看起来如图 2.56 所示。在音频放大器设计中，这被称为交越失真。最好的补救方法是给推挽级加一偏置，使其稍微导通，如图 2.57 所示（当然，负反馈可提供另一种方法，尽管这种方法不完全令人满意。）

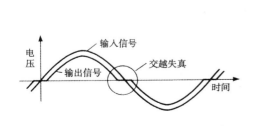

图 2.56　推挽放大器中的交越失真

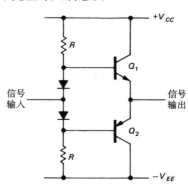

图 2.57　给推挽跟随器加一偏置，以消除交越失真

　　图中的偏置电阻 R 使两个二极管处于正向导通状态，这就保持了 Q_1 的基极比输入信号高一个二极管压降，同时 Q_2 的基极比输入信号低一个二极管压降。现在，当输入信号过零时，Q_1 或 Q_2 导通，保证总有一个输出晶体管处于导通状态。应选取合适的 R 为在峰值输出期间的晶体管提供足够的基极电流。例如，在 ±20 V 的电源供电时，8 Ω 负载输出 10 W 的正弦波功率，那么其基极峰值电压大约为 13.5 V，其负载峰值电流大约为 1.6 A。假设晶体管的 β 值为 50（功率管的 β 值一般比小信号晶体管的低），所必需的 32 mA 基极电流将要求大约 220 Ω 的基极电阻（在峰值变化时，从 V_{CC} 至基极有 6.5 V）。

B 类推挽放大器的热稳定性

　　前述的放大器（有时称为 B 类放大器，意味着每个晶体管仅在半周内导通）也有一个不好的特性，即它的热稳定性不佳。当输出晶体管升温时（当信号加入时，它们都损耗功率，因此将变热），它们的 V_{BE} 下降，静态集电极电流开始流动，产生的附加热量又使情况变得更糟糕，这样就很可能产生"**热失控**"。当然，晶体管是否产生热失控取决于多种因素，包括功放管的散热片用得多大，二极管对晶体管的温度补偿效果等。即使没有产生"热失控"，对这一电路的适当控制也是必要的。通常采用如图 2.58 所示的电路来控制电路温度特性。

　　考虑电路的多样性，图中的输入来自前级的集电极。R_1 在此有两种用处，一是作为 Q_1 的集电极电阻，二是在推挽基极电路中为二极管提供偏置电流，并作为偏置设定电阻。R_3 与 R_4 通常只有几欧或更小，它们为临界的静态电流偏置提供一个缓冲保护。其作用过程是，输出晶体管基极之间的电压一定要比两个二极管压降大一些，可用一个可调的偏置电阻 R_2（而它又常被第三个串联二极管所替代）来提供额外的电压。由于在 R_3 与 R_4 两端有零点几伏的电压降，所以这种 V_{BE} 的温度变化就不会引起其集电极电流很快上升（事实上，R_3 与 R_4 串联后两端的电压降越大，它对温度的灵敏度就越小）。这样，该电路就很稳定了。此外，还可以通过将二极管与输出功放管（或它们的散热片）接触安装的方式来改进电路的热稳定性。

　　可以对这样的电路的热稳定性进行估算，但必须运用这些知识点：温度每上升 1℃，基极－发射极压降下降大约 2.1 mV；基极－发射极电压每增加 60 mV，其集电极电流增加十倍。例如，如果 R_2 被一个二极管所替代，那么在 Q_2 与 Q_3 的基极之间就有 3 个二极管压降，由此 R_3 与 R_4 串联的两端可大约分得一个二极管压降（这样即可适当选取 R_3 与 R_4 的值，并保持一个合适的静态电流，对于音频功率放大器为 50 mA）。如果偏置二极管没有与输出晶体管热匹配，那么电路的热稳定性将变差。

　　下面来考虑这种热稳定性最差的情形，并计算出对应于输出晶体管温度有 30℃ 增加量的输出级静态电流的增加量。当然，对于一个功率放大器，这个增加量并不算大。对于这种温度上升，输出晶体管的 V_{BE} 在恒定不变的电流下大约下降 63 mV，从而使 R_3 与 R_4 串联两端的电压上升大约 20%（也就是说，静态电流上升 20%）。对于前面不加发射极电阻（如图 2.57 所示）的放大器电路，相应的估算是静态电流将上升十倍（回忆这一知识点：V_{BE} 每增加 60 mV，I_C 成十倍增加），即 1000%。显然，采用后面的这种偏置电路结构可明显地改善电路的热稳定性。

　　上述电路还有一个附加的优势，即通过调整静态电流，可对残留的交越失真进行一定的控制。这种方式能使交越点处具有一定的静态电流。这种偏置方式有时又称为 AB 类放大器，意味着两个晶体管在信号周期内的一部分区域里同时导通。实际上，这样选择静态电流，是使该电路在低失真与大静态功耗之间获得的一种最佳折中。下一章要讨论的反馈也可用来进一步减小失真。

图 2.59 所示的是另一种可用于推挽跟随器偏置的方法，其中 Q_4 的作用就像一个可调二极管，基极电阻是一个分压器。由于任何较大的 V_{CE} 将使该晶体管处于完全导通状态，因此 Q_4 的集电极至发射极电压将稳定在一个值上，该值将一个二极管压降置于基极至发射极间。例如，如果两个电阻都取 1 kΩ，晶体管将在集电极至发射极间的两个二极管压降上导通。在图示的电路中，对基极电路的调整可把推挽晶体管基极间电压设置在 1~3.5 个二极管压降上。图中 10 μF 电容确保两个输出晶体管的基极加上相同的信号；加这样一个旁路电容，是在任何偏置电路中所采用的最好方法。在这一电路中，Q_1 的集电极电阻被电流源 Q_5 替代。这又是一种非常有用的电路变化。因为用电阻有时难以得到足够的基极电流来驱动在信号峰值附近变化的 Q_2。一个充分小的以便足够驱动 Q_2 的电阻又会导致 Q_1 中的大静态电流（也具有大的功耗），同时也会减小电压增益（记住 $G = -R_C/R_E$）。对 Q_2 的基极激励问题的另一种解决方法是采用**自举电路**，我们将对这种电路技巧进行讨论。

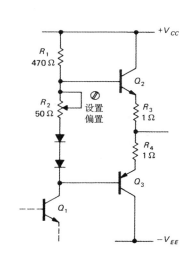

图 2.58　在推挽跟随器中采用小发射极电阻来改善热温度性

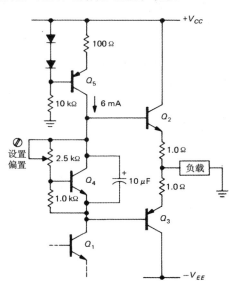

图 2.59　对推挽输出级加偏置以便得到一个较小的交越失真和较好的热稳定性

2.4.2　达林顿连接

如果将两个晶体管如图 2.60 所示那样连接在一起，其结果就像一个晶体管，但其 β 值是这两个晶体管 β 的乘积。这样便于用在那些需要大输出电流的场合（例如，电压调节器或功放输出级），或者它可用于那些要求输入阻抗很高的放大器输入级中。

对于一个达林顿晶体管，其基极–发射极间电压是正常的两倍，而饱和电压只是一个二极管压降（因为 Q_1 的发射极电位必须是在 Q_2 的发射极电位上的一个二极管压降）。这种结合也使晶体管工作速率变慢，这是因为 Q_1 不能很快切断 Q_2。通常也考虑到速率这一问题，故在 Q_2 的基极与发射极间加一个电阻 R（见图 2.61）。该电阻 R 也可用于防止来自 Q_1 的漏电流对 Q_2 进行偏置使其导通。应当这样选择 R 的值，Q_1 的漏电流（对于小信号晶体管，其数量级在纳安级，而对于功率管，高达几百微安）在 R 两端只产生一个小于二极管压降的电压，因而 R 不会提供 Q_2 基极电流中的较大部分，何况 Q_2 本身的基极–发射极间电压已有一个二极管压降。在达林顿功放管中，R 为几百欧；而对于小信号达林顿管，R 为几千欧。

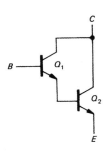

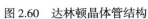

图 2.60　达林顿晶体管结构

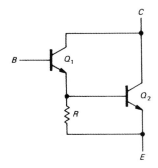

图 2.61　达林顿对管中提高关断速度的方法

　　达林顿管现有包装成壳的产品，通常还包括基极 – 发射极电阻。典型的示例是 NPN 达林顿功率管 2N6282，它在 10 A 的集电极电流处具有 2400 的电流增益（典型值）。

Sziklai 连接

　　一个类似的 β 提升电路结构是 Sziklai 连接，有时也称为互补的达林顿电路（见图 2.62）。这种结合像一个 NPN 晶体管，但又具有很大的 β 值。它只有一个基射极压降，但不能饱和至小于一个二极管压降。将一个小电阻连于 Q_2 的基极与发射极之间的方法也是值得考虑的。这种连接在推挽功放这类场合中常用，即设计者在电路中只想采用单一极性的晶体管，这种电路如图 2.63 所示。正如以前一样，R_1 是 Q_1 的集电极电阻；达林顿对管 Q_2Q_3 像一个 NPN 晶体管，并具有很高的电流增益。而 Sziklai 连接对管 Q_4Q_5 就像一个高增益 PNP 功率管。如前一样，R_3 与 R_4 是很小的。这种电路有时被称为伪互补推挽射随器。而一个真正的互补级总是采用达林顿连接 PNP 对管作为 Q_4Q_5。

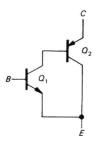

图 2.62　Sziklai 连接（互补达林顿管）

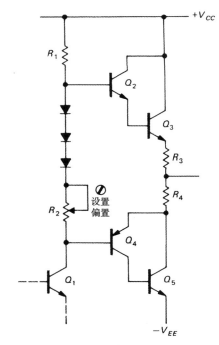

图 2.63　只用 NPN 输出晶体管的推挽功率放大级

超 β 晶体管

注意，不应该将达林顿连接及其变形电路与所谓的超 β 晶体管相混淆。后者是一种通过制造过程来取得很高 h_{FE} 值的器件。典型的超 β 值晶体管是 2N5962，它的集电极电流在 $10\,\mu A \sim 10\,mA$ 的范围内，最小电流增益为 450。它也属于 2N5961-2N5963 系列，具有 $30 \sim 60\,V$ 的最大 V_{CE} 范围（如果需要较高的集电极电压，就要设置较低的 β）。超 β 的匹配对可用于要求匹配特性的低电平放大器中，我们将在 2.4.4 节讨论这一点。这类例子还有 LM394 与 MAT-01 系列，它们提供了高增益的 NPN 晶体管对，并且这些晶体管对的 V_{BE} 匹配相差只有零点几毫伏（在最佳型号中，低至 $50\,\mu V$），它们的 h_{FE} 匹配相差只有 1% 左右。MAT-03 是一个 PNP 匹配对。

在达林顿连接中结合使用超 β 晶体管也是完全可能的。用这种方式，一些商用器件（如 LM11 与 LM316 运算放大器）只要 50 pA 的基极偏置电流。

□ 2.4.3　自举电路

当给射极跟随器加偏置时，我们总是这样来选择基极分压器电阻以使分压器能给基极提供一个陡峭不变的电压源。也就是说，它们并联后的阻抗比从基极直接看进去的阻抗要小得多。基于这点，合成后的电路就具有一个主要由分压器电路决定的输入阻抗。这样，输入驱动信号源的输入阻抗很低，并且比它所需的输入阻抗要低得多。图 2.64 显示了这样一个电路，它的总输入阻抗大约为 $9\,k\Omega$，这主要是由于分压器的 $10\,k\Omega$ 阻抗所造成的。由于人们总想保持高输入阻抗，因此将这种分压器电路置于输入端确实为一种下策，因为毕竟它只起到偏置晶体管的作用。"自举"似乎是一种很新颖的名称，人们将它归于一种能解决上述问题的电路技巧。如图 2.65 所示，分压器 R_1、R_2 通过与 R_3 串联后再给晶体管加偏置，选择 C_2，使其在信号频率上的阻抗比基极电阻低得多。正如通常一样，由基极往左看进去的直流阻抗（在此为 $9.7\,k\Omega$）比从基极看进去的直流阻抗（在此约为 $100\,k\Omega$）要小得多时，因此其偏置是稳定的。但是，现在的电路对信号频率的输入阻抗与直流阻抗不同。输入波形 υ_{in} 导致发射极波形 $\upsilon_E \approx \upsilon_{in}$。因此，通过基极电阻 R_3 的电流的变化为 $i = (\upsilon_{in} - \upsilon_E)/R_3 \approx 0$，即 Z_{in}（由于偏置部分引起的）$= \upsilon_{in}/i_{in} \approx \infty$。这样，就使偏置电路对输入端的并联阻抗在**信号频率**上很大。

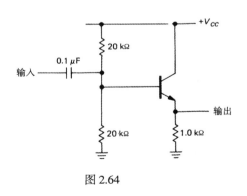

图 2.64

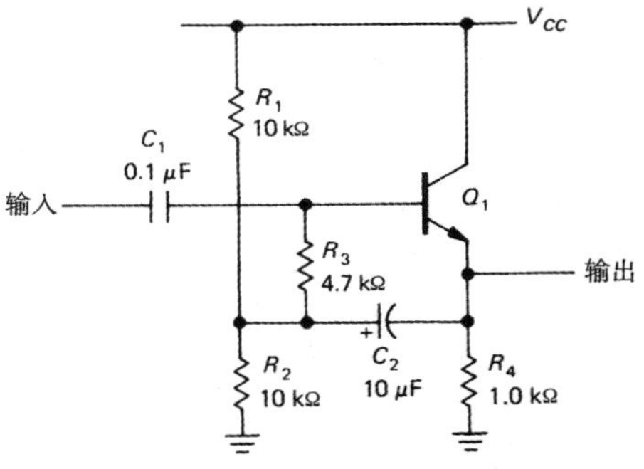

图 2.65　通过自举基极偏置分压器来提高射极跟随器在信号频率上的输入阻抗

看待该电路的另一种方式是，注意 R_3 在所有信号频率上总是具有相同的电压降（因为电阻的两端具有相同的电压变化）。也就是说，它是一个电流源，但电流源具有无限大的阻抗。实际上，因为射极跟随器的增益稍微小于 1，所以它的有限阻抗是小于无穷大的。又因为基－射极间电压降依赖于集电极电流，集电极电流又随信号电平而变化，也引起了上述情形发生。其实，我们早就能预知这一点，因为这是由从发射极看进去的阻抗$[r_e = 25/I_c(\text{mA})\ \Omega]$与发射极电阻相串联的分压效应引起的结果。如果这一跟随器具有电压增益$A(A \approx 1)$，那么R_3在信号频率上的有效值为$R_3/(1 - A)$。

　　在实际电路中，R_3的值增加了$100\ \Omega$左右，而输入阻抗主要是由晶体管的基极阻抗来确定的。因为发射极上的信号跟随基极变化，带负反馈的发射极也可用同样的方式来取得自举效应。注意到基极分压电路是由信号频率上具有低阻抗的发射极来激励的，这样也可使输入信号与这类通常功能分开。

□ 自举集电极负载电阻

　　如果晶体管放大电路用于驱动跟随器，那么自举原理也可用来增加晶体管集电极负载电阻的有效值，这样就可大大增加该级的电压增益[回忆这一知识点：$G_V = -g_m R_C$，其中$g_m = 1/(R_E + r_e)$。图2.66显示了具有自举功能的推挽输出级，它类似于以前讨论过的推挽跟随器。因为输出跟随Q_2的基极信号，C就对Q_1的集电极负载进行自举，这样就保证信号变化时，R_2两端的压降不变。这里的C必须选取为使其所有信号频率上的容抗均比R_1和R_2低。这就使R_2看起来像一个电流源，从而提升Q_1的电压增益，并能在信号峰值时，保持对Q_2提供良好的基极激励。当信号变化到V_{CC}附近时，R_1与R_2的连结点实际上升到V_{CC}以上，这是由于C中存储的电荷所致。在这种情况中，如果$R_1 = R_2$（这并不算是很差的选择），则当输出变至V_{CC}时，在R_1与R_2之间的结点电压会上升至$1.5\ V_{CC}$。这种电路在商用音频放大器设计中应用已经很广泛。尽管在这些电路中用一个简单电流源替代自举电路，但这是非常上乘的技巧，因为它既能维持对信号低频成分的改进，又能不用大电解电容。

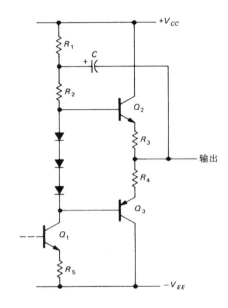

图2.66　功率放大器中的自举集电极负载电阻

2.4.4　差分放大器

　　差分放大器是一种常用的电路结构，它主要对两个输入信号的电压差值进行放大。在理想情况下，差分放大器的输出完全独立于单个输入信号电平，而只与这两个信号差有关系。当两个输入一起同向改变时，就是"**共模**"输入变化。差分变化称为**正常模式**。较好的差分放大器应当具有很高的**共模抑制比**（CMRR），而共模抑制比是指对于正常信号的响应与对应相同幅度共模信号的响应之比。CMRR通常用分贝来表示。共模输入范围是指在这个范围之内输入可以变化的电压。

　　差分放大器在那些夹杂着干扰与其他杂散噪声的弱信号放大场合尤为重要。这类例子有，在长电缆（通常还是双绞线）上传输的数字信号、音频信号（术语"平衡"意味着差分，通常是$600\ \Omega$阻抗，用在音频放大器中）、射频信号（双线电缆也是差分的）、心电图电压、磁心存储器读数信号以及许多其他的应用。如果共模信号不太大，在接收端的差分放大器就能恢复出原始信号。差分放大器普遍用于运算放大器中，关于这一点不久将会讨论到。它们在直流放大器设计中也是非常重要的（这里的直流放大器是指不用耦合电容而直接放大直流信号的放大器），这是因为差分放大器自身对称的设计已补偿了热漂移。

图 2.67 显示了差分放大器的基本电路。其输出是从一个集电极相对于地而取出的，这被称为**单端输出**，也是最常用的电路结构。可以把这个放大器看成是一种电路装置，它能对一个差分信号进行放大，并把它转换成一个单端信号，以使普通的附加电路（如跟随器、电流源等）能够利用它的输出（如果需要差分输出，就取两个集电极之间的信号）。

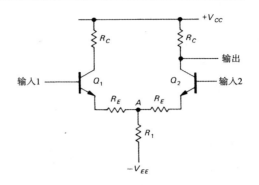

该电路的增益是多少呢？这很容易计算。设想一个对称的输入信号变化波形，其中输入 1 上升一个 v_{in}（一个小信号），而输入 2 下降一个相同的量。只要这两个晶体管均处于放大区域，则 A 点电位保持固定。这样关

图 2.67　传统的晶体管差分放大器

于单个晶体管放大器的增益就可确定出来。只要记住输入变化实际是任一基极变化的两倍，则有 $G_{diff} = R_C/2(r_e + R_E)$，$R_E$ 通常很小，为 $100\,\Omega$ 或更小，完全可省略。因此，差分电压增益的典型值是几百。

通过在两个输入端同时加相同的信号，也可确定其共模增益。如果正确地思考这一点（两个发射极电流流过电阻 R_1），将求出 $G_{CM} = -R_C/(2R_1 + R_E)$。在此已忽略了小电阻 r_e，因为 R_1 通常很大，至少是几千欧。也可把 R_E 忽略，这样共模抑制比（CMRR）大约是 $R_1/(r_e + R_E)$。现在来考察图 2.68 所示的一个典型示例，以得到差分放大器的几个特点。

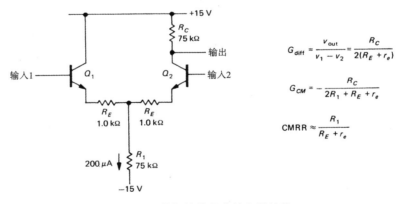

$$G_{diff} = \frac{v_{out}}{v_1 - v_2} = \frac{R_C}{2(R_E + r_e)}$$

$$G_{CM} = -\frac{R_C}{2R_1 + R_E + r_e}$$

$$CMRR \approx \frac{R_1}{R_E + r_e}$$

图 2.68　分析计算差分放大器性能

R_C 被选择成能适应 $100\,\mu A$ 的静态电流。通常将集电极电位设在 $0.5\,V_{CC}$ 处，以得到一个大的动态范围。Q_1 的集电极电阻可以省略，因为不需要从该点取输出。R_1 也被选成能流过 $200\,\mu A$ 的总发射极电流。当差分输入为零时，$200\,\mu A$ 的电流平分在两边。根据刚推导出的公式，这个放大器的差分增益为 30，共模增益为 0.5；省略 $1\,k\Omega$ 的电阻则可将差分增益提高至 150，但会使（差分）输入阻抗从原来的 $250\,k\Omega$ 降至大约 $50\,k\Omega$（如果有必要，可以在输入级利用达林顿晶体管，以便将输入阻抗提高至 $M\Omega$ 数量级）。

应该牢记，一个单端接地已加偏置 $0.5V_{CC}$ 的共发射极放大器的最大增益是 $20V_{CC}$。在差分放大器中，最大差分增益（$R_E = 0$）只是这个数值的一半，或者（在任意静态点）是集电极电阻两端电压的 20 倍。相应的最大共模抑制比 CMRR（在 $R_E = 0$ 的情形）等于电阻 R_1 两端电压的 20 倍。

习题 2.13　证明上述这些表达式是正确的，然后根据自己的特殊要求，设计一个差分放大器。

　　差分放大器有时被称为"长尾对"，这是因为如果一个电阻符号的长度表示它的模值，那么这个电路看起来就像图 2.69 所示，图中的长尾确定共模增益，小的发射极间电阻（包括发射极本征电阻 r_e）确定其差分增益。

电流源偏置

　　利用电流源来替代 R_1，就可以大大减小差分放大器的共模增益。因为电流源的 R_1 有效值很大，可使共模增益几乎为零。现在来考虑其共模抑制原理。设想一个共模输入，因为发射极电流源总维持一个恒定的总发射极电流，又因为对称性，总电流被两个晶体管集电极电流平分，因而输出不变。图 2.70 表示这样的电路示例。该电路采用一个 LM394 单片晶体管对作为 Q_1 与 Q_2，一个 2N5963 电流源。因此，其共模抑制比为 100 000∶1（100 dB）。该电路的共模输入范围在 −12 ~ +7 V 之间，发射极电流源的适用范围限制了其低端值，而集电极静态电流限制了其高端值。

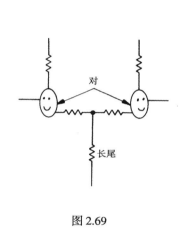

图 2.69

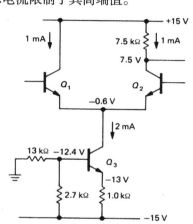

图 2.70　采用电流源改进差分放大器的 CMRR

　　牢记一点，这种放大器就像所有晶体管放大器一样，必须有一个直流偏置通路提供给基极。例如，如果输入是容性耦合的，必须让基极电阻接地。关于差分放大器的另一个注意事项是：在那些没有发射极间电阻的场合，双极型晶体管只能够承受 6 V 的基极–发射极反向电压，再高就要击穿。因此，加入一个比它高的差分输入电压将会损坏输入级（如果没有发射极间电阻）。发射极间电阻限制击穿电流并防止击穿发生，但晶体管特性要受到影响（在 h_{fe} 和噪声等方面）。在上述任一种情形中，在反向导电时输入阻抗会急剧下降。

在单端直流放大器方面的应用

　　即使是采用单端输入，差分放大器也可构成一个性能极优的直流放大器。如图 2.71 所示，可以直接将一端接地，而将信号加入另一端。这时会产生疑问，可以去掉"没用"的这个晶体管吗？事实上不可以，因为差分电路结构与生俱来就具有对温度漂移的补偿，即使是当一个输入端接地时，该晶体管仍在为此默默奉献。温度变化引起两个 V_{BE} 变化相同的量，但在平衡输出端都无变化；这就是说，V_{BE} 的变化并没有被 $G_{差分}$ 放大（只被几乎为零的 $G_{共模}$ 放大）。更有甚者，V_{BE} 的抵消意味着不必去担扰输入端的 0.6 V 压降。用这种方式构成的直流放大器的特性仅受到输入 V_{BE} 的失配与它们的温度系数所制约。而商用单片晶体管对与商用差分放大器集成电路已具有相当高的匹配特性（如 MAT-01 NPN 单片匹配对有一个典型值，即在两个晶体管之间 V_{BE} 的漂移是 0.15 μV/°C 与 0.2 μV/ 月）。

在上述电路示例中，任一输入端都可以接地，这取决于这个放大器是否要对输入信号反相（然而，由于密勒效应，图2.81所示电路结构较常用于高频率电路中，参见2.4.5节）。图中所示输入信号连接在同相端，而反相输入端被接地。这里所提的专门术语也适用于运算放大器中，后者其实就是高增益的差分放大器。

镜像电流源有源负载

如同简单发射极接地放大器一样，有时也想要一个具有很高增益的单级差分放大器。一种很好的解决方法如图2.72所示，采用镜像电流源作为有源负载。图中$Q_1 Q_2$是具有发射极电流源的差分对，Q_3与Q_4是一个电流源，构成集电极负载。由这个镜像电流源提供的高集电极负载电阻提供一个高达5000或更高的电压增益（假设放大器输出端空载）。这种放大器通常只用于反馈环内部，或作为比较器（将在下节讨论）。一定要记住这种放大器要加高阻抗负载，否则它的增益将大幅度下降。

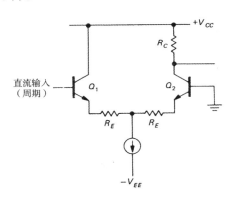

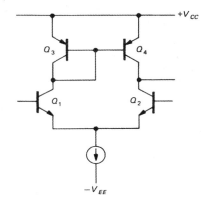

图 2.71　差分放大器可用做精确单端直流放大器　　图 2.72　带有镜像电流源负载的差分放大器

差分放大器作为反相器

一个对称差分放大器的集电极能产生相位相反，但信号波动范围相同的输出。通过从两个集电极取输出信号，就得到一个反相器。当然，也可采用既有差分输入又有差分输出的差分放大器。这种差分输出信号又能驱动一个附加的差分放大级，从而具有大大改进的总共模抑制特性。

差分放大器作为比较器

由于差分放大器具有高增益与稳定的特性，它也是比较器的主要电路组成部分。**比较器**是一种能够判别两个输入中哪一个较大的电路，已用于各种电路中，如接通灯与加热器、由三角波产生方波、确定电路中电平超过一个特定门限、D类放大器与脉冲编码调制、控制电路电源等。但所有这些应用的基本原理是采用一个差分放大器，以便它在依赖于输入信号相对电平基础上控制晶体管的接通与断开。在这里，输入晶体管的线性放大区没有派上用场，而且其中总有一个晶体管是断开的。下一节将给出一个温度控制的典型电路，电路中采用一个电阻温度传感器（热敏电阻）。

2.4.5　电容与密勒效应

到目前为止，在探讨中考虑了晶体管的直流或低频模型及其相关量。所得的简单电流放大器模型与更复杂的Ebers-Moll跨导模型都只涉及从晶体管不同端口看进去的电压、电流与电阻模型。仅用这些模型，已经讨论得太多了，事实上这些简单模型几乎包含了在设计晶体管电路时所需了解的一切。然而，在高速与高频电路中起主要作用的一些方面却被忽略了，即外部电路电容与晶体管自身内部结电容的存在。在高频工作范围内，电容的作用（效应）常常主要支配着电路的特性。例如，在 100 MHz 时，一个 5 pF 的典型结电容竟然有高达 320 Ω 的阻抗值。

在第 13 章中将详细探讨这一重要主题。这里只涉及这一问题以便表明这种电路确实存在，以及提出一些相应的解决方法。如果没有意识到这一问题的重要性，就草率离开这一章将是错误的。在对这一问题的简单讨论过程中，将要涉及密勒效应以及采用一些电路结构（如共射－共基电路）来克服。

结电容与电路电容

电容限制了电路内电压变化的速率，这是有限的源激励阻抗或激励电流所造成的。当一个电容被一个有限的源电阻激励时，可以看到 RC 电路的指数充电特性，而由一个电流源来激励的电容充电特性则为一个有限倾斜速率的波形（斜坡）。作为一般的指导原则，在电路内减小源阻抗与负载电容，增加驱动电流将会使输出变化速率加快。然而，还值得考虑一些与反馈电压与输入电容有关的细微之处，现在简单看一看图 2.73 所示的结电容引起的主要问题。其中输出电容 C_L 与输出电阻 R_L（ R_L 包括集电极与负载电阻， C_L 包括结电容与负载电容）构成一个时间常数，在某一频率 $f = 1/2\pi R_L C_L$ 处给出一个滚降起始点。上述讨论也同样适应于输入电容与源阻抗 R_S 相组合的情形。

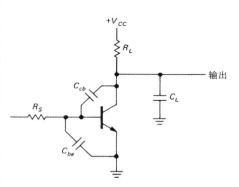

图 2.73　晶体管放大器中的结电容与负载电容

密勒效应

C_{cb} 是另一个值得关注的结电容。放大器具有电压增益为 G_V，因而输入端的一个小的电压变化就会引起集电极（输出）有一个 G_V 倍电压变化。这就意味着信号源有一个电流流经 C_{cb}，这时可等效为从基极到地将 C_{cb} 扩大 $(G_V + 1)$ 倍；即出于对输入滚降频率计算的目的，输出端的反馈电容 C_{cb} 等效于在输入端（从基极至地）有一个 $C_{cb}(G_V + 1)$ 的电容值。这种 C_{cb} 的有效增加即为熟知的密勒效应。它主要控制放大器的滚降特性。这是因为一个典型的 4 pF 反馈电容可以在输入端呈现几百皮法的电容。

有几种方法用来克服密勒效应。但在基极接地的放大器中，可不考虑密勒效应。通过采用射极跟随器电路，可以减小发射极接地放大级的源阻抗。图 2.74 显示了两种其他的可能性。图中的差分放大器电路（ Q_1 没有集电极电阻）不存在密勒效应，可以将其视为基极接地放大器。第二个电路是人们熟悉的共射－共基放大器电路结构。其中 Q_1 是发射极接地并具有 R_L 作为集电极负载的放大器； Q_2 被插入 Q_1 集电极通路中，以防止当集电极电流流向不变化的集电极负载时 Q_1 集电极电压的波动（从而消除密勒效应）。 V_+ 是一个固定的基极电压，它通常比 Q_1 的发射极电压高，以控制 Q_1 的集电极电压，并使 Q_1 保持在有源区域。图中所示的电路部分是不完整的，可以加入一个旁路的发射极电阻与基极分压器作为偏置电路（正如本章前面所做的），或把它包括进一个总的直流反馈环。 V_+ 可由一个分压器或齐纳二极管电路提供，通过旁路来保证其在信号频率部分具有陡峭的固定值。

习题 2.14　详细解释为什么差分放大器与共射－共基放大器中的任一晶体管均无密勒效应？

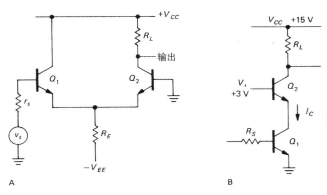

图 2.74　避免密勒效应的两种电路，电路 B 是级联形式

电容效应实际比这里简述的复杂些。具体来看,(a)由于反馈与输出电容引起的滚降并不是完全独立的,存在极化的影响(将在下一章讨论);(b)即使是在陡峭的输入信号源作用下,输入电容仍能起作用。特殊的是,流经 C_{be} 的电流并没有得到晶体管的放大。这种由输入电容引起基极电流的"分流"导致晶体管的小信号电流增益 h_{fe} 在高频处下降,最终使特征频率 f_T 上的增益为 1;(c)使事情更复杂的是,结电容依赖于电压。C_{be} 随基极电流变化得如此快,以至于它甚至没有在晶体管参数手册上标出,只给出 f_T 来替代;(d)当晶体管用做开关时,与饱和晶体管基区存储电荷有关的效应又会引起速率降低。第 13 章将研究这类问题及其他与高速电路有关的主要内容。

2.4.6　场效应晶体管

在这一章中已经专门讨论了由 Ebers-Moll 方程描述的双极型晶体管(BJT)。BJT 是较原始的晶体管,但它们仍然统治着模拟电路的设计,然而,在以下的讨论中,还要简单介绍一下其他种类的晶体管,如场效应管(FET)。关于它的进一步讨论将在下一章进行。

FET 在许多方面像普通双极型晶体管。它也是一个 3 端放大器件,有两种极性。它的一端(**栅极**)可以控制其他两端(**源极与漏极**)间流动的电流,但它有一个独特的特性:除漏电流之外,栅极没有电流。这就意味着场效应管具有极高的输入阻抗,它只受到电容与漏电流效应的限制。采用场效应管,就不必担忧本章讨论的关于 BJT 电路设计必须提供一定的基极电流。FET 的输入电流通常只用皮安数量级来衡量。而且,FET 是一个可靠有用的器件,它的电压、电流额定值均与双极型晶体管在同一数量级。

由晶体管制成的大多数可用器件(如匹配对、差分放大器与运算放大器、比较器、大电流开关电路与放大器、射频放大器及数字逻辑电路等)也可由 FET 来实现,并常具有极优的特性。此外,微处理器与存储器(与其他大规模数字电路)几乎都是由清一色的 FET 来制成的。最后,微功率设计也是由 FET 电路来决定的。

FET 在电子电路设计中非常重要,所以在讨论运算放大器与反馈之前先在第 4 章中对它们进行探讨。读者在前三章中应该耐心打好有关电路与器件的基础。后面还将探讨用运算放大器与数字集成电路来进行电路设计的有用技巧。

2.5　一些典型的晶体管电路

为了阐明本章的一些主要原理,现在来研究一些晶体管电路示例。因为实用电路中常常采用负反馈,所以此处所能涵盖的电路范围是有限的。而对于负反馈这一主题将在第 4 章讨论。

2.5.1　稳压源

图 2.75 显示了一个非常普通的电路结构。R_1 用于保持 Q_1 导通；当输入高达 10 V 时，Q_2 才进入导通（基极处于 5 V），它通过阻止 Q_1 的基极电流来阻止输出电压的上升。通过用一个电位器替代 R_2 与 R_3，来实现电源稳压。这实际上是一个负反馈的实例：Q_2 "观察"着输出，如果输出不是处于合适的电压上，Q_2 就要做相应调整。

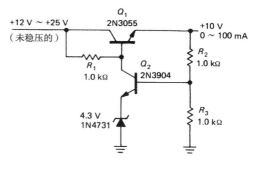

图 2.75　反馈电压稳压器

2.5.2　温度控制器

如图 2.76 所示，它是一个基于热敏电阻感应元件的温度控制电路，这里的**热敏电阻**是一种电阻值随温度变化的元件。差分达林顿管 $Q_1 - Q_4$ 将可调整的参考分压器 $R_4 - R_6$ 与由热敏电阻及 R_2 构成的分压器相比较（通过比较由同一电源供电的比值，这种比较对于电源的变化是不灵敏的；这种特殊的电路又称为 Wheat-stone 桥）。镜像电流源 $Q_5 Q_6$ 提供一个有源负载以便提升增益，$Q_7 Q_8$ 镜像电流源提供发射极电流。Q_9 将差分放大器输出与一个固定的电压相比较，使达林顿管 $Q_{10} Q_{11}$ 处于饱和；而当热敏电阻温度太低时，$Q_{10} Q_{11}$ 就会给加热器提供电源。R_9 是一个电流感应电阻，如果输出电流超过大约 6 A 时，R_9 就能接通保护晶体管 Q_{12}，从而为 $Q_{10} Q_{11}$ 消除基极激励，以便防止晶体管损坏。

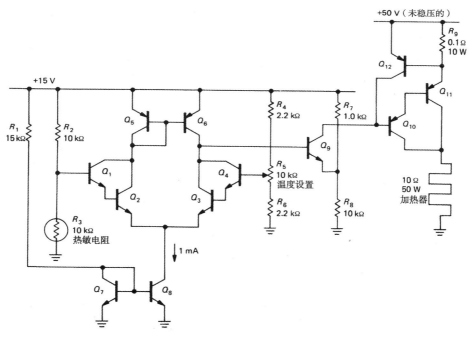

图 2.76　50 W 加热器的温度控制器

2.5.3　带晶体管与二极管的简单逻辑电路

如图 2.77 所示，它是一种能够完成如下任务的电路，这种任务已在 1.8.1 节中叙述过。即当两个车门中任一个开着，而司机正坐着时，蜂鸣器发声提醒。在这种电路中，晶体管均作为开关（或者截止断开，或者饱和接通）。二极管 D_1 与 D_2 构成一个称为"或"门的电路。当两门之一开着时（开关闭合）则使 Q_1 断开，若此时开关 S_3 也闭合着（司机坐着），在这种情况下，R_2 使 Q_3 接通，以便使 12 V 电压跨接在蜂鸣器两端。而为了阻止蜂鸣器发声，Q_1 的集电极电压就必须停留在地附近。D_3 提供一个二极管压降，以使 Q_1 随着 S_1 或 S_2 的闭合而断开，D_4 保护 Q_3 不受感性蜂鸣器断开瞬间的影响。第 8 章将详细讨论逻辑电路。表 2.1 提供了有用的与常用的小信号晶体管的选择。图 2.78 表示相应的电流增益曲线，参见附录 K。

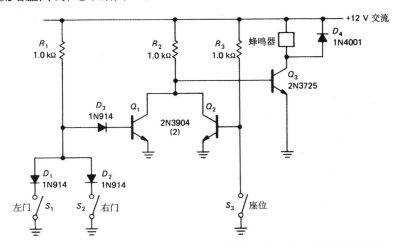

图 2.77　利用晶体管与二极管构成安全带蜂鸣器电路中的数字逻辑门

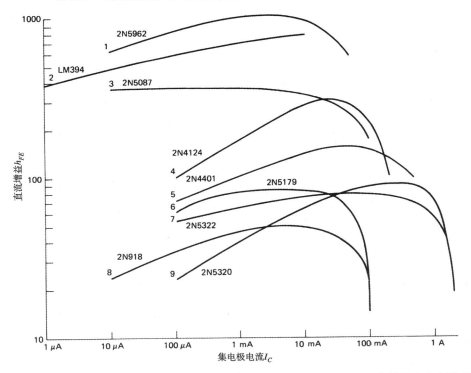

图 2.78　典型的晶体管电流增益 h_{FE} 曲线，由表 2.1 来选择晶体管。这些曲线均取自制造商的有关资料。从图示的"典型"值，可以期望产品参数有 +100%，−50% 的差异

表 2.1　可选择的小信号晶体管

类型	V_{CEO} (V)	I_C 最大值 (mA)	h_{FE} 典型值 b	I_C (mA)	C_{cb} 典型值 c (pF)	f_T 典型值 d (MHz)	增益曲线	金属 TO-5 e NPN	TO-5 e PNP	TO-18 f NPN	TO-18 f PNP	塑料 TO-92 h NPN	TO-92 h PNP
通用型	20	500	100	150	16	200	4	–	–	–	–	–	–
	25	200	200	2	1.8~2.8	300		–	–	–	–	4124	4126
	40	200	200	10	1.8~2.8	300		–	–	3947	3251	3904	3906
高增益 低噪声	25	50	300	10	2~7	150		–	–	–	–	3391A,3707h	4058h
	25	300	250	50	4	300	2	–	–	–	–	6008h	6009h
	25	50	500	5	1.5~4	500		LM394	–	–	–	5089	–
	40	20	700	1	14	200	1	–	–	–	–	–	–
	45	50	1000	10	1.5	300		–	–	–	–	5962	–
	50	50	350	5	1.8	400	3	–	–	2848	3965	4967,5210	4965,5087
大电流	30~60	600	150	150	5	300	5	2219	2905	2222	2907,3251	4401	4403
	50	1000	100	200	7	450		3725	5022	4014	–	–	–
	60	1000	70	80	15	100		2102,3107	4036	–	–	–	–
	75	2000	70	500	20	60	7,9	5320	5322	–	–	–	–
高电压	150	600	100	10	3~6	250		–	4929	–	–	5550	5401
	300	1000	50	50	10	50		3439	5416	–	–	–	–
高速度	12	50	80	3	0.7	1500	6	–	–	5179	–	3662h	–
	12	100	50	8	1.5	900	8	–	–	918	4208	5770	–
	12	200	75	25	3	500		–	–	2369	2894	5769	5771

a. 所有的晶体管是 2Nxxx 数字。LM394 晶体管对是个例外。在单行中列出的器件的特性是相似的，在某些情况中，电气特性是相同的。

b. 参见图 2.76。

c. 在 $V_{CB}=10\,\text{V}$ 处。

d. 参见图 13.4。

e. 或见 TO-39。

f. 或 TO-72，TO-46。

g. TO-92 与它的变异有两个基本的排列：EBC 与 ECB，带有上标 h 的晶体管是 ECB，而所有其他的是 EBC。

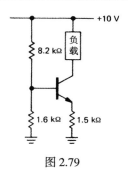

图 2.79

2.6 电路示例

2.6.1 电路集锦

图 2.80 显示了一组采用晶体管的性能优良的电路。

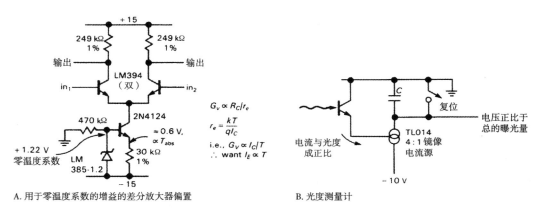

图 2.80 电路集锦

2.6.2 不合理电路

从自己的电路设计错误与其他人犯的一些相应错误,可学到大量有关电路的知识。这一节展示了一些不合理电路(如图 2.81 所示)。通过思考如何修正这些不合理电路,可以提高正确设计电路的能力,以避免重犯错误。

2.7 补充题

1. 设计一个晶体管开关电路,使其能够通过饱和的 NPN 晶体管将两个负载接地。闭合开关 A 应当使两个负载接电源,而闭合开关 B 应当只接通一个负载的电源。提示:采用二极管。

2. 考虑图 2.79 所示的电流源。(a) I_{load} 是多少?输出的适用范围是多少?假设 V_{BE} 是 0.6 V。(b)对于在适用范围内的集电极电压,h_{FE} 在 50~100 之间变化,输出电流将变化多少?(这里要考虑两种因素的作用。)(c)如果 V_{BE} 按照 $\Delta V_{BE} = -0.0001\Delta V_{CE}$(Early 效应)来变化,那么在输出适用范围内的负载电流将变化多少?(d)假设 h_{FE} 不随温度变化,输出电流的温度系数将是多少?若再假设 h_{FE} 从它的标称值 100 以 0.4%/℃ 的速率随温度增加时,输出电流的温度系数是多少?

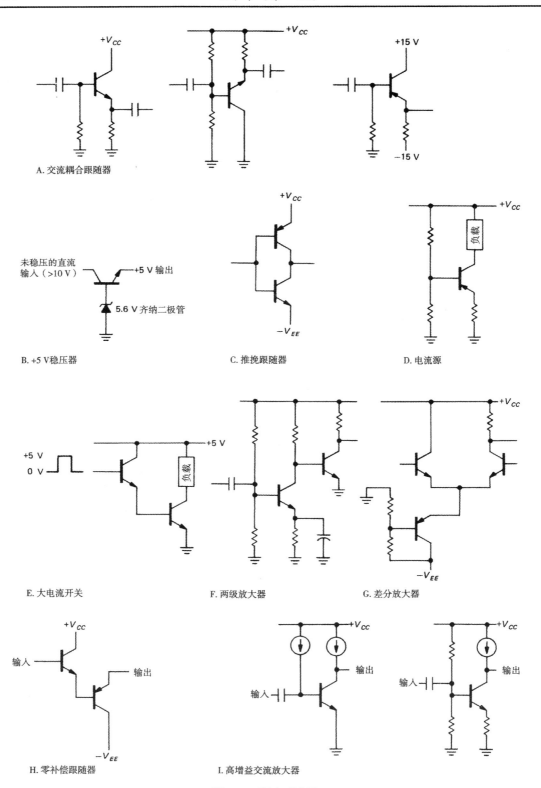

图 2.81　不合理电路

3. 设计一个共射 NPN 放大器，它的电压增益为 15，V_{CC} 为 +15 V，I_C 为 0.5 mA。使集电极电压偏置在 $0.5V_{CC}$，并使低频 3 dB 点在 100 Hz 处。

4. 给上题中的电路加自举电路，以便提高该电路的输入阻抗。合适地选择自举的滚降特性。

5. 设计一个单端输出电压增益为 50 的直流耦合差分放大器，适应于接近地的输入，电源电压为 ±15 V，每个管子的静态电流为 0.1 mA。在发射极采用一个电流源，用射极跟随器作为输出级。

6. 在本题中，最终将设计出这样一个放大器，它的增益是由一个外加电压来控制的（在第 3 章中将看到如何用 FET 来完成相同的设计）。（a）先设计一个具有发射极电流源与无发射极电阻（未衰减的）的长尾对差分放大器。采用 ±15 V 电源，使 I_C（对每一个晶体管）为 1 mA，$R_C = 1.0\ k\Omega$。计算由一个单端输入（其他输入接地）至单端输出的电压增益。（b）现在对电路进行修正，以使外加的电压控制发射极电流源。确定出一个近似的公式来表示增益作为控制电压的函数关系（在实际电路中，也许会安排一个第二组电压控制的电流来抵消静态点偏移，这种偏移会在这一电路引起增益的变化；或者可将差分输入第二级加入电路中）。

7. 由于忽略了本章的经验教训，一个学生草率地设计了一个如图 2.82 所示的放大器，他调整 R 值，使静态点在 $0.5\ V_{CC}$ 处，问：（a）Z_{in} 是多少（在高频率处 $Z_C \approx 0$）？（b）小信号电压增益是什么？（c）环境温度大约上升多少，将会引起晶体管饱和？

8. 几种商用的精度运算放大器（例如，早期使用的 QP-07 与新近出现的 LT1012）采用图 2.83 所示电路，以抵消输入偏置电流（图中只详细地给出这对对称输入差分放大器的一半电路，其余一半工作原理相同）。解释这个电路是如何工作的。注意，Q_1 与 Q_2 是一个 β 匹配对。提示：均由镜像电流完成。

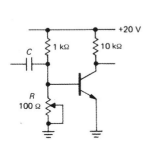
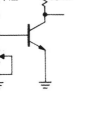

图 2.82　　　　　　　　　图 2.83　抵消基极电流的方法，一般用在高质量运算放大器中

第3章 场效应管

3.1 概述

场效应管（FET）与上一章讨论的普通晶体管（又称"半导体三极管"、"双极结型晶体管"或"BJT"）是不同的。但一般来说，两者都属于**电荷控制器件**，它们的相似点是：都有三个电极，两个电极间的导电能力由载流子的浓度决定，载流子的浓度则由加在另一电极上的电压控制。

场效应管与晶体管的区别在于：使用NPN型晶体管时，集电结加反向电压，结电流趋近于零；而发射结加正向电压（大小约0.6 V），使发射区的电子越过势垒到达基区，这些注入基区的电子又被集电结吸引；虽然在电子的传输过程中也形成了基极电流，但这些"少数载流子"中大部分都被集电结收集。其结果是集电极电流由（小的）基极电流来控制。集电极电流与向基区注入少数载流子的速率成正比，后者与发射结电压BE呈指数关系（见Ebers-Moll方程）。可将晶体管看成是电流放大器（电流放大系数h_{FE}近似不变）或跨导器件（Ebers-Moll模型）。

场效应管，顾名思义，是由栅极电压产生的电场来控制电流大小的器件。场效应管工作时没有正向偏置的PN结，所以栅极无电流，这是它最大的优点。根据极性不同，FET可分为N沟道（电子导电）与P沟道（空穴导电）两大类，分别与晶体管的NPN型和PNP型对应。此外，FET还可按结构分为JFET和MOSFET两类，按掺杂工艺不同分为**增强型与耗尽型**，这些常易使初学者混淆不清。以下将简要介绍这些分类。

首先来考察研究FET的目的与方法：FET最重要的特性就是无栅极电流，能在需要高输入阻抗的电路中发挥巨大的作用。它不仅能提供大于10^{14} Ω的电阻，而且能使电路的设计简单有趣。在许多应用中，诸如模拟开关和超高输入阻抗的放大器中，FET是无可替代的。FET也广泛地用于集成电路中，既可单独使用，也可与BJT联合使用。在下一章中将知道FET能用来设计性能优越、使用方便的运算放大器。在第8章至第11章中还将会看到，MOSFET集成电路如何引起数字电子学及电路的变革。由于能在小区域面积内集成很多消耗小电流的FET，所以它们在大规模数字集成电路，如运算器芯片、微处理器和存储器中特别实用。此外，最近设计出的大电流MOSFET（30 A或更大）在很多应用中取代了晶体管的位置，能使相应的电路更简单，性能也更好。

3.1.1 FET 的特性

初学者直接面对容易混淆的FET种类（见本书第一版示例）时，往往都会感到紧张不安。FET可按极性（N沟道或P沟道）、栅极绝缘方式［半导体结（JFET）或氧化物绝缘层（MOSFET）］以及沟道掺杂方式（增强型或耗尽型）的各种可能性进行组合。在所有的8种组合中，有6种可以实现，而实际实现了的只有5种，其中的4种又比较重要。

如果像学NPN型晶体管一样，先只从一种FET开始着手研究，有助于对它们理解得清楚些。一旦熟悉了这类FET，就不会对它们的家族及分类感到困惑不解了。

FET 电压 – 电流特性曲线

首先来看看N沟道增强型MOSFET，它与NPN型晶体管类似（见图3.1）。当管子正常工作时，漏极（集电极）电位高于源极（发射极）电位。漏极与源极之间一般没有电流，除非使栅极（基极）

电位高于源极电位。一旦栅极"正向偏置",就会出现由漏极到源极的电流。图3.2给出了在对应栅–源电压V_{GS}的几个控制值的作用下,漏极电流I_D随漏–源电压V_{DS}的变化规律。为方便读者比较,图中也给出了普通NPN型晶体管的I_C随V_{BE}变化的一组特性曲线。很显然,在N沟道MOSFET与NPN型晶体管之间有许多相似之处。

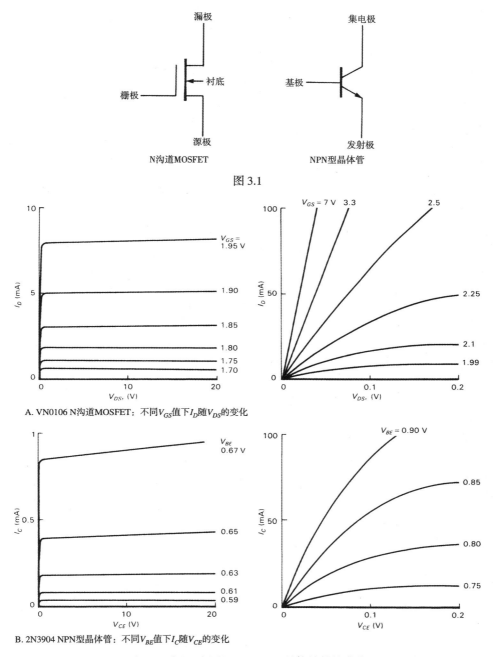

图3.1

A. VN0106 N沟道MOSFET:不同V_{GS}值下I_D随V_{DS}的变化

B. 2N3904 NPN型晶体管:不同V_{BE}值下I_C随V_{CE}的变化

图3.2 实际测出的 MOSFET/晶体管特性曲线

与NPN型晶体管类似,FET有一个很高的增量漏阻抗,当V_{DS}大于1~2 V时,使I_D基本恒定不变。不巧的是,FET的这一恒流工作区被称为"饱和区",它与晶体管的"工作区"相对应。栅极与源极间的偏置电压越大，漏极电流就越大，这一点也与晶体管相似。如果有任何差异，那就是 FET 比晶体管更接近理想的跨导器件（即恒定的栅－源电压产生恒定的漏极电流）；Ebers-Moll 方程预示，晶体管有理想的跨导特性，但受 Early 效应（见 2.3.1 节）的影响，实际的跨导特性不太理想。

到目前为止，FET 看起来就和 NPN 晶体管一样。但是，如果观察更仔细些就会看到：首先，在正常范围内，漏极饱和电流随栅源电压 V_{GS} 的变化非常平缓。事实上，漏极电流 I_D 与 $(V_{GS} - V_T)^2$ 成正比，其中 V_T 是使漏极开始有电流的"栅极门限电压"（图 3.2 中 FET 的门限电压为 $V_T \approx 1.63\ \text{V}$）；与 Ebers 和 Moll 给出的晶体管陡峭指数规律相比，这个二次式的增长要缓和得多。第二，FET 的栅极直流电流为零。因此，不能将它看成是具有电流增益的放大器件（否则其增益为无穷大），而应将 FET 看成是漏极电流由栅－源电压控制的跨导器件，就如同用 Ebers-Moll 模型分析晶体管一样。以前曾提过，跨导 g_m 就是 i_d/v_{gs}（约定用小写字母表示参数的微小变化；例如，$i_d/v_{gs} = \delta I_d/\delta V_{gs}$）。第三，MOSFET 的栅极与漏－源沟道真正绝缘，这使它不同于晶体管（或将看到的 JFET）——对 MOSFET 加十几伏的正（或负）电压都不用担心二极管 PN 结的导通。最后，FET 与晶体管的区别还在于它所谓的线性区，FET 在线性区中具有精确的电阻特性（甚至对负 V_{DS} 值也一样）；正如大家会猜测的，漏－源等效电阻是受栅－源间电压控制的，这一点已被证明是相当有用的。

两个示例

FET 还有更多令人惊奇的特性。在详细介绍之前先看两个简单的开关应用电路。图 3.3 所示的 MOSFET 开关电路等效于图 2.3 中的饱和晶体管开关电路。相比之下，FET 开关电路更简单，因为在此不必考虑在不损耗过量功率与提供足够基极驱动电流之间的折中问题（考虑最差情形，即最小 h_{FE} 与灯的冷电阻结合）。只需将一个满幅的直流驱动电压加到高阻抗的栅极，只要 FET 接通时表现得像一个比负载电阻小的电阻，它的漏极就将近似接地；典型 MOS 功放管的 $R_{ON} < 0.2\ \Omega$，这足以满足工作要求。

图 3.4 是一个"模拟开关"应用电路，它根本不能用晶体管来实现。该电路的设计思想是，通过使 FET 在开路断开（栅极反向偏置）与短路接通（栅极正向偏置）之间变换，从而达到阻止或通过模拟信号的目的（以后会解释这样设计的许多原因）。在这个电路中，使激励栅极的电位比任何输入信号的电位更低（开关处于**断开**），或比任何输入信号的电位高几伏（开关处于**闭合**）。晶体管不适合这种应用，这是因为它的基极不仅有电流，还与发射极、集电极形成二极管作用，从而产生很难对付的箝位效应。相比之下，MOSFET 简单得令人愉快，它只需将一个电压加在（基本开路的）栅极上。注意，对这个电路的处理是经过简化了的，比如忽略了栅极沟道间的电容效应，以及 R_{ON} 随信号幅度的变化。以下将涉及到更多有关模拟开关的内容。

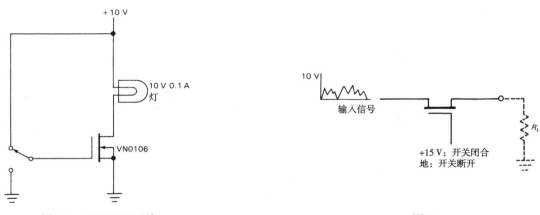

图 3.3　MOSFET 开关　　　　　　　　　　　　　　　图 3.4

3.1.2　FET 的种类

N 沟道与 P 沟道

现在来考察 FET 的家族。首先，FET（与 BJT 一样）能被制造成两种极性。与 N 沟道 MOSFET 对称的同类是 P 沟道 MOSFET，两者的特性对称。P 沟道 MOSFET 与 PNP 型晶体管类似：通常漏极电位比源极电位低；当栅极电位比源极电位低至少 1~2 V 时，漏极出现电流。但两种极性并非完全对称，因为 P 沟道 MOSFET 的载流子是空穴，与电子相比，它的"活动性"差，且有"少数载流子生存时间"短的缺陷，这些都是影响半导体器件性能的重要参数。值得记住的是：通常 P 沟道 FET 的性能较差，它有较高的栅极门限电压、较高的 R_{ON} 以及较低的饱和电流。

MOSFET 与 JFET

在 MOSFET（"金属 – 氧化物 – 半导体场效应管"）中，栅极区域与导电沟道间通过一层生长在沟道上的薄 SiO_2 层（玻璃）而隔开绝缘（见图 3.5）。栅极可以是金属或掺杂质的硅，它真正与源 – 漏电路绝缘，从而具有大于 10^{14} Ω 的特征输入电阻。栅极完全通过它的表面电场来影响沟道的导电特性。MOSFET 有时也被称为**绝缘栅型 FET**，即 IGFET。栅极的绝缘层非常薄，通常小于光的波长，能承受 ±20 V 甚至更高的栅极电压。MOSFET 也很方便使用，这是因为不管栅极相对源极的电位变化是正还是负，栅极都没有电流。但是，MOSFET 器件很容易被静电损坏。有时轻轻一碰，就可能使之完全损坏。

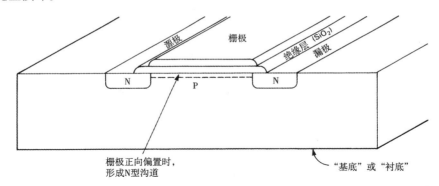

图 3.5　N 沟道 MOSFET

MOSFET 的符号如图 3.6 所示。图中额外的终端称为"基底"或"衬底"，整个 FET 就制造在"衬底"这块硅片上（见图 3.5）。由于衬底与沟道形成 PN 结，它必须接一个使该 PN 结不导通的电压。衬底可直接与源极相连；对 N 沟道（P 沟道）MOSFET 而言，它也可接在电路中比源极电位更低（高）的一点。人们在实用中经常省去基底端记号，工程师们也经常使用一种关于栅极对称的符号。遗憾的是，这样就不能区分源极和漏极了；更糟糕的是，连是 N 沟道还是 P 沟道都分不清了！为避免混淆，在本书中只使用图中下部的图标符号，尽管也会经常遗留衬底引线不连接。

在 JEFT（"结型场效应管"）中，栅极与其下方的沟道形成半导体结。因此，为了防止栅极电流出现，**对 JFET 的栅极不能加相对于沟道的正向偏置。**例如，在 N 沟道 JFET 中，栅极电位一旦比沟道电位较低的一端（一般是源极）高 +0.6 V，PN 结就开始导通。因此，当栅极相对于沟道加反向偏置时，栅极电路中才无（除 PN 结漏电流外）电流。JFET 的电路符号如图 3.7 所示。再强调一次，我们还是赞成使用栅极在边上的符号，这样才能识别源极。在下文中将会看到，FET 近乎对称（JFET 与 MOSFET 皆如此），但通常在栅 – 漏之间的电容被设计成小于栅 – 源间电容，使漏极成为常用的输出端。

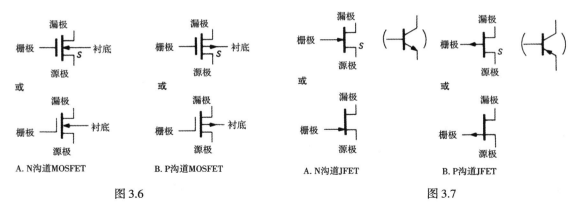

A. N沟道MOSFET　　　　B. P沟道MOSFET　　　　A. N沟道JFET　　　　B. P沟道JFET

图 3.6　　　　　　　　　　　　　　　　　　　　　图 3.7

增强型与耗尽型

　　以本章开始提到的 N 沟道 MOSFET 为例，它在栅极偏置电压为零（或负值）时不导通，仅当栅极电位高于源极电位时才开始导通。这种 FET 是**增强型**的。另一种可能性是，在制造 N 沟道 FET 时将沟道半导体掺入杂质，这样即使栅极偏压为零，沟道仍能大量导电；要想截断漏极电流，就必须使栅极加几伏的反向偏置。这样的 FET 就是**耗尽型**的。由于 MOSFET 的栅极没有极性限制，所以它能按以上任一种方式来制成。但 JFET 只允许栅极反向偏置，所以只能制成耗尽型的。

　　在漏极电压一定时，漏极电流随栅–源电压变化的曲线（见图3.8）有助于我们弄清这两种形式的区别。对增强型器件而言，当栅极电位高于源极电位时才出现漏极电流（对 N 沟道而言）；而对耗尽型器件而言，当栅极与源极电位相等时，漏极电流接近其最大值。在某种意义上，这两种分类是人为的，因为两条曲线完全相同，只是在 V_{GS} 轴上平移。事实上还有可能造出"中间型"的 MOSFET。尽管如此，这种区别差异在电路设计中还是很重要的。

　　注意，JFET 总是耗尽型的，其栅极电位不能高出源极电位 0.5 V 以上（对 N 沟道而言），因为这样会使栅极 – 沟道间 PN 结导通。虽然 MOSFET 可被制成增强型或耗尽型

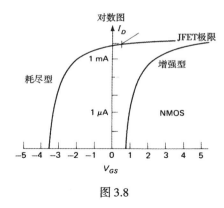

图 3.8

的，但在实际中很少看到耗尽型 MOSFET（N 沟道砷化镓 FET 与共射–共基射频电路中用的"双栅极"管例外）。因此，在实际应用中只需考虑（a）耗尽型 JFET 与（b）增强型 MOSFET。它们都有两种极性：N 沟道或 P 沟道。

3.1.3　FET 的普遍特性

　　FET 的"家族"（见图3.9）与（源极接地的）输入 / 输出电压特性图（见图3.10）能帮助我们简化一些问题。在坐标系的各象限中已标出不同器件（包括普通类别的 NPN 型与 PNP 型晶体管）的名称，以表示它们在正常工作（源极或发射极接地）时的输入输出电压特性。不必去记忆所有 5 种 FET 的特性，因为它们的特性是基本相同的。

　　首先，当源极接地时，使一个 FET 的栅极电压"朝着"漏极供电电压的极性变化，就能使 FET 导通。这一点适用于所有的 5 种 FET，也适用于双极型晶体管。例如，与所有的 N 型器件一样，一个 N 沟道 JFET（仅为耗尽型）的漏极供电电压为正。因此，该 JFET 的栅极在接正向变化电压时才导通。耗尽型器件的微妙之处在于，为保证漏极电流为零，必须将栅极反向（负）偏置。而对增强型器件而言，零栅极电压就足以保证零漏极电流。

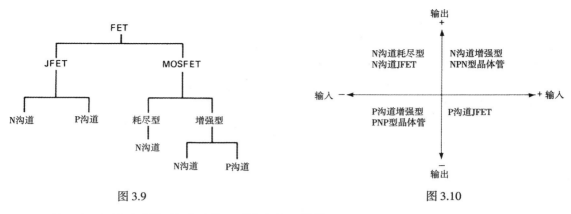

图 3.9

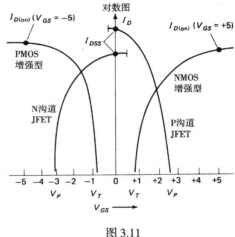

图 3.10

　　此外，由于源极与漏极几乎对称，两端中任一端均可用做有效的源极（但对功放 MOSFET 是例外，因为它的衬底与源极在管内相连）。考虑到 FET 的工作特性，也是为了计算的目的，有效源极应总是与漏极供电电源相隔最远的一端。例如，假设线路通过一个 FET 开关接地，在可控线路上存在可正可负的信号，线路就通常与 FET 的漏极相连。如果使用一个 N 沟道（增强型）MOSFET 开关，一个负电压又恰好呈现在已切断的漏极端，那么漏极实际上就成了计算栅极开启电压的"源极"。因此，为了确保开关在线路信号最负时也能断开，应在栅极接上比它更负（而不是仅接地）的电压。

图 3.11

　　图 3.11 中的曲线能帮助我们理清这些容易混淆的概念。再次强调，增强型和耗尽型的差别只是沿着 V_{GS} 轴平移的问题，即当栅极与源极电位相等时，漏极是有大电流还是根本没有电流。N 沟道与 P 沟道 FET 就像 NPN 型与 PNP 型晶体管一样是互补的。

　　在图 3.11 中使用标准的记号来表示 FET 的重要参数——饱和电流和夹断电压。JFET 在栅源短接时的漏极电流值用 I_{DSS} 表示，其大小接近漏极电流可能的最大值（I_{DSS} 表示栅源短接时，漏极到源极的电流。在本章中会看到这一记号：其下标的前两个字母表明一对端口，最后一个字母指明条件）。对于增强型 MOSFET，其相应的参数是在给定的某个栅极正偏电压下的 $I_{D(ON)}$（对任何增强型器件，其 I_{DSS} 均为零）。

　　对 JFET 而言，当漏极电流接近零时，对应的栅-源电压称为"栅-源截止电压" $V_{GS(OFF)}$ 或"夹断电压" V_P，一般在 $-3 \sim -10$ V 之间（当然，对 P 沟道来说是正的）。对增强型 MOSFET 而言，相类似的量是"门限电压" V_T（或 $V_{GS(th)}$），它是开始出现漏极电流时的栅-源间电压。V_T 一般是正向偏置的，其值在 $0.5 \sim 5$ V 之间。顺便提一下，不要把 MOSFET 的 V_T 与 Ebers-Moll 方程中的 V_T 相混淆，后者是用来描述晶体管集电极电流的；这两者之间无任何关系。

　　FET 的极性很容易使人混淆。比如，N 沟道器件的漏极电位通常高于源极电位，但栅极电压可正可负，门限电压也可正（增强型）可负（耗尽型）。更麻烦的是，它们可以（也经常）在漏极电位低于源极电位的情况下工作。当然，对于 P 沟道器件，这些结论的有关极性都相反。为了减少混乱，除非有明确说明，否则在下文中将总假定为 N 沟道器件。同样，由于 MOSFET 几乎都是增强型的，JFET 几乎都是耗尽型的，从现在起将省略那些不必要的名称。

3.1.4　FET 漏极特性

图 3.2 给出了（N 沟道增强型 MOSFET）型号为 VN0106 的 FET 的 I_D 随 V_{DS} 变化的一组曲线（VN01 系列场效应管有多种额定电压，其大小由型号的后两位数字决定。比如 VN0106 的额定电压为 60 V）。我们在前面已提到，FET 除了在 V_{DS} 很小时近似表现为电阻（即 I_D 与 V_{DS} 成正比）外，在曲线的大部分区域表现出良好的跨导特性（即在给定的 V_{GS} 下，I_D 近似恒定）。这两种情形下的输出特性都是由栅–源电压控制的，这也能用 Ebers-Moll 方程的 FET 模拟情形来很好地解释。以下来详细分析这两个区域。

图 3.12 是上述特性的示意图。在两个区域中，漏极电流都依赖于 $V_{GS} - V_T$，即外加栅–源电压超过门限电压（即夹断电压）。在线性区，漏极电流近似与 V_{DS} 成正比，当 V_{DS} 增大到超过 $V_{DS(sat)}$ 后，漏极电流趋于恒定。线性区的斜率 I_D/V_{DS} 与漏极偏置电压 $V_{GS} - V_T$ 成正比。此外，曲线刚进入"饱和区"时的漏极电压 $V_{DS(sat)}$ 等于 $V_{GS} - V_T$，于是使得饱和漏极电流 $I_{D(sat)}$ 与 $(V_{GS} - V_T)^2$ 成正比。前面也提到过这一平方关系。下面给出了 FET 漏极电流的通用公式：

$$I_D = 2k[(V_{GS} - V_T)V_{DS} - V_{DS}^2/2] \quad （线性区）$$

$$I_D = k(V_{GS} - V_T)^2 \quad （饱和区）$$

如果称 $V_{GS} - V_T$（栅–源电压超过开启电压）为"栅极驱动电压"，这些重要结果就可表述为（a）线性区的电阻与栅极驱动电压成反比；（b）线性区扩展到一个等于栅极驱动的电压；（c）饱和漏极电流与栅极驱动电压的平方成正比。以上方程都假定衬底与源极相连。注意，由于公式中 V_{DS}^2 项的关系，"线性区"并非严格线性；我们会在下面看到一种巧妙解决此问题的电路。

上式中的正比系数 k 取决于特定 FET 的几何形状、氧化物电容以及载流子的活动性。它也依赖于温度：$k \propto T^{-3/2}$，这一点使 I_D 随温度升高而降低。然而，V_T 也随温度轻微变化（$2\sim5$ mV/℃）。受这两者共同影响而导致漏极电流随温度变化的关系曲线如图 3.13 所示。

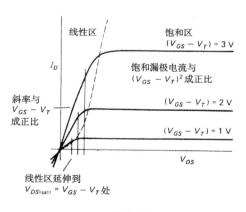

图 3.12

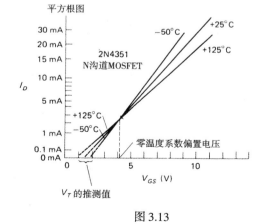

图 3.13

当漏极电流很大时，k 的负温度系数使漏极电流随温度的升高而减小——这就再也不会有热漂移了！因此，在电路中给定的 FET 不再像晶体管那样必须加电流补偿（"发射极偏置"）电阻。也正是这个负温度系数防止了结区域内的热漂移现象（即"电流弯曲"效应）。我们将在第 6 章有关"二次击穿"与"安全工作区"的讨论中看到，此现象会严重地限制大功放晶体管的功率放大能力。

当漏极电流很小时（此时 V_T 的温度系数起主要作用），I_D 有一个正的温度系数，在漏极电流某一中间值处，温度系数为零。我们将在下一章看到，FET 运算放大器就利用了此效应来使温度漂移最小。

亚门限区

上面给出的有关饱和漏极电流的公式并不适用于漏极电流非常小的情况。当沟道在导通门限值以下时，因仍有少量电子做热激发运动而总会产生一些电流，这又被称为**亚门限区**。如果学过物理或化学，就应该知道此时的电流有如下的指数关系式：

$$I_D = k \exp(V_{GS} - V_T)$$

我们测量出了一些 MOSFET 在 9 个数量级上的漏极电流（1 nA ~ 1 A），并将结果画成了 I_D 随 V_{GS} 变化的曲线（见图 3.14）。1 nA ~ 1 mA 区域呈相当精确的指数关系；在亚门限区域之上，曲线进入正常的饱和区。对于 N 沟道 MOSFET（VN01 型号），选取其 20 个晶体管样本（从 4 个不同的厂商两年中制造的产品中选取），画出了它们的极限范围，以使读者了解制造上的多样性（见下一节）。注意，"互补"的 VP01 管的性能（V_T，$I_{D(ON)}$）稍差。

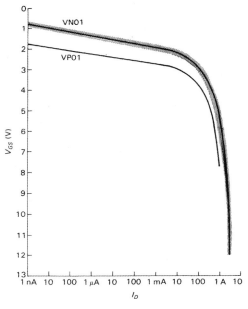

图 3.14 实际测得的 MOSFET 漏极电流随栅 – 源电压变化的曲线

3.1.5 FET 特性参数的制造偏差

在分析电路之前，为了更好地了解 FET，先看看 FET 各参数（如 I_{DSS} 与 V_T）的范围，以及同一型号器件的参数在制造过程中产生的偏差。遗憾的是，FET 的许多特性参数的偏差范围都比双极型晶体管相应参数的范围大得多，这是电路设计人员必须牢记的一点。例如，VN01（一种典型的 N 沟道 MOSFET）的开启电压 V_T 的范围是 0.8 ~ 2.4 V（$I_D = 1$ mA），与类似的 NPN 晶体管的 V_{BE} 范围相比，后者只有 0.63 ~ 0.83 V（同样在 $I_C = 1$ mA 时）。下面的数据能说明问题：

参数	可变范围	偏差
I_{DSS}，$I_{D(ON)}$	1 mA~100 A	× 5
$R_{DS(ON)}$	0.05 Ω~10 kΩ	× 5
g_m @ 1 mA	500~3000 μs	× 5
V_P (JFET)	0.5~10 V	5 V
V_T (MOSFET)	0.5~5 V	2 V
$BV_{DS(OFF)}$	6~1000 V	
$BV_{GS(OFF)}$	6~125 V	

当 FET 完全导通时，比如当 JFET 的栅极接地或 MOSFET 的栅 – 源电压很大（一般定为 10 V）时，在线性区（即 V_{DS} 很小时）的漏 – 源电阻称为 $R_{D(ON)}$。I_{DSS} 与 $I_{D(ON)}$ 是在相同的接通栅极驱动条件下的饱和区（即 V_{DS} 较大时）的漏极电流。V_P 是 JFET 的夹断电压，V_T 是 MOSFET 的接通栅极门限电压，BV 是击穿电压。正如我们将看到的，虽然 JFET 在源极接地时可用做很好的电流源，但不能较好地估计出它的输出电流的大小。同样地，产生一定大小的漏极电流所需的 V_{GS} 差异很大而不能确定，它不像双极型晶体管的 V_{BE} 那样可以预测（≈ 0.6 V）。

特性匹配

我们知道，FET在V_{GS}的可预测性方面比晶体管逊色，也就是说，它产生一个给定I_D所需的V_{GS}可在大范围内不同。一般来说，如果器件参数的动态范围很大，它们用做一对差分电路管时的偏差量（电压不平衡量）就相应较大。例如，在一定集电极电流要求下，选用市场现有的晶体管，一般常用的晶体管的V_{BE}变化为50 mV左右。然而，MOSFET相应的参数高达1 V。又由于FET其他的一些优越特性太实用了，所以人们也值得多花些精力来制造专门的匹配对场效应管，以减少这些偏差。集成电路设计者也常采用集成数字化技术（使两个器件共用一片IC基底）与温度－梯度抵消法来提高性能（见图3.15）。

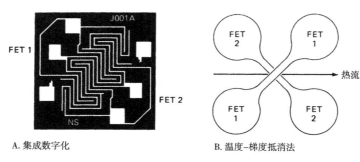

A. 集成数字化   B. 温度–梯度抵消法

图 3.15

采用上述技术后，FET电路性能又能得到很大改善。尽管FET器件在V_{GS}的匹配上仍不及晶体管，但它们的特性已经足够胜任大多数电路应用。例如，最好的可用FET配对的偏移电压能达到0.5 mV，温度系数为5 μV/°C（最大值）；而最好的晶体管配对的偏移电压为25 μV，温度系数为0.6 μV/°C，优于FET参数的10倍。运算放大器（下一章将提到的通用高增益差分放大器）就可由这两种风格构成；如果精确度要求较高，一般选择晶体管构成的运算放大器（因为它们的输入晶体管的V_{BE}非常接近匹配）；如果是高输入阻抗应用，FET作为运算放大器的输入级就是理所当然的选择（因为FET的输入端－栅极无电流）。例如，下一章要讨论的多用运算放大器LF411就采用JFET输入，典型的输入电流为50 pA，价格仅为0.6美元，十分便宜。TLC272比较流行，它也采用MOSFET输入，价格与前者相同，输入电流的典型值仅为1 pA！相比之下，由普通晶体管构成的运算放大器的输入电流就大多了，比如μA741的典型输入电流高达80 000 pA（80 nA）。

表3.1至表3.3列出了典型的JFET（单个的与成对的）和小信号MOSFET。将在3.3.4节中讨论的功放MOSFET也在表3.5中列出。

表 3.1   JFET

类型	BV_{GSS} (V)	I_{DSS} 最小值 (mA)	I_{DSS} 最大值 (mA)	$V_{GS(OFF)}$, V_P 最小值 (V)	$V_{GS(OFF)}$, V_P 最大值 (V)	C_{iss} 最大值 (pF)	C_{rss} 最大值 (pF)	注释
N沟道								
2N4117A ~	40	0.03	0.09	0.6	1.8	3	1.5	小漏电流：1 pA（最大值）
2N4119A	40	0.24	0.6	2	6	4	1.5	
2N4338	50	0.2	0.6	0.3	1	6	2	0.5 fA/√ Hz @ 100 Hz
2N4416	30	5	15	2.5	6	4	0.8	VHF 低噪声：< 2 dB @ 100 MHz
2N4867A ~	40	0.4	1.2	0.7	2	25	5	低频，低噪声：10 nV√ Hz
2N4869A	40	2.5	7.5	1.8	5	25	5	（最大值）@ 10 Hz

（续表）

类型	BV_{GSS} (V)	I_{DSS} 最小值 (mA)	最大值 (mA)	$V_{GS(OFF)}, V_P$ 最小值 (V)	最大值 (V)	C_{iss} 最大值 (pF)	C_{rss} 最大值 (pF)	注释
2N5265~	60	0.5	1	–	3	7	2	6 系列，I_{DSS} 规格严格；
2N5270	60	7	14	–	8	7	2	与 P 沟道 2N5358-64 互补
2N5432	25	150	–	4	10	30	15	开关：R_{ON} = 5 Ω（最大值）
2N5457~	25	1	5	0.5	6	7	3	一般用途；
2N5459	25	4	16	2	8	7	3	与 P 沟道 2N5460-2 互补
2N5484~	25	1	5	0.3	3	5	1	RF 低噪声；
2N5486	25	8	20	2	6	5	1	
2SK117	50	0.6	14	0.2	1.5	13[t]	3[t]	噪声极低：1 nV/√Hz
2SK147	40	5	30	0.3	1.2	75[t]	15[t]	噪声极低：0.7 nV/√Hz
P 沟道								
2N5114	30	30	90	5	10	25	7	开关：R_{ON} = 75 Ω（最大值）
2N5358~	40	0.5	1	0.5	3	6	2	7 系列，I_{DSS} 规格严格；
2N5364	40	9	18	2.5	8	6	2	与 N 沟道 2N5265-70 互补
2N5460~	40	1	5	0.75	6	7	2	一般用途；
2N5462	40	4	16	1.8	9	7	2	与 N 沟道 2N5457-9 互补
2SJ72	25	5	30	0.3	2	185[t]	55[t]	噪声极低：0.7 nV/√Hz

t. 典型值。

表 3.2　常见 MOSFET

类型	Mfg[a]	栅极保护	$R_{DS(on)}$ 最大值 (Ω)	@V_{GS} (V)	$V_{GS(th)}$ 最小值 (V)	最大值 (V)	$I_{D(on)}$ (V_{DS}=10 V) 最小值 (mA)	C_{rss} 最大值 (pF)	BV_{DS} (V)	BV_{GS} (V)	I_{GSS} (nA)	注释
N 沟道												
3SK38A	TO	•	500	3	–	–	10	2.5	20	12	25	
3N170	IL	–	200	10	1.0	2	10	1.3	25	35	0.01	
SD210	SI	–	45	10	0.5	2	–	0.5	30	40	0.1	低 R_{ON}
SD211	SI	•	45	10	0.5	2	–	0.5	30	15	10	低 R_{ON}
VN1310	ST	–	8	10	0.8	2.4	500	5	100	20	0.1	小 VMOS；D-S 二极管
IT1750	IL	–	50	20	0.5	3	10	1.6	25	25	0.01	
VN2222L	SI	–	8	5	0.6	2.5	750	5	60	40	0.1	小 VMOS；D-S 二极管
CD3600	RC	•	500	10	1.5[t]	–	1.3	0.4	15	15	0.01	与 4007 阵列等效
2N3796	MO	–	–	–	-4	–	14	0.8	25	10	0.001	耗尽型；I_{DSS} = 1.5 mA
2N4351	MO+	–	300	10	1.5	5	3	2.5	25	35	0.01	常用
P 沟道												
3N163	IL	–	250	20	2	5	5	0.7	40	40	0.01	
VP1310	ST	–	25	10	1.5	3.5	250	5	100	20	0.1	小 VMOS；D-S 二极管
IT1700	IL	–	400	10	2	5	2	1.2	40	40	0.01	
CD3600	RC	•	500	10	1.8[t]	–	1.3	0.8	15	15	0.02	与 4007 阵列等效
2N4352	MO+	–	600	10	1.5	6	2	2.5	25	35	0.01	常用
3N172	IL	•	250	20	2	5	5	1	40	40	0.2	常用

a. 见表 4.1 的表注。

t. 典型值。

表 3.3　N 沟道 JFET 对管

类型	V_{OS} 最大值 (mV)	漏极 最大值 (μV/°C)	I_{GSS} (V_{DG}=20 V) 最大值 (pA)	CMRR 最小值 (dB)	$V_{GS(OFF)}$, V_P 最小值 (V)	$V_{GS(OFF)}$, V_P 最大值 (V)	e_n (10 Hz) 最大值 (nV/$\sqrt{\text{Hz}}$)	C_{rss} (V_{DG}=10 V) 最大值 (pF)	注释
U421	10	10	0.2	90	0.4	2	50	1.5	Siliconix公司
2N3954A	5	5	100	—	1	3	150[a]	1.2	一般用途，偏差小
2N3955	5	25	100	—	1	4.5	150[a]	1.2	常用
2N3958	25	—	100	—	1	4.5	150[a]	1.2	
2N5196	5	5	15	—	0.7	4	20[b]	2	
2N5520	5	5	100	100	0.7	4	15	5	
2N5906	5	5	2	90[t]	0.6	4.5	70[t]	1.5	低栅极漏电流
2N5911	10	20	100	—	1	5	20[c]	1.2	高频时低噪声
2N6483	5	5	100	100	0.7	4	10	3.5	低频时低噪声
NDF9406	5	5	5	120	0.5	4	30	0.1	栅地源地放大器：C_{rss}小
2N5452	5	5	100[d]	—	1	4.5	20[b]	1.2[e]	
2SK146	20	—	1000[d]	—	0.3	1.2	1.3	15[t]	噪声极低

a. 100 Hz。　b. 1 kHz。　c. 10 kHz。　d. 30 V。　e. 20 V。　t. 典型值。

3.2　基本 FET 电路

现在介绍 FET 电路。我们总能想出一种方式将使用 BJT 的电路转换成使用 FET 的电路。然而，转换后的新电路不一定在性能上有改进。本章后面会举例说明一些利用 FET 特性的电路，即在使用 FET 时比用晶体管能更好工作的电路，或者一些根本不能用晶体管来构建的电路。为此先将 FET 的各种应用分类。以下是它们的一些最重要的应用场合。

高阻抗/低电流电路。用在缓冲器中或晶体管基极电流与有限输入阻抗限制其性能的放大器中。在电路的实现上，虽然可用分立 FET，但目前实际倾向于使用由 FET 构成的集成电路。在一些晶体管电路设计中，则可用 FET 代替晶体管，用做高阻抗的输入前端，而其他电路则全部使用 FET。

模拟开关。我们在 3.1.1 节中提到过，MOSFET 是极好的压控模拟开关。下文还会简单地提到这种电路。同样地，一般使用专门的"模拟开关"集成电路，而不必用分立器件来搭建电路。

数字逻辑电路。MOSFET 垄断了微处理器、存储器以及众多高性能数字逻辑电路。它们还专门用在微功率逻辑电路中。同样，MOSFET 也以集成电路的形式出现。下文将阐述为何在数字电路中使用 MOSFET 比 BJT 更好。

功率转换。我们在本章第一个电路中提到，在负载转换方面，MOSFET 功放管比普通功放晶体管更好。但应使用分立 FET 功放管来实现功率转换功能。

可变电阻和电流源。在漏极电流曲线的线性区，FET 的特性表现类似压控电阻；而在"饱和"区，可将它看成是压控电流源。可在电路设计中充分利用 FET 的这一特性。

晶体管的一般替代品。FET 可用在振荡器、放大器、稳压器以及射频电路中（仅举几个例子），在这些电路中也通常用到晶体管。FET 并不能总保证电路性能更优异——有时会更好，有时则不行。但应该记住有这样的选择。

以下将分别介绍以上用途。为清楚起见，这里将介绍顺序稍做调整。

3.2.1　JFET 电流源

JFET 可在集成电路（特别是运算放大器）中，有时也在分立器件中用做电流源。最简单的 JFET 电流源如图 3.16 所示。选用 JFET 而不用 MOSFET，是因为前者不需要栅极偏置（属于耗尽型）。

从 FET 的漏极特性曲线（见图 3.17）可看出，当 V_{DS} 大于几伏时，电流基本恒定。但由于 I_{DSS} 的扩散性，这一电流的大小是不可预测的。比如 2N5484（一种典型的 N 沟道 JFET）的 I_{DSS} 的规定范围是 1 ~ 5 mA。不过，由于此恒流源电路只需两端，非常简单，这一点在应用中仍很有吸引力。我们可以买到按电流分类的"稳流二极管"，即只是栅极与源极相连的 JFET。它们与齐纳（稳压管）类似。1N5283-1N5314 系列的特性参数如下：

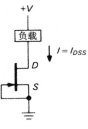

图 3.16

电流	0.22 ~ 4.7 mA
允许偏差	10%
温度系数	±0.4%/°C
电压范围	最小值 1 ~ 2.5 V，最大值 100 V
电流调整率	5% 典型值
电阻	1 MΩ 典型值（对 1 mA 器件）

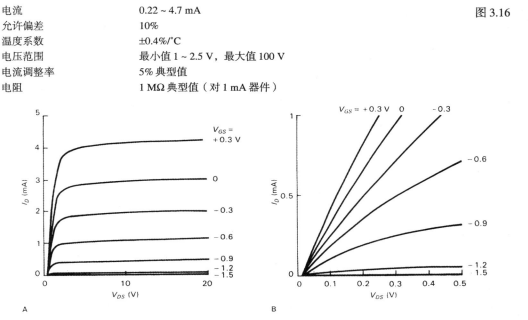

图 3.17　实际测得的 JFET 特性曲线。2N5484 N 沟道 JFET：不同 V_{GS} 值下 I_D 随 V_{DS} 的变化曲线

1N5294（额定值为 0.75 mA）的 I 随 V 变化的情形示于图 3.18A 中。图 3.18A 表明，当电压 V 不超过击穿电压时（该样本的击穿电压为 140 V），电流有良好的恒定性。而图 3.18B 则表明，当该器件端电压 V 略小于 1.5 V 时，其电流就能达到最大值。我们将在 5.3.2 节中介绍怎样利用这些器件来设计小巧的三角波发生器。表 3.4 列出的是 1N5283 系列的一部分元件参数。

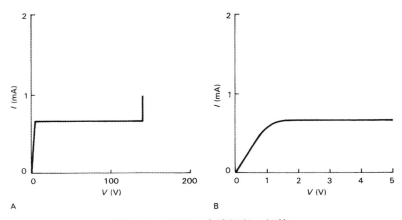

图 3.18　1N5294 电流调整二极管

源极自偏置电路

将前面的电路稍做改变（见图3.19），就能得到电流值大小可调的电流源。其中自偏置电阻R使栅极反向偏置，反偏电压为I_DR，这样就能减小I_D并使JFET更接近夹断。R值的大小可通过对特定JFET的漏极曲线计算得到。这个电路使我们能设置电流的大小（但一定小于I_{DSS}），以及使电流更加可预测。此外，这种电流源的性能更好（输出阻抗高），这是因为源极电阻能提供"电流感应反馈"（在4.2.4节中将学到这一点）。另外，FET在栅极反向偏置时更趋向于是一个好电流源（可从图3.2与图3.17中看到，较低的漏极电流曲线更平坦）。不过要记住，由于制造工艺的动态范围很大，实践中一个FET的I_D随V_{GS}的变化曲线可能与从一组已画好的曲线读出的值相差甚远。如果要求得到特定的电流值，可以考虑使用源极可调电阻。

习题3.1 图3.17是实际测得的2N5484特性曲线，用它设计一个JFET电流源，使电流大小为1 mA。要考虑到2N5484的I_{DSS}：1 mA（最小值），5 mA（最大值）。

即使为JFET电流源加上源极电阻，它的输出电流仍会随输出电压变化；也就是说，它的输出阻抗Z_{out}为有限值，而不是我们期望的无限值。例如，图3.17实际测得的曲线表明，当漏极电压变化范围为5~20 V时，将2N5484的栅极与源极短接，它的漏极电流（即I_{DSS}）的变化量为5%。如果使用源极电阻，其变化量会降至2%。如图3.20所示，在图2.24中用到的技巧同样适用于JFET。它的设计思想（与BJT一样）是接入第二个JFET，以保持电流源的漏–源电压恒定。Q_1是一个普通的JFET电流源，它与一个源极电阻相连。Q_2是一个I_{DSS}更大的JFET，它与电流源串联。Q_2将Q_1提供的（恒定）漏极电流传递到负载，同时将Q_1的漏极电压控制为一个固定值——即当Q_2与Q_1工作在相同电流时的Q_2栅–源电压。这样Q_2就防止了Q_1输出电压的波动；既然Q_1的漏极电压没有变化，它就能提供恒定的电流。回顾一下Wilson镜像电流源（见图2.48），会发现它同样运用了这种电压箝位原理。

表3.4 电流调整二极管[a]

类型	I_P (mA)	电阻 (25 V) 最小值 (MΩ)	V_{min} ($I = 0.8 I_P$) (V)
1N5283	0.22	25	1.0
1N5285	0.27	14	1.0
1N5287	0.33	6.6	1.0
1N5288	0.39	4.1	1.1
1N5290	0.47	2.7	1.1
1N5291	0.56	1.9	1.1
1N5293	0.68	1.4	1.2
1N5294	0.75	1.2	1.2
1N5295	0.82	1.0	1.3
1N5296	0.91	0.9	1.3
1N5297	1.0	0.8	1.4
1N5299	1.2	0.6	1.5
1N5302	1.5	0.5	1.6
1N5304	1.8	0.4	1.8
1N5305	2.0	0.4	1.9
1N5306	2.2	0.4	2.0
1N5308	2.7	0.3	2.2
1N5309	3.0	0.3	2.3
1N5310	3.3	0.3	2.4
1N5312	3.9	0.3	2.6
1N5314	4.7	0.2	2.9

a. 都工作在100 V与600 mW下，从反方向看也像二极管。

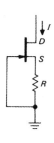

图3.19

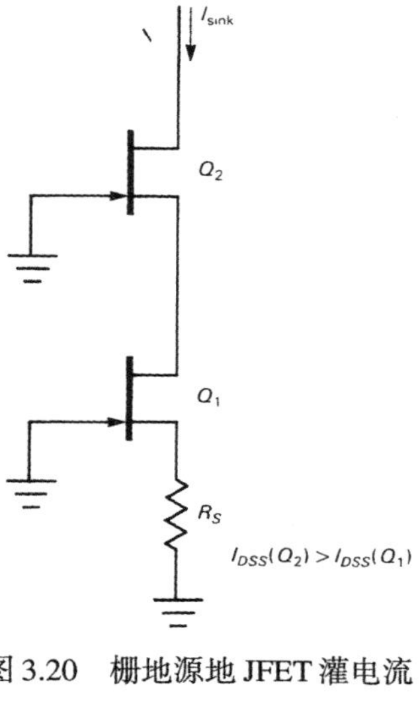

图3.20 栅地源地JFET灌电流

这种 JFET 电路又称"栅地源地方式",常用它来避开密勒效应（见 2.4.5 节）。但 JFET 的"栅地源地方式"比 BJT 的"栅地源地方式"简单,因为不需要为上方的 FET 的栅极提供偏置电压。由于 JFET 是耗尽型的,可将上一个栅极直接接地（可与图 2.74 相比较）。

习题 3.2 解释为什么在"栅地源地方式"中,上方 JFET 的 I_{DSS} 必须大于下方 JFET 的 I_{DSS}。提示: 考虑该电路去掉源极电阻的情况。

应该认识到,一个高质量晶体管电流源的可预测性与稳定性要比 JFET 电流源好得多。此外,下一章中的运算放大器电流源的性能则更好。例如,对于 FET 电流源而言,即使通过微调源极电阻使电流为一个固定值,它在典型的温度以及负载电压变化范围内仍可能有 5% 的变化偏差;而对运算放大器/晶体管（或运算放大器/FET）电流源来说,则能很容易地将其偏差控制在 0.5% 之内,可见后一类电流源具有较好的可预测性与稳定性。

3.2.2 FET 放大器

FET 源极跟随器和共源极放大器分别与上一章讨论的晶体管射极跟随器和共射极放大器类似。但由于 FET 的栅极无直流电流,所以它可构成具有很高输入阻抗的放大器。如果要处理在测量仪器、仪表装置中所遇到的高阻抗信号源,就必须用到这种放大器。在某些特殊应用中,要用到分立 FET 构成的跟随器或放大器;但在大多数情况下,利用 FET 输入运算放大器更具有优越性。当然,不管在哪种情况下,都应当弄清它们的工作原理。

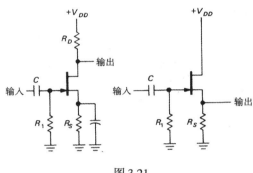

图 3.21

对于 JFET 而言,采用像 JFET 电流源（见 3.2.1 节）一样将一个栅极偏置电阻接地的自偏置方案（见图 3.21）较方便。但用 MOSFET 就像用 BJT 一样,需要来自漏极电源,即分立电源的一个分压电路。栅极偏置电阻可能会相当大（为 1 MΩ 或更大）,因为栅极漏电流是以纳安的数量级来衡量的。

跨导

由于 FET 的栅极无电流,它的跨导（输出电流与输入电压之比: $g_m = i_{out}/v_{in}$）就自然成了衡量放大器增益的参数。这一点与晶体管不同,在上一章中首先给出了电流增益的概念,然后才介绍面向跨导的 Ebers-Moll 模型,对于 BJT 的分析,这两种概念都很有用,具体选哪一种则由实际应用而定。

FET 的跨导可以从特性曲线估算得到。这可通过考察在特性曲线族上相邻的栅极电压曲线上 I_D 的增量来计算（参考图 3.2 或图 3.17）;或采用更简单的方法,即直接通过计算 $I_D - V_{GS}$ "转移特性"曲线（见图 3.14）的斜率。跨导取决于漏极电流（我们很快会知道这一原因）,它的定义式为

$$g_m(I_D) = i_d/v_{gs}$$

记住,小写字母用来表示小信号的变化量。从上式得出电压增益式为

$$G_{voltage} = v_d/v_{gs} = -R_D i_d/v_{gs} = -g_m R_D$$

这与 2.2.8 节所得出的有关晶体管的结论一样,只是将负载电阻 R_C 改成 R_D。一般来说,当 FET 的电流为几毫安时,其跨导约为几千微西门子（微姆欧）。由于 g_m 与漏极电流有关,当漏极电流变化时,

增益波形会稍有变化（非线性），在共射极放大器中也有这一特点（其跨导 $g_m = 1/r_e$，与 I_C 成正比）。此外，一般 FET 的跨导比晶体管的跨导要小很多，相比之下前者不太适合作为放大器和跟随器。稍后会进一步讨论这个问题。

FET 跨导与 BJT 的比较

下面进行重要的定量分析。假设有一个 JFET 和一个 BJT，接在共源（发）电路中，工作电流都为 1 mA，漏（集电）极电阻为 5 kΩ，连至 10 V 的供电电压（见图 3.22）。忽略偏置电路的细节，着重看电路的增益。BJT 的 r_e 为 25 Ω，则 g_m 为 40 mS，相应的电压增益为 –200（可直接由 $-R_C/r_e$ 算出）。典型 JFET（如 2N4220）在漏极电流为 1 mA 时的 g_m 为 2 mS，相应的电压增益为 –10。这个比较结果确实有点令人失望。在跟随器中（见图 3.23），g_m 的值较小，使得 Z_out 相对较大。对于 JFET 还有下式：

$$Z_\text{out} = 1/g_m$$

则 Z_out 的大小为 500 Ω（与信号源内阻无关）。而对于 BJT 有下式：

$$Z_\text{out} = R_s/h_{fe} + r_e = R_s/h_{fe} + 1/g_m$$

则 Z_out 等于 $R_s/h_{fe} + 25$ Ω（在 1 mA 电流下）。对于典型的晶体管放大系数，令 $h_{fe} = 100$，一般的信号源常有 $R_S < 5$ kΩ，则这个 BJT 跟随器处于一个较适合的数量级（Z_out 为 25 ~ 75 Ω）。但要注意当 $R_S > 50$ kΩ 时，JFET 跟随器会更好些。

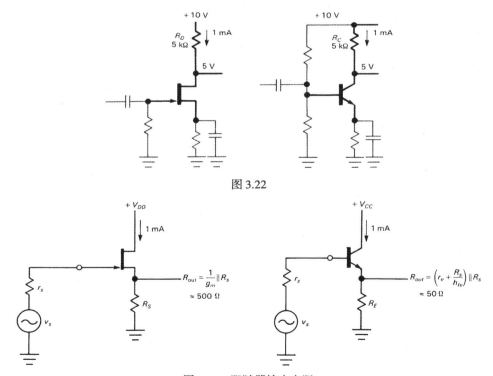

图 3.22

图 3.23　跟随器输出电阻

为了弄清楚上述原因，回顾一下 FET 漏极电流关于栅 – 源电压的表达式，并将它和晶体管集电极电流关于基 – 射电压的表达式（Ebers-Moll）进行对比。

BJT：Ebers-Moll 方程

$$I_C = I_S\{\exp(V_{BE}/V_T) - 1\},$$
$$且 \ V_T = kT/q = 25 \ \text{mV}$$

表明，当集电极电流大于"漏"电流 I_S 时，有

$$g_m = dI_C/dV_{BE} = I_C/V_T$$

既然 $g_m = 1/r_e$，因此得到我们熟悉的结果 $r_e(\Omega) = 25/I_C(\text{mA})$。

FET：在"亚门限值"区域，漏极电流非常小：

$$I_D \propto \exp(V_{GS})$$

这与 Ebers-Moll 方程一样也是指数关系，它也使跨导与电流成正比。然而，对于实际 k 值（由 FET 的几何形状、载流子活动性等因素决定）而言，FET 的跨导比 BJT 的跨导小。MOSFET 的跨导约为 $I/40$ mV（P 沟道）或 $I/60$ mV（N 沟道），而 BJT 的跨导为 $I/25$ mV。随着电流的增大，FET 进入正常的饱和区。其中

$$I_D = k(V_{GS} - V_T)^2$$

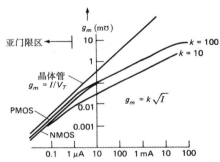

它给出 $g_m = 2(kI_D)^{1/2}$。这表明，FET 的跨导只随 I_D 的平方根变化，在相同的工作电流下，它远低于晶体管的跨导，参见图 3.24。当 FET 工作在门限值之上的区域时，如果在前述的方程中增加常数 k 的值（通过增大沟道的宽度与长度之比来实现），跨导（和在给定 V_{GS} 下的漏极电流）也随着增加，但这个跨导仍小于晶体管在相同电流下的跨导。

习题 3.3 通过求 I_{out} 对 V_{in} 的微分，推导前述的 g_m 公式。

图 3.24　晶体管与 FET 的 g_m 比较

利用电流源作为（有源）负载电阻，可克服 FET 放大器低电压增益的问题，但在同样的电路中，采用晶体管的性能会更好。因此很少将 FET 用做简单的放大器，除非需要利用它们独特的输入特性（极高的输入阻抗与低输入电流）。

注意，FET 在饱和区的跨导与 $V_{GS} - V_T$ 成正比。比如，当 JFET 工作电压为夹断电压的一半时，它的跨导近似为图中所示数据（$I_D = I_{DSS}$，即 $V_{GS} = 0$ 的情况）的一半。

差分放大器

已匹配的 FET 可用做晶体管差分放大器中的高输入阻抗前端级，也能用在下一章要探讨的运算放大器和比较器中。正如前面曾提到的，由于 FET 的 V_{GS} 存在较大的失调，所以与全部由晶体管构成的放大器电路相比，用 FET 作为输入端的电路一般会产生较大的输入电压失调与漂移，当然电路的输入阻抗会大大提高。

振荡器

一般而言，FET 的特性使之成为晶体管的替代品，几乎所有的电路都能从它的高输入阻抗和低偏置电流中获益。一个特别的例子是它们在高稳定性的 LC 和晶体振荡器中的应用；我们将在 5.3.7 节、5.3.8 节和 13.2.3 节中给出这类例子。

有源负载

就像在晶体管放大器一样，也可将 FET 放大器中的漏极负载用有源负载（即电流源）替代，这样即可得到非常大的电压增益：

$$G_V = -g_m R_D \text{（负载为漏极电阻）}$$

$$G_V = -g_m R_0 \text{（负载为电流源）}$$

其中 R_0 是从漏极看进去的电阻（称为"g_{oss}"），其大小范围一般在 $100\ \text{k}\Omega \sim 1\ \text{M}\Omega$。

实现有源负载的一种方法是，将 FET 差分对管的漏极负载用镜像电流源替代（见2.4.4节）；但这种电路没有总的反馈，所以电路偏置是不稳定的。镜像电流源可由 FET 或 BJT 构成。下一章中将会讲到，这种结构配置经常用在 FET 运算放大器中。在3.3.4节讨论 CMOS 线性放大器时会看到实现有源负载的另一种很好的方式。

3.2.3　源极跟随器

由于 FET 的跨导相对较低，最好用一个 FET "源极跟随器"（与射极跟随器类似）作为常规 BJT 放大器的输入缓冲级，而不直接构成一个共源极放大器。在前一种情况下，既利用 FET 的高输入阻抗与零输入直流电流的特性，又能由 BJT 的大跨导值得到很高的单级电压增益。此外，分立 FET（即不是集成电路）的极间电容往往比晶体管的更大，这在共源极放大器中会导致更严重的密勒效应（见2.4.5节）；但源极跟随器与射极跟随器都不产生密勒效应。

由于 FET 跟随器具有输入阻抗高的特点，它们常用做示波器以及其他测量仪器的输入级。在许多应用中的信号源内阻都非常高，譬如电容传声器、pH 探针、带电粒子探测器或生物和医学中的微电极信号。在这些情况下，用一个 FET 输入级（不论是分立的还是集成电路）是解决问题的好途径。在有些电路中，要求下一级的灌电流很小或为零。常见的例子就是模拟"采样–保持"和"峰值检测"电路。在这类电路中，信号电平由电容保持，如果下一级得到的灌电流太大，这个电平就会下降。在以上所有应用中，FET 可忽略输入电流的特性远比它的低跨导重要，从而使源极跟随器（甚至是共源放大器）成为除射极跟随器之外引人注目的选择。

图3.25给出了最简单的源极跟随器。与在2.3.2节中分析射极跟随器一样，同样能通过跨导估算出输出电压幅度，从而可得

$$v_s = R_L i_d$$

因为 i_g 是可忽略的，但

$$i_d = g_m v_{gs} = g_m(v_g - v_s)$$

所以有

$$v_s = \left[\frac{R_L g_m}{(1 + R_L g_m)}\right] v_g$$

当 $R_L \gg 1/g_m$ 时，跟随器的性能好（$v_s \approx v_g$），它的电压增益接近1，但总小于1。

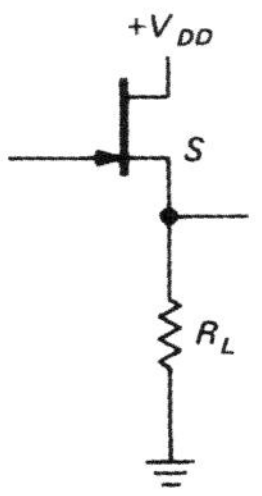

图 3.25

输出阻抗

如果源极跟随器的输出阻抗为 $1/g_m$，前面关于 v_s 的公式就是我们将推导出的结论（试着进行这种计算，假设电压源 v_g 与 $1/g_m$ 串联去驱动一个负载 R_L）。这正好与射极跟随器的情况相似，后者的输出阻抗为 $r_e = 25/I_C$，即 $1/g_m$。计算源极跟随器输出阻抗 $1/g_m$ 的方法是，假设栅极接地，给输出端加上一个信号，再来计算相应的源电流（见图3.26）。对应的漏极电流为

$$i_d = g_m v_{gs} = g_m v$$

所以有

$$r_{\text{oug}} = \upsilon/i_d = 1/g_m$$

当电流为几毫安时，它的大小是几百欧。正如我们能看到的，在恒压性能上，FET源极跟随器不如射极跟随器那样好。

这个电路也有两个不足之处：

1. 相对高的输出阻抗意味着，即使负载电阻很高，输出电压幅度仍会明显小于输入电压幅度；这是因为 R_L 单独与源极输出电阻构成一个分压器电路。此外，由于漏极电流会随信号波形变化，g_m 以及输出阻抗也会随之变化，从而使输出电压产生非线性（失真）。当然可改用更大跨导的FET来改善失真，不过更好的解决方法是采用FET-晶体管结合的跟随器电路。

2. 由于在FET制造过程中用于产生工作电流的 V_{GS} 的大小不容易控制，所以源极跟随器的直流补偿是不可预测的，这是它用于直流耦合电路的一个严重缺陷。

有源负载

在源极跟随器电路中加上一些元件能大大改善它的性能。下面来看看具体的步骤：

首先，用一个（下拉）电流源代替 R_L（见图3.27）。恒定的源极电流使 V_{GS} 近似恒定，从而减小了非线性失真。因为电流源的内阻为无穷大，相当于使前一个电路中的 R_L 为无穷大。右边电路的优点是，在保证源极电流近似为恒定值 V_{BE}/R_B 的情况下，提供较低的输出阻抗。不过还没有解决右边电路 V_{GS} 的非零偏移电压（从输入到输出，$V_{GS} + V_{BE}$）不可预测的问题。当然，一种简单的解决方法是，对于给定的FET，将 I_{sink} 调节为 I_{DSS} 特定值（在第一个电路中），或调整 R_B（在第二个电路中）。但这种方法并不理想，它有两点原因：（a）对每个FET都需要单独调整。（b）即使这样调整，在给定的 V_{GS} 下，I_D 在正常的工作温度下仍会有两倍的变化。

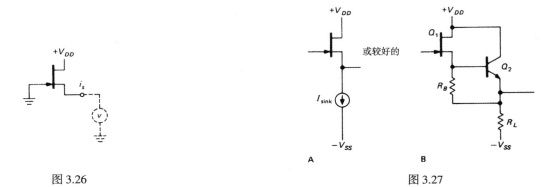

图3.26　　　　　　　　　　　　　　　　　　　图3.27

一种更好的电路是，用匹配的FET对来达到零偏移（见图3.28）。Q_1 和 Q_2 是在同一硅片上制成的FET匹配对。Q_2 在 $V_{GS} = 0$ 的情况下吸收电流。这样对于两个FET均有 $V_{GS} = 0$，且 Q_1 是一个零偏移的跟随器。由于 Q_2 的温度特性跟随 Q_1 变化，所以偏移电压仍保持接近零，与温度无关。

给前面的电路加一个源极电阻（见图3.29）。在此稍加思索就会明白，R_1 是必需的，而且如果 Q_1 与 Q_2 匹配，只有 $R_1 = R_2$ 才能保证 $V_{\text{out}} = V_{\text{in}}$。这个改进电路的 I_D 的可预测性也有所改善，因此可以将漏极电流设为比 I_{DSS} 小的值，从而提高输出的线性度，这是因为FET电流源工作在小于 I_{DSS} 时的性能更佳。这种跟随器电路常用做示波器垂直放大器的输入级。

为了达到最好的效果，还可以给漏极加上自举电路（以减小输入电容），并加上晶体管的输出级以减小输出阻抗。这样，相同的输出信号能够用来驱动内部"保护"屏蔽，以便有效地消除屏蔽电缆的电容，否则，在这类具有高输入阻抗的缓冲器中，电容效应会对高源极阻抗产生很大的破坏。

图 3.28   图 3.29

3.2.4 FET 栅极电流

我们在开始已提到，一般的 FET，特别是 MOSFET 的栅极电流基本上为零。这也许是 FET 最重要的特性，它已在前一节中的高阻抗放大器与跟随器中得到充分利用。在接下来的应用中，尤其是在模拟开关和数字逻辑电路中，这一特性的利用也是必不可少的。

当然，我们期望在一定程度的仔细观察下看到一些栅极电流。充分了解栅极电流的确实存在是很重要的，因为理想的零栅极电流模型迟早会对实际电路的研究带来麻烦。实际上，有限的栅极电流是由以下几种机理产生的：即使在 MOSFET 中，栅极的二氧化硅层并不完全绝缘，这会导致皮安级的漏电流。JFET 的栅极"绝缘层"实际上是一个反向偏置的 PN 结，它作为普通二极管存在着反向漏电流。此外，JFET（特别是 N 沟道型）中还存在一种称为"碰撞－电离"的栅极电流，它可达到让人吃惊的大小。最后，当交流信号激励栅极电容时，JFET 与 MOSFET 均产生动态的栅极电流；它们像晶体管一样也会产生密勒效应。

在大多数情况下，与 BJT 的基极电流相比，JFET 的栅极电流是可忽略的。不过的确存在 FET 有较高栅极输入电流的情形。下面研究该电流的大小。

栅极漏电流

FET 放大器（或跟随器）的低频输入阻抗受栅极漏电流的限制。在 JFET 的数据表中通常会标出击穿电压 BV_{GSS}，它定义为当栅极电流达到 1 μA 时栅极与沟道之间的电压（这时源极与漏极短接在一起）。当所加的漏极－沟道电压较小时，再测得的栅极漏电流（同样在源极与漏极短接时测得）相当小，当栅－漏电压远低于击穿电压时，栅极漏电流 I_{GSS} 迅速下降到皮安级。对于 MOSFET，千万不能让栅极绝缘层击穿；它的栅极漏电流则定义为一定栅极－沟道电压下的最大漏电流。FET 构成的集成电路放大器（如 FET 运算放大器）就用这种易让人产生误解的"输入偏置电流" I_B 来规定输入栅极漏电流，且 I_B 通常在皮安级。

有利的一面是这些漏电流在室温下都在皮安数量级范围。而不利的一面是，它们随温度的升高而迅速增大（事实上呈指数关系）；温度每升高 10°C，漏电流的大小就近似加倍。与之形成对照的是，BJT 的基极电流不是漏电流，它甚至随温度的升高而略有减小。对这两者的比较见图 3.30，它显示了几种集成电路放大器（运算放大器）的输入电流随温度变化的图形曲线。用 FET 作为输入级的运算放大器在不超过室温时的输入电流最小，但它们的输入电流随温度的升高迅速增大，最后竟超越了LM11和LT 1012这些用BJT精心设计输入级的放大器的温度曲线。当然，这些BJT运算放大器和"优质"的低输入电流JFET运算放大器（如OPA111和AD549）一样，都相当昂贵。图中也给出了普通的运算放大器，如双极型晶体管358和JFET LF411的曲线，以使读者了解价格不高（不超过1美元）的运算放大器的输入电流特性。

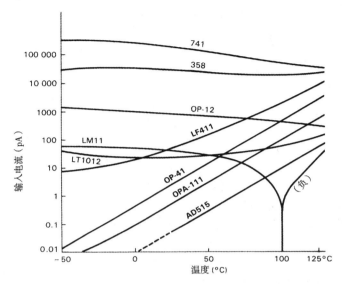

图 3.30　FET放大器的输入电流是它的栅极漏电流，温度每升高10℃，栅极漏电流的大小加倍

□ JFET 的碰撞 – 电离电流

　　在N沟道JFET中不仅存在普通的栅极漏电流现象，在实际较大的V_{DS}与I_D值的情形下，它的栅极漏电流已相当大（前表中的栅极漏电流只是在理想的$V_{DS} = 0$，$I_D = 0$情况下测得的值），见图3.31。在漏–栅电压到达一个临界值之前，栅极漏电流一直保持与I_{GSS}接近；当漏–栅电压在这个临界值时，栅极漏电流急剧增加。这种额外的"碰撞–电离"电流与漏极电流成正比，并随电压和温度呈指数关系变化。它开始出现于漏–栅电压为25%的BV_{GSS}时，其大小可达1 μA或更大。显然，输入电流高达1 μA 的"高阻抗缓冲器"是没有任何使用价值的。这就是用2N4868A作为跟随器，电源电压为40 V，漏极电流为1 mA时得到的结果。

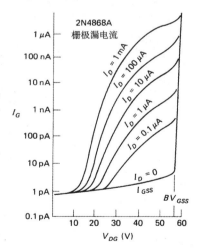

图 3.31　当 JFET 的漏–栅电压较高时，栅极电流急剧增大，并与漏极电流成正比

　　这种额外的栅极漏电流主要影响N沟道JFET，它在漏–栅电压值较高时出现。一些改进办法是：（a）使其工作在低漏极供电电压下，或使用栅源地放大器；（b）改用"碰撞–电离"现象很小的P沟道JFET；（c）改用MOSFET。最重要的是要意识到这种效应的存在，以便对它的出现不感到诧异。

□ 动态栅极电流

　　栅极漏电流的产生是一种直流效应。由于栅极电容的存在，不论用什么信号驱动栅极，它都会供给栅极交流电流。考虑共源极放大器：类似晶体管放大器，它同样会存在输入端到地的电容（记为C_{iss}）的作用，以及电容的密勒效应（作用于反馈电容C_{rss}）。FET的电容效应比晶体管的严重是由于以下两点造成的：第一，使用 FET（而不是 BJT）是为了得到非常小的输入电流；那么在相同的电容下，FET 的容性电流就显得相对较大。第二，一般 FET 的电容比同等晶体管的电容大得多。

为了评价电容效应，考虑一个为具有 100 kΩ 内阻的信号源设计的 FET 放大器。在直流情况下，没有任何问题，因为皮安级的电流在信号源内阻上只产生微伏级的压降。但在 1 MHz 的情形下，5 pF 的输入电容呈现出大约 30 kΩ 的分流阻抗，这就会严重地衰减信号。事实上，任何放大器都会在接高频高阻抗信号时遇到困难，而通常的解决办法是工作在低阻抗（典型值为 50 Ω）下，或用已调谐的 LC 回路使寄生电容产生谐振。需要明白的一点是，在信号频率下，FET 放大器不能被看成是一个 10^{12} Ω 的负载。

另一个示例是，假设用一个 MOSFET 功率管（注意，没有 JFET 功率管）来控制接通 10 A 的负载，如图 3.32 所示。我们也许会简单地认为，其栅极能够被电流驱动能力不高的数字逻辑电路驱动，比如 CMOS 逻辑门电路，能在 0 ~ 10 V 变化范围的电压下提供 1 mA 的输出电流。但事实上，这样的电路有一个大问题。因为栅极驱动的 1 mA 电流存在，2N6763 的 350 pF 的反馈电容就会使输出转换速率延长至 20 μs。更糟糕的是，动态栅极电流（$I_{\text{gate}} = C dV_D/dt$）会迫使电流流回逻辑电路的输出，产生一种反常的"SCR 封锁"效应，

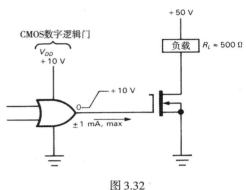

图 3.32

从而有可能损坏前面的逻辑电路（在第 8 章与第 9 章中将详细讨论）。由于晶体管功放的电容与 MOSFET 的相当，所以动态输入电流也相当；但在设计驱动 10 A 晶体管功放电路时，需要的基极驱动电流约为 500 mA（可通过达林顿复合管或其他方式来实现），而对于一个 FET，总习惯认为其输入电流很小。在这一例子中再次看到，具有超高阻抗特性的 FET 已经失去了它的一些可用性。

习题 3.4 推导图 3.32 所示电路的转换速率大约为 20 μs，设可用的栅极驱动电流为 1 mA。

3.2.5 FET 用做可变电阻

图 3.17 展现了 JFET 特性曲线（在 V_{GS} 电压的一组值下漏极电流随 V_{DS} 的变化关系）的两个工作区：正常（"饱和"）工作区与 V_{DS} 很小时的"线性"区。本章开始给出了 MOSFET 相应的曲线对（见图 3.2）。当 V_{DS} 小于 $V_{GS} - V_T$ 时，I_D 关于 V_{DS} 的曲线近似为直线，且向原点两端延伸，也就是说，该器件对任一极性的小信号均可用做压控电阻。根据线性区 I_D 关于 V_{GS} 的方程（见 3.1.4 节），容易得出 I_D/V_{DS} 为

$$\frac{1}{R_{DS}} = 2k \left[(V_{GS} - V_T) - \frac{V_{DS}}{2} \right]$$

上式的最后一项表示存在着非线性，即不是阻抗特性（阻抗不应该与电压有关）。然而，当漏极电压小于栅极电压一个门限以上时（$V_{DS} \to 0$），后一项则可忽略，FET 近似地表现为电阻特性：

$$R_{DS} \approx 1/[2k(V_{GS} - V_T)]$$

由于 k 是与具体器件有关的参数，它不太容易确定，所以将 R_{DS} 表示成下式则更有用：

$$R_{DS} \approx R_0(V_{G0} - V_T)/(V_G - V_T)$$

其中在任一栅极电压 V_G 下的电阻 R_{DS} 用（已知的）某个栅极电压 V_{G0} 下的电阻 R_0 来表示。

习题 3.5 推导以上的"正比"关系。

从以上任一个公式都可看出，电导（$=1/R_{DS}$）与栅极电压超过门限的量成正比。另一个有用的事实是 $R_{DS}=1/g_m$，也就是说，**线性区**的沟道电阻与**饱和区**的跨导互为倒数。因为 g_m 总会规定在 FET 的数据表上，因此 R_{DS} 是很容易得知的。

习题 3.6 推导 $R_{DS}=1/g_m$，其中跨导可由 3.1.4 节中的饱和区漏极电流公式求得。

一般来说，FET 能产生的电阻变化小至零点几欧（功放 MOSFET 可低到 0.1 Ω），大至开路。一个典型的应用是自动增益控制（AGC）电路，即（通过反馈）调节放大器的增益，使输出在线性范围内。在这样的自动增益电路中，必须注意要将可用的 FET 电阻放在电路中信号幅度很小的地方，最好小于 200 mV 左右。

使 FET 的工作表现像一个较好电阻的 V_{DS} 范围取决于特定的 FET，且与栅极电压超过 V_P（或 V_T）的量大致成正比。一般来说，当 $V_{DS} < 0.1 (V_{GS} - V_P)$ 时，非线性失真大约为 2%；当 $V_{DS} \approx 0.25 (V_{GS} - V_P)$ 时，非线性失真约为 10%。用匹配的 FET 很容易设计一对可变电阻，以便同时控制几个信号。用做可变电阻的 JFET（Siliconix 的 VCR 系列）的电阻容差（在特定的 V_{GS} 条件下）为 30%。

用一种简单的补偿方法就能提高输出的线性，同时提高使 FET 呈电阻特性的 V_{DS} 的范围。下面将用实例来进行说明。

□ 线性化技巧：电子增益控制

通过前述关于 $1/R_{DS}$ 的公式可知，如果能在栅极电压上再加一个为漏－源电压一半大小的电压，其输出线性特性就会近乎完美。图 3.33 给出的两个电路正是基于这一点设计的。在第一个电路中，JFET 组成电阻分压器的下半部分，形成压控衰减器（或"音量控制器"）。R_1 与 R_2 给 V_{GS} 加上 0.5 V_{DS} 的电压，以改善线性特性。图中给出的 JFET 的导通电阻（栅极接地时）为 60 Ω（最大值），使电路的衰减范围为 0 ~ 40 dB。

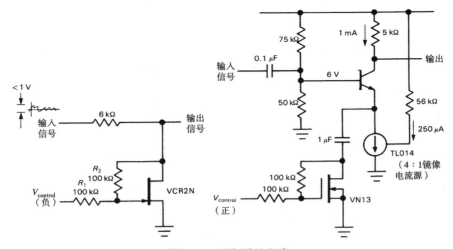

图 3.33　可变增益电路

第二个电路是在发射极负反馈交流放大器中，将 MOSFET 作为可变发射极电阻。注意，恒定直流电流源在这里用做发射极下拉电阻（Wilson 镜像电流源或 FET 电流调节器），（a）它在各种信号频率下呈现高阻抗，从而使 FET 可变电阻在很大的范围（包括 $G_V \ll 1$）内设定增益；（b）提供简单偏置。再加上一个隔直电容，就能使 FET 只影响交流（信号）增益。如果没有该电容，晶体管的偏置就会随 FET 的电阻变化。

习题 3.7 VN13 的导通电阻（$V_{GS} = +5\,V$）为 15 Ω（最大值）。求第二个电路中放大器的增益范围是多少（假设其等效电阻近似为 1 MΩ）？当 FET 的偏置分别使放大器增益为（a）40 dB 或（b）20 dB 时，低频端的 3 dB 截止频率是多少？

如图 3.33 所示用阻性栅极分压器线性化 R_{DS} 的方法十分有效。图 3.34 比较了使用和不使用线性化电路的情况下，实际测得的 I_D 随 V_{DS} 在线性区（低 V_{DS}）的变化曲线。线性化电路在信号幅度大于几毫伏的低失真应用中是最基本的。

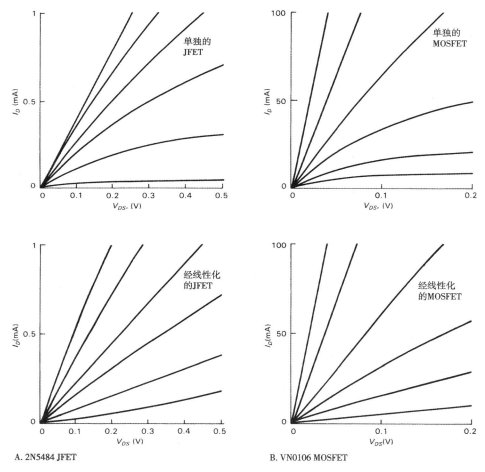

图 3.34　对于经线性化前后的 FET，实际测得的 I_D 随 V_{DS} 的变化曲线

当考虑 FET 在增益控制中的应用时，比如 AGC 或者"调制器"（指高频信号的幅度随音频变化），有必要再了解一下"模拟乘法器"集成电路。该电路通常用来实现两个电压相乘，其精确度高且动态范围大。其中一个电压可以是直流控制信号，用来设定器件对另一个输入信号的乘数大小，即增益大小。模拟乘法器利用晶体管的 $g_m - I_C$ 特性 $[g_m = I_C(\text{mA})\,/25\,\mho]$，用匹配的阵列解决失调与

偏置漂移的问题。当频率非常高时（100 MHz 或更高），无源"平衡混频器"（见 13.2.4 节）通常是完成相同任务的最好器件。

重要的是必须记住，FET 在低 V_{DS} 下导通时，直到漏 – 源电压为零时都表现出很好的电阻特性（而不必担忧 PN 结压降之类的现象）。运算放大器和数字逻辑系列（CMOS）都利用了这一良好特性，以给出饱和至电源电压的输出。

3.3 FET 开关

本章开始给出的两个电路都是开关的例子：一个逻辑开关和一个线性信号转换开关。这些都属于 FET 的重要应用，它们利用了 FET 的独特性质：高栅极阻抗以及从零电压开始的双极型电阻导通特性。在实际应用中，通常用 MOSFET 集成电路（而不是分立器件）构成所有数字逻辑和线性开关转换电路，只有在功率转换电路应用中才借助于分立 FET 器件。即使这样，了解这些芯片的构成很有必要（也很有趣），否则一定会被电路中某些奇怪的问题所难倒。

3.3.1 FET 模拟开关

FET，尤其是 MOSFET，最常见的用途是作为模拟开关。它们集导通电阻低（接通电压总为零伏）、断开电阻高、漏电流和电容小的特点于一身，是模拟信号理想的压控开关元件。理想的模拟或线性开关应该像完美的机械开关一样工作：在闭合状态，将信号无衰减或线性地送到负载端；在断开状态，使电路开路。它相对于地的电容可以被忽略，加于控制输入端的转换电平信号的耦合可以被忽略。

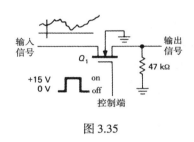

图 3.35

我们来看一个例子（见图 3.35）。Q_1 是一个 N 沟道增强型 MOSFET，当栅极与地短接或电位为负时，它不导通。在这个状态下，漏 – 源电阻（R_{OFF}）一般大于 10 000 MΩ，没有信号通过（高频时会通过漏 – 源电容形成少量耦合，以后将详细介绍这一点）。将栅极电压增大到 +15 V 时，漏 – 源沟道导通，作为模拟开关用的典型的 FET 导通电阻（R_{ON}）为 25 ~ 100 Ω。栅极信号电平只要高于最大的正信号（为了保持 R_{ON} 为较小值）就够了，具体数值并不重要，可由数字逻辑电路（可能由 FET 或 BJT 来产生满幅变化），甚至运算放大器供给（由于 MOSFET 的栅极击穿电压一般为 20 V 或更大，该运算放大器输出的 ±13 V 电压满幅变化范围将正合适）。使栅极变化呈负电位（如接运算放大器的输出）并无多大影响，正如下文将要描述的，事实上这还带来了能转换任一种极性的模拟信号的优势，注意，FET 开关是个双向器件，信号可从它的任一方向通过。普通的机械开关也是这样工作的，所以这一点很容易理解。

图示的电路可以在高达 10 V 的正信号下工作；如果信号再大，栅极驱动就不足以保持 FET 的导通状态（R_{ON} 开始变大），此外负信号会导致 FET 在栅极已接地时导通（使沟道 – 衬底结正向偏置，见 3.1.2 节）。如果要转换含有两种极性的信号（例如信号电压范围为 –10 ~ +10 V），可以使用同样的电路，但栅极的驱动应为 –15 V（断开）至 +15 V（闭合）；而衬底应被连接至 –15 V 电压。

对于任何一个 FET 开关，提供 1 ~ 100 kΩ 之间的负载电阻是很重要的，其作用是减小在断开状态下将发生的输入信号电容性反馈。对负载电阻的大小要折中考虑：取值太小虽能减小反馈，但因为 R_{ON} 与负载形成了分压电路，所以开始衰减输入信号。由于 R_{ON} 随输入信号幅度变化（由 V_{GS} 变化引起），这种衰减也会产生有害的非线性。非常低的负载电阻出现在开关输入端，当然也使信号源过载。3.3.2节和4.9.3节将介绍对这个问题的几种可能解决办法（采用多级开关，R_{ON}相抵消）。一种很好的可选方案是，当串联的FET断开时，引入的第二个FET开关环节能将输出连接至地，其输出经过另一个FET开关接地，从而形成一个有效的SPDT开关（下一节将介绍更多细节）。

CMOS 线性开关

我们经常需要转换接近供电电压的信号。在这种情况下，上文提到的简单N沟道开关电路并不适用，因为栅极在信号幅度最大时没有正向偏置。解决办法是使用并联互补型MOSFET（"CMOS"）开关（见图3.36）。图中三角形符号表示数字反相器，稍后将讨论；简单地说，它将高输入变换为低输出，反之亦然。当控制输入处于高电平时，Q_1保持接通，以适应从地至低于V_{DD}几伏之间的信号通过（这时其R_{ON}开始急剧增大）。同样地，Q_2由于接地的栅极也同样导通，以适应从V_{DD}至比地高几伏之间的信号通过（这时其R_{ON}开始急剧增大）的信号闭合导通（通过已接地的栅极实现）。因此，V_{DD}到零之间的任何信号都能以较小的串行电阻通过（见图3.37）。当控制信号接地时，两个FET都停止导通，呈现开路状态。这样就得到了一个在地到V_{DD}之间信号的模拟开关。它是4066 CMOS的"选通门"电路的基本结构。与前面讨论的开关一样，它也是双向的，任一端均可作为输入端。

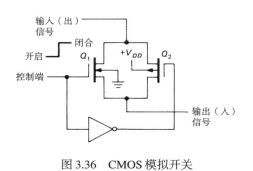

图 3.36　CMOS 模拟开关

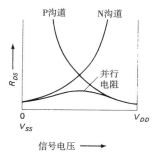

图 3.37

有许多种集成电路CMOS模拟开关，开关结构各种各样（比如分几个独立部分，每个部分又分几级）。4066是经典的4000系列CMOS"模拟选通门"，是关于地与正电源之间的信号的模拟开关。Intersil和Harris的IH5040和IH5140系列，以及Siliconix公司的DG305和DG400系列都十分便于使用；它们能接受逻辑电平（0 V为低，大于2.4 V为高）控制信号，也能处理高达±15 V的模拟信号（比较而言，4000系列相应的值只有±7.5 V）。它们的结构多种多样，导通电阻相对较低（此系列某些型号的导通电阻可低至25 Ω）。Analog Devices，Maxim和PMI也生产高性能的模拟开关。

多路复用器

"多路复用器"（MUX）是FET模拟开关的一个很好应用，它通过指定的数字控制信号来选择若干输入信号中的任一个，将被选中的输入端的模拟信号传送到输出端。图3.38是它的基本示意图。SW0至SW3的每个开关都是CMOS模拟开关。"逻辑选择电路"对地址译码，只"启动"这个地址对应的开关，禁止其他的开关。这种多路复用器通常与产生合适地址的数字电路连接使用。一个典型的应用包括数据采集装置，在这种电路中，许多模拟输入信号必须被轮流采样，然后转换为数字量，作为一些运算电路的输入。

由于模拟开关是双向的，这样的模拟多路复用器也可用做"多路信号输出选择器"，能将信号反接在"输出"端，而会在选定的"输入"端出现。当第8章和第9章讨论数字电路时，会看到这样的模拟多路器也可用做"数字多路复用 / 分用器",因为逻辑电平只被解释成二进制的 1 和 0。

典型的模拟多路复用器有 DG506-509 系列、1H6108 系列和 6116 系列。这些 8 脚或 16 脚输入的 MUX 能接收逻辑电平地址输入，并能在高达 ±15 V 的模拟电压下工作。CMOS 数字系列的 4051-4053 器件是有 8 个输入端的模拟多路复用 / 分用器，但最大信号电平的峰–峰值为 15 V；它们还有一个 V_{EE} 引线（以及内部的电平切换），以便工作在双极性模拟信号或单极性（逻辑电平）控制信号下。

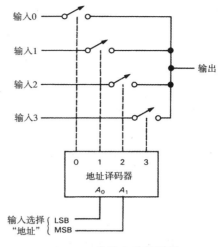

图 3.38　模拟多路复用器

模拟开关的其他应用

我们将在下一章看到，压控模拟开关是运算放大器电路，如积分电路、采样 – 保持电路和峰值检测器的必要组成部分。例如，用运算放大器组成"真正"的积分器（而不是 1.4.4 节中的近似积分电路）：恒定的输入会产生线性斜坡（而不是指数型）的输出。对于这样的积分器电路，必须有复位输出的方法；横接在积分电容上的 FET 开关就能实现这一功能。本章不讨论这些应用，因为运算放大器是它们的重要组成部分，这是下一章的内容。

3.3.2　场效应管开关的局限性

速度

场效应管开关具有 25 ~ 200 Ω 的导通电阻 R_{ON}。这个电阻与基底及杂散电容结合在一起构成低通滤波器，速度在 10 MHz 以下（见图 3.39）。R_{ON} 值较低的场效应管一般都有较大的电容（在一些 MUX 开关中可以达到 50 pF），所以速度不高。以这个速率滚降的主要原因是由于电路保护元件（限流串联电阻和并联二极管电容）的存在。现在只有很少几种射频 / 视频模拟开关以牺牲一定的保护为代价来获得较高的速度。例如，IH5341 和 IH5352 开关在高于通常的 ±15 V 时处理模拟信号，从而获得 100 MHz 的带宽；"高速" CMOS 多路复用器 74HC4051-53 系列也提供了 100 MHz 的 3 dB 模拟带宽，但是只能处理 ±5 V 的信号。Maxim 的 MAX453-5 将视频多路复用器和输出视频放大器结合起来，可以直接驱动低阻抗电缆或负载（通常为 75 Ω）；它们通常有 50 MHz 的典型带宽，并且适用于 ±1 V 的低阻抗视频信号。

导通电阻

工作在相对较高的电源电压（如 15 V）的 CMOS 开关在整个信号变化范围内都将保持较低的 R_{ON} 值；这是由于一个或者另一个传输场效应管有一个至少为电源电压一半的正向栅极偏压。然而，在较低的电源电压下工作时，开关的 R_{ON} 值将会增大；当信号大约为电源对地电压值的一半时（或双电源电压供电时，在它们的值的中间），就会出现最大值。图 3.40 说明了出现这种情况的原因。当减少 V_{DD} 时，场效应管会有一个显著增大的导通电阻（特别是在 $V_{GS} = V_{DD}/2$ 附近），由于增强型场效应管的 V_T 至少有几伏，因此若要得到较低的 R_{ON} 值，则需采用一个 5~10 V 的栅 – 源电压。不仅这两个场效应管的并联电阻会随着电源电压和地之间的信号电压上升，峰值电阻（在 V_{DD} 的一半处）也会在 V_{DD} 降低时升高。当 V_{DD} 足够低时，这个开关会对 $V_{DD}/2$ 附近的信号呈现开路。

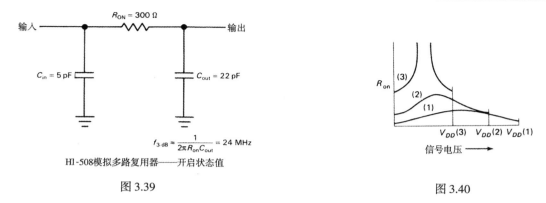

图 3.39

图 3.40

模拟开关集成电路的设计者常用很多技巧来保持 R_{ON} 为一个较低的值，并且在信号变化范围内近似保持不变（低失真时）。例如，传统的 4016 模拟开关采用如图 3.36 所示的简单电路，从而可得到与图 3.41 中类似的 R_{ON} 曲线。在改进型 4066 开关中，设计者又增加了几个额外的场效应管，以便让 N 沟道电压随着信号电压的变化，得到如图 3.42 所示的 R_{ON} 曲线。这个"火山"形状中心降低的 R_{ON}，替代了 4016 的"尖峰"形状。为重要模拟应用设计的精密复杂开关，如 IH5140 系列（或 AD7510 系列），在这方面有更好的表现，因为它们有如图 3.43 所示的平缓 R_{ON} 曲线。最近，Siliconix 生产的 DG400 系列在增加"电荷转移"（参见后面讨论的"假信号脉冲"）的代价下，得到 R_{ON} 为 20 Ω 的优异值；这个开关家族（如 IH5140 系列）还有零静态电流的额外优势。

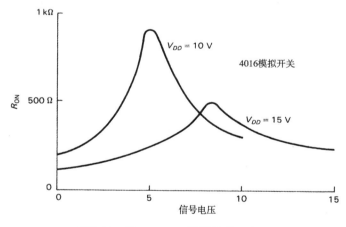

图 3.41　4016 CMOS 开关的导通电阻

电容

场效应管开关会在如下几处存在电容：从输入到端输出端（C_{DS}）、从沟道到地（C_D，C_S）、从栅极到沟道以及在同处于一个 IC 封装电路中从一个场效应管到另一个场效应管（C_{DD}，C_{SS}）之间的电容，参见图 3.44。下面研究这些电容产生的影响。

C_{DS}：**从输入端到输出端的电容**。从输入端到输出端的电容在 OFF 开关中会引起信号耦合，在高频情况下耦合作用会增加。图 3.45 显示了这种作用对 IH5140 系列的影响。注意，我们用了一个在射频电路中经常应用的固定的 50 Ω 负载，但该值比通常用于低频信号的典型负载阻抗 10 kΩ 或更高值低得多。即使是用 50 Ω 的负载，反馈在高频工作时仍会非常显著（在 30 MHz 时，1 pF 的电容有 5 kΩ 的阻抗，从而产生 –40 dB 的反馈）。并且，显而易见，由于 R_{ON} 的典型值为 30 Ω（最差情况为 75 Ω），在激励 50 Ω 的负载时会有显著的衰减（与非线性）。当然，当负载为 10 kΩ 时，反馈情形更槽糕。

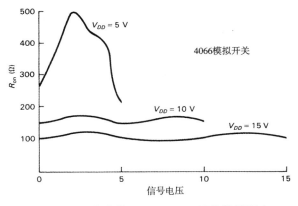

图 3.42 改进的 4066 CMOS 开关的导通电阻；注意与前面的图相比的刻度变化

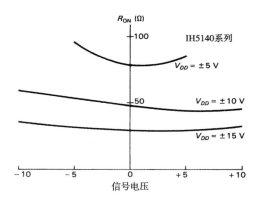

图 3.43 IH5140 系列双极性模拟开关；注意纵坐标刻度

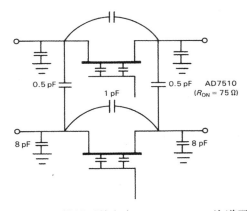

图 3.44 模拟开关电容——AD7510 4 沟道开关

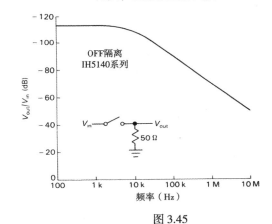

图 3.45

习题 3.8 假设 $C_{DS} = 1$ pF，计算在 1 MHz 处对 10 kΩ 的反馈。

在大多数低频应用中，电容反馈并不是一个问题。如果是，那么最好的解决方法是采用一对级联开关（见图 3.46），或者更好的办法是，串联与并联组合，让它们交替使能（见图 3.47）。这些串联和级联以增加额外的 R_{ON} 为代价，使衰减加倍（以分贝为单位）。而当串联开关断开时，串–并联电路（在 SPDT 设置格局中有效）将有效负载电阻减小到 R_{ON}，因此减小了反馈。

习题 3.9 对于图 3.47 的设置，假设 $C_{DS} = 1$ pF，$R_{ON} = 50$ Ω，重新计算在 1 MHz 时对 10 kΩ 电阻的反馈。

受控的先开后合的 CMOS SPDT 开关可以经济地用一个单独的封装得到。实际上，还可以在一个单独的封装里获得一对 SPDT 开关。类似的例子有 DG188 和 IH5142，以及 DG191、IH5143 和 AD7512（双 SPDT 单元）。由于这些简便的 CMOS 开关很容易获得，所以可以很方便地用这种 SPDT 设置来获得优异的性能。前面提到的射频 / 视频开关内部就用到了串–并联电路。

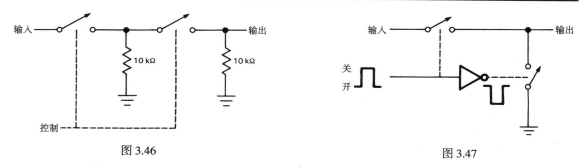

图 3.46　　　　　　　　　　　　　　　　图 3.47

C_D, C_S: **对地电容。** 对地分流电容会导致前面所提到的高频衰减。这一衰减现象在有高阻抗信号源时尤为严重。但是，即使是用固定源，开关的 R_{ON} 电阻与输出端的旁路电容一起也构成低通滤波器。以下的问题说明了它是如何起作用的。

习题 3.10　一个 AD7510（如图 3.44 所示，选择它是由于它有完整的电容特性参数）被一个 10 kΩ 的单一源驱动，开关的输出端有一个 100 kΩ 的负载阻抗。试求高频 –3 dB 点。现在重复这个计算，假设有一个理想的固定不变的信号源，开关的 R_{ON} 为 75 Ω。

栅极到沟道的电容。 从控制栅极到沟道的电容会产生不同的影响，即当开关接通或闭合时，在信号中产生不需要的瞬时耦合现象。这个论题值得深入讨论，所以我们将在下一节"假信号脉冲"中对它进行详尽的论述。

C_{DD}, C_{SS}: **开关间的电容。** 如果在一个像玉米粒大小的硅晶片上封装若干个开关，那么在沟道间产生一些耦合（串音）就不足为奇了。显而易见，出现这种情况的主要原因是沟道交叉电容。这个影响会随着频率和与信号耦合的那个沟道的阻抗的升高而增强。读者可以自己解决如下问题。

习题 3.11　考虑与上一题中完全相同的源和负载阻抗，计算一对沟道之间的耦合，以分贝为单位，且 $C_{DD} = C_{SS} = 0.5$ pF（见图 3.44）。再假设干扰信号为 1 MHz，计算以下情况的耦合：（a）OFF 开关至 OFF 开关之间；（b）OFF 开关至 ON 开关之间；（c）ON 开关至 OFF 开关之间和（d）ON 开关至 ON 开关之间。

从此例可以很明显地看出，为什么大多数宽带射频电路用比较低的信号阻抗，通常为 50 Ω。如果串音现象很严重，就不要在一个芯片上加一个以上的信号。

假信号脉冲

在接通和断开的瞬间，场效应管模拟开关会产生干扰信号。加在栅极的控制信号可能会容性耦合至沟道，将无用的杂散干扰瞬时信号加到所需的信号中。如果这个信号有很高的阻抗值，那么这一情况会更加严重。多路复用器在输入地址转换的间隙也会产生类似的情况，同时如果关闭时延超过接通时延，那么多个输入端将会被瞬时连接起来。由此带来的相关影响是一些开关（如 4066）在状态转换时总是将输入瞬间短路到地。

图 3.48 显示的是与图 3.35 类似的 N 沟道 MOS 场效应管模拟开关电路输出波形。它的输入为一个零伏的信号，输出负载为 10 kΩ 与 20 pF 的并联，这也是模拟开关电路的实际值。这一瞬态波形是由转移到沟道的电荷在栅极的瞬态变化时穿过栅极 – 沟道电容造成的。栅极从一个电源电压跳变到另一个电源电压，在这一例子中，它在 ±15 V 间的电源电压之间跳变，转移了大量的电荷。

图 3.48

$$Q = C_{GC}[V_G(结束) - V_G(开始)]$$

C_{GC} 为栅极 – 沟道电容，典型值约为 5 pF。转移至沟道的电荷量仅仅取决于栅极的整个电压变化，而与电压的上升时间无关。减缓栅极信号变化会引起一个时间更长、幅度更小的假信号脉冲，但它的图形包围的面积和以前相同。对开关输出信号进行低通滤波也有相同的效果。这种措施在假信号脉冲峰值幅度保持较小时才可能有用，但一般它们对减小栅极反馈没有什么作用。在一些情况下，可预知关于栅极 – 沟道电容的信息，以便通过一个可调的小电容耦合一个反向栅极信号来消除噪声尖峰。

这个栅极 – 沟道电容分布在整个沟道上，这意味着一些电荷被耦合至开关的输入端。因此，输出假信号脉冲的大小取决于信号源的阻抗；当这个开关被电压源驱动时，该输出假信号脉冲最小。当然，减少负载阻抗也会相应降低假信号脉冲；然而它也增加了源负载，并且由于有限的 R_{ON} 而引入失真和非线性。最后，在所有其他条件相同的情况下，一个有较小栅极 – 沟道电容的开关会有较小的开关转换瞬间，尽管为此付出了 R_{ON} 提高的代价。

图 3.49 表示包括 JFET 在内的 3 种模拟开关栅极引起电荷转移的特性比较。在所有情况下，栅极信号都在满幅范围内变化，例如为 30 V 或 MOSFET 已标明的电源电压，也可以在 N 沟道 JFET 从 –15 V 到信号电平之间变化。JFET 开关显示了假信号脉冲大小对信号大小的强烈依赖性，原因在于栅极变化与高于 –15 V 的信号电平成正比。已经平衡的 CMOS 开关有相对较低的反馈，这是因为互补的 MOSFET 的电荷贡献有相互抵消的趋势（其中一个栅极在上升，同时另一个在下降）。为了给以上这些数据一个参考尺度，需要指出 30 pF 的电容对应一个 0.01 μF 电容器有 3 mV 的阶跃。这是一个相当大的滤波电容，可以看出这的确是一个问题，因为当处理低电平模拟信号时，3 mV 的假信号脉冲已经非常大了。

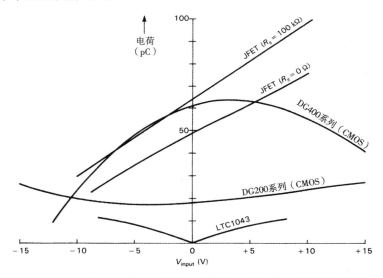

图 3.49　不同 FET 线性开关的电荷转移，以信号电压为横坐标

闩锁效应以及输入电流

所有 CMOS 集成电路均有一些输入保护电路，否则其栅极绝缘层会很容易被损坏（参见下一节的使用须知）。常用的保护电路如图 3.50 所示。虽然它可能会用到分布式二极管，但这个保护电路与电阻电流限制相结合就等效于将二极管箝位至 V_{SS} 和 V_{DD}。如果用超过电源电压一个二极管压降以上的电压驱动输入（或输出），箝位二极管就开始导通工作，使输入（或输出）相对于各自的

电源电压看起来更像一个低阻抗。更坏的情况是，芯片会被激励进入"SCR 闪锁效应"状态，14.5.2 节将详细讨论这种可怕的（破坏性）状态。就目前而言，这并非想要的状态。SCR 闪锁效应是由大约 20 mA 或更大的输入电流通过保护网来触发的。因此，我们一定要谨慎，不让这个模拟输入达到这个门限。这就意味着，必须确定电源电压在任何有强大电流驱动能力的信号前使用。同样，这个限制不仅适用于模拟开关，也适用于数字 CMOS 集成电路。

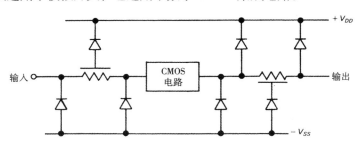

图 3.50　CMOS 输入 / 输出保护网络。输出的串联电阻通常被省略

　　二极管 – 电阻保护电路存在的问题是它们通过增加 R_{ON}、分路电容与漏电流而影响了开关的性能。在更明智的芯片设计（使用"电介质隔离法"）中，也可以消除 SCR 闪锁效应，而不会存在传统保护电路中那种对性能的固有损害影响。很多较新的模拟开关设计具有"出错保护"。例如，Itersil 的 IH5108 和 IH5116 模拟多路复用器称，可以让用户使用 ±25 V 的模拟输入，甚至在电源电压为零的情况下（为得到这种优势付出的代价是使它具有比传统 IH6108/16 高 4 倍的 R_{ON}）。然而，要注意还有很多模拟开关电路并不能做到这一点。

　　可以用 N 沟道 JFET 而不是互补型 MOSFET 来组成模拟开关和多路复用器。它们的工作性能非常好，有几种特性比 CMOS 的优越。特别是 PMI 的 JFET 开关系列的 R_{ON} 对模拟电压有超强的稳定性，完全消除了闪锁效应并且降低了静电损坏的敏感性。

其他开关的局限性

　　其余一些对于某种给定应用可能会或可能不会有影响的模拟开关特性是开关时间、处理时间、先开后合时延、沟道漏电流（开和关时都存在，参见 4.5.2 节）、R_{ON} 匹配、R_{ON} 的温度系数以及信号和电源范围。如果读者在实际应用中需要用到它们，可以仔细研究这些特性。

3.3.3　一些场效应管模拟开关举例

　　正如前面所指出的，很多场效应管模拟开关都用在运算放大器电路中，下一章将详细讨论这些内容。这一节将给出几种不需要运算放大器的开关应用，以便了解那些可以应用场效应管开关的电路种类。

可转换的 RC 低通滤波器

　　图 3.51 显示如何构成一个 3 dB 点可选的简单 RC 低通滤波器。用一个多路复用器，根据 2 位（数字）地址从 4 个预置好的电阻器中选择一个。将开关放在输入端，而不放在电阻后面，这是因为在较低的信号阻抗点会有较少的电荷发射。另一种可能性是用场效应管开关来选择电容。为了得到一个很宽范围内的时间常数，通常会这样做，但是开关有限的 R_{ON} 将会限制高频时的衰减，使之最大为 R_{ON}/R_{series}。由于输出阻抗很高，所以在滤波器后面需要加一个单位增益的缓冲器。在下一章

中将会看到如何构造"完美"的跟随器(精确增益,高 Z_{in},低 Z_{out},并且没有 V_{BE} 失调,等等)。当然,如果滤波器后面的放大器有很高的输入阻抗,就不需要这个缓冲器。

在图 3.52 中用 4 个独立开关构成一个电路,而没有采用 4 输入多路复用器。利用如图所示的电阻值,可以通过接通这些开关的二进制组合而产生 16 个均匀分布的 3 dB 频率。

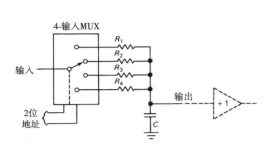

图 3.51

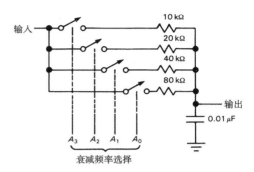

图 3.52　有 15 个间隔相等的时间常数的 RC 低通滤波器

习题 3.12　这个电路中的 3 dB 点在哪里?

增益可选的放大器

图 3.53 显示了如何利用与开关电阻相同的思路来得到增益可选的放大器。虽然这个想法对运算放大电路是很自然的,但可以把它用于射极反馈放大器。用一个恒定电流接收电路作为发射极负载,与前例相同的是,它允许远小于 1 的增益。接着用多路复用器选择 4 个发射极电阻中的一个。注意,需要用隔直电容来保持静态电流与增益独立。

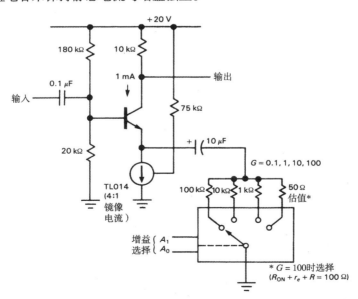

图 3.53　模拟多路复用器通过选择合适的发射极负反馈电阻得到 10 倍可调节的增益

采样和保持

图 3.54 显示了如何设计"采样–保持"电路。它可用于将模拟信号转换成数字流("模数转换")的场合——计算每个模拟电平的大小时不得不保持每个电平稳定。这个电路很简单:由单位增益的

输入缓冲器得到输入信号的低阻抗复制,使它通过一个小电容。为了在任何时刻保持模拟电平稳定,只需要简单地打开开关。第二个缓冲级的高输入阻抗（应该将场效应管作为输入,以保持输入电流在零附近）阻止加载电容,因此它会保持电压,直到这个场效应管开关再次关闭。

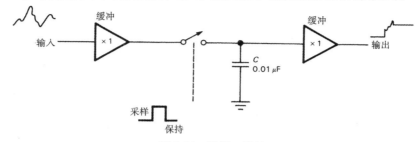

图 3.54   采样 – 保持

习题 3.13   输入缓冲器必须提供电流,以保持电容跟随一个变化的信号。当这个电路的输入为一个振幅为 1 V,频率为 10 kHz 的正弦波时,计算这个缓冲器的输出电流峰值。

快速电容电压反相器

图 3.55 给出了一种较好的方法,它能使单一正电源电压驱动的电路产生我们所需的负电源电压。当右边的开关在断开状态时,图左边的一对场效应管开关将 C_1 跨接在正向电压两端。对 C_1 充电到 V_{in}。接着,输入端的开关打开,右边的开关闭合,将已充电的 C_1 连接到输出端,使部分电荷转移到 C_2 上。这些开关的巧妙设置使得 C_1 被反转过来,产生一个反相输出。这个特殊的电路可以从 7662 电压转换器芯片中获得,在 6.6.3 节和 14.3.2 节中将具体讲述。这个称为反相器的设备将高电平电压转换成低电平电压,反之亦然。我们将在下一节中讨论如何制作一个这样的变换器（在第 8 章至第 11 章中将探讨如何使它们加速）。

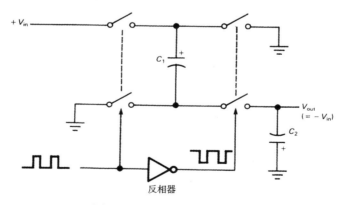

图 3.55   快速电容电压反相器

3.3.4   MOSFET 逻辑和电源开关

场效应管开关的其他几种应用是逻辑和电源开关电路。它们的区别很简单：在模拟开关中用场效应管作为串联开关,以通过或阻塞某个模拟电压范围内的信号。这个模拟信号通常是低电平信号,功率并不高。而在逻辑开关中,MOSFET 开关通过开启和闭合在电源电压之间产生满幅变化。这些信号实际上是数字的而不是模拟的,它们在电源电压间波动,代表高和低两个状态。高和低状态之间的电压不是没有用就是我们不想让它们出现；实际上,它们甚至是我们不期望的。最后，电源开关指的是开启或者闭合某个负载的电源，如灯、继电器线圈或者电动机绕组线圈；在这些应用中，电压和电流可能都很大。下面首先讨论逻辑开关。

逻辑开关

图3.56给出了MOSFET的最简单的逻辑开关：两个电路都用电阻作为负载并且实现反相的逻辑功能，即由一个高电平输入产生一个低电平输出，反之亦然。N沟道的逻辑反相器当栅极处于高电平时，能将输出降到地；而P沟道的逻辑反相器当输入接地（低）时，能使输出处于高电平。注意这些电路的MOSFET被用做共源反相器，而不是源极跟随器。在类似的数字逻辑电路中，通常对某个输入电压产生的输出电压（逻辑电平）比较感兴趣；在电路中，电阻R仅作为漏极的无源负载，以使输出在场效应管关闭时变化至漏极电源电压。另外，如果将电阻换成灯泡、继电器、打印锤，或者其他较重的负载，就得到了一个电源开关（见图3.3）。虽然仍称为"反相器"，但在电源开关电路中，我们感兴趣的是接通和断开负载。

CMOS 反相器

前述电路的NMOS和PMOS反相器在开状态时吸收电流，而在关状态时具有相对高的输出阻抗，这是它们的缺陷。只有在增加耗散的代价下通过减少R来减小输出阻抗，反之亦然。当然，电流源例外，因为输出阻抗高绝对不是一件好事。虽然预期的负载是高阻抗（例如另一个MOSFET的栅极），但是引入了电容噪声检波问题，并且从到关（下降沿）状态的转换速度降低了（因为负载杂散电容的存在）。在这种情况下，NMOS反相器漏极电阻的折中值是 10 kΩ，得到的波形如图 3.57 所示。

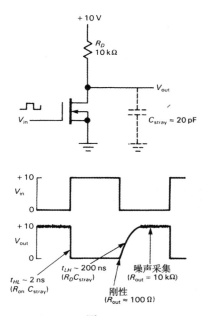

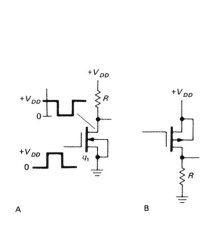

图 3.56　NMOS 和 PMOS 逻辑反相器　　　　　　图 3.57

这与2.4.1节的单端射极跟随器类似，在那里静态功耗和负载功率都有类似的折中损耗。其解决方法（推挽式配置）也特别适用于这里的MOSFET开关电路。观察图3.58，可能会把它看成是推挽式开关：输入接地，切断了下面的晶体管并且接通了上面的晶体管，将输出上拉到高电平。反之，高电平输入（$+V_{DD}$）会将输出下拉至地。这是一个在两种状态下都有低输出阻抗的反相器，并且无论如何都不会有静态电流。它被称为CMOS（互补金属氧化物半导体）反相器。它是所有数字CMOS逻辑的基本结构。这个逻辑电路家族占据了大规模集成电路（LSI）的主要地位，并且有取代早期双极型晶体管逻辑家族（例如"TTL"）的趋势。注意CMOS反相器是将两个互补的MOSFET串联而成，交替使能，而CMOS模拟开关（本章前面所提的）是将两个互补的MOSFET并联起来，同时使能。

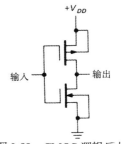

图 3.58 CMOS 逻辑反相器

习题 3.14 CMOS 反相器中的互补 MOS 晶体管都是作为共源反相器工作的，而在图 2.15 中的推挽式电路的互补双极型晶体管为（同相）射极输出器。试着画出与 CMOS 反相器类似的"互补 BJT 反相器"，并说明为什么它无法工作。

在后面关于数字逻辑和微处理器的章节（第 8 章到第 11 章）中将会看到更多的数字 CMOS。现在应该明确 CMOS 是一个具有高输入阻抗和输出在满电源电压范围内变化的低功耗逻辑家族（零静态功耗）。在结束这一主题之前，我们来看另一个 CMOS 电路（见图 3.59）。这是一个逻辑与非门，它只有在输入 A 与输入 B 均为高电平时输出才为低电平。这个运算非常易懂：如果 A 和 B 均为高，那么串联的 NMOS 开关 Q_1 和 Q_2 均导通，输出陡峭地变化至地；PMOS 开关 Q_3 和 Q_4 同时为关状态，因此没有电流流过。然而，如果 A 或 B（或 A 和 B）为低，那么相应的 PMOS 晶体管导通，将输出上拉至高电平；由于一个（或者两个）串联的 Q_1Q_2 均为关闭状态，所以没有电流流动。

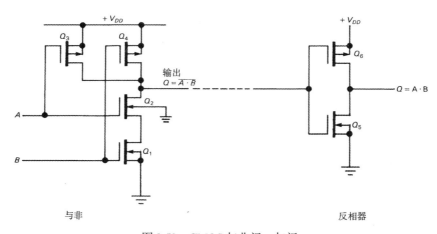

图 3.59 CMOS 与非门，与门

之所以称为"与非门"，是由于它完成了逻辑与的功能，但又有一个反相（"非"）输出，所以为非－与，简称为与非。

习题 3.15 画一个 CMOS 与门。提示：与＝非－与非。

习题 3.16 画一个或非门：A 或者 B（或全部）为高时输出为低。

习题 3.17 画一个 CMOS 或门。

习题 3.18 画一个 3 输入 CMOS 与非门。

在稍后章节中可以看到CMOS数字逻辑电路都是由这些基本门组合而成的。极低的功耗和陡峭的边沿输出变化使CMOS逻辑家族成为大多数数字电路的首选，这也是它应用非常广泛的原因。此外，对于微功率电路（如手表和小电池驱动的设备）来说，CMOS逻辑是惟一的选择。

然而，为了避免留下错误的印象，值得指出的是CMOS逻辑并不是零功耗的。目前它有两种耗散电流机制：在转换期间，CMOS输出必须提供一个瞬态电流 $I = CdV/dt$，给它经过的每一个电容充电（见图3.60）。电路接线引起的（杂散电容）和驱动附加逻辑输入电容都会形成负载电容。实际上，由于复杂的CMOS芯片包含很多内部栅极，每一个都驱动某个片内电容，所以，在任何进行状态转换的CMOS电路中都会有耗散电流，甚至在这个芯片没有驱动任何负载的情况下也是如此。这个动态耗散电流与转换速率成正比。图3.61给出了CMOS耗散电流的第二种机制：当输入在电源电压和地之间跳变时，在一个区域中两个MOSFET均处于导通状态，从而引起从 V_{DD} 到地的大电流尖峰信号。有时称其为"A类电流"或者"电源消耗电路"。我们在第8章、第9章和第14章中会看到这个现象引起的一些后果。既然在讨论CMOS，就应该提到CMOS的另一个缺点（实际上，也是所有MOSFET的缺点），即它们很容易被静电损坏。3.3.5节将进一步讨论这个问题。

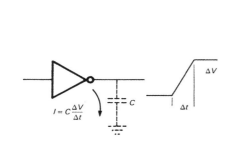

图 3.60 电容放电电流

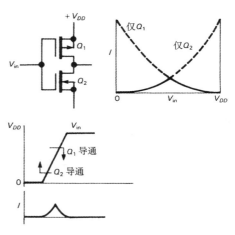

图 3.61 A类CMOS导通状态

□ CMOS 线性放大器

CMOS反相器（实际上所有的CMOS数字逻辑电路）都倾向于使用数字信号电平。因此，除了状态转换过程，输入和输出均接近于地或者 V_{DD}（通常为+5 V）。并且除了这些变化过程（典型持续时间为若干纳秒），都没有静态耗散电流。

CMOS反相器在使用模拟信号时有一些有趣的特性，如图3.61所示。可把 Q_1 看成是反相放大器 Q_2 的有源（电流源）负载，反之亦然。当输入接近 V_{DD} 和地时，电流近似失配，并且放大器分别在地或 V_{DD} 时饱和（削波）。显然，这是数字信号的正常状态。然而，当输入为电源电压的一半时，在一个小区域内 Q_1 和 Q_2 的耗散电流近似相等；在这一区域内，电路是一个高增益反相线性放大器。图3.62给出了它的转移特性。R_{load} 和 g_m 随耗散电流的变化为：当相对低的耗散电流出现时产生最高的电压增益，例如，在低电源电压（如5 V）供电时。

这个电路并不是一个较理想的放大器，它有高输出阻抗（特别是工作在低电压时）、线性差和增益不可预测的缺陷。然而，它很简单并且廉价（不到0.5美元可以买到一个有6个CMOS反相器的芯片）。它有时用来放大那些波形不是很重要的小输入信号。还有一些例子是近程开关（放大60 Hz的容性检波）、晶体振荡器以及频率输入设备，该设备的输出是频率计数器的输入（参见第15章）。

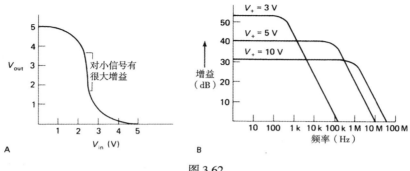

图 3.62

为了将CMOS反相器用做线性放大器，必须给输入加偏压，以使它处于有源区。通常的方法是从输出端到输入端用一个大阻值电阻（在下一章将其命名为"直流反馈"），如图3.63所示。这就将我们带到了图3.62中 $V_{out} = V_{in}$ 的点。稍后会知道，这样的连接（见图3.63A中的电路）同样可以通过"旁路反馈"来降低输入阻抗；如果在信号频率下的高输入阻抗十分重要，电路B就成为我们所需的电路。第三个电路是将在5.3.2节中讨论的经典CMOS晶体振荡器。图3.64给出了图3.63中电路A的变形，它用于从输入的正弦波产生一个10 MHz满幅变化的纯方波（以激励数字电路）。这个电路在 50 mV ~ 5 V（均方根值）的输入幅度范围内均可良好地工作。这是一个非常好的"不关心电路增益，也不关心它的应用"的例子。注意包括限流串联电阻和箝位二极管的输入保护电路。

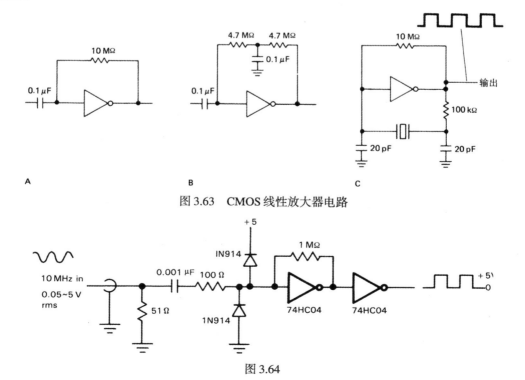

图 3.63　CMOS 线性放大器电路

图 3.64

电源开关

正如3.1.1节用一些简单电路指出的，MOSFET作为饱和开关工作较好。功率MOSFET现在可从很多制造厂家得到，这让MOSFET的优势（高输入阻抗、易于并联和没有"二次击穿"）可以应用到功率电路中。一般而言，功率 MOSFET 比传统的双极型功率晶体管容易使用。然而，还有一些较小的影响需要考虑，不加思考地在开关应用中滥用MOSFET会导致很严重的后果。我们已经看过这些灾难后果的场景，并且希望能够避免重蹈覆辙。

功率 MOSFET。直到20世纪70年代后期，当日本人发明了竖直沟道 MOS 晶体管时，场效应管还只是脆弱的低电流器件，几乎不能适用于稍大于几十毫安的电流。现在，很多半导体厂家（如 GE，IR，Motorola，RCA，Siliconix，Supertex，TI 以及欧洲的一些公司，如 Amperex，Ferranti，Siemens 和 SGS，还有很多日本公司）都生产功率 MOSFET，并给它们命名为 VMOS，TMOS，垂直 DMOS 和 HEXFET。它们可以处理惊人高的电压（最高可达 1000 V），并且峰值电流可高达 280 A（连续电流可达 70 A），而 R_{ON} 可低至 0.02 Ω。小功率 MOSFET 每个仅售不到 1 美元，它们几乎以所有晶体管封装形式出现，也有以多个晶体管封装在集成电路常用到的双列直插式组件形式出现。具有讽刺意味的是，现在反而是分立的低电平 MOSFET 难于找到，而功率 MOSFET 在市场上并不短缺。参见表 3.5，其中列出了功率 MOSFET 的代表。

高阻抗，热稳定性。与双极型功率晶体管相比，功率 MOSFET 的两个最大优势就是高输入阻抗（但是要注意高输入电容，特别是对于大电流器件）与完全没有热损耗和二次击穿问题。后者在电源电路中非常重要，值得重点理解：功率晶体管（无论是BJT还是FET）的大的结面区域可以看成是大量有相同电压的小结面并联而成（见图3.65）。在双极型功率晶体管的情况下，在固定 V_{BE} 处的集电极电流的正温度系数（大约为 +9%/℃，参见2.3.1节）意味着在结面处的局部过热点会有更高的电流密度，从而产生额外的热量。在足够高的 V_{CE} 和 I_{C} 下，这个"电流错乱"会引起局部的热损耗，被称为**二次击穿**。因此双极型功率晶体管被限制为小于晶体管功率损耗允许的范围（第6章将会更详细地探讨这一点），即"安全工作区"（在集电极电流关于集电极电压的曲线图上）。重要的一点是MOS耗散电流的负温度系数（见图3.13）完全阻止了这些结面过热点的产生。MOSFET没有二次击穿，并且它的安全工作区（SOA）只受功率损耗的限制（见图3.66，在相同 $I_{\max}$，$V_{\max}$ 和 P_{diss} 的情况下比较了 NPN 型和 NMOS 功率晶体管的 SOA）。因为同样的原因，MOSFET 功率放大器也没有双极型晶体管中那种令人讨厌的热损耗趋势（参见2.4.1节）。作为一种附加优势，功率 MOSFET 之间还可以并联，而不需要用电流均衡"射极限流"电阻，而这在双极型晶体管中是必须要用的（参见6.2.4节）。

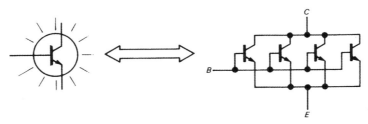

图 3.65　一个有大结点区域的晶体管可以被认为由很多并列的小结点区域晶体管组成

电源开关示例与注意事项。我们通常希望用数字逻辑的输出来控制功率MOSFET。虽然存在能产生 10 V 或者更高（如"40000 系列 CMOS"）电压变化范围的逻辑家族，但最常见的逻辑家族适用 +5 V 电平（"高速 CMOS"）或者 +2.4 V（"TTL"）。图3.67 显示了如何用这三个逻辑家族来开关负载。在第一个电路中，+10 V 栅极激励可以完全接通任何MOSFET，因此选择VN0106，这是一个廉价的，且在规定的 $V_{GS} = 5$ V 时 $R_{\mathrm{ON}} < 5$ Ω 的晶体管。二极管保护阻止感应尖峰出现（见1.7.7节）；

串联栅极电阻虽然不是必需的，但是不失为一个好的解决方法，因为 MOSFET 的漏极 – 栅极电容会将负载的感性暂态耦合到精密的 CMOS 逻辑中（后面会有更多介绍）。在第二个电路中有 5 V 的栅极驱动，适用于 VN01/VP01 系列；为了多样性，我们选用 P 沟道 MOSFET 驱动返回到地的负载。

表 3.5　功率 MOSFET

BV_{DS}[a] (V)	连续漏极电流 最大值 (A)	$R_{DS(on)}$ 最大值 (Ω)	@V_{GS} (V)	$V_{GS(th)}$ 最大值 (V)	C_{iss} 典型值 (pF)	C_{rss} 典型值 (pF)	接通电荷 典型值 (nC)	型号[b]	注释[c]
N 沟道									
30	0.8	1.8	5	2.5	110	35	-	DIP-14	VQ3001J[1]; 2N, 2P in DIP
40	4	2.5	5	1.5	60	5	0.8	TO-92	TN0104N3; 低门限值
60	0.2	6	5	2.5	60	5	-	TO-92	VN0610L[3]; 门保护; sim to VN2222
60	0.4	5	5	2.5	60	10	-	DIP-14	VQ1004J[1]; 四封装 DIP
60	15	0.14	5	2	900	180	-	TO-220	RFP15N06L[2]; 低门限值
100	0.25	15	5	2.4	27	3	0.6	TO-92	VN1310N3, BSS100
100	0.8	2.5	5	2.4	70	12	2.6	TO-92	VN0210N3
100	1.3	0.3	10	4	450	50	11	DIP-4	IRFD120
100	2	1	5	2	200	20	-	TO-220	RFP2N10L[2]; 低门限值
100	4	0.6	10	4	180	15	5	TO-220	IRF510, MTP4N10, VN1110N5, 2SK295
100	8	0.25	10	4	350	24	10	TO-220	IRF520, BUZ72A, 2SK383, VN1210N5
100	25	0.08	10	4	1500	90	39	TO-220	IRF540, MTP25N10
100	40	0.06	10	4	2000	350	63	TO-3	IRF150, 2N6764
100	65	0.04	10	5	5200	640	-	TO-3	VNE003A[1]
120	0.2	10	2.5	2	125	20	-	TO-92	VN1206L[1]; 低门限值
200	0.1	40	5	3.5	25	3	0.5	TO-92	VN1320N3
200	0.1	24	10	2	40	5	-	TO-92	VN2020L[1], BS107
200	0.25	15	5	3	40	5	1.0	TO-92	VN0120N3, BSS101
200	0.4	8	5	3	75	7	2.5	TO-92	VN0220N3, BSS89
200	3	1.5	10	4	140	9	6	TO-220	IRF610, VN1220N5
200	5	0.8	10	4	450	40	11	TO-220	IRF620, MTP5N20, BUZ30, 2SK440
200	9	0.4	10	4	600	80	19	TO-220	IRF630, MTP8N20, BUZ32
200	18	0.18	10	4	1300	93	43	TO-220	IRF640
200	30	0.09	10	4	2600	150	80	TO-3	IRF250, 2N6766, MTM40N20
500	0.05	85	5	4	45	2	-	TO-92	VN0550N3
500	0.2	20	5	4	75	10	-	TO-92	VN0650N3
500	2.5	3	10	4	350	10	13	TO-220	IRF820, BUZ74, MTP3N50
500	4	1.5	10	4	610	18	21	TO-220	IRF830, BUZ41A, VN5001D[1], MTP4N50
500	8	0.85	10	4	1300	45	42	TO-220	IRF840, MTP8N50, 2SK555[4]
500	12	0.4	10	4	2700	75	86	TO-3	IRF450, 2N6770, 2SK560[4]
500	20	0.3	10	5	4500	100	-	TO-3	VNP006A[1]
1000	1	10	10	4.5	1200[m]	80[m]	33	TO-220	MTP1N100, BUZ50B
1000	5	3	10	4.5	2600[m]	200[m]	110	TO-3	MTM5N100, BUZ54, IRFAG50
P 沟道									
30	0.6	2	12	4.5	150	60	-	DIP-14	VQ3001J[1]; 2N, 2P in DIP
60	0.4	5	10	4.5	150	20	-	DIP-14	VQ2004J[1]; quad in DIP
100	0.15	40	5	3.5	20	3	0.4	TO-92	VP1310N3
100	0.4	8	5	3.5	90	15	3	TO-92	VP0210N3, VP1008L[1]
100	1	0.6	10	4	300	50	16	DIP-4	IRFD9120
100	6	0.6	10	4	300	50	16	TO-220	IRF9520, VP1210N5, MTP8P10

（续表）

BV_{DS}[a] (V)	连续漏极电流 最大值 (A)	$R_{DS(on)}$ 最大值 (Ω)	@V_{GS} (V)	$V_{GS(th)}$ 最大值 (V)	C_{iss} 典型值 (pF)	C_{rss} 典型值 (pF)	接通电荷 典型值 (nC)	型号[b]	注释[c]
100	19	0.2	10	4	1100	250	70	TO-220	IRF9540, MTP12P10
200	0.06	100	5	3.5	35	2	0.5	TO-92	VP1320N3
200	0.1	40	5	3.5	50	5	1	TO-92	VP0120N3, BSS92
200	3.5	4	5	3.5	600	20	10	TO-220	VP1220N5, IRF9622
200	11	0.5	10	4	1100	150	70	TO-220	IRF9640
500	0.07	150	5	5	35	3	-	TO-92	VP0550N3
500	0.1	25	5	4	75	10	-	TO-92	VP0650N3
500	1	9	5	4.5	550	20	-	TO-220	VP0350N5
500	2	6	10	4.5	1000[m]	80[m]	20	TO-220	MTP2P50

a. 除了 (1) ±40 V, (2) ±10 V, (3) +15 V, −0.3 V, (4) ±15 V 以外，BV_{GS} 为 ±20 V。

b. Θ_{JA}: DIP-4 = 120℃/W; DIP-14 = 100℃/W; TO-92 = 200 ℃/W; Θ_{JC}: TO-220 = 2.5℃/W; TO-3 = 0.8℃/W. P_{diss} @ T_{amb} = 75℃; DIP-4 = 0.6 W; DIP-14 = 0.8 W; TO-92 = 0.3 W; P_{diss} @ T_{case} = 75℃: TO-220 = 30 W; TO-3 = 90 W。

c. 不同的厂商产品的特性可能不同；表中所示为典型值。

m. 最大值。

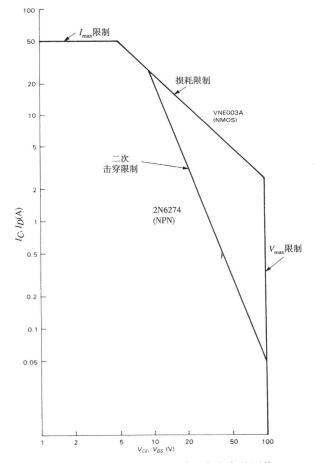

图 3.66　功率 MOSFET 不受二次击穿的困扰

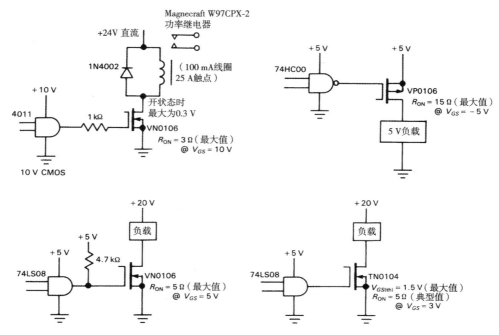

图 3.67　MOSFET 被数字逻辑电平驱动时可以开关电流负载

　　最后两个电路给出两种 TTL 数字逻辑输出 +2.4 V（这是最坏的情形，通常为 +3.5 V 左右）高电平的方法：用一个可以上拉到 +5 V 的电阻从 TTL 输出端产生一个 +5 V 范围内的变化，这样便可以驱动一个一般的 MOSFET；或者可以用类似于 TN0106 的器件，这是一个为逻辑电平驱动设计的"低门限"MOSFET。但要注意那些令人误解的特性规定。例如，TN01 规定"$V_{GS(\text{th})} = 1.5$ V（最大值）"，这看起来没什么问题，但在后面就会看到（"在 $I_D = 1$ mA 时"），它要用比 $V_{GS(\text{th})}$ 大得多的栅极电压去完全接通 MOSFET（见图 3.68）。然而，这个电路可能工作得很好，因为（a）一个高 TTL 输出很少低于 +3 V，并且通常为 +3.5 V；（b）TN01 进一步规定"在 $V_{GS} = 3$ V 时，R_{ON}（典型值）= 5 Ω"。

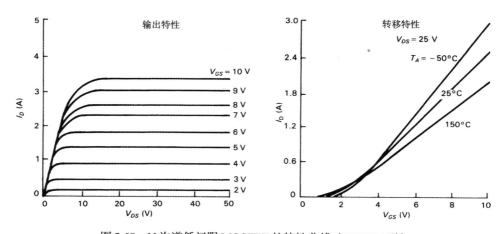

图 3.68　N 沟道低门限 MOSFET 的特性曲线（TN0104 型）

这个例子显示了设计者通常的困惑，即对这样两种电路难以抉择其一。第一种是那些在满足最差情形设计标准下都能确保工作的复杂电路；而第二种则是那些不满足最坏情形设计标准但在绝大多数情况下又能正常工作的简单电路。当然，有时候我们会不理会他人的意见，而毅然选择后者。

□ **电容**。在上例中，当有一个感性负载时，将一个电阻与栅极串联起来。正如本章前面所提到的（见3.2.4节），MOSFET本质上有无限大的栅极电阻，但是由于栅极–沟道电容的存在，它只有有限的阻抗。大电流MOSFET的这种电容可能有多种值：与 1 A 的 VN01 的 45 pF 输入电容相比，10 A 的 IRF520 则有 $C_{in} = 450$ pF，Siliconix 的 macho 70 A 的 SMM70N05 有 $C_{in} = 4300$ pF。一个快速变化的漏极电压可以产生数毫安的瞬态栅极电流，这足以过激励（甚至通过 "SCR 闩锁" 来破坏）精密的 CMOS 驱动芯片。

这一串联电阻是速度和保护之间的妥协，典型值在 100 Ω ~ 10 kΩ。当然，即使没有感性负载，也存在着动态栅极电流：对地的电容 C_{iss} 会引起 $I = C_{iss}dV_{GS}/dt$；与此同时，（较小的）反馈电容 C_{rss} 产生一个输入电流 $I = C_{rss}dV_{DG}/dt$。后者在共源开关中占主导地位，这是因为 ΔV_{DG} 通常比 ΔV_{GS} 的栅极激励大（密勒效应）。

习题 3.19　控制一个 2 A 负载的 IRF520 MOSFET 在 100 ns 内关断（通过使栅极电压从 +10 V 到地）。在这个过程中漏极电压从 0 V 升至 50 V。求在 100 ns 期间平均栅极电流是多少？假设 C_{GS}（又称 C_{iss}）为 450 pF，并且 C_{DG}（又称 C_{rss}）为 50 pF。

在一个共源开关中，在漏极电压变化过程中，密勒效应对栅极电流的贡献完全显现出来；而每当栅极电压变化时，栅–源电容总会引起栅极电流。这些影响通常通过 "栅极电荷关于栅–源电压的关系曲线" 图来表示，如图 3.69 所示。图中水平部分在接通电压时产生，而快速降落的漏极迫使栅极驱动器给 C_{rss} 提供额外的电荷（密勒效应）。如果反馈电容与电压独立，那么水平部分将和漏电压成正比，之后曲线将以原来的斜率继续变化。实际上，反馈电容 C_{rss} 在低电压时上升非常快（见图 3.70），这就意味着大多数的密勒效应都是在漏极波形的低电压段开始出现的。这就解释了栅极放电曲线的斜率变化，同时也解释了水平部分几乎与漏极电压无关的事实。

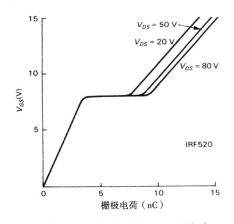

图 3.69　栅极电荷与 V_{GS} 的关系

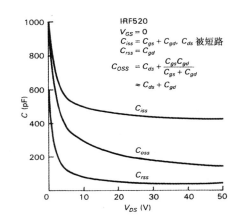

图 3.70　功率 MOSFET 电容

习题 3.20　用 C_{rss} 的电压依赖性来解释栅极电荷曲线的斜率如何变化？

其他注意事项。 我们还需知道功率 MOSFET 的一些附加特性。所有功率 MOSFET 的制造厂商好像都将管体和源极在内部连接起来。因为管体和沟道形成了一个二极管，这意味着漏极和源极形成了一个有效的二极管（见图 3.71）；一些制造厂家甚至明显地将二极管画在 MOSFET 符号上，以便于记忆。这意味着不能双向使用功率 MOSFET，或者反向漏-源电压至少不能多于一个二极管压降。例如，不能用一个功率 MOSFET 将一个由双极性信号激励的积分电路调整到零，并且不能将功率 MOSFET 用做双极性信号的模拟开关。这一问题不会出现在管体与电源最负端连接在一起的集成电路 MOSFET（例如模拟开关）中。

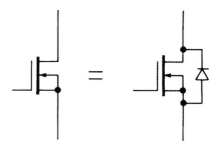

图 3.71　功率 MOSFET 将管体跟源极连接起来形成了一个漏-源二极管

稍不留意就易掉入的另一陷阱是，栅-源击穿电压（常用值为 ±20 V）比漏-源击穿电压（范围为 20～1000 V）低。这并不影响我们用一个小幅度变化范围的数字逻辑来驱动栅极，但是如果认为可用一个 MOSFET 的漏极幅度变化范围驱动另一个 MOSFET 的栅极，就会立刻陷入困境中。

最后讨论栅极保护问题：正如将要在本章最后一节讨论的，所有的 MOSFET 器件都非常容易产生由静电放电引起的栅极氧化物击穿。与 JFET 等其他结雪崩电流会安全释放过压电荷的结器件不同，MOSFET 会被一次栅极击穿而不可逆转地损坏。正是由于这个原因，用 1~10 kΩ 的栅极串联电阻是一种很好的想法，尤其是当栅极信号来自另一电路板时，会大大减少其损坏的可能性。还可以在栅极损坏的情况下防止电路加载，这是因为一个损坏的 MOSFET 的最常见征兆是大幅度直流栅极电流。另外值得注意的一点是，确保没有使 MOSFET 栅极处于未连接状态，因为它们在悬空状态下特别容易损坏（这是因为没有作为保护措施之一的静态放电的路径了）。如果栅极由另一电路板激励，这种事也会不期而遇。最好的实践是，将任一由外部信号源激励栅极的 MOSFET 的源极与栅极之间用一个下拉电阻（100 kΩ～1 MΩ）连接起来。

□ **MOSFET 与 BJT 作为大电流开关时的比较。** 功率 MOSFET 大多数时候是传统功率 BJT 的理想替代品。按同样的性能相比，目前 MOSFET 会稍微贵一点，但是它们更容易被驱动，并且不容易出现二次击穿，因而减少了安全工作区（SOA）的限制（见图 3.66）。

必须记住，在漏极低电压状态下，接通状态的 MOSFET 就像一个小电阻，而不像一个饱和的双极型晶体管。这可以成为它的一个优势，因为在漏极小电流时"饱和电压"被清零。通常的看法是 MOSFET 在大电流时也不会饱和，但研究表明这种概念大部分是错误的。在表 3.6 中选择了可以比较的一对（NPN 与 N 沟道 MOSFET），从中可查出特定的 $V_{CE(sat)}$ 或者 $R_{DS(on)}$。低电流 MOSFET 与"小信号"NPN BJT 相比性能较差，但是在 10～50 A，0～100 V 的范围内，MOSFET 表现则更佳。需要注意，与 MOSFET 通常规定的（零电流）10 V 的偏压相比，尤其是使双极型功率晶体管进入良好饱和状态时，需要巨大的基极电流——高于 10% 或者更大的集电极电流。还需要注意，高电压 MOSFET（如 $BV_{DS} > 200$ V）与低电压单元相比，总有更大的 $R_{DS(on)}$ 和更高的温度系数。表中列出了电容量以及饱和数据，这是因为功率 MOSFET 与有同样额定电流的 BJT 相比，通常具有更大的电容；在一些应用中（特别是在转换速率很重要的情况下）可能会将电容的产生和饱和电压看成是一个优点。

表 3.6　　BJT-MOSFET 比较

| 类别 | 类型 | I_C, I_D | V_{sat}（最大值） | | I_B, V_{GS} | C_{out} (10 V) | 价格 |
			(25℃) (V)	(125℃) (V)		最大值	(100 pc)
60 V, 0.5 A	NPN – 2N4400	0.5 A	0.75	0.8	50 mA	8 pF	$0.09
	NMOS – VN0610	0.5 A	2.5	4.5	10 V	25 pF	$0.43
60 V, 10 A	NPN – 2N3055	10 A	3	–	3.3 A	600 pF	$0.65
	NMOS – MTP3055A	10 A	1.5	2.3	10 V	300 pF	$0.57
100 V, 50 A	NPN – 2N6274	20 A	1	1.4	2 A	600 pF	$11.00
	NMOS – VNE003A	20 A	0.7	1.1	10 V	3000 pF	$12.50
400 V, 15 A	NPN – 2N6547	15 A	1.5	2.5	**2 A**	500 pF	$4.00
	NMOS – IRF350	15 A	3	6	**10 V**	900 pF	$12.60

还需记住，功率 MOSFET 可以在线性功率电路中代替 BJT，例如音频放大器和稳压器（将在第 6 章中讨论）。功率 MOSFET 也可以是 P 沟道器件，尽管在 N 沟道器件（性能较好）中总有很多种可选的器件。

一些 MOSFET 电源开关的示例。图 3.72 给出了用一个 MOSFET 来控制某个子电路直流电源开关的 3 种方法。如果有一个需要不时进行测量并由电池驱动的仪器，在不测量时用图 3.72 中所示的电路 A 关掉耗电的微处理器。这里用了一个 PMOS 开关，它由 5 V 对地逻辑电压信号接通。这个"5 V 逻辑"是微功率 CMOS 数字电路，甚至在微处理器关掉时也能保持运行（记住 CMOS 逻辑电路为零静态损耗）。在第 14 章中将更多地探讨这种"电源开关"。

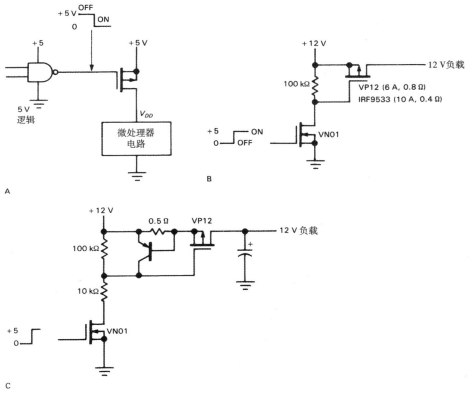

图 3.72　MOSFET 直流功率开关

第二个电路（见图 3.72B）在相当大的电流下控制负载，该负载需要 +12 V 的直流电源供电；它可能是一个无线发射机或者别的什么设备。由于只能用 5 V 的逻辑变化范围，所以用一个小的 N 沟道开关来产生 12 V 的变化范围，接着用它来驱动 PMOS 栅极。注意这个高值 NMOS 漏极电阻在此是足够的，因为 PMOS 栅极并不吸取直流电流（甚至对于一个 10 A 大电流的 PMOS），并且在这种类型的应用中不需要高转换速率的开关。

第三个电路（见图 3.72C）是图 3.72B 所示电路的精心改进，它能通过 PNP 晶体管限制短路电流。这在电源设计中是一种很好的思想，因为有了这一点，示波器的探头就可以很方便地滑动了。在这种情况下，限流也可以防止由于初始未充电的旁路电容而引起 +12 V 电源瞬时短路的现象。下面来了解限流电路是如何工作的。

习题3.21 限流电路是如何工作的？它允许多大的负载电流？为什么NMOS漏极电阻被分为两个？

如果电路要在更高的电源电压下运行，那么 MOSFET 受限制的栅极击穿电压（通常为 ±20 V）就会产生一个实际的问题。在这种情况下，可以将 100 kΩ 电阻换成 10 kΩ（允许运行电压可达 40 V），或采用其他合适的阻值比例，以保持 VP12 栅极激励低于 20 V。

图 3.73A 给出了利用栅极高阻抗的 MOSFET 开关的简单例子。假如想在太阳下山的时候自动打开外面的照明设备。光敏电阻在阳光下为低电阻，在黑暗中为高电阻。可以将它作为电阻分压器的一部分，直接驱动栅极（没有直流负载）。当栅极电压达到能够产生足够漏极电流来闭合继电器的值时，灯被打开。敏锐的读者可能会注意到这个电路并不是特别精确或稳定的；但这完全是可以的，因为当天变黑时光敏电阻经历了一个非常大的阻值变换（如从 10 kΩ 到 10 MΩ）。该电路缺乏一个精确和稳定的门限值，这意味着灯光会早几分钟或者晚几分钟亮起来。注意，MOSFET 可能会在栅偏压缓慢增加的时候损耗一些功率，因为假设它在线性区域工作。这个问题在图 3.73B 中被改正过来。图中一对级联的 MOSFET 可给出较大的增益，增加的增益是通过 10 MΩ 电阻的一些正反馈来取得的；这个反馈使电路在到达门限时再次反馈而迅速闭合。

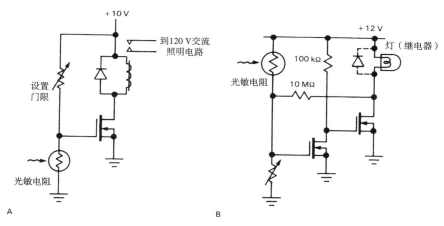

图 3.73 灯控功率开关

图 3.74 显示了一个真正的功率 MOSFET 的工作情形：一个 200 W 的放大器在 200 kHz 时驱动一个压电水下传感器。采用一对重要的 NMOS 晶体管，它们被交替激励，以产生在（高频）变压器初级的交流激励。由于 FET 必须在 1 μs 之内完全开启，因此需要一个带有小栅极电阻的双极型推挽式栅极驱动器，以克服容性负载。

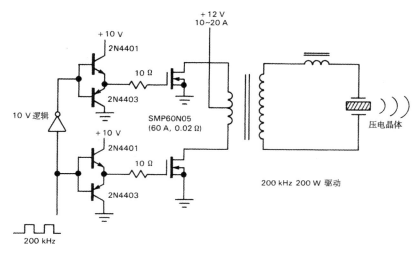

图 3.74　MOSFET 压电电源驱动

最后，图 3.75 给出了一个功率 MOSFET 的线性电路的例子。陶瓷压电传感器通常被用在光学系统中，以产生受控的小动作；例如，在**自适应光学**器件中，用一个压电控制的"橡胶镜"来补偿大气折射指数造成的局部变化。压电传感器非常易于使用。遗憾的是，它们需要几千伏或者更高的电压来产生大的移动。此外，它们的电容很高，通常为 0.01 μF 或更大，并且在千赫范围内有机械共振，因此呈现出一个不理想的负载。我们需要许多类似的驱动放大器，如果由于某些原因要购买它们，每个要花费几千美元。可以用图示的电路来解决这个问题。BUZ50B 是一个便宜（4 美元）的MOSFET，在 1 kV 和 2 A 的情形下性能良好。第一个晶体管是一个共源反相放大器，驱动一个源极跟随器。NPN 晶体管是一个限流器并且可以是一个低电压单元，因为其输出端悬空。这个电路实际上是推挽式的，虽然它看上去是单端的：需要在每微秒 2 V 的速率下用大量的电流来驱动 10 000 pF 的电容；输出晶体管可以提供电流，但是下拉电阻不足以消耗它们（参见 2.4.1 节，我们用同样的方式来激发推挽式电路）。这个电路中激励晶体管通过栅–源二极管反偏下拉。该电路的其余部分涉及反馈（采用运算放大器），在下一章中将讨论之。实际上，反馈的巨大功能让整个电路呈线性（每伏输入有 100 V 输出）。如果没有它，输出电压只会依赖于输入晶体管的 I_D 关于 V_{GS} 的（非线性）特性。

3.3.5　MOSFET 使用注意事项

MOSFET 栅极被一层几千埃（1 Å = 0.1 nm）厚度的玻璃（SiO_2）隔离绝缘，因此有非常高的电阻值，并且没有电阻或者类似的路径可让它在建立时静态放电。在一般的情况下，如果手边有一个 MOSFET（或者 MOSFET 集成电路），将其用于电路中并打开电源时，会发现该 FET 已经损坏了。其实，它被我们损坏了！在将该器件接入电路之前，应当用另一只手紧抓住电路板，这样可以释放人体的静态电压（冬天可以高达几千伏）。MOS 器件并不能很好地承受"地毯电击"，常称为**静电放电**（ESD）。对于静电来说，人体等同于一个 100 pF 与 1.5 kΩ 的串联；在冬天，人体电容因为与绒毛地毯的摩擦，充电可以到 10 kV 或者更高，甚至手臂的一个小动作由于和衬衫或者毛衣发生摩擦都会产生几千伏的静电（参见表 3.7）。

虽然任何半导体器件都可能被一个正常的瞬间放电扰乱击坏，但 MOS 器件尤其脆弱，易受影响。因为当它被提升到击穿电压时，存储在栅极–沟道电容的能量足够在精密的栅极氧化物隔离层上击穿一个洞（如果这个瞬间放电是从手上放出的，那么 100 pF 额外电容会加剧对它的损伤）。

图 3.76（来自对功率 MOSFET 的一系列 ESD 测试）显示了这种情况可能引起的混乱。称它为"栅极击穿"会给人错误的印象；而形象的"栅极破裂"更能说明问题的根源所在。

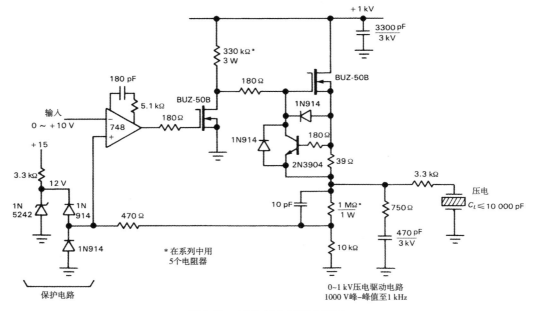

图 3.75　1 kV 低电源压电驱动

高功率（×1200）

表 3.7　典型静电电压[a]

	静电电压	
	10%~20%	65%~90%
动作	温度(V)	湿度(V)
行走在地毯	35 000	1500
行走在乙烯地板上	12 000	250
在板凳上工作	6000	100
手持	7000	600
拿起	20 000	1200
在塑料椅子上改变位置	18 000	1500

a. 从摩托罗拉功率 MOSFET 数据手册上摘选。

图 3.76　电子显微镜扫描图像。1 kV "人体等效"电荷（1.5 kΩ 与 100 pF 串联）加到 6 Å MOSFET 的栅极使之损坏

电子工业十分重视 ESD 问题。ESD 可能是仪器一下半导体器件组装线就不能工作的首要原因。针对这一问题的书也有许多，并且我们还可以学习有关的课程。MOS 器件以及其他脆弱的半导体（几乎包括所有的东西，如破坏一个 BJT 需要 10 倍的电压）在制造过程中要小心电烙铁的电压等，在运输过程中应该把它们放置到导电的泡沫塑料或者包里。最好是将烙铁、桌面等接地，并且使用导电腕带。此外，可以采用"防静电"的地毯、室内装潢，甚至衣服（如防静电工作服包含 2% 的

不锈钢纤维）。一个好的防静电工作站包括湿度控制、空气离子发生器（让空气微微导电，以保证不让电荷累积）以及受过教育的工人。然而，尽管采用所有这些，冬天防静电的失败率还是会显著增高。

一旦一个半导体器件被安全地焊接到电路上，其损坏的概率将大大降低。另外，大部分小尺寸MOS器件（如CMOS逻辑器件，但没有功率MOSFET）在输入栅极电路中都设有保护二极管。虽然电阻和箝位二极管（有时候还是齐纳二极管）等组成的内部保护电路在一定程度上降低了性能，但由于这些器件大大地降低了电路被静电破坏的几率，所以还是值得选择的。在没有被保护的器件中，如功率MOSFET，小尺寸（低电流）的器件最易出麻烦，因为当它们与一个带有已充电的100 pF的人接触时，它们的低输入电容很容易被累积到高电压。我们曾使用过小尺寸的VN13 MOSFET的经历是如此糟糕，以至于再也没有将它用于生产仪器中。

对于MOSFET中引起栅极击穿损坏的问题，人们怎么夸张都不过分。幸运的是，MOSFET设计者们意识到了这一问题的严重性，并且设计有更高BV_{GS}的新方案来解决该问题，如摩托罗拉的新"TMOS IV"系列就有±50 V的栅–源击穿电压。

3.4 电路示例

3.4.1 电路集锦

图 3.77 给出了一些 FET 电路的例子。

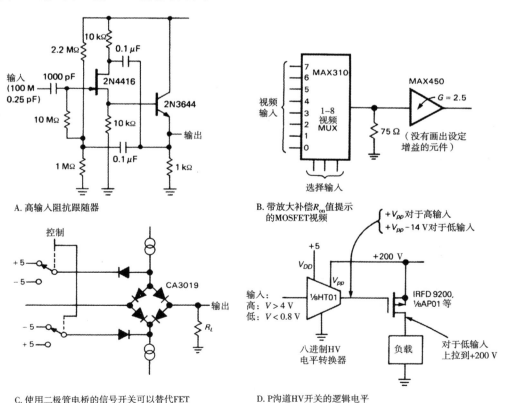

A. 高输入阻抗跟随器

B. 带放大补偿R_{on}值提示的MOSFET视频

C. 使用二极管电桥的信号开关可以替代FET

D. P沟道HV开关的逻辑电平

图 3.77　电路集锦

3.4.2 不合理电路

图 3.78 给出了设计不合理的一些电路，值得思考。我们可以通过分析为什么这些电路不工作而学到很多知识点。

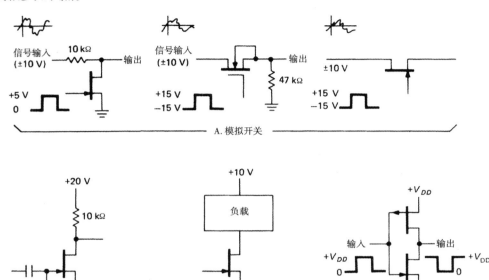

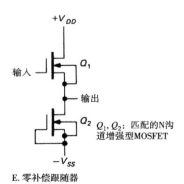

图 3.78 不合理电路

第4章 反馈和运算放大器

4.1 概述

我们都熟悉反馈的概念，这在一般词典中都有描述。在控制系统中，反馈就是在系统输出与期望的输出之间进行比较，并根据比较结果做出相应的校正。几乎任何过程都含有这种系统。比如，汽车在沿着公路行驶的过程中，司机感觉到的输出（如汽车位置和速度）与所期望的输出之间进行比较后，再来改正输入（方向盘、减速器和刹车）。在放大器电路中，输出是输入的倍数，所以反馈放大器的输入应该与衰减以后的输出进行比较。

4.1.1 反馈

负反馈过程就是将输出耦合回输入端，并抵消掉部分输入。我们可能认为这样做是极其不明智的，其效果是只能降低放大器的增益。在 1928 年，Harold S. Black 准备将负反馈申请专利时，就遭遇到这样的评价。用他的话来说"用对待永动机一样的方式对待我们的专利申请"（这篇颇为吸引人的文章见 *IEEE Spectrum*，December 1977）。它的确降低了增益，但作为一种交换，它改善了放大器的其他性能。最显著的改善是失真和非线性、响应的平坦度（符合期望的频率响应）以及可预见性。事实上，随着更多的负反馈的使用，放大器的整体性能几乎与开环（无反馈）放大器的特性无关，最终仅仅取决于反馈网络本身的特性。最典型的例子就是高环路增益的运算放大器，其开环电压增益达到将近 100 万倍。

如果反馈网络的特性与频率有关，则能构成均衡放大器（有特定的幅频特性，例如有名的 RIAA 音频放大器特性）；如果与幅度有关，则能构成非线性放大器（常见的例子是对数放大器，利用反馈使二极管或晶体管的 I_C 等于 V_{BE} 的对数）。通过设计可以得到电流源（输出阻抗接近于无穷大）和电压源（输出阻抗接近于零）；通过适当连接，能够得到很大或很小的输入阻抗。通俗地讲，取样后提供反馈，特性就会改善。这样，如果将一个与输出电流成正比的信号进行反馈，将得到一个很好的电流源。

反馈也可以是正的，比如可以构成振荡器。听起来十分有趣，但它不像负反馈那样重要，而且经常令人不快，因为负反馈电路在某些高频处有足够大的相移就会形成正反馈，导致振荡。该现象很容易发生。为了防止不需要的振荡发生，需要使用称为**补偿**的技术，我们将在本章末简单讨论它。

有了这些基础，我们来看一看用运算放大器构成的几个反馈例子。

4.1.2 运算放大器

有关反馈的大部分内容涉及到运算放大器，这是一种高增益、直流耦合的单端输出差分放大器。回忆经典的拖尾对（见 2.4.4 节），它有两个输入和一个输出，但真正的运算放大器有高得多的增益（典型值为 10^5 到 10^6）和更低的输出阻抗，而且允许输出在电源的大部分范围波动（我们经常使用分立电源，常常是 ±15 V）。现在的运算放大器有数百种，图 4.1 为其通用符号，（+）和（-）输入的含义正如我们所期望的：当同相输入（+）比反相输入（-）大时，输出为正，反之亦然。（+）和（-）符号并不意味着必须保持（+）端比（-）端信号大或类似的情况，它们只表示输出的相对相位（对于保持负反馈特别重要）。使用"同相"和"反相"这个词，而不是"加"和"减"，有助于避免混淆。一般不显示连接的电源，也不显示接地端。运算放大器的电压增益非常大，没有反馈时从来不使用它。也可将运算放大器看成是为反馈做准备的部件。由于运算放大器的开环增益如此之高，以致对于任何合理的闭环增益，其特性仅仅取决于反馈网络本身。当然，在详尽的研究达到某一水准时，这一推广结论就不存在了。我们先从运算放大器的简单特性开始讨论，以后在需要的时候再加入一些详细特性。

按字面理解，有数百种不同的运算放大器提供各种功能，我们将在后面解释（如果急于想知道有哪些种类，可先查看表4.1）。各方面性能都很好的运算放大器是常用的LF411（简称"411"），最初是由National Semiconductor公司生产的。像所有运算放大器一样，它是所谓的迷你DIP（双列直插封装）形式，如图4.2所示。它的价格不贵（大约60美分），很容易使用；它有一个改进型号（LF411A），也是迷你DIP形式，包括两个独立的运算放大器（LF412，称为"双"运算放大器）。本章都采用LF411作为"标准"运算放大器，也推荐它作为设计电路的一个良好开端。

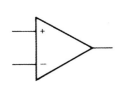

图 4.1

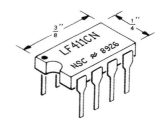

图 4.2　迷你 DIP 形式的集成电路

411内部是一块硅片，包含24个晶体管（21个BJT型的，3个FET型的）、11个电阻和1个电容。管脚连接如图4.3所示。管脚上的黑点和顶端的缺口表示管脚的起始点。与大部分电子封装一样，从顶部逆时针数管脚。"零点补偿"端口（又称"平衡"或"调整"）与（外部）调整细微的不对称有关，这种调整在制造运算放大器时是不可避免的。我们将在本章后面学习相关的内容。

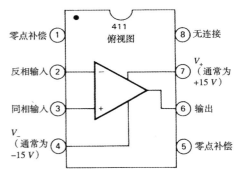

图 4.3

4.1.3　黄金规则

这里要分析带外部反馈运算放大器特性的简单规则。这些规则充分满足我们将要分析的几乎所有电路。

首先，运算放大器的电压增益是如此之高，以至于输入端口的零点几毫伏电压可以使输出电压在它的满范围内变动。因此，可以忽略很小的输入电压，得到黄金规则Ⅰ：

Ⅰ.无论输出试图做什么，总是为了使输入之间的电压差值为零。

第二，运算放大器的输入电流非常小（LF411是0.2 nA；低输入电流型的是皮安级），将这一电流舍去，得到黄金规则Ⅱ：

Ⅱ.输入端没有电流流入。

有必要解释一个重要注意事项：黄金规则Ⅰ并不意味着运算放大器实际改变了输入电压。它根本不能改变输入电压（怎么能改变呢？怎么与黄金规则Ⅱ一致呢？）。运算放大器所做的是"看着"输入端、波动输出端，使外部反馈网络将输入端的差值变成零（如果可能）。

这两个规则使我们相当迷惑。我们将用一些基本的重要运算放大器电路来举例说明，从而推出4.2.5节的几个注意事项。

4.2　基本运算放大器电路

4.2.1　反相放大器

我们从图 4.4 所示的电路开始。如果记住了黄金规则，分析就很简单：

1. B 点接地，规则 I 暗示 A 点也是地。
2. 这意味着（a）R_2 的端电压是 V_{out}；（b）R_1 的端电压是 V_{in}。
3. 由规则 II，有 $V_{out}/R_2 = -V_{in}/R_1$。换句话说，电压增益 $= V_{out}/V_{in} = -R_2/R_1$。

以后我们将看到，最好不使 B 直接接地，而是通过一个电阻。但现在可不必考虑这种情况。

我们的分析似乎过于简单，在某些方面掩盖了实际情况。为了了解反馈如何发生，只要想像某个输入电压，比如 +1 V。具体一点，想像 R_1 是 10 kΩ，R_2 是 100 kΩ。现在假设输出不配合，为零电压。将发生什么呢？R_1 和 R_2 构成一个分压器，将反相输入端置于 +0.91 V。运算放大器看到一个很大的不平衡输入，强迫输出变成负值。该作用持续下去，直到输出变成需要的 –10.0 V，在该点时运算放大器的两个输入电压相同，即处于地电位。同样，输出电压如果变得比 –10.0 V 更低，使反相输入端电压低于地，则强迫输出电压上升。

什么是输入阻抗？很简单，A 点电压始终是 0 V（称为**虚地**），有 $Z_{in} = R_1$。这时我们仍然不知道如何计算输出阻抗。对于该电路，输出阻抗为零点几欧。

注意这种分析对直流（直流放大器）也是正确的。如果有一个信号源，偏离地电平（比如前级的集电极），可以使用耦合电容（有时称为隔直电容，因为它隔离直流，但耦合信号）。如果我们仅仅对交流信号感兴趣，由于以后将明白的原因（与偏离运算放大器的理想特性有关），使用隔直电容通常是种好方法。

这个电路就是所谓的**反相放大器**。它有一个不理想的特性，即输入阻抗太低，特别是对于大（闭环）电压增益的放大器，R_1 太小。这个缺点在下一个电路中被克服了（见图 4.5）。

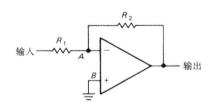

图 4.4　反相放大器

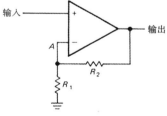

图 4.5　同相放大器

4.2.2　同相放大器

考虑图 4.5 所示电路，分析同样很简单：

$$V_A = V_{in}$$

但 V_A 来自分压器：

$$V_A = V_{out} R_1/(R_1 + R_2)$$

代入 $V_A = V_{in}$，

$$增益 = V_{out}/V_{in} = 1 + R_2/R_1$$

这就是**同相放大器**。在我们使用的近似中，输入阻抗是无穷大（411 是 10^{12} Ω 以上，双运算放大器一般超过 10^8 Ω）。输出阻抗仍然为零点几欧。与反相放大器一样，详细考察输入端的电压，有助于理解它的工作过程。

同样这也是一个直流放大器。如果信号源是交流耦合的，必须给（非常小的）输入电流提供一个到地的回路，如图 4.6 所示。图中的器件值使电路的电压增益为 10，低频 3 dB 点为 16 Hz。

交流放大器

如果仅仅放大交流信号，特别是当放大器的电压增益很大时，为了降低有限的"输入失调电压的影响"，将直流增益降为单位 1 则不失为一个好主意。图 4.7 所示电路的低频 3 dB 点为 17 Hz，该频率处的电容阻抗为 2.0 kΩ。注意，此时需要较大的电容值。对于高增益的同相放大器，交流放大电路中的电容可能大得不切实际。在这种情况下，宁愿去掉电容，而将失调电压调到零，正如以后将要再讨论的（见 4.4.2 节）。另一种方法是增大 R_1 和 R_2，可以使用 T 型网络（见 4.5.5 节）。

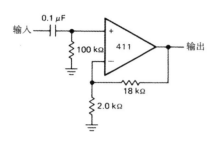

图 4.6　交流放大器

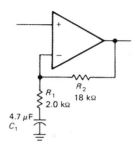

图 4.7

尽管输入阻抗很高，并不是在所有情况下同相放大结构都比反相放大结构值得优先考虑。以后将看到，反相放大器对运算放大器的要求更低，故其性能也更好一些。而且，它的虚地提供了一个便利的方法来联合几个信号，但信号之间又不相互影响。最后，如果电路由另一个运算放大器的输出（硬）驱动，不管输入阻抗是 10 kΩ 还是无穷大，结果都没有什么区别，因为两种情况下前级驱动都很容易。

4.2.3　跟随器

图 4.8 显示了射极跟随器的运算放大器实现电路。它是一个简化的同相放大器，R_1 为无穷大，R_2 为零（增益等于 1）。有一类特殊的运算放大器，只作为跟随器电路，其特性已得到改善（主要是速率更高），如 LM310 和 OPA633，或连接简化了的 TL068（3 管脚的晶体管封装）。

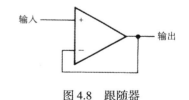

图 4.8　跟随器

单位增益放大器因为其隔离特性（高输入阻抗，低输出阻抗），有时又称为**缓冲器**。

4.2.4　电流源

图 4.9 所示电路近似为一个理想的电流源，它没有晶体管电流源的 V_{BE} 偏移。负反馈使反相输入端为 V_{in}，产生一个通过负载的电流 $I = V_{in}/R$。该电路的主要缺点是负载处于"悬空"状态（负载没有一端接地）。例如，我们不能用这种电流源来产生一个相对于地的有用的锯齿波电压。一种解决办法是使整个电路处于悬空状态（包括电源和所有电路），以便能够使负载的一边接地（见图 4.10）。虚线框内的电路是原来的电流源，明确地给出了供电电源。R_1 和 R_2 构成分压电路提供电流。如果该电路不容易看明白，记住"地"只是个相对概念，这可能有助于起提示作用。电路中的任意一点都可以称为地。对于产生流回到地的负载电流，该电路很有用，但它有一个缺点：控制输入处于未接地状态，不能根据相对于地的输入电压来规划输出电流。在第6章讨论恒流源时再给出解决该问题的方法。

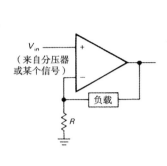

图 4.9

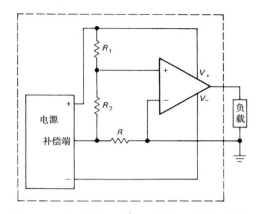

图 4.10　具有接地负载与未接地电源的电流源

负载接地的电流源

　　用一个运算放大器和外部电阻可以构造出简单的、高质量的、负载接地的电流源；附加一个小小的电路，就可以根据相对地的输入电压来设计（见图 4.11）。在第一个电路中，反馈使 R 端电压是 $V_{CC}-V_{in}$，得到发射极电流（也就是输出电流）$I_E = (V_{CC}-V_{in})/R$。在此也没有 V_{BE} 偏移，或不用担心 I_C 和 V_{CE} 等随温度的变化。该电流源是不完美的（忽略了运算放大器的误差：I_b 和 V_{os}），这是因为小基极电流随 V_{CE} 有些变化（假设运算放大器没有输入电流）；为方便负载接地，付出了并不太高的代价；达林顿管 Q_1 在相当程度上可以降低该误差。出现该误差当然是因为运算放大器稳定了**发射极**电流，而负载看到的是**集电极**电流。用 FET 代替双极型晶体管改变此电路，完全可以避免该问题，因为 FET 没有栅极电流。

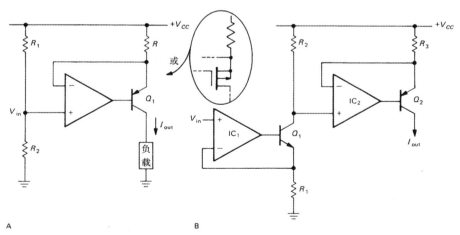

图 4.11　负载接地的电流源，不需要电源处于接地状态

　　采用这一电路，其输出电流与加于运算放大器同相输入端的低于 V_{CC} 的压降成正比；换句话说，如果 V_{in} 是由分压器产生的固定电压，编程电压是针对于 V_{CC} 的，这种情形还不错；如果使用外部输入电压，那就比较糟糕了。第二个电路采取了改进措施，使用带有 NPN 晶体管的一个相似电流源，将输入电压（相对于地）转换成相对于 V_{CC} 的输入，再转换成最终的电流源。在电路设计中，如果需要改进性能或便利性，不要犹豫使用几个外部元器件，因为运算放大器与晶体管的价格并不贵。

　　关于最后一个电路，有一个重要注意事项：运算放大器的输入接近或就是电源电压时，必须能够工作。307、355 和 OP-41 等运算放大器就很好。或者加载到运算放大器的 V_+ 端的电压可以比 V_{CC} 更高。

习题 4.1　在最后一个电路中，对于给定的输入电压 V_{in}，输出电流是多少？

图4.12对运算放大器/晶体管电流源进行了一个有趣的改变。它有一个优点是零基极电流误差，这是使用FET而取得的，不限制其输出电流小于 $I_{DS(ON)}$。在该电路（实际上是一个**灌**电流）中，当 Q_1 流过 0.6 mA 的漏极电流时，Q_2 开始导通。只要 Q_1 的最小 I_{DSS} 为 4 mA，Q_2 的 β 值合理，就能产生 100 mA 或更大的负载电流（为产生更大的电流，Q_2 可以用达林顿管代替，R_1 应该相应减小）。

在这个特殊电路中，我们使用了JFET，但MOSFET性能也可以；实际上MOSFET性能更好一些，因为使用JFET时运算放大器必须分开供电，以确保栅极电压足够夹断。值得注意的是，用简单的功率MOSFET（VMOS）可以取得很大的电流，但功率FET较高的极间电容又可能带来问题，而我们应避免在这里使用混合电路。

Howland 电流源

图4.13显示了一个精美的"教科书"式电流源。如果选择电阻，使得 $R_3/R_2 = R_4/R_1$，则可得到 $I_{load} = -V_{in}/R_2$。

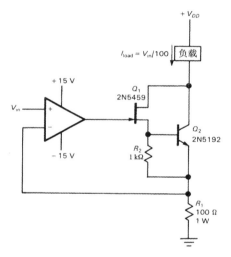

图 4.12　适于大电流输出的 FET/ 双极型电流源

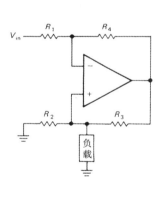

图 4.13

习题 4.2　证明刚才的结论是正确的。

这看起来很不错，但有一个障碍：电阻必须精确匹配，否则它就不是一个很完美的电流源。而且，它的性能受到运算放大器的限制。对于大的输出电流，电阻很小，跟随受到限制。而且在高频端（我们马上将学到，这里环路增益较低），输出阻抗能够从需要的无限大下降到几百欧（运算放大器的开环输出阻抗）。虽然看起来很灵巧，但 Howland 电流源使用并不广泛。

4.2.5　运算放大器电路的基本注意事项

1. 在所有运算放大器电路中，只有当运算放大器处于有效区，即输入和输出没有在其中一个电源下饱和，才服从黄金规则Ⅰ和Ⅱ（见 4.1.3 节）。

   例如，过度驱动其中一个放大器将使输出箝位在 V_{CC} 或 V_{EE} 附近。箝位期间，输入不再保持为相同的电压。运算放大器输出不能在大于电源电压处波动（尽管某些运算放大器设计成可以在一个或另一个电源周围波动，但一般只能在 2 V 以内波动）。同样，运算放大器电流源的输出跟随有同样的限制。例如，带未接地负载的电流源能在"正常"方向（电流与电源电压的方向一致）提供最大的 $V_{CC}-V_{in}$ 通过负载，在反方向为 $V_{in}-V_{EE}$（负载可能很奇怪，比如包含电池，需要反向电压来提供前向电流；当感性负载被改变的电流驱动时，也会发生同样的事情）。

2. 必须设计成负反馈。这意味着（包括在其他情况下）一定不能将反相、同相输入端混淆。

3. 在运算放大器电路中必须一直有直流反馈，否则运算放大器必定进入饱和状态。

例如，我们可以在同相放大器中从反馈网络到地之间接一个电容（降低直流增益到1，见图 4.7），但不能类似地在输出和反相输入端之间串联一个电容。

4. 许多运算放大器的最大差分输入电压受到比较小的限制。同相输入端和反相输入端之间的最大电压差限制到 ±5 V 这么小。破坏这个规则将导致较大的输入电流溢出，降低或损害运算放大器的性能。

关于精确电路设计，我们将在 4.4.1 节和 7.1.6 节再考虑更多此类问题。

4.3　运算放大器常用实例

在下面的例子中，我们将跳过详细的分析，将这个乐趣留给读者自己。

4.3.1　线性电路

可选反相器

图 4.14 所示电路通过拨动开关让我们选择反相或同相放大。取决于开关位置，电压增益是 –1 或 +1。

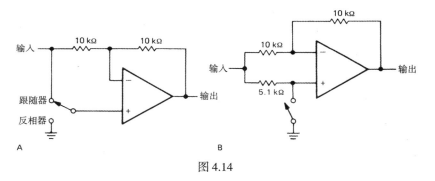

图 4.14

习题 4.3　证明上面有关图 4.14 的结论。

带自举的跟随器

　　与晶体管放大器一样，偏置电路将影响运算放大器的高输入阻抗，特别是在带交流耦合输入的电路中，使一个电阻接地。如果这成为问题，图 4.15 所示自举电路是一个可能的解决办法。与晶体管自举电路（见 2.4.3 节）一样，0.1 μF 的电容使上面 1 MΩ 的电阻看起来像一个对输入信号的高阻抗电流源。该电路的低频下降频率大约是 10 Hz，低于该频率后增益以 12 dB/二倍频的速率下降。注意：既然输入耦合电容的负载已经自举到高阻抗，我们可以试图降低该电容的值。但这样会以有源滤波器的方式产生一个峰值频率响应。

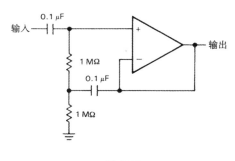

图 4.15

理想的电流 – 电压转换器

　　常用的电阻是最简单的 *I-V* 转换器。但是，它有一个缺点：对输入电流源呈现非零阻抗；如果提供输入电流的器件有非常小的适应性，或随着输出电压变化，不能产生常数电流，这将是非常有害的。一个很好的例子是**光电池**，它是太阳能电池的一个奇异名称。我们在电路中使用的普通信号二极管也有很小的光电效应。图4.16是一种电流转换到电压的很好方法，保持输入严格到地。反相输入端是虚地，这对我们很有利，因为光电二极管只能产生零点几伏的电压。这个电路对每微安输入电流有1 V的输出。带有BJT输入的运算放大器，有时会有一个电阻连接在同相输入端和地之间，其功能将在稍后涉及到运算放大器缺点时再解释。

　　当然，该跨阻结构同样很好地用于这样一类器件：通过一些正激励电压（如 V_{CC} ）来产生电流。光电倍增管和光敏晶体管（这两个器件暴露在光照下，当正电源供电时都产生电流）常常使用该方式（见图4.17）。

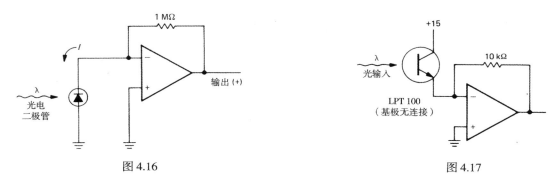

图4.16　　　　　　　　　　　　　　图4.17

习题4.4　使用一个411和一个1 mA（满量程）的电流源构造一个"完美"的（即零输入阻抗）、满量程为5 mA的电流源。设计电路，使驱动电流源不能超过满量程的±150%。假设411的输出能在±13 V范围变化（±15 V的电源），原来的电流源内阻为500 Ω。

差分放大器

　　图4.18所示电路是一个差分放大器，增益为 R_2/R_1。就像电流源中使用匹配的电阻比率一样，该电路需要精确的电阻匹配，以取得高共模抑制比。最佳的方案是在有机会时积存一批100 kΩ的0.01%电阻。所有差分放大器的增益都是1，但这容易用后续多级（单端）增益来弥补改进。第7章将详细分析差分放大器。

求和放大器

　　图4.19所示电路只是反相放大器的一个变形。*X* 点是虚地，输入电流是 $V_1/R + V_2/R + V_3/R$，则输出电压为 $V_{out} = -(V_1 + V_2 + V_3)$。注意输入可正可负，而且输入电阻不一定相等；如果不相等，就是加权求和。例如有4个输入，每个输入为1 V或零，由此代表1，2，4和8的二进制值。使用输入电阻10 kΩ，5 kΩ，2.5 kΩ和1.25 kΩ，输出电压等于二进制计数输入。这种安排容易扩展到几位十进制数，它是数模转换器的基础，但经常使用差分输入电路（一个 *R–2R* 梯形电路）。

习题4.5　如何通过合理缩放求和放大器的输入电阻，构造两位十进制数的数模转换器？数字输入代表两位十进制数字，每位十进制数字由代表1，2，4和8的4根入线组成。每根入线或者是 +1 V，或者是地，也就是说，8根入线代表1，2，4，8，10，20，40和80。因为运算放大器输出一般不能超过 ±13 V，所以不得不安排输出电压等于输入的十分之一。

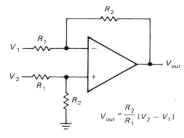

图 4.18 经典的差分放大器

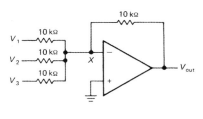

图 4.19

RIAA 前置放大器

RIAA 前置放大器的尾端频率响应很特殊。电唱机使用近似平坦的幅度响应；与此相反，磁头为了响应速率的变化，需要一个回放放大器，有上升的低音响应。如图 4.20 所示的电路可产生需要的频率响应。图中也给出了 RIAA 回放放大器的频率响应（在 1 kHz 时为 0 dB），根据时间常数给出转折点。接至地的 47 μF 的电容将直流增益降为 1，否则其增益将为 1000；正如前面提到的，其理由是为了避免放大直流的输入失调。LM833 是一个低噪声双运算放大器，用于音频放大（用于该目的的最好的运算放大器是超低噪声的 LT1028，比 833 的噪声低 13 dB，代价是响应降低 10 dB）。

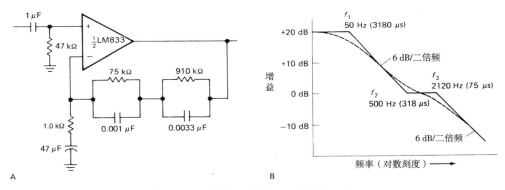

图 4.20 运算放大器 RIAA 回放放大器

功率推动放大器

为了得到大输出电流，可在运算放大器输出端接一个功率晶体管跟随器（见图 4.21）。这样就构成了一个非线性放大器。跟随器可接在任何运算放大器结构中。注意反馈来自发射极，这样通过反馈控制得到想要的输出电压，而不必理会 V_{BE} 的下降。当然，该电路也有通常的问题：跟随器输出仅仅是拉电流。与晶体管电路一样，改进措施是采用推挽功放（见图 4.22）。我们以后将看到，运算放大器用来改变输出的受限速率（转换速率），限制推动放大器在交叉区的速率，从而导致失真。对于慢速应用，没必要提供推挽对的偏置，使之进入静态导通，因为反馈将改善大部分交越失真。已有商用运算放大器功率推动器，如 LT1010，OPA633 和 3553。它们是具有单位增益的推挽放大器，输出电流能达到 200 mA，工作频率在 100 MHz 甚至更高，它们可以很容易被纳入反馈环内（见表 7.4）。

供电电源

运算放大器能给反馈电压稳压器提供增益（见图 4.23）。运算放大器将输出样本和齐纳二极管的参考电压进行比较，根据需要改变达林顿管（旁路晶体管）的驱动。该电路在高达 1 A 的负载电流下提供 10 V 的稳定电压。该电路有几个注意事项：

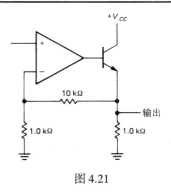

图 4.21

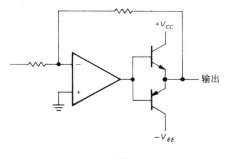

图 4.22

1. 对输出电压取样的分压电路可以是一个电位计，以得到可调的输出电压。

2. 为降低齐纳二极管的抖动，应该用电流源代替 10 kΩ 电阻。另一个方法是用输出来偏置齐纳二极管，这样可以充分利用已经建立的稳压器的优势。注意：当使用该技巧时，必须小心分析，确保当电源开始加上时电路能够启动。

3. 输出临时短路能损坏该电路，因为运算放大器试图推动达林顿对管进入深度导通。稳压供电电源应总有一个电路来限制"错误"电流（见6.2.2节的详细分析）。

4. 目前已有大量集成电压稳压器，从经过时间检验的 723 到带内部限流和热关断的、方便的三端可调稳压器（见表6.8至表6.10）。这些通过内部温度补偿齐纳参考电压和旁路晶体管来完成的器件非常容易使用，以至于从来不需要用通用运算放大器作为稳压器。只有一种情况下例外，那就是在一个已经有稳定的电源电压供电的电路内产生一个稳定电压。

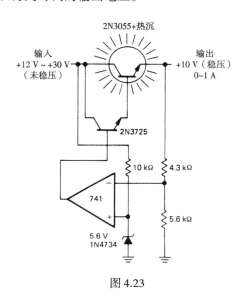

图 4.23

在第 6 章中将详细讨论稳压器和供电电源，包括用于稳压器电路中的特种 IC。

4.3.2　非线性电路

功率开关驱动器

对于只有开和关这两种状态的负载，可以用运算放大器来驱动开关晶体管。图 4.24 是一个例子。注意，二极管用于防止基极－发射极反向击穿（运算放大器输出很容易达到 –5 V 以下）。对于非临界限制的大电流应用，2N3055 是最常用的功率晶体管。如果需要驱动的电流超过 1 A，可以使用达林顿管（或功率 MOSFET）。

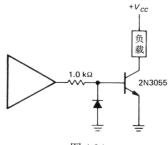

图 4.24

有源整流器

不能用简单的二极管－电阻组合给小于二极管压降的信号整流。和通常一样，可以用运算放大器来改进。在这种情况下，将一个二极管放在反馈回路中（见图4.25）。在 V_{in} 正半周，二极管提供负反馈；输出跟随输入，由二极管耦合输出，但没有二极管的压降 V_{BE}；在 V_{in} 负半周，运算放大器进入负饱和状态，V_{out} 是地电压。对于较低的输出阻抗，可选择较小的 R，但也降低了运算放大器输出电流。一个更好的解决方法是在输出端使用运算放大器跟随器（见图 4.25），得到非常低的输出阻抗，而不考虑电阻值的大小。

对于高速信号，该电路有个问题非常严重。因为运算放大器不能无限快地改变其输出，从负饱和恢复（输入波形从负经过零）需要一定的时间，这期间输出是不正确的。这就像图 4.26 所示的曲线。除了输入增加时经过 0 V 的很短时间区之外，输出（粗线）是输入（细线）经整流以后的精确值。在该区间内，运算放大器输出从 $-V_{EE}$ 附近的饱和状态上升过渡，输出仍是地电压。像 411 这样的通用运算放大器，**转换速率**（输出能改变的最高速率）为 15 V/μs，所以从负饱和恢复大约需要 1 μs，对于快速信号将引入极大的误差。改进电路在很大程度上能改善这种饱和特性（见图 4.27）。

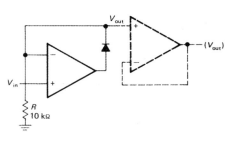

图 4.25 简单的有源整流器

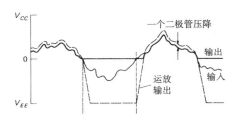

图 4.26 有限的转换速率对简单有源整流器的影响

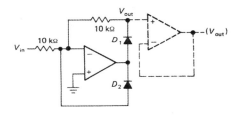

图 4.27 改进的有源整流器

在输入信号负半周，D_1 使电路成为单位增益的反相器；在输入信号正半周，D_1 是反向偏置的，D_2 将运算放大器的输出箝制在低于地的一个二极管压降上。由于 D_1 处于反向偏置，所以 V_{out} 为地电压。当输入信号经过零时，运算放大器输出仅仅改变两个二极管的压降，所以得到改善。因为运算放大器输出必须改变 1.2 V 左右，而不是 V_{EE}，所以过零点的"毛刺"被降低 10 倍以上。此外，该整流器是反相的。如果需要同相输出，在输出端可以接一个单位增益的反相器。

如果选择高转换速率的运算放大器，这些电路的性能当然会提高。转换速率也影响前面已经讨论过的运算放大器的其他应用性能，如简单的电压放大电路。在这一点上，看看运算放大器在哪些方面偏离理想特性是值得的，因为这影响运算放大器的设计。理解运算放大器的限制以及对电路设计和性能的影响，有助于我们明智地选择运算放大器，有效地用运算放大器来设计电路。

4.4 运算放大器特性详细分析

图 4.28 给出了非常流行的运算放大器 741 的内部电路图。该电路相对于第 3 章讨论的晶体管电路来说相当直观。它有一个带镜像电流源负载的差分输入级，和一个共发射极 NPN 放大器（也带有源负载），提供大部分电压增益。一个 PNP 射极跟随器驱动推挽射极跟随器输出级，推挽部分包含限流电路。该电路是现在许多应用的运算放大器的典型。对于这些应用，放大器特性接近理想运算放大器性能。下面将考察哪些实际运算放大器偏离理想特性，电路设计中的因果关系是什么，偏离后需要做些什么。

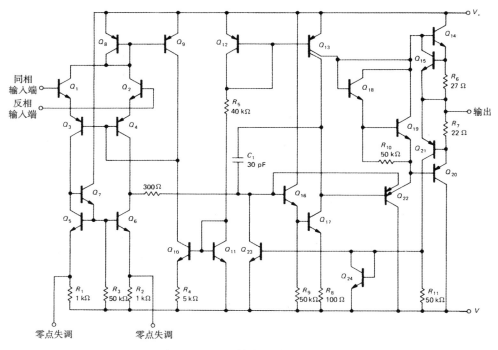

图 4.28　741 运算放大器内部电路图

4.4.1　偏离理想运算放大器特性

理想运算放大器有如下这些特性：

1. 输入阻抗（差模或共模）为无穷大；
2. 输出阻抗（开环）为 0；
3. 电压增益为无穷大；
4. 共模电压增益为 0；
5. 当两个输入端电压相同（零"失调电压"）时，$V_{\text{out}} = 0$；
6. 输出能瞬时改变（无限的转换速率）。

所有这些特性与温度和供电电压的变化无关。

实际运算放大器在下列方面偏离理想特性（一些典型值见表 4.1）。

输入电流

输入端的拉电流（或灌电流，取决于运算放大器类型）称为输入偏置电流 I_B，定义为输入端接在一起时总输入电流的一半（两个输入电流近似相等，是输入晶体管的基极或栅极电流）。对于 JFET 输入 411，基极电流在室温下一般是 50 pA（70℃ 时是 2 nA）；但像 OP-27 这样的典型 BJT 输入运算放大器，基极电流一般是 15 nA，且几乎不随温度变化。粗略估计，BJT 输入运算放大器的偏置电流是几十纳安，JFET 运算放大器的输入电流是几十皮安（低于千分之一）。一般来说可以忽略 FET 运算放大器的输入电流，但双极型输入运算放大器不能忽略。

输入偏置电流的意义在于，它通过反馈，使偏置网络的电阻产生一个电压降，形成源阻抗。需要多大的电阻取决于电路的直流增益，以及能容忍的输出变化有多大。在后面将看到它是如何工作的。

对于（双极型）晶体管输入类型，有输入偏置电流小于纳安或更低的运算放大器；对于 FET 输入类型，有输入偏置电流小于几皮安（10^{-6} μA）的运算放大器。超低偏置电流的代表有超级 β 达林顿管 LM11（最大输入电流为 50 pA），AD549（输入电流为 0.06 pA）和 MOSFET 型 ICH8500（输入电流为 0.01 pA）。一般来说，用于高速工作的晶体管运算放大器的偏置电流较高。

输入失调电流

输入失调电流是指两个输入端的电流差。与输入偏置电流不同，失调电流 I_{os} 是厂商制造有差异的结果，因为运算放大器的对称输入电路应使两个输入端有同样的偏置电流。当被同样的源阻抗驱动时，运算放大器的电压降不相等，因此两个输入端出现电压差。我们不久将会看到这将如何影响设计。

典型地，失调电流是偏置电流的一半到十分之一。对于 411，典型值 $I_{失调}$ = 25 pA。

□ 输入阻抗

输入阻抗是指差分输入电阻（一个输入端接地，从另一个输入端看进去的输入阻抗），一般小于共模电阻（一个典型的输入级，看起来像带电流源的长尾对）。对于 FET 输入 411，大约是 10^{12} Ω 左右；对于 741 这样的 BJT 输入运算放大器，大约是 2 MΩ。因为负反馈的输入自举效应（试图保持两个输入端的电压相同，消除大部分输入信号的差别），实际的 Z_{in} 上升为非常高的值，它通常不是像输入偏置电流那样重要的参数。

□ 共模输入范围

运算放大器的输入必须在一定的电压范围之内，正常工作时一般小于整个电源电压。如果输入超过该范围，运算放大器增益急剧改变，甚至变号！对于 ±15 V 供电的 411，应保证共模输入范围最小是 ±11 V。但制造商宣称 411 的共模输出可工作到正电源电压，此时性能会有所降低。任意一个输入降到负电源电压，将导致运算放大器出现相位颠倒的现象，输出饱和至正电源电压。

也有运算放大器的共模输入范围在负电源电压以下，如 LM358（很好的双运算放大器），LM10，CA3440 或 OP-22；在正电源电压以上的，如 301，OP-41 或 355 系列。除了工作的共模范围，也有最大允许输入电压，超过后会损坏运算放大器。411 的最大允许输入电压是 ±15 V（如果负电源电压较低，不要超过它）。

差分输入范围

一些双极型运算放大器仅仅允许输入有限的电压，有时只有 ±0.5 V，但大部分运算放大器可以有更大的电压范围，允许差分输入电压接近电源电压。超过指定的最大值，会导致运算放大器性能下降或损坏。

□ 输出阻抗：输出范围与负载电阻的变化关系

输出阻抗 R_0 是指运算放大器固有的（非反馈）**输出阻抗**。411 的输出阻抗是 40 Ω 左右，对于一些低功率运算放大器，可高达几千欧（见图 7.16）。反馈降低了其输出阻抗，使之成为不重要的参数（对于电流源是提升其输出阻抗）。所以我们经常关心的是最大输出电流，典型值是 20 mA 左右。这一般在输出电压的变化 V_{om} 与负载电阻的关系图上给出，有时只是针对典型负载电阻的几个值。许多运算放大器具有非对称的输出驱动能力，拉电流大于灌电流（反之亦然）。对于 411，输出在 V_{CC} 和 V_{EE} 的大约 2 V 之内变动，使负载电阻大于 1 kΩ。如果输出变化范围很小，则负载电阻远远小于允许值。一些运算放大器的输出能在全程范围内变化，最低可到负电源电压（比如 LM358）。对于单个正电源供电，这是特别有用的特性，因为输出在全程范围内的变化可能至地。最后，带 MOS 晶体管输出级的运算放大器（如 CA3130，3160，ALD1701 和 ICL761x）输出能变化到

表 4.1　运算放大器

类型	Mfg^a	#每个封装^b 1	2	4	外部微调^c	补偿	最小增益^d	总供电电压 最小值(V)	最大值(V)	供电电流 最大值(mA)	电压失调 典型值(mV)	最大值(mV)	漂移 典型值(μV/°C)	最大值(μV/°C)	电流 最大偏置(nA)	最大失调(nA)	e_n @1 kHz 典型值 nV/√Hz
双极型，精密																	
OP-07A	PM+	•	A	−	•	−	1	6	44	4	0.01	0.025	0.2	0.6	2	2	9.6
OP-07E	PM+	•	A	−	•	−	1	6	44	4	0.03	0.08	0.3	1.3	4	3.8	9.6
OP-21A	PM	•	A	A	•	−	1	5	36	0.3	0.04	0.1	0.5	1	100	4	21
OP-27E	PM+	•	A	A	•	−	1	8	44	5	0.01	0.025	0.2	0.6	40	35	3.0
OP-27G	PM+	•	A	A	•	−	1	8	44	6	0.03	0.1	0.4	1.8	80	75	3.2
OP-37E	PM+	•	A	−	•	−	5	8	44	5	0.01	0.025	0.2	0.6	40	35	3.0
OP-50E	PM	•	−	−	•	•	5	10	36	4	0.01	0.025	0.15	0.3	5	1	4.5
OP-77E	PM	•	A	A	•	−	1	6	44	2	0.01	0.025	0.1	0.3	2	1.5	9.6
OP-90E	PM	•	A	A	•	−	1	1.6	36	0.02	0.05	0.15	0.3	2	15	3	60
OP-97E	PM	•	−	−	•	−	1	4.5	40	0.6	0.01	0.025	0.2	0.6	0.1	0.1	14
MAX400M	MA	•	−	−	•	−	1	6	44	4	0.004	0.01	0.2	0.3	2	2	9.6
LM607A	NS	•	−	−	•	−	1	6	44	1.5	0.015	0.025	0.2	0.3	2	2	6.5
AD707C	AD	•	A	−	•	−	1	6	36	3	0.005	0.015	0.03	0.1	1	1	9.6
AD846B	AD	•	−	−	•	•	2	10	36	6.5	0.025	0.075	0.8	3.5	250	(k)	2
LT1001A	LT	•	A	−	•	•	1	6	44	3.3	0.01	0.025	0.2	0.6	4	4	9.6
LT1007A	LT	•	−	−	•	•	1	5	44	4	0.01	0.025	0.2	0.6	35	30	2.5
LT1012C	LT+	•	A	−	•	•	1	4	40	0.6	0.01	0.05	0.2	1.5	0.15	0.15	14
LT1028A	LT	•	−	−	•	•	1	8	44	9.5	0.01	0.04	0.2	0.8	90	50	0.9
LT1037A	LT	•	−	−	•	−	5	5	44	4.5	0.01	0.025	0.2	0.6	35	30	2.5
RC4077A	RA	•	−	−	•	−	1	6	44	1.7	0.004	0.01	0.1	0.3	2	1.5	9.6
HA5134A	HA	−	•	•	−	−	1	10	40	8	0.05	0.1	0.3	1.2	25	25	7
HA5135	HA	•	−	−	•	−	1	8	40	1.7	0.01	0.08	0.4	1.3	4	4	9
HA5147A	HA	•	−	−	•	−	10	8	44	4	0.01	0.025	0.2	0.6	40	35	3.0
双极型，低偏置（参见"双极型，精密"）																	
OP-08E	PM	•	−	−	•	−	U	10	40	0.5	0.07	0.15	0.5	2.5	2	0.2	20
LM10	NS+	•	−	−	•	−	1	1	45	0.4	0.3	2	2	−	20	0.7	47
LM11	NS+	•	−	−	•	−	1	5	40	0.6	0.1	0.3	1	3	50 pA	10 pA	150
OP-12E	PM+	•	−	−	•	−	1	10	40	0.5	0.07	0.15	0.5	2.5	2	0.2	20
LM308	NS+	•	A	−	−	•	U	10	36	0.8	2	7.5	6	30	7	1	35
LM312	NS+	•	−	−	•	−	1	10	40	0.8	2	7.5	6	30	7	1	35
LP324	NS	−	−	•	−	−	1	4	32	0.25	2	4	10	−	10	2	−
双极型，单电源																	
324A	NS+	A	A	•	−	−	1	3	32	3	2	3	7	30	100	30	−
LP324	NS	−	−	•	−	−	1	4	32	0.25	2	4	10	−	10	2	−
LT1013C	LT	−	•	A	−	−	1	4	44	1	0.06	0.3	0.4	2.5	50	2	22
HA5141A	HA	•	A	A	−	−	1	2	40	0.07	0.5	2	3	−	75	10	20
双极型，单电源，精密																	
LT1006A	LT	•	−	−	•	−	1	2.7	44	0.5	0.02	0.05	0.2	1.3	15	0.5	22
LT1013A	LT	−	•	A	−	−	1	4	44	1	0.04	0.15	0.4	2	35	1.3	22

（续表）

类型	转换速率 典型值[e] (V/μs)	f_T 典型值 (MHz)	CMRR 最小值 (dB)	PSRR 最小值 (dB)	增益 最小值 (dB)	最大输 出电流 (mA)	最大差 分输入[f] 电压(V)	变化范围至 电源电压?[g] 输入　输出 + － + －	注释
OP-07A	0.17	0.6	110	100	110	10	30[h]	－ － － －	
OP-07E	0.17	0.6	106	94	106	10	30[h]	－ － － －	
OP-21A	0.25	0.6	100	104	120	-	30	－ － － －	低功率
OP-27E	2.8	8	114	100	120	20	0.5	－ － － －	低噪声
OP-27G	2.8	8	100	94	117	20	0.5	－ － － －	价格便宜类
OP-37E	17	63	114	100	120	20	0.5	－ － － －	低噪声，OP-27 的不完全补偿
OP-50E	3	25	126	126	140	70	10[h]	－ － － －	高电流，低噪声
OP-77E	0.3	0.6	120	110	134	12	30[h]	－ － － －	改进的 OP-07
OP-90E	0.01	0.02	100	104	117	6	36	－ ● － ●	微功率
OP-97E	0.2	0.9	114	114	110	10	0.5	－ － － －	低功率的 OP-77
MAX400M	0.3	0.6	114	100	114	12	30	－ － － －	最低的非斩波器 V_{os}
LM607A	0.7	1.8	124	100	134	10	0.5	－ － － －	
AD707C	0.3	0.9	130	120	138	12	44	－ － － －	改进的 OP-07；双重 =708
AD846B	450	310	110	110	-	50	18	－ － － －	电流反馈；快速
LT1001A	0.25	0.8	114	110	113	30	30	－ － － －	
LT1007A	2.5	8	117	110	137	20	0.5	－ － － －	低噪声，~OP-27
LT1012C	0.2	0.8	110	110	106	12	1	－ － － －	改进的 312；双重 =1024
LT1028A	15	75	114	117	137	20	1	－ － － －	超低噪声
LT1037A	15	60	117	110	137	20	0.5	－ － － －	1007 的不完全补偿，~OP-37
RC4077A	0.25	0.8	120	110	128	15	30	－ － － －	最低的非斩波器 V_{os}
HA5134A	1	4	94	100	108	20	40	－ － － －	四重，低噪声
HA5135	0.8	2.5	106	94	120	20	15[h]	－ － － －	
HA5147A	35	140	114	80	120	15	0.5	－ － － －	低噪声；高速；未补偿
OP-08E	0.12	0.8	104	104	98	5	0.5	－ － － －	精密 308
LM10	0.12	0.1	93	90	102	20	40	－ ● ● ●	1V 运放；精密；参考电压
LM11	0.3	0.5	110	100	100	2	0.5	－ － － －	精密；最低偏置的双极型
OP-12E	0.12	0.8	104	104	98	5	0.5	－ － － －	精密 312
LM308	0.15	0.3	80	80	88	5	0.5	－ － － －	最初的低偏置（超 β）
LM312	0.15	0.3	80	96	88	5	0.5	－ － － －	补偿的 308
LP324	0.05	0.1	80	90[t]	94	5	32	－ ● － ●	低噪声，单电源
324A	0.5	1	65	65	88	20	30	－ ● － ●	经典产品；双重 = 358A
LP324	0.05	0.1	80	90[t]	94	5	32	－ ● － ●	低功率，低偏置
LT1013C	0.4	0.8	97	100	122	25	30	－ ● － ●	改进的 358/324；四重 =1014
HA5141A	1.5	0.4	80	94	94	1	7	－ ● － ●	微功率
LT1006A	0.4	1	100	106	120	20	30	－ ● － ●	可选的 $I_s = 90$ μA
LT1013A	0.4	0.8	100	103	124	25	30	－ ● － ●	改进的 358/324；四重 =1014

（续表）

类型	Mfg[a]	#每个封装[b] 1	2	4	外部微调	补偿[c]	最小增益[d]	总供电电压 最小值(V)	最大值(V)	供电电流 最大值(mA)	电压 失调 典型值(mV)	失调 最大值(mV)	漂移 典型值(μV/°C)	漂移 最大值(μV/°C)	电流 最大偏置(nA)	电流 最大失调(nA)	e_n @1kHz 典型值 nV/√Hz
双极型，高速																	
OP-62E	PM	•	-	-	•	•	1	16	36	7	-	0.2	-	-	300	100	2.5
OP-63E	PM	•	-	-	•	•	1	16	36	7	-	0.75	-	-	300	100	7
OP-64E	PM	•	-	-	•	•	5	16	36	7	-	0.75	-	-	300	100	7
OP-65E	PM	•	-	-	•	-	1	9	14	25	-	2	-	-	3 μA	1 μA	-
CLC400	CL	•	-	-	•	-	1	-	7	15	2	5.5	20	40	25 μA	(k)	12
AD509K	AD	•	-	-	•	•	3	10	40	6	4	8	-	40	200	25	19
SL541B	PL	•	-	-	•	-	10	-	24	21	-	5	15	-	25 μA	10	-
VA705L	VT	•	A	A	•	-	1	8	12	10	1	2	20	-	900	25	-
VA706K	VT	•	A	A	•	-	1	8	12	10	4	10	20	-	1 μA	120	-
VA707K	VT	•	A	A	•	-	12	8	12	10	3	6	20	-	1 μA	120	-
LM837	NS	-	-	•	-	-	1	8	36	15	0.3	5	2	-	1 μA	200	4.5
AD840K	AD	•	-	-	•	-	10	10	36	12	0.1	0.3	3	-	5 μA	200	4
AD841K	AD	•	-	-	•	-	1	10	36	12	0.5	1	35	20	5 μA	200	13
AD847J	AD	•	-	-	•	-	1	9	36	5.6	0.5	1	15	-	7 μA	50[t]	15[i]
AD848J	AD	•	-	-	•	-	5	9	36	5.6	0.5	1	2	10	5 μA	15[t]	4[i]
AD849J	AD	•	-	-	•	-	25	9	36	5.6	0.5	1	1	10	5 μA	15[t]	4[i]
HA2539	HA	•	-	-	-	-	10	10	35	25	8	15	20	-	20 μA	6 μA	6
SL2541B	PL	•	-	-	•	-	1	14	30	25[t]	10	-	20	-	20 μA	-	-
HA2541	HA	•	-	-	•	-	1	10	35	45	-	2	20	-	35 μA	7 μA	10
HA2542	HA	•	-	-	•	-	2	10	35	40	-	10	20	-	35 μA	7 μA	10
HA2544	HA	•	-	-	•	-	1	10	33	10	6	15	10	-	15 μA	2 μA	-
CA3450	RC	•	-	-	•	-	1	10	14	35	8	15	-	-	350	150	-
HA5101	HA	•	A	A	•	-	1	4	40	6	0.5	3	3	-	200	75	3.3
HA5111	HA	•	A	A	•	-	10	4	40	6	0.5	3	3	-	200	75	3.3
HA5147A	HA	•	-	-	•	-	10	8	44	4	0.01	0.025	0.2	0.6	40	35	3.0
HA5195	HA	•	-	-	-	-	5	20	35	25	3	6	20	-	15 μA	4 μA	6
LM6361	NS	•	-	-	•	-	1	5	36	6.5	5	20	10	-	5 μA	2 μA	15
LM6364	NS	•	-	-	•	-	5	5	36	6.5	2	9	6	-	5 μA	2 μA	8
LM6365	NS	•	-	-	•	-	25	5	36	6.8	1	6	3	-	5 μA	2 μA	5
双极型，其他																	
OP-20B	PM	•	A	A	•	-	1	4	36	0.08	0.06	0.25	0.75	1.5	25	1.5	58
LM833	NS	-	•	-	-	-	1	10	36	8	0.3	5	2	-	1 μA	200	4.5
CA3193A	RC	•	-	-	•	-	1	7	36	3.5	0.14	0.2	1	3	20	5	24
XR4560	XR	-	•	-	-	-	1	8	36	2	0.5	6	-	-	500	200	8
HA5151	HA	•	A	A	•	-	1	2	40	0.25	2	3	3	-	150	30	15
NE5534	SN+	•	A	-	•	•	3	6	44	8	0.5	4	-	-	2 μA	300	4
MC33078	MO	-	•	A	-	-	1	10	36	5	0.15	2	2	-	750	150	4.5
MC33171	MO	•	A	A	•	-	1	3	44	0.25	2	4.5	10	-	100	20	32
MC34071A	MO	•	A	A	•	-	1	3	44	2.5	0.5	1.5	10	-	500	50	32

（续表）

类型	转换速率 典型值^e (V/μs)	f_T 典型值 (MHz)	CMRR 最小值 (dB)	PSRR 最小值 (dB)	增益 最小值 (dB)	最大输 出电流 (mA)	最大差 分输入^f 电压(V)	变化范围至 电源电压?^{g} 输入 + -	输出 + -	注释
OP-62E	15	50	110	105	111	20	5	− −	− −	精密
OP-63E	50	50	110	105	100	20	5	− −	− −	
OP-64E	200	200	110	105	100	20	5	− −	− −	
OP-65E	200	150	85	90	100	50	5	− −	− −	
CLC400	700	280	40	40	-	50	-	− −	− −	跨阻抗；不完全补偿 = 401
AD509K	120	20	80	80	80	-	15	− −	− −	快速
SL541B	175	100	60	46	46	6.5	9	− −	− −	快速，视频
VA705L	35	25	60	60	80	50	9	− −	− −	视频，驱动 50 Ω；快速设置
VA706K	42	25	60	60	66	50	9	− −	− −	视频，驱动 50 Ω；快速设置
VA707K	105	300	60	60	74'	50	9	− −	− −	不完全补偿，快速，50 Ω
LM837	10	25	80	120	90	40	30	− −	− −	低噪声，低失真
AD840K	400	400	100	94	104	50	6	− −	− −	不完全补偿 841；842 的 $G > 2$
AD841K	300	40	90	90	88	50	6	− −	− −	快速设置；不完全补偿
AD847J	300	50	78	75	70	20	6	− −	− −	快速设置；不完全补偿
AD848J	300	250	104^t	104^t	82	25	6	− −	− −	不完全补偿 847
AD849J	300	725	110^t	100^t	90	25	6	− −	− −	未补偿 847
HA2539	600	600	60	85	80	10	6	− −	− −	低噪声，类似于 2540
SL2541B	900	800	47	40^t	45	10	10	− −	− −	有独立的单位增益缓冲器
HA2541	280	40	70	60	80	10	6	− −	− −	快速设置；低失真
HA2542	375	120	70	70	80	100	6	− −	− −	快速设置；不完全补偿
HA2544	150	33	75	70	70	35	6	− −	− −	视频
CA3450	420	190	50	60	96	75	5	− −	− −	视频放大 / 线驱动
HA5101	10	10	100^t	80	136^t	30	7	− −	− −	低噪声
HA5111	50	100	100^t	100^t	136^t	30	7	− −	− −	低噪声，未补偿
HA5147A	35	140	114	80	120	15	0.7	− −	− −	低噪声，精密，未补偿
HA5195	200	150	74	70	80	25	6	− −	− −	Elantec EL2195 =改进的
LM6361	300	50	70	72	52	30	8	− −	− −	直立的 PNP
LM6364	300	160	102^t	70	66^t	30	8	− −	− −	直立的 PNP
LM6365	300	725	80	104^t	75	30	8	− −	− −	直立的 PNP
OP-20B	0.05	0.1	96	100	114	0.5	30	− •	− −	精确的低噪声
LM833	7	15	80	80	90	10	30	− −	− −	低噪声，低失真
CA3193A	0.25	1.2	110	100	110	7	5	− −	− −	
XR4560	4	10	70	76	86	100	30	− −	− −	用于音频
HA5151	4.5	1.3	80	80	94	3	7	− −	− •	低功率
NE5534	6	10	70	80	88	20	0.5	− −	− −	低噪声；用于音频
MC33078	7	16	80	80	90	20	36	− −	− −	低噪声，低失真
MC33171	2.1	1.8	80	80	94	4	44	− •	− −	
MC34071A	10	4.5	80	80	94	25	44	− •	− −	驱动 0.01 μF

（续表）

类型	Mfg[a]	#每个封装[b]			外部微调	补偿[c]	最小增益[d]	总供电电压 最小值(V)	总供电电压 最大值(V)	供电电流 最大值(mA)	电压 失调 典型值(mV)	电压 失调 最大值(mV)	电压 漂移 典型值(μV/°C)	电压 漂移 最大值(μV/°C)	电流 最大偏置(nA)	电流 最大失调(nA)	e_n @1kHz 典型值(nV/√Hz)
		1	2	4													
双极型，过时的器件																	
OP-01E	PM	•	-	-	•	-	1	10	44	3	1	2	3	10	50	5	-
OP-02E	PM	•	A	-	•	-	1	10	44	2	0.3	0.5	2	8	30	2	21
OP-05E	PM+	•	A	-	•	-	1	6	44	4	0.2	0.5	0.7	2	4	3.8	9.6
OP-11E	PM	-	-	•	-	-	1	10	44	6	0.3	0.5	2	10	300	20	12
307	NS+	•	-	-	-	-	1	10	44	2.5	2	7.5	6	30	250	50	16
LM318	NS+	•	-	-	•	•	1	10	40	10	4	10	-	-	500	200	14
349	NS	-	-	•	-	-	5	10	36	4.5	1	6	-	-	200	50	60
AD517L	AD	•	-	-	•	-	1	10	36	3	-	0.025	-	0.5	1	0.25	20
AD518J	AD	•	-	-	•	•	1	10	40	10	4	10	10	-	500	200	-
NE530	SN	•	A	-	•	-	1	10	36	3	2	5	6	-	150	40	30
NE531	SN	•	-	-	•	•	U	12	44	10	2	6	-	-	2μA	200	-
NE538	SN	•	A	-	•	-	5	10	36	2.8	2	5	6	-	150	40	18
μA725	FA+	•	-	-	•	•	U	6	44	3	0.5	1	2	5	100	20	-
μA739	FA	-	•	-	-	•	U	8	36	14	1	6	-	-	2μA	10μA	-
741C	FA+	•	A	A	-	-	1	10	36	2.8	2	6	-	-	500	200	-
748C	FA+	•	-	-	•	•	U	10	36	3.3	2	6	-	-	500	200	-
μA749	FA	-	•	-	-	•	U	8	36	10	1	3	3	-	750	400	-
1435	TP	•	-	-	•	•	10	24	32	30	2	5	5	25	20μA	-	-
1456	MO	•	-	-	•	-	1	10	36	3	5	10	-	-	30	10	45
HA2505	HA	•	-	-	•	-	1	20	40	6	4	8	20	-	250	50	-
HA2515	HA	•	-	-	•	-	1	20	40	6	5	10	30	-	250	50	-
HA2525	HA	•	-	-	•	-	3	20	40	6	5	10	30	-	250	50	-
HA2605	HA	•	-	-	•	-	1	10	45	4	3	5	10	-	25	25	-
HA2625	HA	•	-	-	•	-	5	10	45	4	3	5	10	-	25	25	-
CA3100	RC	•	-	-	•	•	10	13	36	11	1	5	-	-	2μA	400	-
4558	RA+	-	•	-	-	-	1	8	36	5.6	2	6	-	-	500	200	43
NE5535	SN	A	•	-	-	-	1	10	36	2.8	2	5	6	-	150	40	17
5539	SI+	•	-	-	-	•	7	6	24	15	2.5	5	5	10	20μA	-	4
JFET，精密																	
OP-41E	PM	•	-	-	•	-	1	10	36	1	0.2	0.25	2.5	5	0.005	0.001	32
OP-43E	PM	•	-	-	•	-	1	10	36	1	0.2	0.25	2.5	5	0.005	0.001	32
OPA101B	BB	•	-	-	•	-	1	10	40	8	0.05	0.25	3	5	0.01	4pA	8
OPA111B	BB	•	A	-	•	-	1	10	36	3.5	0.05	0.25	0.5	1	1pA	0.7pA	7
AD547L	AD	•	A	-	•	-	1	5	36	1.5	-	0.25	-	1	0.025	2pA[t]	30
AD548C	AD	•	A	-	•	-	1	9	36	0.2	0.1	0.25	-	2	0.01	0.005	30
OPA627B	BB	•	-	-	•	-	1	9	36	8	0.04	0.1	0.5	0.8	0.02	0.02	5.2
AD711C	AD	•	A	A	•	-	1	9	36	2.8	0.1	0.25	2	3	0.025	0.01	18
AD845K	AD	•	-	-	•	-	1	9.5	36	12	0.1	0.25	1.5	5	1	0.1	25
LT1055A	LT	•	-	-	•	-	1	10	40	4	0.05	0.15	1.2	4	0.05	0.01	14
HA5170	HA	•	-	-	•	-	1	9	44	2.5	0.1	0.3	2	5	0.1	0.06	10

（续表）

类型	转换速率 典型值[e] (V/μs)	f_T 典型值 (MHz)	CMRR 最小值 (dB)	PSRR 最小值 (dB)	增益 最小值 (dB)	最大输出电流 (mA)	最大差分输入电压[f] (V)	变化范围至电源电压?[g] 输入 +	输入 −	输出 +	输出 −	注释
OP-01E	18	2.5	80	80	94	6	30	–	–	–	–	快速，精密
OP-02E	0.5	1.3	90	90	100	6	30	–	–	–	–	精密，低电流
OP-05E	0.17	0.6	110	94	106	10	30[h]	–	–	–	–	
OP-11E	1	2	110	90	100	6	30	–	–	–	–	精密的四重
307	0.5	1	70	70	84	10	30	•	–	–	–	经典产品，未补偿=301
LM318	70	15	70	65	86	10	0.5	–	–	–	–	曾经很通用的
349	2	4	70	77	88	15	36	–	–	–	–	不完全补偿348（四重741）
AD517L	0.1	0.25	110	96	120	10	30	–	–	–	–	
AD518J	70	12	70	65	88	15	-	–	–	–	–	
NE530	35	3	70	76	94	10	30	•	–	–	–	快速；双重=5530
NE531	35	1	70	76	86	-	15	•	–	–	–	
NE538	60	5	70	76	94	10	30	•	–	–	–	快速；双重=5538
μA725	0.005	0.08	110	100	108	15	5	–	–	–	–	最初的精密运放
μA739	1	6	70	85[t]	76	1.5	5	–	–	–	•	低噪声，用于音频
741C	0.5	1.2	70	76	86	20	30	–	–	–	–	经典产品；双重=1458；四重=348
748C	0.5	1.2	70	76	94	15	30	–	–	–	–	未补偿的741
μA749	2	6	70	74	86	1.5	5	–	–	–	•	类似于739
1435	300	1 GHz	80	75[t]	80	10	2	–	–	–	–	快速设置
1456	2.5	1	70	74	97	5	40	–	–	–	–	
HA2505	30	12	74	74	84	10	15	•	–	–	–	
HA2515	60	12	74	74	78	10	15	•	–	–	–	
HA2525	120	20	74	74	78	10	15	•	–	–	–	
HA2605	7	12	74	74	98	10	12	•	–	–	–	
HA2625	35	100	74	74	98	10	12	•	–	–	–	
CA3100	25	30	76	60	58	15	12	–	–	–	–	
4558	1	2.5	70	74	86	15	30	–	–	–	–	快速1458
NE5535	15	1	70	76	94	10	30	•	–	–	–	快速
5539	600	1200	70	66	46	40	10	–	–	–	•	小输出变动范围
OP-41E	1.3	0.5	100	92	120	15	20	•	–	–	–	低偏置，低失真；较快的OP-43
OP-43E	6	2.4	100	92	120	15	20	•	–	–	–	低偏置，低失真；较稳定的OP41
OPA101B	7	20	80	86	96	45	20	–	–	–	–	低噪声；不完全补偿=OPA102
OPA111B	2	2	100	100	120	10	36	–	–	–	–	低噪声，低偏置
AD547L	3	1	80	80	108	20	20	–	–	–	–	双重=AD642，647
AD548C	1.8	1	86	86	110	20	20	–	–	–	–	改进的LF441；双重=AD648
OPA627B	55	16	106	106	110	30	-	–	–	–	–	快速
AD711C	20	4	86	86	106	20	20	–	–	–	–	改进的LF411/2
AD845K	100	16	94	95	108	30	36	–	–	–	–	快速
LT1055A	13	5	86	90	104	30	40	–	–	–	–	LT1056快20%
HA5170	8	8	90	74	110	10	30	•	–	–	–	低噪声

（续表）

类型	Mfg^a	# 每个封装^b 1	2	4	外部微调	补偿^c	最小增益^d	总供电电压 最小值(V)	最大值(V)	供电电流 最大值(mA)	电压 失调 典型值(mV)	失调 最大值(mV)	漂移 典型值(μV/°C)	漂移 最大值(μV/°C)	电流 最大偏置(nA)	最大失调(nA)	e_n @1 kHz 典型值 nV/√Hz
JFET，高速																	
OP-42E	PM	•	-	-	•	-	1	15	40	6.5	0.3	0.75	4	10	0.2	0.04	13
OP-44E	PM	•	-	-	•	-	3	16	40	6	0.03	0.75	4	10	0.2	40 pA	13
357B	NS+	•	-	-	•	-	5	10	36	7	3	5	5	-	100 pA	0.02	12
AD380K	AD	•	-	-	•	•	U	12	40	15	-	1	-	10	0.1	5 pA^t	15
LF401A	NS	•	-	-	•	•	1	15	36	12	-	0.2	-	-	0.2	0.1	23
OPA404B	BB	-	-	•	-	-	1	10	36	10	0.26	0.75	3	-	0.004	4 pA	15
LF457B	NS	•	-	-	•	•	5	10	36	10	0.18	0.4	3	4	50 pA	20 pA	10
OPA602C	BB	•	-	-	•	-	1	10	36	4	0.1	0.25	1	2	1 pA	1 pA	13
OPA605K	BB	•	-	-	•	•	50	10	40	9	0.25	0.5	-	5	0.035	2 pA^t	20
OPA606L	BB	•	-	-	•	-	1	10	36	9.5	0.1	0.5	3	5	0.01	5 pA	13
AD744C	AD	•	A	-	•	•	2	9	36	4	0.1	0.25	2	3	0.05	0.02	18
AD843B	AD	•	-	-	•	-	1	9	36	12	0.5	1	15	-	1	0.1	13
AD845K	AD	•	-	-	•	-	1	9.5	36	10.2	0.1	0.25	1.5	3	0.4	0.05	25
LT1022A	LT	•	-	-	•	-	1	20	40	7	0.08	0.25	1.3	5	0.05	0.01	14
HA5160	HA	•	-	-	•	•	U	14	40	10	1	3	20	-	0.05	0.01	35
MC34080A	MO	•	A	A	•	-	2	6	44	3.4	0.3	0.5	10	-	0.2	0.1	30
MC34081A	MO	•	A	A	•	-	1	6	44	3.4	0.3	0.5	10	-	0.2	0.1	30
JFET，其他																	
TL031C	TI	•	A	A	•	-	1	10	36	0.28	0.5	1.5	6	-	0.2	0.1	41
TL051C	TI	•	A	A	•	-	1	10	36	3.2	0.6	1.5	8	-	0.2	0.1	18
TL061C	TI+	•	A	A	•	-	1	4	36	0.25	3	15	10	-	0.4	0.2	42
TL071C	TI+	•	A	A	•	-	1	7	36	2.5	3	10	10	-	0.2	0.05	18
TL081B	TI+	•	A	A	•	-	1	7	36	2.8	2	3	10	-	0.2	0.01	18
OPA121	BB	•	-	-	•	-	1	10	36	4	0.5	2	3	10	0.005	4 pA	8
OPA128L	BB	•	-	-	•	-	1	10	36	1.5	0.14	0.5	-	5	75 fA	30 fA^t	27
LF351	NS+	•	A	A	•	-	1	10	36	3.4	5	10	10	-	0.2	0.1	25
355B	NS+	•	-	-	•	-	1	10	36	4	3	5	5	-	100 pA	0.02	20
356B	NS+	•	-	-	•	•	1	10	36	7	3	5	5	-	100 pA	0.02	12
LF411	NS+	•	A	-	•	-	1	10	36	3.4	0.8	2	7	20	0.2	0.1	25
LFnnn	NS	-	•	-	-	-	1	6	36	25	1	-	-	-	100 pA	50 pA	3.5
LF441	NS	•	A	A	•	-	1	10	36	0.25	1	5	10	20	0.1	0.05	35
LF455B	NS	•	-	-	•	-	1	10	36	4	0.18	0.4	3	4	50 pA	20 pA	12
LF456B	NS	•	-	-	•	-	1	10	36	8	0.18	0.4	3	4	50 pA	20 pA	10
AD549L	AD	•	-	-	•	-	1	10	36	0.7	0.3	0.5	5	-	60 fA	20 fA^t	35
AD611K	AD	•	-	-	•	-	1	10	36	2.5	0.25	0.5	5	10	0.05	0.025	18
LT1057A	LT	-	•	A	•	-	1	20	40	3.8	0.15	0.45	1.8	7	0.05	0.04	13
HA5180	HA	•	-	-	•	-	1	10	40	1	0.1	0.5	5	-	0.001	200 fA	70
MC34001A	MO	•	A	A	•	-	1	8	36	2.5	1	2	10	-	0.1	0.05	25
MC34181	MO	•	A	A	•	-	1	3	36	0.2	0.5	2	10	-	0.1	0.05	38

（续表）

类型	转换速率 典型值[e] (V/μs)	f_T 典型值 (MHz)	CMRR 最小值 (dB)	PSRR 最小值 (dB)	增益 最小值 (dB)	最大输 出电流 (mA)	最大差 分输入[f] 电压(V)	变化范围至 电源电压?[g] 输入 输出 + − + −	注释
OP-42E	58	10	88	86	114	25	40	− − − −	低 Z_{out}
OP-44E	120	16	88	90	114	15	40	− − − −	
357B	50	20	85	85	94	20	30	• − − −	不完全补偿的 356
AD380K	330	300	60	60	92	60	20	− − − −	混合，快速，50 Ω
LF401A	30	16	90	80	100	50	32	− − − −	精确
OPA404B	35	6.4	92	86	92	10	36	− − − −	精确的四重
LF457B	50	20	86	86	106	100[l]	40	• − − −	低噪声，驱动 0.01 μF
OPA602C	35	6.5	92	86	92	20	36	− − − −	低偏置，快速设置
OPA605K	94	20	80	74	104[t]	30	20	− − − −	未补偿
OPA606L	35	13	85	90	100	10	36	− − − −	改进的 LF356
AD744C	75	13	86	92	108	20	36	− − − −	非常低的失真(3 ppm)；快速设置
AD843B	250	35	100	95	88	50	-	− − − −	快速安置
AD845K	100	16	94	98	106	25	20	− − − −	快速安置
LT1022A	26	8.5	86	88	104	10	40	− − − −	
HA5160	120	100	74	108	98	22	40	− − − −	低偏置
MC34080A	50	16	75	75	94	20	44	− − − −	$V_{in} > V_- + 4$ V；不完全补偿的 34081
MC34081A	25	8	75	75	94	20	44	− − − −	$V_{in} > V_- + 4$ V
TL031C	3	1	75	75	74	8	30	• − − −	低功率；改进的 TL061
TL051C	24	3	75	75	94	30	30	• − − −	低失真；改进的 TL071/081
TL061C	3.5	1	70	70	70	5	30	− − − −	低功率
TL071C	13	3	70	70	88	10	30	− − − −	较低的噪声
TL081B	13	3	80	80	94	10	30	− − − −	
OPA121	2	2	86	86	110	10	36	− − − −	低噪声
OPA128L	3	1	90	90	110	10	36	− − − −	非常低的偏置
LF351	13	4	70	70	88	10	30	• − − −	353 = 双重，347 = 四重
355B	5	2.5	85	85	94	20	30	• − − −	通用的
356B	12	5	85	85	94	20	30	• − − −	较快的 355
LF411	15	4	70	70	88	20	30	• − − −	豆软糖形 (Jellybean)
LFnnn	20	10	80	80	100	15	2	− − − −	最低噪声的 JFET
LF441	1	1	70	70	88	4	30	− − − −	低电流的豆软糖形
LF455B	5	3	86	86	106	100[l]	40	− − − −	低噪声；驱动 0.01 μF
LF456B	12.5	5	86	86	106	100[l]	40	− − − −	低噪声；驱动 0.01 μF
AD549L	3	1	90	90	110	10	36	− − − −	静电计；防护管脚
AD611K	13	2	80	80	94	20	20	− − − −	低失真，通用的 JFET
LT1057A	13	5	86	88	104	10	40	− − − −	精确的双重 / 四重 JFET
HA5180	7	2	90	90	106	15	40	− − − −	在温度范围内非常低的偏置，噪声大
MC34001A	13	4	80	80	94	20	30	• − − −	
MC34181	10	4	70	70	88	8	36	− − − −	低功率，快速，低失真

（续表）

类型	Mfg^a	# 每个封装^b 1	2	4	外部微调调	最小补偿^c	增益^d	总供电电压 最小值(V)	最大值(V)	供电电流 最大值(mA)	失调 典型值(mV)	失调 最大值(mV)	漂移 典型值(μV/°C)	漂移 最大值(μV/°C)	电流 最大偏置(nA)	电流 最大失调(nA)	e_n @1 kHz 典型值 nV/√Hz
JFET，过时的器件																	
OP-15E	PM+	•	A	−	•	−	1	10	44	4	0.2	0.5	2	5	0.05	0.01	15
OP-16E	PM+	•	−	−	•	−	1	10	44	7	0.2	0.5	2	5	0.05	0.01	15
AD515L	AD	•	−	−	•	−	1	10	36	1.5	0.4	1	−	25	80 fA	80 fA	50
AD542L	AD	•	−	−	•	−	1	10	36	1.5	−	0.5	−	5	0.025	2 pA^t	30
AD544L	AD	•	−	−	•	−	1	10	36	2.5	−	0.5	−	5	0.05	0.5 pA^t	18
AD545L	AD	•	−	−	•	−	1	10	36	1.5	−	0.5	−	5	0.001	−	35
ICH8500A	IL	•	−	−	•	−	1	16	36	2.5	−	50	−	−	10 fA	10 fA	40
MOSFET																	
OP-80E	PM	•	−	−	•	−	1	4.5	16	0.2	0.4	1	−	−	60 fA	10 fA^t	70
TLC27L2A	TI	A	•	A	−	−	1	3	18	0.04	−	5	0.7	−	1 pA^t	1 pA^t	70
TLC27M2A	TI	A	•	A	−	−	1	3	18	0.6	−	5	2	−	1 pA^t	1 pA^t	38
TLC272A	TI	A	•	A	−	−	1	3	18	4	−	5	5	−	1 pA^t	1 pA^t	25
TLC279C	TI	−	−	•	−	−	1	3	18	8	0.4	1.2	2	−	0.7 pA^t	0.1 pA^t	25
LMC660A	NS	−	−	•	−	−	1	5	16	2.2	1	2	1.3	5	20 pA	20 pA	22
TLC1078C	TI	−	•	A	−	−	1	1.4	16	0.05	0.18	0.6	1	−	0.7 pA^t	0.1 pA^t	68
ALD1701	AL	•	−	−	−	−	1	2	12	0.25	−	4.5	7	−	0.03	0.025	−
ALD1702	AL	•	−	−	−	−	1	2	12	2	−	4.5	7	−	0.03	0.025	100
CA3140A	RC	•	A	−	•	−	1	4	44	6	2	5	6	−	0.04	0.02	40
CA3160A	RC	•	A	−	•	−	1	5	16	15	2	5	10	−	0.03	0.02	72
CA3410A	RC	−	−	•	−	−	1	4	36	10	3	8	10	−	0.03	0.01	40
CA3420A	RC	•	−	−	−	−	1	2	22	1	2	5	4	−	0.005	0.004	62
CA5160A	RC	•	A	−	•	−	1	5	15	0.4	1.5	4	−	−	0.01	0.005	−
CA5420A	RC	•	−	−	−	−	1	2	20	0.5	1	5	−	−	0.001	0.5 pA	−
CA5422	RC	•	−	−	−	−	1	2	20	0.7	1.8	10	20	−	0.005	0.004	−
ICL7612B	IL+	•	−	−	−	−	1	3	18	2.5	−	5	5	−	0.05	0.03	100
ICL7641B	IL+	A	A	•	−	−	1	1	18	2.5	−	5	5	−	0.05	0.03	100
被稳定的斩波器																	
MAX420E	MA	•	−	−	−	−	1	6	33	2	0.001	0.005	0.02	0.05	0.03	0.06	1.1^j
MAX422E	MA	•	−	−	−	−	1	6	33	0.5	0.001	0.005	0.02	0.05	0.03	0.06	1.1^j
LMC668A	NS	•	−	−	−	−	1	5	16	3.5	0.001	0.005	0.05	−	0.06	−	2^j
TSC900A	TS	•	−	−	−	−	1	4.5	16	0.2	−	0.005	0.02	0.05	0.05	0.5 pA^t	4^j
TSC901	TS	•	A	A	−	−	1	5	32	0.6	0.007	0.015	0.05	0.15	0.05	0.1	5^j
TSC911A	TS	•	A	A	−	−	1	4	16	0.6	0.005	0.015	0.05	0.15	0.07	0.02	11^j
TSC915	TS	•	−	−	−	−	1	7	32	1.5	−	0.01	0.01	0.1	0.1	0.1	0.8^j
TSC918	TS	•	−	−	−	−	1	4.5	16	0.8	−	0.05	0.4	0.8	0.1	0.5 pA^t	4^j
LTC1050	LT	•	−	−	−	−	1	4.8	16	1.5	0.5 μV	0.005	0.01	0.05	0.03	0.06	1.6^j
LTC1052	LT	•	−	−	−	−	1	4.8	16	2	0.5 μV	0.005	0.01	0.05	0.03	0.03	1.5^j
ICL7650	IL+	•	−	−	−	−	1	4.5	16	3.5	0.002	0.005	0.1	−	0.01	5 pA^t	2^j
ICL7650S	IL	•	−	−	−	−	1	4.5	16	3	0.7 μV	0.005	0.02	0.1	0.01	0.02	2^j
ICL7652	IL+	•	−	−	−	−	1	5	16	3.5	0.002	0.005	0.1	−	0.03	25 pA^t	0.7^j
ICL7652S	IL	•	−	−	−	−	1	5	16	2.5	0.7 μV	0.005	0.01	0.06	0.03	0.04	0.7^j
TSC76HV52	TS	•	−	−	−	−	1	7	32	1.5	−	0.01	−	0.3	0.1	0.1	0.8^j

（续表）

类型	转换速率 典型值[e] (V/μs)	f_T 典型值 (MHz)	CMRR 最小值 (dB)	PSRR 最小值 (dB)	增益 最小值 (dB)	最大输出电流 (mA)	最大差分输入电压[f] (V)	变化范围至电源电压?[g] 输入 +	-	输出 +	-	注释
OP-15E	17	6	86	86	100	15	40	–	–	–	–	精密的快速 355
OP-16E	25	8	86	86	100	20	40	–	–	–	–	精密的快速 356（OP-17 = 不完全补偿）
AD515L	1	0.4	70	74	94	10	20	–	–	–	–	非常低的偏置，精密
AD542L	3	1	80	80	110	10	20	–	–	–	–	精密
AD544L	13	2	80	80	94	15	20	–	–	–	–	精密，低噪声
AD545L	1	0.7	76	74[t]	92	10	20	–	–	–	–	精密
ICH8500A	0.5	0.5	60	80[t]	100[t]	10	0.5	–	–	–	–	超低偏置
OP-80E	0.4	0.3	60	60	100	10	16	–	•	–	•	静电计；I_b<20 pA@125°C
TLC27L2A	0.04	0.1	70	70	90	10	18	–	•	–	•	CMOS 豆软糖形
TLC27M2A	0.6	0.7	70	70	86	10	18	–	•	–	•	CMOS 豆软糖形
TLC272A	4.5	2.3	70	65	80	10	18	–	•	–	•	CMOS 豆软糖形
TLC279C	4.5	2.3	65	65	80	10	18	–	•	–	•	272 系列最好的 V_{os}
LMC660A	1.7	1.5	72	80	112	15	16	–	•	–	•	四重 CMOS 豆软糖形
TLC1078C	0.05	0.11	75	75	114	15	16	–	•	–	•	低失调
ALD1701	0.7	0.7	65	65	90	0.5	12	•	•	•	•	满幅度；规定 @ +5 V 的电源
ALD1702	2.1	1.5	65	65	94	2	12	•	•	•	•	满幅度；规定 @ +5 V 的电源
CA3140A	7	3.7	70	76	86	+10,-1	8	•	–	–	•	MOS 输入/输出（3130 = 未补偿）
CA3160A	10	4	80	76	94	12	8	•	–	–	•	
CA3410A	10	5.4	80	80	86	6	16	•	–	–	–	高速 324 型的代替品
CA3420A	0.5	0.5	60	70	86	2	15	•	•	•	•	低 I_b，很好的输入保护
CA5160A	10	4	-	-	90	1	?	•	–	–	•	CMOS 输出
CA5420A	0.5	0.5	-	-	85	0.5	15	•	•	•	•	类似于 3420
CA5422	1	1	60	60	80	2	15	•	•	•	•	不寻常的 2 级设计
ICL7612B	1.6	1.4	60	70	80	5[m]	18	•	•	•	•	可编程；输入/输出至满幅度
ICL7641B	1.6	1.4	60	70	80	5[m]	18	•	–	•	•	通用，低电压
MAX420E	0.5	0.5	120	120	120	+2,-15	33	–	•	•	•	被稳定的斩波器
MAX422E	0.13	0.13	120	120	120	+0.2,-8	33	–	•	•	•	±15 V 的 V_s；0.1 μV/月；430 有 C_{int}
LMC668A	2.5	1	120	120	120	+5,-15	16	–	•	•	•	±15 V 的 V_s；0.1 μV/月；432 有 C_{int}
TSC900A	0.2	0.7	110	120	120	2.5	16	–	•	•	•	低功率
TSC901	2	0.8	120	120	120	-	36	–	•	•	•	±15 V 电源；内插座
TSC911A	2.5	1.5	110	112	116	3.5	16	–	•	•	•	内插座，噪声大
TSC915	0.5	0.5	120	120	120	10	36	–	•	•	•	±15 V 电源
TSC918	0.2	0.7	98	105	100	-	16	–	•	•	•	不贵
LTC1050	4	2.5	120	125	130	+3,-20	16	–	•	•	•	内插座；50 nV/月
LTC1052	4	1.2	120	120	120	+5,-15	16	–	•	•	•	改进的 7652；0.1 μV/月
ICL7650	2.5	2	110	120	120	+5,-20	16	–	•	•	•	0.1 μV/月
ICL7650S	2.5	2	120	120	136	+4,-20	16	–	•	•	•	改进的 7650；0.1 μV/月
ICL7652	0.5	0.4	110	110	120	+5,-20	16	–	–	•	•	0.15 μV/月
ICL7652S	1	0.5	120	120	136	+4,-20	16	–	–	•	•	改进的 7652；0.15 μV/月
TSC76HV52	0.5	0.5	120	120	120	10	32	–	–	•	•	±15 V 电源

（续表）

类型	Mfg^a	# 每个封装^b 1　2　4	外部微调	补偿^c	最小增益^d	总供电电压 最小值(V)	总供电电压 最大值(V)	供电电流 最大值(mA)	电压 失调 典型值(mV)	电压 失调 最大值(mV)	电压 漂移 典型值(μV/°C)	电压 漂移 最大值(μV/°C)	电流 最大偏置(nA)	电流 最大失调(nA)	e_n @1 kHz 典型值(nV/√Hz)
高电压															
LM343	NS	•　-　-	•	•	1	10	68	5	2	8	-	-	40	10	35
LM344	NS	•　-　-	•	•	U	10	68	5	2	8	-	-	40	10	35
OPA445B	BB	•　-　-	•	-	1	20	100	4.5	1	3	10	-	0.05	0.01	16
1436	MO+	•　-　-	•	-	1	10	80	5	5	10	-	-	40	10	50
HA2645	HA	•　-　-	•	•	1	20	80	4.5	2	6	15	-	30	30	30
3580	BB	•　-　-	•	-	1	30	70	10	-	10	-	30	0.05	-	15
3581	BB	•　-　-	•	-	1	64	150	8	-	3	-	25	0.02	0.02	25
3582	BB	•　-　-	•	-	1	140	300	6.5	-	3	-	25	0.02	-	25
3583	BB	•　-　-	•	-	1	100	300	8.5	-	3	-	25	0.1	0.1	50
3584	BB	•　-　-	•	•	U	140	300	6.5	-	3	-	25	0.1	0.1	50
单片电源															
LM12	NS	•　-　-	-	-	1	20	80	80	2	7	-	50	300	100	90
OPA541B	BB	•　-　-	-	-	1	20	80	25	0.1	1	15	30	0.05	0.03	50
LM675	NS	•　-　-	-	-	10	16	60	50	1	10	25	-	2 μA	500	-
SG1173	SG	•　-　-	-	-	1	10	50	20	2	4	-	30	500	150	-

a. 制造商如下（带"+"后缀表示多种来源）：

AD - Analog Devices	HO - Honeywell	RC - GE/RCA
AL - Advanced Linear Devices	HS - Hybrid Systems	RO - Rockwell
AM - Advanced Micro Devices	ID - Integrated Device Technology	SG - Silicon General
AN - Analogic	IL - GE/Intersil	SI - Siliconix
AP - Apex	IN - Intel	SN - Signetics
BB - Burr-Brown	IR - International Rectifier	SO - Sony
BT - Brooktree	KE - M.S.Kennedy Corp	ST - Supertex
CL - Comlinear	LT - Linear Technology Corp	TI - Texas Instruments
CR - Crystal Semiconductor	MA - Maxim	TM - Telmos
CY - Cypress	MN - Micro Networks	TO - Toshiba
DA - Datel	MO - Motorola	TP - Teledyne Philbrick
EL - Elantec	MP - Micro Power Systems	TQ - TriQuint
FA - Fairchild (National)	NE - NEC	TR - TRW
FE - Ferranti	NS - National Semiconductor	TS - Teledyne Semiconductor
GE - General Electric	OE - Optical Electronics Inc	VT - VTC
GI - General Instrument	PL - Plessey	XI - Xicor
HA - Harris	PM - Precision Monolithics	XR - Exar
HI - Hitachi	RA - Raytheon	ZI - Zilog

（续表）

类型	转换速率 典型值[e] (V/μs)	f_T 典型值 (MHz)	CMRR 最小值 (dB)	PSRR 最小值 (dB)	增益 最小值 (dB)	最大输 出电流 (mA)	最大差 分输入[f] 电压(V)	变化范围至 电源电压?[g] 输入 + - 输出 + -	注释
LM343	2.5	1	70	74	97	10	68	– – – –	单片
LM344	30	10	70	74	97	10	68	– – – –	未补偿的 343
OPA445B	10	2	80	80	100	15	80	– – – –	低偏置，单片
1436	2	1	70	80	97	10	80	– – – –	单片
HA2645	5	4	74	74	100	10	37	– – – –	单片
3580	15	5	86[t]	87[t]	106[t]	60	70	– – – –	混合
3581	20	5	110[t]	105[t]	112[t]	30	150	– – – –	混合
3582	20	5	110[t]	105[t]	118[t]	15	300	– – – –	混合
3583	30	5	110[t]	84[t]	94	75	300	– – – –	快速 JFET，混合
3584	150	20	110[t]	84[t]	100	15	300	– – – –	未补偿的 JFET，混合
LM12	9	0.7	75	80	94	10 A	80	– – – –	全输出保护
OPA541B	10	1.6	95	100	90	10 A	80	– – – –	孤立的情况；没有内部保护
LM675	8	5.5	70	70	70	3000	60	– – – –	全输出保护
SG1173	0.8	1	76	80	92	3500	50	– – – –	热关闭

b. 符号表明所标出元器件号的每个外包装内含运算放大器的个数；"A"表明从同一制造商可获得每个封装内含其他数目的运算放大器；
在多运算放大器封装中，一些电气特性（尤其是补偿电压）也许会变差些。

c. 提供管脚以完成外部补偿。

d. 给出了最小的不稳定闭环增益。对于有管脚完成外部补偿的运放，如果使用合适的外部补偿网络，一般可工作于较低增益。字母 U
意味着运放是未补偿的，对任意小的闭环增益，都需要外部电容。

e. 在最小的稳定的闭环增益下（通常是单位增益），除非另外注释。

f. 不损坏芯片的最大值；如果该值较小，不超过使用的电源电压。

g. 在输入栏的点意味着输入共模范围包含该电源幅值；在输出栏的点意味着运放输出一直能变化到对应的电源幅值。

h. 对于输入差值大于 ±1 V 的情况，电阻 – 二极管网络吸收输入电流。

j. 微伏峰 – 峰值，0.1~10 Hz。

k. 电流敏感的反相输入端（"电流反馈"结构）；在两个输入端的偏置电流可能十分不同。列出的偏置电流是用于同相输入的。

l. 除了在管脚 6 上有常规的保护输出外，在管脚 8 上有"未加工的"输出（没有电流限制）；常规输出限制在 ±15 mA。

m. 最小值 / 最大值（最坏情况）。

t. 典型值。

正、负电源电压。值得注意的是，双极型 LM10 也有这个特性，而无需限制 MOS 运算放大器电源电压范围（通常最大值为 ±8 V）。

□ 电压增益和相移

典型地，直流电压增益 A_{vo} 是 10^5 到 10^6（一般用分贝给出），在 1~10 MHz 频率（称为 f_T）的某一频率处下降到单位增益，通常在开环电压增益与频率的函数图中给出。对于**内部补偿**的运算放大器，该图简化成在某些相当低的频率处开始的 6 dB/ 二倍频的下降，这是为了稳定所需的特性，4.9.5 节将讨论有关内容。这个下降（和简单的 RC 低通滤波器一样）导致从输入到输出滞后 90° 的常数相移，在开始滚降的所有频率以上，随着开环增益接近 1，增加到 120°~160°。因为增益等于 1 的某个频率处的 180° 相移将导致正反馈（振荡），所以用"相位裕度"这个词来定义 f_T 处的相移和 180° 之间的差值。

输入失调电压

由于制造时的差异，运算放大器的输入级不可能完全平衡。没有输入信号时，如果将两个输入端连在一起，输出一般会饱和，或者是 V_{CC}，或者是 V_{EE}（不能预测）。使输出为零的输入电压差称为输入失调电压 V_{os}（好像一个具有 V_{os} 电压的电池与其中一个输入串联）。通常运算放大器对于调整输入失调到零设有预备措施。对于 411，在管脚 1 和管脚 10 之间使用 5 kΩ 的可调电阻，并将可调端连接到 V_{EE}。

对于精确应用，特别重要的是输入失调电压随温度和时间的漂移，因为任何初始的失调都可调整到零。411 的典型失调电压是 0.8 mV（最大 2 mV），温度系数为 7 μV/℃，失调随时间变化的系数不确定。精确运算放大器 OP-77 对于典型的 10 μV 失调电压是用激光调整的，温度系数 TCV_{os} 是 0.2 μV/℃，长期漂移是每月 0.2 μV。

转换速率

即使在一个大的输入不平衡发生时，运算放大器的"补偿"电容（在 4.9.5 节将进一步讨论）和内部小驱动电流一起限制了输出的转换速率。这个受限速率通常称为**转换速率**或上升速率（SR）。对于运算放大器 411，转换速率是 15 V/μs，低功率运算放大器的转换速率一般小于 1 V/μs，高速运算放大器可以有 100 V/μs 的转换速率，"极快缓冲"LH0063C 的转换速率为 6000 V/μs。转换速率限制了不失真的正弦波的输出幅度在一些临界频率上变动（在该频

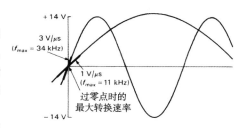

图 4.29　由转换速率引进的失真

率点上，全电源变化需要最大的运算放大器转换速率，见图 4.29），这样也就解释了"输出电压作为频率的函数变化"图形。频率为 f Hz、幅度为 A V 的正弦波需要 $2\pi Af$ V/μs 的最低转换速率。

对于外部补偿的运算放大器，转换速率取决于使用的补偿网络。一般来说，对于"单位增益补偿"是最低的，对于乘以 100 倍的增益补偿，转换速率也许快 30 倍。在 4.9.5 节里将对其做进一步讨论。

温度依赖性

所有这些参数都有一定的温度依赖性。但这通常不会带来任何差异，比如增益的微小变化几乎被反馈完全补偿。而且，这些参数随温度的变化与运算放大器个体的变化相比，一般都很小。

输入失调电压和输入失调电流是一些例外情形。特别是调整失调到接近零，将出现输出的漂移，温度影响也将是个大问题。当高精度是重要因素时，应该使用低漂移"仪器"运算放大器，

并带 10 kΩ 以上的外部负载，使温度梯度对输入级性能的影响最小。在第 7 章中将对此有更详细的描述。

为完整起见，这里应该提到，运算放大器的共模抑制比（CMRR）、电源抑制比（PSRR）、输入噪声电压和电流（e_n 和 i_n）以及输出交越失真也是受限的。只有涉及到精确电路和低噪声放大器，这些才成为重要限制因素，在第 7 章将对其详细讨论。

4.4.2 运算放大器限制对电路特性的影响

记住这些限制因素后，再回到反相放大器。我们将看到它们如何影响电路性能，并了解如何在该影响存在的情况下有效地设计电路。随着我们的理解加深，应当会处理其他的运算放大器电路。图 4.30 重新给出了反相放大器电路图。

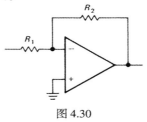

图 4.30

开环增益

因为开环增益是有限值，在开环增益接近 R_2/R_1 对应的频率处，反馈放大器的电压增益（闭环增益）开始下降（见图 4.31）。对于 411 这样的普通运算放大器，这意味着将要处理一个相对于低频范围的放大器；开环增益在 50 kHz 处下降到 100，f_T 是 4 MHz。注意闭环增益总小于开环增益，说明如果用 411 构成增益为 100 的放大器，在频率接近 50 kHz 的范围内，增益将明显下降。在本章后面（见 4.8.1 节），当讨论有限开环增益的晶体管反馈电路时，对此特性将会有更精确的描述。

转换速率

由于转换速率受限，最大不失真正弦波输出在一定频率以上降低。图 4.32 给出了 411 的曲线，下降速率是 15 V/μs。当转换速率为 S 时，对于正弦波频率 f，输出幅度限制在 $A(\mathrm{pp}) \leqslant S/\pi f$，这就解释了曲线以 $1/f$ 下降的原因。

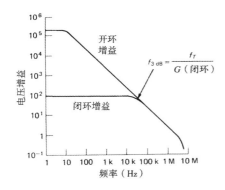

图 4.31 LF411 增益与频率的关系（波特图）

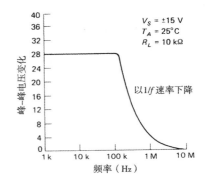

图 4.32 输出幅度与频率的关系（LF411）

有一种例外情况，运算放大器的转换速率受限能从想要的信号中滤除尖锐的噪声毛刺。使用**非线性低通滤波技术**，通过故意限制转换速率，可极大减小快速毛刺，后面的信号不发生任何失真。

输出电流

因为输出电流受限，对于小负载电阻，运算放大器输出变化范围减小。图4.33给出了运算放大器411的这种特性图。对于精确应用，避免大电流输出是可取的，它可防止输出级过多的功率消耗而导致芯片上的热梯度。

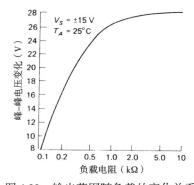

图4.33 输出范围随负载的变化关系

失调电压

因为输入失调电压，零输入产生一个输出 $V_{out} = G_{dc}V_{os}$。对于用运算放大器411构成的增益为100的反相放大器，当输入接地时输出能达到 ± 0.2 V（最大时为 $V_{os} = 2$ mV）。解决办法：（a）如果不需直流增益，用一个电容使直流增益下降到1，如图4.7所示，RIAA放大电路也是如此（见图4.20）。在这种情况下，可由电容耦合输入来完成。（b）用制造商推荐的调整网络将失调电压调到零。（c）使用具有较小 V_{os} 的运算放大器。（d）使用7.1.6节描述的外部调整网络将失调电压调整到零（见图7.5）。

输入偏置电流

即使采用一个经完善调整的运算放大器（即 $V_{os} = 0$），当其输入端接地时，该反相放大器也将产生一个非零的输出电压。这是因为输入偏置电流 I_B 是有限值，通过电阻后有一个压降。然后，该压降会得到电路的电压增益放大。在该电路中，反相输入端有一个驱动阻抗 $R_1 \parallel R_2$，偏置电流产生一个电压 $V_{in} = I_B(R_1 \parallel R_2)$，又被直流增益 $-R_2/R_1$ 放大。

对于FET输入运算放大器，该效应通常可忽略不计，但是双极型运算放大器的较大输入电流也会引起一些实际的问题。例如，考虑一个 $R_1 = 10$ kΩ，$R_2 = 1$ MΩ 的反相放大器。对于反相放大器，该值是合理的，一般习惯保持 Z_{in} 在 10 kΩ 以上。如果选择低噪声双极型LN833，输出（对于接地的输入）能达到 100×1000 nA $\times 9.9$ kΩ 或 0.99 V（$G_{dc}I_BR_{非平衡}$），这是不可接受的。相比较而言，对于常用的LF411（JFET输入）运算放大器，对应的最糟糕的输出（相对于接地的输入）是0.2 mV；对于大部分应用，这是可以忽略的，而在任何情况下，这个输出又被 V_{os} 产生的输出误差（对于最糟糕的未调整的LF411为200 mV）掩盖掉了。

对于偏置电流误差，有几种解决方法。如果必须使用大偏置电流的运算放大器，那么确保两个输入端的直流驱动电阻相同是一种较好的方案，如图4.34所示。在该例中，选择9.1 kΩ 作为10 kΩ 和100 kΩ 并联后的电阻。此外，最佳方案是保持反馈网络的电阻足够小，以至于偏置电流不会产生大的失调；从运算放大器输入端看进去的典型输入电阻大约是 $1 \sim 100$ kΩ。第三个方案涉及到将直流增益减小至1，就像在RIAA放大器中一样。

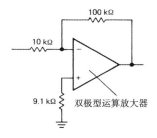

图4.34 对于双极型运算放大器，使用一个补偿电阻来降低输入偏置电流引起的误差

在大部分情况下，最简单的解决办法是使用输入电流可忽略的运算放大器。带 JFET 和 MOSFT 输入级的运算放大器输入电流一般在皮安范围（注意其随温度迅速上升，大约每 10℃ 翻一倍），许多现代的双极型设计使用超 β 晶体管或偏置抵消方案来使偏置电流尽可能低，并能随温度稍微下降。这些运算放大器具有双极型运算放大器的优点（精确、低噪声），而又无输入电流引起的烦恼问题。例如，精确低噪声双极型 OP-27 有 $I_B = 10$ nA（典型值），价格不高的双极型 LM312 有 $I_B = 1.5$ nA（典型值），其改进型双极型（LT1012 和 LM11）有 $I_B = 30$ pA（典型值）。在所有这些价格不贵的 FET 运算放大器中，JEFT 型 LF411 有 $I_B = 50$ pA（典型值），价格在 1 美元以下的 MOSFET 型 TLC270 系列有 $I_B = 1$ pA（典型值）。

输入失调电流

正如刚才描述的，通常最好的方案是设计这样的电路，使电路阻抗与运算放大器偏置电流一起，产生可忽略的误差。然而，我们只是偶尔需要使用高偏置电流的运算放大器，或处理极高的戴维南阻抗的信号。在这种情况下，最好能平衡从运算放大器输入端看进去的直流驱动电阻，而输出端仍然有一些误差（$G_{dc}I_{失调}R_{源}$），这可归咎于运算放大器输入电流不可避免的非对称性。一般来说，$I_{失调}$ 比 $I_{偏置}$ 小 2~20 倍（双极型运算放大器比 FET 运算放大器的匹配效果更好）。

在前面几节中以简单的反相电压放大电路为例讨论了运算放大器极限的影响。例如，运算放大器输入电流导致输出**电压**误差。在不同的运算放大器应用中影响不同；例如，在运算放大器积分电路中，当零输入的情况下，有限的输入电流产生一个**斜坡**输出（而不是常数）。随着对运算放大器电路的熟悉，将能够预知在给定电路中运算放大器极限的影响，从而选择在给定应用中使用哪一种运算放大器。一般来说，没有最好的运算放大器（即使不考虑价格）。例如，最低输入电流的运算放大器（MOSFET 型），一般具有很差的电压失调特性，反之亦然。好的电路设计者选择正确折中的元件，以优化性能，而不会滥用不必要的最贵的元件。

极限暗示着折中

我们讨论过的运算放大器性能极限对几乎所有电路元件值都有影响。例如，反馈电阻必须足够大，以便不会使输出过载；但也不能太大，使输入偏置电流产生较大的失调。反馈网络的高阻抗也增加了干扰信号的电容检波的易感性和杂散电容的负载效应。对于通用运算放大器，这些折中规定电阻值在 2~100 kΩ 之间。

在几乎所有的电子设计中，都涉及到类似的折中，包括由晶体管构造的最简单的电路。例如，在晶体管放大器中静态电流的选择，在高端受到器件功耗、增加的输入电流、过大的供电电流和降低的电流增益的限制；而工作电流由于受到漏电流、降低的电流增益和降低的速度（来自杂散电容和高电阻值的同时影响）的限制使其较低。由于这些原因，正如第 2 章提到的，一般使集电极电流在几十微安到几十毫安的范围（对于电源电路更高一些；对于"微功率"应用，有时稍低一些）。

在接下来的三章中将更详细地分析这类问题，以便更好地理解折中问题。

习题 4.6　画一个直流耦合的反相放大器，增益为 100，$Z_{in} = 10$ kΩ，包含输入偏置电流的补偿，给出失调电压调整网络（在管脚 1 和管脚 5 之间接一个 10 kΩ 的可调电阻，可调端接到 V_-）。再增加电路连接，使 $Z_{in} \geqslant 10^8$ Ω。

表4.2 推荐的运算放大器

类型	Mfg[a]	每个封装的放大器个数[b]			失调电压 最大值 (mV)	失调漂移 最大值 (µV/°C)	输入电流 最大值 (nA)	总供电电压 最小值 (V)	最大值 (V)	供电电流 最大值 (mA)	e_n 典型值 10 Hz (nV/√Hz)	1 kHz (nV/√Hz)	转换速率 典型值 (V/µs)	f_T 典型值 (MHz)	注释
		1	2	4											
LF411	NS	•	A	–	2	20	0.2	10	36	3.4	50	25	15	4	通用豆软糖形
AD711K	AD	•	A	–	0.5	10	0.05	9	36	3	45	18	20	4	改进的LF411
LM358A	NS+	–	•	A	3	20	100	3	32	1.2	–	–	0.5	1	单电源豆软糖形
TLC27M2A	TI	A	•	A	5	2[t]	0.001[t]	3	18	0.6	–	–	0.6	0.7	CMOS豆软糖形
OP-27E	PM+	•	A	A	0.025	0.6	40	8	44	5	3.5	3.0	2.8	8	精密，低噪声
OP-37E	PM+	•	A	–	0.025	0.6	40	8	44	5	3.5	3.0	17[h]	63[h]	同上，较快（不完全补偿，最小增益＝5）
HA5147A	HA	–	–	–	0.025	0.6	40	8	44	4	3.5	3.0	35[c]	140[c]	同上，依然软快（最小增益＝10）
OP-77E	PM	•	A	A	0.025	0.3	2	6	44	2	10.3	9.6	0.3	0.6	精密
LT1028A	LT	•	–	–	0.04	0.8	90	8	44	9.5	1.0	0.85	15	75	精密超低噪声
LT1013A	LT	–	•	A	0.15	2	35	4	44	1	24	22	0.4	0.8	精密单电源
LT1055A	LT	–	–	–	0.15	4	0.05	10	40	4	28	14	13	5	精密JFET
LT1012C	LT+	•	A	–	0.05	1.5	0.15	4	40	0.6	17	14	0.2	0.8	精密低偏置
OPA111B	BB	•	A	–	0.25	1	0.001	10	36	3.5	30	7	2	2	精密低偏置JFET
AD744K	AD	•	A	–	0.5	10	0.1	9	36	4	45	18	75[f]	13[f]	超低失真，稳定，快速安置
LTC1052	IL+	•	–	–	0.005	0.05	0.03	4.8	16	2	–	–	4	1.2	斩波器
OP-90E	PM	•	A	A	0.15	2	15	1.6	36	0.02	60	60	0.012	0.02	精密微功率
CA3440A	RC	•	–	–	5	4[t]	0.04	4	15	(d)	250	110	0.003[e]	0.005[e]	幼功率（可编程）
AD549L	AD	•	–	–	0.5	10	60 fA	10	36	0.7	90	35	3	1	超低输入电流JFET
LM10	NS+	•	–	–	2	2[t]	20	1.1	40	0.4	50	46	0.1	0.4	低供电电压，满幅度输出

a. 见表4.1的脚注。
b. •表示示元器件样号；A表示可用。
c. $G > 10$。
d. 可编程的0.02~10 µA。
e. 在 $I_s = 1$ µA。
f. $G > 2$。
h. $G > 5$。
m. 最小值/最大值。
t. 典型值。

"昨天还有产品供应，今天却没了"

在不知疲倦地寻求较好的、别致的芯片过程中，半导体工业有时可能使我们十分痛苦。有些事情可能是这样的：我们已经设计好并定型一个奇妙的新发明，完成了调试并准备进入生产阶段，但是当准备定购元件时，我们发现一个关键IC已经被制造商停产了！一种更可怕的情况可能是这样的：客户抱怨我们已经制造了许多年的某个仪器交货太晚。当我们进入装配区，寻找出错原因时，却发现除了一个IC"还没有到货外"，整个产品的电路板已经完成。于是我们问采购部门为什么没有加速定购；答复是已经定购了，但还没有收到。我们从销售商那里得知该元件6个月前就断货了，没有一个可用。

为什么会发生这些情况？我们该怎样做呢？我们已经找到IC断货的4种原因：

1. 逐渐过时。已出现了许多新元件，制作旧元件没有意义了。这在数字存储器芯片中表现得特别明显（比如，小的静态 RAM 和 EPROM，每年都被存储量更大的、更快的芯片取代），尽管线性IC还没有完全逃脱被废除的厄运。常常有管脚兼容的改进芯片，我们可以将其插在旧的插槽中。

2. 销售量不够大。有时，特别好的IC消失了。如果强烈坚持，我们能从制造商那里得到解释——"没有足够的需求"或类似这种理由。我们可以将其归结为"为了制造商的方便而断货"。由于 Harris 停产了他们辉煌的 HA4925 ——一个特别好的芯片，最快的四比较器现在没有了，没有任何芯片可以替代它，我们感到特别不方便。Harris 也停产了 HA2705 ——另一个很好的芯片，最快的低功率运算放大器现在已经无影无踪了！有时当硅片改变成较大的尺寸（比如从原来直径为 3" 的圆片变成 5" 或 6" 的圆片），一个好芯片也会断货。我们注意到 Harris 有一个特别的爱好，即停产极好的、独特的芯片；Intersil 和 GE 也做过同样的事情。

3. 内部结构图丢失。我们可能会不相信，有时半导体厂房丢失了一些芯片的内部结构图而不能继续生产！固态系统的 SSS-4404 CMOS 8 级除法器芯片的断销明显就属于这种情况。

4. 制造商破产。上述的 SSS-4404 脱销也有这个原因。

如果焊接一块板子时没有可用的IC，我们有几个选择。可以重新设计电路板（也可能是电路），以便使用可用的元器件。如果使用新的设计进入生产，或使用现有的电路板构造一个大产品，可能是最好的选择。一个便宜的直接解决办法是：制作一个小"姊妹板"，插进空IC插槽中，并模仿不存在的芯片所需的一切。尽管后一种办法不十分雅致，但能使工作进行下去。

流行的运算放大器

有时一种新运算放大器恰好在合适的时间出现，其性能、使用便利性与价格优势一并填补了空白。几个公司就开始制造它，它变成了"第二来源"（second-sourced），设计者开始熟悉它，我们也使用它。这里列出了几种近来流行的运算放大器：

301	第一个容易使用的运算放大器；首先使用"横向PNP"，外部补偿。National。
741	采用多年的工业标准，内部补偿。Fairchild。
1458	Motorola 响应 741 的产品；在一片迷你 DIP 中有两个 741，没有失调管脚。
308	National 的精密运算放大器。低功率，超 β，保证漂移指标。
324	流行的四运算放大器（358 为双运算放大器，迷你 DIP）。单电源工作。National。

355 通用的双 FET 运算放大器（356、357 更快）。特别是与双极型一样精密，但更快，输入电流更低。National。

TL081 Texas Instruments 公司对 355 系列的响应。低成本综合系列，有单、双和四系列；低功率，低噪声，多种封装形式。

LF411 National 改进的双 FET 系列。低失调、低偏置、快速、低失真、高输出电流、低成本。还有双（LF412）和低功率型号（LF441/2/4）。

741 及其类似产品

Bob Widlar 早在 1965 年设计了第一个实际成功的单片运算放大器，即 Fairchild 的 μA709。它虽获得了极高的呼声，但也有一些问题。特别是当输入被过驱动时，它进入锁存模式，而且缺乏输出短路保护电路。它也需要外部频率补偿（两个电容和一个电阻），还有一个笨拙的失调微调电路（也需要 3 个外部元件）。最后，其差分输入电压限制在 5 V。

Widlar 从 Fairchild 转到 National，设计了 LM301，这是一个带输出短路保护的改进运算放大器，没有锁存，差分输入范围为 30 V。Widlar 没有提供内部频率补偿，因为他偏爱用户补偿的灵活性。301 可以用一个电容来补偿，但由于仅保留了一个不经常使用的管脚，仍然需要 3 个外部元件完成失调补偿。

同时，在 Fairchild，对 301 的响应（现在著名的 741）已经成形。它有 301 的优点，但 Fairchild 的工程师选择内部频率补偿，留下两个管脚，允许用一个外部调整器来简化失调的调整。既然大部分电路应用不需要失调调整（Widlar 是对的），但 741 在正常使用下，除了反馈网络本身，不需要其他器件。741 像一团不灭的野火，一直被牢固树立为工业标准而不易改变。

现在有众多 741 类型的运算放大器，实质上在设计和性能上是类似的，但也有些变化的特征，如 FET 输入、双或四、改进的参数、不完全补偿和未补偿等。在此我们列出一些，以利于参考（详见表 4.1）。

单个		双重		四重	
741S	快速（10 V/μs）	747	双 741	MC4741	四 741（348 的别名）
MC741N	低噪声	OP-04	精密	OP-11	精密
OP-02	精密	1458	迷你 DIP 封装	4136	快速（3 MHz）
4132	低功率（35 μA）	4558	快速（15 V/μs）	HA4605	快速（4 V/μs）
LF13741	FET 低输入电流	TL082	FET，快速	TL084	FET，快速（类似于 LF347）
748	未补偿		（类似于 LF353）		
NE530	快速（25 V/μs）	LF412	FET，快速		
TL081	FET，快速（类似于 LF351）				
LF411	FET，快速				

4.4.3 低功率和可编程运算放大器

当电池作为电源应用时，有一组流行的运算放大器，又称"可编程运算放大器"。因为它们所有的内部工作电流在一个偏置可编程管脚上用外部电源电流来设置。内部静态电流都与这个用镜像电流源提供的偏置电流有关，而不是与内部电阻可编程电流源有关。结果，这样的放大器可以在宽电源电流范围可编程工作，一般从几微安到几毫安。转换速率、增益带宽积 f_T 和输入偏置电流都近似与可编程工作电流成正比。当编程工作于几微安时，可编程运算放大器在电池供电的电路中特别有用。在第 14 章中将详细讨论微功率设计。

4250 是最初的可编程运算放大器，对于许多应用，它仍然是一个不错的选择。这种经典产品是由 Union Carbide 开发的，但许多制造商现在有了针对它的"第二来源"产品，它甚至有了双运算放大器和三运算放大器（分别是 8022 和 8023）。10 μA 的 4250 是工作于低电源电流的例子。为了获得这个工作电流，不得不用外部电阻提供一个 1.5 μA 的偏置电流。当工作于该电流时，f_T 是 75 kHz，转换速率是 0.05 V/μs，输入偏置电流 I_B 是 3 nA。在低工作电流下，这种器件的输出驱动能力有相当程度的降低，开环输出阻抗增加到令人惊骇的程度，在该例中大约是 3.5 kΩ。在低工作电流下，输入噪声电压增加，同时输入噪声电流降低（见第 7 章）。4250 说明书称它能在像 1 V 这么低的电源电压下工作，但运算放大器标称的最小电源电压在实际电路中并不十分符合，特别是在需要较大的输出变化范围或较大驱动能力的场合。

776（或 3476）是 4250 的升级，在低电流下有较好的输出性能。346 是性能很好的四级可编程运算放大器，用一个编程输入给三级编程，第四级用其他方式编程。由通常的双极型晶体管构成的其他可编程运算放大器有 OP-22，OP-32，HA2725 和 CA3087。可编程 CMOS 运算放大器包括 ICL7612，TLC251，MC14573 和 CA3440。这些运算放大器工作在非常低的电源电压下（TLC251 低到 1 V），3440 的静态电流低到 20 nA。7612 和 251 对通常的可编程方案进行了改变，它们的静态电流根据编程管脚是连接到 V_+ 或 V_- 还是断开，依照管脚状态可进行选择（10 μA，100 μA 或 1 mA）。

除了这些运算放大器，还有几个不可编程的运算放大器，也用于低供电电流和低电压工作，应该认为是针对低功率的应用。其中，值得注意的是双极型 LM10，该运算放大器指定的电源电压是 1 V（比如 ±0.5 V）。该性能是非常特别的，V_{BE} 随温度的降低而增加，在 −55℃ 接近 1 V，即接近 LM10 工作范围的较低端极限。其他一些性能很好的"微功率"运算放大器有精确的 OP-20（40 μA），OP-90（12 μA）和 LT1006（90 μA），不贵的双 LP324（每个放大器 20 μA），JFET 型 LF441/2/4（每个放大器 150 μA）和 MOSFET 型 TLC27L4（每个放大器 10 μA）。

4.5　详细分析精选的运算放大器电路

以下几个电路的特性均在很大程度上受到运算放大器极限的影响。我们在描述它们时将会稍微详细一些。

4.5.1　对数放大器

图 4.35 所示电路利用了 V_{BE} 与 I_C 的对数关系，输出与正输入电压的对数成正比。由于反相输入端是虚地，R_1 将 V_{in} 转换成电流。电流流过 Q_1，根据 Ebers-Moll 等式，Q_1 的发射极比地低一个 V_{BE} 电压。工作于固定电流的 Q_2 产生一个二极管的校正压降，实际上是温度补偿。电流源（可以是电阻，因为 B 点一直在零点几伏以内）设置输入电流，使输出电压是零。第二个运算放大器是同相放大器，为了得到 −1.0 V/十倍频输入电流的输出电压，电压增益是 16（回忆一下，集电极电流每增加 10 倍，V_{BE} 增加 60 mV）。

进一步详细分析：Q_1 的基极本可以接到集电极，但基极电流将会出错（记住 I_C 是 V_{BE} 的精确指数函数）。在该电路中，由于虚地的原因，基极和集电极的电压相同，但不会引起基极电流出错。Q_1 和 Q_2 应该是匹配对、热耦合的（像 LM394 和 MAT-01 这样的匹配单片对是很理想的）。即使输入电流增加 10^7 倍或更高（大约从 1 nA 到 10 mA），该电路仍然能给出精确的对数输出，但要使用低漏电晶体管和低偏置电流的运算放大器。像 80 nA 偏置电流的 741 是不合适的，像 411 这样的 FET 输入运算放大器通常需要得到 10^7 的线性度。而且，为了在低输入电流下取得好的性能，输入运算放大器必须精确调整，保证零失调电压，因为 V_{in} 在低电流限制下可能小到零点几微伏。如果可能，该电路最好使用电流输入，忽略 R_1。

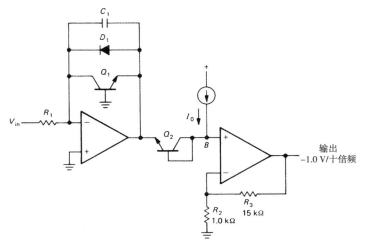

图 4.35　对数转换器。Q_1 和 Q_2 组成一个单片匹配对

另外，还需要用电容 C_1 稳定反馈环路，因为 Q_1 在环路内部影响电压增益。需要二极管 D_1 防止在输入电压变负时，Q_1 的基极－发射极击穿（和毁坏），因为对于正运算放大器输出电压，Q_1 不能提供反馈通路。如果 Q_1 连接成二极管，即基极与集电极接在一起，这些小问题均可避免。

表 4.3　高电压运算放大器

类型	Mfg[a]	总供电电压 最大值 (V)	最小值 (V)	最大差 分输入[b] 电压 (V)	外 部 F 补 E 偿 T	整 流	f_T 典型值 (MHz)	转换 速率 典型值 (V/μs)	输出电流 最大值 (mA)	P_{diss} (50°C) 最大值 (W)	限 制	场合[c]	注释
LM675	NS	20	60	60	– –	–	5.5	8	3000	40	•	TO-220	单片功率运放
LM343	NS	10	68	68	– –	•	1	2	20	0.6	–	TO-99	超 β
LM344	NS	10	68	68	– •	–	1	30[d]	20	0.6	–	TO-99	超 β
3580	BB	30	70	70	• –	•	5	15	60	4.5	•	TO-3I	
LM12	NS	20	80	80	– –	–	0.7	9	10000	90	•	TO-3	单片高功率
PA19	AP	30	80	40	• •	–	100[e]	650[e]	5000	70	•	TO-3I	VMOS 输出
OPA541	BB	20	80	80	• –	•	2	10	10000	90	–	TO-3I	单片高功率
MC1436	MO	10	80	80	– –	•	1	2	10	0.6	–	TO-99	最初的，性能很好
1460	TP	30	80	6	– •	•	1000[e]	300[e]	150	2.5	–	TO-3	VMOS 输出
1461	TP	30	80	25	• •	•	1000[e]	1200[e]	750		–	P-DIP	VMOS 输出
1463	TP	30	80	25	• –	•	17	165	1000	40	–	TO-3	快速单位增益补偿
HA2645	HA	20	80	74	– •	•	4	5	10	0.6	•	TO-99	与 Phibrick 的 1332 相同
OPA445	BB	20	100	80	• –	•	2	10	15	0.6	–	TO-99	单片；也是迷你 DIP
1481	TP	30	150	150	• •	•	4.5	25	80	15	–	TO-3	电流限制
3581	BB	65	150	150	• •	•	5	20	30	4.5	•	TO-3I	
PA04	AP	30	200	20	• –	–	2	50	20000	160	–	P-DIP	VMOS 输出；电流限制
1480	TP	30	300	450	• •	•	20	100	80		–	TO-3	
3582	BB	140	300	300	• –	•	5	20	15	4.5	•	TO-3I	
3583	BB	80	300	300	• –	•	5	30	75	10	•	TO-3	
3584	BB	140	300	300	• •	•	20[e]	150[e]	15	4.5	•	TO-3	
PA08V	AP	30	340	50	• •	–	5	30	150	18	•	TO-3I	低 V_{os}，低 e_n
PA88	AP	30	450	25	• •	–	1[d]	30[e]	100	12	•	TO-3I	低 I_Q，低 V_{os}，e_n，VMOS
PA85	AP	30	450	25	• •	–	20[d]	1000[e]	200	28	•	TO-3I	低 V_{os}，低 e_n，VMOS

a. 见表 4.1 的表注。

b. 不超过总电源电压。

c. "I" 代表隔离。

d. 对于 $G > 10$，当补偿时。

e. 对于 $G > 100$，当补偿时。

增益的温度补偿

　　当环境温度改变时，Q_2 补偿 Q_1 的 V_{BE} 变化，但不能补偿 V_{BE} 对 I_C 的变化斜率。在 2.3.1 节看到 "60 mV/ 十倍频" 与热力学温度成正比，该电路的输出电压如图 4.36 所示。输入电流等于 I_0，即 Q_2 的集电极电流时，补偿是完备的。温度改变 30℃，导致斜率变化 10%，输出电压出现相应的误差。该问题的一般解决办法是用一个普通电阻与一个正温度系数电阻串联，代替 R_2。为了完美补偿，已知电阻的温度系数（比如 Texas Instruments 制造的 1/8 型 TG 电阻的温度系数是 +0.67%/℃），允许计算串联的普通电阻值。例如，应该使用刚才提到的 2.7 kΩ 的 1/8 型 TG "敏感电阻" 和 2.4 kΩ 的电阻串联。

　　通常有几个对数转换模块是完整的集成电路。它们的性能非常好，包含内部温度补偿。它们的制造商有 Analog Devices，Burr-Brown，Philbrick，Intersil 和 National Semiconductor。

习题 4.7　完成对数转换电路：（a）明确地画出电流源；（b）使用 1/8 型 TG 电阻（+0.67%/℃ 的温度系数）来实现温度补偿。正确选择器件值，使 $V_{out} = +1$ V/ 十倍频，提供一个输出失调控制，使 V_{out} 对任意需要的输入电流可以设置到零（用一个反相放大器失调电路来实现，而不通过调整 I_0）。

4.5.2　有源峰值检波器

　　有许多应用需要确定输入波形的峰值。最简单的方法是二极管和电容电路（见图 4.37）。在输入波形的最高点对 C 充电，当二极管反向偏置时，保持该值。

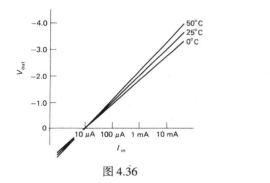

图 4.36

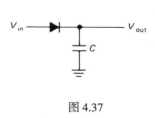

图 4.37

　　上述方法有一些严重问题。在输入波形的峰值期间，输入阻抗是可变的，且非常低。而二极管压降使电路对小于约 0.6 V 的峰值不敏感，对大峰值电压不精确（一个二极管压降）。另外，既然二极管压降取决于温度和电流，所以该电路的不精确取决于周围温度和输出改变速率。回忆 $I = C(dV/dt)$，用射极跟随器作为输入级只能改善第一个问题。

　　图 4.38 给出了一个利用反馈构成的较好电路。从电容电压引出反馈，二极管压降不会导致任何问题。图 4.39 给出了能获得的输出波形。

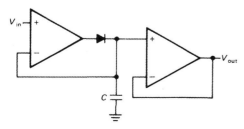

图 4.38　运算放大器峰值检波器

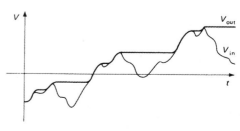

图 4.39

表 4.4　电源运算放大器

类型	Mfg[a]	F 单片	F ET	F 整流?	Pkg[b]	I_{out} (A)	$\pm V_{supply}$ 最小值 (V)	$\pm V_{supply}$ 最大值 (V)	P_{diss} (W)	SR 典型值 (V/µs)	f_T 典型值 (MHz)	功率 BW (kHz)	V_{os}(最大值) (mV)	V_{os}(最大值) (µV/°C)	V_{os}(最大值) (µV/W)
PA03	AP	−	•	•	PD	30	15	75	500	10	5	70	3	30	20[t]
PA04A	AP	−	•	−	PD	20	15	100	200	50	2	90	5	30	10[t]
OPA512	BB	−	−	−	3I	15	10	50	125	4	4	20	3	40	20[t]
LM12	NS	•	−	−	3	10	10	40	90	9	0.7	60	7	50	50
OPA501	BB	−	−	−	3I	10	10	40	80	1.4[m]	1	16	5	40	35[t]
OPA512B	BB	−	−	−	3I	10	10	50	125	4	4	20	6	65	20[t]
OPA541B	BB	•	•	−	3I	10	10	40	90	10	2	55	2	30	60
1468	TP	−	−	−	3	10	10	50	125	4	4	20	6	65	20[t]
PA19A	AP	−	•	−	3I	5	15	40	70	900	100	3500	0.5	10	20[t]
OPA511	BB	−	−	−	3I	5	10	30	67	1.8	1	23	10	65	20[t]
PA09A	AP	−	•	•	3I	4	10	40	78	400	75	2500	0.5	10	
SG1173	SG	•	−	−	220	3.5	5	25	20	0.8	1		4	30	-
LM675	NS	•	−	−	220	3	8	30	40	8	5.5		10	25[t]	25[t]
LH0101	NS	•	T	•	3	2	5	20	62	10	5	300	3	10[t]	150[t]
3572	BB	−	•	−	3I	2	15	40	60	3	0.5	16	2	40	20[t]
3573	BB	−	•	−	3I	2	10	34	45	1.5	1	23	10	65	
LH0021	NS	−	−	−	3	1	5	15	23	3	1	20	3	25	15
MSK792	KE	−	−	•	3	1	5	22	5	2	1	11	0.1	2	-
1463	TP	•	−	•	3	1	15	40	40	165	17		5	20[t]	
1461	TP	•	−	•	PD	0.75	15	40		1200[u]	1000[u]		5	50	
LH0061	NS	−	−	•	3	0.5	-	15	20	70		1000	4	5[t]	5[t]
WA01A	AP	−	−	•	3I	0.4	12	16	10	4000	1000	150000	5	25	10[t]
CLC203	CL	−	−	−	PD	0.2	9	20		6000	5000	60000	1.5	15	
1460	TP	−	−	•	3	0.15	15	40	2.5	300[u]	1000[u]	1500	5	50	
3554B	BB	−	•	•	3I	0.15	5	18	5	1200	100	19000	1	15	
HA2542	HA	−	−	•	D	0.1	5	15	1.6	375	120	4700[m]	10[m]	20	
LH4101	NS	−	•	•	D	0.1	-	15	4	250	28	-	15	25[t]	
LH4104	NS	−	•	•	C	0.1	-	15	2.5	40	18	-	5	20[t]	
1480	TP	−	•	•	3	0.08	15	150		100	20	120	3	100	
1481	TP	−	•	•	3	0.08	15	75	15	25	4.5	50	3	25	
CA3450	RC	•	−	•	D	0.08	-	7	1.5	420	190	10000	15	-	
3583	BB	−	•	•	3I	0.08	40	140	10	30	5	60	3	23	
OP-50E	PM	•	−	•	D	0.07	5	18	0.5	3	25	20	0.03	0.3	
3580	BB	−	•	•	3I	0.06	15	40	4.5	15	5	100	10	30	
AMP-01E	PM	•	−	•	D	0.05	5	15	0.5	4.5	1	20	0.05	0.3	
3581	BB	−	•	•	3I	0.03	32	75	4.5	20	5	60	3	25	
3582/4	BB	−	•	•	3I	0.02	70	150	4.5	20/150	7	30/135	3	25	-

a. 见表 4.1 的表注。
b. 3 代表 TO-3；220 代表 TO-220；PD 代表 power DIP；D 代表 DIP；I 代表独立；C 代表金属封装。
c. 电流限制：T 代表温度限制；E 代表外部调整。
m. 最小值或最大值。
t. 典型值。
u. 未补偿的。

（续表）

类型	I_b(最大值)@ 25°C (nA)	T_{max} (nA)	V_{sat} (V) @	$I_{lim}{}^c$ (A)	t_s(典型值) (µs) to	(%)	(A)	温度限制	注释
PA03	0.05	50	7	30	2	0.1		T	• 一个功放增益很高的器件
PA04A	0.02	-	7.5	15	2.5	0.1		E	− 高电压器件
OPA512	20	15	7	15	2	0.1		E	− 类似于 PA-12
LM12	300	150	8	10			13		•
OPA501	20	15	7	10				E	− 类似于 PA-51
OPA512B	30		6	10	2	0.1		E	−
OPA541B	0.05	40	4.5	5	2	0.1		E	− 单片 JFET
1468	30	-	6	10	2	0.1		E	−
PA19A	0.05	50	5	4	1.2	0.01		E	• VMOS 输出, 宽带, 保护
OPA511	40	30	8	5	2	0.1		E	− 类似于 PA-01
PA09A	0.02	20	8	2	0.3	0.1	4.5		• 快速
SG1173	500	300	6	2			3.5		•
LM675	2 µA		10	3.5			4		−
LH0101	0.3	300	5	2	2	0.01		E	− 类似于 PA-02
3572	0.1	100	5	2				E	• 类似于 PA-07; 3571 到 1 A
3573	40	30	5	2				E	− 类似于 PA-73
LH0021	100	35	4	1	4	0.1		E	外部补偿
MSK792	100	100	3.5	1				E	
1463	0.2	200	8	1	0.25	0.1		E	− VMOS 输出
1461	0.1	100	9	0.5	0.4	0.1		E	− VMOS 输出; 外部补偿
LH0061	100	35	5	0.5	0.8	0.1		E	外部补偿
WA01A	10 µA		5	0.4	0.02	0.1			
CLC203	20 µA	20 µA	4	0.2	15 ns	0.2		E	− 快速设置, 宽带, 保护
1460	-10 µA	-	6	0.15	1	0.1	0.25		− VMOS 输出; 外部补偿
3554B	0.05	50	5	0.1	0.2	0.01	0.15		− 快速
HA2542	35 µA	-	-	-	0.1	0.1	-		− 不完全补偿（$G > 2$）
LH4101	0.5	500	-	-	0.3	0.1			−
LH4104	0.6	25	5	0.1	0.5	0.01	-.		− LH4105 有 $V_{os} < 0.5$ mV
1480	0.2	200	10	0.08	1.5	0.01	0.13		− 高电压
1481	0.1	100	5	0.08	7.5	0.1	0.13		−
CA3450	350	-	2	0.08	35 ns	0.1	-		− 视频放大
3583	0.02	20	10	0.08	12	0.1	0.1		• 高电压
OP-50E	5	7^f	2	0.03	30	0.01	0.06		• 低噪声, 精密
3580	0.05	50	5	0.06	12	0.1	0.1		•
AMP-01E	3	10^f	2	0.03	15	0.01	0.06		• 低噪声, 内部保护放大
3581	0.02	20	5	0.03	12	0.1	0.05		•
3582/4	0.02	20	5	0.02	12	0.1	0.03		• 高电压

运算放大器极限在 3 个方面影响该电路：（a）即使针对比较慢的输入波形，有限的运算放大器转换速率也会导致一个问题。为理解这一点，注意当输入比输出正得较少时，运算放大器的输出进入负饱和（试着在图上画出运算放大器电压；不要忘记二极管的正向压降）。于是当输入波形下一次超过输出时，运算放大器输出不得不紧跟输出电压（加上一个二极管压降）。当转换速率为 S 时，所需时间近似为 $(V_0 - V_-)/S$，V_- 是负电源电压，V_0 是输出电压。（b）输入偏置导致对电容的慢放电（或充电，取决于偏置电流的极性）。这种情况称为"倾斜"，最好使用偏置电流非常低的运算放大器来避免这种现象。由于该原因，二极管必须是低漏电型的（比如 FJT1100，20 V 下的反相电流小于 1 pA；或 FET 二极管，如 Siliconix 的 PAD-1 或 Intersil 的 ID101），而且跟随级必须呈现高阻抗（理想情况

下应该是一个FET或FET输入运算放大器）。（c）运算放大器最大输出电流限制了电容两端电压的变化速率，即输出跟随输入上升的速率。因此，电容值的选择是低倾斜和高输出转换速率的折中。

例如，该电路使用一个$1\,\mu\text{F}$的电容和普通的741（这是一个不妥的选择，因为741需要高偏置电流），它将以$dV/dt = I_B/C = 0.08\ \text{V/s}$的速率倾斜，只有到$dV/dt = I_{\text{output}}/C = 0.02\ \text{V/μs}$时才跟上输入的改变。该最大跟随速率远远小于运算放大器的转换速率$0.5\ \text{V/μs}$，受到最大输出电流20 mA驱动$1\,\mu\text{F}$的限制。若降低C值，能取得较大的输出转换速率，但以较大的倾斜为代价。更加现实地选择器件，应该是将流行的LF355 FET输入型运算放大器作为驱动和输出运算放大器（30 pA典型偏置电流，20 mA输出电流），以及选择数值为$C = 0.01\,\mu\text{F}$的电容。这样选择之后，倾斜仅仅是$0.006\ \text{V/s}$，整个电路转换速率为2 V/μs。对于要求较高性能的场合，使用OPA111或AD549这样的FET运算放大器，输入电流为1 pA或更小。即使选用特别好的电容，如聚苯乙烯或聚合碳酸盐型的电容（见7.1.5节），这时电容的漏电特性仍可能限制电路性能。

□ 二极管漏电流的改进电路

通常，一个灵巧的电路结构能够解决电路元器件特性不理想带来的问题。这样的解决既美观又经济。在这一点上，我们倾向于仔细考察一种高性能设计，而不是等到第7章在精确设计的范围内再来处理这类问题。

假设我们想用峰值检波器得到最好的性能，即输出转换速率与倾斜速率之比最高。如果在峰值检波电路中使用最低输入电流的运算放大器（有些运算放大器的偏置电流低到0.01 pA），倾斜将由二极管漏电流决定；即最好的二极管相对于运算放大器的偏置电流也有较高的漏电电流（见表1.1）。图4.40给出了一个灵巧的电路。与以前一样，电容两端的电压跟随输入波形上升：IC_1经过两个二极管对电容充电，不受IC_2输出的影响。当输入在峰值以下下降时，IC_1进入负饱和，但IC_2保持X点的电容电压，同时消除了D_2的漏电流。D_1的小漏电电流经过R_1流出，该电阻

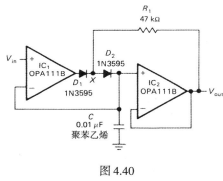

图 4.40

的压降可忽略。当然，两个运算放大器的偏置电流都必须很小。这里OPA111B是一个好选择，它既精确（最大$V_{os} = 250\,\mu\text{V}$），输入电流又小（最大1 pA）。该电路类似于用于高阻抗或小信号测量的保护电路。

注意两个峰值检波电路中的输入运算放大器在负饱和上花费了大部分时间，仅仅当输入电平超过电容上的峰值电压时才突然出现。正如我们在有源整流电路中看到的（见4.3.2节），负饱和过程花费了一定时间（比如LF411是$1\sim2\,\mu\text{s}$）。这就可能限制我们对高转换速率运算放大器的选择。

□ 峰值检波器的重新设置

实际上，我们经常在某些方面需要重新设置峰值检波器的输出。一种可能是在输出端接一个电阻，使电路的输出延迟一个时间常数RC。这时输出保持为最近的峰值。一个较好的办法是在C两端接一个晶体管开关。一个短脉冲到基极，使输出为0。经常会使用一个FET开关，例如在图4.38中，C两端接一个N沟道MOSFET，将栅极即刻变正，使电容电压为零。

4.5.3　抽样和保持

与峰值检波器密切相关的是"抽样和保持"（S/H）电路（有时称做"跟随和保持"），它在数字系统中特别常用。这里可将一个或多个模拟电压转换成数字，以便用于计算机进行处理。最常用的

方法是先获取并保持电压，在空闲时再进行数字转换。S/H 电路的基本单元是一个运算放大器和一个 FET 开关。图 4.41A 给出了这种基本思想。IC_1 是一个跟随器，提供一个等效的低输入阻抗。Q_1 在抽样期间让信号通过，在保持期间断开。当 Q_1 关断时，无论提供什么信号，都保持在电容 C 上。IC_2 是一个高输入阻抗跟随器（FET 输入），使保持期间电容电流最小。C 值是一个折中：Q_1 上的漏电流和跟随器导致 C 的电压在保持期间按 $dV/dt = I_{漏电}/C$ 的速率下降。但 Q_1 的开启电阻和 C 一起形成一个低通滤波器，所以跟随高速信号时 C 值应该很小。IC_1 必须能够提供 C 的充电电流 $I = CdV/dt$，且必须有足够的转换速率来跟随输入信号。实际上，整个电路的转换速率经常受到 IC_1 的输出电流和 Q_1 的开启电阻的限制。

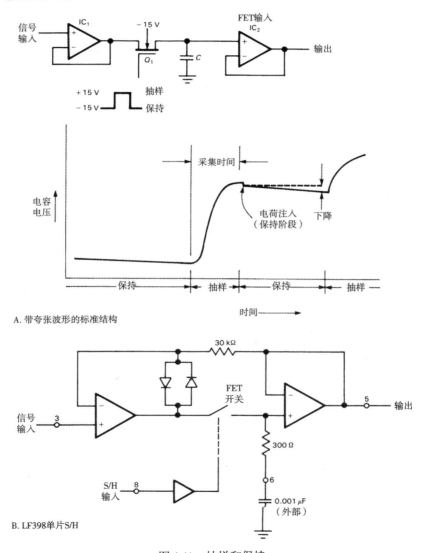

图 4.41　抽样和保持

习题 4.8　假设 IC_1 能提供 10 mA 的输出电流，$C = 0.01$ μF。电路能够精确跟随的最大输入转换速率是多少？如果 Q_1 有 50 Ω 开启电阻，输入信号以 0.1 V/μs 的速率变化时，输出误差是多少？如果 Q_1 和 IC_2 的总漏电流是 1 nA，保持状态下的倾斜速率是多少？

□ 介质吸收

电容器并不是完美的。最常见的缺点是有电容漏电（并联电阻）、串联电阻和电感以及非零温度系数。更加微妙的问题是**介质吸收**，明显地以下列方式表现出来：取一个数值较大的钽电容，充电到 10 V 左右，用一个 100 Ω 的电阻即刻跨接在它两端，迅速放电。移去电阻，用高阻抗的电压表观察电容两端的电压。我们将吃惊地看到电容又充电，几秒后达到 1 V 左右！

介质吸收（或称介质浸出、介质记忆）的开始阶段还没有完全弄清楚，但相信该现象与介质表面的残留极化有关；例如分层结构的云母在这方面就特别差。从电路的角度来看，该额外的极化像一组附加的串联 RC 跨接在电容两端，见图 4.42A，时间常数一般大约在 100 μs 到几秒的范围。不同介质对介质吸收的敏感性变化很大；图 4.42B 给出了几种高质量介质的数据，画出了电压记忆与时间的关系，100 μs 期间 10 V 的步长。

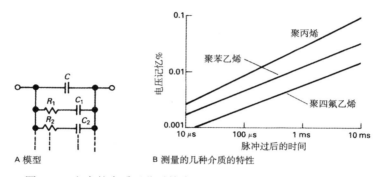

图 4.42　电容的介质吸收（摘自 Hybrid Systems HS9716 数据表）

介质吸收在积分器和其他取决于电容理想特性的模拟电路中，可以导致严重的问题。在抽样/保持及精确的模数转换情况下，该影响可能是破坏性的。在这种情形下，最好的办法是小心地选择电容（特富龙介质是最好的）。在极端情况下，可能不得不借助于一些技巧，比如补偿网络，小心使用可调整的 RC，以抵消电容的内部介质吸收。Hybrid Systems 的某些高质量的抽样/保持模块就使用了该方法。

对于抽样/保持电路和峰值检波器，运算放大器驱动的都是电容负载。当设计这样的电路时，如果以电容 C 作为负载，那么一定要确保选择的运算放大器是稳定的，且为单位增益。一些运算放大器（比如 LF355/6）专门来直接驱动较大的容性负载（0.01 μF）。我们还可以使用 7.1.7 节讨论的其他电路技巧（见图 7.17）。

设计 S/H 电路并不需要从零开始，因为已有很好的单片 IC，包括除电容之外所需的全部内容。National 的 LF398 是一个常用部件，在一个不贵（2 美元）的 8 管脚封装中包含一个 FET 开关和两个运算放大器。图 4.41B 给出了如何使用它的原理电路。注意反馈是如何在两个运算放大器之间构成反馈环路的。如果需要比 LF398 更好的性能，有许多奇特的 S/H 芯片；例如 Analog Devices 的 AD585 包括一个内部电容，它在跟随一个 10 V 的阶跃信号，精度为 0.01% 时，能保证最大采集时间为 3 μs。

□ 4.5.4　有源箝位器

图 4.43 所示电路是第 1 章讨论的箝位功能的有源形式。对于图中给出的器件数值，$V_{in} < +10$ V 使运算放大器输出为正饱和，且 $V_{out} = V_{in}$。当 V_{in} 超过 +10 V 时，二极管接通反馈环路，输出箝制在 10 V。在该电路中，当输入从底部到达箝位电压时，运算放大器转换速率极限允许小毛刺存在（见图 4.44）。

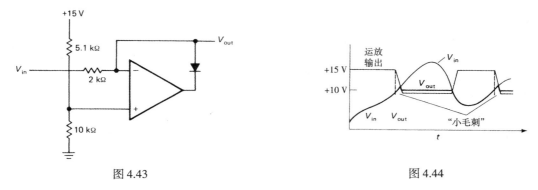

图 4.43

图 4.44

□ 4.5.5 绝对值电路

图 4.45 所示电路的正输出等于输入信号的模值，它是一个全波整流器。像通常一样，使用运算放大器和反馈消除了无源全波整流器的二极管压降。

习题 4.9 弄懂图 4.45 所示电路的工作过程。提示：首先加上正输入电压，看看电路将发生什么；再考虑加上负电压的情形。

图 4.46 给出了另一个绝对值电路。如果把它看成可选反相器（IC_1）和有源箝位器（IC_2）的组合，就很容易理解其工作原理。对于正输入电平，箝位器溢出，其输出处于负饱和，使 IC_1 成为一个单位增益反相器。这样，输出等于输入电压的绝对值。通过在 IC_2 加上单个正电源，可避免箝位器中转换速率极限带来的问题，因为其输出仅仅上移一个二极管压降。注意 R_3 的值不要求特别精确。

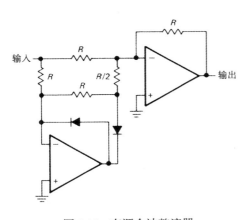

图 4.45 有源全波整流器

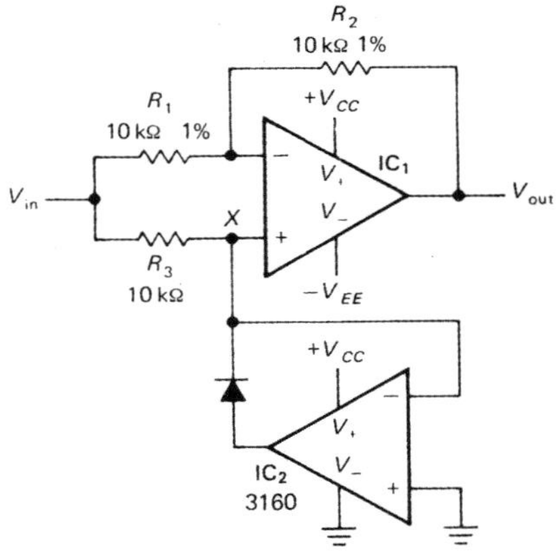

图 4.46

4.5.6 积分器

运算放大器允许我们构造近乎完美的积分器，并没有 $V_{out} << V_{in}$ 的条件限制。图 4.47 显示了它的工作原理。输入电流 V_{in}/R 流过 C。因为反相输入端是虚地，所以输出电压为：

$$V_{in}/R = -C(dV_{out}/dt)$$

或

$$V_{out} = -\frac{1}{RC}\int V_{in}\,dt + 常数$$

输入当然可以是电流，在这种情况下可以省略R。该电路有一个问题，由于运算放大器的失调和偏置电流（没有直流反馈，违背4.2.5节的规则3），即使输入接地，输出也趋向漂移。使用低输入电流和失调的FET运算放大器，该问题可以减轻，再用较大的R和C值来调整运算放大器的输入失调电压。此外，在许多应用中，通过合上接在电容两端的开关（通常是一个FET），这个积分器可周期地被置为零，所以仅仅在很短的时间内有漂移。作为一个例子，像LF411这样便宜的FET运算放大器（典型的偏置电流是25 pA），失调电压调整到0.2 mV，再与$R = 10$ MΩ，$C = 10$ μF一起构成积分器，则在1000 s内将产生小于0.003 V的输出漂移。

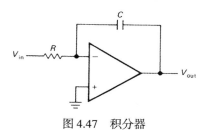

图4.47   积分器

对于给定的应用，如果积分器的剩余漂移仍然太大，则需要将一个较大的电阻R_2跨接在C上，给稳定的偏置提供直流反馈。结果是在非常低的频率$f < 1/R_2C$下使积分器的作用下降。图4.48所示积分器有FET清零开关和电阻偏置稳定。在这种应用中，反馈电阻可能变得相当大。图4.49给出了用小电阻得到大反馈电阻所起作用的技巧。在这种情况下，反馈网络起着像标准的反相放大器中的单个10 MΩ电阻的作用，该反相放大器的电压增益为–100。这种技巧的优点是使用的电阻值很方便，而且没有杂散电容等问题，这种杂散电容在使用非常大的电阻值时会发生。注意，如果在跨阻结构（见4.3.1节）中使用该"T型网络"，可能增加等效的输入失调电压。例如图4.49所示电路，如果由高阻抗的电源（比如光电二极管的电流，输入电阻可忽略）驱动，有100 V_{os}的输出失调；然而带10 MΩ反馈电阻的同样电路，输出失调等于V_{os}（假设由于输入电流引起的失调可忽略）。

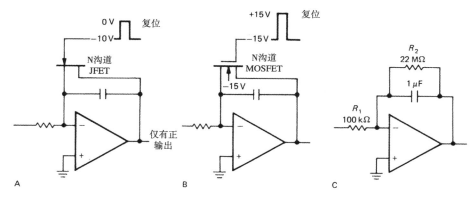

图4.48   带复位开关的运算放大器积分器

□ FET漏电的改进电路

在带FET复位开关的积分器中（见图4.48），即使FET处于关断状态，也会在漏极–源极间漏电产生一个小电流进入求和节点。利用特别低的输入电流运算放大器和低漏电电容，该效应是积分器的主要误差。例如，性能极好的AD549是JFET输入型"静电计"运算放大器，最大输入电流为0.06 pA，高质量的0.01 μF的金属化特氟龙或聚苯乙烯电容的漏电电阻规定最小为10^7 Ω。这样，除了恢复电路以外，积分器在求和点的寄生电流小于 1 pA（对于最糟糕的 10 V 输出），输出响应 dV/dt 小于 0.01 mV/s。将它与现有的 2N4351（改进型号）MOSFET 的漏电进行比较，2N4351 在 $V_{DS}=10$ V，$V_{GS}=0$ V 时的最大漏电为 10 nA！换句话说，FET 的漏电是其他所有漏电的 10 000 倍。

图 4.50 给出了一个巧妙的解决电路。尽管两个 N 沟道 MOSFET 一起作为开关，Q_1 在电压为 0 V 和 +15 V 时开、关，在关断状态（栅极电压为零）时栅极漏电（和漏极 – 源极漏电）被完全消除；在开启状态，电容与以前一样放电，但是具有两倍的 R_{ON}。在关断状态，Q_2 的小漏电经过 R_2 到地，压降可忽略。在求和点没有漏电电流，因为 Q_1 的源极、漏极和衬底的电压相同。也可将该电路与图 4.40 所示的零漏电峰值检波器电路进行比较。

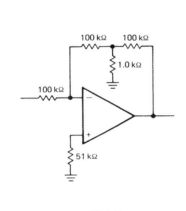

图 4.49

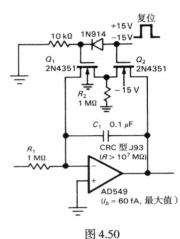

图 4.50

□ 4.5.7　微分器

微分器与积分器类似，只是 R 和 C 互换位置（见图 4.51）。既然反相输入端是地，输入电压的变化产生一个电流 $I=C(dV_{in}/dt)$，则输出电压为：

$$V_{out} = -RC\frac{dV_{in}}{dt}$$

微分器是偏置稳定的，但因为运算放大器的高增益和内部相移，它们一般有噪声和高频端不稳定的问题。由于该原因，在某一最高频率上，需要滚降微分器的作用。通常的方法如图 4.52 所示。滚降元件 R_1 和 C_2 的选择取决于信号的噪声水平和运算放大器的带宽。在高频区，由于 R_1 和 C_2，该电路又变成一个积分器。

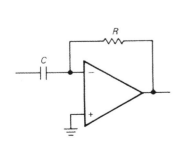

图 4.51

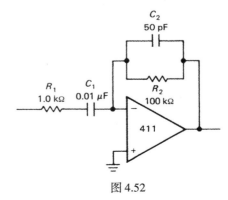

图 4.52

4.6　单电源供电的运算放大器

运算放大器并不总是需要±15 V的规则电压。当用较低的分立电源或不对称的电源电压（比如+12 V和−3 V）供电时，它们也能工作，只要总电源电压（$V_+ - V_-$）在规定的范围以内即可（见表4.1）。常常可以使用不规则的电源电压，这是因为由负反馈可以得到较高的"电源电压抑制比"（对于411，典型值为90 dB）。但在许多情况下，运算放大器最好用+12 V这样的单电源供电。如果关心最小供电电压、输出转换极限以及最大共模输入范围，可以用普通运算放大器来实现，只要它能产生一个高于地的参考电压。对于某些新近出现的运算放大器，其输入输出范围包括负电源电压（即地，单个正电源供电时），由于它的简单性，单电源工作仍很具有吸引力。应该牢记，在对称的分立电源供电工作时，在几乎所有的应用中仍采用通常的技术。

☐ 4.6.1　单电源交流放大器的偏置

对于411这样一般用途的运算放大器，输入和输出的变化范围一般在每个电源电压的1.5 V以内。当V_-接地时，两个输入中的任何一个或输出不接地。当产生一个参考电压（比如0.5 V_+时），可以为运算放大器提供偏置，使它能够工作（见图4.53）。该电路是一个音频放大器，增益为40 dB。$V_{ref} = 0.5\ V_+$ 使输出的峰−峰值在限幅之前可达到17 V。在输入和输出端使用电容耦合，可隔离等于V_{ref}的直流电平。

☐ 4.6.2　单电源运算放大器

有一类运算放大器允许用一个正电源供电来简化运行，因为它们允许输入电压一直降到负端（一般会接地）。根据输出级的能力，可将它们进一步分成两类：一类能一直变到V_-，另一类能一直在上下（V_+与V_-）**两端**变化。

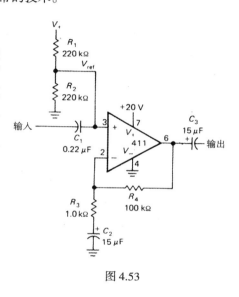

图 4.53

1. LM324（四）/LM358（双）、LT1013和TLC270型。它们的共模输入范围一直在V_-以下0.3 V，输出能变到V_-。输入和输出能到V_+以下1.5 V。如果需要运算放大器的输入范围一直到V_+，可以使用LM301/307、OP-41或355这样的运算放大器；6.6.5节在讨论恒流源供电时用一个例子进行了解释。为了理解这类运算放大器的一些微妙之处，看一看图4.54所示的内部结构图是很有帮助的。它是一个相当直观的差分放大器，有一个输入级的镜像电流源有源负载和带限流的互补推挽输出级。需要记住的一些要点是（称V_-为地）：

输入：PNP输入结构允许在地以下0.3 V波动；如果其中一个输入超过，则输出有离奇的结果发生（例如可能变负）。

输出：Q_{13}将输出降低，并能吸收大量的电流，但只能在地以上一个二极管压降内变化。50 μA的灌电流可使输出低于这个限制，这说明不能驱动一个拉电流为50 μA以上的负载，也不能得到一个接近地以上的二极管压降。即使对于"很好"的负载（比如开路），电流源不会使输出低于地以上一个饱和电压（0.1 V）。如果想要输出下降接近地，负载应吸收一个小的电流到地，比如可以连一个电阻到地。近来在PNP输入的单电源运算放大器家族中增加了精确的LT1006和LT1014（分别是单个和双个）、微功率的OP-20和OP-90（两种都是单个）和LP324（四个）。

在提及能在单电源下工作的其他类型的运算放大器后,我们将阐明这些运算放大器在一些电路中的应用。

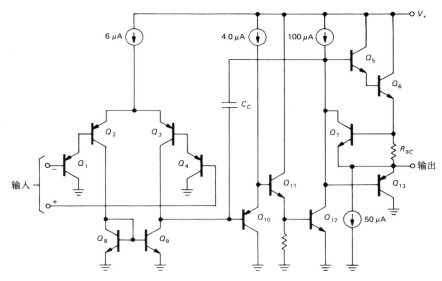

图 4.54　常用的 324 和 358 运算放大器的内部结构图

2. LM10（双极型）或 CA5130/5160（MOSFET）互补输出级运算放大器。在饱和时,它们看起来像一个从输出到电源(V_+ 或 V_-)的小电阻。因此输出可以在任一个电源范围内波动。此外,输入可以到 V_- 以下 0.5 V。与 LM10 不同,CA5130 和 5160 的总电源电压限制到 16 V（最大）,差分输入电压限制到 ±8 V。尽管大部分 CMOS 运算放大器允许输出在端对端之间波动,但是注意有些变化只能始终在一个端之间波动;还需要注意大部分 CMOS 运算放大器的共模输入范围,比如平常的双极型运算放大器至多包含一个供电电源端。例如,TI 流行的 TLC27xx 系列,输入和输出只能到负端;但 National 的 LMC660,Intersil 的 ICL76xx 系列和 RCA 的 CMOS 运算放大器,输出能在两端之间波动（但输入共模范围仅仅到负端）。运算放大器中的例外是 CMOS 型的 ICL7612 和 ALD1701/2,标称输入和输出都可以在两端工作。

□ **举例:单电源光度计**

图 4.55 给出了典型的单电源工作的电路例子。前面在讨论电流/电压转换器时,我们分析过类似的电路。既然光电池电路用于便携式测光仪时的性能很好,而且其输出仅为正,所以对于电池供电的单电源电路,这是一个很好的候选电路。对于 0.5 μA 的输入光电流,R_1 的满刻度输出为 5 V。该电路不需要调整失调电压,因为最差情况下 10 mV 的未调整失调对应于仪器满刻度指示的 0.2%,可忽略不计。TLC251 是一个便宜的微功率（10 μA 的供电电流）CMOS 运算放大器,输入和输出在负端之间波动。它的低输入电流（室温下的典型值为 1 pA）使它特别适合这种低电流应用。注意,如果选择双极型运算放大器应用于类似情况,当光电二极管如图 4.94J 那样连接时,在低光强度下的性能会很好。

当使用单电源运算放大器时,注意不要误解输出在负端（地）波动。实际上有 4 种不同类型的输出级,它们都波动到地,但它们的特性非常不同（见图 4.56）:（a）带互补 MOS 输出晶体管的运算放大器,真正在端到端之间波动;即使有一定的灌电流,这样的输出级能够将输出下拉到地,ICL76xx,LMC660 和 CA5160 就是这样的例子。（b）带有一个 NPN 共发射极晶体管的运算放大器,特性与前一种相同,即使有一定的灌电流,也能够将其输出下拉到地,例如 LM10,CA5422 和

LT1013/14。当然，这两种输出级都能处理开路或**灌**电流到地的负载。（c）某些运算放大器，特别是358和324，使用一个PNP跟随器到地（只能在一个二极管压降以内到地），并联一个NPN灌电流（明显到地）。在358中，内部灌电流为50 µA。只要灌电流不超过负载的50 µA电流，这样的电路明显能够波动到地。如果负载产生更多的拉电流，输出仅仅能在到地的一个二极管压降以内工作。与以前一样，这类输出电路很欢迎拉电流到负载，又返回到地（与前面的光度计例子一样）。（d）最后，一些单电源运算放大器（比如OP-90）使用一个PNP跟随器到地，没有并联灌电流。只有当负载被灌电流驱动时，即返回到地，这样的输出级才能波动到地。如果想用这种有拉电流负载的运算放大器，就不得不增加一个接地的外部电阻（见图4.57）。

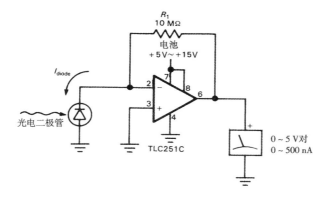

图 4.55　单电源光度计

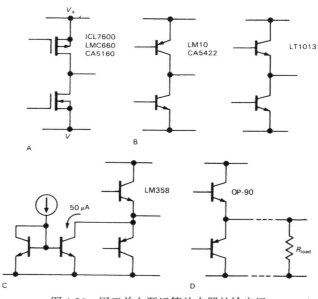

图 4.56　用于单电源运算放大器的输出级

　　注意：不要误认为通过提供一个外部灌电流就可以使任何一个运算放大器的输出工作到负端。大多数情况下，电路驱动输出级不允许这样。详细说明见数据手册。

举例：单电源直流放大器

　　图4.58给出了典型的单电源同相放大器，可放大正极性输入信号。输入、输出和正电源都以地为参考点，地对运算放大器来说是负电源电压。可能需要输出"下拉"电阻，我们称其为1型放

大器，确保输出始终波动到地；反馈网络或负载本身能够完成该功能。重要的是记住输出不能变负。因此，不能使用这种放大器来放大有交流耦合的音频信号。

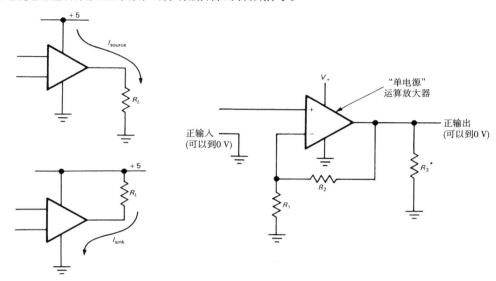

图 4.57　连接一个负载到单电源运算放大器。当为拉电流时，所有的单电源类型（A~D）都能始终波动到地。当在有适当的灌电流时，一些类型（A 和 B）几乎能波动到地。C 型灌电流为 50 μA，D 型需要一个负载电阻返回到地，以便工作在地附近

图 4.58　单电源直流放大器

单电源运算放大器与电池供电设备无关。我们将在第 14 章更详细地讨论这个问题。

4.7　比较器和施密特触发器

我们通常想知道两个信号中哪个更大，或者想知道给定的信号什么时候超过一个预先确定的值。例如，产生三角波的通常方法是将正或负电流加在电容上，当幅值超过一个预先设定的峰值时，电流极性改变。另一个例子是数字电压表，为了将电压转换成数字，未知电压加在比较器的一个输入端，一个线性斜波信号（电容+电流源）加在另一个输入端。当斜波信号小于未知信号时，数字计数器计算一个振荡器的周期；当幅值相等时显示计数结果。所计算的数字与输入电压成正比，这种情况称为单斜积分；在更复杂的仪器中使用双斜积分（见 9.3.7 节）。

4.7.1　比较器

形式最简单的比较器是一个高增益的差分放大器，可以用晶体管或运算放大器构成（见图 4.59）。根据输入信号的差值，运算放大器进入正饱和或负饱和。由于电压增益一般超过 100 000，所以输入不得不在零点几微伏以内，以便输出不会饱和。尽管普通运算放大器可用做比较器（的确也经常用），但有特殊的集成电路专门用做比较器，比如 LM306，LM311，LM393，NE527 和 TLC372。这些芯片设计用于非常高速的响应，是一类特殊的运算放大器。例如，高速 NE521 的转换速率为每秒几千伏。在比较器中，转换速率这个词不经常使用，而是用"传播时延与输入过驱动的关系"。

比较器的输出电路比运算放大器的输出级更灵活。普通运算放大器使用推挽输出级，在两个电源电压之间转换（比如 411 在 ±15 V 的电源电压下是 ±13 V）。比较器芯片通常有一个"集电极开

路"输出，发射极接地。如果一个外部"上拉"电阻连接到所选择的电压上，那么输出便可在 +5 V 和地之间转换。以后将看到，逻辑电路有明确定义的电压，这是其通常的工作电压；前面的例子对驱动 TTL 电路是理想的，而 TTL 是一种常用的数字逻辑。图 4.60 给出了该电路。当输入信号变负时，输出在 +5 V 和地之间转换。该比较器的使用实际上是一个数模转换的例子。

图 4.59　　　　　　　　　　　　　　　　　　　　　　图 4.60

　　这里给出了集电极开路输出的第一个例子；正如在第 8 章到第 11 章中将会看到的，这是逻辑电路的普通结构。如果需要，可以为比较器的内部电路使用一个外部上拉电阻，为 NPN 输出晶体管提供一个集电极负载电阻。既然输出晶体管作为饱和开关工作，电阻值不必很苛求，可在几百欧到几千欧之间；小电阻能改进开关速度和抗噪能力，但以增加功率损耗为代价。顺便提及的是，尽管它们从表面上看与运算放大器类似，但比较器从不使用负反馈，因为它们不稳定（见 4.9.5 节到 4.10.2 节）。然而，正如在下一节中将看到的，一些正反馈常被用在比较器电路中。

对比较器的评论

　　有几点需要记住：（a）由于没有负反馈，所以不服从黄金规则 I，两个输入端的电压不相同。（b）无负反馈意味着（差分）输入阻抗没有被自举到运算放大器电路应有的很高的值。结果，在比较器进行转换时，输入信号遇到的是正在变化的负载和（小）输入电流的变化；如果驱动阻抗太高，也许会发生怪异的现象。（c）一些比较器只允许有限的差分输入波动，在某些情况下小到 ±5 V。参见表 9.3 和 9.1.7 节对一些常用比较器特性的讨论。

4.7.2　施密特触发器

　　如图 4.60 所示的简单比较器电路有两个缺点。当输入变化非常慢时，输出波动也相当慢；更糟糕的是，当输入是噪声时，如果输入经过触发点，输出可能转换几次（见图 4.61）。通过使用正反馈，这两种问题都可得以解决（见图 4.62）。R_3 使电路有两个门限值，其大小取决于输出状态。在给出的例子中，当输出是地（输入高电平）时，门限值为 4.76 V；当输出为 +5 V 时，门限值为 5.0 V。噪声输入产生多次触发的可能性很小（见图 4.63）。而且，正反馈确保输出快速转换，而不考虑输入波形的速度（一个 10 ～ 100 pF 的小"加速"电容常常跨接在 R_3 上，确保开关速度进一步提高）。该结构就是众所周知的施密特触发器（如果使用一个运算放大器，可省略上牵电路）。

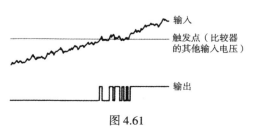

图 4.61

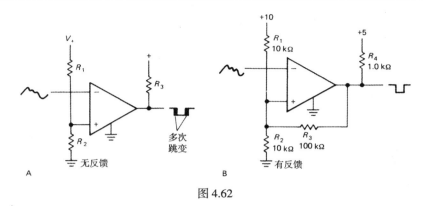

图 4.62

输出既取决于输入电压，也取决于它最近的响应，称为**滞后效应**。这可以用输出对输入的关系图来解释，见图 4.64。设计有小量滞后的施密特触发器的过程很容易。使用图 4.62B 所示的电路，首先选择一个电阻分压器（R_1 和 R_2），使门限值接近适当的电压；如果希望门限值接近地，只要在同相输入端接一个电阻到地即可。接下来，选择（正）反馈电阻 R_3，产生需要的滞后，注意滞后等于输出变化范围，后者也被 R_3 和 $R_1 \parallel R_2$ 构成的电阻分压器衰减了。最后，选择一个足够小的输出上拉电阻 R_4，并考虑 R_3 的负载效应，以保证接近全电源电压的变化范围。对于希望门限值对地是对称的这种情况，从同相输入端到负电源连接一个数值适当的补偿电阻。应该规范所有的电阻值，以保持输出电流和阻抗在合理的范围内。

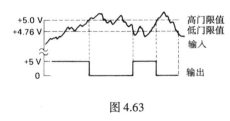

图 4.63

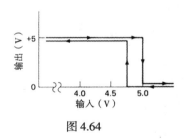

图 4.64

分立晶体管施密特触发器

施密特触发器也可以简单地用晶体管构成（见图 4.65）。Q_1 和 Q_2 共用一个发射极电阻。Q_1 的集电极电阻必须比 Q_2 的大。这时的门限值使 Q_1 导通，其大小为发射极电压加上一个二极管压降；在 Q_1 截止时门限值升高，因为 Q_2 导通时发射极电流较高。这就产生了施密特触发器门限值的滞后效应，就像前面的积分电路施密特触发器一样。

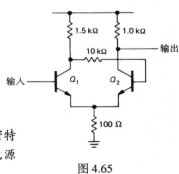

图 4.65

习题 4.10　使用一个 311 比较器（集电极开路输出）设计一个施密特触发器，门限值为 +1.0 V 和 +1.5 V。假设该 311 用 ±15 V 的电源供电，使用一个 1.0 kΩ 的上拉电阻，将其门限值提升到 +5 V。

4.8　有限增益放大器的反馈

我们在 4.4.2 节提到，运算放大器的有限开环增益限制了反馈电路的性能。特别是闭环增益永远也不可能超过开环增益，随着开环增益接近闭环增益，放大器开始偏离理想特性。本节将定量分析这些论点，使我们能够预测用实际（非理想）器件构成的反馈放大器的性能。对于完全用分立器件（晶体管）构成的反馈放大器，这也很重要。分立元件放大器的开环增益通常远小于运算放大器，这时的输出阻抗不为零。尽管如此，较好地理解反馈原理可以使我们获得任意给定电路所需的性能。

4.8.1　增益公式

让我们从考虑放大器的有限电压增益开始，接一个反馈构成同相放大器（见图4.66）。放大器的开环电压增益为 A，反馈网络使输入减去输出电压的 B 倍（以后将推广为输入和输出可以是电流或电压），这时放大器的输入变成 $V_{in}-BV_{out}$，且输出正好是输入乘以 A：

$$A(V_{in}-BV_{out}) = V_{out}$$

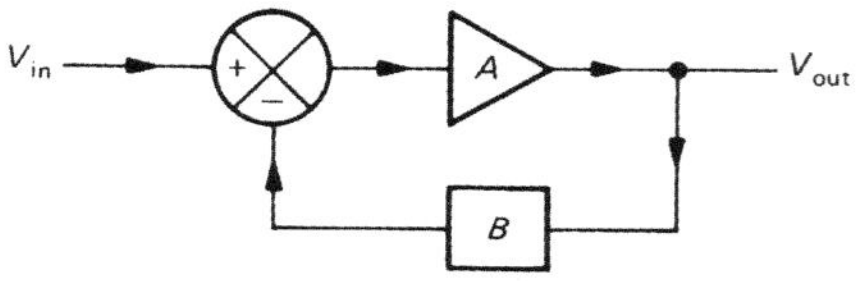

换句话说，

$$V_{out} = \frac{A}{1+AB}V_{in}$$

闭环电压增益 V_{out}/V_{in} 正好是

$$G = \frac{A}{1+AB}$$

图 4.66

有一些术语值得记住，这些物理量的标准名称为：G 代表闭环增益，A 代表开环增益，AB 代表环路增益，$1+AB$ 代表反馈深度。反馈网络有时称为 β 网络（与晶体管的 β，即 h_{fe} 无关）。

4.8.2　反馈对放大电路的影响

让我们看一看反馈的重要影响。最有意义的是增益可预测（也降低了失真）、输入阻抗和输出阻抗发生了改变。

增益的可预测性

电压增益是 $A/(1+AB)$。如果开环增益 A 是无穷大，那么 $G = 1/B$。在同相放大器中，我们看到过该结果，在那里，输出电压分压器提供信号到反相输入端（见图4.69）。闭环电压增益正好是分压器分压比的倒数。对于有限的电压增益 A，反馈能减小 A 的变化（随频率、温度、幅度等）。例如，假设 A 与频率的关系如图4.67所示。这当然也满足任何人对性能较差的放大器的定义（增益按十倍频变化）。现在假设引入反馈，$B = 0.1$（一个简单的分压器就可以完成）。闭环电压增益现在从 $1000/[1+(1000 \times 0.1)]$ 或9.90变到 $10\,000/[1+(10\,000 \times 0.1)]$ 或9.99，在相同的频率范围内，变化只有1%！将它放在音频区，原来的平坦度是 ±10 dB，反馈放大器的平坦度为 ±0.04 dB。现在用这样的线性度恢复原来的增益1000，只需级联3级这样的放大器。正是因为这个原因（即需要特别平坦的电话增音放大器），人们才发明了负反馈。正像其发明者 Harold Black 在第一个公开出版物中对该发明的评价那样（*Electrical Engineering*，53：114，1934），"人们已发现通过建立一个增益有意设定的放大器，例如比需要的高40 dB（在能量基础上超过10 000倍），将输出反馈到输入，就可以摒弃过剩的增益，从而有可能对放大倍数的稳定性有很好的改善，以及抑制非线性度。"

容易看出，对 G 关于 A 求偏导数（$\partial G/\partial A$），开环增益的相对变化量降低反馈深度倍：

$$\frac{\Delta G}{G} = \frac{1}{1+AB}\frac{\Delta A}{A}$$

因此，要得到良好的性能，环路增益 AB 应远远大于 1。或者说开环增益应该远远大于闭环增益。

关于这一点的一个非常重要的结果是非线性（它是增益变化与信号电平的关系）也同样降低了。

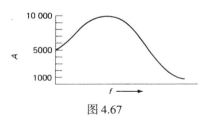

图 4.67

输入阻抗

可以设计一个反馈，从输入端减去一个电压或电流（有时分别称为 **串联反馈** 或 **并联反馈**）。例如，同相运算放大器从输入端的差分电压中减去输出电压样本；而在反相放大器中，从输入端减去一个电流。在这两种情况下，对输入阻抗的影响是相反的：串联反馈的输入阻抗是开环输入阻抗乘以一个因子 $1 + AB$，而并联反馈的输入阻抗却除以同样一个因子。环路增益为无穷大时，输入阻抗（在放大器的输入端）分别变成无穷大或零。这很容易理解，因为电压反馈从输入端减去信号，导致放大器的输入电阻有一个较小的改变（因子 AB），其实形成了自举；电流反馈用一个相等的电流抵消之，从而减少了输入电流。

让我们清晰地看一看反馈是如何改变有效输入阻抗的。我们只用图解的方法来说明电压反馈情况，因为两种情况下的推导过程是相似的。从图 4.68 所示的（有限）输入电阻运算放大器模型开始。输入 V_{in} 减少了 BV_{out}，电压 $V_{\text{in}} - BV_{\text{out}}$ 经过放大器的输入端，所以输入电流为：

$$I_{\text{in}} = \frac{V_{\text{in}} - BV_{\text{out}}}{R_i} = \frac{V_{\text{in}}\left(1 - B\frac{A}{1+AB}\right)}{R_i}$$
$$= \frac{V_{\text{in}}}{(1 + AB)R_i}$$

得到有效的输入电阻

$$R_i' = V_{\text{in}}/I_{\text{in}} = (1 + AB)R_i$$

经典的同相放大器恰好是这种反馈结构，如图 4.69 所示。在该电路中，$B = R_1/(R_1 + R_2)$，当开环电压增益 A 为无穷大时，得到一般的电压增益表达式 $G_v = 1 + R_2/R_1$ 和一个无穷大的输入阻抗。对于有限的环路增益，应用前面推导的表达式。

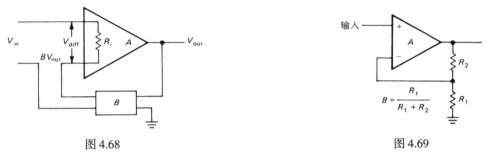

图 4.68　　　　　　　　　　　　　　　　　　图 4.69

放大器反相不同于同相电路，对它们不得不分开进行分析。最好把前者看成是一个输入电阻驱动一个并联反馈级的合成（见图 4.70）。在"求和点"，并联级有其单独的输入，从反馈支路和输入信号来的电流在该点合并（该放大器的连接实际上是一个跨阻结构，它将电流输入转换成电压输出）。反馈将从求和点看进去的阻抗 R_2 降低了一个因子 $1+A$（看看我们是否能证明这一点）。环路增益非常高时（比如运算放大器），输入阻抗降低到零点几欧。对于电流输入的放大器，这是一个很好的特性。4.6.2 节的光度计放大器和 4.5.1 节的对数转换器就属于此类。

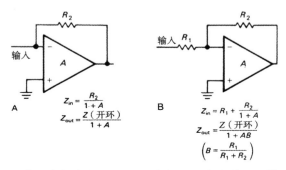

图 4.70　跨阻放大器（A）和反相放大器（B）的输入和输出阻抗

经典的反相放大器是并联反馈跨阻放大器和一个串联输入电阻的组合，如图 4.70 所示。结果，输入阻抗等于 R_1 和从求和点看进去的阻抗的和。对于高环路增益，R_{in} 近似等于 R_1。

推导有限环路增益反相放大器的闭环电压增益表达式是个直观的练习，答案是：

$$G = -A(1-B)/(1+AB)$$

其中 B 与以前定义的一样，$B = R_1/(R_1 + R_2)$。如果开环增益 A 很大，则 $G = -1/B+1$（即 $G = -R_2/R_1$）。

习题 4.11　推导前面讲述的反相放大器输入阻抗和增益的表达式。

输出阻抗

反馈能够将输出电压或输出电流取样。第一种情况的开环输出阻抗降低一个因子 $1+AB$，第二种情况增加一个同样的因子。我们用电压取样这种情况来解释。从图 4.71 所示模型开始分析。这一次直观地给出输出阻抗。计算可用一个技巧来简化：将输入端短路，将电压 V 加到输出端；计算输出电流 I，即可得到输出阻抗 $R_0' = V/I$。输出端的电压 V 将 $-BV$ 作用到放大器的输入端，在放大器的内部产生一个电压 $-ABV$，所以输出电流为

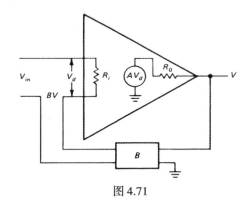

图 4.71

$$I = \frac{V - (-ABV)}{R_0} = \frac{V(1 + AB)}{R_0}$$

得到有效输出阻抗

$$R_0' = V/I = R_0/(1 + AB)$$

如果反馈的是输出电流的样本，表达式变成

$$R_0' = R_0(1 + AB)$$

也可能有几个反馈通路同时取样电压和电流。一般情况下，输出阻抗由 Blackman 阻抗关系式给出：

$$R_0' = R_0 \frac{1 + (AB)_{SC}}{1 + (AB)_{OC}}$$

其中$(AB)_{SC}$是输出短路到地的环路增益，$(AB)_{OC}$是无负载的环路增益。这样，可用反馈产生需要的输出阻抗。当反馈来自输出电压或输出电流时，该等式简化为前面的结果。

□ **反馈网络的负载效应**

　　在反馈计算中经常假设β网络没有成为放大器的输出负载。如果成为负载，计算开环增益时必须考虑它。同样，在放大器的输入端，如果β网络的连接影响了开环增益（去掉反馈，但网络仍然连接着），就必须使用修正的开环增益。最后，前面的表达式假设β网络是单向的，即没有从输入端耦合信号到输出端。

□ **4.8.3　晶体管反馈放大器的两个例子**

　　图 4.72 给出了带负反馈的晶体管放大器。

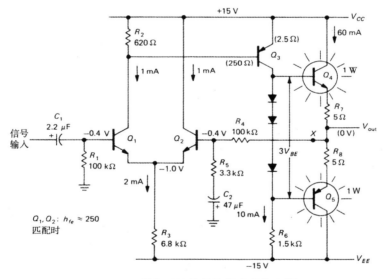

图 4.72　带负反馈的晶体管功率放大器

□ **电路描述**

　　该电路看起来很复杂，但设计特别简明直观，分析相对也比较容易。Q_1和Q_2形成一个差分对，用发射极放大器Q_3放大其输出。R_6是Q_3的集电极负载电阻，推挽对Q_4和Q_5形成射极输出跟随器。由分压器R_4和R_5组成的反馈网络对输出电压取样，反馈网络中的C_2将直流增益降低到1，以稳定偏置。R_3设置差分对的静态电流，因为整个反馈保证静态输出电压为地电平，所以很容易看出Q_3的静态电流是 10 mA（近似等于V_{EE}跨过R_6的电流）。与 2.4.1 节已经讨论的一样，二极管偏置使推挽对导通，R_7和R_8串联对的端电压只有一个二极管的压降，即引起 60 mA 的静态电流。它们处于AB 类工作状态，有利于减小交越失真，但这是以每个输出晶体管需 1 W 的静态功耗为代价的。

　　从早期电路的观点出发，惟一不寻常的特性是Q_1的静态集电极电压比V_{CC}低一个二极管压降。必须这样设置电路，以便保持Q_3的导通，以及确保反馈通路的存在。例如，如果Q_1的集电极电压接近地电平，Q_3将深度导通，使输出电压增加；这又强迫Q_2导通更深，减小了Q_1的集电极电流，从而又恢复到前面的状态。为了保证差分对的集电极电流在静态点上近似相等，选择R_2，使Q_1的静态电流产生一个二极管压降。在该晶体管电路中，输入偏置电流不可忽略（4 μA），100 kΩ 的输入电阻有 0.4 V 的压降。在类似这种晶体管放大电路中，输入电流比运算放大器的大得多，尤其重要的是确保从输入端看到的直流电阻相等（这里采用达林顿输入级或许会更好一些）。

□ 分析

让我们详细分析该电路，确定增益、输入和输出阻抗以及失真。为了理解反馈的作用，我们将找到开环和闭环情况下的这些参数（认识到开环下加偏置是不可能的）。为了对反馈的线性化影响有一定的理解，在输出为 +10 V、−10 V 和静态点（零电压）来计算增益。

□ **开环**。输入阻抗：断开 X 点，使 R_4 的右边接地。输入阻抗是 100 kΩ 和从基极看进去的阻抗的并联。由于反馈网络在 Q_2 的基极，后者是两倍的发射极固有电阻加上从 Q_2 的发射极看进去的阻抗，再乘以 h_{fe}。当 $h_{fe} \approx 250$ 时，$Z_{in} \approx 250 \times [(2 \times 25)+(3.3 \text{ kΩ}/250)]$，即 $Z_{in} \approx 16$ kΩ。

输出阻抗：既然从 Q_3 的集电极往回看的阻抗很高，输出晶体管是由一个 1.5 kΩ 的源（R_6）来驱动的。输出阻抗大约是 15 Ω（$h_{fe} \approx 100$）再加上 5 Ω 的发射极电阻，即 20 Ω。在此，0.4 Ω 的发射极固有电阻可忽略。

增益：差分输入级看到的负载是 R_2 和 Q_3 的基极电阻并联。既然 Q_3 的静态电流是 10 mA，其发射极固有电阻是 2.5 Ω，得到的基极阻抗大约为 250 Ω（同样 $h_{fe} \approx 100$）。这样，差分输入对的增益为

$$\frac{250\|620}{2 \times 25 \text{ Ω}} \quad \text{或 } 3.5$$

第二级 Q_3 的电压增益为 1.5 kΩ/2.5 Ω，即 600。在静态点的电压增益是 3.5 × 600，即 2100。因为 Q_3 的增益取决于其集电极电流，所以随着信号波动，增益有很大的改变，这就是非线性。下面给出了对应于 3 个输出电压值的增益。

□ **闭环**。输入阻抗：该电路使用串联反馈，所以输入阻抗增加一个因子（1+ 环路增益）。反馈网络是分压器，在信号中频处的 $B = 1/30$，所以环路增益 AB 是 70。因此输入阻抗是 70 × 16 kΩ，再与一个 100 kΩ 的偏置电阻并联，即 92 kΩ 左右。这样，偏置电阻在输入阻抗中占主要地位。

输出阻抗：既然输出**电压**被取样，输出阻抗降低一个因子（1+ 环路增益），因此输出阻抗是 0.3 Ω。注意这是小信号阻抗，并不意味着能驱动例如 1 Ω 的负载电阻接近全波动。例如，输出级 5 Ω 的射极电阻限制了大信号的波动。再如，4 Ω 的负载电阻只能被驱动到近似于 10 V 的峰−峰值。

增益：增益是 $A/(1+AB)$。在静态点采用 B 的精确值，对应增益等于 30.84。为了解释用负反馈取得的增益稳定性，下面针对 3 个不同的输出电平，用表格列出了对应于有和无负反馈电路的整个电压增益。很明显，负反馈对放大器的性能有相当大的改进，尽管应该公平地指出，设计出开环性能较好的开环放大器是可能的，比如使用电流源作为 Q_3 的集电极负载，在发射极加负反馈，使用电流源作为差分对的发射极电路，等等。尽管如此，采用反馈仍将有很大的改善。

	开环			闭环		
V_{out}	−10	0	+10	−10	0	+10
Z_{in}	16 kΩ	16 kΩ	16 kΩ	92 kΩ	92 kΩ	92 kΩ
Z_{out}	20 Ω	20 Ω	20 Ω	0.3 Ω	0.3 Ω	0.3 Ω
增益	1360	2100	2400	30.60	30.84	30.90

□ 串联反馈对

图 4.73 给出了另一个有反馈的晶体管放大器。考虑 Q_1 作为其基极 – 发射极压降的放大器（从 Ebers-Moll 的角度考虑），反馈对输出电压取样，从输入信号中减去这个输出取样的一部分。该电

路有一点技巧，Q_2 的集电极电阻作为反馈网络加倍了。应用前面的技术，得到 G（开环）≈ 200，环路增益 ≈ 20，Z_{out}（开环）$\approx 10\ \text{k}\Omega$，$Z_{\text{out}}$（闭环）$\approx 500\ \Omega$，$G$（闭环）$\approx 9.5$。

4.9　一些典型的运算放大器电路

4.9.1　通用的实验室放大器

图 4.74 给出了一个直流耦合的"十进制放大器"，它具有可设置的增益、带宽以及宽范围的直流输出偏移。IC_1 是一个 FET 输入运算放大器，同相增益从 1（0 dB）变到 100（40 dB），步长是精确的 10 dB；增益可以微调。IC_2 是一个反相放大器，在 R_{14} 上将电流注入求和连接点来精确校正，以允许输出在 ±10 V 范围内偏移。C_2–C_4 设置高频下降频率，因为它有过多的带宽（和噪声），常常令人讨厌。IC_5 是一个功率推动级，驱动低阻抗负载或电缆，能提供 ±150 mA 的输出电流。

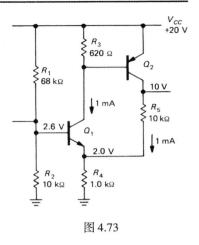

图 4.73

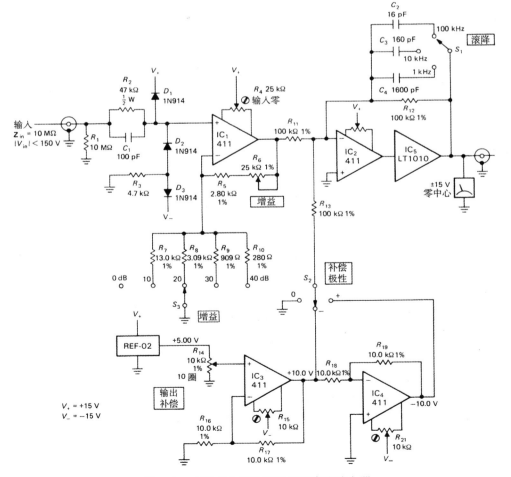

图 4.74　有输出失调的实验室用直流放大器

一些有趣的细节：10 MΩ 的输入电阻足够小，因为 411 的偏置电流是 25 pA（输出开路时有 0.3 mV 的误差）。R_2 和 D_1 以及 D_2 一起将运算放大器的输入电压限制在 V_- 到 $V_+ + 0.7$ V 的范围。使用 D_3 保证箝位电压为 $V_- + 0.7$ V，因为输入共模范围只能到 V_-（超过 V_- 导致输出反相）。电路中也给出了保护器件，输入可到 ± 150 V，而不会损坏管子。

习题 4.12 检验增益是否是标称的。可变的失调电路如何工作？

4.9.2 压控振荡器

图 4.75 所示的一个灵巧电路来自几个制造商的应用记录。IC_1 是一个积分器，它的连接方式可在 Q_1 导通时使电容电流（$V_{in}/200$ kΩ）改变符号，但幅度不会改变。IC_2 接成一个施密特触发器，门限值为 $1/3$ V_+ 和 $2/3$ V_+。Q_1 是一个 N 沟道的 MOSFET，这里用做开关；在这种应用中，使用 MOSFET 比使用双极型晶体管简单一些，但也另外给出了 NPN 晶体管的替代电路。在任意一种情况下，当输出为高电平（HIGH）时，使 R_4 的下端接地；当输出为低电平（LOW）时，使 R_4 的下端开路。

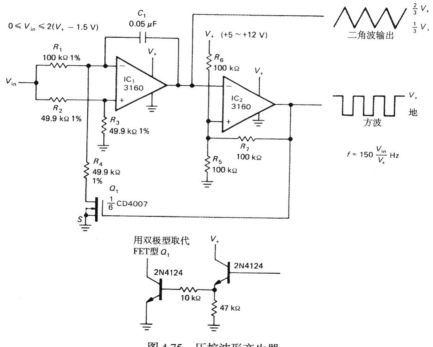

图 4.75 压控波形产生器

该电路有一个不平常的特性，它由单个正电源供电。3160（3130 的内部补偿版本）用 FET 作为输出晶体管，从而保证输出在 V_+ 和地之间全波动；这也保证施密特的门限值不会如它们在惯例的输出级设计中的运算放大器那样漂移，并且这种惯例设计的输出波动限制也不明确。这种情况意味着三角波的频率和幅度是稳定的。注意其频率取决于比值 V_{in}/V_+；它意味着当 V_{in} 来自由电阻分压器（比如用某类阻性变换器构成）产生的 V_+ 时，其输出频率不随 V_+ 变化，只随电阻变化。

习题 4.13 证明输出频率为 $f(\text{Hz}) = 150\,V_{in}/V_+$。同时证明施密特的门限值和积分器电流如前所述。

□ 4.9.3 带 R_{ON} 补偿的 JFET 线性开关

在第3章中详细分析了MOSFET线性开关。使用JFET作为线性开关也是可能的，但必须更小心地处理栅极信号，以便不会发生栅极导电。图4.76给出了一个典型的设计。栅极被较好地控制在地以下，以保持JFET截止。这意味着如果输入信号变负，栅极一定保持为比输入最低幅值还要低 V_p 的电压。为了使FET导通，控制输入要比最大的输入偏移更大。二极管处于反向偏置，栅极通过 1 MΩ 的电阻跨接在源电压上。

该电路的笨拙之处说明，在线性开关应用中MOSFET更流行。但是，如果使用一个运算放大器，设计一个雅致的JFET线性开关电路也是可能的。这是因为能将JFET的源极与反相放大器求和点的虚地连接，然后简单地将栅极接地，使JFET导通。这种安排有一个附加的优点，就是提供了一个精确抵消由有限 R_{ON} 及其非线性引起误差的方法。图4.77给出了该电路。

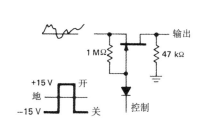

图 4.76

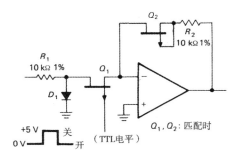

图 4.77 带 R_{ON} 抵消的 JFET 开关放大器

该电路有两个值得注意的特征：（a）当 Q_1 导通（栅极接地）时，整个电路是一个反相器，其输入和反馈电路中的阻抗相同。假设FET关于 R_{ON} 匹配，这导致可以抵消有限或非线性开启电阻的任何影响。（b）因为较低的JFET截止电压，控制信号在 0 ~ +5 V 之间，电路能很好地工作，该范围也是标准数字逻辑电路所能获得的（见第8章和第9章）。当 Q_1 的源极接到虚地点（求和点）时，反相结构能简化电路的操作，这是因为在导通（ON）状态下 Q_1 的源极没有信号波动；当 Q_1 截止（OFF）时，对于正输入波动，D_1 阻止FET导通；当开关闭合时，没有任何影响。

P沟道JFET的截止电压很低，价格也很便宜。例如，IH5009-IH5024系列在单个DIP封装中包含4个输入FET和一个带抵消的FET，R_{ON} 为 100 Ω，价格低于2美元。增加一个运算放大器和几个电阻，就能构成一个4输入乘法器。注意在MOSFET开关中可以使用同样的 R_{ON} 抵消技巧。

□ 4.9.4 TTL 过零检测器

图4.78所示电路用TTL逻辑（0 ~ +5 V 范围），以 100 V 以下任意幅值的输入波形产生方波输出。R_1 与 D_1 和 D_2 结合，以限制输入近似在 −0.6 ~ +5.6 V 范围之间波动。同时也需要用电阻分压器 R_2 和 R_3 限制负波动小于 0.3 V，这也是 393 比较器的限定范围。R_5 和 R_6 产生滞后，R_4 将触发点设置为对地对称，因为在输入衰减器中 R_1 值相对于其他电阻更大一些，使输入阻抗近似为常数。使用393是因为其输入能直接接地，简单地在单电源下工作。

习题 4.14 验证输入信号的触发点是 ±25 mV。

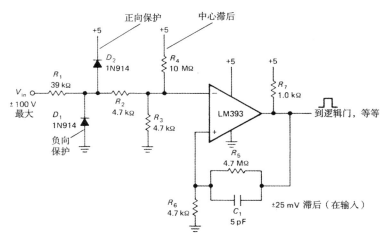

图 4.78　带输入保护的过零检测器

□ 4.9.5　负载电流感应电路

图 4.79 所示电路的电压输出与负载电流成正比，这可用于电流稳压器、仪表电路或各种类似的情况。4 端电阻 R_S 的电压从 0 V 变化到 0.1 V，由于电阻接地（注意电源在输出端接地）的影响，可能有共模失调。由于该原因，该运算放大器接成差分放大器，增益为 100。R_8 可用于电压失调的外部调整，因为 LT1013 没有内部失调电路（但单个 LT1006 有）。具有百分之几稳定性的齐纳参考源对调整是合适的，因为调整本身只是一个很小的校正（这正是我们希望的！）。可以选择最早的358，因为它的输入和输出均可始终到地。V_+ 可以是不规则的，因为运算放大器的电源电压抑制性能特别好，在该情况下是 100 dB（典型值）。

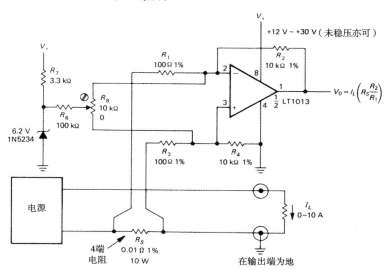

图 4.79　高功率电流感应放大器

4.10　反馈放大器的频率补偿

如果看看几个运算放大器的开环电压增益与频率的关系图，就能弄懂一些如图 4.80 所示的曲线。只要从表面上看一看这样的波特图（增益和相位与频率的对数关系图），就可以得出结论：741

是一个很差的运算放大器，因为随着频率的增加其开环电压增益下降如此之快。事实上，这种滚降是故意建立在运算放大器中的，并可视为与 RC 低通滤波器的 –6 dB/二倍频曲线特性相同。比较而言，748 与 741 是一样的，只是 741 没有补偿（与 739 的情形相同）。一般可用的运算放大器既有内部补偿的，也有内部未补偿的。让我们来看一看频率补偿的问题。

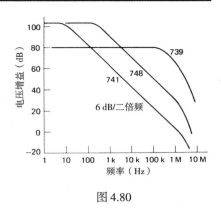

图 4.80

4.10.1　增益和相移与频率的关系

一个运算放大器增益（或者更一般地，任何多级放大器）在某些频率上会下降，这是因为有限源阻抗的信号在放大器各级内驱动电容负载，形成低通滤波器。例如，通常情况下输入级由差分放大器组成，可能还有镜像电流源负载（见图 4.54 中 LM358 的内部结构图）驱动共发射极的第二级。从现在开始，假设移去电路中标号为 C_C 的电容。输入级的高输出阻抗和结电容 C_{ie} 以及下一级的反馈电容 C_{cb}（密勒效应，见 2.4.5 节和 13.1.4 节）一起，形成一个低通滤波器，其 3 dB 点可能落在 100 Hz ~ 10 kHz 范围内。

随着频率的增加，电容的电抗降低，导致频率特性以 6 dB/二倍频的速度下降：在足够高的频率上（可以低于 1 kHz），电容负载在集电极的负载阻抗中占支配地位，产生一个电压增益 $G_v = g_m X_C$，即增益以 $1/f$ 下降。输出相对于输入信号也产生 90° 的滞后相移。我们可以将其想像成 RC 低通滤波器特性的尾部，其中 R 代表等效的源阻抗驱动容性负载。但是，电路中不需要有任何实际的电阻。

在多级放大器中，在高频端有附加的滚降，它是由其中各放大级的低通滤波器特性引起的。整个开环增益如图 4.81 所示。在某个低频处 f_1，由于第一级输出的容性负载，开环增益开始以 6 dB/二倍频的速度下降。它继续以该速率下降，直到另一级内部的 RC 在频率 f_2 处开始起作用，之后以 12 dB/二倍频的速度下降。

所有这些的意义是什么？ RC 低通滤波器的相移如图 4.82 所示。放大器内的每一个低通滤波器都有类似的相移特性，放大器的整个相移如图 4.83 所示。

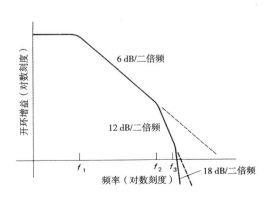

图 4.81

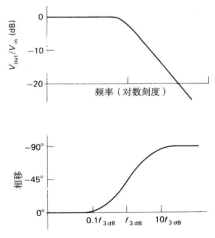

图 4.82　波特图：增益和相位与频率的关系

现在有一个问题：如果将该放大器接成一个运算放大器跟随器，它将会振荡。这是因为在某个频率上，开环相移达到$180°$，此时增益仍然远远大于1（在该频率处，负反馈变成正反馈）。这正是产生振荡所需要的一切条件，因为在该频率上无论什么信号，每次都在反馈环路中得以建立，就像一个增益升得太过分的公用地址系统。

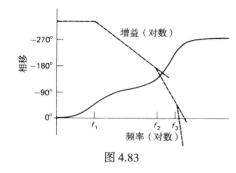

图 4.83

稳定性标准

对于反馈放大器，防止振荡的稳定标准是在环路增益为1的频率上，其开环相移必须小于$180°$。当放大器接成跟随器时，该标准要求最苛刻，因为此时的环路增益等于开环增益，即能达到的最高值。即使连接成跟随器，内部补偿的运算放大器也满足该稳定标准；当简单电阻反馈网络连接用做闭环增益时，它们是稳定的。正如我们早期暗示的，为了将3 dB点放在某个低频上，典型值是$1 \sim 20$ Hz，可以通过人为地修正现有的内部下降特性来实现内部补偿。下面来看看它是如何工作的。

4.10.2　放大器的补偿方法

主要极点补偿

我们的目标是在环路增益大于1的所有频率上，保持开环相移远小于$180°$。假设运算放大器作为跟随器，这里提到的"环路增益"这个词可用"开环增益"代替。最容易的实现方式是在电路中第一个产生转换的点上增加足够的电容，产生初始的6 dB/二倍频的下降，在下一个"真正的"RC滤波器的大约3 dB频率点上，使开环增益下降到1。这样，开环增益在大部分通带内保持为$90°$的常数，只有当增益接近1时，才朝着$180°$增加。图4.84给出了这种原理思想。没有补偿时，开环增益朝着1下降，首先以6 dB/二倍频的速度，接着以12 dB/二倍频的速度，等等，在增益到达1之前，相移到达$180°$或更多。通过将开始下降的频率下移（形成一个主要极点），下降被控制，使得只有当开环增益接近1时，相移才开始增加到$90°$以上。这样，通过牺牲开环增益，换取了稳定性。既然最低频率的自然下降通常由输入差分放大器产生，主要极点补偿的通常方法是在第二级周围

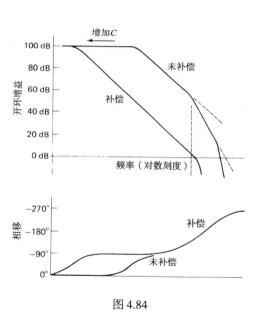

图 4.84

简单地附加反馈网络，使两级的总的电压增益在放大器频率响应的补偿区是$g_m X_C$或$g_m/2\pi f C_{\text{comp}}$（见图4.85）。实际上，两级都可使用达林顿连接的晶体管。

将单位增益的主要极点设在下一个滚降的3 dB点上，在最差的情况下（在跟随器中）还能得到大约$45°$的相位裕度，这是因为单个RC滤波器在其3 dB频率上有$45°$的滞后相移，即相位裕度等于$180° - (90° + 45°)$，其中$90°$来自主要极点。

使用密勒效应进行极点补偿的另一个优点是，这种补偿对于电压增益随温度或厂家生产增益的分散性而变化的特性具有本来的不敏感性：较高增益导致反馈电容看起来更大，在频率轴上将极点精确地右移，以保持单位增益跨过未变化的频率。实际上，极点补偿和实际 3 dB 频率无关，主要和单位增益与轴相交的点有关（见图 4.86）。

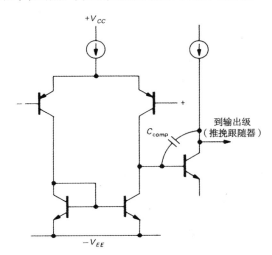

图 4.85　带补偿的经典运算放大器输入级

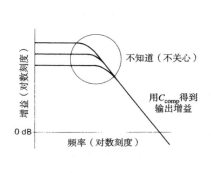

图 4.86

未补偿的运算放大器

如果在电路中使用运算放大器时闭环增益大于 1（即不是一个跟随器），就不必将极点（低通滤波器的"转折频率"）设置得如此低，因为较低的环路增益使稳定性标准宽松一些。图 4.87 说明了这种情况。

对于一个 30 dB 的闭环增益，环路增益（开环增益与闭环增益的比）小于跟随器的环路增益，所以其主要极点可以设置在较高频率上。选择主要极点，使开环增益在运算放大器的下一个自然极点频率上到达 30 dB（而不是 0 dB）。如图 4.87 所示，这意味着开环增益在大部分频率范围内是较高的，结果使放大器也工作于较高频率。有一些可用的运算放大器是未经补偿的，比如 748 是未补偿的 741，同样的情况还有 308（312），3130（3160）和 HA5102（HA5112）等。对于所选择的最小闭环增益，它们具有推荐使用的外部电容值。如果我们需要增加电路带宽，并且使电路工作于较高的增益，它们仍值得使用。另一个选择是使用"补偿不足"的运算放大器，比如 357，它针对闭环增益大于某个最小值的情形（在 357 中，$A_V > 5$）具有内部补偿。

□ 极点 – 零点补偿

采用一个补偿网络，在某个低频点开始下降（一个极点，6 dB/ 二倍频），然后在运算放大器的第二个自然极点频率处使增益平坦，这种方法可能比主要极点补偿法的性能更好一些。这样，运算放大器的第二个极点被"抵消"，得出一个平滑的 6 dB/ 二倍频的滚降特性，直到放大器的第三个极点。图 4.88 给出了频率响应图。实际上，选择零点来抵消运算放大器的第二个极点，所以第一个极点的位置被调整，使整个响应在运算放大器的第三个极点频率处到达单位增益。对于极点–零点补偿，一组很好的数据表给出了建议的元器件值（R 和 C），也给出了主要极点补偿的常用电容值。

在 13.1.6 节中讨论将主要极点的频率下移，使放大器的第二个极点频率稍微上移，即著名的"极点分离"效应。因此，抵消零点的频率也将得到相应的选择。

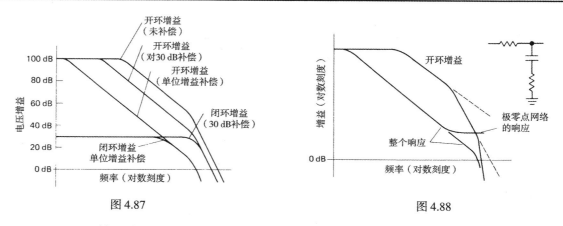

图 4.87   图 4.88

□ 4.10.3　反馈网络的频率响应

　　到目前为止，在所有的讨论中已经假设反馈网络具有一个平坦的频率响应；如果反馈网络是标准的电阻分压器，通常是这样的。但是，也有一些偶然情形，如想要得到一个均衡放大器（积分器和微分器即属于该类），或要修正反馈网络的频率响应以改善放大器的稳定性。在这类情况下，记住环路增益与频率关系的波特图（而不是开环增益曲线）则很重要。简言之，理想的闭环增益与频率关系曲线应该与开环增益曲线相交，并具有 6 dB/ 二倍频的斜率。作为例子，通常是在正常的反相或同相放大器中的反馈电阻两端跨接一个小电容（几皮法）。图 4.89 给出了这种电路及其波特图。

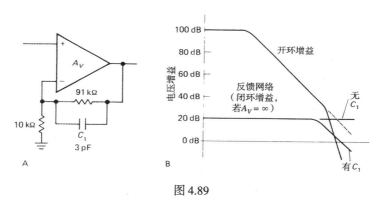

图 4.89

　　具有平坦反馈网络的放大器将很不稳定，这是因为环路增益将以近似 12 dB/ 二倍频的速率下降。在交叉区附近，电容导致环路增益以 6 dB/ 二倍频的速度下降，以保证稳定。当设计微分器时，这一考虑是非常重要的，因为一个理想的微分器的闭环增益以 6 dB/ 二倍频的速率上升。这就需要在某个适当的频率上使微分器的上升滚降下来，常偏向于以 6 dB/ 二倍频的速率滚降。相比较而言，积分器在这方面是很和谐的，因为它具有 6 dB/ 二倍频的闭环滚降特性。当然，构造一个低频积分振荡器也是很难的。

所需做的事

　　总之，我们一般面临在内部补偿或未补偿的运算放大器之间选择。使用补偿的类型是最简单的，这也是通常的选择。我们可以首先考虑具有内部补偿的 LF411。如果需要较宽的带宽和转换速率，就寻找具有快速补偿的运算放大器（参见表 4.1 和表 7.3 中的多种选择）。如果没有合适的运算放大器,且闭环增益大于1(通常的情形),可以使用一个未经补偿的运算放大器,再用制造商指定的外部电容来满足所需要的增益。

　　也有许多运算放大器提供另一个选择:"补偿不足"版本,它不需要外部补偿元件,但仅适合某些最小增益大于1的情况。例如,常用的OP-27低噪声精确运算放大器(单位增益补偿)就像未补偿的OP-37(最小增益为5)一样应用,并提供大约7倍的速率,也可以像补偿不足的HA-5147(最小增益为10)一样应用,速率为它的15倍。

□ 例子:60 Hz 的电源

　　未经补偿的运算放大器也给出了一种过补偿的灵活性,后者正是对由反馈环路中其他部分引入附加相移问题的一种简单解决办法。图4.90给出了一个很好的例子。这是一个低频放大器,从一个可变的60 Hz的低电平正弦波输入(用8.7.3节描述的60 Hz合成器电路)产生115 V的交流电源输出。运算放大器和R_2以及R_3一起,构成一个增益为100的模块;该模块作为整个反馈相对较低的"开环增益"。运算放大器输出驱动推挽输出级,输出级又驱动变压器的初级。当负载变化时,为了产生较低的失真和稳定的输出电压,从变压器的输出端借助R_{10}构成低频反馈。因为这个变压器在高频端的相移大得异常,所以利用这个电路在高频端使来自变压器的低压输入借助C_3形成反馈,选择R_9和R_{10}的相对大小,使得在所有频率上反馈量为常数。尽管高频反馈直接来自推挽输出,但在变压器初级两端仍呈现出与电抗负载(变压器的初级)有关的相移。为了确保高稳定性,尽管在输出为115 V时有电抗负载,但是运算放大器已经由82 pF的电容(30 pF是单位增益补偿的正常值)过补偿了。而由此引起的带宽损失在这种低频应用中是不重要的。

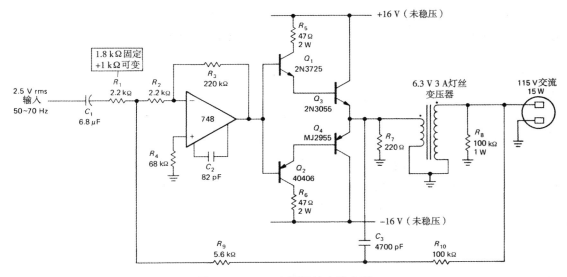

图4.90　60 Hz 电源的输出放大器

　　类似这种应用体现了一种折中。因为在理想情况下我们宁愿有大量的环路增益来稳定输出电压随负载电流的变化。但是较大的环路增益会增加放大器振荡的趋势,特别是当有电抗负载时。这是因为电抗负载与变压器的有限输出阻抗一起,引起了低频反馈环路内的附加相移。由于该电路已经用于引出一个望远镜的同步驱动马达(高感性负载),所以有意使环路增益保持较低。图4.91给出了交流输出电压随负载变化的关系图,它表明了一种较好(但不十分好)的调节特性。

汽船声（低频寄生振荡）

　　在交流耦合的反馈放大器中，由于几个电容耦合级累积的**超前**相移，稳定性问题也会在低频端突然出现。每一个隔直电容和类似偏置电路引起的输入电阻一起，导致超前相移在低频 3 dB 点等于 45°，在低频端接近 90°。如果环路增益足够大，系统可能进入低频振荡，我们常形象地称之为"汽船声"。随着直流耦合放大器的广泛使用，汽船声这种现象几乎已经消失。但我们的电路先驱者已经在这方面有过许多体会。

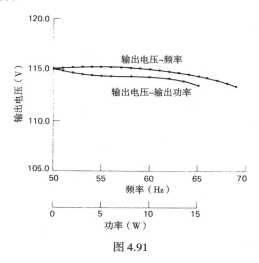

图 4.91

4.11　电路示例

4.11.1　电路集锦

　　图 4.94 给出了许多来自厂商说明书的电路。

4.11.2　不合理电路

　　图 4.95 给出了一些存在问题的电路，通过进行分析一定能从中受益。这些电路是不能工作的，试了解其原因。图中所有的运算放大器均工作在 ±15 V，除非另加标明。

4.12　补充题

1. 设计一个"敏感的电压表"，Z_{in} = 1 MΩ，4 个量程的满程灵敏度为 10 mV~10 V。使用一个 1 mA 的仪表机芯和一个运算放大器。如果需要，调整电压失调，计算输入开路时的仪表显示数值。假设（a）I_B = 25 pA（411 的典型值），（b）I_B = 80 nA（741 的典型值）。使用某种形式的仪表保护装置（比如，保证电流小于满刻度的 200%），防止放大器的输入电压超出电源电压。对于 741 适宜于低电平高阻抗测量，可有什么结论？

2. 设计一个音频放大器，使用 OP-27 运算放大器（低噪声，适合音频），有下列特性：增益 = 20 dB，Z_{in} = 10 kΩ，–3 dB 点为 20 Hz。使用同相结构，在低频端用一种方式使增益下降，以降低输入失调电压的影响。假设信号源是电容耦合的。

3. 使用 411 设计一个单位增益的相位分配器（见第 2 章）。尽量做到高输入阻抗与低输出阻抗，并且电路应该是直流耦合的。由于转换速率的限制，最高频率大约为多少时才能获得全波动（电源为 ±15 V，峰 – 峰值为 27 V）？

4. E1 Cheapo 品牌的扬声器有一个高音增强电路，从 2 kHz（+3 dB 点）开始，以 6 dB/ 二倍频的速率上升。设计一个简单的 RC 滤波器，放置在前置放大器和放大器之间，来补偿这种上升。如果需要，可用 AD611 运算放大器（另一个好的音频芯片）来缓冲。假设前置放大器的 $Z_{out} = 50$ kΩ，放大器的 $Z_{in} = 10$ kΩ（近似值）。

5. 使用 741 作为一个简单的比较器，一个输入端接地，即它是一个过零检测器。将一个幅度为 1 V 的正弦信号加到另一个输入端（频率为 1 kHz）。当输出通过 0 V 时，输入电压应该是什么？假设转换速率是 0.5 V/μs，运算放大器的饱和输出是 ±13 V。

6. 图 4.92 所示电路是一个 "负阻抗转换器" 例子。（a）输入阻抗是多少？（b）如果运算放大器输出范围从 V_+ 到 V_-，该电路在不饱和情况下容纳的输入电压范围是多少？

7. 将前一个问题中的电路考虑成一个 2 端黑盒子（如图 4.93 所示）。指明如何构造一个增益为 –10 的直流放大器。为什么不能构造一个增益为 +10 的直流放大器？提示：对于一定范围的源电阻，电路易受截止状态的影响，该范围是多少？能想出一个改进方案吗？

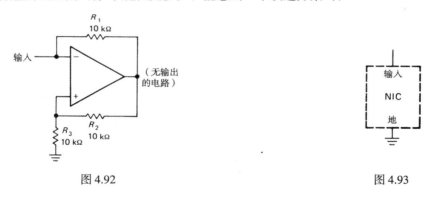

图 4.92   图 4.93

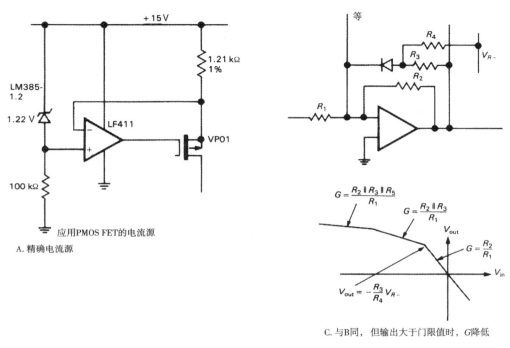

A. 精确电流源

应用PMOS FET的电流源

C. 与B同，但输出大于门限值时，*G*降低

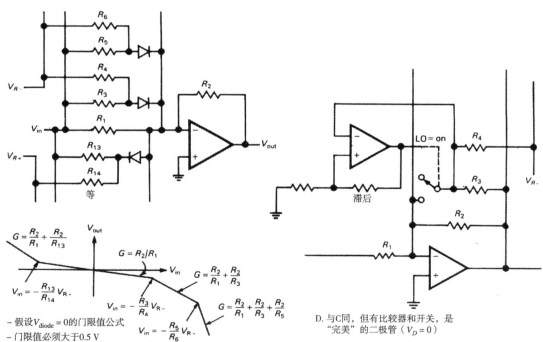

B. 反相分段线性曲线放大器。输入大于门限值时，*G*增加

- 假设$V_{diode} = 0$的门限值公式
- 门限值必须大于0.5 V

D. 与C同，但有比较器和开关，是"完美"的二极管（$V_D = 0$）

图 4.94　电路集锦

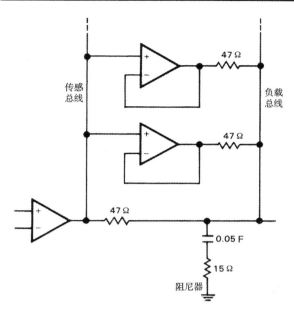

E. 附加运放级有较高的输出电流；监视过热

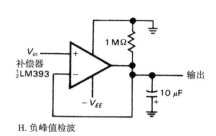

H. 负峰值检波

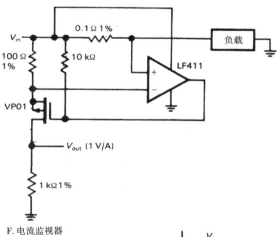

F. 电流监视器

I. 增益连续变化

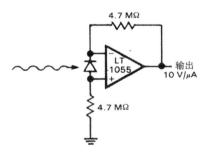

J. 光电二极管放大器

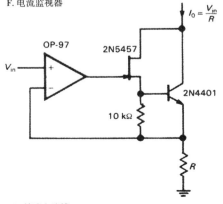

G. 精确电流槽

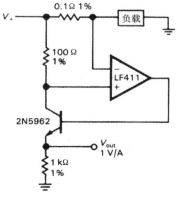

K. 电流监视器

图 4.94（续）　电路集锦

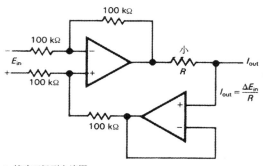

L. 精确双极型电流源

$$I_{out} = \frac{\Delta E_{in}}{R}$$

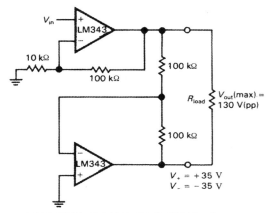

P. 高电压（桥式）驱动未接地的负载（增益为22）

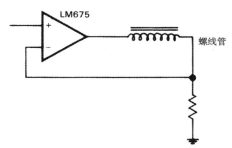

M. 有源螺线管

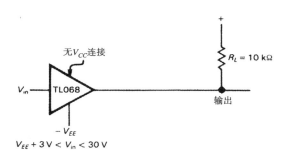

$V_{EE} + 3\,V < V_{in} < 30\,V$

N. 与众不同的三端JFET跟随器

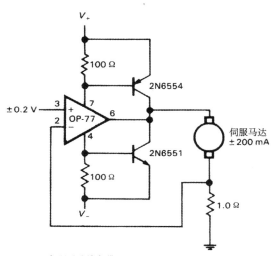

Q. 0.2 A伺服马达放大器

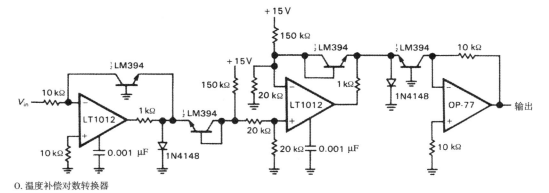

O. 温度补偿对数转换器

图4.94（续）　电路集锦

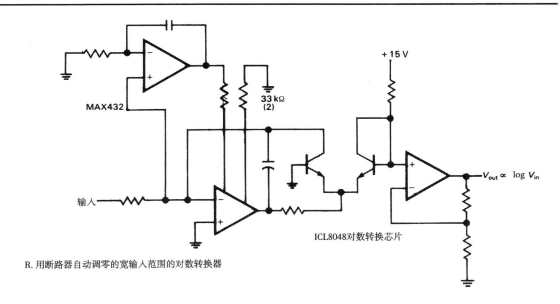

R. 用断路器自动调零的宽输入范围的对数转换器

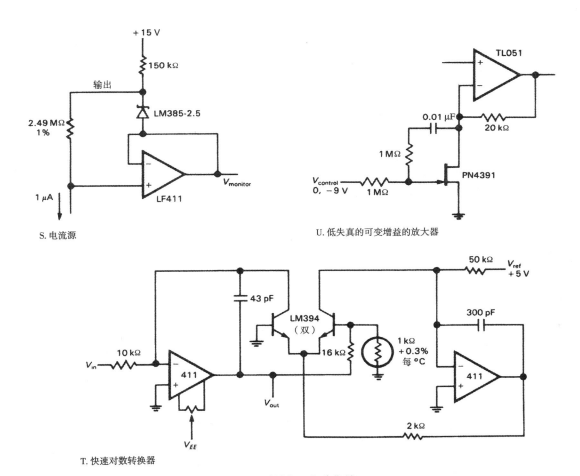

S. 电流源

U. 低失真的可变增益的放大器

T. 快速对数转换器

图4.94（续）　电路集锦

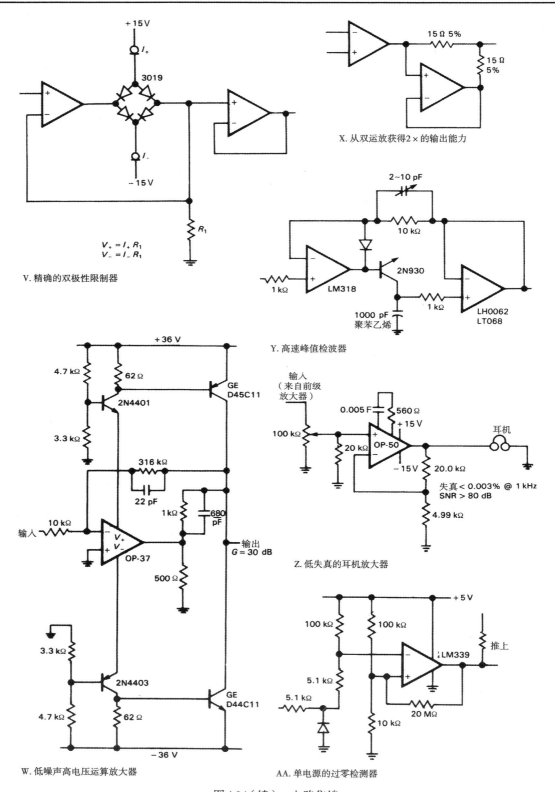

V. 精确的双极性限制器

$V_+ = I_+ R_1$
$V_- = I_- R_1$

X. 从双运放获得2×的输出能力

Y. 高速峰值检波器

W. 低噪声高电压运算放大器

Z. 低失真的耳机放大器

失真 < 0.003% @ 1 kHz
SNR > 80 dB

AA. 单电源的过零检测器

图4.94（续） 电路集锦

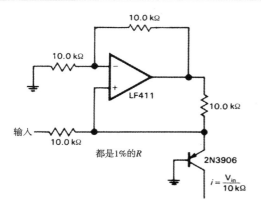

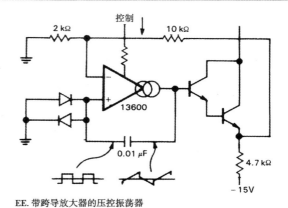

BB. 用于跨导电压–电流控制电路的
　　Howland网络的电流源（1 μA ~ 1 mA）

EE. 带跨导放大器的压控振荡器

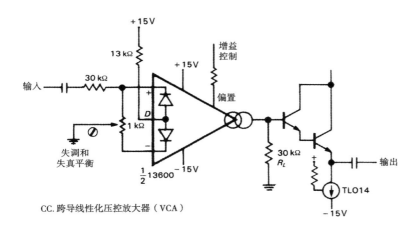

CC. 跨导线性化压控放大器（VCA）

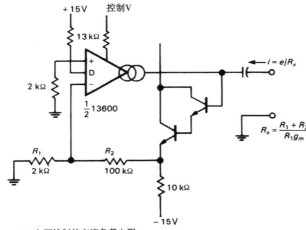

DD. 电压控制的交流负载电阻

图 4.94（续） 电路集锦

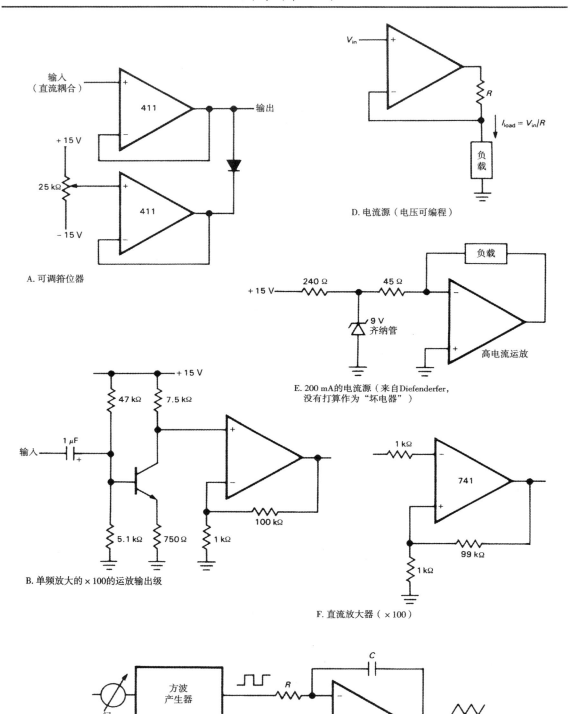

A. 可调箝位器

B. 单频放大的 × 100 的运放输出级

C. 三角波产生器

D. 电流源（电压可编程）

E. 200 mA的电流源（来自Diefenderfer，没有打算作为"坏电器"）

F. 直流放大器（ × 100）

图 4.95　不合理电路

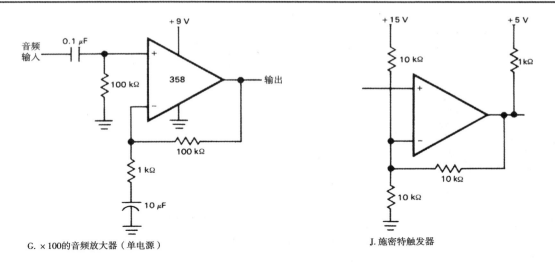

G. ×100的音频放大器（单电源）

J. 施密特触发器

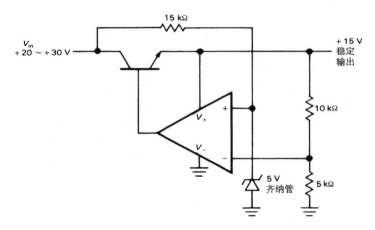

H. +15 V的稳压器

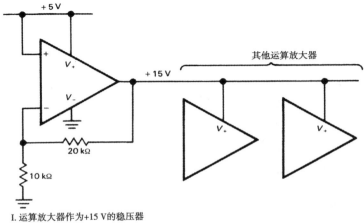

I. 运算放大器作为+15 V的稳压器

图4.95（续） 不合理电路

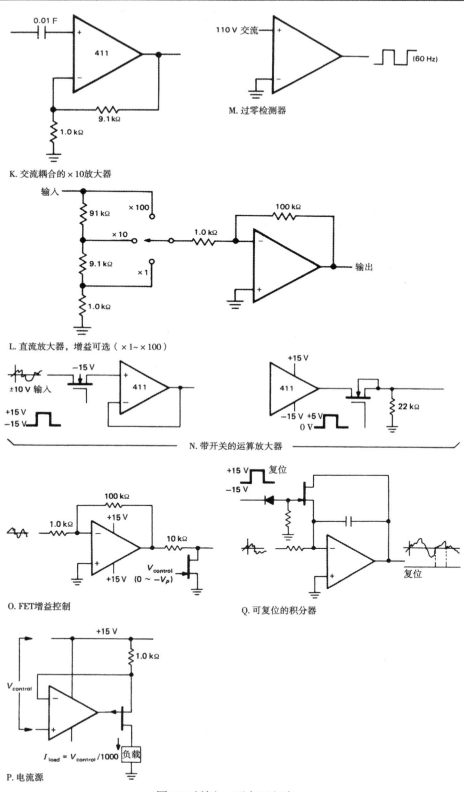

图 4.95（续） 不合理电路

第5章　有源滤波器和振荡器

学习了晶体管和运算放大器技术，就可以深入研究各种线性电路了（相对于数字电路而言）。在引入新器件和技术，以及学习数字电路之前，为加深理解前面学过的一些难以理解的概念（晶体管的特性、反馈、运算放大器极限等），有必要花一些时间进一步研究线性电路。所以本章简要讨论有源滤波器和振荡器，其他模拟技术放在后面各章讲解。第6章讨论稳压器和大电流设计，第7章讨论精密电路和低噪声，第13章讨论射频技术，第14章讨论低功率设计，第15章讨论测量和信号处理。本章第一部分（有源滤波器，5.1.1节至5.2.6节）属于一类特殊技术，第一次阅读时可以略过。但后面关于振荡器的5.3节讨论的技术使用广泛，不能忽略。

5.1　有源滤波器

第1章讨论的滤波器由电阻和电容组成。这种简单的 RC 滤波器产生的高通和低通增益特性不陡峭，超过 -3 dB 点后的下降速度为 6 dB/二倍频。将高通和低通滤波器级联起来，可得到带通滤波器，其"裙摆"的下降速度同样为 6 dB/二倍频。对于很多应用，特别是当被滤去的信号频率远离通带时，这种 RC 滤波器足以满足要求。在音频电路中就有具体应用，比如通过射频信号、滤波电容消除直流成分，从载波中分开调制信号（见第13章）。

5.1.1　RC 滤波器的频率响应

通常需要通带平坦、下降沿陡峭的滤波器。当要滤除信号频率附近的干扰时，就有此需求。很明显，接下来的问题是能否产生一个接近如图5.1所示的理想"砖墙"频率响应的低通滤波器（比如级联许多个同样的低通滤波器）。

我们已经知道，简单的级联不能满足要求，因为每一级的输入阻抗变成前一级的负载，使响应变差。如果前后级之间有缓冲（或者通过安排，使每一级阻抗比前一级高），似乎可行，但其实不然。级联的 RC 滤波器的确可以产生陡峭的下降沿，但响应曲线的"弯曲处"并不尖锐。也可以这样表述：许多软弯曲不能合成一个硬弯曲。为了用图形解释，图5.2分别画出了 1，2，4，8，16 和 32 个相同的 RC 滤波器级联后的低通滤波器的增益（即 V_{out}/V_{in}）频率响应，前后级之间有很好的缓冲。

第一个图显示了几级 RC 滤波器级联的效果，单级滤波器的 3 dB 点频率在单位频率处。容易看出，随着级数增加，3 dB 点频率下移。为公平比较各种滤波器特性，应调整单级的截止频率，使整个合成滤波器的 3 dB 点在同一个频率上。图5.2中的其他图以及本章后面几个图都是归一化的频率，意味着 -3 dB 点（或断点）在 1 rad/s（或 1 Hz）的频率上。如果断点设置在其他频率上，要想确定滤波器的响应，只需在频率轴上简单乘以实际的断点频率 f_c。当分析滤波器时，一般也附上频率响应的对数坐标图，因为它能告诉我们有关频率响应的更多信息。它让我们看出朝着最终下降斜率的逼近过程，使我们能读出精确的衰减值。在该例（级联的 RC 滤波器）中，图5.2B 和图5.2C 演示了无源 RC 滤波器的软弯曲特性。

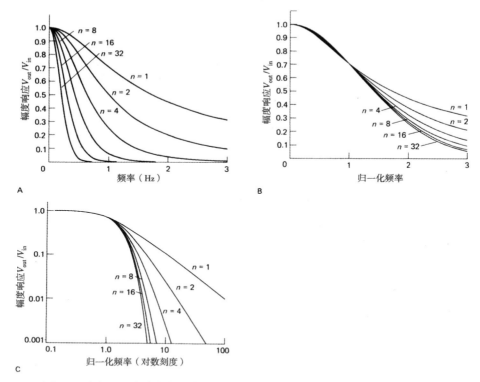

图 5.2　多级 RC 滤波器的频率响应；图 A 和图 B 采用线性刻度，图 C 采用对数
　　　　刻度。图 B 和图 C 中滤波器响应的频率坐标用 3 dB 衰减处的频率归一化

5.1.2　 LC 滤波器的理想性能

我们在第 1 章中指出过，电感和电容组成的滤波器具有陡峭的频率响应。并联 LC 谐振电路就是一个例子。在设计中包括电感，就可以构成任何滤波器，在通带内得到需要的平坦度，过渡带尖锐，带外下降陡峭。图 5.3 给出了一个电话滤波器及其特性的例子。

很明显，设计中包括电感可以带来一些魔法。没有电感，魔法无法发挥作用。用网络分析的术语，该魔法来源于"轴外极点"的使用。尽管如此，滤波器的复杂性随着通带平坦程度和带外陡峭程度的增加而增加，所以在以前的滤波器中需要使用大量的元器件。随着幅度响应改善到接近理想的砖墙特性，瞬态响应和相移特性一般也变差。

从 Zverev 的权威手册（见书末参考文献）可以看出，无源器件（R，L 和 C）组成的滤波器的综合技术发展相当成熟。惟一的问题是，作为电路元件的电感离需求较远。通常，电感体积庞大、成本高，由于"损耗"（即电感有很大的串联电阻）而偏离理想特性。另外还有其他一些"缺陷"，如非线性、分布绕线电容以及对磁性干扰的易感性。

需要一种方法能构成无电感滤波器，而又具有理想的 RLC 滤波器特性。

5.1.3　有源滤波器：一般描述

使用运算放大器作为滤波器设计的一部分，可以合成任意的 RLC 滤波器特性，而又不使用电感。因为包括有源器件（放大器），所以这样的无感滤波器就是众所周知的有源滤波器。

根据响应的重要特点来划分滤波器的类型，则有源滤波器可分为低通、高通、带通和带阻滤波器，例如通带的最大平坦度，"裙摆"的陡峭度或时间延迟与频率的均匀性。另外，"全通滤波器"

的幅度响应平坦，但是有尾部相位响应（也称为"时延均衡器"）；同样，相移为常数的放大器有尾部幅度响应。

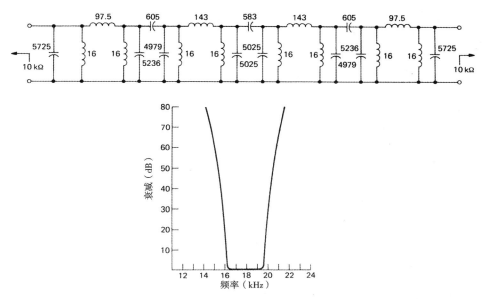

图 5.3　一个由电感、电容组成的特性相当好的无源带通滤波器（电感单位为 mH，电容单位为 pF）；下面的图为测量的滤波电路的响应

□ 负阻抗转换器和回转器

在任何一般性描述中，有两个有趣的电路单元值得注意：负阻抗转换器（NIC）和回转器。仅仅将电阻和电容加在运算放大器中，这些器件就能够模拟电感的特性。

一旦能模拟电感特性，就能构成具有任何 RLC 滤波器特性的无感滤波器，这样提供了至少一种实现有源滤波器的方法。

NIC 将阻抗转换成其负值，回转器将阻抗转换成其倒数值。下面的例题可帮助理解它们的工作原理。

习题 5.1　图 5.4 所示电路是一个负阻抗转换器，特别是有 $Z_{in} = -Z$。提示：将电压 V 加在输入端，计算输入电流 I，通过两者之比即可发现 $Z_{in} = V/I$。

习题 5.2　图 5.5 所示电路是一个回转器，特别是有 $Z_{in} = R^2/Z$。提示：从右边开始分析，可将其看成一个分压器。

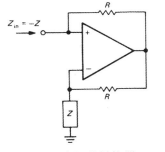

图 5.4　负阻抗转换器

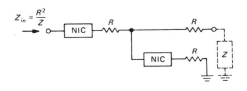

图 5.5

所以 NIC 可将电容转换成"反向"电感：

$$Z_C = 1/j\omega C \rightarrow Z_{in} = j/\omega C$$

也就是说，从产生电流的角度来说，它是感性的，电流滞后于电压，但其阻抗有错误的频率依赖性（随着频率的增加，阻抗下降，而不是增加）。相反，回转器将电容转换成真正的电感：

$$Z_C = 1/j\omega C \rightarrow Z_{in} = j\omega C R^2$$

即感抗 $L = CR^2$ 的电感。

从直觉上看，回转器的存在使无感滤波器模拟任何有感滤波器是合理的：只需将每个电感用回转电容代替。使用回转器是一个相当好的方法，事实上前面给出的电话滤波器就可以这样实现。除了用简单的回转器替代以前存在的 RLC 滤波器以外，也可以合成许多其他形式的滤波器结构。无感滤波器设计领域特别活跃，在每月的许多杂志上都有新的设计出现。

Sallen-Key 滤波器

图 5.6 给出了一个简单、直观的滤波器例子，即著名的 Sallen-Key 滤波器，以其发明者命名。作为跟随器使用的单位增益放大器可以是运算放大器，或者仅仅是一个射极跟随器。这个特殊的滤波器是一个二阶高通滤波器。注意，除了第一个电阻的下端被输出自举外，它可以简化成两个级联的 RC 高通滤波器。容易看出，在非常低的频率区域，输出基本上是零，其响应就像一个级联的 RC 滤波器一样下降。但是，随着频率的增加，输出增大，自举使衰减逐渐减小，得到一个尖锐的弯曲。当然，这种简单的定性分析不能替代定量分析，幸好已经对各种类型的、性能很好的滤波器进行过定量分析。我们将在 5.2.1 节再回到有源滤波器电路。

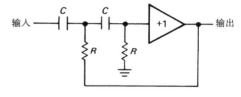

图 5.6

5.1.4 滤波器的主要性能指标

当我们讨论滤波器并描述其性能时，有几个指标经常出现。所以有必要在开始直接给出。

频域特性

滤波器最明显的特性是其增益随频率变化的特性，典型的低通特性如图 5.7 所示。

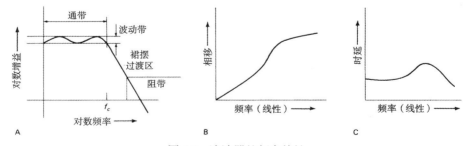

图 5.7 滤波器的频率特性

通带是滤波器相对未衰减的频率范围。通常认为通带延伸到 –3 dB 点。但对于某些滤波器（特别是等波纹类型的），通带的起始点的定义有些困难。在通带内，响应可以变化或波动，如图定义了一个**波动带**。**截止频率** f_c 是通带的结束点。滤波器的响应经过一个**过渡区**（一般也称为滤波器响应的**裙摆**）下降到阻带。阻带也可以用某些最小的衰减来定义，如 40 dB。

和增益响应一样，频域内的另外一个重要参数是输出信号相对于输入信号的**相移**。换句话说，我们对滤波器的**复数响应**感兴趣，通常命名为 **H(s)**，其中 **s** = $j\omega$，**H**，**s** 和 ω 都是复数。相位很重要，如果通过滤波器时不同频率的时延不是常数，整个滤波器通带内的信号会出现波形失真。常数时延对应于相移随频率线性增加。从这个方面来讲，理想滤波器应该是**线性相位滤波器**。图 5.8 给出了一个典型低通滤波器的相移和幅值图，按定义，它不是一个线性相位滤波器。相移–频率关系图最好表示在线性频率轴上。

时域特性

与任何交流电路一样，滤波器可以用它们的**时域**特性（上升时间、过冲、回落以及稳定时间）来描述。使用阶跃或脉冲时，这一点特别重要。图 5.9 给出了典型的低通滤波器的阶跃响应。其中，**上升时间**是指到达最终值的 90% 所需的时间，**稳定时间**是指维持在最终值的某个指定数量内并稳定所需的时间。**过冲和回落**是针对滤波器的某些不受欢迎的特性而设的无需解释的指标。

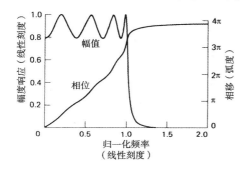 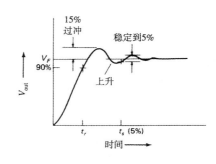

图 5.8　8 阶切比雪夫低通滤波器的相位
和幅度响应（2 dB 的通带波动）

图 5.9

5.1.5　滤波器类型

假设需要一个滤波器，它具有平坦的通带，陡峭地过渡到阻带。进入阻带的最终下降速率通常是 $6n$ dB/ 二倍频，其中 n 是阶数。为构成每一阶，需要一个电容（或电感）。于是想要得到的滤波器响应的最终下降速率大致上决定了滤波器的复杂程度。

现在假设使用一个 6 阶低通滤波器，保证在高频部分的最终下降速率是 36 dB/ 二倍频。滤波器的设计能够优化通带响应，使其具有最高平坦度，但以从通带到阻带的缓慢过渡为代价。另一种选择是，允许通带特性有一些波动，通带到阻带的变化可以相当陡峭。第三个重要的准则是，滤波器能在通带内通过信号，而波形不会由于相移而失真。我们也可能担心上升时间、过冲和稳定时间。

滤波器设计方法有很多种，可以优化这些指标中的每一种或对其进行综合考虑。实际上，合理地选择滤波器并不像刚才描述的那样进行。相反，通常从一套需求开始：通带平坦度、通带外某些频率处的衰减或者其他任何参数。于是我们可以选择最好的设计，使用需要的阶数来满足需求。在下面几节中将介绍 3 种流行的滤波器：巴特沃兹滤波器（最大的通带平坦度）、切比雪夫滤波器（从通带到阻带的过渡带最陡峭）、贝塞尔滤波器（时延最平坦）。用不同的滤波器电路都能产生每一种滤波器响应，后面将讨论其中一部分电路，它们都可以具有低通、高通或带通响应特性。

巴特沃兹滤波器和切比雪夫滤波器

巴特沃兹滤波器具有最平坦的通带响应，但以牺牲从通带到阻带的过渡区的陡峭程度为代价。在后面将看出，其相位特性也很糟糕。幅度响应为：

$$\frac{V_{\text{out}}}{V_{\text{in}}} = \frac{1}{[1 + (f/f_c)^{2n}]^{\frac{1}{2}}}$$

其中 n 是滤波器阶数。增加阶数，通带的平坦度和阻带下降的陡峭程度都会增加，如图 5.10 所示。

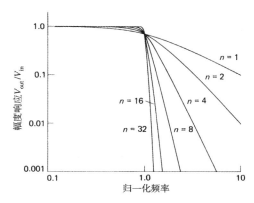

图 5.10　归一化的巴特沃兹低通滤波器的响应曲线。注意较高阶数滤波器衰减特性的改善

　　巴特沃兹滤波器为得到最高的响应平坦度，牺牲了其他所有指标。它从最平坦的零频率点开始，在截止频率 f_c（f_c 通常是 –3 dB 点）附近发生弯曲。

　　在许多应用中，真正重要的是，在通带内响应的波动小于某个数值，比如 1 dB。切比雪夫滤波器符合这种需求，它允许在通带内有些波动，极大地提高了弯曲处的陡峭程度。切比雪夫滤波器用它的阶数和通带的波动来表征。允许较大的通带波动，换取较尖锐的弯曲。其幅度为：

$$\frac{V_{\text{out}}}{V_{\text{in}}} = \frac{1}{[1 + \epsilon^2 C_n^2(f/f_c)]^{\frac{1}{2}}}$$

其中 C_n 是第一类 n 阶切比雪夫多项式，ϵ 是一个设定通带波动的常数。与巴特沃兹一样，切比雪夫的相位特性也不理想。

　　图 5.11 给出了 6 阶切比雪夫和巴特沃兹低通滤波器响应的对比图。可以看出，它们都在 6 阶 RC 滤波器的基础上得到极大改善。

　　实际上，具有最平坦通带的巴特沃兹滤波器并不像它表现的那样有吸引力，因为大家都能接受通带内响应的一些变化（对于巴特沃兹滤波器，它在 f_c 附近是逐渐下降的；而对于切比雪夫滤波器，它在 f_c 附近是通带内抖动的自然延伸）。而且，由实际值在一定范围内变化的元器件构成的有源滤波器，总会偏离预先设计的响应，意味着真实的巴特沃兹滤波器在通带内总会有些抖动。图5.12给出了电阻和电容值的变化对滤波器响应的恶劣影响。

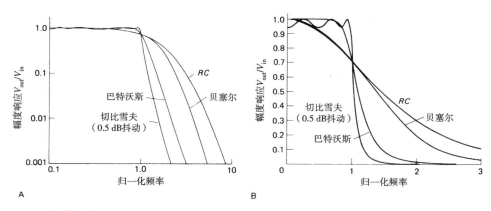

图 5.11　一些常用的 6 阶低通滤波器的特性比较。同一个滤波器既用线性刻度，也用对数刻度表示

从这个角度出发,切比雪夫滤波器是一个合理的滤波器设计,有时也称为均匀波动滤波器。它通过延伸通带内的均匀波动,设法改善过渡区的情况,波纹的数目随滤波器阶数的增加而增加。即使波动相当小(比如 0.1 dB),与巴特沃兹滤波器相比,切比雪夫滤波器对弯曲处的尖锐程度也可得到相当大的改善。为定量说明这种改善,假设我们需要一个滤波器,通带内平坦度在 0.1 dB 内,超过通带频率 25% 的频率处,衰减为 20 dB。经过实际计算,需要 19 阶巴特沃兹滤波器,而仅需要 8 阶切比雪夫滤波器。

像均匀波动的切比雪夫滤波器一样,把允许通带内的波动而改善过渡区的思想贯穿到所谓的椭圆(Cauer)滤波器中。加以合理限制,通过在通带和阻带内设置波动,得到比切比雪夫滤波器还要尖锐的过渡区。在计算机辅助设计的帮助下,椭圆滤波器的设计和经典的巴特沃兹和切比雪夫滤波器一样直观。

图 5.13 用图解显示了我们如何指定滤波器的频率响应。在该例(低通滤波器)中指出了滤波器通带内允许的增益范围(即波动)、响应离开通带时的最低频率、响应进入阻带时的最高频率以及阻带内的最小衰减。

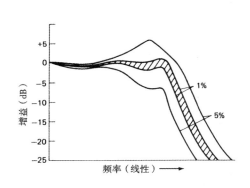

图 5.12　元器件数值的变化对有源滤波器性能的响应

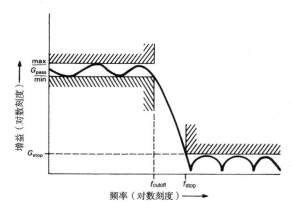

图 5.13　指定滤波器的频率响应参数

贝塞尔滤波器

如我们先前暗示的那样,滤波器的幅度响应并没有给出所有信息。幅度响应平坦的滤波器可能有较大的相移。结果会使通带内的信号产生波形失真。在波形的形状特别重要的场合下,需要一个线性相位滤波器(常数时延滤波器)。相移随频率线性变化的滤波器,等价于通带内信号的时延是一个常数,即波形不失真。类似于幅度响应最平坦的巴特沃兹滤波器,贝塞尔滤波器(也称为 Thomson 滤波器)在通带内有最平坦的时延。为了理解贝塞尔滤波器在时域性能上的改善程度,可以参考图 5.14,该图比较了 6 阶贝塞尔和巴特沃兹低通滤波器的时延随归一化频率的变化。巴特沃兹滤波器糟糕的时延性能归咎于脉冲信号驱动时的过冲等效应。相反,我们为贝塞尔滤波器的固定不变时延付出的代价是,通带与阻带的过渡区比巴特沃兹滤波器更不尖锐。

为进一步改进贝塞尔的时域性能,大量的滤波器设计尝试折中考虑时延的部分变化(可改善上升时间)与幅频特性。高斯滤波器通过改善阶跃响应,其相位特性差不多与贝塞尔滤波器一样好。另一类有趣的滤波器允许通带内时延存在均匀波动(类似于切比雪夫滤波器的幅度响应波动),即使信号进入阻带,时延仍接近常数。实现滤波器均匀时延的另一种方法是使用全通滤波器,又称时延均衡器。其幅频响应为常数,相移可以裁减以满足单独需要。这样就能用来改善任何滤波器的时延恒定性,包括巴特沃兹滤波器和切比雪夫滤波器。

滤波器比较

无论先前如何评价贝塞尔滤波器的瞬时响应，与巴特沃兹滤波器和切比雪夫滤波器相比，其时域性能仍然有极大的优越性。切比雪夫滤波器有最好的幅频特性，在三者中其时域性能最差。巴特沃兹滤波器的频域和时域特性都介于两者中间。表5.1和图5.15给出了这3种滤波器时域性能的更多信息，频域图在前面已经给出。很明显，在时域性能很重要的场合，最想要的滤波器是贝塞尔滤波器。

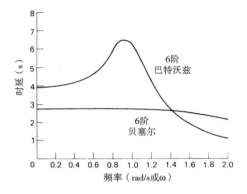

图5.14　6阶贝塞尔和巴特沃兹低通滤波器的时延比较。贝塞尔滤波器极好的时延性能使波形失真最小

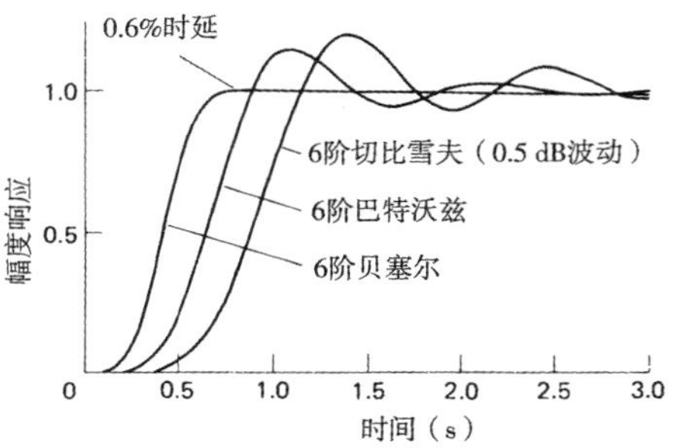

图5.15　6阶低通滤波器的阶跃响应比较，3 dB 衰减频率为 1 Hz

表 5.1　低通滤波器的时域性能比较[a]

滤波器类型	$f_{3\,dB}$ (Hz)	阶数	上升时间 (0~90%) (s)	过冲 (%)	建立时间 到1% (s)	到0.1% (s)	阻带衰减 $f=2f_c$ (dB)	$f=10f_c$ (dB)
贝塞尔	1.0	2	0.4	0.4	0.6	1.1	10	36
(–3.0 dB在	1.0	4	0.5	0.8	0.7	1.2	13	66
$f_c=1.0$ Hz处)	1.0	6	0.6	0.6	0.7	1.2	14	92
	1.0	8	0.7	0.3	0.8	1.2	14	114
巴特沃兹	1.0	2	0.4	4	0.8	1.7	12	40
(–3.0 dB在	1.0	4	0.6	11	1.0	2.8	24	80
$f_c=1.0$ Hz处)	1.0	6	0.9	14	1.3	3.9	36	120
	1.0	8	1.1	16	1.6	5.1	48	160
切比雪夫	1.39	2	0.4	11	1.1	1.6	8	37
0.5 dB的波动	1.09	4	0.7	18	3.0	5.4	31	89
(–0.5 dB在	1.04	6	1.1	21	5.9	10.4	54	141
$f_c=1.0$ Hz处)	1.02	8	1.4	23	8.4	16.4	76	193
切比雪夫	1.07	2	0.4	21	1.6	2.7	15	44
2.0 dB的波动	1.02	4	0.7	28	4.8	8.4	37	96
(–2.0 dB在	1.01	6	1.1	32	8.2	16.3	60	148
$f_c=1.0$ Hz处)	1.01	8	1.4	34	11.6	24.8	83	200

a　这些滤波器的设计步骤在 5.2.2 节中给出。

5.2　有源滤波器电路

发明有源电路使用了许多技巧，每个有源电路能用来产生巴特沃兹滤波器、切比雪夫滤波器等不同的响应函数。我们可能想知道这个世界为什么需要不止一个有源滤波器电路。原因在于不同的电路在这个或那个想要的特性方面有其优势，所以没有一个全能的最优电路。

在有源滤波器中期待的部分特性是：（a）尽量少的部件，包括有源和无源部分；（b）容易调整；（c）元器件数值的扩展尽量小，特别是电容值；（d）不使用要求很高的运算放大器，特别是对转换速率、带宽和输出阻抗的需要；（e）能够构成高 Q 值的滤波器；（f）滤波特性对元件值和运算放大器增益的敏感性（特别是增益带宽积，f_T）。在许多场合，最后一个是最重要的特性。需要高精度部件的滤波器调整困难，而且随器件的老化会发生漂移。除此之外，它需要元器件有很好的初始精度。VCVS（受控电压源）电路之所以受欢迎，可能归功于它的简单和较少的元器件，但它对器件的变化非常敏感。比较而言，为得到对元器件的轻微变化不敏感的滤波器，应更加关注复杂的滤波器实现上。

本节将给出几个低通、高通、带通有源滤波器电路。先从流行的 VCVS 电路开始，然后给出几个制造商的集成电路进行状态可变滤波器的设计，最后提到双 T 型带阻滤波器和有关开关电容的一些有趣的新方向。

5.2.1　VCVS 电路

压控电压源（voltage-controlled voltage-source，简称 VCVS）滤波器，又称为受控源滤波器，是前面提到的 Sallen-Key 电路的变形。它用一个增益远远大于 1 的同相放大器代替单位增益跟随器。图 5.16 给出了其实现低通、高通、带通滤波器的电路。运算放大器输出端的电阻构成一个电压增益为 K 的同相电压放大器，保留 R 和 C，形成滤波器的频率响应特性。它们是二阶滤波器，在后面将提到，只需选择合适的元器件值，就可以构成巴特沃兹滤波器、贝塞尔滤波器等。任意多个二阶 VCVS 电路级联，可构成高阶滤波器。如果级联，一般来说每一级都不一样。实际上，每一级代表描述整个滤波器的 n 阶多项式的一个二次多项式因子。

在大部分标准滤波器手册中，针对所有的标准滤波器响应，都有设计公式和表格，常常包括不同波动幅度的切比雪夫滤波器的表格。下一节将给出 VCVS 滤波器实现巴特沃兹滤波器、贝塞尔滤波器、切比雪夫滤波器响应（对切比雪夫滤波器，通带波动为 0.5 dB 和 2 dB）的容易使用的设计表格，以构成低通和高通滤波器。联合这些滤波器即可构成带通和带阻滤波器。

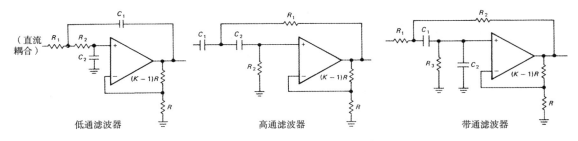

图 5.16　VCVS 有源滤波器电路

5.2.2　使用简化表格设计 VCVS 滤波器

要想使用表 5.2，我们从确定需要哪一种滤波器响应开始。正如前面提到的，如果需要最平坦的通带，巴特沃兹滤波器是有吸引力的。切比雪夫滤波器从通带到阻带的下降最快（以通带内的一定波动为代价）。贝塞尔滤波器提供最好的相位特性，即通带内的常数信号时延，与此相对应，阶跃响应比较好。所有滤波器类型的频率响应在相应的图中给出（见图 5.17）。

构成一个 n 阶滤波器（n 是偶数）需要级联 $n/2$ 个 VCVS 滤波器。这里仅仅给出了偶数阶滤波器，因为奇数阶滤波器需要与下一个高阶滤波器一样多的运算放大器。每一级上，$R_1 = R_2 = R$，$C_1 = C_2 = C$。像在运算放大器电路中经常使用的一样，R 一般在 10 ~ 100 kΩ 之间（最好避免小电阻值，因为在高频段，运算放大器的开环输出阻抗增加，附加到电阻值上，扰乱了计算）。我们需要做的是根据表格对应数值设置增益 K。对于 n 阶滤波器，每一级都有表格，共有 $n/2$ 个增益值。

表 5.2　VCVS 低通滤波器

阶数	巴特沃兹	贝塞尔		切比雪夫 (0.5 dB)		切比雪夫 (2.0 dB)	
	K	f_n	K	f_n	K	f_n	K
2	1.586	1.272	1.268	1.231	1.842	0.907	2.114
4	1.152	1.432	1.084	0.597	1.582	0.471	1.924
	2.235	1.606	1.759	1.031	2.660	0.964	2.782
6	1.068	1.607	1.040	0.396	1.537	0.316	1.891
	1.586	1.692	1.364	0.768	2.448	0.730	2.648
	2.483	1.908	2.023	1.011	2.846	0.983	2.904
8	1.038	1.781	1.024	0.297	1.522	0.238	1.879
	1.337	1.835	1.213	0.599	2.379	0.572	2.605
	1.889	1.956	1.593	0.861	2.711	0.842	2.821
	2.610	2.192	2.184	1.006	2.913	0.990	2.946

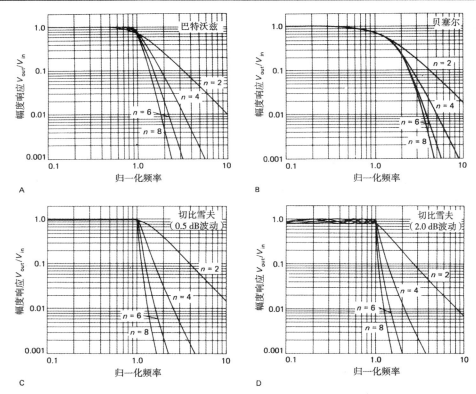

图 5.17　表 5.2 中的 2，4，6 和 8 阶滤波器的归一化频率响应图。巴特
沃兹滤波器和贝塞尔滤波器的 3 dB 衰减点归一化到单位频率，
切比雪夫滤波器的 0.5 dB 和 2 dB 衰减点归一化到单位频率

巴特沃兹低通滤波器

　　如果是巴特沃兹滤波器，每一级的 R 和 C 都相同，简单地由 $RC = 1/2\pi f_c$ 给出，f_c 是整个滤波器的 -3 dB 频率。例如，想要得到 6 阶巴特沃兹滤波器，明显需要级联 3 级低通滤波器，增益分别

为 1.07，1.59 和 2.48（为避免动态范围问题，最好按此顺序），每个 R 和 C 都设置在 3 dB 点。8.7.3 节中的望远镜驱动电路就是这样的一个例子，$f_c = 88.4$ Hz（$R = 180$ kΩ，$C = 0.01$ μF）。

贝塞尔和切比雪夫低通滤波器

用 VCVS 构成贝塞尔或切比雪夫滤波器，情况稍微复杂一些。同样需要级联几个二阶 VCVS 滤波器，每一级用指定的增益。每一级内，选择 $R_1 = R_2 = R$，$C_1 = C_2 = C$。但是不像巴特沃兹滤波器的情况，不同级的 RC 乘积是不同的。必须根据 $RC = 1/2\pi f_n f_c$，用归一化因子 f_n（表 5.2 给出了每一级的因子）进行缩放。其中 f_c 是贝塞尔滤波器的 −3 dB 点的频率；对于切比雪夫滤波器，它定义了通带的终点，即它是幅度响应开始下降到波动带外，并刚刚进入阻带时的频率点。例如，波动为 0.5 dB，$f_c = 100$ Hz 的切比雪夫低通滤波器的响应，从直流到 100 Hz，其平坦度在 +0 ~ −0.5 dB 之间，0.5 dB 衰减在 100 Hz 处，频率大于 100 Hz 后响应迅速下降。表格给出了通带波动为 0.5 dB 和 2 dB 的切比雪夫滤波器的值，后者在进入阻带的过渡区更陡峭（见图 5.17）。

高通滤波器

为构成高通滤波器，使用前面的高通结构，即 R 和 C 互换。对于巴特沃兹滤波器，其他都不变（R，C 和 K 使用同一个值）。对于贝塞尔和切比雪夫滤波器，K 值不变，但归一化因子 f_n 必须反转，即每一级的新 f_n 等于表 5.2 中给出的 f_n 的倒数。

低通和高通滤波器交错级联，可得到带通滤波器。低通和高通滤波器不交错，其总输出能得到带阻滤波器。但对于高 Q 值的滤波器（特别是通带尖锐的滤波器），这样级联后性能并不好，因为对每一级（未耦合的）滤波器元器件的数值特别敏感。在这样的情况下，应该使用一个高 Q 值的单级带通电路（比如前面图示的 VCVS 带通电路，和下一节将给出的状态可变的双二阶滤波器）。甚至一个单级二阶滤波器也能产生特别尖锐的峰值响应。有关这种滤波器的设计在标准参考资料中都有。

VCVS 滤波器减少了需要的器件数目（二极点/运放），并且还有其他优势，如同相增益、器件值扩展小、增益容易调整以及能够工作于高增益或高 Q 值。但是，它们对器件值和放大器增益敏感，也不适用于滤波器特性可调的场合。

习题 5.3　设计一个 6 阶切比雪夫低通 VCVS 滤波器，通带波动为 0.5 dB，截止频率 f_c 为 100 Hz。$1.5f_c$ 处的衰减是多少？

5.2.3　状态可变的滤波器

图 5.18 所示的二阶滤波器比 VCVS 电路复杂得多，但也比较受欢迎，因为它的稳定性提高了，且容易调整。它被称为状态可变滤波器，有专门的集成电路可用，厂家有 National（AF100 和 AF150）和 Burr-Brown（UAF 系列）等。因为它是一个模块，所以除了 R_G、R_Q 和两个 R_F 以外，其他元件都集成在里面。它能用同一个电路构成高通、低通和带通输出，而且特性非常好。在带通特性中，保持常数 Q 值（或者带宽为常数）的同时，频率还能调谐。与 VCVS 滤波器一样，多级级联能构成高阶滤波器。

为方便使用这些集成电路，制造商提供了大量的设计公式和表格。对于不同的滤波器阶数，告诉我们如何选择外置电阻，以构成巴特沃兹、贝塞尔和切比雪夫滤波器，实现低通、高通、带通和带阻响应。在这些特性很好的混合 IC 中，将电容集成进了模块，只需加上外置电阻。

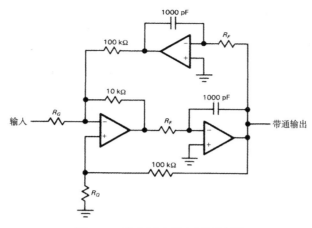

图 5.18   状态可变的有源滤波器

带通滤波器

尽管状态可变电路的器件数目较多，但对于尖锐（高 Q 值）的带通滤波器是一个很好的选择。它对器件不敏感，对运算放大器的带宽要求不高，容易调谐。例如，图 5.18 所示电路作为带通滤波器使用，两个电阻 R_F 决定了中心频率，R_Q 和 R_G 一起确定了 Q 值和通带中心的增益：

$$R_F = 5.03 \times 10^7/f_0 \; \Omega$$
$$R_Q = 10^5/(3.48Q + G - 1) \; \Omega$$
$$R_G = 3.16 \times 10^4 Q/G \; \Omega$$

使用两个可变电阻 R_F 能构成一个频率可调谐的、常数 Q 值滤波器。或者通过调整 R_Q，产生一个固定频率的、Q 值可变（遗憾的是，增益也会变化）的滤波器。

习题 5.4   构成一个带通滤波器，$f_0 = 1$ kHz，$Q = 50$，$G = 10$，计算图 5.18 中的电阻值。

图 5.19 为状态可变带通滤波器的一个有用变化。坏消息是它使用了 4 个运算放大器；好消息是我们能调整带宽（即 Q 值），不会影响通带中心的增益。实际上，Q 值和增益分别用单独的电阻调整。Q 值、增益和中心频率完全无关，由这些简单的关系式给出：

$$f_0 = 1/2\pi R_F C$$
$$Q = R_1/R_Q$$
$$G = R_1/R_G$$
$$R \approx 10 \text{ k}\Omega \text{（非临界的、匹配的）}$$

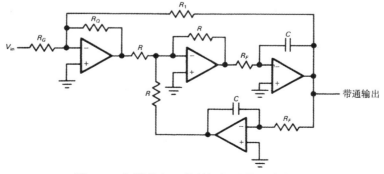

图 5.19   与增益和 Q 值的调整无关的滤波器

双二阶滤波器。状态可变滤波器的一个近亲是所谓的双二阶滤波器，如图 5.20 所示。该电路也使用了 3 个运算放大器，可用前面提到的状态可变集成电路来构成。它有一个有趣的特性：我们能调谐它的频率（通过 R_F），保持常数**带宽**（而不是常数 Q 值）。这里是设计公式：

$$f_0 = 1/2\pi R_F C$$
$$\mathrm{BW} = 1/2\pi R_B C$$
$$G = R_B/R_G$$

Q 值由 f_0/BW 给出，等于 R_B/R_F。随着中心频率的调整（通过调整 R_F），Q 值成比例变化，保持带宽 Qf_0 为常数。

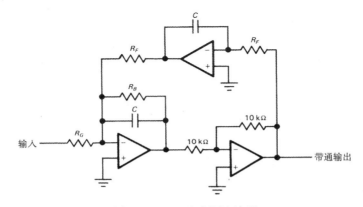

图 5.20　双二阶有源滤波器

当我们开始设计一个双二阶滤波器时（而不是用一个已经包括了大部分元器件的有源滤波器集成电路），一般过程如下：

1. 选择一个带宽 f_T 至少是 10 到 20 倍 Gf_0 的运算放大器；
2. 找一个有标称值的电容，其值在如下电容值附近：

$$C = 10/f_0 \; \mu\mathrm{F}$$

3. 用前面给出的第一个公式，根据想要的中心频率计算相应的 R_F；
4. 用前面给出的第二个公式，根据想要的带宽计算 R_B；
5. 用前面给出的第三个公式，根据想要的通带中心增益计算 R_G；

如果电阻值变得太大或太小，我们可能不得不调整电容值。例如，在高 Q 值滤波器中，为防止 R_B 变得太大，我们可能需要稍微增加 C（或者，可使用 4.5.6 节描述的 T 型网络技巧）。注意，R_F，R_B 和 R_G 中每一个都是运算放大器的负载，不应小于 5 kΩ。当改变器件值时，可以发现容易满足上述第一个条件，只要降低积分器增益（增加 R_F），同时增加反相放大级的增益（增加 10 kΩ 这个反馈电阻）。

作为一个例子，假设我们想构成与最后一个习题特性相同的滤波器。首先暂时选取 $C = 0.01 \; \mu\mathrm{F}$。这时 $R_F = 15.9$ kΩ（$f_0 = 1$ kHz），$R_B = 796$ kΩ（$Q = 50$；$\mathrm{BW} = 20$ Hz）。最后 $R_G = 79.6$ kΩ（$G = 10$）。

习题 5.5　设计一个双二阶带通滤波器，$f_0 = 60$ Hz，$\mathrm{BW} = 1$ Hz，$G = 100$。

高阶带通滤波器

与前面的低通和高通滤波器一样，可以构成高阶带通滤波器，通带近似平坦，到阻带的过渡区很尖锐。

级联几个低阶带通滤波器可以实现需要的滤波器类型（巴特沃兹滤波器、切比雪夫滤波器或其他类型）。与以前一样，巴特沃兹滤波器最平坦，切比雪夫滤波器牺牲通带的平坦度以换取裙摆的陡峭。VCVS、状态可变的或刚讨论过的双二阶带通滤波器都是二阶的。如果增加级数以增加滤波器的尖锐程度，一般会使瞬时响应和相位特性变差。带通滤波器的带宽定义为–3 dB之间的宽度，但均匀波动的滤波器除外，它的带宽为响应在波动带外开始下降时的频率范围。

在有关有源滤波器的标准手册或有源滤波器IC的说明书中，能找到表格和设计程序来构成更复杂的滤波器。在不昂贵的工作站上（IBM PC、Macintosh）也有一些很好的滤波器设计程序。

□ 5.2.4   双 T 型陷波滤波器

图5.21所示的无源 *RC* 网络在频率 $f_c = 1/2\pi RC$ 处的衰减无穷大。无穷大衰减一般是 *RC* 滤波器的非典型特性；故意在截止频率处加上反相的两个信号，可以实现陷波。为在 f_c 处获得很好的陷波特性，需要元器件精确匹配。这样的电路称为双 T 型，能用来消除干扰信号，如60 Hz的电力线干扰。问题是它与无源 *RC* 网络一样，有同样的"软"截止特性，当然除了 f_c 附近，其响应像暗礁一样下降。例如，由完美的电源电压驱动的双 T 型，在2倍（或1/2）陷波频率处下降10 dB，在4倍（或1/4）陷波频率处下降3 dB。改善陷波特性的一个技巧是用 Sallen-Key 的方式"激励"它（见图5.22）。该技术在原理上看起来很好，但实际上会令人失望，因为它不可能维持好的陷波响应。随着滤波器的陷波特性变得尖锐（自举时的增益变大），其陷波频率处的响应变得不陡峭。

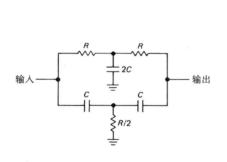

图 5.21   无源双 T 型陷波滤波器

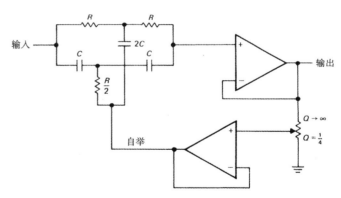

图 5.22   被自举的双 T 型陷波滤波器

双 T 型滤波器有预制的模块，频率为1 Hz ~ 50 kHz，陷波深度大约为60 dB（在高温和低温时有一些退化）。使用元器件也很容易构造出，但应该使用高稳定度、低温度系数的电阻和电容，以取得深的和稳定的陷波响应，其中一个元器件应该可调整。

作为固定频率的陷波器，双 T 型滤波器工作得很好，但一旦调谐就很麻烦，因为必须同时调整3个电阻，且要保持固定比例。但图5.23A所示的非常简单的 *RC* 电路十分像双 T 型，能用单个分压电阻在很大的频率范围内调整（至少两个二倍频）。像双 T 型（和大部分有源滤波器）一样，它需要器件的匹配；在这种情况下3个电容必须一致，固定电阻必须正好是下面（可调）电阻的6倍。陷波频率为

$$f_{\text{notch}} = 1/2\pi C \sqrt{3 R_1 R_2}$$

图 5.23B 给出了一个实现电路，在从 25 Hz 到 100 kHz 的频率范围内可调谐。调整（一次）50 kΩ 的微调电阻，以满足最大深度的陷波响应。

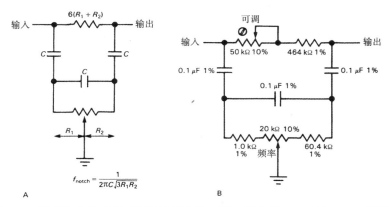

图 5.23　桥式微分器型的可调陷波滤波器。图 B 可实现 25 Hz 到 100 Hz 的调谐

与无源双 T 型一样，该滤波器（**桥式微分器**）远离陷波点的衰减有轻微倾斜现象，在陷波频率处的衰减无穷大（假设元器件值匹配）。它也能通过自举可变电阻的滑动触头来激励，电压增益稍微小于单位增益（见图 5.22）。向单位增益方向增加自举增益，使陷阱变窄，但也导致陷阱高频边的一个不想要的响应峰点，接着是最终衰减区域的下降。

5.2.5　回转滤波器的实现

一类有趣的有源滤波器是用回转器构成的，一般用来代替传统滤波器设计中的电感。图 5.24 显示了一个流行的回转器电路。Z_4 通常是一个电容，其他阻抗用电阻代替，就形成一个电感 $L = kC$，其中 $k = R_1 R_3 R_5 / R_2$。这种被回转器代替的滤波器对器件的变化最不敏感，特别是与其无源 RLC 原型相比。

5.2.6　开关电容滤波器

这些状态可变的或双二阶滤波器有一个缺点：需要精确匹配的电容。如果使用运算放大器构成电路，就必须有稳定的电容对（非陶瓷的或电解的），为了优化性能，可能需要匹配在 2% 以内。我们也不得不完成许多连接，因为电路中每一

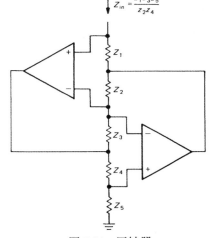

图 5.24　回转器

个二阶节至少使用 3 个运算放大器、6 个电阻。或者可以买一个滤波器集成电路，让制造商算出如何将匹配的 1000 pF 的电容集成进其集成电路。集成电路制造商已经解决了这个问题，但价格不菲。National 的 AF100 通用有源滤波器集成电路是一个混合集成电路，每片 10 美元。

有另外一个方法实现在状态可变的或双二阶滤波器中需要的积分器。基本思想是使用 MOS 模拟开关，用一个外加的方波来激励，方波频率比较高（典型地，比感兴趣的模拟信号快 100 倍），如图 5.25 所示。在图中，有趣的三角形符号是一个数字**反相器**，它将输入方波倒相，以使两个 MOS 开关在方波的反向电平处接通。很容易分析该电路：当 S_1 关闭时，V_{in} 对 C_1 充电，即留住电荷 $C_1 V_{in}$；在周期的另一半，C_1 对虚地放电，将电荷转移到 C_2。C_2 的端电压改变一个量 $\Delta V = \Delta Q / C_2 = V_{in} C_1 / C_2$。注意，在高频方波的每一个周期，输出电压的**变化量**与 V_{in}（假设在方波的一个周期内变化量很小）成正比，即电路是一个积分器。显然，积分器服从图中的等式。

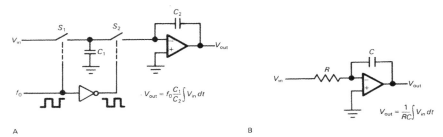

图 5.25　A 为一个开关电容积分器；B 为常规积分器

习题 5.6　推导图 5.25 中的等式。

用开关电容代替常规积分器有两个重要优点。首先，如前面所示，用硅来实现更便宜，积分器的增益仅仅依赖两个电容的比例，而不是单个电容值。一般在硅上容易制作任何元器件的匹配对，但制作一个有高精度和高稳定度的类似元件（电阻或电容）非常困难。结果，单片开关电容滤波集成电路非常便宜，National 的通用开关电容滤波器（MF10）价值 2 美元（通用 AF100 是 10 美元），而且在一个封装内有两个滤波器。

开关电容滤波器的第二个优点是能够调谐滤波器的频率（即带通滤波器的中心频率，或低通滤波器的 –3 dB 点），只需改变输入方波（时钟）的频率。这是因为状态可变的或双二阶滤波器的特征频率与积分器的增益成正比，而且仅仅依赖积分器的增益。

开关电容滤波器在专用或通用结构中都可应用。前者预置在芯片内，形成带通或低通滤波器；后者有各种中间的输入、输出引出线，便于我们连接外部器件，实现想要的功能。我们为通用型所付出的代价是一个较大的集成电路封装成本，且需要外部电阻。例如，National 的自含 MF4 型巴特沃兹低通滤波器是一个 8 管脚的 DIP（1.30 美元），其 MF5 通用型滤波器是 14 管脚 DIP（1.45 美元），需要 2~3 个外部电阻（取决于选择的滤波器结构）。图 5.26 显示了专用型滤波器使用起来多么容易。

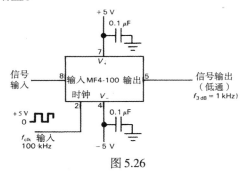

图 5.26

下面的事实可能让我们有些吃惊：开关电容滤波器有 3 个令人讨厌的特性，都与周期性时钟信号有关，且原因就在于此。首先，有一个时钟耦合，一些输出信号上有时钟频率**分量**出现（一般为 10 ~ 25 mV），与输入信号无关。通常这没有关系，因为它远离感兴趣的信号频带。如果时钟耦合有影响，通常用简单的 RC 滤波器去掉它。第二个问题更加微妙：如果输入信号在时钟频率附近有任何频率成分，它们将以"混迭假频"进入通带。为精确描述它，任何一个不同于时钟频率的输入信号频率分量，只要是在滤波器通带内，就会无衰减地通过。例如，如果我们使用 MF4 作为 1 kHz 的低通滤波器（即设置 $f_{时钟} = 100$ kHz），在 99 ~ 101 kHz 范围内的任何输入信号能量将出现在输出的直流到 1 kHz 频带内。没有滤波器在输出端能去掉它！我们必须确保输入信号中没有能量出现在时钟频率附近。如果这不是一个自然情况，通常能使用简单的 RC 滤波器去掉它，因为时钟频率一般离通带相当远。在开关电容滤波器中，第三个不希望出现的是信号动态范围的普遍降低（噪声底线增加），原因在于 MOS 开关电荷注入的不完全抵消（见 3.3.2 节）。典型的滤波器集成电路动态范围为 80 ~ 90 dB。

与任何线性电路一样，开关电容滤波器（及其运算放大器模拟器）要受到放大器误差的影响，如输入失调电压和 1/f 低频噪声。这将带来问题，例如我们希望低通滤波器滤除一些微弱信号，而又不对其直流平均值引入误差或扰动。Linear Technology 的员工提供了一个很好的解决办法,他们构想出 "DC 精确低通滤波器" LTC1062(或改善了失调电压的 MAX280)。图 5.27 显示了其使用方法。基本思想是将滤波器放在直流通路以外,让低频信号成分无源耦合到输出端;滤波器仅仅在较高频率上接入信号线,通过将信号引到地来降低响应曲线。结果是零直流误差,开关电流类噪声仅仅在响应曲线下降区域附近(见图 5.28)。

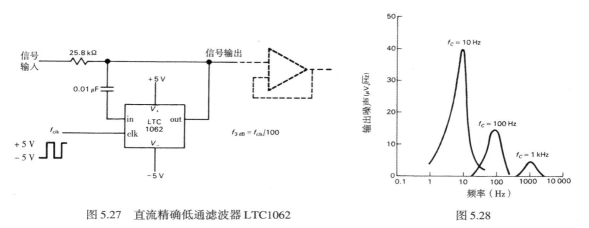

图 5.27　直流精确低通滤波器 LTC1062　　　　　　　图 5.28

有很多厂家生产开关电容滤波器 IC,如 AMI-Gould, Exar, LTC, National 和 EGG-Reticon。典型地,我们能将截止频率点(或频带中心)放在直流到几十千赫的任意地方,只需用时钟频率来设置。特征频率是时钟的固定倍数,一般是 $50 f_{clk}$ 或 $100 f_{clk}$。大部分开关电容滤波器 IC 用做低通、带通或陷波(带阻),也有几种(如 AMI 3529)被设计用来作为高通滤波器。注意,在后一种情况中,时钟耦合和离散(时钟频率)输出波形量化效应特别麻烦,因为它们都在通带以内。

5.3　振荡器

5.3.1　振荡器介绍

几乎所有电子仪器中都有一个振荡器或某类波形发生器。除了信号发生器、函数发生器和脉冲发生器,在循环测量仪器、触发测量或处理仪器,以及功能涉及周期状态或周期波形的仪器中也需要规则振荡源。例如,数字万用表、示波器、射频接收机、计算机、所有计算机外围设备(磁带、光盘、打印机、文字处理终端)、几乎所有的数字仪器(计数器、定时器、计算器、带复位显示的任何设备)以及包括很多器件的主机,都要用到振荡器和波形发生器。没有任何振荡器的装置什么也做不了,除非被其他装置驱动(它很可能包括一个振荡器)。毫不夸张地说,振荡器对电子设备的必要性,同直流电源的稳定供电一样。

根据不同的应用,振荡器可以简单地作为规律的、间隔一定时间的脉冲源(比如数字系统的时钟)。或者,根据需要控制振荡器的稳定性和精度(比如频率计数器的时间基准)以及可调能力(如发送机、接收机中的本地振荡源),还可以利用其产生精确波形的能力(如示波器中的水平扫描锯齿波发生器)。

下面几节将简单讨论最流行的振荡器,从简单的 RC 阻尼振荡器,到稳定的石英晶体振荡器。我们的目标不是事无巨细地考察所有事情,只是简单讨论有哪些振荡器,以及在不同情况下使用哪种振荡器。

5.3.2　阻尼振荡器

通过电阻（或电流源）对一个电容充电，当电压到达某个门限值时迅速放电，再重新开始新的周期，可构成一类非常简单的振荡器。当到达门限值时，可以安排外部电路将充电电流的极性反相，这样产生一个三角波，而不是锯齿波。基于该原理的振荡器就是众所周知的阻尼振荡器。这种振荡器价格不贵，使用简单，通过小心设计，频率十分稳定。

过去，用诸如单结晶体管和氖灯之类的负电阻器件构成阻尼振荡器，但现在人们更偏爱使用运算放大器和专用定时 IC 来构成。图 5.29 所示为一个经典的 RC 阻尼振荡器。工作过程很简单：假设先加上电源，运算放大器输出到达正饱和（实际上难以预料，也可能是负饱和，但无关紧要）。电容开始充电，一直充至 V_+，时间常数为 RC。当到达电源电压的一半时，运算放大器开关进入负饱和（即施密特触发），电容开始放电，直至 V_-，时间常数相同。周期是 $2.2RC$，与电源电压无关。选择一个 CMOS 运算放大器作为输出级（见 4.4.1 节和 4.6.2 节），其输出饱和，为电源电压。双极型 LM10 也在端对端之间波动，与 CMOS 运算放大器不同，它允许在 ±15 V 工作，但 f_T 比较低（0.1 MHz）。

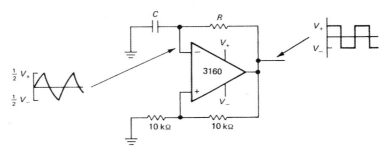

图 5.29　运算放大器阻尼振荡器

习题 5.7　解释周期为什么是前面所述的 $2.2RC$。

用电流源给电容充电，能产生一个很好的三角波。4.9.2 节运用该原理给出了一个巧妙的电路。

有时需要噪声非常低（也称为"低边带噪声"）的振荡器。图 5.30 给出的电路在这方面有很好的表现。它使用一对连接在一起的 CMOS 反相器（一种数字逻辑器件，将在第 8 章到第 11 章详细讨论）形成一个 RC 阻尼振荡器，输出方波。当该电路工作于 100 kHz 时，实际的测量显示：附近的边带噪声功率密度（每均方根赫兹的功率，是在振荡频率为 100 Hz 时测得的）相对于载波下降至少 85 dB。我们有时看到一个相似的电路，但 R_2 和 C 互换。尽管它仍然振荡得很好，比较而言其噪声特别大。

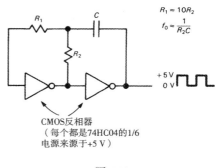

图 5.30

图 5.31 所示电路的噪声更低，而且允许我们用连接到 Q_1 基极的外加电流源来调制。在该电路中，Q_1 作为一个积分器工作，在集电极产生一个非对称的三角波。反相器作为一个同相比较器来工作，在每半个周期内交替变化基极激励的极性。在 150 kHz 载波下测量其 100 Hz 附近的噪声密度为 −90 dBc/$\sqrt{\text{Hz}}$，如果偏离 300 Hz，测量值为 −100 dBc/$\sqrt{\text{Hz}}$。尽管该电路在低边带噪声性能方面很出色，但其振荡频率比本章讨论的其他电路对供电电压更敏感。

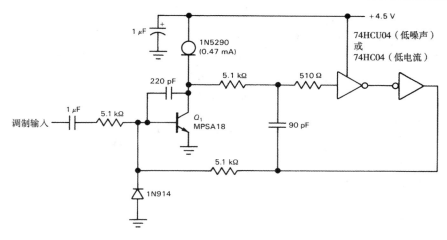

图 5.31　低噪声振荡器

5.3.3　经典定时芯片：555

下面讨论定时器和波形产生器 IC 作为阻尼振荡器的应用。最流行的芯片是 555（及其后续型号）。图 5.32 所示的等效电路解释了该芯片的内部结构。一些符号属于数字电路（第 8 章及其以后各章），所以现在我们不会变成 555 专家。但工作原理很简单：当 555 收到一个触发信号时，输出变为 HIGH（接近 V_{cc}），且保持不变，直到门限值输入被激励。此时输出变为 LOW（接近地），放电晶体管打开。当输入电平低于 $V_{CC}/3$ 时，触发输入被激励；当输入电平高于 $2V_{CC}/3$ 时，门限值被激励。

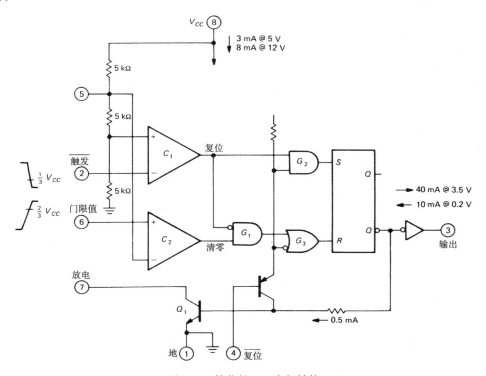

图 5.32　简化的 555 内部结构

为理解555的工作，最容易的方式是看一个例子（见图5.33）。当加上电源时，电容放电，555被触发，导致输出变为高电平，放电晶体管Q_1关断，电容通过$R_A + R_B$开始向着10 V充电。当到达$2V_{CC}/3$时，门限值输入被触发，导致输出变为低电平，Q_1打开，C通过R_B向着地电平放电。循环工作，C的电压在$V_{CC}/3$到$2V_{CC}/3$之间变化，周期为$T = 0.693(R_A + 2R_B)C$。一般使用的是输出端的方波。

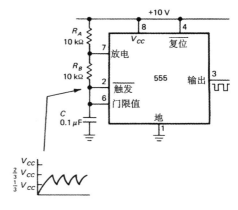

图5.33　555连接成一个振荡器

习题5.8　解释周期为什么是前面所说的$T = 0.693(R_A + 2R_B)C$，而与电源电压无关。

555构成一个非常好的振荡器，稳定度接近1%。在4.5~16 V的单电源电压下工作，供电电压变化仍保持很好的频率稳定度，原因是门限值能跟踪电源变化。555能用来产生任意宽度的单脉冲，以及一串其他脉冲。它实际上是一个小工具箱，包括了比较器、门电路和触发器。在电子工业中，尝试想出555的新应用已经变成一种游戏。

关于555的注意事项：555和别的定时芯片一起，在每次输出翻转时，对供电电流产生一个较大的短时脉冲波形干扰（≈ 150 mA）。必须在芯片附近使用一个较大的旁路电容。即使这样，555可能也会产生双输出翻转。

CMOS型555

在555的CMOS后继型号中，555的一些缺点（高供电电流、高触发电流、双输出翻转以及电源电压太低时不能运行）已经被克服。在某些型号的555中，我们会认识到这些改善。表5.3列出了我们能找到的大部分型号及其重要特性。特别应注意其在非常低的电源电压（直到1 V）和电源电流下工作的能力。这些芯片比原来的555的工作频率更高。至少在非常低的负载电流下，CMOS输出级可以在端对端之间波动（但注意这些芯片没有标准的555的较强输出电流能力）。除了原始的555和XR-L555，列出的所有芯片都是CMOS型的。XR-L555作为双极型低功率555，具有很强的带载能力和较好的温度稳定性。

表5.3　555型振荡器

型号	生产商[a]	数量封装 1 2 4	电源电压 最小值 (V)	电源电压 最大值 (V)	电源电流 (V_S = 5 V) 典型值 (μA)	电源电流 (V_S = 5 V) 最大值 (μA)	触发、门限值电流 典型值 (nA)	触发、门限值电流 最大值 (nA)	最高频率 (V_S = 5 V) 最小值 (MHz)	最高频率 (V_S = 5 V) 典型值 (MHz)	温漂典型值 (ppm/℃)	$V_{OH} @ I_{src}$ (V)	I_{src} (mA)	$V_{OL} @ I_{snk}$ (V)	I_{snk} (mA)	端对端?[b]	V_{out} 最大值 (V_S = 5 V, V_o = 2.5 V) 拉电流 (mA)	灌电流 (mA)
555	SN+	• • –	4.5	18	3000	5000	100	500	–	0.5	30	1.4	2	0.1	10	–	200	200
ICL7555	IL	• • –	2	18	60	300	–	10	–	1	150	1	2	0.5	10	•	4	25
TLC551	TI	• • –	1	18	170	–	0.01	–	–	2.1[c]	–	1	2	0.2	10	•	–	–
TLC555	TI	• • –	2	18	170	–	0.01	–	–	2.1	–	1	2	0.2	10	•	–	–
LMC555	NS	• • –	1.5	15	100	250	0.01	–	–	3	75	0.3	2	0.3	10	•	–	–
ALD555-1	AL	• – –	1	12	100	180	0.001	0.2	1.4	2	300	0.4	2	0.2	10	•	3	100
ALD1504	AL	• – –	1	12	50	90	0.01	0.4	1.5	2.5	300	0.4	2	0.2	10	•	10	100
ALD4503	AL	– – •	1	12	35	70	0.01	0.4	–	2	300	0.4	2	0.2	10	•	3	100
XR-L555M	XR	• • –	2.7	15	150	300	500	–	–	–	30	1.7	10	0.3	2	–	100	–

a. 见表4.1的表注。

b. 表示输出级可以在两端波动。

c. 当$V_S = 1.2$ V时。

图5.33所示的555振荡器输出矩形波的占空比（输出高低电平的时间比例）一直大于50%。这是因为定时电容通过串联电阻对$R_A + R_B$充电，但仅仅通过R_B放电（快得多）。图5.34显示了如

何设计 555，产生需要的低占空比正脉冲。输出通过二极管／电阻向定时电容迅速充电，通过内部的放电晶体管慢慢放电。我们只能将这个技巧用在 CMOS 型 555 上，因为需要完全的正输出波动。

通过电流源给定时电容充电，可以构成一个斜坡（或锯齿波）发生器。图 5.35 显示了如何使用简单的 PNP 电流源。斜坡充电到 2V_{CC}/3，然后迅速放电（通过 555 的 NPN 放电晶体管，管脚 7）到 V_{CC}/3，开始一个新的斜坡周期。注意斜坡波形出现在电容的端电压上，必须用一个运算放大器来缓冲，因为它为高阻抗。在该电路中，我们能使用一个 JFET 稳定电流二极管（见 3.2.1 节）代替电流源来简化，但性能（斜坡线性度）有些降低，因为工作在 I_{DSS} 的 JFET 不像双极型晶体管电路那样是一个好的电流源。

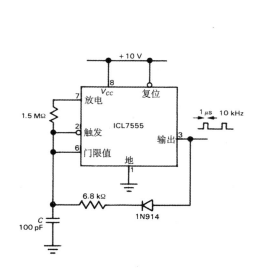

图 5.34 低占空比振荡器

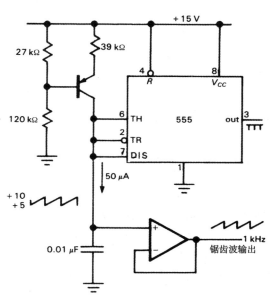

图 5.35 锯齿波振荡器

图 5.36 显示了用 CMOS 型 555 产生**三角波**的简单方法。这里我们串联了一对 **JFET 稳流器**，产生双向稳定电流（每个稳流器在反方向像一个正常的二极管，这归功于栅漏导电）。端对端的输出波动产生一个常数电流，极性交替变化，在电容上形成三角波（ V_{CC}/3 到 2V_{CC}/3 之间）。与以前一样，必须用运算放大器缓冲高阻抗波形。注意必须使用 CMOS 型 555，特别是电路工作于 +5 V，因为电路依赖于端对端的输出波动。例如，双极型 555 的输出电平较高，一般是两个二极管的结电压，低于正端（NPN 达林顿跟随器）或 +5 V 电源时的 +3.8 V；在波形的顶部仅仅留下 0.5 V 通过串联的一对稳流器，明显不够打开稳流器（将近 1 V）和串联的 JFET 二极管（0.6 V）。

习题 5.9   计算图 5.35 和图 5.36 所示电路的振荡频率，以加深对这些电路的理解。

还有一些其他有趣的定时芯片。National 的 322 定时器内部包括精确的参考电压，用于确定门限值。如果需要产生的频率正比于外部供电电流，例如从光电二极管产生，它是一个极好的选择。另外一类定时器使用阻尼振荡器，跟着一个数字计数器，以便产生较长的延时，而不求助于数值较大的电阻或电容。这种例子如 74HC4060，Exar 的 2243，Intersil 的 ICM7242（Maxim 也生产）。后者是 CMOS 型的，工作在毫安级，每 128 个振荡周期产生一个输出脉冲。如果需要几秒到几分钟的时延，这些定时器（及其同类产品）表现得都很好。

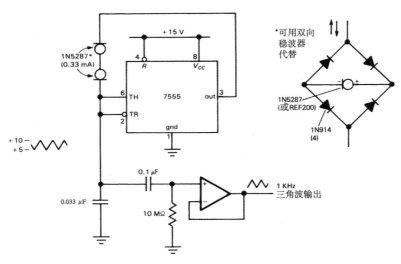

图 5.36　三角波发生器

5.3.4　压控振荡器

　　另外一类集成电路是压控振荡器（VCO），输出速率根据输入控制电压在一定范围内变化。一些 VCO 的频率范围超过 1000∶1。这种例子有初始的 NE566，以及后来的 LM331，8038，2206 和 74LS624-9 系列。

　　以 74LS624 系列为例，数字逻辑电平输出可达到 20 MHz，使用外部 RC 设置标称频率。像 1648 这样的快速 VCO 产生 200 MHz 的输出，在第 13 章中将看到如何使 VCO 工作于 GHz 范围。LM331 实际上是一个电压/频率（V/F）转换器的例子，线性度很好（见 9.3.6 节和 9.5.1 节）。这里，线性度很重要，近来的 V/F 转换器，像 AD650，实际工作时的线性度为 0.005%。大部分 VCO 使用内部电流源产生三角波输出，8038 和 2206 甚至包括一套"软"钳子，将三角波转换成不太大的正弦波。VCO 芯片有时包括一个糟糕的参考源，给控制电压提供参考（如正电源）以及复杂的对称方案，以利于正弦波输出。我们认为理想的 VCO 仍处于发展状态。许多芯片能用外部石英晶体（后面将简单讨论石英晶体），以实现更高的精度和稳定度，这时就可以用晶体代替电容。图 5.37 显示了一个用 LM331 构成的 VCO 电路，输出频率范围为 10 Hz～10 kHz。

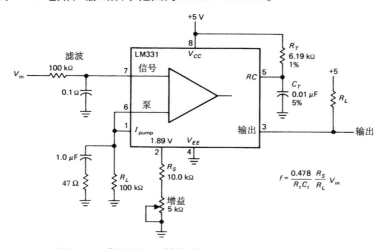

$$f = \frac{0.478}{R_t C_t} \frac{R_S}{R_L} V_{in}$$

图 5.37　典型的 V/F 转换器 IC（0～10 kHz 的 VCO）

当购买VCO芯片时，要注意**锁相环**（PLL）IC，它既包括VCO，还包括鉴相器。如流行的CMOS型4046（以及更高速的同类产品74HC4046）。9.5节将讨论PLL。表5.4列出了大部分可用的VCO。

表 5.4　可供选择的 VCO

型号	mfg[a]	类别[b]	最高频率 (MHz)	输出[c]	电源电压 最小值(V)	电源电压 最大值(V)	线性度 (10 kHz)	注释
VFC32	BB+	L	0.5	OC	±9	±18	0.01%	工业标准；线性度好
VFC62C	BB	L	1	OC	±13	±20	0.002%	线性度极好
VFC110B	BB	L	4	OC	±8	±18	0.005%	快速，线性度很好，内部V_{ref}
74S124	TI	T	60	SQ	4.75	5.25		
74LS624-9	TI	T	20	SQ	4.75	5.25		
74LS724	TI	T	16	SQ	4.75	5.25		迷你型
215	XR	L	35	SQ	5	26		PLL
LM331	NS	L	0.1	OC	4	40		不贵；线性度好
AD537	AD	L	0.1	OC	4.5	36	0.07%	
566	SN	L	1	SQ,T	10	24		
AD650	AD	L	1	OC	±9	±18	0.005%	线性度极好
AD654	AD	L	0.5	OC	4.5	36	0.1%[d]	不贵
1648	MO	E	200	P	-5.2			
1658	MO	E	130	P	-5.2			
XR2206	XR	L	0.5	SQ,T,SW	10	26	2%	0.5%的正弦失真（可调整）
XR2207	XR	L	0.5	SQ,T	8	26	1%	
XR2209	XR	L	1	SQ,T	±4	±13	1%	
XR2212	XR	L	0.3	SQ	4.5	20		PLL
XR2213	XR	L	0.3	SQ	4.5	15		PLL
4024	MO	T	25	SQ	4.75	5.25		
4046	RC+	C	1	SQ	3	15		CMOS PLL
HC4046	RC+	C	15[t]	SQ	3	6		快速 4046
4151	RA	L	0.1	OC	8	22	0.013%	
4152	RA	L	0.1	OC	7	18	0.007%	
4153A	RA	L	0.5	OC	±12	±18	0.002%	线性度极好；易使用
8038	IL	L	0.1	SQ,T,SW	10	30	0.2%	Exar 8038可到1 MHz
TSC9401	TP	L	0.1	OC	±4	±7.5	0.01%	V/F；线性；稳定

a. 见表4.1的表注。

b. 系列：C 表示 CMOS，E 表示 ECL，L 表示线性，T 表示 TTL。

c. 输出：OC 表示集电极开路，脉冲，P 表示脉冲，SQ 表示方波，SW 表示正弦波，T 表示三角波。

d. 在 250 kHz 时。

5.3.5　正交振荡器

有时我们需要一个振荡器同时产生一对幅度相等、相位相差90°的**正弦波**。很容易想到这样的一对波形是正弦和余弦，称为**正交对**（信号相互正交）。一个重要应用是在射频通信电路中（正交混频器、单边带产生器）。而且，下面将会解释一个正交对能产生任意需要的相位。

我们首先可以想到，将积分器（或微分器）作用在正弦波信号上，可以产生90°相移的余弦波。相移是正确的，但幅度是错误的（读者可尝试自己画图了解原因）。下面是一些解决该问题的方法。

□ 开关电容谐振器

图5.38显示了用MF5开关电容滤波IC作为自激带通滤波器来产生正交正弦波对。最容易理解的方法是：假设已经有了一个正弦波输出，比较器将它转换成幅度较小（一个二极管压降）的方波，反馈回滤波器的输入。滤波器的通带很窄（$Q = 10$），于是将输入方波转换成正弦波输出，继续维持振荡。方波时钟输入（CLK）决定了通带的中心频率，即振荡频率，该例中是$f_{clk}/100$。该电路能在几赫兹到大约10 kHz的频率范围振荡，产生一对等幅的正交正弦波。注意该电路输出实际上有"阶梯"，接近所希望的正弦波输出，原因在于开关滤波器的量化阶跃输出。

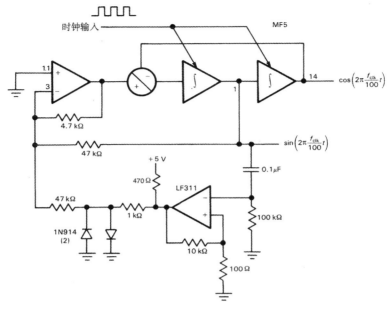

图 5.38　开关电容正交振荡器

□ 模拟三角函数发生器

模拟器件构成一个有趣的非线性函数 IC，将输入电压转换成与 $\sin(AV_{in})$ 成正比的输出电压，增益 A 在每伏 50° 时为常数。事实上，该芯片（AD639）功能还有很多：它有 4 个输入，称为 X_1，X_2，Y_1 和 Y_2，产生电压为 $V_{out} = \sin(X_1 - X_2)/\sin(Y_1 - Y_2)$ 的输出。例如，设 $X_1 = Y_1 = 90°$（即 +1.8 V），$Y_2 = 0$（地），将输入电压加在 X_2 上，就产生了 $\cos(X_2)$。

习题 5.10　证明这个结论。

AD639 甚至可以输出精确的 +1.8 V，使我们更容易使用它。这样，被一个 1.8 V 三角波驱动的一对 AD639，产生一个正交正弦波对，如图 5.39 所示。AD639 工作频率从直流到大约 1 MHz。

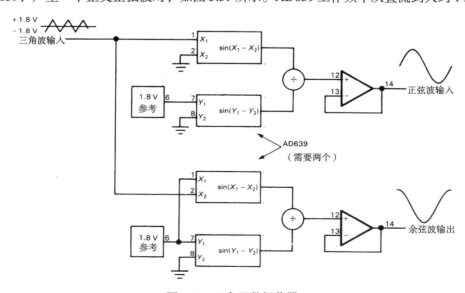

图 5.39　三角函数振荡器

□ 查表法

这是一个数字技术，只要学习了第9章就会完全理解。其核心思想是编程，将大量的等间隔角度点（比如每隔1°）的正弦、余弦数字值存储起来。迅速产生连续的地址，读出每个地址（即连续的角度）内存储的值，将数字值送到一对数 – 模（D/A）转换器中，便可以得到正弦波。

该方法有一些缺点。与开关电容谐振器一样，输出实际上是一个阶梯状波形，因为它由一系列离散的电压构成，从每个表读出。我们当然可以使用低通滤波器来平滑输出，但不能在宽频率范围内进行，因为选择的低通滤波器必须通过正弦波本身，同时阻止（较高的）角频率（开关电容谐振器有同样的问题）。可以降低角度的步长，但也降低了最大输出频率。假设使用的角度步长为一度左右，用速度小于 1 ms 的典型 D/A 转换器，能输出直到大约几万赫兹的正弦波。D/A 转换器很容易产生较大的输出毛刺（短时脉冲波形干扰），在输出电压之间跳动。当在接近（最靠近）输出电压水平间跳动时，能取得全程的短时脉冲波形干扰！在第9章中将看到解决该问题的毛刺消除技术。D/A 转换器的分辨率可到 16 比特（1/65 536）。

□ 状态可变振荡器

前面的方法都需要艰苦的劳动。幸好，Burr-Brown的员工们经过努力，提出了模型4423"精确正交振荡器"。它使用标准的3运算放大器、状态可变的带通滤波器电路（见图5.18），输出经过限幅二极管后，反馈作为输入（见图5.40）。它能工作于 0.002 Hz ~ 20 kHz，相移、幅度和频率稳定性（最大100 ppm/°C）都能得到很好的控制。4423 是一个模块（不是单片 IC），14 脚 DIP 封装；小批量时价格为 24 美元。

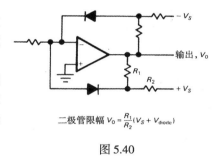

二极管限幅 $V_0 = \dfrac{R_1}{R_2}(V_S + V_{diode})$

图 5.40

□ 相位序列滤波器

巧妙的 *RC* 滤波器电路能将输入正弦波变成一对正弦波输出，相位相差大约90°。无线电工作者知道这是单边带产生的相位法（由 Weaver 发明），其中输入信号是我们想传输的语音信号。

遗憾的是，该方法仅仅在相当窄的频率范围内能满意地工作，且需要精确的电阻和电容。产生宽带正交波形的一个较好方法是使用"相位序列网络"，由等值电阻、数值成等比下降的电容的循环重复结构构成，如图 5.41 所示。用一个信号及其反相信号（很容易实现，只需一个单位增益反相器）来驱动网络。输出是四重正交信号，6级网络在 100∶1 的频率范围可得到 ±0.5° 的误差。

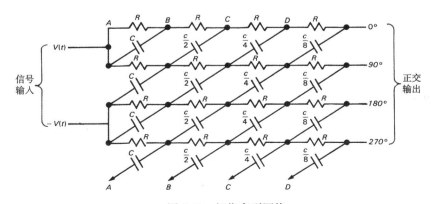

图 5.41　相位序列网络

□ **正交方波**

对于特殊的方波，产生正交信号是轻而易举的事情。基本思想是产生我们需要的倍频，接着用数字触发器（见第 8 章）2 分频，再用门电路解码（见第 8 章）。该技术用于直流到至少 100 MHz，性能都很好。

□ **射频正交**

在射频（几兆赫以上）使用熟悉的**正交混合器**（或正交分量 / 合成器），产生正交正弦波对也很容易。在射频谱的低频端（从几兆赫到 1 GHz）采用小芯绕组变压器的形式；在高频端采用带状线（金属薄片带子，与下面的地平面绝缘）或波导（空心矩形管）形式。在第 13 章将讨论有关内容。该技术的带宽相当窄，典型工作带宽为一个二倍频（即 2∶1）。

□ **产生任意相位的正弦波**

一旦得到一个正交对，就容易产生任意相位的正弦波。只需用高阻抗合成器合成同相（I）和正交（Q）信号，最容易的方法是用一个分压计在 I 和 Q 信号之间来回移动。当旋转旋钮时，用不同的比例合成 I 和 Q，从 0° 到 90° 平滑地过渡。如果用矢量来分析，将看到相位与频率完全无关，但当调整相位时幅度有一些变化，在 45° 下降 3 dB。可以把这个简单方法扩展到 360°，只需简单地用一个增益 $G_v = -1$ 的反相放大器产生反相（180° 相移）信号 $\bar{I}$ 和 $\bar{Q}$。

□ **5.3.6　文氏电桥和 *LC* 振荡器**

当需要低失真的正弦信号时，前面的方法都不适用。尽管大量函数产生器确实使用二极管箝位器来退化三角波的办法，但失真很少小于 1%。比较而言，大部分高保真音箱爱好者坚决要求放大器的失真低于 0.1%。为测试失真如此低的音频器件，需要剩余失真小于约 0.05% 的纯正弦波信号源。

当低于一定的频率时，文氏电桥振荡器（见图 5.42）是很好的低失真正弦信号源。其具体思路是制作一个反馈放大器，输出反相 180°，然后调整环路增益，使自激振荡刚好发生。用数值相同的 *R* 和 *C*，使运算放大器同相输入端与输出端之间的电压增益刚好是 +3.00。增益小一些，振荡将停止；增益大一些，输出将饱和。如果振荡幅度保持在放大器的线性区域，失真很小，即一定不能进入全程振荡。没有一些控制增益的技巧，极易发生这种情况，放大器的输出增加，直到有效增益由于饱和降低到 3.0。我们将看到，该技巧涉及到某种形式的大时间常数的增益可设置反馈。

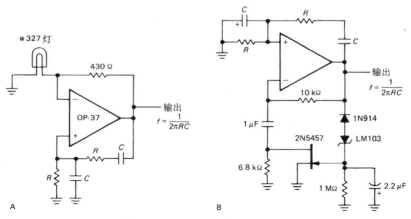

图 5.42　文氏电桥低失真振荡器

在第一个电路中，用一个白炽灯作为可变电阻反馈元件。当输出电压增加时，灯轻微加热，同相增益下降。对于 1 kHz 以上的音频，该电路的谐波失真小于 0.003%，详情参见 LTC App. Note 5

(12/84)。在第二个电路中，由二极管和 RC 组成的幅度鉴别器通过改变 FET 的电阻调整交流增益，当电源电压很小时，FET 像一个压变电阻（见 3.2.5 节）。注意，这里使用了大时间常数（2 s），这对于避免失真是必要的，因为快反馈通过控制一个周期内的幅度将使波形失真。

□ 5.3.7　LC 振荡器

在高频端，产生正弦波的更好方法是 LC 受控振荡器，其中一个可调 LC 连接在一个类似放大器的电路中，在谐振频率处提供增益。使用完全的正反馈，在 LC 的谐振频率上建立一个自激振荡。这样的电路是自启动的。

图 5.43 给出了两个常用的结构。第一个电路是可靠的考毕兹振荡器，在输入端有一个并联可调谐 LC 和从输出端的正反馈。该电路的失真小于 -60 dB。第二个电路是哈特莱振荡器，用一个 NPN 晶体管构成。可变电容用来调整频率。两个电路都使用**线圈耦合**，只用几圈线作为一个降压变压器。

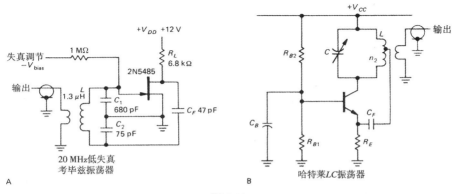

图 5.43

LC 振荡器在一个适度的频率范围可进行电调谐。技巧是在决定频率的 LC 电路中使用压变电容（变容二极管）。二极管 PN 结的物理特性提供了解决方法。在反向偏置的二极管形式中，PN 结电容随着输入反向电压的增加而减小（见图 13.3）。尽管任何二极管都可扮演变容二极管，我们可设计特殊的二极管扮演这个角色，图 5.44 给出了一些代表性的类型。图 5.45 显示了一个简单的 JFET 型考毕兹振荡器（从源极反馈），可调谐能力为 ±1%。该电路中，调谐范围故意做得很小，是为了取得好的稳定性，办法是使用一个相对大的固定电容（100 pF），用一个小的可调谐电容（15 pF）分流。注意大偏置电阻（使二极管偏置电路不成为振荡器的负载）和隔直电容，见 13.2.3 节。

变容二极管一般提供几皮法到几百皮法的电容，可调范围大致为 3:1（尽管也有宽范围变容二极管，可调比例高达 15:1）。既然 LC 电路的谐振频率与电容的均方根成反比，可以得到 4:1 的频率调谐范围，但更一般情况下考虑的调谐范围大致为 ±25%。

在变容二极管调谐电路中，振荡本身（同样，外加的直流可调偏置）要穿过变容二极管，导致其电容值在信号频率处变化。这导致振荡波形失真，更严重的是导致振荡频率在一定程度上依赖于振荡幅度。为了减小该影响，应该限制振荡幅度（如果需要更大的输出，可以在跟随输出级放大）；而且为使振荡电压相对较小，最好保持变容二极管直流偏置电压在 1 V 以上。

电调谐振荡器广泛应用于产生频率调制，以及射频锁相环。我们将在第 9 章和第 13 章再讨论该问题。

由于历史原因，我们应当提到 LC 振荡器的近亲，即调谐音叉振荡器。它使用高 Q 值的调谐音叉作为振荡器的频率决定元件，在低频标准（如果在常温下运行，稳定度为百万分之几）和腕表中有其使用。该振荡器已经被下一节将讨论的晶体振荡器取代。

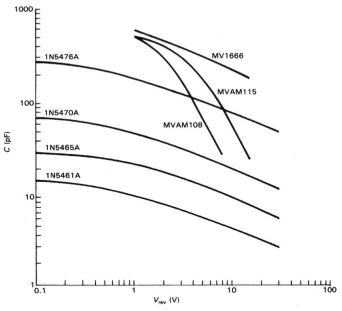

图 5.44　变容可调谐二极管

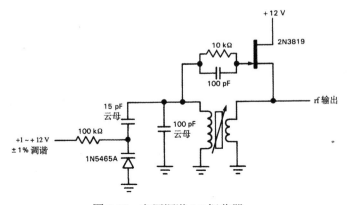

图 5.45　电压调谐 LC 振荡器

□ 寄生振荡

假设刚刚制作了一个放大器，输入正弦波来测试其输出。我们打开输入函数产生器产生一个方波，但输出仍是正弦波！这并不是放大器，一定是出问题了。

寄生振荡通常并不像这样明显。它们在观测时一般表现为波形的模糊部分，不稳定的电流源操作，未解释的运算放大器失调或示波器探头加在电路上，还没有开始观察波形时屏幕上杂乱无章。这些高频寄生振荡由引线自感应和极间电容构成的哈特莱或考毕兹振荡器产生。

图 5.46 所示电路给出了电子实验课里的一个振荡电流源，实验中使用 VOM 测量标准晶体管电流源的输出。电流的变化超出预计（5%~10%），加负载以后的电压在预计的应

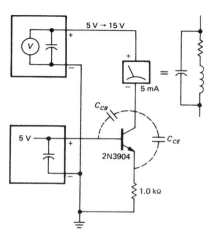

图 5.46　寄生振荡举例

答范围内变化，用手指放在集电极引线上可以改进该症状！晶体管的集电极–基极电容、仪表电容和仪表自感在古典的哈特莱振荡电路中谐振，集电极–发射极电容又提供反馈。附加一个小基极电阻，通过降低高频共基增益可抑制振荡。该技巧常常很有用。

5.3.8　石英晶体振荡器

RC 振荡器的稳定性容易接近 0.1%，在初始可预测为 5% ~ 10%。对于许多应用，该稳定性已经足够好了，如袖珍计算器中的**多位显示**，这里多数显示器迅速被一个数字接一个数字（一般是 1 kHz 的速率）地点亮。在任意时刻仅仅只点亮一个数字，但我们的眼睛却看到整个显示。在这种应用中，不必要求有精确的速率。至于频率稳定的振荡源，LC 振荡器能做得更好一些，谐振周期的稳定度为 0.01%。在射频接收机和电视机中这就足够了。

对于真正的稳定，没有什么能替代晶体振荡器。它使用一片被切开并抛光的石英（化学名字是玻璃、二氧化硅）在某个频率上振动。石英是压电（压力产生电压，或相反）型的，外加电场的晶体在声波的作用下能在晶体表面产生电压。在表面植入导引线，能作为一个真实的电路元件，能用 RLC 电路来模拟，并预先调谐在某个频率。实际上，它的等效电路包括两个电容，给出两个间隔十分近（1%）的串联和并联谐振频率（见图 5.47）。结果产生一个随频率迅速改变的电抗（见图 5.48）。石英晶体的高 Q 值（典型值为 10 000 左右）和很好的稳定性，使它适合用于振荡器的控制以及高性能的滤波器（见 13.2.4 节）。与 LC 振荡器一样，晶体的等效电路在谐振频率处提供正反馈和增益，产生自激振荡。

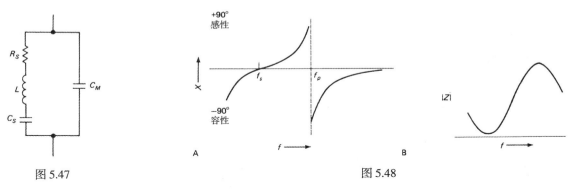

图 5.47　　　　　　　　　　　　　　　　　图 5.48

图 5.49 给出了一些晶体振荡器电路。图 5.49A 是经典的皮尔斯振荡器，使用万能的 FET（见第 3 章）。用晶体代替 LC 构成的考毕兹振荡器如图 5.49B 所示。图 5.49C 使用一个 NPN 双极型晶体管作为反馈单元。剩余两个电路使用数字逻辑函数产生逻辑电平输出（见图 5.49D 和图 5.49E）。

最后一个图使用 Motorola 的 MC12060/12061 系列石英振荡电路。这些芯片内石英的频率范围在 100 kHz ~ 20 MHz，通过内部幅度鉴别器和限制电路来限制振荡幅度，用来产生极好的频率稳定性。它们提供正弦波和方波输出（TTL 和 ECL 逻辑电平）。

如果仅仅打算接受一个方波输出，或不需要最大可能的稳定性，更方便的选择是使用复杂的晶体振荡器模块，通常是 DIP 的 IC 尺寸的金属封装。它们有许多标准频率（比如 1 MHz，2 MHz，4 MHz，5 MHz，6 MHz，8 MHz，10 MHz，16 MHz 和 20 MHz），以及一般在微处理器系统中使用的怪异频率（比如 14.318 18 MHz，用于视频板）。这些晶体时钟模块精度典型值仅为 0.01%（100 ppm）（相对于温度、电源电压和时间），但它们很便宜（2~5 美元），我们也不需要附加任何线路。而且，它们保证振荡；当给振荡器布线时，并不总能保证起振。晶体振荡器电路依赖晶体的电特性（如串联与并联模式、有效串联电阻和装配电容），这并不一直能精确给出。经常出现的情况是，自己搭建的晶体振荡器可以振荡，但振荡频率与标称频率不相关！我们用分立的晶体振荡器电路进行试验，已经很好地核对过。

石英晶体的振荡频率为10 kHz ~ 10 MHz，泛音型的晶体可达大约250 MHz。尽管定购晶体时必须给定频率，但大部分通常使用的频率一般都有供货。诸如100 kHz，1.0 MHz，2.0 MHz，4.0 MHz，5.0 MHz和10.0 MHz这样的频率通常很容易获得。3.579 545 MHz的晶体（不到1美元）在TV彩色同步信号振荡器中使用。数字腕表使用32.768 kHz（2^{15} kHz），2的其他次幂也经常使用。通过改变串联或并联电容，可轻微调整晶体振荡器，如图5.49D所示。如果有低成本的晶体，在任何应用中都值得考虑晶体振荡器，而不需要RC阻尼振荡器。

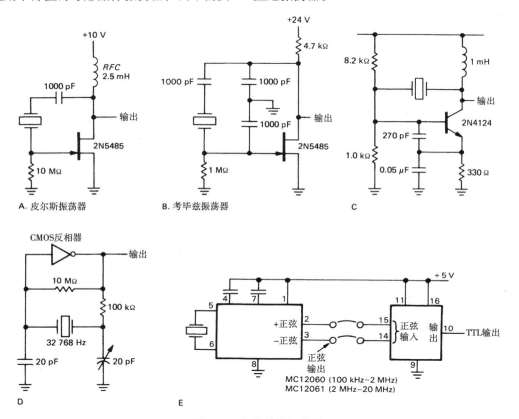

图5.49　各种晶体振荡器

如果需要稳定的频率，电可调谐能力非常小，可使用变容二极管来降低石英晶体振荡器的频率。这种电路称为VCXO（压控晶体振荡器），合并了晶体振荡器的高稳定性和LC振荡器的可调能力。最好的方法是买一个商用的VCXO，而不是尝试自己设计。典型地，其输出离中心频率的最大偏移为±10 ~ ±100 ppm，也有宽偏离量（±1000 ppm）的VCXO。

不用过于小心，在普通温度范围使用晶体振荡器能获得百万分之几的频率稳定度。使用温度补偿方案，可构成性能更好的TCXO（温度补偿晶体振荡器）。许多制造商既有TCXO，也有未补偿的振荡器模块，如Bliley，CTS Knights，Motorola，Reeves Hoffman，Statek和Vectron等厂商。尺寸各不相同，有DIP封装，也有TO-5标准电阻式的。TCXO在0℃ ~ 50℃范围的稳定性有1 ppm（不很贵）到0.1 ppm的（比较贵）。

温度稳定的振荡器

要达到可能的最大稳定性，我们可能需要将振荡器放在恒温箱中。在某些高温（80℃~90℃）下使用零温度系数的晶体时，用自动调温装置来保持温度。这样的振荡器一般作为小模块包括在一个器具里，作为完整频率标准，准备好放在货架上。Hewlett-Packard 的 10811 是高性能模块振荡器的典型，在几秒或几小时的时间内，稳定度为 10^{11} 分之几。

当由于热导致的不稳定已经降低到该水平时，主要效应变成晶体老化（频率随时间增加连续降低）、电源电压变化和环境影响，如振动或波动（在石英腕表设计中，后者是最严重的问题）。对于老化问题，这里给出一个概念，前面提到的振荡器有一个特殊的老化速率，即每天最大是 $5/10^{10}$。老化效应部分是由于压力逐渐减轻，几个月后趋向稳定，特别是很好制造的晶体。我们的样本 10811 振荡器，每天老化大约 $1/10^{11}$。

晶体类的稳定性标准不能满足要求时，使用原子频率标准。在铷气体单元中使用微波吸收线，或在铯原子束中原子的跃迁，作为石英晶体稳定的参考，能获得 10^{12} 分之几的精度和稳定性。铯原子束标准是国家的官方时间基准，时间从国家标准局和海军观测站发布。已经建议将氢原子微波激射器作为最终的稳定时钟，宣称稳定性将近 10^{14} 分之几。有关稳定时钟，近来的研究集中在使用制冷离子技术取得相当好的稳定性。许多物理学家相信能取得 10^{18} 分之几的最终稳定度。

5.4　电路示例

5.4.1　电路集锦

图 5.51 给出了许多常用电路，大部分来自制造商的说明书和应用文献。

5.5　补充题

1. 设计一个 6 极点高通贝塞尔滤波器，截止频率为 1 kHz。
2. 设计一个 60 Hz 的双 T 型陷波器，用运算放大器作为输入、输出缓冲级。
3. 设计一个 1 kHz 的锯齿波振荡器，用一个晶体管电流源代替 555 振荡电路中的充电电阻。确保提供足够的电流源一致性。R_B（见图 5.33）的值应该为多少？
4. 用 555 构成一个三角波振荡器。使用一对电流源 I_0（源）和 $2I_0$（吸收）。用 555 的输出适当打开或关断 $2I_0$ 吸收电流。图 5.50 给出了一种可能性。

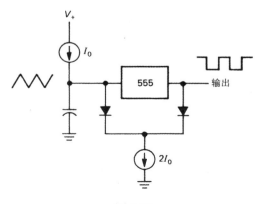

图 5.50

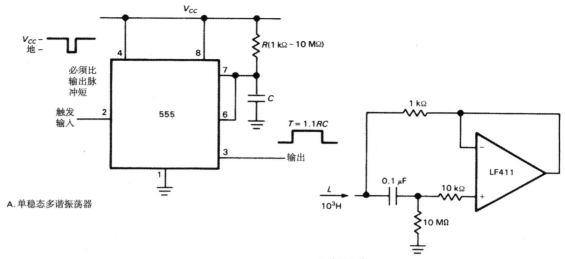

A. 单稳态多谐振荡器

B. 有源电感

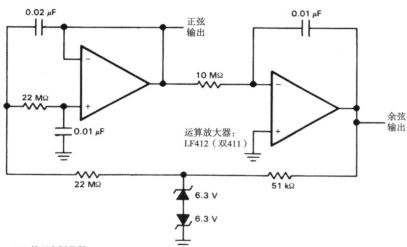

C. 1 Hz的正交振荡器

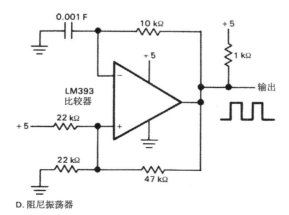

D. 阻尼振荡器

图 5.51　电路集锦

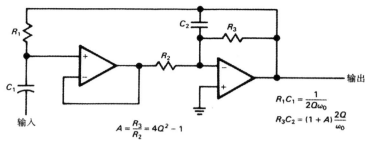

$$A = \frac{R_3}{R_2} = 4Q^2 - 1$$

$$R_1C_1 = \frac{1}{2Q\omega_0}$$

$$R_3C_2 = (1 + A)\frac{2Q}{\omega_0}$$

E. 可调谐放大器；f_0 可工作到 $f_T/2Q$

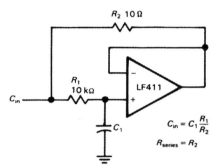

$$C_{in} = C_1\frac{R_1}{R_2}$$

$$R_{series} = R_2$$

F. 电容乘法器

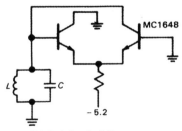

G. 发射极耦合的 LC 振荡器

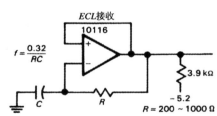

$$f = \frac{0.32}{RC}$$

$$R = 200 \sim 1000 \ \Omega$$

H. 高频 ECL 多频振荡器

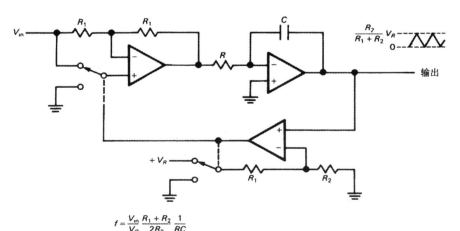

$$f = \frac{V_{in}}{V_R}\frac{R_1 + R_2}{2R_2}\frac{1}{RC}$$

I. 电压-频率转换器

图 5.51（续） 电路集锦

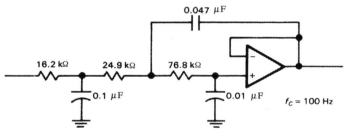

$f_C = 100\ \text{Hz}$

J. 其他频率范围的3阶
贝塞尔低通滤波器

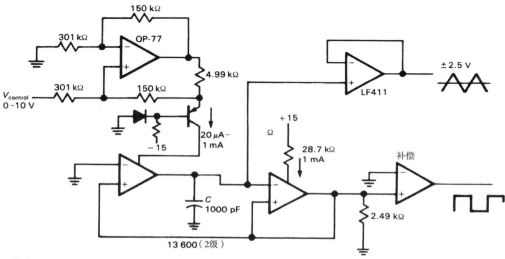

K. 带跨导放大器的宽范围VCO（2 Hz~100 kHz）

图5.51（续） 电路集锦

第6章 稳压器和电源电路

几乎所有的电子电路，从简单的晶体管电路、运算放大器电路到复杂的数字系统及微处理器系统，都需要一个或多个稳定的直流电压源。在第1章中所讨论的变压器－桥式整流－电容滤波这种简单的电源电路，由于没有经过稳压，一般无法达到设计要求，因为输出电压带有严重的120 Hz纹波，而且会随负载电流和供电线路电压的变化而变化。但是，利用负反馈原理将直流输出电压与一个稳定的基准电压进行比较，可以很容易地达到稳定输出电压的目的。这样的稳压器应用广泛，而且实现简单：只需未经稳压的直流电源（如桥式整流电容滤波的电源、电池或者其他直流电源）和少数其他元件，辅以集成稳压芯片即可。

本章主要介绍如何利用专用集成电路芯片实现稳压功能。同样的电路也可以采用分立元件（晶体管、电阻等）实现，但是廉价、高性能稳压芯片的提供，使分立元件电路设计失去了优势。稳压器是一个功耗较高的领域，因此我们还将讨论控制晶体管工作温度的散热和"过热保护"等技术，以防电路毁坏。这些技术还可以用于包括功率放大器在内的各种大功率电路。掌握关于稳压器的这些基本知识，就可以更详细地讨论未稳压的电源电路设计。本章还将涉及基准电压的概念及基准电压芯片，以及一些电源设计之外的器件。

6.1 采用典型稳压芯片 723 的基本稳压电路

6.1.1 723 稳压器

μA723是一个典型的稳压器。它由Bob Widlar设计，并于1967年面世，具有极高的性能，并且使用非常灵活方便。虽然现在的电路设计中已不再使用该芯片，但它的一些设计细节还具有很高的参考价值，因为现在使用的稳压芯片几乎都遵循同样的工作原理。723稳压器原理如图6.1和图6.2所示。正如我们所看到的，它是一个真正意义上的电源设备，包括温度补偿基准电压、差分放大器、晶体管射极跟随器以及过流保护电路等。但是仅有723还不能起到稳压作用，我们必须把它和外部电路连接起来。在用它设计稳压器之前，我们先简单地观察其内部电路，它非常直观，也很容易理解（很多芯片的内部结构并不容易理解）。

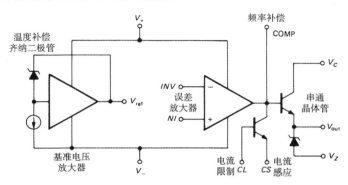

图 6.1 723 稳压芯片简化电路图

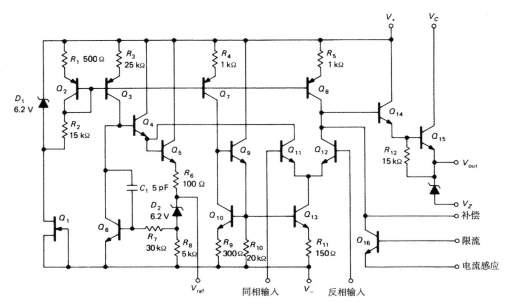

图 6.2　723 稳压芯片原理图

　　稳压器的核心是一个具有温度补偿特性的齐纳基准电压。具有正温度系数的齐纳管（D_2）与 Q_6 的基极 – 射极（注意：V_{BE} 具有负温度系数，约等于 –2 mV/℃）一起构成具有近似零温度系数（典型值：0.003%/℃）的基准电压（一般情况下，该基准电压为 7.15 V）。如图 6.2 所示，从 Q_4 到 Q_6 通过直流负反馈将 D_2 的电流偏置固定在 $I = V_{BE}/R_8$。而 Q_2 和 Q_3 则形成非对称的镜像电流来提供基准偏置，镜像电流的大小由 D_1 和 R_2 决定（其结电压被控制在比 V_+ 低 6.2 V 的大小上），而 D_1 和 R_2 的工作又受 Q_1 限制（该场效应管的工作可以近似于电流源）。

　　由 Q_{13} 发射极电流源供电的晶体管对 Q_{11} 和 Q_{12} 构成差分放大器（考虑到整个系统工作在负反馈状态下，有时也称其为"误差放大器"），这是传统的长尾对电路。该电流源的电流是 Q_9，Q_{10} 和 Q_{13} 产生的一个镜像电流的一半，而且也是晶体管 Q_7 上的电流的镜像（Q_3，Q_7 和 Q_8 上的电流都是 D_1 基准电流的镜像，这一点已在 2.3.5 节中提到）。Q_{11} 的集电极与 Q_4 发射极相连，具有固定电压，差分放大器从 Q_{12} 的集电极输出，Q_{12} 集电极电流由 Q_8 上的镜像电流提供。Q_{14} 和 Q_{15} 连接成达林顿管形式，后级晶体管 Q_{15} 由 Q_{14} 驱动。注意，芯片内部晶体管 Q_{15} 的集电极是单独供电的，可以与前级电源相互隔离。通过调节晶体管 Q_{16} 的工作状态，可以切断晶体管 Q_{15} 的驱动级，以限制输出电流不超过系统正常工作范围。与其他新型稳压芯片不同，723 没有集成内部关断电路来防止电流过载或芯片过热。而 SG3532 和 LAS1000 都是 723 的改进型稳压芯片，均具有低电压能带隙基准（见6.4.2 节）以及内部过流保护电路和过热关断电路。

6.1.2　正电压稳压器

　　采用 723 设计的正电压稳压电路如图 6.3 所示。除 4 个电阻和 2 个电容外，所有元件都已集成在 723 内部。R_1 和 R_2 构成的分压器将部分输出电压与基准电压进行比较，送给 723。该电路与采用运算放大器的射极跟随器类似，其中 V_{ref} 是"输入"端。选择合适的 R_4 值，使输出电压最大时，R_4 上产生 0.5 V 压降，因为通过 CL-CS 提供的 V_{BE} 电压可以打开限流晶体管（见图 6.2 中的 Q_{16}），从而关断其后的调整晶体管。电路中 100 pF 电容的作用是使工作环路稳定。R_3（有时候被省掉）的选择是使差分放大器的两个差分输入端阻抗相同，使输出电压不会因参考电流的波动而发生明显变化（这里是指温度变化引起的波动）。同样，在使用运算放大器的放大电路中也可以看到类似情况（见4.4.2 节）。

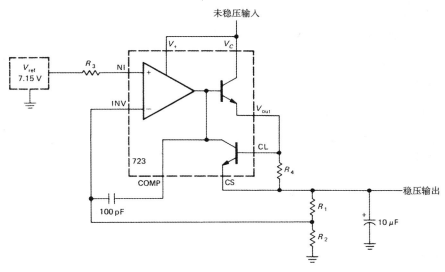

图 6.3　723 稳压器：$V_{out} > V_{ref}$

通过这些电路，稳压器输出范围可以从 V_{ref} 到最大允许输出电压（37 V）。当然，输入电压总要比输出电压高，以防止未经稳压的电源电压波动影响。对于 723 而言，最小"电压裕度"（输入电压必须超过输出电压的幅度）是 3 V，这也是大多数稳压芯片的一个典型值。R_1 或 R_2 通常是可以调整的，从而保证输出电压的精确设定。基准电压 V_{ref} 的变化范围在 6.8 ~ 7.5 V 之间。

在输出端并联如图所示几微法的旁路电容，可以取得更好效果。它能够保证稳压器的低输出阻抗特性，特别是在频率较高，反馈效果不明显的情况下。输出电容的选择最好参照芯片资料，否则电路可能会自激。一般情况下，将陶瓷电容（0.01 ~ 0.1 μF）和电解电容或钽电容（1 ~ 10 μF）并联，可以取得较好效果。

当输出电压小于 V_{ref} 时，可以利用基准电压分压器（如图 6.4 所示）。这时输出电压是和基准电压的一部分进行比较的。图中电路参数是在保证最大输出电压为 +5 V，最大输出电流为 50 mA 的情况下获得的。根据图中的电路参数，输出电压范围可以从 +2 V 变化到 V_{ref}。输出电压不能向下调到 0 V 的原因是差分放大器的输入电压不能低于 2 V。这已在芯片资料中提到（见表 6.9）。同样，根据基准电压要求，该电路中未稳压的输入信号电压值不得低于 +9.5 V。

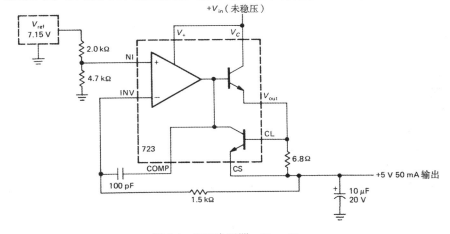

图 6.4　723 稳压器：$V_{out} < V_{ref}$

　　该电路的第三种变化是要求可调输出电压在 V_{ref} 附近有连续的变化。这时，需要将部分输出电压和部分基准电压进行比较，当然比较点的选择必须满足低于最小输出电压要求。

习题6.1　采用 723 设计一个稳压电路，其负载电流为 50 mA，输出电压范围为 +5 ~ +10 V。提示：将输出电压分压后与基准电压的一半进行比较。

6.1.3　大电流稳压器

　　723 内部驱动晶体管的额定电流是 150 mA，而且在 25℃ 时功耗不超过 1 W（该值将随环境温度的升高而降低。为保证 PN 结温度在安全范围内，当温度高于 25℃ 时，723 必须以 8.3 mW/℃ 的功耗降低）。例如，一个输入电压为 15 V 的 +5 V 稳压器，最大输出负载电流仅为 80 mA。为了设计大电流稳压电源，必须外加大功率晶体管。很容易设想外加晶体管和内部晶体管构成达林顿管（如图 6.5 所示）。其中，Q_1 是外加晶体管，它必须加装**散热装置**。大多数情况下使用有鱼鳞状的金属片进行散热（也可以将晶体管安装在电源装置的金属外壳上）。在后面的内容里将具体讨论关于散热的问题。微调电位器可以精确地将输出电压调整到 +5 V，电位器的调节范围要满足电阻偏差容限和基准电压的偏差容限要求（这是设计中所考虑的最坏情况）。在这种情况下，通常要求输出电压含有 ±1 V 的余量。注意：对于电源电流为 2 A 的电路，需要低阻抗大功率的限流电阻。

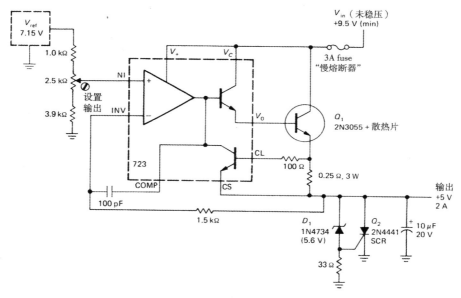

图 6.5　含有外接驱动晶体管和杠杆式过压保护电路的 +5 V 稳压电路

晶体管的电压裕度

　　电源稳压电路的一个问题是晶体管较高的耗散功率（满负荷工作时不小于 10 W）。这是不可避免的，因为稳压器在处理未经稳压的输入电源时，要求一些"上层空间"（具体来说就是电压裕度）来保证正常工作的需要。使用分离的小电流电源给 723 供电（例如 +12 V），可以将外接驱动晶体管的电压裕度降低到 1 V 左右（即使是在 105 V 的线路供电输入时，正常工作状态下一般也可以接受至少几伏的电压容限）。

过压保护

上述电路中还有一种由 D_1，Q_2 和 33 Ω 电阻组成的"杠杆式"**过压保护电路**。其作用是，在发生某种电路故障（比如当比较器的分压电阻有一个开路，或者某些 723 内部元件发生损坏时）造成输出电压超过 6.2 V 时，将输出端短路。Q_2 是一个 SCR（单向可控硅整流器）器件，平时处于断路状态，当栅阴结正向偏置时很快进入饱和导通状态。该整流器一旦被打开，就不会自动关断，除非切断流过阳极的电流。根据上述理论，当输出电压超过 D_1 的齐纳电压与二极管电压之和时，单向可控硅上将有电流流过。这样稳压器就被单向可控硅短路到地，自动进入过流保护状态。但是如果意外错误所造成的不正常的大电流仍然未能启动过流保护电路（比如 Q_1 的集电极和发射极发生短路），那么过压保护电路上还将有很大电流。考虑到这个原因，最好在供电电源的通路中添加保险丝，如图 6.5 所示。我们将在 6.2.3 节中更详细地讨论杠杆式过压电路。

6.2 散热和功率设计

6.2.1 功率晶体管及其散热

在前面的电路中经常用到功率晶体管或其他大电流器件，如单向可控硅、大功率整流器等，它们都要消耗很大的功率。2N3055 是一种应用广泛、价格便宜的大功率晶体管，如果安装合理，它可以耗散高达 115 W 的功率。所有功率器件都采用金属封装，以便于安装散热器。大多数这样的金属封装在电气上就是一个电极（比如，对于功率晶体管，外壳通常都与集电极相连）。

散热器的目的是保证晶体管结温（或者是其他器件的结温）低于器件正常工作温度的最大允许值。对于金属封装的硅晶体管而言，最大结温通常是 200°C，而塑料封装的晶体管，最大结温是 150°C。表 6.1 列出了一些常用的功率晶体管以及它们的温度特性参数。这样，散热器的设计就简单了：已知给定电路中功率器件的最大耗散功率，根据晶体管内部热传导影响、散热器效率以及电路系统工作的最高环境温度计算结温。选用足够大的散热器可以保证功率器件的结温低于器件的最高温度限制。在散热器设计过程中，保留一定的设计余量是很有意义的，因为长时间工作在极限温度附近或超过极限温度，都会极大地缩短晶体管的使用寿命。

表 6.1 可选的双极型功率晶体管

NPN	PNP	Pkg[a]	V_{CEO} 最大值 (V)	I_C 最大值 (A)	h_{FE} typ	@ I_c (A)	f_T 最小值 (MHz)	C_{cb}[b] typ (pF)	P_{diss} (T_C = 25°C) (W)	Θ_{JC} (°C/W)	T_J 最大值 (°C)	注释
常规功率：	V_{CE}(sat) = 0.4 V (typ)；V_{BE}(on) = 0.8 V (typ)											
2N5191	2N5194	A	60	4	100	0.2	2	80	40	3.1	150	低成本，通用
2N5979	2N5976	B	80	5	50	0.5	2	60	70	1.8	150	
2N3055	MJ2955	TO-3	60	15	50	2	2.5	125	115	1.5	200	金属，工业标准
MJE3055	MJE2955	B	60	10	50	2	2.5	125	90	1.4	150	塑料，工业标准
2N5886	2N5884	TO-3	80	25	50	10	4	400	200	0.9	200	
2N5686	2N5684	TO-3	80	50	30	25	2	700	300	0.6	200	适应于大功率
2N6338	2N6437	TO-3	100	25	50	8	40	200	200	0.9	200	特级音响
2N6275	2N6379	TO-3	120	50	50	20	30	400	250	0.7	200	特级音响
达林顿功率：	V_{CE}(sat) = 0.8 V (typ)；V_{BE}(on) = 1.4 V (typ)											
2N6038	2N6035	A	60	4	2000	2	—	30	40	3.1	150	低成本
2N6044	2N6041	B	80	8	2500	4	4	80	75	1.7	150	
2N6059	2N6052	TO-3	100	12	3500	5	4	100	150	1.2	200	
2N6284	2N6287	TO-3	100	20	3000	10	4	150	160	1.1	200	大电流

a. A 为小的塑料包装(TO‑126)，B 为大的塑料包装(TO‑127)。

b. V_{CB} = 10 V 时的 C_{cb}(NPN)；C_{cb}(PNP) ≈ $2C_{cb}$ (NPN)。

热阻

在进行散热计算之前，需要用到**热阻**θ的概念，它的定义是上升温度（以度为单位）与传递热量的比。如果热传递只通过传导方式进行，则热阻是与温度无关的常数，只取决于连接点的机械特性。对于热串联连接的系统，总热阻等于每个连接部分热阻的和。因此，已安装散热器的晶体管，从晶体管到外部（外界环境）的总热阻等于从结到外壳的热阻θ_{JC}、从外壳到散热器的热阻θ_{CS}以及从散热器到外界环境的热阻θ_{SA}的和。因此，结温的计算公式如下：

$$T_J = T_A + (\theta_{JC} + \theta_{CS} + \theta_{SA})P$$

其中P是耗散功率。

让我们来看一个例子。前面讨论的带有外部晶体管的稳压电源，最大耗散功率为20 W，输入电压为 +15 V（10 V 压降，2 A 电流）。假设稳压电路的最高环境温度是 50℃，这个温度对于安装紧凑的电子设备来说是很常见的。根据芯片资料，器件最大温度容限是 200℃，因此我们尝试保持结温低于 150℃。从结到外壳的热阻为 1.5℃/W，封装为 TO-3 的大功率晶体管，安装绝缘垫圈时涂上热阻为 0.3℃/W 的热传导复合材料，Wakefield 系列的散热器 641 在将热量传递到外界环境的过程中（见图 6.6），其热阻为 2.3℃/W，所以从结到外界环境的总热阻为 4.1℃/W。在该例中，要耗散 20 W 的功率，结温将比环境温度高出 84℃，也就是 134℃（达到最高环境温度）。因此，散热器的选择一定要合理，实际上，小型散热器对于节省空间是很有必要的。

关于散热器的几个问题

1. 耗散功率很大（例如几百瓦的耗散功率）时，降低外界空气温度是很有必要的。大型散热器加风扇的组合设计可以将热阻（从散热器到外界环境）减小到 0.05℃/W 到 0.2℃/W。

2. 晶体管必须和散热器绝缘，而且很有必要（特别是当很多晶体管安装在同一个外壳上时）。通常在晶体管和散热器之间垫一个薄的绝缘垫圈，而且在安装螺钉外罩上绝缘护套。通常垫圈形状与标准晶体管一致，采用云母、绝缘铝或氧化铍（BeO）等材料，与导热脂一起使用。这些绝缘材料会增加 0.14℃/W（氧化铍）到 0.5℃/W 的热阻。

   和传统的云母垫片加导热脂的散热方式相比，硅树脂绝缘体的效果好得多，它们是通过导热化合物（通常是氮化硼或氧化铝）的扩散生成的。它们清洁而且干燥，使用方便。不会弄得手上、器件上和衣服上都粘乎乎的，而且还可以节省很多时间。它们具有 0.2℃/W ~ 0.4℃/W 的热阻，和传统方法差不多。这种材料，Bergquist 称它为 "Sil-Pad"，Chomerics 称它为 "Cho-Therm"，SPC 称它为 "Koolex"，而 Thermalloy 称它为 "Thermasil"。目前我们已经习惯于使用这些绝缘体，而且非常喜欢使用。

3. 小型散热器可以很容易地固定在小型封装的晶体管上（例如标准的 TO-5 封装）。在相对较低的功率耗散情况下（1 W 或者 2 W），这就够用了，也避免了安装在外壳上时必须用导线将管脚连接回电路中的麻烦。图 6.6 所示的电路就是一个例子。而且还有各种各样的小型散热器可以用在塑料封装的功率器件上（很多稳压芯片以及晶体管都采用这种封装），它们贴在印制板上芯片的正下方。在几瓦的耗散功率情况下，这些散热器的使用很方便。图 6.6 就给出了一种典型样式。

4. 有时把功率晶体管直接安装在底盘或者设备外壳上很方便。这时采用保守设计，多留一些余量（保持较低温度）是比较明智的，因为热量会影响到其他电路元件，使其温度升高，并且缩短元件使用寿命。

5. 如果晶体管安装在散热器上而没有绝缘，那么散热器就必须和外壳隔离。使用绝缘护套（比如 Wakefield 系列 103）具有较好效果（当然晶体管外壳偶然接触到地除外）。当晶体管和散

热器绝缘时, 散热器可以直接安装在设备外壳上。但是, 如果晶体管可以从设备外面触及到
(例如散热器装在设备的后盖板上), 就要在晶体管上使用绝缘护套 (例如耐热合金8903N),
以防止有人无意触摸到或短接到地。

6. 从散热器到外界环境的热阻是不同的, 要根据散热器的鳞片方向和流动空气的导向进行选
择。如果散热器没有装好, 或者空气流通不畅, 散热效果就会下降 (这就是高热阻的产生原
因)。通常在设备的后盖板上安装具有垂直鳞片的散热器效果较好。

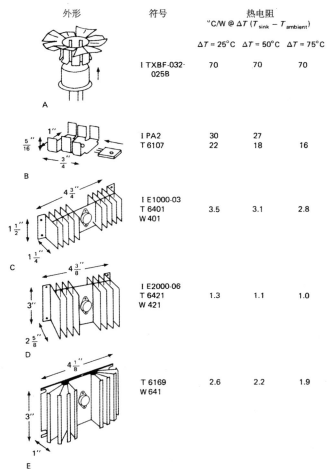

外形	符号	热电阻 $^\circ$C/W @ ΔT ($T_{sink} - T_{ambient}$)		
		$\Delta T = 25^\circ$C	$\Delta T = 50^\circ$C	$\Delta T = 75^\circ$C
A	I TXBF-032-025B	70	70	70
B	I PA2 T 6107	30 22	27 18	 16
C	I E1000-03 T 6401 W 401	3.5	3.1	2.8
D	I E2000-06 T 6421 W 421	1.3	1.1	1.0
E	T 6169 W 641	2.6	2.2	1.9

图 6.6　功率晶体管散热。I, IERC; T, Thermalloy; W, Wakefield

习题 6.2　一个 2N5320 从结到外壳的热阻为 17.5°C/W, 它很适合用 IERC TXBF 型的简单散热器,
如图 6.6 所示。最大允许结温为 200°C。当环境温度为 25°C 的时候, 这样的连接能够释放多少
热量? 环境温度每升高 1°C 会少散发多少热量?

□ 6.2.2　反馈限流保护

一个具有简单限流电路的稳压器, 当输出短接到地 (或电路偶然工作不正常) 时, 晶体管产生
的最大耗散功率通常会超过最大允许耗散功率, 后者会发生在正常的负载条件下。例如串接的晶体
管输出为 +5 V 和 2 A, 当输出短路时会产生 30 W 的耗散功率 (输入为 +15 V, 电流容限为 2 A),
但是在正常负载条件下最大耗散功率为 20 W (耗散电压为 10 V, 输出为 2 A)。更为严重的问题产

生于下述情况：晶体管上的耗散电压是输出电压的很小一部分。例如一个输出为 +15 V，2 A 的稳压器，当输入为不规范的 +25 V 时，耗散功率从 20 W（满载时）升至 50 W（短路时）。

在推挽式功放管中会碰到类似问题。正常满载情况下加在晶体管上的电压是最小的（接近输出幅度），当晶体管上的压降达到最大值时，输出电流为零（输出电压也为零）。然而，在短路时电压全部加在晶体管上，而且此时电流也是最大的。这将导致功率耗散比正常情况大得多。

解决这个问题的一种强硬方法是使用比实际需要更大的散热器，选择功率适应范围更宽的晶体管（安全使用范围参见 6.2.4 节）。即使这样，这也不是一种好的解决方法，因为在产生问题时仍有大量电流流入电路，损坏电路中的其他器件。最好的方法是使用反馈限流保护电路，这是一种在电路短路或过载时减小电路电流的技术。图 6.7 给出了一种基本设计，我们仍然以外接晶体管的 723 稳压芯片为例。

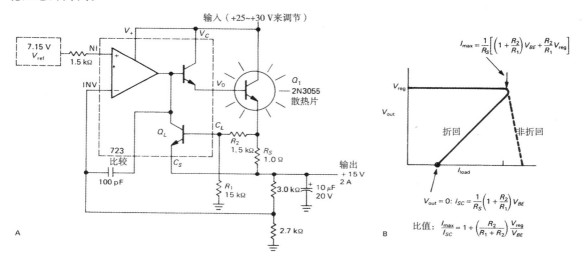

图 6.7　A. 有反馈电流容限的稳压器；B. 输出电压与负载电流的关系

限流晶体管 Q_L 基极的分压电路形成一个反馈。在输出为 +15 V（正常）时电流限制在 2 A，因为这时候 Q_L 的发射极为 15 V，基极电压为 15.5 V（当稳压芯片正常工作时，温度升高，V_{BE} 为 0.5 V）。但是当输出短路时，输出电流会减小，只有 0.5 A，使得 Q_1 的耗散功率能够满足其耗散功率容限。这是非常理想的情况，因为现在不再需要选用过大的散热器了，并且温度设计只要满足满负载要求即可。限流电路中 3 个电阻的参数，根据确定的满载电流限制条件而设计，决定了短路电流的大小。注意：必须慎重选择短路电流的大小，它可能使设计过于保守，反而使电源不能正常启动工作。短路电流不能太小，一般来说短路电流容限应该设为满偏电压输出时最大负载电流的 1/3。

习题 6.3　设计一个带有反馈限流保护的稳压器，用 723 和外接晶体管实现，最大输出电压为 +5 V 时，输出电流为 1 A。短路电流为 0.4 A。

6.2.3　杠杆式过压保护

我们曾经在 6.1.3 节中提到，在稳压器的输出端最好包括某种类型的过压保护电路，例如一个用于数字系统的 +5 V 电源（从第 8 章开始有很多这样的例子）。通常输入电源电压为 10 ~ 15 V。如果后级串接晶体管发生偶然失误，将集电极和发射极短路（这是一个常发生的错误），这时未经稳压的电源电压全部加在输出电路上，将造成毁灭性的结果。虽然保险丝可能被烧断，但这时是

一个可怕的比较竞争：保险丝和由器件电路组成的硅保险
丝，电路可能先被烧坏！这种问题在 5 V 工作的 TTL 逻辑
电路中更严重，当电压高至 7 V 时已突破几乎所有器件的
电压容限，从而导致器件毁坏。当使用宽范围的供电电源
时，另一种情况也具有潜在的危机。无论输出电压大小，
未经整流的输入电压可能达到 40 V 或者更高。

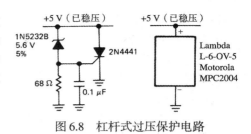

图 6.8　杠杆式过压保护电路

□ 齐纳管的敏感性

　　一种常用的杠杆式过压保护电路和电路模块示于图 6.8，用在稳压后的电压输出与地之间。如
果输出电压超过齐纳管压降（齐纳管压降大约为 6.2 V）与二极管压降之和，单向可控硅就会打开，
并保持导通状态直到阳极电流低于毫安级。廉价的单向可控硅（如 2N4441）可以承受 5 A 的持续
电流和 80 A 的瞬时电流。在导通状态下，它的典型压降在 5 A 电流时是 1 V。68 Ω 电阻用来产生
合理的可控硅导通电流（10 mA），电容则用来防止电路被无害的短时尖峰所触发。

　　前述电路和其他所有的杠杆式保护电路一样，在被过压条件触发后，将保持 1 V 左右的 "短路"
输出电压，只有当电路切断电源时才能被复位。由于单向可控硅能够保持低压输出，电路不会有过
热损坏的问题。因此这是一个可靠的保护电路。稳压电路必须包括某种保护电路，或者至少有保险
丝，以防止短路。当过压保护电路启动后，电路可能存在过热问题。尤其是当内部限流电路使保险
丝没有完全烧断时，电路进入保护状态，持续输出低电压，直到被发现。反馈式过流保护在这时就
是一个很好的解决方法。

　　这种简单的杠杆式电路也存在一些问题，主要是齐纳管电压的选择。齐纳管的值都是离散的，
一般偏差也比较大，而且（经常）在电压电流曲线上形成圆滑的拐点。理想杠杆电路的触发电压要
求更小的偏差。考虑一个用于逻辑电路的 5 V 稳压电源。它们在供电电压上的典型容限范围是 5%
~ 10%，意味着保护电路的电压不能设置在 5.5 V 以下。当稳压电源的瞬时响应出现问题的时候，最
小的允许杠杆电压会上升。当负载电流发生突变时，电压会发生跳变，产生一个电压尖峰并跟随一
个 "振铃"。这个振铃信号通过长导线（感性）的感应后变得更加严重。它们在电源上形成脉冲干
扰，触发我们不希望它触发的杠杆保护电路。结果杠杆电路的保护电压要设置在 6 V 以上，但是不
能超过 7 V，否则可能会损坏逻辑电路。如果通过选用离散电压的齐纳管，以减小齐纳管上的压降
偏差和单向可控硅的触发电压偏差，将会遇到一个奇怪的问题。在前面的例子里，即使选用标称相
对精度为 5% 的齐纳管，杠杆的门限值电压仍然保持在 5.9 ~ 6.6 V 之间。

□ 芯片的敏感性

　　采用过压保护专用集成芯片，如 MC3423-5、TL431 或 MC34061-2 来代替由齐纳管和单向可控
硅构成的简单电路，是解决可预测性和可调整性的一个好方法。这些廉价的芯片都使用很方便的封
装形式（8 脚的 mini-DIP 封装或者 3 脚的 TO-92 封装），可以直接驱动单向可控硅，使用也很简单。
例如，MC3425 可以调节门限值和输出的响应时间，而且它还含有低电压传感器，在输出电压降低
的时候给出标识（这在有微处理器的电路中是很方便的）。该集成芯片包括一个内部参考基准和几
个比较器以及驱动器，仅需两个外接电阻和一个可选电容以及一个单向可控硅就可以组成一个完整
的过压保护电路。这些过压保护芯片属于 "电源监控电路" 类，该类集成芯片包括一些复杂的芯片，
如 MAX691，它不仅含有低压传感器，而且甚至具有从交流到备用直流电池的切换功能（交流掉电
时）。另外，还能在恢复正常供电情况下产生上电复位信号，并在微处理器电路中不断查询是否进
入死机状态。

杠杆保护模块

如果能买到为什么还要自己做呢！从设计者的角度来看，最简单的杠杆保护模块是一个标有"杠杆保护模块"的两端口的小器件。就像一般器件一样，我们可以从 Lambda 或 Motorola 买到，这些公司提供一系列的、多种电流范围的过压保护模块。我们可以挑选所需的电压和电流范围，然后把它用在稳压后的直流输出上。例如，从 Lambda 购买的最小模块是最大电流为 2 A 的固定电压系列（5 V，6 V，12 V，15 V，18 V，20 V，24 V）。这些单片集成电路采用 TO-66 封装（小功率晶体管金属封装），小批量价格为 2.50 美元。Lambda 公司生产的 6 A 系列采用 TO-3 封装（大功率晶体管金属封装），价格为 5 美元。另外，Lambda 公司还生产兼容 12 A，20 A 和 35 A 的集成模块。Motorola 的 MPC2000 系列都是单片集成芯片（只有 5 V，12 V 和 15 V，输出电流为 7.5 A，15 A 和 35 A）。前两种封装是 TO-220（大功率塑料封装），最后一种（仅 5 V 输出）选用 TO-3 封装（大功率金属封装）。可喜的是 Motorola 的价格低得不可思议：上述 3 种芯片的小批量价格分别是 1.96 美元，2.36 美元和 6.08 美元。这些模块的一个优点是非常精确。例如：Lambda 的 5 V 模块标称拐点在 6.6 ± 0.2 V。

□ 箝位

另一种可行的过压保护办法是在稳压电路上添加大功率的齐纳管或类似器件。这样可以避免错误的触发脉冲产生，因为当过压状态消失后，齐纳管就会停止吸入电流（不像单向可控硅会记住电流的波动）。图 6.9 给出了一种有效的齐纳管电路。遗憾的是，用功率齐纳管箝位电路设计的杠杆式过压保护也有它自身的问题。如果稳压器失效，过压保护电路必须承受较高的耗散功率，当它超过齐纳管的极限时，会导致自身的毁坏。我们曾经目睹一个给磁盘驱动器供电的商用电源（15 V，4 A）的烧毁情况。当时，外接晶体管失效，导致 16 V，50 W 的热量都要通过齐纳管散发出去，从而超过齐纳管的功率极限，导致它也很快被烧毁。

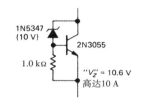

图 6.9   功率齐纳管的工作状态

□ 6.2.4   大电流功率器件电源电路设计的进一步研究

□ 独立大电流未稳压电源

我们已在 6.1.3 节中提到，给稳压芯片提供独立的大电流供电电路是一个不错的设计选择。这样，后级晶体管上的耗散功率将达到最小，因为加在晶体管上的未经稳压的输入电压仅需保证足够的"上层空间"即可（为达到这个目的，像 723 这样的稳压芯片提供独立的电源端 V_+）。例如，一个 5 V，10 A 的稳压器要用一个 10 V 的带有 1～2 V 纹波的未稳压电源和一个独立的 15 V 小电流电源给稳压芯片内部器件供电（如比较器和差分放大器等）。和以前提到的一样，未稳压的输入电源必须足够大，以忍受交流供电线路上最差的电压情况（105 V）以及变压器和电容的偏差。

□ 连接通路

对于大电流电源，或者说高精确度输出电压电源，必须慎重考虑它们的连接通路，包括稳压芯片内部以及稳压芯片和负载的连接通路。如果一个电源同时供给几个负载，它们都应该连接在输出电压取样比较的同一点上，否则某个负载上的电流波动将影响其他负载的电压（见图 6.10）。

实际上，如果能够做到一点接地最好，如图 6.10 所示，未稳压的供电电源、基准电源等都在这一点流回。从电源到大电流负载的连接导线上，未经整流的电压压降问

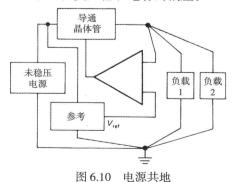

图 6.10   电源共地

题可以用远程取样比较来解决：返回差分放大器和基准的连线可以从后级供电部分单独引回，也可以连接在输出端口处（通常方式），或者沿着输出电压的导线从较远端的负载引回（这需要 4 根线，两根要承受大电流）。大多数商用电源在后级用跳线连接取样电路和输出，有时为了从远端取样而去掉某些跳线。当设计精确的恒流源时，常常采用 4 线电阻来模拟取样负载电流。这在 6.6.5 节中还将详述。

□ 晶体管并联

当需要非常大的电流时，可以将几个晶体管并联使用。因为存在 V_{BE} 扩散现象，有必要在每一个晶体管的发射极上串联一个小电阻，如图 6.11 所示。电阻 R 用以保证流过每个晶体管的电流近似相同。电阻值 R 的选择依据是，最大输出电流时产生 0.2 V 压降。功率场效应管可以无需任何外接元件而直接并联，因为其漏极电流具有负温度系数（见图 3.13）。

安全工作区

双极型功率晶体管的最后一个问题是："二次击穿"现象限制了瞬时电压和电流在任意给定晶体管上的应用，在器件资料上也规定了安全工作区（SOA）（这是一段安全的电压电流区域，是时间的函数）。二次击穿包括晶体管结"热点区域"的形成，这是不均匀承受全部负载的结果。除了低集电极 – 发射极电压外，它还可能设置一个比最大耗散功率限制更严格的容限值。例如，图 6.12 所示是常用晶体管 2N3055 的安全工作区。当 $V_{CE} > 40$ V 时，二次击穿限制了集电极直流电流达到最大耗散功率（115 W）所对应的电流值。图 6.13 显示了两个类似的高性能功率晶体管的安全工作区：双极型 NPN 晶体管 2N6274 和 Siliconix 公司的 N 沟道 MOS 场效应管 VNE003A。当 $V_{CE} > 10$ V，还未到最大耗散功率（250 W）时，二次击穿限制了 NPN 晶体管的直流极限值。这个问题对于短时脉冲危害较小，如 1 ms 或更短的脉冲基本上没有什么危害。值得注意的是，场效应管没有二次击穿问题，它的安全工作区由最大电流（只受到焊接线的影响，对于短脉冲有更大值）、最大耗散功率以及最大漏 – 源电压界定。功率场效应管的更详细讨论参见第 3 章。

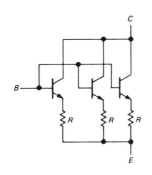

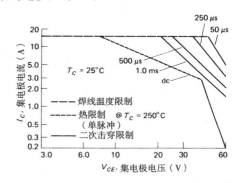

图 6.11　双极型功率晶体管并联时发射极镇流电阻的使用　　图 6.12　双极型晶体管 2N3055 安全工作区

□ 6.2.5　可编程电源

最小可以调节到 0 V 的电源是经常需要用到的，尤其是在测试时，一个可以灵活调节的电源是很有必要的。另外，我们经常会根据另一个电压或者一个数字输入（例如通过数字拇指旋转开关）来"编程"改变输出电压。图 6.14 显示了一种可调节到 0 V 电源的经典设计（仅用我们所知的 723 芯片是不能实现的）。分别独立地给稳压芯片供电，而且产生一个精确的负基准电压（更详细的内容可以参见 6.4 节）。R_1 用来调节输出电压（由于反相输入端可以接地）直到 0 V（当阻值为 0 Ω 时）。当整流电路（集成电路或者分立元件）独立供电时，低输出电压不会遇到任何问题。

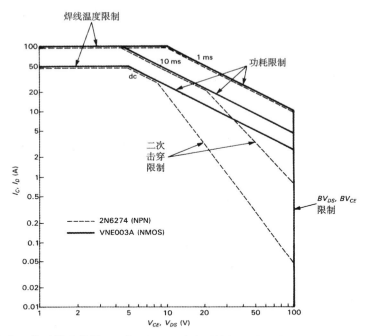

图 6.13　安全工作区的比较图：双极型 NPN 功率晶体管和类似参数的 N 沟道场效应管比较

　　要根据外部电压调节电源电压，只需用外部控制电压来替换 V_{ref} 即可（见图 6.15）。其余电路无需改动。现在 R_1 用于设置控制电压 $V_{control}$ 的范围。

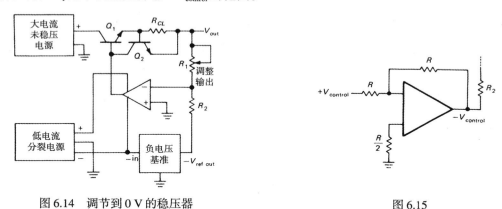

图 6.14　调节到 0 V 的稳压器　　　　　　　　　　　　　　　图 6.15

　　数字可编程可以通过用一种带有电流输出的 DAC（数模转换）芯片替换 V_{ref} 来实现。这个芯片是我们将在以后讨论的器件，将二进制输入码按比例转换成相应的电流（或电压）输出量。AD7548 就是一个不错的选择，它是一个单片集成 12 位 DAC，电流输出型，价格约 9 美元。将 R_2 用 DAC 代替就可以得到数字可编程电源，其步进值可以达到满量程的 1/4096（2^{-12}）。由于反相输入端是一个虚地，所以 DAC 芯片不用考虑输出兼容性。在实际使用中，R_1 将为输出电压调整出一个合适的刻度，比如每个输入数位 1 mV。

□ 6.2.6　电源电路实例

　　图 6.16 所示的 "实验室" 测试电源将有助于理解上述设计原理。在进行测试时，电源输出电压能调节至 0 V 是很重要的，所以需要一个给稳压芯片供电的独立电源。IC_1 是一个高电压的运算

放大器，其正常工作时电源电压可以达到 80 V。我们可以采用大功率场效应管并联作为输出晶体管，因为它驱动方便，而且安全工作区也更大（所有的场效应管都有这个特性）。上述技术可以保证电源有很大的耗散功率（壳温为 100℃ 时，每个晶体管可以耗散 60 W 的功率），即使是针对宽范围输出电压，中等输出电流的电源，这种耗散能力的设计也是有必要的。因为要保证最大输出电压，未稳压的输入电压必须足够高，这样当输出电压较低时晶体管上将产生较大的压降。一些电源通过输出电压分档技术来解决这个问题，根据输出电压范围相应调整输入电压，以达到宽范围供电要求。甚至可以控制可变变压器的输出，获取同样的控制能力。但是这两种情况都不具有远程可编程能力。

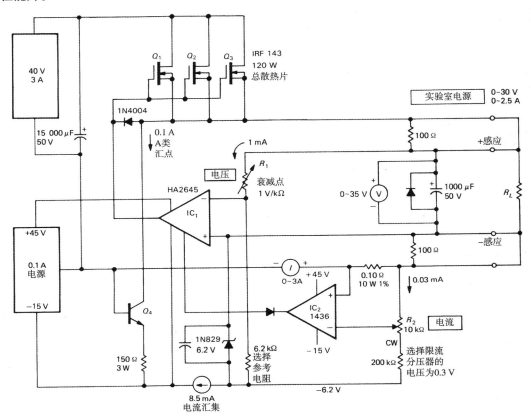

图 6.16　实验室测试电源

习题 6.4　在这个电路中最大耗散功率是多少？

　　R_1 是一个精确的多圈电位器，可以线性调节输出电压。输出电压受齐纳管 1N829 精度的影响（在 7.5 mA 电流时为 5 ppm/℃）。过流保护电路比我们先前讨论的限流电路更好，当用于测试时可以精确地设定稳定的限流值。一种不常使用（但是方便）的过流保护方法是通过 IC_1 的补偿管脚设置限流值，这样，即使是工作在低压状态时，输出增益也为 1。在同时提供精确而稳定的电压（可以低到 0 V）和电流后，就可以作为灵活的实验室电源使用了。用这样的限流方法，电源可以作为一个灵活的恒流源使用。Q_4 提供一个 100 mA 的恒定负载，通过控制输出晶体管工作在有效区内，可以保证输出电压（或电流）在零附近有很好的工作性能。这个电流值甚至可以允许电流从负载流向电源而不引起输出电压上升。这个功能对于很多奇异的负载是很有用的。例如，一种包括多个电源的仪表，可以允许电流流回电源。

注意，外接的取样连线在不注明情况下是连接到电源输出端的。为了精确调整负载电压，也可以将外接取样连线连接到负载，这样可以减小连线产生的压降（通过反馈）。

6.2.7　其他稳压芯片

723是一种到现在为止仍然很有用的老式稳压芯片。现在在设计稳压电源时，可以考虑很多工作原理类似的改进型稳压芯片。如Lambda公司的LAS1000和LAS1100以及Silicon General公司的SG3532。与723使用7.15 V齐纳管不同，这些改进型稳压芯片普遍采用2.5 V的"能量能带隙基准"（见6.4.2节），使其在电压低达4.5 V时仍然可以正常工作。同时，这些芯片还增加了过热保护电路，在芯片过热情况下关断芯片，而不是任由芯片烧毁！另外，虽然这些芯片的管脚名称和723一样，但是不能在设计中与723直接调换，因为在芯片设计中，与723不同，它们使用的是低基准电压。另一种与723芯片相类似的产品是Motorola公司的MC1469（和它对应的负电压稳压芯片的型号是MC1463）。

在现代电源电路中几乎不会看到前面提到的723及其改进型稳压芯片，而是会有类似7805和317这样无需任何外围元件的器件（如7805）。许多情况下都可以选用这些高集成度的使用方便的"3端"稳压芯片，以获取优良性能。这些性能包括无需外加串接晶体管的大电流输出（高达10 A）、可调输出电压、良好稳压性能、内部过流保护和过热保护。在简短讨论这些问题之前，我们应该首先注意到这样两个问题：（a）未稳压电源；（b）基准电压。

6.3　未稳压电源

所有稳压器的输入都是"未经稳压"的直流电压，这已在1.7.3节中讨论整流和纹波计算时涉及。现在我们进一步讨论这个问题。在图6.17所示电路中，输入电压是+13 V的未稳定电压信号送入稳压芯片（+5 V，2 A）。仔细观察理解这个电路，将有助于未来的稳压电路设计。

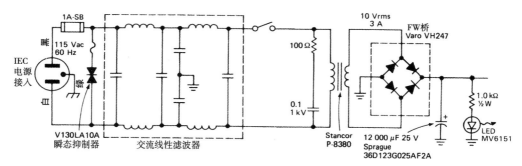

图6.17　与交流相连的未稳压电源。注意交流线的颜色习惯

6.3.1　交流器件

3线连接

我们经常使用的3线电源线都会将位于中间的线（绿色）接到设备的外壳上。当变压器绝缘层损坏或电源端意外连接到外壳时，如果外壳没有接地的设备，就会发生严重损坏。而此时如果设备外壳已经接地，就只会烧断一根保险丝。我们经常看到的连接设备及其底板的专用连线就是Heyco或Richco公司制造的带有"减少应力"功能的塑料外套。更好的办法是使用满足IEC要求的3端插头，与在供电线路上安装的3端插座配套。此外，使用包括插头、保险座、线路滤波器和开关（后面将会讨论）的"电源接口盒"，也是一种很好的选择。注意：交流连接线必须使用不易混淆的颜色：黑色是"火线"，白色是"零线"，绿色是"地线"。

线路滤波器和瞬时干扰抑制器

本电源电路中使用了一种简单的 *LC* 线路滤波器。在电路中，这些滤波器经常被省略，但是加上后还是有效果的。它们可以滤除设备电源线上来自设备本身的射频干扰（RFI），也可以滤除供电线路上来自外部的干扰。很多公司都提供高性能的线路滤波器，例如 Corcom，Cornell-Dubilier 和 Sprague 公司。研究表明在很多地方的供电电路上都会偶然产生高达 1～5 kV 的电压脉冲，较小的脉冲就更常见了。线路滤波器能够有效减小这样的干扰。

很多情况下有必要采用如下所示的"瞬时干扰抑制器"，这是一种当端电压超过特定门限值时就导通的器件（有点类似一个高功率的双向齐纳管）。这些器件价格便宜，体积小，而且可以承受几百安的有害电流脉冲。同样也有很多公司生产这种瞬时干扰抑制器，例如 GE 公司和 Siemens 公司。表 6.2 和表 6.3 列出了一些常用的 RFI 滤波器和瞬时干扰抑制器。

表 6.2　130 V 交流瞬时干扰抑制器

类型	制造商	直径 (in)	能量 (W-s)	峰值电流 (A)	电容 (pF)
V130LA1	GE	0.34	4	500	180
S07K130	Siemens	0.35	6	500	130
V130LA10A	GE	0.65	30	4000	1000
S14K130	Siemens	0.67	22	2000	1000
V130LA20B	GE	0.89	50	6000	1900
S20K130	Siemens	0.91	44	4000	2300

表 6.3　115 V 交流电源滤波器（IEC 连接器）[a]

制造商	序列号	电路类型	电流 (A)	衰减[b] (线路接地, 50 Ω/50 Ω) 150 kHz (dB)	500 kHz (dB)	1 MHz (dB)	注释
Corcom	3EF1	π	3	15	25	30	一般用途
	3EC1	π	3	20	30	37	衰减较大
	3EDSC2-2	π	3	32	37	44	用保险丝
	2EDL1S	π	2	14	–	24	用保险丝和开关
Curtis	F2100CA03	π	3	15	25	30	一般用途
	F2400CA03	π	3	22	35	40	衰减较大
	F2600FA03	π	3	21	35	41	用保险丝
	PE810103	π	3	18	24	30	用保险丝和开关
Delta	03GEEG3H	π	3	24	30	38	一般用途
	03SEEG3H	dual-π	3	42	65	70	衰减较大
	04BEEG3H	π	4	26	35	40	用保险丝
	03CK2	π	3	35	40	40	用保险丝和开关
	03CR2	dual-π	3	50	60	55	一样，衰减较大
Schaffner	FN323-3	π	3	22	32	36	一般用途
	FN321-3	π	3	35	43	46	衰减较大
	FN361-2	π	2	25	40	46	用保险丝
	FN291-2.5	π	2.5	25	40	46	用保险丝和开关
	FN1393-2.5	π	2.5	40	45	42	一样，衰减较大
Sprague	3JX5421A	π	3	15	25	30	一般用途
	3JX5425C	π	3	20	30	37	衰减较大
	200JM6-2	π	6	12	25	–	用保险丝

a. 这些电路器件单元是经过大量选择的代表，其中许多不包括 IEC 输入连接器。

b. 高频衰减指数是在一个 50 Ω 的系统中测量的，不能可靠地用于推测交流线电路的特性。

保险丝

保险丝是每个电子设备里都必须包括的基本器件。家庭或实验室里使用的大功率保险丝和电路断流器（典型值15～20 A）一般都不能对电子设备进行有效保护，因为只有当线上电流超过容限时，它们才会被烧断。例如，拥有15 A容量的14组线的保险丝，在如前所述的滤波器电容突然短路时（常见的事故），变压器至少输出5 A的电流（而不是通常的0.25 A）。此时房间里的保险丝不会断开，但是我们的设备会发生事故，因为变压器的耗散功率会达到500 W。

关于保险丝的一些说明如下：（a）在电源电路中最好选用"慢烧断"型，因为在电路开关时会产生很大的瞬时电流（对于供电滤波器电容形成快速充电）；（b）应该熟悉保险丝电流容量的计算，否则就容易犯错误。直流电源有较高的从有效电流到平均电流的转换效率，因为其导通角很小（二极管导通时间占整个周期的比值）。如果滤波器使用了过大的电容，问题则更加突出。结果是使有效电流比我们估计的高得多。最好采用"真有效值"交流电流表来测量实际的线路电流，然后选择至少高出50%的电流值作为保险丝最高值（为了容忍线路上高电压和克服保险丝"疲劳期"的影响等）；（c）当使用连线式保险盒（通常与电子仪器中经常使用的3AG保险配合使用）时，应确保在更换保险时连接导线不会触及电源。这意味着要把"火"线接到保险座的后端。对此作者有过深刻的教训！通常要求有保险的商用电源模块在切断电源后才能触及保险，以确保安全。

高压冲击的危害

另外，最好将110 V电源连接点置于仪器内部，并使用特氟隆热缩管（严格要求在仪器内部使用"绝缘胶布"或者电胶布）。大多数晶体管电路工作在较低的直流电压下（大约±15～±30 V），几乎不会受到高压冲击的影响，因此高压冲击通常都发生在设备的电源供电线路上（当然也有例外）。前面板的开关就是一个潜在的目标，它靠近其他低压线路。利用仪器进行测试时，会很容易触及这些地方（更糟的情况是直接用手指）。

其他注意事项

我们都喜欢使用包括集成3端式IEC接插件、线路滤波器、保险座以及电源开关在内的"电源模块"（电源接线可拆除）。例如，Schaffner公司的FN380系列（或Corcom公司的L系列）都具有上述特性，而且最大可以承受2～6 A的电流。我们可以选择保险或开关在线的同一侧或两侧，而且线路滤波器上也有多种配置。其他公司也有类似产品，像Curtis公司、Delta公司和Power Dynamics公司（见表6.3）。

实际设计时LED指示灯接在未稳定的输入直流电路上（带限流电阻）比接在稳压后的输出电路上会好得多，因为它不会因负载或供电线路的不同而发生变化。

在变压器初级，包括100 Ω电阻和0.1 μF电容在内的一系列器件可以消除在断电时产生的巨大感应电流冲击。它们常常被忽略，但在计算机或其他一些电子设备附近使用的仪表中还是非常需要这些器件的。有时跨接在开关上的 RC "缓冲"网络也能起到相同作用。

6.3.2 变压器

现在我们来讨论变压器。禁止设计无变压器电源的仪表！这样做是非常危险的。因为成本低廉，在一些消费类产品中采用了无变压器供电的设计（尤其是在收音机和电视机中），将工作在高压的线路与外部地（如水管等）相接。这在进行仪器设备的互连时是难以做到的，因此在设计中应该尽量避免。另外，在维修保养这些设备时也应特别注意，将示波器探头接在底板上时可能受到电压冲击。

尽可能选择变压器应该是上策。生产厂商不能提供满足晶体管电路要求的合适变压器也是一个问题（在进行真空管设计时，变压器的种类非常混乱）。在进行设计时应该尽量避免这种情况的发生。我们发现 Signal Transformer 公司的变压器非常有特点，具有很好的可选择性，而且供货也很及时。在需求很大时，不要忽视定制变压器的可能性。

一旦能够获得满意的变压器，还要仔细研究最合适的电压和电流值。稳压管的输入电压越小，输出晶体管上的功耗也越小。但是，必须意识到的是输入电压不能低于最小输出电压，通常情况下输入电压要比输出电压高 2 ~ 3 V，否则可能会在稳压输出端上发现 120 Hz 的电压纹波。该纹波也包括了未稳定的电压信号在输出端的波动量，因为即使是稳压器的最小输入电压，也必须高于门限值电压。但是晶体管的耗散功率决定于平均输入电压。

例如，一个 +5 V 的稳压器可以使用最小值为 +10 V，波动范围在 1 ~ 2 V 的输入电压信号，使输出纹波最小。根据额定输出电压，可以较好地估计桥式整流器的输入电压，因为峰值电压（纹波的最大值）近似等于次级输出电压有效值的 1.4 倍，且略小于两个二极管的压降。但如果是基于最小功耗准则进行电路设计，则一定要实际测量，因为实际的未稳压电源取决于不恰当的变压器参数，如绕线电阻和磁耦合，二者都会影响负载上的压降。另外，必须对最恶劣的情况进行测量：满载和线路电压偏低（105 V）时。注意滤波电容越大，精确度越差：–30%~100% 的标称值都是很正常的。在可能的情况下，在初级使用多抽头变压器是一个好办法，这样可以方便调节输出电压。Triad 的 F-90X 系列和 Stancor TP 系列在这方面就很方便。

变压器设计必须注意的另外一个问题是：次级电流的额定有效值，尤其是在阻性负载时（例如负载为灯丝的变压器）。由于整流电路只获取了周期信号中的小部分能量（在电容充放电过程中），电流有效值，或进一步说热功率（I^2R），将很可能超过变压器规定的额定负载电流有效值。当我们试图通过选用更大电容以降低输入信号纹波时，情况就变得更糟。这种情况通常只需要一个更大的变压器。全波整流在这方面更好些，因为变压器波形的大部分能量都用到了。

6.3.3　直流器件

滤波电容

选择尽量大的滤波电容，确保即使在空载和高输入电压（125 ~ 130 V 有效值）这种最坏情况下，也能够输出满足要求的稳定电压。对于图 6.17 所示的电路，满载时纹波峰–峰值将达到 1.5 V。好的电路设计需要采用计算机用电解电容（柱体封装，一端有螺杆固定），比如 Sprague 公司的 36D。对于小容量电容，大多数公司都采用轴线封装形式（一根导线穿过两边），例如 Sprague 公司的 39D 型。注意电容的精度！

回顾 1.7.3 节中第一次讨论的纹波问题，有助于在这里对电容问题的理解。除了开关稳压器（见 6.5.4 节及后续内容），我们总是可以通过假设恒流负载等于最大负载输出电流来计算纹波电压。实际上稳压芯片的输入电流可以认为是恒定的。这样就无须关心电容放电所产生的电流下降是时间的常数还是成指数关系（见图 6.18），极大地简化了计算。

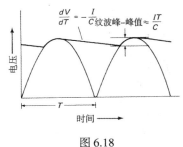

图 6.18

例如，假设要为稳压器（5 V，1 A）选择一个滤波电容，已经使用了一个变压器，要求其次级输出电压为 10 V（有效值），在满载时提供 12 V（纹波的峰值）的未稳压的直流输出。假设稳压器压降的典型值是 2 V，这样，稳压芯片的输入电压不能低于 +7 V（723 要求 +9.5 V，但在 6.5.1 节中讨论的三端稳压器的要求更低些）。因为必须为线路电压提供 ±10% 的变化余量，实际电压波动就要低于 2 V 峰–峰值，因此

$$2 = T\,(dV/dT) = TI\,/C = 0.008 \times 1.0/C$$

其中 $C = 4000\,\mu F$。考虑到电容值有 20% 的偏差，因此至少需要 $5000\,\mu F/25\,V$ 的电解电容才能满足要求。当然选择滤波电容时也不要太过度，过大的滤波电容不仅浪费空间，而且会增加变压器的热耗（导通角降低，I_{rms}/I_{avg} 增加），从而增加整流电路的工作负荷。

图 6.17 中所示跨接在输出端的 LED 扮演了一个"放电电阻"的角色，在空载情况下也能给电容提供时间常数达数秒的放电回路。这是一个很好的特性，因为在电源保持充电状态时，突然切断电源很容易损坏电路元件。

整流管

首先要建立的一个概念是，在电源电路中使用的二极管与电路中使用的 1N914 信号二极管有很大差别。信号二极管主要工作在高速（几纳秒）、小漏电电流（几纳安）和小容值（几皮法）的情况下，它能处理的电流最高为 100 mA，反向击穿电压不超过 100 V。相比而言，电源电路中使用的整流二极管和桥式二极管就强大得多，电流范围为 1 ~ 25 A 甚至更大，反向击穿电压范围为 100 ~ 1000 V。它们也有较大的漏电电流（从微安到毫安），同时有很大的结电容。它们不能工作在高速状态下。表 6.4 列出了一些常用的二极管。

表 6.4 常用整流管

类型	击穿 电压 V_{BR} (V)	正向 压降 V_F typ (V)	@	平均 电流 I_o (A)	封装	注释
通用型						
1N4001-07	50 ~ 1000	0.9		1	引线安装	常用
1N5059-62	200 ~ 800	1.0		2	引线安装	
1N5624-27	200 ~ 800	1.0		5	引线安装	
1N1183A-90A	50 ~ 600	0.9		40	引线安装	常用，R 为反向极性
快速恢复（$t_{rr} = 0.1\,\mu s$ 典型值）						
1N4933-37	50 ~ 600	1.0		1	引线安装	
1N5415-19	50 ~ 500	1.0		3	引线安装	
1N3879-83	50 ~ 400	1.2		6	引线安装	R 为反向极性
1N5832-34	50 ~ 400	1.0		20	引线安装	R 为反向极性
Schottky（低 V_F，高速）						
1N5817-19	20 ~ 40	0.6^m		1	引线安装	
1N5820-22	20 ~ 40	0.5^m		3	引线安装	
1N5826-28	20 ~ 40	0.5^m		15	双头螺栓安装	
1N5832-34	20 ~ 40	0.6^m		40	双头螺栓安装	
全波桥式						
3N246-52	50 ~ 1000	0.9		1	塑料单列	MDA100A
3N253-59	50 ~ 1000			2	直插式封装	MDA200
MDA970A1-A5	50 ~ 400	0.85		8	底板安装	
MDA3500-10	50 ~ 1000			35	底板安装	
进口的						
GE A570A-A640L	100 ~ 2000	1.0^m		1500	大按钮	大电流
Semtech SCH5000-25000	5 ~ 25 kV	7 ~ 33^m		0.5	引线安装	高电压，大电流，快速
Varo VF25-5 to -40	5 ~ 40 kV	12 ~ 50^m		0.025	引线安装	高电压
Semtech SCKV100K3- 200K3	100 ~ 200 kV	150 ~ 300		0.1	塑料杆状	很高电压

m. 表示最大值。

典型的整流管是 1N4001-1N4007 系列，额定电流为 1 A，反向击穿电压范围为 50 ~ 1000 V。1N5625 系列的额定电流达到 3 A，它是导线封装（通过连接导线散热）中额定电流最大的整流管。常用的 1N1183A 系列大电流螺栓安装式整流管，其额定电流达 40 A，反向击穿电压为 600 V。塑料封装的整流桥也在广泛使用，导线安装型号的整流管额定电流为 1 ~ 2 A，底板安装的整流管则可以达到 25 A 或更大。在高速场合（例如直流 – 直流转换器，参见 6.5.4 节），通常使用快恢复二极管，如 1 A 系列的二极管 1N4933。对于低压场合，我们常用肖特基势垒整流管，如 1N5823 系列，它在 5 A 电流时正向压降小于 0.4 V。

6.4　基准电压

电路中经常需要好的基准电压源。例如，要实现一个精度更高的电源，要求其特性比目前能够得到的电源好，如 723 稳压器（由于集成稳压芯片经常考虑内部晶体管的功耗问题，结果会造成电压漂移现象）。再比如想实现一个精确的恒流源。另外一些需要精确基准电压的应用场合不是电源，而是精确电压计、电阻计或者电表的设计。

通常有两类基准电压源：**齐纳管基准**和**能带隙基准**。它们都可以单独使用或集成在芯片内部作为基准电压使用。

□ 6.4.1　齐纳管

最简单的基准电压源是在 1.2.6 节中已经讨论过的齐纳管。通常齐纳管工作在反向偏置电压下，当电压增大到一定程度时，电流就开始增加，而且随着电压的进一步增大，电流会急剧增加。用它作为基准可以提供一个大约恒定的电流。常用的方法是通过串接电阻到较高的电压端，形成最基本的一类稳压源。

可供选择的齐纳管，其电压选择范围为 2 ~ 200 V（这是某系列齐纳管在使用 5% 精度电阻时的标称值），额定功率选择范围从几分之一瓦到 50 瓦，精度选择范围为 1% ~ 20%。齐纳管最有吸引力的地方是可以用来作为一般的基准源，但由于种种原因，齐纳管实际上不太容易使用。首先齐纳管值的选择范围必须确定，除了那些价格较高的高精度齐纳管外，普通齐纳管的电压精度较差，噪声大，而且齐纳管的电压还随电流和温度变化。作为上述两个影响的一个例子，在常用的 1N5221 系列中，27 V/500 mW 齐纳管的温度系数为 +0.1%/℃，而且当电流从最大值的 10% 变化到 50% 时，电压变化 1%。

这些性能较差的齐纳管也有例外。在 6 V 电压附近，齐纳管几乎不随电流变化，同时温度系数也接近于 0。图 6.19 中不同电压下齐纳管的测试特性曲线说明了这一结果。这个特殊现象源于"齐纳管"的两种不同的工作机制：齐纳击穿（低压下）和雪崩击穿（高压下）。如果仅需齐纳管实现稳定的电压参考源，就无需关心具体电压的大小，最好的使用办法是将一个约 5.6 V 的齐纳管与一个正向偏置的二极管串联。齐纳管电压的选择，是为使其具有正温度系数，以抵消二极管的负温度系数（ –2.1 mV/℃）。

从图 6.20 中可以看到，齐纳管的温度系数取决于工作电流和电压。因此，恰当的工作电流的选择，从某种意义上说可以"调节"温度系数。这样，二极管的内置齐纳管就可以成为较好的基准源了。举个例子，廉价的 1N821 系列齐纳管可以提供温度系数从 100 ppm/℃(1N821) 到 5 ppm/℃（1N829）的 6.2 V 参考基准源；1N940 和 1N946 在作为 9 V 和 11.7 V 基准源时有 2 ppm/℃ 的温度系数。

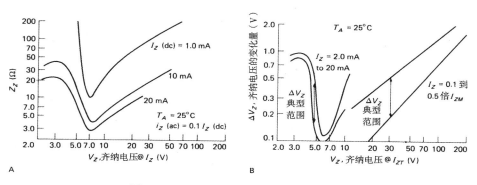

图 6.19　不同电压齐纳管的电阻和调整率

☐ 齐纳管的工作电流

补偿后的齐纳管可以在电路中作为稳定的基准电压源，但必须为它们提供一个恒定的工作电流。1N821 系列工作在 7.5 mA 电流时，有 6.2 V ± 5% 的电压和大约 15 Ω 的电阻增量。因此，对于 1N829 而言，每 1 mA 电流变化造成的基准电压改变量是温度变化（–55℃ ~ +100℃）产生变化量的 3 倍。图 6.21 给出了一个为精确齐纳管提供恒定偏置电流的简单方法。运算放大器工作在同相放大状态，以产生 +10 V 的精确输出电压。这个稳定的输出电压可以提供 7.5 mA 的精确偏置电流。这个电路是"自启动"的，无论输出极性如何，它都能正常工作！当极性"错误"时，齐纳管作为普通正向偏置二极管工作。图示的运算放大器采用单电源工作方式，克服了这种不正常的工作状态。当然必须使用共模输入范围能够到达负电压边界的运算放大器（单电源供电放大器的要求）。

经过特殊补偿的齐纳管，能够保证电压的时间稳定度要求，例如 1N3501 和 1N4890 系列。这类齐纳管能够提供优于 5 ppm/1000 h 的稳定度，但价格较高。表 6.5 列出了一些常用齐纳管和基准二极管的参数，而表 6.6 则列出了两种 500 mW 通用齐纳管系列的型号。

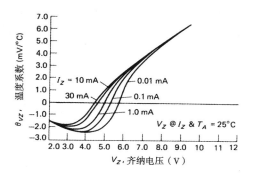

图 6.20　不同击穿电压齐纳管的温度系数

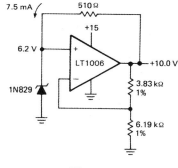

图 6.21

集成稳压齐纳管

723 稳压芯片通过使用带补偿的齐纳基准来获取高性能（V_{ref} 具有 30 ppm/℃ 的稳定度）。实际上作为基准电压而言，723 是一种相当不错的芯片，其基准源都来自内部，而且也可以利用集成电路中其他部件产生任意需要的稳定参考输出。

表 6.5　齐纳管和基准二极管

类型	齐纳 电压 V_Z(V) @	测试 电流 I_{ZT}(mA)	容限 (±%)	温度系数 最大值 (ppm/°C)	±10% I_{ZT} 的稳压 ΔV 最大值(mV)	P_{diss} 最大值 (W)	注释
基准齐纳管							
1N821A-	6.2	7.5	5	±100	7.5	0.4	5 个系列，根据温度系数划分；
1N829A	6.2	7.5	5	±5	7.5	0.4	最好的和最坏的
1N4890-	6.35	7.5	5	±20		0.4	长期稳定< 100 ppm/1000 h
1N4895	6.35	7.5	5	±5		0.4	长期稳定< 10 ppm/1000 h
稳压齐纳管							
1N5221A	2.4	20	10	-850	60	0.5	60 个系列，2.4 ~ 200 V
1N5231A	5.1	20	10	±300	34	0.5	电阻变化 5%，
1N5281A	200	0.65	10	+1100	160	0.5	特殊的，$-B = ±5\%$，常用[b]
1N4728A	3.3	76	10	-750	76	1.0	37 个系列，3.3 ~ 100 V
1N4735A	6.2	41	10	+500	8	1.0	电阻变化 5%，
1N4764A	100	2.5	10	+1100	88	1.0	$-B = ±5\%$，常用

a. 见表 6.7（IC 参考电压）。

b. 见表 6.6（500 mW 齐纳管）。

723 作为基准电压的一个例子是其在 **3 端稳压**中的应用，这意味着它需要供电电路、能够为齐纳管提供偏置的内部电路以及电压输出缓冲器。改进的 3 端集成稳压齐纳管包括 National Semiconductor 公司的 LM369（典型值为 1.5 ppm/°C），Burr-Brown 公司的 REF10KM（最大温度系数为 1 ppm/°C）。在电路中，通常使用 Motorola 公司生产的廉价 MC1404（实际上它是一种能带隙基准芯片）。在讨论 2 端类型器件后，我们将详细讨论 3 端精确基准电压。

精确温度补偿的齐纳管 IC 也可以当成 **2 端基准源**使用。在电气性能上，它们可以看成是齐纳管，尽管其内部采用很多有效器件来提高性能（最显著的是齐纳电压保持恒定）。LM329 就是一种廉价的齐纳管 IC，齐纳电压为 6.9 V。在 1 mA 恒定电流时，其最好性能达到 6 ppm/°C（典型值）和 10 ppm/°C（最大值）。一些更特殊的齐纳管 IC 还有具有更高温度稳定性的 LM399（典型值为 0.3 ppm/°C），微功率的 LM385（工作电流低至 10 μA），以及 Linear Technology 公司生产的 LTZ1000，其典型温度系数可以达到 0.05 ppm/°C 和每月 0.3 ppm 的平方根漂移，同时具有 1.2 μV 的低频噪声。

通常齐纳管含有较大噪声，齐纳管 IC 也不例外。噪声与趋肤现象有关，然而埋藏式（亚表面）集成齐纳管的噪声却相当小。实际上刚才提到的 LTZ1000 埋藏式齐纳管就是这类基准源中噪声最小的。LM369 和 REF10KM 的噪声也都非常低。

表 6.6　500 mW 齐纳管

1N5221 系列	1N746 系列	V_Z (V) @	I_{ZT} (mA)
1N5230	**1N750**	4.7	20
1N5231	**1N751**	5.1	20
1N5232	**1N752**	5.6	20
1N5233	**–**	6.0	20
1N5235	**1N754**	6.8	20
1N5236	**1N755**	7.5	20
1N5237	**1N756**	8.2	20
1N5240	**1N758**	10	20
1N5242	**1N759**	12	20
1N5245	**1N965**	15	8.5
1N5248	**1N967**	18	7.0
1N5250	**1N968**	20	6.2
1N5253	**–**	25	5.0
1N5256	**1N972**	30	4.2
1N5259	**1N975**	39	3.2
1N5261	**1N977**	47	2.7
1N5267	**1N982**	75	1.7
1N5271	**1N985**	100	1.3
1N5276	**1N989**	150	0.85
1N5281	**1N992**	200	0.65

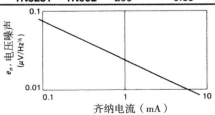

图 6.22　与 723 稳压器中类似的低噪声齐纳基准二极管的电压噪声

表 6.7 列出了几乎所有集成基准源的特性参数，包括齐纳型和能带隙型。

表 6.7　集成基准电压源

类型	Mfg[a] / 齐纳	B' 沟道端	端	微调	电压 (V)	精度 (%)	温度系数 (ppm/°C)	最小电源电压 (V)	电源电流 (mA)	输出电流最大值 (mA)	0.1~10 Hz 噪声电压 类型典型值 (μV pp)	长期稳定 典型值 (ppm/1000 h)	稳压 线路典型值 (%/V)	0~10 mA 负载典型值 (%)
稳压类型														
LM10C	NS+	B	8	•	0.20	5	30	1.1	0.3	20	—	—	0.001	0.01[a]
μA723C	FS+	Z	14	•	7.15	3	20	9.5	2.3	65	—	1000	0.003	0.03
SG3532J	SG+	B	10	•	2.50	4	50	4.5	1.6	150	—	300	0.005	0.02
2 端（齐纳）类型														
LM129A	NS	Z	2	—	6.9	5	6	—	1	15[b]	—	20	—	0.1
VR182C	DA	B	2	—	2.455	1.4	23	—	2	120[b]	10[e]	10	—	0.1
LM313	NS	B	2	—	1.22	5	100	—	1[l]	20[b]	5[f]	—	—	0.5[l]
LM329C	NS	Z	2	—	6.9	5	30	—	1	15[b]	—	20	—	0.1
LM336-2.5	NS	B	3	•	2.50	4	10	—	1	10[b]	—	20	—	0.1
LM336B-5	NS	B	3	•	5.0	1	15	—	1[o]	10[b]	—	20	—	0.1[o]
LM385B	NS	B	2	—	1.23	1	20	—	0.1[d]	20[b]	25	—	—	0.02[a]
LM385BX-1.2	NS	B	2	—	1.235	1	30[m]	—	0.1[d]	20[b]	60[f]	20	—	0.8[n]
LM385BX-2.5	NS	B	2	—	2.50	1.5	30[m]	—	0.1[p]	20[b]	120[f]	20	—	0.4[n]
LM299A	NS	Z	4	—	6.95	5	0.2	9	17	10[b]	—	20	—	0.1
LM399	NS	Z	4	—	6.95	5	0.3	9	17	10[b]	—	20	—	0.1
LM3999	NS	Z	3	—	6.95	5	2.0	9	17	10[b]	—	20	—	0.1
TL430	TI	B	3	•	2.75	5	120	—	10	100[b]	50	—	—	0.5
TL431	TI	B	3	•	2.75	2	10	—	10	100[b]	50	—	—	0.5
AD589M	AD	B	2	—	1.235	2	10[m]	—	0.1[h]	5[b]	5[f]	—	—	0.05[a]
LTZ1000	LT	Z	2	—	7.2	4	0.05	—	5		1.2	0.3[s]	—	1[r]
LT1004C-1.2	LT	B	2	—	1.235	0.3	20	—	0.1[d]	20[b]	60[f]	20	—	0.8[mn]
LT1009C	LT	B	3	•	2.50	0.2	15	—	1[o]	10[b]	—	20	—	0.1[o]
LT1029A	LT	B	3	•	5.0	0.2	8	—	1[o]	10[b]	—	20	—	0.04[o]
LT1034B	LT	B	3	—	1.225	1	10	—	0.1[p]	20[b]	4	—	—	0.3[p]
"	LT	Z			7.0	4	40	—	0.1[q]	20[b]	—	—	—	4[q]
HS5010N	HS	B	2	—	1.22	2	3	—	0.1[h]	5[b]	5[f]	—	—	0.05[a]
ICL8069A	IL	B	2	—	1.23	2	10	—	0.5	10[b]	—	—	—	0.2[a]
TSC9491	TS	B	2	—	1.22	2	30	—	0.1[k]	0.5[b]	—	—	—	1.2[k]
3 端类型														
REF-01A	PM	B	8	•	10.0	0.3	3	12	1	10	20	—	0.006	0.005
REF-02A	PM	B	8	•	5.0	0.3	3	7	1	10	10	—	0.006	0.005
REF-03E	PM	B	8	•	2.5	0.3	3	4.5	1	10	5	—	0.006	0.05
REF-05	PM	B	8	•	5.0	0.3	3	7	1	10	10	100[m]	0.006	0.05
REF-08G	PM	Z	8	•	-10.0	0.2	10[m]	-11.4	2[m]	10	10	—	0.02[m]	0.2[m]
REF-10	PM	B	8	•	10.0	0.3	3	12	1	10	20	50[m]	0.006	0.05
REF10KM	BB	Z	8	•	10.0	0.05	1[m]	13.5	4.5	10	6	10	0.001	0.01
REF-43E	PM	B	8	•	2.5	0.05	3[m]	4.5	0.2[m]	10	8[gm]	—	0.0002[m]	0.03[m]
LH0070-1	NS	Z	3	—	10.0	0.1	4	12.5	3	10	20	—	0.001	0.01
REF101KM	BB	Z	8	•	10.0	0.05	1[m]	13.5	4.5	10	6	25	0.0003	0.003
LM368Y-2.5	NS	B	8	•	2.5	0.2	11	4.9	0.35	10	12	—	0.0001	0.003
LM368-5	NS	B	4	•	5.0	0.1	15	7.5	0.25	10	16	—	0.0001	0.003
LM368-10	NS	B	4	•	10.0	0.1	15	12.5	0.25	10	30	—	0.0001	0.003
LM369B	NS	Z	3,8	•	10.0	0.05	1.5	13	1.4	10	4	6	0.0002	0.003
AD580M	AD	B	3	—	2.5	1	10	4.5	1	10	60	25	0.04	0.4

（续表）

类型	Mfg[a]	B'沟道端/齐纳	微调	电压 (V)	精度 (%)	温度系数 (ppm/°C)	最小电源电压 (V)	电源电流 (mA)	输出电流最大值(mA)	0.1~10 Hz 噪声电压 类型典型值(μV pp)	长期稳定 典型值(ppm/1000 h)	稳压 线路典型值(%/V)	稳压 0~10 mA 负载典型值(%)
AD581L	AD+	B 3	−	10.0	0.05	5	12	0.75	10	50	25	0.005	0.002
AD584L	AD	B 8	•	2.5	0.05	10	5	0.75	18	50	25	0.005	0.002
"	AD			5.0	0.06	5	7.5	0.75	15	50	25	0.005	0.002
"	AD			7.5	0.06	5	10	0.75	13	50	25	0.005	0.002
"	AD			10.0	0.1	5	12.5	0.75	10	50	25	0.005	0.002
AD586L	AD	Z 8	•	5.0	0.05	5[m]	−	5[m]	10	−	15	−	−
AD587L	AD	Z 8	•	10.0	0.05	5[m]	−	5[m]	10	−	15	−	−
AD588B	AD	Z 14	•	±10.0	0.01	1.5[m]	±14	±10	±10	10	25[m]	0.002[m]	0.01[m]
MAX671C	MA	Z 14	•	10.0	0.01	1[m]	13.5	9	10	12	50	0.005[m]	0.01[m]
AD689L	AD	Z 8	•	8.192	0.05	5[m]	10.8	2	±10	5	15	0.002[m]	0.01[m]
R675C-3	HS	Z 14	•	±10.0	0.05	5	±13	+15,-3[m]		−	−	0.003[m]	0.02[m]
LT1019A-2.5	LT	B 8	•	2.5	0.002	3	4	0.7	10	6		0.00005	0.008
LT1021B-5	LT	B 8	•	5.0	1	2	7	0.8	10	10	15	0.0004	0.01
LT1031B	LT	B 2	−	10.0	0.05	3	11	1.2	10	6	15	0.00005	0.01
MC1403A	MO	B 8	•	2.5	1	10	4.5	1.2	10		−	0.002	0.06
MC1404AU5	MO	B 8	•	5.0	1	10	7.5	1.2	10	12	25	0.001	0.06
MC1404AU10	MO	B 8	•	10.0	1	10	12.5	1.2	10	12	25	0.0006	0.06
AD2702L[i]	AD+	Z 14	•	±10.0	0.05	5[m]	±13	+12,-2	±10	50	100	0.03[m]	0.05[m]
AD2712L[i]	AD+	Z 14	•	±10.0	0.01	1[m]	±13	+12,-2	±5	30	25	0.013	0.003[j]
LP2950ACZ	NS	B 3	−	5.0	0.5	20	5.4	0.08	100	−	−	0.002	0.004
ICL8212	IL	B 8	•	1.15	3	200	1.8	0.035	20	−	−	0.2	
TSC9495	TS	B 8	•	5.0	1	20	7	1	8	12	−	0.01	0.06
TSC9496	TS	B 8	•	10.0	1	20	12	1	8	25	−	0.01	0.06

a. 0~1 mA。　　　　　　　　　b. 最大齐纳电流。　　　　　　c. 片上加热器/恒温器。
d. 专用于 10 μA~20 mA 操作电流。　e. 1 ~ 10 Hz。　　　　　　　f. 10 Hz~10 kHz, rms。
g. 10 Hz~1 kHz, rms。　　　　　h. 专用于 50 μA~5 mA。　　　　i. 2700, 2710: +10 V; 2701: −10 V; 2702, 2712: ±10 V。
j. 0~5 mA。　　　　　　　　　k. 专用于 50 μA~ 500 μA。　　　l. 专用于 0.5 ~ 20 mA。
m. 最小值或最大值。　　　　　n. 1~20 mA, 最大值。　　　　　o. 专用于 0.5~10 mA。
p. 专用于 20 μA~20 mA。　　　q. 专用于 100 μA~20 mA。　　　r. 专用于 1 ~ 5 mA。

□ 6.4.2　能带隙基准源

近来广泛使用一种称为能带隙的基准源电路。更恰当的名称是 V_{BE} 基准源，它的原理用 Ebers-Moll 二极管等式很容易理解。简单地说，它利用了具有正温度系数的电压产生器和具有负温度系数的电压 V_{BE}，从而得到零温度系数的基准电压。

首先考虑具有不同发射极电流密度的两个晶体管的镜像电流（典型比值 10∶1），参见图 6.23。使用 Ebers-Moll 等式很容易计算出 I_{out} 有正温度系数，因为 V_{BE} 的差别就是 $(kT/q)\log_e r$，这里的 r 是电流密度之比（见图 2.53）。我们可能想知道如何才能得到可控的恒定电流 I_P。不要着急，下面将看到一个很巧妙的方法。现在要做的就是把电流转换为用电阻和 V_{BE} 表示的电压。图 6.24 给出了这个电路，其中 R_2 设置加在 V_{BE} 上控制正温度系数的电压值，只要选择合适，可以将整个电路调整到零温度系数。当总电压约等于硅管能带隙电压 1.22 V 时（推广至零），电路呈现零温度系数。虚线框中的电路就是基准源，它产生开始时设定的恒定输出电流（通过 R_3）。

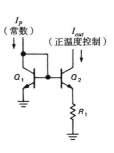

图 6.23

图 6.25 是另外一种常用的能带隙基准源（它替代了图 6.24 中的虚线框内容）。Q_1 和 Q_2 是一组对管，通过集电极反馈电压迫使发射极工作在电流为 $10:1$ 的状态。两管的 V_{BE} 之差为 $(kT/q)\log_e 10$，迫使 Q_2 的发射极电流与 T（R_1 上的电压）成比例。但是由于 Q_1 的集电极电流扩大 10 倍，所以它也和 T 成比例。因此总的射极电流和 T 成比例，在 R_2 上产生一个正温度系数的电压。顺便指出，该电压可以用于温度指示，在以后的章节中将会讨论。R_2 上的电压加在 Q_1 的 V_{BE} 间，在基极上形成具有零温度系数的稳定基准电压。能带隙基准源具有多种变化形式，但其所有特性都来自具有一定电流密度比的晶体对管的电压和。

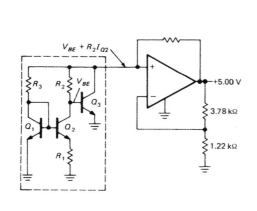

图 6.24   典型的能带隙基准电压源

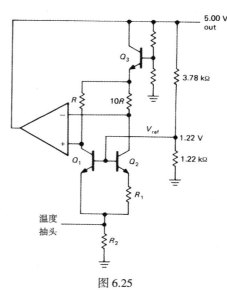

图 6.25

□ 能带隙集成基准源

能带隙集成基准电压源的一个例子是 2 端器件 LM385-1.2，其正常工作电压为 1.235 V，±1%（LM385-2.5 在内部电路中产生 2.5 V 电压），工作电流可低至 10 μA。这些值比任何一个齐纳管都低得多，更适合在毫瓦级器件中使用（参见第 14 章）。低压基准源（1.235 V）通常比最低值约 5 V 的齐纳管基准源使用更方便（虽然可以使用额定电压为 3.3 V 的齐纳管，但性能不佳，其拐点太平滑）。最好的 LM385 可以保证最大 30 ppm/℃的温度系数，以及 100 μA 工作电流时 1 Ω 的典型动态电阻。与 1N4370 系列 2.4 V 齐纳管的 800 ppm/℃（典型值）对应值相比，100 μA 时动态电阻约为 3000 Ω，这时齐纳电压（20 mA 时为 2.4 V）大约是 1.1 V！因此在需要精确基准电压时，这些能带隙 IC 的性能指标大大超出普通齐纳管。

如果愿意花更多钱，就可以选择稳定度更高的能带隙基准源，如 2 端 LT1029 或 3 端 REF-43（2.5 V，最大值为 3 ppm/℃）。后一种如基于齐纳管技术的 3 端基准源需要直流电源供电。表 6.7 列举了能够提供的大多数能带隙（和齐纳管）基准源，包括 2 端和 3 端器件。

另一个有意思的基准电压源是 TL431C。它是一种廉价的"可编程齐纳管"基准源，其工作原理见图 6.26。当控制电压达到 2.75 V 时，"齐纳管"（由 V_{BE} 形成）控制端开始有毫安级电流输入，此时输出电压的温度系数为 10 ppm/℃。上述例子里输出的齐纳电压是 10 V。该器件采用小型 DIP 封装，允许电流为 100 mA。

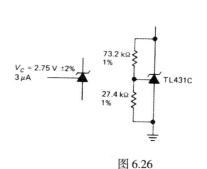

图 6.26

□ **能带隙温度传感器**

　　根据 V_{BE} 电压随温度变化的特点，可以设计出温度检测集成芯片。例如：REF-02 能够产生随温度线性变化的输出电压（参看前面章节）。利用一些简单的外围电路设计出能够反映芯片温度的输出电压，在军标规定温度范围内（−55°C ~ 125°C）的精度可以达到 1%。AD590 是一种仅为温度测量而设计的芯片，可以产生 1 μA/°K 的精确电流。AD590 是一个 2 端器件，在加上 4 ~ 30 V 电压后，就可以进行电流测量。LM334 也可以这样使用。其他传感器，如 LM35 和 LM335，则可以精确产生变化率为 +10 mV/°C 的输出电压。15.2.1 节详细讨论了这些温度"变换器"。

3 端精确基准源

　　我们在前面已经提到，温度稳定性高的基准电压源设计是可以实现的（1 ppm/°C 或更低）。我们应该对 Weston 电池还有深刻印象，这种传统的电压源在经过数十年后仍然保持 40 ppm/°C 的温度稳定性（见 15.3.3 节）。通常有两种技术被用于这种基准源的制造。

□ 1. **具有温度稳定性的基准源**。基准电压电路（或其他电路也是这样）中获得较高温度稳定度的一种好方法是为基准源或相关器件提供恒定的温度。在第 15 章中会看到这样的简单方法（一种显而易见的方法是用能带隙温度传感器来控制加热器）。采用这种技术的电路可以很容易使温度系数较差的器件获得同等性能，因为实际的电路器件和外界温度的波动是相隔离的。设计精密电路的关键是将进行了温度补偿的电路置于恒温环境下，以提高系统性能。这种恒温技术或者说"加热式"电路已经存在很长时间了，尤其是在具有超高稳定度的振荡电路中。商用电源和精确基准电路都使用加热式基准电路。这种方法效果不错，但是体积和功耗大，预热时间长（通常要 10 分钟或更长）。如果能将加热电路（包括传感器）集成到芯片内部，在芯片中解决温度稳定的问题，就很容易克服这些缺点。20 世纪 60 年代 Fairchild 公司就率先采用这种技术分别实现了具有温度稳定性的差分预放大器和前置预放大器。

近来，具有温度稳定特性的基准电压开始出现，如 National 公司的 LM199 系列。它能提供 0.000 02%/°C 的温度系数（典型值），最大为 0.2 ppm/°C。这些基准源采用标准的晶体管封装（TO-46），加热时消耗 0.25 W 功率，并且能够在 3 s 内达到所需温度。使用时必须严格注意后级放大电路，否则具有 ±2.5 ppm/°C 的精确线绕电阻都会使温度稳定性能下降。尤其对于低漂移的运算放大器，如 OP-07，在输入级具有 0.2 μV/°C 的漂移。精确电路设计中的这些问题将在 7.1.1 节至 7.1.6 节中讨论。

使用 LM399 时必须注意的一点是：任何时刻若加热器电压低于 7.5 V 就会损坏芯片。

尽管 LT1019 能带隙基准源平时未工作在加热状态，但片上也含有加热器和温度传感器，所以可以像 LM399 那样使用，得到低于 2 ppm/°C 的温度系数。与 LM399 不同的是，LT1019 需要外部电路来实现温度恒定（1 个运算放大器和 6 个外围器件）。

□ 2. **不加热的精确基准源**。具有温度调节电路的 LM399 表现出极好的温度系数，但是噪声性能和长期漂移特性不佳（见表 6.7），而且芯片也需要几秒的预热时间，功耗较大（预热时为 4 W，稳定时为 250 mW）。

精心设计的芯片可以做到无需加热也能达到相同的温度稳定性。Burr-Brown 公司的 REF10KM 和 REF101KM 都只有 1 ppm/°C（最大）的温度系数，而且没有加热功耗和预热延迟。更重要的是，它们的长期漂移特性和噪声特性都要优于 LM399 这类芯片。具有最大 1 ppm/°C 温度系数的其他芯片有 Maxim 公司的 MAX671 和 Analog Devices 公司的 AD2710/2712。在 2 端器件里惟一的佼佼者是 Linear Technology 公司的 LTZ1000，标称温度系数为 0.05 ppm/°C，而且其长期漂移特性和噪声特性也比其他同类基准芯片好 10 倍。LTZ1000

需要严格的外部偏置电路，可以用一个运算放大器和一些外部器件构成。所有这些高稳定度的基准（包括需要加热的LM399）都使用了深埋式齐纳管，具有比普通齐纳管和能带隙基准更低的噪声指标（见图6.27）。

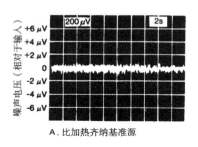

A. 比加热齐纳基准源

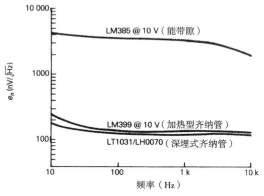

D. 噪声密度（e_n）比较

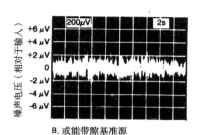

B. 或能带隙基准源

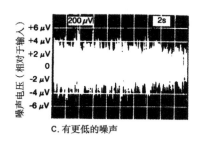

C. 有更低的噪声

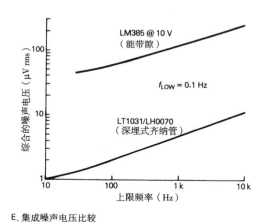

E. 集成噪声电压比较

图6.27 深埋式齐纳基准

6.5 3端和4端稳压器

6.5.1 3端稳压器

在大多数要求不是很严格的应用中，简单的3端稳压器是最好的选择。它只有3个管脚（输入、输出和地），而且有固定的输出电压。最典型的芯片是78xx。输出电压由最后两位数字标识，这些数字可以是：05，06，08，10，12，15，18 或 24。
图 6.28 显示了用这样的稳压芯片来设计一个 5 V
稳压器多么容易。输出端电容用来保证输出电压
的瞬时响应特性，而且还保证在高频时稳压器仍
然具有低阻特性（输入电容至少为 0.33 μF，尤其

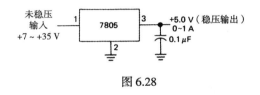

图 6.28

稳压芯片在距离滤波器电容还有一定距离时）。78xx 系列稳压器有塑料封装的，也有金属封装的（和
很多大功率晶体管一样）。一个低功耗的版本是 78Lxx，与小信号晶体管一样，它也有塑料封装和金
属封装两种（见表 6.8）。79xx 系列是负电压输出，工作原理类似（当然输入也是负电压）。78xx 系
列的最大输出负载电流达 1 A，而且内部集成了过热和过载保护电路，这样出现问题时芯片将停止
工作而不会烧毁。除此之外，在输入 – 输出电压过大时，通过降低输出电流还能防止电路工作在
安全工作区外（见 6.2.4 节）。这些稳压芯片便宜而且使用方便，在电路板的设计中很实用，直流电
压直接输入到各电路板上，在那里完成各自的稳压功能。

固定输出电压的 3 端稳压器也有很多不同型号。LP2950 和 7805 的工作原理类似，但只能输出
75 μA 的静态电流（与 7805 的 5 mA 和 78L05 的 3 mA 相比），另外它可以使未稳压的输入和稳压
后的输出电压只相差 0.4 V（称为"电压容限"），相比之下，传统的 7805 的电压容限为 2 V。LM2931
也是低电压容限，与微瓦级的 LP2950 相比，可以称之为毫瓦级器件（静态电流为 0.4 mA）。在大
电流器件中也有低电压容限的稳压芯片，如 LTC 公司的 LT1085/4/3（分别对应 3 A，5 A 和 7.5 A，
有 +5 V 和 +12 V 两种电压型号产品）。稳压器如 LM2984 是基本的固定电压式 3 端稳压器，但是可
以为微处理器提供指示信号，表明无输出或复位。最后，稳压芯片（如 4195）包括一对 15 V 的
3 端稳压器，分别处理正电压和负电压。这里只简单谈谈这些特殊的稳压器。

6.5.2　3 端可调稳压芯片

有时我们要用到非标准的稳定电压（比如模拟电池供电的 +9 V 电压），这时就不能使用 78xx
系列固定输出电压芯片了。或者，有时我们需要标准电压，但是要求电压输出精度高于固定输出电
压 ±3% 的精度。现在我们已经习惯使用简单的固定电压 3 端稳压芯片了，所以很难想像用 723 和所
需的外围器件来搭建稳压电路。怎么办？考虑"3 端可调稳压芯片"！表 6.8 中列出了一些可供选
择的有代表性的固定电压 3 端稳压器参数。

这些芯片中的典型代表是 National 公司的 LM317。这种芯片没有地管脚，然而它保证输出端和
调整端之间有 1.25 V 的压降（能带隙）。图 6.29 显示了最简单的使用方法。稳压器在 R_1 上施加 1.25 V
电压，5 mA 电流，而调整端流过的电流却很小（50 ~ 100 μA），所以输出端电压是

$$V_{out} = 1.25(1 + R_2/R_1) \text{ V}$$

这样，输出电压可以从 1.25 V 调节到 25 V。在输出固定电压的应用中，R_2 常常可以进行小范围
的调节，从而提高可设置性（将固定电阻和可调电阻串联）。电阻分压器的值必须尽量小，以允
许由于温度变化而引起的调整端 50 μA 的电流变化。因为稳压芯片的环路补偿关键在于输出电容，
所以这里的电容值比其他电路中的大，至少需要 1 μF 的钽电容，但我们推荐使用 6.8 μF 以上的
电容。

LM317 有多种封装，包括塑料封装（TO-220）和金属封装（TO-3），以及小型晶体管封装（金
属封装 TO-5，塑料封装 TO-92）。采用大功率封装技术，加上合适的散热器后可通过 1.5 A 电流。因
为芯片没有地管脚，所以它可以用于高电压的稳压器设计，只要保证输入 – 输出电压容限最大不
超过 40 V 即可（对 LM317HV 而言是 60 V）。

表 6.8　　固定电压的稳压芯片

类型	封装	V_{out} (V)	精度 (%)	输出电流（最大值）[a] @75℃时 I_{out} (A)	没有散热片[b] I_{out} (A)	P_{diss} (W)	稳压（典型值）负载[c] (mV)	线路[d] (mV)	Θ_{JC} (℃/W)	输入电压 最小值[i] (V)	最大值 (V)
正											
LM2950CZ-5.0	TO-92	5	1	0.08	0.1	0.5	2	1.5	160	5.4	30
LM2931Z-5.0	TO-92	5	5	0.1	0.1	0.5	14	3	160	5.3	26
LM78L05ACZ	TO-92	5	4	0.1	0.1	0.6	5	50	160	7	35
LM330T-5.0[g]	TO-220	5	4	0.15	0.15	1.5	14	20	4	5.3	26
TL750L05	TO-92	5	4	0.15	0.15	0.6	20	6	160	5.6	26
LM2984CT	TO-220[h]	5	3	0.5	0.5	2	12	4	3	5.5	26
LM2925T	TO-220	5	5	0.75	0.5	2	10	8	3	5.6	26
LM2935T	TO-220	5	5	0.75	0.5	2	10	8	3	5.5	26
LM309K	TO-3	5	4	0.6	0.5	2.2	20	4	3	7	35
LT1005CT	TO-220	5	2	1	0.5	2	5	5	3	7	20
LM2940T-5.0	TO-220	5	3	1	0.5	2	35	20	3	5.5	26
LM7805CK	TO-3	5	4	1	0.6	2.2	10	3	3.5	7	35
LM7805CT	TO-220	5	4	1	0.45	1.7	10	3	3	7	35
LM7815CT	TO-220	15	4	1	0.15	1.7	12	4	3	17	35
LT1086-5CT	TO-220	5	1	1.5	0.5	3	5	0.5	3	6.3	30
LAS16A05	TO-3	5	2	2	0.75	2.8	30[m]	100[m]	2.5	7.6	30
LM323K	TO-3	5	4	3	0.6	3	25	5	2	7	20
LT1035CK	TO-3	5	2	3	0.8	3	10	5	1.5	7.3	20
LT1085-5CT	TO-220	5	1	3	0.8	3	5	0.5	3	6.3	30
LAS14A05	TO-3	5	2	3	0.8	3	30[m]	50[m]	2.3	7.5	35
LT1003CK	TO-3	5	2	5	0.8	3	25	5	1	7.3	20
LT1084-5CK	TO-3	5	1	5	0.8	3	5	0.5	1.6	6.3	30
LAS19A05	TO-3	5	2	5	0.8	3	30[m]	50[m]	0.9	7.6	30
LT1083-5CK	TO-3	5	1	7.5	0.8	3	5	0.5	1.6	6.3	30
LAS3905	TO-3	5	5	8	0.8	3	20[m]	100[m]	0.7	7.6	25
负											
LM79L15ACZ	TO-92	-15	4	0.1	0.05	0.6	75[m]	45[m]	160	-17	-35
LM7915CK	TO-3	-15	4	1	0.2	2.2	4	3	3.5	-16.5	-35
LM7915CT	TO-220	-15	4	1	0.15	1.7	4	3	3	-16.5	-35
LM345K-5.0	TO-3	-5	4	3	0.2	2.1	10	5	2	-7.5	-20

a. $V_{in} = 1.75V_{out}$ 时。　　　　b. 周围温度为50℃。　　　　c. 0 到 I_{max}。

d. $\Delta V_{in} = 15$ V。　　　　e. 0℃ ~ 100℃ 结温时的 ΔV_{out}。　　　　f. 1000 小时。

g. 与 LM2930T-5.0，LM2931T-5.0 相同。　　　　h. 宽 TO-220。　　　　i. 为 I_{max} 时。　　　m. 最小值或最大值。

t. 典型值。包括内部热关断和限流电路。大多数为±5 V，6 V，8 V，10 V，12 V，15 V，18 V 和 24 V；少数为 –2 V，–3 V，–4 V，
 –5.2 V，–9 V，+2.6 V，+9 V 和 +17 V。

习题 6.5　用 LM317 设计一个 +5 V 的稳压器，并用可变电阻实现 ±20% 的调节范围。

　　3端可调稳压芯片一般具有较大的额定电流，例如 LM350（3 A），LM338（5 A）和 LM396（10 A），
而且也有较大的稳压范围，例如 LM317H（60 V）和 TL783（125 V）。在使用这些器件之前，应该
详细阅读相关器件资料，注意滤波电容和保护二极管的推荐参数。使用固定输出值的3端稳压器时，
有低电压容限型号的稳压器（如 LT1085 有 1.3 V 的电压容限，3.5 A），同样也有微瓦级稳压器（如
固定输出电压 LP2951，可变输出电压 5 V LP2950，二者静态电流都是 $I_Q = 75$ μA）。另外也有负
电压系列稳压器，尽管型号较少，如 LM337 是 LM317（1.5 A）相对应的负电压稳压器，LM333 是
LM350（3 A）相对应的负电压稳压器。

（续表）

| 类型 | 120 Hz 纹波抑制 典型值 (dB) | 温度 稳定性[e] 典型值 (mV) | 长期 稳定性[f] 最大值 (%) | 输出阻抗 | | 注释 |
				10 Hz (Ω)	10 kHz (Ω)	
LM2950CZ-5.0	70	10	–	0.01	0.5	微功耗, 1%
LM2931Z-5.0	80	–	0.4[t]	0.1	0.2	低压降, 低功率
LM78L05ACZ	50	–	0.25	0.2	0.2	小型; LM240LAZ-5.0
LM330T-5.0[g]	56	25	0.4[t]	0.1	0.2	低压降, 2930
TL750L05	65	50	–	–	–	TL751 有使能
LM2984CT	70	3	0.4[t]	0.01	0.02	双输出（µP）, 复位, 开/关
LM2925T	66	–	0.4[t]	0.2	0.2	微处理器, 复位
LM2935T	66	–	0.4[t]	0.02	0.02	双输出（µP）, 复位, 开/关
LM309K	80	50	0.4	0.04	0.05	+5 V 稳压器
LT1005CT	70	25	–	0.003	0.01	双输出（µP）
LM2940T-5.0	72	20	0.4[t]	0.03	0.03	
LM7805CK	80	30	0.4	0.01	0.03	LM340K-5
LM7805CT	80	30	0.4	0.01	0.03	常用; LM340T-5
LM7815CT	70	100	0.4	0.02	0.05	LM340T-15
LT1086-5CT	63	25	1	–	–	低压降
LAS16A05	75	–	–	0.002	0.02	Lambda, 单片
LM323K	70	30	0.7	0.01	0.02	
LT1035CK	70	25	–	0.003	0.01	双 +5; 1036 是 +12/+5
LT1085-5CT	63	25	1	–	–	低压降
LAS14A05	70	100[m]	–	0.001	0.003	Lambda, 单片
LT1003CK	66	25	0.7	0.003	0.02	
LT1084-5CK	63	25	1	–	–	低压降
LAS19A05	70	150[m]	–	0.01	0.2	Lambda, 单片
LT1083-5CK	63	25	1	–	–	低压降
LAS3905	60[m]	100	–	0.004	0.01	Lambda, 单片
LM79L15ACZ	40	–	0.4[t]	0.05	0.05	小; LM320LZ-15
LM7915CK	60	60	0.4	0.06	0.07	LM320KC-15
LM7915CT	60	60	0.4	0.06	0.07	LM320T-15
LM345K-5.0	65	25	1.0	0.02	0.04	

☐ 4 端稳压器

3 端可调稳压器广泛应用于精度要求不高的电路中。过去常使用如图 6.30 所示的 4 端可调稳压芯片。通过输出取样电路来驱动稳压芯片 "控制端"，调整输出电压，并保证控制端处于恒定电压（表 6.9 中列出了 Lambda 公司的 3.8 V 稳压器，µA79G 是 +5 V 稳压器，负电压稳压器输出是 –2.2 V）。与 3 端稳压芯片相比，4 端可调稳压芯片并不见得更好（但也不会更差）。

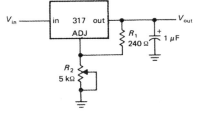

图 6.29　3 端可调稳压器

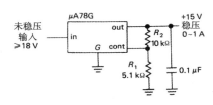

图 6.30

表 6.9　可调稳压芯片

类型	极性	封装	输出电压 最小值 (V)	最大值 (V)	I_{max} (A)	稳压（典型值）负载[a] (%)	线路[b] (%)	Θ_{JC} (°C/W)	输入电压 最小值 (V)	最大值 (V)	@I_{max}时的压降 最大值 (V)	120 Hz时纹波抑制 典型值 (dB)	温度稳定性 典型值[c] (%)	长期稳定性 最大值[d] (%)	输出阻抗 10 Hz (Ω)	10 kHz (Ω)	热限制	限流	注释
3端																			
LM317L	+	TO-92	1.2	37	0.1	0.1	0.15	160[h]	–	-40[e]	2.5[t]	65	0.5	1	0.07	4	•		小型
LM337L	–	TO-92	1.2	37	0.1	0.1	0.15	160[h]	–	-40[e]	2.5[t]	65	0.5	–	–	–	•		小型（负317L）
LM317H	+	TO-39	1.2	37	0.5	0.1	0.2	12	–	40[e]	2[t]	80	0.6	0.3	0.01	0.03	•		TO-39中317
LM337H	–	TO-39	-1.2	-37	0.5	0.3	0.2	12	–	-40[e]	2[t]	75	0.5	0.3	0.02	0.02	•		负317H
TL783C	+	TO-220	1.3	125	0.7	0.2[f]	0.02	4	–	125[e]	10	50	0.3	0.2	0.05	0.3	•		高电压
LM317T	+	TO-220	1.2	37	1.5	0.1	0.2	4	–	40[e]	2.5[t]	80	0.6	0.3	0.01	0.03	•		常用
LM317HVK	+	TO-3	1.2	57	1.5	0.1	0.2	2.3	–	60[e]	2.5[t]	80	0.6	0.3	0.01	0.03	•		高电压317
LM337T	–	TO-220	-1.2	-37	1.5	0.3	0.2	4	–	-40[e]	2.5[t]	75	0.5	0.3	0.02	0.02	•		负317
LM337HVK	–	TO-3	-1.2	-47	1.5	0.3	0.2	2.3	–	-50[e]	2.5[t]	75	0.5	0.3	0.02	0.02	•		高电压337
LT1086CP	+	TO-220	1.3	30	1.5	0.1	0.02	–	–	30[e]	1.5	75	0.5	1	–	–	•		低压降
LM350K	+	TO-3	1.2	32	3	0.1	0.1	2	–	35[e]	2.5[t]	80	0.6	0.3	0.005	0.02	•		3A单片
IP3R07T	+	TO-220	1.2	37	3	0.1	0.08	2.3	–	15[e]	0.8[t]	65	–	–	–	–	•		两个未稳压接入
LM333T	–	TO-220	-1.2	-32	3	0.2	0.02	50	–	-35[e]	2.5[t]	60	0.5	0.2	–	–	•		负350；LT1033改进型
LT1085CT	+	TO-220	1.3	30	3	0.1	0.02	3	–	30[e]	1.5	75	0.5	1	–	–	•		低压降
LM338K	+	TO-3	1.2	32	5	0.1	0.1	2	–	35[e]	2.5[t]	80	0.6	0.3	–	–	•		5A单片
LT1084CP	+	TO-247	1.3	30	5	0.1	0.02	2.3	–	30[e]	1.5	75	0.5	1	–	–	•		低压降
LT1083CP	+	TO-247	1.3	30	7.5	0.1	0.02	1.6	–	30[e]	1.5	75	0.5	1	–	–	•		低压降
LM396K	+	TO-3	1.2	15	10	0.4[m]	0.08	1	–	20[e]	2.1[t]	74	0.3	1	0.01	0.02	•		10A单片
LT1038CK	+	TO-3	1.2	32	10	0.1	0.08	1	–	35[e]	2.5[t]	60	1	1	0.005	0.1	•		10A单片，1%精度
4端																			
μA78GU1C	+	TO-220	5	30	1	1[m]	1[m]	7.5	7.5	40	2.5	80	3[m]	–	–	–	•		TO-39提供
μA79GU1C	–	TO-220	-2.5	-30	1	1[m]	1[m]	7.5	-7	-40	2[t]	60	3[m]	–	–	–	•		TO-39提供
LAS15U	+	TO-3	4	30	1.5	0.6[m]	2[m]	3	6.5	40	2.4	70	3[m]	–	0.003	0.02	•		Lambda

（续表）

类型	极性	封装	输出电压最小值 (V)	输出电压最大值 (V)	I_{max} (A)	稳压负载 (%) [a]	稳压线路 (%) [b]	Θ_{JC} (°C/W)	输入电压最小值 (V)	输入电压最大值 (V)	@I_{max}时的压降最大值 (V) [c]	120 Hz时纹波抑制典型值 (dB)	温度稳定性典型值 (%)	长期稳定性最大值 (%) [d]	输出阻抗 10 Hz (Ω)	输出阻抗 10 kHz (Ω)	热限制	限流 [i]	注释
LAS18U	−	TO-3	−2.6	−30	1.5	0.6^m	2^m	3	−5	−40	2.1	60	3^m	—	0.02	0.04	•	—	Lambda
LAS16U	+	TO-3	4	30	2	0.6^m	2^m	2.5	6.5	35	2.6	70	2^m	—	0.002	0.02	•	—	Lambda
LAS14AU	+	TO-3	4	35	3	0.6^m	1^m	1.5	6.5	40	2.3	70	2^m	—	0.001	0.01	•	—	Lambda
LAS19U	+	TO-3	4	30	5	0.6^m	1^m	0.9	6.5	35	2.6	65	2^m	—	0.0005	0.004	•	—	Lambda
LAS39U	+	TO-3	4	16	8	0.6^m	2^m	0.7	6.6	25	2.6	60^m	3^m	—	0.002	0.01	•	—	Lambda
多端																			
LM376N	+	DIP-8	5	37	0.03	0.2^m	0.6^m	190^h	9	40	3	60^m	1^m	—	—	—	—	E	
LM304H	−	TO-5	0	−40	0.03	1mV	0.2	45	−8	−40	2	65	0.3	0.01	—	—	—	E	最早的负稳压
ICL7663S	+	DIP-8	1.3	16	0.04	0.4^f	0.5	200^h	1.5	16	1^t	20	1	—	—	—	—	E	微功耗；MAX663
MAX664	−	DIP-8	−1.3	−16	0.04	0.8^f	0.5	120^h	−2	−16	0.3^t	15	1	—	—	—	—	E	upwr, impr 7664; 低压降
LM305AH	+	TO-5	4.5	40	0.05	0.03	0.3	45	8.5	50	3	80	0.3	0.1	—	—	—	E	
LM2931CT	+	TO-220	3	24	0.1	0.3	0.06^f	3	3.6	26	0.3^t	60^f	—	0.4	0.1^f	0.2^f	—	E	低压降, 低功耗
LP2951CN	+	DIP-8	1.3	29	0.1	0.1^f	0.03^f	105	1.7	30	0.4^t	70^f	0.5	—	0.01	0.5	—	E	低压降, 微功耗
LT1020CN	+	DIP-14	2.5	35	0.13	0.2	0.15	60?	4.5	36	0.4^t	60	1	—	—	—	—	E	微功耗
NE550N	+	DIP-14	2	40	0.15	0.03	0.08	150^h	8.5	40	3	90	0.2	0.1^t	0.1	0.1	—	E	
µA723PC	+	DIP-14	2	37	0.15	0.03	0.1	150^h	9.5	40	3	75	0.3	0.1	0.05	0.1	—	E	经典的
LAS1000	+	TO-5	3	38	0.15	0.1^m	0.2	150^h	5	40	2	60^m	1.5^m	—	0.004	0.05	—	E	Lambda, 改进型723
LAS1100	+	TO-5	3	48	0.15	0.1^m	0.2	150^h	5	50	2	60^m	1.5^m	—	0.004	0.05	—	E	高电压LAS1000
SG3532J	+	DIP-14	2	38	0.17	0.1	0.1	125^h	4.7	40	2	66	0.5	0.3	—	—	—	E	改进型723
MC1469R	+	TO-66	2.5	32	0.6	0.005	0.05	7	9	35	3	100	0.2	—	0.05	0.1	—	E	精确, 可能振荡
MC1463R	−	TO-66	−3.8	−32	0.6	0.005	0.05	17	−9	−35	3	90	0.2	—	0.02	0.03	—	E	负MC1469
LM2941CT	+	TO-220	1.3	25	1	0.05	0.05	3		26	1	74	0.4	0.4^t	0.04	0.1	—	—	低压降
LAS2200	+	module	2.5	28	5	0.2^m	0.15^m	2	9.6	40	2.5	60^m	0.7^m	—	—	—	—	—	Lambda混合型；2个未稳压输入
LAS3000	+	module	2.7	29	10	0.2^m	0.15^m	1.3	7.9	40	2.5	60^m	1.5^m	—	—	—	—	—	Lambda混合型；2个未稳压输入
LAS5000	+	module	4.8	29	20	0.2^m	0.2^m	0.7	11.9	40	2.5	60^m	1.5^m	—	—	—	—	—	Lambda混合型；2个未稳压输入
LAS7000	+	module	4.8	29	30	0.2^m	0.2^m	0.4	12.3	40	2.5	60^m	1.5^m	—	—	—	—	—	Lambda混合型；2个未稳压输入
MC1466L	+	DIP-14	0	1000	—	0.02	0.05	170^h	—	—	2^t	70	0.4	—	—	—	E	E	实验室电源，限流好
LAS3700	+	TO-5	0	1000	—	0.003	0.15	220	—	—	—	65	0.5^m	—	—	—	—	E	有片上加热器的漂移稳压

a. 10% ~ 50% I_{max}。　b. ΔV_{in} = 15 V时。　c. T_J 为 0 °C ~ 100 °C。　d. 1000小时的 ΔV_{out}。　e. 最大值 $V_{in} - V_{out}$。　f. 5 V 时。
h. Θ_{JA}。　i. E-外部，I-内部。　m. 最小值／最大值。　t. 典型值。

6.5.3   3端稳压器注意事项

3端和4端稳压芯片的一般参数

以下列出3端和4端稳压芯片的典型参数值，包括固定稳压器和可调稳压器，通过这些参数可以粗略地估计稳压器性能：

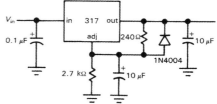

图6.31　调整端的旁路电容用于提高噪声抑制和纹波抑制，注意必须包括放电二极管

输出电压容限：	1% ~ 2%
电压降：	0.5 ~ 2 V
最大输入电压：	35 V（TL783 可达 +125 V）
纹波抑制：	0.01% ~ 0.1%
尖峰抑制：	0.1% ~ 0.3%
负载调整率：	0.1% ~ 0.5%，满载时变化
直流输入抑制：	0.2%
温度稳定性：	0.5%，整个温度范围内

提高纹波抑制

图6.29所示电路是标准的3端稳压电路，而且工作性能也很好。然而，在调整端增加 10 μF 旁路电容（见图6.31）可以提高大约 15 dB（电压因子为5）的纹波抑制（或尖峰抑制）。例如 LM317 纹波抑制将从 65 dB 上升到 80 dB（此时，输入波动为 1 V 时输出波动是 0.1 mV）。注意必须包括放电二极管，详细分析参见稳压芯片资料。

低电压容限稳压芯片

正如我们在前面所讨论的，很多系列的稳压芯片需要 2 V 以上的"电压空间"才能工作，那是因为NPN型晶体管 V_{BE} 正向电压的存在，而且被另一个晶体管驱动，该晶体管基极电压由镜像电流源提供。那么总电压就是 V_{BE} 的2倍，更重要的是还必须加上限流电阻进行短路保护，从而使总电压进一步增加，如图6.32A 所示，这是 78Lxx 的一个简化电路。3倍的 V_{BE} 合在一起约为 2 V，这就是稳压芯片在满负荷工作时稳压器上的电压。

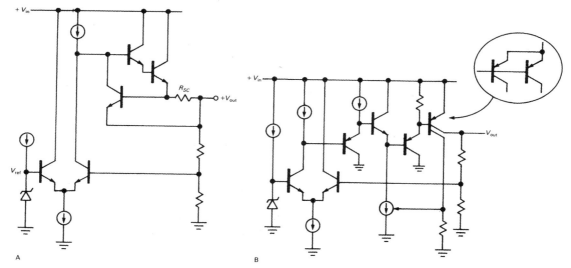

图6.32　A. 78Lxx 系列简化原理图；B. LM330简化原理图（低电压）

通过使用PNP晶体管（或者P沟道场效应管），稳压器上的电压可以从通常的 3 倍 V_{BE} 减小到接近晶体管的饱和电压。如图6.32B 所示的 LM330 简化电路的固定输出电压为 +5 V（150 mA）。

当稳压器工作时，输入电压使 PNP 管处于饱和导通状态，抵消了 NPN 型达林顿管形成的 V_{BE} 压降，而且无需浪费原先用来进行短路保护的那个二极管压降（串联电阻上的电压）。这里采用了一个巧妙的设计，即通过第二个晶体管的集电极对输出电流进行采样，该采样电流占有输出电流的固定比例，用来关断基极驱动。这个限流电路并不十分精确（I_L 最小为 150 mA，最大为 700 mA），但是对于稳压芯片的保护来说足够了。另外该稳压器内部也有过热保护电路。

低电压稳压芯片在很多系列中都可以看到，如固定式 3 端稳压器［LM2931，LM330 和 LT1083/4/5（5 V 和 12 V），TL750］、可调式 3 端稳压器（LT1083/4/5 和 LM2931），以及微功率 3 端稳压器（LP2950/1，MAX664 和 LT1020）。表 6.8 和表 6.9 列出了到目前为止所有的低电压稳压器。

供微处理器用的稳压芯片

与一般电路相比，包括微处理器的电子设备（见第 10 章和第 11 章）对稳压电源的要求更高。在常规电源关断，如设备关机或电源突然发生故障时，通常需要独立的低电流电源来保存易失性内存中的内容（也是为了延长消逝时间）。另外它们也需要知道常规电源何时恢复，从而从已知状态中醒过来。而且，基于微处理器的设备也必须在完全掉电前几微秒的时间内，将数据存储到安全的地方。

不久以前，我们还不得不设计额外的电路来处理这些情况。但是现在情况变得简单了，我们可以找到"专供微处理器"的稳压器，它集成了上述功能。这些芯片有时又称为"电源管理芯片"，或者"看门狗芯片"。其中一个例子是 LM2984，它有两个大电流的 +5 V 输出（一个给微处理器，一个给其他电路），一个小电流 +5 V 输出（给存储单元），一个延迟的 Reset（复位）输出信号（当系统重新上电时使系统复位），以及一个用于大电流输出控制的 ON/OFF 输入。另外它还包括一个微处理器工作状态监测器，当系统死机时自动发出复位信号。一种不带稳压功能的看门狗芯片是 Maxim 公司的 MAX691，它能监测电源供电状态和微处理器的工作状态，并且和 LM2984 一样能够给微处理器提供复位信号（以及中断信号）。但是与 LM2984 相比，它增加了两个功能模块：掉电报警模块和电池切换模块。在通常的 +5 V 供电中，MAX691 基本上可以满足微处理器的全部需要。我们将在第 10 章和第 11 章中具体讨论这些问题。

□ 微功耗稳压芯片

前面已经提到大多数稳压芯片都需要毫安级的静态电流来保证内部基准源和差分放大器正常工作。这种电流对于交流供电而言不存在任何问题，但对于电池供电，如采用 400 毫安时的 9 V 电池，就必须认真考虑了，而对那些将采用电池工作上千小时的微功耗仪器来说根本就不能容忍。

上述问题的解决办法是采用微功耗稳压芯片。其中最小的是 ICL7663/4，这是一种静态电流为 4 μA 的正负可调稳压芯片。这样在 9 V 电池供电时它可以连续工作 100 000 小时（超过 10 年），这已经超过除锂电池以外大多数电池的"生命期"（自行放电的时间）。微功耗电流的设计具有挑战性，而且很有趣，我们在第 14 章中将详细讨论它。

双极性稳压电源

第 4 章讨论的运算放大器大多数需要使用对称的双极性电源，如 ±15 V。这是模拟电路设计中处理接近地电位信号时的常见要求，最简单的处理方法是使用一对 3 端稳压芯片，分别产生正负两个电源。例如用 7815 和 7915 作为 ±15 V 电源，如图 6.33A 所示。我们也可以使用可调式 3 端稳压芯片，原因有两个，第一，可以选择一种芯片适应不同输出电压和极性；第二，可以按需要精确地调整电源电压。图 6.33B 所示就是采用 LM317 和 LM337 设计的电路。

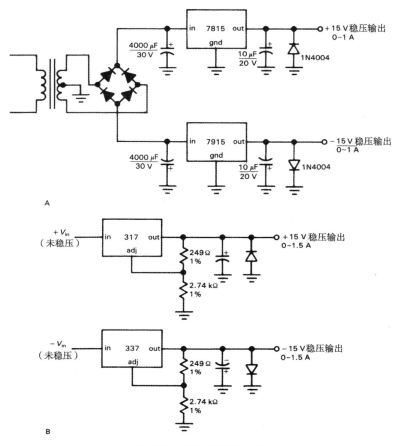

图 6.33　双极性稳压电源

□ **双踪稳压器**　在需要分别供电的时候，我们会奇怪为什么没有"双 3 端稳压芯片"。不必奇怪，确实有，即所谓的"双踪稳压器"。为了了解其名字复杂的原因，让我们来看看图 6.34，这是一个经典的双踪稳压器电路。Q_1 是一个普通的正电源供电的串联晶体管，正向稳压输出同时作为负电源的基准源。通过比较两路输出电压平均值和地电位，控制低误差放大器的反相输入，随后输出 15 V 正电压和负电压。正电压的输出原理在前面已经讨论过。如果它是一个可调稳压器，负电压的输出将随正电压（稳压后）的变化而变化。实际上，还应该包括一个过流保护电路，在图 6.34 的简化电路中没有画出。

和单极性稳压芯片一样，双踪稳压集成芯片也有固定式和可调式两种，虽然型号相对少些。表 6.10 列出了大多数可以采购到的这类器件的参数。其中 Raytheon 公司的 4194 和 4195 是比较典型的，分别示于图 6.35A 和图 6.35B 中。4195 是 ±15 V 固定电压输出，

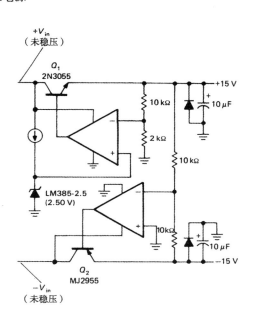

图 6.34　双踪稳压芯片

表 6.10　双踪稳压芯片

类型	封装	V_{out} (V)	输出调整	平衡微调	调整电流限制	电流限制	热限制	输入在 $V_+ \sim V_-$ 时最大值 (V)	最大输出电流(每个电源) @75°C 时 I_{out} (mA)	没有散热[b] I_{out} (mA)	P_{diss} (W)	稳压典型值 负载[c] (mV)	稳压典型值 线路[d] (mV)	Θ_{JC} (°C/W)	120 Hz 纹波抑制典型值 (dB)	温度稳定性典型值[e] (mV)	噪声[f] (μV rms)
Motorola																	
MC1468L	DIP	±15	•	•	•	•	—	60	55	30	0.5	10[m]	10[m]	50	75	45	100
MC1468R	TO-66	±15	•	•	•	•	—	60	100	65	1.2	10[m]	10[m]	17	75	45	100
National																	
LM325H[g]	TO-5	±15	—	—	•	•	•	60	100	50	0.5	6	2	12	75	45	150
LM325N[g]	DIP	±15	—	—	•	•	•	60	—	50	0.5	6	2	90[h]	75	45	150
LM326H[g]	TO-5	adj	—	—	•	•	•	60	100	70	0.5	6	2	12	75	35	100
LM326N[g]	DIP	adj	—	—	•	•	•	60	—	70	0.5	6	2	90[h]	75	35	100
Raytheon																	
RC4194DB	DIP	adj	•	•	—	—	•	70	30[i]	25[i]	0.5	0.1%	0.2%	160[h]	70	0.2%	250[i]
RC4194TK	TO-66	adj	•	•	—	—	•	70	250[i]	90[i]	1.8	0.2%	0.2%	7	70	0.2%	250[i]
RC4195NB	miniDIP	±15	—	—	—	—	•	60	—	20	0.35	2	2	210[h]	75	75	60
RC4195TK	TO-66	±15	—	—	—	—	•	60	150	70	1.2	3	2	11	75	75	60
Silicon General																	
SG3501AN	DIP	±15	—	•	—	—	•	60	60	30	0.6	30	20	125[h]	75	150	50
SG3502N	DIP	adj	•	•	•	—	•	50	50[i]	30	0.6	0.3%	0.2%	125[h]	75	1%	50

a. $V_{in} = 1.6V_{out}$（每个电源）。 b. 环境温度为 50°C。 c. 10% ~ 50% I_{max}。 d. 当 $\Delta V_{in} = 15$ V 时。 e. T_J 为 0°C ~ 100°C 时的 ΔV_{out}。
f. 100 Hz ~ 10 kHz。 g. 一般利用一对外部晶体管。 h. Θ_{JA}。 i. 10 V 压降（每个电源）。 j. 10 Hz ~ 100 kHz。 m. 最大值。

而4194则可以通过电阻R_1来调整输出。两种芯片都有大功率封装形式和小功率DIP封装形式，同时也都集成了过热保护和过流保护电路。进一步增加输出电流，可以外接晶体管（见下面的讨论）。

前面谈到的稳压集成芯片（如可调式4端集成稳压器）都可以设计成双踪稳压电路。通常生产厂家在芯片资料里给出了推荐电路。这种将一种输出电压作为另一种输出基准电压的方法很值得借鉴，即使在输出不完全相等或输出极性不完全相反的时候。例如，一个稳定的+15 V的输出，可以产生一个稳压为+5 V的输出和一个稳压为–12 V的输出。

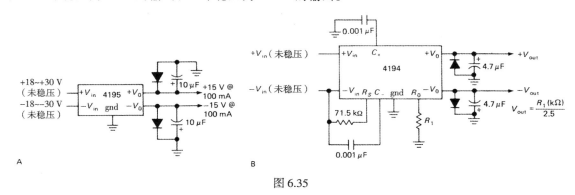

图 6.35

习题 6.6　利用4194设计一个±12 V的稳压器。

反向保护　双极性电源中需要注意的另外一点是：几乎所有的电路，如果输入电源反向，都会遭到损坏。在单电源电路中，只有当两根线接反时才会发生这种情况，有时我们看到稳压电路上反向连接有大电流整流二极管，就是为了提供保护，以防接线错误。在有几组电源的电路中（例如分别供电），如果某个元件失效导致两路电源短路，就会给电路造成严重损坏。一种常见的故障形式是工作在几组电源之间的推挽对管之一发生集电极–发射极短路，这种情况下两路电源短接到一起，其中一路电源没有问题，另外一路电源则发生极性反转，接着电路就开始冒烟了。由于这个原因，我们将功率整流管反向接在稳压输出端与地之间，如图6.33所示。

外接晶体管

固定式3端稳压器可以容纳5 A或更大的输出电流，例如可调式3端稳压器LM396可以容纳10 A电流。然而，不一定需要这样大的电流，因为稳压器正常工作的最高温度比功率晶体管低，因此需要给稳压器安装体积庞大的散热器，而且又很贵。一种可行的解决办法是采用外接晶体管，这种方法与723用法类似，可以用在3端或4端稳压芯片上（也可用在双踪稳压芯片上），如图6.36所示。

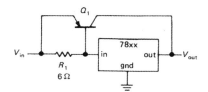

图 6.36　带电流放大的晶体管3端稳压器

通常电路工作在负载电流小于100 mA的情况下。当负载电流增加时，R_1上的电压增加使Q_1导通，将实际通过3端稳压器的电流限制在100 mA左右。因此通过减小输入电流，提高Q_1的驱动电流，从而保持3端稳压器的输出电压不变。该电路中输入电压必须比输出电压高出这样一个电压容限：2 V（对于7805）加上V_{BE}的压降。必须注意稳压器负载电流不能超过100 mA。

在实际使用中，必须为Q_1提供限流保护，否则输出电流等于稳压芯片内部电流极限的h_{FE}倍，那将会是20 A或者更大。这足以烧坏Q_1，而且也可能烧毁连接的负载。图6.37给出了两种限流电路。

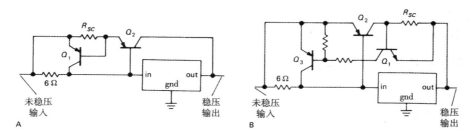

图 6.37　外接晶体管限流保护电路

在这两个电路中，Q_2 是大电流晶体管，电阻的选择准则是当负载电流增加到 100 mA 时，晶体管导通开始工作。在第一个电路中，Q_1 通过 R_{SC} 上的压降来测量负载电流，当 R_{SC} 上的电压超过发射结电压时，就将 Q_2 关断。该电路有两个缺点：输入电压与输出电压之差必须大于 3 端稳压器上的压降与两个发射结电压之和，这时负载电流接近过流保护的极限电流。同时，Q_1 也必须能够承受大电流（等于稳压芯片的电流门限值），而且很难添加反馈过流保护电路，因为 Q_1 的基极要求较小的电阻值。

第二个电路可以解决上述问题，代价是更复杂。对于大电流稳压芯片，稳压器的低电压容限特性是很重要的，它可以尽可能地降低功耗。为了在后级电路中加上反馈限流保护，只要将 Q_1 的基极连接到从 Q_2 集电极到地的分压网络上即可，这比直接连接到 Q_2 集电极上效果要好得多。

外部晶体管也可以加在可调式 3 端或 4 端稳压芯片上，方法类似。关于晶体管电流保护的问题具体参见生产厂家的芯片资料。

电流源

利用可调式 3 端稳压芯片也可以实现大功率的恒流源，如图 6.38 所示，该恒流源电路的输出电流为 1 A。因为稳压器"调整"端有 50 μA 的电流误差，如果恒流源用在小电流场合，需要再加上一个利用运算放大器实现的射极跟随器，如图 6.38B 所示。和前面讨论的稳压芯片一样，恒流源电路也有过流保护电路、过热保护电路和安全工作区保护电路。

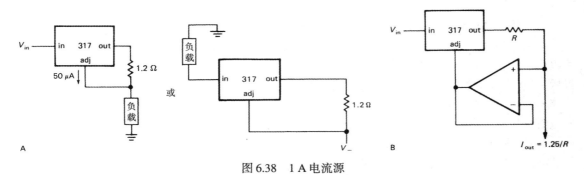

图 6.38　1 A 电流源

习题 6.7　用 317 设计一个可调电流源，输出电流范围为 10 μA ~ 1 mA。如果 V_{in} = +15 V，输出应该如何设计？假设电压降为 2 V。

注意图 6.38A 中的电流源是一个 2 端器件，因此负载可以连接在任何一端。图中显示了应该如何连接器件，以便产生经过负载到地的电流（当然，在图 6.38A 中可以使用负极性的 337 芯片）。

National 公司生产的专用 3 端器件 LM334 更适合于低功率电流源设计。其封装形式也有小的塑料晶体管封装（TO-92）以及标准 DIP 封装。可以将其用于低达 1 μA 的设计中，因为调整端电流是全部电流的很小一部分。然而，它也有个特殊的性质，输出电流随温度变化，实际上与绝对温度成比例。所以虽然它不是最稳定的电流源，但是可以当成温度传感器（见15.2.1节）。

6.5.4 开关稳压器和直流 – 直流转换器

前面我们讨论的几乎所有稳压电路，其工作原理都是类似的：一个线性控制单元（"串联晶体管"）与未稳压电源串联，通过反馈电路，保证输出电压恒定（或者输出电流恒定）。输出电压总比输入电压低，而且部分功率消耗在控制单元上，准确计算的平均值是 $I_{out}(V_{in} - V_{out})$。该方案中的一个微小变化是**分流式稳压芯片**，这样的控制元件可以从输出端连接到地，而不是与负载级联。简单的电阻加齐纳管就是一个例子。

还有另外一种产生稳压电源的方法，从根本上讲和我们看到的电源差别很大，如图6.39所示。在这样一种**开关稳压器**中，晶体管工作在饱和开关状态，将未稳定电压通过电感进行周期性的短期放电。电感电流在脉冲期间产生，在磁场中存储 $LI^2/2$ 的能量；然后将存储的能量转换到输出端的滤波电容上，这个电容也可以平滑输出电压（在充电脉冲之间，把能量加在负载上）。线性稳压器是将输出反馈和一个基准源相比较，但在开关稳压器中是通过改变振荡器的脉冲宽度和振荡频率来控制输出电压，而不是线性控制基极或栅极驱动。

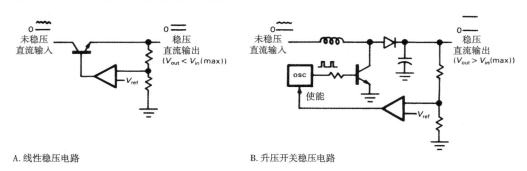

A. 线性稳压电路　　　　　　　　　　　　B. 升压开关稳压电路

图6.39　两种稳压电路

开关稳压器的优良性能使其应用很广泛。由于控制器件不是关断就是饱和，所以功耗很低，因此即使输入到输出的压降很大，开关电源效率也很高。开关电源（或称"开关型稳压电源"）甚至可以产生高于输入电压的稳定输出电压，见图6.39B，也很容易产生和输入极性相反的输出电压！最后一点，开关电源电路中直到电压输出都可以没有直流通路，这就意味着它可以工作在整流后的电路上，而不需要交流电源变压器！结果是设计出了体积小、重量轻和高效率的直流电源。由于这些原因，几乎所有计算机使用的都是开关电源。

当然，开关电源也有它的问题。直流输出含有开关噪声，而且也会反馈到供电线路上。另外它们的稳定性也不好，在发生严重损坏时可能发生明显的打火现象。但是大多数这样的问题是可以解决的，而且目前开关电源在计算机和电子设备中的应用也很广泛。

在这一节里要分两步来讲述开关电源：首先，描述工作在未经稳压的直流输入状态下的基本开关稳压器。有3种电路分别为（a）降压（输出电压低于输入电压），（b）升压（输出电压高于输入电压）和（c）反相（输出极性和输入极性相反）。我们可以采取比较极端的步骤，讨论针对交流整流电源的特殊设计（使用最广泛的一种），不使用隔离变压器。这两种电路应用都很广泛，所以我们采用比较实际的策略。最后还会给出一些建议，例如何时使用开关电源，何时不用；何时自己设计，何时购买。

□ 降压稳压器

在图 6.40 所示的基本降压（或"抵消电压"）开关稳压电路中省略了反馈部分。当 MOS 开关闭合时，电压 $V_{out} - V_{in}$ 加在电感两端，流过电感的线性电流（$dI/dt = V/L$）增加。当然这个电流是流向负载和电容的。当开关断开时，电感电流保持原来方向（记住，根据上面的等式，电感中电流方向是不会突然改变的），然后用"箝位二极管"来完成整个电路。输出电容起到能量"转换器"的作用，同时也可以平滑难以避免的锯齿纹波（电容越大，纹波越小）。电感电流由固定电压 $V_{out} -$ 0.6 V 产生，然后线性下降。图 6.41 显示了响应电压和电流波形。为了完成**稳压器**电路，当然需要加入反馈比较输出电压和基准电压，以控制脉冲宽度（在一定脉冲频率下）或频率（在恒定脉冲宽度情况下）。

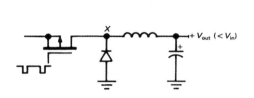

图 6.40　降压开关电源

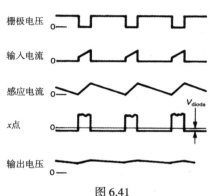

图 6.41

图 6.42 显示了一个使用 MAX638 设计的 +5 V 小电流稳压器。这种芯片对于设计固定 5 V 输出（无需外部分压器）稳压器，或通过外部电阻分压器设计可调整电压输出稳压器，都是一个好的选择。在方便的小型 DIP 封装里，它包括了几乎所有的器件。在 MAX638 内部，振荡器工作在 65 kHz，根据输出电压，通过差分放大器打开或关断栅极驱动脉冲。该电路可以得到 85% 的效率，而且几乎与输入电压无关。可以通过解决下面这个问题来比较一下线性稳压器和开关稳压器。

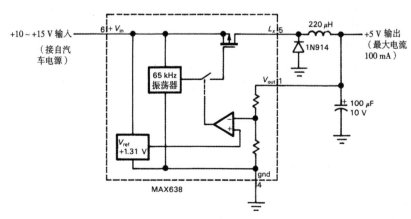

图 6.42　低功率 5 V 开关稳压器

习题 6.8　从 +12 V 的输入中获得 +5 V 的稳压输出时，线性稳压器的最大理论效率是多少？

习题 6.9　降压稳压器最高能实现的输出电流和输入电流的比值是多少？对于一个线性稳压器，这个电流的比值是多少？

□ **升压稳压器和反相稳压器**

与线性稳压器相比，除了高效率外，降压开关稳压器就没有明显优势了（甚至还有明显缺陷：元件数量多，开关噪声大）。然而，在需要设计输出电压比输入电压高的电路，或输出电压和输入电压反相时，开关电源就很有竞争力了。基本的升压稳压电路和反相（有时称为"回描"）稳压电路如图6.43所示。

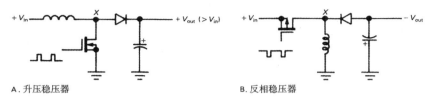

A. 升压稳压器   B. 反相稳压器

图6.43　两种转换器件的结构

在图6.39A中，我们将升压电路和线性稳压电路进行比较。电感电流在开关导通时突然升高（地电位附近X点）；当开关断开时，由于电感具有维持恒定电流的特性而使X点电压快速上升，导致二极管导通，电感电流灌入电容，导致输出电压增加，甚至可以高于输入电压。

习题6.10　画出升压电路中X点电压、电感电流和输出电压的波形。

习题6.11　为什么升压电路不能用在降压中？

反相稳压电路如图6.43B所示。在场效应管导通期间，X点到地的电流呈线性增长。而在场效应管截止时，为了维持电感电流，电感将X点的电压拉负，以维持同样的电流。然而，现在的电流方向是从滤波电容流向电感[①]，因此得到负电压输出，其平均幅度可以高于或低于输入幅度（由反馈决定）。换句话说，反相稳压器可以是升压稳压器或降压稳压器。

习题6.12　画出反向转换器在X点处的电压波形，电感电流与输出电压波形。

如图6.44所示，±15 V运算放大器电源电路采用低功率开关稳压器设计，由+12 V的汽车电池供电，这是线性稳压芯片无法实现的。这里再次采用了MAX公司的低功率固定电压芯片来设计升压电路（MAX633）和负压电路（MAX637）。外围器件参数的选择来源于芯片数据手册。在电路设计中这些参数值的要求并不严格，可以在电路中进行调整。例如，较大的电感值在降低峰值电流的同时可以提高效率，但这是以牺牲最大输出电流为代价的。只要输入电压不超过输出电压，且任何情况下输入小于2 V，该电路对输入电压就很不敏感，并极大地降低最大输出电流。

在结束反相稳压电路和升压稳压电路之前，需要注意的是还有另一种方法可达到同样的目的，那就是"快速电容"。其基本思想是利用MOS开关（a）通过直流输入直接给电容充电，然后（b）改变开关位置把正在充电的电容连接到另一个电容上（升压），或者连接到反极性电容上。"快速电容"电压转换器（例如常用的7662）有一些优点（没有电感），也有一些缺点（低功率，稳压性能差，有限的电压范围）。我们在本章后面再讨论这个问题。

开关稳压器注意事项

可以看到，开关电源很容易实现升压和负压输出的特性给我们提供了很大方便，比如在+5 V数字电路板上设计小电流的±12 V电源。我们常常用这样的双极性电源给串口（在第10章和第11章中将进一步讨论）或使用运算放大器的线性电路、A/D（模数转换器）和D/A（数模转换器）供电。

---

① 此时电流回路包括电感、电容和二极管，电流从电感的地端通过电容和二极管流到X点，所以X点电压为负，输出电压亦为负。——译者注

升压稳压器的另一种应用是给需要较高电压的显示器件供电,比如采用荧光技术或等离子技术的器件。在这些应用中,直流输入(一般是 +5 V)一般都已经过稳压,我们通常称之为"直流 – 直流转换器"而不是"开关稳压器",虽然它们拥有相同的电路。最后,在电池供电的设备中常常需要在大电压范围内得到高效的电压输出,例如 9 V 碱电池开始时是 9.5 V,快用完时变为 6 V。一个 5 V 的低功率降压稳压电路能够在电池的绝大部分寿命里保持高效率。

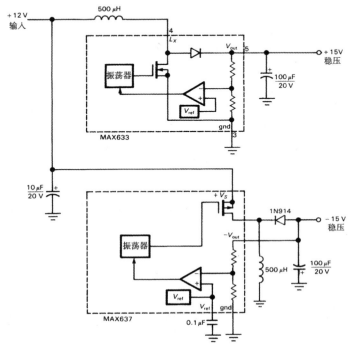

图 6.44　双极性开关稳压电源

注意,在开关稳压电路中电感和电容不能作为 LC 滤波器使用。在简单的降压稳压电路中,将直流电平反相的电路看起来像滤波器,其实根本不是。电感是一个无耗的储能器件(存储的能量为 $LI^2/2$),通过阻抗变换存储能量。这个精确描述来自物理学家的磁场能够存储能量的观点。在开关电路里通常认为电容是一种储能器件(存储能量为 $CV^2/2$),和普通的稳压电路一样。

命名法:我们有时看到术语"PWM 开关型稳压器"和"电流型稳压器"。它们的不同之处在于反馈信号调整开关波形方式不同。具体来说,PWM 指的是脉冲宽度调制,其误差信号用于控制脉冲宽度(固定频率),而电流型稳压器借助于脉冲和脉冲之间的宽度用误差信号来控制电感峰值电流(由电阻感应)。电流型稳压器有很多优点,得到越来越广泛的应用,而且目前好的电流型控制芯片也很常见。

注意,在谈到开关电源时噪声均产生于开关过程。一般有 3 种形式:(a)输出波动,波动频率与开关频率一致,典型波动范围在 10 ~ 100 mV;(b)纹波,也是以开关频率变化,反馈到输入端;(c)开关频率及其谐波频率的辐射噪声,来自于电感和导线上的开关电流。弱信号(100 μV 或更低)处理电路使用开关电源会引起很多麻烦,虽然屏蔽和滤波可以解决一些问题,但最好还是使用线性电源。

交流开关电源

可见,无论输出电压是否接近输入电压,开关电源都有很高的效率。把电感想像成一个阻抗转换器可能有助于理解,因为平均输出电流可能高于(降压)或者低于(升压)平均输入电流。这和线性稳压器完全不同,线性稳压的输入和输出总是相等的(当然要忽略稳压电路的静态电流)。

这使我们联想到，设计开关电源时，如果直接对交流电源进行整流和滤波，就可以消除严重的 60 Hz[①]工频干扰。这里存在两个问题：（a）最大直流输入电压将达 160 V（对于 115 V 交流电），这是一个非常危险的电路；（b）没有变压器意味着直流回路与供电交流线路不隔离。因此，这样的开关稳压电路必须提供隔离措施。

通常采用的隔离措施是通过储能电感和隔离器件（变压器或者光耦），把反馈信号耦合到开关振荡器，如图 6.45 的简化框图所示。注意振荡电路由整流后的高压直流供电，反馈控制电路（差分放大器和基准）由稳压输出供电。有时也用辅助的未稳压的小电流电源（用独立的 60 Hz 低压变压器）给控制电路供电。图中的"隔离"模块是脉冲耦合变压器或者光电耦合器（后者更多些）。

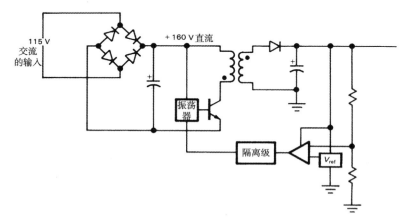

图 6.45　交流开关电源

看起来好像得不偿失，节省了工频变压器，但是至少要用两个变压器来耦合。其实不然。变压器的体积由磁心决定，而磁心将随频率的增加而大幅度减小。结果是，交流开关电源比同等性能的线性电源更小、更轻，而且由于效率高，温度也低。Power-One 公司生产这两类电源。F5-25（5 V，25 A）型线性电源与价格相似的 SPL130-1005（5 V，26 A）开关电源相比，开关电源为 2.5 磅[②]，而线性电源为 19 磅，而且开关电源体积也仅是线性电源的 1/4。另外，开关电源温度很低，而 19 磅的线性电源很热，它在满载时要耗散 75 W 的功率。

□ 开关电源的实例

为了让大家感受现实使用的复杂开关电源，图 6.46 给出了一个商用开关电源的完整电原理图，实际上它是 Tandy 公司（Radio Shack）在 2000 型 PC 机上采用的电源（Tandy 公司提供的资料中含有完整的电路图和详细的电路注解）。它有 3 路稳压输出：+5 V/13 A，+12 V/2.5 A 和 −12 V/0.2 A（总共 95 W），用于计算机中的逻辑电路和磁盘驱动器。

让我们详细研究图 6.46 中所示的交流开关电源，看它是如何处理实际问题的。虽然器件很多，但 Tandy 公司设计师所选择的电路拓扑图都经过了精心设计，如图 6.45 所示。现在开始分析电路：桥式整流器（BR_1）给电容 C_{30}，C_{31}，C_{32} 和 C_{40} 充电（T_2 不是变压器，注意它的连接，它是一个干扰滤波器）。充电电容的关断受变压器初级（1 脚和 3 脚）上功率晶体管 Q_{15} 的控制，Q_{15} 的开关波形（可变脉宽的固定频率方波）受 U_3（PWM 型开关稳压芯片）的控制。次级（有 3 组绕组，对应每路输出）通过半波整流产生直流输出：通过 CR_2 从 17 和 18 管脚之间的线圈（7 匝）上获得 +12 V 电

---

① 在中国应为 50 Hz。——译者注

② 1 磅 = 0.4536 kg。——编者注

压输出，通过 CR_4 从 13 和 20 管脚之间的线圈（5 匝）上获得 −12 V 输出，通过 CR_{13} 和 CR_{14} 从并联的线圈（每个线圈 2 匝）上获得 +5 V 输出。

对于多路电压输出的开关电源，只有一路输出用于电压反馈。通常都是采用 +5 V 逻辑电压进行反馈，如 Tandy 公司的设计：通过 R_{10} 对 +5 V（取样比值 50%）取样，与 U_4 内部 +2.5 V 基准电压进行比较，如果输出过高就打开光二极管 U_{2a}。通过光三极管 U_{2b} 的耦合改变 U_3 的脉冲宽度，保证 +5 V 输出。这里，图 6.45 中的"隔离"模块就是采用光耦方式实现的（见 9.1.10 节）。

到目前为止，我们已经涉及了图 6.46 中 25% 的器件。剩下的器件需要解决下列问题：（a）短路保护；（b）过压、欠压关断保护；（c）稳压芯片辅助供电；（d）交流电源滤波；（e）±12 V 电源的线性稳压（跟踪式）。让我们更详细地分析这个电路。

交流输入端有 4 个电容和 2 个串联的电感形成一个 RFI 滤波器。一般说来这是一个好办法，能够消除进入设备的交流干扰（见 6.3.1 节）。在这里，RFI 滤波器也能够防止设备**内部**产生的射频干扰信号（通常产生于电源的频繁开关）通过电源电路向外传递。另外来看看可选的跳线 E_8 和 E_9，它可以把输入从全波桥式整流器（断开）转换成全波倍压器（闭合）。在生产上考虑到 110 V/220 V 的兼容，这在开关电路中的实现很简单。

热敏电阻用 RT_1 和 RT_2 来减小上电时的浪涌电流，此时电源就像一个几百微法的未充电电容。没有热敏电阻（或其他措施），浪涌电流很容易超过 100 A！热敏电阻有 1 ~ 2 Ω 的电阻，发热时电阻降低，近似到 0。尽管有热敏电阻，浪涌电流还是很大，电源的输入浪涌电流最大可达 70 A。

整流后串联的 100 µH 电感 L_5 和 L_7 可以进一步减小开关干扰的传递，82 kΩ 并联电阻（R_{35} 和 R_{46}）是"放电电阻"，保证电路断电后，滤波电容能够完全放电。其他一些"惰性"滤波器件（C_{38}，C_{39} 和 R_{45}）用于抑制可能损坏开关晶体管 Q_{15} 的巨大尖峰电压。CR_{11} 的功能也很巧妙——把没有转换的能量巧妙地传送回滤波电容 C_{30} 和 C_{40}。

继续向下，我们会遇到一些实际的设计技巧，比如"辅助电源"。我们需要一个低电压小电流直流电源给 PWM 控制器和相关器件供电。一种方法是从线路变压器产生一个独立的小型线性稳压电源。但是，这需要在 T_1 上增加一个小的绕组（用半波整流），以便节省一个变压器。这就是设计者如此设计的原因。通过 9 和 10 管脚之间的 4 匝绕组，CR_9 和 C_{37} 的整流滤波，这个简单电源就可以产生一个普通的 +15 V 输出。

读者可能发现这个电路有一个缺陷：电路不能自启动，因为辅助电源只有在供电产生后才能有输出！这是一个老问题：电视机的设计者总是要玩这样的把戏，把所有辅助电源的低压供电连接到高频变压器一端。这种电路称为脚踏式启动，就是用未稳压的直流电流来启动电路；电源启动后就改从变压器绕组产生直流电压，使电路保持工作。这里的脚踏式启动电路是用 R_{42} 实现的，上电时通过 R_{42} 对 C_{37} 充电。当电容电压超过 CR_{10} 的稳压值时，连接成类似单向可控硅的晶体管 Q_{10} 和 Q_{11} 进入导通状态（想想它是怎么工作的），C_{37} 对 C_{28} 进行充电，这样很快就能够给控制电路（U_3 及其左侧器件）供电。而振荡器开始工作，并通过 CR_9 提供 15 V 电压，供控制电路持续工作（这时 R_{42} 就不能工作了）。

U_3 周边的器件用于辅助它工作（例如 C_{27} 和 R_{37}，设置 25 kHz 时的占空比）。在输入端，正如我们先前讨论过的，U_{2b} 提供反馈以保持输出电压稳定在 +5 V。Q_8 和 Q_9 是另一个类似 SCR 连接的锁存器，当输出端短路，Q_{15} 发射极电流超过极限时，关断振荡器（以及 Q_{10} 和 Q_{11}）。R_{43} 和 C_{25} 提供 1 µs 的时间常数，保证电路不受电压尖峰的干扰。如果供电电路电压低于 90 V，从 R_{26} 和 R_{24} 分压器引出的信号会关闭振荡器。在控制器 U_3 的输出端，根据片上 PNP 管的驱动，Q_{12} ~ Q_{14} 提供大电流驱动 Q_{15} 的基极（想想工作原理）。注意"I_C 环"在 Q_{15} 集电极上引出的导线长度，可以保证让我们用示波器上的电流探针观察电流波形（比如用 Tektronix 公司的示波器）。

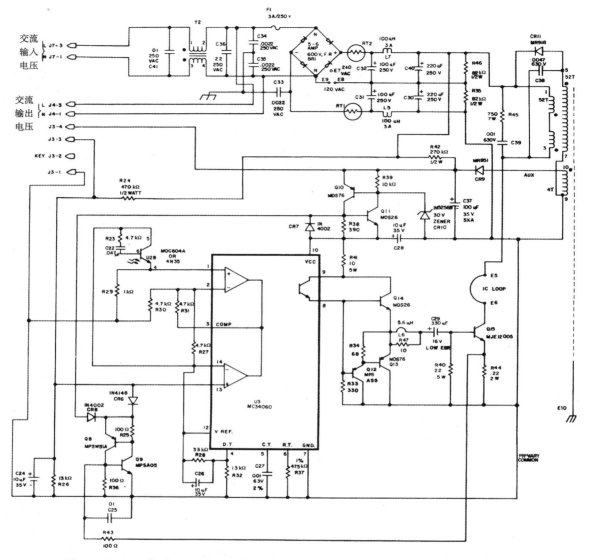

图 6.46　Tandy 公司 2000 型 PC 上的开关电源。+5 V 输出取样，通过光耦 U_{2A} - U_{2B} 反馈

　　T_1 输出端的情况相对简单一些。5 V 输出连接并联的具有快恢复和低电压容限特性的功率肖特基二极管（CR_{13} 和 CR_{14}，MBR3035PT 在 20 kHz 驱动时额定平均电流达 30 A，反向击穿电压为 35 V，10 A 时正向压降为 0.5 V），同时"惰性电路"（1 Ω/0.01 μF）保护二极管免受高压的冲击。"π 型滤波器"由 8800 μF 输入电容、3.5 μF 串联电感以及 2200 μF 输出电容组成。低电流 ±12 V 输出也采用半波肖特基管整流和 π 型滤波，只是参数值稍小些。这些值与线性电源相比要大得多，但要注意这是没有后级稳压的情况———也就是说，滤波器输出就是稳压输出，因此还需要更多的滤波器来减小纹波，尤其是针对开关频率，以满足输出纹波约小于 50 mV 的要求。

　　5 V 电压输出通过 R_3，R_{10} 和 R_{11} 进行取样，驱动 TI 公司的 3 端齐纳管 TL431（U_4），这里 U_4 以及外围电阻和电容一起作为反馈补偿器件，通过光耦 U_{2ab} 提供隔离的反馈信号。同时，输出电压通过 R_{18} 和 R_{19} 的分压，触发过压保护集成芯片（U_1: V_{thresh} = +2.5 V）。然后过压保护芯片 U_1 又驱动单

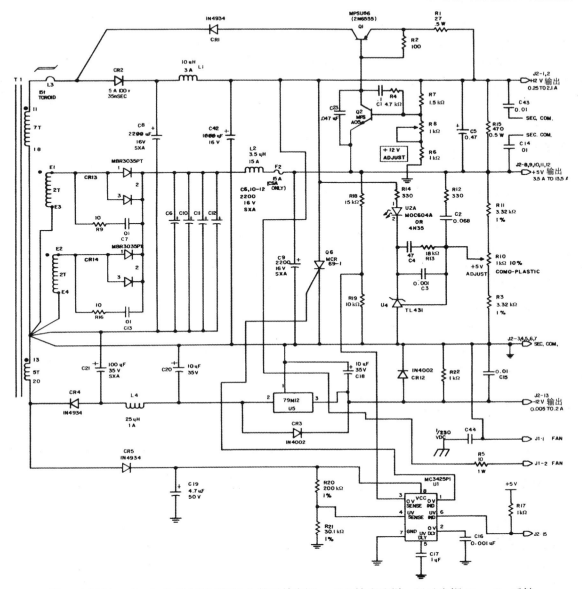

图 6.46（续）　Tandy 公司 2000 型 PC 上的开关电源。+5 V 输出取样，通过光耦 U_{2A} - U_{2B} 反馈

向可控硅 Q_6，通过前面已经提到的初级限流电路，切断电路，为 +12 V 电源提供过压保护。U_1 也可以通过 CR_5 和 C_{19} 提供的辅助电源进行欠压感应。欠压报警信号（PNP 管饱和到地）传给微处理器，提示系统就要掉电，程序可以在几毫秒内正常关断而不丢失数据。

电源电路设计者用了一个技巧来提高 ±12 V 电源的效率，否则它是开环的，依据 5 V 输出进行调整。对于 +12 V 电源输出，采用 +5 V 输出作为差分放大晶体管 Q_2 的基准，从而控制一个"磁放大器"输出幅度。该磁放大器包括一个串联的饱和电感 L_3，通过 Q_1 提供反相的"复位清除电流"。这个清除电流决定了在达到磁饱和之前电感能够阻塞多少伏秒，这时它是一个很好的电感器。磁放大器的名字源于小电流能够控制调整较大输出电流的原理。磁放大器控制电路可以完全集成在芯片里，如 Unitrode 公司的 UC3838。

对于小电流的 −12 V 电源，设计者选用了简单的 7912 作为后级稳压，再加上防止反接的极性保护二极管。最后，设计者在直流输出端使用了旁路电容和泄放电阻。

这个电源电路揭示了很多在教材中很少提到但在实际设计中非常基本的设计细节。电路中还有一些器件是为了保证实际使用环境下的鲁棒性。虽然设计中的这些额外考虑好像有点不必要，但实际上这是值得的——每一次在保修范围内的电源故障，其运输和维修费用都要花费制造商 100 多美元以上，更不用说对制造商信誉造成的损害了。

交流开关电源的几点注意事项

1. 利用交流开关稳压电源（又称"离线"开关电源）可以设计出高性能的大功率电源。交流开关电源的高效率，使其具有较低的温度，而且在去掉工频变压器后与线性电源相比重量轻、体积小。它们几乎成为计算机电源的专用电源，甚至是台式计算机。而且它们也开始进入小型仪器的使用领域，甚至示波器这样的对噪声敏感的设备中。

2. 开关电源是有噪声的！它们的输出有几十毫伏的开关频率纹波，而且还会干扰到供电线路，甚至发出声音。如果输出纹波是一个问题，可以通过外部 LC 低通滤波器来减小输出纹波，或者加低电压容限的线性稳压芯片。尽管进行了很好的屏蔽和输入滤波，很多直流−直流转换器还是有这些缺点。

3. 具有多种输出电压的开关电源在计算机系统中非常普遍。然而这些独立的输出是从一个变压器上的多个绕组产生的。一般情况下，取样反馈来自最大电流输出端（一般是 5 V），也就是说其他的输出不是严格稳压的。这其实是一个交叉调整的过程，例如当 5 V 电源输出负载从 75% 变到 50% 或变到 100% 时，+12 V 电源输出会有多大改变？典型的交叉调整率是 5%。某些多输出开关稳压电源通过在辅助电源上使用线性稳压从而获得很好的性能，但这是例外。参见芯片资料！

4. 交流开关电源要求最小负载电流。如果负载电流低于最小负载电流，就必须增加阻性负载，否则输出端电压可能畸变或发生振荡。例如 5 V/26 A 开关电源的最低负载电流要求是 1.3 A。

5. 使用交流开关电源一定要小心！很多元器件上带有交流电压，可能造成致命错误。不能把示波器的地夹在电路上，以免发生灾难性事故。

6. 当我们第一次打开电源时，从供电线路上看，开关电源就像一个巨大的没有充电的电解电容（当然是通过二极管），结果浪涌电流很大。例如我们所讨论的 Power-One 公司的开关电源，最大电流可达 17 A（而满载时电流为 1.6 A）。商用电源采用各种"软启动"措施来保证浪涌电流在安全范围内。一种方法是在输入端串联负温度系数电阻（如小阻值的热敏电阻）；另一种办法是在电源开启瞬间（几分之一秒）串联一个 10 Ω 的小电阻。

7. 开关电源通常都有过压"关断"电路，模拟 SCR 杠杆式保护电路，以防万一。然而，这个电路通常是一个位于输出端的简单齐纳管限流电路，当输出超过门限值时，关断振荡器。如果杠杆电路不起作用，就会产生难以想象的事故。从安全角度出发，最好在外部再加上一个自动的 SCR 型杠杆电路。

8. 开关电源的稳定性较差，但现在的情况好多了。然而，即使是烧坏了，电路也已做了最大的补救。我们曾看到一个"毁灭性损坏"的开关电源，机壳内部喷出的黑色脏物到处都是，但电子器件毫发无损。

9. 交流开关电源相当复杂而且需要精心的可靠性设计。它需要使用特殊的电感和变压器（图 6.46 中有很多例子）。我们建议购买交流开关电源，避免整个设计过程！

10. 开关电源对交流电源呈现一定的负载。特别是线路电压升高会导致平均电流下降，因为开关电源具有基本恒定的效率。另外它具有负阻特性（在 60 Hz 附近），可能会引起一些奇怪结果。如果交流电源呈较大感性，系统就会振荡。

建议

我们在此给出如下建议：

1. 数字系统通常需要 5 V 的大电流（10 A 或更多）电源，建议：（a）选用交流开关电源；（b）购买电源（如果有必要，加上滤波）。
2. 小信号模拟电路（小信号放大器，低于 100 μV 的信号等），建议使用线性电源，开关电源噪声太大。例外情况是，对于电池供电电路，可以使用低功耗的直流 – 直流转换器。
3. 大功率器件，建议使用交流开关电源，它体积小，重量轻，温度低。
4. 高电压低功率器件（如荧光管、闪光管、影像增亮器或者等离子显示器等），建议使用低功率的升压稳压器。

总之，低功率直流 – 直流转换器设计简单，外围器件也少，这要感谢我们提到的像 Maxim 系列这样方便的芯片。不要犹豫设计属于自己的电路。相比较而言，大功率开关电源（交流供电）设计更复杂，技巧要求更高，也更难。如果要自己设计，必须格外小心，并进行彻底的测试。最好是买一个能找到的最好的开关电源。

6.6　专用电源电路

☐ 6.6.1　高压稳压电路

用线性稳压芯片设计高压稳压电源时会产生很多问题。因为普通晶体管的反向截止电压典型值均低于 100 V。产生高于器件性能参数的电压需要一些设计技巧。现在我们就来讨论这个技巧。

☐ 强悍：高压器件

无论是场效应管还是晶体管，功率晶体管的反向截止电压都达到 1000 V 或更高，而且价格不一定很高。例如 Motorola 公司的 MJ12005 是一种 8 A 的 NPN 型功率晶体管，集电极 – 发射极反向击穿标称电压 V_{CEO} 达 750 V，基极反偏时 V_{CEX} 可达 1500 V，而它的单片价格不到 5 美元。MTP1N100（类似欧洲的 BUZ50）是 1 A 的 N 沟道功率场效应管，有 1000 V 的反向击穿电压，而且价格也只有几美元。大功率场效应管是高压稳压器设计中的首选，因为它们具有很好的安全工作区（没有二次热击穿）。

用工作在地电位附近的差分放大器（输出分压器给出较低的输出电压采样），仅用串联晶体管及其驱动放大器，就可以设计出高压稳压器。图 6.47 就是如此，用 NMOS 串联晶体管和驱动放大器设计了一个 +100 ~ +500 V 的稳压器。Q_2 是串联的晶体管，由反相放大器 Q_1 驱动。运算放大器作为差分放大器，将部分输出电压和精确的 +5 V 参考电压进行比较。当 33 Ω 电阻上的压降等于 V_{BE} 压降时，Q_3 就会切断 Q_2 的驱动，进行过流保护。其他器件作用微妙但非常重要，其功能是当 Q_1 快速下拉其漏极电流时保护二极管，防止 Q_2 反向截止（这时输出电容保持 Q_2 的源极电压）。电路中不同容值的小电容具有补偿作用，因为 Q_1 工作在具有电压增益的反相放大状态下，会使运算放大器不稳定（尤其是接容性负载时）。这个电路是一般晶体管电路设计规则的一个特例，晶体管电路不会有击穿的危险。

　　我们不能把它搁置在一边，稍微改变一下电路形式（把基准源换成高压稳压器输入信号），这个电路就能成为一个很好的高压放大器，用来驱动如压电式换能器这样怪异的负载。对这种特殊的应用，电路必须能够对容性负载产生正向或者反向电流。奇怪的是，这个电路居然可以形成准推挽式结构，Q_2 流出电流，Q_1 吸入电流（通过二极管）。如果有必要，可参阅 3.3.4 节。

　　如果高压稳压器的目的仅仅是输出固定的电压，那么串联的晶体管的反向击穿电压可以低于输出电压。在前面的电路中，用 12.4 kΩ 的固定电阻代替电位器，可以产生 +500 V 的输出。一个拥有 300 V 反向电压的晶体管就能保证加在它上面的电压无论在打开、关断或者短路状态下都不会超过 300 V。后一种条件有点特殊，但是在 Q_2 上接一个 300 V 的齐纳管就可以解决这个问题。如果齐纳管可以流过大电流，它可以保护串联晶体管在短路时不被烧坏，前提是在稳压电路前加了可靠的保险。6.2.3 节中的齐纳管电路就是一个很好的选择。

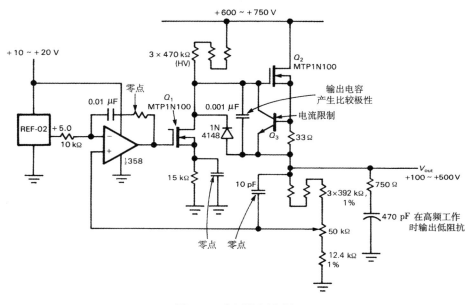

图 6.47　高压稳压电源

□ 稳定的地回路

　　图 6.48 显示了用低压器件产生高压输出的另一种方法。Q_1 是串联晶体管，但它连接在输出的低端，它的输出直接连接到地。只有一小部分输出电压加在它上面，而且它靠近地电位，简化了驱动电路。按照前述内容，必须在开关瞬间和过载时加保护。这时如图所示的简单齐纳管就够了，但要注意这时齐纳管必须能够承受全部的短路电流。

□ 提升稳压器

　　另一种用来扩展稳压器电压范围的方法是用一个齐纳管来提升原来接地的公共端，通常适用于简单的 3 端稳压芯片（如图 6.49 所示）。在这个电路中，D_1 把它的电压加在原来稳压器的输出端上。D_2 通过 Q_1 设置稳压芯片的压降，并在 D_3 短路时提供保护。

□ 光耦合晶体管

　　另外还有一种处理高压时晶体管额定击穿电压的方法，尤其是在输出电压（已知）固定而晶体管又是低压（相对输出电压而言）器件时。这种情况下只有驱动晶体管要承受高压，在使用光耦合晶体管后，这都不是问题了。这些器件（我们将在第9章中结合数字接口进一步讨论）实际上包括电气上隔离的两个部分：一个是发光二极管（LED），有正向电流流过时发光；另外一个是光敏晶体管（或光达林顿管），就近安装在一个不透明的盒子里。当二极管上流过电流时，晶体管导通，就好像有了基极电流。和普通晶体管一样，可以让光耦合晶体管的集电极电压处在工作区。很多情况下没有单独的基极引线引出。光耦合器件是绝缘的，输入端和输出端之间可以承受几千伏的高压。

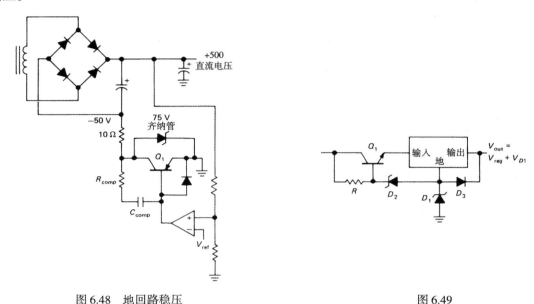

图 6.48　地回路稳压　　　　　　　　　　　　　　　　　图 6.49

　　高压电源中使用光耦合晶体管的两种方法如图 6.50 所示。在第一个电路中，输出端电压太高时，光晶体管 Q_2 就会切断串联晶体管 Q_3。在第二个电路中，仅画出了串联晶体管部分，光晶体管 Q_2 受驱动时，输出端电压增大，这个误差放大器的输入应该被反相。这两个电路都是通过改变串联晶体管偏置产生输出电流，所以需要在输出端加负载来防止空载时电压升高。输出电压分压器或在输出端跨接独立的"放电电阻"，都是高压电源设计中的好方法。

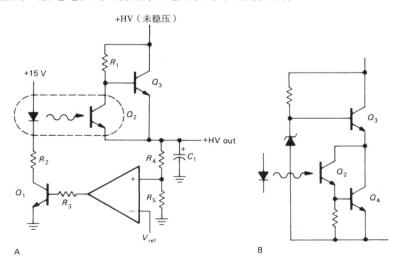

图 6.50　光隔离的高压稳压器

□ 悬空电压稳压器

还有一种避免在高压稳压器中使用高压控制器件的方法,是将控制电路的电压作为串联晶体管的电位,通过比较自身基准源压降和输出端到地的压降。MC1466就是这种类型的稳压芯片,它通常需要一个辅助的低电流悬空电源给自身供电（20~30 V）。输出电压仅仅受到串联晶体管和隔离辅助电源的限制（变压器隔离,不会超过击穿电压）。MC1466有非常好的稳压特性和精确的过流保护电路,很适合精确的实验室电源。但是要注意,与近来的稳压器设计不同,MC1466没有片上过热保护电路。

安装悬空稳压电路的一个好办法是,用LM10运算放大器结合参考基准电压,这是Widlar公司片上技术的一个突破（见4.4.3节）,它可以工作在1.2 V单电压下。这样的芯片甚至可以在达林顿管的基极–发射极压降下正常工作! 图6.51就是一个例子。如果我们喜欢类推,想想长颈鹿,它可以通过观察到地面的距离来测量自己的高度,然后通过控制脖子来稳定自己。Texas Instruments公司的TL783就是一种工作于这种方式下的125 V集成稳压芯片。它也可以用在低电流电路中替代图6.51中的分立器件。

□ 晶体管级联

通过晶体管级联来提高击穿电压的技术如图6.52所示。驱动管Q_1驱动串联的晶体管Q_2~Q_4,它们分担了从Q_2的集电极到输出端的高电压。相同的基极小电阻用来驱动晶体管以达到满幅输出电流。场效应管的工作原理也是这样,但是要加上栅极反向保护二极管,如图所示（我们不必担心正向栅极击穿,因为场效应管在栅极沟道击穿前要维持很长时间）。注意,即使是在晶体管关断的时候,偏置电阻也会产生输出电流,所以必须在输出端接到地的最小负载,以防止输出电压高于稳定输出电压。通常在分压电阻上并联小电容是一个好办法,如图所示,为了使分压器在高频时也能正常工作,要选择电容值足够大的电容以忽略晶体管输入电容差异,否则就会产生不同的分压,降低整个电路的击穿电压。

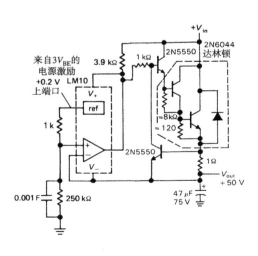

图6.51　高压悬空稳压器

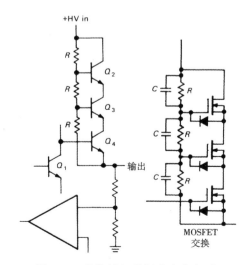

图6.52　晶体管级联提升击穿电压

当然,晶体管级联也不只在电源电路中使用。有时可以看到它们在高压放大器中使用,虽然高压场效应管根本不需要求助于晶体管级联措施。

在这样的高压电路中很容易忽视那些电阻的功率容量,即要用1 W（或更大）的电阻,而不是1/4 W的电阻。更大的陷阱正等着我们,标称1/4 W的电阻（碳电阻）可以有250 V的最大额定电压，却忽视了电阻的功耗。碳电阻可以用在更高的电压下，但是这并不意味着电阻值可以不变。例如，实际测量一个 1000∶1 的分压器（10 Meg，10 kΩ），在 1 千伏下可能的分压比为 775∶1，有 29% 的偏差！注意这时还在额定功率容限内。这种非电阻效应在输出电压取样电路中尤其重要——一定要小心！像 Victoreen 这样的公司为这样的应用专门设计了各种类型的电阻。

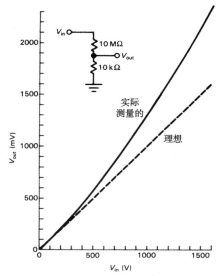

图 6.53　碳电阻阻值与电压关系曲线（电压高于 250 V 时）

□ 输入调整

　　另一种在高压电源电路中使用的技术是调整输入而不是调整输出，尤其是对那些低电流电路。这在高频率的直流–直流转换电路中经常使用，因为 60 Hz 交流输入电压的调整效率较低，而且会增大纹波。这种技术的使用如图 6.54 所示。T_1 和相关电路产生未稳压的输出电压，在这里是 24 V，也是电池可以提供的直流电压。高频方波功率振荡器就工作在这个电压下，经全波整流和滤波后，从输出端通过电压反馈来控制振荡器输出方波的占空比和幅度。因为振荡器工作在高频，所以响应时间短，而且整流后的信号滤波也容易，尤其是对全波整流的方波信号而言。T_2 必须采用高频铁心，因为普通铁心的功率变压器有很大铁耗。合适的变压器采用铁粉、铁氧体或"带绕"环形铁心等材料制成，与同等功率容量的普通功率变压器相比更小、更轻。除了输出端的桥式整流器和电容外，电路内部没有高压器件。

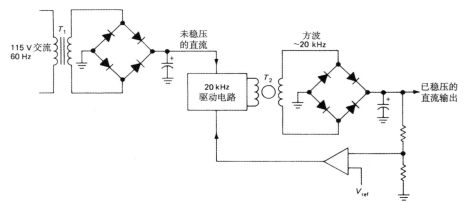

图 6.54　高压开关电压

　　实际上，这里描述的开关稳压器（见 6.5.4 节）几乎包括了所有方面。一个最重要的差别是开关电源用电感作为储能元件，而在输入稳压高压电源中，T_2 是一个普通的（虽然频率高些）变压器。和普通开关电源一样，这些高压电源也含有高频纹波和噪声。

视频回描电源

　　传统的回描开关稳压器（如图 6.43A 所示）经变化后，常常用于产生电视机和阴极射线管（CRT）显示器中的直流高压信号（10 kV 或更高）。看起来这个电路很巧妙，它还能同时产生水平扫描信号来驱动偏转线圈。

设计该电路的基本思想是采用高匝数比的变压器，驱动连接在初级线圈上的饱和晶体管，就像普通扫描电路一样。从次级输出，整流产生高压直流，如图 6.55 所示。Q_1 由宽脉冲驱动，使初级线圈下拉到地。它可以采用自激励或由振荡器激励。D_1 是一个"抑制"二极管，可以防止 Q_1 的集电极电压在回描期间升压过高。连接在高压变压器次级绕组上的二极管 D_2，整流后输出典型值在几毫安时为 10～20 kV。整个电路工作在 15 kHz 的开关频率（或更高）下，这意味着滤波电容 C_1 可以只有几个皮法（根据电压波动，自己计算一下）。

注意，集电极电流是一个线性上升的波形，可以用来驱动 CRT 的磁偏转线圈（或称"导磁板"），从而驱动线性的水平扫描光栅。这种情况下振荡器频率设置为水平扫描频率。另一种相关电路就是所谓的阻塞式振荡器，通过自激产生脉冲波形。

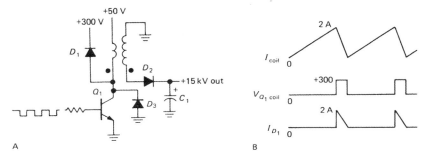

图 6.55   视频回描高压电路

☐ 6.6.2   低噪声、低漂移电源

迄今为止所讨论的电源已经不错了，纹波和噪声的典型值都低于 1 毫伏，温度漂移大约在 100 ppm/℃左右。这已经可以满足我们几乎所有的供电要求了。但是，有时候需要更好的性能，采用常规的稳压芯片无法达到。惟一的解决办法是使用最好的基准 IC（即稳定和低噪声性能，见表 6.7，例如 REF101KM）自己设计。比如，与普通金属膜电阻温度系数（50 ppm/℃）相比，1 ppm/℃ 的稳定度就好得多，所以必须慎重选择运算放大器和无源器件，使其误差和漂移不会降低整个系统的性能。

一种专用的超低噪声、低漂移直流稳压电源如图 6.56 所示。它采用 Burr-Brown 公司的 REF10KM 设计，保证低于 1 ppm/℃ 的温度系数以及超低噪声（6 μV pp，0.1～10 Hz）。而且这些性能的获得没有采用温度调节装置，从而保障了深埋式齐纳管的低噪声特性。在基准源后面接一个低通滤波器，进一步减小噪声。需要采用大电容值来抑制运算放大器的电流噪声，显示值是将电流噪声（在 10 Hz 时为 1.5 pA/$\sqrt{Hz}$）转换成电压噪声（2.4 nV/$\sqrt{Hz}$），与运算放大器的 e_n 可以相比拟。为了避免输出电压的微伏级变化，可以使用聚丙烯电容，因为电容漏电必须低于 0.1 nA（更准确地说，是基于时间和温度的漏电流变化）。基准源通过运算放大器放大到 +25 V，其反馈电阻具有超低温度系数（最大值 0.2 ppm/℃）；注意这里使用了 +30 V 的供电电源。结果是这个 +25 V 基准源通过分压器产生理想的输出电压，仍然进行低通滤波，采用漏电流小的电容。由于使用电位器来分压，电阻的温度系数就不是主要问题了，这是一个比值测量问题。

电路中就只剩下一个简单的跟随器了，它采用精确的低噪声差分放大器来比较大功率场效应管的输出电压。这里，运算放大器没有采取任何补偿措施，因为输出大电容决定了补偿范围。要注意的是，不同寻常的限流电路和大量的恒流"二极管"（实际上是结型场效应管）可以提供偏置。另外需要注意的是，这里采用感应线圈对负载电压进行取样。在这样的精确电路中要注意地通路，因为 100 mA 负载电流流过 1 英寸长的 #20 线时就会产生 100 μV 的压降,对于 1 V 输出电压而言就是 100 ppm 的电压误差!该电路显示了很好的性能,而且超过了前面给定的关于噪声和漂移的典型参数,至少要好 100 倍。按照 EVI 公司(Columbia,MD)提供的电路,可以将噪声和哼声减小到 1 μV 以下,温度系数低于 1 ppm/°C,输出阻抗低于 1 μΩ,漂移低于每天 1 ppm。

下一章将更详细地谈论这种高精度低噪声电路的设计。

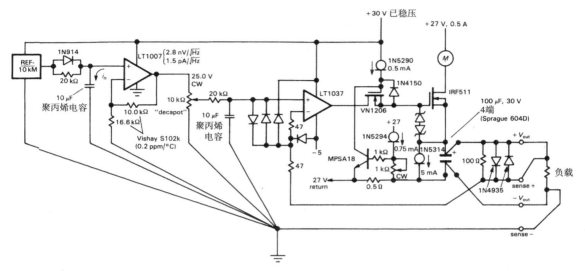

图 6.56　超稳定低噪声电源

6.6.3　微功耗稳压器

前面提到过,在设计电池供电的电路时要求非常小的的静态电流,常常小到几微安。当然,如果需要,一块小电池可能要工作几个月或数年,比如电子手表或者计算器。一个 9 V 的碱性电池在供电 400 mA h 后就基本耗尽了;也就是说它可以保证 50 μA 的电路使用 1 年(8800 h)以上。如果需要对这样的**微功耗**电路进行稳压,当然不能使用静态电流是 3 mA 的 78L05,那样电池寿命不会超过一周。

设计微功耗稳压器的方法是采用分立元件或为微功耗领域设计的专用集成电路。幸运的是,最近几年里已经出现了这样的芯片。National 公司的 LP2950 系列是最好的芯片之一,3 端稳压,固定 5 V 输出(如 LP2950ACZ-5.0),采用 TO-92(小晶体管封装)。另外还有多输出端可调式稳压芯片 LP2951(1.2 ~ 30 V)。这两种芯片的静态电流都只有 75 μA。如果需要更低的静态电流,可以考虑 ICL7663/4(或者 MAX663/4)双极性可调稳压芯片,其静态电流仅 4 μA。在第 14 章里,我们将和电池供电电路设计一起,讨论这些微功耗稳压芯片。

这里给出一个用分立器件设计的微功耗稳压电路,如图 6.57 所示,它用于锂电池供电的心脏起搏器中,把 5 ~ 3 V 范围内变化的电池电压(随着电池的使用)稳定到 +5.5 V。该电路的静态电流为 1 μA,线路负载调整率为 5%,满载时电池的转换效率可达 85%。在讨论开关电源时我们曾经提到,使用振荡器、倍压器和串联整流芯片的传统线性电源,效率低得多,因为稳压器损耗随直流输入电压的升高而加大。回描技术就像一个变比值的电压乘法器,它可以获得很高的效率,这使它在微功耗应用中成为一项重要的技术。

2N6028 可编程单结型晶体管(PUJT)是一个通用的阻尼振荡器。当栅极编程电压超过二极管压降时,它的感应端(阳极)就会有电流流过,阳极到阴极良好导通,给电容放电。结果加在 Q_2 基

极上的正脉冲把 Q_2 的集电极下拉到地，触发4098，这是一个单稳多谐振荡器，见8.5.1节，它可以在输出端晶体管 Q 上产生恒定的正脉冲。

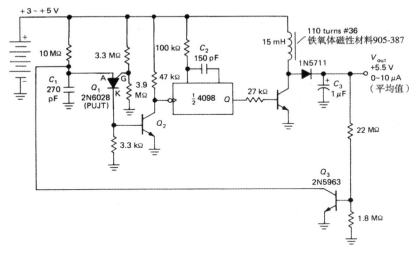

图 6.57   微功耗开关稳压电路

该电路通过 Q_3 进行电压取样，减小 C_1 上的充电电流，降低传递能量的脉冲速率，从而保证输出电压恒定。注意整个电路中使用了较大的电阻值，而且不含温度补偿电路，因为电路工作在一个稳定的 98.6°F 的汽车烤箱内。

6.6.4   快速电容（电荷泵）电压转换器

在 6.5.4 节中讨论了具有奇特功能的开关电源，它能产生高于直流输入电压的直流输出电压，甚至可以反极性输出电压。我们在这里所讨论的电荷泵电压转换器也可以完成同样的功能。什么是"电荷泵"呢？

Intersil 公司 CMOS 集成电路 7662 的简化电路如图 6.58 所示，它被广泛应用于第二来源产品的设计中。7662 内含一个内部振荡器和一些 CMOS 开关，正常工作时需要外接一对电容。当输入开关闭合（导通）时，对 C_1 进行充电直到 V_{in}；然后在后半个周期里，C_1 与输入断开，输出接通，把电荷传给 C_2（负载），使输出近似等于 $-V_{in}$。另外也可以用 7662 产生 $2\,V_{in}$ 的输出，和前面一样，上半周期 C_1 充电，但是在下半周期放电时 C_1 仍然和输入串联。

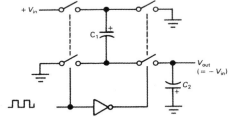

图 6.58   电荷泵电压转换器，C_1 是外接钽电容和 C_2

这种电荷泵技术简单、高效，外围器件简单，无需电感。但是它不含输出整流电路，而且在负载电流超过几毫安时输出电压会显著下降（见图 6.59）。而且，和大多数 CMOS 器件一样，它也有输入电压范围。对于 7662，其输入电压范围为 4.5 ~ 20 V（过去的产品 7660 的电压范围只有 1.5 ~ 10 V）。最后，和其他电感升压电路和反向电路不同的是，它的输出电压只能是输入电压的整数倍，不能连续变化。尽管有这些缺点，电荷泵在很多电子产品中还是得到了广泛应用，例如给双极型运算放大器供电，或者给只有 +5 V 电路的串口供电（见第 10 章和第 11 章）。

还有一些有趣的电荷泵芯片。如 Maxim 公司的 MAX680，可以根据 5 V 输入产生 ±10 V（高达 10 mA）的双极性输出（见图 6.60）。类似地，LTC 公司的 LT1026 也可以产生 ±20 V（高达

20 mA）的输出，但仅用很小的电容（1 μF 而不是 20 μF）。LTC 公司的 LT1054 将电荷泵转换器技术和线性稳压技术相结合，可以产生 100 mA 的稳定输出（当然效率低些）。MAX232 系列和 LT1080 将 ±10 V 的电荷泵转换器技术与 RS-232C 数字串口相结合（见第 11 章），减小了许多计算机板对双极性电源的要求。MAX232 系列中一些芯片内部甚至集成了电容。LTC1043 是一种使用更自由的电荷泵器件，我们可以用它完成更多的功能。例如，可以用电荷泵传送电压信号，以完成困难的电压测量（比如正电源电压下的电流敏感电阻）。LTC1043 有 8 页类似的灵活应用实例。

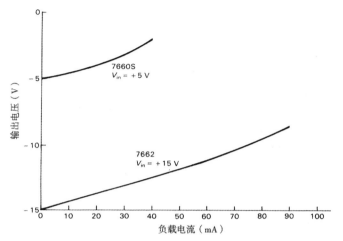

图 6.59 电荷泵电压转换器随负载变化的情况

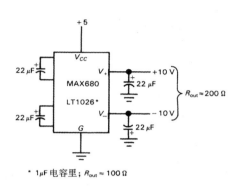

图 6.60 双极性输出的电荷泵电源。LT1026 也类似，但是 $R_{out} \approx 100\ \Omega$，且只需要外接 1 μF 电容

6.6.5 恒流源

虽然我们在 2.2.5 节和 2.3.5 节中就讨论了恒流源的电路实现方法，包括带负载和不带负载（悬空）的可编程电流源，以及各种镜像电流源。在 3.2.1 节中讲述了如何用场效应管来构造一个简单的电流源，包括一个"电流调整二极管"（一个栅源极相连的 JFET），例如 1N5283 系列器件。另外，我们在 4.2.4 节中还讲述了如何用运算放大器构成电流源来提高性能（低频时）。而且，还在 6.4.2 节中使用了简单的 LM334 3 端电流源集成电路。但我们还是经常要使用一种可靠的恒流源仪器，能灵活地输出稳定的电压和电流。本节中将要讨论这些成功的电路设计技术。

□ 3 端稳压

在 6.5.3 节中我们讲了如何用 3 端可调稳压器设计一个简单的高性能电流源，例如 317 型稳压芯片可以保持输出端和调整端之间有 1.25 V 电压（能带隙基准）。在这两端跨接电阻后就成为 2 端恒流器件（见图 6.38），可以作为恒流源或负载使用。由于稳压芯片本身的耗散电压已接近 2 V，所以当电路压降小于 3 V 时，该恒流源的性能会下降。

下列电流源能够满足较大电流要求：LM317，最大电流 1.5 A，可以承受的最大压降为 37 V。可以承受更大压降的同型号稳压芯片 LM317HVK，其最大可承受压降为 57 V。另外还有一些能够承受大电流的器件，如 LM338（5 A）和 LM396（10 A），但要注意，这些器件的额定电压都比较低。作为电流源，3 端稳压器件的静态工作电流不会低于 10 mA。但是，要注意那不是电流源误差的产生原因，因为电流是从输入流到输出的。相比较而言，在整个工作温度范围内有 20% 变化的调整端上的电流（通常为 50 μA）则更小，可以忽略。

在没有 3 端可调稳压芯片时，人们通常使用 5 V 的**固定稳压芯片**（例如 7805）在类似的电路中作为恒流源（地端替代调整端）。但这种办法不太好，因为稳压芯片的静态电流（最大 8 mA）会给低电流的恒流源造成很大偏差，而且在大电流工作时，电流调整电阻的 5 V 压降导致无谓的功率消耗。

□ **交流取样**

提高传统稳压器性能的一种简单技术是在电压输入端和串联晶体管之间跨接一个取样电阻（见图 6.61）。R_2 就是一个这样的电流取样电阻，它最好采用低温度系数电阻。在超大电流和超高精度的应用中，应该选用一种 4 线电阻，它的敏感导线都在内部连接。取样电压不再取决于连接导线的电阻，为清楚起见，图中用粗线表示。

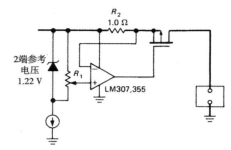

图 6.61　输入电流取样

这个电路中无论如何必须使用共模范围大至电源电压的运算放大器（LM307，LM355 和 LM441 都是如此），除非采用独立辅助电源单独给运算放大器供电。这个电路中的 MOSFET 管可以用晶体管代替，但如果这样，应该采用达林顿管，以减小电流偏差，因为此时的输出电流也包括了基极电流。注意，如果运算放大器采用反向输入，就要使用 N 型晶体管（连接成一个跟随器）替换图中所示的 P 型晶体管。但是这时电流源在运算放大器回路的截止频率 f_T 处就有较低的输出电阻，因为输出端实际上是一个源极跟随器。这是恒流源设计中的一个普遍问题，即使直流分析显示了正确的性能。

□ **电流反馈取样**

获得精确电流源的一种好办法是通过串联在负载上的精确电阻直接进行电压取样，这样可以很容易地消除基极驱动电流产生的电流偏差，基极驱动电流或者同时通过取样放大器和负载，或者都不通过。然而，为了达到这个目的，就必须把负载或者供电电压"抬"起至少一个取样电阻的压降。图 6.62 显示了使用悬空负载的一对电路。

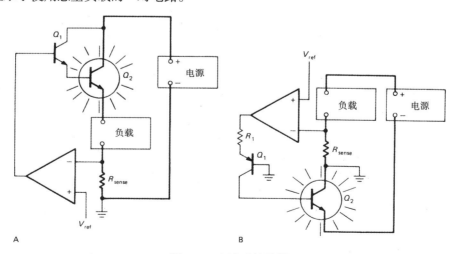

图 6.62　电流反馈取样

第一个电路是传统的晶体管串联电路，从连接在负载和地之间的小电阻上进行取样。大电流通路采用粗实线标识。这里用达林顿管不是为了避免基极电流偏差（因为通过负载的实际电流是取样电流），而是为了使驱动电流降低到几毫安，从而保证普通运算放大器用做误差放大器。取样电阻应该采用低温度系数的精确大功率电阻,最好是4线电阻。第二个电路中的稳压晶体管Q_2接在大电流的地回路中。这种接法的优点是集电极电位可以是地电位,不用担心晶体管的外壳和散热器的隔离。

在上述两个电路中,R_{sense}取样电阻的选择准则是,在典型电流时电阻压降在1 V左右,其值选择的另外一个考虑是能用运算放大器放大误差,另外还要综合考虑电流源的兼容性和电阻的功耗。如果要求大范围的电流源输出电流,取样电阻最好选择一组精确的大功率电阻,然后用一组开关进行切换,以获得合适的电阻阻值。

□ 接地负载

如果负载接地很重要,那么可以采用悬空式电源供电,如图 6.63 所示。在第一个电路中,看起来有些滑稽的运算放大器是一个带大电流缓冲输出的误差放大器,它采用双极性电源供电,它可以像723(电流最大到150 mA)或表4.4列出的大电流放大器一样简单。大电流供电有一个公共端,连接在电路的地上,而且关键是差分放大器(至少是缓冲输出)是悬空供电的,这样基极驱动电流可以通过R_{sense}流回。如果还有个运算放大器,就在同一个设备里面还需要一个有共地点的小电流电源。负基准电压(接到电源地)决定了输出电流。注意差分放大器的输入端。

如第二个电路所示,当有一个不同的低电流运算放大器用做误差放大器时,则需要用第二个小功率电源。Q_1是一个外接晶体管,它必须连接成达林顿方式(或者 MOSFET),因为基极电流通过负载回流,但是不通过取样电阻。误差放大器在图 6.63 中是用悬空大电流电源供电的,接地负载的电流源从一个公共端接地的双极性电源取样,它同时还给设备中的其他器件供电。这个电路适合作为简单的测试电流源,它由低电流双极性电源和大电流电源同时供电。我们可以在每一个应用中选择后者的电压和电流驱动能力。

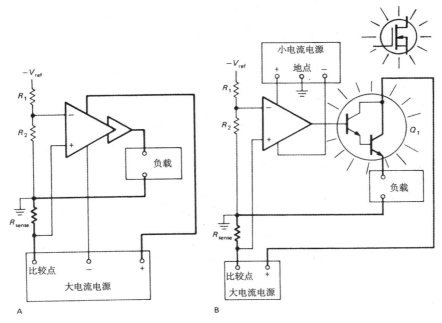

图 6.63　利用悬空大电流电源,负载接地的电流源

6.6.6　商用供电模块

本章主要讲述的是如何设计稳压电源,并鼓励读者自己进行设计。只是在讨论交流开关电源时我们才建议读者最好去购买商用电源,而不要亲自设计。

如果不考虑成本因素，最好的方法还是采用专业厂家生产的商用电源模块，如 ACDC，Acopian，Computer Products 和 Power-One 等公司都有上百种产品，包括开关电源和线性电源。通常它们的基本封装形式有以下 4 类（见图 6.64）：

1. 模块化"罐装"电源：这些低功率电源通常是双输出电压（±15）或 3 输出电压（+5，±15），封装在一个"罐"式外壳里，大小通常是 2.5" × 3.5"，约 1" 厚。这种最常用的封装在底部有金属导线，便于直接安装在电路板上，当然也可以把它用螺丝固定在面板（或插座）上。还可以将它和端子板用螺丝拧在一起，以便于底板安装。一个典型的线性 3 端输出是：5 V/0.5 A，±15 V/0.1 A，小批量价格约在 100 美元左右。通常线性电源模块的功率是 1 ~ 10 W，开关电源模块的功率是 15 ~ 25 W。

2. "无外壳"电源：这种电源通常包括金属底板、电路板、变压器和功率晶体管，准备安装在大型仪表中。它们有很宽的电压和电流范围，包括 2 个输出端或 3 个输出端，当然也可以是单输出端。例如，常用的 3 端输出无外壳线性电源提供以下输出：5 V/3 A，±15 V/0.8 A，小批量价格约 75 美元。一般情况下，无外壳电源的功率比罐装电源大，而且将其安装在底板上时，该类线性电源的功耗范围在 10 ~ 200 W，开关电源的功耗范围在 20 ~ 400 W。另外，无外壳的低功率电源还可以将全部元件直接安装在电路板上，根本不需要金属底板。对于罐装电源，需要为交流电压电路提供开关、滤波器和保险丝。

图 6.64　各种形状和大小的商用电源，包括罐装、无外壳和全密封的盒子

3. 全密封式电源：这类电源含有全金属的密闭外壳，并在外壳上打孔散热。与无外壳电源不同，密封式电源通常没有外加功率晶体管。如果需要，只能安装在外面，因为这类电源的密闭式设计可以防止电源被手摸到。当然，如果需要也可以将它们安装在电源内部。密封式电

源也可以分为单输出电源和多输出电源,或线性电源和开关电源。全密封的线性电源功率在 15 ~ 750 W 之间, 开关电源功率则在 25 ~ 1500 W 之间。

4. 墙挂式电源:这种电源的黑色塑料外壳常用于消费类小电器,它可以安装在墙上。它们一般分为 3 种:(a)降压交流稳压电源;(b)未稳压的直流电源;(c)完全稳压电源。后者可以是线性电源或开关电源。例如, Ault 公司生产的墙挂式线性稳压电源系列产品有 2 端输出(±12 V, ±15 V)和 3 端输出(+5 V 和 ±12 V, 或 ±15 V)两种。这些电源免除了电器使用交流电源所带来的走线问题,而且轻薄、短小。有些人认为这种电源的使用有点太过频繁,以至于房子里面到处都是电源! 有些台式模块有两个端,一个用于交流输入,一个用于直流输出。一些开关电源可以承受 95 ~ 252 V 的全范围交流输入,非常便于旅行使用。这些问题将在 14.2.2 节讲低功耗设计时继续讨论。

6.7　电路示例

6.7.1　电路集锦

图 6.65 显示了几种当前流行的电源电路设计,它们大多来源于芯片厂家提供的产品资料。

6.7.2　不合理电路

一些无法正常工作的电路如图 6.66 所示。试指出其中的错误,并在以后的设计中避免这些错误。

6.8　补充题

1. 用 723 设计一个稳压电源, 要求:输出电压为 10 V, 最大输出电流为 10 mA。器件选择范围: 15 V/100 mA(有效值)变压器, 二极管若干, 各种容值的电容若干, 723 1 片, 1 kΩ 可变电阻 1 个。请选择合适的电阻, 使得在电阻的标准偏差范围内(5%), 通过电位器的调节可以适应产品生产带来的内部基准电压偏差(6.8~7.5 V)。

2. 假设输入直流电压为 +10 V, 试设计一个 5 V /50 mA 的稳压电源,可以采用下列器件:
   (a)具有射极跟随器的齐纳管;
   (b)7805 3 端稳压器;
   (c)723 稳压芯片;
   (d)723 输出端外接的 NPN 晶体管。采用电流反馈过流保护电路,保护电流为 100 mA(全电压范围的过流保护),短路电流为 25 mA;
   (e)317 可调式 3 端稳压芯片;
   (f)分立器件,包括齐纳基准源和反馈部分。
   试确定过流保护参数为 100 mA 时,(a),(c)和(f)中的器件参数值。

3. 试设计一个 5 V/500 mA 的数字逻辑电路电源。从交流端开始(115 V 的交流插座),具体计算每一个器件的参数,如变压器的额定电压和额定电流,电容大小等。为简单起见,可以采用 7805 3 端稳压芯片。注意不要滥用电容。电路参数的设计要求:必须能够允许电路参数(如线路电压、变压器、电容误差等)的正常偏差(±10%)。完成设计后,试计算稳压芯片的最大功耗。
   修改上述电路,通过使用外接晶体管,提高电源负载能力(2 A),此时过流保护门限值为 3 A。

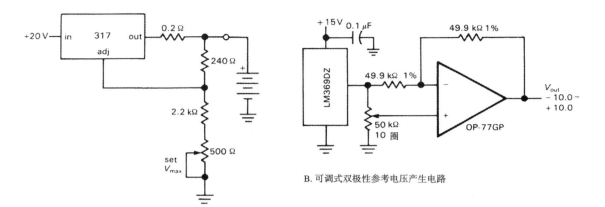

A. 12 V 电池充电器电路

B. 可调式双极性参考电压产生电路

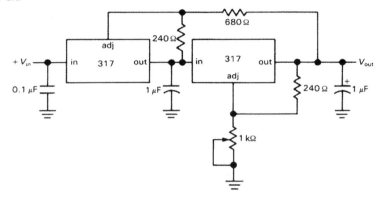

C. 跟踪预稳压器电路

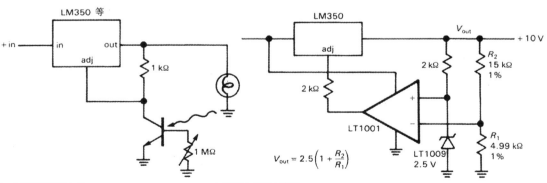

D. 白炽灯稳压器电路

E. 精密大功率电压源

$$V_{\text{out}} = 2.5\left(1 + \frac{R_2}{R_1}\right)$$

图 6.65　电路集锦

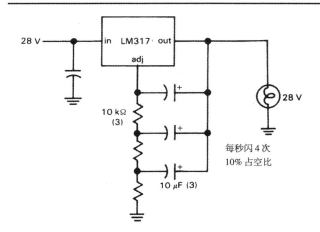

F. 闪光灯电路

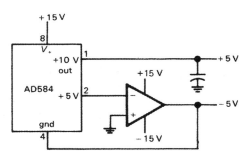

G. 单电源供电的 ±5 V 参考电压产生电路

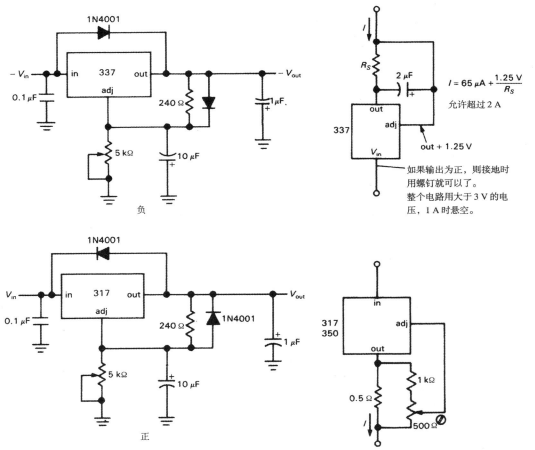

H. 具有纹波抑制能力的 3 端稳压电路（其中
　二极管用于防止输入输出短路）

I. 大功率电流源

图 6.65（续）　电路集锦

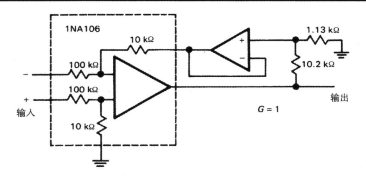

J. 具有±100 V 共模抑制能力的差分跟随器

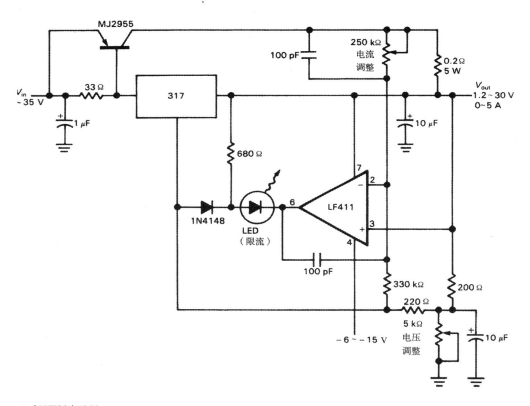

K. 恒压源和恒流源

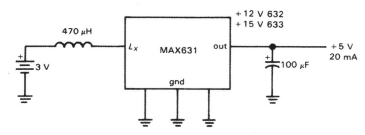

L. 世界上最简单的直流－直流转换器

图 6.65（续） 电路集锦

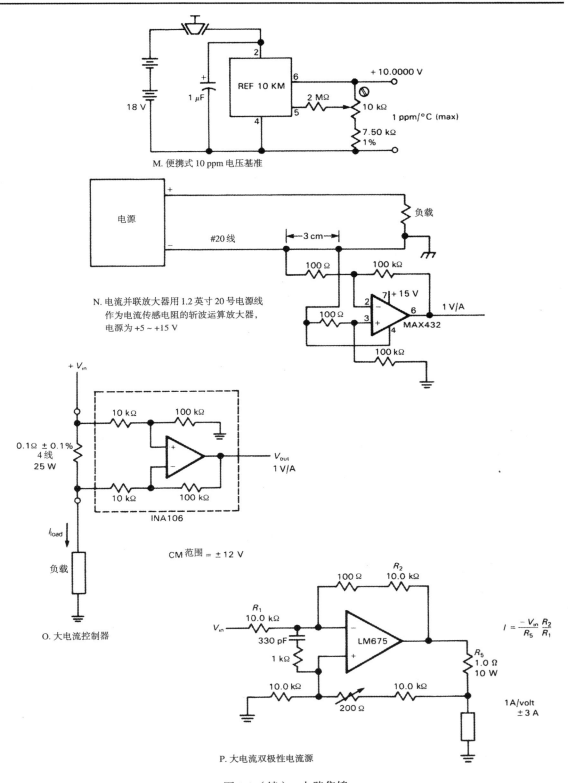

M. 便携式 10 ppm 电压基准

N. 电流并联放大器用 1.2 英寸 20 号电源线作为电流传感电阻的斩波运算放大器，电源为 +5 ~ +15 V

O. 大电流控制器

P. 大电流双极性电流源

图 6.65（续）　电路集锦

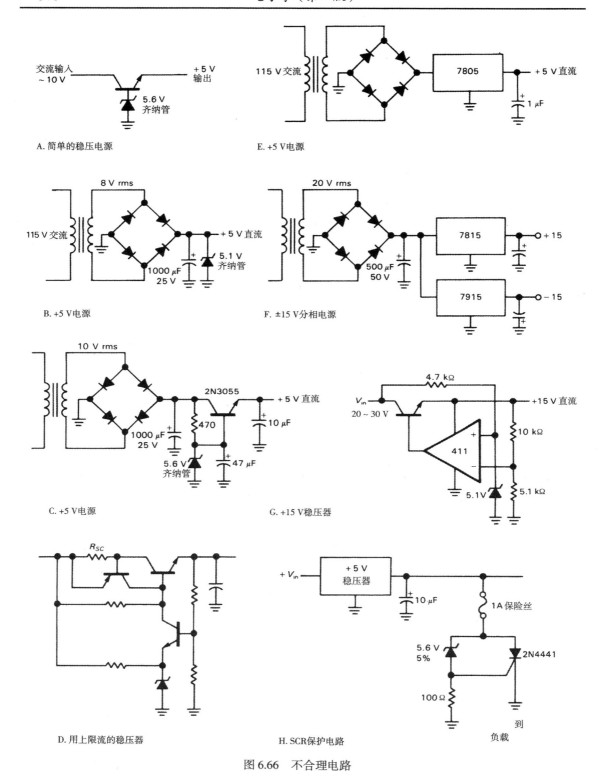

A. 简单的稳压电源

E. +5 V电源

B. +5 V电源

F. ±15 V分相电源

C. +5 V电源

G. +15 V稳压器

D. 用上限流的稳压器

H. SCR保护电路

图 6.66　不合理电路

第7章　精密电路和低噪声技术

在前面的章节中已经讨论了关于模拟电路设计的很多方面，包括无源器件、晶体管、场效应晶体管和运算放大器的电路特征、反馈问题，还有众多关于这些器件及电路的应用方法。尽管如此，在所有的讨论中并没有涉及到关于应用的最优化问题，比如在最小化放大器中的非线性和漂移等问题，还有放大弱信号时要考虑尽量减小放大器噪声引起的衰减问题。在很多实际应用中，这些才是最需要考虑的，并且它们构成了电子学最重要的部分。因此在本章中将会讨论精密电路的设计方法及放大器噪声的问题。除了7.3.1节介绍的噪声以外，本章其余内容在读者首次阅读时都可以跳过，并不影响对后面章节的理解。

7.1　精密运算放大器设计技术

在测量及控制领域通常对电路的精度有很高的要求。控制电路必须精确，并且关于时间和温度应该是稳定的，而且必须是可预测的。而测量工具的关键也在于它的精确性和稳定性。在几乎所有电子研究领域，我们一直在朝着更精确的方向前行，或者可以说是对完美的追求。就算并不是在所有场合都需要最高的精度，我们仍然会兴致勃勃地详细了解电路工作的全过程和细节。

7.1.1　精度与动态范围的关系

精度和**动态范围**这两个概念很容易混淆，特别是有时可以利用同一种技术来同时达到这两种要求。两者之间的区别可以用以下一些例子来说明：一个5位的万用表有很高的精度，对电压的测量可以精确到0.01%。它的动态范围也很大，能在同一量程上测量微伏和伏。一个精密的十进制放大器（可选增益为1，10和100等）和一个精确电压参考只需有较高的精度就足够了，不需要有很大的动态范围。很多设备都具有很宽的动态范围和很一般的精度。比如，6个十进制的对数放大器可以由每个都只有5%精度的运算放大器小心而平衡地搭建起来；而每个组成部件都很精确的对数放大器的精度却可能很低，因为用于转换的晶体管的连接缺少对数符合度。另一个有很宽动态范围（输出与输入电流之比大于10 000∶1）而精度较低（1%）的例子是9.4.3节中描述的库仑米。它最初设计用于保持穿过一个电化学细胞的所有电荷的轨迹，可以探知的只有5%的数量，但是累积起来的效果却可能是取值在很宽范围内的一个电流。大动态范围的设计的一个很普遍的特征就是输入失调必须很小心地平衡，以保持良好的比例。这在精密设计中同样很重要，但是精密的元器件、稳定的参考以及对于任何错误来源的仔细考虑都是把误差维持在很低水平的重要因素。

7.1.2　误差预算

这里简短谈一下**误差预算**。对于初学者来说有一种倾向，就是错误地认为使用几种简单的方法把各种精密元件凑在一起就可以使最终结果达到很高的精度。其实这样很少能见效。就算一个密布了精度为0.01%的电阻和昂贵的运算放大器的电路，如果电源内阻产生了10 mV的误差而引起输入失调电流，这个电路最终的运行结果就不能达到预期值。几乎任何一个电路都会在所有地方产生误差，如果想找出问题所在并更换元件或更改电路以达到更好的效果，就完全有必要在误差出现处进行标记。在一个合理的设计中，这种误差预算是有必要的，很多时候使用一个便宜的元器件就能达到令人满意的结果。

7.1.3　电路示例：带自动调零的精密放大器

为了引出关于精密电路的讨论，我们设计了一个非常精确的十进制自动调零放大器。这种电路能保持输入信号的值，并以 10，100 或 1000 的增益放大，随后偏离这一输入值的信号变化。如果想测量一个在某个实验环境中比较小的变化量（例如光传输或射频吸收），就可以直接借用这个电路。一般来说，精确测量一个很大的直流信号的微小变化是比较困难的，这是由于放大器的漂移和不稳定。在这种情况下，要求电路必须非常精确和稳定。我们将会在一般的精密电路设计框架中描述这种放大器的设计选择思路和误差情况，这样可以节省大量工作。在开始之前还要指出的是，数字技术提供了另一种与此处使用的纯模拟电路不一样的选择。现在我们开始这一章最核心的部分。图 7.1 显示了这个电路。

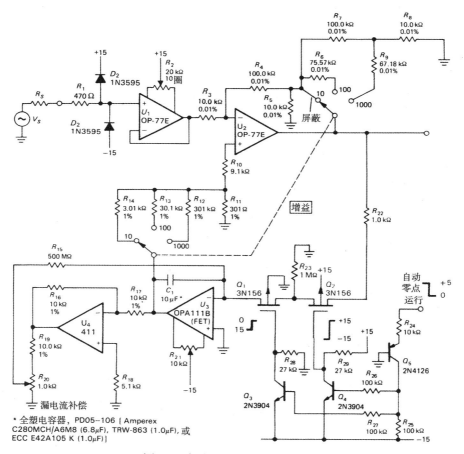

图 7.1　自动调零直流实验放大器

电路描述

基本电路是由一个跟随器（U_1）驱动一个增益可选的反相放大器（U_2），后者可以由其同相输入端输入一个信号来补偿。Q_1 和 Q_2 是两个场效应晶体管，在这里作为两个简单的模拟开关。$Q_3 \sim Q_5$ 能产生从逻辑电平输入到激活开关所需的各种合适的电平。如果要求不高，从 Q_1 到 Q_5 以及它们的相关电路都可以用一个继电器甚至一个开关来代替。从现在起，我们可以把它们一起简单地看成一个单刀单掷开关。

当输入的逻辑电平为高时，开关闭合，U_3 向模拟"记忆"电容（C_1）充电，以保持输出为 0。此处并没有能追踪快速变化的设计，因为这一类应用本来就是为直流信号测量而设计的，一般取平均值就能满足要求了。当开关打开时，电容上的电压一直保持不变，从而使输出信号始终与输入成比例。

在进一步解释关于精密设计原理的细节之前还有几个特点要在这里说一下：（a）U_4 是用来补偿电流的，C_1 由于自己的漏电阻而导致的慢放电（在电阻最小为 100 000 MΩ 的情况下可以持续放电两星期！）可以由通过 R_{15} 的电流来补偿，其值为 C_1 上的电压除以 R_{15} 的电阻值；（b）这里为了进一步确保不漏电，用了两个场效应晶体管（而不是一个）。当开关处于闭合状态时，一旦有微小漏电流通过 Q_2，就会通过 R_{23} 流入地，以保证 Q_1 的所有电极与地之间的电压在微伏级以内。由于没有电压损失，Q_1 就没有漏电情况（类似的电路技巧可参看 4.5.2 节和图 4.50）；（c）在 U_3 的输出端产生的失调电压因为有增益装置而被 $R_{11} \sim R_{14}$ 削弱了。这些设计都可以提高 U_3 的动态范围和精度，因为在失调保持电路中产生的漂移和误差都不会被 U_2 放大。

7.1.4 精密设计的误差预算

对每一种电路误差及设计思路，我们都用一些篇幅以前面的电路为例来进行一般的讨论。电路误差可以划分为以下几类：（a）外部网络元件的误差；（b）运算放大器（或放大器）连同其输入电路引起的误差；（c）运算放大器（或放大器）连同其输出电路引起的误差。以上 3 种情况的具体例子分别是电阻的容差、输入失调电压和由于有限的转换速率引起的误差。

现在开始展开分析误差预算。要求如下：输入漂移低于 10 μV，输出漂移（由于电容的固定偏差）在 10 min 以内低于 1 mV，增益精度在 0.01% 以内。在任何预算中，每一项都是基于现有技术得出的平衡。所以从某种意义上说，预算提出的是设计的最终结果而不是最初预想。尽管如此，现在提出它有助于我们的讨论。

误差预算（最坏情况估计）

1. 缓冲放大器（U_1）

   输入电压误差：

   温度：1.2 μV/4℃

   时间：1.0 μV/ 月

   电源：0.3 μV/100 mV 变化

   偏置失调电流 × R_S：2.0 μV/1 kΩ

   负载电流发热：0.3 μV 满量程（10 V）

2. 增益放大器（U_2）

   输入电压误差：

   温度：1.2 μV/4℃

   时间：1.0 μV/ 月

   电源：0.3 μV/100 mV 变化

   偏置电流漂移：1.6 μV/4℃/1 kΩ

   负载电流发热：0.3 μV 满量程（$R_L \geqslant 10$ kΩ）

3. 保持放大器（U_3）

输出电压误差：

U_3 的温漂：60 μV/4℃

电源：10 μV/100 mV 变化

电容固定偏差：100 μV/min

（见电流误差预算）

电荷转移：10 μV

C_1 产生的电流误差（计算前面的电压误差时需要）：

电容漏电

最大值（无补偿）：100 pA

典型值（有补偿）：10 pA

U_3 输入电流：0.2 pA

U_3 和 U_4 的偏置电压在 R_{15} 上产生的电流：1.0 pA

场效应管开关处于关闭时的漏电流：0.5 pA

印刷电路板的漏电流：5.0 pA

以上各种因素都是当我们设计这一电路时所要考虑的。我们将会把前面罗列的各种电路误差分为：网络元件误差、放大器输入误差和放大器输出误差。

7.1.5 元器件误差

参考电压、电流源以及放大器增益的精密程度都取决于外部网络所使用的电阻的精度及稳定性。即使元器件的精度并不直接起作用，对整个电路也确实有巨大的影响，比如，在一个由单个运算放大器组成的差分放大器的共模抑制中（见4.3.1节），两对电阻的比例必须匹配，而积分器和斜坡发生器的精度和线性则依赖于所使用的电容的比例，对于滤波器、调谐电路等也是如此。我们可以简单地这样理解，在某些地方元器件的精度至关重要，而另外某些地方的元器件本身的值却是决定性的。

元器件通常会有一个初始值，同时还有一个随时间和温度变化的范围。此外还有电压系数的规定（非线性的）和一些特殊因素，例如记忆现象和介质吸收（对电容而言）。完整的规范同时还包含了众多环境因素的数值说明，如周期循环和焊接时的温度影响、撞击和振动、短期过载和湿度的影响。一般说来，初始精度较高的元件在其他规范上都会相对较好，以保证与初始精度相对应的全面的稳定性。尽管如此，由于其他因素引起的误差合起来甚至可能超过初始精度。这一点必须注意。

例如，容差为1%的金属电阻RN55C有以下规定：温度系数为50 ppm/℃，在 –55℃ ~ +175℃ 的范围内；焊接、温度和负载周期为0.25%；撞击和振动为0.1%；湿度为0.5%。作为比较，普通的精度为5%的炭阻的规格如下：温度系数为3.3%，在25℃ ~ 85℃的范围内；焊接、负载周期为 +4%，–6%；撞击和振动为±2%；湿度为 +6%。从这些规格可以很明显地看出，为什么在一个精密电路中不能选择（用精确的数字欧姆表测量）阻值误差恰好在标称值的1%以内的炭阻，尽管在一个要求长期稳定工作的电路中使用1%的电阻是合法的。要最大可能地达到精度，就必须使用特别精确的金属电阻，比如 Mepco 5023Z（5 ppm/℃，0.025%），或者容差为0.01%的绕线电阻。关于精密电阻的详细信息见附录D。

调零放大器：元件误差

在前面的电路（见图7.1）中，网络的增益部分使用了0.01%的电阻 R_3 ~ R_9，给出了很高的可预测的增益。我们可以简单地这样看，要想减小 U_2 的失调电流，就要使 R_3 尽量小，但是 R_3 越小，

U_1 的热失调就会越大，所以 R_3 的阻值是考虑这二者以后的折中。R_3 的阻值给出以后，就必须使用比较复杂的反馈网络来保证电阻值在 301 kΩ 以下，最大一般使用 1% 的精密电阻。这一设计在 4.5.6 节里讨论过。注意，失调衰减网络里使用的 $R_{11} \sim R_{14}$ 是 1% 的电阻，在此处电阻的精度并不重要，之所以使用金属电阻只是因为其良好的稳定性。

正如前面的预算中提到的，这个电路最大的误差部分是保持电容 C_1 的漏电流。对于电容的漏电流是有规范的，有时作为一个漏电电阻考虑，有时作为一个时间常数（兆欧–微法）考虑。在这个电路中，C_1 必须至少有几微法，以保证当有其他误差电流时充电速率很小（见预算）。在此范围内，聚苯乙烯、聚碳酸酯和聚砜树脂电容都有非常小的漏电流。所选的这一系列电容最大漏电为 1 000 000 微欧–微法，相当于至少 100 000 MΩ 的漏电电阻。即使如此，它仍然等价于在满量程（10 V）时的 100 pA 的漏电流，相当于输出端约 1 mV/min 的固定偏差率，成为所有误差中远远超出其他项的最大项。因此我们早早提出了消除漏电的计划。如果尽量恰当地选择电容规格，可以把漏电影响降低到 0.1，这样的设想是比较合理的（在实际应用中，其实完全可以做得更好）。在一般要求下，补偿电路的稳定性并不需要太高。在以后关于电压失调的讨论中将会看到，R_{15} 会保持相当大的阻值，以保证 U_3 的输入失调电压不会引起巨大的电流误差。

当我们关注讨论放大器自身外部的元件所引起的误差时，还必须指出场效应管开关内部的漏电流一般在 1 nA 左右，这个值在这个电路中是完全不能接受的。这里有一个精妙而有用的设计，就是使用一对串联的场效应管，从而 Q_2 的漏电只有 1 mV 通过 Q_1（因此在 U_3 处的漏电总和几乎可忽略不计）。这一设计有时也用于积分电路，如 4.5.6 节所讨论的。在 4.5.2 节的尖峰检测电路中也用到了这一设计。我们可以这样简单地来看，U_3 用来保持通过 C_1 的电流在皮安范围内。这一原则在哪里都一样：选择电路的构造及元件类型，以满足误差预算的要求。通常这一步需要大量工作和电路设计技巧，但有时在一般应用中这一步还是比较简单的。

在任何使用场效应管开关的电路中都会有一个微小的误差来源，就是从控制栅极到携带信号的沟道的**电荷转移**：栅极到漏极和源极之间的容性连接上的振荡转移。正如我们在第 3 章中讨论的，电荷转移的总数与转移时间并不相关，只取决于栅极的振荡和栅极及沟道之间的电容：$\Delta Q = C_{GC} \Delta V_G$。在这个电路中，电荷转移导致了一个简单的自动调零电压误差，因为那些电荷在保持电容 C_1 上形成了一个电压。这一误差是很容易估算出来的。3N156 指定了一个最大为 1.3 pF 的 C_{rss}（漏栅电容）和一个最大为 5 pF 的 C_{iss}（栅极沟道电容，大部分到源极）。因此，15 V 的栅极振荡就产生了一个最大为 75 pC 的电荷转移，对应地在 10 μF 的电容 C_1 上产生了一个电压升，$\Delta V_C = \Delta Q / C_1 = 7.5$ μV。这也在我们的误差预算之中，事实上我们将此误差裕度估算得过大，因为计及了源极和漏极的电容。其实由于栅极的一部分沟道是关闭的，从而导致了源极和漏极之间的退耦。

7.1.6　放大器的输入误差

我们在第 4 章中讨论过运算放大器的输入漂移特点（有限的输入阻抗和输入电流、电压失调、一般情况的抑制比，还有电源抑制比和由于时间和温度引起的漂移），一般包括精密电路设计的障碍和电路在结构上的替换、元件上的选择和特定运算放大器的选择。这些在例子中都已经做得最好了，后面就可以讨论得简短一点。阅读时要注意在数字放大器设计中也同样存在误差。

输入阻抗

让我们简短讨论一下刚才所罗列的误差。有限输入阻抗的影响是在驱动放大器的电源阻抗上形成了一个电压降，从而降低了增益。通常这并不是问题，因为输入阻抗可以通过反馈自举大幅度增加自身阻值。例如，OP-77E 精密运算放大器（输入级带电阻而不是场效应管）有一个差分输入阻抗，值为 45 MΩ。在一个有足够开环增益的电路中，反馈可以使输入电阻提高至共模输入阻抗，即 200 000 MΩ。无论如何，如果仍有问题，有些带场效应管输入的运算放大器（其 R_{in} 为天文数字）应能满足要求。

输入偏置电流

　　输入偏置电流是更值得关注的问题。当电流为纳安级时，如果内阻为 1 kΩ，就能产生微伏级的电压误差。此时，带场效应管的运算放大器再次作为一个解决方案被提出，但是代价是电压失调会有一定的增加。双极型运算放大器，比如 LT1012 和 312 以及 LM11，都能产生很低的输入电流。例如，将 OP-77 精密双极型运算放大器与 LT1012（双极型，低偏置电流最优化）、OPA111（结型场效应晶体管，精密，低偏置）、AD549（超低偏置的结型场效应晶体管）和 ICH8500（MOS 场效应晶体管，最低偏置的运算放大器）比较一下。以上几种都是现阶段所能得到的最好器件，以下选择列出了每一种的最好级别：

	偏置电流 @ 25℃ I_B 最大值	补偿电压 @ 25℃ V_{OS} 最大值	V_{OS} 的温漂 ΔV_{OS} 最大值
OP-77E（双极型）	2000 pA	25 μV	0.3 μV/℃
LT1012C（超β）	150 pA	50 μV	1.5 μV/℃
OPA111B(JFET)	1 pA	250 μV	1 μV/℃
AD549L(JFET)	0.06 pA	500 μV	10 μV/℃
ICH8500A(MOSFET)	0.01 pA	50 000 μV	2000 μV/℃

　　设计良好的场效应晶体管放大器会有特别低的偏置电流，但是失调电压较大，比如 OP-77。因为失调电压一般能被平衡，所以温度漂移是更需要考虑的问题。在这种情况下场效应晶体管就要差 3 至 6000 倍了。输入电流最小的运算放大器在输入级使用了 MOS 场效应晶体管。MOSFET 运算放大器越来越普及，因为在此系列中有很多较便宜的型号，如 3440,3160 和 TLC270 系列还有 ICL7610 系列，此外还有前面列出的一些超低偏置电流设备，例如 8500A。尽管如此，MOS 场效应晶体管不像结型场效应管或双极型晶体管那样，它的失调电压将会随时间产生相当大的漂移，这一点将会在后面进行简短讨论。所以，我们购买的 FET 运算放大器的电流误差的改善可能会被增加的电压误差抵消。在设计所有偏置电流对误差影响较大的电路时，应该确保运算放大器的两个输入级的直流内阻一样大，正如我们在 4.4.2 节所讨论过的。这样，运算放大器的偏置电流就必须在说明书上注明。关于电流补偿有一点应该说明：有很多精密运算放大器使用"**偏置补偿**"来消去输入电流，以此降低误差，第 2 章末尾的习题 2.8 对此有详细描述。采用这种类型的运算放大器，将两个输入端的直流内阻完全匹配，一般得不到任何增益，因为一个经过偏置补偿的运算放大器的残余偏置电流和失调电流是可比的。

　　此外在使用带 FET 输入的运算放大器时还应该注意一点，输入偏置电流实际上就是一种栅极漏电流，它将会随着温度的上升而剧烈提升（粗略估计，芯片温度每升高 10℃ 电流就会翻倍，见图 3.30）。因为 FET 运算放大器在使用中常常会发热（一般静态功耗为 150 mW），所以实际输入电流可能会明显高于数据表上 25℃ 的标称值。相比之下，输入端带双极型晶体管的运算放大器的输入电流实际上是基极电流，它会随着温度的升高而降低（见图 7.2）。因此，一个 FET 运算放大器的规格表上的输入电流值或许令人印象深刻，但实际上并不一定比一个双极型系统好多少。例如，OPA111 标出的输入电流为 1 pA（25℃），在 65℃ 时大约有 10 pA，比相同温度下的 LT1012 的输入电流要高。FET 运算放大器中很流行的 355 系列，在 25℃ 时的输入电流和 LT1012 或 LM11 的差不多，一旦温度升高，就会比后两者高几倍。最后，当我们比较运算放大器的输入电流时，还要注意某些 FET 的 I_B 依赖于输入电压。规格说明书上一般只会列出 I_B 在 0 V 时的值，但是一个好的说明书应该会同时给出曲线。图 7.3 给出了典型的 I_B-V_{in} 特性曲线。注意，OPA111 的曲线相当不错，这部分归功于它的共射 – 共基放大器的输入级。

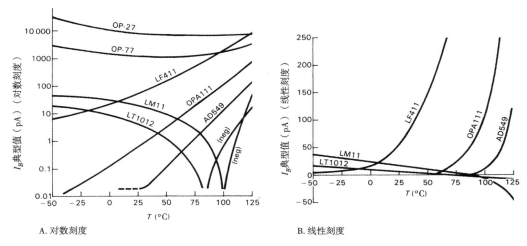

A. 对数刻度　　　　　　　　　　　　　　B. 线性刻度

图 7.2　运算放大器的输入电流与温度关系图

电压失调

很显然，放大器输入端的电压失调也是误差源之一。关于这个参数，各种运算放大器的区别很大，精密的运算放大器可以提供最坏情况下十分之一微伏的 V_{os}，而普通运算放大器，比如 LF411，则为 2 ~ 5 mV。迄今为止，世界上失调电压最低的是 MAX400M（$V_{os} = 10\,\mu V$，最大值）。我们期待着这一领域的更大进展。

尽管绝大部分好的单个运算放大器（不是 2 个或 4 个）都有失调调整端，但是在选择放大器时最好还是选择初始最大失调 V_{os} 尽量低的较好。有几个原因，第一，初始失调低的运算放大器一般相应地随时间和温度的失调漂移也会比较低；第二，使用较精密的运算放大器可以免去外部微调元件的使用（微调器会占用空间，并且需要初始设置，而且可能会随时间而改变）；第三，失调电压漂移和共模抑制都会由于一个失调微调器所引起的不平衡而降低。

图 7.4 显示了一个被微调过的失调随温度的巨大变化。前面我们已经讲过，在整个旋转中是怎样进行失调调整的，最好位于中央位置，特别是微调器的电阻很大时。最后，推荐的外部微调网络往往提供了很大的范围，从近乎不可能到可以调整 V_{os} 降至几微伏。甚至当我们成功调整以后，这一状态还是临界的，不会保持很长时间。另一种考虑是认为运算放大器的生产者已经使用了"镭射–跳转"技术在常规测试模型中调整了失调电压，我们自己在设计中不可能做得更好了。我们的建议是：（a）在精密电路中使用精密运算放大器；（b）如果必须进一步调整，那么设计一个范围较窄的微调电路，如图 7.5 所示，它的满量程为 +50 μV，调整旋度为线性。

因为电压失调能被调整到零，真正需要考虑的是失调电压随时间、温度和电源电压的漂移。精密运算放大器的设计者在如何尽量减小其误差上做了大量艰苦的工作。如果使用双极型运算放大器（相比于 FET），漂移将会很小，但是输入电流的影响将会成为误差预算的最大项。最好的运算放大器能将漂移保持在 1 $\mu V/°C$。迄今为止，AD707 宣称有最小的漂移（对于不带斩波器的放大器），$-\Delta V_{os} = 0.1\,\mu V/°C$，这是最大值。

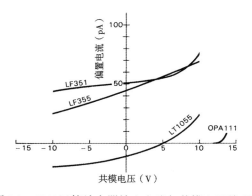

图 7.3 FET 运算放大器输入电流与共模电压关系图

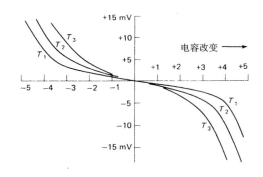

图 7.4 典型的运算放大器失调与几个温度下的失调调整分压器的关系图

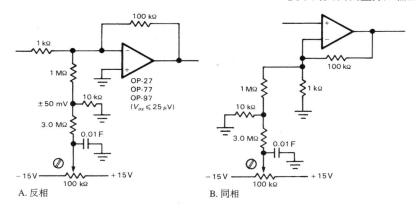

图 7.5 精密运算放大器的外部微调网络

　　另一个应该始终保持清醒认识的问题是，当运算放大器驱动一个低阻抗负载时自身发热导致的漂移。通常，为了避免这个原因引起比较大的误差，负载的阻抗应该保持在 10 kΩ 以下。同样，这样做又会由于偏置电流的原因而引起下一级电路的误差。在这个设计实例中将会看到这一问题。在微伏级的漂移就会产生影响的应用中，热梯度（由于附近的发热元件而引起的）和热电动势（由不同金属的连接处产生的）产生的影响是十分重要的。这个问题在 7.1.8 节讨论超精密**斩波器稳定**放大器时也会出现。

　　表 7.1 比较了 7 种常用精密运算放大器的重要规格。花一点时间来研究一下，可以让我们在使用运算放大器设计电路时对器件的选择有一个清醒的认识。特别要注意比较一下最好的双极型和结型场效应管运算放大器的失调电压（和漂移）与输入电流的比。双极型运算放大器随偏置电流的增加有最低的噪声电压，在这一章后面讨论噪声的时候将会提到这种现象发生的原因。要得到低噪声电流，一般都使用 FET 运算放大器，原因在后面也会讲到。一般来说，若想得到低输入电流和电流噪声，则选择 FET 运算放大器，而若想得到低输入电压失调、漂移和电压噪声，则选择双极型运算放大器。

　　在输入端带 FET 的运算放大器中，使用结型场效应管的占据了主导地位，特别是对精度要求比较高的地方。而在某些特殊场合，使用 MOSFET 会具有 FET 和双极型晶体管都没有的特性。事实证明，在栅极的绝缘层里的钠化物电子在 $V_{GS(on)}$ 的电场作用下移动得较慢，因此在闭环环境下电压的漂移和失调在一年时间里只有 0.5 mV。当温度升高或输入大的差分信号时影响会增加。

表 7.1　7种精密运算放大器

参数	符号	双极型 OP-77E 典型值	最大值	低噪声 OP-27E 典型值	最大值	小偏置 LT1012C 典型值	最大值	微功耗 OP-90E 典型值	最大值	快速 JFET LT1055A 典型值	最大值	小偏置 OPA111B 典型值	最大值	斩波器 MAX430C 典型值	最大值	单位
($V_S = \pm 15\,V$; $T_A = 25°C$)																
失调电压	V_{os}	10	25	10	25	10	50	50	150	50	150	50	250	1	5	μV
失调电压漂移	ΔV_{os}	0.2	-	0.2	1	0.3	-	0.3	2	-	-	0.0005	0.001	0.1	-	$\mu V/月$
偏置电流	I_b	1.2	2	10	40	0.03	0.15	4	15	0.01	0.05	0.0003	0.0008	0.02	0.2	nA
失调电流	I_{os}	0.1	1.5	7	35	0.02	0.15	0.4	3	0.002	0.01	0.0003	0.0008	0.01	0.1	nA
差分输入电阻	R_{in}	45	25	6	1.3	-	-	30	-	10^6	-	10^7	-	10^6	-	MΩ
共模输入电阻	R_{inCM}	200	-	3	-	-	-	20	-	10^3	-	10^5	-	10^3	-	GΩ
输入噪声电压（0.1~10 Hz）	$e_{n,pp}$	0.4	0.6	0.1	0.2	0.5	-	3	-	1.8	-	1.2	2.5	1.1	-	$\mu V, pp$
输入噪声电压密度（10 Hz）	e_n	10	18	3.5	5.5	17	30	60	-	28	50	30	60	-	-	$nV/\sqrt{Hz}$
输入噪声电压密度（1 kHz）	e_n	10	11	3	4	14	22	60	-	14	20	7	12	-	-	$nV/\sqrt{Hz}$
输入噪声电流密度（10 Hz）	I_n	0.3	0.8	1.7	4	0.02	-	1.5	-	0.002	0.004	0.0004	-	0.01	-	$pA/\sqrt{Hz}$
输入噪声电流密度（1 kHz）	I_n	0.1	0.2	0.4	0.6	0.006	-	0.7	-	0.002	0.004	0.0004	-	-	-	$pA/\sqrt{Hz}$
大信号电压增益	A_{vo}	12	5	1.8	1	0.2	2	1.2	0.7	0.4	0.015	2	1	30	1	$V/\mu V$
共模抑制比	CMRR	140	120	126	114	132	110	130	100	100	86	110	100	140	120	dB
电源抑制比	PSRR	120	110	120	100	132	110	120	105	106	90	110	100	140	120	dB
转换速率	SR	0.3	0.1	2.8	1.7	0.2	0.1	0.01	0.005	13	10	2	1	0.5	-	$V/\mu s$
带宽增益乘积	GBW	0.6	0.2	8	5	1	-	0.02	-	5	-	2	-	0.5	-	MHz
电源电流	I_s	1.7	2	3	4.7	0.4	0.6	0.014	0.02	2.8	4	2.5	3.5	1.3	2	mA
（超温度范围）																
	T	-25 ~ +85		-25 ~ +85		0 ~ +70		-25 ~ +85		0 ~ +70		-25 ~ +85		0 ~ +70		°C
失调电压	V_{os}	10	45	20	50	20	120	70	270	100	330	100	500	-	-	μV
失调电压温度	TCV_{os}	0.1	0.3	0.2	0.6	0.2	1.5	0.3	2	1.2	4	0.5	1	0.02	0.05	$\mu V/°C$
偏置电流	I_b	2.4	4	14	60	0.035	0.23	4	15	0.03	0.15	0.03	0.13	0.05	-	nA
失调电流	I_{os}	0.1	2.2	10	50	0.02	0.23	0.8	3	0.01	0.05	0.02	0.1	0.04	-	nA

例如，CA3420输入端带MOSFET的运算放大器在说明书中标明，V_{os}在125℃，2 V的输入电压下工作3000 h，就会有5 mV的变化。这种由于钠化物而产生的影响可以靠在栅极区引入磷而得以解决。例如，T.I公司就在它的LinCMOS系列运算放大器（TLC270系列）和比较器（TLC339和TLC370系列）中使用了掺磷的多晶硅栅极。这一改进并不昂贵，在很多地方都得到了广泛应用，成为保持较稳定的电压失调时的大众化选择（不同输入时每伏有50 μV的失调漂移）。

有一点很特殊。一般来说，FET运算放大器，特别是MOSFET总是随时间和温度有很大的初始失调和V_{os}的漂移，比双极型晶体管运算放大器大得多。但是有一种使用了MOSFET模拟开关的自动调零（或称"斩波器稳定"）放大器是一个例外。斩波器稳定运算放大器的电压失调和漂移，甚至比最好的精密双极型运算放大器（5 μV，0.05 μV/℃）还要低。但是它有一些不太好的特性，使它在很多应用中都不太合适。我们将会在7.1.8节里详细讨论。

共模抑制

有限的共模抑制比（CMRR）会在输入端引入失调电压而降低电路的精度。这一影响通常都可以忽略不计，因为它只相当于一个小的增益变化，而且在任何情况下都可以通过选择适当的电路结构来克服。与同相放大器相比，反相放大器对运算放大器的CMRR不敏感。尽管如此，在"检测仪器放大器"的应用中，可以看到小的差分信号往往是叠加在大的直流失调上的，所以高共模抑制比是必不可少的。在这种情况下，搭建电路结构就必须非常仔细，并且要选择带高共模抑制比的运算放大器。这里再次声明，比较高级的运算放大器，例如OP-77，其最小共模抑制比为120 dB，完全可以解决问题，相比之下411系列只有70 dB。我们将简短讨论高增益差分和仪器用放大器。

电源抑制

电源电压的变化会引起小的运算放大器误差。就像大部分运算放大器一样，电源抑制比（PSRR）是作为输入信号提及的。例如，OP-77在直流信号下PSRR为110 dB，这就意味着电源电压每0.3 V的变化都会导致输出端的变化，相当于输入信号的1 μV的变化。

当频率增加时，电源抑制比会大幅度降低，说明书上一般都会给出这一变化的图表说明。例如，OP-77的PSRR从0.3 Hz处开始下降，在60 Hz处降至83 dB，在10 kHz处降至42 dB。事实上这并不是问题，因为如果我们使用了比较好的旁路，在频率升高时电源噪声也会下降。尽管如此，如果电源被无节制地使用，120 Hz的纹波都将会产生问题。

一般PSRR是一个值得注意的问题，无论是有源还是无源。因而，双踪稳压器（见6.5.4节）的使用并不一定会带来任何益处。

调零放大器：输入误差

图7.1中的放大器电路是由一个跟随器开始的，以此来保持高输入阻抗。本来考虑使用FET，但是其V_{os}太低，除非源内阻很大才行。OP-77在2 nA的偏置电流下有1 kΩ的内阻，而结型场效应管LT1055A尽管电流误差可以忽略不计，其失调电压漂移却有16 μV/4℃（4℃是因为考虑到实验环境的温度范围）。输入跟随器可以进行失调微调，因为其初始值25 μV是个比较大的规定值。正如前面所提到的，经过反馈自举能将输入阻抗提升到200 000 MΩ，并且能将低至20 MΩ的有限内阻引起的任何误差降低（增益误差小于0.01%）。D_1和D_2用来进行输入的过电压保护，并且都是低漏电型的（低于1 nA）。

U_1驱动反相放大器U_2，R_3的取值折中考虑了其发热导致的U_1的热失调和U_2的偏置电流误差。它的实际取值能保证发热降至5.6 mW（在最坏情况下输出为7.5 V），这一发热将使温度有0.8℃的上升（运算放大器的热阻大致为0.14℃/mW，见6.2.1节），最终引起的电压失调为0.3 μV。U_2处的10 kΩ的合成内阻因为偏置电流失调而导致了误差，但是因为U_2处于一个反馈环路中，它与U_3一起可以将所有失调调整至零。OP-77 对于随温度而变化的偏置失调漂移有一个规定值（一般生产者是不标明这个值的），这个漂移会引起 $1.6\,\mu\text{V}/4\,^\circ\text{C}$ 的误差。减小 R_3 的阻值将会改进这一点，代价是 U_1 的发热会增加。

如同前面描述的所有电路，R_3 的阻值确定后，奇异反馈 T 网络选取的反馈电阻值必须在精密绕线电阻所能生产的范围内。例如，使用一般的反相放大器需要 $100.0\,\text{k}\Omega$，$1.0\,\text{M}\Omega$ 和 $10.0\,\text{M}\Omega$ 的电阻来产生 10，100 和 1000 的增益。

U_2 直流输入阻抗也提出了一个问题。当增益为 1000 时，$25\,\text{M}\Omega$ 的差分输入阻抗将会乘以 $A_{\text{VOL}}/1000$ 而被自举到 $125\,000\,\text{M}\Omega$。幸而增益设置网络的阻值一旦高于 $9.4\,\text{k}\Omega$，超出的部分产生的误差就会远远低于 0.01%。这个例子是我们最难想像的事例之一，就算如此，运算放大器的输入电阻仍不是个问题，因而一般情况下可以忽略运算放大器的输入电阻。

U_1 和 U_2 随温度和时间变化的失调电压的漂移，与电源的波动对最终的误差的影响大致相同，在预算中都已列出。值得指出的是它们在每个"调零"周期中都自动消去了，剩下的只有短期的漂移。如果使用一个品质优良的运算放大器，这些误差就可以保持在微伏级。U_3 的漂移较大，但是它必须是 FET 型的，以保持电容电流较小，就如前面已经解释过的。因为 U_3 的输出会根据所选的增益而变化，所以其输入误差由于高增益而被降低了。这一点很重要，因为对于小的输入信号电平来说，高增益是必须的。U_3 的误差大约等于其输出端产生的误差，因此在误差预算中，U_3 只标出输出端误差。

要注意在这个例子中体现出来的设计理念：要解决的问题是贯穿在整个工作过程中的，我们必须选择合适的电路结构和元件，以便使误差减小到可以接受的值。很多折中和可替代的选择都是基于外部因素的影响而做出的（例如，用一个 FET 作输入的射极跟随器来作为 U_1，将有利于源阻抗高于 $50\,\text{k}\Omega$）。

表 7.2 对在设计精密电路时可能用到的运算放大器的规格进行了比较。

7.1.7　放大器输出误差

正如我们在第 4 章中讨论过的，运算放大器在输出级有一些比较严重的局限性。有限的转换速率、输出交越失真（见 2.4.1 节）以及有限的开环输出阻抗都会引起麻烦，如果不仔细考虑这些因素，它们会导致精密电路出现十分严重的误差。

转换速率：一般考虑

正如我们在 4.4.1 节所讨论的，运算放大器只能以某些最大速率转换其输出电压。这一点源于运算放大器的频率补偿电路。我们将会简短解释一下细节。有限转换速率的一个后果是在高频处限制了输出幅度，正如 4.4.2 节和图 7.6 所示的：

$$V_{\text{pp}} = S/\pi f$$

另一个后果可以借助转换速率和不同输入信号的关系图来说明（见图 7.7）。这里有一点需要指出，一个具有基本转换速率的电路必然会在运算放大器的输入端有基本的电压误差。这对于精度要求较高的电路来说是一个致命缺点。

让我们从运算放大器的内部结构来理解转换速率存在的根本原因。绝大部分运算放大器的结构都可以由图 7.8 来总结。一个以镜像电流源作为负载的差分输入级驱动一个大的电压增益级，其中在输入和输出之间有一个补偿电容。输出级是一个单位增益推挽式跟随器。补偿电容 C 用来在其他放大级导致的相移变大之前保证放大器的开环增益。也就是说，C 是用来使 f_T（即特征频率）保持在下一级放大器的衰减极点频率附近的，如 4.10.2 节所述。输入级具有很高的输出阻抗，对于下一级来说，等效于一个电流源。

表 7.2　精密运算放大器

类型	Mfg[a]	电压失调 典型值 (μV)	电压失调 最大值 (μV)	漂移 典型值 (μV/°C)	漂移 最大值 (μV/°C)	漂移 典型值 (μV/mo)	电流偏置 典型值 (nA)	电流偏置 最大值 (nA)	电流失调 典型值 (nA)	电流失调 最大值 (nA)	e_n @10Hz (nV/√Hz)	e_n @1kHz (nV/√Hz)	i_n @10Hz (fA/√Hz)	i_n @1kHz (fA/√Hz)	增益 最小值 (×1000)	PSRR 最小值 (dB)	转换速率 典型值 (V/μs)	f_T 典型值 (MHz)	启动时间 0.1% (μs)	启动时间 0.01% (μs)	注释
双极型																					
OP-07A	PM+	10	25	0.2	0.6	0.2	0.7	2	0.3	2	10.3	9.6	320	120	300	100	0.17	0.6	0.6	—	经典的精密运放
OP-08E	PM	70	150	0.5	2.5	—	0.8	2	0.05	0.2	22	20	150	130	80	104	0.12	0.8	0.8	—	改进的308
LM11	NS+	100	300	1	3	1	0.025	0.05	0.5 pA	0.01	180	150	15	4	100	100	0.3	0.5	—	70	最小偏置双极型
OP-12E	PM+	70	150	0.5	2.5	1	0.8	2	0.05	0.2	22	20	150	130	80	104	0.12	0.8	—	—	改进的312
OP-20B	PM	60	250	0.75	1.5	—	12	25	0.15	1.5	58	58	140	90	500	100	0.05	0.1	—	—	微功率
OP-21A	PM	40	100	0.5	1	—	50	100	0.6	4	21	21	380	210	1000	104	0.25	0.6	—	—	低功率
OP-27E	PM+	10	25	0.2	0.6	0.5	10	40	7	35	3.5	3.0	1700	400	1000	100	2.8	8	—	—	低噪声
OP-37E	PM+	10	25	0.2	0.6	0.5	10	40	7	35	3.5	3.0	1700	400	1000	100	17	63	—	—	低噪声，解压缩OP-27 (G>5)
OP-50E	PM	10	25	0.15	0.3	—	1	5	0.1	1	5.5	4.5	300	230	10M	126	3	25[b]	—	30	大电流，解压缩 (G>5)
OP-62E	PM	—	200	—	—	—	—	300	—	100	—	2.5	—	—	350	105	15	50	—	—	解压缩OP-07
OP-77E	PM	10	25	0.1	0.3	0.3	1.2	2	0.1	1.5	10.3	9.6	320	120	5000	110	0.3	0.6	—	—	改进的运放OP-07
OP-90E	PM	50	150	0.3	2	—	4	15	0.3	3	60	60	1600	700	700	104	0.01	0.02	—	—	微功率OP-77
OP-97E	PM	10	25	0.2	0.6	0.2	0.03	0.1	0.03	0.1	17	14	20	6	300	114	0.2	0.9	—	—	低功率OP-77
MAX400M	MA	4	10	0.03	0.3	0.2	0.7	2	0.3	2	10.3	9.6	320	120	500	100	0.3	0.6	—	—	最低无斩波电压 V_{os}
LM607A	NS	15	25	0.2	0.3	0.2	1	2	0.5	2	9	6.5	320	120	5000	100	0.7	1.8	—	—	改进的运放OP-07
AD707C	AD	5	15	0.03	0.1	0.1	0.5	4	0.1	1	10.3	9.6	320	120	8000	120	0.3	0.9	—	—	改进的运放OP-07，双 = 708
LT1001A	LT	20	50	0.2	0.6	0.2	1	4	0.8	4	10.3	9.6	320	120	450	110	0.25	0.8	—	—	改进的运放OP-07
LT1006A	LT	10	25	0.2	1.3	0.4	9	15	0.12	0.5	23	22	70	30	1000	106	0.4	—	—	—	单电源，可选 I_S = 90 μA
LT1007A	LT	10	25	0.2	0.6	0.2	10	35	7	30	2.8	2.5	1500	400	7000	110	2.5	8	—	—	低噪声，-OP-27
LT1012C	LT+	10	50	0.2	1.5	0.3	0.03	0.15	0.02	0.15	17	14	20	6	200	110	0.2	0.8	—	—	小偏置，改进的312；MP1012[f]
LT1013A	LT	40	150	0.4	2	0.4	15	35	0.2	1.3	24	22	70	15	1500	103	0.4	0.8	—	—	改进型358/324；单电源[g]
LT1028A	LT	10	40	0.2	0.8	0.3	25	90	12	50	1.0	0.9	4700	1000	7000	117	15	75	—	—	超低噪声
LT1037A	LT	10	25	0.2	0.6	0.2	10	35	7	30	2.8	2.5	1500	400	7000	110	15	60	—	—	解压缩1007 (G>5)，-OP-37
RC4077A	RA	4	10	0.1	0.3	0.2	0.3	2	0.1	1.5	10.3	9.6	320	120	2500	110	0.25	0.8	—	—	最低无斩波 V_{os}
HA5134	HA	25	250	—	5	—	—	—	—	25	—	7	—	2000	—	—	—	4	—	—	4个，低噪声
HA5135	HA	10	80	0.4	1.3	—	1	4	0.3	2	13	9	400	140	250	94	0.8	—	—	—	
HA5147A	HA	10	25	0.2	0.6	—	10	40	7	35	3.5	3.0	1700	400	1000	80	35	140	—	13	低噪声，快速，无补偿 (G>10)
结型场效应管																					
OPA101B	BB	50	250	3	5	—	6 pA	0.01	1.5 pA	4pA	25	8	1.4	1.4	1000	86	7	20	2.5	10	低噪声，解压缩 = OPA102
OPA111B	BB	50	250	0.5	1	—	0.5 pA	1pA	0.3 pA	0.7 pA	30	7	0.4	0.4	1000	100	2	2	6	10	低噪声，低偏置
LFnnn	NS	1000	—	—	—	—	0.05	0.1	0.01	0.02	14	3.5	10	10	25	80	20	10	—	—	低偏置，JFET，无拐角
LF455A	NS	75	180	3	4	—	7pA	0.05	3 pA	0.02	100	12	10	10	200	86	5	3	—	4	456 和快速457

（续表）

类型	Mfg[a]	失调 典型值(μV)	失调 最大值(μV)	漂移 典型值(μV/°C)	漂移 最大值	漂移 典型值(μV/mo)	偏置 典型值(nA)	偏置 最大值(nA)	失调 典型值(nA)	失调 最大值(nA)	e_n 典型值 @10Hz(nV/√Hz)	@1kHz	i_n 典型值 @10Hz(fA/√Hz)	@1kHz	PSRR 最小值(dB)	增益 典型值(×1000)	转换速率 典型值(V/μs)	f_T 典型值(MHz)	启动时间 典型值 0.1%(μs)	0.01%(μs)	注释
AD547L	AD	30	250	-	1	-	0.01	0.025	2 pA	5 pA	70	30	-	-	80	250	3	1	3.5	4.5	双 = AD642, 647
AD548C	AD	100	250	-	2	15	3 pA	0.01	-	0.01	80	30	-	2	86	300	1.8	1	6	7	改进的 LF441; 双 = AD648
AD711C	AD	100	250	2	3	15	0.015	0.025	5 pA	0.01	45	18	-	10	86	200	20	4	0.9	1	改进的 LF411/2
LT1055A	LT	50	150	1.2	4	5	0.01	0.05	2 pA	0.01	28	14	2	2	90	150	13	5	1.2	1.8	LT1056 快 20%
HA5170	HA	100	300	2	5	5	0.02	0.1	3 pA	0.06	20	10	50	10	74	300	8	8	1	1.1	低噪声
结型场效应管, 高速																					
OP-44E	PM	30	750	4	10	5	0.08	0.2	4 pA	0.04	38	13	-	7	90	500	120[h]	16[h]	0.2	-	解压缩 (G>3)
LF401A	NS	-	200	3	-	-	-	0.2	-	0.1	60	23	-	10	80	100	30	16	0.2	0.3	快速设置
OPA404B	BB	260	750	-	-	-	1 pA	4 pA	0.5 pA	4 pA	32	15	0.6	0.6	86	40	35	6.4	0.6	1.5	四
OPA602C	BB	100	250	1	2	-	0.5 pA	1 pA	0.5 pA	1 pA	23	13	0.6	0.6	86	40	35	6.5	0.7	1	低噪声, 快速设置
OPA605K	BB	250	500	-	5	-	0.01	0.035	2 pA	-	80	20	-	-	74	-	94	20	0.3	0.4	无压缩
OPA606L	BB	100	500	3	5	-	5 pA	0.01	0.4 pA	5 pA	30	13	1.3	1.3	90	100	35	13	1	2.1	改进的 LF356
AD744C	AD	100	250	2	3	-	0.03	0.05	0.01	0.02	45	18	-	10	92	250	75	13	0.4	0.5	(3 ppm); 解压缩 (G>2)
AD845K	AD	100	250	1.5	3	-	0.25	0.4	0.015	0.05	80	25	-	100	98	200	100	16	0.3	0.3	快速设置
LT1022A	LT	80	250	1.3	5	-	0.01	0.05	2 pA	0.01	28	14	2	2	88	150	26	8.5	0.8	1.8	
稳定的斩波器																					
MAX420E	MA	1	5	0.02	0.05	0.1	0.01	0.03	0.015	0.06	1.1[c]	-	10	-	120	1000	0.5	0.5	-	-	±15 V V; 430 有 C_{int}
MAX422E	MA	1	5	0.02	0.05	0.1	0.01	0.03	0.015	0.06	1.1[c]	-	10	-	120	1000	0.13	0.13	-	-	±15 V V; 432 有 C_{int}
LMC668A	NS	1	5	0.05	-	0.1	0.02	0.06	-	-	2[c]	-	10	-	120	1000	2.5	1	-	-	
TSC900A	TS	-	5	0.02	0.05	-	-	0.05	0.5 pA	-	4[c]	-	-	-	120	1000	0.2	0.7	-	-	低功率
TSC901	TS	7	15	0.05	0.15	-	0.03	0.05	0.05	0.1	5[c]	-	-	-	120	1000	2	0.8	-	-	
TSC911A	TS	5	15	0.05	0.15	-	-	0.07	5 pA	0.02	11[c]	-	-	-	112	600	2.5	1.5	-	-	±15 V 电源; 内置电容
TSC915	TS	-	10	0.01	0.1	-	0.03	0.1	0.5 pA	0.1	0.8[c]	-	-	-	120	1000	0.5	0.5	-	-	内置电容
TSC918	TS	-	50	0.4	0.8	-	-	0.1	-	-	4[c]	-	-	-	105	100	0.2	0.7	-	-	±15 V 电源
LTC1050	LT	0.5	5	0.01	0.05	0.05[d]	0.01	0.03	0.02	0.06	1.6[c]	-	2.2	-	125	300	4	2.5	-	-	便宜
LTC1052	LT	0.5	5	0.01	0.05	0.1[d]	1 pA	0.03	5 pA	0.03	1.5[c]	-	0.6	-	120	1000	4	1.2	-	-	内置电容
ICL7650S	IL+	0.7	5	0.02	0.1	0.1	4 pA	0.01	8 pA	0.02	2[c]	-	10	-	120	6000	2.5	2	-	-	改进的 7650
ICL7652S	IL+	0.7	5	0.01	0.06	0.2	3 pA	0.03	0.015	0.04	0.7[c]	-	10	-	120	6000	1	0.5	-	-	改进的 7652
TSC76HV52TS	LT	-	10	0.03	-	-	0.03	0.1	0.05	0.1	0.8[c]	-	-	-	120	1000	0.5	0.5	-	-	±15 V 7652

a. 见表 4.1 的表注。 b. 当 G=50 时。 c. μV pp, 0.1~10 Hz。 d. μV /√N /月。

e. 总电源为 18 V, 除非未标记。 f. 双 = 1024。 g. 四 = 1024。 四 = 1014。

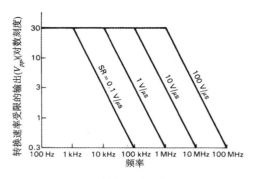

图 7.6 最大输出随频率的波动

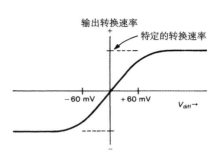

图 7.7 运算放大器转换速率与实际差分输入电压的关系

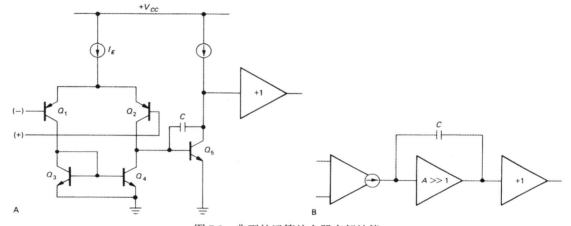

图 7.8 典型的运算放大器内部补偿

当输入信号在截止电平附近驱动某一差分级晶体管,再用差分对管的总的射极电流 I_E 驱动第二级时，运算放大器的转换速率是有限的。当差分输入电压在 60 mV 左右时会出现这种情况，此时差分级的电流比为 10∶1。此时 Q_5 集电极正在尽可能快地转换，以 I_E 向 C 充电。因此，Q_5 和 C 构成一个积分器。见下面的小节，以了解转换速率的计算表达式以及双极型晶体管的工作原理。

□ 详细了解转换速率

首先，让我们写出开环直流电压增益的表达式，忽略相移：

$$A_V = g_m X_C = g_m/2\pi f C$$

其中，单位增益带宽（在 $A_V = 1$ 时的频率）为：

$$f_T = \frac{1}{2\pi} \frac{g_m}{C}$$

现在，转换速率就由电流 I_E 对 C 的充电速率来决定：

$$S = \frac{dV}{dt} = \frac{I_E}{C}$$

对于一般的无射极电阻的差分放大器来说，g_m 是与 I_E 相关的：

$$g_m = \frac{1}{r_e} = \frac{I_E}{2V_T} = \frac{I_E}{50 \text{ mV}}$$

把以上各式全部代入转换速率表达式就可以得到：

$$S = 2V_T \frac{g_m}{C}$$

即，转换速率与g_m/C成比例，正好等于特征频率。事实上，

$$S = 4\pi V_T f_T = 0.3 f_T$$

如果f_T处于MHz级，则S就会处于V/μs级。这与C，g_m和I_E等的取值都无关。它给出了对转换速率的一个很好的估计（例如，对于经典的741，$f_T \approx 1.5$ MHz，转换速率为0.5 V/μs）。这表明，运算放大器的特征频率f_T越大，其转换速率也就越高。如果使用低速运算放大器，仅仅提高输入级电流I_E是于事无补的，因为增加的增益（由于g_m的增加）相应地要求补偿电容C也增大。增加运算放大器中其他的增益也同样没有什么作用。

前面的结果表明，增加f_T（通过提高集电极电流，使用更快的晶体管等）将会提高转换速率。当然，f_T越高越好，这是IC设计者不能忽略的一个事实。尽管如此，仍然有一种方法可以避开$S = 0.3 f_T$的限制。这是因为互导是由I_E决定的（$g_m = I_E/2 V_T$）。当保持f_T不变时，我们可以使用一个小小的技巧来提高I_E（从而提高转换速率）。最简单的方法就是给输入差分放大器加一个发射极电阻。设想一下，如果这样做，就会使I_E增大到原来的m倍。代入前面的公式可得：$S = 0.3 \, m f_T$。

习题 7.1 证明以上公式。

□ 转换速率的提高

这里有一些保持高转换速率的方法：（a）使用f_T较高的运算放大器；（b）减小补偿电容以增加f_T，当然，这种方法只有在闭环增益大于单位增益时才有用；（c）加入一个发射极电阻以降低输入级互导g_m，然后成比例地降低C或增加I_E；（d）使用不同的输入级电路。

第三种方法（降低g_m）在很多运算放大器中都用到了，例如HA2605和HA2505。发射极电阻提高了转换速率，代价是开环增益的降低。下面的数据显示了这一替换的结果。因为同样的原因，FET运算放大器的输入级g_m较低，而转换速率较高。

	HA2605	HA2505
f_T	12 MHz	12 MHz
转换速率	7 V/μs	30 V/μs
开环增益	150 000	25 000

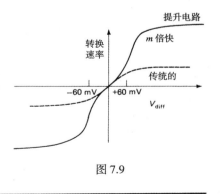

图 7.9

第四种方法一般使用"交叉耦合互导降低法"，这种方法在输入级使用了另一套晶体管，在小信号振荡期处于等待状态，但是一旦有必要，就能提供额外的电流。这一措施有利于减小噪声和失调，其代价是，与使用简单的发射极电阻的设计相比，增加了电路的复杂性。这一技术被用在了 Harris HA5141和HA5151，Raytheon 4531以及Signetic 535和Signetic 538中，用来提高大差分输入信号的转换速率。这一结果被列在下面的转换速率与输入误差信号的关系图7.9中。

带宽和建立时间

转换速率用来衡量输出电压可以有多快的变化。运算放大器的转换速率通常假设了一个较大的差分输入电压（60 mV或者更高），这一设想是很现实的，因为运算放大器的输出并不一

定就在期望值附近。假设有一个合理的环路增益，这样将会通过反馈作用到输出端。高速精密应用电路很重要的一点就是输出跟随输入的变化所需的时间。这个**建立时间**（达到规定的最终值并稳定在那里所需的时间）一般是数模转换器必须给出的，但是通常运算放大器不需要标明建立时间。

我们可以通过考虑另一个问题来估算运算放大器的建立时间，也就是在某些 RC 低通滤波电路中是怎样实现电压跳转的（见图 7.10）。在滤波波形中找到建立时间很容易，事实上这也是一个很重要的结果，因为我们通常要用滤波器的有限带宽来滤除噪声（在本章的后面将会详细讲到）。把这一简单结果扩展到运算放大器，只需记住一个补偿过的运算放大器就像低通滤波器那样有 6 dB/二倍频的衰减。当闭环增益为 G_{CL} 时，它的带宽（在闭环增益处频率降至单位 1）由下式大致给出：

$$f_{3\,dB} = f_T/G_{CL}$$

一般来说，一个系统的带宽 B 会有一个响应时间 $\tau = 1/2\pi B$，因此，运算放大器的时间常数公式为：

$$\tau \approx G_{CL}/2\pi f_T$$

建立时间大约为 $5\tau \sim 10\tau$。

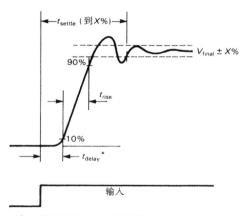

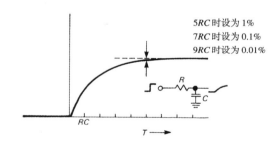

5RC 时设为 1%
7RC 时设为 0.1%
9RC 时设为 0.01%

* 建立时间定义为 V_{out} = 逻辑阈值，
或 $V_{out} = 0.5\,V_{final}$

图 7.10　建立时间的定义　　　　　　　图 7.11　RC 低通滤波器的建立时间

让我们在一个实际例子中预测一下。PMI 的 OP-44 是一种高速建立补偿运算放大器（$G_{CL} \geq 3$），f_T 为 23 MHz。我们使用一个简单公式估算的响应时间为 21 ns，这意味着建立时间为 0.15 μs（7τ），误差为 0.1%。这个估算已经相当接近实际值了，说明书上给出的是 0.2 μs。

这里有几点值得注意：（a）这一简单计算模型只是给出了在真实电路中的实际建立时间的下限，必须注意实际转换时间往往还大得多；（b）即使转换速率不是问题，建立时间也可能比我们设想的简单模型长得多，这取决于运算放大器的补偿和相位裕度；（c）如果频率补偿使开环相移与频率在对数关系图上某一区域内能达到一条良好的直线（例如 OP-42，见图 7.12），运算放大器就可以建立得较快。运算放大器在相移图上往往呈现出过冲和波动，如图 7.10 的上面一个波形所示；（d）1% 的快速建立时间不一定比 0.01% 的建立时间差，因为后者可能会有较长的尾部（见图 7.13）；（e）对于生产者，建立时间是无法用其他规格说明来替代的。

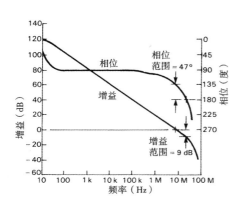

图 7.12　OP-42 增益和相位与频率关系图

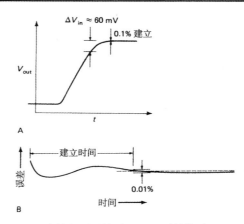

图 7.13　A. 当输入误差接近 60 mV 时转换速率会降低；B. 高精度的尾部很长

表 7.3 列出了可选择的高速运算放大器，适用于高 f_T、高转换速率、快速建立时间和低失调电压。

增益误差

有限开环增益还会产生另一个误差，即由于有限环增益而产生的闭环增益误差。我们在第 3 章解释反馈放大器的闭环增益时已经计算过，$G = A/(1 + AB)$，A 为开环增益，B 为反馈网络的增益。我们可能会认为运算放大器的开环增益 $A \geqslant 100$ dB 就足够了，但如果想设计一个高精度电路就完全不行了。从前面的增益公式中可以简单地得到增益误差，由下式定义：

$$\delta_G = 增益误差 \equiv \frac{G_{ideal} - G_{actual}}{G_{ideal}}$$

大约等于 $1/(1 + AB)$，范围为 A 为无穷大时的 0 到 $A = 0$ 时的 1（100%）。

习题 7.2　推导前述误差表达式。

最终得到的取决于频率的增益误差是完全不能忽略的。例如，一个低频开环增益为 106 dB 的 411 在其闭环增益为 1000 时会存在一个 5% 的增益误差。更严重的是，开环增益在 20 Hz 以上会下降 6 dB/二倍频，因此在频率升至 500 Hz 时，放大器的增益误差将为 10%！图 7.14 给出了 OP-77 在闭环增益分别为 100 和 1000 时增益误差与频率的关系曲线，OP-77 的低频增益高达 140 dB。很明显，即使在频率不太高时，想要保持电路精度也需要足够的增益和较高的 f_T。

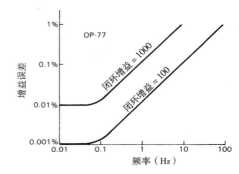

图 7.14　OP-77 的增益误差

在描绘这些曲线时我们使用了说明书中给出的开环增益与频率的图表。即使使用的运算放大器的说明书已经提供了曲线，最好还是由给定的 f_T 和直流开环增益来计算一般频率下的开环增益。增益误差是关于频率的函数，服从下式：

$$\delta_G = \frac{1}{1 + Bf_T/f}$$

与前面一样，B 为反馈网络的增益。当然，在很多应用中，如滤波器，B 也是与频率有关的。

表 7.3　高速密度运算放大器

类型	Mfg[a]	外部微调	最小补偿增益	V_{os} 最大值 (mV)	ΔV_{os} 最大值 (μV/°C)	I_{os} 最大值 (nA)	I_b 最大值 (nA)	e_n @1kHz 典型值 (nV/√Hz)	输入电容 典型值 (pF)	转换速率 典型值 (V/μs)	f_T 典型值 (MHz)	建立时间 典型值 0.1% (ns)	0.01% (ns)	R_{out} 典型值 (Ω)	过冲 @G_{min} 典型值 (%)	相移范围 @G_{min} (deg)	输入漂移 最大值 (V)	随负载变化 ±V_o (±V)	R_L (Ω)	最大输出电流 (mA)	注释
OP-37E	PM+	•	5	0.025	0.6	35	40	3.0	-	17	63	1000	-	70	10	71	0.7	11	600	5	低噪声（解压缩OP-27）
OP-42E	PM	•	1	0.75	10	0.04	0.2	13	6	58	10	450	700	50	15	47	40	12	600	6	稳定在300 pF
OP-44E	PM	•	3	0.75	10	0.04	0.2	12	-	122	20	200	300?	-	25	53	40	-	-	7	解压缩OP-42
OP-62E	PM	-	1	0.2	-	100	300	2.5	-	15	50	-	-	-	-	-	5	12	600	-	-
OP-63E	PM	-	1	0.75	-	100	300	7	-	50	50	-	-	-	-	-	5	12	600	-	-
OP-64E	PM	-	5	0.75	-	100	300	7	-	200	200	-	-	-	-	-	5	12	600	-	-
OP-65E	PM	-	1	2	-	2000	2.5μA	-	2.4	200	150	-	-	-	-	-	5	3.5	500	50	±5 V电源
CLC221	CL	-	1	1	15	-	10μA[b]	4	0.5	6500	-	15	18[c]	8	12	-	-	-	-	30	混合
CLC400	CL	-	1	5.5	40	-	25μA[b]	12	0.5	700	280	10	15	-	0	-	-	3.5	100	70	单片；跨阻
CLC401	CL	-	7	6.5	50	-	35μA[b]	12	-	1200	2100	10	13	-	0	-	-	3.5	100	70	单片；跨阻
LF401A	NS	•	1	0.2	10	0.1	0.2	20	7	70	16	200	-	50	-	55	32	12	600	12	小偏置
OPA602C	BB	•	1	0.25	2	0.001	0.001	13	3	35	6.5	700	1000	80	20	40	36	10	600	4	价格不贵
AD711C	AD	•	1	0.25	5	0.01	0.025	18	6	20	4	-	1000	-	10	-	20	10	600	2.8	-
MS738B	KE	-	2	0.075	1	20	40	3.8	3	3500	1500	30	200	2	5	-	12	12	100	120	-
MS739	KE	•	1	0.025[t]	0.3[t]	0.03[t]	0.08[t]	-	-	5500	-	15	30[c]	-	-	-	-	12	100	120	-
AD744C	AD	•	2	0.25	3	0.02	0.05	18	5.5	75	13	400	500	-	4	70	36	12	600	4	超低距离（3 ppm）[f]
AD840K	AD	-	10	0.5	5	200	5μA	3	1	400	400	80	110	15	20	-	-	10	500	50	解压缩841
AD841K	AD	-	1	1	20	200	5μA	13	1	300	40	80	110	5	20	-	-	10	500	12	垂直PNP，可解压缩
AD842K	AD	-	2	1	10	200	5μA	9	1	375	80	80	110	5	20	-	-	10	500	100	解压缩841
AD845K	AD	•	1	0.25	3	0.05	0.4	25	4	100	16	250	300	-	-	-	20	12.5	500	10.2	-
AD846K	AD	-	2	0.2	2	-	150[b]	1.3	2	450	40	80	110	16	20	-	18	10	500	7	低噪声
AD847J	AD	-	1	1	30	15[t]	5μA	15[d]	1.5	300	50	80	-	-	-	50	6	10	500	5.6	垂直PNP，可解压缩
AD848J	AD	-	5	1	10	15[t]	5μA	4[d]	1.5	300	250	80	-	-	-	50	6	2.5	150	20	垂直PNP
LT1028A	LT	-	1	0.04	0.8	50	90	0.85	5	15	75	-	-	80	5	50	0.7	12	600	10.5	超低噪声
LT1055A	LT	-	1	0.15	4	0.01	0.05	14	4	13	5	1200	1800	60	10	-	40	10	600	4	LT1056更快些
1435	TP	-	2	5	25	300[t]	20μA	16	2	300	1000	40	70	-	1	25	4	7	500	30	混合
LH4105C	NS	•	1	0.5	20[t]	0.4	0.6	-	-	40	18	-	500	-	-	-	30	10	100	25	无电流限制
HA5147A	HA	-	10	0.025	0.6	35	40	3.0	-	35	140	400	-	70	20	-	0.7	11	600	4	低噪声（解压缩OP-27）
AD9611B	AD	-	1	3	20	-	5	1[e]	3	1900	280	13	-	0.03	4	-	-	3	100	50	电流反馈，无保护，混合

a. 见表 4.1 的表注。　b. 电流敏感型反相输入。所示偏置电流只是同相输入。　c. 0.02%时。　d. 10 kHz时。
e. 5～280 MHz。　f. 稳定在 1 nF。　t. 典型值。

习题 7.3　推导前述的误差表达式。

交越失真和输出阻抗

2.4.1 节中讨论过，有的运算放大器采用简单的推挽式输出级，没有提供两个二极管的偏置电压。这样会在零输出附近导致乙类失真，因为驱动级在输出电流经过零点时必须提供 $2V_{BE}$ 的基极电压（见图 7.15）。交越失真是不可忽略的，尤其是在高频导致环路增益被削减时。在运算放大器设计中，如果给输出推挽对一个正偏电压，使其处于微导通状态（即甲乙类），交越失真就可以大幅度降低。通用 741 就是后者的一个例子，反之，它的前身 709 用的就是简单乙类输出级偏置。而最好的 324 也是由于这个原因而可能出现很大的交越失真。选择一个合适的运算放大器，完全可以很好地达到音频低失真放大器的效果。这一设计也许对于高保真音响贡献很大。有很多现代运算放大器，特别是用在音频应用上的，都具有极小的交越失真。LT1028，LT1037 和 LM833 都是这方面的例子。例如，LM833 在整个 20 Hz～20 kHz 的音频带宽内，交越失真小于 0.002%。当然这是标称值，实际上可能达不到这个值。这些放大器都有很低的噪声电压，事实上，LT1028 在这方面是目前为止世界上最好的，其 $e_n = 1.7\ \mathrm{nV}/\sqrt{\mathrm{Hz}}$。

运算放大器的开环输出阻抗在输出电压为 0 时最大，因为此时输出级晶体管工作在最小电流状态。当频率很高时，晶体管增益降低，输出阻抗也随之增大，当然，如果频率很低，由于芯片的热反馈，阻抗只会很轻微地升高。

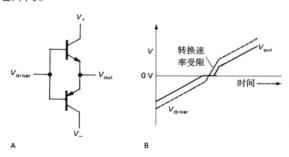

图 7.15　乙类推挽式输出级的交越失真

如果认为反馈可以解决一切，就完全可以忽略有限开环输出阻抗带来的影响。但是如果设想有的运算放大器的开环输出阻抗为几百欧，显然其影响就不能忽略了，特别是环路增益较低时。图 7.16 显示了一些运算放大器的输出阻抗在带反馈和不带反馈时的曲线。

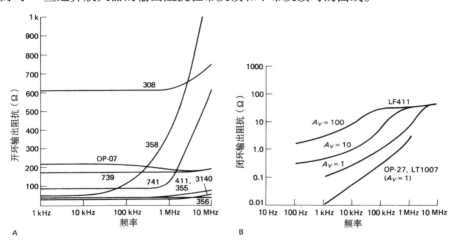

图 7.16　A. 一些通用运算放大器的开环输出阻抗；B. 411 和 OP-27 的闭环输出阻抗

驱动电容性负载

运算放大器的有限开环输出阻抗在我们想驱动容性负载时会带来很多困难,因为当输出阻抗与容性负载连入地时会产生延时的相移。如果3 dB的频率足够低,这些都会导致反馈的不稳定性,因为它会加入到频率补偿产生的90°相移中。例如,设想一下要用输出阻抗为200 Ω的运算放大器驱动100 ft的同轴电缆。两条无边界同轴电缆可以看成是一个3000 pF的电容器,这样就形成了一个RC低通电路,在270 kHz处衰减3 dB。这个值远低于典型运算放大器的单位增益频率,所以在高频时就很可能产生振荡（例如跟随器）。

有两种方法可以解决这一问题。一种是加一系列电阻,将高频时运算放大器的输出和电缆在低频和直流时的反馈再反馈回来（见图7.17）。

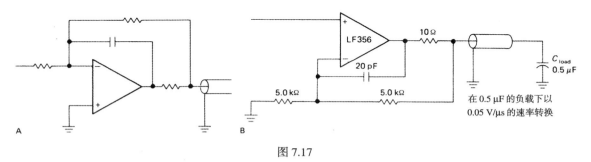

图 7.17

在第二个电路中标出的部分值是专对于此运算放大器和电路来构造的,它们同时也给出了可驱动的最大电容值。当然,这一技术在高频时所起的作用会降低,因为在频率很高时反馈对电缆中的信号所起的作用就不大了。

单位增益功率缓冲器

如果这种分裂反馈通道技术不可行,那么最好的办法就是在环路中加一个单位增益大电流缓冲器（见图7.18）。其中列出的器件的电压增益接近于1,且输出阻抗低,它们还能提供高达250 mA的输出电流。当频率低于运算放大器的特征频率（f_T）时,产生的相移都不大,而且可以不需要任何额外频率补偿而直接放在反馈环路中。表7.4给出了

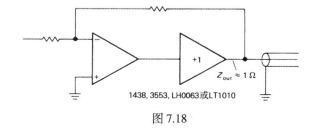

图 7.18

一个简短的缓冲放大器的清单。当然,这些功率放大器可以用于需要大电流负载的电路中,而不需要考虑电容性问题。然而,绝大部分缓冲放大器既没有外部电流限制,也没有热关断电路,这一点在设计中必须小心。有几种器件比较例外,包含片上保护,在表7.4中已经标出,例如LT1010。

还要注意,在前面的例子中,如果电缆的特性阻抗是有限的,情况就会不一样了。在那种情况下,电缆可以看成是一个纯阻抗,阻值在50~100 Ω,其值视电缆类型而定。这样就必须用一个有±200 mA驱动能力的缓冲器来驱动50 Ω负载电阻上±10 V的电压信号。这一点在13.2.1节中将会详细讨论。

前面的电路例子因为工作在直流,因此并不存在任何运算放大器的输出相关误差。

表 7.4　快速缓冲器

类型	Mfg[a]	小信号			电源电压		大信号					注释
		滚降频率 −3dB (MHz)	−40° (MHz)	Z_{out} (Ω)	最小值 (±V)	最大值 (±V)	转换速率 (V/μs)	最大输出电流 (±mA)	输出漂移 V_{out} (±V)	R_{load} (Ω)	V_{OS} 最大值 (mV)	
LT1010	LT	40	15	7	2.5	20	200	150	12	80	150	热受限，单片
LH0002	NS	50	60	6	6	22	200	100	10	50	30	
LH4001	NS	50	-	6	5	22	125	200	10	50	50	10针DIP
LM6321	NS	50	40	5	5	16	800	300	10	50	50	小型DIP，热受限，单片
AH0010	OE	60	-	20	6	18	1500	100	10	100	20	小型DIP，别名9910
BUF03	PM	65	20	2	6	18	250	70	10	150	6	单片
EL2001	EL	70	-	-	5	15	500	100	-	-	-	小型DIP
LH0033	NS+	100	80	6	5	20	1400	100	10	50	10	也称EL2033
1490	TP	100	-	20	12	18	500	100	-	-	20	FET输入
HA5002	HA	110	-	3	-	20	1300	200	11	100	20	单片
HOS100	AD	125	-	8	5	20	1500	100	10	100	10	
MAX460	MA	140	65	4	5	20	1500	100	10	50	5	单片
LH4004	NS	140	-	-	4	15	1500	-	10	50	15	FET输入，外部反馈
EL2005	EL	140	60	4	5	15	1500	100	10	100	5	FET输入，精度
EL2002	EL	180	-	-	5	15	1000	100	-	-	-	小型DIP，单片
LH0063	NS+	200	30	1	5	20	4000	250	10	50	25	"精快"缓冲器
MSK330	KE	200	-	2	-	18	3000	200	13	100	25	
LH4002	NS	200	150	6	4	6	1250	60	2.2	50	50	视频
9911	OE	200	-	6	11	18	1000	500	10	20	20	
9963	OE	200	-	3	6	18	3000	200	10	50	50	FET输入
1359	TP	250	60	5	12[b]	18	1300	100	10	50	15	
LH4003	NS	250	-	-	5	8	1200	100	3	50	15	视频；外部反馈
HA5033	HA	250	80	5	5	20	1300	100	10	100	15	小型DIP，单片，也称AH001
OPA633	BB	275	150	5	5	16	2500	100	11	50	15	单片
3553	BB	300	60	1	5	20	2000	200	10	50	50[t]	绝缘的金属盒
MP2004	MP	350	280	4	5	20	2500	100	10	100	10	FET输入，也称EL2004
LH4006	NS	350	-	-	4	8	1200	100	3	50	15	视频，外部反馈
EL2031	EL	500	-	-	-	8	5000	100	5	-	-	FET输入
CLC110	CL	730	200	2	5?	7	800	70	4	100	8	单片

a. 见表 4.1 的表注。　b. 正常值。　c. 典型值。

7.1.8 自动调零（斩波器稳定）放大器

即使最好的精密低失调运算放大器在V_{os}上也不能和所谓的斩波器稳定或者说自动调零运算放大器相比。反过来说，这些放大器虽然是用 CMOS 构建的，却由于其在失调电压或漂移上的平庸表现而闻名。这里使用的技巧是在片上集成了第二个调零运算放大器，同时还有一些 MOS 模拟开关和失调误差存储电容（见图7.19）。主干运算放大器是作为一个一般的常规放大器来使用的。调零运算放大器的工作是监控主干放大器的输入失调，如果有必要，还可以校正慢修正信号，以使输入失调为零。因为调零放大器本身也有一个失调误差，所以必须用一个校正环路来修正其自身的失调电压。

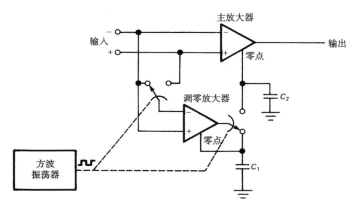

图 7.19 7650 型斩波器稳定运算放大器

自动调零环路：（a）从输入将调零放大器断开，将其输入端短接，输出接C_1，即它的修正信号的保持电容，这样调零放大器的失调就为零了；（b）现在将调零放大器连至输入端，将其输出接C_2，即主干放大器的修正信号的保持电容，这样主干放大器的失调也为零了。MOS 模拟开关是由一个板上振荡器控制的，振荡器的频率一般为几百赫。误差电压保持电容的值一般为 0.1 μF，大部分情况都被用于外部网络。LTC, Maxim 和 Teledyne 做了一些非常方便的自动调零放大器，把一些零散的电容都封装到一个 IC 片内。

自动调零运算放大器在其最优化的设计意图上确实达到了最好，其V_{os}的值（还有温度系数）都比最好的精密双极型运算放大器好5倍（见表7.2）。并且，它们在具有这些优良特性的同时，在运算放大器的速度和带宽上的表现也丝毫不差，与早期的同步放大器不同，后者同样也叫做斩波放大器，但是其带宽只被限制在斩波器时钟频率（见下文）。

以上是比较好的方面，而自动调零放大器的弱点也是不能忽略的。首先，作为 CMOS 产品，它们中的绝大部分都有一个严重受限的电源电压（一般总共为 15 V），因此不能用通用的 ± 15 V 电源。Maxim 的 MAX430/2 和 Teledyne 的 TSC915 以及 TSC76HV52 都是高电压自动调零运算放大器，它们是例外，可以工作在 ±15V 的电源下。第二，大部分自动调零运算放大器都要求有外部电容（LTC1050，Maxim 的 MAX430/2，Teledyne 的 TSC911/13/14 是例外）。对于很多自动调零放大器（特别是电源电压受限的那些）来说，第三个问题是相当严格的共模输入范围。例如，很流行的 ICL7650 在 ±5 V 的电源电压下的共模输入范围为 –5 ～ +1.5 V（对于改进的 ICL7652，其范围为 –4.3 ～ +3.5 V，这个范围已经相当宽了，但是它不包括负轨迹，所以不能把它用做一个单电源运算放大器）。在这一点上高电压放大器就要好得多。例如，MAX432 在 +15 V 的电压下的共模范围为 –15 ～ +12 V。运算放大器表（见表4.1）标出了哪些斩波放大器带有负轨迹的共模范围，尽管很流行的 ICL7652 没有，但是其改进型 LTC（LTC1052）和 Maxim（ICL7652B）都有，它们都可以进行很方便的单电源操作。

第四个缺点就是这些 CMOS 运算放大器的输出源能力都很低，有时甚至只有 1~2 mA（正输出）。而 MAX432 仅仅只有 0.5 mA。第五个（也是最重要的）缺点是时钟感应噪声的问题。这是由 MOS 开关产生的电荷引起的（见 3.3.2 节），并且会在输出导致相当恶劣的尖峰信号。说明书一般会产生误导，因为它一般给出了当频率非常低的情况下 $R_S = 100\ \Omega$ 时的输入相关噪声，例如一个典型的输入相关噪声电压为 0.2 μV（直流到 1 Hz，$R_S = 100\ \Omega$）。尽管如此，当输入信号为零时，输出波形仍然可能是一串 5 μs 宽，极性在变化的 15 mV 尖峰信号。在低频应用中可以用一个带宽为几百赫的 RC 滤波器在输出端滤波，这样就可以消除输出端的尖峰信号。这一尖峰噪声在积分电路中并没有什么影响（例如积分 A/D 转换器，见 9.3.7 节），或者在输出变化缓慢的电路中也没什么影响（例如输出端带仪器的热电偶电路）。事实上，如果要求的输出响应比较慢，而且将输出信号低通滤波至很低（低于 1 Hz），那么斩波放大器产生的噪声会比一般的低噪声运算放大器**更小**，见图 7.20。

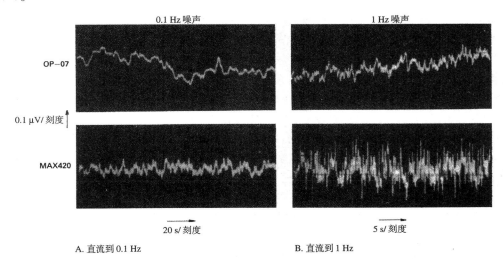

图 7.20　在非常低的频率处斩波器稳定运算放大器比一般的低噪声运算放大器的噪声要小

自动调零放大器的最后一个问题就是它们在饱和特性上的严重损失。这一问题是这样产生的：自动调零电路试图使不同的输入电容为零，这就隐含了整体反馈的假设。如果放大器的输出是饱和的（或者并没有外部电路来提供反馈），将会有一个很大的差分输入电压，而调零放大器会将它视为输入失调误差，因此调零放大器就会盲目地产生一个巨大的修正电压，将修正电容充至很高的电压值，最终直至调零放大器自己也饱和了。这一过程恢复得极慢，近乎 1 s！解决的办法是当输出接近饱和时箝住输入信号，以阻止这一现象发生。绝大部分自动调零运算放大器出于这种考虑，都提供了一个输出箝制电路，我们可以将它连回反相输入端以避免饱和。当然，我们也可以在斩波放大器中不使用箝制电路而同样达到阻止饱和的目的（在一般的运算放大器中也是一样），即在击穿电压处箝制，而不是让它限制在电源电压处，这在反相结构中特别有用。

□ 斩波器混合

　　□ **交流耦合斩波放大器**。当我们考虑自动调零斩波放大器时，要注意不要把这一技术和另一种斩波器技术混淆了，即传统的低带宽斩波放大器。在后者中，一个小直流信号被转变成已知频率的交流信号，由交流耦合放大器放大，最后乘以最开始用来斩波的信号波形来解调（见图7.21）。这一技术与我们前面所考虑的通带自动调零技术完全不同，在那种技术中复制了所有接近时钟频率的信号频率，一般只有几百赫。我们可以注意到，这一技术被用于图表记录器和其他低频仪器中。

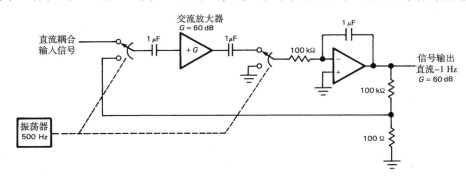

图 7.21　交流耦合斩波放大器

　　□ **热失调**。当我们构建失调电压为亚微伏级的直流放大器时，必须要注意**热失调**，它是由于不同金属连接处的发热而引起的（见15.2.1节）。当在不同温度下有一对这样的连接时，就会产生西贝克效应热电动势。在实际应用中，常常要在具有不同电镀的导线之间进行连接，从而产生热梯度，甚至一个很小的漂移都能很容易地产生几微伏的热电动势。甚至不同厂家生产的同样的导线都会产生 0.2 μV/°C 的热电动势，4倍于MAX432的温度漂移系数！最好的解决办法是在线路布局上尽量使导线和元件匀称一些，从而避免漂移和梯度的产生。

　　□ **外部自动调零**。National 公司生产的自动调零芯片（LMC669）可以用做外部调零放大器，以使我们选用的任何运算放大器成为一个自动调零放大器（见图7.22）。如图所示，它在反相结构中工作得最好，能对同相输入端产生一个误差电压来保持输入零失调。而前面所讨论的自动调零放大器就做不到这么精确，V_{os} 的标称值为 5 μV（典型值），25 μV（最大值）。尽管如此，并不是要我们对所有的运算放大器都使用自动调零技术。例如，我们可以用它来对一个精度不高但功率或速度很高的运算放大器进行调零。如图所示的电路就是很好的例子。LM675是一个很好的高速运算放大器（3 A 的输出电流，带有片上安全操作区和热保护），但是其最大失调电压为 10 mV。如果使用自动调零，可以使其降低 1000 倍。同样，LM6364 也是一个高速运算放大器（$f_T = 175$ MHz，SR = 350 V/μs），其最大失调电压为 9 mV，使用这一技术可以降低 400 倍。要注意在输入端和输出端的自动调零都有 RC 滤波器，当这一技术用于小信号和低噪声部分时，比如LM6364（8 nV/$\sqrt{\text{Hz}}$），这两个 RC 滤波器对于消除修正环路中的斩波器噪声是很有必要的。

　　□ **仪器用放大器**。另一种斩波器技术称为整流自动调零放大器（或称CAZ），由 Intersil 发明。在这一技术中，ICL7605 快速电容仪器用放大器是一个典型，MOSFET 开关使我们可以存储通过电容的差分输入信号，然后用单端的斩波器稳定放大器来放大（见图7.23）。使用标准的自动调零放大器在时钟频率处会产生电荷耦合尖峰，CAZ 技术也同样有这一局限性。尽管在本书的第一版中我们曾抱怨过 CAZ 放大器，但是现在已经被更好的自动调零技术改进了，在这一技术中，信号一般都只通过单级放大器。

　　为了保持对 CAZ 放大器的公平性，必须指出用于 7605 的快速电容技术有一些很独特的优点，包括输入共模工作电压超出两个电源电压 0.3 V，CMRR 为 100 dB（最小值），还有比任何单片放大器都要低的失调电压。尽管如此，如果要使用这些放大器，不要忘记需要输出噪声滤波器，其电源电压是受限的（±8 V，最大值），还要求高阻抗负载，因为输出阻抗会在时钟频率处周期性地升高。

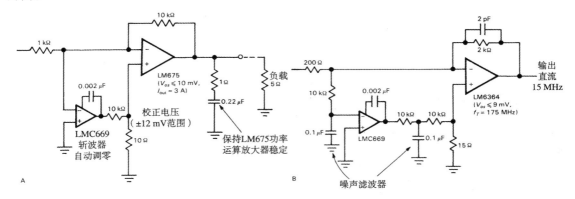

图 7.22　外部自动调零 IC（LM669）

LTC1043 快速电容集成模块使我们可以自己做出高 CMRR 差分放大器。仪器用放大器的细节将在下面讨论。精密运算放大器表（见表 7.2）包含了大部分现在市面上流通的自动调零运算放大器。

7.2　差分和仪器用放大器

仪器用放大器这一名词用来表示单端输出、高输入阻抗、高 CMRR 的高增益交流耦合差分放大器。它们被用来放大从传感器过来的小的差分信号，其中可能会有比较大的共模信号或电平。

以应变仪为例来讨论这类传感器。将一个桥梁支板拉伸，会使其电阻改变（见 15.2.3 节），直接结果就是当用固定直流偏置电压驱动时，在差分输出电压上会有一个小的变化（见图 7.24）。电阻的阻值基本不变，一般为 350 Ω，但是其值依赖于不同的拉力。满量程灵敏度一般为 2 mV/V，因此，对于 10 V 的直流激励来说，满偏输出就为 20 mV。当抑制 5 V 共模信号中的抖动时，差分放大器必须有非常好的 CMRR 来放大毫伏级的差分信号。例如，假设要求的最大误差为 0.1%，由于满偏量程的 0.1% 是 0.02 mV，相对于 5000 mV 来说，CMRR 就必须超过 250 000∶1，也就是大约 108 dB。

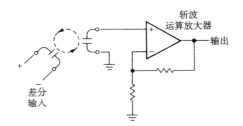

图 7.23　ICL7605 高 CMRR 的快速电容差分放大器

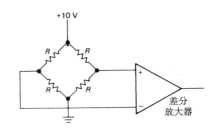

图 7.24　带放大器的应变仪

用于制造仪器用放大器（或更普遍地说，用于制造高增益差分放大器）的那些技巧与我们刚才所讨论的很相似。偏置电流、失调和 CMRR 误差都是非常值得重视的。让我们首先从用于一般应用的差分放大器的设计开始，一步步接近符合仪器用的最苛刻要求及其电路解决方案。

7.2.1　差分放大器

图 7.25 显示了一个典型的对共模抑制要求不高的电路。这是一个电流敏感电路，用在一个能为负载提供稳定电流的恒流源中。通过 4 线 0.01 Ω 功率电阻的电压降会产生负载电流。即使 R_S 的一端接地，使用一个单端放大器仍然是一个不明智的选择，因为一毫欧的接线阻抗都会产生 10% 的误差。很显然，这里需要使用差分放大器，但是并不需要特别好的 CMRR，因为估计这里的共模信号非常小。

正如4.3.1节所讨论的，标准差分放大器的构造中用到了运算放大器。R_1，R_2和R_5都是精密的绕线电阻，对于增益有着极高的稳定性，而用于设置CMRR的电阻R_3和R_4只需要用1%的金属电阻就可以了。这样，整个电路的增益精度接近于电流敏感电阻的精度，并且CMRR大致为40 dB。

精密差分放大器

对于像应变仪、热电偶这一类的应用来说，40 dB的共模抑制完全是不够的，一般起码需要100 dB到120 dB。例如，在前面的应变仪的例子中，满量程差分信号可能是2 mV/V。如果想要精度达到0.05%，就必须使共模抑制比起码达到114 dB（注意这一要求在某些特殊的例子中可以放宽一些，比如在某个实验环境中，产生的共模电压被放大器调零了）。很显然，第一个提供CMRR的方法是加强差分电路中的电阻精度（见图7.26）。一般选择的阻值要使那个巨大的反馈电阻的值在市面上流通的精密绕线电阻的取值范围内。假设运算放大器的CMRR很高，使用0.01%的电阻，可以使共模抑制在80 dB左右（68 dB是最坏情况）。如图所示，只需要一片调整片，就可以使共模灵敏度为零。使用图上所标的各个值，可以调整高达0.05%的累积误差，也就是比最坏情况下的电阻误差还要大的误差。我们使用了如图所示的网络是因为阻值比较小的微调电阻往往会随时间而不稳定，这一点在这个网络中可以很好地避免。

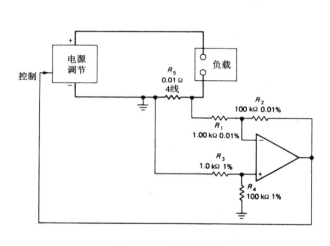

图 7.25　电流稳压器

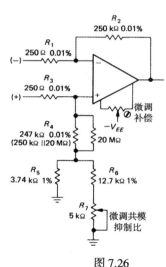

图 7.26

关于交流共模抑制需要注意的一点是使用优良的运算放大器和微调电路，可以在交流下达到100 dB甚至更高的CMRR。尽管如此，为了保证最佳的稳定性，我们使用了绕线电阻，其电感会引起CMRR随频率的下降。无电感的绕线电阻（Aryton-Perry型）可以降低这一影响，这一点在后面将要讨论的电路中是很常见的。同时还要注意，要在高频处达到优良的CMRR，还必须平衡整个电路的电容。这要求使整个电路元件的布局呈镜像。

Burr-Brown提供了一系列精密差分放大器，在一个优良的mini-DIP（8针）片中集成了匹配好的电阻。INA105为单位增益（最大增益误差为±0.01%），其输入阻抗为25 kΩ，INA106的增益为10，精度与105一样，输入阻抗为10 kΩ。后者的最小CMRR为94 dB，最大V_{os}为100 μV，稳定在1000 pF。Burr-Brown同时还提供了一个高输入共模电压（±200 V）范围的版本，后面将会讨论到。

□ 高电压差分放大器

图7.27显示了一个提高差分放大器共模输入电压范围而又不损失差分增益的方法。U_2用来监视U_1的输入端的共模输入信号，一旦出现，就通过R_5和R_6将其消除。因为在U_1和U_2并不剩余任

何共模信号，所以运算放大器的 CMRR 就不是很重要了。因此，此电路最终的 CMRR 就由匹配电阻的阻值比 $R_1/R_5 = R_3/R_6$ 来设定，对于 R_2 和 R_4 的精度要求并不太高。如图所示的电路共模输入的范围为 ±200 V，CMRR 为 80 dB，差分增益为 1.0。

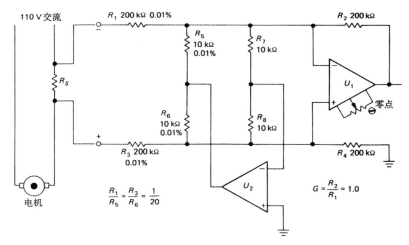

图 7.27　由低电压运算放大器构成的高共模电压差分放大器

Burr-Brown 生产的单位增益芯片 INA117 使用的是另一种方法来达到高共模电压范围，用一个 200∶1 的分压器来将 ±200 V 的信号降至运算放大器 ±10 V 的共模范围（见图 7.28）。这一方法比图 7.27 所示的简单，但代价是降低了失调和噪声的温度系数：V_{os} 为 1000 μV（相比之下，INA105 为 250 μV），输出电压噪声为 25 μV pp（0.01~10 Hz），而 INA105 只有 2.4 μV。

□ 输入阻抗的提高

使用电阻来进行微调的差分放大器可以很好地满足我们的要求，但是当我们注意到它在内阻上的限制时就出现问题了。为了使图 7.26 所示的电路的增益精度达到 0.1%，必须保持内阻在 0.25 Ω 以下！此外，两个输入端的内阻必须完全匹配，误差不超过 0.0025 Ω，以保证 CMRR 为 100 dB。后一个结果是由图 7.29 所示的等效电路得出的。这个三角形代表整个差分放大电路，或任何差分或仪器用放大器，且 R_{S1} 和 R_{S2} 代表每个边的戴维南源内阻。对于共模信号来说，整个放大电路包括了两个和输入电阻 R_1，R_3 串联的源内阻，因此 CMRR 取决于 $R_{S1} + R_1$ 与 $R_{S2} + R_3$ 的匹配。很显然，对这个电路再使用前面计算出的源内阻就不太合理了。

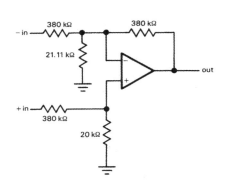

图 7.28　INA117 差分放大器，共模输入范围为 ±200 V

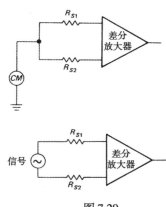

图 7.29

使用如图 7.30 所示的 T 型网络作为反馈电阻，就可以通过提高阻值来进行一些改进。这就是在 7.1.6 节和 4.5.6 节讨论过的带 T 型网络的差分放大器。用如图所示的值可以使差分电压增益达到 1000（60 dB）。要使增益精度达到 0.1%，源内阻必须低于 25 Ω，而且要得到 100 dB 的 CMRR 就必须匹配至 0.25 Ω。这在大部分应用中都是一个不可实现的要求。例如，一个应变仪的一般源内阻为 350 Ω 左右。

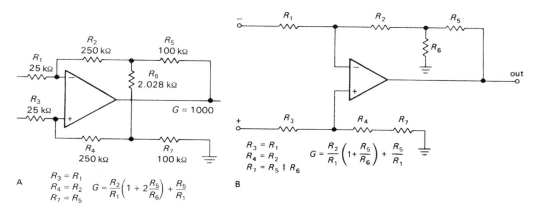

图 7.30　带 T 型网络的差分放大器，很小的反馈电阻 H 使之具有很高的输入阻抗

这个问题的一般解决方法是用跟随器或同相放大器来保持高输入阻抗。最简单的办法是给通用放大器加一个跟随器（见图 7.31）。一旦有了这个巨大的输入阻抗，至少对直流来说，任何合理的源内阻都不成问题了。当频率较高时，对应于共模信号来配置源内阻的值就变得很重要了，因为电路的输入电容与源内阻串联会形成一个分压器。说到较高的频率，一般指的是 60 Hz，因为共模交流电力线检波是一个麻烦事。而在 60 Hz 上，几皮法的输入电容还是无关紧要的。

7.2.2　标准 3 运算放大器仪器用放大器

精密跟随器电路（见图 7.31）的一个弱点是它同时要求跟随器和末级放大器都具有高 CMRR。既然输入缓冲器工作在单位增益，那么所有的共模抑制就都取决于输出放大器了，正如我们讨论过的，这就要求精确的电阻匹配。图 7.32 所示的电路在这方面是一个巨大的改进。它构成了仪器用放大器的标准。用两个运算放大器（而不用精确匹配的电阻）来提供高差分增益和单位共模增益作为输入级是一个很聪明的做法。它的差分输出代表一个相当于共模信号经过一定衰减的信号。因此，输出运算放大器 U_3 自身就无需另外的 CMRR 了，并且在 U_3 电路中电阻的匹配要求也就不那么严格了。如图所示，整个电路的失调调整可以由一个运算放大器来完成。而输入运算放大器仍然需要有很高的 CMRR，所以必须小心选择。

有数个厂家都可以提供包括这一标准结构的完整的仪器用放大器集成电路。除 R_1 以外的所有元件都是内部的，增益由单独在外的电阻 R_1 来设置。典型的例子如微功率 INA102，高速 INA110，还有高精度 AD624。所有这些放大器都提供从 1 到 1000 的增益范围，CMRR 在 100 dB 左右，输入阻抗大于 100 MΩ。微功率合成 LH0036 由低达 ±1 V 的电源供电。AD624 提供的增益线性为 0.001%，初始失调电压为 25 μV，失调漂移为 0.25 μV/°C，可以提供失调电压的外部调整。有一些仪器用放大器（例如高精度 INA104）还可以提供 CMRR 的微调。不要把这些同 725 的所谓"仪器用可操作放大器"混淆了，后者仅仅是一个可作为仪器用放大器模块的优良放大器。图 7.33 显示了通常使用的完整的仪器用放大器电路。

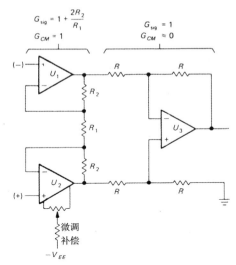

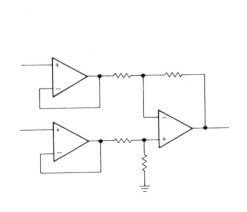

图 7.31 高 Z_{in} 差分放大器

图 7.32 经典的仪器用放大器

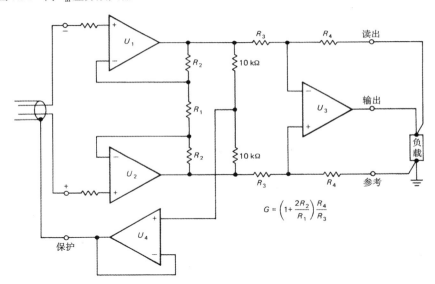

图 7.33 带数据保护、读出和参考端的仪器用放大器

关于这类仪器用放大器电路的一些注释（见图7.33）：（a）U_4输出端的缓冲共模信号可以作为防护电压来降低电缆电容和漏电所造成的影响。使用这种方法时，防护输出将会连入输入电缆的屏蔽中。如果增益设置电阻 R_1 没有紧邻放大器（例如，如果是一个面板调节器，就应该避免这种结构），它的连线也应该屏蔽和防护。（b）读出和参考端允许**读出**负载上的输出电压，从而反馈就可以消除线路和外部电路中的损失。此外，参考

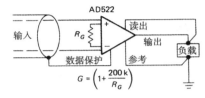

图 7.34 IC 仪器用放大器

端也可以用直流电平（或其他信号）来补偿输出信号。尽管如此，参考端和地之间的阻抗必须保持很小，否则CMRR将会降低。（c）使用任何此类仪器用放大器都必须有一个输入电流偏置回路，例如，我们不能只把一个热电偶连至输入端。图7.34 显示了一个带保护、读出和参考端的IC仪器用放大器的简单应用。

□ 自举电源

输入运算放大器的CMRR在这个电路中成为最终的共模抑制比的限制因素。如果需要CMRR高于120 dB，就可以使用如图7.35所示的方法。U_4缓冲了共模信号电平，驱动 U_1 和 U_2 的共用电源终端。这一自举设计有效地消除了 U_1 和 U_2 的输入共模信号，因为在它们的电源输入端已经完全没有波动了（由于共模信号产生的波动）。U_3 和 U_4 照常由系统电源供电。这一设计可以在CMRR上产生奇迹般的效果，起码对直流是这样。当频率升高时，同样有电阻和输入电容的匹配问题。

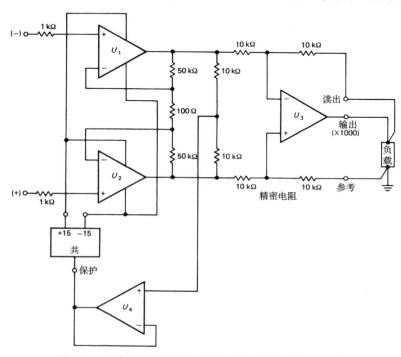

图 7.35　有高 CMRR 的带自举输入电源的仪器用放大器

双运算放大器结构

图7.36显示了另一种可以提供高输入阻抗的结构，只使用两个运算放大器。因为它并不是通过两级来完成共模抑制的，如同3运算放大器电路一样，也要求精确的电阻匹配来达到良好的CMRR，与标准差分放大器电路比较相似。

专用 IC 仪器用放大器

市面上有一些单片集成的放大器，因为是单片集成的，所以不贵。其中有一些的表现相当优秀。它们使用的方法与前面提及的电路完全不相关。

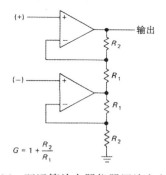

图 7.36　双运算放大器仪器用放大电路

□ **电流反馈放大器技术**。这一技术以 LM363，AD521 和 JFET AMP-05 为典型，不需要外部电阻匹配就可以达到很高的CMRR。事实上，增益是由一对外部电阻的比值设置的。图7.37显示了AMP-01的框图。这个电路使用两个差分互导放大器对，每一对都带一个单独的外部电阻来设置增益。有一对是由输入信号驱动的，而另一对是由相对于参考端的输出信号驱动的。AMP-05用场效应晶体管来保证低输入电流，而AMP-01则用双极型技术来得到低失调电源和漂移（见表7.5）。

表 7.5　仪器用放大器[b]

类型	电流反馈	电压最大值(V)	最小值(V)	电流最大值(mA)	失调电压 RTI[a] (mV)	失调电压 RTI (μV/°C)	失调电压 RTO[a] (mV)	失调电压 RTO (μV/°C)	偏置(nA)	补偿(nA)	噪声电压 0.1~10Hz RTI[a] (μV,pp)	0.1~10Hz RTO[a] (μV,pp)	10Hz~10kHz RTI[a] (μV,rms)	10Hz~10kHz RTO[a] (μV,rms)	电流 10Hz~10kHz (pA,rms)	CMRR G=1 (dB)	CMRR G=1k (dB)	转换速率 (V/μs)	-3dB G=1 (kHz)	-3dB G=1k (kHz)	1%误差带宽 G=1 (kHz)	1%误差带宽 G=1k (kHz)	建立时间 G=1 (μs)	建立时间 G=1k (μs)
AMP-01A	– •	9	36	5	0.05	0.3	3	50	3	1	0.1	13	0.5	–	–	85	125	4.5	3000	120	570	26	12	50
AMP-05A	• •	10	36	10	1	10	15	100	0.05	0.025	4	7	3	1	1	90	110	7.5	350	0.35	–	–	5	5
LH0036	– –	2	36	0.6	1	10[t]	5	15[t]	100	40	–	–	5	–	–	50	100	0.3	–	1.6	–	–	8	600
LH0038[c]	– –	10	36	2	0.1	0.25	10	25[t]	100	5	0.2	–	0.6	–	10	–	114	0.3	300	2.5	–	–	–	80[d]
INA101C	– –	10	40	8.5	0.025	0.25	0.2	10	20	20	0.8	–	1.5	–	50	80	106	0.4	300	0.3	20	0.2	30	500
INA102C	– –	7	36	0.8	0.1	2	0.2	5	30	10	0.1	–	2.5	8	20	90	90	0.2	300	2.5	30	0.03	50	3300
INA104C	– –	10	40	10	0.025	0.25	0.2	10	20	20	0.8	–	1.5	–	50	80	106	0.4	300	0.3	20	0.2	30	350
INA110B	– –	10	40	4.5	0.25	2	3	50	0.05	0.025	1	8	5	10	–	80	106	17	2500	100[f]	–	–	4	11[f]
LM363A	• –	12	36	2	0.05	0.5	10	250	5	2	0.4[h]	100[h]	1.2	100	15	100[g]	126	0.4	200[g]	30	30[g]	5	20[g]	70
AD521	– –	10	36	5	3	15	400	400	80	20	0.5	150	1.2	30	–	70	100	10	2000	40	75	6	7	35
AD522	– –	10	36	10	–	6	0.4	50	25	20	1.5	15	–	15	40	75	100	0.1	300	0.3	–	–	500[d]	20000[d]
AD524C	– –	12	36	5	0.05	0.5	2	25	25	10	0.3	15	0.5	10	40	80	120	5	1000	25	–	–	10	50
AD624C	– –	10	36	5	0.025	0.25	2	10	15	10	0.2	10	0.5	10	–	80	130	5	1000	25	–	–	10	50
AD625C	– –	10	36	5	0.025	0.25	2	15	15	5	0.2	–	0.4	7	30	80	120	5	650	25	–	–	15[d]	75[d]
ICL7605[e]	• –	4	18	5	0.005	0.2	–	–	1.5	–	1.7	–	–	–	–	100[t]	100[t]	0.5	0.01	0.01	慢		慢	

a. RTI: 指输入。RTO: 指输出。噪声与误差可以分成在输入与输出端同时产生的分量，总的输入噪声（或误差）则由 RTI+RTO/G 给出。
b. 差分输入阻抗 >1 GΩ，LH0038（5 MΩ），AMP-05（1 TΩ）与 INA110B（5 TΩ）除外。　　f. G=500。　　g. G=10。
c. 增益范围 10~2000。　　d. 达到 0.01%。　　e. CAZ类型（见7.2.2节）；7606是无补偿的。
h. 0.01 ~ 10 Hz。　　t. 典型值。

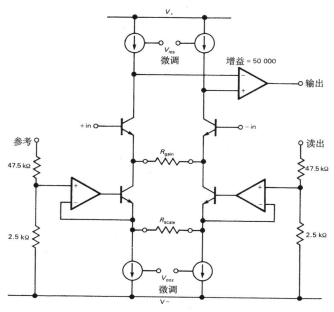

图 7.37　AMP-01 仪器用放大器 IC 的结构图

7.3　放大器噪声

在几乎所有测量领域，探测弱信号的最终限制都在于噪声的存在，即淹没了有用信号的不需要的信号。即使要测量的信号并非很弱，噪声的存在也会降低测量精度。有几种形式的噪声是无法避免的（例如要测量的波动），只有通过**信号平均**和**缩小带宽**等技术来克服（将在第 15 章讨论）。另一些形式的噪声（例如射频干扰和"接地回路"）可以由很多技术来消除或降低，包括滤波和良好的线路结构和元件布局。最后，放大器本身在工作时也会产生噪声，低噪声放大器设计技术可以解决这一问题。尽管信号平均技术常常可以用来检出淹没在噪声里的信号，但是通常有完全不可避免的误差，并且放大器噪声非常低的系统中才值得用这种技术。

我们从由所有电子电路都不可避免的各种噪声的起源以及特征开始讨论，然后进入到晶体管和场效应管的噪声的讨论，包括讨论给定信号源的低噪声设计方法，还会提出一些设计实例。在简单讨论差分和反馈放大器噪声之后，将会用一节来讨论合适的接地、屏蔽和消除干扰的方法，见13.6.2 节（模拟模型工具）。

7.3.1　噪声的起源和种类

既然噪声可以表示任何干扰有用信号的事物，那么它自己就可以是另一个信号（干扰），尽管如此，一般我们都用这一概念来描述物理特性（一般是热特性）产生的随机噪声。噪声一般都是用它的频谱、幅度分布和产生的物理机制来表征的。下面来看看最主要的产生原因。

约翰逊噪声（热噪声）

对于任何老化电阻，即使把它放在桌子上，也会在其两端产生一个噪声电压，这就是所谓的约翰逊噪声。它的频谱很平，也就意味着在每一频段的噪声功率都相同（当然频率还是有上限的）。频谱很平的噪声也叫做白噪声。在温度为 T 时，由一个电阻 R 产生的实际开路噪声电压由下式决定：

$$V_{\text{noise}}(\text{rms}) = V_{nR} = (4kTRB)^{\frac{1}{2}}$$

其中 k 为玻尔兹曼常数，T 为以开为单位的热力学温度（$°K = °C + 273.16$），B 是以赫兹为单位的带宽。因而，如果用一个电阻在温度 T 时产生的电压来驱动一个完全没有噪声的带通滤波器（带宽为 B），V_{noise}（有效值）就是输出端的测量值。在室温下，（$68°F = 20°C = 293°K$）

$$4kT = 1.62 \times 10^{-20} \text{V}^2/\text{Hz} - \Omega$$
$$(4kTR)^{\frac{1}{2}} = 1.27 \times 10^{-10} R^{\frac{1}{2}} \quad \text{V/Hz}^{\frac{1}{2}}$$
$$= 1.27 \times 10^{-4} R^{\frac{1}{2}} \quad \mu\text{V/Hz}^{\frac{1}{2}}$$

例如，用带宽为 10 kHz 的滤波器来测量一个 10 kΩ 的电阻在室温下的开路有效电压，结果为 1.3 μV（将它接入一个高保真放大器的输入端，然后在输出端用伏特表测量）。这一噪声电压的源内阻就是 R。图 7.38 绘出了约翰逊噪声电压密度（有效值电压每平方根带宽）和源内阻的关系曲线。

热噪声电压的幅度在任何情况下一般来说都是不可预见的，但是它遵循高斯分布（见图 7.39），其中的 $p(V)dV$ 是某时刻电压值在 V 和 $V+dV$ 之间的概率，V_n 是前面已经给出的有效噪声电压。

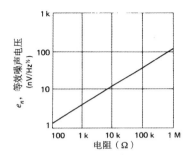

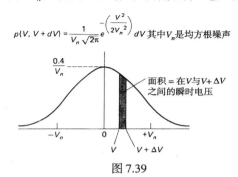

图 7.38　热噪声电压与内阻关系图　　　　图 7.39

热噪声的意义就在于它是任何检波器、信号源或者带电阻的放大器的噪声电压的下限。源内阻的阻抗部分会产生热噪声，放大器的偏置和负载电阻也同样如此。在后面将会看到其简单原理。

有一点很有意思，就是阻抗的物理模拟模型（在一个物理系统中任何有能量损失的机械运动，例如液体微粒之间的粘滞摩擦）是与相关物理量的波动联系在一起的（既然这样，微粒的运动速率就呈现出无规律的布朗运动）。热噪声只是这种波动耗散现象的一个特例。

不能把热噪声与当外部电流加于一个电阻时由于阻抗波动而产生的附加噪声电压混淆了。这种"过量噪声"的频谱大致为 $1/f$，而且完全取决于实际电阻的构造。我们将会在后面讨论这些内容。

散射噪声

电流其实是一股离散的电荷流，而不是一种真正的流体。电荷量的有限性导致了电流的统计性起伏。如果电荷之间互不影响，那么电流的波动就由下式给定：

$$I_{noise}(\text{rms}) = I_{nR} = (2qI_{dc}B)^{\frac{1}{2}}$$

其中 q 为电子电荷（1.60×10^{-19} C），B 为测量带宽。例如，一个 1 A 的看似稳定的电流，在 10 kHz 范围内测量，其有效值波动为 57 nA，也就是在 0.000 006% 上下波动。对于更小的电流，其波动更大：一个稳定的 1 μA 的电流通常也有均方电流噪声波动，在 10 kHz 范围内测量值为 0.006%，也就是 −85 dB。对于 1 pA 的电流，均方电流波动为 56 fA（在同样带宽测量），也就是 5.6% 的波动！如同电阻的热噪声，这一噪声也是高斯分布的白噪声。

前面给出的散射噪声公式是假设电流中的载流子互不影响而得出的。当电荷通过一个势垒时，这种假设确实是存在的，例如面接触型二极管中的电流是以电荷的扩散形式传播的。但是对于最常见的金属导体来说就不是这样，其载流子之间有着很密切的联系。因此，一个纯电阻电路的电流产生的噪声其实远远低于刚才的散射噪声公式所预测的值。散射噪声公式的另一个很重要的例外就是标准晶体管电流源电路（见图2.21），在那个电路中散射噪声完全被负反馈消除了。

习题7.4　在一个低噪声放大器中用一个电阻作为集电极负载，集电极电流I_C同时会伴随散射噪声。证明当负载电阻上的静态电压降大于$2\,kT/q$（室温下为50 mV）时，输出噪声电压是由散射噪声（而不是电阻的热噪声）决定的。

1/f噪声（闪烁噪声）

散射噪声和热噪声都是由于物理特性而产生的不可还原的噪声。一个最昂贵的制作精良的电阻和一个最便宜的炭阻（同样的阻值）所产生的热噪声完全一样。另外，实际设备都会有各种各样的过量噪声源。实际中的电阻都存在阻值的波动，其结果是产生一个附加的噪声电压（与永远存在的热噪声加在一起），其值与流经它的直流电流成正比。这一噪声和很多与电阻构造相关的因素有关，其中包括电阻的材料，特别是封装技术。这里有一个各种电阻产生的典型过量噪声值的清单，以电阻两端每1 V电压所产生的有效微伏值给出，在十倍频范围内测量：

纯炭阻　　　　　　　0.10 ~ 3.0 μV

炭膜电阻　　　　　　0.05 ~ 0.3 μV

金属膜电阻　　　　　0.02 ~ 0.2 μV

绕线电阻　　　　　　0.01 ~ 0.2 μV

这一噪声的频谱大致为1/f（等于每十倍频的功率），有时叫做粉红噪声。其他能产生噪声的机械运动通常产生的是1/f噪声，例如晶体管的基极电流噪声和真空管的阴极电流噪声。很难理解，实际情况下1/f噪声都发生在难以预料的地方，例如，洋流的速度，沙漏中的沙流，日本高速公路的车流，以及在过去的两千年中测量的尼罗河每年的泛滥。如果我们把一章音乐的响度和时间的关系曲线绘制出来，得到的结果居然是一个1/f频谱！对于所有1/f噪声来说并没有一个统一的原理，就好像一个涡流，尽管在每一个实例中都可以找到其特定的源头，但是仍得不出统一的结论。

干扰

正如前面所提过的，干扰信号或杂散拾波构成噪声形式。在这里频谱和幅度依赖于干扰信号。例如，60 Hz的拾波的频谱是一个尖峰，幅度几乎不变；相反，汽车点火噪声、闪电以及其他脉冲干扰，都有很宽广的频谱和很尖的幅度。其他的噪声源还有电台和电视台（这是一个在大城市附近特别严重的问题）、近距离的电器、电动机和升降机、地下电缆管道、开关调节器以及电视机。从另一个角度说，任何能在我们所要测量的量中混入其他信号的事物都会产生同一类问题。例如，一个光学干涉仪很容易被振动所影响，而一个无线电频率测量仪（例如NMR）则会被周围的射频信号所干扰。有很多电路，例如检波器甚至电缆，都对振动以及声音很敏感，用术语来说就是颤噪声。

这些噪声源有很多都可以用良好的屏蔽和滤波来控制，本章后面将会讨论这些内容。而在其他时候就不得不进行很苛刻严格的测量了，包括准备厚重的实验台（以避免振动）、恒温的房间、消声室还有电子屏蔽房间。

7.3.2　信噪比和噪声系数

在进入放大器噪声和低噪声设计之前，需要定义几个在描述放大器性能时经常会用到的概念，包括在电路的同一处不同次测量的噪声电压比。一般提到噪声电压，都是将它与放大器的输入联系在一起的（一般尽管在输出端测量），也就是在输入端以微伏级描述的源噪声和放大器噪声，将会在输出端产生明显的输出噪声。当考虑放大器加入到给定信号中的与放大器增益无关的噪声时，考虑输入端就很有意义了，而且事实上大部分放大器噪声都是由输入级产生的。

噪声功率密度和带宽

在前面热噪声和散射噪声的例子中，被测噪声电压值取决于测量带宽 B（也就是我们能看到多少噪声取决于我们能看得多快）和噪声源自己的一些变量（R 和 I），因此可以方便地得到有效噪声电压密度 v_n：

$$V_n(\text{rms}) = v_n B^{1/2} = (4kTR)^{1/2} B^{1/2}$$

其中 V_n 为带宽为 B 时有效噪声电压的测量值，白噪声源有一个不依赖于频率的 v_n，相反，粉红噪声的 v_n 会在 3 dB/二倍频处逐渐减小。同时还会经常出现 v_n^2，它表示平方噪声密度。既然 v_n 一般代表有效值，而 v_n^2 一般代表均方值，我们就可以直接将 v_n 平方以后得到 v_n^2。听起来好像很简单（事实上也是），但是为了避免困惑，还是解释一下。

注意 B 和 B 的平方根始终都会出现。例如，对于一个电阻 R 的热噪声，有下式：

$$v_{nR}(\text{rms}) = (4kTR)^{\frac{1}{2}} \qquad \text{V/Hz}^{\frac{1}{2}}$$

$$v_{nR}^2 = 4kTR \qquad \text{V}^2/\text{Hz}$$

$$V_n(\text{rms}) = v_{nR} B^{\frac{1}{2}} = (4kTRB)^{\frac{1}{2}} \qquad \text{V}$$

$$V_n^2 = v_{nR}^2 B = 4kTRB \qquad \text{V}^2$$

在数据表中一般都可以看到 v_n 和 v_n^2 的图，单位是纳伏每平方根赫兹或平方伏每赫兹。马上要出现的 e_n 和 i_n 也是一样的。

当我们把两个不相关的信号加到一起时（两个噪声信号或噪声加上实际信号），**平方幅度**就为：

$$v = (v_s^2 + v_n^2)^{\frac{1}{2}}$$

其中 v 是将一个有效幅度为 v_s 的信号和有效幅度为 v_n 的噪声信号加起来的那个信号的有效值。幅度的有效值**不是**直接相加的。

信噪比

信噪比（SNR）可以由下式简单定义：

$$\text{SNR} = 10\lg\left(\frac{V_s^2}{V_n^2}\right) \qquad \text{dB}$$

其中电压都为有效值，带宽和中心频率为某个特定值，也就是说，这里提出的仅仅是一个以分贝为单位的比值，即有用信号的电压有效值与噪声有效值的比。有用信号本身可能是一个正弦信号或者是经过调制的波形，甚至本身就是一个类似噪声的信号。如果信号的频谱带宽很窄，那么对带宽的规定是很重要的，因为如果规定的带宽超过了信号的带宽，SNR 就会随着带宽的增加而下降。这是因为信号的功率是保持不变的，而放大器的噪声功率却在持续增加。

噪声系数

由于源内阻（其源内阻复数值的实部）的热噪声的存在，任何一个真实的信号源或测量设备都会产生噪声。当然，由于其他原因还可能产生附加噪声。放大器的**噪声系数**（NF）仅仅是一个比值，也就是放大器的实际输出与假设完全没有噪声的相同增益的放大器的输出之比，两种情况都是把放大器的输入端用一个阻值为 R_s 的电阻连接起来。也就是说，此时的输入信号为 R_s 的热噪声。

$$\text{NF} = 10\lg\left(\frac{4kTR_s + v_n^2}{4kTR_s}\right)$$

$$= 10\lg\left(1 + \frac{v_n^2}{4kTR_s}\right) \qquad \text{dB}$$

其中 v_n^2 是假设有一个无热噪声的电阻 R_s 接到放大器的输入端，每赫兹的均方噪声电压。很快就可以看到，前面的限制是很重要的，因为放大器产生的噪声与源内阻的关系是非常密切的（见图7.40）。

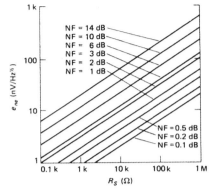

图7.40　有效噪声电压与噪声系数和源内阻关系图

当我们已经有了源内阻给定的信号源，想比较一下放大器（或晶体管，其NF通常也是规定了的）的优劣，噪声系数无疑是一个方便而明确的标准。NF一般随着频率和源内阻的不同而各异，而且一般给出的都是一系列NF值固定时频率和 R_s 的关系曲线。当然也可能以NF与频率的关系图来给出，其中每一条曲线对应着一个集电极电流。相似地，还可以给出一系列NF-R_s关系图，其中每条曲线也对应一个集电极电流。注意，前面对NF的分析都已经假设放大器输入阻抗远远大于源内阻，即 $Z_{in} \gg R_s$。尽管如此，在某些射频放大器的特例中，一般会有 $R_s = Z_{in} = 50\ \Omega$，相应的NF就不是如前面那样定义了。在这种阻抗匹配的情况下，只需要把前面公式里的系数"4"去掉即可。

不要试图通过串联一个电阻到信号源来改进NF，这是很荒谬的。这样做只会增加源噪声而使放大器噪声相比之下似乎要好一点。因此，NF看起来似乎是改进了，其实完全是表面现象。还有一点也很具有欺骗性，晶体管或场效应管所标明的NF值（例如NF = 2 dB）通常都是对于最适宜的 R_s 和 i_C 组合来说的。在实际运用中，这个值根本不能说明问题，除非生产者认为NF是值得夸耀一番的。

一般而言，当我们评价某个放大器的性能时，紧抓住SNR是比较明智的。SNR可以由源电压和电阻来计算。这里给出了NF和SNR之间的转换关系式：

$$SNR = 10\lg\left(\frac{v_s^2}{4kTR_s}\right) - NF(dB) \qquad dB$$

其中 v_s 为信号幅度有效值，R_s 为源内阻，NF为源内阻是 R_s 时放大器的噪声系数。

□ 噪声温度

除噪声**系数**外，有时还可以见到噪声**温度**这一概念，也是用来描述放大器的噪声性能的。两种方法其实给出的是同一信息，即当电阻 R_s 为信号源内阻时，放大器产生的过量噪声。两者其实是描述同一事物的等价方法。

现在由图7.41来看看噪声温度是怎样起作用的。首先设想将一个真实放大器（有噪声的）和一个**无噪声**的电阻 R_s 连接起来（见图7.41A）。如果觉得很难想像出一个无噪声源，那么就把它想成一个阻值为 R_s 的处于绝对零点下的电阻。在这种情况下，尽管源是无噪声的，但是由于放大器有噪声，在输出端还是会得到噪声。现在来看如图7.41B所示的电路，假设放大器是无噪声的，R_s 为处于某温度 T_n 下的电阻，使得在**放大器输出端得到的噪声电压等于图7.41A所产生的电压**。那么对于源电阻 R_s 来说，温度 T_n 就称为放大器的噪声温度。

正如前面所讨论的，噪声系数和噪声温度是表达同一信息的不同方式。事实上，它们之间可以通过下面两个表达式相互转换：

$$T_n = T\left(10^{NF(dB)/10} - 1\right)$$
$$NF(dB) = 10\lg\left(\frac{T_n}{T} + 1\right)$$

其中 T 为环境温度，一般取 290°K。

一般来说，优良的低噪声放大器的噪声温度远远低于室温（或者换种说法，其噪声系数远远小于 3 dB）。在本章的后面将会讲述怎样测量放大器的噪声系数（或噪声温度）。尽管如此，首先必须理解晶体管噪声的产生和低噪声设计技术。希望后面的讨论能把这一通常比较难以理解的问题阐述清楚。

在读完下面两节以后，我们相信再也不会为噪声系数而感到困惑了。

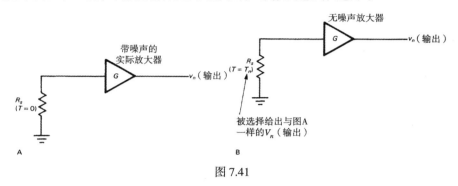

图 7.41

7.3.3 晶体管放大器的电压和电流噪声

放大器产生的噪声可以由图7.42所示的简单噪声模型来精确描述。在图7.42中，e_n代表一个串联到输入端的噪声电压源，i_n代表输入噪声电流。假设晶体管（或放大器）是无噪声的，它的作用只是放大输入端的噪声电压。于是，放大器的整个噪声电压e_a则为：

$$e_a(\text{rms}) = [e_n^2 + (R_s i_n)^2]^{\frac{1}{2}} \quad \text{V/Hz}^{\frac{1}{2}}$$

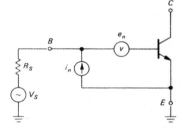

式中的两部分分别为输入噪声电压和通过源内阻的输入噪声电流产生的噪声电压。既然这两部分通常是互相独立的，它们的均方根值就是放大器最终的噪声电压有效值。当源内阻很低时，噪声电压e_n占主导地位；而当源内阻很高时，噪声电流i_n起决定作用。

图 7.42 晶体管的噪声模型

为了具体了解情况，图7.43显示了2N5087的e_n和i_n与I_C和f的关系曲线。现在我们来详细描述这几个参数和最小噪声的设计。值得注意的是，晶体管的电压噪声和电流噪声分别为纳伏和皮安每平方根赫兹（Hz/$^{1/2}$）。

电压噪声 e_n

串联到晶体管基极的等效电压噪声将会由于基极扩散电阻r_{bb}的热噪声和集电极电流散射噪声在发射极本征电阻r_e上产生的噪声电压而增大。这两项由下式给出：

$$e_n^2 = 4kTr_{bb} + 2qI_C r_e^2$$
$$= 4kTr_{bb} + \frac{2(kT)^2}{qI_C} \quad \text{V}^2/\text{Hz}$$

这两项都是高斯白噪声。另外，还有一些当基极电流流经r_{bb}产生的闪烁噪声。最后一项只有当基极电流很高时才有意义，也就是在集电极电流较高时。因此，当集电极电流在很大范围内变化时，e_n保持不变；只有当电流很低（此时r_e不断增大，产生明显的散射噪声）或电流相当高时（I_B流经r_{bb}产生闪烁噪声），e_n才会升高。由于其1/f特性，后一种情况的升高只有在低频时才会出现。例如，在频率高于10 kHz时，对于$I_C = 10\ \mu\text{A}$，2N5087的e_n为5 nV/Hz$^{\frac{1}{2}}$，对于$I_C = 100\ \mu\text{A}$，e_n为2 nV/Hz$^{\frac{1}{2}}$。图7.44显示了低噪声LM394 NPN的e_n与频率和电流的关系曲线，还有Toyo-Rohm的低噪声2SD786的曲线。后者使用了特殊的几何结构来达到4 Ω的低r_{bb}，这样可以使e_n的值达到最低。

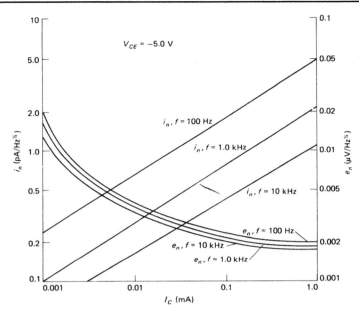

图 7.43   2N5087 NPN 晶体管的等效输入噪声电压有效值（e_n）和噪声电流（i_n）与集电极电流的关系图

电流噪声 i_n

噪声电流是很重要的，因为它通过输入信号源内阻会产生一个附加噪声电压。电流噪声的主要来源是稳定的基极电流的散射噪声波动加上由 r_{bb} 的闪烁噪声导致的波动。散射噪声是一种与 I_B（或 I_C）成比例增加的噪声电流，与频率关系不大。相比之下，闪烁噪声随 I_C 增长得较快，并且一般表现出 $1/f$ 的频率相关性。再以 2N5087 为例，频率高于 10 kHz，$I_C = 10\ \mu A$ 时，i_n 大约为 0.1 pA/Hz$^{1/2}$；当 $I_C = 100\ \mu A$ 时，i_n 约为 0.4 pA/Hz$^{1/2}$。随着 I_C 的增长，噪声电流也会增大，而噪声电压会下降。在下一节里将会看到在低噪声设计中这一准则是怎样作用于工作电流的。图 7.45 显示了 i_n 和频率及电流的关系图，仍然是以低噪声 LM394 为例。

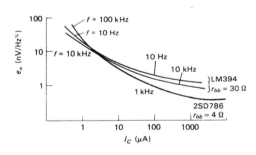

图 7.44   两种双极型晶体管的输入噪声电压（e_n）和集电极电流的关系图

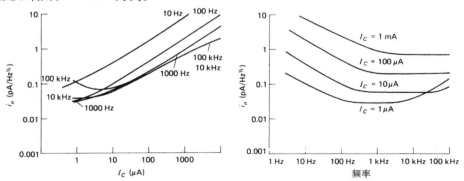

A. 噪声电流（i_n）与集电极电流的关系图   B. 噪声电流（i_n）与频率的关系图

图 7.45   LM394 双极型晶体管的输入噪声电流

☐ 7.3.4　晶体管的低噪声设计

随着 I_C 的增加，e_n 会降低而 i_n 会升高的这一事实提供了一个晶体管工作电流最优化的简单方法，对于给定电源，可以使噪声达到最低。现在再来看看电流模型（见图 7.46）。无噪声信号源 v_s 由于其源内阻的热噪声的存在而产生了一个无法消除的噪声电压。

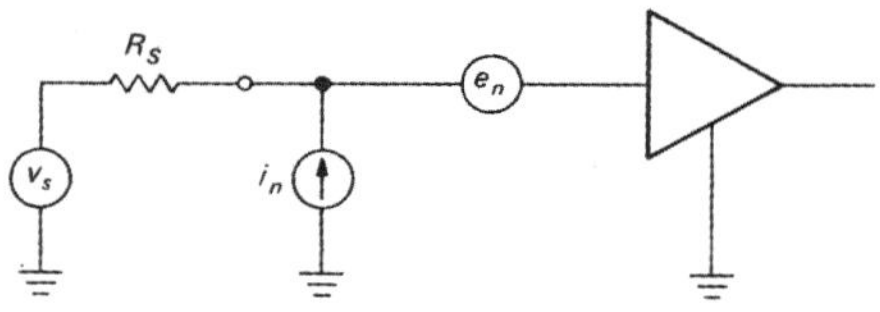

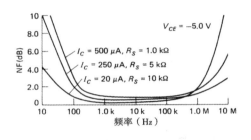

图 7.46　放大器噪声模型

$$e_R^2(源) = 4kTR_s \qquad \mathrm{V^2/Hz}$$

放大器自己也会产生噪声，即

$$e_a^2(放大器) = e_n^2 + (i_nR_s)^2 \qquad \mathrm{V^2/Hz}$$

因此放大器的噪声电压会加入信号源，此外，其噪声电流通过源内阻时还会产生另一个噪声电压。两者是互不相关的（除非频率很高时），可以直接平方相加。我们希望的是尽可能地减小放大器的总噪声。其实很简单，在信号频率范围内，选择一个合适的 I_C，使 $e_n^2 + (i_nR_s)^2$ 达到最小即可。另外，如果正好有噪声系数与 I_C 和 R_s 的等高关系曲线，就能很快找出 I_C 的最佳值。

☐ 噪声系数的例子

假设现在有一个小信号在 1 kHz 区域内，源内阻为 $10\ \mathrm{k\Omega}$，要用 2N5087 构成一个放大器。由 e_n-i_n 图（见图 7.47）可以看到电压和电流的总和（源内阻 $10\ \mathrm{k\Omega}$）在集电极电流约为 $10\sim20\ \mathrm{\mu A}$ 时最小。因为当 I_C 降低时，电流噪声的下降比电压噪声的升高要快，实际可以将集电极电流设置得稍微小一点，尤其是在放大器预计工作在低频的情况下，i_n 随着频率减少而迅速上升。在 1 kHz 频率处，噪声系数可以通过下式由 i_n 和 e_n 算出：

$$\mathrm{NF} = 10\log_{10}\left(1 + \frac{e_n^2 + (i_nR_s)^2}{4kTR_s}\right)\ \mathrm{dB}$$

当 $I_C = 10\ \mathrm{\mu A}$ 时，$e_n = 3.8\ \mathrm{nV/Hz^{1/2}}$，$i_n = 0.29\ \mathrm{pA/Hz^{1/2}}$ 和 $4kTR_s = 1.65 \times 10^{-16}\ \mathrm{V^2/Hz}$，可以算得噪声系数为 0.6 dB。这与图 7.48 所示的 NF 与频率的关系曲线是一致的，选定 $I_C = 20\ \mathrm{\mu A}$，$R_s = 10\ \mathrm{k\Omega}$。这一集电极电流的值大致与图 7.47 中 1 kHz 时噪声系数等高线给出的值差不多，尽管在曲线上当噪声系数的值小于 2 dB 时只能进行大致估计。

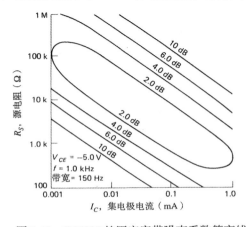

图 7.47　2N5087 的固定窄带噪声系数等高线

图 7.48　对于 3 种 I_C 和 R_s 的组合值，2N5087 的噪声系数和频率的关系图

习题7.5　找出 $R_s = 100\,\text{k}\Omega$，$f = 1\,\text{kHz}$ 时 I_C 的最佳值，并算出此时的噪声系数，使用图 7.43 中的 e_n 和 i_n 关系图。在噪声系数等高线中检验一下计算结果（见图 7.47）。

对于其他结构的放大器（跟随器，共基极）来说，既然 e_n 和 i_n 是不变的，给定 R_s 和 I_C，噪声系数本质上是相同的。当然，一个单位增益的中间级（例如跟随器）只是把噪声原样传递到下一级，因为在低噪声设计中信号电平通过这一级几乎完全不变。

□ 利用 e_n 和 i_n 对放大器噪声制图

前面提出的关于噪声的计算使整个放大器设计看起来似乎有点困难。一旦我们把某个玻尔兹曼常数系数放错了位置，就会立刻得出一个噪声系数为 10 000 dB 的放大器！因此在这一节将会提出一种很实用的经过简化的噪声估计技术。

这种方法首先选择某个比较合适的频率，在晶体管数据表中找出相应的 e_n 和 i_n 在不同 I_C 下的值，然后对于一个给定的集电极电流，将 e_n 和 i_n 合起来的噪声总数设为 e_a，这样就可以画出 e_a 与源内阻 R_s 的关系曲线。图 7.49 给出了一组 1 kHz 频率下的此类曲线，其中差分输入级使用了 LM394 超 β 晶体管，集电极电流为 50 μA。e_n 噪声电压值是固定的，$i_n R_s$ 的电压值与 R_s 成正比，也就是呈 45° 的一条直线。这样就可以画出放大器的噪声曲线了，注意它在独立电压和电流噪声的交点上必须通过 3 dB（电压比为 1.4）这一点。还可以画出源内阻的噪声电压，正好也是 3 dB NF 等高线。其他恒定噪声系数的曲线是一系列平行于这条线的直线，这在下面的例子中将可以看到。

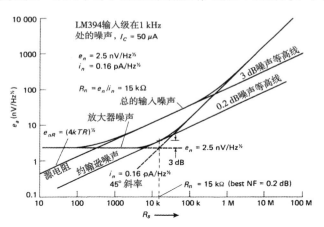

图 7.49　由 e_n 和 i_n 绘制的放大器输入噪声总和（e_a）

在此集电极电流和频率下的最佳噪声系数（0.2 dB）是当源内阻为 15 kΩ 时的值，而且很明显，对于所有 300 Ω ~ 500 kΩ 之间的源内阻，噪声系数都低于 3 dB，即 3 dB NF 等高线与放大器噪声曲线的那些交点。

下一步是在同一图中画出不同集电极电流和频率下的噪声曲线，或者其他类型晶体管的曲线，以此来评价放大器性能。在我们继续做下去之前，先来讨论另一对用来描述放大器的参数，即噪声电阻 R_n 及其噪声系数 NF（R_N），这两者都在图中出现了。

□ 噪声电阻

在这个例子中，最低的噪声系数出现在源内阻 $R_s = 15\,\text{k}\Omega$ 时，即等于 e_n 和 i_n 的比值。由此我们定义了噪声电阻

$$R_n = \frac{e_n}{i_n}$$

在这个R_n下的噪声系数可以由前面给出的噪声系数公式得到,其值为:

$$NF(R_n) =$$
$$10\log_{10}\left(1 + 1.23 \times 10^{20}\frac{e_n^2}{R_n}\right) \quad dB$$
$$\approx 0.2 \quad dB$$

噪声电阻实际上并不是一个晶体管中的真实电阻,它只是一个有助于迅速找出噪声系数最小时的源内阻,由此可以通过调整集电极电流来改变R_n,以接近实际的源内阻阻值。R_n取决于e_n和i_n曲线的交点。

对于源内阻等于R_n的噪声系数可以由前面的公式算出。

□ 双极型晶体管和场效应管的竞争

到底场效应管和双极型晶体管孰优孰劣,这是一个在工程师之间长期争论不休的问题。在这里我们将把双方最优秀的产品拿来进行比较,以期得出结论。

对于双极型晶体管,选择品质优良的LM394超β单片对,这一型号在前面已经描述过了。我们将在1 kHz,集电极电流从1 μA到1 mA的条件下进行(见图7.50)。

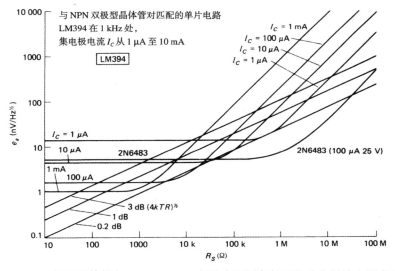

图7.50 LM394双极型晶体管与2N6483 JFET相比在不同条件下的放大器输入噪声总和(e_a)

对于场效应管,选择的是2N6483单片N沟道结型场效应管对,其令人惊异的低噪声性能早已广为人知,在这方面的性能已经超越了双极型晶体管。从它的数据表上可知,其漏电流仅为100 μA和400 μA(见图7.51)。

谁才是最后的胜出者呢?这里有两个背道而驰的结论。在最小噪声系数NF(R_n)上,场效应管是胜者,其噪声系数仅为0.05 dB,源内阻从100 kΩ变化到100 MΩ时的噪声系数的变化低于0.2 dB。在源内阻很高时,场效应管始终不输于双极型管。而双极型晶体管胜在源内阻很低时,特别是当源内阻低于5 kΩ的时候。当$R_s = 1$ kΩ时,如果选择合适的集电极电流,它的噪声系数可以达到0.3 dB。相比之下,当源内阻为1 kΩ时,场效应管的噪声系数最好也只能为2 dB,这是由于它的电压噪声e_n较大。

正如在拳击比赛中,最好的拳击手也不可能在世界上所有的比赛中都能胜出,低噪声晶体管也出现了更年轻的挑战者。例如,东芝生产的2SJ72和2SK147互补结型场效应管使用了一种穿孔栅极几何结构，使 $I_D = 10\,\text{mA}$ 时 e_n 的值为 $0.7\,\text{nV}/\sqrt{\text{Hz}}$（等于一个 $30\,\Omega$ 电阻产生的热噪声！）。但是由于它们都是结型场效应管，其输入电流很低（因此 i_n 也很低），所以噪声电阻大约为 $10\,\text{k}\Omega$。当用做放大器时，一旦源内阻等于其噪声电阻（也就是 $R_s = 10\,\text{k}\Omega$），其性能就是无与伦比的了，噪声温度仅为 $2°\text{K}$！

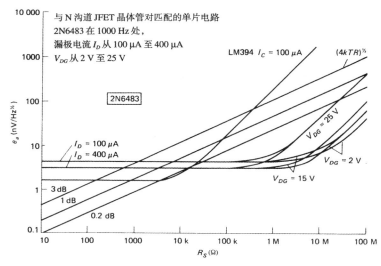

图 7.51　与 LM394 双极型晶体管相比，2N6483 场效应管放大器的输入噪声总和（e_a）

在我们要买一大批这类结型场效应管之前，先考虑一下评论家的意见。这类 JFET 都有较高的输入和反馈电容（分别为 85 pF 和 15 pF），这将会极大地限制它们在高频时的使用。同系列的 2SK117 在这方面就要好一些，然而代价是较高的 e_n。评论家还认为，Toyo-Rohm 的双极型互补对 2SD786 和 2SB737，其 e_n 低达 $0.55\,\text{nV}/\sqrt{\text{Hz}}$，在普通源内阻和频率下可以提供更优良的性能。

□ 低源内阻

当源内阻范围为 200 Ω 到 1 MΩ 时，双极型晶体管放大器可以提供很好的噪声性能，相应的最佳集电极电流一般在几毫安到几微安之间。也就是说，低噪声放大器输入级使用的集电极电流一般都低于非低噪声放大器。

当源内阻非常低时（假设为 50 Ω），晶体管电压噪声将会占主导地位，而噪声系数将会很差。在此情况下，最好的解决方法就是用一个变压器来提高信号电平（以及阻抗），使信号也能像以前一样起作用。有的公司，如 James 和 Princeton Applied Research，能够提供高品质的信号变压器。例如，后者的典型 116 FET 前置放大器的电压和电流噪声可以使噪声系数在信号源内阻为 1 MΩ 左右时达到最低。一个 1 kHz 左右，源内阻为 100 Ω 的信号对于这个放大器来说就很不合适，因为放大器的电压噪声比信号源内阻的热噪声大得多，如果把这个信号直接接入放大器，最终的噪声系数将为 11 dB。使用变压器可以提高信号电平（其源内阻也同时增大），由此可以盖过放大器噪声电压而使噪声系数达到 1.0 dB 左右。

对于射频（例如从 100 kHz 开始）来说，做出用于窄带和宽带信号的变压器是非常容易的。在这些频谱上做出性能优良的宽带"传输线变压器"是完全有可能的。我们将在第 13 章讨论一些制作方法。而在频率很低时，变压器就变得问题重重了。

有三点需要说明：（a）电压的升高与变压器的匝数比成正比，而电阻的增大与匝数比的平方成正比。因此当变压器的电压比为 2 : 1 时，其输出阻抗是输入阻抗的 4 倍（因为能量是保持不变的）。

（b）变压器并不是完全理想的，它在低频（磁饱和）和高频时（绕线电感和电容）都存在问题，而且由于铁心的磁性和绕线电阻的存在还会产生损耗。后者同时还是一个热噪声源。但是，当遇到一个源内阻很低的信号时，我们就别无选择了，正如前面的例子提到的，使用变压器可以带来很多好处。很多外来技术，如冷处理变压器、超导变压器和 SQUID（超导量子干涉器件），都可以在低阻抗和低电压处提供良好的噪声性能。我们甚至可以使用 SQUID 来测量一个 10^{-15} V 的电压！

（c）再次提醒，当源内阻比较低时不要试图通过串联一个电阻来改进性能，那样只能说明我们对噪声系数还有错误的理解。

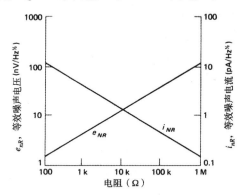

图 7.52　热噪声电压密度与 25℃ 电阻关系图。等价的短路的电流噪声密度也已标出

□ 高源阻抗

如果源内阻很高，假设高于 100 kΩ，晶体管电流噪声就会起支配作用，而最好的低噪声放大设备是场效应管。尽管其电压噪声一般大于双极型晶体管，但是由于其栅极电流（及其噪声）非常小，因此非常适合作为低噪声高阻抗放大器。要附带说明的是，有时候把热噪声视为一个电流噪声 $i_n = v_n/R_s$ 是很有用的，这样就可以直接比较源噪声和放大器的电流噪声了（见图 7.52）。

7.3.5　场效应管噪声

在分析场效应管时可以使用同一个噪声模型，也就是一个串联的噪声电压源和一个并联的噪声电流源。在分析双极型晶体管的噪声性能时使用的方法同样也可以用在这里。例如，参阅图 7.50 和图 7.51。

结型场效应管的电压噪声

结型场效应管的电压噪声 e_n 本质上就是沟道电阻的热噪声，大致由下式计算：

$$e_n^2 = 4kT\left(\frac{2}{3}\frac{1}{g_m}\right) \quad \text{V}^2/\text{Hz}$$

式中把热噪声计算公式中的电阻换成了跨导的倒数。因为当漏极电流（即 $\sqrt{I_D}$）增大时跨导也会上升，所以一般最好让场效应管工作于大漏极电流，以保证最低的电压噪声。尽管如此，由于 e_n 是一个随 $1/\sqrt{g_m}$ 变化的热噪声，反过来即 $\sqrt{I_D}$，因此 e_n 最终只与 $I_D^{-1/4}$ 成正比。可以看到，e_n 与 I_D 的关系并不十分密切，因此，以放大器的其他性能的降低为代价来升高 I_D 其实是不值得的。特别是，工作在大电流的场效应管会发热，这样会导致 g_m 的降低，失调电压漂移和 CMRR 的增大，以及栅极漏电急剧上升。最后这种影响会使电压噪声增大，因为栅极漏电流产生的闪烁噪声会加入到 e_n 中。

还有一种方法可以增大互导 g_m，从而降低结型场效应管的电压噪声：将两个结型场效应管并联起来就可以使 g_m 翻倍。当然这是对应于两倍的 I_D 而言的。但是如果让其工作在单倍的 I_D 下，新的 g_m 仍然可以变为原来单个场效应管的 g_m 的 $\sqrt{2}$ 倍，而且不用增大总的漏极电流。在实际应用中，我们可以将数个匹配的结型场效应管并联起来使用，或者找一个大几何结构的结型场效应管，如前面提到过的 2SJ72 和 2SK147。

尽管如此，这样做还是会付出代价，即总的电容会与并联起来的结型场效应管的个数成比例地增大。这样会导致高频性能（包括噪声系数）的降低。在实际应用中，一旦电路的输入电容差不多与源电容相当，就不能继续增加并联晶体管的数目了。如果我们关心的是在高频时的性能，最好选择高 g_m 低 C_{rss} 的结型场效应管，因为在高频处，比值 g_m/C_{rss} 越大越好。注意电路结构也是很重要的，例如共源 – 共栅电路可以用来消除 C_{rss} 上的密勒效应。

　　MOS 场效应管的电压噪声一般比结型场效应管的高得多，因为对 MOS 场效应管来说，$1/f$ 噪声是占优势的，而 $1/f$ 的转折点高达 $10 \sim 100$ kHz。因此一般不将 MOS 场效应管用做频率低于 1 MHz 的低噪声放大器。

结型场效应管的电流噪声

　　低频时电流噪声 i_n 是非常低的。i_n 主要是由栅极漏电流的散射噪声引起的（见图 7.53）：

$$i_n = (3.2 \times 10^{-19} I_G B)^{\frac{1}{2}} \quad \text{A(rms)}$$

此外，有的场效应管还会有闪烁噪声。当栅极漏电流增大时，噪声电流会随着温度的升高而上升。要提防当 N 沟道结型场效应管工作在高 V_{DG} 时栅极漏电流的急剧增长（见 3.2.4 节）。

　　在中频至高频上还有一项加性噪声，即栅极输入阻抗的实部。当负载电容的存在使输出端产生相移时，反馈电容的密勒效应就会导致这项加性噪声，也就是说，输出信号中漂移了 90° 的那一部分通过反馈电容 C_{rss} 在输出端产生了一个等效电阻，阻值为：

$$R = \frac{1 + \omega C_L R_L}{\omega^2 g_m C_{rss} C_L R_L^2}$$

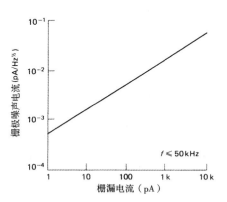

图 7.53　输入噪声电流与结型场效应管的栅极漏电流关系图

例如，2N5266 P 沟道结型场效应管的噪声电流为 0.005 pA/Hz$^{1/2}$，噪声电压 e_n 为 12 nV/Hz$^{1/2}$，两者都为 I_{DSS} 和 10 kHz 时的值。噪声电流在 50 kHz 时开始攀升。与前面使用过的 2N5087 相比，2N5266 在 i_n 上差不多比前者好 100 倍，e_n 比前者差 5 倍。

　　当输入阻抗在 10 kΩ ~ 100 MΩ 时，使用场效应管可以达到非常优良的性能。PAR 型 116 前置放大器的噪声系数为 1 dB，前提是源内阻为 5 kΩ ~ 10 MΩ，频率为 1 ~ 10 kHz。在中频至高频上的性能为：噪声电压为 4 nV/Hz$^{1/2}$，噪声电流为 0.013 pA/Hz$^{1/2}$。

7.3.6　低噪声晶体管的选定

　　正如我们前面所提到的，当源内阻很低时，双极型晶体管的输入电压噪声较低，可以提供最佳的噪声性能。选择一个基极扩散电阻 r_{bb} 较低的晶体管工作在高集电极电流下（同时保持 h_{FE} 较高），可以降低电压噪声 e_n。而当源内阻较高时，调整晶体管工作在较低的集电极电流下，可以使电流噪声达到最小。

　　当源内阻值很高时，场效应管是最佳选择。工作在较大漏极电流的场效应管可以使电压噪声降低，此时互导达到最大值。场效应管可以用于具有高热力学温度值的低噪声应用电路中，这种应用电路通常也意味着高输入电容。例如，低噪声 2N6483 的 $C_{iss} = 20$ pF，而 2N5902 低电流场效应管的 $C_{iss} = 2$ pF。

　　图 7.54 和图 7.55 显示了一些通用晶体管的噪声性能的比较。

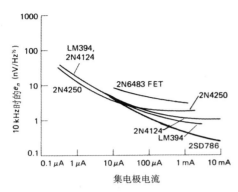

A. 输入噪声电压（e_n）与集电极电流的关系图

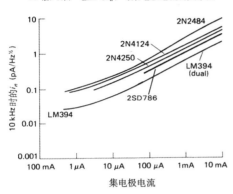

B. 输入噪声电流（i_n）与集电极电流的关系图

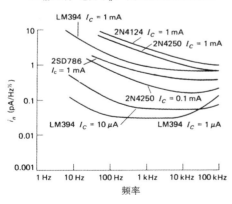

C. 输入噪声电流（i_n）与频率的关系图

图 7.54　一些通用晶体管的输入噪声

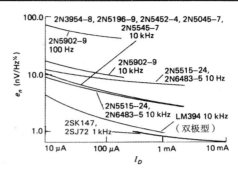

A. 输入噪声电压（e_n）与漏极电流（I_D）的关系图

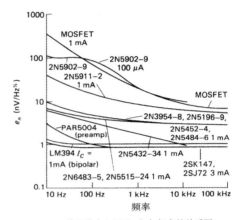

B. 输入噪声电压（e_n）与频率的关系图

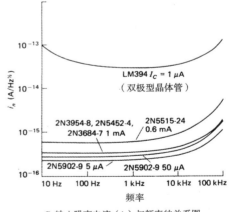

C. 输入噪声电流（i_n）与频率的关系图

图 7.55　一些通用场效应管的输入噪声

☐ 7.3.7　差分和反馈放大器的噪声

　　低噪声放大器通常都是差分的，这是为了保持低漂移和良好的共模抑制。当我们计算差分放大器的噪声性能时，有几点需要注意：（a）在数据表中查找 e_n 和 i_n 时，一定要根据单个集电极电流值，而不是总和。（b）每个输入端的 i_n 等于一个单端放大器的 i_n。（c）当其他输入端接地时，一个输入端的 e_n 比单端晶体管大 3 dB，也就是乘以系数 $\sqrt{2}$。

当放大器带反馈环路时，为了便于计算，我们希望噪声源 e_n 和 i_n 是不参加反馈的。在这里，把不考虑反馈的等效噪声记为 e_A 和 i_A。因此，对于源内阻为 R_s 的信号源，有下式：

$$e^2 = e_A^2 + (R_s I_A)^2 \quad \text{V}^2/\text{Hz}$$

下面让我们分别讨论这两个等效噪声。

□ **同相**

对同相放大器（见图 7.56）来说，输入噪声源如下：

$$i_A^2 = i_n^2$$
$$e_A^2 = e_n^2 + 4kTR_\parallel + (i_n R_\parallel)^2$$

其中 e_n 是差分结构的调整噪声电压，即比单个晶体管大 3 dB。额外的噪声电压是由约翰逊噪声和反馈电阻的输入噪声电流引起的。注意，有效的噪声电压和电流现在是不完全相关的，因此它们的平方可能会与最大项 1.4 有误差。

对于一个射极跟随器来说，R_2 为 0，并且有效噪声源恰好是差分放大器本身。

□ **反相**

对一个反相放大器（见图 7.57）来说，其输入噪声源如下：

$$i_A^2 = i_n^2 + 4kT\frac{1}{R_2}$$
$$e_A^2 = e_n^2 + R_1^2\left(i_n^2 + 4kT\frac{1}{R_2}\right)$$
$$= e_n^2 + R_1^2 i_A^2$$

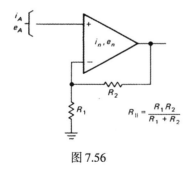

图 7.56

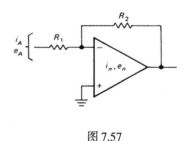

图 7.57

运算放大器的选择曲线

我们现在有很多工具来分析运算放大器的输入电路。其噪声就像晶体管和场效应管一样由 e_n 和 i_n 确定，但是不需要做任何调整，仅仅使用它们就可以了。数据表没有包括所有情况。例如爆音噪声，它最大的特点就是在随机时间上失调电压会跳跃。这在一些正规的公司很少提及。图 7.58 概括了一些流行的运算放大器的噪声性能。

宽带噪声

运算放大器电路通常是直流耦合的，且扩展到上限频率 f_{cutoff}。因此，感兴趣的是这个带宽里总的噪声电压，而不仅仅是噪声的功率密度。图 7.59 提供了一些图形来显示从直流扩展到指示频率带宽内的噪声电压均方根值。它们是通过对各种运算放大器的噪声功率曲线进行积分得来的。

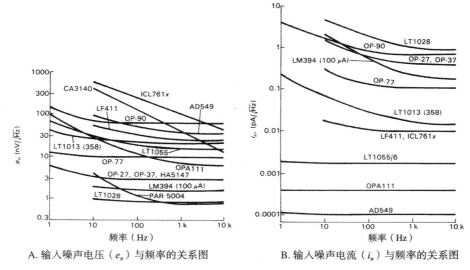

A. 输入噪声电压（e_n）与频率的关系图　　　　B. 输入噪声电流（i_n）与频率的关系图

图 7.58　一些通用运算放大器的输入噪声

选择低噪声运算放大器

在给定运算放大器的信号阻抗 R_sig 的条件下，选择一个运算放大器，使某些频率范围的噪声最小，这是一件简单的事情。一般来说，我们希望在信号阻抗较高时得到较低的 i_n，在信号阻抗较低时得到较低的 e_n。假设信号源处在室温条件下，总的参考输入噪声电压密度的平方如下：

$$e_A^2 = 4kTR_\text{sig} + e_n{}^2 + (i_n R_\text{sig})^2$$

其中第一项是由约翰逊噪声引起的，后面两项是由运算放大器的噪声电压和电流引起的。显然，约翰逊噪声仅在输入参考噪声中占一小部分。图 7.60 显示了我们所能找到的高性能运算放大器的 $e_A(10\,\text{Hz})$ 与 R_sig 的关系曲线图。为了进行比较，包括了 JFET LF411 和微功率双 OP-90，后者虽然是一个具有较高噪声电压和噪声电流的性能卓越的微功率运算放大器，但曲线表明这是一个很好的低噪声运算放大器。

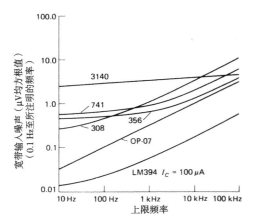

图 7.59　一些运算放大器的宽带噪声电压

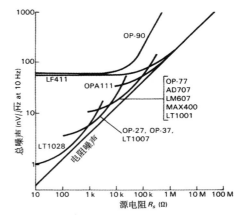

图 7.60　高性能运算放大器的噪声总和
（10 Hz 时源电阻加放大器）

□ 低噪声前置放大器

除了低噪声运算放大器外，还有一些好的低噪声**前置放大器**。与运算放大器不同，它们有固定的电压增益，虽然在某些模式里可以增加一个外部增益设置电阻。尽管它们在低频也有所应用，但由于其带宽有几十兆赫，因而通常被称为视频放大器。例如 Plessey 的 SL561B 和 Analog Systems 的一些产品，通过使输入晶体管工作在高集电极电流下，使其 e_n 低于 $1\,\mathrm{nV}/\sqrt{\mathrm{Hz}}$，代价则是高输入噪声电流 i_n。

□ 7.4　噪声测量和噪声源

决定一个放大器的等效噪声电压和电流，并根据这些得到噪声形状和信噪比，是一个相对直接的过程。这是衡量一个放大器的噪声特性所必需的。这个过程基本上是先把已知的噪声信号加入输入端，然后在一个确定的带宽内测量输出噪声信号的幅值。在某些情况下，可以采用幅值已知且可控的振荡信号代替输入信号源。

后面将讨论必须进行的测量输出电压和带宽限制的技术。现在假设已经可以在选定的测量带宽内进行输出电压信号的均方根测量。

□ 7.4.1　无需噪声源的测量

由场效应管或晶体管组成并且打算用在低频到中频的放大器，其输入阻抗可能非常高。我们必须知道 e_n 和 i_n，这样才能预知任意源阻抗和信号源的信噪比。步骤很简单：

首先，采用一个我们感兴趣的频率范围的信号进行实际测量，以确定放大器的电压增益 G_v。信号的幅值应该超过放大器的噪声幅值，但是不能使放大器饱和。

其次，减小输入并测量输出噪声电压均方根值 e_s，由此可得到每平方根赫兹的输入噪声电压：

$$e_n = \frac{e_s}{G_V B^{\frac{1}{2}}} \qquad \mathrm{V/Hz^{\frac{1}{2}}}$$

其中 B 是测量的带宽（见 7.4.4 节）。

第三，在输入端加入一个电阻 R，并且测量新的输出噪声电压的均方根值 e_r。电阻值应该大到能增加很大的电流噪声，但又不能大到使放大器的输入阻抗起主要作用（如果这样难以实现，可以将输入端开路，利用放大器的输入阻抗作为 R）。测量得到的输出为：

$$e_r^2 = [e_n^2 + 4kTR + (i_n R)^2]BG_V^2$$

由此可得：

$$i_n = \frac{1}{R_s}\left[\frac{e_r^2}{BG_V^2} - (e_n^2 + 4kTR)\right]^{\frac{1}{2}}$$

值得庆幸的是，平方根中仅仅第一项起主要作用（如果电流噪声超过放大器的电压噪声以及源电阻的热噪声）。

现在可以确定源电阻 R_s 的 V_s 信号的信噪比如下：

$$\mathrm{SNR} = 10\log_{10}\left(\frac{V_s^2}{V_n^2}\right)$$

$$= 10\log_{10}\left[\frac{V_s^2}{[e_n^2 + (i_n R_s)^2 + 4kTR_s]B}\right]$$

其中分子是信号电压（假设在带宽 B 之内），分母中的各项分别是放大器的噪声电压、放大器相对于 R_s 的噪声电流以及 R_s 的热噪声。注意，如果提高放大器的带宽超过了必要的程度，比如超过了信号 V_s 的带宽，只会降低最后的信噪比。但如果 V_s 是一个宽带信号，最终的信噪比将与放大器的带宽无关。在很多情况下噪声是由前述等式中的某一项来支配的。

□ 7.4.2　有噪声源的测量

前述测量放大器噪声性能的方法具有不需要准确可调的噪声源的优点,但是它需要一个精确的伏特计和滤波器,而且假设我们已经知道了放大器的增益与其频率的对应关系。另一个测量噪声的方法是在放大器输入端采用已知幅值的宽带噪声信号,然后观察输出噪声电压的相对增加值。这种方法虽然需要精确校准的噪声源,但是因为它刚好在输入端测量噪声的特性,所以不需要假设放大器的特性。

进行一些必要的测量是相当直接的。将噪声发生器与放大器的输入端连接,并确保其源阻抗 R_g 等于我们最终计划在放大器上使用的信号的源阻抗。首先注意放大器输出噪声电压的均方根值随着噪声源逐渐衰减到零,然后提高噪声源电压 V_g 的均方根值,直到放大器的输出上升到 3 dB。对于源阻抗来说,测量带宽内放大器的输入噪声电压等于增加信号的值,因而放大器的噪声值如下:

$$\mathrm{NF} = 10\lg\left(\frac{V_g^2}{4kTR_g}\right)$$

根据上式以及 7.3.2 节的公式可以采用同样的源阻抗计算出任意放大器信号的信噪比:

$$\mathrm{SNR} = 10\lg\left(\frac{V_s^2}{4kTR_s}\right) - \mathrm{NF}(R_s)\ \mathrm{dB}$$

有一些有效的校准噪声源,其中大多数的衰减精度达到微伏级。注意,前面的公式假设 $R_{\mathrm{in}} \gg R_s$。另一方面,如果噪声系数测量是采用匹配的信号源来完成的,即如果 $R_s = Z_{\mathrm{in}}$,那么可以忽略上式中的系数 4。

注意,这种方法并没有直接告诉我们 e_n 和 i_n,而是告诉我们在测量中使源阻抗等于所用的驱动阻抗的合适的组合方法。当然,通过采用不同的噪声源阻抗进行几次这样的测量,就能够推断出 e_n 和 i_n 的值。

这种方法的优点是采用电阻的热噪声作为噪声源,这是低噪声射频放大器的设计者们比较喜欢采用的一种方法(其中信号源电阻一般为 50 Ω,与放大器输入阻抗相匹配)。这种方法通常是这样的:一个装满液态氮的真空瓶在氮的沸点 77°K 温度下相当于一个 50 Ω 的理想电阻(其电感和电容都可以忽略)。同时把另一个这样的理想电阻置于室温下。将这两个电阻(一般还要带一个同轴继电器)分别接入放大器的输入端,在输出端用射频能量计分别测出输出噪声功率为 P_C 和 P_H(在某个频率和带宽下),则放大器的噪声温度就可以由下式计算:

$$T_n = \frac{T_H - YT_C}{Y - 1}$$

其中 $Y = P_H/P_C$,即两个噪声功率的比值。噪声系数可以由下式计算:

$$\mathrm{NF(dB)} = 10\lg\left(\frac{T_n}{290} + 1\right)$$

习题 7.6　推导前面的噪声温度表达式。提示:注意 $P_H = \alpha(T_n + T_H)$ 和 $P_C = \alpha(T_n + T_C)$,其中 α 为一个暂时使用的常数。还要注意把放大器的噪声温度和源电阻的噪声温度加起来。

习题 7.7　放大器的噪声温度(或噪声系数)取决于源电阻 R_s 的值。试证明,对一个已知 e_n 和 i_n 的放大器(如图 7.46 所示),当源阻抗为 $R_s = e_n/i_n$ 时,有最小噪声温度,并证明对于这个 R_s,噪声温度由 $T_n = e_n i_n/2\mathrm{k}$ 给出。

□ 输入阻抗匹配的放大器

这种最新技术是用于测量信号源阻抗匹配的放大器的噪声的理想方法。最普通的例子是射频放大器或接收器，它们通常采用一个内阻为 50 Ω 的信号源来驱动，自身有 50 Ω 的输入阻抗。我们通常要求信号源内阻比其驱动的负载小，而这种方法偏离了这个准则，其原因将在第13章中讨论。在这种情况下，e_n 和 i_n 是两个不相关的独立量。而重要的是总的噪声系数（具有匹配的源）或具有匹配信号源特定幅值的信噪比的指标特性。

有时，根据要求得到的一定输出信噪比的**窄带**输入信号的幅值，可以明确地得知噪声特性。典型的射频接收器可以指定一个 10 dB 的信噪比，其输入信号为 0.25 μV，接收器带宽为 2 kHz。这种情况下这个过程由两步组成：首先用一个开始衰减到零的匹配正弦波信号源驱动的输入来测量接收器输出的均方根值，然后增加正弦波输入信号，直到输出信号的均方根值上升到 10 dB，这两步中接收器带宽均设为 2 kHz。使用某种仪器准确地读出电压的均方根值对噪声和信号混合情况下的测量是十分重要的。注意，射频噪声的测量常常导致输出信号处于音频范围内。

□ 7.4.3　噪声和信号源

宽带噪声可以用我们前面讨论的方法来产生，它也称为热噪声和散粒噪声。散粒噪声是真空二极管的一种典型的宽带噪声源，由于它的噪声电压能够被准确预见，因而极为有用。近来，齐纳击穿二极管噪声已经被用做噪声源，它们都可以从直流扩展到高频，从而在音频和射频测量中均十分有用。

一种有趣的噪声源可以采用数字技术产生，特别是通过将一个长的移位寄存器的后几位连接到它们的输入端（见 9.6.2 节）。合成的结果是一个 1 和 0 的伪随机系列，这和通过低通滤波器产生模拟波形是一样的。它们可以有很高的频率，产生的噪声的频率可达到 100 kHz 甚至更高，并且这些噪声有一个有趣的特点，它们刚好在一定的时间间隔后重复，其重复周期取决于寄存器的长度。虽然大多数情况下其周期不会超过 1 s，但是我们可以很容易使这个周期变得很长（几个月到几年）。例如，一个 50 位的寄存器以 10 MHz 的频率进行移位，产生的白噪声频率大约为 100 kHz，其周期为 3.6 年。基于这种方法设计的伪随机噪声将在 9.6.5 节介绍。

一些噪声源能够产生典型噪声，即白噪声。白噪声每二倍频具有相同的噪声能量，而不是每赫兹具有相同的噪声能量，其能量密度以 3 dB/**二倍频**下降。由于一个 *RC* 滤波器以 6 dB/二倍频下降，因而要从一个白噪声输入信号产生粉红光谱需要一个更复杂的滤波器。图 7.61 所示电路采用一个 23 位的伪随机白噪声集成电路来产生典型噪声，频率从 10 Hz 到 40 kHz 时其精度为 ±0.25 dB。

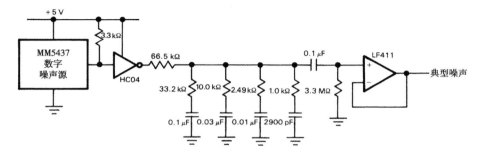

图 7.61　粉红噪声源（−3 dB/二倍频，±0.25 dB，频率在 10 Hz 到 40 kHz 之间）

通用的信号源由于能在几赫兹到千兆赫兹的频率范围内准确地控制输出幅值，因而十分有用，一些信号源甚至能通过数字总线进行编程。一个例子就是 Hewlett-Packard 模块 8660 合成信号发生器，其输出频率在 0.01~110 MHz，其校准的幅值从 10 nV ~ 1 V 均方根值，并具有漂亮的数字显示器和总线接口以及可将频率范围扩充到 2.6 GHz 的附件,并能提供调制和频率扫描。这超过了通常需要完成的功能。

□ 7.4.4 带宽限制和电压均方根值的测量

□ 限制带宽

我们已经讨论的所有测量均假设在有限的频率带宽内观察噪声的输出。一些情况下放大器可能对这些已有规定,从而使我们的工作更加容易进行。如果没有这些规定,就不得不在测量输出噪声电压之前在放大器输出端接一个滤波器。

最简单的方法是使用一个简单的 RC 低通滤波器,我们想要的带宽可设置在大约 3 dB 处。为了准确地测量噪声,必须知道等价的噪声带宽,即让同样的噪声电压通过理想砖墙低通滤波器(见图 7.62)。噪声带宽就是在前面所有的公式里使用的 B。解这个数学公式并不特别困难,可得到:

$$B = \frac{\pi}{2} f_{3\,dB} = 1.57 f_{3\,dB}$$

对一组级联 RC,这个公式又变成 $B = 1.22 f_{3\,dB}$。对于 5.1.5 节讨论的巴特沃兹滤波器,噪声带宽如下:

$B = 1.57 f_{3\,dB}$ (1 个极点)
$B = 1.11 f_{3\,dB}$ (2 个极点)
$B = 1.05 f_{3\,dB}$ (3 个极点)
$B = 1.025 f_{3\,dB}$ (4 个极点)

如果想在某个中心频率进行带限测量,可以采用一组 RC 滤波器(见图 7.63),其噪声带宽如图所示。如果已经有了围线积分的经验,可以尝试做下面的习题。

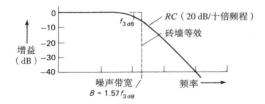

图 7.62 RC 低通滤波器的等价"砖墙"噪声带宽

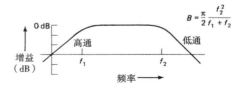

图 7.63 RC 带通滤波器的等价砖墙噪声

习题 7.8 从一个 RC 滤波器的响应函数得出前面的结果。假设每赫兹单位能量的输入信号,从 0 到无限对输出能量进行积分,采用围线积分可以得出答案。

使用带通滤波器进行噪声测量的另一种方法是使用 RLC 电路。如果希望测量值在一个相对于中心频率的狭窄带通范围内,这种方法比一组级联的高通和低通 RC 滤波器更好。图 7.64 表示了 RLC 并联和串联电路以及它们准确的噪声带宽,这两种情况下的谐振频率均由 $f_0 = 1/2\pi\sqrt{LC}$ 给定。我们可以将带通滤波器安排成一个并联的 RLC 集电极负载,这里可以使用给定的表达式。另一种可选择的方法是如图 7.65 所示插入滤波器;在 $R = R_1 \| R_2$ 时电路刚好等价于并联的 RLC,两者噪声带宽相同。

□ 测量噪声电压

测量输出噪声的最准确方法是使用真实的均方根值电压计。它通过测量信号波形产生的热量或通过使用一个模拟方波电路进行平均处理来完成。如果使用一个真实的均方根值电压计,就必须确保它在测量的频率范围(其中一些为几千赫)内有响应。真实的均方根电压计也指定一个波峰因数,即峰值电压与它们能够处理的没有较大精度损失的均方根值的比值。对于高斯噪声来说，波峰因数取 3 ~ 5 就足够了。

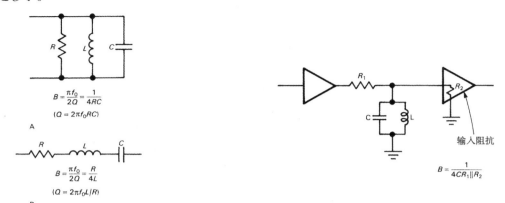

$$B = \frac{\pi f_0}{2Q} = \frac{1}{4RC}$$
$$(Q = 2\pi f_0 RC)$$

A

$$B = \frac{\pi f_0}{2Q} = \frac{R}{4L}$$
$$(Q = 2\pi f_0 L/R)$$

B

输入阻抗

$$B = \frac{1}{4CR_1 \| R_2}$$

图 7.64　与"砖墙"噪声带宽等价的 RLC 带通滤波器　　　　　图 7.65

如果真实的均方根电压计无效，也可以采用一个简单的平均值型的交流伏特计来代替。在这种情况下，读出的值必须进行尺度调整。众所周知，所有的平均伏特计（VOM，DMM 等）均有其调整尺度，所以读出的值并非准确的均方根值，而是正弦波信号电压的均方根值。例如，如果测量美国输电线的电压值，伏特计上的显示接近 117 V。这是正确的，但是如果读入的信号是高斯噪声，就不得不进行额外的更正。规则如下：为了读出高斯噪声的电压均方根值，必须将从交流伏特计上读到的电压均方根值乘以 1.13。注意，这只在测量的信号是纯噪声的情况下有效，如果信号是一个叠加噪声的正弦波信号，就不会得到正确的结果。

第三种方法因为精度不高所以不常用，该方法通过在示波器上观察噪声波形，均方根电压值接近电压峰值的 1/6 到 1/8，这不是很准确，但至少可得到足够的测量带宽。

7.4.5　混合噪声

这里有一些很有趣的例子，可能会提供有用的结论：

1. 指示设备上将给定噪声带宽内的整流噪声信号的波动减小到希望的程度的平均时间为：

$$\tau \approx \frac{1600}{B\sigma_2} \text{ s}$$

其中 τ 是指示设备用来在线性检波器的输出端产生标准偏差 σ 所要求的时间常数，线性检波器的输入为一个带宽为 B 的噪声信号。

2. 对带限白噪声来说，每秒期望的最大数如下：

$$N = \sqrt{\frac{3(f_2^5 - f_1^5)}{5(f_2^3 - f_1^3)}}$$

其中 f_1 和 f_2 是带限的低端和高端的频率。对于 $f_1 = 0$，$N = 0.77 f_2$；对于窄带噪声（$f_1 \approx f_2$），$N \approx (f_1 + f_2)/2$。

3. 均方根值与均值之比

高斯噪声　　　　　rms/avg $= \sqrt{\pi/2} = 1.25 = 1.96$ dB

正弦波噪声：　　　rms/avg $= \pi/2^{\frac{3}{2}} = 1.11 = 0.91$ dB

方波噪声：　　　　rms/avg $= 1 = 0$ dB

4. 高斯噪声中幅度的相对出现。图 7.66 给出了幅度为 1 V 的均方根值的高斯噪声波形超过给出幅度的时间百分数。

7.5 干扰：屏蔽和接地

以干扰信号、60 Hz 的拾波以及借助于电源线及地线的信号耦合形式存在的噪声比我们已经讨论的内在噪声源更为重要。这些干扰信号的影响都能够通过合适的布线与制图来降低到较低的程度。比较棘手的情况下可通过在输入和输出线路上连接滤波器、仔细布线和接地以及采用大量的静电和电磁屏蔽来解决。这部分将提供一些建议来帮助照亮电子学艺术王国里的这个黑暗之城。

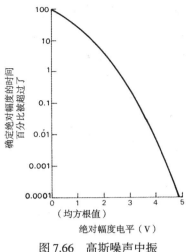

图 7.66 高斯噪声中振幅的相对出现

7.5.1 干扰

干扰信号可以通过输电线或信号输入输出线进入电子仪器。另外,干扰信号能够通过静电耦合进入电路的导线,通过磁耦合进入电路里的闭环,或者通过电磁耦合进入导线,将其变成小的天线进行电磁辐射。以上任何一种都可能成为信号从电路中的一个地方到另一个地方耦合的机制。最后,电路中一个地方的信号电流可以通过分配到地线和电源线上的电压耦合到电路中的另一个地方。

消除干扰

有很多窍门可以用来处理通常出现的大多数干扰问题,这些技巧的目的都是将干扰和信号减小到可以接受的程度,很少将它们一起都消除。因此,它常常不是提高信号,而是仅仅提高信噪比。意识到在有些环境下的情况比其他环境下的情况更糟糕也是很重要的;有些仪器在工作台上性能可以很好,但是在某些位置其性能却可能会很差,一些应该避免的工作环境是:(a)在收音机或电视机发射台附近;(b)在铁路附近;(c)在高压线附近;(d)在发电机或电梯附近;(e)在带有 3 端双向可控硅开关和热控制器的建筑物附近;(f)在带有大型变压器的设备附近;(g)在电焊机附近。因此有如下的一些消除干扰的建议和方法。

通过输入、输出以及电力线的信号耦合

消除输电线噪声的最好方法是在交流输电线上使用射频(RF)滤波和暂态抑制器,这样可以实现对高于几百千赫时干扰的衰减为 60 dB,或更高,同时可有效地消除有害的尖峰信号。

由于阻抗和干扰频率范围内信号耦合的需要,输入和输出线上的干扰比输电线上的更难以消除。对于像音频放大器那样的设备,我们可以在输入和输出端使用低通滤波器。另外一些场合常常使用屏蔽线。对于低电平信号,尤其是在高阻抗的情况下,一般都要使用屏蔽,仪器带有机箱也是这个原因。

电容耦合

仪器里的信号可以通过静电耦合灵活地四处传播。仪器里的一些点会有 10 V 电压信号的跳变,高阻抗输入附近也有一定的跳变。最好的处理办法是减小有害点的电容,增加屏蔽,将导线移到靠近地面的地方(如果可能),或降低敏感点的阻抗。运算放大器的输出不容易受到干扰,但是输入却恰恰相反。下面我们继续讨论这个问题。

磁耦合

遗憾的是,低频的磁区域并没有通过金属外壳减小多少。一个放在带有大能量变压器附近的唱机、话筒、磁带录音机或其他敏感电路都将变成数量惊人的 60 Hz 拾波器。最好的解决方案是避免电路内部大的闭合区域以及尽力保持电路不形成闭环。弯曲的导线对防止磁拾波十分有效，这是由于它的闭合区域很小，连续弯曲产生的信号被抵消了。

当处理低电平信号或对磁拾波很敏感的设备时，使用磁屏蔽是很有必要的。"镍铁高导磁合金屏蔽"以现成的片和软片的形式存在。如果周围的磁区域很大，那么最好在里面使用高导磁率的屏蔽，在外部使用低导磁率的屏蔽，从而避免内部屏蔽的磁饱和。当然，消除磁区域的产生源是常用的一种较为简单的方法，也就是说，它可能需要将大的能量变压器移到偏僻的地方。环行变压器比标准的帧类型的边缘通量区域更小。

射频耦合

RF拾波尤其有害，因为电路中看起来很好的部分可能会变成谐振电路，形成大量的成为拾波器的有效截面。除了全面屏蔽外，最好采用短的引线并避免产生谐振闭环。如果问题牵涉到高频，采用铁氧体磁环可能会有帮助。典型的方法是采用一对可提高旁路作用的旁路电容器。这一对旁路电容会在 HF 至 VHF（在几百赫频率左右）范围内形成寄生调谐电路，从而产生自激振荡。

7.5.2　信号接地

地线和屏蔽会引起大量问题，对这个问题有很多误解。简单地说，我们忽略了这个问题。流经地线的电流会产生一个像是从电路中共地的另一部分产生的信号。虽然地线结点技术经常采用，但它却是一个很重要的技术；只要对这个问题稍有理解，就会明智地处理大多数情形。

共地故障

图 7.67 表示了一个共地情形，这里的一个低电平放大器和一个大电流驱动器处在同一个仪器中。第一个电路处理得很好，由于两个放大器都在调整端与电源电压相连，所以沿功率放大级的引线的 *IR* 压降不会出现在低电平放大器的电源电压上；另外，返回地的负载电流不会出现在低电平输入端；从低电平放大器输入的接地端到电路的结点也没有电流流过。

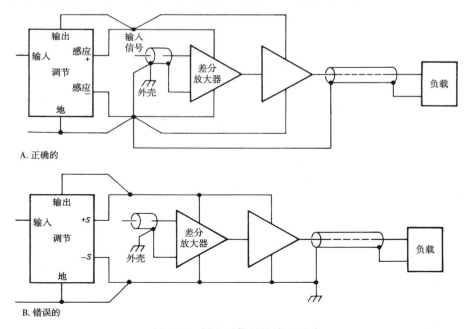

图 7.67　低电平信号的接地通路

在第二个电路里有两个问题,高电平负载电流引起
的电源电压的波动在低电平电源中被抑制。除非输入级
有很好的电源抑制,否则会导致振荡。更糟糕的是,返
回到电源的负载电流使机箱的地相对于电源的地起伏振
荡。一个非常糟糕的想法是输入级接在这个振荡的地
端。一般的想法是看大信号的电流在哪里流动并确保它
们的 IR 压降不会抵消输入。在一些情况下,采用一个小
的 RC 网络(见图 7.68)将电源与低电平级分离是一个
不错的主意。在电源耦合严重的情况下,可能需要在低
电平级电源上接一个齐纳二极管或三端稳定器,以进一
步退耦。

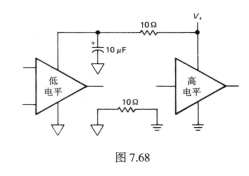

图 7.68

□ 7.5.3　仪器之间的接地

在一个仪器里有一个被控制的接地端是一个很好的主意,但是当信号不得不从一个仪器流到另
一个仪器时应该怎么做呢? 每一个都有它们自己的地的想法可行吗? 下面是一些建议。

□ 高电平信号

如果信号有几伏或者大的逻辑偏移,那么仅仅连接
这些并且忽视它(见图 7.69)。两个地之间的电压源表
明同一个房间、不同房间或不同建筑物里的不同电源线
插座上接地的差异。它由一些 60 Hz 的电压、线频谐波、
一些射频信号以及各种尖峰信号和其他无用信号组成。
如果信号足够大,则可以忍受这些。

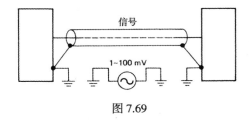

图 7.69

□ 小信号和长导线

对一些小信号来说这种情况是无法忍受的,不得不采取一些措施来解决这个问题。图 7.70 便
是一些解决方法。在第一个电路中,一个同轴屏蔽电缆连接到机箱与驱动端的电路地线上,但是与
接收端的机箱保持隔离。采用一个差分放大器对输入信号进行缓冲,因而可以忽略出现在屏蔽线上
小的地信号。在地线上连接一个小的电阻和旁路电容,以限制地的漂移并阻止输入级的损害,这是
一个好的想法。图 7.70 的交替接收器电路表明了用于单端放大级的伪随机差分输入电路的使用。因
为放大器公共端与电路地之间的 10 Ω 电阻比源地阻抗大得多,所以它足以大到使信号源的干扰地
与那一点的电位相同。当然,任何出现在该点的噪声也出现在输出端。然而,既然期望的信号与地
噪声的比值随电压增益 G_v 的增大而减小,所以,如果这一级具有足够高的电压增益 G_v,这些噪声
就变得微不足道了。因而,虽然电路并非真正的差分电路,它同样也运行良好。当地噪声影响较大
时,这种伪随机差分的测量方法也能够用于仪器内的低电平信号。

在第二个电路里,使用屏蔽的双绞线屏蔽端连接到机箱两端。由于在屏蔽里没有信号,因而没
有害处。与前面一样,差分放大器接在接收端。如果逻辑信号被传递过来,根据指示发送差分信号
是一个好的想法。普通的差分放大器可以用在输入级,或者如果地干扰比较严重,也可以使用模拟
装置或伯尔 – 布朗这种特殊的隔离放大器,后者允许上千伏的共模信号。

在射频,变压器耦合提供一个消除接收端共模信号的方法。这也比较容易在驱动端产生差分双
极型信号。虽然变压器体积笨重并且会导致信号的退化,但它们在音频里应用得也比较普遍。

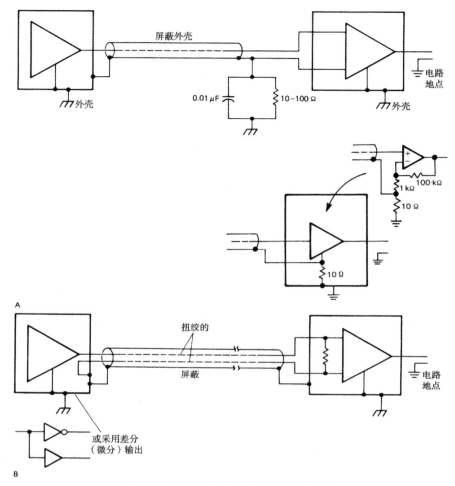

图 7.70　低电平信号通过屏蔽的电缆接地

在射频中，较长的电缆线可有效地阻止大的地电流流入屏蔽。图7.71给出了一种方法，与前面一样，一个差分放大器接在双绞线上，忽略屏蔽上的电流。通过采用一个小的电感连接屏蔽和机箱，当抑制大的射频电流时，直流电压可以保持较小。这个电路也说明了如何保护整机电路来避免 ±10 V 的共模漂移。

图7.72示意了保护多线电缆里的电线的一种很好的方法。在这个多线电缆中，必须消除共模拾波。既然所有的信号都经过相同的共模拾波器，因而一条发送端接地的导线可用来消除n条信号线中的每一条上的共模信号。仅仅用来对其信号进行缓冲，并且将它作为连接在其他信号线上的n个差分放大器中的每个比较输入。

前面的方法对消除低频到中频的共模干扰信号效果很好，但是对射频干扰却无能为力，其原因归结于接收放大器较差的共模抑制能力。

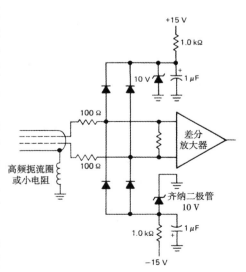

图 7.71　长导线的输入保护电路

　　这里有一个可能性是将所有的电缆缠绕在一个铁氧体螺旋管上（见图7.73），这样可提高整个电缆的串联电感，提高了高频共模信号的阻抗，并且可以方便地采用一对小的接地旁路电容实现分流。我们用一个等价电路来说明为什么这种方法有效而不衰减差分信号。将一个阻抗串联接入信号线和屏蔽，但是由于它们形成一个紧密耦合的单匝变压器，所以差分信号并不受影响。这事实上是一个 1：1 的传输线变压器，将在 13.2.2 节中讨论。

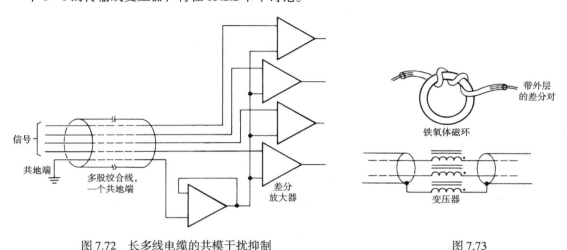

图 7.72　长多线电缆的共模干扰抑制　　　　　　　　　　　　　　　图 7.73

□ **悬空的信号源**

　　在低电平输入时，不同位置的地电压不同的情况更严重，这仅仅是由于信号太小的缘故，这样的例子有信号线要求屏蔽的磁头或其他的信号变换器。如果将两端的屏蔽接地，地电位的差值将与放大器输入端的信号相同。最好的方法是降低屏蔽的电位，使其**与变换器**（见图7.74）的地电位相等。

隔离放大器

　　另一个关于地的争论问题是隔离放大器的使用。隔离放大器是一个商业设备，它用于从一个带有参考地的电路到另一个带有完全不同地的电路的模拟信号进行耦合（见图7.75）。事实上，在一些特殊的情况下，地的电位可能会相差几千伏！隔离放大器在医疗电子设备中必须使用，因为电极直接用于人体，必须将这些电极与由直流电源直接供电的仪器电路完全隔离。目前，隔离放大器用在以下 3 个方面：

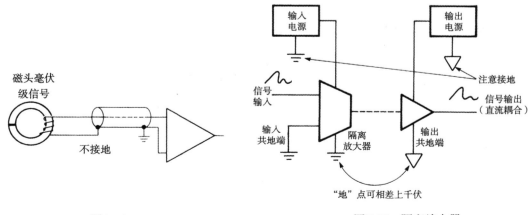

图 7.74　　　　　　　　　　　　　　　　　　　　　　图 7.75　隔离放大器

1. 高频载波信号的变压器隔离。载波信号或者是需要被隔离的低带宽频率调制信号，或者是需要被隔离的低带宽脉宽调制信号（见图7.76）。变压器隔离的放大器具有要求直流电源位于一边的特点；它们都包含在一个变压器耦合的直流 – 直流的逆变器里。变压器隔离的放大器可以隔离电压达到3.5 kV 之高，其典型带宽为2 kHz，有些情况可达20 kHz。

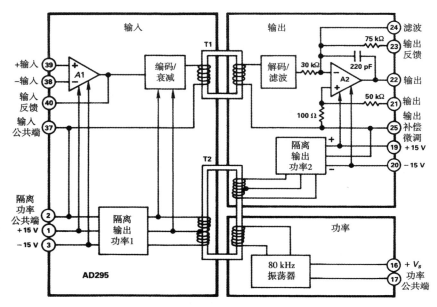

图 7.76　AD295 晶体管耦合隔离放大器

2. 由发送端的发光二极管和接收端的光敏二极管发射光耦合信号。这个技术以伯尔 – 布朗（Burr-Brown）的ISO100为代表。由于信号一直到直流都可以采用光学传输，所以不需要高频载波。然而，为了完成好的线性，Burr-Brown 使用了一种聪明的办法：一个二次匹配的光敏二极管在发射端接收来自发光二极管的光，在发光二极管和光敏二极管上均采用一个反馈设备消除非线性，如图7.77所示。ISO100要求两端的电源隔离到750 V，带宽为60 kHz。

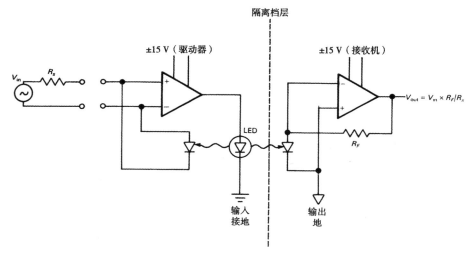

图 7.77　光学耦合模拟隔离放大器

3. 高频载波信号的电容耦合隔离，载波信号是需要被隔离的频率调制信号（见图 7.78）。这个以 Burr-Brown 的 ISO102，ISO106 以及 ISO122 为代表（见图 7.79）。由于带有变压器隔离，所以没有反馈，但是对大多数模块来说，其两端需要电源供应。既然在两端可能有电子元件产生和使用信号，所以一般不成问题。如果不行，可以将隔离放大器作为一个隔离的直流－直流逆变器使用。ISO106 隔离电压达 3.5 kV，带宽为 70 kHz。

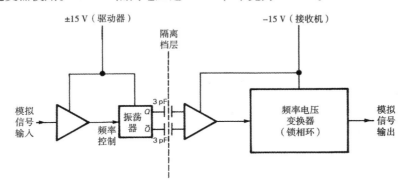

图 7.78　容性耦合隔离放大器

图 7.79　Burr-Brown ISO106 隔离放大器

这些隔离放大器都用于普通带宽的模拟信号，每个价格在 25 ~ 100 美元之间。同样的地问题也可能出现在数字元件里，其解决方法简单有效：采用光耦合隔离放大器，具有足够的带宽（10 MHz 或更高），隔离电压达到几千伏，且价格便宜（1~2 美元）。我们将在第 9 章讨论有关内容。

☐ **信号防护**

与前面紧密相关的技术是信号的防护，这是减小输入电容的效果，降低高阻抗级小信号的泄漏的一种很好的方法。我们可以处理来自一个微电极或电容传感器的信号，而其源阻抗可能达数百兆欧。仅仅几皮法的输入电容就可以形成一个低通滤波器。此外，在连接电缆上的绝缘电阻很容易使一个超低输入电流放大器的性能退化。这些问题的解决办法均需求助于**信号防护**（见图 7.80）。

一个射极跟随器引导其内部的屏蔽,通过保证信号与其周围环境的零电压差异来有效消除电流泄漏和电容衰减。在外部接地屏蔽也是一个好主意,可以消除保护电极的干扰;当然,由于跟随器输出阻抗较低,所以解决电容衰减和电流泄漏都不成问题。

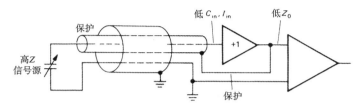

图 7.80　使用防护来提高输入阻抗

我们没有必要过多地使用这种方法;将射极跟随器尽可能地靠近信号源无疑是一个很好的想法,保护连接它的电缆的较短的部分。普通的屏蔽电缆就能够将低阻抗输出信号传送到很远的放大器。我们将在 15.2.8 节讨论高阻抗微电极信号的防护。

□ **输出耦合**

一般情况下一个放大器的输出阻抗十分小,我们不必担心电容信号耦合。然而,在高频或具有快速转换的干扰情况下,必须警惕,特别是要求期望的输出信号具有一定的精度时。考虑图 7.81 的例子,一个精确信号由一个放大器缓冲,并且通过一个包含 0.5 V/ns 波动的数字逻辑信号的区域。运算放大器的闭环输出阻抗随频率升高,典型值是 1 MHz,阻抗上升 10 ~ 100 Ω 或更多。我们需要多大的耦合电容才能保证耦合干扰低于模拟信号0.1 mV的分辨率呢? 令人吃惊的答案是0.02 pF。

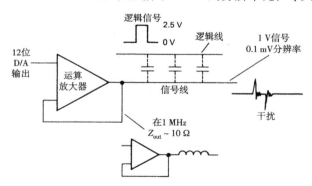

图 7.81　线性信号的数字交叉耦合干扰

有一些解决方法,最好是将小模拟信号的波形置于快速变化的信号范围之外。在运算放大器的输出端接一个合适的旁路电容能够有所帮助,虽然它也会使波动率发生退化。我们可以把电容功能看成是将耦合的电荷束降低到运算放大器的反馈可以抵消的程度。使用接地的几百皮法的电容来加强高频下的模拟信号绰绰有余。另一个可能的方法是采用一个低阻抗的缓冲,例如LT1010或类似LM675 的功放。不要忽视使用屏蔽、双绞线以及靠近地面的减小耦合的方法。

7.6　电路示例

7.6.1　电路集锦

图 7.82 给出了一些与本章有关的典型电路。

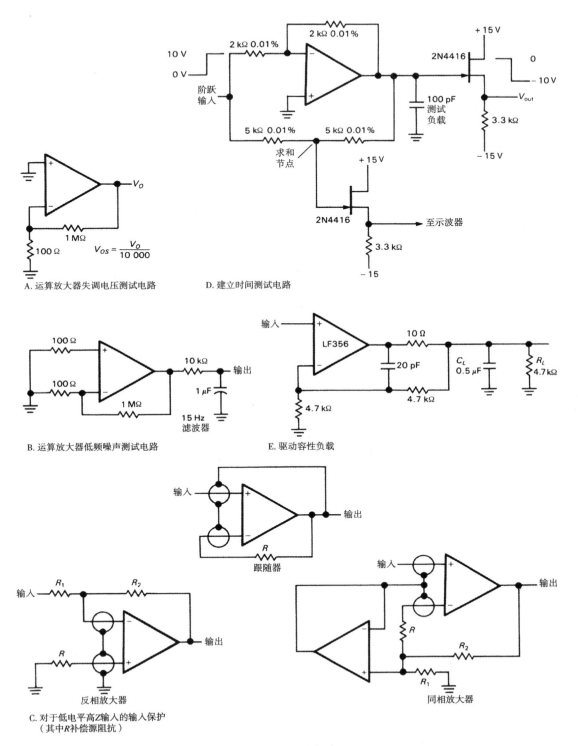

图 7.82 电路集锦

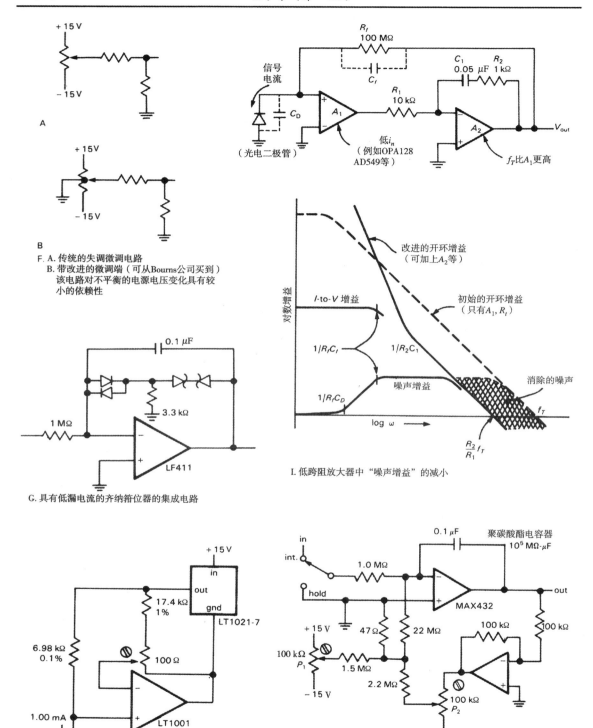

F. A. 传统的失调微调电路
B. 带改进的微调端（可从Bourns公司买到）
该电路对不平衡的电源电压变化具有较
小的依赖性

G. 具有低漏电流的齐纳箝位器的集成电路

I. 低跨阻放大器中"噪声增益"的减小

H. 超精密电流源

J. 带电容漏电补偿的精密集成电路；当输出接近于零时用P_1
来使其偏移减至零，当输出接近于+10 V时，用P_2

图7.82（续）　电路集锦

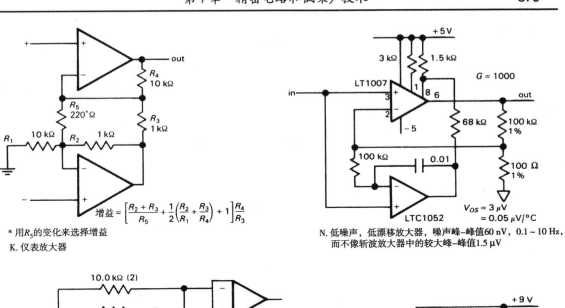

$$增益 = \left[\frac{R_2+R_3}{R_5} + \frac{1}{2}\left(\frac{R_2}{R_1}+\frac{R_3}{R_4}\right) + 1\right]\frac{R_4}{R_3}$$

* 用R_5的变化来选择增益

K. 仪表放大器

N. 低噪声，低漂移放大器，噪声峰–峰值60 nV，0.1～10 Hz，而不像斩波放大器中的较大峰–峰值1.5 μV

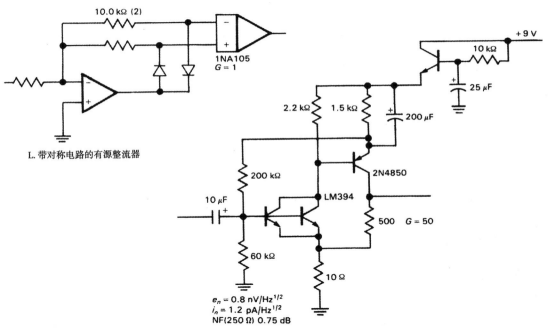

L. 带对称电路的有源整流器

$e_n = 0.8$ nV/Hz$^{1/2}$
$i_n = 1.2$ pA/Hz$^{1/2}$
NF(250 Ω) 0.75 dB

O. 低噪声前置放大器，其R_S设计为小于600 Ω

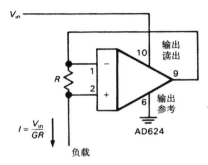

$$I = \frac{V_{in}}{GR}$$

M. 采用仪表放大器的可编程电流源

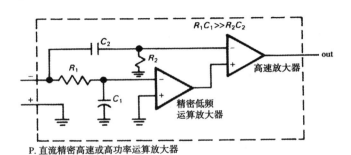

P. 直流精密高速或高功率运算放大器

图7.82（续）　电路集锦

7.7 补充题

1. 证明 $SNR = 10\log_{10}(v_s^2/4kT\,R_s) - NF$ (dB)（信号源为 R_s 时）。

2. 在室温下，一个 100 Hz，有效值为 10 μV 的正弦波加在一个 1 MΩ 的电阻上。试计算以下两种情况的 SNR：（a）中心频率为 100 Hz，带宽为 10 Hz；（b）从直流到 1 MHz。

3. 使用 2N5087 的晶体管放大器工作在 100 μA 的集电极电流下，由一个内阻为 2000 Ω 的信号源驱动。（a）计算 100 Hz，1 kHz 和 10 kHz 的噪声系数。（b）输入信号有效值为 50 nV(rms)，放大器带宽为 10 Hz 时，计算出以上各频率下的 SNR。

4. 测量一个商用放大器（$Z_{in} = 1$ MΩ）在 1 kHz 频率时的等效输入噪声 e_n 和 i_n。将放大器的输出通过一个带宽为 100 Hz 的理想滤波器：10 μV 输入信号可以相应得到 0.1 V 输出。此时放大器的噪声可以忽略不计。将输入端短接，其噪声输出的有效值为 0.4 mV。将输入端断开，噪声输出有效值为 50 mV。（a）计算此放大器在 1 kHz 下的 e_n 和 i_n。（b）当频率为 1 kHz，源内阻分别为 100 Ω，10 kΩ 和 100 kΩ 时，计算此放大器的噪声系数。

5. 用一个校准噪声源测量放大器的噪声，噪声源的输出阻抗为 50 Ω。发生器的输出必须达到 2 nV/Hz$^{1/2}$ 才能使放大器的输出噪声功率翻倍。当源内阻为 50 Ω 时，放大器的噪声系数为多少？

6. 用如图 7.83 所示电路来测量白噪声发生器的输出噪声电压。噪声发生器的输出电平用交流电压表测量，有效值为 1.5 V。求噪声发生器的输出噪声密度（即有效电压值每赫兹平方根）是多少？

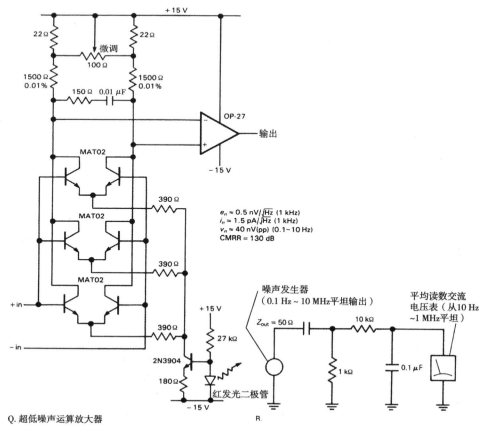

图 7.83

第8章　数字电子学

8.1　基本逻辑概念

8.1.1　数字与模拟

前面主要讨论了输入和输出电压在一定范围内变化的电路，如 RC 电路、放大器、积分器、整流器和运算放大器等。很显然，这些电路处理的都是连续信号（例如声音信号），或测试仪器的连续变化电压（例如温度读取或光检测器件的信号，或来自生理或医学探头的信号）。

但是，还有一些电路，其输入信号是离散形式的信号，例如某种探测器的脉冲信号，以及开关、键盘或计算机的数据信号。在这些情况下，电路处理的信号由1和0组成，当然，这时利用数字电子学很方便。另外，为了提供计算器和计算机的计算数据或存储大量数字数据，常需要将连续（模拟）数据转换成数字形式的数据，反之亦然（利用 D/A 和 A/D 转换器）。特殊情况下，微处理器或计算机可以控制实验或工业过程的信号，并在所得到的数据的基础上控制实验参数，将实验过程中收集或计算出来的结果存储起来以备将来使用。

数字电子技术的另一个有趣的例子是没有噪声衰减的模拟信号的传输过程，例如声音或图像信号在通过不能移动的电缆或收音机的传输过程中，可以"检出"噪声信号；相反，如果传输信道的噪声电平不太高，保证能够精确识别1和0，那么将信号转换成一系列代表连续时间幅值的数据，并以数字信号的形式传输，在接收端重构模拟信号时就不会产生误差（利用 D/A 转换器）。这种称为 PCM（脉冲编码调制）的技术在信号必须通过一系列"中继器"时（比如电话信号在陆地传输的情况），应用尤其重要，因为每一级的数字再生可以保证无噪声传输。由最近的深空探头传送回来的信息和图像都是 PCM 信号。现在，家庭中非常普及的数字图像都存储在12 cm的CD盘中，每首音乐可以以每23微秒一对立体声16位数据的形式存储，一张盘共可存储6亿位信息。

实际上，数字硬件的功能非常强大，适合模拟技术的任务用数字方法解决则更好。例如，模拟温度计需要配合使用微处理器和存储器，以便补偿仪器偏离线性的精确度。由于微处理器的种类非常多，因此其应用非常广泛。与其列举数字电子学的应用，不如开始学习数字电子学，其应用在学习过程中自然会出现。

8.1.2　逻辑状态

"数字电子学"是指电路在任何一点（常常）只有两种状态，例如晶体管或者处于饱和状态，或者处于截止状态。一般讨论电压而不讨论电流，其电平为 HIGH（高电平）和 LOW（低电平），这两种状态可以代表信息各"位"（二进制数字）的不同含义，如下所示：

一位数字
开关是断开还是闭合
信号存在还是不存在
模拟电平是高于还是低于已知界限

$\quad$事件发生还是没有发生

$\quad$动作实施还是没有实施等

HIGH 和 LOW

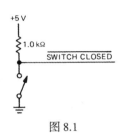

图 8.1

$\quad$HIGH 和 LOW 状态代表前面定义过的布尔逻辑的 TRUE（真）和 FALSE（假）状态。如果在某些点 HIGH 代表 TRUE，那么信号逻辑称为"正逻辑"，反之亦然。开始的时候容易混淆，图 8.1 即为一个例子。输出为 LOW 时 SWITCH CLOSED（开关闭合）为真，这是负逻辑信号（标为"LOW 为真"更好，因为电路中没有负电压），也可以如图所示标记（符号上方的短划线表示 NOT；开关未闭合时输出为 HIGH）。记住符号上方有没有短划线表示状态条件（SWITCH CLOSED）为真时输出是 LOW 还是 HIGH。

$\quad$数字电路可以通过信号的来源"识别"信号代表的含义，就像模拟电路可以"识别"一些运算放大器的输出所代表的含义一样。总之，数字电路确实比较复杂，有时同样的数据线可以传输不同类型的信息，或信号在不同时间其传输方向不同。为了完成这种复杂的工作，必须加入另外的信息（地址位或状态位）。在稍后的许多例子中可以看到这种非常有用的功能。现在，设想已经连好一种具有预测功能的电路，并且知道这种电路的功能，知道其输入的来源，输出的去处。

$\quad$1 和 0 在布尔逻辑中分别表示 TRUE 和 FALSE，电子学中一般都采用这种方式；但是有时也采用另外一种方式，即 1 = HIGH 和 0 = LOW。这本书中尽量避免用 HIGH（或符号 H）和 LOW（或符号 L）代表逻辑状态而造成歧义。在电子技术中常采用这种方式，即只用 1 和 0，这样就没有歧义了。

HIGH 和 LOW 的电压范围

$\quad$在数字电路中，HIGH 和 LOW 具有一定的电压范围。例如高速 CMOS（"HC"）逻辑的输入电压大约在对地 1.5 V 以下时为 LOW，在 1.5 V 到 +5 V 之间时为 HIGH。实际上，**输出**电压典型的 LOW 和 HIGH 状态一般分别为 0 代表的电压的十分之一和 +5 V（输出端是一个饱和的 MOS 晶体管，如图 8.17 所示）。这样便于制造，电路的温度、负载和电源等可以变化，并且在信号通过电路的传输过程中混入噪声（来自耦合电容和外界干扰等）。电路接收到信号后，确定是 HIGH 还是 LOW，并执行相应的动作。如果噪声没有将 1 变为 0，或将 0 变为 1，则一切顺利，且噪声在每一级被消除，因为重新产生了没有噪声的 1 和 0。可见，数字电子学是无噪声的，非常完美。

$\quad$用术语**"抗扰度"**来描述电路保持正常工作时噪声的逻辑电平（最坏的情况）所代表的最大值。例如，TTL 的抗扰度为 0.4 V，因为 TTL 的**输入**要求小于 0.8 V 为 LOW，大于 2.0 V 为 HIGH，而最坏情况下的**输出**分别为 +0.4 V 和 +2.4 V（由组件的逻辑电平决定）。在实际情况下，抗扰度比这些值好得多，其典型的 LOW 和 HIGH 的电压值为 +0.2 V 和 +3.4 V，输入的门限值接近 +1.3 V。要记住，为了设计性能好的电路，就要使用最坏情况下的值。不同的逻辑系列有不同的抗扰度，记住这一点是很有用的。CMOS 的抗扰度比 TTL 的大，而快速 ECL 系列的抗扰度较小。当然，数字系统对噪声的敏感度也取决于存在的噪声的幅值，而噪声幅值又取决于一些参数，如输出级的倔强系数、对地电感、较长总线的存在和逻辑转换时输出的变化率（这将产生瞬时电流，并由于电容负载的存在使电压对地为 0）。在 9.2.1 节到 9.2.3 节中将讨论这些问题。

逻 辑 电 平

$\quad$最常用的数字逻辑系列的两种逻辑状态（HIGH 和 LOW）的电压范围如下列框图所示。对于每一种逻辑系列，定义输入和输出电压对应于两种逻辑状态 HIGH 和 LOW 的标称值是很有必要的。

横线以上的阴影部分表示输出电压对应于逻辑LOW 和 HIGH 的范围，一对箭头表示实际情况下典型的输出值（LOW, HIGH）；横线以下的阴影部分表示输入电压对应于逻辑LOW 和 HIGH 的范围，箭头表示典型的逻辑门限值，例如LOW 和 HIGH 的中间值。任何情况下，逻辑HIGH 的值都比逻辑LOW 的值高。

在电子学的定义中，"最小"、"最大"和"典型"值需要解释一下。一般情况下，制造商都能保证器件的参数在最小值和最大值之间，非常接近典型值。这意味着典型值是设计电路所需要的值；当然，这些电路在所定义的最小值和最大值之间都能正常工作（制造商提供的极限）。特殊情况下，设计得好的电路在最大值和最小值这些最坏情况下也能正常工作，这就是最坏情况设计，这对于那些常用仪器（例如未经特殊选择）的部件是很有必要的。

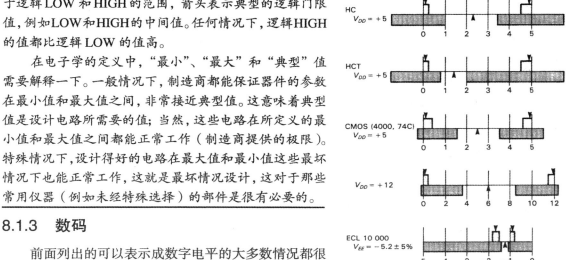

8.1.3　数码

前面列出的可以表示成数字电平的大多数情况都很容易理解。怎样用数字电平表示数值是个常见的问题，也是个非常有趣的问题。

十进制数（基数为10）可以理解为是一串简单的整数与10的幂的乘积相加，例如

$$137.06 = 1 \times 10^2 + 3 \times 10^1 + 7 \times 10^0 + 0 \times 10^{-1} + 6 \times 10^{-2}$$

要用到10种符号（0到9），每一项的10的幂由它相对于小数点的位置决定。如果只用两种符号（0和1）来表示数，就是**二进制**或基数为2的数字系统。每个1或0乘以2的幂，例如

$$1101_2 = 1 \times 2^3 + 1 \times 2^2 + 0 \times 2^1 + 1 \times 2^0 = 13_{10}$$

每个1和0称为"位"（二进制数字），下标（常标出基数）告诉所采用的数字系统，为了避免混淆，很有必要标出，因为符号看起来都是一样的。

下面用所描述的方法将一个二进制数转换为一个十进制数，也可以用另一种方法转换，即用2除，写出余数。将 13_{10} 转换为二进制数。

$13/2 = 6$ 余数为 1
$6/2 = 3$ 余数为 0
$3/2 = 1$ 余数为 1
$1/2 = 0$ 余数为 1

可以得到 $13_{10} = 1101_2$。注意答案是按LSB（最低有效位）到MSB（最高有效位）排列的。

十六进制表示

二进制数表示是二状态系统的自然选择（但不是惟一的方式，下面就可以看到）。当数非常长时，一般用十六进制（基数为16）表示，每一位用16的幂表示，十六进制符号表示从0到15。要想在每一位上只用一个符号表示，则用 A ～ F 表示 10 ～ 15。要将二进制数写成十六进制数，只需从LSB位开始，4位为一组，并将每一组写成十六进制形式：

$$707_{10} = 1011000011_2 (= 001011000011_2) = 2C3_{16}$$

十六进制表示非常适合于计算机中常用的"字节"（8位）结构，16位或32位即可表示计算机的一个"字"，所以一个字为2或4字节。字母表中的字母、数或符号都是一个字节。所以，在十六进制中，每个字节都是两位十六进制数，一个16位的字是4位十六进制数，等等。

以广泛使用的ASCII码表示法为例（详见10.5.1节），"a"的ASCII码为01100001（十六进制数为61，写成61_H），"b"是62_H，等等。因此，单词"nerd"可以用一对16位的字存储，其十六进制数为$6E65_H$和7264_H。再举一个例子，计算机有65 536（"64K"）字节的记忆单元，因为2^{16} = 65 536，所以用两字节数寻址，最低地址为0000_H，最高地址为$FFFF_H$，后半页地址从8000_H开始，四分之一页地址从$C000_H$开始。

有时还会见到八进制表示（基数为8），较早时计算机用12位或36位表示一个字，用6位表示一个字母。虽然八进制只用我们熟悉的符号（0~7），但用它表示字时非常不方便。习题8.1说明了原因。

习题8.1 把用十六进制表示的"a"和"b"的ASCII码写成八进制表示的数，然后把用两个字节表示的16位字"ab"写成八进制表示的数。为什么字符的单独特性丢失了呢？"ba"的八进制表示是什么？用十六进制表示重做上述练习。

BCD 码

表示数的另一种方式是把每一位十进制数进行二进制编码，这种码称为BCD码（二进制编码的十进制数），4位一组表示一个数字。例如

$$137_{10} = 000100110111 \quad \text{(BCD)}$$

注意BCD码表示和二进制表示不同，用二进制表示有$137_{10} = 10001001_2$。假想从某一位（右边）开始来表示1，2，4，8，10，20，40，80，100，200，400和800等。很显然，BCD码有很多浪费的位，因为4位一组可以表示0到15，而BCD码从来不用大于9的数。但是，当需要显示十进制数时，用BCD码是很理想的，因为你所要做的就是将每个BCD字符转换为相应的十进制数并显示出来（有很多器件可以准确地做到这些，例如"BCD译码器、驱动器和显示器"，这些都是有透明端的小集成芯片。用逻辑电平表示BCD字符，并点亮相应的数字）。因此，BCD码在输入和输出数字信息时常用。但是，在纯粹的二进制数和BCD码之间的转换很复杂，因为**每一个十进制数取决于每一个二进制位的状态，反之亦然**。总之，二进制运算很方便，所以大多数计算机都把输入数据转换为二进制数，在输出数据时再转换为原来的形式。

习题8.2 将下列数转换为十进制数：（a）1110101.0110₂，（b）11.01010101…₂，（c）$2A_H$。将下列数转换为二进制数：（a）1023_{10}，（b）723_H。将下列数转换为十六进制数：（a）1023_{10}，（b）101110101101₂，（c）61453_{10}。

带符号的数

符号大小表示。 表示二进制负数是很有必要的，特别是对于需要进行计算的器件。最简单的办法是用一位（MSB位）表示符号，用其他位表示数的大小，这就是所说的"符号大小表示"，见表8.1。在需要显示数和A/D转换过程时使用这种表示方法。这一般不是表示带符号的数的最好办法，尤其是在计算过程中，主要原因是减法不同于加法（例如加法不对带符号的数进行计算）。另外，这种表示方法有两个0（+0和–0），所以必须小心，只能用其中一个。

二进制偏移表示。 表示带符号的数的第二种方法是用二进制偏移表示，这种表示方法将最大可能的数分成两半来表示，见表8.1。这种表示方法有个优点，就是从最小的数到最大的数只是简单

的二进制过程，即自然二进制计数过程。MSB 位仍然表示符号信息，且 0 只出现一次。二进制偏移表示在 A/D 和 D/A 转换中常用，但对于计算来说仍然很笨拙。

2 的补码表示。 整数计算最常用的方法称为 "2 的补码表示"。在这种表示方法中，正数简单地表示为无符号的二进制数，用二进制表示的负数和同样大小的正数相加结果为 0。要表示负数，首先将相应的正数各位取补（例如 1 写成 0，反之亦然，称之为 "1 的补码"），然后再加 1（称之为 "2 的补码"）。如表 8.1 所示，2 的补码表示和二进制偏移表示的 MSB 互补。在其他带符号的数的表示方法中，MSB 总是携带符号信息。这种表示方法只有一个零，用各位全为零表示很方便（给计数器或寄存器 "清零"）。

利用 2 的补码进行计算

利用 2 的补码进行计算很方便。两个数相加只需各位相加（带标志位），如下所示：

$5 + (-2)$: 0101　(+5)
　　　　　 1110　(−2)
　　　　　 ―――――
　　　　　 0011　(+3)

A 减去 B 等于 A 加上 B 的 2 的补码：

$2-5$: 0010　(+2)
　　　　1011　(−5)　(+5 = 0101 : 1 的补码 = 1010, 因此 2 的补码 = 1011)
　　　　―――――
　　　　1101　(−3)

乘法也可以用 2 的补码完成。试做下面的习题。

习题 8.3　用 3 位 2 的补码表示的二进制数来计算 2 乘以 −3。提示：答案为 −6。

习题 8.4　证明 −5 的 2 的补码等于 +5。

因为 2 的补码表示便于计算，所以它常用在计算机中进行整数计算（注意，"浮点数" 一般指 "带符号的数"）。

□ 格雷码

下面的码用于机器轴角度编码器。这种码称为格雷码，它的特点是从一个状态到下一个状态只有 1 位发生变化。这个特点能够防止出错，因为没有一种办法可以保证在两个码值的交界处同时改变所有的位。如果直接利用二进制数，例如从 7 到 8，可能会输出 15。下面给出得到格雷码的简单办法：从全 0 状态开始，要得到下一个状态，只需改变 1 位即可得到一个新的状态。

0000　0001　0011　0010　0110　0111　0101　0100
1100　1101　1111　1110　1010　1011　1001　1000

用格雷码可以得到任何一种数，也可将格雷码用于 "并行编码"，这种技术用在高速 A/D 转换中。下一节讨论格雷码和二进制编码之间的转换。

表 8.1　4 位带符号整数的 3 种表示方法

整数	符号大小	二进制偏移	2 的补码
+7	0111	1111	0111
+6	0110	1110	0110
+5	0101	1101	0101
+4	0100	1100	0100
+3	0011	1011	0011
+2	0010	1010	0010
+1	0001	1001	0001
0	0000	1000	0000
−1	1001	0111	1111
−2	1010	0110	1110
−3	1011	0101	1101
−4	1100	0100	1100
−5	1101	0011	1011
−6	1110	0010	1010
−7	1111	0001	1001
−8	−	0000	1000
(−0)	1000	−	−

8.1.4　门和真值表

组合逻辑和时序逻辑

　　在数字电子学中，主要讨论数字输入产生数字输出。例如，**加法器**是将两个16位的数作为输入，产生一个16位（加上标志位）的和。还可以设计一个两个数的乘法电路，有许多种计算机的工作单元可以完成这种操作。另外还可以比较两个数的大小或将一个输入与所希望的输入进行比较，保证"所有的系统都正常"。或者设一个"奇偶校验位"，在通过数据线传输之前使一个数的1的个数为偶数个，然后在接收端检查奇偶校验位，这是检查传输是否正确的一个简单方法。另一个典型的功能是把数表示为二进制数并显示、打印，或变成十进制数。所有这些功能中的输出都是输入预先规定的函数，这一类所谓的"组合"功能，都可以用称为"门"的器件完成，这些门可以完成两个状态（二进制）系统的布尔代数的操作。

　　另一类问题只通过输入的组合功能无法解决，还需要输入的过去状态。解决办法需要利用"时序"网络。其典型的功能可以将一串串行数据（一个接着一个）转换为并行数据，或按顺序计算1的个数，或按顺序识别某种模式，或每隔4个输入脉冲输出一个脉冲。所有这些功能都需要数字存储器，这里所指的基本器件是"触发器"（即"双稳态多谐振荡器"）。

　　首先从门和组合逻辑开始介绍，因为这些是最基本的。学到时序器件时会发现数字世界更有趣，但是没有门就无从谈起了。

或（OR）门

　　当其中一个输入（或两个输入都）为HIGH时，或门的输出为HIGH，如图8.2的"真值表"所示。这是一个2输入或门。一般情况下，一个门可以有几个输入，但是标准芯片通常有4个2输入门，3个3输入门或2个4输入门。例如，如果一个4输入或门的任何一个输入（或更多）为HIGH，则其输出为HIGH。

　　或门的布尔符号为+，"A 或 B"写成 A + B。

与（AND）门

　　只有当与门的输入全为HIGH时其输出才为HIGH，其逻辑符号和真值表如图8.3所示。和或门一样，与门一般有3或4个输入（有时更多）。例如，一个8输入与门，只有所有的输入均为HIGH时其输出才为HIGH。

　　与门的布尔符号是一个圆点（·），一般可以省略。"A 与 B"写成 A · B，或简单地写成 AB。

反相器（NOT功能）

　　我们常常需要使用逻辑电平的补码，这就是反相器的功能，它是一个只有1个输入的"门"，如图8.4所示。

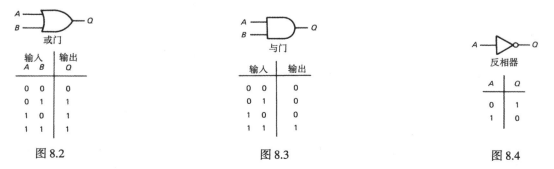

図8.2　　　　　　　　　　　図8.3　　　　　　　　　　　图8.4

NOT（非）的布尔符号是在字符的上方画一条横线，或有时用符号′表示，“NOT *A*” 写成$\bar{A}$或*A*′。为了方便输入，常用/，*，– 和′来代替字符上方的横线，因此，“NOT *A*” 可以写成下列几种形式：*A*′，–*A*，**A*，/*A*，*A** 和*A*/。一本教材通常采用其中的一种，并保持全书一致。本书正文采用$\bar{A}$。

与非和或非

门也可以有反相功能，从而形成与非（NAND）和或非（NOR），如图8.5所示。这些比与（AND）和或（OR）更常用，不久就可以看到。

异或

异或是一种很有趣的功能，虽然不像与门和或门那么基本，如图 8.6 所示。如果异或门的一个或另一个输入（不能是两个，其输入也不超过两个）为 HIGH，则其输出为 HIGH；另一种说法是，如果输入不同，则其输出为 HIGH。异或门相当于两个二进制数的模 2 加法。

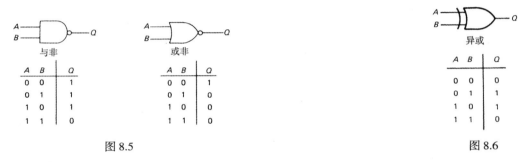

A	B	Q
0	0	1
0	1	1
1	0	1
1	1	0

A	B	Q
0	0	1
0	1	0
1	0	0
1	1	0

图 8.5

A	B	Q
0	0	0
0	1	1
1	0	1
1	1	0

图 8.6

习题 8.5　利用异或门说明怎样实现“选择反相器”，例如在控制输入电平的作用下，将输入信号反相或缓冲（不反相）。

习题 8.6　证明如图 8.7 所示的电路能够将二进制码转换为格雷码，反之亦然。

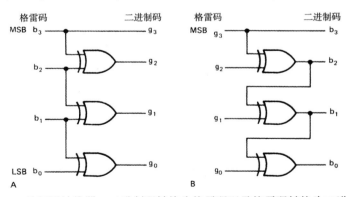

图 8.7　并行码转换器：二进制码转换为格雷码以及格雷码转换为二进制码

□ 8.1.5　门的分立电路

在讨论门电路的应用之前，首先来看分立元件是怎样构成门电路的。图 8.8 所示为一个二极管与门。两个输入中的一个为 LOW 时，输出就为 LOW；只有当两个输入均为 HIGH 时，输出才为 HIGH。该电路有很多缺点，特别是：（a）其低电平输出是二极管的压降，大于输入低电平。显然不能同时用太多的二极管。（b）没有扇出（一个输出驱动几个输入的能力），因为输出端的负载受输入信号的影响。（c）由于上拉电阻的存在，所以速度很慢。一般情况下，利用由分立元件构成

的逻辑器件的性能不如集成芯片逻辑器件好,后者的优势在于它是由特殊
工艺制造的（离子注入技术）,所以性能非常好。

　　图 8.9 所示是最简单的晶体管或非门电路,该电路用于 RTL（电阻－
晶体管逻辑）系列,这种逻辑系列由于其价格低,在 20 世纪 60 年代非常
流行,但是现在已经过时了。当它的两个输入中的一个（或两个都）为
HIGH 时,至少使一个晶体管导通,从而使输出为 LOW。因为这种门本身
具有反相的功能,所以必须在输出端再加上一个反相器（如图 8.9 所示）才
能构成一个或门。

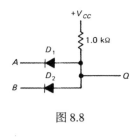

图 8.8

　　虽然分立门电路说起来很容易理解,但是在实际中因为它的缺点而一般不用。事实上,除了个
别场合,一般不用分立元件构成门电路（或其他逻辑器件）,因为有很多种性能很好也不贵的逻辑
器件和小型的集成电路（下面将会看到）。一般最流行的 IC 逻辑电路是由互补的 MOSFET 管
（"CMOS"）构成的。回忆图 3.59 就可以构造出一个 CMOS 与非门。

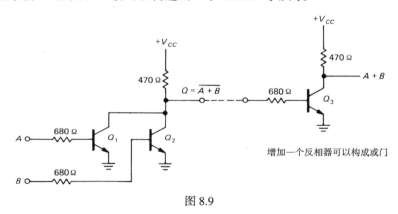

图 8.9

8.1.6　门电路举例

　　下面设计一个电路完成第 1 章和第 2 章所举的例子的逻辑功能:如果汽车的两个门中的一个打
开了,且司机坐在里面,则蜂鸣器响起。答案很简单,如果将这个问题重新表述为"左边的门打开
或右边的门打开,再和司机坐在里面相与,则输出为 HIGH",即 $Q = (L + R)S$,门电路如图 8.10 所示。
如果一个门或另一个门（或两个门都）打开,则或门的输出为 HIGH;如果是这样,再和司机坐在
里面相与,则 Q 为 HIGH。再加上一个晶体管,就可以听到蜂鸣声或得到延时了。

　　实际上,开关产生的输入会使电路接地,从而省去额外的接线（下面就会看到还有另外一些原
因,尤其是对于常用的 TTL 逻辑器件）。这意味着当门打开时,输入为 LOW;换句话说,这是"负
逻辑"输入。按照这种想法重新设计电路,将输入标为 $\overline{L}$、$\overline{R}$ 和 $\overline{S}$。

　　首先需要知道两个门输入（$\overline{L}$,$\overline{R}$）中的一个是否为 LOW,即把"两个输入均为 HIGH"这个
状态与其他状态区分开,这是与门的功能。把 $\overline{L}$ 和 $\overline{R}$ 送到与门的输入端,如果这两个输入中的一个
为 LOW,则其输出为 LOW,称这个输出为 $\overline{\text{EITHER}}$。现在我们需要知道什么时候 $\overline{\text{EITHER}}$ 为 LOW,
$\overline{S}$ 为 LOW,即必须把状态"两个输入均为 LOW"与其他状态区分开,这是或门的功能,电路如
图 8.11 所示。图中用或非门代替或门,可以得到和前面一样的输出:当条件满足时,Q 为 HIGH。
与前面的电路相比,用与门代替了或门（反之亦然）。8.1.7 节将说明这个问题。首先考虑下面的
习题。

图 8.10   图 8.11

习题 8.7 图 8.12 所示电路的功能是什么？

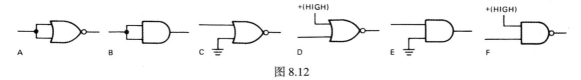

图 8.12

门的相互转换能力

在设计数字电路时，一定要注意从一种门到另一种门的可能性。例如，如果需要一个与门，可以用 7400 系列（4 个 2 输入与非门）的一半构成，如图 8.13 所示。第二个与非门相当于反相器，从而构成与门。下面的习题可以帮助理解这个问题。

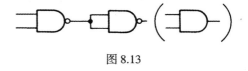

图 8.13

习题 8.8 利用 2 输入门说明如何实现下列功能：（a）用或非门设计反相器。（b）用或非门设计或门。（c）用与非门设计或门。

习题 8.9 说明如何实现下列功能：（a）用 2 输入与门设计一个 3 输入与门。（b）用 2 输入或门设计一个 3 输入或门。（c）用 2 输入或非门设计一个 3 输入或非门。（d）用 2 输入与非门设计一个 3 输入与门。

一般情况下，多次利用一种带反相功能的门（例如与非门）就足以实现任何组合功能。但是，用不带反相功能的门就不是这样了，因为没有办法实现反相的功能，这就是与非门和或非门在逻辑设计中非常流行的原因。

8.1.7 有效电平逻辑表示法

当与门的两个输入均为 HIGH 时，其输出为 HIGH。因此，如果 HIGH 代表 "真"，那么只有当所有的输入为真时，输出才为真。换句话说，对于正逻辑，与门就是与门的功能，或门同样如此。

如果 LOW 代表 "真"，上边的例子的结果如何呢？与门的两个输入中的一个为真时（LOW），其输出就为 LOW，这是或门的功能！同样，只有当或门的两个输入均为真（LOW）时，其输出才为 LOW，这是与门的功能！太不可思议了！

有两种解决问题的办法。第一种如前面所讨论的，通过数字设计的方法，选择可以得到所需的输出的门。例如，如果需要知道 3 个输入中的一个是否为 LOW，就利用 3 输入与非门。一些未得到指导的设计者仍然采用这种方法。利用这种方法进行设计时，需要画出与非门，虽然这种门的输入（负逻辑）提供的是或非门的功能，这时需要标出输入，如图 8.14 所示。例如，$\overline{CLEAR}$，$\overline{MR}$ 和 $\overline{RESET}$ 是来自电路不同点的负逻辑电平，其输出 CLR 是正逻辑，如果复位信号的任何一个为 LOW（真），CLR 就将器件清零。

处理负逻辑问题的第二种方法是利用 "有效电平逻辑"。在负逻辑输入的前提下，如果一个门提供的是或门的功能，方法如图 8.15 所示。负逻辑输入的 3 输入或门的功能与前面介绍的 3 输入与非门的功能相同。这种等价是一种非常重要的逻辑特性，就像摩根定理一样，不久将介绍许多类似的有用特性。现在，只需将与门转换为或门（反之亦然），负逻辑输出和所有的输入见表8.2。刚开始时有效电平逻辑是禁止的，因为这些门看起来很滑稽。尽管如此，它仍然比较好，因为电路中这些门的逻辑功能可以表示得非常清楚。用了一段时间后就会发现自己不愿意用其他的表示方法了。下面利用有效电平逻辑（见图8.16）重做汽车门的例子。如果 L 和 R 为真，即为LOW，就可以得到左边门的负逻辑输出；如果这两个（$L+R$）和 S 均为真，即为LOW，第二个门的输出就为HIGH。由摩根定理可知，第一个门是与门，第二个门是或非门，正如前面画出的电路。两个要点如下：

1. 负逻辑不表示逻辑电平是**负极性**的，它表示两个状态中较低的那一个（LOW）代表TRUE。
2. 门的符号本身表示正逻辑。对于负逻辑信号，用做或门的与非门可以画成与非门，也可以利用有效电平逻辑，画成输入带有负符号（小圆圈）的或门。在下面的讨论中，圆圈表示输入信号的反相，后面的或门完成的是刚开始定义的正逻辑操作。

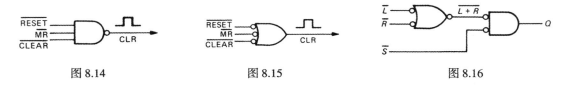

图8.14　　　　　　　　图8.15　　　　　　　　图8.16

表8.2　TTL和CMOS系列常见的门

名称	表达式	符号	负逻辑符号	类型	每片个数	型号 4000B CMOS	74xx	→	ALS	AS	F	LS	C	AC(T)	HC(T)
与门	AB			2 输入	4	4081	7408		✓	✓	✓	✓		✓	✓
				3 输入	3	4073	7411		✓	✓		✓		✓	✓
				4 输入	2	4082	7421		✓	✓					✓
与非门	$\overline{AB}$			2 输入	4	4011	7400		✓	✓	✓	✓		✓	✓
				3 输入	3	4023	7410		✓	✓		✓		✓	✓
				4 输入	2	4012	7420		✓	✓		✓		✓	✓
				8 输入	1	4068	7430		✓	✓		✓			✓
				13 输入	1	—	74133		✓	✓					✓
或门	$A+B$			2 输入	4	4071	7432		✓	✓	✓	✓		✓	✓
				3 输入	3	4075	—								✓
				4 输入	2	4072	74802			✓					
或非门	$\overline{A+B}$			2 输入	4	4001	7402		✓	✓	✓	✓	✓	✓	✓
				3 输入	3	4025	7427		✓	✓		✓			✓
				4 输入	2	4002	7425								✓
				5 输入	2	—	74260			✓					✓
				8 输入	1	4078	—								
反相器	$\overline{A}$				6	4069/4049	7404		✓	✓	✓	✓	✓	✓	✓
					8		74240		✓	✓		✓		✓	✓
缓冲器	A				6	4503/4050	74365		✓	✓	✓	✓			✓
					8		74241/244 (−541/−544)		✓			✓		✓	✓
异或门	$A \oplus B$			2 输入	4	4070	7486/386 (−135)		✓		✓	✓	✓	✓	✓
同或门	$\overline{A \oplus B}$			2 输入	4	4077	74266 (−135)				✓		✓		✓
与或非门				2-2 输入	2	4085	7450/51		✓	✓					✓
				2-2-2-2 输入	1	4086	7453/54			✓					

8.2　TTL 和 CMOS

TTL（晶体管–晶体管逻辑）和 CMOS（互补 MOS）是两种常用的非常流行的逻辑系列，至少有 10 个集成电路制造商可以提供这两种系列的大量功能。这些系列几乎可以满足所有数字设计的需要，除了一些利用 CMOS 或 NMOS 逻辑的大规模集成电路（LSI）和利用最高级的 GaAs 器件及发射极耦合逻辑（ECL）的超高速逻辑电路。

8.2.1　一般门的分类

TTL 和 CMOS 系列的数字逻辑的一般门如表 8.2 所示。每个门按照一般形式（正逻辑）和负逻辑形式画出，表的最后一行是与或非门，有时缩写为 AOI。

解释如下：列出的数字逻辑有 10 种流行的子系列（CMOS 有 4000B，74C，74HC，74HCT，74AC 和 74ACT；TTL 有 74LS，74ALS，74AS 和 74F），所有这些系列的功能都相同而且相互之间具有非常好的兼容性，所不同的是速度、功耗、输出驱动能力和逻辑电平（见 8.2.2 节和 9.1.2 节）。适合大部分应用的最佳类型是常见的"高速 CMOS"，一般在数字 74 后面标上字母 HC，例如 74HC00。要与现有的双极型 TTL 兼容，应该用 HCT（或 LS）子系列。为简化起见，本书中一般省去这些字母（和前缀 74），用省略符号表示数字 IC，例如 '00 表示一个 2 输入与非门。注意原来的 TTL（"7400 系列"，"74"后面没有字母）已经不用了。9.1.1 节将描述这些系列的有趣的发展过程。

8.2.2　IC 门电路

虽然不同类型的 TTL 和 CMOS 与非门可以完成相同的逻辑操作，但是逻辑电平和其他特性（速度、电源、输入电流等）有很大区别。一般来说，几种类型的逻辑系列混合使用时，一定要非常小心。为了理解它们的不同，以与非门的图示为例进行说明，见图 8.17。

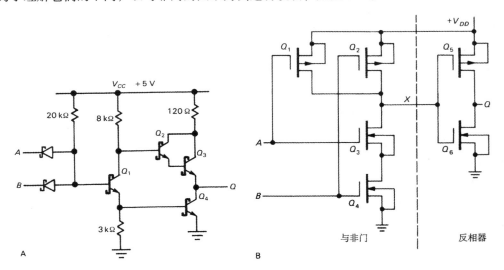

图 8.17　A. LS TTL 与非门；B. CMOS 与门

CMOS 门由增强型 MOSFET 组成，连接成转换器而不是跟随器。当它处于 ON 状态时，对于与之相连的任何电路都是低阻抗。两个输入均为 HIGH 时使串联的 Q_3Q_4 导通，两个上拉晶体管 Q_1Q_2

截止，这时输出为LOW，即这是一个与非门。Q_5和Q_6构成标准的CMOS反相器，使之成为与门。由该例可以说明怎样将与门、与非门、或门和或非门推广到任意个输入。

习题8.10　画出3输入CMOS或门电路。

　　双极型LS（低电源肖特基管）TTL与非门一般由二极管-电阻逻辑组成，如图8.8所示，它通过一个推挽输出驱动晶体管反相器。当两个输入为HIGH时，20 kΩ的电阻使Q_1导通，从而使Q_4饱和，达林顿管Q_2Q_3截止，输出为LOW。如果至少有一个输入为LOW，就使Q_1截止，进而使Q_2Q_3导通和Q_4截止，输出为HIGH。为了提高速度，始终利用肖特基二极管和肖特基晶体管。

　　注意两种CMOS和双极型TTL门需要上拉输出电路与正电源连接，这一点与分立门电路的例子不同。

8.2.3　TTL 和 CMOS 特性

　　下面比较各系列的特性。

　　电源电压。双极型TTL系列需要+5 V±5%的电源，而CMOS系列的范围较宽，HC和AC的电源为+2～+6 V，4000B和74C的电源为+3～+15 V，与双极型TTL兼容的HCT和ACT CMOS系列的电源为+5 V。

　　输入。无论用什么来驱动，TTL的输入总保持LOW状态拉电流（对于LS为0.25 mA），所以利用灌电流使之为LOW。因为TTL输出电路（饱和的NPN型晶体管）擅长灌电流，所以当把TTL逻辑接在一起时没有问题，但是必须记住用其他电路驱动TTL。相对来说，CMOS没有输入电流。

　　TTL的输入逻辑门限大约为两个二极管的对地电压（大约为1.3 V），而大多数CMOS系列的门限主要是电源电压的一半（虽然有很大的范围，但是典型值都在电源电压的1/3到2/3之间）。HCT和ACT CMOS系列与双极型TTL一样，门限较低以便兼容，因为双极型TTL的输出不会总为+5 V。

　　CMOS的输入对处理过程中的静态特性的干扰很敏感。这两种系列的输入在不用时，根据需要应为HIGH或LOW。

　　输出。TTL的输出在LOW状态时是一个对地饱和的晶体管，在HIGH状态时是一个达林顿跟随器（比V_+低两个二极管压降）。所有的CMOS系列（包括HCT和ACT）的输出是一个导通的MOSFET，或者接地，或者为V_+。一般来说，快速系列（F，AS；AC，ACT）比慢速系列（LS；4000B，74C，HC，HCT）的输出驱动能力大。

　　速度和能量。双极型TTL系列的静态电流损耗非常大，比快速系列（AS和F）的大；相应的速度范围约为25 MHz（对于LS）到100 MHz（对于AS和F）。所有的CMOS系列的静态电流为0，但是它们的功耗随频率的增加线性上升（开关电容带动所需的电流），CMOS在最大极限频率附近的功耗与双极型TTL系列的相同（见图8.18）。CMOS的速度范围约为2 MHz（5 V时对于4000B/74C）到100 MHz（对于AC/ACT）。

　　一般来说，由于CMOS的特性较好（静态电流为0，端对端输出摆动，较好的噪声特性），一般都选择这种逻辑器件，我们推荐HC系列作为最新设计；要使速度更快，就采用AC；若不需要高速，要求较宽的电源电压范围，就采

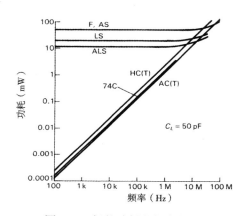

图8.18　门的功耗和频率的关系

用74C和4000B；要与双极型TTL输出兼容，就采用HCT（或LS）；要求高速度，就采用ACT（或AS，或F）；在一些高密度应用中（如存储器和微处理器），就采用NMOS器件，虽然它们的功耗相对较大；在高速应用中（100 MHz以上），只能采用可以达到500 MHz的ECL或大约在4 GHz都能用的GaAs。CMOS逻辑系列的更多讨论见14.5.1节和表9.1。

在任何一种逻辑系列中，所设计的输出应能容易地驱动其他的输入，所以不必担心门限、输入电流等。例如，TTL或CMOS的任何一个输出都可以驱动至少10个其他输入（其术语为扇出，TTL的扇出为10），所以不必为了兼容而采取任何特别的措施。下一章将讨论逻辑系列和逻辑电路的连接。

8.2.4　三态门和集电极开路器件

刚才讨论的TTL和CMOS门都有推挽输出电路：其输出通过一个ON晶体管或MOSFET保持在HIGH或LOW。几乎所有的数字逻辑都使用这种电路（称为上拉，在TTL中也称为接线柱输出），因为与单个晶体管和无源集电极上拉电阻的连接相比，其输出阻抗在两种状态下都很低，转换时间快，抗噪性能好；对于CMOS，其功耗较低。

但是，有几种情况的上拉输出不合适。例如，在计算机系统中，几个功能单元需要交换数据，中央处理器（CPU）、存储器和各种外部设备都需要发送和接收16位字。用16根独立的电缆将每个器件与其他器件连接起来就太笨拙了。解决的办法是采用**数据总线**，只需要一组16根线将所有的器件连接，在某一时间只有一个器件可以"说话"（有效数据），但是其他的可以"听"（接收数据）。这种总线系统必须有通话协议，并且还会涉及"总线主宰"，"总线控制"和"控制总线"等内容。

不能用门（或其他器件）与有效上拉输出连接来驱动总线，因为输出不能与共享的数据线分开（任何时候或者为HIGH或者为LOW）。需要的是一个门，它的输出可以"打开"。有两种这样的器件，即"三态器件"和"集电极开路器件"。

三态逻辑

三态逻辑也称为TRI-STATE逻辑，它可以很好地解决问题。这个名字容易让人误解，不是有3个电压电平的数字逻辑，它只是一般的逻辑，输出有一个第三态：开路（见图8.19）。单独的**使能**输入决定输出是一般的有效上拉输出还是进入"第三态"（开路），而不考虑其他输入的逻辑电平是什么。许多数字芯片都有三态输出，包括计数器、锁存器、寄存器等，门和反相器上也有三态输出。具有三态输出的器件在使能时也具有一般的有效上拉逻辑，其输出或者为HIGH，或者为LOW；不处于使能状态时，与输出断开，从而使其他逻辑器件驱动同样的线路。下面看一个例子。

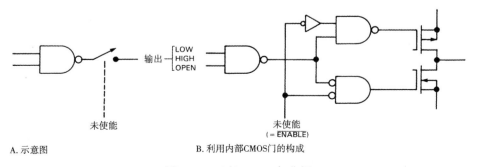

A. 示意图　　　　　　　　　　B. 利用内部CMOS门的构成

图 8.19　三态 CMOS 与非门

回顾：数据总线

　　三态驱动器广泛用于驱动计算机的数据总线。每种器件（存储器、外部设备等）都需要把数据放在（共享的）与三态门相连的总线上（或更复杂的功能，例如"寄存器"）。需要合理安排，以使每一个器件在任何一点都能被驱动器使能，同时其他的器件不使能，处于开路（第三态）状态。在典型的情况下，被选中的器件通过识别地址线和控制线上（见图8.20）的特殊地址而"知道"总线上的有效数据。在下面这种简单的例子中，该器件接在端口6：当地址线上出现特殊的地址（即6）和一个READ脉冲时，地址线 $A_0 \sim A_2$ 使数据总线 $D_0 \sim D_3$ 的数据有效。这种总线协议在许多简单的系统中足以完成任务，有时还可用在大多数微处理器中，见第10章和第11章。

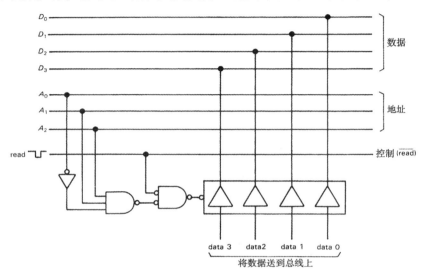

图8.20　数据总线

　　注意必须有外部逻辑，以保证共享同样的输出线的三态器件不在同一时间"说话"（这种不希望出现的情况的术语为"总线竞争"），在这种情况下只要每个器件都响应一个惟一的地址，就不会出问题。

集电极开路逻辑

　　三态逻辑的前身是"集电极开路"逻辑，它允许共享几个驱动器的输出中的一条线路。集电极开路的输出省去了输出级的有效上拉晶体管（见图8.21）。"集电极开路"这个名字很好，利用这种门时必须保证连接外部上拉电阻。这一点也不苛刻，一个阻值很小的电阻就可以提高速度，改善抗噪性，但以增加功耗和驱动器的负载为代价，典型值为几百欧到几千欧。如果想用集电极开路门驱动总线，就要把图8.20中的三态驱动器换成2输入集电极开路与非门，令每个门的一个输入为HIGH，从而使该门使能到总线上，这时有效数据就加到了总线上。每一条总线与+5 V电源之间需要接上拉电阻。

　　由于是电阻性上拉电路，与接有有效上拉器件的逻辑相比，集电极开路逻辑的缺点是它的速度和抗噪性较差，这就是三态驱动器在计算机总线中的应用更广泛的

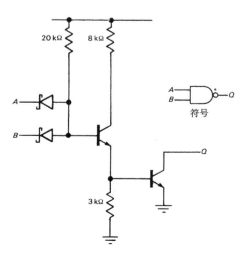

图8.21　LS TTL 集电极开路与非门

原因。但是，有 3 种情况需要选择集电极开路器件：驱动外部负载、"线或"和外部总线。下面简单讨论这 3 种情况。

驱动外部负载

集电极开路逻辑适于驱动外部负载，该负载与电压较高的正电源相连。可以驱动一个 12 V 的低电流灯泡，或通过一个电阻使一个门的输出为 +15 V，从而产生 15 V 的逻辑转换，实现电路如图 8.22 所示。例如，'06 是一个集电极开路的十六进制转换器，击穿电压为 30 V；CMOS 40107 是一个双与非门漏极开路缓冲器，灌电流达到 120 mA；"双外部驱动器"的 75450 系列从负载到 30 V 的灌电流可达到 300 mA；Sprague 的 UHP/UDN 系列大于 1 A，80 V。更多系列将在下一章中讨论。

线或

如果将几个集电极开路门连在一起，如图 8.23 所示，就得到了所谓的"线或"——这种组合就像一个大的或非门，任何一个输入为 HIGH，其输出就为 LOW。这时不能用有效上拉输出，因为如果所有的门都不同意某个输出，就需要有一个协议。可以结合使用或非门、与非门等，这时任何一个门使 LOW 输出有效，输出就为 LOW。这种连接方式有时称为"线与"，因为只有当所有的门的输出为 HIGH（开路）时输出才为 HIGH。这两种命名描述了同样一件事情：线与是正逻辑，线或是负逻辑。下一节学完摩根定理后认识会更深刻些。

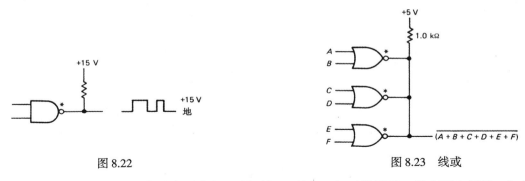

图 8.22　　　　　　　　　　　图 8.23　线或

线或在数字电子学的早期流行过很短一段时间，现在已经不常用了，只有两个例外：（a）在 ECL（发射极耦合）逻辑系列中，输出称为"发射极开路"，这时可以利用线或；（b）计算机总线中的一些共享线路（常称为**中断**）的功能不是传输数据位，只是表示至少有一个器件请求注意，这时可以接成线或，因为这正是我们所需要的，并且不需要外部逻辑来阻止竞争。

外部总线

外部总线的速度不太重要，有时可以用集电极开路驱动器去驱动总线，将数据从计算机中取出时常用这种方式；常见的例子是把总线与计算机的硬盘驱动器和 IEEE-488（也称为"HPIB"或"GPIB"）设备总线连接起来，详见第 10 章和第 11 章。

8.3　组合逻辑

8.1.4 节讨论过，数字逻辑可以分为**组合逻辑**和**时序逻辑**。组合电路是指输出状态只与现在的输入有关，而时序电路的输出不仅与输入状态有关，还与其历史有关。组合电路可以只由门构成，而时序电路还需要一些存储器（触发器）。在讨论时序电路之前，先讨论组合逻辑。

8.3.1　逻辑等式

　　在讨论组合逻辑之前，先看一下表 8.3 所示的等式，这些等式在前面大部分都见过，最后两行是摩根定理，在电路设计中最重要。

表 8.3　逻 辑 等 式

$$ABC = (AB)C = A(BC)$$
$$AB = BA$$
$$AA = A$$
$$A1 = A$$
$$A0 = 0$$
$$A(B+C) = AB + AC$$
$$A + AB = A$$
$$A + BC = (A+B)(A+C)$$
$$A + B + C = (A+B) + C = A + (B+C)$$
$$A + B = B + A$$
$$A + A = A$$
$$A + 1 = 1$$
$$A + 0 = A$$
$$\bar{1} = 0$$
$$\bar{0} = 1$$
$$A + \bar{A} = 1$$
$$A\bar{A} = 0$$
$$\overline{(\bar{A})} = A$$
$$A + \bar{A}B = A + B$$
$$\overline{(A+B)} = \bar{A}\,\bar{B}$$
$$\overline{(AB)} = \bar{A} + \bar{B}$$

例：异或门

　　下面举例说明这些等式的用途：利用一般的门构成异或门，异或的真值表如图 8.24 所示。可见，当 $(A, B) = (0, 1)$ 或 $(1, 0)$ 时，输出为 1，可以写成：

$$A \oplus B = \bar{A}B + A\bar{B}$$

由此可以得到图 8.25。电路不是惟一的。利用这些等式，有：

$$A \oplus B = A\bar{A} + A\bar{B} + B\bar{A} + B\bar{B}$$
$$(A\bar{A} = B\bar{B} = 0)$$
$$= A(\bar{A} + \bar{B}) + B(\bar{A} + \bar{B})$$
$$= A(\overline{AB}) + B(\overline{AB})$$
$$= (A + B)(\overline{AB})$$

第一步利用互补的变量相与等于 0；第三步利用摩根定理。实现电路如图 8.26 所示。构成异或还有其他一些方法。做下面的练习。

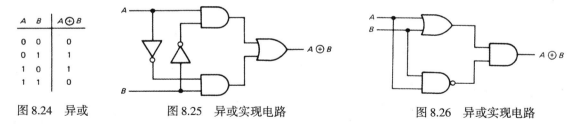

A	B	$A \oplus B$
0	0	0
0	1	1
1	0	1
1	1	0

图 8.24　异或　　　　　　图 8.25　异或实现电路　　　　　　图 8.26　异或实现电路

习题 8.11　利用逻辑操作证明

$$A \oplus B = \overline{AB + \bar{A}\bar{B}}$$
$$A \oplus B = (A + B)(\bar{A} + \bar{B})$$

　　利用真值表可以验证结果。

习题 8.12　求以下结果：（a）$0 \cdot 1$，（b）$0 + 1$，（c）$1 \cdot 1$，（d）$1 + 1$，（e）$A(A+B)$，（f）$A(\bar{A}+B)$，（g）$A \text{ XOR } A$，（h）$A \text{ XOR } \bar{A}$。

8.3.2　最小化和卡诺图

　　因为逻辑功能的实现不是惟一的（即使是最简单的异或），所以我们希望得到能实现某一功能的最简单的或最有效的电路结构。有许多很好的办法可以解决这个问题，包括可以通过编码在计算机上运行的代数方法。对于有 4 个或更多个输入的问题，卡诺图是最好的方法，一旦写出真值表，利用这种方法也可以得到逻辑等式。

　　下面举例说明这种方法。假设要得到一个选举投票的逻辑电路。假设有 3 个正逻辑输入（每个输入为 1 或 0）和一个输出（0 和 1）。输入中至少有两个为 1 时输出才为 1。

　　第一步　写出真值表：

要把所有的情况和相应的输出都考虑到。如果两种输出状态都可以,用 X（="无关"）表示。

A	B	C	Q
0	0	0	0
0	0	1	0
0	1	0	0
0	1	1	1
1	0	0	0
1	0	1	1
1	1	0	1
1	1	1	1

　　第二步　画出卡诺图。与真值表类似,但要改变每一列,还要注意,每一个方格与相邻方格中的输入只有 1 位不同(见图 8.27)。

　　第三步　找出图中的 1(也可以利用 0)。有 3 个圈,逻辑表达式为 AB, AC 和 BC。最后写出所需的函数,这里有 $Q = AB + AC + BC$。

　　实现电路如图 8.28 所示。与前面的相比,结果很明显。也可以圈 0,得到 $\overline{Q} = \overline{A}\,\overline{B} + \overline{A}\,\overline{C} + \overline{B}\,\overline{C}$。如果电路中已有 $\overline{A}$, $\overline{B}$ 和 $\overline{C}$,这种形式更有用。

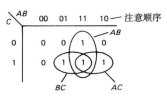

图 8.27　卡诺图

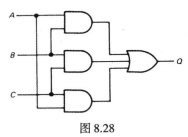

图 8.28

关于卡诺图的几点说明

1. 卡诺图中 1 的个数是 2^n,这时的逻辑表达式较简单;
2. 卡诺圈越大,逻辑式越简单;
3. 卡诺圈的边缘是相连的,例如,由图 8.29 所示的卡诺圈可以写出 $Q = \overline{B}C$;
4. 在关于 1 的卡诺圈中,如果只有一个或两个 0,最好的表示方法如图 8.30 所示,相应的逻辑表达式为: $Q = A(\overline{BCD})$;
5. 无关项 X 是随意的,可以把它当成 1 或 0,从而使逻辑最简单;
6. 由卡诺图可能无法直接得到最好的解决办法。较复杂的逻辑表达式有时可以用门简单地实现。例如,如果电路中有一些现有的逻辑项,可以用中间输出(由其他项而来)作为输入,从而简化电路。另外,由卡诺图也不能总是明显地得到线或的实现电路;最后,封装限制(例如 1 个 IC 芯片有 4 个 2 输入门)也影响最终电路要求的逻辑选择。可利用逻辑器件如 PAL(见 8.3.4 节)实现逻辑功能,其内部结构(可编程与门,固定的或门)也限制了电路的实现方式。

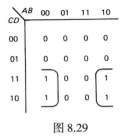

图 8.29　　　　　　　　　　　　　　　图 8.30

习题 8.13　画出逻辑卡诺图,确定一个 3 位整数(0~7)是否为质数(假设 0,1 和 2 不是质数)。用 2 输入门实现这个逻辑关系。

习题 8.14　确定两个 2 位无符号数(即 0~3)相乘,得到一个 4 位结果的逻辑关系。提示:每一位输出画一个卡诺图。

8.3.3 用 IC 实现的组合功能

利用卡诺图可以实现相当复杂的逻辑功能，例如二进制加法、幅值比较、等式检验、乘法（选一个或几个输入，通过二进制地址确定）等。实际中，最常用的乘法运算是利用一片 MSI 实现的（中规模集成电路，在一个芯片中有 100 多个门）。虽然许多 MSI 的功能涉及到下面将要讨论的触发器，但大部分还是只用到门的组合功能。下面来看看 MSI 的组合功能。

4 个 2 输入选择芯片

这是很有用的芯片，它基本上用 4 组双向开关表示逻辑信号，基本电路如图 8.31 所示。当 SEL 为 LOW 时，A 输入通过芯片到达相应的 Q 输出；当 SEL 为 HIGH 时，B 输入出现在相应的输出上。当 $\overline{\text{ENABLE}}$ 为 HIGH 时，不能使器件使能，所有的输出均为 LOW，这是后面大量出现的一个重要概念。下面的真值表解释了无关项 X 的含义。

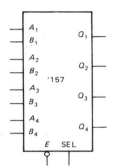

	输入			输出
$\overline{E}$	SEL	A_n	B_n	Q_n
H	X	X	X	L
L	L	L	X	L
L	L	H	X	H
L	H	X	L	L
L	H	X	H	H

图 8.31 4 个 2 输入选择芯片

'157 4 个 2 输入选择芯片的符号及真值表如图 8.31 和上表所示。利用反相输出（'158）和三态输出（正输出：'257，反相输出：'258）也可以实现相同的逻辑功能。

习题 8.15 说明怎样利用一个与或非门实现 2 输入选择。

显然，在有些情况下，利用机械开关也可以实现选择功能，但是门是一个更好的解决办法，原因如下：（a）便宜；（b）所有的通道可以同时快速转换；（c）由电路中其他点产生的逻辑电平可以保证瞬间转换；（d）即使用面板开关控制选择功能，最好不要通过电缆和开关传输逻辑信号，以避免容性信号的衰减和噪声。利用直流电平启动被选中的门，将逻辑信号保持在电路板上，简化板外线路（用一根线把 SPST 开关连在上拉开关和地之间）。利用外部产生的直流电平控制电路功能，这种方式称为"冷转换"，这是一种比用开关、分压器等来控制信号更好的方法。除了其他的优点，冷转换还可以通过连接有电容的控制线路，从而消除干扰，使之不能通过信号线路。后面将举几个冷转换的例子。

传输门

正如 3.3.1 节和 3.3.2 节讨论过的，利用 CMOS 可以构成"传输门"，就是一对互补的 MOSFET 开关并联，使地和 V_{DD} 之间的输入（模拟）信号通过低阻抗（几百欧）与输出相连或开路（一般为无穷大阻抗）。这种器件是双向的，不知道（或不关心）哪一端是输入，哪一端是输出。传输门可以在 CMOS 数字电平下正常工作，而且广泛应用于 CMOS 设计中。常用的 4066 CMOS "4 个双向开关"的符号如图 8.32 所示。每个开关都有一个独立的"控制输入"，输入为 HIGH，使开关闭合；输入为 LOW，使开关打开。注意，传输门只是开关，因此没有扇出，即只能使输入的逻辑电平通过，到达输出，而没有额外的驱动能力。

利用传输门可以实现 2 输入（或更多）的选择功能，但不能用 CMOS 数字电平或模拟信号。在一组输入中进行选择时可以用几个传输门（用"译码器"产生控制信号，后面将解释），这是一种很有用的逻辑功能，用它可以实现"乘法"运算，下面将会讨论。

习题 8.16　说明怎样利用传输门构成 2 输入选择。需要一个反相器。

多路复用器

2 输入选择门又称为 2 输入多路复用器，多路复用器有 4，8 和 16 个输入（按 4 输入的 2 倍变化）。利用二进制地址来选择哪些输入信号出现在输出上。例如，8 输入多路复用器有 3 位地址输入来为选中的输入数据寻址（见图 8.33）。数字多路复用器的符号为 '151，它有一个 STROBE（或称 ENABLE）输入（负为真），有两个互补的输出。当芯片未使能时（STROBE 保持为 HIGH），无论地址和数据输入的状态是什么，Q 都为 LOW，$\bar{Q}$ 都为 HIGH。

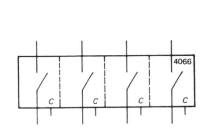

图 8.32　4 个传输门

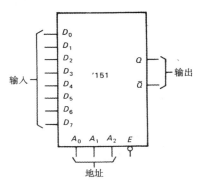

图 8.33　8 输入多路复用器

有两种不同的 CMOS 多路复用器。一种只使用数字电平，由一个输入门限和按照输入状态产生的输出电平清零，TTL 的功能也是如此，例如 '153 TTL 多路复用器。其他类型的多路复用器是模拟双向的，就是一个传输门阵列。4051 ~ 4053 CMOS 多路复用器就是按照这种方式工作的（记住，由传输门构成的逻辑没有扇出）。因为传输门是双向的，所以可以用做"多路输出选择器"或译码器，下面将会讨论有关内容。

习题 8.17　说明怎样由下列器件构成 4 输入多路复用器。（a）一般的门；（b）三态输出门；（c）传输门；什么情况下更适合使用传输门？

如果要求的输入比多路复用器提供的输入多，应该怎样办呢？这个问题要从通用芯片的"扩展"说起（用几个功能较少的芯片构成功能强大的芯片），可以用于译码器、存储器、移位寄存器、算术逻辑和其他许多功能。这很容易实现，如图 8.34 所示，用两片 74LS151 8 输入多路复用器扩展成 16 位输入多路复用器。当然，还有一个地址位，利用它使能一个芯片或其他芯片。未使能的芯片的 Q 为 LOW，在输出端用或门完成这种扩展。利用三态输出更简单，因为可以把输出直接连接起来。

多路输出选择器和译码器

多路输出选择器是根据输入的二进制地址，把一个输入送到几个可能的输出中的一个，其他的输出或者处于无效状态，或者处于开路状态，这取决于所采用的多路输出选择器的类型。

译码器与此相同，只是地址是惟一的输入，将它"翻译"后使 n 个可能输出中的一个有效。例如图 8.35，这是一个 '138 "1/8" 译码器，对应于（被寻址）3 位输入数据的输出为 LOW，其他所有的输出为 HIGH。这是一种特殊的译码器，它有 3 个使能输入，这 3 个输入必须有效（两个为 LOW，一个为 HIGH），否则所有的输出均为 HIGH。译码器最大的用途是根据驱动它的"计数器"芯片的状态使不同的事件发生。译码器广泛用于分配微处理器，根据地址触发不同的事件，第 10 章将详细讨论这个问题。译码器的另一个常见用途是根据二进制**计数器**（见 8.6.2 节）的输出给出的有限地址使事件按顺序依次发生。与 '138 最相近的是 '139，它是一个双 1/4 译码器，每一部分只有一个 LOW 为真的使能。利用一对 '138 1/8 译码器可以构成 1/16 译码器，如图 8.36 所示。不需外加门，因为 '138 有两个极性相反的使能输入。

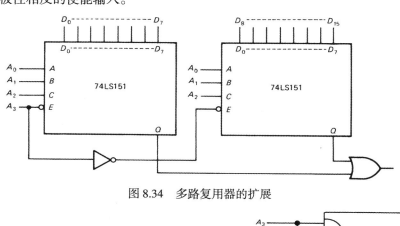

图 8.34 多路复用器的扩展

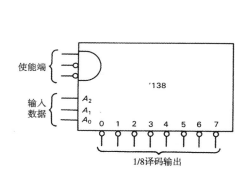

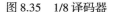

图 8.35 1/8 译码器

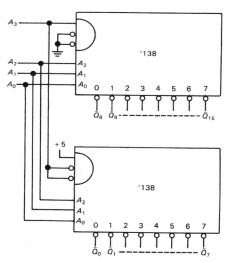

图 8.36 译码器的扩展

习题 8.18 进一步扩展：利用 9 个 '138 构成 1/64 译码器。提示：利用其中一个作为其他几个芯片的使能转换装置。

在 CMOS 逻辑中，用传输门构成的多路复用器也可以用做多路复用选择器，因为传输门是双向的。这样使用时一定要注意未选中的输出必须处于开路状态，一定要用上拉电阻或类似的器件，使这些输出的已有逻辑电平有效（对于 TTL 集电极开路门，同样如此要求）。

在所有的逻辑系列中，还有另外一种译码器，例如 '47 "BCD-7 段码译码器/驱动器"，它将 BCD 输入转换为"7 段码显示"，通过点亮这 7 段来显示十进制数。这种译码器是"码转换器"的例子，但一般称之为译码器。本章最后的表 8.6 列出了几种常见的译码器。

习题 8.19 利用门设计一个 BCD-十进制（1/10）译码器。

优先编码器

优先编码器产生一个二进制码，该二进制码是最高有效输入地址，它在"并行"A/D 转换器（见下一章）和微处理器系统设计中特别有用。例如 '148 8 输入（3 个输出位）优先编码器，'147 对 10 个输入进行编码。

习题 8.20 设计一个"简单的"编码器，该电路输出（2 位）地址，说明 4 个输入中的哪一个为 HIGH（其他输入必须为 LOW）。

加法器和其他算术芯片

图 8.37 所示为"4 位全加器"，它把 4 位数 A_i 和 4 位数 B_i 相加，产生 4 位和 S_i 及进位位 C_o。加法器可以扩展为更大数的相加：用进位输入 C_i 接低一级加法器的进位位。把两个 8 位数相加的电路如图 8.38 所示。

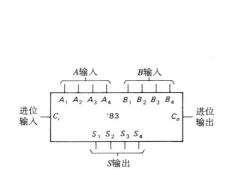

图 8.37 4 位全加器

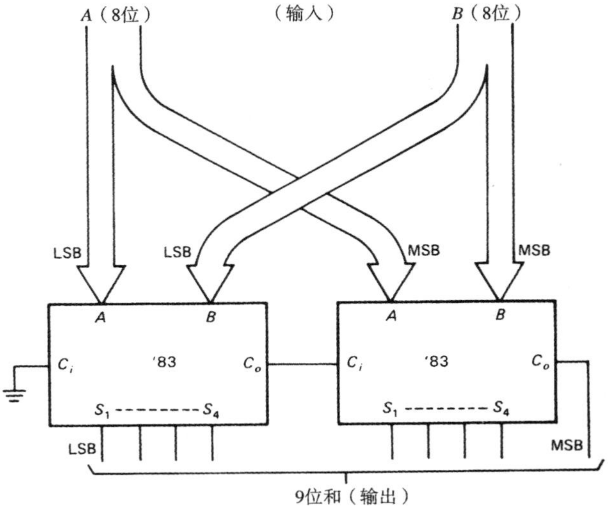

图 8.38 加法器的扩展

算术逻辑单元（ALU）常用做加法器，它能实现许多不同的功能。例如，'181 4 位 ALU（可以扩展为更长的位数）可以完成加法、减法、移位、幅值比较和其他许多功能。加法器和 ALU 完成算术运算的时间是毫微秒到十分之一毫微秒，具体时间由所采用的逻辑系列决定。

集成乘法器芯片的结构还有 8 × 8 位或 16 × 16 位。还有一种不同的芯片，特别适用于数字信号处理，称为 MAC（乘法累加器），它可以把许多积累加；有 32 × 32 位的，积为 64 位，还有几个附加位来保证和的溢出。CMOS MAC 和乘法器的典型速度是 25 ~ 50 ns，ECL 乘法器更快，16 × 16 乘法的速度是 5 ns（典型值）。

另一种便于进行数字信号处理的算术芯片是**相关器**，用来比较一对位串相应的位，计算相关位的个数。一种典型的相关器芯片可以比较一对 64 位字，这 64 位字可以通过内部移位寄存器进行移位。在相关过程中，有些位可以忽略（遮蔽）。其典型的速度是 30 ns，即频率为 35 MHz，每个时钟振动可以进行 7 位相关。还有一种芯片（称为 FIR 数字滤波器），它不是计算真正的和（带进位），而是计算一对整数串的真正的积，典型长度为 4 ~ 10 位整数，字串长度为 3 ~ 8 个字（当然还可以扩展成更长的）。

最复杂的算术芯片是**浮点处理器**，可以完成比较、求和、求积以及三角函数、指数和平方根运算。这些通常都是通过特殊的微处理器完成的，其字长（大于 80 位）和编码形式一般与 IEEE P754

规定的标准一致。例如，**加法微处理器**有8087（8086/8），80387（80386）和68881（68020），它们的速度为 10 Mflops（每秒1亿次浮点运算）或更快。

幅值比较器

图8.39所示为4位幅值比较器，它可以确定4位输入数 A 和 B 的相对大小，并通过输出告知是 $A > B$，$A < B$ 还是 $A = B$。还可以将输入扩展为4位以上的数。

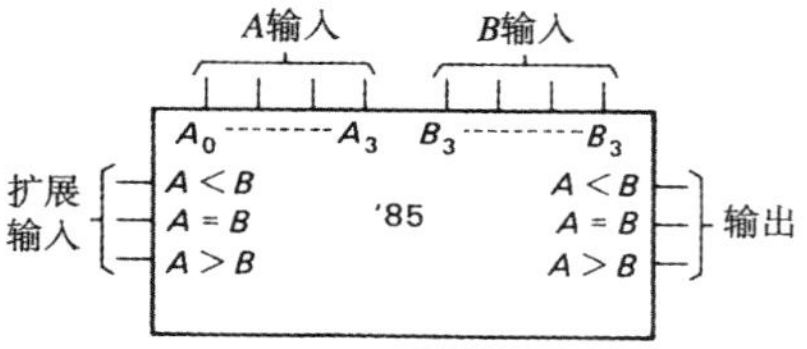

图 8.39 幅值比较器

习题8.21 利用异或门构成一个幅值比较器，确定是否有 $A = B$，A 和 B 是4位数。

本章最后的表8.7列出了最常用的幅值比较器。

奇偶产生器 / 检验器

这种芯片是用来在传输（或记录）数据中产生一个"字"的奇偶位，并在接收到这个数据时检验其奇偶性。奇偶性为偶或奇（例如，每个符号中1的个数为奇数个时，奇偶性就为奇），例如，'280 奇偶产生器接收一个9位输入字，有一个偶校验和一个奇校验位输出，其基本结构是异或门阵列。

习题8.22 画出利用异或门构成的奇偶产生器。

可编程逻辑器件

可以利用 IC 在集成芯片上构造常用的组合逻辑（甚至时序逻辑），这种芯片包括可以通过编程连接的门阵列。有几种类型，其中最流行的是 PAL（可编程阵列逻辑）。特别是 PAL 非常便宜、灵活，几乎成为每一个设计者的必备工具。下一节讨论组合 PAL。

□ 其他一些奇怪的功能

还有其他许多有趣的 MSI 组合芯片值得了解。例如，CMOS 中大多数的逻辑集成芯片可以确定 n 个输入中是否大多数有效；还有一种是 BCD 模9补码器；"环形移位器"集成芯片可以将输入的字移动 n 位（选中的），也可以扩展为任意宽度。

8.3.4 任意真值表的实现

幸运的是，大多数的数字电路设计并不是只由门来实现许多复杂的逻辑功能。有时需要写出复杂的真值表，门的个数非常多。有没有其他一些办法呢？有！本节简单介绍利用多路复用器和多路选择器来实现任意真值表，然后讨论利用可编程逻辑芯片这种更有效的方法，特别是 ROM 和 PAL。

□ 用多路复用器来产生通用真值表

很显然，n 输入的多路复用器可以用来产生 n 输入的真值表，不需要任何外接器件，只要根据需要将输入接为 LOW 或 HIGH 即可。例如，图8.40所示电路可以确定一个3位二进制输入是否为质数。

用一个 n 输入多路复用器产生任何一个 $2n$ 输入，真值表就不是那么明显了，至少需要一个外接反相器。例如图8.41所示电路是确定一年中的一个月是否有31天，12个月用4位输入表示。多路复用器用到地址位的状态，输出（输入位 B 的函数）在 H，L，B 或 $\overline{B}$ 中选择：因此，其相应的输入为逻辑 HIGH，逻辑 LOW，B 或 B 的反相。

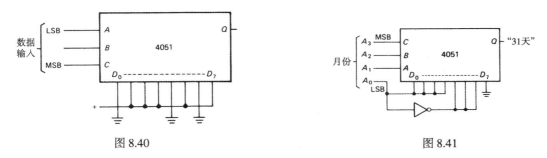

图 8.40   图 8.41

习题 8.23 设计图如图 8.41 所示。绘制一个表格，说明给定的一个月是否有 31 天，月份用二进制表示。按照最高有效的 3 位地址把月份分成两类，对于每一类，指出 Q（"31 天"）怎样取决于最低有效位 A_0。与图 8.41 比较。最后，证明电路确实告诉了给定的月是否有 31 天。

补充说明：如果在这种真值表中用 X（无关项）表示不存在的月，可以用一个异或门实现。试一试吧，可以练习使用卡诺图的技巧。

□ 用译码器来产生通用真值表

译码器也是实现组合逻辑的一个很好的捷径，尤其是需要几个瞬时输出时。例如，设计一个把 BCD 码转换为余 3 码的电路，下面是其真值表：

十进制数	BCD	余 3 码	十进制数	BCD	余 3 码
0	0000	0011	5	0101	1000
1	0001	0100	6	0110	1001
2	0010	0101	7	0111	1010
3	0011	0110	8	1000	1011
4	0100	0111	9	1001	1100

把 4 位输入（BCD 码）当成译码器的地址，译码器的输出（负逻辑）作为几个或门的输入，每一个输出位都对应一个门，如图 8.42 所示。注意这时的输出位不是互相排斥的。可以把它作为洗衣机的循环控制器。这时，对于每个输入状态有不同的功能（排水、注水、旋转等）。下面可以马上看到怎样产生相同时间的连续二进制码。译码器的每个输出称为中间项，对应卡诺图中的一个元素。

ROM 和可编程逻辑

下面粗略介绍可对内部连接进行编程的集成芯片。从某种意义上来说，它们实际上是带有触发器、寄存器等的记忆器件，后面还会讨论。总之，一旦编程，它们就可以成为严格的组合逻辑器件（也可以是可编程时序逻辑器件，见 8.6.4 节）。

ROM。即只读存储器，用于在输入端的每个独特地址存放位信息（典型的为 4 位或 8 位，并行输出）。例如，一个 $1K \times 8$ 的 ROM 对于 1024 个输入状态有 8 个输出位，用 10 位输入地址定义（如图 8.43 所示）。对于任何一个组合，真值表都可以在 ROM 中编程，只要有足够的输入（地址）线。例如，上面提到的 $1K \times 8$ 的 ROM 可以实现 4×4 位的乘法器，这时的局限是"宽度"（8 位），而不是"深度"（10 位）。

ROM（还有可编程逻辑器件）是**非易失**的，即存储的信息即使在断电时仍能保持，不会丢失。按照编程方法可分为几种基本的 ROM：（a）"掩膜可编程 ROM"在出厂时就确定了各位存储的数据。（b）"可编程 ROM"（PROM）是由用户编程的，PROM 利用适当的寻址和控制信号产生熔断（像保险丝一样），从而建立微观连接，其速度非常快（25～50 ns），功率较高（双极型为 0.5～1 W），存储容量小（32 × 8 ~ 8K × 8）。（c）"可擦除可编程 ROM"（EPROM）由浮栅式 MOS 门存储位信息，用强紫外光线（UV）照射几十分钟可擦除（它有一个透明的石英窗口）。这种芯片有 NMOS 型和 CMOS 型，其速度非常慢（200 ns），功耗低（尤其是标准模式），存储容量大（8K × 8 ~ 128K × 8）。最近出现的 CMOS EPROM 的速度接近双极型的速度（35 ns）。另外一种"一次性可编程芯片"（OTP）是与之相同的芯片，但由于经济原因和不平坦而省去了石英窗口。（d）"电可擦除可编程 ROM"（EEPROM）就像 EPROM，但是可以编程和电擦除，在电路中使用标准的电源电压（+5 V）。

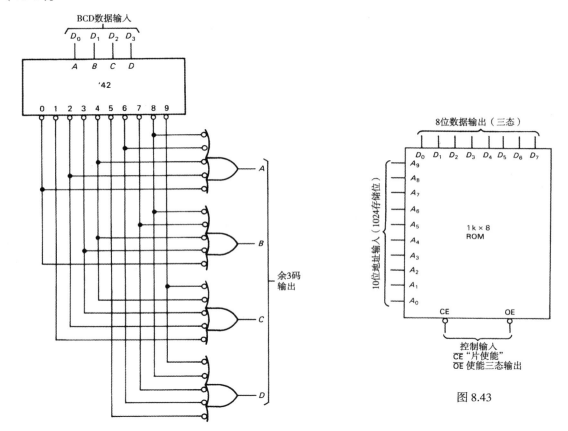

图 8.42　中间码转换：BCD 码转换为余 3 码

图 8.43

　　ROM 在计算机和微处理器中有非常广泛的应用，它们可以存储已完成的程序和数据表。在第 11 章中还会讲到 ROM。总之，一定要记住，小小的 ROM 是复杂的门阵列的替代物。

　　可编程逻辑。PAL（可编程阵列逻辑，PAL 是 Monolithic Memories 公司的商标）和 PLA（可编程逻辑阵列）是两种基本的可编程逻辑。这两种 IC 芯片有很多个门，其连接可以通过编程实现（像 ROM 一样），从而构成所需的逻辑功能。它们在结构上有双极型和 CMOS 两种，前者利用可熔断连接（一次性可编程），后者是浮栅式 MOS 门（UV 或电可擦除）。由于内部结构的限制，内部连接不能编程。组合 PAL 和 PLA（没有寄存器）的基本设计如图 8.44 所示。为了简化该图，在与门（AND）和或门（OR）的每个连接点只画出了一根输入线，实际上它们有很多个输入。

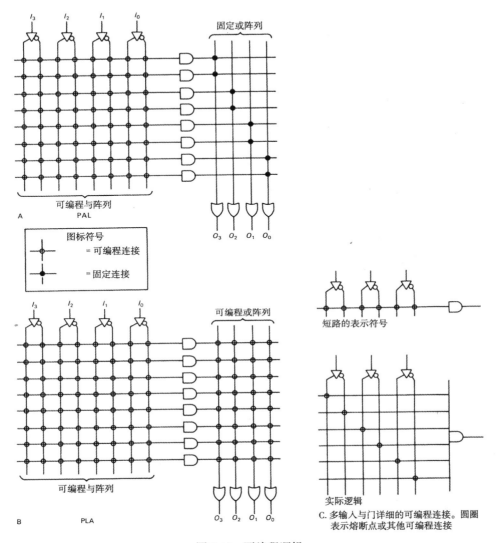

图 8.44 可编程逻辑

组合 PAL 的每个（三态）输出来自一个或门，其输入预先通过几个与门的输入端连接好了。例如，16L8（如图 8.45 所示）有 8 个 7 输入或门，信号可能出现在每一个与门的输入端，包括标有 10 的输入管脚（及其反相端）和 8 个输出端（及其反相端）。每个三态使能也可能来源于一个 32 输入的与门。

PLA 和 PAL 一样，但它更复杂一些，其与门的输出可以与或门的输入任意连接（即可编程），而不是像 PAL 那样预先连接好。

注意，我们所说的 PAL 和 PLA 是组合式的（即只有门，没有存储）。这两种可编程逻辑也可以构成时序逻辑，即可以存储（寄存器），这是下一节要讨论的问题。

要利用 PAL 和 PLA，必须有编程器，这种设备可以烧断熔丝（或者说对器件进行编程），并且能够检验已编程好的器件。编程器都是通过串行口与微机连接的（工程上的标准是与 IBM PC 或与之兼容的硬件连接），在微机上运行编程器的软件。有些编程器包括在线微机，可以运行它自己的软件。最简单的一种软件只是选择要熔断的熔丝，只需指出所需的逻辑，然后列出（或用图形表示）

这些熔断点。图 8.46 所示为一个实例，构成一个 2 输入 1 输出的专用或门。较好的编程器要求确定布尔表示式（如果知道）或真值表，剩下的就靠软件了，包括最小化、模拟和编程。

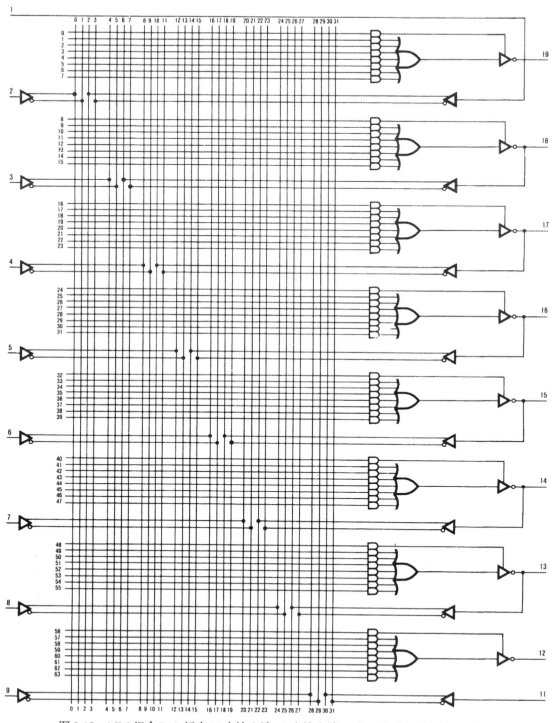

图 8.45　16L8 组合 PAL 标有 10 个输入端，2 个输出端，6 根双向（三态）输入/输出线；"16L8"表示 16 个（最多）输入，8 个（最多）输出（低电平有效）

虽然PLA较复杂一些,但最近设计的有许多比PAL优化的地方。因为PLA很快(信号只通过一个熔断阵列)且更便宜,可以完成通常的操作,不久就可以看到这一点。新型综合PAL在固定的或门PAL设计的基础上,利用"宏单元"和"折叠结构"使之更加灵活。PAL代替了固定功能的IC芯片,更小更灵活,适合各种电路设计。在8.6.4节将讨论怎样(和什么时候)利用可编程逻辑以及应用技巧。

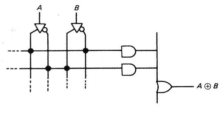

图 8.46　PAL 专用或门

8.4　时序逻辑

8.4.1　存储器件:触发器

前面讨论的数字逻辑都是组合电路(例如门阵列),它们的输出完全由现有的输入状态决定,这些电路没有"记忆",没有历史。增加存储器件后,数字生活才真正有趣,这时就可以构成计数器、算术加法器以及可以完成一个又一个有趣动作的电路。这种电路的基本单元是触发器,这个名字生动地描述了这种器件,其结构简单,如图8.47所示。

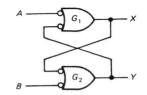

图 8.47　触发器(置位复位型)

假设 A 和 B 均为高(HIGH),那么 X 和 Y 是什么呢? 如果 X 为 HIGH,则 G_2 的两个输入均为 HIGH,从而使 Y 为低(LOW),这与 X 为 HIGH 是一致的,对吗?

X = HIGH

Y = LOW

错! 该电路是对称的,所以对称状态为:

X = LOW

Y = HIGH

X 和 Y 不能同时为 LOW 和为 HIGH(注意,$A = B$ = HIGH),所以该触发器有两种状态(有时称为"双态")。处于哪种状态取决于其过去的历史,它有记忆功能! 只能把一种瞬时输入存储起来。例如,在某一瞬间令 A 为 LOW,无论这之前的状态是什么,触发器的状态为:

X = HIGH

Y = LOW

开关抖动

这种触发器(有置位 SET 和复位 RESET 输入)在许多应用中都很有用,典型的例子如图8.48所示。假设该电路能驱动门且当开关打开时允许输入脉冲通过。因为双极型 TTL(与 CMOS 相反)的特殊性,开关与地相连(而不是+5 V)。在 LOW 状态下,必须保证输入电流为真实值(对于 TTL 来说为0.25 mA),而在 HIGH 状态下输入电流接近于0。除此之外,还要保证开关和其他控制能够方便地恢复为接地。该电路的问题是开关连接存在"抖动"。当开关闭合时,其两端实际上是分开没有连接的,典型时间为 1 ms 的 10 到 100 倍。可以得到开关的波形;如果在输出端有一个计数器或移位寄存器,那么一定会响应由抖动引起的所有这些特殊的"脉冲"。

改进电路如图8.49所示。当连接第一次闭合时,触发器改变状态。这种连接的抖动没有什么区别(在相反情况下 SPDT 开关从来不抖动),输出端有一个"抖动"信号,就像开关一样。这种去抖电路的应用非常广泛,一片 '279 中有"4 个 SR 锁存器",而且前面的电路有一个主要缺陷:门后的第一个脉冲可能被短路,这取决于开关相对于输入脉冲串什么时候闭合。对于最后一个时序脉冲同样如此（当然，没有抖动的开关同样有这个问题）。在可能引起差错的应用中，可以利用同步电路（见 8.4.4 节）来阻止这种情况的发生。

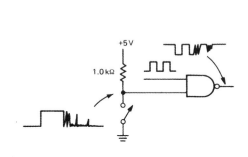

图 8.48　开关"抖动"

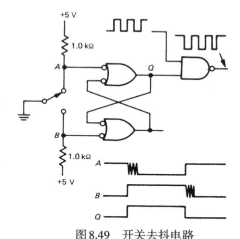

图 8.49　开关去抖电路

多输入触发器

　　另一种简单的触发器如图 8.50 所示，其中利用了或非（NOR）门。当输入为 HIGH 时，使相应的输出为 LOW。多个输入允许各种信号对触发器进行清零或置位。在该电路中，没有用到上拉电路，因为输入端利用了由其他地方（标准有效上拉输出）产生的逻辑信号。

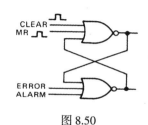

图 8.50

8.4.2　带时钟的触发器

　　图 8.47 和图 8.50 所示的触发器都有两个门，一般称为 SR（置位–复位）或负载阻塞触发器。无论何时，只要有一个合适的输入信号，就能使它处于一种或另一种状态，这在开关去抖电路和其他许多应用中是很方便的，但是应用更广泛的触发器形式与之略有不同。这种触发器不是利用一对干扰输入，而是利用一个或两个"数据"输入和一个"时钟"输入。其输出可以改变状态或保持状态，这取决于时钟脉冲到来时输入数据的电平。

　　最简单的时钟触发器如图 8.51 所示，这就是最开始讨论过的触发器，一对门电路（由时钟控制）使能 SET 和 RESET 输入。很容易证明真值表为：

S	R	Q_{n+1}
0	0	Q_n
0	1	0
1	0	1
1	1	不确定

其中，Q_{n+1} 是 Q 时钟到来之后的输出，Q_n 是时钟到来之前的输出。该触发器与前面的触发器的基本区别在于 R 和 S 现在被当成数据输入了。当时钟脉冲到来时，R 和 S 现在的值决定了 Q 的状态。

　　但是，这种触发器有一个很令人讨厌的特性，其输出在时钟为 HIGH 时会响应输入发生变化，这时它就像阻塞负载 SR 触发器（也称为"透明触发器"，因为当时钟为 HIGH 时，其输出能"看到"输入）。将这种时钟触发器的结构稍加改进，可以得到应用非常广泛的主从触发器和边沿触发器。

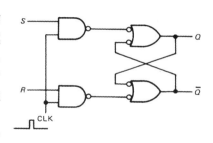

图 8.51　时钟触发器

主从和边沿触发器

这些是最流行的触发器,时钟或其边沿到来之前,输入端的当前值决定了时钟改变后的输出的状态。这些触发器有很便宜的常用 IC 封装,下面看一下其内部结构以便了解它是怎样工作的。其原理图如图 8.52 所示,这两种都称为 D 触发器。时钟脉冲到来后,D 输入端的当前数据传输到 Q 输出端。主从结构更容易理解,其工作过程如下:

当时钟为 HIGH 时,门 1 和门 2 使能,使主触发器(门 3 和门 4)的状态与 D 输入状态相同:$M = D$, $\overline{M} = \overline{D}$。门 5 和门 6 未使能,使从触发器(门 7 和门 8)保持原来的状态。当时钟变为 LOW 时,主触发器的输入与 D 输入断开,而从触发器的输入瞬间耦合到主触发器的输出端,主触发器因此将其状态传给从触发器。因为主触发器现在被阻塞,因此输出状态不变。在时钟的下一个上升沿,从触发器不再与主触发器耦合且保持其状态,而主触发器再次跟随输入变化。

边沿触发电路的外部特性与此相同,但内部工作过程不同,这不难看出。典型电路是常用的 '74 上升沿触发 D 触发器。前边的主从触发器是在下降沿将数据传输到输出端。触发器既可以上升沿触发,也可以下降沿触发;另外,多数触发器都有 SET 和 CLEAR 阻塞型输入。当这两种信号为 HIGH 或 LOW 时,根据触发器的类型可以将它清零或置位。几种常用的触发器如图 8.53 所示。楔形表示"边沿触发",小圆圈表示"负"或补码。可见,'74 是一个双 D 上升沿触发的触发器,带有 LOW 有效的阻塞型 SET 和 CLEAR 输入。4013 是一个 CMOS 双 D 上升沿触发的触发器,带有 HIGH 有效的阻塞型 SET 和 CLEAR 输入。'112 是一个双 JK 主从触发器,下降沿触发,带有 LOW 有效的阻塞型 SET 和 CLEAR 输入。

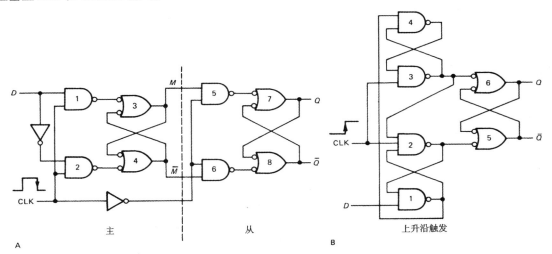

图 8.52　边沿触发的 D 触发器

JK触发器。JK 触发器的工作情况与 D 触发器基本相同,但它有两个数据输入端,其真值表如下:

J	K	Q_{n+1}
0	0	Q_n
0	1	0
1	0	1
1	1	$\overline{Q_n}$

因此,当 J 和 K 互补时,在下一个时钟边沿,Q 为 J 输入的值;当 J 和 K 都为 LOW 时,输出不变;当 J 和 K 都为 HIGH 时,输出"翻转"(在每一个时钟脉冲到来后都发生反转)。

注意,一些老式 JK 触发器是"一次性"的,这在数据表中看不到,但会产生可怕的结果。也就是说,当从触发器在时钟作用下使能时,如果 J 和 K 中有一个(或两个都)同时改变状态,触发器将回到时钟使它跳变之前的状态，它将"记住"这个时刻的状态和行为，就好像这个状态一直是这样的。因此，即使在那个跳变时刻的 J 和 K 输入使触发器保持在其当前状态下，在下一个时钟跳变时，触发器仍可能改变状态。这会导致特殊的性能，造成这个问题的原因是这种触发器在设计时采用的是短时钟脉冲，而在一般应用中可以用任何形式的信号作为触发器的时钟。在应用主从触发器时一定小心，或者两种都不用，而利用真正的边沿触发器。

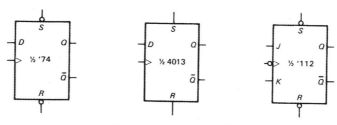

图 8.53 D 和 JK 触发器

两种较好的真正的边沿触发器是 '112 和 '109，它们都是双（每个封装有两个）JK 触发器，带有 SET 和 CLEAR 阻塞型输入（负为真）；'112 是下降沿触发，'109 是上升沿触发。'109 有一个很有趣的怪习，即 K 输入取补（有时也称为 $J\bar{K}$ 触发器）。因此，如果将 J 和 K 输入接在一起，就可以得到 D 触发器；要使其翻转，则 $\bar{K}$ 接地，J 接 HIGH。

二分频

要构成二分频电路很简单，只需利用触发器的翻转功能，有两种方式，如图 8.54 所示。当两个输入均为 HIGH 时，JK 触发器翻转，产生如图 8.54 所示的输出。第二个电路也是翻转电路，因为 D 输入与它自己的 $\bar{Q}$ 输出相连，在任何时钟脉冲到来时，无论 D 输入是什么，D 触发器的输出总是当前输出的补码。这两种情况下的输出信号的频率都是输入信号频率的一半。

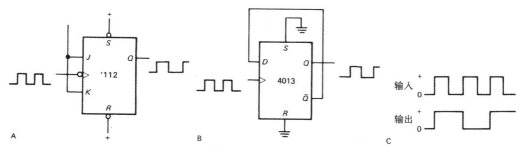

图 8.54   触发器翻转

数据和时钟时间

最后这种电路有一个很有趣的问题：因为 D 输入几乎是在时钟脉冲到来之后马上就改变，电路会不会来不及翻转呢？换句话说，在这样一种快速变化的输入的作用下，电路会不会不知所措呢？或者你还会问这样一个问题：到底 D 触发器（或其他任何一种触发器）什么时候看到它的与时钟脉冲有关的输入呢？答案是：对于任何一种时钟器件，都有一个确定的"建立时间" t_s 和"保持时间" t_h。至少在时钟跳变之前的 t_s 一直到时钟跳变之后的 t_h 期间，输入数据必须到来且保持稳定才能正常工作。例如 74HC74 的 t_s = 20 ns，

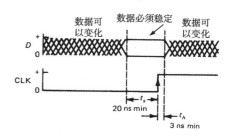

图 8.55   数据建立和保持时间

$t_h = 3$ ns，如图 8.55 所示。因此，对于前面所述的翻转电路，如果在下一个时钟的上升沿到来之前至少 20 ns 时间内输出保持稳定，就可以满足建立时间的要求。看起来好像不满足保持时间的需求，但其实没有问题。从时钟到输出的最小传输时间是 10 ns，在时钟跳变之后至少 10 ns 内 D 输入保持稳定，就可以保证发生上述翻转。目前，大多数器件所需的保持时间为 0。

如果 D 输入电平在建立时间间隔发生变化，就会发生一件有趣的事情，称为**亚稳定状态**，在这种状态下，触发器不知道该怎样变化，稍后再进行详细说明。

多分频

将几个翻转触发器级联（把每一个 Q 输出与下一个时钟输入相连）就可以很容易地构成 2^n 分频电路，或二进制计数器。图 8.56 所示是一个 4 级"纹波计数器"及其波形。注意，如果用每一个 Q 输出驱动下一个时钟输入，必须使用时钟下降沿（用小圆圈表示负）触发的触发器。该电路是一个 16 分频计数器，其最后一个触发器的输出波形是频率为电路输入频率的 1/16 的方波，这种电路称为计数器，这是因为可以把 4 个 Q 输出端构成的数据看成是一个 4 位二进制数据，随着输入脉冲的增加，其二进制序列从 0 到 15，图 8.56 所示的波形说明了这一点。图中，缩写 MSB 表示"最高有效位"，LSB 表示"最低有效位"，弯曲的箭头用来表示因果关系，以便于理解。

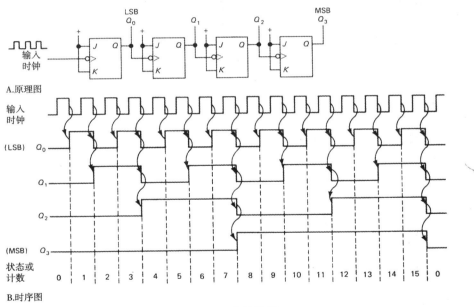

图 8.56　4 位计数器

在 8.6.2 节中将会看到，计数器是一种非常有用的功能，可以在一个芯片上构成多种形式的计数器，包括 4 位计数器、BCD 计数器和多种数字计数形式。通过几个计数器级联电路和显示计数状态的显示电路（例如 LED 数字显示），可以很容易地构成比赛用的计数器。如果这种计数器的输入脉冲串的频率为 1 Hz，就可以得到一个频率计数器，该计数器通过计算 1 s 内的周期数来显示频率（每秒的周期数）。15.3.2 节给出了这种简单而常用的电路的原理图。实际上也可以利用一个芯片构成频率计数器，包括振荡器、计数器、控制和显示电路，如图 8.71 的例子所示。

实际上，将每一个 Q 输出与下一个时钟输入相连构成的简单级联计数器的原理有一些有趣之处，与通过触发器串的信号"脉动"引起的级联延迟有关，一般采用"同步"原理（所有的时钟输入都一样）更好。下面讨论同步时钟系统的问题。

8.4.3 存储器和门的组合：时序逻辑

讨论了触发器的特性之后，让我们看看将它们与前面讨论过的组合（门）逻辑结合起来能完成什么功能。由门和触发器构成的电路是数字逻辑最常用的电路形式。

同步时钟系统

正如上一节最后提到的，由时钟脉冲源驱动所有触发器的时序逻辑电路有许多所需的功能。在这种**同步系统**中，所有的动作都是在每个时钟脉冲之后发生的，这取决于每一个时钟脉冲之前的当前电平值，其一般原理如图 8.57 所示。

所有的触发器都可以组合在一片寄存器中，将一些 D 触发器与它们的时钟输入连在一起，再将各个 D 输入和其 Q 输出引出，即每个时钟脉冲的值作为 D 输入的当前电平，再将它传送给各个输出。由 Q 输出和电路的输入电平产生一系列新的 D 输入和逻辑输出。看起来很简单的原理实际上是很有用的，下面举例说明。

例：三分频

下面利用两个 D 触发器设计一个同步三分频电路，这两个 D 触发器的时钟信号都来自输入信号。在这种情况下，D_1 和 D_2 作为寄存器输入，Q_1 和 Q_2 是输出，共用的时钟线是主时钟输入，如图 8.58 所示。

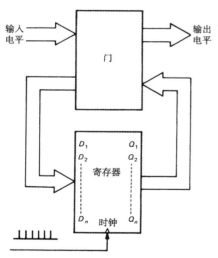

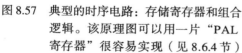

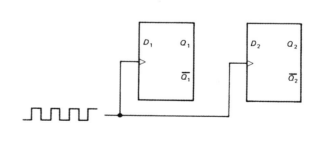

图 8.57 典型的时序电路：存储寄存器和组合
　　　　逻辑。该原理图可以用一片"PAL
　　　　寄存器"很容易实现（见 8.6.4 节）

图 8.58

1. 从表中选择 3 种状态。

Q_1	Q_2	
0	0	
0	1	
1	0	
0	0	（即初态）

2. 找出产生所需组合逻辑网络的输出时序状态所对应的输入，即找出得到下列输出的 D 输入：

Q_1	Q_2	D_1	D_2
0	0	0	1
0	1	1	0
1	0	0	0

3. 利用输出选择合适的门（组合逻辑），产生这些 D 输入。一般情况下可以利用卡诺图。在这个简单的例子中，由下式：$D_1 = Q_2$，$D_2 = \overline{(Q_1 + Q_2)}$ 可以看到这一点。

很容易证明该电路的工作过程。因为这是一个同步计数器，所以输出同时改变（把一个输出与下一个时钟相连，就可以得到**纹波**计数器）。一般希望是同步（或"时钟"）系统，因为可以改进噪声特性，在时钟脉冲时间内解决问题，因此只关注时钟边沿的输入电路不受其他触发器的电容耦合干扰等。时钟系统的更大的优点是状态（由延迟引起，所以所有的输出不同时改变）转换时不会产生错误的输出，因为系统对时钟脉冲**之后**发生的事情不敏感。后面可以看到类似的例子。

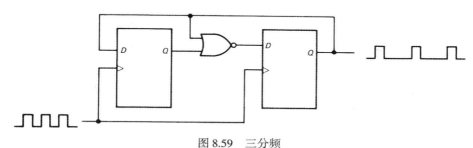

图 8.59　三分频

无效状态

如果触发器进入状态 $(Q_1, Q_2) = (1, 1)$，三分频电路将会发生什么现象呢？当电路第一次变化时，这种现象是很容易发生的，因为触发器的初始状态是任意的。从下图中可以清楚地看到，第一个时钟脉冲使其到达状态 $(1, 0)$，然后就像前面所述的进行工作。查出电路的这种无效状态是很重要的，因为它很有可能阻塞其他状态（或者在最初的设计中考虑所有的状态）。状态图是一个很有用的图形工具，例如本例中所用的图 8.60。如果系统有其他变化，通常写出下一个箭头跳变的条件；箭头在两个状态之间可能是双向的，或由一个状态到几个状态。

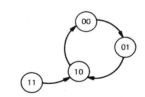

图 8.60　状态图：三分频

习题 8.24　利用两个 JK 触发器设计一个同步三分频电路。不用任何门和反相器，可以有 16 种不同的方法！提示：在构建 J_1，K_1 和 J_2，K_2 输入表时，记住 J，K 在每一点有两种可能。例如，如果触发器的输出由 0 到 1，则 J，$K = 1$，X（X = 无关项）。最后，检查电路是否阻塞在无效状态（在这 16 种方法中，有 4 种方法发生阻塞，12 种不发生）。

习题 8.25　设计一个同步 2 位 UP/DOWN 计数器：它有一个时钟输入，一个控制输入（U/$\overline{\text{D}}$）；输出是两个触发器的输出 Q_1 和 Q_2。如果 U/$\overline{\text{D}}$ 为 HIGH，它按照正常的二进制计数时序变化；如果 U/$\overline{\text{D}}$ 为 LOW，它将倒计数，即 $Q_2 Q_1 = 00$，11，10，01，00...

状态图作为设计工具

在设计时序逻辑时，状态图非常有用，特别是在状态之间有几条路径时。在这种设计中，首先选择一些惟一的状态，并依次命名（即二进制地址）。最多需要 n 个触发器或 n 位，其中 n 是最小的整数，2^n 等于或大于系统不同的状态数；然后写出每两种状态之间变化时的规则，即进入和离开时所有可能的条件。这是一种直接（但也许很乏味）得到所需组合逻辑的办法，因为需要列出 Q 和 D 所有可能的值。这样就可以利用诸如卡诺图这样的技术，将时序逻辑设计转换为组合逻辑设计问题。图 8.61 是一个实际例子。注意，可能有一些不导致其他状态的状态，例如"有文凭"。

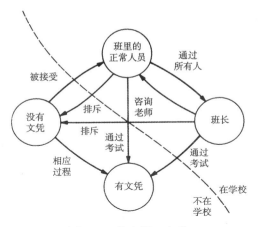

图 8.61　状态图：上学

带存储器的 PAL

可编程逻辑（PAL 和 PLA，见 8.3.4 节）是将门和由同步时钟驱动的 D 触发器集成在一个芯片上，通常称之为带存储器的 PAL 和 PLA，利用它们可以很好地实现常用的时序电路。8.6.4 节将讨论它们是怎样工作的。

8.4.4　同步器

时序电路中触发器的一个很有趣的应用是用在**同步器**中。假设有几个外部控制信号进入一个有时钟、触发器等的同步系统，要利用输入信号的状态来控制一些动作。例如，利用一个来自设备的信号或实验得到的信号来调整要送入计算机的数据。因为实验和计算机是两个不同的过程，所以要进行交流（也可以说是一个异步过程），因此需要在这两个系统之间建立一个规则。

例：脉冲同步器

在下面的例子中，我们再来考虑去抖触发器产生脉冲串的电路。无论开关何时闭合，该电路都能使门工作，与脉冲串驱动门的相位无关，因此可以不考虑第一个或最后一个脉冲。问题是脉冲串与开关闭合是异步的。在有些应用中，一个完整的时钟周期是很重要的，这就需要如图 8.62 所示的同步电路。按下 START，使门 1 的输出为 HIGH，但是 Q 仍为 LOW，直到下一个输入脉冲串的下降沿到来。这时，一个完整的脉冲通过与非门 3，图 8.62 也显示了一些波形。弯曲的箭头表示因果关系，例如，从图中可以看到，Q 的跳变就发生在输入的下降沿。

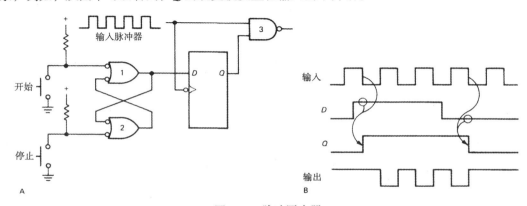

图 8.62　脉冲同步器

逻辑竞争和毛刺

本例说明了一个很简单但很重要的观点：如果使用上升沿触发的触发器，会发生什么呢？仔细分析一下就会发现，START仍能正常工作，但是如果在输入为LOW时按下STOP，就会出问题（见图8.63）。一个持续时间很短的"毛刺"产生了，这是因为最后一个与非门一直没有工作，直到触发器的输出变为LOW。对于HC或LS TTL来说，大约有20 ns的延迟，这是一个典型的"逻辑竞争"的例子。通过采取一些措施可以避免本例所述情况的发生。毛刺通过电路是很糟糕的，它们混在其他波形中，通过示波器很难看到，也不知道它们的存在。它们会提供错误的触发器时钟，在通过门和反相器时，还会扩大或缩小直至消失。

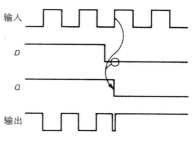

图8.63　逻辑竞争可以产生"毛刺"

习题8.26　说明图8.62所示的脉冲同步电路不会产生毛刺。

习题8.27　设计一个电路，在按键按下后，能够使一个完整的负脉冲（来自脉冲输入串）到达输出。

关于同步器还有几点说明：D 触发器的输入也可以来自其他的逻辑电路，而不是只有去抖开关。在计算机接口等的应用中，异步信号必须与时钟器件通信，这时触发器的时钟或同步器是理想的。在该电路中，就像所有的逻辑电路一样，必须处理好未用输入。例如，SET和CLEAR必须接起来以便使它们无效（对于'74，将它们接为HIGH；对于4013，将它们接地）。对输出没有影响的未用输入可以不接（例如未用的门的输入），但在CMOS中应该将它们接地，以避免输出级电流（详见第9章）。一片74120有两个同步器，但这种芯片不常用。

8.5　单稳态触发器

单稳态触发器或称一次触发器（强调的是"一次"）是触发器（有时称为双稳态振荡器）的一种变化形式，它的一个门的输出通过电容耦合到另一个门的输入，使电路处于一个状态。如果它在一个瞬时脉冲的作用下转换到另一个状态，在经过一段时间的延迟后，电路将回到原来的状态，而延迟时间由电容大小和电路参数（输入电流等）决定。这个特性是非常有用的。通过这个特性可以选择脉冲的宽度和极性。通过门和 RC 电路来实现一次触发是很简单有效的，而且它依赖于门的具体输入电路。因为，举例来说，电压不稳定会超过电源电压。举这样一个例子不是为了提倡不好的习惯，只是说明这样的电路可以实现一次触发。在实际电路中，最好使用已经设计好的一次触发电路，除非必须设计自己所需的电路，例如当手边有一个门且没有多余的空间放置另一个IC芯片时（即使在这种情况下，也许也不应该这样做）。

8.5.1　一次触发特性

输入

单稳态触发器可以通过合适的输入信号的上升沿或下降沿触发。对触发信号的惟一要求是要有一个最小的宽度，典型值是25～100 ns。它可能比输出脉冲更短或更长。通常情况下需要有几个输入，以便有几个信号触发它，有的在上升沿触发，有的在下降沿触发（记住，下降沿意味着从HIGH到LOW的过渡，不是负极性）。额外的输入也可以用来禁止触发。图8.64演示了4个例子。

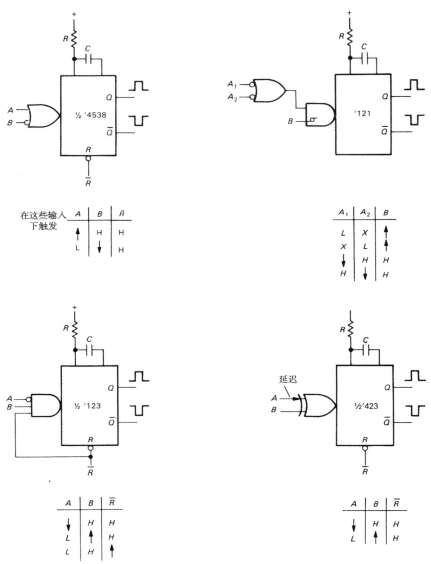

图8.64 4个常用的单稳态触发器及其真值表

表中的每个水平行表示一个有效使能触发输入电压。例如，如果'121的B输入和一个A输入均为高电平，当另外一个A输入信号有一个从HIGH到LOW的跳变时，'121将被触发。'4538是一个输入端有一个或门的双CMOS单稳态触发器；如果只使用一个输入端，另一个就不能使用了，如图8.64所示。'121有3个输入，由或门和与门组合而成（并触发），如图8.64所示。它的B输入是一个施密特触发器，允许缓慢上升或有噪声的输入信号通过。如果想要更方便，可以用其内部一个不太好的定时电阻来代替电阻R。'221是一个双'121，CMOS用户只能用这种双重形式。常用的'123是一个带有输入与门的双触发器，不用的输入必须使能。尤其应注意的是，当两个触发输入都有效，RESET未使能时，该触发器触发。这不是单稳态触发器的一个通常特性，在实际应用中可能需要，也可能不需要（一般不需要）。'423与'123一样，但是没有这个"特性"。

在画电路图时，通常省略单稳态触发器的输入门，这样可以节约空间，不过会不太清楚。

可重复触发特性

大多数单稳态触发器，例如前面提到的 4538，'123 和 '423，都是可重复触发单稳态触发器。如果在输出脉冲期间加上触发脉冲，触发器将开始一个新的时间周期，这就是人们所知道的具有重复触发特性的单稳态触发器。在加入最后一个触发脉冲后，输出脉冲通常会比只加一个触发脉冲时的输出脉冲宽。'121 和 '221 是不可重复触发的单稳态触发器，它们在输出脉冲期间忽略触发脉冲。大部分可重复触发单稳态触发器可以连接成不可重复触发单稳态触发器。通过图 8.65 所示的例子易于理解这一点。

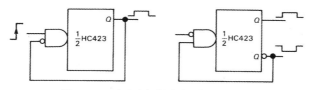

图 8.65　不可重复触发的单稳态电路

可复位特性

大多数单稳态触发器有一个优先于所有其他功能的 RESET 输入。在 RESET 端加瞬时输入信号就可以结束输出脉冲。RESET 输入通常用于避免在给逻辑系统加电时出现的脉冲。见前面有关 '123 的注解。

脉冲宽度

通过调节外部电容和电阻，利用标准的触发器可以得到从 40 ns 到毫秒级（甚至秒级）的脉冲宽度，利用类似 555（见 5.3.3 节）这样的器件可以产生更长的脉冲，但它的输入特性不够理想。非常长的延迟最好通过数字方式产生（见 8.5.4 节）。

本章结尾的表 8.8 列出了一些最实用的单稳态触发器。

8.5.2　单稳态电路举例

图 8.66 是一个独立的可设置占空比（HIGH 和 LOW 的宽度比）的方波产生器，它有一个输入端，在该端可以加一个外部信号，在其下降沿到来之前使输出信号"保持"。镜像电流源 $Q_1 \sim Q_3$ 在 C_1 端产生一个斜坡信号。当它到达门限值电压，也就是比较电压 V_+ 的 2/3 时，单稳态触发器触发，产生一个 2 μs 的正极性脉冲，使 n 沟道的 VFET Q_4 导通，电容开始放电。C_1 两端因此产生一个从地到 +8 V 的锯齿波，调节电位器 R_2 可以设定比值。下边的那个比较器在锯齿波的作用下产生一个方波，通过调整 R_5 可以将占空比从 1% 到 99% 进行线性调节。两个比较器都有一个迟滞电路（R_8 和 R_9）来防止噪声影响信号的传输。LM393 是一个低电源双比较器，它采用共模输入，集电极输出。

该电路的特点是具有与外部提供的控制电平同步（开始/停止）的能力。HOLD 输入可以使驱动电路在输出的下一个负跳变到来时停止振荡。当 HOLD 再次被置为低电平 LOW 时，振荡器立刻重新振荡，就好像在释放 HOLD 时产生了一个下降沿。3 输入与非门的一个输入来自一个比较器的输出，可以确保电路不会与 C_1 耦合充电。在这个电路中，单稳态脉冲宽度足够长，以确保 C_1 在这个脉冲期间完全放电。

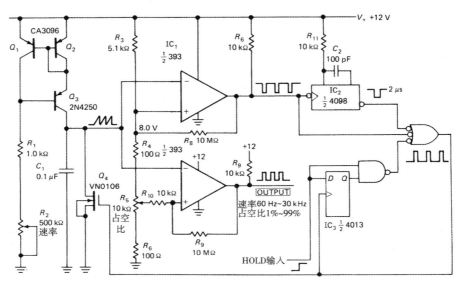

图 8.66   自动同步可触发脉冲产生器

8.5.3   有关单稳态触发器的注意事项

单稳态触发器有一些在其他数字电路中遇不到的问题。另外，在使用中也有些通用原则，首先就是单稳态触发器出现电池耗尽的情况。

与单稳态触发器有关的一些问题

定时。单稳态触发器要综合应用线性和数字技术，因为线性电路中常遇到 V_{BE} 与 h_{FE} 随温度等的变化而变化的问题。单稳态触发器一般显示温度和电源电压对输出脉冲宽度的敏感性。典型电路例如 '4538 的输出脉冲宽度当温度在 0°C ~ 50°C 之间，电源电压在 ±5% 之间变化时会有几个百分点的变化。另外，单元电路与单元电路之间的变化还会为任何给定电路带来一个预期准确度的 ±10% 的偏差。当考虑温度和电源电压敏感性时，一定要记住芯片自身会发热，且电源电压在脉冲期间会变化（例如，在 V_+ 端的小毛刺），这些会严重影响脉冲宽度。

长脉冲。当产生长脉冲时，电容值可能是几微法或更多，这时应该使用电解电容，此时必须注意漏电流（对于小电容这一点不重要），尤其因为大部分单稳态触发器在脉冲期间通过电容所加的都是双极性电压。这时需要一个二极管或晶体管来避免这个问题，或使用一个数字延迟方法来代替（包括一个时钟和几个串联的触发器，如 8.5.4 节所述）。使用外部二极管或晶体管将会降低对温度和电压的敏感性和脉冲宽度的可预测性，而且也可能降低可重复触发的操作性。

占空比。在某些单稳态触发器中，当占空比很高时，脉冲宽度会缩短，TTL 9600 ~ 9602 系列就是典型的例子，它的脉冲宽度在占空比低于 60% 时是常数，在占空比为 100% 时会下降 5%。在其他情况下很受欢迎的 '121 在这个方面的特性非常不好，在高占空比下工作不稳定。

触发。当单稳态触发器被一个很短的输入脉冲触发时，就会产生副标准或不稳定的输出脉冲。触发脉冲宽度规定有最小值，例如 'LS121 的最小触发脉冲宽度为 50 ns；在 5 V 电源电压的情况下，4098 的最小触发脉冲宽度为 140 ns；在 15 V 电源电压的情况下，4098 的最小触发脉冲宽度为 40 ns（当电源电压比较大时，CMOS 有更快更强的输出驱动能力）。

抗噪声。由于单稳态触发器中有线性电路，所以抗噪能力比数字电路一般要差。单稳态触发器特别容易受到外部 R 和 C 周围的耦合电容的影响，而外部 R 和 C 是用来设置脉冲宽度的。另外，一些单稳态触发器易受错误触发，这些触发是由于 V_+ 端或接地端的毛刺引起的。

　　规范。注意单稳态触发器的特性（脉冲宽度的可预测性、温度和电压系数等）在它的脉冲宽度范围的极限处可能会明显变坏。在脉冲宽度的范围里，通常给定规范，这时候触发器的特性是好的。另外，相同的单稳态触发器由于制造商的不同，特性也不同，应仔细阅读用户手册！

　　输出隔离。最后，对于任何包含触发器的数字设备，输出在通过电缆或到达一个设备的外部器件之前应该被缓冲（加一个门、反相器或者像线性驱动器这样的接口元件）。如果用像单稳态触发器这样的器件直接驱动电缆，那么负载电容和电缆的反射可能导致工作不稳定。

使用单稳态触发器应该注意的事项

　　当使用单稳态触发器产生脉冲串时，注意不要在"末端"产生多余的脉冲信号，也就是说，要确保其输入端的使能信号不要自己触发一个脉冲。通过仔细观察单稳态触发器的真值表很容易理解这一点。

　　不要过多使用单稳态触发器。对于一些新设计者来说，在电路中加入一些单稳态电路是很有诱惑的。除了上述的一些问题外，还有一些更复杂的问题，一个包含多个单稳态触发器的电路是不允许随意调整时钟频率的，因为所有的时间延迟反过来都可能作为触发信号。在许多情况下，用单稳态触发器来完成同样的工作反而不好，图 8.67 就是一个例子。

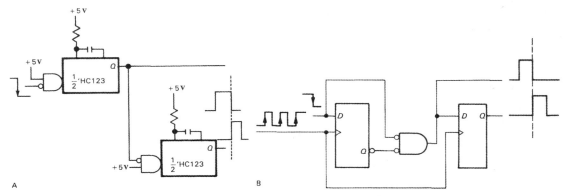

图 8.67　用数字延时电路代替单稳态延时电路

　　基本思路是产生一个脉冲，并在输入信号的下降沿之后延时 1 s，以此设置和激励前面所完成的操作，就像由输入的下降沿产生的信号一样。因为其他电路可能是由"时钟"方波控制的，所以假设在 D 输入下降沿的信号与时钟的上升沿同步。在第一个电路中，输入触发第一个单稳态触发器，然后在脉冲结束时触发第二个。

　　第二个电路与此相同，利用 D 触发器产生与一个时钟周期同宽的输出脉冲。这是一个同步电路，与利用触发器级联的异步电路相反。能够利用同步电路有几个原因，包括抗噪能力。如果想要产生一个短脉冲，可以利用同样的电路，将系统的高频主时钟进行分频（借助几个触发器）。该电路中，D 触发器利用主时钟触发。几个时钟分频系统一般都是同步电路。

8.5.4　计数器的定时

　　正如刚刚强调的那样，有许多在逻辑设计中避免使用单稳态触发器的理由。图 8.68 展示了另一种情况，即用双稳态多谐振荡器和计数器（触发电路级联而成）来代替一个单稳态触发器，从而产生一个长的输出脉冲信号。'4060 是一个 14 级 CMOS 二进制计数器（14 级触发器级联）。在输入的上升沿使 Q 为高电平，可以使计数器工作。在 2^{n-1} 个时钟脉冲之后，Q_n 变为高电平，使触发器和计数器清零。这种电路可以产生一个非常精确的长脉冲，该脉冲的长度可以按 2 的指数倍变化。

'4060 也包括一个内部振荡电路，用来代替外部参考时钟。经验告诉我们，内部振荡器的频差容限是很小的，而且（在一些 HC 版本中）可能发生故障。

可以利用集成电路来实现计数器定时。ICM7240/50/60（Intersil, Maxim）是一个 8 位或模 2 内部计数器，且所需的延时逻辑等于整数计数器（1~255 或 1~99 计数器）。可以利用硬件连接电路或外部拇指旋转开关置数。ICM7242 与此类似，但预置为 128 分频计数器。其姐妹产品称为 XR2243，它是一种固定的 1024 分频计数器。

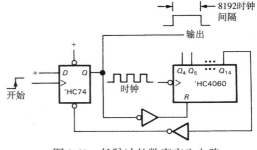

图 8.68　长脉冲的数字产生电路

8.6　利用集成电路实现的时序功能

正如先前讨论的组合功能，有可能把不同的触发器和门组合在一个芯片上。下面按照功能列出一些最有用的类型。

正如纯组合逻辑，可编程逻辑（尤其是 PAL 和 GAL）可以代替预置时序功能。介绍完标准功能后，将接着讨论它们。

8.6.1　锁存器和寄存器

锁存器和寄存器即使在输入变化时也能保持一组输出位。可以用几个 D 触发器构成寄存器，但是它比所需的输入和输出多。由于不需要对时钟分频，或对输入置位和清零，可以将它们连在一起，只需要几个管脚，因此可以用 8 个触发器构成一个 20 脚的封装。目前流行的 '574 是一个八进制 D 寄存器，时钟上升沿触发，三态输出；'273 与之相似，但它有一个复位端代替三态输出。图 8.69 所示为一个 4 位 D 寄存器，带有原码和补码输出。

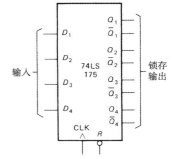

图 8.69　'175 4 位 D 寄存器

术语"锁存"通常专指一种特殊的寄存器，该寄存器的特点是当使能时输出跟随输入变化，且当不使能时一直保持最后的值。由于"锁存"具有两种应用意义，所以用"透明锁存器"和"D 型触发器"来区分这些相似器件。例如，'573 就是一个与 '574 D 寄存器等效的八进制透明锁存器。

下面列举几个锁存器/寄存器：（a）随机存取存储器（RAM），该存储器可以向（通常是很大的）一组寄存器写入，也能读取，但是一次只能写入和读取一组（最多几组）；RAM 通常有几位到 1 M 位或更多位，它主要在微处理系统中用做存储器（见第 10 章和第 11 章）；（b）可多位寻址锁存器，它可以更新某一位而不改变其他位；（c）位于一个更大芯片内的锁存器或寄存器，例如数模转换器，该器件只需瞬时输入信号就可以了（在适当的时钟边沿），因为一个内部寄存器能够保持数据。

本章结尾的表 8.9 列出了大部分有用的寄存器和锁存器。需要注意一些功能，例如输入使能、复位、三态输出和管脚边沿排列（输入在芯片的一边，输出在另一边）。在设计一块印刷电路板时，后者是非常便利的。

8.6.2　计数器

正如前面提到的，通过将触发器连接在一起可以构成"计数器"。用一个芯片可以构成几种计数器，下面是一些有关功能。

规格尺寸

目前流行的4位计数器有BCD（10分频）和二进制（或**十六进制**，16分频）计数器。有些较大的计数器可以达到24位（不能全部输出）。还有整数n分频的模n计数器。可以通过计数器级联来获得更多级（包括同步计数器）的计数器。

时钟

非常重要的一点是计数器是"纹波"计数器还是"同步"计数器。后者的时钟同时给所有的触发器定时，而"纹波"计数器的每一级的时钟是由前一级的输出提供的。纹波计数器可以产生一个暂态，因为前一级比后一级要稍微提前触发。例如，一个纹波计数器从7（0111）计数到8（1000）时经过状态6、4和0，在设计较好的电路里不会产生什么问题，但是在用门寻找一个特殊状态的电路里，它就会造成麻烦了（最好使用D触发器，这时只有在时钟边沿才检查）。由于积累的传输延迟，纹波计数器比同步计数器慢一些。为了便于扩展（将一个计数器的输出直接与下一个时钟输入连接），纹波计数器在时钟下降沿触发，而同步计数器则在上升沿触发。

对于那些不是很特别的功能，我们更倾向于使用4位同步计数器中的'160～'163系列来完成。而'590和'592是很好的8位同步计数器。图8.70所示为'390双BCD纹波计数器。

加/减

有些计数器在输入的控制下，只能向一个方向计数。这里有两种可能性：（a）U/$\overline{\text{D}}$输入设置计数方向；（b）一对时钟输入，一个是UP，一个是DOWN。例如'191和'193。'569和'579都是非常有用的加/减计数器。

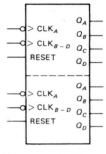

图 8.70　'390 双 BCD
纹波计数器

置数和清零

大多数计数器都有数据输入端，以便能预置一个给定的计数值。要想构成一个模n计数器，这是很方便的。置数功能可能是同步的也可能是异步的。'160～'163是同步计数器，如果$\overline{\text{LOAD}}$端为有效的LOW，则输入数据在下一个时钟边沿就可以同时传给计数器。而'190～'193是异步计数器，或称抑制置数，当$\overline{\text{LOAD}}$有效时，无论时钟怎样，输入数据都会传给计数器。因为所有的位都是同时装入的，所以有时称为"并行置数"。

清零（或复位）功能表示的是重新设置。多数计数器都有一个抑制型清零功能，不过有些是同步清零，例如'160/161是抑制清零，而'162/163是同步清零。

计数器的其他功能

有些计数器的功能与输出有关，它们一般都是透明型计数器，所以即使没有锁存，计数器也能工作。需要注意的是，任何并行置数的计数器都有锁存功能，但是在保持数据的同时，就不能计数了，这时可以用一个计数器/锁存器芯片。把计数器和锁存器结合在一起有时是非常方便的。例如，在一个新的计数周期开始时可以显示或输出前一次的计数值。频率计数器可以稳定地显示这些，在每个计算周期后更新数据，而不是通过反复使用复位端置零，然后再继续计数。

有的计数器是三态输出的，应用很广泛。在这些计数器中，数字（或4位一组的数据）被多路传输到总线上进行显示，或传输到另一个器件上。例如'779就是一个例子，它是一个8位同步二进制计数器，它的三态输出也可以起到并行输入的作用。通过分享输入/输出线路，这种计数器是16脚封装，'593与之类似，但它是20脚封装。

如果想显示计数器的状态，可以把计数器、锁存器、7段译码器和驱动电路组合在一个芯片上，例如74C925～74C928系列的4位计数器。TIL306/7也是一个很有意思的计数器，在它的芯片上集成了显示装置。通过它的集成电路可以看到，它通过点亮一个数字来表示计数状态。图8.71是一个大规模集成电路，该电路不需要很多辅助电路。

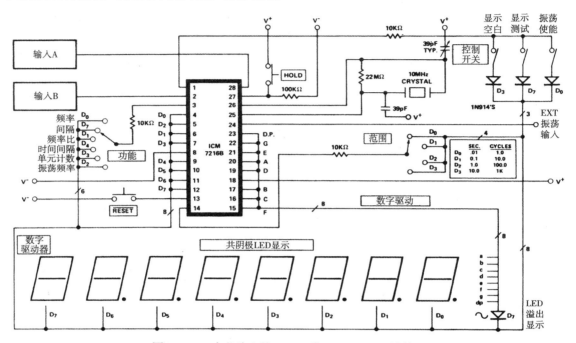

图8.71　一个芯片上的7216 8位10 MHz通用计数器

本章结尾的表8.10列举了可能用到的大部分计数器芯片，其中许多只是一个系列产品中的一种（例如LS或F），所以在利用它们进行设计时，一定要仔细阅读数据手册。

8.6.3　移位寄存器

如果把一串触发器连在一起，使每个Q输出驱动下一个D输入，且全部时钟同时驱动，就可以得到"移位寄存器"。在每一个时钟脉冲，寄存器中的0和1随着从左边进入的第一个D输入数据而向右移，同时产生一个正常的传输延迟，因此在级联中不必担心逻辑竞争的发生。移位寄存器在由并行数据转换为串行数据时非常有用，反之亦然。它们也很便于用做存储，尤其是当顺序读入和写出数据时。与计数器和锁存器一样，移位寄存器也是种类多样并且结构完整的。下面是需要了解的一些重要事项。

规格尺寸

4位和8位寄存器是标准的寄存器，也有一些大型的（达到64位或更大）。还有多种字节长度的寄存器（例如4557，利用6位输入可以设计为1～64级）。

结构

移位寄存器通常是1位，不过也有2位、4位和6位寄存器。大部分移位寄存器都是右移寄存器，也有双向寄存器，例如'194和'323的输入有"方向性"（见图8.72）。注意类似'95的双向寄存器，只有把每个输出位和之前的输入位相连接，然后再并行置数，它才能左移。

输入和输出

　　小型移位寄存器可以支持并行输入或输出,而且通常也这样使用。例如,'395 是一个 4 位并行输入、三态并行输出(PI/PO)移位寄存器。大型寄存器只能支持**串行**输入或输出,也就是说,只能利用第一个触发器的输入或最后一个触发器的输出。在有些情况下,可以利用几个经过挑选的中间抽头。有一种方法可以在一个小的芯片上同时支持并行输入和输出,那就是同一个管脚既作为输入又作为输出(三态)。例如,'299 是一个 20 管脚的 8 位双向 PI/PO 寄存器。有些移位寄存器在输入或输出端包括一个锁存器,所以在进行置数或卸载时,仍然可以进行移位。

　　和计数器一样,并行置数和清零可以是同步的,也可以是抑制置数,如同 '323 和 '299,不过前者还带有一个同步清零。

　　本章结尾的表8.11列举了可能用到的移位寄存器。和以往一样,并不是所有型号在逻辑系列中都能找到,所以一定要仔细阅读数据手册。

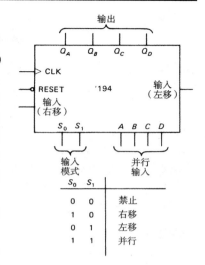

S_0	S_1	
0	0	禁止
1	0	右移
0	1	左移
1	1	并行

图 8.72　'194 4 位双向移位寄存器

作为移位寄存器的 RAM

　　随机存储器通常用做移位寄存器(反之不然),这时它利用一个外置的计数器来产生连续的地址信息,如图 8.73 所示,一个 8 位同步加 / 减计数器为一个 256 字节 × 4 位 CMOS RAM 提供连续的地址信息。这就像将 4 个 256 位移位寄存器结合在一起,由计数器的 UP/$\overline{\text{DOWN}}$ 控制线来选择移位的左 / 右方向。该计数器的其他输入可以用来计数(如图所示)。通过选择快速计数器和存储器,可以得到 30 MHz 的最大时钟速率(见时序图)。这和 HC 型集成移位寄存器一样(但要小得多),如果需要,可以利用这种技术得到大型移位寄存器。

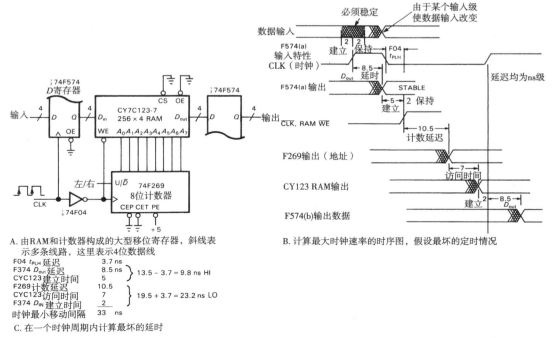

A. 由RAM和计数器构成的大型移位寄存器,斜线表示多条线路,这里表示4位数据线

F04 t_{PLH} 延迟	3.7 ns	
F374 D_{out} 延迟	8.5 ns	13.5 – 3.7 = 9.8 ns HI
CYC123建立时间	5	
F269计数延迟	10.5	
CYC123访问时间	7	19.5 + 3.7 = 23.2 ns LO
F374 D_{IN} 建立时间	2	
时钟最小移动间隔	33　ns	

C. 在一个时钟周期内计算最坏的延时

B. 计算最大时钟速率的时序图,假设最坏的定时情况

图 8.73

习题 8.28　在图 8.73 中，输入的数据好像连接到输出数据读出的地方，不过这个电路完成的是标准的 256 字节移位寄存器的功能。试解释为什么。

8.6.4　时序 PAL

在 8.3.4 节中讲到的组合 PAL 属于一个包括多种 D 寄存器芯片的较大系列（称为寄存 PAL）。16R8 是这些 PAL 中典型的一个，如图 8.74 所示。可编程与门/固定或门阵列组成的典型组合 PAL 为 8 个同步时钟三态输出，D 寄存器产生输入电平和寄存器的输出（及其反相输出）。参见前面的图 8.57，可以发现寄存器 PAL 是一个通常意义的时序电路单元。在寄存器和门的个数限制范围内，可以做任何想做的事情。比如可以构成一个移位寄存器或者计数器，或者二者都有。实际中更有可能构成一些常用的逻辑电路作为较大电路的一部分，以代替由门和触发器构成的分立电路，下面举几个例子。

手动熔断图

通过给出逻辑，再利用"PAL 编程器"烧成适当的熔断阵列，就可以实现简单的 PAL 设计。例如，假设利用锁存器的输出设计一个 4 输入多路复用器。先写出多路复用器的逻辑等式（即触发器的 D 输入），

$$Q.d = I_0 * S_0' * S_1' + I_1 * S_0 * S_1' + I_2 * S_0' * S_1 + I_3 * S_0 * S_1$$

其中 S_0 和 S_1 寻址选中的输入为 $I_0 \sim I_3$，"$*$"和"$+$"代表与（AND）和或（OR）。利用寄存器 PAL 很容易实现。注意，我们曾经用 3 输入与门当成或门，而不是用 2 输入与门为寻址译码，因为限制使用乘积和（也较快一些）。最后的设计如图 8.75 所示（注意该电路有一个微妙之处，见本节末尾关于"毛刺"的讨论）。

PALASM

对于一些复杂电路，有时需要借助 PAL 逻辑设计。例如 16L8 PAL 有 2048 个熔点，复杂的设计需要烧其中的几百个，除非不常被强迫，否则很难成功地利用人工定义进行 PAL 编程。

PALASM（PAL 汇编程序）是由 Monolithic Memories 公司制造的（PAL 的发明者），它是第一种辅助设计手段。需要像前面介绍的那样写出布尔表达式，并将表达式转换为熔断图。不能利用程序进行逻辑最小化，所以必须自己去做这项工作。总之，PALASM 要求输入一串测试状态（称为"测试向量"），再给出由布尔表达式定义得出的输出。这样就可以在制造 PAL 之前调整等式了。

PALASM 有很多种。利用 FORTRAN 源代码，在普通的微机上运行就可以向 PAL 编程器（以标准的"JEDEC"形式）提供熔断图。许多 PAL 编程器使用内置式微处理器，包括固定的 PALASM，例如数据 I/O，Digilec，Stag 和结构设计。

ABEL 和 CUPL

PALASM 是一种辅助手段，但是不同 PAL 用户的需要很多。高级逻辑编程语言，如 ABEL（来自 Data I/O）和 CUPL（来自 Logical Devices 公司）可以很容易地进行 PAL 编程。可以利用布尔表达式或真值表进行逻辑定义，对于时序电路需要给出状态图和转换规则。像其他一些高级语言一样，可以定义阵列表达式（一串信号，例如地址总线）和中间值，然后在后面的表达式中利用这些值。

这些语言非常灵活，可以将真值表转换为逻辑等式，然后借助逻辑定义进行最小化（也可以利用得到的布尔表达式），最后得出适合器件的逻辑结构的形式（例如 PAL 的乘积和）。不用写出一系列值的明确的逻辑表达式，只需写出 ADDR: [10..FF] 这样的符号，它们将转换为适当的逻辑。利用这些语言还可以定义检验设计的测试向量，测试向量也可以送到编程器来测试实际的被编程芯片。最后，这些语言为已完成的芯片提供标准文档。当用芯片中的装置调试一个小器件时，文档是很有必要的。

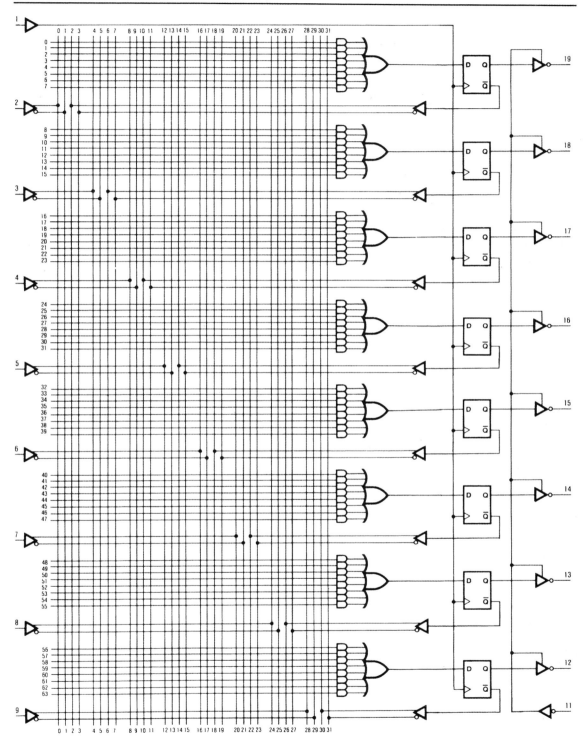

图 8.74 16R8 寄存器 PAL 有 8 个外部输入端, 1 个时钟和
三态控制线。寄存器的输出也作为与阵列的输入

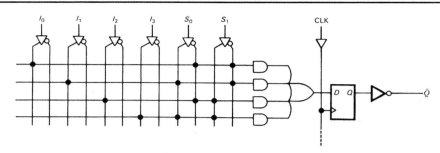

图 8.75 在 PAL 中构造 4 输入锁存复用器

为了使抽象的概念具体化，让我们看一看用 CUPL 进行组合电路和时序电路设计的例子。

CUPL 举例：7 段码－十六进制编码器（组合电路设计）。有时希望用 LSI 芯片作为所设计仪器的一部分来实现一个便捷的功能（例如计时表或计算器）。问题是通常这些 LSI 芯片提供的输出只能直接驱动 7 段码显示器，而不是想要的十六进制（或 BCD）输出。因此，可以设计一个编码器芯片实现 7 段码到 4 位二进制数的转换，一个标准的 IC 是没有这种功能的（虽然有一个 7 段码－BCD编码器，如 74C915）。

输入的是单独的段信号，这些信号标记为 a~g，如图 8.76 所示，显示了如何用 7 段码显示器表示数字 A~F。注意 9 和 C 有两种可能的表示方法，这两种表示方法的逻辑都是正确的。对于 PAL，选择一个 20 管脚的 16L8 组合电路器件，其逻辑如图 8.45 所示。

图 8.77 是 CUPL 的输入部分。指定段驱动信号（正逻辑）a~g 作为输入，十六进制位 D0~D3（负逻辑）作为输出。CUPL 允许定义中间变量在稍后的表达式中使用。在这个例子中，通过段输入的方式显示 0 ~ 16 的数字变量

图 8.76 7 段显示码

非常方便。可以从图 8.76 中的数字形状读出输入段变量的乘积项。最后，每一个二进制输出位作为数字变量的和写入数字变量的相应比特位。使用负逻辑电平是因为 16L8 是一个最小化与或非逻辑阵列，这样就实现了 CUPL 的逻辑规则。

习题 8.29 通过绘制一些由中间变量 0 ~ 16 定义的显示字符来检查所做工作的正确性。

首先，根据输入变量 a~g，CUPL 利用中间变量直接写 D0 ~ D3 的表达式，开始时像 PALASM 这样的语言都需要这样做。在这一点上，逻辑等式最好采用与或非形式。然而还没有完成，因为 16L8（和其他所有组合 PAL）在每个和中允许最多 7 个乘积项，而对于 D0 ~ D3 输出有 9，8，9 和 10。一种解决方法是通过另一个或门将每个输出串起来，目的是为了获得和中足够的乘积项。虽然这种方法在速度比较慢的应用中没有问题，但是它使传输延时加倍，所以一般认为不是好办法。比较好的方法是逻辑最小化法、逻辑标识符法和摩根公式法。

运行 CUPL 的最小化，可以得到如图 8.78 所示的乘积项。所幸的是，这些都适合乘积为 7 的限制。利用 CUPL 也可以画出熔断图（见图 8.79）。这时当然不需要进行 PAL 编程，但是需要直接下载通用 JEDEC 编程程序。在该例中，CUPL 只在这个方面比较麻烦。

CUPL 举例：售货机（时序电路设计）。随机状态机器（见 8.4.3 节）有一系列状态和一系列从这些状态到时钟边沿的转换规则。一般来说，这些转换规则与现在的状态和下一个时钟边沿时的特殊组合输入电平有关。如果（a）有足够的寄存器位代表所有可能的状态（例如用 4 位寄存器可以

表示16个状态）和（b）有足够的输入和逻辑门来实现这些转换规则，就可以通过可编程逻辑寄存器实现这个状态机器。

```
/**   Inputs   **/

PIN 1   = a   ;    /*   segment a   */
PIN 2   = b   ;    /*   segment b   */
PIN 3   = c   ;    /*   segment c   */
PIN 4   = d   ;    /*   segment d   */
PIN 5   = e   ;    /*   segment e   */
PIN 6   = f   ;    /*   segment f   */
PIN 7   = g   ;    /*   segment g   */


/**   Outputs   **/

PIN 19  = !D3 ;    /*  msb of hex encode   */
PIN 18  = !D2 ;    /*                      */
PIN 17  = !D1 ;    /*                      */
PIN 16  = !D0 ;    /*  lsb                 */


/** Declarations and Intermediate Variable Definitions **/

zero = a & b & c & d & e & f & !g ;
one = !a & b & c & !d & !e & !f & !g ;
two = a & b & !c & d & e & !f & g ;
three = a & b & c & d & !e & !f & g ;
four = !a & b & c & !d & !e & f & g ;
five = a & !b & c & d & !e & f & g ;
six = a & !b & c & d & e & f & g ;
seven =  a & b & c & !d & !e & !f & !g ;
eight = a & b & c & d & e & f & g ;
nine = a & b & c & !d & !e & f & g
     # a & b & c & d & !e & f & g ;      /* two ways */
hexa = a & b & c & !d & e & f & g ;
hexb = !a & !b & c & d & e & f & g ;
hexc = !a & ! b & !c & d & e & !f & g
     # a & !b & !c & d & e & f & !g ;    /* two ways */
hexd = !a & b & !c & d & e & !f & g ;
hexe = a & !b & !c & d & e & f & g ;
hexf = a & !b & !c & !d & e & f & g ;


/**   Logic Equations   **/

D3 = eight # nine # hexa # hexb # hexc # hexd # hexe # hexf ;
D2 = four # five # six # seven # hexc # hexd # hexe # hexf ;
D1 = two # three # six # seven # hexa # hexb # hexe # hexf ;
D0 = one # three # five # seven # nine # hexb # hexd # hexf ;
```

图 8.77　用 CUPL 语言编写的 7 段码 – 十六进制编码器规则

作为例子，下面设计一个状态图如图 8.80 所示的 PAL。这是一个售货机，当放入 25 分（或更多）时，它售出一瓶饮料。也可以用其他类型的硬币，送到 PAL 的 2 位输入（C1，C0）在每一个时钟边沿有效，用来表示吞币和识别，表示已送入硬币（01 = nickel，10 = dime，11 = quarter，00 = slug 或没有）。状态机的任务就是计算投入的硬币总数，当钱足够时产生一个称为**瓶子**（bottle）的输出。

详细说明见图 8.81 所示的 CUPL 状态机句法。和以前一样，首先定义输入和输出管脚。注意，这里增加了一个复位输入，以便回到初始状态 S0（没有钱）。接下来定义状态，然后是状态相互转换的规则。无论是组合电路还是时序电路，如果在状态或状态转换期间需要产生任何一个输出，都要同时详细说明。例如，在该例中将输出 bottle 指定为一个独立的输出寄存器，这样就不需要输出状态进行编码了。实际上只需要这一个输出，状态机的位 Q0 ~ Q2 可以由内部寄存器产生，它们不直接产生输出。有些可编程逻辑器件除了有通常的输出寄存器外，还有这种"埋线"寄存器。

```
**  Expanded Product Terms **

D0 =>
    a & b & c & d & !e & g
  # a & b & c & !e & f & g
  # a & c & d & !e & f & g
  # b & c & !d & !e & !f & !g
  # !a & !b & c & d & e & f & g
  # a & !b & !c & !d & e & f & g
  # !a & !b & c & d & e & !f & g

D1 =>
    a & !b & !c & e & f & g
  # !b & c & d & e & f & g
  # a & c & !d & !e & f & g
  # a & b & !c & d & e & !f & g
  # a & b & c & d & !e & !f & g
  # a & b & c & !d & !e & !f & !g

D2 =>
    a & !b & !c & d & e & f
  # a & !b & c & d & f & g
  # a & !b & !c & e & f & g
  # !a & b & c & !d & !e & !f & g
  # !a & b & c & d & e & !f & g
  # !a & !b & !c & d & e & !f & g
  # a & b & c & !d & !e & !f & !g

D3 =>
    a & b & c & f & g
  # a & !b & !c & d & e & f
  # a & !b & !c & e & f & g
  # !a & !b & c & d & e & f & g
  # !a & b & c & d & e & !f & g
  # !a & !b & !c & d & e & !f & g

D0.oe  => 1
D1.oe  => 1
D2.oe  => 1
D3.oe  => 1
```

图 8.78　7 段码－十六进制编码器：乘积项最小化

```
** Fuse Plot **

Pin #19
 0000 --------------------------------
 0032 x-x-x-----------x---x----------
 0064 -xx--x---x---x---x-----------
 0096 -xx--x-----------x---x------
 0128 --x-x---x---x---x-----------
 0160 x---x---x---x---x----------
 0192 -x-x-x---x---x---x---------
 0224 xxxxxxxxxxxxxxxxxxxxxxxxxxxxxxx

Pin #18
 0256 --------------------------------
 0288 -xx--x---x---x---x---x------
 0320 -xx--x---x---x-----------
 0352 -x-x----x---x---x-----------
 0384 x--xx----x---x-----------
 0416 x--xx----x---x---x---------
 0448 x-x-x----x---x---x---------
 0480 x-x-x---x---x---x----------

Pin #17
 0512 --------------------------------
 0544 -xx--x-----x---x---x-----------
 0576 -x-x---x---x-----------
 0608 x-x-x---x---x---x-----------
 0640 x-x-x----x---x-----------
 0672 x-x-x---x---x---x---------
 0704 x-x-x----x---x---x---------
 0736 xxxxxxxxxxxxxxxxxxxxxxxxxxxxxxx

Pin #16
 0768 --------------------------------
 0800 x-x-x--x---x---x---x-----------
 0832 x-x-x-----------x---x------
 0864 --x-x---x---x---x-----------
 0896 x---x---x---x---x---x------
 0928 x--xx----x---x-----------
 0960 -xx--x---x---x-----------
 0992 x--xx---x---x---x---x------

LEGEND    X : fuse not blown
          - : fuse blown
```

图 8.79　7 段码－十六进制编码器：熔断图

　　注意，必须明确指定状态的自身转换，就像这里指定的输入 nocoin 一样。指定不清楚会使所有状态都归为 0，这是因为这些条件用在组合逻辑中，使寄存器的 D 输入有效，因此，如果不满足条件，相应的 D 输入就无效。

　　CUPL 的输出如图 8.82 所示。因为机器状态（S0 ~ S5）和输入变量（C0 ~ C1）指定为二进制数，而逻辑运行都是以单独的位进行的，所以该逻辑不太明显也不简单。因此，结果与初始状态描述（见图 8.81）没有太多联系。实际上，那些特殊的状态（增加的二进制 0 ~ 5）选择不同，逻辑结果就会完全改变。在这种情况下，该例非常适合 16R6 PAL 的规定（每个寄存器有 8 个乘积项）；如果不是这样，可以试着重新定义状态，这些状态可以实现较简单的逻辑。注意 reset 输入不愿意使所有的 D 输入无效，这可以通过定义中间变量 nocoin, nickel 等来实现。

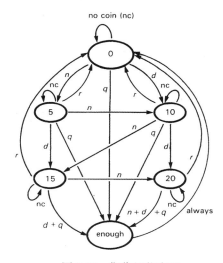

图 8.80　售货机状态图

```
/**   Inputs   **/

Pin  1  = clk    ;  /* clock -- positive edge  */
Pin  3  = c0     ;  /* coin type -- low bit    */
Pin  4  = c1     ;  /* coin type -- high bit   */
Pin  6  = reset  ;  /* reset input             */


/**   Outputs   **/

Pin  18  = !Q0     ;  /* bit 0 of state variable  */
Pin  17  = !Q1     ;  /* bit 1                    */
Pin  16  = !Q2     ;  /* bit 2                    */
Pin  15  = !bottle ;  /* bottle disgorge command  */

/* Define machine states with symbolic names;
         "enough" = 25 cents or more */

$define S0      'b'000
$define S5      'b'001
$define S10     'b'010
$define S15     'b'011
$define S20     'b'100
$define ENOUGH  'b'101

/* define intermediate variables */

nocoin = !c0 & !c1 & !reset;
nickel =  c0 & !c1 & !reset;
dime =   !c0 &  c1 & !reset;
quarter = c0 &  c1 & !reset;

/* Define state bit variable field */

field statebit = [Q2..0] ;

/* Transition rules for vending machine */

sequence statebit {
    present S0    if nocoin    next S0;
                  if nickel    next S5;
                  if dime      next S10;
                  if quarter   next ENOUGH    out bottle;

    present S5    if nocoin    next S5;
                  if nickel    next S10;
                  if dime      next S15;
                  if quarter   next ENOUGH    out bottle;

    present S10   if nocoin    next S10;
                  if nickel    next S15;
                  if dime      next S20;
                  if quarter   next ENOUGH    out bottle;

    present S15   if nocoin    next S15;
                  if nickel    next S20;
                  if dime      next ENOUGH    out bottle;
                  if quarter   next ENOUGH    out bottle;

    present S20   if nocoin    next S20;
                  if nickel    next ENOUGH    out bottle;
                  if dime      next ENOUGH    out bottle;
                  if quarter   next ENOUGH    out bottle;

    present ENOUGH             next S0;    }
```

图 8.81　售货机详细说明（CUPL）

习题 8.30　利用几个转换规则证明已完成的逻辑等式的正确性。可以从 00 或 nickel 或 dime 到其他状态的转换入手。

习题 8.31　好的售货机可以改变。重新画出状态图（见图 8.80），使每一种可能的变化对应于一些状态（几个状态？）。正确修改转换规则，确保售货机仍能正常工作，即分配瓶子。

习题 8.32　画出电子组合锁的状态图和转换规则，只有当 4 个数字按照正确顺序进入时才能打开锁。任何一个错误都将使它复位。

使用可编程逻辑器件（PLD）的建议

PLD可以完成许多工作。以下是PLD最重要的应用和优点：

状态机器。和前面的例子一样，可编程逻辑器件同样适合任意同步状态机器。PAL在一片价廉物美的封装上就能完成一项工作，却要用 D 触发器阵列和分立组合逻辑去完成，这是很愚蠢的。

代替"随机"逻辑。在许多电路中可以发现门、反相器和触发器的交叉点纠结在一起，称为**随机逻辑**或**胶着**。PLD一般可以把它们分成4部分或更多，也可以使设计清晰，因为可以将许多门用在寄存器的**输入端**（得到严格同步的输出），而不必采用将寄存器的输出也通过门组合起来的门保持方法。后者的输出不是严格同步的，如图8.83所示。

灵活性。有时不能确定到底怎样利用一些电路去工作，但又必须完成设计，以便可以完成任务。这时PLD就很有用了，因为在最后阶段，如果使用了分立逻辑，通过不同的编程可以替换而不必重新连接电路。利用PLD，电路就是一种软件形式！

```
** Expanded Product Terms **

Q0.d  =>
   !Q0 & !Q1 & c0 & !reset
 # !Q0 & !Q2 & c0 & !reset
 # Q0 & !Q2 & c1 & !reset
 # !Q0 & !Q1 & Q2 & c1 & !reset

Q1.d  =>
   !Q1 & !Q2 & !c0 & c1 & !reset
 # !Q0 & Q1 & !Q2 & !c1 & !reset
 # Q1 & !Q2 & !c0 & !c1 & !reset
 # Q0 & !Q1 & !Q2 & c0 & c1 & !reset

Q2.d  =>
   !Q0 & !Q1 & Q2 & !reset
 # Q1 & !Q2 & c1 & !reset
 # !Q2 & c0 & c1 & !reset
 # Q0 & !Q1 & !Q2 & c0 & !reset

bottle.d  =>
   Q2 & c0 & c1 & !reset
 # !Q0 & !Q1 & Q2 & c0 & !reset
 # !Q0 & !Q1 & Q2 & c1 & !reset
 # Q0 & !Q1 & !Q2 & c1 & !reset

statebit =>
   Q2 , Q1 , Q0
```

图 8.82　售货机：CUPL 输出

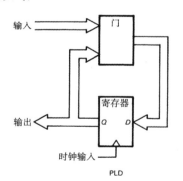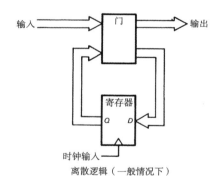

图 8.83

复合形式。利用PLD可以只设计一个电路，通过不同的PLD对电路板布局，从而得到几个不同形式的设备。例如，一个可以接收 256 KB 或 1 MB 存储芯片的计算机，只需改变 PAL。

速度和清单。利用PLD一般可以很快完成设计工作（一旦掌握了要领）。另外，只需存储几种PLD，而不必存储许多种标准功能的MSI逻辑。实际上，通过使内部结构（还有逻辑连接）可编程，只用两个新式的GAL（通用逻辑阵列）就可以模拟一整套PAL。特别是20管脚的GAL16V8和24管脚的GAL20V8，每一个都可以模拟21个标准的PAL。而且，它们可以像混合中间PAL一样进行编程（例如奇数寄存器）。

PAL 自由端

I/O管脚。管脚内部连线作为与门阵列**输入**的输出管脚可以用做输出端。例如，图8.45中的16L8有16个输入端到与门阵列；10个专门作为输入管脚，6个从三态输出进行反馈。通过禁止相应的输出（连接一个真值/补码对到它的与门进行控制），后者可以转换为"永久性"输入。或者，根据一些逻辑变量使能三态驱动，那些输出可以进行双向操作。

高级 PAL。像我们以前提到的一样，更灵活的可编程逻辑都遵循最原始的 PAL。值得注意的是来自 Lattice，VTI，Altera 和其他公司的各种可擦除 CMOS 器件。

例如，Lattice 公司的"通用逻辑阵列"（GAL）使用电可擦除可编程逻辑，因此可以对芯片进行重复编程。而且，输出结构（称为宏单元）自身是可编程的——每一个输出既可以是寄存器方式的，也可以是组合式的，既可以是真值也可以是补码；对于三态使能线和反馈线（后者可以在三态缓冲器前面或后面，也可以来自毗邻的输出线）具有相似的可编程灵活性，如图 8.84 所示。这样，用一个 GAL16V8 可以模拟任何通用的 20 管脚 PAL（或者用 GAL20V8 模拟任何通用的 24 管脚 PAL）。这种灵活性有助于在可管理的范围内维护设备。

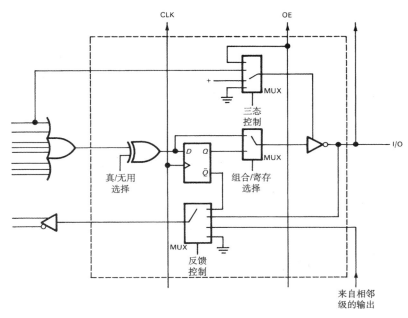

图 8.84　GAL 可编程输出宏单元

Altera 公司有一种可编程 CMOS 逻辑可以用 UV 光进行擦除，就像 EPROM（在芯片的上面有一个石英窗口），这种器件称为 EPLD，即"可擦除可编程逻辑器件"。它们的最小芯片（EP320）具有输出宏，就像 GAL16V8 一样，可以模拟所有 20 管脚 PAL。而且，和最原始的电源饥饿型 PAL（见下边）不同，它的耗电量很小。最后，Altera 公司制造了许多更大的 EPLD 和可编程微序列器等。Cypress 公司和 VTI 公司也制造了可擦除的 CMOS 可编程逻辑，用宏单元来实现。

另一种典型的可编程逻辑方法是 Xilinx 公司的 RAM，即可配置门阵列。这些芯片包含了大量的可配置逻辑块，支持片上 RAM（易失性内存）的连接配置。配置数据可以在芯片加电后从内部存储器加载，也可以通过微处理器下载或通过非易失性 ROM 存储器自加载。

速度和电源。最初由 Monolithic Memories 公司制造的双极型晶体管 PAL（后来很快被 National 公司和 AMD 公司所效仿）消耗的电量相当大——对于 16L8/16R8 大约是 200 mA，而且具有 40 ns 的传播延时。后来的"半电源"双极型 PAL 比较合理，具有 90 mA 的电流和 35 ns 的传播延时。然而，最快的 PAL 仍然消耗大量的电能，例如 AMD 公司的 16R8D 和 16R8-7 分别只有 10 ns 和 7.5 ns 的延时，但需要的最大电流是 180 mA。CMOS 器件比晶体管器件有质的飞越，Lattice 公司的"四分之一电源"GAL（GAL20 V8-15Q）吸收 45 mA 的电流，具有 15 ns 的传播延时；Altera 公司的 EP320-1 传输延时为 25 ns，电流只有 5 mA。对于低耗电设计更加重要，Altera 公司的芯片（AMD公司的Z系列PAL）可以插入一个"零耗电"旁路模式。今后可编程逻辑器件的设计必定继续朝着高速度低耗电这一健康方向发展。

毛刺。可编程逻辑器件确实功能很强大。但是如果忘记了存在逻辑竞争的可能性，就会遇到麻烦。图8.85所示是一个2输入多路复用器的实现方法及PAL图和等效电路图。看上去很好，逻辑上也没错，但是该电路存在一个缺陷：如果数据输入端（A和B）是高电平，选择线改变状态，输出就会产生一个干扰。这是因为内部门延时S和$\overline{S}$不相等导致两个与门有一个瞬时低电平输出。这个例子（见图8.85B）中的解决方法就是增加一个冗余项$A * B$，可以很容易地证明将保证不会有输出干扰。

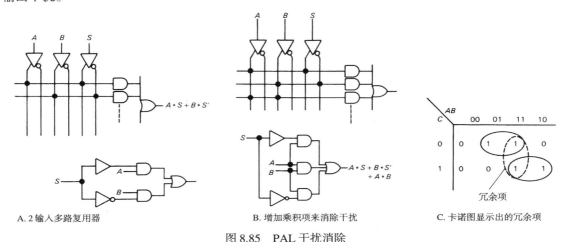

A. 2输入多路复用器   B. 增加乘积项来消除干扰   C. 卡诺图显示出的冗余项

图 8.85   PAL 干扰消除

习题8.33   证明用增加的项可以消除所有可能的干扰。

习题8.34   需要向4输入多路复用器（见图8.75中的多路复用器）增加什么逻辑项才能消除干扰。

根据卡诺图可以看出所谓的逻辑冒险，画出图8.85A所示的2输入多路复用器的卡诺图（见图8.85C）。图中的每一组乘积项对应于一个或门的输入。如果任何一个乘积项为真，则或门输出为真。但是如果在最后一组变量有效之前开始的那一组变量无效，那么各乘积项之间的转换就会产生干扰。解决办法（前面用过的）是增加冗余项，以确保任何可能的1之间的转换包括一个单个的乘积项；换句话说，任何位于毗邻的行或列中的1必须在一个乘积组内。可以将这一规定转化为一般形式直接应用到布尔逻辑表达式，而不是卡诺图。这对于多于4个变量的逻辑是非常有用的，而卡诺图就变得很难用了。

上面的例子称为静态干扰，因为输出保持**静止**状态。如果输出由单一的转换变成了多重转换，就会产生动态干扰。当使用可编程逻辑器件时,注意内部的竞争条件是非常重要的。一般像PALASM，ABEL和CUPL这样的设计工具不会试图鉴别这样的问题。甚至，它们经常把事情弄得更糟，因为它们的逻辑优化处理工作总是倾向于删除这些恰恰是用于消除干扰的冗余项。

8.6.5   各种时序功能

随着大规模集成电路和超大规模集成电路的普遍使用,可以在一个芯片上获得所有怪异而奇妙的小配件。这一小部分将介绍这样的一个例子。

□ 先进／先出存储器

先进/先出（FIFO）存储器和移位寄存器有些类似，数据从输入端进入，然后按相同的顺序从输出端输出。两者的显著不同之处在于，对于移位寄存器，当另外的数据进入和时钟触发时，数据是向前进的，而对于先进/先出存储器只需要一个很小的延时，数据就会进入输出序列。输入/输出由不同的时钟进行控制，先进/先出存储器保持数据移进移出时的路径。用一个保龄球槽道来比喻先进/先出存储器可能对理解会有帮助。黑色和白色的保龄球通过槽道回到保龄球站，球由设置器放入，一个球滚动槽道那么长的距离所花的时间就好像先进/先出存储器的纹波延时（典型值为 $1 \sim 25\ \mu s$）。因此，用户想在什么时候在输出端把球拿走（异步）都是可以的。

先进/先出存储器对于异步缓存数据非常有用。典型的应用就是缓存一个键盘（或其他输入设备，例如磁带机）数据到计算机或到一个慢速设备。通过这种方法，当计算机没有准备好处理产生的数据时，不会引起数据的丢失。一些典型的先进/先出存储器有 74F433（TTL，4 位 64 字，10 MHz，$4\ \mu s$ 后进式）和 IDT7202（CMOS，4096×9，15 MHz，$0\ \mu s$ 后进式）。

如果在下一个数据到达之前向一个器件发送数据总能收到，那么使用先进/先出存储器就没有必要了。在计算机语言里，必须保证最大的等待时间小于两个数据字之间的最小时间。注意，如果平均起来数据接收不能与进来的数据同步，先进/先出存储器就没有用了。

□ 比例乘法器

比例乘法器根据一个合理的分数产生一个频率与时钟频率相关的输出脉冲。例如一个 3 位十进制的 BCD 比例乘法器可以产生输入频率的 $nnn/1000$ 的输出频率。nnn 是由 3 个 BCD 输入字符规定的 3 位十进制数。这和模 n 计数器不一样，因为不能用模 n 除法器产生一个输入频率的 3/10 的输出频率。需重点指出的是，比例乘法器产生的输出脉冲一般不是等间距的。它们与输入脉冲一致，因此其平均速率与上述相同，例如 '97（6 位二进制）和 '167（BCD）比例乘法器。

频率计数器

Intersil 有许多集成频率计数器，它们可以为准确的间隔提供门输入信号，包括 8 个数字的 BCD 计数器、显示驱动器、小数点自动归零等。这些芯片一般需要小的外部电路。

数字电压表

可以在一个芯片上完全得到数字电压表，包括模/数转换电路和所需的定时、计数和显示电路。例如低电源 $3\frac{1}{2}$ 数字 ICL7136 和 $4\frac{1}{2}$ 数字 ICL7129，二者均采用 7 段码显示，用一个 9 V 电池。

□ 特殊用途的电路

有许多 LSI 芯片用在无线通信（例如频率同步器）、数字信号处理（乘法器/累加器、数字滤波器、相关器和算术逻辑单元）、数据通信（UART、调制解调器、网络界面、数据加密/解密 IC、串行转换器）和类似用途中。这些芯片常与基于微处理器的器件连接，它们中的大部分不能单独连接。

□ 用户芯片

半导体工业喜欢发展消费者市场大的 IC 产品。用一个芯片可以制造出数字（或"模拟"）手表、闹钟、锁、计算器、烟雾检测器、电话拨号器、音乐节拍器、节奏和伴奏发生器等。收音机、电视机和 CD 机的内部电路如今很简单，这要归功于大规模集成电路。声音合成器（和最初的声音识别器）最近又有新的进展，这正是电梯、可乐机器、汽车甚至厨房用具都更加现代化的原因。汽车电路（机器性能、防碰撞系统等）的发展是下一个发展趋势。

微处理器

微处理器是 LSI 最神奇的例子，它是在一个芯片上的计算机。在一定程度上有许多功能强大的器件，像 68020/30 和 80386/486（带有高速缓冲存储器、预取、大地址空间、有效存储以及功能强大的数字综合处理器的 32 位快速处理器），芯片中像快赶上现有的计算机主机的 MicroVAX。另一方面，单片处理器有许多不同的输入和输出，存储功能包括在一个芯片上单独使用。最新型的例子是日立的TLCS-90（见图8.86），它是一个CMOS低电源微控制器，有6个通道进行8位A/D转换，有内部定时器、ROM和RAM，有20根双向数字I/O线，还有串行口和两个步进电机端口。这种新型器件更像一个控制器，而不是一个多才多艺的计算机器件。

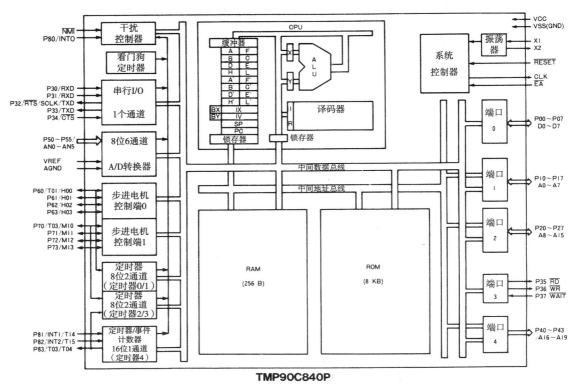

图 8.86　有许多片上 I/O 的单片微处理器

微处理器革命还没有开始减慢。我们已经看到，计算机的功能和存储量每年都翻一番，同时价格却大大下降了（见图8.87）。除了越来越多、越来越好的处理器和存储器，还有高速器件和大规模并行器件的到来。

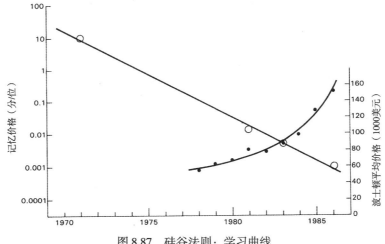

图 8.87　硅谷法则：学习曲线

8.7　一些典型的数字电路

半导体工业的发展使数字设计非常简单愉快，几乎从不需要使用面包板进行电路的设计，进行线性设计也同样如此。一般来说，惟一严重的问题是时间和噪音，下一章将详细讨论后者。这里利用一些时序设计的例子来解释时间的问题。虽然 LSI 电路可以提供这些功能，但是利用这些时序电路来实现非常有效。下面解释利用现有器件设计这种电路。

8.7.1　模 n 计数器：时间的例子

电路如图 8.88 所示，每 $n+1$ 个输入时钟脉冲产生一个输出脉冲，n 是一对十六进制拇指旋转开关的 8 位数。'163 是 4 位同步加计数器，通过 D 输入与负载同步（当 $\overline{LD}$ 为 LOW 时）。计数器的负载是所希望的计数的补码，计数到 FF_H，再在下一个时钟脉冲重装。因为预装电平上拉到 +5 V（开关一般接地），显示的开关设置是负逻辑，所以与正逻辑相反，预装值等于开关设置的值的模 1 补码。

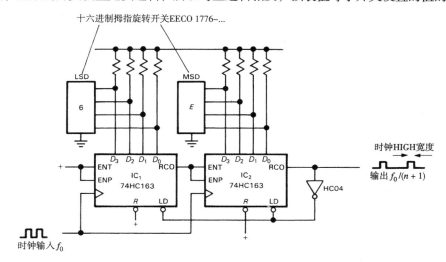

图 8.88　模 n 计数器

习题 8.35　画出图 8.88 中开关设置装入的正逻辑值来证明上述最后一句话的正确性。

电路工作过程非常好懂。要进行同步计数器的级联，可以将所有的时钟连在一起，然后每个计数器的"最大计数输出"与下一个计数器的使能端连接。'163 使能时，RCO（纹波时钟输出）在到达最大计数时变为 HIGH，通过使输入 ENT 和 ENP 使能，使第二个计数器使能。因此 IC_1 超前于每一个时钟，IC_1 到达 F_H 后 IC_2 超前于时钟。这对计数器以二进制计数，直到状态 FF_H，这时 $\overline{LD}$ 输入有效，然后在下一个时钟同步预置。在该例子中，选择同步装入是为了防止阻塞计数器中的逻辑竞争（和降低 RCO 脉冲）。遗憾的是，这种计数器是 $n+1$ 分频的，而不是 n 分频的。

习题 8.36　如果用同步装入的 '163 计数器代替阻塞计数器（例如 '191），解释会发生什么现象。特别说明矮脉冲是怎样产生的。然后再说明，前面的电路是 $n+1$ 分频的，而异步装入的计数器是 n 分频的（如果是全计数）。

时间

模 n 计数器的速度有多快？74HC163 的 $f_{\max}$ 是 27 MHz。总之，在这些电路中，由于级联（IC_2 必须知道 IC_1 在下一个时钟脉冲时已达到最大计数）和装入溢出连接，会产生附加的时间延迟。画出电路正常工作的最大频率，加上最坏情况下的延迟，保证有足够的建立时间。图8.89画出了最大计数时的装入时序图。

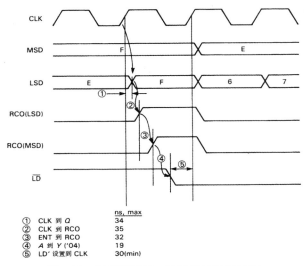

图 8.89　时序图和模 n 计数器的时间计算

Q 输出由 LOW 到 HIGH 的转变发生在 CLK 的上升沿最大 34 ns 之后。这很有趣，但不是所希望的，因为装入时序使用的是 RCO 输出。IC_1 的 RCO 在最大计数时的 CLK 脉冲的上升沿最大 35 ns 之后产生，而 IC_2 的 RCO 在其输入使能（假设它有最大计数）的最大 32 ns 之后产生。74HC04 加上一个最大 19 ns 的延迟产生 $\overline{\text{LD}}$，这必须超前 CLK（t_{setup}）最小 30 ns，这时下一个 CLK 才到来。因此，$1/f_{\text{max}} = (35 + 32 + 19 + 30)$ ns，或 $f_{\text{max}} = 8.6$ MHz。这远比单片 74HC163 的最大计数频率小。

习题8.37　按照同样的方法计算一对用 74HC163 级联构成的同步计数器的最大计数速率为 15.4 MHz。

当然，如果需要更快的速度，可以使用更快的逻辑。对 74F 逻辑进行同样的计算。单片 74F163 的最大计数速率为 100 MHz，其 $f_{\text{max}} = 29$ MHz。

最有用的模 n 计数器是 'HC40103，它是一个 8 位同步减计数器，并行装入（同步或阻塞装入），0 状态输出译码，最大复位输入。与之同一系列的是 'HC40102，除了它是 2 位数字 BCD 外，其他的都相同。

8.7.2　多用 LED 数字显示

该例说明多用显示技术，通过连续的 7 段 LED 显示 n 个数字（当然字母不能是数字，显示也与常用的 7 段码有所不同）。多用显示要基于经济和简单性考虑：连续显示每个数字需要单个译码器、驱动器和限流电阻，每个寄存器与相应的译码器（4 线）分开连接，每个驱动器与相应的显示（7 线）分开连接。太乱了！

在多用显示中，只有一个译码器/驱动器和一组限流电阻。另外，因为 LED 也能显示 n 个字母，所以减少了显示的数字。要连续显示 8 个数字，则需要 15 个连接（7 段码输入，所有的数字都是这样，再加上对应于每一个数字的共阴极或共阳极连接），而不是 57 个。多用显示的一个好处是眼睛看到的比所有的数字连续点亮时的平均亮度亮。

图 8.90 所示的是原理框图。所显示的数字由寄存器 $IC_1 \sim IC_4$ 确定，如果这些器件正好是一个频率计数器，或是从计算机接受数据的锁存器，或是 A/D 转换器的输出等，那么它们可以是计数

器。在任何情况下，该技术都可以使每个数字有效，连续出现在内部 4 位总线上（这时可以用 4503 CMOS 三态缓冲器），通过译码和显示出现在总线上（4511 BCD-7 段码译码器/驱动器）。

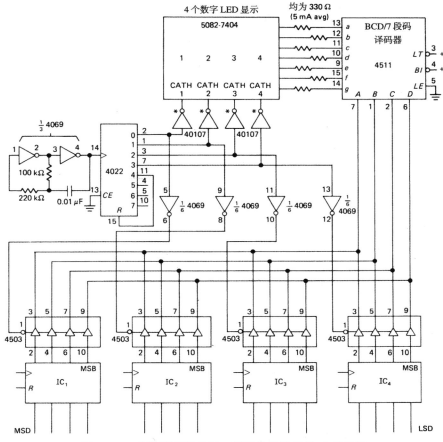

图 8.90　4 个数字多用显示。符号外的数字是 IC 管脚数

在该电路中，利用一对反相器构成传统的 CMOS 1 kHz 振荡器来驱动 4022 八进制计数器/译码器。在计数器的每一个连续输出为 HIGH 时，使总线上的每个数字使能，同时通过大电流漏极开路 40107 缓冲器将相应的数字的阴极变为 LOW。计数到 4 时，4022 的周期状态为 0~3。多用显示可以显示很大的数字，一般利用多个数字 LED 显示设备。

有许多 LSI 显示应用芯片，例如计数器、定时器和表，包括片上多用显示电路（甚至驱动器）。另外，还可以得到 LSI 显示控制芯片（例如 74C911 和 74C912）用来处理这种工作，早期是用 MSI 电路完成的。

□ 8.7.3　恒星望远镜驱动

图 8.91 是驱动 61 英寸哈佛望远镜电路。需要 60 Hz 的电源来驱动赤道电机（1 圈/天），为了在 60 Hz 附近，可以准确设定任何频率（55 ~ 65 Hz）。不需要准确达到 60 Hz，其原因如下：（a）星星是以恒星速率运动的，而不是以太阳的速率，所以大约需要 60.1643 Hz；（b）星星的光线可以弯曲，通过大气按轨道运行；这种折射取决于最高点的角度，所以速率有所不同；（c）有时想看月亮、行星或彗星时速率也不同。这里解决的办法是使用 5 个数字的速率乘法器在 $f_{in}\, n/10^5$ 处产生输出脉冲，这里 n 是由前置 BCD 拇指开关设置的 5 个数字。

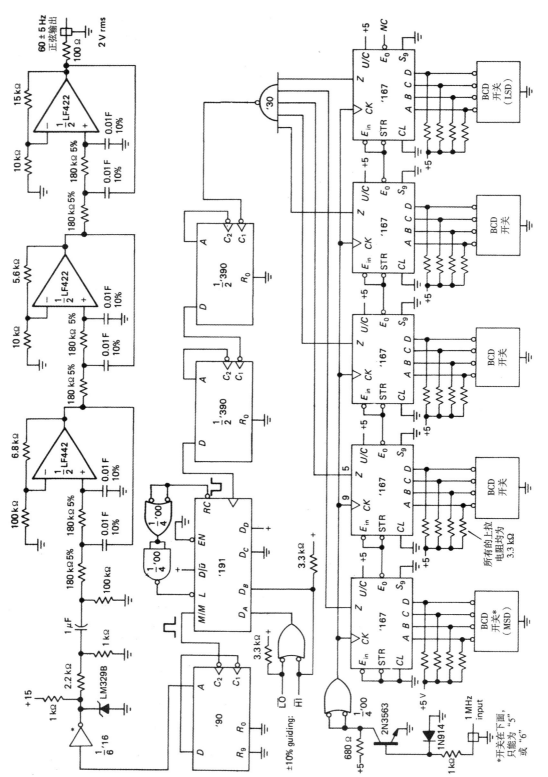

图 8.91　精确的 60 Hz 交流信息源。输出频率 = $xx.xxx$，例如将开关设在 60165 可以产生恒星速率

此时输出接近 600 kHz，因为 f_in 是由稳定的晶体振荡器产生的准确的 1 MHz。速率乘法器的输出是由 4 个十进制计数器产生的 10^4 分频，最后一个计数器是 5 分频计数器，接一个 60 Hz 2 分频同步方波。输出被齐纳箝位，得到稳定的方波幅度，由 6 阶巴特沃兹低通滤波器（$f_0 = 90$ Hz）产生一个正弦波形。这时由 4.10.3 节介绍的"过补偿"放大器产生 115 V 交流电压。巴特沃兹的输出看起来非常像一个望远镜，因为这时的 6 阶巴特沃兹将谐音大大减小到未滤波的幅度的 1.5%，这意味着失真减小了 35 dB 以上。注意这种正弦波产生技术只有当输入频率定义在窄带时才方便。

输入在 ±10% 变化时同步输出频率变化 10%，这是通过将 3 分频改造为 9 分频或 11 分频而得到的。这就要用到图 8.88 所示的模 n 分频器。

□ 8.7.4　n 脉冲产生器

n 脉冲产生器是一种很有用的小型测试设备。输入是一个触发信号（或按下按键），可以产生可重复选择速率的 n 脉冲，电路如图 8.92 所示。'HC40102 是高速 CMOS 二–十进制减计数器，由固定的 10 MHz 晶振产生 10 的倍数的时钟信号，但不能使两个 APE（异步使能）有效且 CI（装入）无效。当触发脉冲到来时（注意 'HCT 逻辑在这个输入时的应用，与双极型 TTL 进行比较），触发器 1 使计数器使能，触发器 2 跟着下一个时钟的上升沿同步计数。脉冲通过与非门 3，直到计数器达到 0，这时两个触发器都复位，这种并行装入计数器从 BCD 开关装入 n，不再计数，准备下一次触发。注意，电路中的下拉电阻表示 BCD 开关必须是真值（而不是补码）。还要注意必须禁止人工触发，因为它是触发器的时钟。不需要使用自动 n 脉冲开关，这只能产生一连串输出脉冲。

输出级产生两对真值/补码信号。并行 'HC04 反相器产生正常的 +5 V 逻辑摆动，因为用的是 CMOS，所以在端部进行饱和清零。利用并行方式可以增加驱动能力，图中所示电路可以驱动至少 ±10 mA 的电流，此时端部逻辑电平在 0.3 V 以内。如果需要更大的输出电流，可以用 'AC04 代替。对并行器件可以提供 ±50 mA 的电流，端部逻辑电平在 0.3 V 以内。我们框住了这对驱动器，以便能够驱动 +5 V 以外的逻辑电压。例如，低电源设计常用 4000B 或 74C 系列 CMOS，直接用 9 V 电池（3 V 或 15 V 工作电压），'HC 逻辑的电源电压可以是 2～6 V，建议 'AC 型 CMOS 工作在 +3.3 V（见 JEDEC 标准第 8 条）。40109，14504 和 LTC1045 都是电瓶寄存器，用上拉有效的芯片可以将第二级电源终端与被驱动电路的 V_{DD} 端连接（在这种情况下），这时比脉冲发生器的 +5 V 高或低。用这种方式可以得到测试电路的合适的 CMOS 输出电平。

8.8　逻辑问题

在数字逻辑中会遇到很有趣，有时很让人惊讶的预料不到的问题。例如，逻辑竞争和锁定状态会发生在任何逻辑系列中。其他的（例如 CMOS 芯片中的"SCR 锁定"）是一种逻辑系列或另一种的"通病"。下面将我们遇到的教训总结如下，以帮助他人避免这种问题。

8.8.1　直流问题

锁定

在设计电路时很容易遇到锁定状态。假设你用几个触发器设计了一些小电路，所有的都工作在正常状态。有一天死机了。要使它工作的惟一办法是关掉电源，重新开始。问题就出在锁定状态（系统排斥而又无法逃避的状态），由于电源转换使系统进入禁止状态时发生。在设计电路和逻辑配置时发现这种状态非常重要，以便使电路可以自动恢复。起码 RESET 信号（启动时人工产生等）可以使系统恢复到正常状态。这也许不需要额外的元件（例如习题 8.24）。

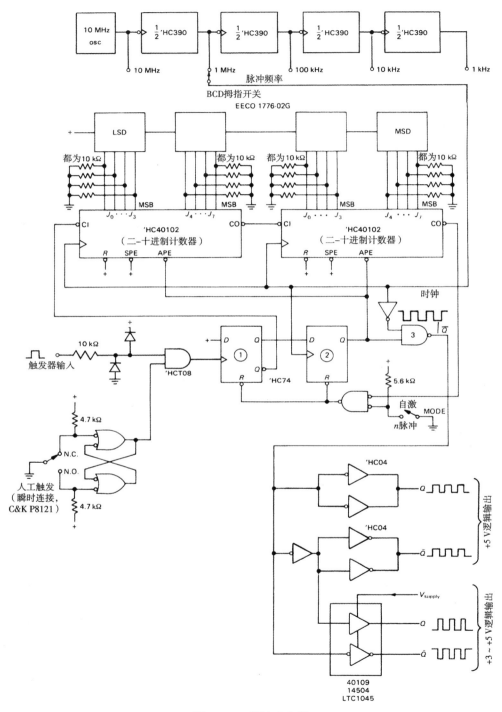

图 8.92　n脉冲产生器

启动清零

相关的问题是系统启动时的状态。启动时提供 RESET 信号是好办法，否则系统刚开始时会发生奇怪的事情。这种电路如图 8.93 所示。在去掉电路电源时，电阻对于防止损坏 CMOS 很有必要，因为电解电容会借助CMOS的输入门保护二极管为系统供电。肖特基触发器（4093，'14）是一个好主意，它可以关闭RESET信号。图中的迟滞符号表示肖特基触发输入的反相器，例如 TTL 74LS14（十六进制反相器）或 CMOS 40106 或 74HC14。

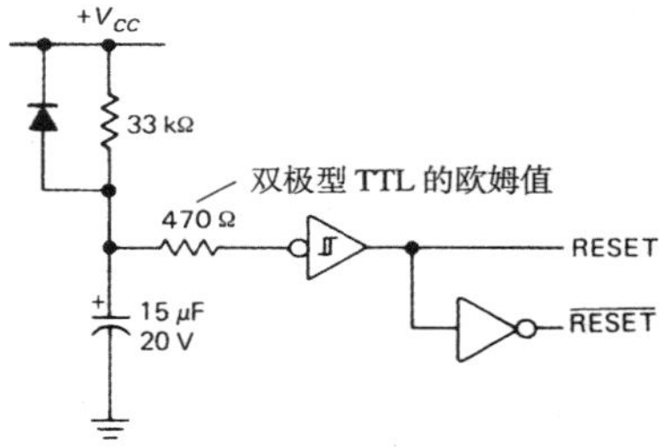

图 8.93　给清零电路加电

8.8.2　开关问题

逻辑竞争

　　传统的逻辑竞争在8.4.4节中已经介绍过。一般情况下，门是由触发器（或一些锁存器件）的信号使能的。必须确定门没有使能，一段延迟时间后触发器不使能。同样，必须确定出现在触发器输入的信号没有跟着希望的时钟延迟。一般情况下延迟时钟而不是数据。回顾竞争条件很容易。

□ 亚稳定状态

　　如前所述，如果输入的数据在时钟脉冲之前的建立时间间隔发生变化，触发器（或一些时钟器件）会发生混乱。直到触发器做出决定，所有的才正常。总之，总有一种可能性，输入会在错误的时间发生变化，使触发器不知所措，其输出会在逻辑门限值附近以毫秒级波动（相比来说，HC 和 LS TTL 正常的延迟在 20 ns 左右），或（更坏）到达一种状态，然后改变到另一种状态。

　　在设计合理的同步系统中不会发生这种现象，在这种系统中，建立时间很合理（所用逻辑很快，以至于触发器的输入在下一个时钟脉冲之前的建立时间 t_{setup} 已经稳定）。但是在异步信号（例如器件A用一个时钟，器件B用另一个时钟）必须同步的情况下会出现问题。在这些情况下不能保证在建立间隔不会发生输入转变，实际上可以数出来发生了多少次！亚稳定状态问题会损坏计算机。改进方法一般采用几个同步器级联或"亚稳定状态检测器"使触发器复位。对这个问题的关注在增加，甚至出现了"老练的亚稳定"逻辑系列，例如 AMD 29800 总线接口系列，最终稳定之前它的最大亚稳定延迟是 6 ns。

时钟倾斜

　　时钟倾斜主要影响 CMOS 逻辑。在时钟信号慢速上升时间驱动几个互联器件（见图8.94）时会发生这个问题。在这种情况下，两个移位寄存器的时钟是慢速上升边沿，容性负载引起相对高阻抗 CMOS 输出（大约 500 Ω，工作在 +5 V）。问题是第一个寄存器的门限比第二个的电压低，这使它比第二个寄存器的移位早，这时就失去了第一个寄存器的最后一位。CMOS器件的输入门限电压范围很宽，它掩盖了这个问题（门限只由 V_{DD} 的 1/3 和 2/3 之间的值确定）。最好的改进方法是在这种情况下，利用几乎没有容性负载的芯片来驱动时钟输入。

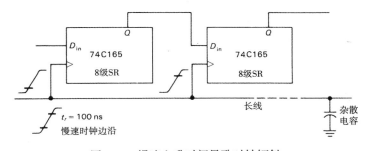

图 8.94　慢速上升时间导致时钟倾斜

一般来说，总希望任何数字IC是边沿触发的时钟输入。例如，有噪声或环行的时钟线在驱动芯片前总是与门相连。时钟线与另一个电路板相连或来自不同的逻辑系列时特别容易出现这个问题。例如，驱动更快的HC或AC系列时，慢速4000B或74C逻辑可能出现时钟倾斜或多次翻转的现象。

矮脉冲

在8.7.1节（模n计数器）中已说明，如果一个计数器为了得到标准的脉冲宽度，其输出给自己清零，就会附加一些延迟。当利用计数器或移位寄存器产生LOAD脉冲时同样如此。矮脉冲会把事情弄得很糟糕，因为可能会出现边沿操作或断断续续的错误。在设计电路时使用最坏的传输延迟定义。

未详细说明的准则

追寻半导体工业的发展足迹，20世纪60年代开始了最简单的RTL集成电路（见9.1.1节的简单介绍），然后是改进的TTL和肖特基系列，再到现代高性能CMOS系列，非常缺乏管脚引线、说明书和功能标准。例如，7400（NAND）的门指向"下"，而7401（集电极开路NOR）的门与之相反，这就造成很多麻烦，必须变成7403，它是7401与7400之类的管脚引线。利用7490（BCD纹波计数器）也会发生同样的事情，电源端在中间而不是在拐角处。电源端在中间的芯片在快速CMOS中可以恢复，因为它减少了阻抗，隔离性好。

早期的这种混乱所遗留的重要问题是没有详细说明的规则。例如，曾经流行的'74 D触发器存在于每一种逻辑系列中，使SET和CLEAR都有效，则可以使输出都为HIGH，除了'74C使输出都为LOW以外。这不是真正的未详细说明的规则，因为如果你仔细看看较好的印制版，就会发现不一致性，这种技术术语称为gotcha，另一种我们喜欢的gotcha是'96，它是一个5位移位寄存器，阻塞输入，可以置位（SET），但不能清零（CLEAR）。

真正的未详细说明的规则实际上十分重要，它是"移动时间"，这是在保证时钟器件正确提供时钟之前使阻塞输入无效后的总的时间。芯片设计者一直没有说明这一点（虽然电路设计者总能知道），直到19世纪80年代初期出现逻辑系列，特别是高级肖特基和快速CMOS系列。例如，假设移动时间与数据建立时间相同。通常会更小，例如74HC74 D触发器定义了最小移动时间（时钟预置或清零）是5 ns，而最小数据建立时间是20 ns。

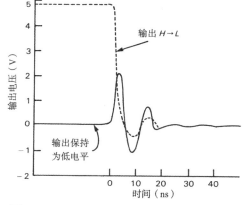

图8.95　74AC244 八进制缓冲器，驱动7个　50 pF 的负载由 H 变为 L，使第8个　输出保持为 LOW。"地"是一个铜盘

8.8.3　TTL 和 CMOS 的先天缺陷

我们将本节分成干扰问题和奇怪的行为两部分。

干扰问题

双极型TTL。必须记住TTL输入保持在LOW状态时吸入电流（例如LS的为0.25 mA，F的为0.5 mA）。这使RC延迟等很困难，因为需要低阻抗，而且一般在将线性电平送到TTL输入时必须仔细考虑。

TTL的门限（及其类似的HCT和ACT）非常接近地，使整个逻辑系列倾向于噪声（将在第9章中讨论）。这些逻辑系列的高速度可以使它们识别地线的短毛刺，这些短毛刺反过来由快速输出转换速度产生，这样更糟糕。

双极型TTL需要电源供电（+5 V，±5%，相对较好的瞬间电流耗散）。上拉电流的毛刺由有效的上拉输出电路产生，一般需要旁路。在理想情况下，一个芯片用一个0.1 μF的电容（见图8.96）。

CMOS。CMOS输入更易受静电的影响。多晶硅门系列，如HC（T）和AC（T），比金属的更粗糙。CMOS输入的逻辑门限很宽，可能发生时钟倾斜现象（见8.8.2节），特别是低速CMOS系列（4000B，

74C）的输出阻抗很大（200 ~ 500 Ω）。这些低速系列在由慢速上升输入驱动时，输出转换的次数多一倍。CMOS需要所有未使用的输入，即使是那些未使用的门的输入都要接为HIGH或LOW。

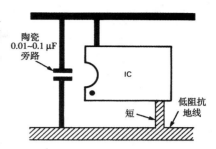

图 8.96　最好用坚固的低阻抗地线，并接上旁路电容

最新的快速CMOS系列，特别是AC和ACT的一个很有趣的先天不足是出现"地反弹"：快速CMOS芯片驱动容性负载产生很大的瞬时地电流，使芯片的地线瞬间跳起，因此同一片的输出为LOW，过程如图8.95所示。特别应注意影响的幅度大小—— 1 ~ 2 V很常见！当考虑3 ns时，5 V的变化在50 pF产生的总的瞬时电流 $I = C \, dV/dt = 83$ mA，十进制缓冲器将同时驱动8个类似负载（总电流为2/3 A！）。这个问题比其他任何一个都难解决，导致许多新型AC/ACT电路的出现（低阻抗，电源和地管脚在芯片中间）。同时，利用TI挑战新的管脚引线，RCA和碳酸钾与传统的在拐角处设置的做法不同。至少用户意识到这个严重的问题，在使用AC/ACT时保证对地阻抗尽可能小。最好用有地线和足够的低阻抗旁路电容的电路板。如果没有速度要求，可完全放弃AC/ACT，改用HC/HCT。

奇怪的行为

双极型TTL。 一些TTL单稳态触发器会被电源线（或地线）上的毛刺触发。利用LS TTL正常工作的电路，改用AS TTL可能就不正常了，因为边沿时间快，因此产生较大的地线电流和鸣叫（74F TTL 在这点上较好）。TTL 的大多数奇怪的问题都可以归结为噪声问题。

CMOS。 CMOS 可以使你发疯！例如，如果输入（或输出）在某一瞬间超过电源电压，就会使芯片进入"SCR锁定"状态。我们希望通过输入保护二极管的电流（50 mA左右）使一对寄生的晶体管打开（见图3.50和14.5.2节）。这使 V_{DD} 与地短路，芯片过热，此时必须关闭电源。如果这个过程持续几秒钟，必须替换芯片。一些新型CMOS设计即使在输入超过端部5 V时也不会发生锁定问题。为了正常工作，输入可以超过端部1.5 V左右。

CMOS有一些很奇怪的错误方式，FET的一个输出可以打开，造成很敏感的失误，很难检测到。输入可能开始灌出或吸入电流，或整个芯片开始吸入上拉电流。每个芯片的 V_{DD} 端串联一个 10 Ω 的电阻即可很容易地找到CMOS芯片的问题（驱动很多输出或电源驱动的芯片，例如AC系列用1 Ω的电阻）。

芯片之间除了输入门限变化以外，单个芯片在同一个输入作用下，不同功能有不同门限。例如，4013 的 RESET 输入在 Q 为 LOW 之前使 $\bar{Q}$ 为 HIGH。这说明在 $\bar{Q}$ 端不应终止复位脉冲，因为将产生的矮脉冲实际上不能给触发器清零。

CMOS芯片的输入开路将导致电路断断续续地工作异常。将指示探针放在电路中的某一点上，探针显示为 0 V，这是应该的；在又一次不能正常工作之前，电路可能正常工作几分钟。发生这种现象，是因为指示探针使输入端开路放电；要充电到逻辑门限，还需要很长时间。

最糟糕的是，忘记将 V_{DD} 管脚与CMOS芯片连接，而电路还能很好地工作！这是因为其中一个逻辑输入（通过芯片的 V_{DD} 端与输入端之间的输入保护二极管）被用做电源端。过一段时间后也可以放弃这种方式，但是电路会突然出现一种状态，即芯片的所有逻辑输入均同时为LOW，芯片没有电源且忘记了自己的状态。当然，这是一种不好的情况，因为输出级供电不足，不能产生足够的电流。问题是这种情况只是偶然才有迹象，必须查遍电路才能发现这种现象。

8.9　电路示例

8.9.1　电路集锦

一些常用数字电路如图8.97所示。

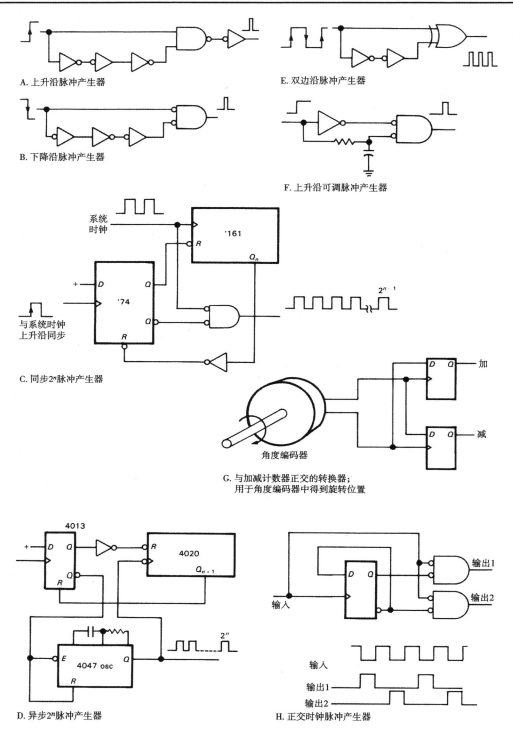

图 8.97　电路集锦

8.9.2　不合理电路

一些传统数字电路问题如图 8.98 所示。

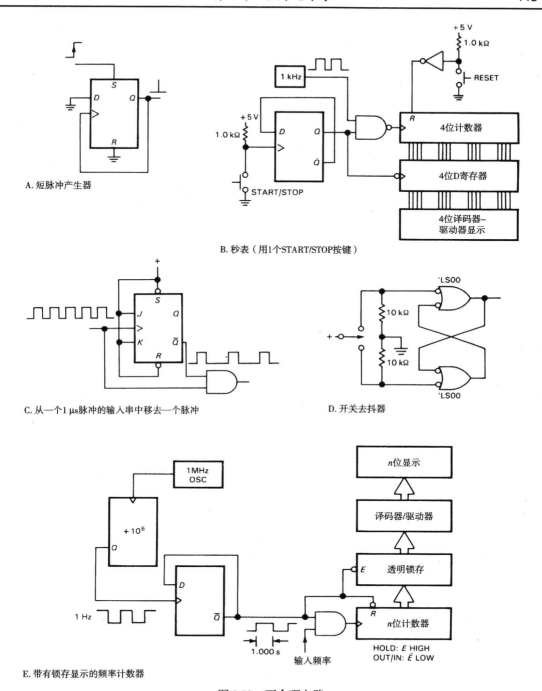

A. 短脉冲产生器

B. 秒表（用1个START/STOP按键）

C. 从一个1 μs脉冲的输入串中移去一个脉冲

D. 开关去抖器

E. 带有锁存显示的频率计数器

图 8.98　不合理电路

8.10　补充题

1. 利用 D 触发器和一个4输入复用器怎样构成 JK 触发器。提示：为 J 和 K 提供寻址输入。

2. 设计一个读出电路，有7段码数字，必须按下按键几毫秒。器件必须足够小，以便每次可以自复位。利用 1.0 MHz 振荡器。

3. 设计一个反应定时器。当A按键按下时，LED亮，计数器开始计数。当B按键按下时，灯灭，LED显示读出的时间，毫秒级。即使当B按键按下且A按键仍然按下时也应保证设计的电路能够正常工作。

4. 设计一个时间间隔计数器，它可以测量一个输入波形一段时间的毫秒数。利用肖特基电容产生TTL，时钟频率为1.0 MHz。按下按键可以进行下一次测量。

5. 如果没有完成，在时间间隔计数器中增加锁存器。

6. 测量10个时间间隔。计数时点亮LED。

7. 设计一个真正的秒表。按键A控制开始和停止计数；按键B给计数复位。输出的形式是$xx.x$（秒和毫秒）。假设有一个1.0 MHz的方波。

8. 有些秒表只用一个按键（开始、停止、复位、开始等，每次都要按下）。设计一个电子秒表。

9. 设计一个较好的频率计数器来测量输入波形每秒的周期数。包括很多数字，在进行下一个间隔计数时锁住计数。选择1 s，0.1 s或0.01 s作为计数间隔。可以增加一个较好的输入电路，该电路较灵敏，是一种带有可调磁滞和触发点（利用快速比较器）的施密特触发器，并且有适合于TTL信号的逻辑输入。BCD输出是什么？输出端是多位数字，即并行输出吗？

10. 利用HC逻辑设计一个电路测量子弹的速度。假设有一个10 MHz的逻辑方波，设计读出电路，毫秒级（4个数字）。在下一次发射时利用一个按键给电路复位。

11. 利用两个74HC42（1/10）设计一个1/16译码器。输入是一个4位二进制数，输出用补码的形式（像74HC42一样）。提示：74HC42的MSB输入可以用做使能"ENABLE"。

12. 假设有4个256位ROM，TTL型，每个都有一个8位并行地址输入，三态正逻辑输出和一个输出使能（负逻辑）。即如果使能端为LOW，则ROM使其输出端被选中的数据有效。怎样扩展为1024位ROM？用74HC138可能很方便，或者用门。两种方法都试试。

13. 设计一个电路，计算连续输入的4位数的总和，结果只保留4位（即给出一个模为16的和）。假设在每一个输入的数有效期间都有一个正的1 μs的TTL脉冲。设计一个复位输入，电路如图8.99所示。

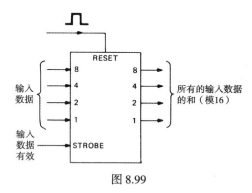

图8.99

给这个电路增加另一个功能，如果所有的输入数中的1的个数是奇数，则输出为1，如果是偶数则输出为0。

14. 在习题8.14中，利用卡诺图为每一个输入位设计一个2×2乘法器。在该题中，用"移动和相加"完成同样的任务。先写出基本的积。这个过程有一个很简单的重复过程，需要2输入门（哪一种？）来产生中间结果a_0b_0等，利用1位"半加器"（有溢出但没有进位）对中间结果相加。

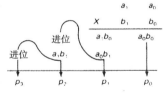

15. 按照同样的思路设计一个4×4乘法器，这次利用3个4位全加器（74HC83）和16个2输入门。

表 8.4 缓 冲 器

| 类型 | | | | 输出驱动[a] | | | 使能 | | | |
真	反相	位	管脚	灌电流 (mA)	拉电流 (mA)	系列	输入[b]	输出[c]	宽面[d]	注释
'125	–	4	14	24	2.6	LS	4 L	3S	–	一次使能 1 位
'126	–	4	14	24	2.6	LS	4 H	3S	–	一次使能 1 位
'365	'366	6	16	24	2.6	LS	2 L	3S	–	
'367	'368	6	16	24	2.6	LS	2 L	3S	–	使能 2 位和 4 位
'1034	'1004	6	14	24	15	LS	–	2S	–	74AS 为 48/48 mA
'230	–	8	20	64	15	AS	2 L	3S	–	4 个为真，4 个反相；每次使能 4 位
–	'231	8	20	64	15	AS	L,H	3S	–	每次使能 4 位
'241	–	8	20	24	15	LS	L,H	3S	–	每次使能 4 位
'244	'240	8	20	24	15	LS	2 L	3S	–	每次使能 4 位
'465	'466	8	20	24	2.6	LS	2 L	3S	–	
'467	'468	8	20	24	2.6	LS	2 L	3S	–	每次使能 4 位
'541	'540	8	20	24	15	LS	2 L	3S	•	
'656	'655	8	24	64	15	F	3 L	3S	•	+ 奇偶产生
'2966	'2965	8	20	12	1	LS	2 L	3S	–	R_{out} 为 25 Ω；每次使能 4 位
'827	'828	10	24	64	15	F	2 L	3S	•	Am29827/8

a. 所示系列成员的输出驱动能力。

b. 使能（ENABLE）输入，HIGH 或 LOW 为真。

c. 2S 为二态，3S 为三态。　　d. 垂直排列，管脚伸出。

表 8.5 收 发 器

| 类型 | | | | | 输出驱动[a] | | 使能 | | | |
真	反相	位	管脚	寄存器	灌电流 (mA)	拉电流 (mA)	极	模式[b]	宽面[c]	注释[d]
'243	'242	4	14	–	24	15	L,H	LR	•	
'245	–	8	20	–	24	15	L	DE	•	
'543	'544	8	24	2			L	LR	•	
'545	–	8	20				L	DE	•	
'550	'551	8	28	2			L	LR	–	Am2950/1
'552	–	8	28	2			L	LR	–	+ 奇偶产生
'588	–	8	20	–			L	DE	•	IEEE-488 电阻
'623	'620	8	20	–	24	15	L,H	LR	•	'621/2 是 OC
'639	'638	8	20	–	24	15	L	DE	•	一个方向为三态，另一个为 OC
'643	–	8	20	–	24	15	L	DE	•	Q 和 $\bar{Q}$ 输出，'644 为 OC
'645	'640	8	20	–	24	15	L	DE	•	'641/2 是 OC
'646	'648	8	24	2	24	15	L	DE	•	'647/9 是 OC
'652	'651	8	24	2	24	15	L,H	LR	•	'654/3 一个方向是三态，另一个为 OC
'657	–	8	24	–			L,H	DE	•	+ 奇偶产生
'2623	'2620	8	20	–	12	2	L,H	LR	•	输出阻抗为 25 Ω
'2645	'2640	8	20	–	12	2	L	DE	•	输出阻抗为 25 Ω
2952	'2953	8	24	2	24	6.5	L	LR	•	'2950/1 有波动

a. LS 系列器件。

b. DE 为 DIR 和 EN 输入；LR 为左和右使能。

c. 垂直排列，管脚伸出。

d. 都是三态，除非声明不是。

表 8.6　译　码　器

类型	位[a]	管脚	E/E[b]	输出 qty[a]	输出 pol[c]	使能输出[a]	注释
'42	4	16	0/0	10	L	—	'156 是 OC
'131	3	16	1/1	8	L	—	
'137	3	16	1/1	8	L	—	D 触发器输入
'138	3	16	1/2	8	L	—	
'139	2+2	16	0/1+1	4+4	L	—	
'155	2	16	0+1/2+1	4+4	L	—	输入锁存
'538	3	20	2/2	8	H	2	'537 是 1/10
'539	2+2	20	0/1+1	4+4	H	1+1	
'547	3	20	2/1	8	L	—	输入锁存；使能时 ACK 输出
'548	3	20	2/2	8	L	—	使能时 ACK 输出

a. 多种选择标为 "$X + Y$", X 和 Y 是每部分的位数。
b. "H/L" 表示 H/L 有效使能输入的数目，多用部分见注释 a。
c. H = HIGH 有效，L = LOW 有效。

表 8.7　幅值比较器

类型	位	管脚	上拉	使能	锁存	输出 Q	输出 $\overline{Q}$	输出 <	输出 >	注释
'85	4	16	—	•		•	•	•	•	
'518	8	20	Q	•		•	•	—	—	OC; '519 没有上拉
'520	8	20	Q	•		—	•	—	—	'521 没有上拉；'522 是 OC
'524	8	20	—	•	•	•	•	—	—	锁存是 SR，三态输出
'682	8	20	Q	—		•	•	—	•	'683 有 OC
'684	8	20	—			•	•	—	•	'685 有 OC
'686	8	24	—	•		•	•	—	•	'687 有 OC
'688	8	20	—	•		•	•	—	•	'689 有 OC
'866	8	28	—	•	•	•	—	•	•	P, Q 输出锁存；Q 复位；逻辑或算术运放
'885	8	24	—	—	D	•	—	•	•	P 输入锁存；逻辑或算术运放

表 8.8　单稳态多谐振荡器

类型	#面	管脚	触发逻辑	复位	再触发	Int R[a]	PRD[b]	注释
'121	1	14	(L+L)•H	—	—	•	—	准确
'221	2	16	L•H	L	—	—	Y	准确
'122	1	14	(L+L)•H•H	L	•	•	Y	
'422	1	14	(L+L)•H•H	L	•	•	N	'122 w/o 在清零时触发
'123	2	16	L•H	L	•	—	Y	
'423	2	16	L•H	L	•	—	N	'123 w/o 在清零时触发
'4098	2	16	L+H	L	•	—		
'4538	2	16	L+H	L	•	—	N	'4528
'9601	1	14	(L+L)•H•H	—	•	•	—	
'9602	2	16	L+H	L	•	—	N	

a. 内部定时电阻。
b. 如果触发逻辑有效，则在 RESET 无效时产生脉冲。

表 8.9　D 寄存器和锁存器[a]

类型				位	管脚	使能	复位[b]	垂直排列[c]	Q/Q̄[d]	输出[e]	注释
真		反相									
D型	锁存	D型	锁存								
'173	-	-	-	4	16	-	A	•	-	3S	
'175	'375	'175	'375	4	16	-	A	-	•	2S	
'298	-	-	-	4	16	-	-	•	-	2S	MUX 输入
'379	-	'379	-	4	16	•	-	•	-	2S	与 '175 相同，但 CLR→EN
'398	-	'398	-	4	20	-	-	•	-	2S	MUX 输入
'399	-	-	-	4	16	-	-	-	-	2S	MUX 输入
'174	-	-	-	6	16	-	A	-	-	2S	
'378	-	-	-	6	16	•	-	-	-	2S	与 '174 相同，但 CLR→EN
'273	-	-	-	8	20	-	A	-	-	2S	
'374	'373	'534	'533	8	20	-	-	-	-	3S	
'377	-	-	-	8	20	•	-	-	-	2S	与 '374 相同，但 3S→EN
-	'412	-	'432	8	24	•	A	-	-	3S	Intel 8212 状态位
'574	'573	'564	'563	8	20	-	-	•	-	3S	垂直排列 '374/3；'576/'580 也是
'575	-	'577	-	8	24	-	S	•	-	3S	'574 同步 CLR
'825	'845	'826	'846	8	24	•	A	-	-	3S	Am29825
'823	'843	'824	'844	9	24	•	A	-	-	3S	Am29823
'821	'841	'822	'842	10	24	-	-	•	-	3S	Am29821；10 位 '374
'396	-	-	-	4+4	16	-	-	-	-	2S	4 位寄存器级联，8 位输出
'874	'873	'876	'880	4+4	24	-	A	•	-	3S	
'878	-	'879	-	4+4	24	-	S	•	-	3S	'874 有同步 CLR
-	'604	-	-	8+8	28	-	-	-	-	2S	MUX 输入；'605 是 OC
-	'606	-	-	8+8	28	-	-	-	-	2S	'604；'607 是 OC

a. 见"收发器"，有些有锁存。　　b. A 为异步；S 为同步。

c. 垂直排列，管脚伸出。　　d. 有真值和补码输出。

e. 2S 为推挽（二态）输出，3S 为三态输出。

表 8.10　计 数 器

类型		位	管脚	时钟[a]	负载[a]	复位[b]	U/D[b]	直接/锁存[c]	输出[d]	注释
二进制	BCD									
'93	'90	4	14	A	-	A	-	D	2S	没有 st'd Vcc, gnd；'92 是模 12
'161	'160	4	16	S	S	A	-	D	2S	
'163	'162	4	16	S	S	S	-	D	2S	
'169	'168	4	16	S	S	-	•	D	2S	
'191	'190	4	16	S	A	-	•	D	2S	
'193	'192	4	16	S	A	A	•	D	2S	独立的 U/D 时钟输入
'197	'196	4	14	A	A	A	-	D	2S	
'293	'290	4	14	A	-	A	-	D	2S	'93 有 st'd V_{cc}, gnd
'561	'560	4	20	S	B	B	-	D	3S	
'569	'568	4	20	S	S	B	-	D	3S	25LS2569/8
'669	'668	4	16	S	S	-	•	D	2S	改进型 '169
'691	'690	4	20	S	S	A	-	B	3S	
'693	'692	4	20	S	S	S	-	B	3S	
'697	'696	4	20	S	S	A	-	B	3S	
'699	'698	4	20	S	S	S	-	B	3S	
'4516	'4510	4	16	S	A	A	•	D	2S	
-	'4017	5	16	S	-	A	-	D	2S	1/10 输出译码
'4024	-	7	14	A	-	A	-	D	2S	
'69	'68	8	16	A	-	A	-	D	2S	

（续表）

类型 二进制	BCD	位	管脚	时钟a	负载a	复位a	U/Db	直接/锁存c	输出d	注释
'269	–	8	24	S	S	-	•	D	2S	表面 DIP
'393	'390	8	14/16	A	-	A	-	D	2S	双 '93/'90
'461	–	8	24	S	S	S	-	D	3S	PAL
'469	–	8	24	S	S	-	•	D	3S	PAL
'579	–	8	20	S	S	B	•	D	3S	8 双向入 / 出线
'590	–	8	16	S	-	A	-	L	3S	
'591	–	8	16	S	-	A	-	L	OC	
'592	–	8	16	S	A	A	-	L	2S	8 个输入，1 个输出（MAX CNT）
'593	–	8	16	S	A	A	-	L	3S	8 双向入 / 出线
'779	–	8	16	S	S	-	•	D	3S	8 双向入 / 出线
'867	–	8	24	S	S	A	•	D	2S	表面 DIP
'869	–	8	24	S	S	S	•	D	2S	表面 DIP
'4520	'4518	8	16	S	-	A	-	D	2S	时钟上升沿或下降沿
'40103	'40102	8	16	S	B	A	D	D	2S	
'4040	–	12	16	A	-	A	-	D	2S	
'4020	–	14	16	A	-	A	-	D	2S	
'4060	–	14	16	A	-	A	-	D	2S	

a. A 为异步；所有的 A 时钟输入在下降沿计数。S 为同步，所有的 S 时钟输入在上升沿计数。B 为两者都有。
b. D 为只有下行数。　c. B 为两者都有。　d. 2S 为二态，3S 为三态。

表 8.11　移位寄存器

类型	位	管脚	串行 / 并行 输入	输出	方向	锁存a	复位b	输出c	注释d
'95	4	14	P/S	P	R	-	-	2S	
'194	4	16	P/S	P	R/L	-	A	2S	
'195	4	16	P/JK	P	R	-	A	2S	
'295	4	14	P/S	P	R	-	-	3S	
'395	4	16	P/S	P/S	R	-	-	3S	
'671	4	20	P/S	P	R/L	O	A	3S	输出 MUX: SR 或锁存，只有 SR 复位
'672	4	20	P/S	P	R/L	O	S	3S	'671 CLR 同步
'96	5	16	P/S	P	R	-	A	2S	只有高负载
'91	8	14	2S	2S	R	-	-	2S	
'164	8	14	2S	P	R	-	A	2S	
'165	8	16	P/S	2S	R	-	-	2S	
'198	8	24	P/S	P	R/L	-	A	2S	
'299	8	20	P/S	P/S	R/L	-	A	3S	普通 I/O 管脚
'322	8	20	P/S	P/S	R	-	A	3S	普通并行 I/O
'323	8	20	P/S	P/S	R/L	-	S	3S	有同步复位
'589	8	16	P/S	S	R	I	-	3S	电源清零（只有 SR）
'594	8	16	S	P/S	R	O	2A	2S	'599 是 O/C；分开复位
'595	8	16	S	P/S	R	O	A	3S	'596 是 O/C；只有 SR 复位
'597	8	16	P/S	S	R	I	A	2S	只有 SR 复位
'598	8	20	P/2S	P/S	R	I	-	3S	普通并行 I/O；只有 SR 复位
'673	16	24	S	P/S	R	O	A	2S	普通串行 3S I/O；只有复位锁存；CS, R/W
'674	16	24	P/S	S	R	-	-	3S	普通串行 3S I/O；CS, R/W
'675	16	24	S	P/S	R	O	-	2S	CS, R/W
'676	16	24	P	S	R	-	-	2S	CS

a. O 为输出端，I 为输入端。　　　　b. A 为异步，S 为同步。
c. 2S 为二态，3S 为三态。　　　　d. CS 为片选输入，R/W 为读 / 写输入。

第 9 章　数字与模拟

尽管纯粹的"数值运算"是数字电路中的一个重要应用领域,然而当数字技术和模拟(或者称为"线性")信号结合起来时,数字电路的真正威力才得以体现。本章将先简要介绍数字逻辑电路系列的发展历史,然后讨论当今电路设计中常用的 TTL 以及 CMOS 逻辑电路的输入输出特性,这些特性对于逻辑器件之间的接口设计、逻辑器件与数字输入器件(开关、键盘和比较器等)和输出器件(指示灯和继电器等)之间的接口设计至关重要。鉴于在大规模集成电路(LSI)中的广泛应用,我们将讨论 N 沟道 MOS 管逻辑电路。本章还会讲述电路板上数字信号的输入与输出方法以及数字信号通过电缆传输的过程,然后着重讨论模拟与数字信号之间的转换问题。最后,在前面这些知识的基础上,介绍一些模拟技术与数字技术相结合的应用,这些应用为电子工程中的一些有趣问题提供了有效的解决办法。

9.1　CMOS 和 TTL 逻辑电路

☐ 9.1.1　数字逻辑电路系列的发展历史

早在 20 世纪 60 年代,一些不愿意利用分立器件构建逻辑电路的人就在为设计 RTL(电阻 – 晶体管逻辑)而努力工作。这一系列简单的逻辑门设计方案由 Fairchild 公司首先提出。然而,它们的扇出系数和噪声容限都很低。从图 9.1 中可以看出这些缺陷:输入端门限值电压仅为 V_{BE},而且由于这些电路采用无源上拉以及低阻抗灌电流输出负载,所以其负载驱动能力非常有限(有些情况下输出端只能驱动一个输入端的负载)。那个时代的集成电路规模都很小,最复杂的也不过是工作速度为 4 MHz 的双触发器电路。用 RTL 构建的电路非常不稳定,有时像开关电烙铁这样的干扰都会影响其正常工作。

几年以后,Signetics 公司提出的 DTL(二极管–晶体管逻辑)取代了 RTL 的位置。此后,Sylvania 公司的 SUHL(Sylvania 通用高速逻辑),也就是现在我们所称的 TTL(晶体管 – 晶体管逻辑)开始大行其道。Signetics 公司将这两者结合起来生产出 8000 系列 DCL("Designer's Choice Logic")逻辑电路。Texas Instruments 公司生产的 TTL 逻辑电路后来居上,该系列全都以"74xx"命名。这些系列的输入端都采用门限值电压为 2 V_{BE} 的拉电流输入,输出端一般都使用推挽式输出电路(如图 9.1 所示)。DTL 和 TTL 开创了使用 +5 V 电源电压的先河(此前的 RTL 使用 +3.6 V 电压),并且提供 25 MHz 的工作速度以及高达 10 的扇出系数(一个输出端可以驱动 10 个同类型的门电路)。当时的电路设计人员对于这些逻辑电路系列的工作速度、可靠性以及功能的复杂性(比如可以实现模 10 计数器)非常满意,以至于一度认为 TTL 已经能够满足所有的需求了。

然而,人们对于电路新特性的追求是无止境的,比如更快的速度和更低的能耗。很快,这两个愿望也得以实现。在高速逻辑电路领域,一种增强型 TTL(74H 系列,高速 TTL)电路能够在两倍功耗的情况下提供两倍于以前的工作速度(这个特性是通过将电路中所有电阻的阻值减半而实现的);另外一个系列,即 ECL(发射极耦合逻辑)在使用负电源供电时能够提供非常高的工作速度(最初的设计能够达到 30 MHz)和非常接近的逻辑输出电压(–0.9 V 和 –1.75 V)。ECL 的功耗非常大(30 毫瓦/门),因此也限制了其集成度的提高。在低功耗方面出现了一种增强型 TTL(74L 系列,低功耗 TTL),当工作速度为标准 74 系列 TTL 电路 1/4 的情况下,其功耗仅为标准 74 系列的 1/10。

　　RCA公司率先开发了MOSFET逻辑电路：4000系列CMOS集成电路。这种电路具有零静态功耗特性和很宽的电源电压范围（+3 ~ +12 V），其输出电压可以达到全摆幅，输入端几乎不取电流，这些是其优点；其缺点在于工作速度不够快（电源电压为10 V时只有1 MHz）以及成本较高（4个门的封装大概需要20美元）。尽管价格较高，然而几乎所有设计电池供电设备的工程师们都愿意使用CMOS电路，因为除此以外他们别无选择。此外，CMOS电路的输入端容易因静电电压而损坏也是一个不可忽视的问题。

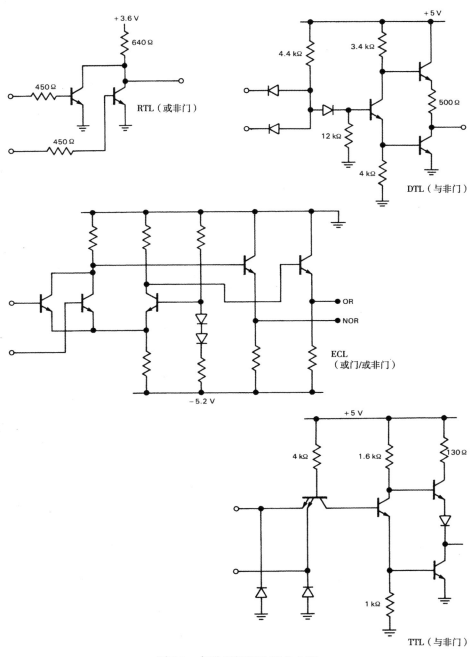

图9.1　各种逻辑门的简化电路

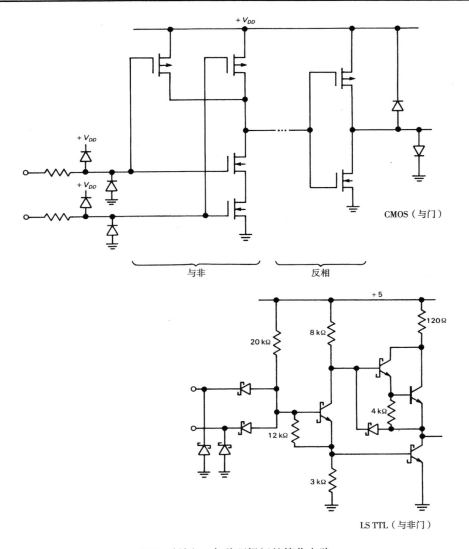

图9.1（续）　各种逻辑门的简化电路

　　到了20世纪70年代初，数字逻辑电路系列里面就只剩下两种主要的双极型逻辑电路（TTL和ECL）以及CMOS电路。除了74L系列因为负载驱动能力不强（灌电流为3.6 mA）而只能驱动两个标准的74系列TTL负载（输入低电平时每个负载需要1.6 mA的电流）之外，所有TTL门电路之间的参数是完全兼容的。然而这几种主要的数字逻辑电路之间不能相互兼容（尽管高电压的TTL能够驱动CMOS，但是5 V的CMOS几乎连一个74L系列TTL负载都驱动不了）。

　　在整个20世纪70年代中，数字逻辑电路的各个方面都得到了稳步的发展。TTL中派生出了抗饱和"肖特基–箝位"逻辑电路，最初是74S（肖特基）系列，该系列因为能够在两倍于74H系列功耗的情况下提供三倍于74H的速度而将其淘汰；然后是74LS（低功耗肖特基）系列，在只有标准74系列TTL功耗1/5的情况下，该系列由于能够提供比标准74更快的工作速度而将后者淘汰。74LS和74S风光了很长时间，直到Fairchild公司推出74F（F的意思是快）系列"Fairchild先进肖特基TTL"逻辑电路。在只有74S系列1/3功耗的情况下，74F的工作速度却比74S高出50%，此外，74F还因一些其他增强特性而备受电子工程师们的青睐。设计过许多74xx系列产品的Texas

Instruments 公司也不甘示弱，推出了其先进肖特基系列：74AS（"先进肖特基"）和 74ALS（"先进低功耗肖特基"）；前者用来取代 74S 系列，而后者用来取代 74LS 系列。所有这些 TTL 逻辑门电路都有相同的逻辑电平和很大的负载驱动能力，因此可以混在一起使用。表 9.1 和图 9.2 对这些系列的工作速度和功耗进行了对比。

与此同时，4000 系列 CMOS 电路发展成了 4000B 系列，提供更宽的输入电压允许范围（3 ~ 18 V）以及更快的工作速度（5 V 时能够达到 3.5 MHz）。74C 系列 CMOS 电路也能够达到类似的指标，同时具有和 74 双极型逻辑系列中其他系列一样的功能与管脚分布。ECL 系列发展成了 ECL II，ECL III 和 ECL 10 000，一直到工作速度高达 500 MHz 的 ECL 100 000 系列。

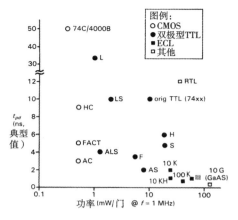

图 9.2　各种门电路的工作速度 – 功耗对比

表 9.1　逻辑门系列

系列	t_{pd} (C_L = 50 pF) 典型值 (ns)	最大值 (ns)	f_{clk} ('74) 最大值 (MHz)	P_{diss} (C_L=0) @1MHz (mW/门)	I_{OL} @0.5V max (mA)	I_{IL} max (mA)	V_{th} typ (V)	V_{supply} min (V)	nom (V)	max (V)	问世时间
CMOS											
AC	3	5.1	125	0.5	24	0	$V_+/2$	2	5 或 3.3	6	1985
ACT							1.4	4.5	5	5.5	
HC	9	18	30	0.5	8	0	$V_+/2$	2	5	6	1982
HCT							1.4	4.5	5	5.5	
4000B/74C @10 V	30	60	5	1.2	1.3	0	$V_+/2$	3	5-15	18	1970
@5 V	50	90	2	0.3	0.5	0					
TTL											
AS	2	4.5	105	8	20	0.5	1.5	4.5	5	5.5	1980
F	3.5	5	100	5.4	20	0.6	1.6	4.75	5	5.25	1979
ALS	4	11	34	1.3	8	0.1	1.4	4.5	5	5.5	1980
LS	10	15	25	2	8	0.4	1.1	4.75	5	5.25	1976
ECL											
ECL III	1.0	1.5	500	60	–	–	-1.3	-5.19	-5.2	-5.21	1968
ECL 100K	0.75	1.0	350	40	–	–	-1.32	-4.2	-4.5	-5.2	1981
ECL 100KH	1.0	1.5	250	25	–	–	-1.29	-4.9	-5.2	-5.5	1981
ECL 10K	2.0	2.9	125	25	–	–	-1.29	-5.19	-5.2	-5.21	1971
GaAs											
10G	0.3	0.32	2700	125	–	–	-1.3	-3.3	-3.4	-3.5	1986
								-5.1	-5.2	-5.5	

到了 20 世纪 80 年代，绝大部分数字电路的设计都采用 74LS 系列，在对工作速度要求比较高的情况下也会采用 74F 或者 74AS 系列。因为采用 NMOS 工艺微处理器的输入端和输出端都和 TTL 电平兼容，所以各种 TTL 逻辑门在电路中起着桥梁的作用，将这些微处理器连接起来；而在微功耗电路设计中一般都采用 4000B 或者 74C CMOS 系列；在高速（100 ~ 500 MHz）逻辑电路的设计中大多采用 ECL 门。除了 CMOS 和 TTL，或者 TTL 和 ECL 在特殊情况下偶尔能够结合起来使用之外，各个系列的门电路之间一般都不能混用。

CMOS逻辑电路在20世纪80年代中最值得称道的发展成果就是这个系列在工作速度和负载驱动能力上达到了TTL门电路的水平。74HC（高速CMOS）系列具有和74LS同样的速度和零静态功耗特性；74AC（先进CMOS）系列也达到了与74F以及74AS同样的速度。这两个系列吸取了TTL和CMOS各自的优点：全摆幅输出、门限值电压为电源电压的一半。这些优点使它们渐渐取代了双极型TTL，但是其兼容性略显不足：TTL或者NMOS的高电平输出不足以驱动HC和AC系列。由于我们偶尔会用到双极型TTL和NMOS，因而每种CMOS门电路都提供了低输入门限值电压的版本，这些系列被命名为74HCT和74ACT（TTL电平高速CMOS），但是一定不要过多使用这些系列，因为CMOS电平系列（HC，AC）具有更好的噪声容限，它们应该是电路设计者的首选。20世纪80年代中，大规模及超大规模集成电路（LSI和VLSI），比如微处理器和存储器等的制造工艺从NMOS逐渐转为CMOS，其目的是为了获得更低的功耗以及与其他CMOS器件兼容，同时，集成电路的速度和功能复杂性也大大增加。在对速度要求极高的领域，GaAs（砷化镓）器件的速度能够达到GHz量级。

需要注意的是，CMOS家族中所有的系列（包括4000B，74C，HC，HCT，AC和ACT）都具有一个非常优秀的特性：零静态功耗，其典型的静态电流小于1 μA。但是，CMOS门从一种稳定状态突然转变到另一种稳定状态的过程中将产生"动态功耗"。动态功耗由以下两个原因造成：（a）输入电压突变时推挽式MOS对管在短时间内同时导通；（b）动态电流需要对负载电容进行充放电。CMOS门的动态功耗与信号的重复频率成正比，而且即使工作在最高频率时，其功耗也比双极型逻辑门小，详细情况请参见8.2.3节的图8.18和14.5.2节的图14.38。

下面对逻辑门电路的发展历史简单总结一下：几乎在所有设计中都可以用到74HC逻辑门；需要与NMOS或者TTL兼容时使用74HCT系列；对速度要求较高时使用74AC（T）系列；双极型TTL（74LS/ALS和74F/AS）可以用，但是CMOS逻辑门可能更胜一筹；如果需要较宽的电源电压范围，并且对工作速度要求不高（比如在未稳压的9 V电池供电手持设备中），可以选择较老的4000B或74C系列。

9.1.2 输入和输出特性

数字逻辑门的设计初衷是为了使输出端能够可靠地驱动几个同种类型的门电路。典型的扇出系数是10，意思是逻辑门或者触发器的一个输出端在与10个同样电路的输入端相连后仍然能够按照产品说明中的参数工作。换句话说，在普通的数字电路设计中，只要逻辑电路能够驱动若干同类的逻辑电路，就无需了解电路中每个芯片的具体电气参数。说得更实用些，我们没有必要过多地研究在逻辑电路内部这些输入端和输出端的详细工作过程。

然而，一旦我们设计的数字电路由外部的模拟或数字信号驱动，或者用数字逻辑电路的输出端来驱动其他设备，就必须弄清楚外部信号是否能够驱动逻辑电路，以及逻辑电路能够驱动哪些外部负载。特别是在混合使用不同类型的逻辑门电路时，了解电路的输入和输出端特性显得更为关键。在设计时，为了更好地利用大规模集成电路芯片，或者所需的功能只有某种特定的逻辑门才能实现时，就必须知道如何正确混合使用不同的逻辑门电路。下面的几个小节中将通过几个例子详细地讨论逻辑输入端和输出端的电路特性。这些例子包括不同逻辑门电路间的混用、逻辑器件间的接口以及电路与外部接口的设计。

输入特性

图9.3显示的是CMOS和TTL门的两个重要的输入特性：（反相器的）输入电流和输出电压与输入电压之间的函数关系。在这两个图中，我们把输入电压（横坐标）的范围进行了延伸，一直到远超过通常情况下的输入电压值，这是因为在实际电路环境中输入信号电压大于电源电压的情况经常发生。从图中可以看出，CMOS和TTL的负电源管脚通常都接到地。

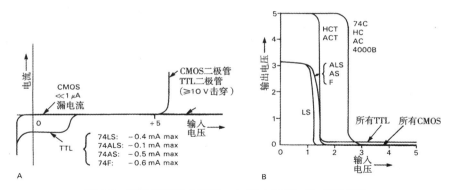

图9.3　逻辑门的输入特性；A. 输入电流；B. 传递函数

在输入信号为低电平时，TTL的输入端会流出一个较大的电流；而在输入信号为高电平时，输入端拉入的电流非常小（典型值为几微安，绝对不会超过20 μA）。为了驱动一个TTL输入端，在保持输入电压在0.4 V以下时，需要1 mA左右的拉电流（详细数据参见表9.1）。如果满足不了这个条件，电路的逻辑功能将无法正常实现。当输入电压为负值时，TTL的输入端看上去类似一个箝位二极管；当输入电压大于+5 V时，对于74LS和74F，输入电流由输入端电路中一个二极管的反向击穿电压决定；对于74ALS和74AS，输入电流则由基–射结间的反向击穿电压决定。

TTL的输入门限值电压一般为+1.3 V左右，而厂家数据手册上面的标称值为+0.8 ~ +2.0 V。TTL逻辑门也有带施密特触发器输入的型号（'13，'14和'132），它们的迟滞电压为±0.4 V，这种电压迟滞特性在其逻辑符号上有所体现（如图9.9所示）。TTL的电源电压（一般记为V_{CC}）为+5.0 V±5%。

在CMOS的输入端，当输入电压介于0和电源电压之间时，输入端拉入的电流几乎为0（只有漏电流，其典型值为10^{-5} μA）。在输入电压超过电源电压时，从输入端看进去CMOS门就像位于电源和地之间的一对箝位二极管（如图9.1所示），当这些二极管上的瞬时电流大于10 mA时，CMOS电路会发生锁定效应，或者称为可控硅效应（参见8.8.3节；然而新的门电路设计已经使CMOS输入端能够承受更大的电流，比如HC和HCT系列，即使在输入电压高过电源电压1.5 V时都能正常工作）。这些重要的二极管被称为保护二极管，如果没有它们，CMOS电路极易受到静电的干扰；即便有了这些保护，CMOS电路还是比较脆弱的。对于4000B，74C，74HC和74AC系列来说，它们的输入门限值电压典型值为电源电压的一半，但是实际值可以在1/3 V_+ 和2/3 V_+ 之间变化（V_+ 一般又称为V_{DD}）；对于74HCT和74ACT来说，输入门限值电压为+1.5 V左右，目的是为了与TTL电平匹配。与TTL类似，CMOS门电路也有带施密特触发器输入的型号。CMOS的电源电压变化范围为+2 ~ +6 V（HC和AC系列），或+5 V±10%（HCT和ACT系列），或+3 ~ +18 V（4000B和74C系列）。

输出特性

TTL电路的输出端与地之间是一个NPN型三极管，与V_+之间是一个NPN型电压跟随器（或者达林顿管），在跟随器的集电极有一个限流电阻。当这两个三极管中的一个饱和时，另一个就截止，这样的设计使TTL在输出低电平时（输出级一个三极管饱和），能够在压降很小的情况下提供较大的灌电流（74LS为8 mA，74F为24 mA），而在输出高电平（大约+3.5 V）时也至少能够提供几毫安的拉电流。TTL的输出电路可以用来驱动10个同类TTL门，即扇出系数为10。

CMOS的输出电路是一对互补的推挽式MOSFET管，当一个导通时另外一个就截止（如图9.1所示）。当输出电压在0或者在电源电压附近变化，且变化范围在1 V以内时，输出端与地或者与

V_+ 之间看上去就是一个MOSFET管导通电阻 r_{ON}，如果从输出端拉走的电流过大，输出电压与地或者电源电压之间的差距就会超过 1 ~ 2 V，使输出端看起来像是一个电流源。导通电阻 r_{ON} 的典型值为 200 Ω ~ 1 kΩ（4000B 或 74C 系列）、50 Ω（74HC 或 74HCT 系列）或者 10 Ω（74AC 或 74ACT 系列）。图 9.4 中的曲线对 CMOS 和 TTL 的输出特性进行了概括。

在图中描绘了输出高、低电平时输出电压与输出电流的关系。为简化起见，图中的输出电流都取为正值。需要注意的是，除了负载很大的情况以外，CMOS 的输出是满幅的，特别是用来驱动 CMOS 负载（零静态电流）时可以实现完全的满幅输出。与之对比，TTL 在驱动同类型 TTL 负载时输出低电平的范围一般为 50 ~ 200 mV，高电平为 +3.5 V。如果加上一个上拉电阻（在后面会讨论），TTL 输出的高电平也可以达到 +5 V。

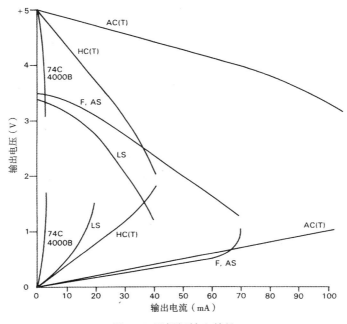

图 9.4　逻辑门输出特性

9.1.3　逻辑系列之间的接口

了解不同的数字逻辑系列之间如何接口是非常重要的，特别是在不得不混用不同系列门电路的情况下。例如，很多优秀的大规模集成电路（LSI）芯片都采用 NMOS 工艺，它们的输出端使用与 TTL 类似的电平（输出高电平在 +3 V 左右），这样的设计使其无法直接驱动 74HC 门电路。另外还有一些例子，在用 74LS 系列构成的电路中可能需要用到 74C9xx 系列的计数器；或者在 12 V CMOS 系统的外围经常需要使用 5 V 的逻辑电路与外部 TTL 电平信号相接并驱动电缆。

导致不同逻辑门之间无法相接使用的 3 个原因是：（a）输入逻辑电平不匹配；（b）输出驱动能力有限；（c）电源电压不同。在详细解释接口的工作原理之前，我们先用一张简单的表来罗列一下不同逻辑门之间接口可能出现的问题（如表 9.2 所示）。

TTL 门电路需要使用 +5 V 的电源电压，其输出高电平的典型值在 +3.5 V 左右，而低电平几乎能够接近 0 V，所以 TTL 可以驱动那些门限值电压较低的逻辑电路，比如 TTL，HCT，ACT 和 NMOS（本来就设计成与 TTL 兼容）。驱动 HC，AC 和 5 V 电源供电的 4000B/74C 系列时需要用 +5 V 的电平，因此可以用一个电阻将 TTL 门电路输出的高电平上拉到 +5 V 或者在两者之间加上一个 HCT 缓冲器（前面介绍过，HCT 和 ACT 能够满幅输出）。如果使用上拉电阻，阻值越小速度越快，当然功耗也更大，这需要权衡一下，其典型阻值一般为 4.7 kΩ。上拉电阻能将 TTL 输出的高电平拉到 +5 V，尽管此时高电平波形的下降沿变得有些平缓。为了驱动高电压的 CMOS，可以使用电平转换器，例如 40109，14504 或者 LTC1045，它们的工作速度很慢，但是没有关系，因为被驱动的 CMOS 电路的工作速度同样很慢。NMOS 的输出与 TTL 类似，但是驱动能力一般都比 TTL 差，所以可以使用与 TTL 相同的技术来与其他门电路接口。

表 9.2　各种逻辑系列之间的接口情况

从 ↓　　到 →	TTL	HCT ACT	HC AC	HC, AC @3.3V	NMOS LSI	4000B, 74C @5V	4000B, 74C @10V
TTL	OK	OK	A	OK	OK	A	B
HCT ACT	OK	OK	OK	NO	OK	OK	B
HC AC	OK	OK	OK	NO	OK	OK	B
HC, AC @3.3V	OK	OK	NO	OK	OK	B	B
NMOS LSI	OK	OK	A	OK	OK	A	B
4000B, 74C @5V	OK[a]	OK	OK	NO	OK	OK	B
4000B, 74C @10V	C	C	C	C	C	C	OK

(a) 扇出系数有限。
A 代表上拉到 +5 V，或者使用 HCT 作为缓冲。
B 代表使用 OC 门输出并上拉到 +10 V，或者使用 40109，14504 及 LTC1045 等电平转换器。
C 代表使用 74C901/2，4049/50，14504 或者 LTC1045 电平转换器。

所有 CMOS 门电路都具有满幅输出的特性，也就是说，可以用 5 V 供电的 CMOS 来直接驱动 TTL，NMOS 和 5 V 供电的 CMOS 门电路。然而需要注意的是，老式的 CMOS（4000B/74C 系列）工作在 5 V 电压时（灌电流为 0.5 mA）驱动能力比较弱，这使其很难驱动 TTL 门电路。所有这些系列都可以使用电平转换器来驱动高电压 CMOS 门电路。

有一个巧妙的方法可以解决从 CMOS 到 TTL/NMOS 的接口问题：让 CMOS 的工作电压低于常规电压。根据电子元件工业联合会（JEDEC）第八号标准的规定，CMOS 在 +3.3 V 电压供电时，其输入电压门限值能够接近 TTL 的典型值 1.4 V。所以，TTL 能够直接驱动 3.3 V 供电的 HC/AC 系列；反之，3.3 V 的 HC/AC 也能够驱动 TTL。使用低电压带来的另一个好处就是能够降低动态功耗（参见 8.2.3 节、14.5.2 节以及图 8.18 和图 14.38），与 +5 V 供电时相比可降低 55%。需要注意的是，3.3 V 供电的 CMOS 不能与 5 V 供电的 CMOS 直接接口。

习题 9.1　解释上面一段中最后一句话成立的原因。

最后要说明的是，在使用电平转换器（74C901/2，14504，LTC1045 或 4049/4050）的情况下，高电压 CMOS 能够驱动 5 V 的逻辑电路。尽管 LS 系列的数据手册上规定输入电压超过最大值

7 V时需要使用电平转换器，但由于LS TTL没有输入保护二极管，并且输入端反向击穿电压高达 10 V 以上，故用高电压 CMOS 直接驱动 LS TTL 电路是可行的。

　　警告： 用4000B 或 74C 系列慢速 CMOS 器件的输出逻辑电平**驱动** HC 或 AC 系列边沿敏感电路（例如计数器的时钟输入端）时可能会出现一些"动态的"不兼容问题。图9.5显示的就是这种多次逻辑翻转现象。在这种情况下，除非在管脚上放上示波器的探头（或者小电容），否则HC电路有时根本不会正常计数。显然，慢速CMOS器件较长的电平转换时间以及相对较高的输出阻抗是出现这种现象的症结所在。

　　图9.6显示的是电路设计过程中可能遇到的各种逻辑系列之间的接口方法。

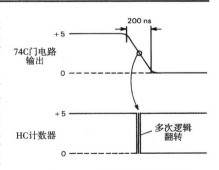

图9.5　不能用慢速信号驱动
快速边沿敏感电路

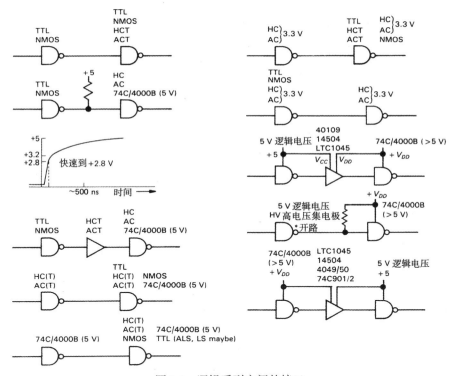

图9.6　逻辑系列之间的接口

9.1.4　驱动 CMOS 和 TTL 输入端

开关作为输入设备

　　只要处理好了要驱动的逻辑门的输入特性，用开关、键盘、比较器等器件驱动数字电路就会易如反掌，最简单的方法就是加上拉电阻（如图9.7所示）。根据 TTL 的输入特性，接地的开关加上上拉电阻是用开关驱动 TTL 逻辑门的最好方法。在输入低电平时，这种设计使开关能够很容易地吸收输入短路电流；在输入高电平时，上拉电阻能够将其拉高到 +5 V，从而大大提高抗噪性能。此外，让开关接地也是很方便的事情。

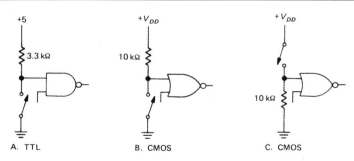

图 9.7　机械开关与逻辑电路的接口（没有加去抖措施）

另一种可能的设计是将下拉电阻接地，而开关接到 +5 V。这种方法不太理想，因为下拉电阻阻值必须很小（比如 220 Ω）才能保证输入的 TTL 低电平低到十分之几伏。这样导致的后果是开关闭合时需要承受很大的电流。在使用上拉电阻的设计中，即使在最坏的情况下，开关断开时的噪声容限都至少为 3 V，而如果采用我们不推荐的下拉电阻方案，噪声容限只能达到 0.6 V（在使用快速 TTL，−0.6 mA 的输入电流，输入低电平门限值电压为 +0.8 V 时）。

在用开关驱动 CMOS 电路时，无论是上拉还是下拉的设计都是可行的，因为 CMOS 的输入端不取电流，而且其门限值电压典型值高达电源电压的一半。一般来说，将开关的一端接地比较方便，然而如果需要在开关闭合时输入高电平，使用下拉电阻的设计就再适合不过了。图 9.7 显示的是这3 种设计方案。

开关去抖

我们在第 8 章中提到过，机械开关在闭合时一般会有 1 ms 左右的抖动时间，而对于大型开关来说这个抖动时间可能长达 50 ms。这可能对状态变化敏感的电路造成非常严重的后果（例如触发器或者计数器，如果直接用开关驱动，它们可能会由于抖动而翻转很多次）。在这些情况下，给开关加上电子去抖措施至关重要。下面是几种开关去抖方案：

1. 使用一对逻辑门构成 SR 触发器，在去抖开关的输入端加上拉电阻（如图 9.8 所示）。也可以使用带置位、清零输入的触发器（例如 '74）代替 SR 触发器，但其时钟输入端需要接地。
2. 使用集成的先前状态处理电路，例如 '279，4043 和 4044 等四 SR 锁存器。
3. 用 RC 缓冲网络来驱动 CMOS 施密特触发器（如图 9.9 所示）。低通滤波器 R_2C_1 能够平滑波形，从而使施密特触发器只翻转一次。将 RC 电路的时间常数设定在 10 ~ 25 ms 之间就够了。因为 TTL 输入端要求较低的输入阻抗，这种方案对于 TTL 电路不适合。

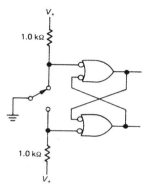

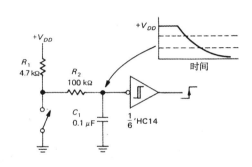

图 9.8　开关去抖电路：使用 SR 触发器　　　　图 9.9　开关去抖电路：使用 RC 网络和施密特触发器

4. 使用一块像 4490 这样的六相防反跳电路。该电路性能优异，使用数字延时器（每个开关都接到一个 5 位的移位寄存器上）来达到数字低通滤波的目的。它的内部集成有上拉电阻和时钟电路。用户可以通过外部电容来控制芯片的振荡频率，从而决定延时的长度。

5. 使用如图 9.10 所示的电路，它由同相逻辑门或者缓冲器构成。只要持续的时间很短，将逻辑门短路（通过输出端直接接地或者接 V_+）一般是没有问题的。而在本电路中，这样的做法更没有问题，因为其中的输出信号只是通过一个逻辑门进行延时而已，此后它会自锁于新的状态。

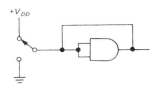

图 9.10　开关去抖电路：使用同相门反馈电路

6. 使用内置去抖装置的设备。例如键盘编码器，其机械开关就是为用做输入设备而特别设计的，内部一般都有去抖电路。

7. 使用霍尔效应开关。这种器件利用电磁效应来控制固态开关，可以用做面板开关或者键盘按键。一般来说，在销售时这种开关的电磁部分和开关部分是封装在一起的。霍尔效应开关需要 +5 V 电压供电，去抖后的逻辑信号可以驱动 TTL 或者 +5 V 电压供电的 CMOS。由于其内部没有易损的机械接触部件，因而霍尔效应开关的使用寿命很长。

关于用开关作为输入设备时的去抖还有以下几点说明：单刀单掷开关（SPST，有时又称 A 型开关）可以使用方案 3 和方案 4（方案 6 一般也可以），而单刀双掷开关（SPDT，有时又称 B 型开关）只能用除 3，4 和 6 以外的其他方案。需要注意的是，因为开关不一定用来驱动边沿敏感电路，所以并不是所有情况下都需要开关去抖。另外，设计精巧的开关一般都有自清扫机制，以保证接触面的清洁（拆开一个看看就知道是怎么回事了），但是为了让至少几毫安的电路流过开关接触面，以实现自清扫功能，需要认真考虑电路元件的参数。只要接触面金属选择得合适（例如用金），加上好的机械设计，即使在开关电流为零的情况下，"干式开关"现象也可以避免。

9.1.5　用比较器和运算放大器驱动数字逻辑电路

比较器、运算放大器和模-数转换器是驱动数字电路时最常用的输入设备。图 9.11 给出了一些例子。在第一个电路中，比较器用来直接驱动 TTL。由于绝大多数比较器都使用 NPN 型三极管输出，并且集电极开路、发射极接地，所以只需要将输出端上拉到 +5 V。同样的电路也可以用来驱动 CMOS，只需要将输出端上拉到 V_{DD}。比较器不一定都需要使用正负电源供电，很多都被设计成在单电源供电情况下（V_- 接地）也可以正常工作，甚至有一些可以工作在单 5 V 电压下（例如 311，339，393 或者 372/4）。

第二个电路中通过接限流电阻，用运算放大器来驱动 CMOS。CMOS 电路内部的输入保护二极管将输入电压有效地箝位在 V_{DD} 和 0 之间，从而保证输入电流在 10 mA 以下；在第三个电路中，运算放大器通过控制 NPN 型三极管的饱和或截止来驱动 TTL 负载，二极管用来防止基-射极间发生反向击穿（反向击穿电压约为 6 V）。这个电路中的 R_1，D_1 和三极管可以用一个 N 沟道 MOSFET 代替（见图 9.11D）。我们并不推荐使用最后一个电路，但它还是可以工作的。其中 TTL 电路内部的箝位二极管将输入低电平的负摆幅限制在二极管正向压降以内，而外部的二极管负责限制高电平的摆幅。串联电阻的作用是防止 TTL 输入三极管的基-射极间反向击穿而造成器件损坏，它的阻值要选得足够小，以便在运算放大器输出负几伏电压时能够吸收 TTL 的低电平灌电流。

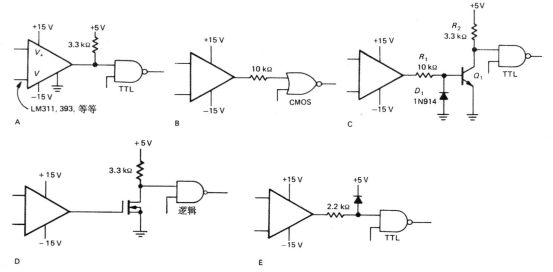

图 9.11　用比较器和运算放大器驱动逻辑电路

时钟输入：迟滞

　　在用运算放大器驱动数字逻辑时需要注意一点：不要试图用运算放大器来驱动时钟输入端，因为这样会使信号的传输时延太长，而且输入信号通过逻辑门限值电压时可能会产生多个脉冲。如果需要用晶体管模拟电路产生的信号来驱动触发器、移位寄存器、计数器或者单稳态电路上的时钟输入端，最好的方法是使用带迟滞特性的比较器电路，或用带施密特触发器输入的门电路（或其他逻辑器件）来作为输入缓冲。图 9.12 中的电路就体现了这种设计思想。其中 R_2 用来产生 50 mV 的迟滞电压，跨在反馈电阻两端的小电容 C_2 用来保证快速传输，防止信号通过门限值电压时产生不稳脉冲（311 芯片特别容易发生不稳脉冲故障）。旁路电容 C_1 在防止参考电压出现波动方面起着重要的作用。很多时候参考电压都是接地的，此时就可以省去 C_1。

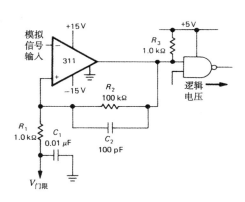

图 9.12　带迟滞特性的门限
　　　　　值电平检测器

9.1.6　关于逻辑输入的一些说明

　　TTL 芯片（包括 HC 和 AC 系列）都被设计成低电平输入时有效，例如触发器的置位和复位端只有在输入低电平的时候才被使能，因此作为输入的外部信号几乎都需要上拉电阻，并且在使能时被拉到低电平（灌电流）。这样设计是为了使开关等设备能够方便地共地，并且能够大幅度提高抗噪性能，上拉到 +5 V 的线路有 3 V 的噪声容限，而接地线路的噪声容限只有 0.8 V。TTL 的这个内在缺陷（低电平时噪声容限很小）有时显得非常突出，例如芯片地线处 –0.5 V 的电压毛刺都会被其误认为是高电平输入。这些毛刺还比较常见，因为它们可以由通过地线电导的短路电流引起。在 9.2.1 节中将进一步讨论这个棘手的问题。

　　对于 CMOS 来说，输入高、低电平时的噪声容限是一样的，所以在驱动有开路状态的设备时，无论采用上拉还是下拉电阻都可行，尽管可以使用上拉电阻（例如在驱动一端接地的开关时），然而下拉电阻一般用得多一些。

开路的 TTL 输入端很少处于高电平状态,它的电位在逻辑门限值左右(约为 1.3 V)。尽管如此,由于没有灌电流,输入端的三极管无法导通。也许我们偶尔会看见某些"电路设计"中本应输入高电平的 TTL 输入端却悬空,但我们千万不要这样做!这样既愚蠢又危险:悬空的输入端噪声容限将会为零,因此附近信号的电容耦合会在输入端产生瞬时的低电平毛刺。最终结果是在组合逻辑电路的 RESET 输出端产生错误电平,它非常有害。对于触发器或者寄存器来说这简直是破坏性的,因为悬空的复位端随时都有可能使电路清零。这些讨厌的毛刺可能是持续时间只有 20 ns 的单脉冲,故连示波器都无法观察到。也许我们认为在悬空管脚和周围管脚间存在的小电容能够消除讨厌的毛刺,可这样的想法仍然很不妥;如果需要测试电路,将逻辑分析仪或者其他测试设备的探针放在芯片上时就产生了新的电路,测试设备带来的附加电容肯定会在悬空的管脚处产生瞬时的低电平输入信号。而且,既然知道如何用简单的连接方法来使电路稳定工作,为什么还要使用那些不稳定的电路呢?

未用的输入端

影响芯片逻辑状态的未用输入端(例如触发器的复位输入端)必须恰当地接到高电平或者低电平。那些不影响逻辑状态的输入端(例如芯片中未使用的逻辑门)在 TTL 电路中可以悬空,但是在 CMOS 电路中不允许。悬空的 CMOS 门输入端电平可能会漂移到逻辑门限值电压之上,导致输出端的电平达到电源电压的一半,并会使输出端的两个 MOS 管同时导通,由此产生非常大的甲类电流。这种做法的结果是供电电流超过额定值,器件甚至会因输出级过载而烧毁,所以每个 CMOS 芯片中未用部分的输入管脚最好都接地。

对于 TTL 来说,芯片中未用到的部分和电路中无关的输入管脚都可以不予理睬。例如,在没有用到计数器的置数(LOAD)输入时,并联置数输入管脚可以悬空。

9.1.7 比较器

在 4.7.1 节中对比较器进行了简要的介绍,说明了施密特触发器中正反馈的作用,以及为什么专用比较器集成电路有时比通用集成运算放大器有更出色的表现。除了延时短、转换速率高以及相对较好的抗过载能力这些优点之外,比较器在某些方面还是逊色于运算放大器,例如比较器没有频率补偿(见 4.10.1 节),需要很好地控制相移和频率的关系,并且也不能够用做线性放大器。

比较器是模拟(线性)输入信号与数字世界间的一座桥梁。在本节中对其进行详细的讨论,重点放在输出特性、电源电压的灵活性以及输入级电路上。

电源电压和输出特性

绝大部分比较器的输出端都采用集电极开路结构,因此很适合用来驱动逻辑电路的输入端(当然要加上拉电阻)或者大电流、高电压负载。例如 311 芯片可以驱动电源电压高达 40 V 的负载,同时输入电流可以达到 50 mA;306 芯片能够驱动的电流更大。这些比较器芯片除了正、负电源管脚之外都有接地的管脚,因此无论电源电压为多少,负载都能够以 0 为参考电压。非常高速的比较器(521,527,529,360,361,Am686,CMP-05,LT1016 和 VC7695/7),其输出端一般都带有源上拉电路,它们是为驱动 5 V 数字逻辑电路而设计的,大都具有这 4 个电源管脚:V_+,V_-,V_{CC}(+5 V)和地。

有一点需要注意,很多比较器的输入电压可能从来都不会是负的,但都需要正、负电源同时供电。这类比较器除了前面提到的带有源上拉电路的那几个以外,还有 306,710 和 711 等。为了能够让这类比较器工作起来而额外设计负电源是件很不方便的事,所以非常有必要了解那些只需单电源供电的比较器(例如 311,319,339,393,365,CA3290,HA4905,CMP-01,CMP-02,LT1016,AD790 和 TLC372/4)。实际上,只要有一个 5 V 的电源它们就能正常工作,这一点在数字系统设计中非常有优势。当使用 +5 V 单电源供电时，339，393，365，CA3290，HA4905，LT1017/18，AD790 和 TLC372/4 的共模输入电压范围可以在电源电压和 0 之间。后面的这几种比较器（除了 4905，365 和 790 之外，它们都只有两个电源输入管脚：V_+ 和地）是特别为单电源供电而设计的，如果使用正负双电源，它们的输出电压下限可以达到 V_-。这些比较器中还有几种能够工作在超低单电源电压下（例如 +2 V）。

谈到电源供电，还有一点需要提及：有些比较器在很低的供电电流下也能够正常工作，一般都可以低到 0.5 mA 以下，例如 LP311，LP339，TLC373/4，TLC339/393，TLC3702/4，CMP-04，LT1017/8，MC14574 和 LP365，后面的两个比较器是工作电流可编程的四比较器。使用低功耗比较器的代价就是较低的工作速度，响应时间在毫秒级。关于低功耗电路可参考第 14 章，表 14.8 列出了一些低功耗比较器的参数。

输入电路

关于比较器的输入电路有以下一些注意事项。因为不稳定的电压输入是不可避免的，所以如果条件允许，最好使用带迟滞特性的比较器（见 4.7.2 节）。为了了解迟滞的作用，我们假设一个不带迟滞特性的比较器电路：其差模输入电压刚刚大于 0 V，因为输入的是模拟信号，摆动相对较慢。2 mV 的差模输入电压就可以改变比较器的输出状态，转换时间为 50 ns 或者更短，这样会在系统中引起幅度为 3000 mV 的快速逻辑电压变化，脉冲电流会对电源电路产生很大的冲击，这样的快速波形变化要想不耦合到输入信号中简直是不可能的事情，最少都会引起几毫伏的输入电压变化，从而超过 2 mV 的差模输入电压，并导致多次逻辑翻转和振荡现象的发生。这就是为什么在敏感的比较器电路中要加上一定的迟滞（包括在反馈电阻两端加一个小电容），并且要非常注意印制电路板的版面设计以及高频旁路。避免用高阻抗信号源直接驱动比较器的输入端，应该使用运算放大器来驱动。如果对速度没有什么要求，要尽量避免使用高速比较器，因为高速会使前面提到的问题恶化。除此以外，有些比较器出问题的概率确实比其他的高，我们极力推荐 311，与其他型号的比较器相比，它的优越性能能使我们少很多麻烦。

对于输入电路，还有一点需要注意：有些比较器的差模输入电压变化范围非常有限，某些型号（例如 CMP-05，685-7 和 VT9695/7）的变化范围只有 5 V，在这些情况下有必要用二极管箝位电路来保护输入端，因为过高的差模输入电压会降低 h_{FE} 并引起永久性的输入失调，甚至会将输入级的基-射极间 PN 结击穿。通用型比较器在这一点上有一定的优势，它们的差模输入电压范围的典型值可以高达 ±30 V（例如 311，393 和 LT1011 等）。

比较器输入端的一个重要特性是输入端偏置电流的变化与差模输入电压的关系。绝大多数比较器采用双极型晶体管作为输入级，输入偏置电流的范围从几十纳安到几十微安。由于输入级是一个高增益的差分放大器，输入信号高过比较器门限值电压时偏置电流会改变。此外，当输入电压高过门限值电压几伏时，内部的保护电路可能会引起偏置电流更大的变化。图 9.13 中的曲线反映了这些变化关系（CMP-02），其中偏置电流在 0 V（差模）左右的"阶跃"变化实际上是很平滑的，此时的差模输入电压在 100 mV 左右，它代表了使输入级差分放大器状态发生变化所需的电压。

在比较器应用电路中，如果输入电流非常小，就需要用到 FET 输入型比较器，例如 CA3290，TLC372，TLC3702

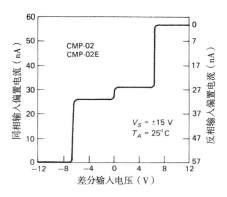

图 9.13 CMP-02 中输入偏置电流与差模输入电压的关系

和TLC393等MOSFET输入型双比较器。LF311是常用的311的JFET版本，其最大输入电流为50 pA，而311为250 nA，此外LF311在输入失调电压和速度方面丝毫不逊色于311。如果在某些情况下需要使用特定型号的比较器，而同时又有低输入电流的需求时，可以在输入端加上配对FET电压跟随器。

关于比较器的输入特性最后需要注意一点：从输出级通过热扩散在芯片上建立的热梯度会对输入失调电压产生很大的影响。特别是对于0 V左右（差模）的输入信号而言，很容易产生"汽船"效应（输出状态的低频振荡），因为输出端产生的热量会导致输入状态的跳变。

整体速度

可以把比较器看成是一个理想的开关电路，无论多小的差模输入电压翻转都会在输出端引起很陡的电平变化。实际上，对于小的输入信号来说比较器的作用更像放大器，其开关特性完全依赖于高频下的增益特性。其结果是：越小的输入"过驱动"（即差模输入电压超过使运算放大器饱和所需的电压值）会使传输时延以及输出信号的上升/下降时间变得越长。比较器芯片的产品说明中一般都包括"不同过驱动情况下的响应时间"图表，图9.14就是311芯片的"不同过驱动情况下的响应时间"图表。特别要注意，将输出端配置成跟随器（增益变低）会导致比较器性能上的降低，因为大信号会补偿放大器高频时的增益降低，所以提高输入电压会加快比较器的速度，此外放大器内部的电流越大，内部电容的充放电速度也越快。

表9.3将大部分常见比较器的参数进行了对比。

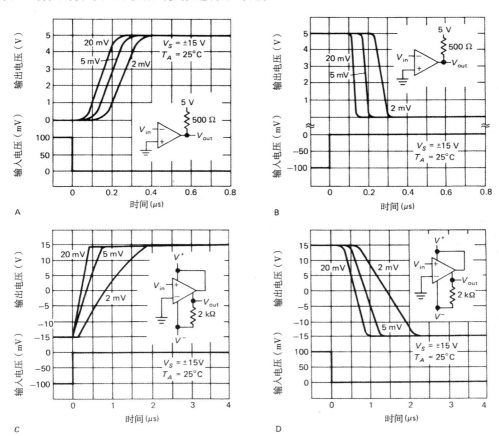

图 9.14　不同的输入过驱动情况下 LM311 比较器的响应时间

表 9.3　比 较 器

型号	Mfg[a]	数量/封装	t_r[b] 典型值 (ns)	V_{os} 最大值 (mV)	I_b 最大值 (μA)	CM 至 V_-[c]	共模输入范围[d] 最小值 (V)	最大值 (V)	最大差模输入电压[e] (V)	供电电源 正电源 最小值 (V)	最大值 (V)	负电源 最小值 (V)	最大值 (V)
CMP01C	PM	1	110	2.8	0.9	—	V_-	V_+	11	5	30	0	-30
CMP02	PM	1	190	0.8	0.003	—	V_-	V_+	11	5	30	0	-30
CMP04	PM	4	1300	1	0.1	•	-0.3	30	36	3	36	0	-30
CMP05	PM	1	40	0.6	1.2	—	V_-	V_+	5	5[i]	6	-5.2[i]	-18
LM306	NS	1	28	6.5	5	—	-7	7	5	12[i]	-	-3	-12
LM311	NS	1/2	200	3	0.1	—	V_+-30	V_-+30	30	5	30	0	-30
LF311	NS	1	200	4	0.00005	—	V_+-30	V_-+30	30	5	30	0	-30
LP311	NS	1	2000	7.5	0.1	—	V_-	V_-+30	30	3	30	0	-30
LM319	NS	2	80	4	0.5	—	V_-	V_+	5	5	30	0	-30
LM339	NS	4/2	1300	5	0.25	•	-0.3	36	36	2	36	-	-
LP339	NS	4	10 000	5	0.025	•	-0.3	36	36	2	36	-	-
TLC339	TI	4/2	2500	5	0.005[t]	•	-0.3	V_+	18	3	16	-	-
TLC3702	TI	2/4	2500	5	0.005[t]	•	-0.3	V_+	18	3	16	-	-
LM360	NS	1	14	5	20	—	V_-	V_+	5	4.5	6.5	-4.5	-6.5
LM361	NS	1	14	5	30	—	-6	6	5	5	15[j]	-6	-15
LP365	NS	4	2000	6	0.075	•	-0.3	36	36	2	36	0	-36
TLC372	TI	2/4	650	10	1 pA[t]	•	-0.3	18	18	2	18	-	-
CMP404	PM	4	3500	1	0.05	•	-0.3	V_+	V_+	5	30	-	-
TL510C	TI	1/2	30	3.5	20	—	-7	7	5	10	14	-5	-7
NE521	SN	2	11	7.5	20	—	-5	5	6	5[i]	-	-5[i]	-
NE522	SN	2	14	7.5	20	—	-5	5	6	5[i]	-	-5[i]	-
NE527	SN	1	33	6	2	—	-6	6	5	5	10	-6	-10
NE529	SN	1	20	6	20	—	-6	6	5	5	10	-6	-10
Am685	AM	1	6	2	10	—	-4	4	6	6[i]	-	-5.2[i]	-
Am686	AM	1	9	2	10	—	-4	4	6	5[i]	-	-6[i]	-
Am687	AM	2	7	2	10	—	-4	4	6	5[i]	-	-5.2[i]	-
Bt687	BT		1.8			—	-3.3	3.3		5[i]	-	-5.2[i]	-
AD790K	AD	1	35	0.3	3	•	-18	18	15	3.5	18	0	-18
TL810C	TI	1/2	30	3.5	20	—	-7	7	5	10	14	-5	-7
LT1011	LT	1	150	0.5	0.025	—	V_--0.6	V_++0.6	36	3	36	0	-36
LT1016	LT	1	10	3	10	—	V_-	V_+	5	4.5	7	0	-7
LT1017	LT	2	20 000	1	0.015	•	-0.3	40	40	1.1	40	-	-
LT1018	LT	2	6000	1	0.075	•	-0.3	40	40	1.1	40	-	-
LT1040	LT	1	80 000	0.5	0.0003[t]	•	V_-+0.3	V_+-0.3		2.8	16	-	-
SP1650B	PL	2	3.5[k]	20	10	—	-3	2.5	5	5[i]	-	-5.2[i]	-
EL2018C	EL	1	20	3	0.3	—	V_-	V_+	36	4.5	18	-4.5	-18
EL2019C	EL	1	6[l]	5	0.3	—	V_-	V_+	36	4.5	18	-4.5	-18
CA3290A	RC	2	1000	10	0.00004	•	V_--5	V_++5	36	4	36	-	-
RC4805A	RA	1	22	0.3	1.2	—	-4	4	3	4.5	5.5	-4.5	-16.5
HA4905	HA	4	150	7.5	0.15	•	V_-	V_+	15	5	30	0	-30
VC7695	VT	1	1.5	5	5[n]	—	-5	5	3.5	-	6	-	-6
VC7697	VT	2	2	5	5[n]	—	-5	5	3.5	-	6	-	-6
SP9685	PL	1	2.3	5	20	—	-5	3	5	5[i]	-	-5.2[i]	-
SP9687	PL	2	2.8	5	20	—	-5	5	5	5[i]	-	-5.2[i]	-
MC14574	MO	4	20 000	30	0.00005	•	-0.5	V_++0.5	V_+	3	15	-	-
SP93808	PL	8	1.0	3.5	9	—	V_-	V_+	3.8	1.5	7.3	-4.9	-5.5

a. 参见表 4.1 的表注。b. 过驱动为 5 mV 时有 100 mV 阶跃。c. 共模输入范围包括负电源电压。d. 不引起输入反向击穿的最大范围；在整个范围内不能正常工作。e. 两个输入端之间能够承受的最大电压。f. 能够在输入双极性电压的情况下驱动单极性逻辑电路。g. E-输出端（NPN射极开路）用来驱动 ECL 逻辑门；G-输出端（下）拉到地（输出）；R-低电平输出是饱和的 NPN 三极管与其他参考终端间的电压，而不是

型号	总电源电压 最小值 (V)	总电源电压 最大值 (V)	增益 典型值 (Ω)	是否有 GND 管脚	能工作在单 +5V 电压下	能否驱动 TTL	是否为双极性逻辑信号f	是否为集电极开路输出	是否主动上拉	有无 Q 和 $\bar{Q}$ 输出	有无控制管脚	有无锁存使能管脚	V_{OL}g	V_{max}h	注释
CMP01C	5	36	500 k	−	•	•	•	•	−	−	−	−	R	32	
CMP02	5	36	500 k	−	•	•	•	−	•	−	−	−	R	32	高精度
CMP04	3	36	200 k	•	•	•	•	−	•	−	−	•	G	30	高精度339
CMP05	9.5	24	16 k	•	•	•	•	−	•	−	−	−	G	-	快速、高精度
LM306	-	30	40 k	•	•	•	•	•	−	−	•	−	G	24	高输出电流
LM311	4.5	36	200 k	•	•	•	•	•	−	−	•	•	R	40	流行；双 = 2311
LF311	4.5	36	200 k	•	•	•	•	•	−	−	•	•	R	40	JFET 311
LP311	3	36	200 k	•	•	•	•	•	−	−	•	•	R	40	低功耗311
LM319	4.5	36	40 k	−	•	•	•	•	−	−	−	−	R	36	
LM339	2	36	200 k	•	•	•	•	•	−	−	−	−	G	30	推荐；低功耗；双 = 393
LP339	2	36	500 k	•	•	•	•	•	−	−	−	−	G	30	低功耗339
TLC339	3	16	-	•	•	•	•	•	−	−	−	−	G	18	MOSFET；双 = 393
TLC3702	3	16	-	•	•	•	•	•	•	−	−	−	G	V_+	MOSFET；四 = 3704
LM360	9	13	3 k	•	•	•	•	−	•	•	−	−	G	-	与760类似
LM361	11	30	3 k	•	•	•	•	−	•	•	•	−	G	7	与529类似
LP365	4	36	300 k	•	•	•	•	•	−	−	•	−	R	36	可编程@ I_{set} = 10 μA
TLC372	2	18	200 k	•	•	•	•	•	−	−	−	−	G	18	MOSFET；四 = 374
CMP404	5	30	400 k	•	•	•	•	•	−	−	−	−	G	-	低功耗
TL510C	15	21	33 k	•	•	•	•	−	•	−	•	−	G	-	TL514C = 双
NE521	9.5	10.5	-	•	•	•	•	−	•	•	−	−	G	-	
NE522	9.5	10.5	-	•	•	•	•	•	−	−	−	−	G	-	
NE527	10	20	-	•	•	•	•	−	•	−	•	−	G	15	带达林顿管的529
NE529	10	20	-	•	•	•	•	−	•	•	•	−	G	15	
Am685	9.7	14	1600	−	−	−	−	−	−	•	•	•	E	-	ECL；也叫CMP-07
Am686	9.7	14	-	−	−	−	−	−	−	−	−	•	G	-	最快的TTL比较器
Am687	9.7	14	-	−	−	−	−	−	−	•	•	•	E	-	ECL
Bt687	-	12	100	•	•	•	•	−	−	•	•	•	E	-	ECL；687型中最快的
AD790K	3.5	36	10 k	•	•	•	•	•	•	−	•	•	G	-	快速、单+5 V电源
TL810C	15	21	33 k	•	•	•	•	•	−	−	•	−	G	-	510 w/o STB；820C = 双
LT1011	3	36	500 k	•	•	•	•	•	−	−	•	•	R	50	改进的311
LT1016	5	14	3 k	•	•	•	•	−	•	•	•	−	G	-	单+5 V供电
LT1017	1.1	40	500 k	•	•	•	•	•	−	−	−	−	G	-	低功耗
LT1018	1.1	40	2 M	•	•	•	•	•	−	−	−	−	G	-	低功耗
LT1040	2.8	16	-	•	•	•	•	•	−	−	•	•	G	-	微功耗，采样
SP1650B	-	-	-	•	•	•	•	−	•	•	•	•	E	-	ECL；1651是最快的
EL2018C	9	36	40 k	•	•	•	•	•	•	−	•	•	G	-	快速，精确，高电压
EL2019C	9	36	-	•	•	•	•	•	•	−	•	•	G	-	快速，高电压，时钟驱动
CA3290A	4	36	150 k	•	•	•	•	•	•	−	−	−	G	36	MOSFET
RC4805A	-	22	20 k	•	•	•	•	•	•	−	•	•	G	-	高速，高精度
HA4905	5	33	400 k	−	•	•	•	•	•	−	•	•	R	-	输出级灵活
VC7695	-	12	-	•	•	•	•	−	−	•	•	•	E	-	超高速
VC7697	-	12	-	•	•	•	•	−	−	•	•	•	E	-	双高速
SP9685	-	12	300	•	•	•	•	−	−	•	•	•	E	-	高速的Am685, ECL
SP9687	-	12	300	•	•	•	•	−	−	•	•	•	E	-	高速的Am687, ECL
MC14574	3	18	100 k	•	•	•	•	•	−	•	−	−	G	V_+	CMOS，可编程@100 μA
SP93808	6.5	13	20	•	•	•	•	−	−	•	•	•	E°	-	超高速，8个

与地之间的电压。h. 输出端在内部能够上拉到的最大电压。i. 标称值。j. 需要额外的 +5 V 逻辑电源。k. 过驱动为 100 mV 时。（1）t_{setup}。n. 失调电流。o. 驱动 ECL 时需要 −5.2 V 和 −10 V 的电源。t. 典型值。

9.1.8 用 CMOS 和 TTL 驱动外部数字负载

用CMOS或者TTL逻辑电路的输出端可以很容易地驱动指示灯（LED）、继电器、显示设备甚至交流负载。图 9.15 给出了几种连接方法。电路 A 显示的是用标准 5 V 逻辑驱动发光二极管的方法。对于灌电流能力比拉电流能力强的TTL来说，LED最好接到+5 V；对于CMOS来说可以把LED接到 V_+，也可以接到地。LED 工作起来与普通二极管类似，典型工作电流为 5 ~ 20 mA 时对应的正向压降为 1.5 ~ 2.5 V。对于某些新型高效的 LED（例如 Stanley 公司的系列产品）来说，几毫安的电流就能使其发出很亮的光。除了外接分立的 LED 限流电阻以外，大部分生产商还提供具有内置限流电阻（或者限流器）的LED，可查阅 Dialight, General Instrument, Siemens 和 Hewlett-Packard 公司的产品目录。

电路 B 显示的是如何用逻辑门直接驱动 5 V 小电流继电器，与电路 A 一样是灌电流。该电路中的二极管非常重要，用来箝位电感两端的尖峰电压。这个继电器是标准的双列直插封装（DIP），线圈电阻为 500 Ω（电流为 10 mA，在大多数 5 V 逻辑电路的驱动能力之内）。在驱动高电压负载时，使用电路C到电路E都是很有效的。在电路C中，74LS26集电极开路与非门具有 15 V 最大输出电压，用来驱动 12 V 的继电器。在电路 D 中，用来驱动负载的是 75451 双外围驱动器，其最大驱动电流为 300 mA，最高驱动电压为 30 V。像这样的集电极开路设备输出电压可以达到 80 V 以上，而其电流驱动能力更强，例如 National 公司的 DS3600 系列和 Sprague 公司的大功率驱动器系列（UCN/UDN/ULN），都有 DIP 封装的八驱动器型号。在电路 E 中，我们使用了一个低门限值电压的 N 沟道型功率 MOSFET，由于其输入阻抗高，因而用起来非常方便。TTL 高电平的下限只能保证 2.4 V，因此如果用 TTL 电平来驱动它，最好使用上拉电阻，以保证传输的可靠性。

前面提到的那些电路对HC, LS或者74C系列逻辑门可能不适用，因为它们的输出驱动能力有限（灌电流分别为 5 mA，8 mA 和 3.5 mA）。在驱动较大功率 LED 的时候可以考虑在它们之间加上 74AS1004 之类的芯片，这是一款"强健的"六反相器（灌或拉电流高达 48 mA）。因为从负载来的电流会通过芯片一直流到电源地，所以用逻辑电路芯片直接驱动大电路负载时要特别注意使用粗一些的地线，在某些情况下最好使用单独回路。

电路F显示的是如何用 5 V 逻辑电路通过驱动 NPN 型三极管来控制高电流负载的开关。如果需要控制更大的电流，就要使用两个三极管，如电路G所示。电路H和电路I显示的是如何驱动接到负电源的负载，逻辑门输出的高电平会使 PNP 型三极管饱和导通。电路 H 中的电阻（或者说是门电路的正向输出电流范围）决定了射极电流的大小，从而也决定了集电极（负载端）的最大电流。而在改进的电路I中，NPN型射极跟随器起到了缓冲的作用，输出部分串联的二极管是为了防止负载的摆幅超过零电平。在这两个电路中，负载的最大电流都等于驱动 PNP 型三极管的射极电流。在市场上可以买到具有以上功能的集成电路产品，它们具有与 CMOS/TTL 兼容的输入电平和高电压输出，驱动能力高达数百毫安，具体信息可查阅 National 公司的 DS3687（300 mA，−56 V）和 Sprague 公司广受欢迎的 UDN 系列产品。

如果我们使用的是小电流的4000B/74C系列（输出驱动能力几乎只有 1 mA），哪怕只是用来驱动发光二极管，一般都需要在它们之间加上一些驱动能力强的芯片。电路 J 显示的就是如何用 4050 六缓冲器来驱动一个 LED，在芯片电源电压为 5 ~ 15 V 时，对应的灌电流为 5 ~ 50 mA（驱动能力随电源电压的升高而增强）。电路 K 和电路 L 中使用的是驱动能力更强的芯片：40107 的输出端采用漏极开路 N 沟道 MOS 管，具有良好的灌电流能力（电源电压为 5 ~ 15 V 时对应的灌电流为 16 ~ 50 mA）；DS3632 采用 NPN 型达林顿管，驱动能力更是高达 300 mA。当然，使用外置的三极管分立器件也是可以的，例如电路 G 和电路 I，但是它们受基极电流小的限制（小于 1 mA），而电路 E 使用的是 N 沟道 MOSFET 分立器件，可以与输出能力弱的 CMOS 器件很好地配合。

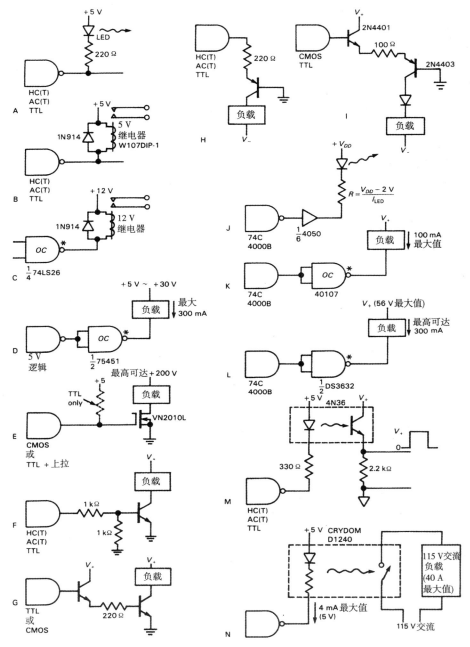

图 9.15　用逻辑电平驱动负载

为了驱动分立负载或者具有单独回路的负载，最好的方法是使用光耦合器。这种器件的驱动端是一个发光二极管，而负载端是一个光电感应器。不同型号的光耦具有不同的速度和输入输出配置（输入端逻辑电平兼容型或者只有 LED 型；逻辑电平输出型、饱和三极管或达林顿管输出型、MOSFET 管输出型、SCR 或者可控硅输出型；参见图 9.26）。电路 M 显示的就是一种光耦的典型应用，该电路使用了比较流行的 4N36，LED 输入，NPN 型三极管输出，隔离电压为 2500 V，开关速度为 4 μs，最小电流传输比为 1.0，因而需要使用与最大输出电流大小相等的电流来驱动 LED。有些光耦的输入和输出都使用逻辑电平，使用起来非常方便。例如 General Instrument 公司的 74OL6000 具有与 LS 系列兼容的输入输出电平，传输时延为 60 ns（15 MHz），隔离电压为 2500 V。

为了驱动交流负载，最简单的方法就是使用"固态继电器"，如电路 N 所示。它由一个光电耦合可控硅组成，与逻辑输入电平兼容，控制 115 V 交流负载时可承受 1~40 A 的负载电流。小电流继电器可以做成双列直插（DIP）封装（例如 International Rectifier 公司的 "chipswitch" 系列），而大电流系列采用的是大约 2 平方英寸左右的长方体焊线式封装。当然，我们也可以使用普通的继电器来驱动交流负载，但是一定要仔细核对器件的具体参数，因为大部分逻辑电平驱动的小电流继电器都驱动不了大电流负载，因此不得不用逻辑电平继电器来驱动负载电流比它稍大的继电器。大多数固态继电器都采用"过零"（或者称为"零电压"）开关技术，也就在零电压处导通，在零电流处关断，这种优秀特性能够有效地减少毛刺，防止开关瞬态噪声进入电力线。交流电力线上的"垃圾"大部分都来自没有采用过零技术的可控硅设备，例如用在电灯上的相位控制调光器、恒温槽、电动机等。有时我们也会看到用脉冲变压器来代替电路 N 中的光耦的情况，此时该器件用来耦合触发信号和可控硅。

在驱动 7 段码显示器时，最好使用集成译码器 / 驱动器产品。这些产品种类繁多，包括能驱动 LED 或 LCD 的灌电流或拉电流产品等。最常用的就是 74HC4511（驱动共阴极 LED）和 74HC4543（驱动 LCD）锁存 / 译码 / 驱动器。关于这些内容在光电子部分会有更多的介绍（见 9.1.10 节）。

9.1.9 与 NMOS 大规模集成电路的接口

如今大部分大规模和超大规模集成电路（LSI, VLSI）都采用 CMOS 设计，它们的接口方法与我们在前面提到过的 5 V CMOS 逻辑门和其他中规模集成电路（MSI）相同。然而，为了简化设计，提高集成度，在过去很长一段时间内 LSI 和 VLSI 芯片采用的都是 N 沟道增强型 MOSFET 管设计。鉴于这种 NMOS 逻辑电路的广泛使用，我们有必要了解 NMOS 与 CMOS/TTL 直接的接口方式，以及它们的输入输出端与外部分立电路的连接方法。大部分 NMOS 大规模集成电路芯片都与 TTL 电平兼容，然而还有一些地方需要注意。

NMOS 输入

图 9.16 显示的是 N 沟道 MOS 芯片的输入电路，它与 TTL 输入电平兼容。Q_1 是一个反相器，Q_2 是一个用来提供上拉电流的小尺寸电源跟随器（由于三极管尺寸太大，所以 MOSFET 被广泛用做漏极负载）。Q_2 的另一种表示符号也被广泛使用，如图 9.16 所示。在现代硅栅极设计中，输入晶体管的门限值电压在 1~1.5 V 之间，所以 TTL 或者 CMOS 可以直接驱动它。在一些比较老的设计中，门限值电压在 2~3 V 之间，所以用 TTL 驱动它时最好使用一个 1~10 kΩ 的上拉电阻；一般来说使用 CMOS 驱动时不需要使用上拉电阻。

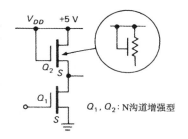

图 9.16　NMOS 逻辑的输入电路

NMOS 输出

5 V 的 NMOS 逻辑的输出级电路如图 9.17 所示。Q_1 是一个开关，Q_2 是一个电源跟随器。为了能输出低电平，Q_1 的栅极被拉到 +5 V，迫使输出电压在 0.5 V 以下（尽管会吸收几毫安电流）。相比之下，输出高电平时的情况就不那么乐观。TTL 输出高电平的最小值为 +2.4 V，此时 Q_2 的栅极和源极之间电压只有 2.6 V，导致 R_{ON} 相对较大，当输出电压更高时，情况会变得更糟。

图 9.18 就说明了这个问题。在输出电压为 +2.4 V 时，NMOS 输出端驱动能力仅为 0.2 mA（拉电流），驱动 TTL 时这是可以的，而驱动 5 V 的 CMOS（使用上拉电阻或者在中间加上 HCT 或 ACT 逻辑门）就非常勉强了，在图 9.19 所示的电路中则是灾难性的。

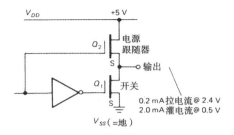

图 9.17　NMOS 逻辑的输出电路

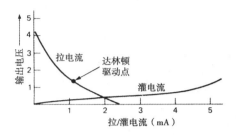

图 9.18　NMOS 输出端的拉电流和灌电流能力

为了与复用型数码管的电流相配合（导通时为 25~50 mA），NMOS 在输出电压为 +4.1 V 时对应的输出电流必须在 1 mA 左右，而那是不可能的，因为 V_{GS} 只有 0.9 V，可能比场效应管的门限值电压还低，而且前面也提过，为了能够承受 ±10% 的波动，逻辑电路的电源电压会低到 +4.5 V。为了用 NMOS 驱动 LED（或者其他大电流设备），图 9.20 中的电路是一个比较好的选择。

在第一个电路中，NMOS 输出低电平时的灌电流为 2 mA，使 PNP 型三极管导通。在第二个电路中，NMOS 电路输出高电平时，输出端的小电流就能使 NPN 型达林顿管导通。该电路把输出的高

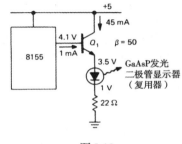

图 9.19

电平箝位在两倍二极管导通电压以上，这样看起来似乎不太好，但这正说明 NMOS 的输出端可以通过这种方式接地，用很小的电流就能够驱动达林顿管的基极（射极接地），而不对器件造成损坏。NMOS 输出端到达林顿管基极的拉电流典型值为 2 mA，对应电压为 +1.5 V，这使得达林顿管（例如 75492 六达林顿管阵列集成电路）的输出灌电流能力可以达到 250 mA，对应电压为 1 V。Sprague 公司的 ULN 系列中有好几种双列直插封装的六或八达林顿管阵列。

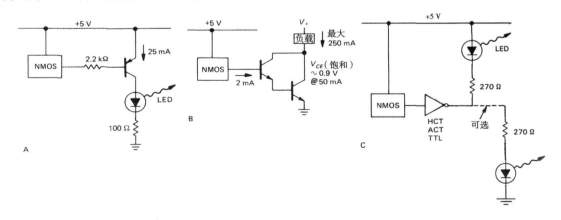

图 9.20　用 NMOS 逻辑驱动负载

最后，我们也可以在 NMOS 和负载之间加上 HCT 或者 ACT（甚至 TTL）逻辑门作为缓冲，因为 NMOS 与这些门电路的输入端电平是完全兼容的。缓冲后的输出端可以承受来自负载的灌电流，我们也可以利用 HCT 或者 ACT 来提供拉电流，因为 CMOS 系列的灌、拉电流驱动能力是相同的。

9.1.10 光电子

在最后两章中，根据需要，我们在许多电路中都用到了LED指示灯和LED数码管显示设备。LED在广义上属于**光电子**领域，有的显示设备也采用其他技术，特别是液晶、荧光和气体放电。除了指示和显示用途之外，另外一些设备也属于光电子领域，例如光耦合隔离器（"光耦"）、固态继电器、位置传感器（光遮断器和反射式传感器）、激光二极管、阵列检测器（"电荷耦合元件"，或者称为CCD）、图像增强器以及用于光纤通信的一系列器件。

我们还可以举出更多各种用途的光电设备，但在这里需要着重考虑的是它们与逻辑电路之间的接口问题。

指示灯

如果给电子设备配上彩色的灯光，那么它们看起来会更舒服，用起来也会更有趣。发光二极管将这个愿望变成了现实。我们可以买到各种封装的红色、黄色和绿色指示灯，其中最常用的是（a）仪器面板上的指示灯和（b）用于印制电路板（PCB）的指示灯。各种类型的LED在相关的产品目录中有详细的介绍，它们的区别在于尺寸、颜色、效率和照明角度，最后的这个特性需要解释一下："高亮度"LED内部掺有散射物质，所以这种发光二极管从各个角度看上去都非常亮，它的发光性能是最好的，但是一般也更贵一些。

从电气性能上看，LED类似于一个二极管，其正向压降为2 V（它们由磷砷化镓制成，带隙比硅二极管宽，因此正向压降也比硅二极管大）。一般来说，面板型高亮度LED指示灯在10 mA的正向电流下亮度比较高，如果用在仪器内部的电路板上，所需电流可以为2～5 mA，特别是在使用窄视角LED的时候。

图9.21显示的是如何驱动LED指示灯，其中大部分电路都很简单，但是要注意双极型TTL的**拉电流**能力很弱，所以需要把电路设计成输出低电平时LED导通。相比之下，CMOS系列的拉、灌电流能力相当。NMOS的拉电流能力和双极型TTL一样弱，同时灌电流能力也非常有限，所以在使用时最好加上缓冲器（HCT门是个比较好的选择）或者分立MOSFET。还需要注意的是，有些LED指示灯内部带有限流电阻（甚至是内置恒流电路），在这些情况下，外部的限流电阻可以省去。

在市场上也可以买到2，4或者10个LED一行组成的阵列，它们是为印制电路板设计的。10个LED的阵列实际上可以用来显示线性"柱状图"，它们的封装有竖直的和直角的。还可以买到双色面板用指示灯（红色和绿色封装在一个无色LED里面），这种LED非常有用，其颜色的变化可以用来指示设备的好坏状态。

我们使用过一些厂家生产的LED指示灯，例如Dialight，General Instrument，HP，Panasonic，Siemens和Stanley公司的产品，最后的这个厂家以生产高功效LED指示灯而出名，在电子产品展览会上，我们可以很容易地找到它们的展位，因为它们五颜六色的产品往往是最吸引观众的。

显示设备

显示设备指的是用来显示十进制数、十六进制数（0~9以及A~F）或者字母符号的光电设备。当今最流行的显示技术是LED和LCD（液晶显示）。LCD技术更新一些，它的优点突出体现在（a）电池供电设备；（b）户外或环境光较强的设备；（c）需要显示自定义符号或图形的设备；（d）需要显示许多位字符的设备。相比之下，LED使用起来更容易，特别是只需要显示几位字符的时候。LED有3种显示颜色，在弱光下显示效果较好，良好的对比度使它们看起来没有LCD显示设备那么费力。

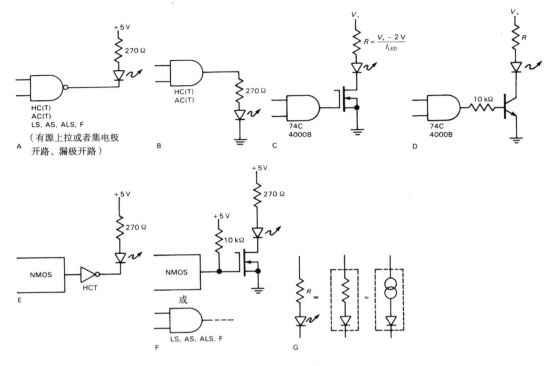

图 9.21 驱动 LED 指示灯

为了显示多位字符，例如 1 行或者 2 行文本，气体放电（等离子）显示器比 LCD 更胜一筹，特别是在对清晰度和对比度要求很高的情况下。但是这种显示设备比 LCD 更耗电，毕竟 LCD 显示器一般都是用在电池供电设备上的。

LED 显示器 图 9.22 显示的是几种不同类型的 LED 显示器，其中 7 段数码管是最简单的，它可以显示 0~9 以及十六进制的 A~F（虽然只能粗略地显示出 "AbcdEF"）。我们可以买到各种尺寸的 7 段码显示器，此外还有 2，3，4 和 8 个数码管封装在一起的型号（一般称为 "复用"，它们以很快的速度每次显示 1 个字符，从而达到显示 1 行字符的目的）。单字符数码管显示器有 7 个数码段管脚以及一个共用的电极管脚，共

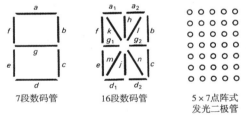

图 9.22

用电极有两种选择："共阴极" 和 "共阳极"。多字符数码管显示器将每个 7 段数码管的共用电极独立引出来，但是将每个数码管相应的数码段管脚合在一起，以达到复用的目的。

对于 16 段码显示器和 5 × 7 点阵式发光二极管来说，有两类型号可供选择："普通型" 和 7 段数码管一样提供数码段管脚和共用管脚；"智能型" 内置译码和驱动电路。

在进行一般性讨论之前我们先看一些例子（如图 9.23 所示）。第一个电路显示的是如何驱动一个共阴极 7 段码显示器，其中 HC4511 是一个 "BCD-7 段码译码/锁存/驱动器"，在输出电压为 +4.5 V 时其拉电流大约为 15 mA，串联电阻是为了保证流过数码管的电流在这个范围内（正向压降为 2 V），在市场上可以买到单列直插封装（SIP）的等值排电阻。

在使用了复用显示技术以后，即使驱动多位数码管也只需一个译码器，图 9.23B 显示的就是这种技术。该电路中使用了一块内置 7 段码复用驱动器的 4 位计数器芯片 74C925（属于大规模集成电

路），该芯片依次驱动每个数码管的数码段（输出高电平，驱动能力很强），同时用位数输出管脚A~D控制相应数码管的通断。除了位数输出管脚的连接方式以外，电路中的其他部分都很容易理解，其实 74C925 这 4 个输出管脚连上三极管的作用是缓冲和限流。

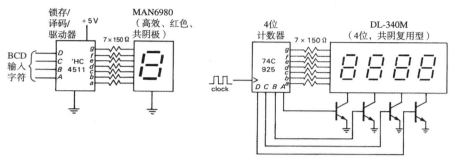

A. 单字符数码管　　　　　　　　　　　　B. 复用型数码管

图 9.23　驱动 7 段数码管

图 9.24A 显示的是如何驱动单个 5 × 7 点阵式发光二极管，使其能够显示十六进制数。其中的 HP 5082-7340 就属于我们前面提到的"智能型"显示器。其内部集成有锁存器、译码器和驱动器，我们所需要做的就是为数据输入端置数（4 位），等待至少 50 ns，然后将锁存输入端置高电平使能。如果不需要锁存，只需将锁存输入端置低电平。在图 9.24B 中使用的是西门子公司的一款"智能"显示器，该显示器由 4 个 16 段数码管组成。这个电路看起来与内存和微处理器之间的连接方式非常类似，关于这些将会在下面两章中介绍。长话短说，我们需要做的就是为数据输入端置数（7 位），提供需要驱动的数码管的位置（"地址"，2 位），然后使能 $\overline{\text{WR}}$（写使能），这样数据就被存储到显示器内部，相关的数码管就会显示出新的字符。图 9.25 列出了它能够显示出的字符码表。

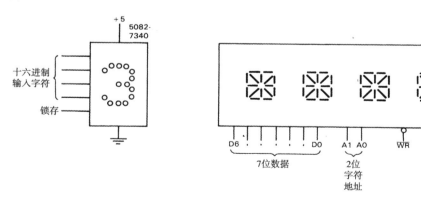

A. 单个 5 × 7 点阵式发光二极管　　　　B. 4 字符 16 段可寻址显示模块

图 9.24　集成显示设备

如果我们想用普通型显示器（因为有时买不到智能型的），而又习惯了智能型的简单易用，那么可以使用 Intersil 公司的 8 位 ICM7218/28，它们的作用就像内存与微处理器之间的连接，可以很好地驱动普通型 LED 显示器。另一种方法是让微处理器来实现这些译码和驱动的功能，用它的"并口"来驱动 LED，关于这些情况在我们学习了有关微处理器的章节（见第 10 章和第 11 章）以后会更加清楚。

图 9.25 西门子 DL-3416 16 段码显示器的字符码表

LCD 和气体放电显示器。 前面对于 LED 的讨论大部分都适用于 LCD，然而还是有一些不同之处。首先，LCD 只能用交流波形驱动，否则它们的液晶部分容易老化，因此 LCD 驱动芯片一般都能够产生方波形式的数码段驱动信号，并且与 LCD 的读写使能信号同步。比较典型的产品是 'HC4543，它是 'HC4511 LED 锁存 / 译码 / 驱动器的 LCD 版本。

关于 LCD 显示器的另一个不同点是我们很少会见到单字符的显示模块，它们一般都有比较大的显示面板，能够同时显示一行或者两行文字。生产厂家也意识到 LCD 产品使用上的复杂性，所以它们的产品非常智能化。一般在电路中使用微控制器来与 LCD 连接，所以这些显示模块都设计得类似存储器（就像图 9.24 中的那个显示器一样），无论我们写入什么数据都会被显示出来。有些更先进的产品甚至能够在内部存储一些短信息或者通过串行口与外部通信，相关的产品信息可查阅 EEM（见参考文献）。

我们可能会在一些较贵的移动计算机上见到气体放电显示器，它们能够显示出非常漂亮的橙红色字符，但需要较高的驱动电压，生产厂家一般会提供专用的驱动电路。我们可以买到单字符或者复用型的模块，也可以买到带有完整存储器和接口的大尺寸多字符显示面板，Cherry 公司就有这样的产品。它们带有电池供电的存储器，可以存储 512 条短信息，能够显示实时数据，而且其存储器是可编辑的。我们甚至可以把这类产品看成一台带有显示设备的计算机，而不仅仅是普通的显示器。

光耦合器和继电器

发光二极管外加一个贴得很近的光电感应器就组成了一种非常有用的器件——光耦合器（或者称为**光隔离器**）。简单地说，使用光耦合器可以在几个不共地的分立电路之间传递数字信号（有时也有模拟信号）。这种"耦合隔离"可以有效地防止设备与远端负载间的接地回路，这对于与交流电源相接的电路来说至关重要。例如，如果我们希望通过微处理器输出的数字信号来控制加热器的开关，就需要用到"固态"继电器，这是一种由 LED 和大电流可控硅耦合组成的设备。有些交流开关电源（例如 IBM PC-AT 上用的）就使用光耦来隔离反馈回路（见 6.5.4 节）。高压供电设计人员有时也借助光耦使信号在高压电路中传输。

除了这些以外，在我们经常接触到的电路中，光隔离器也发挥了重要的作用。例如光电场效应管可以消除模拟开关的电荷注入效应，在采样 – 保持电路和积分器中也能够达到同样的效果。在驱动工业电气回路、电锤等时，光隔离器能够为我们减少很多麻烦。此外，耦合隔离在高精度、低电压电路中使用起来也很方便，例如用好 16 位模 – 数转换器比较难，因为输出的数字信号（以及与转换器输出端相连的数字地噪声）会反馈到模拟输入端，而如果在数字部分使用光隔离器，则会彻底摆脱恼人的噪声干扰。

　　一般来说光耦合器能够提供2500 V（均方根值）的隔离电压以及高达10^{12} Ω的绝缘电阻，输入和输出端之间的耦合电容低于1 pF。

　　在介绍真正的光耦合器之前，先简单了解一下光电二极管和光电三极管。可见光能在硅中引起电离，并在暴露的基区产生电荷对，这与在基区加上外部电流非常类似。使用光电三极管的方法有两种：（a）只使用基极和集电极管脚，将其作为**光电二极管**。在这种情况下，探测到的光电流大小为驱动LED所需电流大小的百分之几。无论是否加上偏置电压，光电二极管都能产生光电流，因此可以将其放置在集成运算放大器的反相输入结点处（虚短电路），或者再加上反相偏置（如图9.26A和图9.26B所示）。（b）如果将光电管产生的电流作为基极电流，那么该电流就会被三极管放大，使I_{CE}增加到以前的100倍，这时必须为三极管加上偏压，如图9.26C所示。由于使用的是基极开路，所以电流增大的代价就是响应速度变慢。可以在基极和发射极间直接加上一个电阻以改善响应速度，然而因为当光电三极管的电流不足以在外接电阻上产生较大的V_{BE}时，它就不会导通，所以这样做会产生门限值效应。在数字电路中，这种门限值效应比较有用，但在模拟电路中这种非线性是我们不希望看到的。

　　图9.26D至图9.26S显示的是我们可能遇到的绝大部分典型的光耦应用电路。最早生产（而且也是最简单）的光耦是4N35，它由电流传输比（CTR）为40%（最小值）的LED-光电三极管对组成，负载电阻为100 Ω时关断延迟时间（t_{OFF}）为5 μs。电路E显示了它的用法：逻辑门和限流电阻产生8 mA的驱动电流，相对较大的集电极电阻能够保证三极管充分饱和。注意，在这里使用了一个施密特触发反相器，这种设计很好，因为开关所需的时间较长。我们可以买到电流传输比为100%或者更高的LED-光电三极管对（例如MCT2201的CTR最小值为100%），也可以买到LED-达林顿管对（如图9.26所示），但是它们比普通光电三极管的速度还要慢！为了加快速度，生产商有时使用独立的光电二极管和独立的三极管，例如图9.26中所示的6N136光耦和6N139达林顿型光耦。

　　这些光耦看起来不错，但用起来却不那么方便，因为我们需要分别为输入端和输出端的器件提供电源。而且，输入端电流几乎到逻辑门电路的驱动极限，输出端的无源上拉电路也容易受到缓慢的开关速度以及普通噪声的干扰。为了弥补这些不足，半导体大师们设计了"逻辑型"光耦，图9.26I中的6N137就是最初的型号之一。它具有二极管输入和逻辑电平输出，然而在使用时还是需要较大的输入电流（最小6.3 mA才能保证正常的逻辑电平输出），好在输出端能够得到非常规整的逻辑电平和较快的速度（10 Mbps）。需要注意的是，我们必须为其内部电路提供+5 V电源。新一些的产品（例如General Instrument公司的74OL6000，如图9.26J所示）几乎提供了所有我们希望的性能：接受逻辑电平输入；既有推挽式输出的型号也有集电极开路输出的型号；这些光耦的工作速度高达15 Mbps。因为输入和输出端都是逻辑电路，所以芯片的两端都需要逻辑电源供电。

　　接下来图9.26显示了一些特殊光耦的电路。IL252将两个LED管背靠背地连接起来，让我们可以用交流电来驱动。IL11使用了宽隔离带（封装也比较宽）以获得高达10 kV（均方根值）的隔离电压，相比而言其他的光耦只能达到2.5 kV（均方根值）。H11C4是一个光电可控硅，在开关高电压和大电流时非常有用。MCP3023将其中的单向可控硅换成了双向可控硅，因而可以直接驱动交流负载，如图9.15N所示。在驱动交流负载时，最好在交流波形过零的时候开关负载，因为这样做能够防止电压毛刺进入电力线。这种想法实现起来非常简单：只需使用内置"零电压开关"电路（该电路能防止可控硅在下一个过零点到来之前导通）的光电可控硅。图中的MCP3043以及前面提到的大电流"固态继电器"就带有这种电路。IR公司的"ChipSwitch"系列光电可控硅有16脚双列直插（但是有4个脚没有引出来）封装的DP6110以及使用散热片的大功率军用型号D2410和D2475（封装尺寸为1.75″ × 2.25″ × 1″）。

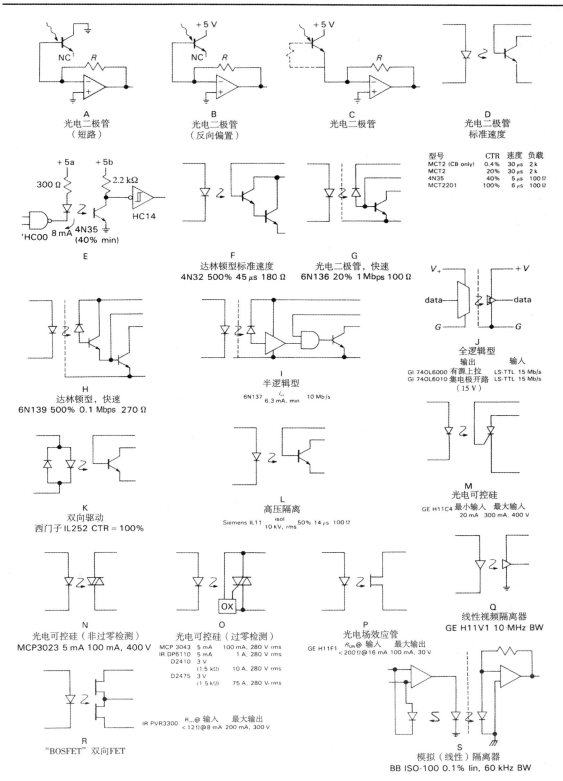

图 9.26　光电耦合器

图9.26中的其他光耦是用来处理线性信号的。H11F系列光电场效应管可以用做隔离可变电阻器或者隔离模拟开关，它对逻辑电平完全兼容，不会发生可控硅锁定或者电荷注入效应，在采样/保持电路或者积分器电路中可以使用它。PVR系列"BOSFET"和它类似，只不过输出端换成了两个串联的功率MOSFET管，这种产品主要是用来直接驱动交流负载的，跟光电可控硅比较相似。H11V1是一个线性视频隔离器，带宽达10 MHz。Burr-Brown公司的ISO-100是一款智能型模拟隔离器，它内部的LED与两个配对的光电管相耦合，其中一个用来提供反馈回路，以增加第二个光电管耦合响应的线性度。

□ 光遮断器

我们可以用光电三极管来探测物体位置或者动作的变化。"光遮断器"是由一个LED和一个耦合的光电三极管组成的，两者之间的距离为1/8英寸。它能够探测到不透明带的存在，例如槽盘旋转时的情况。还有一种遮断器将LED和光电三极管面朝同一个方向，利用附近物体的反射来进行探测（大多数情况下是这样的），如图9.27所示。光遮断器可用于磁盘驱动器和打印机，来探测其中的活动部分是否走到头。我们可能还听说过光学"旋转编码器"这种产品，当它的轴转动时能够产生正交的脉冲序列（两个输出端，相位差为90°），这种产品可以取代控制面板上常用的多圈线绕电位器，参见11.2.5节。在我们打算使用光遮断器或者反射型传感器时，最好先看看有没有功能相同的霍尔器件替代品。霍尔器件通过磁场感应器来进行探测，在汽车的点火电路中广泛应用，取代了机械式点火。

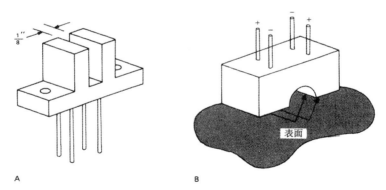

图9.27　A. 光遮断器；B. 反射型物体传感器

□ 发光器件和光传感器

前面介绍过了LED作为显示器和光耦时的作用。光电子技术的一项新进展是一种廉价的固体**激光二极管**，跟普通的散射型LED不同，它能够使光能非常集中。打开便携式CD机上盖的时候即可看到它。激光二极管的价格大概是20美元，消费类电子公司都有生产和销售（松下、三菱、夏普和索尼等）。典型的激光二极管在电流为80 mA时能够产生10 mW、波长800 nm的光（不可见光，在"近红外区"），管子的正向压降为2 V。光束从一块很小的砷铝化镓半导体上发出，发射角大概是10°～20°；通过透镜校正后它能够变成焦斑非常小的平行光。激光二极管在光纤传输领域中得到了广泛的应用。

另外一项新进展是高密度线性LED阵列，其密度为300个发光管/平方英寸以上，它可以用于LED打印机。如果半导体技术发展顺利，这种打印机很有可能取代激光打印机，因为它们的结构更简单可靠，而且有更高的分辨率。

在光传感器领域也产生了一些能够取代普通光电二极管和光电三极管的新技术,特别是在改善速度和灵敏度的方面。我们将在 15.2.2 节中讨论 PIN 二极管、CCD 和光增强器。

9.2　数字信号和长线传输

使用电缆在设备之间传送数字信号时可能会遇到一些特殊的问题,例如快速信号的电容负载效应、共模干扰以及“传输线”效应(这是阻抗不匹配的反映,参见 13.2.1 节)。为了保证数字信号传输的可靠性,需要使用特殊的技术和接口芯片。这些问题有时候在单块电路板上也会出现,所以了解一些数字传输技术是非常有用的。我们将先从电路板上的问题谈起,然后讨论板卡之间以及总线上的信号传输问题,最后讨论设备之间通过双绞线或者同轴电缆传输数据的情况。

9.2.1　电路板上的连接

输出级电流的瞬态变化

TTL 和 CMOS 集成电路的推挽式输出电路由 V_+ 和地之间的一对晶体管组成。输出端状态发生变化时会产生一个短暂的中间状态,此时两个晶体管都导通,有脉冲电流从 V_+ 流向地,致使正电源线产生负电压毛刺,地线产生正电压毛刺,如图 9.28 所示。假设 IC_1 的输出状态发生变化,此时会有很大的瞬态电流从 +5 V 流向地,74Fxx 或 74AC(T)xx 系列的电流甚至可以达到 100 mA。图 9.28 中表明了其流向。这个电流,加上 V_+ 以及地管脚上的电感,会引起短时的尖峰电压(相对于参考点来说),如图 9.28 所示。虽然这些毛刺持续的时间只有 5 ~ 20 ns,但它们会导致很多问题。假设有一个 IC_2 正好位于这块芯片边上,它本来是输出低电平来驱动远端的 IC_3,而 IC_2 地线上的正电压毛刺也会出现在其输出端上,如果毛刺的幅度足够大,这个高电平毛刺会对 IC_3 的输出产生影响,导致 IC_1 输出一个完整的干扰脉冲电平,从而使本来运行良好的电路发生逻辑混乱。我们根本就不需要用什么触发器,这种地电流尖峰干扰就能够导致恶劣的后果。

消除这种干扰的最好方法如下:(a)在整个电路中使用大面积地线包围屏蔽,甚至可以加一块大的“地线板”(一整块用来作为地线的双面印制电路板);(b)在电路中大量使用旁路电容。地线的面积越大,尖峰电流幅度就越小(因为电感和电阻就越小)。电路板上遍布于 V_+ 和地之间的旁路电容意味着尖峰电流只沿着短回路传输,而且更小的电感也能够减小尖峰电流的幅度(电容的效果就像一个电压源,它的电压不会因为尖峰电流而发生显著变化)。最好在集成电路芯片附近使用容量为 0.05 ~ 0.1 μF 的电容,每 2 块到 3 块芯片使用一个电容就够了。此外,最好在电路上使用一些容量更大的钽电容(例如 10 μF,20 V)作为储能元件。顺便说一下,在电源线与地之间加旁路电容在所有电路中都是值得推荐的,无论是数字还是模拟电路。它们能够保证电源在高频下是一个低阻抗的电压源,防止信号通过电源线在电路间发生耦合。没有旁路的电源会引起各种奇怪的错误、振荡以及许多令人头痛的问题。

驱动容性负载时产生的毛刺

即使在电源处使用了旁路电容,还是有可能出现一些其他的问题,如图 9.29 所示。数字输出端将导线上的分布电容以及它所驱动芯片的输入电容(典型值为 5 ~ 10 pF)作为其总负载的一部分。因此,为了实现快速状态转换,芯片的灌电流或者拉电流必须非常大,计算公式为 $I = C(dV/dt)$。例如,假设一块 74ACxx 系列芯片(输出幅度为 5 V,传输时延为 3 ns)驱动的总负载电容为 25 pF(相当于连接了 3 个或 4 个逻辑负载),那么输出逻辑状态转换时的电流可达 40 mA,这几乎达到了其驱动能力的极限! 这个电流会反馈到地(如果电平转换是从高到低)或者 +5 V 电源(如果电平转换是从低到高），结果是在输出端产生毛刺（当这种效应很严重时会是什么情况，假设导线上的电感为 5 nH/cm，承载电平转换电流的地线上每一英寸就会产生电压 $V = L \, (dI/dt) = 0.2$ V 的毛刺）。如果该芯片是一个八缓冲器，且正好其中6个输出端同时发生电平转换，那么地线上毛刺的电压幅度会超过 1 V，如图 8.95 所示。因为驱动端的尖峰电流会通过被驱动设备的输入电容返回到地，类似的地线尖峰电流也会出现在被驱动的芯片上（虽然幅度一般会小一些）。

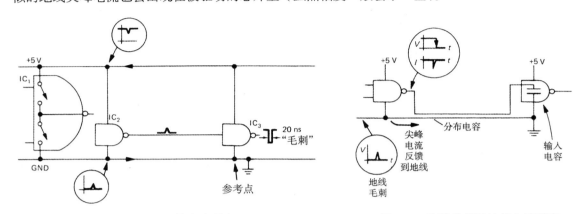

图 9.28　地线电流噪声　　　　　　　　图 9.29　容性负载的地线电流噪声

在同步时序电路系统中，许多设备的输出端电平可能同时发生转换，毛刺和噪声将非常严重，以至于电路无法可靠地工作。这个问题在大尺寸印制电路板上尤为严重，因为器件间的连线以及地线更长。如果一组数据线恰好同时发生从高到低的电平转换，将产生非常大的地线电流，可能使整个电路发生逻辑错误。这种偶发性故障是由噪声引起的，它也说明了为什么有必要对微处理器系统的扩展存储器进行测试（这种测试使存储器的16根数据线和24根地址线同时发生电平状态转换）。

最好的设计方法是使用大面积地线（以减小电感）。最好能够在多层印制电路板中使用单独的地线层（参见第 12 章），即使没有这个条件，至少也要在双层电路板的两面都覆上"网格状"地线。此外，大量使用旁路电容也是必需的。这些问题在高电压 CMOS 上不那么明显（因为其状态转换比较慢），而在 F，AS 以及 AC（T）系列逻辑电路中非常严重。事实上，AC（T）系列的这类问题非常突出，以至于生产厂家不再把芯片上电源和地的管脚位置设计成"边角型"，而是设计成"中间管脚"，因为把电源和地的管脚放在一排管脚的中间会减小其内部的电感。此外，有的厂家还使用了多达4个的邻近管脚，以进一步降低对地电感。考虑到这些噪声问题，设计时最好使用更加高速的数字逻辑芯片，这正是为什么我们推荐 HC 系列，而不推荐 AC 系列的原因。

9.2.2　板卡间的连接

当信号在板卡间传输时，出问题的可能性会成倍增加。因为导线上的电感会更大，电缆、接口和板卡扩展设备等也使地线变得更长，由于电平转换引起的尖峰电流幅度也会更大，产生的问题也更严重。如果可能，尽量避免在电路板间用大扇出系数的芯片来传输时钟信号，而且最好使用各自电路板上的电源地。如果需要在两块板卡之间传输时钟信号，一定要在两块电路板上都使用逻辑门来作为输入缓冲。在某些要求非常高的情况下需要使用专用的驱动器和接收器芯片，我们在后面会讨论这个问题。在大多数情况下，最好将关键电路放在同一块电路板上，这样可以控制地线回路的电感，并使导线上的分布电容降低到最小。千万不要低估在几块板卡之间传输快速信号时可能会遇到的问题，这些问题可能会成为整个项目中最令人头痛的症结。

□ 9.2.3 数据总线

当许多子电路通过数据总线连接起来时（第 10 章和第 11 章中有更详细的介绍），前面提到的那些问题会表现得更加严重。除此以外还多了一个产生问题的因素，由于信号线本身的长度和电感而引起的传输线效应。在使用速度最快的 ECL 系列芯片时（"ECL III"，"ECL100K"，上升沿时间小于 1 ns），这种效应尤为明显，哪怕信号传输长度只有 1 英寸，都必须把它当成很长的传输线来处理。

如果数据总线确实很长（1 英尺或者更长），最好的解决方法是使用有地线层的"主板"。我们在第 12 章中会提到，主板其实也是一块印制电路板，上面有一排可以插入独立电路板的转接口。主板为板卡间的连接问题提供了一种经济的解决方案，只要接插得牢固，其电气性能是非常不错的。靠近电源层的导线有更小的电感，而且不容易与附近信号线发生容性耦合，所以在为简单的主板布线时，最好把信号线布在一侧，另外一侧全为地线，并且大面积敷铜（尽管双层板已成为标准，然而在复杂电路设计中多层板用得越来越多）。

最后说明一点：在我们为电路问题而恼火的时候可能会尝试一些常见的方法，例如门电路若是通过很长的导线驱动，那么在其输入端直接加上一个电容可以消除令人头痛的传输线效应或者尖峰电流干扰。尽管我们也曾经这样做过，但这个生硬的方法并不值得推荐，因为它会带来新的问题：在逻辑状态发生变化时地电流会变得更大（如 9.2.1 节中所述）。

□ 总线终端

数据在通过很长的总线传输后一般都会使用阻性上拉或者下拉作为终端。我们在第 13 章中会讨论到，长的双绞线或者同轴电缆上会有"特征阻抗"Z_0，如果使用这种阻抗（一般来说是电阻）作为终端，通过电缆传输的信号会被完全吸收，一点都不会反射回去，而如果使用其他作为终端（包括开路），都会产生反射波，反射波的幅度和相位由不匹配的阻抗决定。印制电路板上导线的线宽和间距也会在周围产生 100 Ω 的特征阻抗，这个阻抗的大小与普通绝缘双绞线的类似。

为 TTL 总线加上终端的最常用方法是在 +5 V 与地之间使用一个分压器，使高电平保持在 +3 V 左右，这说明减小摆幅在逻辑状态变化时非常有必要（流到负载电容的电流也会减小）。一般的做法是在 +5 V 处接一个 180 Ω 的电阻，在地线处接一个 390 Ω 的电阻（如图 9.32 所示）。另外一个方法对于 TTL 和 CMOS 都适用：使用交流终端。它由串联的电阻和电容组成，连接在数据线和地之间（如图 9.30 所示）。其中，电阻的阻值要与总线的特征阻抗接近（典型值为 100 Ω），而电容要与信号翻转频率下的低容抗相匹配（一般 100 pF 就可以了）。

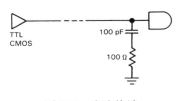

图 9.30 交流终端

总线驱动

当数据总线较长或者要驱动的设备较多时，需要使用输出电流能力强的数字逻辑电路，下面就是一些常用的型号：

类型	描述	系列	灌/拉电流能力（mA）
'365-8	6 脚 3S	LS	24/15
'1004/34	6 脚 2S	AS, F	64/15
'11004/34	6 脚 2S 宽面	AS1*xxx*	48/48
'240-4	8 脚 3S	HC(T)	6/6
'540-1	8 脚 3S 宽面	AC(T)	24/24
'827-8	10 脚 3S 宽面	Am298*xx*	48/24

上面"宽面"的意思是输入和输出管脚在芯片上的位置是正对着的。有一些收发器芯片具有类似的驱动能力；还有一些芯片具有双向缓冲能力，每条数据线上都有一对并联的、背靠背的三态缓冲器，用"方向"输入管脚来控制数据的流向。具体型号参见表8.4和表8.5。

9.2.4 驱动电缆

仅仅用一根导线在几个设备之间实现数字信号的传输是不太可能的，因为这样的做法太容易受到外界的干扰（它本身也会产生一些干扰）。传输数字信号一般都采用同轴电缆、双绞线、扁平电缆（有些带有接地或者屏蔽层）、多股电缆以及日益普及的光纤。我们在第13章中讨论射频技术时还会谈到同轴电缆，这里只讨论在设备之间传输数字信号的一些方法，因为这些方法是数字接口技术的重要组成部分。大多数情况下我们都能利用特定功能的驱动/接收芯片使设计工作更加轻松。

RS-232

在使用多股电缆进行相对慢速（每秒几千比特）的数据传输时，采用RS-232C（或者更新的RS-232D）信号标准会非常方便。它定义的双极性电平为±5 V到±15 V（驱动器需要正、负电源，而接收器一般不需要双电源），接收器能够根据特定的噪声环境对迟滞和响应时间进行控制。使用RS-232在多股电缆上传输数据时不需要特殊的屏蔽层，因为驱动器为了降低串扰，已将最大变化率限制在30 V/μs。在型号方面除了最早的TTL电平兼容四驱动/接收器（1488/1489）外，现在有了一些改进产品，例如低功耗系列（LT1032，1039和MC145406，参见14.5.3节）和单+5 V供电系列（MAX-232，LT1130系列和LT1080），后者芯片内部的电压转换器可以产生所需的负电压。图9.31显示的是一些典型的连接方式。

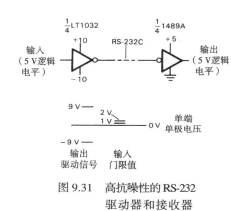

图 9.31　高抗噪性的RS-232驱动器和接收器

RS-232用于计算机和终端之间的通信，其标准数据传输率范围是110 ~ 38 400 bps。完整的标准中还规定了25针D型插头的针脚连接方式，这种插头经常用于传输ASCII码数据，我们在10.5.1节中将会讨论到。

直接的5 V逻辑电平驱动

与数据总线类似，在使用中等长度电缆时可以直接用逻辑电平驱动，但这需要逻辑门的电流驱动能力很强（参见9.2.3节的列表）。图9.32显示的是一些连接方法。第一个电路中使用一个缓冲器（可以是集电极开路型）来驱动终端线，并在接收端用一个TTL施密特触发器来增加噪声容限。如果噪声很严重，就要使用第二个电路中的RC缓冲网络，其中RC时间常数（以及传输速率）可以调整，以达到最佳的噪声容限，此电路中施密特触发器的作用非常关键。最后一个电路使用驱动能力很强的CMOS缓冲器和交流终端，接收端采用CMOS施密特触发器。

在中等长度（例如10英尺）的双绞线、扁平电缆或者同轴电缆上使用直接逻辑电平驱动是可行的，但由于信号翻转时间很短，所以邻近导线的分布电容干扰是个比较大的问题，常见的解决方法是交替摆放地线（如果使用扁平电缆），或者将信号线与地线缠绕（如果使用双绞线），而多股电缆对于这种信号干扰就无能为力了。下一节会通过一些有趣的示波器照片来给出一种新的解决方法：逻辑电平的**差分**驱动。

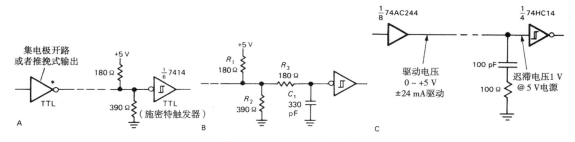

图 9.32　直接逻辑电平驱动

重要提示：千万不要用没有缓冲的时钟设备（例如触发器、单稳态电路、计数器和一些移位寄存器）来驱动电缆，否则容性负载效应和传输线效应会使芯片不稳定并导致传输错误。具有"缓冲"能力的芯片将驱动器放置在其内部的寄存器和输出管脚之间，因而芯片本身不受输出电缆上信号噪声的干扰，就没有这个问题了。

☐ **高电压逻辑驱动**

用逻辑电平直接在电缆上传输信号时，可以通过提高信号的摆幅来改善噪声容限，如图9.33所示，75361A "TTL到MOS驱动器"可以在双绞线上产生摆幅为12 V的逻辑信号，接收器采用75152，可以自定义输入门限值（图中为 +5 V）和迟滞电压（图中为±2 V），终端上 120 Ω 的电阻与双绞线的特征阻抗相匹配。

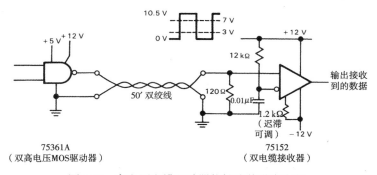

图 9.33　高电压电缆驱动器能够改善噪声容限

☐ **梯形电平驱动**

International Semiconductor 公司生产的电缆驱动／接收器（DS3662，DS3890 系列）能够控制驱动器的时延以及接收器的响应时间，其目的是为了减少由于邻近电缆的容性耦合而引起的问题，这与图 9.32 中使用终端网络的效果类似。

差分驱动和 RS-422

采用差分驱动可以获得更好的抗噪性能，方法是：信号 Q 和 $\overline{Q}$ 由两个不同的驱动器发出，在双绞线上传输，接收端使用差分接收器（如图9.34所示）。在该图中的一对 TTL 反相器用来在终端匹配的双绞线上传输真实、互补的信号，而 75115 差分接收器从中还原出干净的 TTL 电平信号。我们选择了 TTL 驱动器而不选择 CMOS，因为 TTL 的抗静电能力更强，也不会受到由于传输线反射而引起的可控硅效应的影响。该电路可以有效地抑制共模信号的影响，能够从噪声很大的线路中还原出干净的信号。图中波形显示的是在噪声环境相对较小的系统中单路信号的情况。可以看到，虽然单路信号有些波动和起伏，但在传输过程中基本上没有大的变化（它们的电平不会突然翻转）。

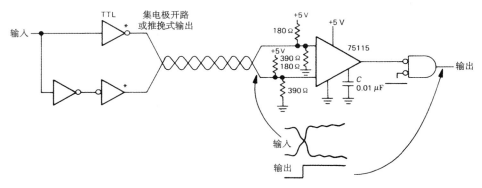

图 9.34 高速差分 TTL 电缆驱动器和接收器

75115 是一个典型的、能够调整响应时间的接收器，而另外一个差分接收器 75152 则可以调整迟滞。使用带迟滞特性（并且能够调整时间常数）的接收器会为我们带来很多方便。

□ **灌电流驱动器** 75S110 和 MC3453 这类芯片具有开关式灌电流输出，它们可以用在单端输出或者差分模式中，如图 9.35 所示。75107 是一个配套的差分接收器，一般用做终端。在有"共用线"时，几个驱动器可以共用一条差分电缆，因为可以通过三态电路来决定其输出端是否使能；在这种情况下不需要为每个驱动器配备终端，而只用将它放置在电缆上离接收器最远的地方。

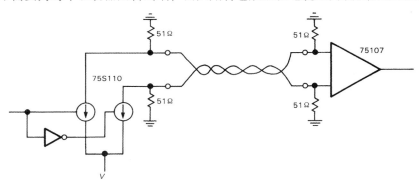

图 9.35 带终端接收器的差分电流驱动

根据我们的经验，差分灌电流驱动器允许非常高的数据传输率，这是因为高阻抗的电流源驱动可以保证在驱动器的两个状态下电缆的终端都能与特征阻抗相匹配。根据厂家的数据手册，当电缆长度为 2000 英尺时，差分驱动的传输速率可以超过 1 Mbps，而长度为几百英尺或者更短时甚至可以达到 10 Mbps 以上。

图 9.36 是真实的示波器波形照片，它说明差分灌电流驱动能够有效地减少由于共模噪声导致的问题。这个例子中信号的峰–峰值电压为 50 mV，而共模噪声的峰–峰值电压高达 4 V。

RS-422/423 该数据传输标准被用来取代流行的 RS-232，它主要应用在双绞线或者扁平电缆上。这种标准包括非平衡式（RS-423，最大 100 kbps）和平衡式（RS-422，最大 10 Mbps）两种结构。非平衡模式中使用双极性电平信号（±5 V 电源供电），摆率可控，与 RS-232 类似。平衡模式中使用单极性电平信号（收发双方都只需 +5 V 电源供电），摆率不可控。图 9.37 显示的是在实际应用时如何协调电缆长度与传输速率的关系。

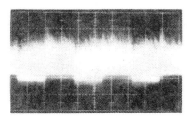
A.（+）接收器输入信号

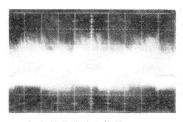
B.（−）接收器输入信号

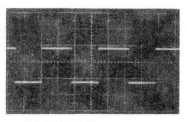
C. 接收器输出信号

图 9.36　示波器照片显示出差分数据传输的优秀抗噪性能（使用的是 75108 差分接收器）

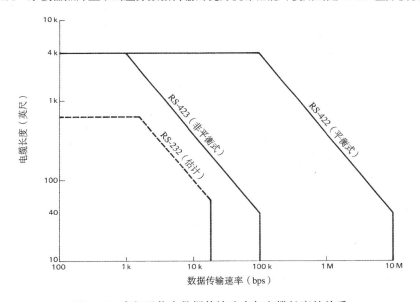

图 9.37　串行通信中数据传输速率与电缆长度的关系

AMD 公司生产的 26LS30-34 系列是比较流行的 RS-422/3 驱动 / 接收器，该系列被其他厂家广为复制，最新的 75ALS192/4 和 DS34F30/80 系列号称功耗更低，性能更优。我们在一个工程中采用了 RS-422 标准，并用双绞扁平电缆将并行口和 144 块微处理器板的控制信号线连接在一起，组成一个星形网络。这 144 块微处理器板被分成 9 组，每组 16 块。每组中使用一块接口卡将微处理器板连接起来，板间通过 TTL 信号通信。再用一台外部计算机通过 RS-422（差分）将这 9 组电路板连通。电缆总长度大概是 25 英尺，在电缆两端用 100 Ω 的电阻作为终端匹配。整个系统抗噪性能很好，非常稳定，数据传输速率可达 1 Mbps。

如果对可靠性及抗噪性能要求比较高，则更适合采用差分信号传输。它不会受到传输线效应的影响，能够将信号耦合（"串音"）降低到最小程度。使用双绞线的效果比扁平电缆更好。图 9.38 显示的是一些测量波形，有使用 RS-422 的，也有直接逻辑驱动的，传输介质为扁平电缆或者扁平双绞线（这种线又称"双绞扁平电缆"，由拧在一起的两根电缆组成，每 20 英寸长就会有 2 英寸的中断区作为终端区）。在 RS-422 的波形图中使用了 100 英尺长的电缆，每对双绞线上传输信号的峰－峰值为 6 V，频率为 100 kHz，我们观察的是邻近一对双绞线上的串音现象，这两对双绞线都使用了终端匹配。在直接电平驱动的图中，我们使用 74LS244 在 10 英尺长的电缆上传输频率为 1 MHz 的信号，有的带终端匹配，有的没有，详见波形图下面的注释。从波形图中看出 RS-422是非常稳定的，即使传输的电缆很长；而采用直接逻辑电平驱动时，尽管可以通过终端匹配和使用有接地层的扁平电缆来改善效果，但电缆长度也不能太长，即使中等长度都比较危险。出人意料的是，采用直接逻辑电平驱动时，双绞线与扁平电缆相比没有任何优势。

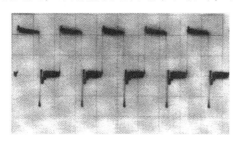

A. 1 MHz TTL 方波，在 10 英尺的扁平
电缆上传输，电缆中的地线交替摆
放，没有使用终端。每刻度 1 V

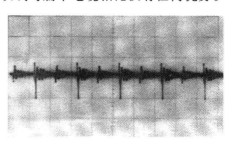

B. 与 A 临近的一对电缆，但使用
TTL 低电平驱动

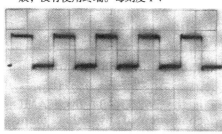

C 和 D. 与 A 和 B 类似，但使用 220 Ω/330 Ω 电阻网络作为终端

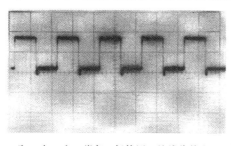

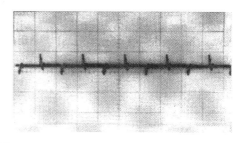

E 和 F. 与 C 和 D 类似，但使用双绞线代替扁平电缆

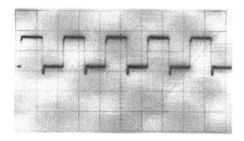

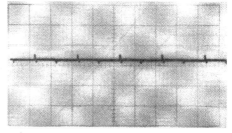

G 和 H. 与 C 和 D 类似，但在扁平电缆上加了地线层

图 9.38　数字信号的衰减和串音

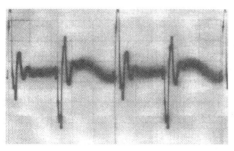
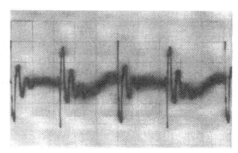

I. RS-422 低电平，100 英尺长扁平电缆传输，与一
对传输 100 kHz RS-422 差分方波信号的电缆邻
近。0.1 V 每刻度（注意，这里改变了测量尺度）

J. 与 I 类似，但通过一对接地电缆隔离

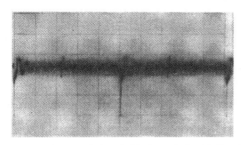
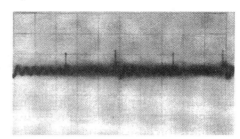

K 和 L. 与 I 和 J 类似，但使用"双绞扁平电缆"代替扁平电缆

图 9.38（续） 数字信号的衰减和串音

只要接收到的信号在允许的共模电压范围内（一般是几伏，例如 75108 为 ±3 V），差分接收
器都能够正常工作。然而在使用较长电缆时可能会遇到以下两种情况：（a）出现高频共模噪声；
（b）低频（电源线）地电平差异超过共模电压允许范围。如果问题不是很严重，可以在接收器的输
入端使用一对电阻分压器，或者使用内置衰减电路的接收器，例如 26LS33 RS-422 接收器，其共模
电压范围可达 ±15 V。

如果电缆实在很长，或者环境噪声很大，常见的解决方法是使用变压器耦合。当然，变压器是
无法用来传输直流逻辑电平的，我们必须把信号通过某种方式进行编码，例如使用"载波"信号。
局域网（见 10.5.3 节）中经常会用到变压器耦合。

□ AMD "TAXI chip®" AMD 公司推出了一对性能优异的差分驱动/接收器 Am7968/9，片内
的寄存器让它使用起来非常方便（如图 9.39 所示）。例如，可以把驱动器芯片当成带有选通和应答
功能的 8 位锁存器。在这种模式下，芯片将字节数据转换成串行数据，并加上适当的同步位，然后
通过串行线路传输，在接收端还原出字节数据。对于用户来说，这个串行线路看起来就像是一个简
单的并行寄存器。这些芯片内集成有为 50 Ω 电缆设计的驱动器和接收器，使用单 +5 V 电源供电，
数据传输速率很高，可达 32～100 Mbps（即 4～12.5 MBps）。TAXI 系列芯片被用做高速通用数据
传输，使用直流或交流耦合，传输介质可以是直接的电线连接、双绞线、同轴电缆、变压器耦合电
缆，甚至是光纤。

同轴电缆驱动器

同轴电缆的保护性能很好，其坚固的保护层结构可以抵挡外界的干扰。此外，其统一的直径和
外观尺寸（与它相比，多股电缆和双绞线的尺寸就不统一），使其特征阻抗可以预测，由此可以带
来优秀的传输特性，这就是在传输模拟射频信号时一定要使用它的原因。

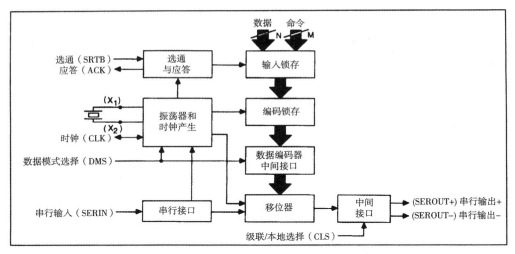

A. Am7968 发送器

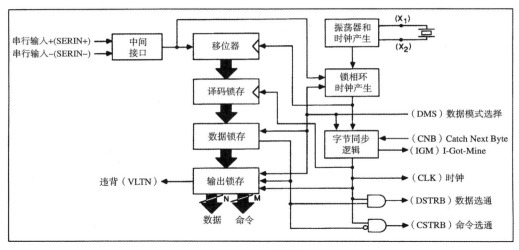

B. Am7969 接收器

图 9.39　AMD "TAXI chip®" 芯片组：高速串行连接

有一些驱动器/接收器组合特别适用于同轴电缆的数据传输，如图 9.40 所示。这条电缆上的终端电阻为 51 Ω，与其特征阻抗相同。8T23 可以直接驱动 50 Ω 的负载，8T24 带有一定量的迟滞，以提高噪声容限，减少传输时延。电缆长度为 1 英里时，这个电路允许 100 kbps 的传输速率，如果长度更短甚至可以达到 20 Mbps。此外，还有一些其他型号的驱动器/接收器组合可供选择，例如 8Txx 和 75xxx 系列接口芯片。74F3037（4 组）和 74F30244（8 组）驱动器可以驱动阻抗小于 30 Ω 的电缆（例如两端都使用终端的电缆）。驱动阻抗为 50 Ω 的同轴电缆时一定要使用特定型号的接收器，因为这些电缆上的逻辑电平比普通电缆上的逻辑电平更低一些。

在 ECL 逻辑电路系列中有多种驱动器/接收器组合可以用于 50 Ω 的同轴电缆，例如 10128/10129。有一种性能非常好的驱动器芯片型号是 10194，它实际上是一个总线收发器，可以在同一条线路上同时发送和**接收信号**（"全双工"），如图 9.41 所示。一个收发器在给另一个传送数据时可以同时、非同步地从对方接收数据，不会出现串音，而且速率可以达到 100 MHz 以上。

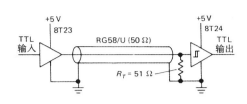

图 9.40　用于 50 Ω 同轴电缆的驱动器和接收器

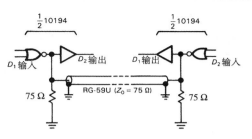

图 9.41　ECL 灌电流收发器（全双工）

如果使用了 NPN 型射极跟随器，可以用 +5 V 逻辑电平直接驱动较长的同轴电缆（如图 9.42 所示）。图中的 2N4401 是一个功率比较大的小型三极管，其 β 值和电流都很大（$I_C = 150$ mA 时 $h_{FE} > 100$），10 Ω 电阻用来防止短路电流。与使用较昂贵的 50 Ω 同轴电缆驱动器芯片相比，这种电路非常简洁。但是要注意，为了保证工作的稳定性，射极开路的输出端必须加上一个小电阻后接地。在使用一些电缆驱动芯片时同样要注意这个问题。

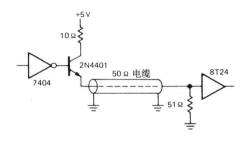

图 9.42　简单的 50 Ω 同轴电缆驱动器

光纤

在信号传输方面的一项令人振奋的技术是使用光纤。这种电缆的外部由塑料层覆盖，有配套的连接器、发射器和接收器。高性能光纤的传输带宽高达几吉赫，传输距离在几十甚至几百公里时，每公里信号衰减仅为零点几分贝，相比之下，同轴电缆的性能参数很分散（不同传输速率时的带宽和衰减不同，因此波形很糟糕），而光纤可以不受参数分散性的影响。光纤是绝缘体材料制成的，因此它们可以用于不共地、不同电压设备之间的信号传输。与普通电缆不同，它们不会像天线一样辐射脉冲干扰，它们更轻、更安全，比普通电缆的耐久性更好，而且也更便宜。

光纤的型号有很多种，可以根据价格和性能（长度乘以带宽）进行选择。最便宜的称为阶跃型多模光纤，这种塑料光纤的直径大约为 1 mm，我们可以用红外发光二极管（与之相对的是激光二极管）驱动，用光电三极管或二极管接收。摩托罗拉公司推出的一对价格低廉的驱动器/接收器（型号为 MFOE71/MFOD71-73，单价小于 1 美元）可以直接与光纤转接器连接，利用它可以在 30 英尺长的塑料缆线上以 1 Mbps 的速率传输数据（如图 9.43 所示）。在对性能要求更高时，需要使用玻璃材料的光纤 – 阶跃多模型、梯度多模型（较好）或者单模型（最好）。如果使用 200 μm 玻璃阶跃多模光纤以及现成的标准光纤器件（包括连接器、耦合器、分路器 / 合路器、内置放大电路的光检测器），则可以在 1 km 的线路上获得 5 Mbps 的传输速率。当今使用光纤传输的最高记录是 4 GHz 带宽，光纤长度为 120 km，不使用中继器。

9.3　模 / 数转换

9.3.1　模 / 数转换概述

除了前面章节谈到的纯"数字"接口应用（开关、指示灯等）外，我们经常需要将模拟信号根据其幅度转换成精确的数字，或者进行相反的转换。当使用处理器记录或者控制某个实验，进行某种操作时这种技术显得尤为重要。在有些应用中，例如"数字音频"或者脉冲编码调制（PCM），为了降低传输过程中的错误和噪声干扰，需要把模拟信号中的信息转换成数字形式，这时就要大量使用模/数转换技术。在很多测量设备（包括普通的数字万用表、暂态分析仪、毛刺捕捉器和数字存储示波器）以及信号产生与处理设备（例如数字波形合成器和数字解码设备）中，模/数转换技术也是必不可少的。

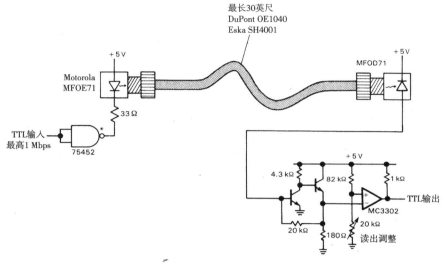

图 9.43　廉价的光纤连接

最后，数字设备中的模拟显示也要用到转换技术，例如表头的数字显示、计算机的 xy 显示（或者扫描产生图像）。即使在一些简单的电子设备中，A/D 和 D/A 转换技术也被大量使用。如今市场上有很多 A/D 和 D/A 转换器的价格很低，甚至低于 5 美元，因此，对模/数转换技术以及转换中用到的各种模块加深了解是非常有意义的。

下面对于各种转换技术的讨论中不会着重于转换器设计技术本身的进展，而重点对各种技术的优点和缺点进行比较，因为大多数情况下我们遇到的问题都是如何选择适当的芯片或模块，而不是怎样画草图，设计一个转换器。对于各种转换器技术和特性的了解可以帮助我们根据设计需要从市场上成百种转换芯片中进行选择。

数的表示方法

在这里最好先回顾 8.1.3 节中表示有符号数的各种方法。偏移二进制编码和二进制补码经常用于 A/D 转换，带符号的二进制以及格雷码有时也会用到。下面是一个概括：

	偏移二进制	二进制补码
+ 正满幅	11111111	01111111
+ 正满幅 −1	11111110	01111110
↓	↓	↓
0+1 LSB	10000001	00000001
0	10000000	00000000
0−1 LSB	01111111	11111111
↓	↓	↓
- 负满幅 +1	00000001	10000001
- 负满幅	00000000	10000000

转换器的误差

关于 A/D 和 D/A 转换器的误差是一个比较复杂的问题，如果详细讨论可能需要写一本书。Analogic 公司的 Bernie Gordon 说：“如果我们完全相信转换器产品说明书里对于转换精度的标称值，那么我们可能还缺少经验。”我们不会刻意设计一些应用系统来证明 Bernie 的话，但会列出 4 种常见的转换器误差：漂移误差、比例系数误差、非线性误差和非单调性误差，如图 9.44 所示。

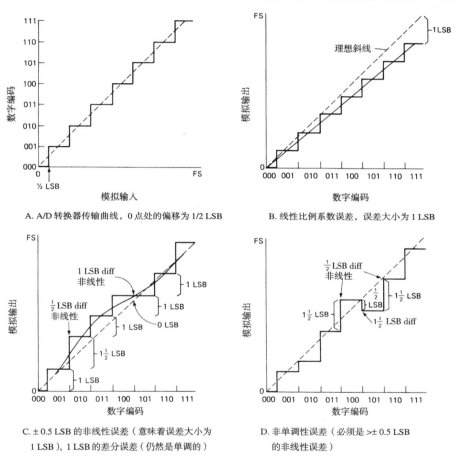

图 9.44　4 种常见的转换器误差图示

9.3.2　数 / 模转换器

数 / 模转换器的目标是将用二进制（或者多位 BCD 码）表示的数根据其数值按比例转换成电压或者电流。以下是几种流行的转换方法：

权电阻网络

我们在 4.3.1 节中已经讲过，如果在运算放大器的反相输入端接上一串电阻，输出端就能按比例输出电压。如图 9.45 所示，该电路输出电压的范围是 0 ~ −10 V，输入端数字量为 64 时输出电压达到最大。实际上，输入端数字量的最大值只能是 $2^n - 1$，也就是当所有位都置 1 时。在这种情况下，最大的输入数字量是 63，输出电压是 −10 × 63/64。如果改变反馈电阻的阻值，我们可以在输

出端得到 0 ~ –6.3 V 的电压（也就是输出电压在数值上
等于输入端数字量的 –1/10）。我们也可以在输入端加上
一个反相放大器或者直流偏置，这样就能得到正电压输
出。通过改变输入电阻的阻值，还可以将多位 BCD 码或
者使用其他权重的编码转换成电压输出。注意，输入电
压必须是非常精确的参考源，阻值越小的输入电阻对精
度的要求越高。当然，模拟开关的导通电阻必须小于最
小输入电阻的 $1/2^n$，这一点不可忽视，因为实际电路中
的开关是由三极管和 FET 构成的。这种转换技术仅用于
高速、低精度转换器。

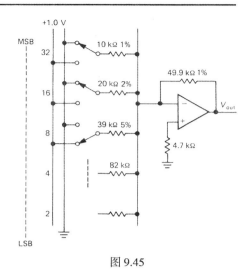

图 9.45

习题 9.2　设计一个 2 位 BCD 码 D/A 转换器，假设输入
电压为 0 V 或 +1 V；要求输出电压的范围是 0 ~ 9.9 V。

R-2R 梯形网络

在位数很多时权电阻网络转换技术就不太适用了。例如，在一个 12 位转换器所需的输入电阻
中，最大阻值与最小阻值的比例高达 2000 : 1，这对于小电阻阻值的精度要求比较高。一个好的解
决方法是使用 R-2R 梯形网络，如图 9.46 所示。只使用两种阻值的电阻，R-2R 网络就能够按照二进
制码的比例输出电流。当然，所有电阻的精度必须保证一致，对电阻阻值本身的精度要求并不那么
高。这个电路中输出电压的范围是 0 ~ –10 V，"满幅度输出"对应输入端的数字量为 16（与前面
一样，实际的最大值只能为 15，此时输出电压为 10 × 15/16）。稍微做一些改动后 R-2R 电路就可以
用于 BCD 码转换。

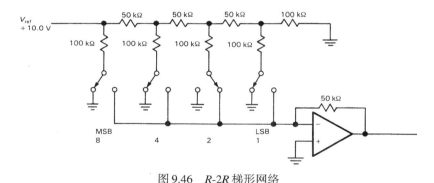

图 9.46　R-2R 梯形网络

习题 9.3　说明 R-2R 梯形网络的原理。

权电流源网络

在 R-2R 梯形网络 D/A 转换器中，运算放大器将二进制数码加权的电流转换成输出电压。尽管
输出量为电压时使用起来非常方便，但是运算放大器成了整个转换器电路中最慢的一部分。如果使
用输出量为电流的转换器，则会得到更好的效果。如图 9.47 所示，电流由一组三极管电流源产生，
三极管的射极电阻根据输入加权，IC 设计师们一般都使用 R-2R 梯形电阻网络作为射极电阻。在大
多数这类转换器中，电流源都处于开启状态，根据输入数字量的不同，它们的输出电流或者接到终
端负载，或者接到地。注意，电流输出型 D/A 转换器的输出有限，最低可能只有 0.5 V，尽管其典
型值为几伏。

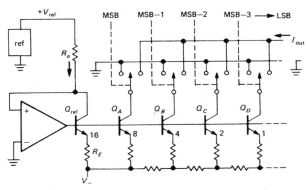

图 9.47　经典的权电流开关型 D/A 转换器

输出电压

　　利用电流型 D/A 转换器输出电压的方法有几种，如图 9.48 所示。如果负载电容很小，那么输出电压幅度不需要很大，用一个简单的电阻接地就可以达到目的。在输出电流的满幅为 1 mA 时，100 Ω 的电阻能够产生 100 mV 的满幅输出电压，输出阻抗为 100 Ω。如果 D/A 转换器的输出电容与负载电容加起来没有超过 100 pF，那么 A 电路中转换器的建立时间为 100 ns。没有必要担心 D/A 转换器输出端 RC 时间常数的影响，不要忘记，转换器从输入数字量发生突变起到输出电压与稳态值相差 1/2 LSB 以内为止所需的时间是 RC 时间常数的好几倍。对于 10 位转换器来说，从全零到 1/2048 需要的时间为 RC 时间常数的 7.6 倍。

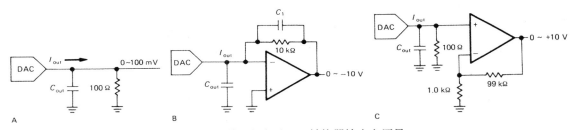

图 9.48　利用电流型 D/A 转换器输出电压量

　　为了获得大的输出幅度，或者当需要驱动的负载电阻很小时，再或者当负载电容很大时，可以在电路中加上一个电阻转换运算放大器（将电流转换成电压的放大器），如图 9.48 所示。跨在反馈电阻两端的电容作用是增强系统稳定性，因为 D/A 转换器的输出电容与反馈电阻一起会导致相位上的延迟。当然，这样的做法会降低放大器的工作速度。具有讽刺意味的是，这个电路必须以相对昂贵的高速运算放大器（建立时间短）来保证比它便宜的 D/A 转换器的高速度。最后一个电路更实用一些，而且性能更好，因为它不需要补偿电容。但是要注意漂移误差的影响，因为运算放大器输入端的零点漂移被放大了 100 倍。

　　商业级 D/A 转换器模块的精度可以从 6 位到 18 位，建立时间从 25 ns 到 100 μs（对位数相同而精度最高的转换器而言），它们的价格从几美元到几百美元不等。AD7248 是一个比较常用的 12 位转换器，具有锁存和内置参考电压，输出电压的建立时间为 5 μs，价格为 10 美元。

□ 9.3.3　时域（平均）D/A 转换器

□ 频率 – 电压转换器

　　在某些转换器的应用中，输入的"数字量"是一系列频率脉冲（或者其他波形）。在这种情况下，将其直接转换成电压要比先测量一定时间内脉冲的次数，再将次数转换成二进制数，并按前面的方法转换成电压更方便一些。在直接的 F/V 转换中，每个输入循环都会生成一个标准脉冲，它可以是电压脉冲或者电流脉冲（即一定量的电荷）。

然后再用 RC 低通滤波器或者积分器将这一系列的脉冲进行平均，根据平均后的输入脉冲频率，按照比例将电压输出。当然，这会导致一些纹波，低通滤波器为了使纹波小于 D/A 转换器的精度（例如 1/2 LSB），将使系统的输出响应速度变慢。为了保证输出纹波小于 1/2 LSB，RC 低通滤波器的时间常数至少为 $T = 0.69\,(n + 1)\,T_o$，这里的 T_o 是输入频率最大时 n 位 F/V 转换器的输出时钟周期。当输入为满幅时，在 $0.69\,(n + 1)$ 倍滤波器时间常数内，这个 RC 网络的输出电压被设定在 1/2 LSB，换句话说，输出 1/2 LSB 所需的建立时间大约为 $t = 0.5\,(n + 1)^2\,T_o$。对于一个最大输入频率为 100 kHz 并通过 RC 滤波器平滑的 10 位 F/V 转换器来说，输出电压的建立时间为 0.6 ms，如果使用更复杂的滤波器（下降沿更陡），效果会更好。在我们打算开始设计滤波器之前别忘了，当系统输出电压不在我们所需的范围时才会考虑使用频率–电压转换技术。因此，接下来会介绍与慢速负载相关的脉冲宽度调制技术。

□ 脉冲宽度调制

在该技术中，输入的数字量用于产生一系列固定频率的脉冲，而脉冲的宽度与数字量成比例。用计数器、幅值比较器以及高频时钟（见习题 9.4）可以很容易地实现这种技术。与前面一样，如果再使用一个简单的低通滤波器，就能根据脉冲高电平持续的平均时间（与输入的数字量成比例）按比例输出电压。在负载系统响应速度本身就很慢的情况下，这种类型的数字/模拟转换非常适用；脉冲宽度调制器精确地输出能量脉冲序列后，与其连接的负载系统能够对其进行平均。举例来说，这些负载系统可以是容性负载（如开关整流器，参见第 6 章）、加热设备（带加热器的恒温槽）、机械设备（磁带速度伺服器）或者电磁设备（大型的电磁控制器）。

习题 9.4　设计一个电路，要求输出 10 kHz 的脉冲序列，脉冲宽度与输入的 8 位二进制数成比例。使用计数器和幅值比较器（根据需要进行扩展）。

□ 平均比例乘法器

在 8.6.5 节中讨论过比例乘法器电路，它可以用来构成一个简单的 D/A 转换器，将并行二进制码或者 BCD 码转换成一系列脉冲信号并输出，这些脉冲信号的频率（平均后的）与输入的数字量成比例；与前面的 F/V 转换器一样，再通过简单地平均，就能够输出与输入数字量成比例的直流电压，尽管这样做会使输出时间常数变得很长，因为比例乘法器输出后进行平均的时间必须与其能产生的最长输出脉冲序列周期相等。用比例乘法器实现的 D/A 转换器特别适用于系统响应特性本来就很慢的负载，这一点与前面一样。

数字温度控制应该是这种电路最大的用处所在。比例乘法器每输出一个脉冲，交流电源就通过加热器开关一次。在这种应用中，比例乘法器的最低输出频率应该设定成 120 Hz 的因数，而且需要根据逻辑信号用固态继电器（或者可控硅）来控制交流电源的开关（在其波形的过零点处）。

注意，最后的这三种转换技术需要用到时域平均，与之相比，梯形电阻网络和权电流源网络技术的"即时性"更好，这种区别也存在于模/数转换技术中。转换器是进行时域平均还是即时输出差别非常大，在后面的几个例子中会看到这一点。

9.3.4　乘法 D/A 转换器

前面的几种技术大都可以用来组成一个"乘法 D/A 转换器"。在这种转换器中，输出量等于输入量（电压或者电流）与输入数字量的乘积。例如，在权电流 D/A 转换器中，我们可以用输入电流来对内部所有的电流源进行加权。乘法 D/A 转换器可以由不具备内置基准的 D/A 转换器构成，这时输入的模拟信号就起到了基准的作用。然而，这种做法不是对所有的 D/A 转换器都适合，所以在我们考虑使用某种转换器之前最好先查一下它的产品说明。具有良好乘法特性的 D/A 转换器称为"乘法 D/A 转换器"，这会在其产品说明的最上方标注。AD7541，7548，7845 以及 DAC1230 都是 12 位的乘法 D/A 转换器，其价格从 10 美元到 20 美元不等。

乘法 D/A 转换器（以及乘法 A/D 转换器）使比例测量及转换成为可能。如果某种传感器由参考电压供电，并且该参考电压同时也作为 A/D 或者 D/A 转换器的参考源，那么参考电压的变化将不会影响到测量的精度。这个概念非常有用，因为它大大地提高了测量和控制的精确性，这种精确性比参考电压或者电源的稳定性更高，同时它也减轻了系统对于电源稳定性和精确度的依赖。经典的**电桥**电路就采用了比例测量技术，在该电路中，两个分压器的输出之差为零时意味着电阻阻值的比例相等（见 15.2.2 节）。555 这样的集成电路（见 5.3.3 节）电源电压范围很宽，用它构成的电路能够输出频率非常稳定的周期信号，因为它也采用了比例测量技术：将由电源通过 RC 网络对电容充电产生的电压与电源电压的分数倍（$1/3\ V_{CC}$ 和 $1/3\ V_{CC}$）进行比较，使得输出的频率只与 RC 时间常数有关。这个与 A/D 转换器相关的重要问题，在本章的后半部分将会详细讨论，而在第 15 章会讨论相关的科学测量技术。

9.3.5　如何选择 D/A 转换器

为了在设计电路时更方便地选择合适的 D/A 转换器，表 9.4 对几种有代表性的 D/A 转换器的精度和速度等进行了对比。这张表并没有庞大得令人眼花缭乱，而是选择了当今比较常用的转换器以及更新一些的改进型产品。

在为某个电路选择 D/A 转换器时，需要注意以下几点：（a）转换精度；（b）转换速度；（c）准确性（是否需要外部校正电路？）；（d）输入电路的结构（是否带锁存？是否与 CMOS/TTL/ECL 电平兼容）；（e）参考源（内置还是外置？）；（f）输出电路的结构（是否是电流输出型？如果是，驱动能力如何？是否是电压输出型？如果是，电压范围如何？）；（g）电源电压和功耗；（h）芯片封装（管脚数少的型号以及 0.3 in 宽的"skinny-DIP"封装是比较理想的）；（i）价格。

9.3.6　模 / 数转换器

有多种技术可以实现 A/D 转换，每种技术都有各自的优点和局限性。由于一般情况下我们都是买现成的 A/D 转换器模块或者芯片，而不会自己去搭，因而对于各种转换技术的描述可能会比较简略，目的只是为了在为应用电路选择转换器时有一个清晰的概念。在本章下面的几节中，我们会给出几种典型的 A/D 转换技术的原理示意图。在第 11 章中会再次讨论这些 A/D 转换技术，不过那是为了解决与微处理器的接口问题。

并行比较编码

在该方法中，信号电压同时加在 n 个比较器各自的一个输入端，比较器的另外一个输入端接到一个 n 等分的参考电压源上，然后利用优先编码器根据优先级最高的比较器（由输入电压决定）的状态输出数字信号（如图 9.49 所示）。

并联比较编码（也称为"快速编码"）是最快的一种 A/D 转换方法，从输入到输出的时延等于比较器和编码器的时延之和。商业级并联比较编码器的级数范围从 16 到 1024 不等（输出位数从 4 位到 10 位），超过这个范围的产品会变得十分昂贵而且体积庞大。它们的转换速度从每秒 15 兆次采样（MSPS）到 300 兆次采样不等。TRW 公司的 TDC1048 是一种典型的 8 位并联比较型 A/D 转换器（双极型工艺），转换速度为 20MSPS，28 脚封装，价格大概是 100 美元，IDT 公司的 75C48 是它的 CMOS 改进型。

表 9.4 数/模转换器

型号	Mfg[a]	#每封装的个数	位数	锁存	电压型还是电流型	速度 to MSB/2 (ns)	Pol[b]	输入 org	封装[c]	Vsupply (V)	Isupply (mA)	参考源	校[d]正	乘法型	扩展[e]补偿	低干扰	价格	注释
AD9702	AD	3	4	1	–	5	–	12	24	±6	1.8 W	外置	–	–	4.2	•	$45	彩色视频用；ECL或TTL
AD7225	AD	4	8	2	V	5000	+	4x8	24S	+15	10	外置	NT	–	–	–	$18	双缓冲，7226为单缓冲
AD558	AD	1	8	1	V	1000	+	8	16	5～15	15	内置	NT	–	–	–	$6	完整，易用
DAC0830	NS	1	8	2	I	1000	M	8	20	5～15	2	0～±25	NT	•	N	–	–	与12位DAC1230管脚相同
AD7528	AD	2	8	1	I	350	M	8	20	5～15	0.1	0～±25	NT	•	N	–	$6	双，易用
DAC8408	PM	4	8	1	I	190	M	4x8	28	+5	0.05	内置	NT	•	N	–	–	能回读缓存
Bt-110	BT	8	8	1	I	100	+	8	40	+5	30	内置	•	–	N	–	–	每封装8个
AD7524	AD	1	8	1	I	100	M	8	16	5～15	0.1	0～±10	NT	•	N	•	$5	工业标准，工业标准
DAC-08	AD	1	8	–	I	85	–	8	16	±15	+2,-6	外置	–	•	28	–	$1	老型号
Bt-453	BT	3	8	1	I[f]	15	+	8	40	+5	160	外置	NT	–	N	–	$58	视频用，75 Ω输出，256×24调色板，对应256级16 M种颜色
HDG0807	AD	1	8	1	V[f]	14	+	8	24	+5	185	外置	–	•	–	•	$43	视频用
TDC1018	TR	1	8	1	I	10	–	8	24	-5.2	100	外置	–	–	4	–	–	视频用
AD9768	AD	1	8	1	I	5	–	8	18?	±5	+15,-70	内置	NT	•	N	•	$40	ECL输入
TDC1318	TR	3	8	1	I	5	–	3x8	40	-5.2	200	内置	NT	•	N	•	–	高分辨率彩色视频用，有很多第二来源
TQ6112	TQ	1	8	1	V	1	–	8	44	-3.5,-9	3.5 W	外置	–	–	N	•	–	GaAs：超高速
IDT75C29	ID	1	9	1	–	8	–	9	24	+5	80	外置	NT	–	N	–	–	
DAC1000	NS	1	10	2	M	500	M	8+2	20	5～12	0.5	0～±25	NT	•	N	–	$10	双缓冲；便宜
AD7248	AD	1	12	2	V	5000	±	8+4	20	±15	5	内置	NT	–	N	–	$15	可单电源供电，+5 V参考电压输出
AD7537	AD	2	12	2	I	1500	M	8+4	24S	+15	5	外置	NT	•	N	–	$10	
AD7548	AD	1	12	2	I	1000	M	8+4	20	5～15	1	0～±25	NT	•	N	–	–	
DAC1230	NS	1	12	2	M	1000	M	8+4	20	+15	1.2	0～±25	NT	•	N	–	–	与DAC0830的管脚相同
AD568	AD	1	12	–	I	35	±	12	24S	±15	+30,-8	内置	•	–	N	–	$42	
AD7534	AD	1	14	2	I	1500	M	8+4	20	+15,-0.3	0.5	0～±25	•	•	N	–	$17	7535,6,8具有14位总线
AD569	AD	1	16	2	V	6000	–	8+8	28	±12	±6	内置	NT	–	N	–	$28	
DAC71/72	all	1	16	–	I	1000	±	16	24	+5,±15	10,+10,-30	内置	•	–	11	–	$45	工业标准，V_{out} also: 10 μs
PCM54	BB	1	16	–	I	350	±	16	28	±5～±15	±13	内置	NT	–	N	–	$11	数字音频用，便宜，V_{out} also: 3 μs
DAC729	BB	1	18	–	V	300	–	18	40	+5,+15	18,+30,-40	内置	•	–	6	–	$141	V_{out}也为4 μs；18位=4 ppm!

a. 参见表4.1的表注。 b. M表示乘法型。 c. 所有型号都是DIP封装；S表示skinny-DIP。 d. NT表示不需要校正。 e. 扩展兼容，单位是伏。 f. 用来驱动75 Ω负载。

　　与简单的并联比较编码稍有不同的是一种称为"半快速"的转换技术。该技术由两个步骤组成：输入信号先通过快速编码 A/D 转换器进行转换，转换结果的精度是最终结果精度的一半；然后内部的 D/A 转换器将这个近似的数值重新转换成模拟量，该模拟量与输入模拟量之间的"误差"被第二个快速编码 A/D 转换器转换，以得到最终结果的最低位（如图 9.50 所示）。利用这种技术能够设计出成本低廉的转换器，并且其速度仅次于全速的并联比较型 A/D 转换器。一些廉价的转换器，例如 8 位 ADC0820（National 公司）和 AD7820/4/8（Analog Devices 公司），都采用了这种技术。

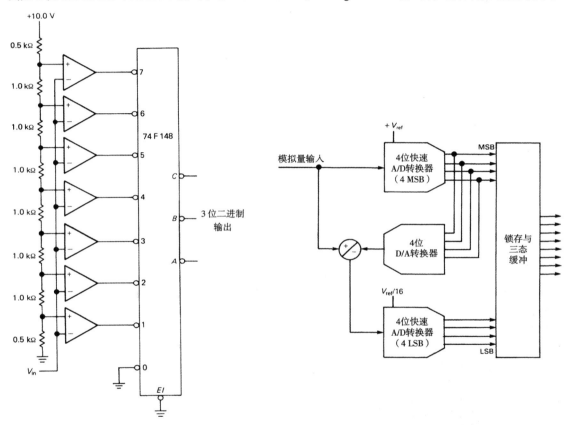

图 9.49　并联比较型（"快速"）A/D 转换器　　　　　　　图 9.50　半快速式 A/D 转换器

　　快速编码在波形数字化系统中应用广泛（即使其转换速率相对较低时），因为这种转换技术的高速特性（更准确地说应该是比较器输出锁存所需的时间间隔很短）能够保证输入信号在转换时间内不会发生变化。与之对比，我们后面介绍的一些慢速转换器一般都需要一个模拟的采样–保持电路，以使信号波形在转换期间保持不变。

逐次逼近

　　这种流行的技术将要输出的数字量反馈到一个 D/A 转换器，用比较器将转换出来的结果与输入的模拟信号进行比较（如图 9.51 所示）。一般来说各个输出位在开始的时候都置 0，然后从最高位开始，每一位都临时置 1，如果 D/A 转换器的输出电压没有超过输入信号的电压，那么这一位就保持为 1，反之就将它定为 0。对于一个 n 位 A/D 转换器来说，这样的步骤需要重复 n 次。这种方法可以看成是从中间开始搜索的二分查找法。逐次逼近型 A/D 转换模块具有一个"转换开始"输入端和一个"转换结束"输出端，输出数字量的形式可以为并行模式（在 n 个独立的输出端上一次输出所有的位）或者串行模式（在单个输出端上从最高位开始依次输出 n 位数字量）。

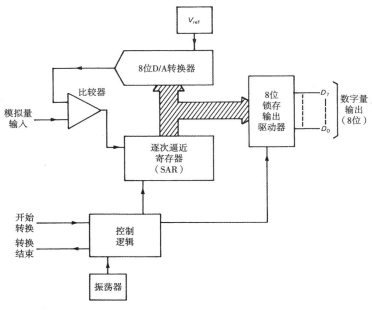

图 9.51　逐次逼近型 A/D 转换器

我们在教学中要求学生使用 D/A 转换器、比较器和逻辑控制电路制作一个逐次逼近型 A/D 转换器。图 9.52A 显示的就是该转换器中 D/A 转换器输出的渐进信号以及转换时的 8 个时钟脉冲。如果在输入端用一个缓慢增加，并超过模拟信号输入范围的斜坡信号来驱动，那么在 D/A 转换器的输出端就可以观察到很漂亮的图形，即图 9.52B 所示的一个 8 位满"树形图"。

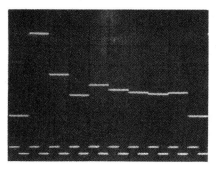

A. 模拟输出信号正在转换成最终值，
注意相应的时钟信号

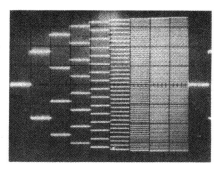

B. 满"树形图"

图 9.52　8 位逐次型 A/D 转换器的波形

逐次逼近型 A/D 转换器比较精确而且快速，只需要 n 个建立时间就能够得到 n 位的精度，其典型的转换时间范围是 1 ~ 50 μs，精度一般可以达到 8 ~ 12 位，而价格从 10 美元到 400 美元不等。这种转换方法对输入信号的一段样本进行操作，如果输入信号在转换期间发生变化，其转换误差不会大于转换时间内的信号电压变化量；然而，如果输入端出现毛刺，那么结果就会非常不准确了。尽管精确度较高，这种转换器还是会出现一些奇怪的非线性误差以及"误码"。

National Semiconductor公司在他们的ADC0800系列转换器中使用了一种巧妙的技术以使误码较少：在内部的D/A转换器中没有采用传统的 R-$2R$ 梯形网络，而是使用一串 2^n 个电阻以及模拟开关来产生模拟判决电压（如图9.53所示），这与快速编码器的原理很相似。

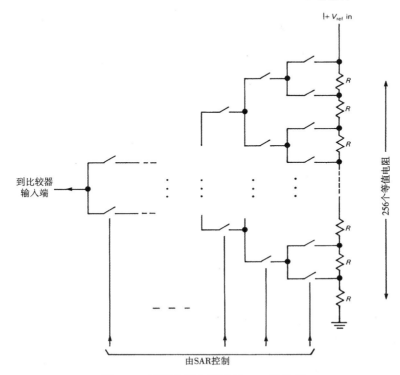

图 9.53　梯形电阻和开关树 D/A 转换器

另外一种"跟踪型A/D转换器"使用加/减计数器来产生渐进判决编码，使用这种方法时，判决电压增加到与输入信号相等所需的时间很长，但是这种平滑的变化比逐次逼近型转换器快一些。在需转换的电压较高时，这种转换器的转换速率大约等于其内部时钟的频率。

□ 电压－频率转换

在该技术中，模拟输入电压被转换成一系列频率与输入电平成比例的脉冲信号以后再输出。具体可以这样实现：用一个与输入电平成比例的电流对电容充电，当锯齿波达到预设的门限值时就开始对电容放电。为了获得更高的精确度，通常都会在这个系统中使用反馈。有一种技术是：将F/V电路的输出与模拟输入电平进行比较，当比较器两个输入端的电平相等时即可得到所需频率的脉冲；更常用的一种方法叫做"电荷平衡"技术，我们在后面会对它进行更详细的讨论（更确切的叫法是"电容存储电荷消耗"法）。

典型的V/F输出频率范围是 10 kHz ~ 1 MHz（最大输入电压条件下）。商业级V/F转换器可以达到相当于12位的分辨率（精度为0.01%），例如Analog Devices公司的AD650（见5.3.4节），工作频率范围在 0 ~ 10 kHz 时其非线性度的典型值为0.002%。这些器件不是很贵，但是使用起来非常方便，特别是在需要将转换结果通过电缆传输或者需要的结果为频率（而不是数字）时。如果对速度的要求不高，我们可以在固定长度的时间段内对输出端的脉冲进行计数，得到的数字量会与输入电平的平均值成正比。这种技术在中等精度（3位数字输出）的数字表中广泛使用。

□ 单斜坡积分

　　这种技术利用锯齿波发生器（电流源加电容）进行电压转换，同时用一个计数器对由稳定时钟产生的脉冲进行计数。当锯齿波电压与输入电平相等时，比较器将产生信号，使计数器停止计数，此时作为数字输出的计数值与输入电平成正比。图 9.54 显示了该技术的原理。

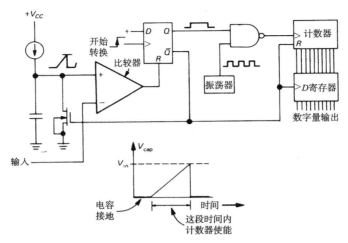

图 9.54　单斜坡积分 A/D 转换器

　　在转换过程的最后，电路对电容进行放电，然后将计数器复位，此时转换器已准备好下一次转换。单斜坡积分非常简单，但不在精度要求高的情况下使用，因为它的精度完全依赖于电容和比较器的稳定性和精度。"双斜坡积分"克服了这个弱点（当然还有一些其他的优势），在精度要求较高的情况下被广泛采用。

　　单斜坡积分仍然有其用武之地，特别是在绝对精度要求不高，但对分辨率和临近电平间距的一致性有较高要求的情况下。一个很好的例子是脉冲高度分析（见 15.4.5 节），保持脉冲的幅度（峰值检测器）并转换成地址。在这个应用中，通道宽度的一致性非常关键，此时使用逐次逼近型转换器就非常不适合了。在时间 – 幅度转换（TAC）中也用到了单斜坡积分技术。

9.3.7　电荷平衡技术

　　有好几种转换技术都使用电容来跟踪输入信号电平与参考电平的比率。这些方法全都是在一个测量周期中，运用积分在固定时间段内对输入信号进行平均。这样的做法有两个重要的优点：

1. 这些技术中对信号源和参考源采用同样的电容，因而可以避免由于电容的稳定性和精确性造成的影响；此外，它们对于比较器的要求也不高。这些特性产生的结果是：转换器精度比同等质量的器件更高，或者精度相同时其价格更低。
2. 输入电压的**平均值**通过固定时间段积分后与输出量成比例。如果将这个时间段的长度设定为电源周期的整数倍，那么转换器就能够避免输入信号中 60 Hz 的"交流声"（及其谐波）的影响。干扰信号的敏感程度与频率的函数关系如图 9.55 所示（积分时间为 0.1 s）。

　　抑制 60 Hz 干扰对于积分时间的控制精度要求很高，因为计时的时候哪怕是百分之一的错误都会导致"交流声"抵消不完全。一种可行的方法是使用石英振荡器。在 9.5.3 节中会看到一种非常巧妙的方法，它解决了积分型转换器与线路频率整数倍的同步工作问题，从而彻底抵消交流声干扰。与逐次逼近相比，积分技术的缺点是速度慢。

双斜坡积分

　　这种优秀而流行的技术巧妙地消除了单斜坡积分中由电容和比较器带来的问题，如图 9.56 所示。首先，与输入电平严格成比例的电流在固定的时间内对电容进行充电，然后电容开始恒流放电，直到电压重新为零。电容放电的时间与输入电平成比例，在这个时间内，工作在固定频率的时钟会对计数器使能，最终的计数值将与输入电平成比例，并作为数字量输出。

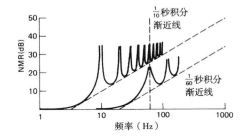

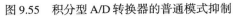

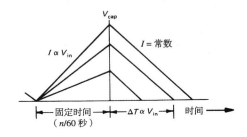

图 9.55　积分型 A/D 转换器的普通模式抑制　　　　图 9.56　双斜坡积分转换循环

　　双斜坡积分在对器件稳定性要求不高的同时能够获得非常好的精度。特别是不需要非常稳定的电容容量，因为充电和放电循环中输出电压都与 C 成反比。同样，由于在转换周期的开始和结束时电压完全相同，有时连积分的斜率都相同，因而由比较器的漂移及刻度误差造成的影响可以完全消除。在那些精度很高的转换器中，每个转换循环前都有一个"自动调零"循环，在这个循环中输入被调整到零。由于整个过程使用了相同的积分器和比较器，因而在后续测量结果中能够去除"零误差"部分，其结果是由零点附近测量所引起的误差可以被有效地消除。然而，该做法对于满刻度中的误差是无能为力的。

　　还需要注意的是，用来产生第一测量阶段中固定时间段的时钟信号与计数器的时钟信号相同，因而双斜坡积分转换对时钟频率稳定性的要求也不高。如果时钟慢了 10%，那么初始的锯齿幅度会比通常情况下高 10%，锯齿归零所需的时间也要增加 10%；同时，由于用于脉冲计数的时钟也比通常情况下慢了 10%，所以最终的计数值仍然与通常情况下的相同！在内置自动调零的双斜坡积分型转换器中，仅仅对放电电流的稳定性有较高的要求。精密电压和电流基准相对来说比较容易产生，（可调的）电流基准能够对这种转换器的量程因数进行设置。

　　在为双斜坡积分型转换器选择器件时，一定要选用高质量、低介质吸收特性（会产生"记忆效应"，参见图 4.42 中的模型）的电容，聚丙烯、聚苯乙烯或者聚四氟乙烯电容的性能是最好的。尽管这些电容没有极性，我们还是要把它们的外层金属薄片（用一个横杠标识）连在低阻抗点（积分运算放大器的输出端）上。为了最大限度地减小误差，还需要选择适当容量的积分电阻和电容，以保证积分器在其整个模拟范围内都能工作。较高的时钟频率能够增加分辨率，然而一旦时钟周期比比较器的响应时间还短，分辨率的增加量就非常小了。

　　在使用高精度双斜坡积分型转换器时（事实上应该是对所有类型的高精度转换器而言），将数字信号噪声与模拟信号通道隔离是非常关键的。转换器的管脚上一般都将"模拟地"和"数字地"分开就是这个目的。在数字输出端加上缓冲器是个很好的习惯（例如可以采用三态输出八驱动器'244，仅在读取输出端数据时使能），它可以用来消除转换器与微处理器总线上数字噪声之间的耦合（参见第 10 章）。在极端的情况下，我们也可以用光耦合来隔离总线上非常糟糕的噪声。此外，一定要在转换器芯片的旁边加上电源旁路。还应注意不要在积分结束、锯齿波处于转折点的时候引入噪声。例如，有些比较器允许我们通过读取输出状态字来判断积分是否结束，千万不要这样做！如果需要，可以使用一条单独的 BUSY 线来达到这个目的。

双斜坡积分在高精度数字万用表以及 10～18 位分辨率的转换模块中被广泛采用。在对转换速度要求不高的应用中，它能够以低廉的价格提供高精度以及高稳定性，并且对电力线干扰（以及其他干扰）的抵抗能力也非常优秀。在资金一定的情况下，购买使用这种技术的模块会获得最高的精度。这种转换器的数字输出信号与输入信号之间有着严格的单调性。

□ δ-∑ 转换器

有好几种 A/D 转换技术都通过使用内置的开关电流源或者电荷源来取代信号输入电流（平均过的）。图 9.57 显示的就是一种称为 δ-∑ 转换器的功能示意图。

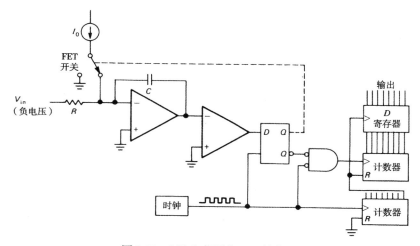

图 9.57　δ-∑ 电荷平衡 A/D 转换器

输入电压驱动积分器，积分器的输出再与某个固定电压（例如地）进行比较。根据比较器的输出，在每个时钟周期内，固定长度的电流脉冲（也就是充电时间固定）被开关切换到反相输入端或者地，同时保证流入反相输入端的平均电流为零，这就是平衡的概念。用一个计数器来跟踪加在反相输入端的充电脉冲的个数，例如 4096 个时钟脉冲，那么该计数值就与 4096 个时钟脉冲内输入电平的平均值成比例，这就是输出量。

δ-∑ 转换器中的电流脉冲也可以用稳定的参考电压源和电阻来产生，因为反相输入端是虚地的。如果是这样，需要保证开关闭合阻抗比串联电阻小，以便使 R_{ON} 的变化不会导致漂移现象。

□ 开关电容 A/D 转换

与电荷平衡方法相关的一种转换方法称为"电容存储电荷消耗 A/D 转换"或者"开关电容" A/D 转换。在这种技术中，稳定的参考电压源对电容进行反复充电，以产生固定数量的电荷，然后电容在积分器反相输入端上进行放电。和前面的方法一样，比较器对积分器的输出进行监视，并控制电容开关的频率，一定时间内的开关次数被用来产生数字量并输出。这种技术在单电源电压供电的电路中有很大的优势，因为电容对反相输入端充电时的极性可以由恰当连接的场效应管开关进行反相（即用开关对电容的两端都进行控制）。

LM331 就是采用这种技术的电压/频率转换器，它的优点是可以由 +5 V 单电源供电。我们在 5.3.3 节中讨论过这种芯片在压控振荡器中的应用。

对积分型 A/D 转换器的一些说明

双斜坡积分 A/D 转换器使用的电荷平衡技术需要在一个固定长度的时间段内对输入信号进行平均，因而如果设计得当，它们可以不受 60 Hz 信号及其谐波的干扰。一般来说，使用电荷平衡技术比较廉价（比如它们不需要很好的比较器），而且更精确，它们的输出线性度也非常好。然而，跟逐次逼近技术相比，它们的转换速度要慢一些。AD1170 能够达到 18 位的分辨率，转换时间为 66 ms，其价格为 100 美元；与之相比，16 位逐次逼近型转换器 AD76 的转换时间为 15 μs，其价格为 120 美元。与双斜坡积分型转换器相比，Delta-sigma 和开关电容转换方法的特点是在积分器后面加上低精度的比较器，但它们需要精确的电荷开关电路；而双斜坡积分方法能够使用高速重复的端点比较器，同时对开关的要求也简单一些（至少从速度和电荷注入的观点来看是这样的）。继续我们对于实际产品的介绍：AD1175K 是一种多斜坡 22 位转换器，转换时间为 50 ms，其价格为 800 美元（见 9.3.8 节）。

对于所有积分转换技术（单斜坡、多斜坡积分和电荷平衡）而言都有一个有趣的特性：积分器的输入可以是电流，也可以是电压源串联一个电阻。实际上，有些转换器有两个输入端，其中一个直接接在反相输入端，用于直接输出电流的设备。在采用电流输入时，积分器的失调电压就不那么重要了；然而如果采用电压输入（带内置的串联电阻），积分运算放大器会产生与输入失调电压大小相等的误差。电流输入非常有用，通过它能够获得很宽的动态范围，特别是当 A/D 转换器用在输出电流的设备中时，例如光电倍增管和光电二极管。还要注意产品规格说明中的这样一个 "小问题"：A/D 转换器的精度一般都默认为在输入电流情况下，对于那些既能输入电流也能输入电压的转换器来说，千万不要以为在输入电压小信号时的性能会和输入电流时一样好。

注意，在输出量为频率时，使用这些电荷平衡技术都能够设计出高精度的 V/F 转换器，如图 9.58 所示。

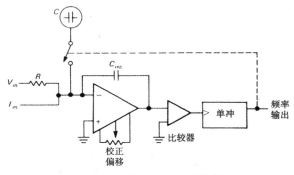

图 9.58　电荷平衡 V/F 转换器

□ 9.3.8　一些特殊的 A/D 和 D/A 转换器

转换器芯片及转换模块领域的领头羊——Analog Devices 公司推出的 4 种产品非常特别，值得介绍。

□ AD7569 组合型 DAC/ADC

AD7569 在单块芯片上同时集成了 8 位 A/D 和 D/A，并内置采样 / 保持电路、内部时钟和参考源（如图 9.59 所示）。其中，逐次逼近型 A/D 转换器的转换时间为 2 μs，而 D/A 转换器在输出电压时建立时间的典型值为 1 μs。这种芯片配合微处理器系统使用是非常合适的，共用一个 8 位的数字端口，并具有方便的控制信号输入和很快的速度（不像慢速转换器芯片那样需要额外的 "等待" 状态和漫长的建立时间，参见第 10 章和第 11 章），而且能够工作在 +5 V 单电源电压下。此外，它不需要外部器件或者调整电路。使用的是方便的 24 脚表面 DIP 封装，功耗很低（60 mW），其价格也很合适（购买 100 片时的单价为 6 美元）。

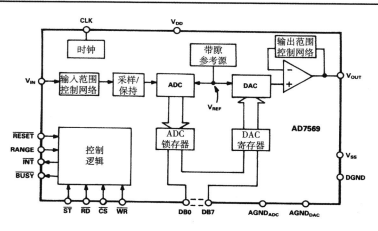

图 9.59　AD7569 组合型 8 位 DAC/ADC

□ AD1175 22 位积分型 A/D 转换器

这种优秀的转换器模块（如图 9.60 所示）使用了自动调零多斜坡积分技术，能够获得 22 位的精度（6 位半数码）和不同寻常的转换速度（每秒能够进行 20 次转换）。为了让我们更清楚地了解这些技术指标的含义，可对比台式（或者柜式）测量仪表，它们的价格一般为 4000 美元，每秒大概能完成 2 次转换；与之相比，AD1175 只占用 10 立方英寸的空间，功率为 3 W，单价为 800 美元。它的内部集成了一个微处理器，能够让我们通过数字总线（这个总线既用来输入命令，也用来输出转换数据）粗略地调整增益和失调电压。

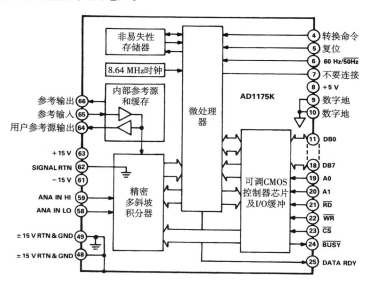

图 9.60　AD1175K 22 位积分型 A/D 转换器

□ HDG0807 和 AD9502 视频转换器

这些转换器（如图 9.61 和图 9.62 所示）被用在数字视频方面。HDG0807 是一个 8 位 D/A 转换器，具有标准视频信号电平以及与之相应的 75 Ω 输出阻抗。这种转换器使用方便，速度快（可达 50 MHz），而且价格适中。AD9700 是由这块复合型转换器的内核组成的单片集成电路，能够工作在 100 MHz。

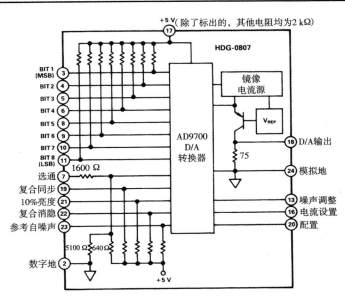

图 9.61　HDG0807 复合型视频 D/A 转换器

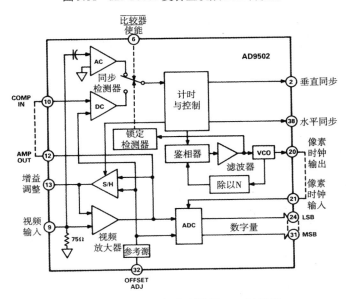

图 9.62　AD9502 复合型视频 A/D 转换器

　　AD9502 视频 A/D 转换器所做的工作与前面的芯片相反, 它对输入的视频信号进行数字化。它的内部电路能够从输入的模拟合成视频信号中提取出同步脉冲, 并通过内部的锁相环产生一个"像素时钟"以便与光栅扫描同步, 然后将模拟电压转换成 8 位数字量。它的转换速率能够达到 13 MHz, 产生的数字输出能够达到 512×512 的屏幕分辨率。

9.3.9　A/D 转换器选择

　　和 D/A 转换器一样, 我们也列出了一些 A/D 转换器的表格 (见表 9.5 和表 9.6), 这些表格覆盖了性能和价格等各个方面的指标。我们试图在这些表中包括最流行的那些器件以及一些最近才推出, 但可能在未来几年广泛应用的产品。

表 9.5　A/D 转换器

型号	Mfg^a	转换位数	方法^b	速度最大值 (μs)	封装^c	电源电压 (V)	电源电流典型值 (mA)	V_{ref}	能否为+5参考电压?	输入电压范围 (V)
HS9582	HS	6	F	0.07	18	+5	30	外置1~5	•	$0 \sim V_{ref}$
TDC1047	TR	7	F	0.05	24	+5,-5.2	+20,-140	外置 -1	—	$0 \sim V_{ref}$
ADC0844	NS	8	SA	40	20	+5	1	外置1~5	—	$0 \sim V_{ref}$; $2V_{ref}$
ADC0831	NS	8	SA	32	8	+5	1	外置1~5	—	$0 \sim V_{ref}$; $2V_{ref}$
TLC548	TI	8	SA	22	8	+5	1.9	外置	•	0~5
AD670	AD	8	SA	10	20	+5	30	内置	—	0.25; 2.5
AD7575	AD	8	SA	5	18	+5	3	外置1.2	—	$0 \sim 2V_{ref}$
ADC0820	NS	8	HF	2.5	20	+5	8	外置1~5	•	$0 \sim V_{ref}$; $2V_{ref}$
AD7820	AD	8	HF	1.6	20	+5	8	外置1~5	—	$0 \sim V_{ref}$
HS9583	HS	8	F	0.2	24	+5	20	外置+5 V	•	0~5
AD9002	AD	8	F	0.007	28	-5.2	150	外置	—	-2~0
AD770	AD	8	F	0.005	40	+5,-5.2	270,125	外置	—	-1~1
CXA1176K	SO	8	F	0.003	68LCC	-5.2	300	外置	—	-2~0
TDC1049	TR	9	F	0.03	64	-5.2	950	外置-2	—	-2~0
HADC77600	HO	10	F	0.02	72PGA	+5,-5.2	+440,-380	外置±2	—	±0.5; ±2
ADC1001	NS	10	SA	200	20	+5	1.5	外置1~5	—	$0 \sim V_{ref}$; $2V_{ref}$
AD573	AD	10	SA	20	20	+5,-12	15,-9	内置	—	0~10; -5~5
AD7578	AD	12	SA	100	24S	+5,±12	0.1,±3	外置+5 V	•	0 5
AD574A	AD	12	SA	25	28	+5,±12	30,+2,-18	内置10.0	—	0~10; ±5; ±10
ADC80	BB	12	SA	25	32	+5,±12	11,+5,-21	内置6.3	—	0~5;0~10;±5;±10
AD7572	AD	12	SA	5	24S	+5,-15	5,-10	内置-5.2	—	0~5
AD7672	AD	12	SA	3	24S	+5,-12	7,-12	外置-5	—	0~5; 0~10; ±5
AD578	AD+	12	SA	3	32	+5,±12	100,+3,-22	内置10.0	—	0~10;0~20;±5;±10
ADC511	DA	12	HF	1	24	+5,±15	65, ±25	内置	—	0~10; ±5
AD9003	AD	12	HF	1	40	+5,±15	2.5W	内置	—	0~5
THC1201	TR	12	HF?	0.1	46	±15	160	内置	—	-1~1
CAV1220	AD	12	HF	0.05	PCB	±5,±15	20W	内置	—	±1
TLC1205B	TI	13	SA	10	24	±5	3	外置	•	±5
ICL7115	IL	14	SA	40	40	±5	±2	外置+5 V	•	0~5
ADC71	AD	16	SA	50	32HY	+5,±15	70,±20	内置6.3 V	—	0~5;0~10;±5;±10
ADC76	BB+	16	SA	15	32	+5,±12	10,+14,-17	内置	—	0~5;0~10;±5;±10
CX20018	SO	16	DS	9	28	±5	10,100	外置	—	±10
ADAM-826-3	AN	16	SA	1.5	PCB	+5,-6,±15	3 W	内置	—	0~10; ±10
MN5420	MN	20^h	SA	3	40HY	+5,±15	+400,±150	内置	—	±5

a. 参见表 4.1 的表注。b. DS 为双斜坡积分型；F 为快速型；HF 为半快速型；SA 为逐次逼近型。

c. 所有都是 DIP 封装，除非特别说明；HY 为混合电路封装；S 为表面 DIP 封装。

d. AZ 为自动调零；NT 为不需要调整电路。

e. 加上内置的放大器一共是 20 kΩ。f. 购买 1000 片时的单价。

g. 需要外置运算放大器。h. 浮点。

（续表）

型号	Z_{in}	差分输入?	采样保持	修正d	位数	三态输出	串行	时钟	价格（塑封100片）($)	注释
HS9582	∞	−	−	NT	6	•	−	外置	15	快速
TDC1047	100 k	−	−	NT	7	•	−	−	40	锁存输出
ADC0844	∞	−	−	AZ	8	•	−	内置	3.85	4输入MUX；易用；+5 V电源
ADC0831	∞	•	−	AZ	−	•	•	外置	2.70	小，未粘合
TLC548	1 μA	•	•	AZ	−	•	•	内置		易用，微型DIP封装
AD670	∞	•	•	NT	−	•	−	内置	6	仪器放大输入
AD7575	∞	−	•	NT	−	•	•	外置RC	5.50	快速
ADC0820	∞	−	−	NT	−	•	−	内置		锁存输出；溢出指示
AD7820	∞	−	−	NT	−	•	−	内置	10	快速；4和8通道；溢出指示
HS9583	100 k	−	−	NT	−	•	−	外置	44	快速
AD9002	20 k	−	−	NT	−	•	−	−	90	快速，低功耗，锁存，溢出指示
AD770	3.3 k	−	−	NT	8	•	−	−	175	快速，锁存，溢出指示
CXA1176K		−	−	NT	−	−	−	−		最快
TDC1049	16 k	−	−	•	10	−	−	−		9位快速型
HADC77600	1 k^e	−	−	•	10	−	−	−		超高分辨率、快速型
ADC1001	∞	•	−	AZ	8+2	−	−	外置RC		5 V，最小粘合
AD573	5 k	−	−	NT	8+2	•	−	内置	14	快速，未粘合
AD7578	∞	−	−	AZ	8	−	−	外置RC	20	低功耗，廉价
AD574A	5 k	−	−	•	8+4	•	−	内置	28	V_{ref}输出；经典
ADC80	5 k	−	−	•	12	•	−	内置	33	V_{ref}输出；经典，时钟输出
AD7572	2.5 k	−	−	NT	8+4	•	−	内置	46	快速，未粘合，时钟输出
AD7672	5 k	−	−	−	8+4	•	−	外置RC	75	快速
AD578	5 k	−	−	NT	12	•	−	内置	100	快速，未粘合，V_{ref}输出，时钟输出
ADC511	2.5 k	−	−	NT	12	•	−	内置	99^f	过热时无误码
AD9003	1 k	−	•	NT	12	•	−	内置	250	
THC1201		−	−	NT	12	•	−	−		很快，易用
CAV1220	1 k	−	•	NT	12	•	−	内置	2500	很快
TLC1205B	1 μA	•	−	−	8+5	•	−	外置	30	
ICL7115	5 k	−	−	AZ	8+6	•	−	外置	50	基数1.85+内置ROM
ADC71	5 k	−	−	•	16	•	−	内置	63	工业标准，时钟输出，参考源输出
ADC76	2.5 k	−	−	•	16	•	−	内置	100	工业标准，AD376
CX20018	10 k^g	•	•	−	−	•	−	外置	18	数字音频用，2通道
ADAM-826-3	1.4 k	−	−	NT	8+8	•	−	内置		模块式；w型带采样/保持，缓冲
MN5420	5 k	−	−	−	16	•	−	外置		浮点：4位指数，12位尾数

　　在选择 A/D 转换器时，有以下的一些因素需要考虑：（a）精度；（b）速度；（c）准确性（是否需要外置调整电路？单调性是否能够保证？）；（d）需要的电源电压（有些可以工作在 +5 V 单电源下）和功率；（e）封装是否小巧；（f）参考源和时钟（是内置的还是需要外部提供？如果是外置参考源，是否能够在 +5 V 下工作？如果是内置的，是否能够从外部与之接口，如用做比例测量？参考源的精度如何？能否用其他参考源代替？）；（g）输入阻抗和模拟电压范围（单极性，双极性，还是两种输入极性都可以？）；（h）输入端的结构（是否为差分输入？是否内置多路复用器或者采样/保持电路？是否是反向极性，例如输入量负得越多是否输出值就越大？）；（i）输出端的结构（并行，串行，还是两种输出方式都可以？如果是并行输出，是否与微处理器相兼容，能否作为一组字节单独使能？）；当然，还需要考虑的就是（j）价格。

表 9.6　积分型 A/D 转换器

型号	Mfg[a]	芯片数量	位数	转换方法[b]	转换次数/秒	封装[c]	V_{supply} (V)	V_{ref} (V)	5V参考电压可否	输入范围 (V)	Z_{in} (Ω)	外部校正	差分	并行位	三态输出	UART兼容	时钟	注释
AD7552	AD	1	12[d]	QS	6	40	+12,±5	1~5	•	$0\sim\pm0.5V_{ref}$	1 M	—	—	8+6	•	—	外置	
TSC804	TS	1	12[d]	QS	30	60	±5	int	—	±4	∞	—	—	8+6	•	•	xtal	8通道复用
ICL7109	IL	1	12[d]	DS	30	40	±5	0.2~2	—	$0\sim\pm2V_{ref}$	∞	—	•	8+6	•	•	xtal	工业标准
AD7550	AD	1	13	QS	25	40	+12,±5	1~5	•	$0\sim0.5V_{ref}$	1 M	—	—	8+6	•	—	外置	
TSC800	TS	1	15[d]	DS	2.5	40	±5	0.2~2	—	$0\sim\pm2V_{ref}$	∞	—	•	8+8	•	•	xtal	
TSC850	TS	1	15[d]	TS	40	40	±5	1.6,0.025	—	$0\sim2V_{ref}$	∞	V_{ref}	•	8+8	•	•	外置	快速，低功耗（2 mA）
ICL7104-16[e]	IL	2	16[d]	DS	3	40	+5,±15	int	—	0~±4	∞	V_{ref}	—	8+8+2	•	—	xtal	低输入电流I_{in}时使用8052
CSZ5316	CR	1	16	CB	20k	18	+5	int	—	±2.75	30 k	—	—	串行	•	—	外置	内置采样/保持
AD1170	AD	1	18	CB	1000[f]	40	+5,±15	int	•	±5	100 M	—	—	8+8+6	•	—	xtal	软件校正
AD1175K	AD	1	22	QS	20	66M	+5,±15	int	—	±5	1000 M	—	•	8+8+6	•	—	内置	精确度稳定性高；软件校正

a. 参见表 4.1 的表注。b. CB 为电荷平衡型；DS 为双斜坡积分型；TS 为三斜坡；QS 为四斜坡。c. M 为模块式。d. 加上标志位。e. 加上 8068A 配套芯片。f. 转换速率可编程。50 次转换/秒时能够获得最大的分辨率。这里显示的都是最大值，最大值处分辨率会下降。

完成 A/D 子系统

如果我们需要一个高精度的 A/D 转换器，特别是需要内置多路复用器和采样/保持电路时，就要考虑使用"A/D 子系统"。这种产品很多厂家都生产，与芯片不一样，它们以模块的形式提供，一般都用 0.4" 厚、2" × 4"（或者 3" × 5"）见方的金属盒封装，其管脚连接在特殊的插座上（或者直接焊接在一块印制电路板上）。尽管这些转换器不便宜，然而它们使用起来非常简单。更为方便的是，这些模块的生产厂家一般都已经解决了在高精度转换方面可能会遇到的棘手问题，例如噪声干扰、数字和模拟部分的隔离、参考源的稳定性以及放大器的失调电压等。

Data Translation 公司的 DT-5716A 就是一种非常典型的转换器模块（如图 9.63 所示）。它可以容纳 16 路单端输入（或者 8 路差分输入），其输入端内置模拟多路复用器，并接有一个采样/保持电路、一个增益可编程的放大器以及一个 16 位 A/D 转换器。它的转换速率可达 20 kHz，输出量可以作为一对字节与微处理器的总线相连（参见第 10 章和第 11 章）。

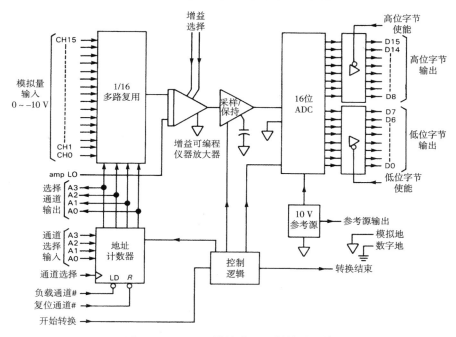

图 9.63　DT5716 模块式 A/D 转换器系统

A/D 子系统模块的分辨率从 12 位到 16 位不等，同时提供带输入多路复用器和不带的型号。虽然其价格稍高，但是我们可以获得很高的精度和很快的速度，而且现在能够买到的模块的价格已经比以前便宜多了。例如，Analog Devices 公司的 DAS1157-9 系列是单通道输入、分辨率为 14 ~ 16 位的转换模块，转换速率可达 18 kHz，每百片的单价低于 300 美元。我们可以在 Analog Devices，Analogic，Data Translation 以及 Intech 等公司买到这些转换模块。

9.4　A/D 转换示例

9.4.1　16 通道 A/D 数据采集系统

图 9.64 所示的电路能够根据需要对 16 路模拟输入信号进行数字化，输出 12 位数字量。它可以作为微处理器控制数据采集实验系统的"前置"电路。

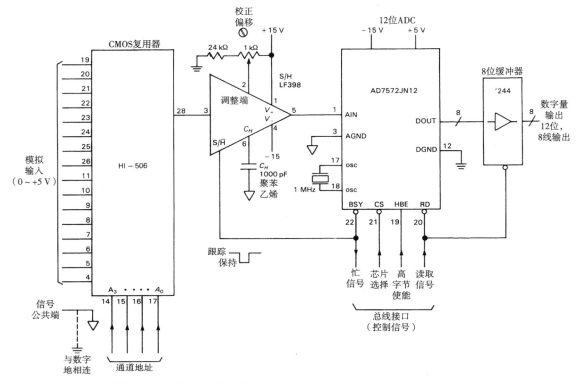

图 9.64　12 位 16 通道逐次逼近型 A/D 转换器系统（每次转换 12 μs）

HI-506 是一个 16 通道的 CMOS 模拟多路复用器，能够与 CMOS 数字输入电平兼容。这种特别的复用器具有一些非常优秀的特性，例如它的开关具有"先切断后连接"的特点，也就是说，不同的输入通道在多路复用器中进行地址切换时不会出现相互短接的情况。此外，输入信号的幅度允许超过电源电压的范围，超过这个范围时不会出现"可控硅锁定效应"，输入通道之间也不会产生串扰。在购买线性开关时要留意一下这种芯片。该芯片在性能方面会有些取舍，例如"先切断后连接"会使开关切换时间变长，因为"连接"必须等到允许开关闭合时才能进行。

多路复用器的单条输出通道用来驱动 LF398。这是一种价格为 2 美元的单片采样/保持放大器（见图 4.41），采用 8 脚 DIP 封装，使用起来非常方便。可用来进行"跟踪和保持"，在转换开始时将模拟波形锁定。在外接 1000 pF 电容后，LF398 能够在 0.5 μs 内达到 1 LSB 并"保持"，在接下来的 12 μs 转换时间内其压降将低于 3 μV。AD7572 是一种性能优异的低功耗 12 位 A/D 转换器，片内集成有参考电压源和时钟，它与微处理器接口时非常方便，能够根据需要在两个连续的工作循环中将 12 位的转换结果复用到 8 位数据线（"字节宽度"数据总线）上输出。

用来控制该电路的设备会为多路复用器提供地址，然后通过使能 $\overline{CS}$ 和 $\overline{RD}$ 使转换开始；A/D 转换器通过使能 $\overline{BUSY}$ 来做出响应，同时锁定模拟输入信号。转换过程在 12 μs 后完成，完成后 $\overline{BUSY}$ 管脚输出高电平。如果我们需要使用 12 条 D_{out} 数据线，那么这时 12 位的转换结果就可以直接输出了；如果需要在 8 位总线上输出，可以先读取结果的低 8 位数据，然后使能 HBEN（"高位字节使能"），接着就可以读取高 4 位数据 $D_0 \sim D_3$ 了。

在对转换进行初始化后，控制转换器的设备可以通过监视 $\overline{BUSY}$ 管脚的状态来判断转换是否完毕。另一种简单的方法是直接等待 12 μs（可以通过软件进行"循环"，以达到延时的目的，参见第 11 章）。在转换结束后，控制设备必须等待 4 μs，以便对下一次转换进行初始化，这个时间就是

LF398 的"获取时间"，在"获取时间"内它会再次对输入进行跟踪，使输出与输入的误差小于 0.1%。当然，控制器可以利用这段时间来读取输出的数字量。因此，整个转换循环最少需要 16 μs，即每秒能够进行 60 000 次转换。

关于这个电路有以下几点需要注意：(a) 为了达到 12 位精度，我们需要提供失调调整电路，目的是补偿以下 3 种误差：(i) 采样 / 保持电路会有 7 mV（最大值）的 V_{os}；(ii) 由于场效应管栅极的电荷注入效应（见 3.3.2 节），采样 / 保持场效应管在 HOLD 状态时会引入一个小的电压阶跃，本电路中是一个相对稳定的 10 mV 负电压阶跃；(iii) A/D 转换器本身也会有 4 LSB 大小的 V_{os}（相当于输入在 0 ~ 5 V 时，直流失调电压为 5 mV）。根据厂家的推荐，我们在 LF398 上加了调整电路。(b) 保持电容的容量是权衡后的结果。选择小容量电容会缩短获取时间，但是会造成更大的漏电以及电荷注入阶跃电压。我们所选择的容值使产生的漏电完全可以忽略，产生的 HOLD 阶跃电压大小为 8 LSB；这个阶跃电压相对来说比较稳定，适当地调整偏移校正电路可以将其消除。(c) 该电路是为单极性输入（0 ~ 5 V）而设计的；如果想让输入范围扩展到双极性，则需要加上一个运算放大器偏移电路，但是要注意保持误差在 1 LSB（1/4000）以下。AD7572 能够提供精确的参考电压，这可以让我们的工作轻松一些，但还需要很多其他的器件。(d) 对于这类电路有一个很巧妙的改进方法：使用增益可编程的放大器，这样微处理器能够通过调整增益来适应输入信号的不同幅度。Analog Devices 公司的 AD526 就是一种单芯片解决方案，通过编程能够提供 1，2，4，8 和 16 种不同的增益，其增益精度为 0.02%（12 位精度）。National 公司的 LF13006/7 是另一种方案，通过内置电阻和场效应管开关（这种芯片不包括放大器）能够使增益在 1 到 128 之间（每次乘以 2）或者 1 到 100 之间（1-2-5 的顺序）进行调整，这两种芯片的增益精度为 0.5%（8 位精度）。

在本电路中，逐次逼近型 A/D 转换器是很自然的选择，因为在不同的输入通道之间切换时速度是非常重要的。在选择器件时我们考虑尽量降低成本，这个电路按现在的价格计算需要花费大概 50 美元，其中转换器的价格是 35 美元。

9.4.2　$3^1/_2$ 位数字电压计

图 9.65 所示的电路体现了双斜坡积分转换技术的一些优点。几乎所有的电路都包括在一片用做数字电压计的 CMOS 大规模集成电路中，仅有的外围器件是积分器、RC 时钟电路、参考电压源以及显示设备。ICL 7107 在其操作过程中包括一个自动调零的循环，它甚至能够产生所有 7 位数码管的复用信号，并直接驱动 4 位 LED 显示器。如果在输入端使用一个外置的衰减器（或者使用一个不同电压的参考源），可以获得其他输入电压范围。双斜坡积分技术用在数字电压计中是非常适合的，因为它能够提供很好的精度（包括自动调零），不受 60 Hz 信号干扰，同时其价格也比较便宜。这里使用的这块转换器芯片价格低于 20 美元。

□ 9.4.3　库仑计

图 9.66 所示的电路是一个电荷平衡式电流积分器，或者称为"库仑计"。这个仪器可以用来测量一定时间内电流的积分（也就是总电荷量）。它可以应用在电泳或者电化学领域。测量过程从电路的左下角开始，需要积分的电流流过一个 4 线精密功率电阻后产生与之成比例的电压。IC$_2$ 是一个相对廉价的单电源供电精密运算放大器（价格低于 5 美元），它的初始失调电压很低（最大为 80 μV），在时间和温度影响下的漂移也很小（每摄氏度的电压漂移小于 2 μV，每个月的电压漂移小于 0.5 μV），它产生的输出电流（已通过待测电流编程）用来驱动电荷平衡积分器 IC$_3$。在输入端可以通过一个旋转开关在 5 个 10 倍关系的输入敏感度量程中进行选择，但无论量程如何，在满刻度时 Q_1 集电极上的电流都是 200 μA。Q_1 是一个 MOSFET（而不是双极型三极管），用来消除控制电流误差。

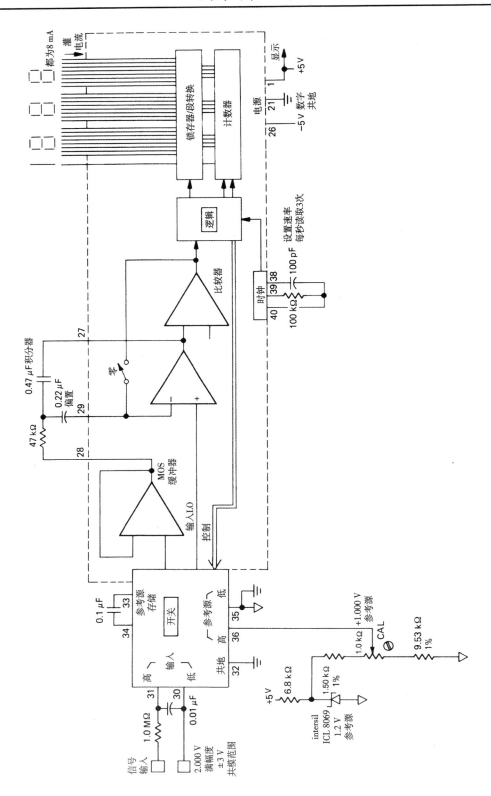

图 9.65 单芯片 3½ 位双斜坡数字电压计

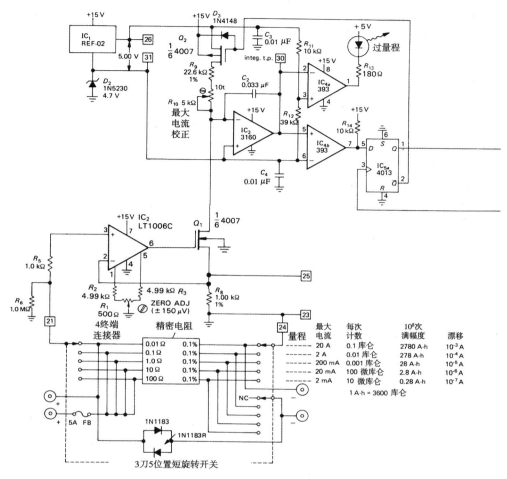

图 9.66 库仑计：电荷累积计数器

电荷平衡电路采用的是标准 δ-∑ 结构，其中 Q_2 是一个 P 沟道增强型 MOSFET。在每个时钟周期后，Q_2 能够根据触发器 IC_{5a} 的状态输出一定量的电荷。IC_{5b} 作为一个单稳态电路使用，IC_7 是一个二进制计数器，在 Q_2 控制的每个时钟周期中它都会递增。这个电路不需要一定量的计数值，只要不被停止，就会一直积分。4 位计数器 IC_9 和 IC_{10} 用来记录总电荷量，并驱动 8 位 LED 显示器。

如果被测量的电流超过了所选择的满偏电流量程，Q_2 将无法平衡 Q_1 的电流（尽管 Q_2 会一直处于 ON 状态），同时寄存在计数器中的电荷测量值也会是错误的。IC_{4a} 用来检测这种过量程状态，当积分器的输出超过固定参考电压时，它会在 LED 上进行显示（参考电压的大小应该选择为比通常情况下积分器的最大输出值略大一些）。

□ 设计中考虑的问题

在设计这种电路时有一些问题值得注意。例如，绝大多数 CMOS 逻辑电路都工作在 +15 V 电压下，以简化 Q_2 的开关。由于 4 位计数器需要 +5 V 电压供电，我们在高电平 CMOS 逻辑信号与计数器之间使用了一块 4049 作为接口转换。IC_4 工作在单电源电压下，因此其输出电压范围是地与 +15 V 之间，可以直接与 IC_{5a} 相连。积分器和比较器的参考电压被齐纳二极管 D_2 固定在 +4.7 V，其目的是为了给 Q_1 留出一定空间；因为这里对精度没有要求，所以用简单的齐纳二极管就可以了。要注意，在 +4.7 V 电平上有一个精密的参考源，它用来调整电流的大小，并通过开关接到积分器上。REF-02 的工作电流可以方便地作为齐纳二极管的偏置。

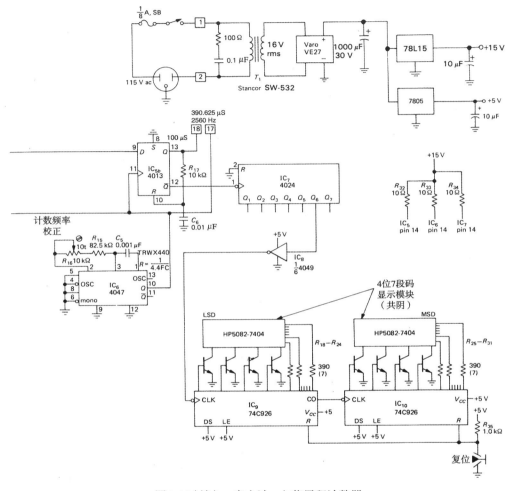

图 9.66（续）　　库仑计：电荷累积计数器

开关（Q_2）的选择会对整个设备的精度产生关键性的影响。如果它的容值太大，寄生在其漏极上的多余电荷就会导致误差。在这里并没有采用前面那些电路的原理图（在电流 OFF 的循环中将开关切到地），因为在电流很小的时候 IC_3 的失调电压会导致一个固定大小的误差。通过使用图中所示的单刀单掷开关，在牺牲一点转换精度的前提下（因为 Q_2 漏极上的寄生电荷在每个循环中都会被积分）会获得更宽的动态范围。要注意，我们选择的积分运算放大器是一种低偏置电流的 MOSFET 型号，其目的是为了让电流误差减小到可忽略的程度（典型值为 10 pA）。由于场效应管运算放大器的失调电压一般都会比双极型三极管的大，所以如果使用单刀双掷开关，选择这种运算放大器会使刚才讨论的动态范围问题更加突出。

□ 动态范围

要弄清楚一个很重要的问题，这个设备的动态范围需要设计得很宽，在测量过程中用来精确积分的电流的大小可能会相差几个数量级。这就是为什么在设计中特别注意了"前置"电路的原因。

在前置电路中，我们使用了能够进行精密失调电压调整的高精度运算放大器（普通调整电路的调整范围一般都为几毫伏，因而很难将失调电压精确地调整到零）。当 IC_2 的失调电压调整到 10 μV 或者更低时，该设备的动态范围可以达到 10 000∶1 以上。

9.5　锁相环

9.5.1　锁相环介绍

锁相环（PLL）是一种非常有用而且有趣的器件，许多厂家都生产单芯片的集成锁相环电路。锁相环由鉴相器、放大器和压控振荡器（VCO）组成，它将数字和模拟技术巧妙地融于一身。对于它的一些应用，如声调解码、AM 和 FM 信号检波、倍频、频率合成、噪声源信号（例如磁带）脉冲同步以及"干净"信号的重构，将在后面讨论。

以前大家都不太愿意使用锁相环，一方面因为分立器件的锁相环电路过于复杂，另一方面因为它们工作起来不太稳定。随着廉价而易用的锁相环电路的大量生产，第一个障碍已经不复存在；而只要设计得当并采用成熟稳定的电路，锁相环工作起来也能够像运算放大器或者触发器一样稳定。

图 9.67 显示的是经典的锁相环框图。鉴相器用来比较两个输入频率，对它们之间的相位差异进行度量，并将度量值输出（如果它们之间的差异是在频率上，那么锁相环会在频率不同处进行周期性的输出）。如果 f_{IN} 不等于 f_{VCO}，由此产生的相位误差信号在通过滤波及放大后会使 VCO 的频率靠近 f_{IN}，在合适的条件下，VCO 会很快"锁定"到 f_{IN}，并使输入信号与其之间的相位关系保持一定。

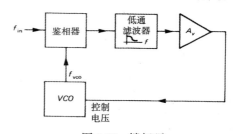

图 9.67　锁相环

在上面的叙述中，鉴相器通过滤波后的输出是一个直流信号；用来控制 VCO 的输入信号是通过测量输入频率得到的，可以看出这种技术能够应用在声调解码（用于电话线数字传输）以及 FM检波中。VCO 的输出信号是在本地产生的，其频率与 f_{IN} 相等，因而它是一个 f_{IN} 的"纯净"副本，而 f_{IN} 本身可能是带有噪声的。由于 VCO 可以输出三角波、正弦波等各种波形，因而我们可以很容易地产生一个正弦波，其频率与输入脉冲序列的频率锁定。

在锁相环最常见的一个应用电路中，VCO 的输出端和鉴相器之间放置了一个模 n 计数器，目的是用来产生频率为输入基准频率 f_{IN} 整倍数的信号。利用这种方法能够产生频率为电力线信号频率整数倍的信号，供积分型 A/D 转换器（双斜坡或电荷平衡型）使用，其目的是为了消除电力线频率及其谐波频率的干扰。这种方法也是频率合成技术的基础。

□ **组成锁相环的器件**

　　□ **鉴相器**。让我们先来看看鉴相器，实际上它有两种基本型号，有时被称为 I 型和 II 型。I 型鉴相器由模拟信号或者数字方波信号驱动，而 II 型鉴相器由数字翻转（边沿）来驱动。比较有代表性的鉴相器芯片是 565（线性，I 型）和 CMOS 工艺的 4046（包括 I 型和 II 型）。

最简单的鉴相器是 I 型（数字），它由一个异或门组成（如图 9.68 所示）。在加上低通滤波器后，其输出电压与相位差的关系如图所示，其中输入方波的占空比为 50%。I 型（线性）鉴相器的输出电压 – 相位特性与此类似，尽管其内部电路实际上是一个"四象限乘法器"，也称为"平衡混频器"。高线性的这种**鉴相器**在锁定检测中是非常关键的部件，我们将在 15.4.4 节中讨论这种巧妙的技术。

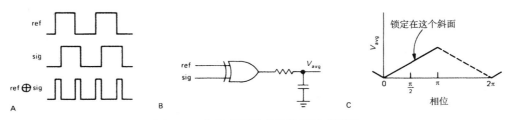

图 9.68　由异或门组成的鉴相器（Ⅰ型）

Ⅱ型鉴相器只对信号与 VCO 输入信号**边沿**之间的相对时间敏感，如图 9.69 所示。根据 VCO 的输出翻转与参考信号的翻转之间先后关系的不同，相位比较器电路的输出**脉冲**或者**超前**，或者滞后。这些脉冲的宽度与两信号各自边沿之间的时间相等，如图所示。在这些脉冲处，输出电路或者灌电流，或者拉电流（根据不同的脉冲信号），而在其他情况下看起来是开路的，整个过程中平均输出电压与相位误差之间的关系如图 9.70 所示。这种鉴相器不依赖于输入信号的占空比，这与前面讨论的 Ⅰ 型相位比较器不同。这种鉴相器的另一个优点是，当两个信号锁定到一起时，输出脉冲会完全消失。这意味着在输出端不会产生"纹波"，因而在环路中也不会产生周期性相位调制，而这种麻烦在 Ⅰ 型鉴相器中会出现。

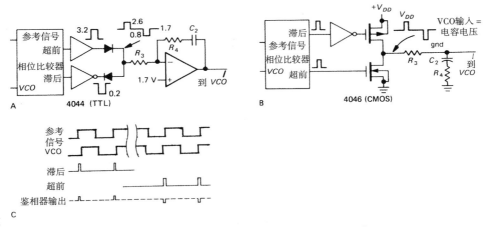

图 9.69　边沿敏感型超前 – 滞后鉴相器（Ⅱ型）

下面我们对这两种基本型号的鉴相器的特性进行比较：

	Ⅰ型异或门鉴相器	Ⅱ型边沿触发（"电荷泵"）鉴相器
输入信号占空比	最好是 50%	没有关系
是否会锁定谐波？	会	不会
抗噪性能	好	差
$2f_{IN}$ 时的剩余纹波	高	低
锁定范围（L）	整个 VCO 范围	整个 VCO 范围
捕捉范围	$fL(f<1)$	L
失锁时的输出频率	f_{center}	f_{min}

这两种不同类型的鉴相器之间还有一点区别：Ⅰ型产生的输出波形必须通过环路中的滤波器滤波（关于这一点后面会做更多讨论），因此在使用 Ⅰ 型鉴相器的锁相环中，环路滤波器的作用是低通滤波，用来平滑全摆幅的逻辑输出信号。Ⅰ型鉴相器中总是存在剩余纹波，因此它的环路中会出

现周期性的相位变化。在倍频或者频率合成电路中,使用这种锁相环会导致输出信号中出现"相位调制边带"(见 13.4.2 节)。

与之相比,II 型鉴相器只是在参考信号与 VCO 信号之间有相位误差时才产生输出脉冲,而其他时候鉴相器的输出端看起来是开路的,因此环路滤波器的电容起到了电压存储的作用,它通过积累电压使 VCO 输出正确的频率。如果参考信号的频率发生偏离,那么鉴相器会产生一系列短时脉冲,这些脉冲对电容进行充电(或者放电),使 VCO 重新锁定。

☐ VCO。这是锁相环中的一个关键部件。它是一个振荡器,其振荡频率可以通过鉴相器的输出进行控制。有一些锁相环芯片中包含有 VCO(例如 linear 公司的 565 和 CMOS 工艺的 4046),我们也可以买到独立的 VCO 芯片,如表 5.4 所示。有一类有趣的 VCO 由正弦波输出型组成(例如 8038,2206 等),它们可以锁定受到干扰的输入波形的频率,并产生干净的正弦波。另一类称为"电压 – 频率转换器(V/F)"的 VCO 也值得注意,其设计一般都用来改善线性度;它们都有一个最高工作频率(1 MHz 或者更低),输出的是逻辑电平脉冲(见 5.3.4 节)。

有一点要注意:VCO 可以不受逻辑速度的约束。例如,我们可以使用射频振荡器(由变容二极管进行调谐),如图 9.71 所示。

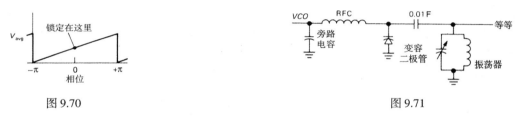

图 9.70　　　　　　　　　　　　　　　　　图 9.71

根据这个特性,我们甚至可以使用反射速调管这样的微波振荡器(吉赫兹),它通过改变反射极上的电压进行**调谐**。当然,使用这种振荡器的锁相环需要射频鉴相器与之匹配。

锁相环中使用的 VCO 对"频率 – 控制电压"特性的线性度要求不高,然而,如果其非线性度很高,环路的增益就非常依赖于信号频率,这样对环路稳定性的要求就更高了。

☐ 9.5.2　锁相环设计

☐ 闭合环路

鉴相器能够根据信号与参考输入之间的相位差输出误差信号。VCO 能够通过改变输入电压来控制其输出频率。我们应该把这个环路与其他反馈放大器同等对待,与运算放大器电路一样,它在闭合后也会有增益。

然而,它们之间有一个关键性的区别。在其他回路中,通过反馈调整的量与用来产生误差信号的量相同(至少也是成正比的),例如在电压放大器中,我们通过测量输出电压来调整输入电压。而在锁相环电路中它们是积分关系;我们测量的是**相位**,但调整的是**频率**,而相位正好是频率的积分,这样在锁相环中就有一个 90° 的相移。

反馈环中的这种积分关系会带来一些问题:如果相位再延迟 90°,并且该频率下的增益为单位增益,那么电路就会产生自激振荡。对于这个问题,一个简单的解决方法是:避免在电路中使用其他任何可能引起相位延迟的器件,至少在使环路增益靠近单位增益的频率下不要使用。毕竟,运算放大器在其大部分频率范围内会产生 90° 的延迟相移,但使用它们是不会有问题的。这是一种方法,用它可以构造出"一阶锁相环",这种锁相环的框图看起来与前面那个框图类似,只是去掉了低通滤波器。

一阶锁相环在许多场合都有着重要的作用,然而它们不具有称为"惯性效应"的特性,这种特性能够使输入信号中的噪声或者抖动通过 VCO 得到平滑。此外,在一阶锁相环中,参考信号和 VCO

信号之间的相位关系无法保持固定不变，因为鉴相器的输出是直接驱动VCO的。"二阶锁相环"在其反馈回路中加上了低通滤波器（如前图所示），这种设计能够降低不稳定性并提供"惯性效应"特性，但它同时缩小了"捕捉范围"并增加了捕捉时间。此外，在使用II型鉴相器时，二阶锁相环能够保证锁定时参考信号与VCO输出信号之间的相位差为零，关于这一点后面会解释。二阶锁相环的应用范围非常广泛，因为人们在使用锁相环时总希望输出频率中的相位噪声更低，并要求有一定的"记忆功能"（或者称为惯性效应）。二阶锁相环能够在频率较低时提供较高的环路增益，因而可以提高稳定性（这与反馈放大器中高环路增益带来的效果类似）。下面会用一个设计实例来说明如何使用锁相环电路。

□ 9.5.3　设计实例：倍频器

锁相环的一个常见应用是使输入频率按固定倍数增加。在频率合成器中也用到了这种技术：将稳定的低频参考信号频率（例如1 Hz）增加n（整数）倍后输出；其中n可以通过数字方式调整，这样就能得到一个可通过计算机灵活控制的信号源。在更普遍一些的应用中，我们可能需要通过锁相环锁定设备中其他已有的参考源频率，以产生新的时钟频率。例如，假设我们需要为一个双斜坡积分型A/D转换器提供频率为61 440 Hz的时钟信号，在这个频率下它每秒可以完成7.5次测量循环，每次充电的时间为4096个时钟周期（前面讲过，双斜坡积分型转换器的充电时间是固定的），恒流放电的时间也是4096个时钟周期；在使用锁相环电路时，61 440 kHz的时钟能够锁定到60 Hz电力线频率（$61\,440 = 60 \times 1024$），因而输入信号中60 Hz干扰对于转换器的影响就能完全消除（正如我们在9.3.7节中讨论过的一样）。

我们从标准锁相环电路的原理图开始讲起，不同的是在VCO的输出端和鉴相器之间增加了一个模n计数器（如图9.72所示）。我们在环路中每个功能模块上都标出了增益值，这些数值对于计算环路的稳定性非常重要。特别要注意，鉴相器将相位转换成电压，而VCO将电压转换成相位对时间的微分（例如频率）。这样会产生一个重要的结果：如果将相位看成变量，VCO实际上起到了积分器的作用，输入的固定相位误差被VCO转换成线性递增的相位误差输出。低通滤波器和模n计数器的增益都是无单位的。

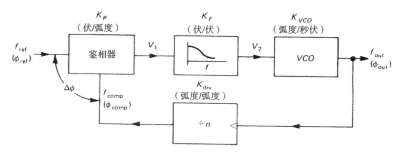

图 9.72　倍频器的结构框图

□ 稳定性和相移

图9.73中的环路增益波特图显示出了构造稳定二阶锁相环电路的关键。其中VCO的作用相当于积分器，其频率响应大小为$1/f$，相位延迟为90°（也就是说，其频率响应与$1/j\omega$成比例，用电流源驱动电容器）。为了获得足够的相位裕度（即180°与单位增益频率处的相移之差），低通滤波器在其电容后串联了一个电阻，用于阻止某些频率下的滚降（这些频率的独特名字是"零点"）。将这

两个部件的响应结合起来就产生了图中所示的环路增益。只要环路增益在单位增益附近 6 dB/倍频处发生滚降，环路就是稳定的。只要参数选择得合适，"超前 – 滞后"滤波器就能正常工作（这与运算放大器中的超前 – 滞后补偿方法完全一样）。下面会看到具体的实现原理。

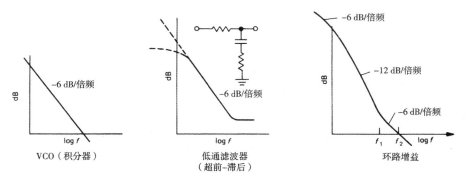

图 9.73　锁相环的波特图

□ 环路增益计算

图 9.74 显示的是 61.440 Hz 锁相环频率合成器的原理图。其中鉴相器和 VCO 都是 4046 CMOS 型锁相环的组成部分。在这个电路中使用的是边沿触发型鉴相器（事实上，在 4046 中两种类型的鉴相器都有），其信号由一对 CMOS 晶体管输出，产生的饱和脉冲能够达到 V_{DD} 或者地电平。实际上这就是一个三态门输出（这个概念在前面已经解释过），因为除了在真正的相差脉冲期间，它的输出端都处于高阻抗状态。

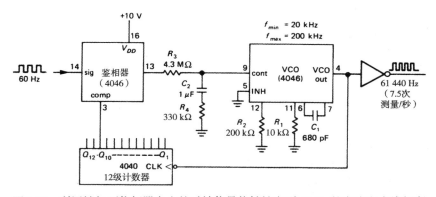

图 9.74　利用锁相环倍频器产生的时钟信号能够锁定到 60 Hz 的交流电力线频率

这个 VCO 能够让我们通过控制电压（0 和 V_{DD}）来分别设置最低和最高频率，具体方法是根据设计图纸选择合适的 R_1，R_2 和 C_1，我们的选择如图 9.74 所示。注意，4046 有一个严重的缺点：它对电源的影响非常敏感，可参考芯片产品说明中的图表。环路中的其他部分与标准锁相环电路相同。

解决了 VCO 的工作范围问题后，剩下的任务就是设计低通滤波器。这个过程非常关键。我们在"锁相环增益计算"框中列出了环路中各个部件的增益（参见图 9.72）。在这里一定要非常注意单位的统一，不要把 f 当成 ω 或者把赫兹当成千赫。惟一需要确定的增益是 K_F，为了确定它，我们将整个环路的增益表达式列了出来。别忘了，VCO 的作用相当于一个积分器：

$$\phi_{\text{out}} = \int V_2 K_{\text{VCO}} dt$$

于是环路增益的表达式如下：

$$环路增益 = K_P K_F \frac{K_{VCO}}{j\omega} K_{div}$$

$$= 1.59 \times \frac{1 + j\omega R_4 C_2}{1 + j\omega(R_3 C_2 + R_4 C_2)}$$

$$\times \frac{1.13 \times 10^5}{j\omega} \times \frac{1}{1024}$$

PLL增益计算

部件	函数	增益符号	增益计算($V_{DD} = +10$ V)
鉴相器	$V_i = K_P \Delta\phi$	K_P	0 至 $V_{DD} \leftrightarrow 0° \sim 360°$
低通滤波器	$V_2 = K_F V_1$	K_F	$K_F = \dfrac{1 + j\omega R_4 C_2}{1 + j\omega(R_3 C_2 + R_4 C_2)}$ V/V
VCO	$\dfrac{d\phi_{out}}{dt} = K_{VCO} V_2$	K_{VCO}	20 kHz ($V_2 = 0$) ~ 200 kHz ($V_2 = 10$ V)
			$\rightarrow K_{VCO} = 18$ kHz/ V
			$= 1.13 \times 10^5$ 弧度/伏秒
n分频	$\phi_{comp} = \frac{1}{n}\phi_{out}$	K_{div}	$K_{div} = \frac{1}{n} = \frac{1}{1024}$

　　下面需要确定的是环路单位增益时的频率。单位增益频率要选得足够高，使环路能够跟踪的输入频率变化范围足够宽；但同时也要足够低，使环路能够通过惯性效应平滑噪声并锁定输入频率。举个例子，假设用一个锁相环对输入的 FM 信号进行解调，或者对输入的快速音调序列进行解码，那么它需要有很快的响应速度（对于输入的 FM 信号而言，环路的带宽需要与之相同，也就是说，在对输入音调进行解码时，环路要能对最高调制频率进行响应，且响应时间必须足够短，能够与音调的持续时间相比）。另一方面，这种环路用来对稳定、缓慢变化的输入频率进行固定倍频，它需要有较低的单位增益频率，这样才能减少输出端的相位噪声，并降低输入端的噪声及毛刺对锁相环的影响。我们将很难观察到输入信号电平在短时间内的下降，因为滤波器电容两端的电压会使VCO的输出频率趋于不变。

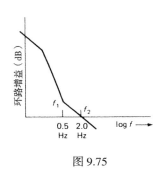

图 9.75

　　在这里，我们选择单位增益频率 f_2 为 2 Hz（即每秒 12.6 弧度）。这个频率远小于参考频率，我们不必担心电力线频率的变化会比这个频率还小（别忘了，60 Hz 电源是由大型发动机产生的，它们的机械惯性很大）。根据经验，为了获得足够的相位裕度，低通滤波器的转折频率（它的"零点"）应该比单位增益频率降低至少 3 ~ 5 倍。简单 RC 滤波电路的相移范围是 0° ~ 90°，对应的频率范围是 –3 dB 频率（它的"极点"）的 0.1~10 倍，–3 dB 频率对应的相移为 45°。在这里，我们选择零点处的频率 f_1 为 0.5 Hz（即每秒 3.1 弧度，如图 9.75 所示）。转折频率 f_1 决定了时间常数 $R_4 C_2$：$R_4 C_2 = 1/2\pi f_1$，我们暂且令 $C_2 = 1$ μF，$R_4 = 330$ kΩ，那么现在只需要确定 R_3，以使环路的增益在 f_2 处为 1。这里可以计算出 $R_3 = 4.3$ MΩ。

习题9.5　证明：当滤波器中各个元件按以上数值进行选择时，环路增益在 $f_2 = 2.0$ Hz 处为 1.0。

　　有时滤波器所取的值不是那么方便，我们需要对其进行重新调整，或者对单位增益频率进行微调。如果使用CMOS型锁相环，这些取值是可以接受的（其 VCO 输入端的输入阻抗典型值为 10^{12} Ω）；而如果使用双极型晶体管锁相环（例如4044），则可能需要一个外置的运算放大器来对输入阻抗进行缓冲。

在本范例电路中使用了边沿触发型鉴相器（II型），因为它的环路滤波器结构很简单。而实际上当需要锁相环锁定到 60 Hz 电力线频率时，这种鉴相器并不是最佳的选择，因为它受 60 Hz 信号噪声的干扰较严重。如果精心设计模拟输入电路（例如在低通滤波器后加上一个施密特触发器），这种鉴相器的性能可能会改善，否则就需要改用异或门鉴相器（I型）。

□ "调整与尝试"

有些人认为应该对滤波器器件的取值进行不断的尝试与调整，直到其"开始工作"，但我们强烈建议不要这样做。认为锁相环不好用的原因大部分是因为太多人喜欢采用"旁门左道"，因此我们详细列出了这些取值的计算过程。即使这样，我们还是给那些喜欢对取值进行尝试调整的人提供一个小窍门：R_3C_2 决定了环路的平滑（响应）时间，R_4/R_3 决定了阻尼（也就是能够减少频率阶跃变化时的过冲），开始时可以取 $R_4 = 0.2R_3$。

□ 视频时钟的产生

锁定到 60 Hz 电力线频率的高频振荡器有一个重要的应用：产生视频时钟信号（用于文字式计算机终端）。标准视频显示器的刷新率是每秒 30 幅图像，由于少量 60 Hz 信号干扰几乎无法避免，因而图像会出现缓慢的侧向摆动，要想消除这种摆动，必须使视频垂直同步频率精确地锁定到电力线频率。使用锁相环能够很好地解决这个问题，我们只需将一个高频（大概 15 MHz）VCO 的频率预先锁定到 60 Hz 的倍数，将该高频信号分频后的时钟就能用来产生组成每个字符的点、每行显示的字符数以及每幅图像中垂直方向的行数。

□ 9.5.4　锁相环的捕捉和锁定

一旦锁定，锁相环就会一直保持锁定状态，只要输入频率不偏移出反馈信号的范围。一个有趣的问题是：锁相环最初的锁定到底是如何实现的呢？毕竟，初始时的频率误差会引起鉴相器在频率不同处的周期性输出，在通过低通滤波器滤波后，信号被衰减成幅度很小的波形，但不是清晰的直流误差信号。

□ 捕捉瞬间

对于上面这个问题的回答有一点复杂。一阶环路无论如何都能够锁定，因为误差信号不会因为低通滤波器而衰减；而二阶环路有可能锁定，也有可能无法锁定，取决于鉴相器的类型以及低通滤波器的通带范围。此外，异或门鉴相器（I型）的**捕捉**带很有限，取决于滤波器的时间常数（这个特性可以被利用，例如当需要锁相环将信号锁定在某个固定的频率范围内时）。

在捕捉时间内锁相环是这样工作的：随着（相位）误差信号使 VCO 的频率越来越靠近参考频率，误差信号波形的幅度变化越来越慢，反之亦然。所以说误差信号是不对称的，在 f_{vco} 越靠近 f_{ref} 的循环内，其变化越慢。其最终结果是均值不为零，而这个不为零的量就是使锁相环进入锁定的直流分量。如果我们注意观察 VCO 在**捕捉时间**内的控制电压，会发现其波形与图 9.76 中所示的比较相似。引起图中最后那个波动的原因很有趣：即使 VCO 的频率达到了其正确值（该值由 VCO 的正确控制电压决定），环路还是无法锁定，因为**相位**有可能是错的，继而引起了波动。每次的捕捉时间各自独立——似乎它们每次都不一样。

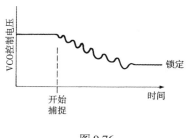

图 9.76

□ 捕捉带与同步带（锁定范围）

对于异或门鉴相器（I型）而言，其捕捉带受到低通滤波器时间常数的限制。这个特性很重要，因为如果初始时频率相差得很远，误差信号通过滤波器后会被削减得很厉害，以至于环路无法锁定。可以证明：滤波器的时间常数越大，捕捉带就越窄，环路的增益也越小。与之相比，边沿触发型鉴相器就没有这个限制。这两种类型的鉴相器的同步带都能够延伸到 VCO 的极限值，只要控制输入电压有效。

□ 9.5.5 锁相环的一些应用

前文中我们已经谈过锁相环在倍频方面的作用，下面将要介绍一些其他的应用，这些应用将锁相环的神奇功能体现得淋漓尽致。在简单的倍频应用中（例如在数字系统中产生更高的时钟频率），参考信号几乎不会出现噪声问题，因而一阶环路就足够了。

下面将列举一些其他的应用，以体现锁相环电路的多用性。

□ FM 检波

在频率调制中，通过使"载波"频率与信息波形成比例，信息被编码到载波信号中。我们将在第 13 章对 FM 以及其他调制技术进行更详细的介绍。使用鉴相器或者锁相环来恢复调制信号的方法有两种。"检波"这个词指的就是解调技术。

最简单的检波方法是利用锁相环锁定输入信号。用来设定 VCO 频率的电压与输入频率成比例，因此它就是我们需要的调制信号（如图 9.77 所示）。在这个系统中，需要将滤波器的带宽选得足够宽，以使调制信号能够通过，也就是说，锁相环的响应时间要足够短（能够与待恢复信号在时间上的变化量相比）。在第 13 章中将看到，应用在锁相环上的信号不必是真实的传输波形，它可以是在接收系统中通过**混频**形成的"中频"信号。这种 FM 检波方法对 VCO 的线性度要求很高，以降低音频信号失真。

FM 检波的第二种方法需要使用一个鉴频器，然而其目的并不是构成锁相环。图 9.78 显示的就是这种方法的框图。在该方法中，输入信号和经过相移后的输入信号均被输入鉴相器，产生一定的输出电压。相移网络的作用是产生随输入频率线性变化的相移（该网络往往由 *LC* 谐振回路构成），从而使其输出的电压随输入频率呈线性变化，这里的输出电压就是我们所需的解调信号。该技术被称为双平衡正交 FM 检波，许多中频放大器/检波器中都采用了这种技术（例如 CA3189）。

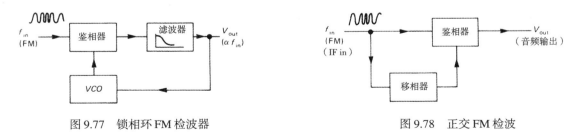

图 9.77　锁相环 FM 检波器　　　　　　　　　图 9.78　正交 FM 检波

□ AM 检波

需要一种技术能使解调后的输出信号与高频信号的瞬时**幅度**成比例。为了满足这种需求，一般都会用到整流（如图 9.79 所示）。图 9.80 显示的是一种被称为"零差检波"的技术，该技术使用了锁相环,性能优异。锁相环用来产生与调制载波频率相同的方波。将输入信号与这个方波相乘就能得到全波整流信号,再通过低通滤波即可去除多余的载波频率,最后剩下的就是调制包络信号。如果我们在锁相环中使用的是异或门型鉴相器,那么输出信号的相位会与参考信号相差 90°,因此需要在信号到乘法器的通路上加上一个 90° 相移。

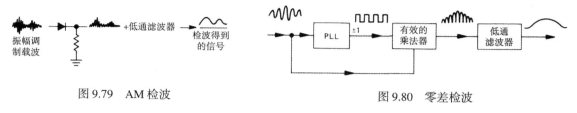

图 9.79　AM 检波　　　　　　　　　　　　　图 9.80　零差检波

□ **脉冲同步与干净信号重构**

在数字信号传输过程中,信息以一连串的比特流为载体在通信信道中传送。这些信息可能本来就是数字信号,也可能是数字化的模拟信号(例如 13.4.4 节中提到的 PCM,即"脉冲编码调制")。与之密切相关的一种情形是从磁带或者磁盘中对数字信息进行解码。这两种情况下的信号噪声和脉冲频率的波动都是无法避免的(例如由于磁带的延展性发生变化),因此,从要读取的信息中以相同的速率重构一个干净的信号显得尤为重要。而在这里使用锁相环非常合适,例如在磁带速度缓慢变化的情况下采用低通滤波器可以很好地消除信号波动以及输入同步信号中的噪声。

8.7.3 节中的电路是另外一个信号同步的例子,在该电路中,通过精确数字手段生成的"60 Hz"信号(实际上频率从 50 Hz 到 70 Hz 都有)被用来产生完美的正弦波输出。在该电路中可利用一个6 极点巴特沃兹低通滤波器将方波转换成正弦波。另一种方法是使用正弦波 VCO 芯片(例如 8038),它可以精确地锁定 60 Hz 方波,这样就能够保证产生的正弦波幅度为常数,并且可以减少比例乘法器的输出信号波动。

LC 振荡器

图 9.81 显示的是将锁相环用做 *LC* 振荡器的一个例子,在其低频区使用了一个数字相位比较器。这个电路通过锁定 10 MHz 主振荡器标准信号,输出稳定而精确的 14.4 MHz 振荡信号。电路中的变容二极管(又称调谐二极管,见 5.3.7 节)可以根据 II 型鉴相器 'HC4046 的输出对 JFET *LC* 振荡器进行调谐。注意,变容二极管的调谐范围是 18 ~ 30 pF(分别对应 5 ~ 1 V),这个范围折算成 *LC* 旁路电容的变化量就是 2 pF(8.2 ~ 10 pF),相应的振荡频率调节范围是 ±0.5%。我们一般都把这个调谐范围做得很窄,目的是使振荡器获得更好的稳定性。

参考源和输出信号都被数字分频到 400 kHz,因为鉴相器在这个频率下的性能最优。注意,在电路中使用了一个 'HC 型逻辑门,并在其两端加上了一个高阻值的反馈电阻,这样做的目的是为了将输入的正弦波的幅度调整到逻辑电平。还要注意,我们在输出级采用了简单的射极跟随器电路(并限流),用于驱动 50 Ω 的终端电缆,这和图 9.42 中所示的电路完全一样。为了对该电路进行校准,需要对振荡器的铁氧体磁心进行调整,直到鉴相器的输出摆幅在其正常工作范围之内;然后继续调整磁芯,使鉴相器输出值落在其工作范围的中段。

摩托罗拉公司生产了一系列廉价的"锁相环频率合成器"芯片,型号是 MC145145-59。这些芯片内部集成有 II 型鉴相器,并为信号和参考源提供了片上的模 *n* 分频器,这些分频器都是可编程的,精度为 14 位(或者更高)。在需要设计复杂的频率合成器时不要忘记这些芯片。

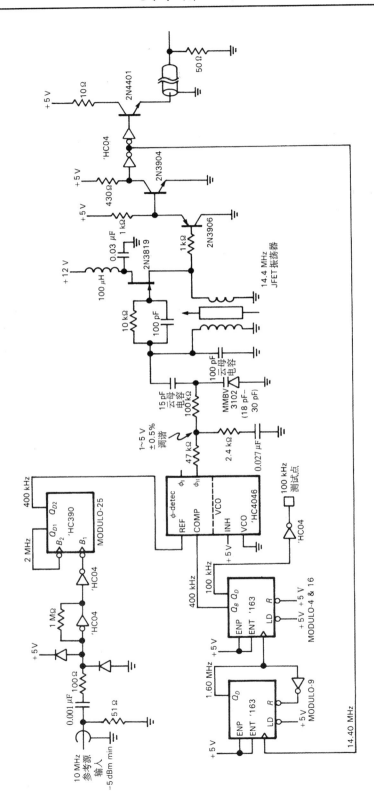

图 9.81 变容二极管调谐锁相环

9.6 伪随机比特序列及噪声的生成

□ 9.6.1 数字噪声的生成

伪随机比特序列（PRBS）的生成是数字与模拟技术相结合的应用之一。生成具有随机特性的比特（或者字）序列看起来是非常简单的事情，这些序列应该具有和理想的硬币抛掷机一样的随机性和相关性。由于这些伪随机比特序列是由标准的确定逻辑器件产生的（说得更具体些，就是移位寄存器），因而它们实际上是可预测且可重现的，尽管其中任意一个片段看起来都非常像由 0 和 1 组成的随机字串。借助一些芯片可以生成几百年都不会重现的序列，这些芯片使数字比特序列和模拟噪声波形的生成技术变得更加容易而有趣。National 公司生产了一种廉价的"数字噪声源"芯片（型号为MM5437），其封装为 mini-DIP。由移位寄存器构成的噪声发生器在许多声效芯片中都得到了应用。

□ 模拟噪声

对伪随机比特序列的输出进行简单的低通滤波就可以得到带限高斯白噪声（这种噪声的功率谱为常数，参见第 7 章中关于噪声的讨论）。通过对移位寄存器进行加权（利用一系列电阻）也可以达到**数字滤波**的目的，利用这种方法可以轻松地生成兆赫级扁平功率谱噪声信号。后面会讲到，这种模拟噪声源的数字合成方法比使用纯模拟技术（例如二极管或者三极管）的合成方法在很多方面更优越。

□ 其他应用

除了在模拟和数字噪声源中的应用之外，伪随机比特序列在其他一些与噪声无关的领域中也有广泛的应用。它们可以用来对信息和数据进行加密，然后在接收端使用同一个伪随机比特序列发生器提供的密钥进行解密。它们还可用做误差检测和误差更正码，因为允许分块的数据通过这种方式进行重组，可用信息按照最大"海明距离"进行分隔（该距离是按照比特误差的数量进行测量的）。这种方法的自动纠错特性使其非常适合于雷达测距编码，在该应用中，返回的回波信号与发送的比特序列进行比较（说得更准确些，应该称为互相关）。此外，它们甚至可以用做简易的模 n 分频器。

□ 9.6.2 反馈移位寄存器序列

最常用（也是最简单）的伪随机比特序列发生器是反馈移位寄存器（如图 9.82 所示）。这是一个长度为 m 位的移位寄存器，由固定频率（f_0）的时钟驱动。输入信号是通过将移位寄存器第 n 位和最后一位（第 m 位）进行异或得到的。这个电路会经历很多个状态（每个时钟脉冲之后寄存器中的位都会发生变化），最终在 K 个时钟脉冲后开始重复，也就是说这个电路的循环周期为 K。

一个 m 位寄存器能够经历的最大状态数为 $K = 2^m$，也就是从 m 位中取 2 位的组合数。然而，全为 0 的状态会引起一次电路"停滞"，因为在这种状态下异或门会在输入端再次产生一个 0。因此，使用这个电路时能够得到的最大序列长度应该是 $2^m - 1$。只要 m 和 n 取得合适，就可以获得"最大长度移位寄存器序列"。此时输出的比特序列就是伪随机序列（最大长度的评判标准是：多项式 $1 + x^n + x^m$在 Galois 域中不能分解并且为素数）。举个例子，在如图 9.83 所示的 4 位反馈移位寄存器中，如果初始状态为 1111（实际上除了 0000，随便从什么状态开始都可以），那么接下来的状态如下所示：

1111
0111
0011
0001
1000
0100
0010
1001
1100

0110
1011
0101
1010
1101
1110

上面列出的状态由 4 位数字 $Q_AQ_BQ_CQ_D$ 组成，一共有 15 个不同的状态（2^4-1），在经历这些状态后移位寄存器又重新开始，因此这就是一个最大长度寄存器。

图 9.82　伪随机比特序列发生器　　　　　　　　　　　　　　　　　　图 9.83

习题 9.6　证明：在 4 位寄存器中，如果反馈抽头接在第 2 和第 4 的位置，那么它将不是最大长度寄存器。如果这样接一共会有几个不同的序列？每个序列中各有几个状态？

□ 反馈抽头

最大长度移位寄存器可以由两个以上异或门的反馈抽头组成（在这种情况下可以将几个异或门按照标准二叉树的形式进行连接）。事实上，对于 m 的绝大多数取值来说，要实现最大长度寄存器，必须使用两个以上的抽头。下面列出了一些 m（一直到 40）所对应的最大长度寄存器，它们只使用了 2 个抽头，也就是说抽头分别接在第 n 位和第 m 位（最后一位，跟前面的例子一样）。我们给出了对应的 n 和循环长度 K 的数值（单位是时钟周期）。在有些情况下 n 的取值可以不止一种，这些情况下的 n 都可以用 $m-n$ 来代替，例如在前面提到的 4 位移位寄存器中可以在 $n=1$ 和 $m=4$ 处放置抽头。

m	n	循环长度
3	2	7
4	3	15
5	3	31
6	5	63
7	6	127
9	5	511
10	7	1023
11	9	2047
15	14	32 767
17	14	131 071
18	11	262 143
20	17	1 048 575
21	19	2 097 151
22	21	4 194 303
23	18	8 388 607
25	22	33 554 431
28	25	268 435 455
29	27	536 870 911
31	28	2 147 483 647
33	20	8 589 934 591
35	33	34 359 738 367
36	25	68 719 476 735
39	35	549 755 813 887

移位寄存器的长度一般都是8的倍数，而且我们最常用的就是这些。在这些情况下抽头的数量都会多于2个，下面列出了对应的取值：

m	抽头	循环长度
8	4, 5, 6	255
16	4, 13, 15	65 535
24	17, 22, 23	16 777 215

噪声发生器芯片MM5437使用了一个23位寄存器，抽头位置为18。它的内部时钟频率大约为160 kHz，产生的白噪声频率能够达到70 kHz（下降3 dB），循环时间为1 min。图7.61显示的是将其用于"粉红噪声"发生器电路。如果寄存器为33位，时钟频率为1 MHz，则循环时间可以超过2小时。一个时钟频率为10 MHz的100位寄存器的循环时间甚至比宇宙的寿命还要长！

□ 最大长度移位寄存器序列的特性

利用寄存器和时钟可以输出一个伪随机比特序列，输出的序列可以从寄存器的任意一个部分抽取，然而取最后的那个（第 m 个）作为输出往往最方便。最大长度移位寄存器序列有以下一些特性：

1. 在一个完整的循环内（K 个时钟周期），输出为1的情况要比输出为0的情况多1。多1的原因是我们排除了全0的那个状态。换句话说，产生的0和1的数目大致是相等的（多出来的1在任何有限长度寄存器中都是微不足道的；在一个循环内，一个17位寄存器会产生65 536个1和65 535个0）。

2. 在一个完整的循环内（K 个时钟周期），一半的1其连续长度为1，1/4的1其连续长度为2，1/8的1其连续长度为3，等等。0的连续长度的情况和1一样，只是0要少1个。也就是说，寄存器输出0或者1的概率不依赖于以前的输出。因此，如果随机暂停某个循环，打断连续0或者连续1的概率是1/2（这与常人理解的"平均理论"相反）。

3. 如果将一个完整的循环内（K 个时钟周期）所有的1或者0组成的序列与这个序列移位 n（n 不为0或者 K 的倍数）以后的序列相比较，那么数值不同的位数要比数值相同的位数多1。用术语说就是：这个自相关函数在零时延处是一个Kronecker delta函数，而在其余地方的值都为 $-1/K$。自相关函数中没有"旁瓣"的性质就是伪随机比特序列在雷达测距中如此有用的原因。

习题9.7 证明：前面列出的4位移位寄存器序列（在 $n=3$ 和 $m=4$ 处抽头）满足以上这些特性，将 Q_A 位看成"输出"：100010011010111。

□ 9.6.3 利用最大长度序列生成模拟噪声

用数字方法生成噪声的优点

我们在前面提到过，只要滤波器的截止频率远低于寄存器的时钟频率，最大长度反馈移位寄存器输出的数字量在通过低通滤波器后就可以转换成带限白噪声信号。在详细介绍之前，我们先列举一些用数字方法生成模拟噪声的优点。首先，借助稳定而简易的数字电路，可以按照预先设定的频谱和幅度生成噪声，而且其带宽可以调整（通过调整时钟频率）。其次，使用数字方法不会出现二极管噪声发生器中的不稳定性问题，也不会像敏感的二极管或者三极管模拟噪声发生器电路一样容易受到干扰。最后，使用数字方法生成的"噪声"是可重复的，而且通过加权的数字滤波器后能够生成可重复的、不依赖于时钟频率（输出噪声带宽）的噪声信号。

□ 9.6.4　移位寄存器序列的功率谱

最大长度移位寄存器输出的噪声的频谱从整个序列的重复频率 f_{clock}/K 一直延伸到时钟频率甚至更高。在时钟频率（f_{clock}）的12%以内，该频谱是平直的，变化范围是 ±0.1 dB，而在频率超过44% f_{clock} 以上时则下降得很快，该点对应 –3 dB。因此，我们需要使用一个高端截止频率为 5%~10% 时钟频率的低通滤波器对信号进行处理，将没有滤波的移位寄存器输出转换成带限模拟噪声信号。这个工作使用一个简单的 RC 滤波器就可以完成，如果对信号的频带精度有较高的要求，那么最好使用有源滤波器，这样可以获得更好的截止特性（参见第 5 章）。

为了让大家对上面的叙述有更清楚的认识，下面会对移位寄存器的输出及其功率谱进行具体分析。一般来说，数字逻辑电平中的直流分量都需要去掉，只产生双极输出：$+a$ V 代表 1，$-a$ V 代表 0（如图 9.84 所示）。这个工作可以由三极管组成的推挽式电路完成，如图 9.85 所示。我们也可以使用 MOS 管、带箝位二极管的电路（可以使参考电压更稳定）、快速运算放大器加上一个可调直流电流的抽头，或者使用 '4053 CMOS 开关（工作在 ±a V，将一对输入端接到电源）。

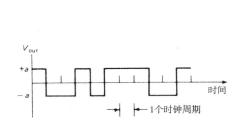

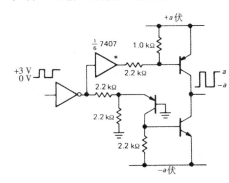

图 9.84　　　　　　　　　　　图 9.85　精密的双极型输出级电路（Z_{out} 很低）

前面我们提到过，一串输出比特序列的自相关只有一个波峰。如果输出状态代表 +1 和 –1，则数字自相关（序列本身与其经过移位后的序列相比时，对应位乘积的和）如图 9.86 所示。

千万不要把这个与**连续**自相关函数相混淆了，关于连续自相关函数在后面会提到。这个图只是为一个完整时钟循环内对应的位移而定义的。对于所有位移不为零或者位移是整个周期 K 的倍数的情况，自相关函数的值都是常量 –1（因为序列中多出了一个 1），而当 K 值的偏移为零时进行比较的情况是可以忽略的。类似地，如果我们将未经过滤波的移位寄存器输出信号作为**模拟**信号来处理，那么其标准自相关函数将是一个连续函数，如图 9.87 所示。换句话说，在位移超前或者滞后一个时钟周期以上时，移位后的波形和它本身是完全没有相关性的。

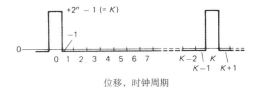

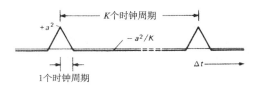

图 9.86　最大长度移位寄存器序列在一　　　图 9.87　最大长度移位寄存器序列在一
　　　　　个完整循环中的离散自相关　　　　　　　　　个完整循环中的连续自相关

未经过滤波的数字输出信号的功率谱可以通过标准数学手段从其自相关中得到。得到的结果是一系列等距的尖峰信号（δ 函数），尖峰从序列重复频率（f_{clock}/K）开始，延续的频率长度也是

f_{clock}/K。功率谱由一系列离散的谱线组成，这一现象反映出移位寄存器序列最终会自我重复（周期性地）。不要被这奇怪的频谱搞糊涂了；如果测量或者应用时间小于一个完整的寄存器循环时间，那么其频谱波形看起来将会是连续的。未经过滤波的输出信号的频谱包络如图 9.88 所示，该包络与$(\sin x)/x$的平方成比例。注意这里的一个不常见的特性：在时钟频率及其谐波处噪声的功率为零。

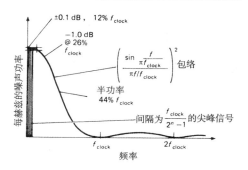

图 9.88　未经过滤波的数字移位寄存器输出信号的功率谱

□ **噪声电压**

当然，对于模拟噪声的生成来说，我们使用的仅仅是其频谱的低频部分。根据半幅度(a)以及时钟频(f_{clock})可以很容易地计算出每赫兹的噪声功率（称为均方根噪声电压）。计算公式如下：

$$V_{rms} = a\left(\frac{2}{f_{clock}}\right)^{1/2} \quad V/Hz^{1/2}$$
$$(f \leq 0.2 f_{clock})$$

这个公式计算的只是频谱最低端的部分，也就是我们最常用到的部分（可以利用包络函数来计算每处的功率密度）。

举个例子，假设我们使用的是一个 1.0 MHz 的最大长度移位寄存器，并使其输出电压摆幅在 +10.0 ～ –10.0 V 之间，然后让输出值通过一个简单的 RC 低通滤波器（其 3 dB 点在 1 kHz，如图 9.89 所示）。我们可以精确地计算出输出端的均方根噪声电压。利用前面的公式可以算出，电平转换器输出信号的均方根噪声电压为 14.14 $mV/\sqrt{Hz}$。从 7.4.4 节中我们知道，这个低通滤波器的噪声带宽是（$\pi/2$）（1.0 kHz），也就是 1.57 kHz，所以，加上单组 RC 低通滤波器的频谱后，总的输出噪声电压为

$$V_{rms} = 0.014\ 14(1570)^{1/2} = 560\ mV$$

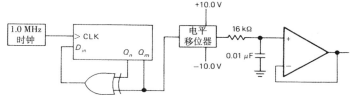

图 9.89　简单的伪随机噪声发生器

□ **9.6.5　低通滤波**

□ **模拟滤波**

伪随机序列发生器输出的有用噪声信号的频谱从低频限度（重复周期的倒数 f_{clock}/K）一直延伸到高频限度（大概是时钟频率的 20%，在这个频率下每赫兹噪声功率的下降值为 0.6 dB）。从前面的例子可以看出，这里使用简单的 RC 低通滤波器就足够了，因为其 3 dB 点远低于时钟频率（例如比 f_{clock} 的 1% 还低）。为了能够利用靠近时钟频率的频谱段，我们建议使用截止特性更陡的滤波器，例如巴特沃兹或者切比雪夫滤波器。在那种情况下，输出频谱的平直性将取决于滤波器的特性，因为器件的不稳定性会使滤波器通带增益产生波纹，所以该特性需要测量。同样地，当对噪声电压值的精度要求较高时，滤波器的真实电压增益也需要测量。

□ 数字滤波

模拟滤波的一个缺点是：如果时钟频率变化很大，则需要对滤波器的截止频率进行重新调整。在这种情况下，一个绝佳的解决方法是使用数字滤波，具体的实现方法是对连续输出位求模拟加权和（非递归数字滤波）。通过这种方法，有效的滤波器截止频率就能够得到改变，以适应时钟频率的变化。此外，数字滤波器的截止频率能够做到很低（零点几赫），而模拟滤波在这个频率上是无能为力的。

为了实现连续输出位同时加权和，可以先看看连续移位寄存器的并行输出，它们通过不同阻值的电阻加权后接到运算放大器的反相输入端。对于低通滤波器来说，权重需要与$(\sin x)/x$成正比；注意，有些电平需要反相，因为加权是与符号无关的。由于这个电路中没有使用电容，因而输出的波形是由一系列离散电压组成的。

通过对序列的很多位运用加权函数，对高斯噪声的近似效果可以得到改善。此外，模拟输出信号的波形也可以变得更加连续。鉴于这些原因，使用移位寄存器的级数越多越好，如果需要，还可以在异或门反馈回路之外再加上一些移位寄存器。和以前讨论的一样，在这个电路中需要使用上拉电阻或者MOS开关，以保证数字电平的稳定性（CMOS逻辑门在该应用中非常适合，因为其输出能够很好地饱和到V_{DD}和地电平）。

图9.90中的电路能够生成伪随机模拟噪声，而且使用这种技术时，带宽在很大范围内是可选的。2.0 MHz的晶体振荡器用来驱动24级可编程分频器14536，生成的时钟频率从1.0 MHz到0.12 Hz不等。反馈抽头接在32位移位寄存器的31级和18级上，寄存器产生的最大长度序列的状态数可以达到200万（时钟频率最高的情况下，此时寄存器完成一次循环需要半个小时）。在此电路中，我们在32个连续的序列值上使用了与$(\sin x)/x$成比例的加权和。U_1和U_2分别对反相和同相信号进行放大，然后驱动差分放大器U_3。当驱动50 Ω负载阻抗时，增益设定为1.0 V均方根值输出，输出信号没有直流分量（若输出端开路，则为2.0 V均方根值输出）。注意，这个噪声的幅度与时钟频率无关，也就是说它是全带宽的。这个数字滤波器的截止频率大概是$0.05 f_{\text{clock}}$，输出的白噪声频谱范围从0.006 Hz（最小时钟频率）一直到50 kHz（最大时钟频率），带宽一共有24级。该电路还可以输出未滤波的波形，其幅度为+1.0 V和–1.0 V。

关于这个电路有以下几点需要注意。首先，异或门是用做反馈的，所以寄存器的初始状态可以简单地设置为全零。其次，这种将串行输入信号进行反转的方法需要排除全为1的状态（而不是通常使用异或门反馈时需要排除全为0的状态），但这对于其他特性没有影响。

对有限数量的位进行加权和不会产生真正的高斯噪声，因为峰值幅度是有限的。对于这个电路，我们可以计算出峰值输出幅度为±4.34 V（驱动50 Ω负载），则其"波峰因数"为4.34。这个数值很重要，此外，U_1到U_3的增益必须足够小，以避免削波现象的发生。应仔细观察该电路从+6.0 V CMOS电平（平均值，低电平 = 0 V，高电平 = 12.0 V）产生零直流电平输出的方法。

许多商业级噪声源中都采用了这种对最大长度移位寄存器进行数字低通滤波的方法。

□ 9.6.6   小结

对于使用移位寄存器序列构造模拟噪声源有以下几点要说明：前面列出了最大长度移位寄存器的3个特性，我们可能会感觉到寄存器每个循环中的状态数都相同，从而认为输出信号是否"过于随机"了。事实上，真正随机的硬币抛掷机不会是输出0的数目比1多一个，对于有限长的序列来说，其自相关也不会是绝对平直的。换言之，如果我们用移位寄存器生成的0和1去控制"随机行走"（如果是1，则前进一步；如果是0，则退后一步），那么在寄存器完成一个完整的循环后，最后的位置可能会离起始点一步远，这个结果绝对不是真正的"随机"！

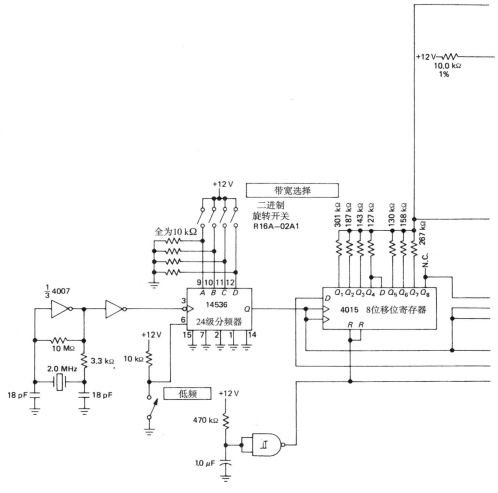

图 9.90 宽频带实验用噪声源

总之，如果只看整个序列的 2^n-1 位，那么前面提到的移位寄存器的特性还是正确的。如果只使用整个比特序列的一部分，其随机性就与硬币抛掷机非常接近了。作为类比，假设一个水缸中开始时有 K 个红球和蓝球，且一半是红的，另一半是蓝的，然后随机地抽取。如果取出后不再把球放回缸内，那么开始时的统计结果将是近似于随机的。随着缸内球的数量越来越少，统计结果的随机性将取决于缸内红球和蓝球的数量是否相等。

我们也可以通过前面描述的"随机行走"来考虑这个问题。如果假设移位序列惟一的非随机性就是其 0 的个数和 1 的个数严格相等（忽略多出来的那个 1），那么随机行走中从起点开始的平均距离可以这样计算：

$$X = [r(K-r)/(K-1)]^{1/2}$$

其中的 r 是从 $K/2$ 个 1 和 $K/2$ 个 0 中抽取的（这个公式由 E.M.Purcell 首先提出，我们要感谢他的工作）。由于在完全的随机行走中，X 应该等于 r 的平方根，因此 $(K-r)/(K-1)$ 这个因子代表了缸中有限的球的数量。只要 $r \ll K$，行走的随机性就只会与完全随机的情况（这种情况下缸中球的数量是无限的）相差很小，此时伪随机序列发生器就非常接近于理想状态了。我们对几千个伪随机比特序列进行行走随机性测试，每个序列的长度都为几千，根据上面的这个简单标准可发现，它们的随机性非常接近于理想状态。

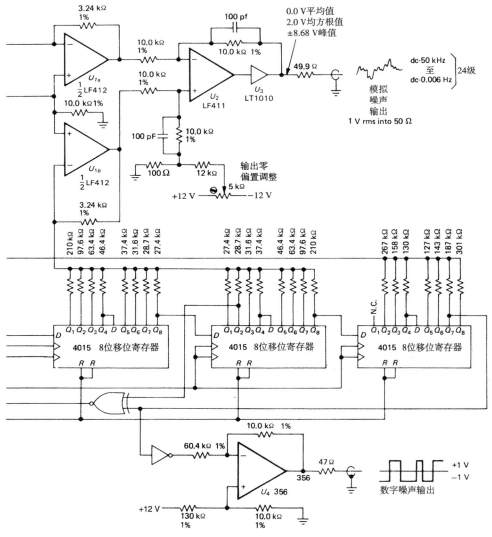

图9.90（续） 宽频带实验用噪声源

虽然伪随机比特序列发生器通过了这样一个简单的测试，但这不能保证它在更严格的随机性测试中也会满足条件，例如测量其高阶相关性。这种相关性也会对由序列滤波生成的模拟噪声的特性产生影响。尽管其噪声幅度分布是高斯的，然而其高阶幅度相关性还是不符合真实的随机噪声的特性。现在对这个问题的解决方法是加上更多的反馈抽头（使用一个异或门二叉树来产生串行输入），用以"改善"噪声信号在这个方面的缺陷。

在设计噪声源时需要注意4557这个CMOS型变长移位寄存器芯片（1到64级）。当然，我们需要将它和并行输出寄存器（例如'4015和'164）组合起来使用，以产生 n 个抽头。

在7.4.3节中有关于噪声的讨论，并举了一个利用MM5437最大长度移位寄存器芯片构造"粉红噪声"发生器的例子。

□ 9.6.7　数字滤波器

上面的例子引出了一个有趣的话题：数字滤波。在该例子中，对模拟输出信号的低通滤波是通过对伪随机比特进行 32 个采样的加权和实现的，每个采样对应 0 V 或者 +12 V 电平中的一个。这种"滤波器"的输入可以是只有两种电平的波形。一般来说，输入模拟信号也可以达到目的，只要在等时间段上对它的值（x_i）进行加权和。

$$Y_i = \sum_{k=-\infty}^{\infty} h_k x_{i-k}$$

这里的 x_i 是对离散输入信号的取样，h_k 是权重，而 y_i 是滤波器的输出。在实际情况下，数字滤波器会对有限数量的输入值采样点进行求和，在噪声发生器电路的例子里使用了 32 个采样。图 9.91 显示的就是其工作原理。

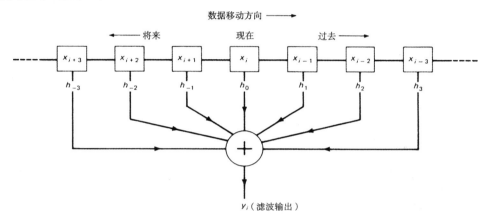

图 9.91　非递归数字滤波器

注意，这种滤波器有一个有趣的特性：它在时间上是对称的。也就是说，对过去和将来的"历史"进行平均后得到的才是当前的输出。当然，真正的模拟滤波器只关心当前时间之前的输出，对应的数字滤波器只在 $k \geqslant 0$ 时才有非零的权重因子 h_k 存在。

□ 对称滤波器的频率响应

对于对称滤波器（$h_k = h_{-k}$）来说，其频率响应可以用下面的公式来表示：

$$H(f) = h_0 + 2\sum_{k=1}^{\infty} h_k \cos 2\pi k f t_s$$

这里的 t_s 是采样点之间的时间间隔。于是，每个 $h_k s$ 都被认为（对于懂这些东西的人来说）是频率响应曲线的傅里叶级数的一个部分，这也就解释了为什么在前面噪声发生器电路中的权重的值要正比于 $(\sin x)/x$（"砖墙式"低通滤波器的傅里叶因子）。对于这种对称滤波器来说，在任何频率上的相移或者是 0，或者是 180°。

□ 递归滤波器

有一类数字滤波器可以这样构成：除了需要滤波的信号外，还将滤波器自己的输出作为它的输入值。我们可以将其看成是这种滤波器的"反馈"机制。这种滤波器有一个奇怪的名字"**递归滤波器**"（或者称为**有限冲激响应滤波器，IIR**），与之相对的是前面提到过的"非递归滤波器"（无限冲激响应滤波器，FIR）。举个例子，我们可以通过这个公式来形成输出信号 y_i：

$$y_i = Ay_{i-1} + (1 - A)x_i$$

该公式对应的滤波器恰好有低通响应特性，这与简单的 RC 低通滤波器一样，公式中的 A 可以这样计算：

$$A = e^{-t_s/RC}$$

这里的 t_s 是输入波形中连续采样点 x_i 之间的时间间隔。当然，用模拟低通滤波器对模拟波形进行滤波与这里的情况并不一样，其原因是采样后的波形有离散特性。

□ 低通滤波器举例

下面举一个实际的计算例子。假设我们需要对由一串数字代表的信号进行滤波，要求是低通 3 dB 点的频率 $f_{3\,dB} = 1/20t_s$，也就是其时间常数等于 20 个连续采样的时间。于是 A = 0.951 23，因而输出信号可以这样表示：

$$y_i = 0.951\,23y_{i-1} + 0.048\,77x_i$$

当时间常数越长，能够与采样点之间的时间间隔 t_s 相比时，它对于真实的模拟低通滤波器的近似效果就越好。

我们可能会用这种滤波器来处理采样后的离散数据，例如，处理放在计算机中的一个数组的数据。在这种情况下，递归滤波器的处理结构就显得有些烦琐了。下面是用 FORTRAN 语言编写的低通滤波器程序：

```
A = EXP(–TS/TC)
B = 1. –A
DO 10 I = 2, N
10 X(I) = A * X(I – 1) + B * X(I)
```

这里的 X 代表存储数据的数组，TS 是数据采样点之间的时间间隔（即 TS = 1 / f_s），TC 是滤波器的时间常数，理想状态下 TC >> TS。这个小程序是"就地"对数据进行滤波的，也就是说，它用滤波后的数据取代了原始的数据。当然，我们也可以把滤波前后的数据放在不同的数组里。

□ 低通整流滤波器

这种滤波器可以用硬件实现（电路如图 9.92 所示）。场效应管开关 S_1 和 S_2 在一定的时钟频率 f_s 下触发，利用输入电压对 C_1 进行反复充电，然后将电荷传递给 C_2。如果将 C_2 的电压记为 V_2，C_1 充电后的电平记为 V_1，那么当 C_1 与 C_2 相连时，新的电压将是：

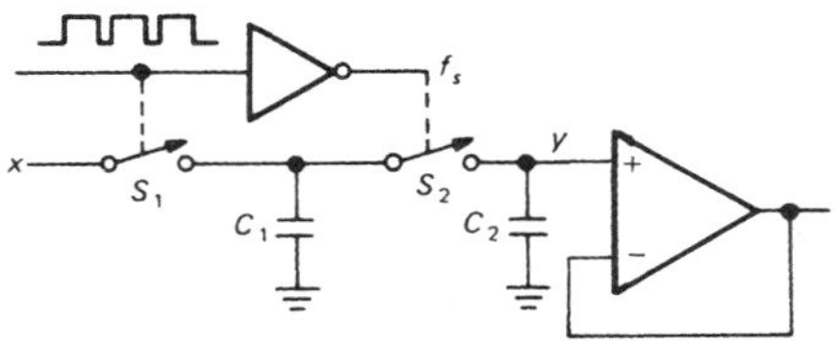

$$V = \frac{C_1V_1 + C_2V_2}{C_1 + C_2}$$

图 9.92 递归开关电容滤波器

这就是说，此时的输出与前面讨论的低通递归滤波器有相同的形式：

$$y_i = \frac{C_2}{C_1 + C_2}y_{i-1} + \frac{C_1}{C_1 + C_2}x_i$$

将这些系数与前面用 A 表示的系数等同起来后，可以得到：

$$f_{3\mathrm{dB}} = \frac{1}{2\pi}f_s \log_e\left(\frac{C_1 + C_2}{C_2}\right)$$

习题 9.8 证明上面的这个公式。

这种滤波器是完全可以实现的，通过时钟频率 f_s，它能够提供很好的电气调谐特性。实际应用时，我们可以在该电路中使用 CMOS 开关，而且 C_1 的取值需要比 C_2 大很多。因此驱动开关的波形应该是不对称的，其主要时间都用来关闭 S_1。

上面的这个电路是**整流滤波器**的一个简单例子，完整的整流滤波器还包括由开关电容阵列组成的滤波器。它们具有周期性频率响应特性，这使它们非常适合于"梳状滤波"以及用做陷波滤波器。

我们可以用离散近似的方法合成几乎所有的经典滤波器（例如巴特沃兹滤波器、切比雪夫滤波器等），能够合成的形式包括高通滤波、低通滤波、带通滤波以及带阻滤波等，无论它们是在时间上对称还是有"延时"响应特性。在处理量化数据时，这些滤波器起到了非常大的作用。显然，它们是今后滤波器的发展方向。

廉价的开关电容滤波器芯片现在到处都可以买到。例如 National 公司的 MF4 是一个 4 极点的巴特沃兹低通滤波器，封装为 mini-DIP；这种芯片不需要外置器件，它们的工作电压范围从单电源 +5 V 一直到 +14 V。这种滤波器的截止频率可以由外部提供的时钟进行设定（最低 0.1 Hz，最高 20 kHz），$f_{clk} = 100 f_{3 dB}$。MF5 和 MF10 是"通用型开关电容滤波器"，它们的工作原理不尽相同。可以用外部电阻来设定它们的滤波类型（高通、低通、带通还是陷波）以及滤波器特性（巴特沃兹、切比雪夫等），截止频率和前面一样，也是由时钟频率设定的。其他厂家（例如 AMI，Linear Technology 以及 Reticon 公司）生产的滤波器都有各自的方法来改善其特性。Linear Technology（LTC）公司也有其独特的办法，它们生产的 LTC1062（或者 MAX280）与 MF4 类似，但有 5 个极点，且直流误差为零！后一个特性是通过将滤波器放在直流回路之外而实现的（如图 9.94 所示）。灵活易用的 MAX260 系列可以让微处理器来控制滤波器的一些重要参数。

一般来说，这些开关电容滤波器只工作在音频范围的高端，而且它们的时钟信号会反馈到输出信号中，幅度大概是 10 ~ 25 mV，这一点很让人头痛。如果时钟频率在带通范围之内（例如高通滤波器），这个缺点会限制它们在应用中的动态范围。此外，它们的噪声也比较严重，有时使它们的动态范围压缩到了 80 dB 甚至更低（作为对比，好运算放大器的动态范围可以达到 140 dB 甚至更高）。它们也有优点：开关电容滤波器易于使用，而且可以通过 f_{clk} 轻松地调整滤波器的响应特性。在调制解调器（通过音频电话线路进行数据通信）以及其他通信设备中它们得到了广泛的应用，参见 5.2.6 节。

□ 数字正弦信号的生成

与非递归数字滤波器相关的一项技术是正弦波的生成，其方法是对约翰逊计数器的输出求加权和（约翰逊计数器又称"扭环计数器"或者"环形"计数器）。图 9.93 中的电路显示了其工作原理，其中的 4015 是一个 8 级并行输出移位寄存器。前一级的输出信号通过反相后成为输入驱动信号，通过这种方法可以得到一个约翰逊计数器。它一共有 16 个状态（一般来说，n 级移位寄存器的状态数为 $2n$），初始状态为全 0，然后从左向右开始运行，直到寄存器为全 1，此后又从全 0 的状态开始新一轮循环。图中标出的权重能够生成 8 级近似的正弦波形（如图所示），其频率是时钟频率的 1/16，第一个非零失真（假设电阻阻值是理想的）出现在第 15 个谐波处，下降了 24 dB。

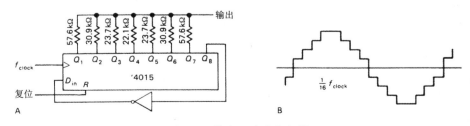

图 9.93　数字正弦波发生器

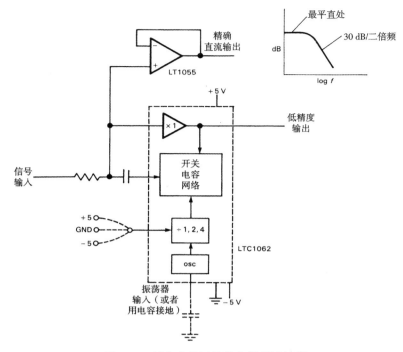

图 9.94 低直流偏置的数字低通滤波器

9.7 电路示例

9.7.1 电路集锦

图 9.95 中的电路给出了几个数字逻辑信号与模拟信号之间接口的例子。

9.7.2 不合理电路

图 9.96 给出了一些在设计接口电路中经常会犯的错误，对每个电路都标出了错在什么地方，并指出了如何改正。

9.8 补充题

1. 设计一个电路用于指示逻辑电源（+5 V）是否突然出现故障。该电路需要有一个按键用于"重启"，以及一个用于指示"电源连续"的 LED。使该电路工作在 +5 V 逻辑电源下。

2. 为什么不能把两个 n 位 DAC 通过将输出量比例相加（$OUT_1 + OUT_2/2^n$）来作为一个 $2n$ 位 DAC 使用？

3. 验证：图 9.90 中伪随机信号发生器的输出峰值为 ±8.68 V。

4. 我们利用一个可编程计算器来控制一个实验。该计算器与许多测量设备的输出源相连接，计算器会按照测量设备的控制（例如分光仪输出的光的波长）增加一定量，并使设备进行相应的测量（例如光能，已经根据已知的感应器敏感曲线进行过校正）。计算器输出的结果是一对 x、y 坐标。我们的任务是设计一个电路，使这些坐标能够描绘在模拟 x, y 的显示器上。

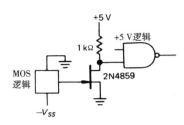

A. 负逻辑到TTL开关

B. 驱动接地负载

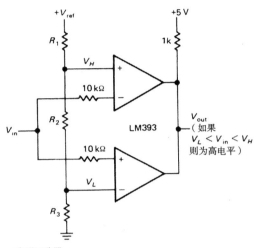

C. 窗形区分器

D. 螺线管驱动器

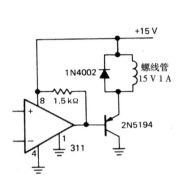

E. 带差分输入的8通道复用器

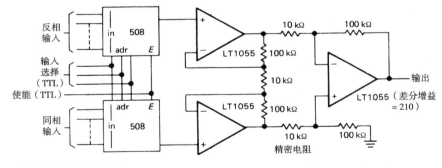

F. 带60 dB振荡抑制的鉴相器

G. 精密施密特触发器

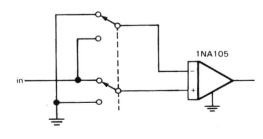

图 9.95

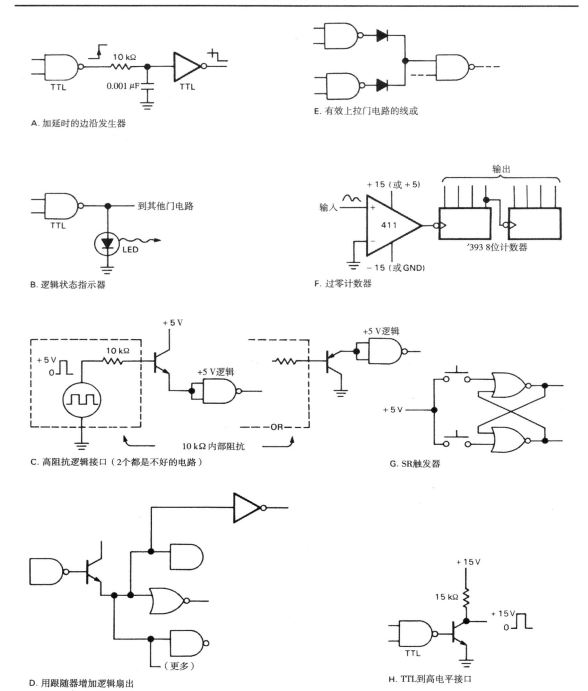

A. 加延时的边沿发生器

B. 逻辑状态指示器

C. 高阻抗逻辑接口（2个都是不好的电路）

D. 用跟随器增加逻辑扇出

E. 有效上拉门电路的线或

F. 过零计数器

'393 8位计数器

G. SR触发器

H. TTL到高电平接口

图 9.96

　　计算器输出的每一对 x, y 坐标都是一对 3 段 BCD 字。为了减少电路的连线，我们每次只传输其中的 1 段（"位并行，字串行"）以及一个地址（2 位）。"字可用"脉冲信号用来指示数据和地址已准备好，可以被锁存。"$\bar{x}/y$"电平用来指示当前传输的字是属于 x 的还是 y 的。更多信息参见图 9.97。

数据是按照 x_n（LSD）$\cdots x_n$（MSD），y_n（LSD）$\cdots y_n$（MSD）的顺序进行传输的，因此，接收到 y 的 MSD（$A_1 = 0$, $A_2 = 1$, $\bar{x}/y = 1$）就意味着一对 x，y 数据已经传输完毕，这时就需要对那些 D/A 转换器上的数字进行更新了（注意不要每次只更新一个）。

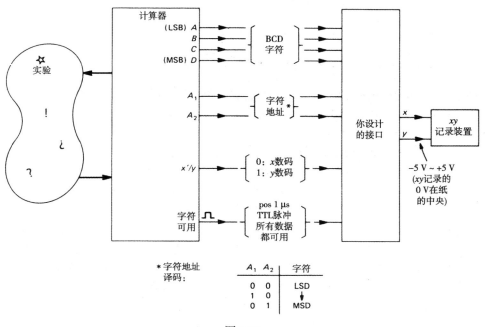

图 9.97

在我们设计的电路中不必标出具体的器件型号，只用指出其大概的功能，例如 D 触发器或者 1/10 译码器等。另外，一定要指出输入信号或者输出信号在什么地方反相（画出简单的反相电路）。假设有一个能够处理 3 段逻辑电平 BCD 码的 D/A 转换器，并且其输出量为电流形式，从 0 到 1 mA 对应的输入变化量是 000 到 999。由于 x，y 显示器对幅度为 10 V 的电压信号敏感，因而还需要将电流信号转换成电压信号。为了培养创造性，设置了一个额外的障碍：假设 D/A 转换器的输出能力仅为 1 V。

第 10 章　微型计算机

10.1　小型计算机、微型计算机与微处理器

廉价小型计算机的出现，使得用计算机控制实验和工艺、收集数据以及在计算机的直接控制下进行计算变得更容易。小型计算机被普遍应用于实验室和工业设备中，而其性能、编程语言以及接口设备方面的相关知识也成为电子实用知识中一个必不可少的部分。

微型计算机由早期的小型计算机演变而来。后者是一种小型机器，其中央处理单元（CPU）由小规模和中规模集成电路芯片构成，通常放在一块或多块巨大的印刷电路板上。随着大规模集成技术的发展，使得将小型计算机的 CPU 放进一块单独的大规模集成电路芯片中成为可能。所谓**微型计算机**就是指 CPU 由一些（通常是一块）大规模集成电路构成的计算机，其 CPU 芯片（或芯片组）组成一个微处理器，例如 DEC 公司的 PDP-11 迷你机（CPU 位于几块相互连接的电路板上）以及一系列类似命名的后续计算机产品，它们的 CPU 都由大规模集成电路芯片组成，而不是使用原来的中、小规模集成电路芯片。大约在同一时期，摩托罗拉公司推出了一种高性能微处理器（68000），它和 PDP-11 有许多相似之处，并且很明显受到了 PDP-11 的影响。

大多数现代小型计算机实际上就是微型计算机，它依赖于当代微处理器的强大功能。近来出现了"超级迷你计算机"这个词，它似乎代表了一类高性能的机器，这些机器的性能在某些方面甚至可以与体积庞大且价格昂贵的"大型机"相匹敌。而它们的区别在某些方面更多体现在物理尺寸或外设数目上，而不是 CPU 的集成规模。

有一个更为重要的区别可以将微型计算机与微控制器区分开来：微控制器使用一块微处理器以及少量的存储器和其他一些支持芯片，专门用来控制程序或者设备。在这里，一个微处理器加上一些各种功能的芯片以及一些 ROM（只读存储器）就能灵活地取代由门、触发器和模拟/数字转换功能部件组成的复杂逻辑电路，在任何大型电路设计项目中都应该考虑使用它。现在有一些专为这种应用而进行优化的微处理器，其特点是在芯片上集成了计时器、一些端口和其他本来需要特殊芯片才能实现的功能部件；同时降低了计算能力并取消了大的寻址空间，而这些特性是微处理器独有的，其目的是为了让它能够完成基于微型计算机的计算任务。

在本章中将描述微型计算机的结构、编程和接口，并列举一些实用而简单的例子，这些例子用来显示外围设备如何与 IBM PC/XT（这里指的是 PC 总线和它的派生系列，如 PC/AT 和其他兼容总线，以及低端的 PS/2 线）进行接口连接。本章中介绍的绝大多数原理都会在下一章中得到应用。在下一章中将详细介绍如何选择并构建基于微处理器的电路与系统，在例子中将采用 68008 微处理器，它是 Motorola 公司 68000 系列的一员，该系列与 Intel 公司的 8086 系列一起主宰着整个小型计算机市场。一般来说，在微型计算机领域，计算机自身的设计，包括存储器的集成、磁盘和 I/O 控制的设计，以及系统程序和应用程序的开发都是计算机生产商（以及其他兼容的软、硬件供应商）考虑的事情，用户所关心的只是一些特殊用途的接口以及如何根据自己的需要进行编程。与此相反，在专用的微处理器系统中，存储器的选型、系统间的连接以及编程一般都需要由设计者自行完成。微型计算机生产商一般都将系统和应用软件作为整个计算机系统（通常还包含外设）的一部分来提供，而微处理器生产商（半导体公司）一般将微处理器的设计、市场化以及芯片的供

应作为它们的中心任务。本章接下来将描述计算机的结构和编程，并把重点放在内部通信和接口这些细节上。

10.1.1　计算机的结构

图 10.1 概括了大部分计算机的典型结构，让我们从左到右进行介绍。

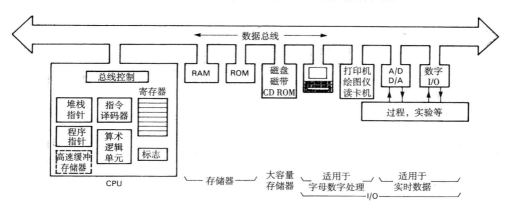

图 10.1　计算机结构图

CPU

中央处理单元，或称 CPU，是机器的心脏部分。计算机在 CPU 中对大量以计算机"**字**"形式组织起来的数据进行计算。字的长度范围可以从 4 位到 32 位或者更多，其中 16 位的字在当前的微型计算机中应用最为广泛。1 个**字节**为 8 位（半字节或者 4 位有时被称为 "nybble"）。"**指令译码器**"作为 CPU 中的一部分，用来翻译连续的指令（从存储器中取指令），并确定在每条指令下应该做什么。CPU 内有一个**算术单元**，它能对存储在寄存器中的数（有时**在存储器中**）进行指定的操作，比如加、减、比较、移位、移动等。**程序计数器**用于跟踪当前程序执行到了什么位置，它一般在每条指令执行之后自动加 1，但在执行 "jump" 或 "branch" 指令后，它将被赋予一个新的值。**总线控制电路**用于处理 CPU 与存储器以及 I/O 之间的通信。绝大多数计算机还有一个**堆栈指针寄存器**和一些标志位（进位标志位、零标志位、符号标志位），后者用于条件语句中转移分支的判断。许多高性能处理器还包含**高速缓冲存储器**，用于保存近期从存储器中取来的值，加快了读写的速度。

"并行处理"是目前研究的热门领域。运用这种技术，我们能将多个 CPU 连接起来，以获得强大的运算能力。假以时日，这种趋势将在高性能处理领域获得主导地位。但在目前，单 CPU、串行处理指令的机器仍然是微型计算机的标准结构。

存储器

所有的计算机都具有快速随机存储器，或者称为 RAM（以前被称为"磁心"，因为当时使用微小的、具有磁性的磁心来保存数据，每个磁心能保存一位）。在大型微机中，这个部件能够容纳 10 MB 或更多，尽管 RAM 的典型值为 1 MB；在微控制器中它可能只有 16 KB（当用来描述存储器大小时，K 不是表示 1000，而是 1024 或者 2^{10}；因此 16 KB 实际上是 16 384 B。我们用小写的符号 k 来表示 1000）。这种存储器的读写时间典型值为 100 ns。可以用"容易丢失"来形容 RAM，也就是说当电源断掉时其信息将完全消失（或许也可以说它很"健忘"）。因此，几乎所有的计算机都带有一些非易失性的存储器，通常称为 ROM（只读存储器），用来"引导"计算机，也就是在电源接通时，使计算机能在一个完全失去记忆的状态下启动。附加的 ROM 通常用来存放系统程序、图形程序以及其他一些随时会用到的程序。

为了在存储器中读取或者存储信息，CPU 会为想要读写的字"确定地址"。大多数计算机以字节为单位来划分存储空间，从 0 字节开始，然后按顺序下去，直到存储器中的最后一个字节。因为多数计算机字有几个字节长，所以经常需要一次存取一组字节，这常常可以通过设置一条宽度为几个字节的数据总线来加速。例如，80386 或 68020 的微型计算机使用 32 位（4 字节）宽的总线，一个 32 位的字在一次存储器操作中就能够实现读写（尽管选择了更宽的数据总线，然而有时可能只希望读写 1~2 个字节，这时可以使用一些控制信号来确定到底要对多少个连续字节进行移动）。

在存储器较多的计算机中，确定机器中任何一处的存储器地址需要 3~4 个字节。由于在实际程序中用到的大多数地址常常是"相邻的"，因而所有计算机都提供一些简化的寻址模式："相对"寻址，通过与当前指令的距离来确定地址；"间接"寻址，利用 CPU 寄存器中的内容来指向存储器中的位置；"分页"寻址，用简化的地址表示小的存储器区域（一页）中的存储位置；"直接"或"绝对"寻址，利用存储器中的几个字节来确定地址。现代 CPU 在这些方法的基础上增添了"变址"、"自动增 1"以及其他一些有用的寻址方式，这些将在下一章中学习。

在程序执行过程中，程序和数据都被保存在存储器中。CPU 从存储器中取出指令，分析出它们的含义，然后进行适当的操作。这个过程常常还需要用到放在存储器中其他位置的一些数据。普通用途的计算机将程序和数据放在同一存储器中，实际上计算机并不能将它们区分开来。试想，如果程序发生了错误，而计算机仍然在"执行"数据，这将是多么可笑。

由于计算机程序将它们的大部分时间都花在循环地执行一个相对较短的指令序列上，因而我们可以通过使用一个小而快速的"**高速缓冲存储器**"来提高性能。该缓冲存储器中复制并存储了大多数最近使用过的存储器内容。一个带高速缓冲存储器的 CPU 在从主存储器中读取数据（速度慢一些）之前，首先会查看本地的高速缓冲存储器，在循环执行相似内容时，高速缓冲存储器的"命中率"通常会达到 95% 或者更高，从而大大提高执行的速度。

大容量存储器

与专用的控制处理器不同，用于程序开发或计算的计算机通常拥有一个或多个大容量存储设备，其中常见的是硬盘和软盘。大多数配置较好的计算机还有一个或两个磁带驱动器，其类型从简单的"流型"盒式磁带驱动器到成熟的 9 磁轨、半英寸的大盘式磁带（这种设备常常在科幻电影中出现）等。一种更新的技术使用了 8 mm 的录像带（与小型手持摄像机上用的相同），它能将 1 GB 的数据存储到小小的盒式磁带中。另一种大容量存储器是 CD ROM，它使用的光盘技术与音频 CD 相同，能够在 5 英寸塑料盘的一个面上存储 600 MB 的数据，而且它的存取速度要比任何其他磁带媒质都快得多。与音频 CD 不同，还有一种既可以读取也可以写入数据的 CD-ROM 驱动器，被称为"WORM"，通过它可以用激光束在空白 CD 上灼烧出坑道以写入数据。这些盘可以反复读取，但只能写入一次。实际上，可多次擦写的磁性光盘也可以买到。

同 RAM 相比，大容量存储介质速度通常很慢。其中，磁带的速度最慢，其访问时间需要几秒，而硬盘的速度是最快的，其平均访问时间只有数十微秒。对于所有的大容量存储设备来说，一旦数据的位置确定，其传输速度是很快的（从每秒 10 KB 到 100 KB，甚至更多）。通常情况下，程序、数据文件、图形文件等都存放在大容量存储设备中，而只有在计算过程中才会被调入 RAM。可以将许多用户的程序放在同一张盘上，一张中等容量的光盘可以存储的内容比大不列颠百科全书的几倍还多。

如果我们的计算机拥有大量RAM，那么有一个好方法可以加快那些需要大量运用磁盘的操作，这就是在开始时将所有相关的磁盘文件都放到RAM中，以组成一个"RAM盘"。这样可以自由地操作，而不必等待磁盘的响应。需要注意的是，由于所有的数据都没有保存到非易失性磁盘上，所以一旦计算机死机，所有的工作内容都将丢失。

字符和图形 I/O

拥有一台功能强大的计算机是件很不错的事情，它能在一秒内完成几百万次智能运算，但是如果没有输出结果，这对用户来说是没有任何意义的。键盘、显示屏（这两者合称为"终端"）、鼠标和打印机等外围设备使人和机器得以交流，在"友好"的计算机系统中这些是必不可少的。这些外设大多是为编程、文字处理、电子表格和图像显示等目的而设计的，我们可以用它们来写程序、调试、列表单、打字、打印文件、处理数据和对象以及玩模拟格斗游戏等。这些各式各样的外设及其配套的接口可以从包括微型计算机生产商在内的许多途径得到。

实时 I/O

在实验、过程控制以及数据记录，或者一些不常见的场合中（如语音、音乐合成等），都需要使用A/D和D/A设备，它们能够与计算机进行"实时"交流，"实时"的意思也就是说能够与事件的发生同步。它的应用场合数不胜数，尽管使用一套通用的、由多路复用型A/D转换器、一些快速D/A以及数字"端口"（串行或并行，可以用来进行数字数据交换）组成的设备就能够实现许多有趣的应用，并且对大多数常用的计算机总线来说，这些通用的外围设备都可以买得到，但如果想实现更有趣的东西，例如想获得更好的性能（更快的速度、更多的通道）或者特殊的功能（音调生成、频率合成、时间间隔生成等），就需要自己搭建电路，在这种情况下，拥有总线接口知识和编程技术就显得非常关键了。当然，这些知识在任何情况下都有用。

网络接口

如果功能强大的台式计算机还能与其他计算机交换文件，它会变得更加强大。为了达到这个目的，一种办法是通过电话线"登陆"到一台远程计算机上，然后就可以使用这台远程计算机上的资源。这个过程具体可能包括：访问一个大型数据库或者特殊程序、登陆超级计算机、发送计算机"邮件"或者获得同事的文本及数据文件。要实现这些目的，需要一个"调制解调器"，它可以直接插在计算机总线上，或者接在串行数字端口上。关于这些稍后将详细介绍。

使用另一种办法也可以扩展机器的应用范围：利用一个局域网（LAN）将一组计算机连接在一起。以太网便是一个例子，通过一根同轴电缆，它可以为连接起来的计算机提供高达 10 Mbps 的交换速度。局域网使我们能够在其中任意一台机器上存取文件；事实上，通过一个好的局域网，能够将资源集中在一起，共享高速的大容量磁盘、昂贵的绘图仪和打印机等。这样，每个"工作站"可能只配备了有限容量的存储器，但却具备了足够的计算和显示能力，以完成我们想要做的事情。这样的结构体系对于出版社或报社这样的单位来说是非常理想的，因为在原稿出版之前，不同的人可以对其不同的部分进行工作。大多数微型计算机上都可以安装以太网接口（或其他网络接口）。

数据总线

为了在计算机的CPU与存储器或外设间进行通信，所有的计算机都使用了**总线**，这是一组用来交换数字信息的共享线（许多总线同时也允许外设与外设之间进行通信，但这种功能用得较少）。

使用共享总线极大地简化了互连工作,否则我们需要在每对相互通信的设备之间都使用多线电缆连接。在总线的设计和应用中多花点心思,会使工作起来更加顺畅!

总线包括一组数据线（数据线的宽度一般等于字的位数——微控制器或低性能PC一般为8位,而较复杂的微型计算机为16位或32位）、一些地址线（用于决定总线上传输哪里的数据）以及一组控制线,用于决定当前将进行什么操作,例如将数据输入CPU或从CPU中输出、中断操作以及DMA（直接存储器存取）传输等。所有的数据线以及一些其他的线都是**双向的**,由三态设备来驱动;在某些情况中也使用带上拉电阻的集电极开路门电路来驱动（上拉电阻通常作为终端放在总线的末端,用来最大程度地减少反射,见13.2.1节）。如果总线的物理长度比较长,三态门驱动器也需要使用上拉电阻。

使用三态器件或集电极开路器件的目的是使连接在总线上的设备能够停止其总线驱动,因为在一般操作下,任何时间都只有一个设备占用总线传输数据。每台计算机都有一个明确定义的协议,用于决定谁在什么时候占用总线传送数据。如果不是这样,当所有的设备同时呼叫时（形象地说）,计算机将会出现彻底的混乱。

对于计算机总线有一个有趣的区别方法,即分成**同步总线**或**异步总线**。它们在目前流行的计算机中都有大量运用的例子,当我们详细介绍总线通信的细节时,读者将会明白它们的含义。

我们将利用当前流行的**IBM PC/XT**系列接口作为例子来详细地讨论总线。但是,首先需要看看CPU的指令集。

10.2 计算机的指令集

10.2.1 汇编语言和机器语言

为了理解总线信号和计算机接口连接,必须懂得CPU在执行不同的命令时到底做了些什么。鉴于这个原因,我们将介绍IBM PC/XT系列中使用的指令集。实际应用中的微处理器指令集都比较复杂,且有较多的外部特性,Intel 8086也不例外。不过,既然我们的目的仅仅是解释总线信号和接口连接（而不是介绍如何编程）,可以使用8086指令的一个子集。抛开那些"额外"的指令,只介绍一套既便于理解又足以完成任何编程任务的指令集,并使用它们来给出一些接口和编程的例子,这些例子有助于理解如何使用机器语言进行编程。在这一级别上进行编程与使用高级语言（比如FORTRAN或C）编程很不一样。

首先,我们介绍一下"机器语言"和"汇编语言"。在前面已提到,计算机的CPU被用来解释作为指令的那些字符,并执行相应的任务。这种"机器语言"由一系列二进制指令组成,而每条指令占用一个或多个字节。例如,将CPU某个寄存器中的内容加1的操作就是一条单字节指令;而将存储器中的内容读入寄存器的操作指令,将至少占用2个、甚至多达5个字节（第1个字节用来确定执行什么操作以及目的寄存器的地址,在大型机上,其余4个字节可能用于确定存储器中的某个地址）。可惜的是,不同类型的计算机有不同的机器语言,而且迄今为止,在这个方面没有统一的标准。

直接用机器语言编程是极其枯燥的,由于必须完美地处理程序中的每一位二进制数,所以可能会倾向于使用**汇编语言**,它允许使用易于记忆的指令助记符以及为存储区和变量指定的有象征含义的名字来编写程序。这些**汇编程序**实际上由许多行字母和数字组成,编译器会对它们进行处理,并产生一些能够被计算机执行的**目标代码**。每一行汇编语言的代码都被编译成几个字节的机器码

（在 8086 中是 1~6 个字节）。计算机不能直接运行汇编语言指令。为巩固这些知识，我们将介绍 8086/8 汇编语言的子集并给出一些例子。

10.2.2 简化的 8086/8 指令集

8086 是一个 16 位处理器，有一个丰富的指令集。导致其比较复杂的一部分原因是：设计人员力图保持与早期 8 位 8080 处理器的兼容性。更新的那些 CPU，例如 80286 和 80386，仍然能够执行 8086 的全部指令集。我们将这些指令集进行了许多删减，最后只包括了 10 个算术操作和 11 个其他的操作，这些指令如下所示：

指令	名称	功能
数学指令		
MOV *b,a*	传送	$a \rightarrow b$；a 不变
ADD *b,a*	加	$a + b \rightarrow b$；a 不变
SUB *b,a*	减	$b - a \rightarrow b$；a 不变
AND *b,a*	与	a AND $b \rightarrow b$ 位；a 不变
OR *b,a*	或	a OR $b \rightarrow b$ 位；a 不变
CMP *b,a*	比较	如果 $b - a$ 则设标志位；a,b 不变
INC *rm*	加 1	$rm + 1 \rightarrow rm$
DEC *rm*	减 1	$rm - 1 \rightarrow rm$
NOT *rm*	否	求反，$rm \rightarrow rm$
NEG *rm*	补	求补，$rm \rightarrow rm$
堆栈指令		
PUSH *rm*	压入	将 *rm* 压入堆栈（占用 2 个字节）
POP *rm*	弹出	从堆栈弹出 2 字节数据送给 *rm*
控制指令		
JMP *label*	跳转	跳到指令中的 *label* 标识处
J*cc label*	有条件跳转	若 *cc* 为真则跳到指令中的 *label* 标识处
CALL *label*	调用	将下一个地址压入堆栈，跳到指令中的 *label* 标识处
RET	返回	地址弹出堆栈，返回程序断点地址
IRET	返回到中断点处	地址弹出堆栈，恢复标志位，返回中断点
STI	设置中断	激活中断
CLI	清除中断	将中断置为不可用
输入输出指令		
IN AX(AL),*port*	输入	*port* → AX(或 AL)
OUT *port*,AX(AL)	输出	AX(或 AL) → *port*

注意

b,a：*m,r r,m r,r m,imm r,imm* 中的任意一对

rm：根据不同的寻址模式，选用 *r* 或 *m*

cc：Z NZ G GE LE L C NC 中的任意一个

label：通过不同的寻址模式

port：字节（通过 *imm*）或者字（通过 DX）

快速入门

首先解释一下：前 6 条算术指令用来对两个数进行操作（称为"双操作数"指令），这两个数用 *a* 和 *b* 来简化表示，它们可以是第一条注释中列出的 5 组数中的任意一对（*m* 表示存储器中的内

容，r 表示 CPU 寄存器中的内容（一共有 8 个寄存器），而 imm 表示立即数，也就是存储器中紧接在指令后面 1 ~ 4 个字节中的数）。例如以下的指令：

```
MOV    count,cx
ADD    small,02H
AND    Ax,007FH
```

其中 3 组操作数的类型分别为 m,r，m,imm 和 r,imm。第一条指令将寄存器 CX 中的内容复制到名为"count"的存储器区域中。第二条指令将名为"small"的存储器区域中的值加 2。第 3 条指令将清除 16 位寄存器 AX 的高 9 位，而低 7 位的值保持不变（即所谓的掩码操作）。应注意 Intel 公司在指令表达方法上的惯例：规定第一个操作数被第二个操作数代替或者修改。在下一章中将看到摩托罗拉公司采用的方法正好与之相反！

最后的 4 条算术指令只有一个操作数，这个操作数既可以是寄存器中的内容，也可以是存储器中的内容。这里有 2 个例子：

```
INC    count
NEG    AL
```

第一个例子将存储器区域"count"中的值加 1，而第 2 个例子改变寄存器 AL 中的符号。

补充内容：寻址

在继续讨论之前，我们先简要介绍一下寄存器和存储器的寻址。8086 具有 8 个"通用"的寄存器，而在更深入地了解之后，我们将会明白：这些寄存器中的绝大多数都有特殊用途（如图 10.2 所示）。其中的 4 个（A ~ D）既能用做单个的 16 位寄存器（例如寄存器 AX，其中的"X"可理解为"扩展"）又能用做一对 8 位寄存器（例如寄存器 AH 和 AL，"高位"和"低位"各占一半）；寄存器 BX 和 BP 可以用于存储地址，SI 和 DI 也一样，但一般用于寻址（见下面）；特殊的循环指令（在我们的列表中并未列出）会使用寄存器 C，而乘/除以及 I/O 指令会类似地使用寄存器 A 和 D。

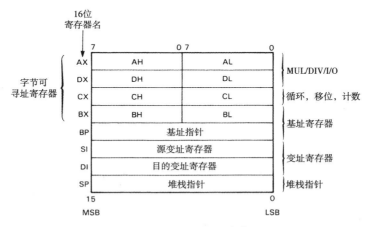

图 10.2　8086"通用"寄存器

指令中用到的数据可以是一个立即数，也可以是寄存器或者存储器中的内容。我们可以像上面的例子中那样，直接用数值来代表立即数，用名称来代表寄存器。对于存储器的地址，8086 提供了 6 种寻址方式，图 10.3 描述了其中的 3 种。我们可以直接给变量命名，此时它的地址被汇编成两个字节放在指令之后；也可以把变量的地址放入地址寄存器（BX，BP，SI 或 DI）中，这样指令可以通过寄存器间接地确定地址；此外也可以混合使用以上方法，把用立即数表示的偏移量与目标地址寄存器中的内容相加，以确定变量地址。在对一大串数字（例如字符串或者数组）进行操作时，使用这种间接寻址方式将更快捷（假定地址已被调入地址寄存器），而且更好。下面是一些寻址的例子：

```
MOV     count,100H         （直接寻址，立即寻址）
MOV     [BX],100H          （间接寻址，立即寻址）
MOV     [BX+1000H],AX      （变址寻址，寄存器寻址）
```

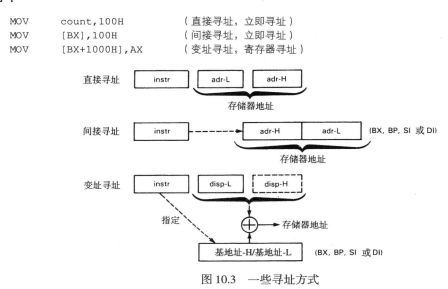

图 10.3　一些寻址方式

在后面的两条指令中，假定地址已被存入 BX。最后一条命令将 AX 中的内容复制到比 BX 指向的存储器单元高 4 K（十六进制的 1000）的存储器单元中去。在后面会用一个例子简要地说明如何用这个命令来复制一个数组。

我们还忽略了 8086 寻址复杂性的另一个方面：由以上寻址方式产生的"地址"实际上并不是最终地址，因为其数据宽度仅为 16 位（这个数据宽度能够寻址的存储空间只有 64 KB）。事实上，这个地址被称为偏移量，为得到真实的地址还必须在偏移量上加 20 位的基地址，而这个基地址由 16 位段寄存器的值左移 4 位得到（一共有 4 个这样的段寄存器）。换句话说，通过设定段寄存器，8086 允许我们一次对存储器中的多段 64 KB 进行存取，能够寻址的最大范围是 1 MB。8086 使用 16 位寻址方式是一个重大失误，这种方式是从早期的微处理器中继承来的。新型的处理器（如 80386 和 68000 系列）就做得很好，它们彻底采用了 32 位寻址方式。为了简化例子，我们将完全忽略段地址，当然，在实际应用中，我们必须考虑它们。

指令集入门（续）

接下来介绍堆栈操作指令 PUSH 和 POP。堆栈是存储器的一部分，通过一种特殊的方式组织起来。当把数据压入堆栈中时（PUSH 操作），它就成为下一个操作的基点（位于堆栈的"顶部"）；当取回数据时（POP 操作），它将从顶部弹出，也就是说，取出的是最后一次存入堆栈的数据。因此，堆栈可以看成是符合后进先出原则（LIFO）的一系列连续数据。我们可以想像公车上的硬币找零器（或者餐厅中的盘式自动售货机）。

图 10.4 显示的就是堆栈的工作过程。堆栈存储区位于普通的 RAM 中，而 CPU 利用其堆栈指针（SP）指向当前的堆栈"顶部"地址。8086 的堆栈支持 16 位的字操作，在内存中压入数据时分配地址的原则是先高地址后低地址。每次 PUSH 操作前 SP 的值将自动减 2，而在每次 POP 操作后 SP 将加 2。因此，在该例子中，寄存器 AX 中的 16 位数据通过 PUSH AX 指令复制到堆栈的顶部，

SP 指向压入堆栈的最后一个字节。POP 指令的执行过程与此相反。我们将会看到，堆栈在子程序调用和中断操作中起着重要的作用。

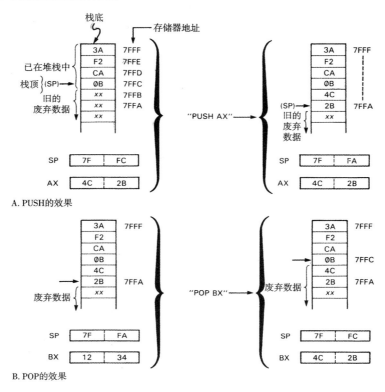

图 10.4　堆栈操作

　　JMP 指令改变了一般情况下 CPU 顺序执行指令的方式，绕过某些指令，直接跳到程序指令所指定的地方。条件转移指令（有 8 种情况，一般表示为 Jcc）通过检测标志位寄存器（存在于 CPU 中，它的值由最近的算术运算的结果决定）进行跳转（如果条件是真），或者顺序执行下一条指令（如果条件是假）。例如程序 10.1，它把起始地址为 1000_H 的数组中的 100 个字复制到起始地址比该数组高 1 K（400_H）的新数组中去。注意该程序中对于指针的直接加载（加载到地址寄存器 BX 中）以及循环计数（利用 CL 寄存器）。实际上，对于数组中数据的移动必须通过寄存器（在这个程序中我们选择了 AX），因为 8086 不允许从存储器到存储器的直接操作（见指令集的注释）。当执行完 100 次循环后，CZ = 0，此时非零跳转指令（JNZ）不再进行跳转。虽然这个例子能顺利运行，但在实际应用中，我们可能会使用 8086 的字符串转移指令，该指令运行起来更快。另外，为操作对象的大小以及数组取个有意义的名字是个很好的编程习惯，不要直接使用形如 400_H 和 1000_H 的常数。

程序 10.1

```
           MOV    BX,1000H           ; 将数组地址存入 BX
           MOV    CL,100             ; 初始化循环计数器
   LOOP:   MOV    AX,[BX]            ; 复制数组元素到 AX
           MOV    [BX+400H],AX       ; 再复制 AX 到新的数组
           ADD    BX,2               ; 增加数组指针
           DEC    CL                 ; 计数器减 1
           JNZ    LOOP               ; 计数器不为零时循环
   NEXT:   (next statement)          ; 完成后退回到这里
```

CALL 命令是子程序调用指令，与跳转类似，只是其返回地址被压入堆栈（返回地址是指 CALL 指令下面一个将要执行的指令的地址），在子程序结束的地方，会执行一条 RET 命令，将堆栈中的内容弹出，这样程序就能回到它原先执行的地方（如图 10.5 所示）。STI，CLI 和 IRET 这 3 条命令与中断有关，关于中断将在本章稍后的地方通过一个电路的例子来讲解。最后一点，输入/输出指令 IN 和 OUT 的作用是在寄存器 A 与已编址的端口间传送字或字节，下面会讨论这个问题。

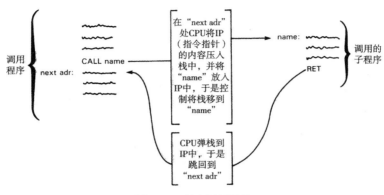

图 10.5　程序调用操作

10.2.3　一个编程实例

从上面的例子中可以看出，汇编语言是比较冗长的，它需要用许多个小步骤来实现一个简单的功能。这里还有另一个例子：当 N＝M 时将 N 的值加 1。这个功能是许多大程序中的一个典型的小步骤，在高级语言中可能只需要一条单独的语句就能够实现：

```
if(n==m) ++n;          (C)
IF(N.EQ.M) N=N+1       (Fortran)
if n=m then n:=n+1;    (Pascal),等等
```

在 8086 汇编语言中，它的实现方法如程序 10.2 所示。接下来汇编程序会将这些指令转换为机器语言，通常每一行汇编源代码会被翻译成几个字节的机器语言，而翻译出来的机器语言代码会在执行前放入一段连续的存储器区域中。要注意的是，一般都需要通知汇编程序为变量分配多少存储空间，这个步骤是靠汇编伪指令"DW"（define word）来实现的（之所以称为**伪指令**，是因为它并不产生可执行的代码）。可以使用一些特殊的标志（例如 NEXT）来对指令位置进行标记，在需要跳转到指定位置时会经常使用这样的标志（例如 JNZ NEXT）。另外，最好为存储器的区域取一些便于理解的名字（对我们自己而言），并添加一些注释（通过分号与程序隔开），这样做会使编程工作变得简单，也能够帮助我们在几个星期后仍能看懂自己编写的程序。用汇编语言编写程序确实是件麻烦的事情，但我们还是常常需要用它来编写一些小程序，供高级语言调用，以控制 I/O。用汇编语言写的程序执行起来比那些由高级语言编译而成的程序要快，所以在对速度要求非常高时，常用它来编程（例如，很长的数字运算的最内层循环）。从某种程度上讲，随着功能强大的 C 语言的发展，必须使用汇编代码的情况已经减少了很多，但在任何情况下，如果我们不懂汇编语言的 I/O 特性，就无法真正理解计算机的接口技术。助记符汇编语言与可执行的机器语言之间的关系将在 11.1.3 节中做更深入的讨论，以 68000 微处理器的程序为例来进行说明。

程序 10.2

```
n    DW   0                              ; n（一个"字"）存在这里
n    DW   0                              ; m存在这里，都初始化为0
     MOV  AX,n                           ; 取得n
     CMP  AX,m                           ; 比较
     JNZ  NEXT                           ; 不等，不进行处理
     INC  n                             ; 相等，n的值加1
NEXT: (next statement)
        o
        o
        o
```

10.3   总线信号和接口

典型的微型计算机总线有50~100根信号线，用来传输数据、地址和控制信号。IBM PC/XT是一种典型的小型计算机，它有53根信号线和8根电源/地线，我们不打算一次全部介绍，而是在讨论建立总线结构的过程中逐步讲解。首先介绍进行最简单的数据交换所必需的信号线（可编程的I/O），然后在必要时添加一些附加的信号线。在介绍的过程中将给出一些有用的接口实例，使得理解起来更容易。

10.3.1   基本的总线信号：数据、地址、选通

为了在共享的总线（合用线）上传输数据，必须确定要传输的数据、接收方以及何时能够对数据进行操作。因此，一条最简单的总线必须包括数据线（用于传输数据）、地址线（用于确定I/O设备和存储器的地址）以及一些选通线（确定什么时候进行数据传输）。通常，数据线的根数与计算机的字的位数相等，因此一个字可以一次性地传输完。然而PC中仅有8根数据线（D0~D7），我们可以一次传输一个字节，但如果需要移动一个16位的字，就要分两次传输。地址线的位数决定了可寻址设备的数量。如果总线既为I/O又为存储器服务（通常情况下都是这样），那么其中的地址线为16 ~ 32根（对应64 KB ~ 4 GB的地址空间）；如果总线只为I/O服务，那么其中地址线的宽度就是8 ~ 16位（对应256到64 K个I/O设备）。IBM PC通过总线与存储器和I/O通信，它有20根地址线（A0~A19），对应1 MB的地址空间。最后一点：数据传送是通过总线上附加的"选通"脉冲达到同步的，有两种方式可达到这个目的。一种方式是分别设置读出信号线和写入信号线，由其中任意一条线上的脉冲信号来保证数据的同步传输；另一种方式是设置一根选通线和一根读/写线，通过选通线上的脉冲信号来保证数据的同步传输，而数据传输的方向由读/写线上的电平来确定。IBM PC采用的是第一种方式，其读/写信号线分别称为 $\overline{\text{IOR}}$、$\overline{\text{IOW}}$、$\overline{\text{MEMR}}$ 以及 $\overline{\text{MEMW}}$（低电平有效）。使用这4条线的原因在于：PC区分了存储器和I/O端口，它们各自拥有一对读/写选通线。

这些总线信号（数据、地址以及4种选通信号）能够完成最简单的数据传输。但在PC总线上，还需要一个称为地址使能（AEN）的信号，用来区分普通的I/O传输和"直接存储器存取"（DMA）。DMA将在10.3.8节中介绍。现在只需要了解：AEN为低电平代表的是普通I/O传输，而高电平代表的是DMA。到现在为止，我们共介绍了33位总线信号：D0 ~ D7，A0 ~ A19，$\overline{\text{IOR}}$、$\overline{\text{IOW}}$，$\overline{\text{MEMR}}$，$\overline{\text{MEMW}}$ 和 AEN，下面让我们看看它们是如何工作的。

10.3.2   可编程 I/O：数据输出

计算机总线上最简单的数据交换方式是"可编程I/O"，即通过程序中的IN或OUT两个命令来传输数据（所有计算机厂商已就IN和OUT的方向问题达成了共识：IN总是表示**传向CPU**，而OUT

则表示从 CPU 输出）。数据输出（和存储器写）的整个过程是很简单、很逻辑化的（如图 10.6 所示）。接收方的地址以及将要传送的数据都被 CPU 放到相应的总线上，CPU 产生一个选通信号（$\overline{\text{IOW}}$ 或 $\overline{\text{MEMW}}$，为低电平），来通知接收方数据已准备好。在 PC 总线上，地址在 $\overline{\text{IOW}}$ 信号有效前 100 ns 开始确保有效，而数据在 $\overline{\text{IOW}}$ 有效信号结束前至少 500 ns（以及结束后的 185 ns）确保有效。为达到这个目的，外围设备（这个例子中是一个 XY "矢量"平面显示器）不停地检测地址和数据线。当发现自己的地址时，它以 $\overline{\text{IOW}}$ 信号脉冲的下降沿作为时钟信号，将要发送的信息锁存到数据线上。

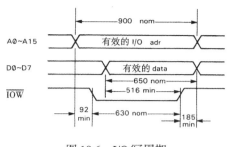

图 10.6 I/O 写周期

　　让我们来看看图 10.7 中的例子。这里设计了一个 XY 平面显示器，当连续向它输入成对的 X，Y 值时，它将每个点显示在显示器示波镜上。首先必须有一个 I/O 地址，图 10.8 列出了 IBM PC 保留的可用 I/O 地址。我们把 3C0$_\text{H}$ 分配给 X 寄存器，3C1$_\text{H}$ 分配给 Y 寄存器。'688 是一个 8 位比较器，可以在输入量相等时输出低电平。当高 8 位地址 A2～A9 等于固定的比较位时，它会给出一个低电平输出，在这个例子中，地址总线中包含的地址为 3C0~3C3。我们可以使用一系列门电路来实现这个功能，但使用地址比较器会更便捷。在前面已经解释过，这里还要求 AEN 为低电平。3 输入与非门以 A0 和 A1 作为输入完成地址译码，分别在地址 3C0 和 3C1 上输出低电平（下面会简要叙述另一种方法）。最后，将这些输出结果和 $\overline{\text{IOW}}$ 相与，得到 X，Y 寄存器（8 位 D 触发器 '574）的时钟信号。当（a）地址正确且（b）AEN 为低电平且（c）发送 $\overline{\text{IOW}}$ 信号时，输出总线上锁存的字节数据。8 位 DAC 将锁存的数据转换为模拟电压，以驱动显示器上的 X 和 Y 输入。在 Y 坐标被锁存后的几毫秒里，一对单稳态触发器会产生持续时间为 5 微秒的"增辉"脉冲，以增加显示区域内选中的点的亮度（出于这个目的，所有的区域都有一个"Z 输入"）。如果想在显示屏上显示一幅图和一系列字符，只需要连续地分别输出 XY 坐标（先发送 X，然后是 Y），只要速度足够快就不会有闪烁感。微型计算机有足够快的速度，以至于在反复显示数千个 XY 对时都不会出现恼人的闪烁。因为微型计算机已普遍使用视频（光栅－扫描）显示器，所以这个例子更大的用途是作为图片"硬拷贝"时使用的超高分辨率绘图仪，需要使用 14 位 DAC 和微小精度硬拷贝显示器（见下一个例子）。

　　下面是几个有用的提示：（a）注意，我们对极性进行了安排，这样 $\overline{\text{IOW}}$ 的下降沿就可作为 D 触发器的时钟信号。这一点很关键，因为数据在 $\overline{\text{IOW}}$ 的上升沿还是无效的。如果比较细心，会发现它的建立和保持时间是为满足 '574 而设置的。事实上，对总线速度较慢的 PC 而言，这些时间无论设为什么值都不会有问题，因为从数据有效到 $\overline{\text{IOW}}$ 的下降沿所需的时间远大于 500 ns。（b）如果在地址译码电路中使用了带选通的译码器，则可以少用一些器件。例如 '138（3 线到 8 线）和 '139（双 2 线到 4 线）这样的译码器包含 1 个或多个使能输入，它们在这一类应用中是相当方便的。（c）我们可以将 3 输入和 2 输入与非门合并成 4 输入与非门，把它们分开仅仅是为了让步骤看起来更清晰：先对地址进行译码，然后将结果和 $\overline{\text{IOW}}$ 求与。（d）事实上，我们完全可以忽略 A1，忽略后的电路仍能正常工作！它将对地址 3C2 和 3C3（分别代表 X 和 Y）也做出响应，实际上是"浪费"了两个 I/O 地址。在实际中经常可以不对地址进行完整的译码，这样可以节省一些器件（即使浪费了一些，但还是有足够多的 I/O 空间）。在这个例子中，可以将 A1 连接的地方用 $\overline{\text{IOW}}$ 代替，并完全忽略那两个 2 输入与非门。（e）如果地址可以用 DIP 开关（或者 DIP 跳接器）来设定，接口将会更灵活。这样可以确保它的地址不会和其他接口地址发生冲突。在这个例子中可以做这样的简单修改：用 8 根通过开关接地并通过上拉电阻接到 +5 V 的线代替接在比较器上的"硬连接"地址线。
（f）为了清楚起见，在此例中使用了独立的 8 位寄存器和 DAC。在实际应用中，我们常常会选择内置锁存器的 DAC（比如"与微处理器兼容"的 AD7528，带输入锁存器的双 DAC），甚至会用到 4 DAC 的版本（例如 AD7226）以及每个 DAC 拥有两个级联锁存器的"双缓冲"版本（例如 4AD7225）。

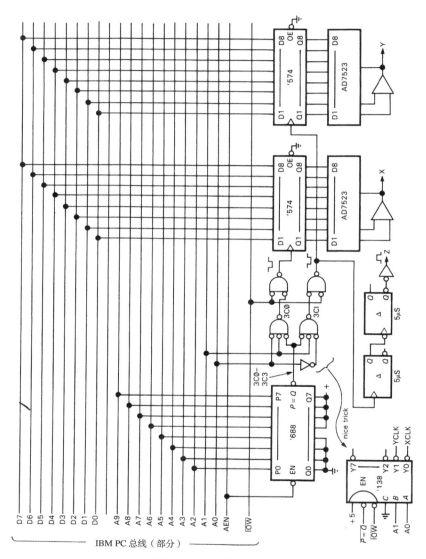

图 10.7　XY 平面显示

习题 10.1　使用可选的 I/O 地址重新设计地址比较器的逻辑电路。

习题 10.2　重新设计 XY 显示器接口电路，对 X 和 Y 均使用 16 位 DAC。这样将需要 4 个连续的地址，前两个分配给 X 寄存器，后两个分配给 Y 寄存器。使用 DIP 可选的 I/O 基地址。当然，偶数地址是低位字节，而奇数地址是高位字节。这是个好的选择，因为这正是 8086 存储 16 位字的方式，使我们能够使用字 I/O 指令来向端口发送数据。

平面显示器编程

　　用来驱动这个接口的程序非常简单易懂。程序10.3说明了其工作原理。第一个 X 和 Y 的地址以及将要显示的点数对这个程序来说都应该是已知的。显示程序很可能是一个子程序。它被调用时，参数以变量的形式传递，程序将 X 和 Y 数组的各个地址（例如，第一对 X 和 Y 的地址）输入到地址指针寄存器 SI 和 DI 中，并把要显示的点数输入到计数器 CX 中。接着它进入循环，将 XY 对连续输入到 I/O 接口 3C0 和 3C1 中。每执行一次，X 和 Y 指针都会增加，而计数器值减 1，并检验是否为 0。当它为 0 时，表明最后一个点已被显示，这时指针和计数器将被重新赋值，这个过程将再次重复。

　　这里有两点非常重要：程序一旦启动，将一直显示XY对所对应的点，在实际的程序中，它会检测键盘，看操作者是否想要终止点的显示。另一种方法是，显示将在指定的时间后终止或在出现"中断"时终止。关于"中断"，我们将在以后简要介绍。进行这种"刷新"式显示，计算机没有时间做太多的其他运算。让显示器用它自己的存储器进行刷新，可以去掉计算机的这个包袱，这确实是一个好办法。不仅如此，如果是为照相硬拷贝显示一个精确的点，这个程序和接口（在习题10.2中可表现出来）将会非常合适。

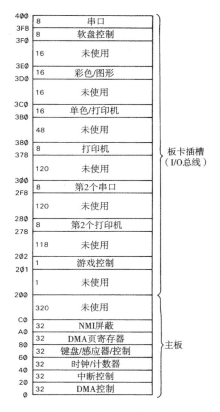

图 10.8　IBM PC 的 I/O 地址

程序 10.3

```
                              ; XY 显示驱动程序
    INIT:   MOV   SI,xpoint    ; 初始化 x 指针
            MOV   DI,ypoint    ; 初始化 y 指针
            MOV   CX,npoint    ; 初始化计数器

    PLOT:   MOV   AL,[SI]      ; 取得 x 字节
            OUT   3C0H,AL      ; 将 x 字节送出
            MOV   AL,[DI]      ; 取得 y 字节
            OUT   3C1H,AL      ; 将 y 字节送出
            INC   SI           ; x 指针加 1
            INC   DI           ; y 指针加 1
            DEC   CX           ; 计数器减 1
            JNZ   PLOT         ; 未完成,处理更多的点
            JMP   INIT         ; 完成,重新开始
```

10.3.3　可编程 I/O：数据输入

　　可编程 I/O 的另一个传输方向也同样简单。接口检测地址线，如果发现是自己的地址（并且 AEN 是低电平），与 $\overline{\text{IOR}}$ 脉冲一致，则将数据传送到数据线上（如图 10.9 所示）。图 10.10 列出了一个例子。这个接口允许 PC 读取锁存在 '574 D 型寄存器中的一个字节。因为寄存器的时钟输入和数据输入可以被外围设备访问，所以寄存器可以存储任何形式的数字信息（数字设备、A/D 转换器等的输出结果）。在电路系统中，我们使用 '679 "12 位地址译码器" 电路，而没有使用门电

路。这块智能芯片拥有 12 个地址输入端，一个使能端和 4 个"编程"输入端。如果想译码一个固定的地址，技巧如下：这块芯片在功能上相当于一个 12 输入与非门，通过它，设定数目的输入信号可以进行转换，被转换的输入端通常是那些编号最低的，而它们的数目可以在程序输入（4 位）中确定。

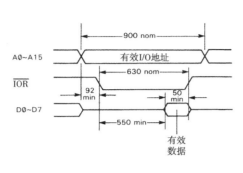

图 10.9　I/O 读周期

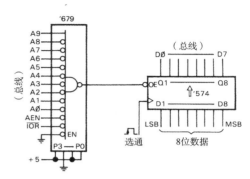

图 10.10　并行输入端口

在这个例子中，我们决定使用单独的、未被使用的端口，其 I/O 地址为 200_H（如图 10.8 所示）。为此，需要设定 A9 = 高电平，A0~A8 = 低电平，同时使用 '679 来限定译码地址，此时，AEN = 低电平、$\overline{IOR}$ = 低电平。所以总共需要一个具有 11 个反相输入和 1 个非反相输入的与非门。这可以通过将 11 以二进制形式（1011）硬连线到编程输入端来取得。然后就像图示的那样，连接地址线和选通线。当指令

```
IN   AL,200H
```

被执行时，CPU 将 200_H 给 A0~A9，等待片刻后再使能 $\overline{IOR}$ 信号，维持 630 ns。在 $\overline{IOR}$ 的下降沿，CPU 锁存在数据总线（D0~D7）上读到的数据，然后释放 A0~A9。外围设备的任务就是至少在 $\overline{IOR}$ 结束前 50 ns 从 D0~D7 上获得数据。这个时间非常宽裕，因为由发出数据请求开始到现在，已经至少 600 ns 了。与典型的 HC 或 LS 门的延迟时间 10 ns 相比，600 ns 几乎是永远了。

从这个例子开始，我们将忽略总线的混乱情况，而只是简单地通过名字来使用它们。

总线信号：双向总线与单向总线的对比

从上面的两个例子中可以看出，有的总线是双向的，例如数据线：在写入时由 CPU 声明，而在读出时由外围设备声明。CPU 和外围设备都使用三态驱动器来驱动这些数据线。其他的，如 $\overline{IOW}$ 和 $\overline{IOR}$，总是由 CPU 通过标准的推挽驱动器芯片来驱动。通常的情况是两种总线在计算机中都存在。使用双向线传输数据，使用单向线传输信号，这些信号总是由 CPU（或者更准确地说是相关的总线控制逻辑单元）产生的。通常有一些明确的协议来避免总线争用，例如用 $\overline{IOW}$，$\overline{IOR}$ 和地址来控制声明 / 读出就是其中的一条规则。

到现在为止，出现的所有信号，只有数据线是双向的，地址线、AEN 和选通线都是由 CPU 单向控制的。为避免产生错误的印象，我们要指出，在更为复杂的计算机系统中，允许有其他的部件去控制总线，即总线"控制器"。显然，在这种系统中几乎所有的总线信号都是共享的和双向的，而 PC 则非常简单。

10.3.4　可编程 I/O：状态寄存器

在上一个例子中，计算机能在任何时候从接口中读取一个字节，这很好，但它是如何知道接口中有它要读的内容呢？在有些情况下，计算机在由"实时时钟"决定的等时间间隔内读取数据。或

者，计算机命令 A/D 转换器在规则的时间间隔内开始数据转换（利用 OUT 命令），接着，在几毫秒后读出结果（利用 IN 命令）。这可以满足一个数据记录请求。但通常的情况是，外围设备也有自己的想法。它希望发生响应时能够主动与 CPU 通信，而不需要等到下一轮。

    一个典型的例子是字母数字输入终端。操作员不停地敲击键盘，我们肯定不希望字符丢失，所以计算机要记下每个字符，且不能有太大的时延。当有一个较快的存储设备，例如磁盘或磁带时，情形变得更为严峻，数据必须以 100 000 字节每秒的速度无时延传输。有以下 3 种方式可以解决这个普遍问题：状态寄存器、中断和直接存储器访问。我们由最简单的方式（状态寄存器）开始，根据图 10.11 所示键盘接口的例子进行介绍。

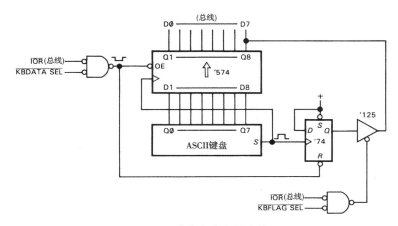

图 10.11 带状态位的键盘接口

    在这个例子中，一个 ASC II 码键盘驱动一个 '574 8 位 D 型寄存器，通过击键时产生的键盘 STB（选通）脉冲信号来输入一个字符。我们配置了标准的可编程数据输入电路，如图 10.11 所示，使用 '574 的三态输出直接驱动数据线。标有 KBDATA SEL 的输入来自上例中已说明的那一类地址译码电路。当与这个接口对应的地址出现在地址总线上时，它会变成低电平（与为低电平的 AEN 结合）。

    这个例子中的新东西是触发器，当键入字符时，它就置位，而当计算机读入字符后，它就清零。它是一个 1 位状态寄存器，当出现一个新字符时为高电平，反之则为低电平。计算机可以通过从该设备的另一地址进行一个数据 "IN" 操作来查询状态位，地址译码（通过门电路、译码器或其他的各种方法）为 KBFLAG SEL。传递状态信息仅需 1 位，因此接口只驱动最重要的一位。在这个例子中是通过一个三态缓冲器 '125 来完成的。**永远**不要用推挽式输出驱动双向线！连接到缓冲符号边的是三态输出使能端，低电平时有效（用一个表示"非"的小圆圈来表示）。

程序实例：键盘终端

    现在计算机已经有办法确定什么时候新的数据已经准备好。程序 10.4 实现了这一功能。这是一个从键盘终端获取字符的程序，数据端口的地址是 KBDATA（在程序的开始部分就定义端口地址的实际数目，如 KBDATA SEL 等的硬件译码，这是良好的编程风格）。每个字母都"反映"在计算机的显示设备上（端口地址 = OUTBYTE）。当得到整行信息时，控制权就交给行操作程序。行操作程序根据行的内容能进行一切行操作。而当准备显示另一行时，它将打出一个星号。如果我们有一些计算机方面的经验，这些功能对我们将是很有意义的。

    程序的开始是初始化字符缓冲区指针，将刚分配给缓冲区的地址复制到**地址**寄存器 BP 中。注意我们不能仅仅说：

```
MOV  BP,charbuf
```

因为那将会读入字符**缓冲区**的内容，而不是它的地址。在 8086 汇编语言中，我们可以在存储器标识符前使用"偏移量"来表示其地址。然后程序通过 IN 指令，读取键盘状态位，并与 80$_H$ 求与得到状态位（这就是"屏蔽"），接着测试其是否为零。零意味着没有置位，程序进行循环。当检测到非零状态时，读取键盘数据端口（将状态标志触发器清零），把它连续存入行缓冲区中，指针（BP）加 1，而且调用程序将字母显示在屏幕上。最后，通过检测是否回车判断行操作是否完成。如果没有回车，返回并再次循环，测试键盘状态标志；如果为回车，将控制权交给行操作程序，之后打印出一个星号，然后开始一个新的过程。

程序 10.4

```
                                    ; 键盘操作程序——使用状态标志
    KBDATA    equ ***H               ; 设置键盘数据端口地址
    KBFLAG    equ ***H               ; 设置键盘状态标志地址
    KBMASK    equ 80H                ; 键盘状态标志屏蔽字
    OUTBYTE   equ ***H               ; 设置显示器端口地址
    OUTFLAG   equ ***H               ; 设置显示器端口状态标志地址
    OUTMASK   equ ***H               ; 显示器端口忙屏蔽字

    charbuf   DB 100 dup(0)          ; 给缓冲区分配 100 个字节

    INIT:   MOV   BP,offset charbuf  ; 初始化字符缓冲区指针
    KFCHK:  IN    AL,KBFIAG          ; 读入键盘状态标志
            AND   AL,KBMASK          ; 屏蔽未使用的位
            JZ    KFCHK              ; 标志未置位——没有数据
            IN    AL,KBDATA          ; 取得一个新的键盘字节
            MOV   [BP],AL            ; 存入行缓冲区
            INC   BP                 ; 指针加 1
            CALL  TYPE               ; 把最后一个字符送到显示器
            CMP   AL,0DH             ; 是否为回车
            JNZ   KFCHK              ; 如果否，读取下一个字符
    LINE:   o                        ; 如果是，对行进行操作
            o                        ; 保持在这里
            o                        ; 现在不退出
            o                        ; 最终完成!
            MOV   AL,'*'
            CALL  TYPE               ; 打印一个提示——"星号"
            JMP   INIT               ; 取得另一行

                                    ; 打印字符的程序
                                    ; 打印并保存 AL
    TYPE:   MOV   AH,AL             ; 把字符存入 AH
    PCHK:   IN    AL,OUTFLAG        ; 检测打印机是否忙?
            AND   AL,OUTMASK        ; 打印机状态标志屏蔽
            JNZ   PCHK              ; 如果忙，再次检测
            MOV   AL,AH             ; 将字符重新存入 AL
            OUT   OUTBYTE,AL        ; 打印它
            RET                     ; 返回
```

　　该例子通过调用子程序来显示字符,因为即使这样一个简单的操作也需要对标志进行检查和屏蔽。程序首先把要显示的字节存入 AH，然后读取显示屏忙标志，并进行屏蔽。标志位非零表明显示屏正在工作，则继续保持测试；标志位为零时则将字母重新存入 AL，并送到显示器数据端口，然后返回。

　　关于该程序的一些注意事项：（a）可以忽略键盘标志的屏蔽操作，因为 MSB（在硬件中放置状态位）是符号位，因此可以使用指令 JPL KFCHK 来代替。但是，这个办法仅在检测 MSB 时有用，因此有所限制。（b）为保持好的编程习惯，回车符和星号应该像 KBMASK 一样被定义成常量。（c）行操作程序也应该是一个子程序。（d）如果行操作时间太长，字母将可能丢失。这样就需要采用

一种更为完美的方式，即中断。稍后将使用它。（e）键盘和终端操作程序应用得非常频繁，因此 PC 提供了可以通过"软中断"（后面将看到）访问的内置操作程序，此时我们的程序根本就没有用了！

状态位概述

　　这个键盘的例子描述了状态位协议，但它如此简单，以至于可能让我们产生错误的想法。在实际比较复杂的外设接口中，通常有几个不同的标志位，以确定不同的状态。比如，在一个磁带接口中，通常会有如下状态标志位：开始、结束、奇偶检验误差、磁带正在运转等。一般的方法是将所有的状态位放在一个字节或一个字中，通过一条指向状态寄存器的数据输入 IN 命令就能一次得到所有的状态位。通常存在一个能指示一系列错误状态的状态位，例如状态字的 MSB。这样，一个简单的符号检测就能判断出是否有错。如果有，可以具体测试字的某一位（与屏蔽字求与），从而发现是什么问题。此外，在复杂的接口中，当我们处理每一位时，状态位不能"自动"复位；相反，需要使用一个数据输出 OUT 语句，它的每个位可以清除一个指定的标志。

习题 10.3　对于上例中的键盘接口，计算机无法知道自己是否丢失了字符。修改电路使其具有两个状态位：CHAR READY（例子中已经有了）和 LOST DATA。其中，LOST DATA 标志位应是 D6，和 CHAR READY 处于同一个状态端口。如果在计算机获取前一个字符之前键入任何一个键，LOST DATA 则为 1，否则为 0。

习题 10.4　在程序 10.4 中添加一个程序段用于检测数据丢失。当发现数据丢失时，调用 LOST 子程序，否则继续以前的工作。

10.3.5　中断

　　刚才所描述的对于状态标志位的使用，是当需要处理事物时外围设备"告诉"计算机的 3 种方式之一。尽管它能够满足许多简单的情况，但有一个严重的缺点，即外围设备不能主动"通知"CPU 需要响应——必须通过其状态寄存器的数据输入 IN 指令来等待 CPU 的"请求"。需要快速响应的设备（例如磁盘或反应灵敏的实时 I/O）要求经常检测它们的状态标志。当计算机系统中配置了一些这样的设备时，CPU 所耗掉的大部分时间都用在了检测状态标志上，如上面的例子所示。

　　另外，即使不断地检测状态标志，仍然会遇到麻烦。比如，在上一个例子中，当处理主循环（标志检测）时，CPU 通常能够跟上敲击键盘的速度。但如果行操作需要 1/10 s，或者如果显示设备的处理速度很慢，需要程序等待，直到其忙标志位清零，那该怎么办？

　　外围设备需要这样一种机制：当需要处理事件时，该机制可以中断 CPU 的正常操作。接着 CPU 可以通过检测状态寄存器发现具体是什么问题，集中解决这个问题，然后再回到正常事务的处理中。

　　给计算机增加中断处理能力，需要增加一些新的总线信号，至少要有一根公共线用于外围设备发送中断信号，以及一对用于 CPU 识别是谁产生中断的线（通常情况下都是需要的）。因为 IBM PC 机不能实现完全的中断功能，所以它并不是一个非常好的例子。它的简单性无法弥补其在能力上的不足，但在 PC 机的外设接口上实现硬中断简直易如反掌。

　　下面介绍中断是如何工作的：PC 机的总线中有一组中断请求线，共 6 根，分别为 IRQ2~IRQ7。它们均为高电平有效，输入到 CPU 的辅助电路中（具体地说，是输入到 8259 中断控制器）。产生一个中断，只需要将其中的一根线置为高电平即可。通常情况下，如果开启中断（伴随着声明的特殊 IRQ），CPU 将在下一条指令运行完后进入中断，然后（将标志和当前地址保存到堆栈后）跳到位于存储器中某个位置的"中断处理"程序。我们可以编写此处理程序来做我们想做的事情（比如接收键盘输入的数据），并且可以将此程序置于我们想放的任何地方，通过查询位于低存储器指定单元的中断处理程序的 4 字节地址，CPU 可以计算出要跳转到的位置。这个指定单元的位置取决于我们声明的 IRQ；对于 8086 微处理器，它的地址是十六进制的 $20 + 4n$，n 是中断优先级。例如，CPU 响应 IRQ2 上的中断，将跳到存储器 28_H 到 $2B_H$ 的地址（4 字节）（这有点像间接寻址，只是这个地址位于存储器而不是寄存器中）。当然，我们可以明智地将处理程序的首地址放到那里。在中断处理程序的末尾，需要执行一个 IRET 指令。此 IRET 指令使 CPU 恢复先前存入堆栈的标志，然后跳回到发生中断的地方。

我们通过在键盘接口上增加中断来进行说明（如图 10.12 所示）。和前例一样，设置了基本的标志位（"character ready"）和可编程 I/O 电路。此外，将标志取反后与新的总线 RESET DRV 求或。当计算机启动时，RESET DRV 为高电平输出。这个信号通常用于使触发器和其他时序逻辑器件进入一个上电可知状态，这显然会复位标志位，该标志位指示一个有效字节已经准备好被声明（在新的接口甚至将产生一个中断）。除此之外，还有一个地方改变了：给字节宽度的数据路径取了一个简洁的符号，使该图便于解读。

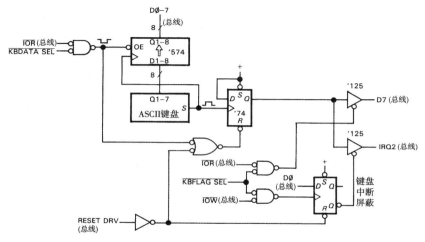

图 10.12　带中断功能的键盘接口

新的中断电路有一个驱动器，用来在一个字符准备好时声明 IRQ2。尽管不是必需的，但我们还是增加了能够关闭中断驱动器（一个三态缓冲器）的功能，该功能通过将 1 个字节的 D0 LOW 发送到 KBFLAG 端口地址来实现。如果我们想再加一个同样中断优先级的外围设备，必须使用上述功能，在任何给定的时间内只允许一个外围设备使用中断（后面将对这个棘手的问题做进一步的说明）。

10.3.6　中断处理

通过在主板上使用一块 8259 中断控制器集成电路芯片，IBM PC/XT 系列使中断处理变得容易进行（尽管在灵活性方面将有些受限）。这个芯片完成大部分工作，包括优先级设置、中断屏蔽和声明中断向量（在讲完例子之后再讨论这个问题）。作为其功能之一，CPU 能够识别中断并做出响应，即保存指令指针和标志寄存器，禁止其他中断，然后根据存储在低存储器向量区域的地址进行转移。我们的处理程序将完成剩下的事情，即：（a）保存（或进栈）将使用的任何寄存器（记住，因为中断程序可能在程序执行过程中的任何时刻发生，所以程序对于中断是毫无准备的，简直措手不及）；（b）必要时通过读取状态寄存器识别需要做哪些处理；（c）执行程序；（d）从堆栈中恢复保存的寄存器；（e）告诉 8259 执行完毕（通过向 I/O 地址 20_H 处的寄存器输送一个字节的 20_H "中断结束"信号）；最后（f）执行中断指令 IRET 返回，这使得 CPU 恢复出保存在堆栈中的原标志寄存器，并且跳回（通过保存在堆栈中的原指令指针）到被中断的程序中。在程序中的某些地方，必须（g）根据硬件使用的IRQ级别，将此中断处理程序的地址装入向量区域，并且通知8259打开此级别的中断。

程序 10.5 所示为带有中断功能的键盘程序代码。下面是它的整个流程：主程序初始化，然后在一个标志位（位于存储器而不是硬件）处循环，该标志位在中断处理程序发现回车时置位。当主程序发现这个标志已置位时，主程序挂起，并对这一行进行处理，然后返回到标志位检测循环。中断处理程序在每次中断时进入，将一个字符送入行缓冲区。如果是回车则置位标志位，然后返回。

程序 10.5

```
                                       ；键盘处理程序——使用中断
      KBVECT equ word pntr 0028H       ；向量 INT2
      KBDATA equ ***H                  ；设置键盘数据端口地址
      KBFLAG equ ***H                  ；设置键盘标志位端口地址

      buflg   DB   0                   ；分配"缓冲区满"标志
      charbuf DB 100 dup(0)            ；分配100字节的字符缓冲区

              CLI                      ；关中断
              MOV   SI,offset charbuf  ；初始化缓冲区指针
              MOV   buflg,0            ；和行结束标志
              MOV   KBVECT,offset KBINT ；程序地址到向量区域
              IN    AL,21H             ；现有的 8259 中断屏蔽
              AND   AL,0FBH            ；清空第二位来打开向量 INT2
              OUT   21H,AL             ；并发送OCW1 到8259
              STI                      ；开中断
              MOV   AL ,1
              OUT   KBFLAG,AL          ；开启硬件三态驱动器

      LNCHK:  MOV   AL,buflg
              JZ    LNCHK              ；一直循环，直到行结束标志置位

      LINE:   MOV   SI,offset charbuf  ；指针复位
              MOV   buflg,0            ；行标志复位
              MOV   AL,'*'
              CALL  TYPE               ；打印提示符"*"
              o                        ；对行进行处理
              o
              o
              JMP   LNCHK              ；等待下一行

                                       ；键盘中断处理程序
                                       ；通过载入的向量 INT2 使程序跳到这里
      KBINT:  PUSH  AX                 ；保存在这里要使用的AX 寄存器
              IN    AL,KBDATA          ；从键盘获得字节数据
              MOV   [SI],AL            ；放到行缓冲区
              INC   SI                 ；指针增1
              CALL  TYPE               ；在屏幕上显示
              CMP   AL,0DH             ；检测回车
              JNZ   HOME               ；不是回车——返回
              MOV   buflg,0FFH         ；是回车——设置行结束标志
      HOME:   MOV   AL,20H
              OUT   20H,AL             ；将中断结束信号送给 8259
              POP   AX                 ；恢复原AX
              IRET                     ；返回
```

我们来看一下这个程序的某些细节。为IRQ2设置了端口地址和全临界向量区域后，主程序分配给字符缓冲区100字节（初始化为0）。程序的真正执行开始于将字符缓冲区地址送给地址寄存器SI，行结束标志位置0，以及将中断程序（开始于KBINT处）地址放入存储单元28_H中。为了打开8259的

2级中断，我们清除掉当前屏蔽字的第二位（IN，AND 和 OUT），然后开启 CPU 中断允许，将1送给 KBFLAG，从而打开三态驱动器。程序进行循环，主程序并不知道中断正在悄悄地进行，直到突然发现"buflg"已经被置位，指针和标志立即复位（以防立即产生另一个中断），然后进行行操作。建议最好动作快一点，或将该行复制到另一个缓冲区，因为另一中断（一个新字节进入缓冲区）可能在几微秒之内产生。当然在这个期间内可以执行几千条指令，有足够的时间去复制这一行。

中断处理程序是单独的一小块代码，在主程序中没有入口。而通过初始化装入 28$_H$ 处的地址，由2级中断进入。它知道自己具体要做什么，于是就保存 AX（由于要使用它），从键盘数据端口读取字符，将它送入缓冲区，指针增1，在屏幕上显示字符；如果是回车，则置位标志位，通知 8259 中断结束，恢复 AX，然后返回。

如果回顾一下前面的处理程序任务清单，会发现我们省略了一步，即读入状态标志，以便确定是什么事件需要处理。在这里这一步不是必需的，因为仅有一个产生中断的原因，也就是一个新的键盘字符需要被读取（显然这个程序应弄清楚在什么条件下硬件才产生中断，需要给中断以什么样的服务）。

关于该程序的一些注意事项：首先，尽管我们正在使用中断，但程序仍像以前一样不断地在行结束标志处循环。然而，如果有事情做，它也可能正在处理其他事情。实际上，是从语句 LINE 处开始处理结束行；在此期间，中断能够确保新字符被送入缓冲区，而这些字符在前面没有中断的例子中可能会被丢失。

这将带来第二个问题，即使有中断，如果下一行已敲完，而程序还在处理前一行，我们就会遇到麻烦。当然，一般情况下程序应该能跟上键盘的输入速度；但运行操作程序有时会花掉很多时间，这时就要临时缓存多行。这种情况的一个解决方法就是复制一份到第二个缓冲区，或者在两个缓冲区间交替进行，将输入组成一个队列，形成一个环形缓冲区（或圆形缓冲区）。在这个缓冲区中，存在一对指针分别跟踪下一个输入字符的位置和下一个被删除字符的位置。中断处理程序将输入指针加1，则行操作程序将输出指针加1。这种环形缓冲区的典形长度为256字节，允许行操作程序落后几行。

第3个问题涉及中断处理程序本身。程序最好简短，或许需要设置标志来指示主程序中的复杂操作。如果该中断处理程序变得冗长，将可能造成其他中断设备丢失数据，因为当 CPU 转入处理程序时，其他中断被禁止。这种情况的解决办法是，在处理完最先需要处理的关键事务后，使用一个 STI 命令来重新开启中断。这时如果发生中断，中断处理程序自己也将被中断。由于标志和返回地址都保存在堆栈中，程序会找到返回点，首先返回到中断处理程序，最后再返回到主程序。

10.3.7　一般中断

键盘的例子说明了中断的必要性——由外围设备自发地发出一个硬件请求，请求注意，使其转入一个专用处理程序（常常导致一些可编程 I/O），然后再返回被中断的代码。其他中断设备的例子有实时时钟、一个周期性的中断（一般每秒10次，但在 PC 中为每秒18.2次）送出信号、控制计时程序更新当前时间；另一个例子是并行打印机接口，每当一个字符准备好时产生中断。通过使用中断，这些外围设备使计算机能同时处理其他任务。这就是可以一边进行文字处理，一边让 PC 打印文件的原因（当然，始终要保持合理的时间）。

然而，IBM PC 机并不能显示所有的中断情况。正如我们所看到的，其总线上有一组6根的 IRQ 线，每一根 IRQ 线只能由一个中断设备使用。IRQ 线根据优先级排序，在多重中断中，最低序号的中断最先被处理。4根 IRQ 线已经预先分配给必不可少的外围设备，即串行接口（IRQ4）、硬盘（IRQ5）、软盘（IRQ6）和打印机接口（IRQ7），仅留下 IRQ2 和 IRQ3 可用。IBM PC 机识别的另外两条 IRQ 线甚至没有从总线中引出，而是分配给位于主板上的18.2 Hz 时钟（IRQ0）和键盘（IRQ1）。

如果要增加一个数据流式磁带备份或者局域网，就只能使用IRQ2和IRQ3。另外，中断是边沿触发的，这样就不可能在一根IRQ线上使用"线或"来组合多个外围设备。

□ **共用的中断线**

许多计算机中的中断协议都规避了这些限制。如图10.13所示，这里有几根（按优先级区分的）IRQ线，它们在低电平时有效，连在CPU（或它的直接辅助电路）的输入端。为了请求一个中断，需要使用集电极开路（或三态）门将一条$\overline{IRQ}$线下拉为低电平，如图所示（注意用三态门模仿集电极开路门电路的方法）。$\overline{IRQ}$线是共用的，采用一个单一的上拉电阻，所以我们可以随意地在每根$\overline{IRQ}$线上连接多个设备；在例子中，两个端口共享IRQ1。通常将比较敏感（不愿等待）的设备连接在优先级高的$\overline{IRQ}$线上。

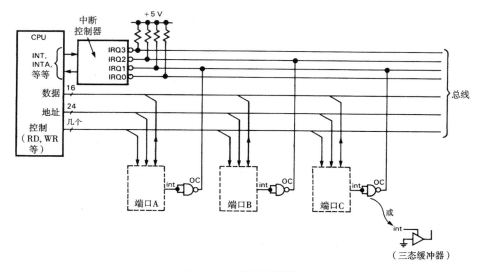

图 10.13　共用中断线

因为$\overline{IRQ}$线是共用的，所以常常有可能在同一条线上同时有另一个设备产生中断。CPU只有在知道谁产生了中断时，才能跳转到相应的处理程序。这里分别有一个简单方法和一个复杂方法来解决这个问题。简单的方法称为**自动向量轮询**，它几乎适用于所有的情况（尽管不在IBM PC上）。下面描述它如何工作。

□ **自动引导查询。** CPU板上的一些电路（我们将在第11章中讲解一个例子）可以指示微型处理器使用自动向量，就像IBM PC一样工作，每级中断通过位于低位存储器中相应指定存储单元中的指针地址来驱动跳转。例如，我们将在第11章中见到的68000微处理器系列有7个优先级的中断，通过4字节的指针来自动引导，指针存储在64_H到$7F_H$的28（7 × 4）个存储单元中。我们可以将处理程序的地址放在这些存储单元中，就像上面的例子那样。例如，我们可以将3级中断处理程序的地址（4字节）放在6C到6F的十六进制存储单元中。

一旦进入中断处理程序，将知道执行的是什么级别的中断；但并不知道是哪个特殊设备引起的中断。要找出它，只需检测连接在那个级别中断上的每个设备（没有请求中断的设备将不会设置一个或多个可读状态位）的状态寄存器。如果有一位被置位，则意味着需要进行某些处理。无论是何种原因导致设备关闭$\overline{IRQ}$，都需要进行处理：某些设备（如键盘）在读入时清空它们的中断，而另外一些可能需要一个送到某些I/O端口地址的特殊字节。

如果服务的设备是那个级别上惟一中断的设备，则$\overline{\text{IRQ}}$将在回到被中断的程序时置为高电平，并继续执行程序。但是，如果在同一级上还有第二个中断设备，则从中断服务程序返回时$\overline{\text{IRQ}}$线将继续保持低电平（通过在共用$\overline{\text{IRQ}}$线上的线或操作）。因此，CPU将立即自动回到相同的中断处理程序。这时查询机制将找到另一个中断设备，处理它，然后返回。注意，除了由多重$\overline{\text{IRQ}}$级所决定的硬件优先级外，查询状态寄存器还会建立一个"软件优先级"。

□ **中断确认**。关于中断，下面将介绍更为完善的确认中断者身份的操作——**中断确认**。在这种方法中，因为中断设备被询问时能告诉CPU它的名字，所以CPU不需要查询可能产生中断的设备的状态寄存器。中断设备通过将一个"中断向量"（通常是惟一的8位数）置于数据线上来响应CPU在中断处理中产生的"中断确认"信号。

几乎所有的微处理器都能产生所需的信号。中断处理的过程如下：（a）CPU注意到正在等待的中断；（b）CPU结束目前的指令，然后声明：（i）申请中断的总线信号，（ii）被服务的中断级别（在低位地址线上），（iii）申请中断的设备确定其身份的类似READ的选通信号；（c）中断的设备通过在数据线上声明它的身份（中断向量）来响应总线；（d）CPU读入中断向量，跳到相应惟一的中断设备处理程序上；（e）如同上一个例子，中断处理软件读入状态标志，取得并发送数据等，在处理其他任务时，必须确定中断的设备关闭了它的中断声明；（f）最后，中断处理软件将控制权返给被中断的程序。

目光敏锐的读者可能注意到刚才概述的过程中有一个问题：协议规定只能有一个设备声明它的中断向量，然而在同一IRQ级上可能同时有几个中断设备。处理这个问题的常用办法是使用一个总线信号（称为INTP，"中断优先级"）。它并非被总线上的设备所共用，而是在每个设备的接口电路中传递。它开始于最靠近CPU的设备，这些设备级别最高，然后在每个接口间**穿行**，称为"菊花链"。INTP硬件的逻辑规则如下：如果在被确认的级别中没有中断，则将INTP不做任何改变地传给下一个设备；如果在该级别有中断，则保持INTP输出低电平。声明中断向量的规则如下：当CPU发出请求时，只有在被确认的级别中有中断在等待或输入INTP为高电平时，才将中断向量数据放在数据总线上。这就保证了只有一个设备声明中断向量，这样也就在每个IRQ级中建立起一个"串行优先级"链，最靠近CPU的设备将第一个被服务。执行这个方案的计算机拥有一些跳线，使INTP穿过未使用的主板插槽。当插入新的接口卡时别忘了拔掉这些跳线（而当去掉接口卡时记得将它插回）。

在中断确认中，取代串行菊花链的另一个巧妙方法是：将每个设备分别连到优先级编码器（见8.3.3节）上，通过声明具有最高优先级中断设备的身份来轮流确认中断，而不是在每个可能的中断设备之间连线。这种方案避免了烦人的菊花链跳线。我们将在11.1.4节中详细描述此方案（见图11.8）。

在大多数微型计算机系统中并不需要运行刚才介绍的成熟的中断确认。但是，通过8级自动引导，不需要查询就能够处理多达8个中断设备，这种方法的速度比自动引导查询快几倍。只有在巨型计算机系统中，需要快速响应许多中断设备时，才使用中断确认协议，即复杂的串行菊花链硬件优先级或并行优先级编码。

然而，有些简单的计算机也可能在内部使用向量中断确认。例如，总线使用者看到的IBM PC的简单6级自动引导中断方案，实际上是由靠近CPU的8259"可控制中断控制器"产生的，它能产生正确的中断确认队列（见下文）。因为8086（以及它的后续型号）自己不能执行自动引导，所以这一点是十分必要的。另一方面，流行的68000系列CPU芯片通过一个单一的外部门电路，实现内部的自动引导（见第11章）。

□ 中断屏蔽

在简单的键盘例子中，通过一个触发器使其中断可以关闭，但 8259 控制器允许独自关闭（"屏蔽"）各个级别的中断。我们这样做，是为了使其他设备可以使用 IRQ2。对于一条共享（**电平敏感**）IRQ 线的总线，使得每个中断源可屏蔽是相当重要的，这可以用一个 I/O 输出端口位来实现。例如，打印机端口通常在每次输出缓冲器为空时中断（"给我更多的数据"）；当完成打印时也是如此，尽管我们并不会注意到。明显的解决方法是关掉打印机中断。由于在同样的中断级别上还有其他设备，我们不能屏蔽整个级别，而只能发一位信号给打印机端口来关掉它的中断。

□ IBM PC 的中断实现方案

IBM PC 使用的 8086/8 微处理器实际上运行着完整的向量中断确认协议。尽管力求简洁，PC 设计者还是在主板上使用了一块 8259 中断控制集成电路芯片。PC 的方法是使用一组 IRQ 输入，从 I/O 总线卡插槽（建立中断请求的地方）连到微处理器的数据总线和信号线上。一旦 PC 在 IRQ 线上获得外围设备请求，则计算出优先级并完成在数据总线上声明相关向量的所有事务。它有一个屏蔽寄存器（可通过 I/O 端口 21_H 访问），这样可以关闭任何指定的中断群。

8259 允许根据送到控制寄存器中（I/O 端口 20_H）的内容（一个字节），选择（通过软件确定）其 IRQ 输入线是电平触发还是边沿触发中断。然而，PC 设计者决定使用边沿触发，大概因为这样会使中断的执行简单一点（例如，我们可以将实时时钟方波输出直接接到 IRQ0）。如果选择电平敏感中断，可以通过软件查询暂停每条 IRQ 线上的多级中断设备。遗憾的是，PC 的 ROM BIOS（基本输入/输出系统）和操作系统采取边沿触发，所以这个选择是不可改变的了。

有一个方法可以部分解决这个问题。只要有一根 IRQ 线可用，就能将几个中断设备组合放在一块 PC 板上，通过逻辑电路在该 IRQ 线上产生边沿触发中断。事实上，我们可以使用已经存在的 8259（通过它的 I/O 端口可访问 CPU）来完成这项工作。但是，由于中断的设备必须相互联系，所以不能在独立插入的外围设备上使用这个方案。只能是每块板使用一根 IRQ 线，IBM PC 只有两个 IRQ 级别是空闲的，在复杂系统中还是不能满足要求。

软中断

Intel 8086 系列 CPU 有一条指令（"INT n,"这里 n 的范围是 0~255）允许产生相同类型的地址向量跳转，就像真正的硬中断一样。事实上，可能的 256 个跳转向量是 8 个级别 IRQ 请求硬中断（确切地说是 INT 8 直到 INT 15）的复制品。因此，我们能够在程序语句中使用"软中断"。IBM PC 使用这些软中断实现与操作系统以及基于 ROM 的应用软件之间的相互通信。例如，INT 5 发送屏幕的副本给打印机。INT 21H 可以调用操作系统的函数，将相应的数字放入寄存器 AH 中，再执行 INT 21H，就可以告诉系统需要什么样的 DOS 功能。

不要将软中断和外部触发的硬中断混淆。软中断是实现由用户代码向系统软件向量跳转的简便方法，但它们不是真正的中断。真正的中断是外部独立设备的硬件呼叫。相反，对于软中断，我们将它们建立在软件中，知道它们发生的时间（这就是为什么能够通过寄存器传递参数），并且它们仅仅是 CPU 对自己的代码的反应（虽然也与真正中断后的情况相似）。

10.3.8　直接存储器访问

设备中的数据有时必须迅速地读入或读出。经典的例子是快速大容量设备，如磁盘或磁带，以及在线数据获取应用软件，如多通道脉冲高度分析程序。在这些例子中，每次数据传输时中断触发的程序处理困难、过于缓慢。例如，当来自"高密度"软盘的数据达到 500 Kbps，或每 16 μs 一个字节时，即使软驱是系统中惟一的中断设备，也肯定会造成数据丢失，更不用说有多个此类设备的情况了。更糟糕的是，典型硬盘的传输速率是每 2 μs 一个字节，这完全超出了可编程 I/O 的容量。类似磁盘和磁带的设备（更不要提实时信号和数据）在数据流中不可能停下来，所以必须提供一种方法来实现可靠的快速响应和高速的全字节传输。即使是平均传输速率较慢的外围设备，有时也会需要短暂的等待时间，即从初始请求到真正的数据传输的时间。

　　解决这个问题的办法是使用直接存储器访问（DMA），即一种从外围设备到存储器的直接通信方式。在一些微型计算机中（例如 IBM PC），通信是通过 CPU 硬件来处理的，但这并不是问题的关键，最重要的是没有数据传输的规划，字节在没有程序干涉的情况下通过总线在存储器和外围设备之间移动。它对正在处理的程序的惟一影响是稍微减慢了程序的执行速度，因为 DMA "窃取"了总线周期，而这个周期本是用来在程序运行时访问存储器的。DMA 常常在接口上涉及更多、更复杂的硬件，所以在不必要时不要使用它。然而，还是有必要了解它是如何工作的，所以我们将简要地介绍如何使用 DMA 接口。使用中断，IBM PC 设计者使 DMA 协议简化、有效率，主板上的"DMA 控制器"芯片会帮助我们完成大部分困难的工作，从而使 DMA 接口相对简单。尽管如此，一般而言，DMA 接口还是与机器相关的，并且比较复杂。我们将首先讲解较常见的"总线控制"式 DMA，然后介绍 PC 的简化 DMA 协议。

典型的 DMA 协议

　　在 DMA 传输中，外围设备需要通过特殊的"总线请求"线（像 IRQ 线一样具有优先级）访问总线，它是总线的一部分。CPU 给予许可，并且释放对地址、数据和选通线的控制，然后外围设备在总线上声明存储器地址，根据声明的选通信号不同，外围设备发送或接收数据，每次传输一个字节。换句话说，就是它接管总线（成为"总线管理器"），并且像 CPU 一样直接进行数据传输。DMA 总线管理器用来生成地址（常常是由二进制计数器生成的连续地址块）并跟踪被移动字节的数目。完成这个任务的常见方法是在接口中使用一个字节计数器和一个地址计数器。它们最初从 CPU 载入，通过可编程的 I/O 建立需要的 DMA 传输。一旦接到 CPU 的命令（通过可编程 I/O 写入的一位命令），接口发出自己的 DMA 请求，并开始传输数据。可以在传输每个字节的间隔释放总线（允许 CPU 完成几条指令），或采用更专制的方式占用总线进行一组传输。当完成所有的传输时，将释放总线，并且通过设置状态位和请求中断来通报程序数据传输已经完成，然后 CPU 可以决定处理其他任何事情。

　　从磁盘获取数据或程序是 DMA 传输的常见例子。执行中的程序通过名字请求一些文件，操作系统（后面将出现更多的相关知识）将这些翻译成一组可编程的数据输出（OUT）命令给磁盘接口控制寄存器（或者命令寄存器）、字节计数寄存器和地址寄存器（指定磁盘上的目的地址，以及多少字节需要读入，以便把它们放到存储器的某个位置）。然后，磁盘接口将找到磁盘上的正确位置，发出一个 DMA 请求，并开始将数据块传输到存储器上的指定位置。当完成这些时，设置状态寄存器中的位来标识数据传输已完成并产生中断。正在同时执行其他命令（或者只是正在等待从磁盘来的数据）的 CPU 响应中断，由磁盘接口的状态寄存器发现数据已在存储器中，然后继续进行下一个任务。这样，接口的可编程 I/O（最简单的 I/O）被用来建立 DMA 传输，DMA（从 CPU 窃取总线周期）用来快速传输数据，而中断用来通知 CPU 任务已完成。这类 I/O 层次相当普通，特别是在大容量设备中；在典型的微型计算机总线上，最大可以得到每秒一百万甚至一千万个字的 DMA 传输速率。

□ IBM PC 的 DMA

　　IBM PC 是最简单的微型计算机，它使用一种较简单的 DMA 协议。主板上有一个内置地址和字节计数器的 DMA 控制器（Intel 8237），可以禁止 CPU 和接管总线，因此，需要进行 DMA 传输的外围设备不需要生成地址以及驱动总线。外围设备发送信号给控制器（通过DRQ1~DRQ3 "DMA请求"线中的一根），控制器响应并返回相应的 $\overline{DACK0}$~$\overline{DACK3}$（"DMA确认"）。然后控制器控制传输，声明地址和选通线，外围设备发送数据到存储器（或者接收存储器中的数据）。在整个过程中，从存储器来看并没有什么不同，因为通常由 CPU 提供的地址和存储选通信号（$\overline{MEMW}$ 或 $\overline{MEMR}$）现在由 8237 控制器提供。并且，如果数据通过 DMA 传输给存储器，数据将由外围设备提供。另一方面，外围设备请求 DMA 访问（并且通过 $\overline{DACK}$ 接收确认），所以外围设备知道事件的发生；这样，当 DMA 控制器声明 $\overline{IOR}$（或 $\overline{IOW}$）时，外围设备提供（或接收）连续的字节。我们可能怀疑，既然 I/O 选通和地址都被声明了，为什么旁边的无关外围设备不会受到 DMA 处理的影响呢？这是因为，这个地址实际上是伴随着控制器声明的存储器选通信号（$\overline{MEMW}$ 或 $\overline{MEMR}$）而产生的存储器地址，它们与 I/O 端口地址毫无关系。其奥秘在于 AEN，它加入总线的目的就是为了解决这个问题。在 DMA 传输期间，AEN 被声明为高电平，所有的 I/O 端口寻址必须通过与 AEN 低电平求与才有效，以免产生对 DMA 存储器地址的虚假响应。

即使使用分离的控制器芯片，仍然需要建立起始地址、字节计数和 DMA 传输方向。这些数据被传到 8237，它拥有一组可由 CPU 写入（通过可编程 I/O）的寄存器。这种方式简单易用，但由于使用众多的外围 LSI 芯片，出现了各式各样令人困惑的 "模式" 选择（单一传输、块传输等）。幸运的是，PC 足够简单，它只允许使用 "单一传输"，即每一个 DRQ 请求传输一个字节。如果我们坚持通过保持 DRQ 高电平来传输整块数据，8237 将在每个DMA周期间释放给总线一个CPU周期，以便保持计算器正常运转。标准PC有一个更加适度的DMA容量，大约每 2 μs 传输一个字节。借助中断，PC 可以减少 DMA 通道。在 I/O 总线上使用 3 条通道（DRQ1~DRQ3）是可以接受的（DRQ0 已经被内置用于刷新动态存储器），DRQ1 用于硬盘，DRQ2 用于软盘，而 DRQ3 用于其他任何设备。

10.3.9　IBM PC 总线信号综述

通过可编程 I/O、中断和 DMA 这些例子，我们已经见过 IBM PC 中大多数进入板卡插槽的总线信号。表 10.1（和图 10.14）列出了所有的总线和管脚连接。为了完整起见，我们将对它们做全面概述，并首先从已见过的开始。

表 10.1　IBM PC 总线信号

信号名	数目	有效电平	类型ª	方向 CPU ⟷ I/O	针数 #	功能
A0~A19	20	H	2S	→	A31~A12	地址（I/O的A0~A15）
D0~D7	8	H	3S	↔	A9~A2	数据
$\overline{IOR}$	1	L	2S	→	B14	I/O读选通
$\overline{IOW}$	1	L	2S	→	B13	I/O写选通
$\overline{MEMR}$	1	L	2S	→	B12	存储器读选通
$\overline{MEMW}$	1	L	2S	→	B11	存储器写选通
AEN	1	H	2S	→	A11	DMA地址信号
IRQ2~IRQ7	6	↑	2S	←	B4,B25~B21	中断请求
RESET DRV	1	H	2S	→	B2	上电复位
DRQ1~DRQ3	3	H	2S	←	B18,B6,B16	DMA请求
$\overline{DACK0}$ ~ $\overline{DACK3}$	4	L	2S	→	B19,B17,B26,B15	DMA确认
ALE	1	H	2S	→	B28	"地址锁存使能"
CLK	1	–	2S	→	B20	CPU时钟频率（4.77 MHz）
I/O CH CK	1	L	OC	←	A1	I/O 误差导致 NMI
I/O CH RDY	1	H	OC	←	A10	下拉为低电平进入等待状态

（续表）

信号名	数目	有效电平	类型[a]	方向 CPU ⟷ I/O	针数 #	功能
OSC	1	–	2S	→	B30	14.318 18 MHz（3 × CPU clk）
T/C	1	H	2S	→	B27	DMA终端计数
GND	3	–	PS	→	B1,B10,B31	信号和电源地
+5 V DC	2	–	PS	→	B3,B29	+5 V电源
+12 V DC	1	–	PS	→	B9	+12 V电源
–5 V DC	1	–	PS	→	B5	–5 V电源
–12 V DC	1	–	PS	→	B7	–12 V电源

a OC 代表集电极开路；PS 代表电源供应；2S 代表双态（推拉式）；3S 代表三态。

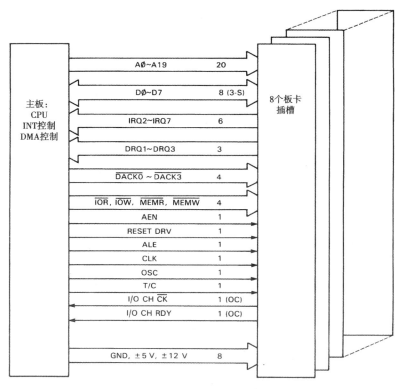

图 10.14   IBM PC 总线

A0~A19

地址总线。双态，只能输出，高电平有效。所有的20根线都用来寻址存储器（$\overline{MEMR}$ 和 $\overline{MEMW}$ 为选通信号，类似 $\overline{IOR}$ 和 $\overline{IOW}$），但只有低16位线用于进行 I/O 访问（64 K 端口地址）；I/O 设备需要由 AEN 低电平限定地址。重要提示：主板上的 I/O 只使用总线 A0~A9，地址为 000_H~$1FF_H$；所以外部 I/O 的低10位地址必须在 200_H~$3FF_H$ 范围内。当然，我们可以固定一个未使用的低10位 I/O 地址，然后使用高6位来创建64个 I/O 端口地址。

D0~D7

数据总线。三态，双向，高电平有效。在存储器或 I/O 写时，由 CPU 声明；在存储器读或由存储器 DMA 传输时，由存储器声明；在 I/O 读或 DMA 到存储器时，由 I/O 端口声明。

$\overline{\text{IOR}}$，$\overline{\text{IOW}}$，$\overline{\text{MEMR}}$ 和 $\overline{\text{MEMW}}$

数据选通。双态，只能输出，低电平有效。在读或写时由 CPU 声明。写操作时，数据需要在脉冲后（上升）沿锁存，由地址限定；读操作时，数据声明必须与选通信号一致，且由地址限定。

AEN

地址使能。双态，只能输出，高电平有效。在 DMA 周期内由 CPU 声明。I/O 不能根据 $\overline{\text{IOR}}$ 或 $\overline{\text{IOW}}$ 响应普通的地址；相反，I/O 端口接收 DACK，使用 $\overline{\text{IOR}}$ 或 $\overline{\text{IOW}}$ 选通 DMA 数据字节。

IRQ2~IRQ7

中断请求。双态，只能输入，上升沿触发。由中断设备声明。具有优先级，IRQ2 最高，IRQ7 最低。可以通过 CPU 写入到端口 21_H，在 8259 中断控制器中屏蔽。每一个 IRQ 级一次只能被一个设备使用。

RESET DRV

复位驱动。双态，只能输出，高电平有效。在打开电源时由 CPU 声明。用来初始化 I/O 设备，使其处于已知启动状态。

DRQ1~DRQ3

DMA 请求。双态，只能输入，高电平有效。由请求 DMA 通道的 I/O 设备声明。具有优先级，DRQ1 最高，DRQ3 最低。由 $\overline{\text{DACK1}}$ ~ $\overline{\text{DACK3}}$ 确认。

$\overline{\text{DACK0~DACK3}}$

DMA 确认。双态，只能输出，低电平有效。由 CPU（DMA 控制器）声明，表明同意响应 DMA 请求。

ALE

地址锁存使能。双态，只能输出，高电平有效。8088 使用多元数据/地址总线，这个信号等于 8088 的选通信号，由主板上的锁存器用来锁存地址。可用于通知 CPU 周期的开始；在 I/O 设计时通常忽略它。

CLK

时钟。双态，只能输出。这是 CPU 的时钟信号；它是不对称的，1/3 周期为高电平，而 2/3 周期为低电平。最初的 PC 使用 4.77 MHz 的时钟频率，但在一般的 PC 中速度更快。CLK 用于使等状态请求同步（通过 I/O CH RDY），目的是对慢速外设展宽 I/O 周期。

OSC

振荡器。双态，只能输出。这是一个 14.318 18 MHz 的方波，可用做（被分为 4 组）彩色显示器的色彩脉冲振荡器。

T/C

终端计数。双态，只能输出，高电平有效。用于告诉 I/O 端口一个 DMA 块数据传输已经完成。由于在任何 DMA 通道完成块传输时都要声明 T/C，所以对于使用中的通道，DMA 设备必须用 $\overline{\text{DACK}}$ 限定它。

I/O CH $\overline{\text{CK}}$

I/O 通道检测。集电极开路，只能输入，低电平有效。产生最高优先级的中断（NMI，即不可屏蔽中断）；用来从某些外围设备发送错误状态信号。CPU 通过设备查询（见 10.3.7 节）找到是谁出了问题。每个能声明 I/O CH $\overline{\text{CK}}$ 的外围设备必须有一个能被 CPU 读入的状态位。

I/O CH RDY

I/O通道准备。集电极开路，只能输入，高电平有效。如果在处理周期（通常是4个CLK）的第二个CLK上升沿前关闭声明，则生成"等待状态"。用来扩展总线周期，以适应慢速I/O或存储器。

GND，+5 V直流电压，–5 V直流电压，+12 V直流电压，–12 V直流电压

地和直流电源。总线的稳定直流电压用于外围设备的接口卡。查阅计算机使用说明书的功率限定，它是根据机器而定的。一般而言，有充足的功率带动插入I/O插槽的任何设备。

□ 10.3.10　同步总线通信与异步总线通信的比较

前面描述的数据输入/输出协议建立了一种**同步的**数据交换：总线上的数据声明或数据接收与CPU（或DMA控制器）生成的选通信号同步。这种方案具有简单的优点，但它给长总线造成了麻烦，因为长的传播延迟意味着在数据输入IN操作中，数据将不能足够快地被声明，从而无法实现可靠的传送。实际上，对于同步总线，设备传送数据时甚至根本不知道它是否能被接收。这听起来似乎是一个严重的缺陷，但在可靠的具有同步总线的计算机系统中却可以正常工作。

另一种总线称为**异步**总线，它是这样进行数据输入IN传输的：CPU声明端口地址和选通线（和前面一样称为 $\overline{\text{IOR}}$）上的一个电平（不是一个脉冲），这意味着数据从确定地址的设备输入。然后这个确定地址的设备，声明数据和一个意味着数据有效的电平（称为 $\overline{\text{DTACK}}$，即数据传输确认）。当CPU看见 DTACK 时，就锁存数据并且释放它的 $\overline{\text{IOR}}$ 电平。当接口看见 $\overline{\text{IOR}}$ 线变为高电平，则释放 $\overline{\text{DTACK}}$ 和数据线。也就是说，CPU说"给我数据"，然后外围设备说"好的，给你"，CPU说"好的，收到了"，最后外围设备说"好！我将再次进入休眠"。这种方式有时候也称为"锁相通信"或"握手"。

异步总线协议允许用长的总线并且能够确保通信设备中的数据被传送。如果一个远端设备被关掉，CPU将会知道！事实上，对于任何种类的总线，这个信息是通过状态寄存器得到的，异步协议的主要优点是可以灵活地使用任意长度的总线，只是硬件会更复杂。

有时需要把相对慢速的接口集成电路芯片连接到总线上，例如慢速存取的ROM甚至是RAM。所有的总线都提供一些方法来延长总线周期：在异步总线中这是自动的，因为总线周期会一直延续到 $\overline{\text{DTACK}}$ 握手返回。同步总线常常有一些 $\overline{\text{HOLD}}$ 线（在PC上称为I/O CH RDY）生成等待状态，有效地展宽选通信号，从而延长总线周期。整个总线周期通常用整数个CPU时钟周期来度量，即插入的"等待状态"的个数。例如，标准的IBM PC的时钟频率为4.77 MHz（周期为210 ns），而标准的存储器访问总线周期是4个时钟周期（840 ns）。如果在存储器访问中，I/O CH RDY在CLK的第二个上升沿之前置为低电平，并且在第3个上升沿之前又置为高电平，这样将生成一个等待状态，并延长总线周期（和 $\overline{\text{MEMW}}$ 或 $\overline{\text{MEMR}}$）到5个时钟周期（1050 ns）。如果使I/O CH RDY保持更多个时钟周期为低电平，将得到更多的等待状态，最高可达10个时钟周期。

现在我们可以揭开同步总线和异步总线之间的秘密了。事实上所有的单处理器（或者，更精确的说是单总线管理器）微型计算机总线都是同步的，因为所有的定时都受控于同一个CPU振荡器（例如原始的IBM PC的时钟信号频率为4.77 MHz）。这样，如果一个外围设备在"异步"总线上延迟它的握手，总线周期将总是延长为整数个CPU时钟周期。这种总线常称为同步总线，与异步总线的差别是：在"异步"总线上，除非"线或"线（ $\overline{\text{DTACK}}$）被声明为低电平，否则等待状态被默认插入，然而在"同步"总线上，默认的总线周期是没有等待状态的，它只有在"线或"线（HOLD）被声明为低电平时才产生。对于"同步"协议，不能用长的总线，因为 $\overline{\text{HOLD}}$ 信号返回太迟会延长总线周期，然而对于"异步"总线，CPU不会在没有允许（$\overline{\text{DTACK}}$）的情况下终止总线周期。下面的术语能够解答困惑：如果是总线默认设置的等待状态（"异步"），则称之为**默认等待**；如果总线只是在要求时才设置等待状态（"同步"），则称之为**请求等待**。IBM PC 是请求等待，而 VME（见下面）总线是默认等待。

在多处理器系统中，总线将变得更加复杂。在这种系统中，总线管理器芯片交互处理。具有多个管理器的同步总线要求所有的管理器使用同一个时钟频率，而异步总线允许不同的时钟速率。对我们而言，幸运的是多处理器系统并不在本书讨论的范围内。

读者可能产生的困惑是，不添加等待状态的原因是由于有一个慢速的**外围设备**（如打印机）；这样做是由于有一个慢速集成电路芯片（比如，访问时间为 250 ns 的 ROM，或慢速的 LSI 外围设备芯片），它在正常的总线访问时间内不能锁存（或生成）数据。一个慢速的外围设备常常特别慢（毫秒，而不是十亿分之一秒），解决的办法是用总线全速发送（或接收）一个字节，把它锁存在一个字节宽的寄存器芯片中，然后在进行下一次全速传输前等待一个中断（或者可能是一个状态标志）。

10.3.11　其他微型计算机总线

我们选择 IBM PC 来介绍微型计算机总线结构——总线信号、存储器和可编程 I/O、中断以及 DMA。由于在工程和数据获取/控制上广泛使用 PC，这将给电子类的书籍带来好的演示例子。另外，PC 总线也格外简单和容易使用。

然而，简单也带来了损失。原始的 PC 总线在一些重要的方面有严重的制约，其中一些在前面已经提到过（例如，中断和 DMA 通道的不足）。更严重的是，相对于今天的标准，PC 使用的地址空间太小（20 位，只有 640 K 的可用地址），数据通道太窄（8 位），数据传输速率不足（最大 1.2 Mbps），并且不能提供多总线管理。IBM 在后续的 PC 产品中使用了改进的总线，首先是 PC/ATC（一种原始 PC 的兼容增强型），然后是"全新的"（即不兼容的！）PS/2 系列"微型通道"总线。在 IBM 以外的世界里，还存在着相互竞争的生产商生产的特殊总线（例如，DEC 的 Q-bus 和 VAXBI 总线）和普通的总线（多总线、NuBus 和 VME 总线）。让我们来简单地浏览表 10.2 中列出的计算机总线。

表 10.2　计算机总线

总线	原始带宽	数据宽度	地址宽度	块转换?	数据/地址混用?	多重管理	同步异步[a]	IRQ/线	驱动器	连接器[b]	说明
	(Mbps)										
STD bus		8	16	–	–	–	S	1	TTL	CE	控制器类型应用
PC/XT	1.2	8	20	–	–	–	S	5E	TTL	CE	最初的 IBM PC 及兼容机
PC/AT	5.3	8,16	20,24	–	–	(c)	S	10E	TTL	CE	接受 PC/XT 卡
EISA	33	8,16,32	20,24,32	•	•	•	S	11P	TTL	CE	增强型 PC/AT，自动配置
MicroChannel	20	8,16,(32)	24,(32)	•	•	•	A	11	TTL	CE	IBM PS/2；自动配置
Q-bus	2	16	22	•	•	•	A	4	(d)	CE	LSI-11, μVAX-I, II；菊花链 IACK
Multibus I	10	8,16	20,24	•	–	•	A	8	TTL	CE	Intel; SUN-I 和其他
CAMAC	3	24	9	•	–	•	S	L	TTL/OC	CE	数据获得及控制总线
VAX BI	13.3	8,16,24,32	32	•	•	•	S	4	TTL	ZIF	VAX 780, 8600 系列，奇偶校验
Multibus II	40	8,16,24,32	16,32	•	•	•	S	M	TTL	DIN	奇偶校验，40 Mbps 的块转换速率，其他方式 20 Mbps
NuBus	40	32	32	•	•	•	A	M	TTL	DIN	Macintosh II 每个插槽使用专用中断，逐个递增 1
VME	40	8,16,32	16,24,32	•	•	•	A	7	TTL	DIN	菊花链式 IACK；SUN-3
Futurebus	120			•	•	•	A	–	(d)		
Fastbus	160	32	32	•	•	•	A	M	ECL	H	大型设备间通信

a. E 表示边沿敏感；L 表示 LAM（"look at me"）；M 表示通过总线控制中断；P 表示可编程边沿敏感或电平敏感中断。

b. CE 表示卡沿；DIN-2 表示部分欧罗卡，96 针连接器；H 表示高密度 2- 部分连接器。

c. 几乎全部。　　　　d. National Semiconductor 公司特有的。

PC/AT 和（Microchannel 微通道）

IBM 的 PC/AT 于 1984 年提出，到 1987 年停止。在它最盛行的时期，IBM PS/2 系列"克隆杀手"计算机开始投入使用，这种计算机使用改进的 Micro Channel 总线。PC/AT 使用 80286 CPU 和可与原始 PC 总线兼容的增强型总线，采用一个附加的（可选）连接器，可以额外多传递 8 位数据，4 位地址，5 根附加的 IRQ 线（边沿触发）。由此获得的 16 位数据路径和更高的 CPU 时钟速率，使得最大带宽上升到 5.3 Mbps，再加上增加的地址空间和中断，使得 PC/AT 成为一种不错的微型计算机。PC/AT 总线（有时又称工业标准结构，或 ISA）甚至支持多总线管理，当然它并不能完成所有的多总线管理功能。在原始 PC 总线上使用的卡还能在 PC/AT 上工作（如果它们的速度足够快），当然，这种情况下我们将回到 8 位数据通道和 20 位地址空间。AT 兼容计算机一般更高速地运行它们的 I/O 总线，对于老式的插件这将带来额外的定时问题。

微通道总线始用于 IBM 第二代个人计算机的 PS/2 系列，于 1987 年提出。它允许 32 位宽的数据和地址路径（在高端的基于 80386 的计算机中）、11 级共享（电平敏感）中断、多总线管理和异步协议。插入微型通道的卡没有硬布线的 I/O 端口地址，而是由 CPU 根据从卡上 ROM 中读入的信息，在启动时分配一个地址（和其他配置选择）。这个特征意味着我们不需要设置每块卡，也不用担心卡使用重复的地址空间。微型通道卡拥有很小的尺寸公差，这归功于在连接器边沿的衬垫间留出了 0.05 in 的空隙。

EISA

扩展工业标准结构（EISA）于 1988 年由 9 家 AT 兼容计算机生产商提出。通过在 AT 总线上添加连接器，EISA 设计者实现了许多微型通道希望实现的特征，同时还维持了对已有 AT 插件的兼容。这样可将普通的 AT 底板插入 EISA，**以得到普通的 AT 功能**。当插入为其特殊设计的底板使用时，EISA 支持 32 位的数据传输（传输峰值达到 33 Mbps），32 位存储器寻址，多总线管理，可控制电平或边沿触发中断以及自动底板配置。

Multibus I 和 Multibus II

最初由 Intel 提出，在许多计算机中都可以找到。原始的 Multibus I 拥有 16 位数据通道和 24 位地址空间，允许多总线管理。Multibus II 用于高性能多处理器系统，具有 32 位数据和地址路径，奇偶检验，分布式判优以及通信传递协议。它使用 10 MHz 的同步时钟，对于连续的地址，在"块传输"模式下，传输速率可达 40 Mbps。与其他大型总线（NuBus，Fastbus）一样，Multibus II 使数据和地址共用 32 根线来节省管脚数。它也使用 96 管脚的插件安装 DIN 连接器，而不是简单地具有镀金"卡边缘"的连接器。由于使用良好设计的卡插件安装（"两部分"）连接器，可得到更好的可靠性和一个不怕弯曲和粗暴使用的连接系统。

尽管 Multibus II 似乎拥有所有优点，然而它的灵活性将给我们造成工作上的麻烦。例如，它没有方便的中断；相反，如果需要"中断"，则要请求总线管理芯片，然后给我们想要中断的处理器发送消息！这对于简单的系统，如较简单的 Multibus I（或其他的简单总线）就要好得多。

NuBus

这是另一种高性能同步多处理器总线，具有复用的 32 位数据和地址通道，DIN 连接器和高数据传输速率（在"块传输"模式下能达到 40 Mbps）。和 Multibus II 一样，它通过总线管理芯片协议来中断，用在高端的 Macintosh 计算机中，苹果公司为其每个插槽添加了一根专用中断线。这样，每个插槽分配了一个惟一的向量,相应的软件处理程序不需要通过查询就可以知道是哪个插件中断,只有当插件上有多个中断设备时,才需要查询。

VME 总线

VME 总线和 NuBus 及 Multibus II 一样,是为 32 位多处理器系统设计的。然而,与它们不同的是,它不使用复用的数据/地址线,也不使用同步管理时钟,而是采用异步协议,因此可以方便地混合处理不同速率的处理器。VME 总线同样可实现方便的多级 IRQ 类型中断和全中断确认(包括链式 INTP 线)。VME 总线常常被看成多总线的替代品;例如,来自 Sun Microsystems 的原始 Sun 计算机使用 Multibus,而较新的 Sun 2 和 Sun 3 则使用 VME。

Fastbus 和 Futurebus

这是超高性能的总线,具有惊人的速度。Fastbus(快速总线)采用大型插件(14 in × 16 in),ECL 驱动器和仲裁协议来支持多总线管理。事实上,总线通信是它的一个强项,可以在插件的即时包装上实现复杂的"地理"通信。

Q-bus 和 VAXBI

这是 DEC 计算机独有的总线。Q-bus(Q 总线)用在 LSI-11 和早期的 Micro VAX 计算机上,由 DEC 原始的 PDP-11 Unibus 发展而来。它支持 16 位数据和 22 位寻址,具有多重管理的异步协议和多级 IRQ 型中断。VAXBI 是用于巨型 VAX 8600 系列机器的高性能复用 32 位数据和地址总线。

10.3.12　将外围设备与计算机连接

接口通常建立在可以插入计算机插槽的印刷电路板或线屏蔽板(见第 12 章)上。微型计算机一般留有一些未使用的插槽,就是为了这个目的(或者它们可以"延伸"到相适应的其他卡上)。插槽中分布有电源电压和总线信号。有些机器使用专用总线(例如 IBM PC),有些使用标准微型计算机总线(例如,使用 VME 总线的 Sun 3 工作站),还有一些甚至根本没有总线插槽(例如,原始的 Macintosh)。每种总线有标准的卡尺寸,从最小的 3.2 in × 11.5 in IBM PS/2 卡到巨大的 14.4 in × 15.9 in Fastbus 卡。根据特殊总线,每块卡在一个边缘拥有 50 到 300 个连接器,包括镀金的印刷电路边缘连接器和焊接在板上的多管脚连接器。后者就是所谓的"两部分"连接器,它一般要比 PCB 边缘连接器可靠。

能完成普通任务(如磁盘、绘图仪、通信和模拟 I/O)的商业用途接口常常建立在插件上,插入未使用的主板插槽,然后用电缆将插件上的连接器连到外围设备上(如果有)。如果接口有许多输入或输出(例如,数字逻辑分析仪),可能要用电缆连接到外部的面板上或盒子中,这样将有更大的空间放连接器(和其他电路)。在这两种情况中都使用扁平带状电缆,并要注意防止数据信号的耦合,一种方法是将电缆中的所有其他线接地,另一种方法是将带状电缆和易弯曲的金属地平面相接,以减少自感和耦合,同时要保持电缆阻抗不变。在这两种情况下,我们都能得到精密的多管脚"大型终端"连接器,利用一个简单的压接处理,就可以把它连接到电缆上;读者可查阅 AMP,Berg、T& B Ansley 或 3M 等公司的产品目录。除了带状电缆,还可以使用多路双绞线电缆,其中每一对包括一根信号线和一根地线。在许多配置中都使用双绞线电缆,包括优质的带状扁平电缆(Allied/Spectra 公司的 "Twist-'n-flat"),它上面每 20 英寸就有一个扁平的未绞合区域,可以方便地连接普通带状电缆的压接连接器。根据接口插件与它所控制的设备之间使用的数据传输协议，一般不需要对所有的信号线使用信号/地对，而只需在同步脉冲和其他选通或使能线上使用。对于长线，需要使用相匹配的终端以及驱动/接收器，如 9.2.4 节所述。

定制接口最好也通过同样的方法处理，无论是布置为印刷电路板还是使用一种通用的商业版，诸如 Douglas，Electronic Solutions 和 Vector 公司的接口卡。这些空白卡用来放置集成电路芯片和其他组成器件（包括为连接外部电缆而用的大型终端连接器），它们一般都有焊接层，为线屏蔽型（第 12 章中将有详细介绍），其中的一些拥有内置电路，可以处理包括中断甚至 DMA 的总线通信。

在有些情况下，最好的方法是建立一个接口，该接口的一部分在计算机内，而另一部分放在外部，正如图 10.15 所建议的那样。在这种情况下，不论是商业版的并行端口卡还是我们设计的定制卡，计算机中的接口电路都是一个简单的并行输入/输出端口。连接两部分接口的电缆也很简单，如果需要在过长的电缆上进行高性能的通信，可以使用在 9.2.4 节中讨论过的高性能驱动/接收器（例如 RS-422，或者差动电流消耗 75S110 集成电路芯片，甚至可以采用光纤）。这种方案在处理低电平模拟信号时可能特别有效，因为噪声敏感线性电路能远离计算机中出现的数字干扰（而且离它的模拟信号源比较近），这使我们能够更专注地设计一个干净的模拟信号地线。

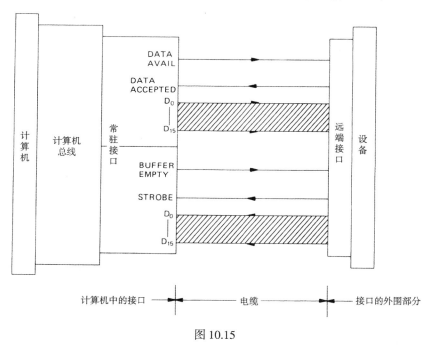

图 10.15

SCSI，IEEE-488 以及其他接口

从理论上讲，插件有上百种，它们可以实现多种功能，并且能用于常规总线，例如 IBM PC、多总线、VME 以及 Q 总线。由于它们价格便宜且便于使用，所以我们可能常常会发现：（a）正在设计的电路板已经有了成品；（b）如上节所述，可以将一个并行接口插件作为常驻计算机内的接口。另一种可能是用一个标准的内置"Centronics"并行接口或 RS-232 串行接口（见 10.5.1 节和 10.5.2 节）来连接用户自定义的配件和微型计算机。由于这些接口在所有计算机上都是一样的，因此即使对于具有不同总线甚至没有总线的微型计算机，这样做也可以使自定义的配置成为可移植的。

这样，一个连接到串行接口的配置很可能有自己的微处理器，所以应该把它当成一台计算机而不是一个外围设备。但是，正如我们下一章将要讲的，制造一个基于微处理器的设备是非常有趣和简单（并且便宜）的事情，确实没有理由将微处理器和其他 LSI 芯片区别对待，通常我们会将后者毫不犹豫地归纳到自定义电路中。

根据这个思想，出现了一些最近比较流行的"电缆接口"标准。这些标准包括 SCSI（"小型计算机系统接口"），IPI（"智能外围接口"），ESDI（"增强型小磁盘接口"）以及 IEEE-488（又称为HPIB 和 GPIB，即"通用接口总线"）。特别是 SCSI（读做"skuzzy"），已经成为目前许多微型计算机的标准设备，这主要是因为磁盘和其他外围设备可直接连接到 SCSI 接口。我们可以在没有内置SCSI 接口的情况下使用附加的 SCSI 接口插件。SCSI 实际上是从 SASI（Shugart Associates System Interface，它是 Shugart 公司为它们的硬盘驱动器构造的简单并行总线）发展而来的，其最简版本使用的是一个字节宽度的双向并行握手协议。它有几种不同的工作模式，包括使用单端或差分驱动器的同步或异步传输。虽然它最初用来将一个 CPU 连接到一个磁盘上，但同样可以用来实现多 CPU与多磁盘间的连接。它的典型传输速率是 1.5 Mbps（异步）和 4 Mbps（同步），其中异步协议较慢是因为握手信号需要在每次传输过程中来回多次传输。SCSI 在单端驱动情况下的有效距离是 20 英尺，而在差分驱动情况下的有效距离是 80 英尺。

IEEE-488 总线起源于惠普的 HPIB，并最初用于将实验室设备连接到计算机上。它有一套完整的协议，可以在一个总线上连接多种设备，并使用"发话方"和"收听方"等短语。IEEE-488 在仪器制造业确立了牢固的地位，惠普、Keithley、Philips/Fluke、Tektronix 和 Wavetek 等制造商的大多数产品都提供这个总线。几乎所有的微型计算机上都可以看到 488 接口。我们将在 10.5.2 节中对 SCSI和 IEEE-488 做更多的介绍。

10.4　软件系统概念

如果不理解"程序"，那么了解计算机接口知识也没有太大意义，因此要讨论小型计算机的编程问题。特别地，我们将会讨论编程中的一些重要方面，包括系统操作、文件操作和内存的使用。在惊叹计算机硬件的完美时，很容易低估一个好的软件的重要作用。只有软件才能使计算机"动"起来，而一个优秀的操作系统及一组"应用软件"包会带来截然不同的效果。

讨论软件和系统之后，本章最后一节会讨论一些有关的通信概念，特别是标准化的 RS-232 串行 ASCII 协议、"Centronics"并行接口、其他并行通信方案（SCSI，IPI 和 GPIB）以及局域网。

10.4.1　编程

汇编语言

正如在本章前面所提到的，计算机 CPU 能识别特定的位组合，将其作为有效指令，并据此进行操作。我们极少直接使用这种二进制机器语言编程，而是使用一种有助于记忆的汇编语言编程（如前面的接口例子），然后用**汇编程序**将其转化为浮动机器码。汇编语言非常接近机器语言，每条指令都可以直接转换为一行或几行机器码（第一行一般为操作码，其他的几行通常完成变量的寻址或常量设置）。用汇编语言编程能产生最有效的代码，而且允许访问在高级语言中不可访问的标记和寄存器。但如前面例子所表明的，汇编语言编程是冗长乏味的，对于大多数的计算工作（尤其是那些包含大量运算的程序），使用高级语言，如 C 或 FORTRAN 进行编程会更有效，只有必要时才会用到汇编语言。

编译程序和解释程序

C，FORTRAN，PASCAL 和 BASIC 是常用的高级语言。使用代数式类型命令编写程序，例如：

$$x = (-b + sqrt(b * b - 4 * a * c))/(2 * a)$$

并使用控制结构，如 if...elseif...else，for...，while...以及 do....。我们不必在字节方面纠缠，也不用担心寻址及保存寄存器之类的问题；只需声明变量和数组的类型和大小，然后以算术或逻辑的方式运用它们。

这就是所谓的源代码，有两种途径运行这个程序。诸如 C 和 FORTRAN 这样的编程语言将被编译，在这个过程中一个语言编译程序把源程序转化为汇编码；然后照常由汇编程序把这种作为媒介的汇编语言转化为机器码。而诸如 BASIC 和 APL 这样的编程语言将按传统的方法进行解释，它们不是从源程序中编译产生一个汇编程序，而是由解释程序分析那些语句并执行相应的计算机指令。

一般来说，解释语言运行起来比编译语言慢得多。然而，在解释语言中，由于没有编译、汇编和链接（后面将讨论），进入程序后会马上运行，没有时延。解释程序一般包含一个简单的编辑器，可以在调试程序时很方便地迅速修改和重试。在微型计算机出现的早期，也就是当硬盘还相当稀少时，解释语言 BASIC 非常流行，因为它完全在内存中运行，与冗长的多次编译过程形成鲜明对比。然而在当今的快速磁盘和高效编译程序的帮助下，我们无需再抱怨这些。事实上，最近的编译程序都效仿 Borland 的 Turbo Pascal，它能提供"整体环境"。在"整体环境"下，我们可以轻松地在编辑器和运行程序间切换。如果产生错误，系统返回编辑器，并指出错误的语句；这些编译器包括调试器，生成库文件以及其他好的特性。

现在看来，C 语言在实用程序中似乎是全面受欢迎的，它将高级语言结构化语句的优点和汇编语言位操作的灵活性结合起来了。然而，FORTRAN 语言仍然是科学计算编程的霸主。

链接程序和库

汇编程序产生机器码，这些机器码来自编译程序产生的汇编码以及由汇编码编写的独立子程序。此外，在高级程序中还有一些针对特殊指令的常用函数。例如，一个 C 程序可能需要一个像 sqrt 的数学函数或主机的 I/O 函数，完成如 printf 或 fopen 的功能，"链接程序"从库中调出合适的子程序，然后装配起所有的链接跳转和寻址，并将其一起放入内存。链接任务的目的是把最终的数值放入汇编码的内存引用位置和变量地址中。只有当链接程序知道是哪个程序调用了哪个程序以及每个程序的长度时才能完成这个工作。这就是为什么汇编程序产生的代码必须是浮动的、可重定位的原因，也是汇编子程序必须在各种库（通常的几种库有编译函数库、I/O 库、数学库、系统调用库，可能还有自己生成的有用的子程序库）中存在的原因。

编辑器和格式管理程序

1970 年前，可以见到真正的电脑程序员。编写程序就是传递编码格式，然后把这些代码打孔（或付钱请别人打孔）到美观的"IBM 卡"上，这是一些印有若干行数字的塑料卡片。现在，即便是孩子也知道如何使用电脑编辑器。

一个好的编辑器能让我们随意键入和修改、查找单词、转换文本、移动文本块、在多个文件上打开多个窗口以及定义"宏"，以完成复杂的操作。即使我们在一个大文件的开始加入文本，屏幕也应当能及时刷新。超大文件也不应减慢运行速度。

一个通用编辑器不知道也不关心写入的是什么。编辑器只是根据键盘指令产生相应的文档。如果这个文件由程序语言的语句组成，编译器、解释器或汇编器会直接读取。另一方面，如果这个文件是想要打印的文档，那么有两种选择：可以直接将此文件输入打印机，或者用格式化信息标记文件，把它发给格式程序，由这个程序告诉打印机如何打印此文件。一个好的文本格式程序将关注空白和行距的确定、空间比例的分配、字型的改变、斜体、黑体字或下划线等。编辑器和格式程序常常结合在一起，有时还包括一个可以显示将要打印页面的屏幕，但更多的情况是屏幕显示只部分忠实于最终的页面。最先进的格式程序具有数字排版和科学格式化能力。

编辑器/格式程序有 MacWrite，Manuscript，Microsoft Word，Sprint 以及 WordPerfect。TEX 和 Troff 是流行的技术格式程序（对文本和方程都能进行处理）。值得注意的是，当生成文本时（与程序相反），大多数编辑器/格式程序会在编辑的文本流中插入不寻常的字符，例如指出斜体字或者当前行尾。对于编译器和汇编器来说这些字符是不可识别的。因此，编辑器必须运行在"vanilla"模式下，以便产生原始的源代码，避免汇编器等发生阻塞。

10.4.2　操作系统、文件以及存储器的使用

操作系统

由前面的讨论可以猜想到，我们经常需要在不同的时间运行不同的程序，并在其间来回交换数据。例如，通过运行编辑器开始编写和运行一个程序，通过键盘建立一个文本文档（据我们所知，好的程序员从不在纸上写程序）。当临时保存文本文件后，调用编译程序将所存储的文本文件编译成一个汇编语言文件，存储它并将它载入汇编程序，产生一个浮动的机器码文件。最后，链接程序将浮动机器码与其他汇编过的子程序和库函数结合起来，产生可执行的机器语言程序，这就是我们要运行的（最终）程序。对于所有的这些操作，需要某种超级程序使其运转起来，从磁盘中获得源程序，将其送入内存，传送控制指令给相应的程序。另外，如果每个程序不包含进行磁盘读写所需的命令（包括中断处理、状态的载入以及命令寄存器等），或者不包括其他任何详细的数据通信任务，效果会更好。

下面是**操作系统**的一些任务：管理用户程序（我们自己编写的程序）和应用程序（编辑器、编译器、汇编器、链接器、调试器等）的载入和运行、处理 I/O 和中断以及文件的生成和操作。操作系统包含一个用于用户接口的**监控器**（通知它来运行编辑器、编译程序或运行程序）和很多"系统调用程序"；这些调用程序允许正在运行的程序从某些设备读或写一行文本，获得时间，移交控制权给别的程序，让一些多任务"进程"共享 CPU 时间和相互通信，以及产生程序"覆盖"等。好的操作系统能够处理所有繁重的 I/O，包括"假脱机"（输入或输出数据的缓冲，使程序能够在运行程序的同时，在某些设备上读或写数据）。运行在操作系统下，用户程序不需要担心中断，它由系统控制；只有当程序需要参与某个特殊设备的中断处理时，中断才会影响正在运行的程序。成功的"时间共享"（用一台计算机同时处理多个用户）和磁盘为超大程序提供的"虚拟内存"使系统程序达到最佳状态。

文件

现在使用的大容量存储媒质是磁盘，或者是软盘，具有接触式读/写磁头；或者是硬盘（或"固定磁盘"），配有移动磁头。数据以文件的形式进行管理。文本、用户程序、应用程序（例如编辑器、汇编器、编译器）和库等，都以相似的方式存储，并构成文件。尽管大容量存储媒质被分成一些物

理块或特定大小的扇区（通常是 512 字节 / 扇区），但文件本身的大小是任意的。操作系统管理磁道 / 扇区的寻址。如果已知文件名，就可以找到想要的数据。还有各种各样的关于文件体系的有趣细节，限于篇幅我们就不再讨论了。重要的是知道所有的程序（编辑器、编译器用户的源文件、编译程序甚至数据）都以命名了的文件形式存于大容量存储设备上，而系统可以为我们找到它们。在通常的工作中，操作系统需要进行大量的文件处理。

最近加入的大容量存储媒质基于用户电子媒介，它能够在很小的空间里提供非常高的存储密度：（a）CD 机中所用的可存储 10 亿字节数据的光盘，它可以是事先录入的"只读"存储器，也可以是 WORM 存储器（"一次写入，多次读出"）或者完全可擦写的存储器（带有磁介质）。（b）VHS 和 8 mm 格式的录像磁带，我们可以在廉价的磁带上读 / 写存储 10 亿字节，它们最主要的缺点是访问时间长。两种存储系统都运用了成熟的纠错方案来纠正由媒质缺陷所带来的错误。这种错误在原始的音频 / 视频程序中是件小事，但是如果不加以修改，那么对于数据或程序的存储将是致命的破坏。

内存的使用

虽然文件存储于大容量存储设备中，但是程序在执行时必须存于内存中。我们将在下一章中介绍一个这种类型的简单单机程序，它可以载入到内存的任何位置。但是，在一个具有操作系统的微型计算机中有专门的区域放置专门的函数。例如，MS-DOS 操作系统与它的命令解释器、磁盘缓冲、堆栈等常常被载入到内存的底部，并将中断向量放在低位内存的指定单元，而 MS-DOS 在 ROM 中的部分被放入高位内存，即高于保留为视频显示缓冲区的内存区域。在操作系统下操作，用户程序的内存定位将由系统处理。了解是否有使用 DMA 的意图是非常重要的；在使用 DMA 的情况下，系统必须指出数据缓冲紧张的地方，并把它作为 DMA 块传输的开始地址。

如果程序需要在内存里换入换出或在内存里移动，情况将变得更加复杂。在多任务模式下，可能同时有几个程序存于内存中，并分享 CPU 的"时间片"。更加复杂的是，大多数微型计算机使用"存储变换"，物理存储地址（实际在总线上）被变换为不同的逻辑地址（程序中认为的）。如果这还不够复杂，那么可考虑"虚拟内存"—— 高级计算机的一个特征。它将我们的程序分成小的"页"，任何"页"都可能随时被（或不被）放入内存中，然后混乱地将它们载入或移出存储器。

如果不提及随机磁盘，那么对于内存使用的讨论将不会完整。如果我们拥有足够的内存，那么即使在相对简单的机器上也可以有随机磁盘。它的基本思想是让操作系统把内存看成磁盘，然后将频繁使用的程序载入这个随机磁盘中。在程序开发中，当需要持续使用编辑器、编译器、汇编器和链接程序时，使用随机磁盘将会相当方便。由于不需要真正的磁盘访问，使用随机磁盘将使数据的移动更加快捷。当然这也存在一定的危险，由于文件没有自动地保存到磁盘，所以当计算机崩溃时，将丢失所有工作。一个相关的概念是磁盘**高速缓冲区**，它是一块保存目前磁盘访问结果的 RAM 区域。

驱动程序

计算机世界充满着变化——每个月我们都能见到使用新技术的数据存储器（磁的、光的）、打印机（激光、LED）、网络等。不同的硬件需要不同的控制信号，不同的定时要求等。这可能会产生编程麻烦，例如为点阵式打印机设计的软件将完全不适用于激光打印机。

解决的办法是使用软件驱动，它们是能为各种特定硬件生成统一程序接口的特殊程序。例如，打印设置语言 TEX 产生 dvi（独立设备）文件形式的输出；打印机驱动（针对正在使用的特定打印机）输入这个 dvi 文件，输出相应的特殊打印机码来命令打印机。一旦我们拥有 dvi 翻译驱动程序，TEX 将可以用于任何打印机。这类独立设备同样适用于大容量存储设备，例如磁盘驱动器，所以可以将各种各样的磁盘连接到 UNIX、PC 型或 Macintosh 计算机上。

驱动程序实际上是全部系统软件中的一部分，一般的计算机用户不会注意到它们的运作。然而如果要设计一个新的计算机硬件，我们将会很快成为这个基本软件模块的专家，因为我们必须编写自己的驱动，这样才能使设计的硬件和其他部分一起工作。

10.5　数据通信概念

小型计算机系统常常配置一些如磁盘和磁带的大容量存储设备，一些"硬拷贝"或交互式设备，如字母数字终端、打印机、绘图仪等。另外，它可能还有一个调制解调器，可以通过普通电话线拨号将其与其他计算机连接。局域网（LAN）的使用越来越广泛，使用 LAN，则可以通过网络访问存储在其他计算机上的文件，也可以共享昂贵的资源（例如大型磁盘、磁带驱动器、打印机和排字机）。在这些情况下，CPU 都需要交换数据。下面让我们来看看它是如何工作的。

不兼容

在黑暗的计算机"中世纪"（直到 1975 年），各种牌子的计算机使用自己的总线结构和接口协议（更不用提编程语言了）。我们需要购买（或者有时构建）适合特定计算机的接口卡，再用定制的电缆将外围设备连接到接口上。这种普遍的不兼容性延续到外围设备本身：不能将磁带驱动挂到磁盘接口上，或将终端挂到绘图仪接口上，等等。更糟糕的是，不同生产商生产的外围设备常常使用不同的信号和数据传输协定，而且不是"插接兼容"的。

兼容

有些不兼容是无法避免的，因为要使性能最佳化，不同的外围设备需要用不同的方法与接口传输数据。例如，磁盘使用平行字节宽度的形式高速传输数据，这正如我们在前面解释的那样，相应的接口必须使用 DMA 传输；与之相对应的，键盘终端使用标准化的字母数字位串行格式，相应的接口则使用简单的中断驱动可编程 I/O。尽管这些不兼容依然存在，但由于大多数的企业都采用少数几个公认的数据通信标准，情况已有了很大的好转。IBM PC 定义的小型机格式、数据总线、非私有高性能总线（如 VME 和 Multibus）成为其他一些计算机的主板。可以从许多制造商那里得到这些总线（和其他的总线，例如 DEC 的 Q-bus）的接口卡，这使得问题得到极大简化。更重要的是，外围设备的制造商统一了一些标准"电缆接口"。其中最重要的是（a）RS-232 串行格式，常常使用字母数字的 ASCII 数据；（b）Centronics 的并行打印机格式；（c）SCSI 并行总线；（d）IPI 总线以及（e）IEEE-488（GPIB）仪器总线。下面将介绍一下上述内容，并在本章结束时简要介绍两种流行的局域网，即以太网和令牌环网络。

10.5.1　串行通信和 ASCII

正如前面所提到的，计算机和设备之间中等速度的字母数字通信常常使用 7 位 ASCII 码（美国信息交换标准码），并在一根单独的线上进行位串行传输。表 10.3 列出了 7 位的码。用串行 ASCII 通信的设备几乎总是发送一个第 8 位，但它并不是 ASCII 码的一部分。通常，它是一位硬件奇偶校验位（有时为奇，有时为偶，但更常见的是设置为 0 或忽略），但偶尔被用做"元"移位键，产生

128 位附加字符。这些字符可能是希腊符号或备用字体等。对于这些额外的符号没有统一的标准（我们通过串行连接传输**二进制**数据时还常常使用第8位，然而它并不总是有效的，因为在ASCII传输中，串行数据链被用来除去第8位，这样就不能将它作为数据保留）。

表 10.3 ASCII 码

	不打印				打印			打印			打印		
名称	控制符	字符	十六进制	十进制	字符	十六进制	十进制	字符	十六进制	十进制	字符	十六进制	十进制
空	ctrl-@	NUL	00	00	SP	20	32	@	40	64	`	60	96
标题的开始	ctrl-A	SOH	01	01	!	21	33	A	41	65	a	61	97
正文的开始	ctrl-B	STX	02	02	"	22	34	B	42	66	b	62	98
正文的结束	ctrl-C	ETX	03	03	#	23	35	C	43	67	c	63	99
发送结束	ctrl-D	EOT	04	04	$	24	36	D	44	68	d	64	100
询问	ctrl-E	ENQ	05	05	%	25	37	E	45	69	e	65	101
确认	ctrl-F	ACK	06	06	&	26	38	F	46	70	f	66	102
响铃	ctrl-G	BEL	07	07	'	27	39	G	47	71	g	67	103
退格	ctrl-H	BS	08	08	(	28	40	H	48	72	h	68	104
水平制表符	ctrl-I	HT	09	09	)	29	41	I	49	73	i	69	105
换行	ctrl-J	LF	0A	10	*	2A	42	J	4A	74	j	6A	106
垂直制表符	ctrl-K	VT	0B	11	+	2B	43	K	4B	75	k	6B	107
换页	ctrl-L	FF	0C	12	,	2C	44	L	4C	76	l	6C	108
回车	ctrl-M	CR	0D	13	-	2D	45	M	4D	77	m	6D	109
移出	ctrl-N	SO	0E	14	.	2E	46	N	4E	78	n	6E	110
移入	ctrl-O	SI	0F	15	/	2F	47	O	4F	79	o	6F	111
数据传送换码	ctrl-P	DLE	10	16	0	30	48	P	50	80	p	70	112
设备控制1	ctrl-Q	DC1	11	17	1	31	49	Q	51	81	q	71	113
设备控制2	ctrl-R	DC2	12	18	2	32	50	R	52	82	r	72	114
设备控制3	ctrl-S	DC3	13	19	3	33	51	S	53	83	s	73	115
设备控制4	ctrl-T	DC4	14	20	4	34	52	T	54	84	t	74	116
否定应答	ctrl-U	NAK	15	21	5	35	53	U	55	85	u	75	117
同步符	ctrl-V	SYN	16	22	6	36	54	V	56	86	v	76	118
信息组传送结束	ctrl-W	ETB	17	23	7	37	55	W	57	87	w	77	119
取消	ctrl-X	CAN	18	24	8	38	56	X	58	88	x	78	120
媒体结束	ctrl-Y	EM	19	25	9	39	57	Y	59	89	y	79	121
替换	ctrl-Z	SUB	1A	26	:	3A	58	Z	5A	90	z	7A	122
转换符	ctrl-[	ESC	1B	27	;	3B	59	[	5B	91	{	7B	123
文件分隔符	ctrl-\	FS	1C	28	<	3C	60	\	5C	92	|	7C	124
组分隔符	ctrl-]	GS	1D	29	=	3D	61	]	5D	93	}	7D	125
记录分隔符	ctrl-^	RS	1E	30	>	3E	62	^	5E	94	~	7E	126
单元分隔符	ctrl-_	US	1F	31	?	3F	63	_	5F	95	DEL	7F	127

关于 ASCII 表的一些提示。大写字母开始于 41_H，将第5位设为1则产生相应的小写字符。数字的 ASCII 码值是数字加上 30_H。最开始的 32 个 ASCII 字符是不能打印的"控制"字符，其中一些非常重要，在键盘上有自己的键，例如 CR（"return"），BS（"backspace"），HT（"tab"），ESC（"escape"）。我们可以通过按住 ctrl 键的同时敲入相应字符的大写形式来产生控制字符（包括上面的那些）；例如 CR 为 ctrl-M（在计算机上试试吧）。控制字符用来控制打印或程序执行，也可以用在希望接收字母数字字符的程序中，例如文本编辑器。除了上面列出的，还有一些重要的控制字符：NUL（空），常常用来给字符串划界的全零字符；FF（换页），用来开始一个新的页；ETX（文本的结束），许多操作系统将它解释为中止运行程序的命令；DC3（ctrl S），用于"软握手"，停止串行传输；DC1（ctrl Q），恢复传输的补充字符。

　　然而，ASCII 不提供下标、指数和任何希腊字母或科学字母。至少，它应该有 π，μ，Ω 以及度数符号（°），这些字符在技术著作中频繁出现。当然，可以使用一个控制字符（或者一串控制字符）来指出字体或字母的变化。这是在技术性文字处理中常常用到的方法，格式程序将用不同的方式解释后续的 ASCII 字符。这可能是最好的解决方法了，因为如果要满足技术性著作里多样的符号，需要一个庞大的 ASCII 字母表，而这肯定不是任何人所愿意看到的。

　　注意，计算机键盘不是简单的 ASCII 码生成器，并非每次按键输入一个码元；相反，目前使用的是每个键产生惟一的"键上升"和"键下降"码。然后用专门的系统软件（"键盘驱动程序"，见10.4.2 节）将其翻译成 vanilla ASCII。这种操作有很大的灵活性，因为我们可以配置键盘驱动，使其具有自动重复键、多重交换、键盘重布（例如，Dvorak 键盘）和"热键"等。

位串行传输

　　ASCII（或任何其他字母数字码）既可用并行的 8 位一组的（8 根分开的线）方式传输，也可以组成串行的 8 位串，一个接一个地传输。对于低速到中速传输，最方便的是串行传输，以简化配线。调制解调器（将在这一节的后面讨论）将串行位数据流转换为音频信号（例如，使一个音频音调为"1"，而另一个为"0"），然后通过电话线传输。串行传输有一个标准的位传输协议和固定的位速率。对于异步传输，每个 8 位字符的两端将分别添加一位开始位和一位停止位（有时是两位），形成 10 位一组。发送器和接收器使用固定的位速率，最流行的波特率（等于时钟周期每秒）是 300，1200，2400，4800，9600 和 19 200。图 10.16 展现了这种概念。

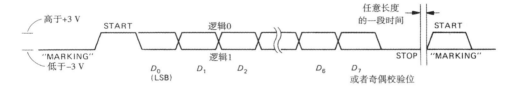

图 10.16　RS-232 串行数据字节时序图

　　当没有信息发送时，发送端处于"屏蔽操作状态"（来自电传打字机时代的语言，"标记"和"空闲"）。每个字符由起始位开始，接着是 8 位 ASCII 码位，最低有效位放在最前面（常常由 7 位数据位加一位可选的奇偶校验位），最后是停止位；后者必须至少存在一个时钟周期，但可以延后任意多个周期。在接收端，UART（"通用同步 / 异步接收 / 发送器"，见 11.3.2 节）以相同的波特率同步处理每个 10 位数据，从输入的串行串产生连续的 8 位并行数据组。通过对每个字符的起始位和停止位进行重同步，接收器不需要高度精确的时钟；它的精度和稳定性只要能使发送器和接收器在一个字符的时间里保持对一个位时间片段的同步就可以了，例如百分之几的精度。接收 UART 由起始位的开始转变触发，等待半个位时间后确认起始位还存在，就在每个数据单元的中间检测数据的值。停止位结束这个字符，如果没有新的字符马上传输，它将处于休息状态。接收 UART 在起始转变后的 10.5 个位单元间隔后寻找停止位电平，以帮助校验正确传输的字符。"Break"是连续的空闲，在正常的字符传输中不能出现。可编程的波特率发生器（例如可编程分频器）可以通过单一的振荡器输入频率产生各种标准的波特率，其输出波特率可由一个二进制输入码选择。大多数现代UART（例如 Zilog 的双通道同步 / 异步 8530）包含内置的软件可编程波特率发生器。

RS-232

　　真正的串行 ASCII 信号可以使用几种方法传输。追溯到几十年前，最初的方法是在选定的波特率上切换 20 mA（有时是 60 mA）的电流。这就是众所周知的"电流环"信号。它曾经被使用过，但在1969年被使用双级**电压**信号的EIA RS-232C标准（以及后续的RS-232D标准，1986年）所代替。RS-232标准同时指定驱动器和接收器的特性：驱动器必须在 3 ~ 7 kΩ 的负载上产生 +5 ~ +15 V（逻辑低电平输入）和 –5 ~ –15 V（逻辑高电平输入）的电压，其电压变化速率低于 30 V/μs，且具有承受任何输出短路的能力；接收器必须有一个 3 ~ 7 kΩ 的负载电阻，将输入的 +3 ~ +25 V 电压转换为逻辑低电平，而将输入的 –3 ~ –25 V 电压转换为逻辑高电平。注意，逻辑 1 被 RS-232 驱动转换为负电平，称为"标记"；逻辑 0 转换为正电平（"空闲"）。在电流环传输中，逻辑 1（标记）时电流流动，逻辑 0（空闲）时电流停止。

RS-232 接收器在输入端通常有一个电压滞后，有些型号允许用电容器限制反应速度，以减少对噪声脉冲的敏感度。参看 9.2.4 节和 14.5.3 节关于 RS-232 驱动器和接收器 IC 的讨论。即使是无屏蔽的多线电缆束，RS-232 也可在几十英尺的传输距离上工作得很好，波特率最高可达 38 400；而对于短的连接有时可使用 115 200 的波特率。

RS-232 也指定了连接器类型和管脚分配，然而它的规范并不完全！这带来了持久的混乱，一般来说，两个 RS-232 设备连接在一起时将无法工作。这个问题如此地令人烦恼，以至于这本书前一版本的读者就此抱怨我们，因为我们没能告诉他们怎么处理这个问题。幸运的是，现在大家读的是第二版。以下就是对它的论述：

这种情况有两个基本的问题：（a）这里定义了两种设备，其中一种的输入管脚与另一个的输出管脚相对应；我们可能想要将两个类似的设备连在一起，或者可能想要将两个互补的设备连在一起；（b）这里有 5 种"握手协议"信号，一些设备发出信号，并希望能够接收它们，而同时其他的设备忽略该输入（也不驱动其输出）。为了能有效工作，还需要了解一些细节。下面将进行更深入的说明。

RS-232 用来将 DTE（"数据终端设备"）连接到 DCE（"数据通信设备"）上。终端总被认为是 DTE，调制解调器总被认为是 DCE，但其他的设备，包括微型计算机，则可能被认为是 DTE 或者 DCE 中的任何一个。IBM PC 被认为是一个具有插入式连接器的 DTE，但大多数大型计算机被认为是 DCE。将 DTE 连接到 DCE，只需要将它们的 DB-25 连接器（在两端，分别是插头和插槽）相应的管脚连接，如果运气好，它可能可以工作了。我们说"可能"，是因为它还依赖于每个设备与其他设备的握手线，并且需要自己来驱动。当然，即使电缆连接正确，还需要统一波特率、奇偶校验位以及一些其他软件参数！另一方面，当需要连接两个相似的设备时，不能连接相应的管脚，因为那样会把两个输出连在一起：DTE 用管脚 2 发送，用管脚 3 接收，而 DCE 则恰恰相反。所以需要用一根交错管脚 2 和管脚 3 的电缆（称为"空调制解调器"）连接相似的设备。

表 10.4 列出了所有的重要的线（line）。TD 和 RD 是数据发送线和接收线，RTS 和 CTS 是"准备发送"和"清除发送"，DTR，DSR 和 DCD 是"数据终端准备好"、"数据准备好"和"数据载波检测"。另外还有两根地线：一根"机架地线"（frame ground）（或者底盘，管脚 1）和一根"信号地线"（管脚 7）；大多数机器将管脚 1 和管脚 7 连在一起。另外 5 个非数据信号是握手型控制信号：DTE 在准备好接收时声明 RTS 和 DTR，而 DCE 在准备好接收时声明 CTS 和 DSR。一些 DTE 还希望在做任何事情之前先声明 DCD 输入。所有的信号线都是 RS-232 双极电平，其中数据（TD，RD）声明为负，而控制线（RTS，CTS，DSR，DTR，DCD）声明为正。

注意信号名字的意义是参考 DTE 而定的。例如，尽管 DTE 声明数据而 DCE 接收数据，管脚 2 在两边都称为 TD（"发送的数据"）。这样，管脚的名字不能说明它是输入还是输出——还需要知道设备是 DTE 还是 DCE（或者可以使用伏特计来判断）。

表 10.4　RS-232 信号

名字	管脚号		方向	功能（从 DTE 端看）	
	25 针	9 针	(DTE ←→ DCE)		
TD	2	3	→	发送的数据	} 数据对
RD	3	2	←	接收的数据	
RTS	4	7	→	请求发送 {= DTE ready}	} 握手对
CTS	5	8	←	清除发送 {= DTE ready}	
DTR	20	4	→	数据终端准备好	} 握手对
DSR	6	6	←	数据设置准备好	
DCD	8	1	←	数据载波检测	} 允许DTE输入
RI	22	9	←	环指示器	
FG	1	–		机架地线（=底盘）	
SG	7	5		信号地	

　　如果所有的 RS-232 设备都像设想的那样声明或接收，那么可以仅仅连接相应的管脚（对于 DTE ←→ DCE），或交错地连接相应的管脚对（对于 DCE ←→ DCE 或 DTE ←→ DTE）。然而，如果忽略了这个设备所有期待的握手线，那么什么都不会发生。所以必须根据现实来制定策略，这常常需要窍门。图 10.17 列出了如何在所有（几乎所有）情况下使电缆真正工作。在 A 部分，列出的是 DTE ←→ DCE 的连接方式，这里两个设备都使用完整的握手。RTS/CTS 是一对握手，而 DTR/DSR 是另一对。C 中是相似设备的连接，通过一个"空调制解调器"电缆交错连接 DTE ←→ DTE 对的输入和输出。同样的电缆适用于 DCE ←→ DCE 对，但需要反转图中的箭头并去掉管脚 8 的连接。然而，如果一个设备寻求握手而另一个设备却不提供时，电缆还是无法工作。这时，最简单的办法是对电缆进行连线，让每个设备提供自己的握手，就像自己告诉自己继续前进一样。参见 B 部分中的 DTE ←→ DCE 和 D 部分中的 DTE ←→ DTE（也适用于 DCE ←→ DCE，但需要去掉管脚 8）。

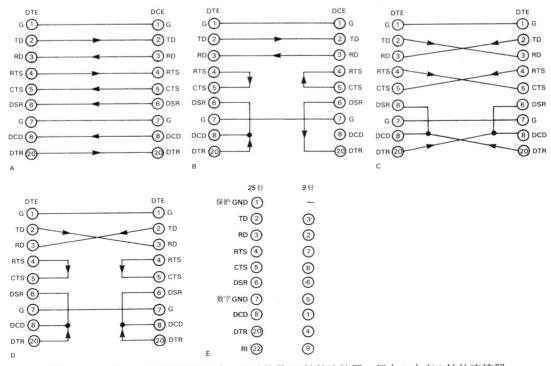

图 10.17　RS-232 的实际连线方式。显示的是 25 针的连接器，但在 E 中有 9 针的连接器

　　如何成为 RS-232 专家。如果我们建立起这 4 种电缆，且每端都使用插头和插槽，就可以使任何设备与其他设备协同工作了。使用 RS-232 中断箱可以提高工作效率，它的每根线都对应于一个发光二极管，这样可以知道谁声明了什么；它还有小跳接器，可以把任何给定的管脚连接到其他管脚。具体步骤是，观察二极管的灯光，确认 TD 和 RD 连接正确，以及看谁声明了握手。如果一个设备声明 RTS，它可能在寻找 CTS。如果是这样，则将它们连在一起，否则将它的 RTS 连到自己的 CTS。对 DTR 和 DSR 也是如此。如果只执行了一对握手，那通常是 DTR/DSR。一般来说，DTR/DSR 用来确定通信的另一端已经连接并打开，而 RTS/CTS 用来在一端超前另一端的情况下，开始和停止传输。

　　如果没钱买中断箱，可以使用伏特计来检测执行信号：任何具有较大（> 4 V）正或负电平的线都被声明，而任何在地附近浮动的线都没有被声明。

　　软件握手。有些设备使用 RTS/CTS 硬件握手来开始和停止数据传输，使得慢速设备（例如，打印机）可以跟得上。有些设备使用“软件握手”：CTRL-S（停止）和 CTRL-Q（恢复）。软件方式意味着可以使用较简单的电缆，而如果设备忽略了硬件线，电缆将极其简单，只有管脚 1、2、3 和 7 被连接（需要指出的只是是否需要交错连接管脚 2 和管脚 3）。即使它们在具体的握手上使用 CTRL-S 和 CTRL-Q，设备可能还是希望使用硬件握手连接来确定链接。在这种情况下，可以使用图 10.17 中的方案 B 和方案 D。仅仅需要确定打开两端的电源，因为任何一端都无法知道另一端是否工作，或者是否连接！

其他的串行标准：RS-422，RS-423 以及 RS-485

　　RS-232C 标准在 1969 年被冻结，当时串行数据通信是一种相对简易的通信方法，它可以工作在 50 英尺长的距离上，最高速度可以达到 19 200 波特。但是计算机和外围设备的速度每两年就翻一番，因此需要一个更好的串行通信的标准。

　　正如我们在 9.2.4 节讨论的那样，RS-423 是一个改进的双极单端协议，最大可达 100 k 波特和距离 4000 ft（不是同时达到这两项）；它和 RS-232 本质上是兼容的。RS-422 是单极差分协议，最大可达 10 M 波特率和距离 4000 ft（见图 9.37 中速度 / 长度的平衡）。RS-485 类似于 RS-422，但是它有附加规范，可以使许多驱动器和接收器共享一根线。表 10.5 总结了这 4 种标准的特征。

表 10.5　串行数据标准

	RS-232C/D	RS-423A	RS-422A	RS-485
模式	单端	单端	单端	单端
最大数量				
驱动器	1	1	1	32
接收器	1	10	10	32
最大电缆长度	15 m	1200 m	1200 m	1200 m
最大数据速率（bps）	20 k	100 k	10 M	10 M
传输电平	±5 V min ±15 V max	±3.6 V min ±6.0 V max	±2 V min (diff'l)	±1.5 V min
接收灵敏度	±3 V	±0.2 V	±0.2 V	±0.2 V
负载阻抗	3 ~ 7 kΩ	450 Ω min	100 Ω min	60 Ω min
输出电流限制	500 mA 到 V_{cc} 或地	150 mA 到地	150 mA 到地	150 mA 到地 250 mA 到 -8 V 或 +12 V
驱动器 Z_{out} 最小值（关电源时）	300 Ω	60 kΩ	60 kΩ	120 kΩ

Modems

正如前面提到的，modem（"调制/解调器"）用来将位串行的数字量转化为可以在电话线或其他传输路径中传输的模拟信号（见图 10.18）。内置的 modem 可以插入计算机的插槽（或者内置在计算机里面），而外置的 modem 是一个独立的盒子，由交流电源供电，通过 RS-232 连接到计算机的串口上。在这两种情况下，modem 都用一种或者两种方法通过电话线通信：（a）直接连接，通过电话类型的"标准组件插座"或（b）"声学耦合"，将电话听筒植入一个包含麦克风和喇叭的橡胶支架中。

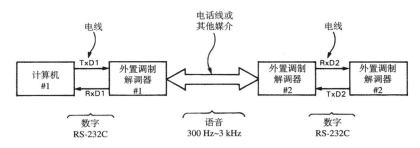

图 10.18　调制解调器通信

大多数情况下，需要同时在一根电话线信道上双向发送数据（"全双工的"），它们共享电话 300 Hz 至 3 kHz 的语音带宽。有 3 种常用的全双工模式在使用：300 波特率的 FSK（Bell 103）、1200 波特率双位 PSK（Bell 212A）以及 2400 波特率双位 PSK（FSK 表示"频移键控"，PSK 表示"相移键控"）。设计为 1200 波特率的调制解调器也支持 300 波特率的通信。尽管不需要理解调制解调器如何对数据编码，但是这种方法本身相当有趣，以至于我们忍不住要对其进行简单的描述。

300 波特率标准（Bell 103）使用频移键控（FSK）法，其中每一对设计好的音调表示一对标记和空闲：在一个方向上为 1270 Hz（标记）和 1070 Hz（空闲），另一方向为 2225 Hz 和 2025 Hz。Bell 103 调制解调器非常简单，使用一个开关振荡器发射信号，一对音频滤波器接收信号（见图 10.19A）。注意要使用分离输出信号和接收信号的混合电路（见图 10.19B）：假设电话线的阻抗接近于标称值 600 Ω，没有一个调制解调器的发射信号（Tx）会出现在接收信号（Rx）的输出端。实际中，混合电路并不能工作得这么好，因为电话线的阻抗会远远偏离标称值 600 Ω（见 14.2.4 节）。因此，使用一个灵敏的接收滤波器是很重要的，然而这样会增加调制解调器电路的复杂性。

习题 10.5　指出图 10.19 中的混合电路是如何工作的，并向朋友介绍新学的知识。

1200 波特率标准（Bell 212A）以不同的方式工作。数字数据流被组合为位对（"双位"）；每 4 个位对作为固定频率载波的指定相移（00：+90°，01：0°，10：180° 和 11：−90°）被发送，每一个传输的位对与下一个之间有平滑的相位过渡。这样，位对以 600 Hz 的速率传输。（相位调制的）载波频率在一个方向上是 1200 Hz，在另一个方向上是 2400 Hz。接收端的调制解调器通过考虑相邻位对的相位差来译码。这种方法有一个缺陷，对长时间的相似位对，接收器将失去对相对相位的跟踪。所以，为了避免发生长时间相位不变的情况，发送的数据流会与一个伪随机队列（通过一个 17 位移位寄存器"异或"来自第 14 位的反馈产生，见 9.6.1 节）进行"或"操作，然后在接收端进行相似的分离操作。

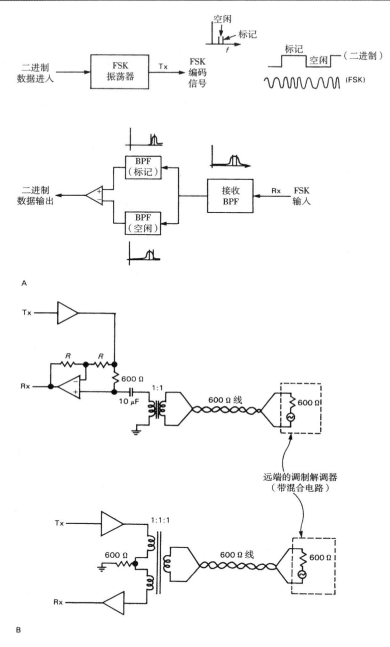

图 10.19　A. FSK 调制解调器。B. 混合耦合器

　　2400 波特率全双工调制解调器也使用相位编码的位对，不过使用不同的相位集。这些精密的调制解调器使用实时自适应均衡器来修正电话线的频率和时延错误，对发送和接收信号优化滤波。但与早期 300 波特率的 FSK 调制解调器相比，误码率没有明显的下降。

　　我们并不需要从零开始搭建调制解调器，因为许多生产商已经生产出完整的调制解调器芯片和模块，如 AMI/Gould，Exar，National，Rockwell，Silicon Systems 以及 TI。如果买一个完整的调制解调器，事情将变得更简单。它是通过 RS-232 连接到计算机的一块内置插入卡或外置的盒子。调制解调器根据特性的不同，价值在100~300美元之间。Hayes公司的兼容调制解调器接受标准化的拨号命令，已经成为现在所有通信软件使用的标准。

这里给出一些好建议：当使用调制解调器在计算机间传输数据文件时，一定要使用块检测调制解调协议，如 Kermit 或 XMODEM。它们以固定长度的块发送数据，并带有错误检测校验和。接收的调制解调器比较校验和，自动要求重传错误的块。这样接收的文件可以保证基本无错；而相反，没有加任何保护及格式化的 ASCII 传输文件几乎可以肯定有错误！

10.5.2　并行通信：Centronics，SCSI，IPI 和 GPIB（488）

对于与高速外围设备的通信，并行传输通常比串行传输更好。下面介绍常用的几种。

Centronics

这是一种简单的一字节宽度的单向并行端口，具有握手功能，由 Centronics 发明，现在广泛地用于打印机。与 RS-232 不同，**它总是有效的**。表10.6列出了各种信号，假设它们使用双绞线传输，连接到36管脚的连接器上。图10.20是相应的时序。

表 10.6　Centronics（打印机）信号

名称	管脚号 sig	管脚号 com	方向	描述
STROBE	1	19	OUT	数据选通
D0	2	20	OUT	数据最低位
D1	3	21	OUT	
D2	4	22	OUT	•
D3	5	23	OUT	•
D4	6	24	OUT	•
D5	7	25	OUT	•
D6	8	26	OUT	
D7	9	27	OUT	数据最高位
ACKNLG	10	28	IN	最后一个字符传输完毕；脉冲
BUSY	11	29	IN	未准备好（备注1）
PE	12	30	IN	HIGH = 缺纸
SLCT	13	–	IN	上拉到HIGH
AUTO FEED XT	14	–	OUT	自动LF
INIT	31	16	OUT	初始化打印机
ERROR	32	–	IN	无法打印（备注2）
SLCT IN	36	–	OUT	取消选定协议（备注3）
GND	–	33	–	附加地
CHASSIS GND	17	–	–	底盘地

备注 1：BUSY = HIGH
　　　　i) 每个字符的传输间隔
　　　　ii) 如果缓冲器满
　　　　iii) 如果出错状态

备注 2：$\overline{ERROR}$ = $\overline{LOW}$
　　　　i) 如果缺纸
　　　　ii) 如果断线
　　　　iii) 如果出错状态

备注 3：通常为 LOW
　　　　i) 当 $\overline{SLCT\ IN}$ = HIGH 时发送 DC3 取消选定打印机
　　　　ii) 当 $\overline{SLCT\ IN}$ = HIGH 时只能通过发送 DC1 重选

最基本的信号罗列在第一组中：D0~D7，$\overline{STROBE}$，$\overline{ACKNLG}$ 和 BUSY。BUSY 是一个标志，当状态为低电平时，打印机不"忙"，它已经准备好接收数据，因此数据源（计算机）声明数据，然后发出选通信号（保证数据在两边都是有效的），BUSY 变为高电平，直到打印机准备好接收下一字节时才再次变为低电平。如图所示，计算机关注 BUSY 状态，以便知道什么时候可以传下一个字节。$\overline{\text{ACKNLG}}$（是脉冲，而不是电平）用来触发中断，不要用它来代替 BUSY，因为它太短暂了，可能不会被我们注意，而我们将为此一直等待下去。

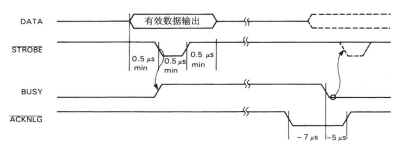

图 10.20　Centronics（打印机）接口时序

还有其他一些信号指示计算机缺纸（$\overline{\text{PE}}$）或脱机（$\overline{\text{ERROR}}$ 或 BUSY）；计算机能初始化打印机（$\overline{\text{INIT}}$），请求自动换行（$\overline{\text{AUTO FEED XT}}$）或发送一个字节取消选定打印机（设置 SLCT IN 高电平，然后发送一个 ASCII DC3）。注意，松弛时序是供不能接收高速数据的慢速（机械）设备使用的。大部分打印机有一定的缓冲内存，可以高速接收数据；但是一般来说，只能以打印速度发送字节。对于点阵式打印机，可以达到 100 ~ 300 字节每秒。

如果需要在计算机总线上设计 Centronics 接口，最简单的方法是借助可编程 I/O 由锁定数据驱动所有输出线：将 D0~D7 作为一个端口，而其余的线（包括 $\overline{\text{STROBE}}$）作为第二个端口。对于输入信号（BUSY 等）不进行任何锁定，只是为了可编程输入而把它们置于总线上，使用 $\overline{\text{ACKNLG}}$ 产生中断是一个好方法。图 10.21 显示了 Centronics 接口在 IBM PC 总线上的使用。注意，在这里实现中断很简单，因为 PC 使用边沿触发，如图所示，只要使用 $\overline{\text{ACKNLG}}$ 的下降沿就可以了。我们使用锁存输出位中的一位来禁止中断线，如 10.3.5 节和 10.3.7 节介绍的那样。注意总线信号 RESET DRV 的使用，它用来在开机时关闭声明所有的输出（还有中断），这就是我们选择 '273 八进制 D 寄存器（有一个 $\overline{\text{RESET}}$ 输入）的原因。

通过将适当的位设置为 1 或 0 发送 OUT 字节到端口 B，可以选择性地声明或关闭声明输出控制线。用类似这样的锁存输出配置，常常可以在不干扰其他输出的情况下安全地改变一个输出位的状态。为了这个目的，将端口 B 中锁存的当前字节在内存中保存一个副本，这样可以给端口 B 发送一个只改变一位的新字节（通过使用"与"和"或"，见下面的例子）。因为接口没有单稳态设备，要产生 $\overline{\text{STROBE}}$ 脉冲信号必须使用软件。程序 10.6 介绍如何在 $\overline{\text{STROBE}}$ 线上生成一个"软件脉冲"。注意 AND 和 OR 的使用，它们分别用来清除和设置一个单独的位。在这个例子中，我们不用更新在 current 中存储的字节，因为最终它并没有改变。如果反之，改变了其余控制位中的一位，可以在程序最后使用 MOV current，AL 指令来保存新的字节。

程序 10.6

```
                          ; 产生一个软件脉冲
                          ; 假定"端口 B"的地址在 DX 中
                          ; 假定选通位（D0 位）初始化为"1"
current   DB              ; 将端口 B 复制保存在这里
          。
          。
          MOV   AL,current   ; 控制字节的当前值
          AND   AL,0FEH      ; 清除 D0
```

```
OUT    DX,AL              ; 发送到端口 B
 OR    AL,1               ; 设置 D0
OUT    DX,AL              ; 再次将它发出
   o
   o
```

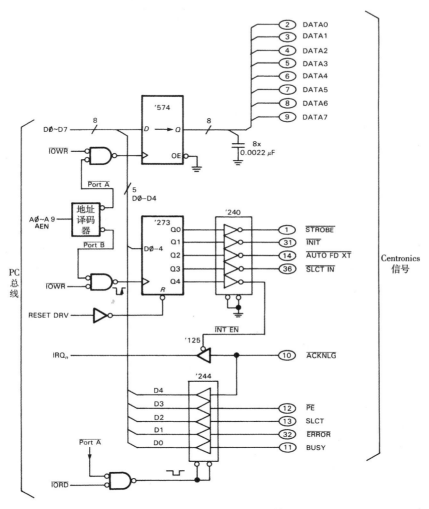

图 10.21　PC 的 Centronics 端口

　　可以使用硬件来实现将端口的字节保存在内存中的操作，即在接口上添加一个"读回"端口，这样，一个可编程的 IN 能够让我们知道实际上是什么被锁存了。看下面的例子。

习题 10.6　添加一个读返回端口到 Centronics 接口电路上。使用端口 B 的一个 IN 输入来完成这个任务。

习题 10.7　现在使用新端口来重新编写程序 10.6，忽略 current 的使用。

　　Centronics 端口是几乎所有微型计算机的标准配置，如果需要一个快速、简单的并行输出端口，应毫不犹豫地使用它。在很多情况下（但不包括 IBM PC 机），微型计算机甚至让我们双向使用端口；通常的方法是发送一位控制信号给端口，使 8 位数据的传输反向。

SCSI 和 IPI

10.3.12 节中曾简要提到过，SCSI 和 IPI 是连接微型计算机磁盘和其他高性能外围设备的通用并行接口标准。SCSI（"小型计算机系统接口"）是一个 8 位并行电缆接口，具有握手功能和处理多主机及多外围设备的协议。它拥有异步和同步模式，并定义了软件协议。SCSI 接口卡能够插入包括 VME 和 Multibus I 及 Multibus II 在内的大多数微型计算机总线；接着通过一个扁平电缆状的 SCSI 总线把这个 SCSI "主机适配器" 连接到外围设备控制器插件上（见图 10.22）。控制器插件通常是外围设备的一部分（例如，它可以与硬盘驱动器相连接），并且通过 "ST-506/412"，ESDI 和 SMD 的 "设备级接口" 与驱动器通信。

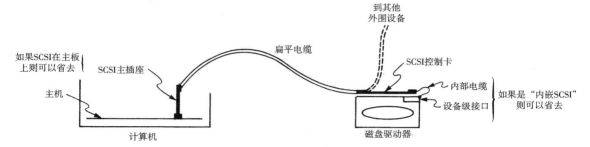

图 10.22　单外围设备 SCSI 总线

SCSI 的优势是可以有效地使微型计算机与所有外围设备兼容。鉴于人们对于 SCSI 的迫切需要，新的微型计算机将其并入 CPU 主板中。在外围设备的末端，厂商通过 "嵌入式 SCSI" 结构来省略控制器。这可以使 SCSI 总线也成为设备级接口，换句话说，只需从微型计算机的主板连一条电缆到磁盘驱动器上。SCSI 支持 1.5 Mbps（异步）和 4 Mbps（同步）的数据传输速率，其电缆长度分别可达到 20 ft（单端模式）和 80 ft（差分模式）。

由于 SCSI 非常复杂，鉴于篇幅的限制，本书无法详细说明其所有信号、模式、命令协议和接口连接。然而，由于 SCSI 的普及，单一的 IC 接口芯片（如 NCR 5380 系列，Western Digital 33C90 系列和其他来自 Fujitsu 公司和 Ferranti 公司的产品等）已经给我们的生活带来了极大的便利。

SCSI 在目前流行的磁盘中表现很好。然而，为了增加数据的传输速率，业界考虑使用 16 位宽的接口总线。因此 IPI（智能外围接口）将成为下一代接口总线的选择。IPI 指定为 10 Mb/s（传输速率 5 MHz）的 16 位并行总线；同 SCSI 一样，它也支持多主机和多外围设备。近来，硬盘发展速度惊人，密度更高，速度更快。随着传输速率的不断增长，嵌入式总线接口（SCSI 或 IPI）得到迅速普及。不用几年，其他的接口模式将不复存在。

□ IEEE-488（GPIB，HPIB）

当能够输出真实数据的实验室设备第一次具有实用性时，各公司便开始"各显其能"。有多少种设备几乎就有多少种接口协议，并行、串行模式，正极和负极以及所有种类的不安全握手，这是非常混乱的。我们清晰地记得为哈佛大学演讲大厅设计的巨大数字显示器（6 in 高）：不同设备拥有不同的输入线路。

20 世纪 60 年代中期，惠普公司（Hewlett-Packard）决定通过定义一种通用设备接口来结束这种混乱状况。他们将其称为 Hewlett-Packard 接口总线（HPIB），并且把它作为所有新设计中的惟一标准。他们巧妙地设计了一种连接器，通过在每个节点上的堆叠，使得一条总线电缆能够连接多达 15 种设备，其长度也能达到 20 m。HPIB 总线协议规定其握手信息为字节宽度，允许达到 1 Mbps 的数据传输速率。它包含软件命令，能够使任何一个连接设备成为一个"发言人"（数据源），而使其他与之相连的设备成为"听众"（数据接收端）。由一个"控制者"（发号施令者）来指挥大家。

由于HPIB的出色表现，IEEE成立了一个标准委员会来将其变为官方标准。最终标准就是大家所熟知的 IEEE-488-1975/ANSI MC1.1。除 HP 以外，人们习惯称其为"GPIB"（"通用目的接口总线"）或"488-总线"。它已成为实验室设备的通用数字接口。通过微型计算机（或高档的桌面计算机）发出命令，所有公司的设备能在相同的 GPIB 标准下连接起来。例如，可以通过设置频率合成器的波形、频率和振幅来测量相同实验或进程中的电压。

10.5.3　局域网

以前，科学计算是由巨型中央计算机以"批处理模式"来实现的。当时，这些计算机功能强大（比现在具有一块微型内存的个人电脑还慢）且价格昂贵（和现在的超级计算机相当）。我们需要将程序以小孔的形式打在机读卡上，然后将其提交给计算机进行运算。如果幸运，可以在一天结束时得到异常中断输出，第二天早上来重新提交任务以找到下一个错误。

今天，我们已习惯于高性能桌上电脑、高速磁盘和绚丽的图片，并且期待更多。我们希望足不出户就能与其他人任意交换文件，希望迅速接入他人的数据库、打印机以及其他外围设备。其实现方式就是网络——例如全球通信网中的 BITNET 和 DECNET 以及局域网中的以太网（Ethernet）和 LocalTalk。

网络领域目前还处于幼年阶段，我们期待其在以后十年有巨大的变化。一些变化趋势已经开始显现，但此时还是有必要描述一下今天使用的各种局域网。

CSMA/CD（以太网）

以太网是"带有冲突检测功能的载体侦听多重访问协议"（CSMA/CD）网络的代表。它使用同轴电缆传输 10 Mbps 的信号给可寻址接收端。以太网信号以"信息包"的形式发送，信息包带有前同步码和差错检测。发送协议如下：（a）等待至网络空闲；（b）开始发送信息包（详情见后）；（c）边发送边检测干扰（"冲突"）；（d）(i) 无干扰时继续发送信息，(ii) 一旦发现干扰，阻塞网络（以确保其他人都能看到冲突），然后取消传输，随机等待一段时间后重试；如果再次失败将等待更长的随机时间。

以太网消息被分割为短信息包（最大约 1 KB）。每个信息包包括一个信头（用于识别接收端和发送端），一些描述信息包长度、类型和序列号的字节，实际数据段，最后是"循环冗余校验"（CRC）。通过 CRC 接收端可以验证无误差传输。注意，冲突只能在信息包发送开始时产生，因为根据上面的规则（a），两倍于网络传播时间的传输是不会被干扰的。

以太网由 Xerox 公司发明，并得到广泛应用。它拥有充足的带宽来满足大多数局域网的需要，由于随机重试协议，它的性能在高负荷时稍有下降。我们能够找到适合于大多数微型计算机（VAX，IBM PC 等）和总线（Multibus，VME）的以太网控制器，并且以太网也是流行的 Sun 和 NeXT 工作站的官方网络。以太网电缆每段最长能达到 1 km，能够使用最多两个转发器。也可以通过使用光纤"网桥"来达到更长的长度。一组台式机能够通过共享一个多端口 RS-232 的"服务器"连接到以太网同轴电缆的一个节点上。而服务器也能连接起来，共享打印机和大容量硬盘这些资源。

令牌环网络

令牌环网络访问一组封闭的环形节点。令牌环不允许冲突，它的工作方式如下：设想某个令牌，不论谁拥有它就允许发送信息，而同时其他端口则只能收听。在令牌环中，当拥有者完成任务时，令牌可以传递给其他节点。任何时候，拥有令牌的节点可以自由地发送消息。与以太网（和其他智能网络）一样，其消息也被分割为信息包。打包方式通常为SDLC格式（"同步数据链路控制"：一个信息包＝标志＋地址＋信头＋消息＋校验＋标志）。信息包在环内循环，直到被指定地址的接收节点接收到它们。当发送者发送完所有消息（通常有很多信息包），它就会传递令牌。令牌在环路中循环，直到被某个想要发送消息的节点截取，成为下一个令牌拥有者。

LocalTalk

LocalTalk（前身为Appletalk）是由苹果公司设计的简化冲突网络。它是一个线性网，而不是环形网。一个节点发送，同时所有节点接听。电缆是一个差分对，由RS-422信号变压器连接到每个节点。信息包格式为SDLC。最大网络长度为1000 ft，最大节点数为32。网络带宽为230.4 kbps。一种兼容的类似产品称为PhoneNET（属于Farallon Computing公司），使用标准电话电缆和连接器，最长可达到4000 ft。

其协议与以太网相似，但更简单：如果监听到信道为空闲，就可以发送信息包。网络硬件不会探测冲突；它只将接收到的包含有效校验和的信息包转发给上一层软件。然而冲突常常会损坏发生冲突的信息包，使它们的校验和残缺；因此软件根本接收不到消息。所以软件必须能解决上述缺陷，例如给发送端一个回复；如果一段时间内没有收到，发送端将再次发送同样的消息。LocalTalk是一个"CSMA/CA"网络；"CA"代表冲突避免，而不是以太网的冲突检测。

LocalTalk定义了协议来共享文件和资源（打印机、调制解调器等），能够命名连接到网络上的设备。我们甚至能找到适用于非苹果机的LocalTalk接口，得以在Macintoshes、IBM兼容机和UNIX计算机之间传输文件和共享资源，如激光打印机。

□ 10.5.4   接口实例：硬件数据打包

如果所有设备都连接在标准化的接口总线上（如GPIB），将给我们带来极大的便利，只需买块适合计算机的接口卡和一些电缆，把各种东西连在一起，再聘用一位程序员即可。这只是钱的问题，而不需要多少天赋。本节主要介绍总线接口，所以将总结一个完整的设计实例。

当有新设备时，我们应该不会将所有原来正在运行的设备丢掉。一些非常有用的测量仪器是GPIB时代以前的产物，可以为实验室的计算机构造一个接口，给这些仪器赋予新的生命。例如，多元显示的8位（十进制的位）频率计数器一般有一个后面板输出量，一次传输一个十进制数字（"数字串行，位并行"），该数字采用4位BCD编码，并且大多以显示器内在的刷新频率传输。我们不需要控制时间；每个有效数字和它的3位数字位地址通过一个选通脉冲发送。这种设备大多使用TTL输出级。

图10.23显示如何将这种设备接到IBM PC上。这是一个完整的接口，包括一个状态标志、中断和可选择的I/O端口地址。从图中左下角开始，当数据有效时，计数器输出连续的数字、数字的地址（0~7）和一个选通脉冲。计数器从最低有效数字位（LSD）运行到最高有效数字位（MSD），所以，当接收到MSD（数字7）时，一个完整的输出周期结束。8个'173寄存器（具有三态输出的4位D寄存器）锁存连续的数字信号，被并行驱动，通过数字编码地址分别计时。注意'138 8选1译码器的作用是，通过地址和选通脉冲来产生数字时钟信号。

这样，计数器输出锁存在8个4位寄存器中，输出被连接起来，形成4个2-数字组（每组由8位二进制数组成）。所以，从4个连续的I/O端口地址（开始于一组DIP开关）中，利用4字节宽数据读入命令，PC机能够读入所有的8个数字。事实上，如果从16位寄存器读入，它将有更好的性能（例如，可以实现IN AX, DX，代替IN AL, DX）。因为16位寄存器可以使其从连续的I/O端口地址读入2个连续的字节。

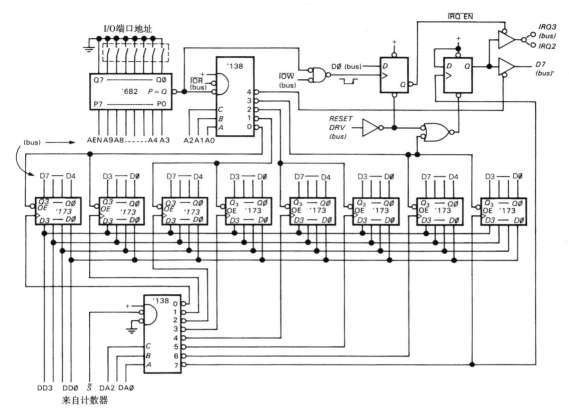

图 10.23 字符串行接口

注意以下简单的地址译码方案：当 7 个高位地址符合开关设置（并且 AEN 也是低电平）时，一个 '682 八进制比较器产生一个低电平输出。这个"基地址"通过 $\overline{IOR}$ 的选通，使 '138 译码器工作。$\overline{IOR}$ 译码低位的 3 位地址来产生独立的数据输入使能脉冲，这些脉冲与连续的端口地址相对应。因为我们常常分配一些临近的端口地址给单一接口的不同寄存器，所以这是处理地址译码的常用方法。

当计数器发来的每组数字中的最后一个数字被接收时，设定状态标志。通过从 PORT+4 的数据输入指令可以读入它。这里 PORT 是拥有 DIP 开关的地址集。当 CPU 读入最后（最重要）的数据字节（来自 PORT+3）时，标志清零。这个接口也提供中断和 IRQ2 或 IRQ3 的跳线选择，通过发送 1 给 PORT 来启动接口（或发送 0 来关闭接口）；注意，我们对输出使用慢速地址译码，以节省一个门。状态标志和中断使能触发器在上电时被清零。

这个接口是"打包"数据的范例。通过这个过程，可以将几个数填入一个计算机字中。如果一个数由一位组成，则 16 个数封装成一个 16 位的字。这并非言过其实。在数字信号处理中，我们常常对周期信号波形采样（可以想像成 1 位 A/D 转换）；对于高速的 I/O 数据可以使用硬件打包（正如我们在实例中所做的），并读入总线宽度的字。当然，如果不看重速度，最简单的方法是使用最少的硬件来产生数据，而用软件来打包和转换。例如，在前述的例子中，如果能够确保计算机的反应时间足够短，以便没有数字丢失，可以一次锁存和传输给 CPU 一个数字。

习题 10.8 修改接口电路，使得接口使用的 IRQ 线为可编程的：发送 01_H 给 PORT，使得 IRQ2 发生中断，发送 02_H 给 PORT，使得 IRQ3 发生中断；发送 0 给 PORT 或上电时中断禁止。

关于这个接口电路，最好避免过度的总线负载。我们的电路连接每一条 Dn 线到 4'173 三态寄存器的输出端，这是一个大容量负载。尽管电路能够正常工作，但要限制插入总线的附加卡，特别是当其他设备也有相同的弊病时！在这个例子中，在 D0~D7 输出端口和 PC 数据总线之间加入一个 '244 三态 8 位缓冲器，是一个很好的解决方法。'244 可通过译码端口地址和 IOR 求与使能。

10.5.5　数字格式

在前面的例子中，载入的字节（或字）不是计算机内在的二进制格式；它们是 BCD 码，每个字节打包成两个十进制数字（或每个字打包成 4 个十进制数字）。如果需要进行重大的运算，最好将其转换成整型数或浮点数（尽管存在"十进制调整"操作可以直接对打包的 BCD 数进行运算）。让我们来看看计算机中的常用数字格式（见图 10.24）。在第 8 章开始时曾经简要地讨论过。

整数

如图 10.24 所示，**有符号整数**总是用二进制补码来表示，使用 1 个、2 个或 4 个字节。所以，尽管与符号/数值的表示法不同（例如，-1 是 11111111，而不是 10000001；见 8.1.3 节），其最高有效位（MSB）仍然可以确定符号。我们可以把二进制补码看成是带有反相 MSB 的偏移二进制码；或者如图所示的具有位值的整数。除了用二进制补码来表示有符号整数，许多计算机还允许定义变量为无符号整数。一个两字节的无符号整数的取值范围是 0 ~ 65 535。

浮点数

浮点数也称为**实数**，通常为 32 位（"单精度"）或 64 位（"双精度"），以及计算时临时赋值的 80 位。然而，在实际中只使用几种常见的表示法，其中最流行的是近期完成的 IEEE 标准（官方称为 ANSI/IEEE Std 754-1985），它被运用于几乎所有浮点芯片组中（包括 Intel 的 8087/287/387，Motorola 的 68881 和 AMD，Weitek 的芯片组等），从而在使用这些芯片的微型计算机（包括 IBM PC）中得到通用。

图 10.24 是 IEEE 标准的 32 位和 64 位格式。32 位单精度格式有一位符号位，8 位指数位和 23 位的小数部分。其中指数的基数为 2，幂函数与小数部分相乘为浮点数的值。指数通过加 127 产生"偏移"，即 01111111 表示指数 0；这样使指数范围变为 -127 到 $+128$。小数部分在浮点格式中采用了一个源自 DEC 的小窍门。二进制浮点数通常能够写成 $f.fff \times 2^e$ 的格式。其中 f.fff（二进制）为尾数（"小数部分"），e 为指数（基数为 2）。为了在给定尾数位的情况下能够得到最大的精度，可以将其规范化，即将尾数左移（同时递减指数）直到首位非零，以 $1.fff \times 2^e$ 的格式表示。这里有一个"隐藏位"技巧：由于生成的规范化小数部分总是有一个非零的 MSB，因此无需显示它；例如，在数字中不需使用 1fff，而仅用 fff 就足够了。这样生成数的精度能够提高一位，其存储数范围为 $\pm1.2 \times 10^{-38}$ 到 $\pm3.4 \times 10^{38}$。

习题 10.9　通过构造最小数和最大数，列出规范化浮点数的范围。

IEEE 双精度格式与单精度格式类似，但其精度为前者的两倍以上（增加了 29 位），指数也增加了 3 位。其存储数范围如图所示。图中还显示了不同寻常的"扩展精度"（80 位）格式。IEEE 也允许非规范化数字，在小的一端给出一些附加范围（牺牲精度）；这些"非规范化"数字的存储范围能达到 $\pm1.4 \times 10^{-45}$。IEEE 标准还定义了零点（$e = fff = 0$；所以这里有两个零，$+0$ 和 -0）、无穷大（$e = $ 全 1，fff $= 0$；因此采用双符号）和一组奇特的名为 NAN（NAN = not a number，"不是一个数字"）的保留数。

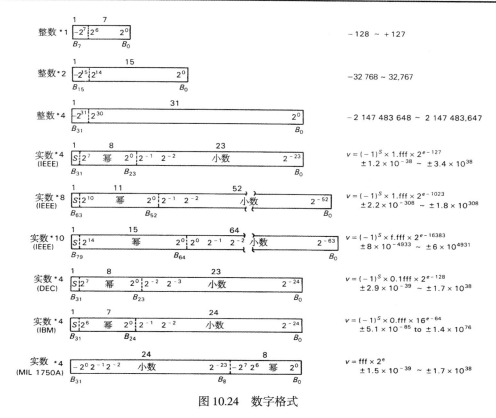

图 10.24　数字格式

另一种重要的微型计算机浮点数格式是使用在 Micro VAX 和 LSI-11 计算机上（以及它们的祖先 VAX 和 PDP-11 小型机）的 DEC。与 IEEE 标准相似，对于单精度数拥有相同数目的指数和尾数位（包括隐藏位的使用）。事实上，惟一的区别就在于指数偏移（用 128 代替了 127），以及尾数没有首位，而用 .1fff 的格式代替（"1"隐藏）。DEC 只定义了一个零（所有位全零），并且不允许非规范化数字和无穷大；不过拥有类似于 IEEE NAN 的保留数。DEC 也有 64 位双精度格式。

图 10.24 的最后两种格式一般用于巨型机或有特殊用途的计算机，不用在微型计算机中。"IBM"格式曾经用于 IBM 大型机，甚至如 Data General 的 Nova 系列小型机。指数采用 7 位偏移，基数用 16 代替了 2，以得到更大的指数存储范围。因此，尾数可以有多达 3 位的引导零位；例如，一个规范化的小数部分有一位非零的最高有效十六进制位。

习题 10.10　为了理解以上叙述的意思，写出数字 1.0 的 IBM 表示格式。并写出该格式的最接近这个数且比它小的数。

通过指数基数的选择，IBM 格式牺牲部分精度来实现动态存储范围。此外，由于引导二进制零位的数位变化，精度有稍微的变化，这就是常说的"摆动"。IBM 格式没有无穷和 NAN，只有一个零（全数位为零）。允许非规范化数字。IBM 也有 64 位双精度格式。

图中最后一种格式为用于军事系统的 MIL-STD-1750A。它采用与前述格式不同的方法来分割"符号 / 数"，用二进制补码指数来代替二进制补码尾数（实际上，前述的格式是拥有偏移二进制码指数的符号 / 数尾数。）它没有无穷、NAN 和非规范化数字，但有双精度版本。

存储器中的数字存储

微处理器设计者喜欢通过存储器中存储数字的特殊次序来展现自己的个性。8086/8（IBM PC和兼容机）从存储器最低存储单元的最低有效字节开始存储数字；而68000系列通过其他的方式来实现。

I/O 数据转换

我们先直接讨论硬件接口使用的压缩BCD码格式。如何最好地处理从这个接口得到的8位（十进制位）数据呢？根据输入的数据类型，有效位的数目和其变化的范围等，最好的方法是将输入的数据转换为浮点数（最大的动态范围）、整型数（最好的分辨率）或其他数字格式（例如，从平均值或连续数据中找到差别）。这可以由特殊设备的软件"驱动"（程序中处理实际输入数据的部分）来完成。在这种情况下，如果不能了解硬件和其数据的意义，软件将不能达到最优化。这正从另一方面说明了从电子硬件了解大千世界的重要性！

第11章 微处理器

上一章中讨论的微型计算机是以微处理器为中心的单机计算系统，它一般包括大容量存储器（磁盘）、图形设备、打印机以及一些网络设备。这些设备通过终端、存储器和I/O端口组成完整的系统，并且可通过插入式板卡来提高其自身的性能。微型计算机能够胜任计算、文字处理、计算机辅助设计（CAD）和计算机辅助制造（CAM）等工作。通过现已商业化了的硬件升级方式，可以把微型计算机当成逻辑分析器来使用，也可以给逻辑设备编程，或作为各种工程设备的前端。

通过将微处理器与周边电路结合，设计的系统就可以具备像电脑一样强大的功能。在这种"专用"应用中，微处理器执行烧入ROM（"固件"）中的固定程序，这时系统中一般没有大容量存储器（磁盘、磁带）或终端等。从外形上看，设备可能没什么特殊之处，但是只要通过一个小小的键盘，就能体会到它出众的智能化水平。基于微处理器的设备与等价的离散逻辑芯片驱动的设备相比，具有性能更强、功耗更低、结构更简单的特点。此外，如果需要进行改进，则只需要刷新固件。鉴于以上的理由，任何有竞争力的设计人员都不会忽略这项技术！如果还需要一些激励，那么可以告诉人们，使用微处理器将是一种乐趣，它的强大功能会在开发过程中带给我们无限惊喜。

与在微型计算机系统中进行设计和编程相比，将微处理器设计为器件的专用设备，需要设计者发挥更大的作用。特别是用微处理器设计，需要考虑许多方面，如存储器型号（静态或动态RAM，EPROM和EEPROM）的选择以及决定将其放在"存储空间"的什么位置，决定输入/输出硬件的形式（包括I/O硬件的选择，是采用在第8章和第9章中提到的通用MSI功能构造还是采用传统的LSI"外设支持"芯片构造），在有外围电路的环境下对专用程序（固件）进行书写和调试等。总而言之，基于微处理器的设计者必须同时掌握硬件知识和汇编语言软件技术。

在前面的章节中介绍的与微型计算机相关的大多数总线接口和编程概念都可以直接用于专用微处理器电路。继续学习本章需要对第10章的内容非常熟悉。在本章中，先详细介绍具有高级指令集的小型微处理器Motorola 68008。它是添加了8位扩展数据总线的32位处理器（原型68000）。在了解了它的体系结构和指令集以后，将介绍一个完整的设计实例——具有XY图形显示、数字串行/并行端口和其他一些精细结构的模拟"信号平均器"。没有什么微处理器系统是不需要软件的，因此还将介绍软件编程的一些要点。同时，还会用到LSI外设和存储芯片，以及它们的一些附加设备。然后，讨论定时数据总线和其他流行处理器，包括高度整合的"微控制器"芯片。最后，关注包括微处理器开发系统、评估板和模拟器使用在内的电子设计全过程。

11.1 68008 的详细介绍

微处理器的型号繁多，这给电路开发人员带来了很大麻烦。在微处理器世界中，不同微处理器芯片间的不兼容性普遍存在于硬件设备（信号线、接口协议等）和指令集中。与其为每个任务选择最好的微处理器，还不如选定合适的微处理器，然后建立一个好的开发系统并成为这方面的专家。这样做非常有效，因为事实证明，在基于微处理器的设计中，软件开发的成本和工作量往往要超过硬件设计。

这一章将集中研究Motorola 68008。它是广泛流行的优异的68000微处理器系列中的后起之秀。68000系列微处理器被广泛用于如Macintosh，NeXT，Sun和Apollo等微型计算机中。68008与68000（16位数据总线，24位地址总线）本质上是相同的，但其采用具有8位数据总线和20位地址总线的48管脚 DIP 封装。68008 运行与 68000 完全一样的编码，其较小的数据总线对用户完全透明。

11.1.1　寄存器、存储器和 I/O

寄存器

　　图11.1显示了68000（用"68000"来表示68000和68008具有的相同特征）的内部寄存器结构。这里有 8 个数据寄存器和 7 个地址寄存器，它们都具有复用功能；这与8086/8正好相反，其AX（AL）必须用于I/O，DX则用于端口寻址等。数据寄存器可以存储汇编语言定义的长度为字节（8 位）、字（16 位）及长字（32 位）的任何数据。运算和进位在数据寄存器中进行。

　　在 68000 的 12 种可能的寻址方式中，有 5 种情况是将地址寄存器作为存储器或 I/O 的指针；地址寄存器中只允许少数的算术操作（加、减、比较和移位）。整个 68000 系列芯片都没有段或段寄存器；整个地址空间都可以被访问（DIP 或四封装的 68008 为 1 MB 或 4 MB，68000 为 16 MB，68020/30 为 4 GB）。

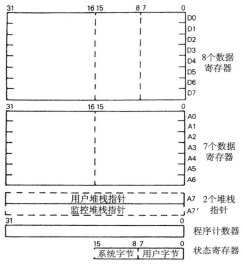

图 11.1　68000/8 寄存器

　　图中有一个专用堆栈指针（事实上是两个，但任何时间都只有一个是激活的）、程序计数器（或者"PC"，即 8086/8 中的"指令指针"）和状态寄存器（SR）。后者包括标志（0、进位、溢出等）、中断屏蔽字和方式位。

存储器和 I/O

　　与8086/8不同，68000处理器没有独立的I/O总线信号，也没有如IN和OUT的I/O指令。它将 I/O 当成存储器，给其一个完整长度的地址和一个选通信号。要连接一个 I/O 端口，需要对端口地址进行译码并把端口寄存器当成一个实际并不存在的存储器。这就是在微处理器中广泛使用的"存储器映射 I/O"（当然，在 8086 中，即使拥有独立的 I/O 协议，也常常使用 $\overline{\text{MEMR}}$ 和 $\overline{\text{MEMW}}$ 选通来将 I/O 作为存储空间）。

　　存储器映射 I/O 的优点是所有通常使用在存储器上的指令都能用来操作端口寄存器：MOVE 指令代替 8086/8 中独立的 IN/OUT 指令；也可在端口上直接进行算术运算（加、减、移位、比较和测试）、逻辑运算（与、或）和位操作（位设置、位测试）。存储器映射 I/O 的惟一真正缺点是需要对大量地址进行译码；然而在实际中这并不是问题，因为巨大的地址空间和少量的 I/O 端口意味着可以只对部分地址进行解码（后面将有具体实例）。

11.1.2　指令集和寻址

　　表11.1列出了68000完整的指令操作码。每条有效的汇编语言指令必须指定操作数（通过12种寻址方式中的一种）和数据类型（字节、字或长字）。Motorola 汇编语言的一条指令形式为：

　　操作码。长度　　源操作数，目标操作数

其中操作码来自表11.1；长度为字节、字或长字；目的和源操作数可以是寄存器、立即数或存储器。下面是一些例子：

```
MOVE.W  #$FFFF,D0        （立即寻址，寄存器寻址）
MOVE.B  (A0),(A1)        （间接寻址，间接寻址）
ADD.L   D5,(A2)+         （直接寻址，带有算后增量的间接寻址）
BTST.B  #2,$C0000        （立即寻址，绝对长度寻址）
```

表 11.1　68000/8 指令集

操作码	说明	操作码	说明
算术运算		**控制指令**	
ABCD	压缩 BCD 码加法	Bcc [a]	有条件转移
ADD	加	BRA	无条件转移（相对）
ASL	算术左移	BSR	转移到子程序（相对）
ASR	算术右移	DBcc [a]	测试，自减 1，转移
CLR	清零操作	JMP	无条件转移（7 种模式）
DIVS	除（有符号）	JSR	转移到子程序（7 种模式）
DIVU	除（无符号）	LEA	载入有效地址
EXT	符号扩展	LINK	链接堆栈
LSL	逻辑左移	NOP	空操作
LSR	逻辑右移	PEA	有效地址出栈
MOVE	移动	RTE	从异常返回
MULS	乘（有符号）	RTR	返回，恢复 cc's
MULU	乘（无符号）	RTS	从子程序返回
NBCD	压缩 BCD 码求反	STOP	停止
NEG	反	TRAP	陷阱（向量异常）
SBCD	压缩 BCD 码减法	TRAPV	溢出陷阱
SUB	减	UNLK	无链接堆栈
逻辑运算			
AND	逻辑与		
BCHG	位测试并改变		
BCLR	位测试并清零		
BSET	位测试并置位	**条件代码（"cc"）**	
BTST	位测试	CC	进位清零
CHK	检测寄存器是否越界	CS	进位置位
CMP	比较	EQ	等于零
EOR	异或	F	永不为真 [b]
EXG	寄存器交换	GE	大于等于零
NOT	按位求反	GT	大于零
OR	逻辑或	HI	高
RESET	脉冲复位线	LE	小于等于零
ROL	无扩展左循环	LS	小于等于
ROR	无扩展右循环	LT	小于零
ROXL	有扩展左循环	MI	负
ROXR	有扩展右循环	NE	不等于零
Scc [a]	有条件地设立一个字节	PL	正
SWAP	半寄存器交换	T	总为真 [b]
TAS	测试和置位操作	VC	溢出清零
TST	测试操作，设置标志	VS	溢出置位

a. 见"状态码"。　　　　b. 对 Bcc 指令无用，对"BT"使用 BRA。

第一个例子将16位寄存器D0设置为全1（符号"$"表示十六进制，而"#"表示立即数）；第二条指令从地址为A0的存储区复制一个字节到地址为A1的存储区；指令3将D5中的32位符号整数加到以A2为起始地址的存储区的4字节整数上（"长型"），再将A2加4；最后一条指令测试地址为C0000$_H$存储区的第2位，设置Z（零）标志（为了随后的转移指令）。注意与8086相反，操作数的次序为"源、目的"。

一般而言，在68000的任何指令中（68000 *Programmer's Reference Manual* 精确地介绍了能进行的操作，最有用的信息已浓缩在表11.2中），几乎允许任何一个指令的所有寻址方式和操作数尺寸，因此编写一段漂亮、高效的编码毫不费力。例如，在8086中，不得不通过清空AL寄存器来测试一个I/O端口标志，这需要5条指令（PUSH，IN，TEST，POP和Jcc）。相比之下，使用68000的BTST指令，再加上Bcc测试就能完成同样的任务；因为68000允许直接测试存储器位（以及端口寄存器），所以这里不需要使用寄存器。此外，"自动增加"寻址方式，如"(A2)+"，将有利于批处理。尽管这里没有解释所有的寻址方式和指令，但读者应该已经有能力自己完成以下习题。

习题 11.1 将一个 \$100 字节的数列从以 \$A0000 为首地址的表赋值到以 \$A8000 为首地址的表中。指令 BGT label（如果大于 0 则分支转移）将对我们有所帮助。

寻址方式

在上面的例子中，指令对立即数、寄存器中的内容和存储器（或端口）中的内容进行操作。68000提供了一系列"寻址方式"来区分这些操作数。表11.3列出了12种寻址方式，而Motorola总共有14种寻址方式。它们的含义如下：

寄存器直接寻址

语法：Dn (或 An)

例子：`MOVE.W D0,D1`

操作数为指定的寄存器的内容

立即寻址

语法：#xxxx

例子：`MOVE.B #$FF,D0`

操作数为指定的立即数

存储器绝对寻址

语法：xxx.W 或 xxx.L

例子：`ADD.W D0,$B000.W`

操作数地址以立即数的形式给出

间接寻址

语法：(An)

例子：`SUB.W D0,(A0)`

指定寄存器包含操作数的地址

带算后增量的间接寻址

语法：(An)+

例子：`MOVE.B (A0)+,(A1)+`

开始与间接寻址相同，然后 An 增加一个长度（size）

表 11.2　68000/8 允许的寻址方式[a]

操作	大小			源，计数值，或者位							目标					
	B	W	L	Dn	An[b]	( )[c]	abs	PC rel	imm	SR	Dn	An[b]	( )[c]	abs	PC rel	SR
ADD	●	●	●	●	-	-	-	-	●	-	●	●	●	●	-	-
"	●	●	●	●	●	●	●	●	●	-	●	●	-	-	-	-
ADDQ	●	●	●	-	-	-	-	-	3	-	●	●	●	●	-	-
AND	●	●	●	●	-	●	●	●	●	-	●	-	-	-	-	-
"	●	●	●	●	-	-	-	-	●	-	-	-	●	●	-	-
"	-	●	-	-	-	-	-	-	●	-	-	-	-	-	-	●
ASL, ASR	●	●	●	●	-	-	-	-	3	-	●	-	-	-	-	-
"	-	●	-	-	-	-	-	-	(d)	-	-	-	●	●	-	-
Bcc, BSR	●	●	-	-	-	-	-	-	-	-	-	-	-	-	-	-
BCHG, BCLR, 　BSET	●	-	-	●	-	-	-	-	8	-	●	-	-	-	-	-
	-	-	●	●	-	-	-	-	8	-	-	-	●	●	-	-
BTST	●	-	-	●	-	-	-	-	8	-	●	-	-	-	-	-
"	-	-	-	●	-	-	-	-	8	-	-	-	●	●	●	-
CLR	●	●	●	-	-	-	-	-	-	-	●	-	●	●	-	-
CMP	●	●	●	●	-	●	●	●	●	-	●	-	-	-	-	-
"	-	●	●	●	●	●	●	●	●	-	-	●	-	-	-	-
DBcc	-	●	-	●	-	-	-	-	-	-	-	-	-	-	●	-
DIVS, DIVU	-	●	-	●	-	●	●	●	●	-	●	-	-	-	-	-
EOR	●	●	●	●	-	-	-	-	●	-	●	-	●	●	-	-
"	-	●	-	-	-	-	-	-	●	-	-	-	-	-	-	●
EXT	-	●	●	-	-	-	-	-	-	-	●	-	-	-	-	-
LEA	-	-	●	-	-	(e)●	●	●	-	-	-	●	-	-	-	-
LSL, LSR	（见ASL，ASR）															
MOVE	●	●	●	●	●	●	●	●	●	-	●	-	●	●	-	-
"	-	●	-	●	●	●	●	●	●	-	●	●	●	●	-	●
"	-	●	-	-	-	-	-	-	-	●	●	●	●	●	-	-
MOVEM	-	●	●	●	●	-	-	-	-	-	-	-	(f)●	●	-	-
"	-	●	●	-	-	(g)●	●	●	-	-	●	●	-	-	-	-
MOVEQ	-	-	●	-	-	-	-	-	8	-	●	-	-	-	-	-
MULS, MULU	-	●	-	●	-	●	●	●	●	-	●	-	-	-	-	-
NEG, NOT	●	●	●	-	-	-	-	-	-	-	●	-	●	●	-	-
OR	（见AND）															
PEA	-	-	●	-	-	(e)●	●	●	-	-	-	-	-	-	-	-
ROXL, ROXR	（见ASL，ASR）															
Scc	●	-	-	-	-	-	-	-	-	-	●	-	●	●	-	-
SUB, SUBQ	（见ADD，ADDQ）															
SWAP	-	●	-	-	-	-	-	-	-	-	●	-	-	-	-	-
TAS	●	-	-	-	-	-	-	-	-	-	●	-	●	●	-	-
TST	●	●	●	-	-	-	-	-	-	-	●	-	●	●	-	-

a. 最常见的那些指令。b. 只针对 W 和 L 大小。c. "( )"表示所有地址寄存器非直接方式：(A_n), $(A_n)+$, $-(A_n)$, $d_{16}(A_n)$, $d_8(A_n, X_n)$。d. 移 1 位。e. 除了 $-(A_n)$ 和 $(A_n)+$ 以外。f. 除了 $(A_n)+$ 以外。g. 除了 $-(A_n)$ 以外。

表 11.3　68000/8 寻址方式

方式	语法	地址的产生
寄存器直接寻址		
数据寄存器直接寻址	Dn	EA = Dn
地址寄存器直接寻址	An	EA = An
绝对寻址		
绝对短寻址	xxx.W	EA =（下一个字）
绝对长寻址	xxx.L	EA =（下两个字）
程序计数器相对寻址		
带有偏移量的 PC 相对寻址	d.W(PC)	EA = (PC) + d_{16}
带有偏移量的变址 PC 相对寻址	{ d.B(PC, Xn.W) } { d.B(PC, Xn.L) }	EA = (PC) + (Xn) + d_8
寄存器间接寻址		
寄存器间接寻址	(An)	EA = (An)
带算后增量的寄存器间接寻址	(An)+	EA = (An); An ← An + N
带算前减量的寄存器间接寻址	–(An)	An ← An – N; EA = (An)
带偏移量的寄存器间接寻址	d.W(An)	EA + (An) + d_{16}
带偏移量的变址寄存器间接寻址	{ d.B(An, Xn.W) } { d.B(An, Xn.L) }	EA = (An) + (Xn) + d_8
立即寻址		
立即寻址	#xxxx	DATA = 下一个（多个）字
快速立即寻址	#x	内部数据

备注：

EA = 有效地址　　An = 地址寄存器(A0~A6)　Dn = 数据寄存器(D0~D7)　Xn = 作为变址寄存器使用的地址或数据寄存器

SR = 状态寄存器　PC = 程序计数器　　( ) = "其中的内容"　　d_8 = 8 位偏移量（"位移量"）

d_{16} = 16 位偏移量（"位移量"）

N = 1 为字节，N = 2 为字，N = 4 为长字，如果 An 是堆栈指针，操作数大小为字节，N = 2 保证堆栈指针为字长度

← = "替代"

带算前减量的间接寻址

　　语法：–(An)

　　例子：MOVE.W D0,-(A7)

　　An 先减小一个长度（size），然后进行间接寻址

带有偏移量的间接寻址

　　语法：d_{16}(An)

　　例子：MOVE.L(A0),100(A0)

　　操作数地址为(An)加上 16 位带符号位移量，d_{16}

带有偏移量的变址间接寻址

　　语法：d_8(An, Xn.W[或.L])（Xn 为 Dn 或 An）

　　例子：MOVE.L 100(A0),100(A0,D7)

　　操作数地址为(An)加上(Xn)加上 8 位带符号位移量，d_8

带有偏移量的 PC 相对寻址

　　语法：d_{16}(PC)

　　例子：LEA 100(PC),A3

　　操作数地址与指令地址相差 16 位的带符号位移量

带有偏移量的变址 PC 相对寻址

语法：d_8 (PC, Xn.W [或.L])

例子：`MOVE.W 100(PC,D0.W),D1`

操作数地址与指令地址的差为 8 位带符号位移量与 Xn 中内容的和

注释：前两种方式不对存储器进行寻址；而只寻址寄存器或立即数（内嵌在指令流中的常数；不能作为目的操作数，只能作为源操作数）。其他的所有方式都是存储器寻址方式。存储器绝对寻址适用于对 I/O 端口或单独存储器的访问，间接寻址（特别是带算后增量/算前减量）适用于队列或堆栈。此外，如果地址已经在地址寄存器中，它将比绝对寻址更快。因为指令执行期间不需要取（绝对）地址。如果需要得到"浮动地址"码，PC 相对寻址方式将特别有效，因为所有的寻址与编码自身相关联。注意，8 位和 16 位位移量是二进制补码整数（有符号），分别允许 ±127 和 ±32 767 的位移范围。注意，不能修改立即寻址和 PC 相对寻址的操作数（它们是"不可变的"）。

11.1.3 机器语言介绍

正如前面所提到的，我们使用的汇编语言并不是真正的微处理器处理的"目标代码"，它只是一种便于书写程序的助记符。程序中的汇编语言指令集必须转换为一组处理器真正能运行的二进制代码。与 8086 一样，每一条 68000 汇编语言指令编译成几个字节的机器代码。操作码一般为 2 字节长，如果要完成寻址，则需再加上 1 个字长（2 字节）。根据指令和寻址方式的不同，一条单独指令的长度可能为 2 ~ 10 字节。例如，指令

```
ADD.W (A1)+,D3
```

编译后的最小长度为 2 字节，即$(D6\ 59)_H$，其中包含寄存器编号、寻址方式及操作。而指令

```
MOVE.W #$FFFF,$A0000
```

则需要 8 字节长，即$(33\ FC\ FF\ FF\ 00\ 0A\ 00\ 00)_H$，其中操作和寻址模式由前两个字节确定，接下来的两个字节为立即数，而最后 4 个字节为长型的绝对目的地址。

当然，CPU 一般能知道如何解释这些机器码。通过具体指令操作码的结构可以了解 CPU 是如何"思考"的。图 11.2 剖析了 68000 中最流行的指令"MOVE"。下面来分析它。开始的两个 0 规定该指令为 MOVE 操作（大多数情况下是这样），而接下来的两位定义操作数的大小（见图 11.2）。有趣的是，由于双位的 00 不是合法的操作数，所以 0000xxx..xx 不是 MOVE 指令（不用担心，这并不会造成浪费——Motorola 用这种组合来表示其他指令）。接下来的 6 位用来描述目的操作数的寻址方式和存放的寄存器（如果有），而最后的 6 位用同样的方式来表示源操作数的寻址和存储情况；图中告诉我们如何形成那些编码。注意最后的 5 种寻址方式，它们并没有真正使用寄存器，而是公用保留的惟一方式字（111），并通过虚"寄存器"编号进行区分。如表中所示，如果指令中一个操作数的寻址方式需要附加信息（立即数、绝对地址或者位移量），指令将添加额外的字节。

值得注意的是，68000 指令集的 1/4 × 3/4 = 19% 都是关于 MOVE 的，以便使源和目的操作数支持所有的寻址方式。然而 Motorola 不能给表 11.1 中的其他 50 余条指令同样奢侈的待遇，因此限定了它们的寻址方式。例如，使用 Motorola 规定的术语 <ea> 表示所有的寻址方式，可以如下构造指令：

```
ADD <ea>, Dn
```

或

```
ADD Dn, <ea>
```

但是不能完全写成

```
ADD <ea>,<ea>
```

实际上通常使用汇编程序（运行在计算机或微处理器"开发系统"上）来完成指令构造这些繁重的工作。为了真正了解编译原理，我们来尝试一下"手动汇编"：

```
MOVE.W #$3FFF,(A1)+
```

这条语句很简单，大小为 11（字）；目的操作数的寻址方式为 011，寄存器为 001；源操作数的寻址方式为 111，"寄存器"为 100。所以操作码为

00 11 001 011 111 100，或 32FC$_H$

因此，完整的指令为

32 FC 3F FF

如果仅仅抽象地讨论指令集和寻址方式，大家可以彻底合上此书并永不再打开！所以，让我们来演示一个简单的编程实例，并进而介绍 68008 总线信号。这样将能够进行包括软件在内的完整 68008 电路设计。

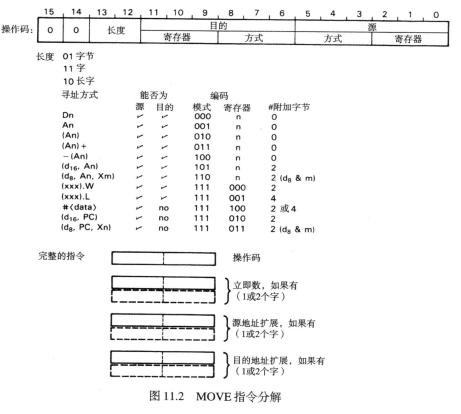

图 11.2 MOVE 指令分解

作为 68000 指令和寻址的例子，程序 11.1 介绍了两种方法，将首地址为 $8000 的 100$_H$ 字节的表复制到紧接其后的存储器空间（首地址为 $8100）中。在第一个程序中，使用带偏移量的间接寻址来实现存储器到存储器的移动（是 68000 所特有的功能，8086 没有），随后进行指针加 1 和计数器减 1 操作，最后进行测试。当采用 10 MHz 时钟频率时，一次循环耗时 6.2 μs，移动这个表需要 1.6 ms。第二个程序使用一个地址寄存器来指示目的地址。这样运行速度更快且支持算后增量，可

省去 ADDQ 指令。我们同样使用更高效（但需要一些技巧）的"减 1 并转移"（DBcc）指令。这样一次循环的速度几乎快一倍（每次循环 3.4 μs，共 0.87 ms）。

程序 11.1

```
                                    ; 移动 $100 字节的表
                                    ; 第一种方法
         MOVE.L    #$8000,A0        ; 表的地址
         MOVE.W    #$100,D0         ; 表的大小
LOOP:    MOVE.B    (A0),$100(A0)    ; 移动字节
         ADDQ.L    #1,A0            ; 指针加 1
         SUBQ.W    #1,D0            ; 计数器减 1
         BHI       LOOP             ; 循环直到全部完成
           o
           o
           o


                                    ; 第二种方法
         MOVE.L    #$8000,A0        ; 源表
         MOVE.L    #$8100,A1        ; 目的表
         MOVE.W    #$FF,D0          ; 大小减 1
LOOP:    MOVE.B    (A0)+,(A1)+      ; 移动字节
         DBF       D0,LOOP          ; 循环直到全部完成
           o
           o
           o
```

习题 11.2 编写一个程序，计算首地址为 $10000 的表中 16 位字的和。假设表的长度以字的形式在表头给出（不包括在加数内）；并假设和不会溢出。

习题 11.3 有一首地址为 $1000，长度为 100 字节的表，编写程序，颠倒表的次序。最直接（但很慢）的方法是先将颠倒的表放置到临时队列，再将颠倒后的表复制回来。而较快的方法是"原地"颠倒（但是小心前进时不要自己自己踩自己的脚）。使用这两种方式进行编程。

11.1.4 总线信号

如果了解 IBM PC 的总线信号，那么对 68008 的总线信号就不会很陌生，因为两者非常相似。68008 的总线信号列于表 11.4（与表 10.1 格式一样）和图 11.3 中。我们将按下面的顺序进行学习：程控数据传输（"数据输入/输出，即 I/O"）、中断和直接存储器存取。

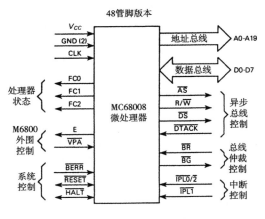

图 11.3 68008 总线

程控数据传输

图 11.4 为程控数据传输时序图。该图中包含一些在进行电路设计时通常被忽视的信号（如时钟信号 CLK 和地址选通信号 $\overline{\text{AS}}$）。68008 采用了单一的数据选通信号（$\overline{\text{DS}}$），一个读/写有向复用信号线（R/$\overline{\text{W}}$），而 PC 机中则使用两个选通信号（$\overline{\text{IOR}}$，$\overline{\text{IOW}}$）。

在执行写功能时，CPU 将 R/$\overline{\text{W}}$ 设置为低电平，并使位地址端和数据端有效，然后（允许有一些建立时间）使 $\overline{\text{DS}}$ 为低电平。接收端（存储器或者 I/O 端口）锁存数据，这些数据在 $\overline{\text{DS}}$ 信号的前

沿到来之前已保证有效（这和PC机不一样），并通过使位 $\overline{\text{DTACK}}$ 信号（数据传送确认信号）有效来确认数据可传送。CPU通过使 $\overline{\text{DS}}$ 无效（如果接收端正处于数据锁存状态，允许有一定的保持时间）然后使位地址和数据端无效来结束一个周期。这样在 $\overline{\text{DS}}$ 有效期间，以及 $\overline{\text{DS}}$ 有效前后的一段短暂的时间内，数据得到了很好的保持。在执行读功能时，与执行写功能的惟一不同在于CPU将保持 R/$\overline{\text{W}}$ 为高电平（表明为读周期），同时提前一个时钟周期设置 $\overline{\text{DS}}$ 有效，以使数据源有更充分的时间来响应数据调用请求。在 $\overline{\text{DS}}$ 信号结束之前，数据必须保持有效，图中给出了实际的时序图。

表 11.4　68008 总线信号

信号名	数量	有效电平	类型[a]	方向 CPU↔BUS	功能
A0~A19	20	H	2S[b]	→	地址
D0~D7	8	H	3S	↔	数据
$\overline{\text{AS}}$	1	L	2S[b]	→	地址选通
$\overline{\text{DS}}$	1	L	2S[b]	→	数据选通
R/$\overline{\text{W}}$	1	–	2S[b]	→	方向（读/写）
$\overline{\text{DTACK}}$	1	L	OC	←	数据传输应答（握手）
$\overline{\text{IPL0}}$~$\overline{\text{IPL2}}$	2	L	in	←	中断请求输入
FC0~FC2	3	H	2S[b]	→	指示循环的类型
$\overline{\text{VPA}}$	1	L	in	←	自动向量（或者6800型I/O）
$\overline{\text{BERR}}$	1	L	in	←	总线错误信号到CPU
$\overline{\text{RESET}}$	1	L	2S[c]	↔	重置
$\overline{\text{HALT}}$	1	L	2S[c]	↔	停止
$\overline{\text{BR}}$	1	L	OC	←	总线管理请求
$\overline{\text{BG}}$	1	L	2S	→	总线管理认可
E	1	H	2S	→	6800型I/O使能
CLK	1	–	in	←	CPU时钟（典型值10 MHz）

a. 2S 代表双态（接线柱输出）；3S 代表三态。　　　b. 如果无总线管理则释放。

c. 双重功能：能够被 CPU 置位（作为输出），也能够被外部信号驱动（作为输入）。

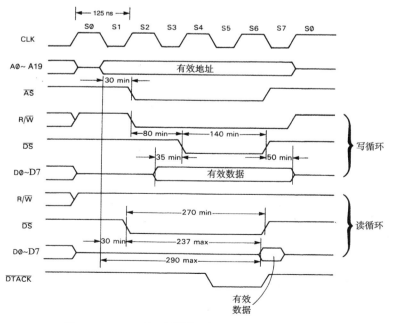

图 11.4　68008 读/写周期（8 MHz，无等待状态）

我们有必要对数据传输确认信号 $\overline{\text{DTACK}}$ 进行解释。在 10.3.10 节中将 68008 总线称为"默认等待"（异步的）：在 CPU 使 $\overline{\text{DS}}$ 有效后，CPU 需要等待从被寻址设备发送来的确认信号 $\overline{\text{DTACK}}$，以完成总线周期。如果 $\overline{\text{DTACK}}$ 信号在时钟脉冲 S4 结束之前返回，则不需要插入等待状态，其时序如图 11.4 所示。但是如果 $\overline{\text{DTACK}}$ 信号被延迟，那么 CPU 会保持输出稳定不变（在 S4 之后插入等待状态），直到 $\overline{\text{DTACK}}$ 信号返回。随后，CPU 就在 S5~S7 结束本周期。除非被寻址设备速度很慢，一般情况下是不需要插入等待状态的，所以被寻址设备应该在确认了被寻址地址（$\overline{\text{DTACK}}$ 信号只有在寻址已经完成的基础上才能被置为有效，否则若强迫置为有效，则需要与 $\overline{\text{AS}}$ "求与"，$\overline{\text{AS}}$ 发送一个有效地址）后迅速使 $\overline{\text{DTACK}}$ 信号有效。实际上，如果总线上的设备速度都很高，可以冒险将 $\overline{\text{DTACK}}$ 信号定为低电平，这样就使等待状态完全失效。这就是 *DTACK Grounded* 杂志的标题由来。这份杂志专门致力于高性能 68008 系列的应用研究。

上面讲的听起来都很复杂，但实际上 68008 的接口是很简单的。图 11.5 描述了一种最简单的读/写端口。地址线被译码，并在 $\overline{\text{DS}}$ 和 R/$\overline{\text{W}}$ 信号的限定下产生 D 寄存器的时钟信号（写）和三态使能信号（读）。每当此读/写端口被寻址时，$\overline{\text{DTACK}}$ 被置为有效，这是因为当所有设备和八进制寄存器速度一样快时，就永远不需要插入等待单元。我们采用了一个常见技巧，使用一个三态驱动器作为集电极开路驱动器。注意，我们使用 $\overline{\text{DS}}$ 信号的脉冲下降沿作为 D 寄存器的时钟信号，因为从数据开始有效到 $\overline{\text{DS}}$ 信号上升沿的时间间隔最小值只有短短的 35 ns，这和许多八进制寄存器所需的建立时间过于接近（如 LS 和 HCT 系列的建立时间都至少为 20 ns）。实际上，如果数据总线带有缓冲（例如带有 '245 八进制双向缓冲器），这些与 $\overline{\text{DS}}$ 信号有关的附加数据延迟都有可能与 '574 的最短建立时间相冲突。通过使用 $\overline{\text{DS}}$ 信号的跳变下降沿，就有额外的 140 ns，以获得充裕的建立时间（或者也可以使用透明锁存器，如 '573，它在锁存使能信号跳变下降沿锁存数据，这样至少需要 15 ns 的建立和保持时间）。

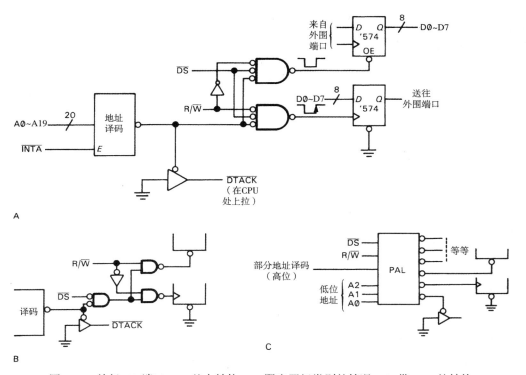

图 11.5　并行 I/O 端口：A. 基本结构；B. 限定了门类别的情况；C. 带 PAL 的结构

图11.5列出了这几种实际应用中的逻辑图。事实证明（见表8.2），在许多逻辑种类中，并没有3输入或门！一种解决办法是使用2输入门，如图所示。更先进的做法是将所有门逻辑都集中在一个组合PAL内。除了能减少芯片数量之外，PAL内含有多个门，可以允许为其他附加的外围端口提供时钟和使能信号，而所有这些都可以在一块芯片上完成。

在本例中，我们还应该注意到一个细节问题：在中断期间（即将讨论），68008执行一个中断应答周期，这和从存储器顶端（A4~A19为全"1"）进行读操作非常相似。假设真的在这里放一个存储器或寄存器，那么在中断周期中"功能码"位FC0~FC2将迫使我们停止对这个存储器的读操作。这就引出了接下来将要详细讨论的问题。

中断

68008允许由表11.4中的第二组总线信号引起自动向量中断和完全向量（应答）中断（如果已经忘记其工作原理，可参阅10.3.7节）。两种情况下都需要通过使两条优先级请求信号线（$\overline{IPL}$）为低电平来请求中断。这两条信号线定义了3种级别的中断（第4种状态——两条信号线均为高电平时，表示没有中断）。这些信号线和PC总线中的IRQ信号线相似，但是由于它们是电平敏感的，所以在每个中断级，可以使用多重中断设备（值得注意的是，68000以及一些68008变形中，有3条$\overline{IPL}$线，定义了7个级别的中断）。

当CPU发现一个中断请求的时候（至少有一条$\overline{IPL}$线为低电平），就执行一个应答周期（见图11.6）以确定中断源：将中断级别号给A1~A3，将A4~A19置为高电平；同时置功能码信号线FC0~FC2全部为高电平。然后执行一个读周期（也就是R/$\overline{W}$为高电平）。外围电路决定应答周期的类型是自动向量中断（根据$\overline{IPL}$的电平跳转），还是完全向量中断（根据中断设备加在D0~D7上的中断向量值跳转）。

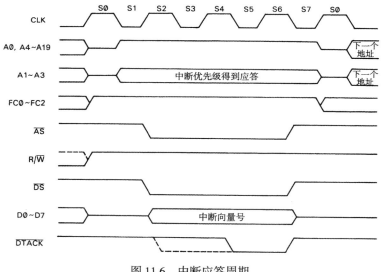

图11.6 中断应答周期

自动向量中断的情况最简单（见图11.7）。外围电路通过查看FC0~FC2检测应答周期，FC0~FC2和地址选通信号$\overline{AS}$一起作为$\overline{VPA}$的输入。随后，CPU使用存储在绝对位置$68，$74或$7C中的中断向量（也就是32位程序地址），根据$\overline{IPL}$线上不同的中断级别，跳转执行相应的服务程序。如果能产生中断的设备不超过3个，那么自动向量中断非常好用。实际上，即使存在更多的中断源，只要通过查询所有合法设备状态寄存器的方法（也就是说，所有的已知设备都有固定的中断级别服务）来确定中断源，使用自动向量中断就仍然是可行的。但是，如果存在很多潜在的中断源（在专用 68008 配置上一般不太可能发生这种情况），而且要求最小的等待时间，就应该采取完全向量中断方式。

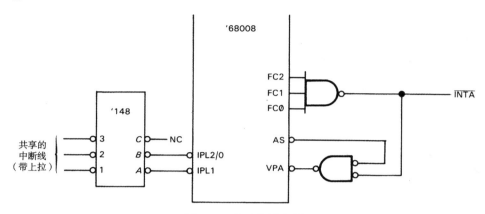

图 11.7　自动向量中断

完全向量中断的响应过程如下：首先，置位处理器的 $\overline{\text{VPA}}$ 使其保持无效（高电平）。然后，当（a）微处理器进行读操作并且 FC0~FC2 为高电平及（b）微处理器工作在中断请求所对应的 IPL 级时，调整整机线路，以便使每一个中断请求设备在数据线上都有一个惟一的向量。还必须确保在任一时刻，即使有多个设备同时发出中断请求，也只有一个设备能够声明它的中断向量。一种解决方法就是设置一个菊花链型串行中断优先信号 INTP，如 10.3.7 节所讨论的；它确保了即使有多个中断处于同一个 IPL 级别，也只有从电气特性上看离 CPU 最近的那个设备（处于一个合适的中断级别）的中断得到响应。

图 11.8 给出了另一种良好的解决方案。它不用笨拙的菊花链形式，而是各个可能请求中断的设备都有一根中断请求线。在每个总线周期开始时，（通过 AS 的上升沿）锁存这些中断请求线的状态，并将其送入优先级编码器中（该编码器为编号最大的输入产生二进制地址，见 8.3.3 节）。如果写入任何输入信息，编码器也会产生一个输出信号（$\overline{\text{GS}}$）；我们利用这个特性来初始化 CPU 中断。为简单起见，我们将所有的设备中断设置为同一 IPL 级别。当 CPU 响应中断时，先将返回地址入栈，然后初始化图 11.6 所示的应答周期，在此应答周期内电路将确定优先级编码向量并置 $\overline{\text{DTACK}}$ 信号有效。现在 CPU 进行向量跳转，跳到适当的处理设备。

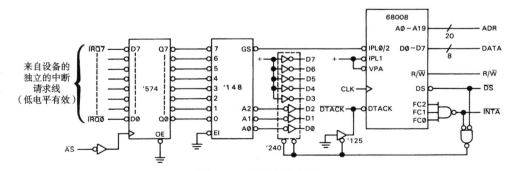

图 11.8　完全向量中断

以上步骤实现起来比较容易，对于 68000 系列来说，它实际上比自动向量中断更快一些。而且，使用'574 和'148 芯片，可以很简单地将中断设备数目扩展至 8 的整数倍。在这类电路中要求每个外围设备都有一根专用线（非总线型），虽然这样做破坏了数据总线的对称性，但相对于那种如果没有在空闲插槽上安置跳线器就会出现致命错误的菊花链来说，这种做法更可取。事实上，近年来，计算机总线（如 Macintosh II 中的 NuBus）正在朝着插槽专用中断线的方向发展。

在该电路中，有一点很有趣（也很重要）：我们可能会想，每个设备的中断请求在产生时已经被锁存过了（见图10.12），为什么还要分别锁存这些中断请求呢？这里存在很微妙的原因。一般情况下，中断设备和 CPU 时钟不是同步的，它们可能在任何时候产生中断。如果省略锁存中断请求这一步骤，当 CPU 正在从一个中断源读取中断向量时，另一个外围设备发出中断请求，那么在中途（CPU 获取中断应答向量期间）所获取的中断向量就可能发生改变，得出无法预期的结果。我们也许会因为这种情况很少发生而认为这是多此一举的，这种情况确实很少发生，但它可能发生，甚至可以估算它发生的频率。通过在每个总线周期的开始为每个"希望中断"的设备强制执行一个决定时间，可以消除上述问题（事实上，因为"亚稳定性"问题，该故障仍旧会以极低的概率发生，如果我们还有所担心，可以参考 8.4.2 节）。

习题11.4　假设同时存在两个以每秒1000次的频率发出中断请求的异步中断设备，我们不使用'574寄存器，而是采取冒险操作，并假定向量获取周期的临界时间为 1 ns，在此 1 ns 内，输入中断向量的改变将引起向量获取错误（如 CPU 可能读取到一个向量值，但这个向量值和两个输入向量都不同）。试估算 CPU 发生错误（如系统崩溃）的频率。

现在讲该电路的最后一点。68000 系列的 CPU 有一条称为 HALT 的停止指令。当执行该指令时，所有总线活动都将停止，仅允许通过中断（当然，也可以是彻底地重新开机）重新启动。但是，电路是不允许使用中断来重启的（为什么不允许？），所以必须禁止使用 HALT 指令，或利用一些其他的时序信息（如时钟变化）来锁存中断请求。

68000 允许编号从 40_H~FF_H 的 192 种不同的中断向量输入，相应的跳转地址（如相应服务程序的入口地址）存放在存储器 100_H~$3FF_H$ 的存储单元中。

直接存储器存取

使用 68000 时和在 PC 总线上不一样，直接存储器存取 DMA 并不是由单板 DMA 控制器加上地址计数器等进行控制的。68000 倾向于完全放弃总线控制权，在进行有序的总线控制转移后，新的控制者（可能是另外一台 68000，也可能仅仅是一个简单的外围接口）可以执行它想执行的任何操作，包括（而不是受限于）典型的 DMA 功能，即对存储器进行数据存取操作。

每个要想获取总线控制权的设备只需要将线或信号线 $\overline{BR}$ 置为低电平，并发出"总线请求"即可。CPU 将慎重处理这个信号，并以非常快的速度置"总线授权"线 $\overline{BG}$ 为低电平作为响应。同时 CPU 将释放对所有总线（$\overline{BG}$ 除外）的控制权，其中包括地址线、选通线以及表 11.4 中上标为"b"的其他控制线。此时，外部设备处于控制地位，直到它释放 $\overline{BR}$，CPU 才重新获得控制权。外部设备在控制期间遵守的规则和 CPU 平时工作遵守的规则相同，这样就不会使其他总线成员工作混乱。实际上，这些总线成员一般不知道发生了什么事，除非它们恰好查看了 $\overline{BR}$ 或 $\overline{BG}$ 信号。

如果存在多个外部总线控制候选，那它们将自行进行挑选（仲裁）。注意，由于此时 CPU 对 $\overline{BG}$ 信号仍持有控制权，因此它仍然保留一定的决定权。

剩余的总线信号

下面介绍表 11.4 中剩余的总线信号。

CLK。 CLK 为 CPU 的时钟输入，参见图 11.3 和图 11.4。我们推荐采用价格便宜、双列直插式 DIP 封装的商用晶体振荡器作为微处理器时钟，CTS, Dale, Motorola, Statek 和 Vectron 公司均生产供应这种晶体振荡器。68008采用对称时钟波形,此类时钟波形最好是由双稳态触发器对振荡器的输出进行分频得到。微处理器的器件号中(存储器也一样)一般标有最高时钟速度:现有版本的68008最高达到了 10 MHz 的时钟速度(MC68008P10)。一般而言,执行一个两字节指令需耗时 4 个时钟周期(见图 11.4),而对于那些带有更复杂寻址模式的指令,由于需要进行更多的存储器访问,其执行时间能达到 70 个时钟周期左右。

$\overline{\text{BERR}}$。该信号告知 CPU 在总线上发生了某种错误。例如,$\overline{\text{DTACK}}$ 信号作为数据选通的响应信号,如果没有被置为有效电平,那么 CPU 就会一直等下去。当程序试图访问一个不存在的存储器时,上述情况就可能发生。$\overline{\text{BERR}}$ 信号有效会引起一个类似中断的跳转操作(称为"异常"),转至软件处理。图 11.10 展示了一个简单的 $\overline{\text{BERR}}$ 电路。

$\overline{\text{RESET}}$ 和 $\overline{\text{HALT}}$。这两根信号线比较特殊,它们既可以工作于输入方式(用于复位或停止处理器),也可以工作于输出方式(CPU 通过该方式初始化系统)。图 11.10 简单明了地展示了这些信号线的使用方法。

E(Enable)。该输出信号听起来似乎很重要,其实不然。它(和 $\overline{\text{VPA}}$ 组合使用)的作用是将早期 6800 系列的外围芯片(适用于同步的、速度相对较慢的 6800 8 位微处理器)直接连接至 68008,其他时候可以忽略。

11.2 完整的设计实例:模拟信号均衡器

在以下章节中,我们将设计一个完整的基于 68008 的装置——模拟"信号均衡器"(在 15.4.2 节中将对它进一步讨论)。例子中包括 CPU 电路(其中又有 DTACK 和 BERR 等)、存储器(包括 RAM 和 ROM 两种)以及大量的接口:一个 DIP 开关和 LED 阵列、串行和并行端口、日历时钟/定时器、A/D 和 D/A 转换器以及一个用于切换选通交流负载的固态继电器。实际上,在该设计中各方面内容都涉及到了一些,所以说它是一个真正的通用微处理器模块,通过软件编程可以被嵌入到我们所希望的各种装置中。

我们将介绍整个硬件设计过程,指出如何选择器件和设计电路。我们要学习如何选择、连接存储器和外部设备,以及如何合理地分配存储空间。一旦完成了硬件部分,就开始讨论整体编程问题,并编写软件"模块"(代码段)来执行一些有趣的任务。尽管我们并不打算不厌其烦地解释每一行代码,但是在软件开发时总会遇上一些冗长乏味的代码,例如从键盘获取建立指令,这是无法避免的。最后将分析该装置的性能,即在该设计中使用微处理器所带来的灵活性,以及该装置隐含的对运行速度的限制情况。

11.2.1 电路设计

结构框图

图 11.9 为此微处理器装置的结构框图,图 11.10 为其电路原理图。首先我们来看结构框图,图中列出了连接到总线的设备。从微型计算机角度来看,存储器起初看起来是非平衡的,其中只读存储器 ROM 的容量达到读写存储器 RAM 容量的 4 倍之多。但当我们意识到对于一个专用装置而言,所有的程序和图表均存储在 ROM 中,而 RAM 只是用于数据缓冲及存储计算的临时结果时,那么存储器的这种非平衡就很容易理解了。此外,随着紫外线擦除可编程 ROM("EPROM")需求量的扩大,小容量 ROM 已经逐渐停产。如今已经很难找到容量小于 8 K × 8 的 EPROM 了。无论如何,标识出来的存储器容量大小是所需(一片 ROM 芯片和一片 RAM 芯片)的最小容量。在实际开发过程中如果存储容量不够用,增大存储容量是件很容易的事情。

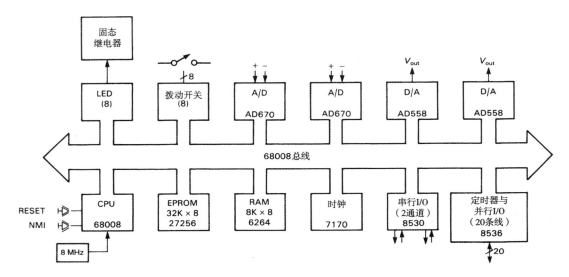

图 11.9　基于通用微处理器装置的结构框图

接下来，我们发现在总线上连接了一个日历时钟。对于任何需要进行定时测量或检测数据何时到达，以及其他定时工作的装置而言，日历时钟都是必不可少的。我们可以对日历时钟编程序，实现定时中断，中断频率可以从每秒 100 次到每天一次。也可以把它用做报警时钟（不是闹铃，只是产生一个中断），报警时间可以在接下来的 100 年中任选。在信号均衡器设计中，将在 8536 并行端口中使用定时器。当然，最好能有一个便于使用的日历。

8530 串行端口芯片是一种高性能 2 通道 USART（通用同步/异步接收器/发送器，见 10.5.1 节），该芯片内部集成了两个波特率发生器。它能处理常规 RS-232 的异步操作，同时还完全支持带有错误检测、时钟恢复、帧同步等功能的"SDLC/HDLC"同步协议。也许我们会认为相对本设计来说根本不需要功能这么强的芯片，不过用之无妨。8536 是由 Zilog 公司设计的一个伴随定时器，同时也是并行端口。8536 是一个能量源，拥有大量操作模式，例如通过编程，它的 20 条引线既可以作为输入使用，也可以作为输出使用；既可以工作在常规模式，也可以工作在反相模式；每个输出既可以是漏极开路，也可以是推挽式输出；而输入则既可以是常规输入，也可以是"冲激"输入（寄存器有效输入为一个瞬时高脉冲）。8530 的说明书一页接一页（共 26 页），它所能创造的奇迹会使我们大吃一惊。

看一看结构框图的第一行。模块 LED 是由 8 个发光二极管组成的简单阵列，可以方便地用来指示进展情况。在调试过程中，当其他方法都失效的时候，它们会发挥很大作用。在其中一位 LED 锁存输出位之后加载一个固态交流继电器，就可以控制一些大机器了。例如，通过 A/D 输入来检测温度，由交流继电器启动加热器，就可以制造出一个恒温浴室。相关的习题会给大家一个自我展示的机会。DIP 开关为一种 8 态开关，用于说明配置信息，例如告诉处理器在上电时使用哪个串行端口（何种波特率）。最后，我们接通一对 A/D 和 D/A 转换器，保证该装置能工作于模拟环境。

电路详述

现在开始讲真正有趣的部分。我们仔细看看浏览电路设计方案（见图 11.10）。

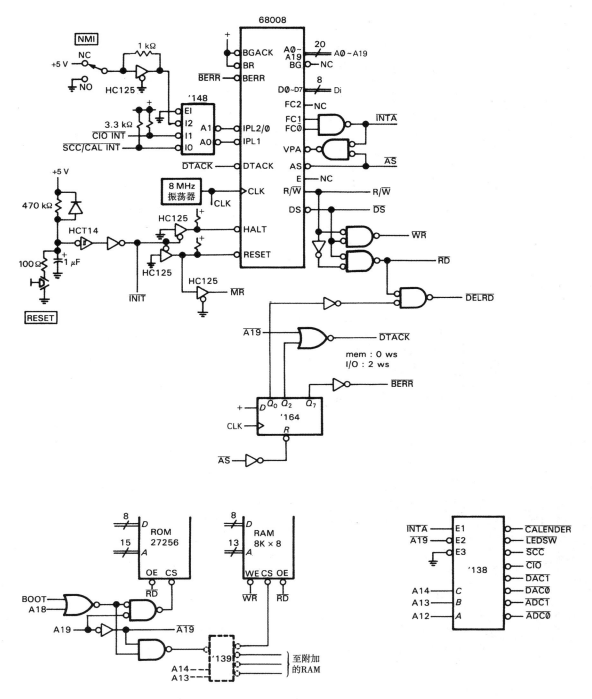

图 11.10 基于通用微处理器的装置（原理图）

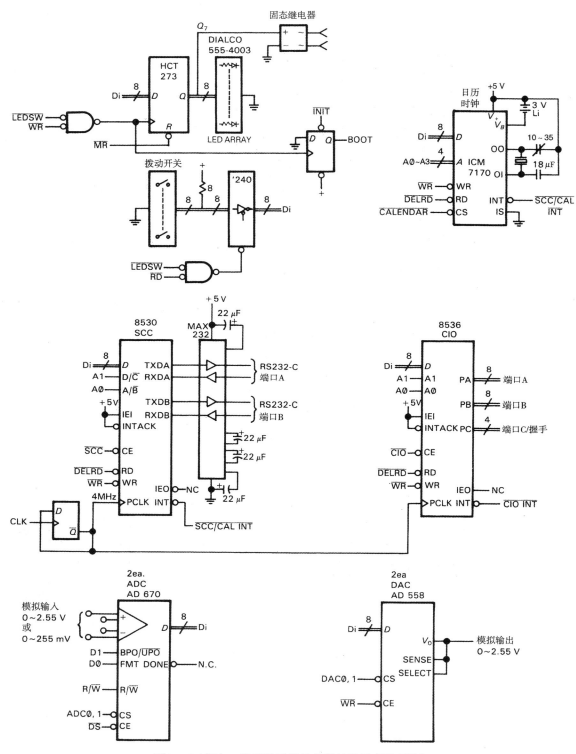

图 11.10（续）　基于通用微处理器的装置（原理图）

CPU

CLK。68008需要一个CPU时钟信号，即一个频率范围为2~10 MHz的逻辑方波。频率上限是由内部各种逻辑门和寄存器的固有速度决定的，目前市面上有最高时钟频率分别为8 MHz，10 MHz或者12.5 MHz的几种68008芯片。频率下限是由CPU使用的动态寄存器决定的。由于数据存储在充电电容而不是触发器中，所以动态寄存器需要定期"刷新"。计算速度和时钟频率是成正比的，所以我们总会希望频率越高越好，但是高频率存在以下缺点：（a）对存储器和外围设备的定时要求更高；（b）成本更高；（c）更大的功耗，尤其是对那些低功耗 CMOS CPU 和外围设备。一般情况下不考虑功耗问题，电池供电装置除外，参见第14章。在此选用8 MHz的时钟频率，因为此频率的时钟可以（二分频后）供串口芯片使用，否则需要单独使用一个振荡器为 USART 产生合适的频率，或减小波特率。

RESET，中断和选通。为了启动68008，需要置 $\overline{\text{RESET}}$ 和 $\overline{\text{HALT}}$（它们都具有双向性，必须使用带有上拉电阻的集电极开路电路）这两个信号有效。我们利用一个 RC 电路和施密特触发器实现简单的上电启动；同时并行设置一个手动重启的按钮。观察二极管后会发现，在供电瞬时干扰中有一个快速放电过程；为了得到更好的上电复位电路，可以使用MAX692"微处理器监督"电路，其复位输出信号受到严格控制。$\overline{\text{MR}}$ 信号线在启动和（维持128个时钟周期）CPU 执行 RESET 指令的时候均被置为有效，而信号线 $\overline{\text{INIT}}$ 只有在启动的时候才有效。

在这个简单的系统中选用了自动向量中断。将FC0和FC1相与，其结果指示中断应答周期，在此周期内，需要置 $\overline{\text{VPA}}$ 信号和地址选通信号 $\overline{\text{AS}}$ 有效。同时还使用 $\overline{\text{INTA}}$ 信号来禁止常规 I/O 译码（如后所述）。68008允许3种级别的自动向量中断：我们将慢速串行端口中断和日历中断进行线或，组成最低级别中断（IPL1）；而令等待敏感定时器（称为"CIO"芯片）中断为第二级中断（IPL0/2）。最高级别中断为"不可屏蔽"（两条IPL线均有效）的中断，留给了一个按钮操作（"NMI"，不可屏蔽中断），因此在程序调试期间，总能使主板不处于挂起状态。

我们可以使用一些逻辑门将68008提供的（$\overline{\text{DS}}$，R/$\overline{\text{W}}$）选通/方向信号变为（$\overline{\text{RD}}$，$\overline{\text{WR}}$）两个选通信号。在使用一些具有 Intel 风格，需要独立选通的外设时，它们可能派得上用场。

$\overline{\text{DTACK}}$，$\overline{\text{BERR}}$ 和低速外设。最后，我们使用一个8位并行输出移位寄存器（'164）作为一个状态机器，来依次产生几个需要的信号。该移位寄存器在CPU置 $\overline{\text{AS}}$ 信号有效之前一直保持复位状态。当CPU置 $\overline{\text{AS}}$ 信号有效时，就意味着开始了一个总线周期，此时1开始沿着寄存器传送，在每个CPU时钟的上升沿移入一位。输出 Q_0 用于为两个比较复杂的外设（SCC 和 CIO）产生延迟 $\overline{\text{RD}}$ 信号，我们在后面会讨论到。有些 I/O 设备运行速度较低，需要插入等待状态，因此我们使用寄存器输出 Q_2 来产生延迟的 $\overline{\text{DTACK}}$ 信号，使得所有 I/O 端口都获得2个等待状态（在设计中，所有 I/O 的存储器映射地址都超过了 \$80000，也就是说，A19为1），而存储器则没有等待状态（A19为0）。如果存在一个1在寄存器末级还在传输，就会引起麻烦，因为所有的总线周期都必须在此之前就结束。因此我们使用末级（Q_7）来置 $\overline{\text{BERR}}$ 信号有效，这个 $\overline{\text{BERR}}$ 信号能强制触发一个向量跳转（通过 \$08），以防止CPU一直处于挂起状态。在一个通用计算机中，设置这种总线"超时"信号是很重要的，因为如果没有它，当CPU访问一个并不存在的外设时，就会使机器瘫痪。

存储器

当启动68008时（通过置RESET和HALT信号有效），计算机将跳到存储器底部寻找两个至关重要的地址：存储在地址 \$04~\$07 中的32位起始地址和存储在地址 \$00~\$03 中的堆栈指针初值。读取这些地址之后，计算机初始化栈指针，然后跳转到起始地址。

由于CPU要在执行其他程序之前访问存储器的底部，因此这部分存储器必须使用非易失性存储器，也就是断电后仍能保存数据。最常选用的是 EPROM（"可擦除可编程只读存储器"，参见

11.3.3节），它是一种价格便宜、用紫外线可擦除、非易失性的字节宽度存储器，我们可以通过每个组件封装顶部的小玻璃窗（事实上为石英）来识别它。EPROM进行内容擦除需要半小时，而编程需要一分钟左右。EPROM的容量可达到兆，它们保持数据的时间比使用该EPROM的装置的寿命还长。在存储器底部使用EPROM的惟一缺点是各种向量（来自中断、总线错误和其他"异常"）也存储在存储器底部，而我们希望能通过程序控制随时改变这些向量值。

使用EPROM的一种称为"EEPROM"（"电可擦除可编程只读存储器"）的变形就能实现前面提到的功能。另外，也可以使用分两步的处理方式，在这种方式下，向量永久存储在EPROM中，指向存储在随机存储器（RAM，如下所述）中的一系列跳转（"跳转表"）。但是，还有一种明智的办法：可以进行合理安排，使得在上电时先访问存储器底部的ROM，再访问（通过程序控制）普通的，称为RAM的随机存储器。

再次看图11.10。我们使用了一片 32 K × 8 的 27256 EPROM，按照当前标准，它是中等容量。它有15个地址输入端、8个三态数据输出端、1个芯片使能输入端（$\overline{CS}$）和1个输出使能输入端（$\overline{OE}$）。任何一个寻址字节（由EPROM编程器预先写入芯片中，现在不可更改）只有在两个使能端（$\overline{CS}$ 和 $\overline{OE}$）都有效时才被送至数据线上。通常都是使用地址译码逻辑尽快置$\overline{CS}$有效，再在随后的读脉冲时置选通信号$\overline{OE}$有效。在我们的设计中，存储器（ROM或RAM）仅在A19为0时启用，也就是说存储器处于低半地址空间。此外，ROM只有在以下两种情况下，即（a）A18为1或者（b）BOOT位（启动时置位，程序控制时清零）置位时，才能启用。RAM同样处于低半地址空间，但是仅仅在ROM无效时启用。因此，当启动CPU时，BOOT触发器置位，ROM暂时处在地址空间 $0000~$7FFF中，而RAM不存在。ROM也存在于它真正的地址空间 $40000~$47FFF中。ROM中的前8字节被很巧妙地编码，用于跳转至高地址区中的后续启动程序，这时计算机会（在完成其他一些功能的同时）将LED端口（地址为$86000）清零。在向LED端口写数据的同时，会将启动触发器清零，使得RAM清除ROM的底部临时映射。为详细起见，下面给出ROM最初运行时所需用到的 16 个字节：

```
0000: 00 00 20 00                    ;初始堆栈指针
0004: 00 04 00 08                    ;"真实"ROM中的起始地址
0008: 13 FC 00 00 00 08 60 00        ;MOVE.B #0,$86000——启动清零
```

最后一条指令在地址 $40008 中执行，与从地址 $0004 中获取的初始地址有关。

8 K × 8 RAM芯片的连线很简单：它接收地址（8K）的低13位，当A19为0且ROM无效时启用。$\overline{RD}$和$\overline{WR}$选通线分别连到输出使能端（$\overline{OE}$）和写允许端（$\overline{WE}$）。暂时忽略虚线表示的额外的译码逻辑。那么除启动的时候，RAM一直处于地址空间的低端。在启动期间，它被ROM的临时映射替代。

在地址译码的时候，有一个特殊现象发生。观察RAM，我们忽略了地址的A13~A17位！所以，举个例子，存储中寻址地址为 $0000 就有多种可能的地址译码。它可以是 $2000 或 $4000，实际上，它可以为任何一个A0~A12，A18~A19位为0的地址，这样在地址空间中就出现了"多重出现"现象。为了解决这个问题，我们可以让RAM的使能端 $\overline{CS}$ 只有在A13~A17都为0时有效，但是这样做意义不大。存储映像"多重出现"充满整个地址空间可能会有些不严谨，但它没有什么害处，实际上，反而节省了逻辑门电路。同样的情况也发生于ROM（以及I/O）。图11.11画出了这个电路的存储器映像图，图中清晰地描述了"多重出现"现象。

当然，如果我们想扩大系统的存储容量，就要附加地址线。电路中描述了一种实现该功能的方法——在接下来的两条地址线上添加一个1-4译码器（'139），该译码器的使能端接原来RAM的使能端。这样，立刻就可以增加3个RAM。要继续扩大容量，按照这个思路去做就可以了。

习题 11.5 使用一个 1-8 译码器（'138），对原始电路进行扩充，使其连接 8 个 8 K × 8 的 RAM。

习题 11.6 调整原电路图，使其能连接 4 个 32 K × 8 的 RAM。

习题 11.7 调整电路，使其能连接 2 个 64 K × 8 的 ROM（27512）。

习题 11.8 分别画出与上面 3 个习题对应的新的存储器映像图。

存储器时序。 在介绍 I/O 之前，先看看存储器的时序情况。前面讲过，对于存储器的存取操作，DTACK 电路并不为其产生等待状态。只要存储器速度够快，可以满足图 11.4 中读和写周期的时序限制，这样做是可行的。但是真的够快吗？判断的方法是，用 68008 无等待状态时序图中的时间减去支持"粘和"电路在最坏情况下的延时，看看还剩多少存储器响应时间。下面我们试着这样做一下。

图 11.12 画出了一个读周期的情况，在通常情况下，读周期具有更复杂的时序。我们从频率为 8 MHz 芯片的 CPU 时序入手，因为在电路中选用了该时钟频率。最重要的是从 CPU 地址有效到存储器数据有效的时序段，因为它决定了我们所能容忍的存储器最大"地址访问时间"。这里，CPU 必须在数据有效前 290 ns 或更早输入一个有效地址，置 $\overline{DS}$ 有效必须在数据有效前 237 ns 或更早进行。RAM 的 $\overline{CS}$ 片选电路有两个级联逻辑门，假设我们分别采用了 74HCT02 和 74HCT00；那么在最坏情况下它们的延时分别是 28 ns 和 25 ns，加起来就是 53 ns。于是 $\overline{CS}$ 有效后，存储器就只剩下了 237（290 – 53）ns 的访问时间。类似地，可以算出（假设采用一个 74HCT32 芯片来产生 $\overline{RD}$）存储器在 $\overline{OE}$ 有效之后的 203 ns 之内必须提供数据。图中也显示了 8 K × 8 静态 RAM 的最慢级别（150 ns）在最坏情况下的时序：150 ns 的地址访问时间、150 ns 的 $\overline{CS}$ 访问时间和 60 ns 的 $\overline{OE}$ 访问时间。由于电路允许的访问时间分别为 290 ns，237 ns 和 203 ns，所以即使是时间最紧迫的情况下（$\overline{CS}$ 有效后进行访问），也有将近 100 ns 的空余时间。

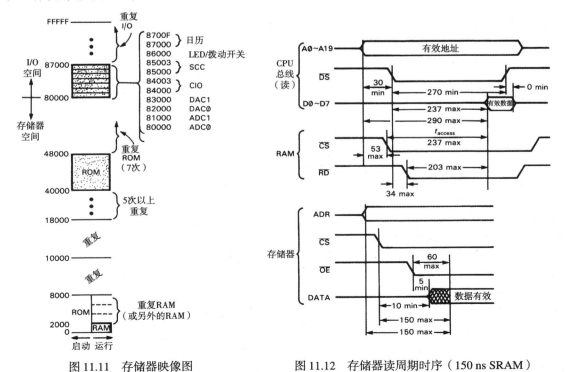

图 11.11 存储器映像图　　　　　图 11.12 存储器读周期时序（150 ns SRAM）

对于写周期，可以证明它的要求更宽松，在此我们不再进行类似的计算。显然，对于 RAM，即使是最慢的存储器，不插入 CPU 等待状态，也没有时序问题。

对于速率比 RAM 慢的 ROM 来说，情况就不是这样了。例如，32 K × 8 的 EPROM 的标准速率（地址有效到数据有效或 $\overline{CS}$ 有效到数据有效）为 150 ns，200 ns 和 250 ns。计算方法和以前一样，但是由于 $\overline{CS}$ 的门电路不同，因而计算时要多加 6 ns 的 $\overline{CS}$ 延迟时间，所以只有速度最快的两个级别的 EPROM 可以达到 $\overline{CS}$ 有效到数据有效 231 ns 的要求，并保证在没有插入等待状态的时候正常工作。为了解决问题，一般来说我们不会采取选用高速 ROM 的方法，而是通过采用速度更快的 74ACT 或 74F，使速度为 250 ns 的 ROM 也能满足要求。实际上，这些速度不是很快的器件在这个电路中可能工作得很好，因为前面对最坏情况的计算非常谨慎。它考虑的是所有最坏情况的组合，包括供电电压、温度和电容性负载。例如最坏情况的假设是：4.5 V 的电压、温度范围为 –40°C ~ +85°C 和一个不切实际的 50 pF 的高负载电容。尽管如此，如果想确保电路能够稳定可靠工作，尤其是在对装置进行产品质量检测时，应该坚持让设计能满足苛刻的要求。

外围电路

这个电路中有 9 个外围设备，所以我们采用一个 1-8 译码器（'138）作为地址译码开关（LED 指示器和 DIP 开关共享一个读/写端口）。当 A19 为 1 的时候译码器被选通，此时处于地址空间的 I/O 地址部分（高半部分）。正如前面所讲到的，在中断响应期间，该译码器也无效。我们使用地址线 A12~A14 作为译码器的输入，它们按照 $80000，$81000 和 $82000 等的顺序给各个外设分配地址。和处理存储器一样，忽略了高位地址线，因此进行有些"偷懒"的地址译码，一个外设在地址空间有多个映像。事实上，从地址 $80000 开始，上至 $FFFFF（有 50 万个地址），都被外设占用了！

习题11.9 通过精确计算一个外设在存储器中出现的次数，详细阐述上一段内容。写出 LED 指示器地址的一般形式，使用 x 表示"任意"。

习题11.10 不完全地址译码的惟一缺点就是在微不足道的几个外设上浪费了半兆的地址空间（其中绝大部分可以作为存储器）。试想一下，如果一个设计者想将 1 MB 地址中的大部分作为存储器，它将如何进行 I/O 地址译码，使得 8 个端口的存储器映像为 $FF000，$FF100，…，$FF700 且不响应其他低段地址。此时建立一个容量为 1 MB 的 RAM 的惟一阻碍是，存储器和 I/O 均响应高端 I/O 端口地址。试找出一种方法来解决这个问题。

我们注意到，地址译码给每个外设都分配了一整段连续的地址，这是因为低位地址线同样被 '138 忽略了。有些外设拥有多个内在寄存器，可以使用一些低位地址线来寻址。译码器可以看成是对外设基址的响应。现在我们来看电路中的 I/O 设备。

LED 和 DIP 开关。 这是两个最简单的端口。使用一个八进制 D 寄存器来驱动一组 LED 作为输出，地址译码 $\overline{LEDSW}$ 和 $\overline{WR}$ 有效作为 D 寄存器的有效时钟输入。注意，为了配合比较宽松的建立时间的限制，使用了下降沿触发。我们使用了一个二态输出的 '273 八进制寄存器，而不是三态的 '574。因为 '273 有一个 RESET 输入端，该输入在启动或处理器复位时有效，这一点很有用，它使 LED 寄存器在开始时灯是全灭的。HCT 逻辑拥有全摆幅饱和模式，并且具有很强的负载驱动能力（在 4.5 V 输出时为 8 mA），所以可以利用它驱动接地的 LED 阵列（使用 LS 逻辑时，LED 阵列接 +5 V），这样做会带来很大方便，LED 指示的是 1 而不再是 0。图中所示的 LED 阵列具有内置电阻，将电流限制在 6 mA。可以看到，LED 端口中有一位被用于驱动一个固态交流继电器。这些继电器很容易由逻辑电平驱动（保障开启电压为 3 V，负载电阻为 1.5 kΩ），同时它们使用"0 V"开关（见 9.1.8 节和 9.1.10 节）。注意，LED 端口的 WRITE 选通端执行双重功能，该端首次有效时清零 BOOT 触发器；一旦将该触发器清零了，就可以按照我们的意图使用 LED 端口了。

　　DIP开关的输入端也很简单，它使用了一个'240八进制反相三态缓冲器，该缓冲器由上拉开关电平驱动，$\overline{\text{LEDSW}}$端口译码使能，其中$\overline{\text{LEDSW}}$由$\overline{\text{RD}}$决定其是否有效。换句话说，如果向$86000写入数据，那么LED显示出来的就是写入的数据；如果执行读功能，那么会有一个字节指示DIP开关的设置。在此使用了一个反相缓冲器，这样，闭合的开关位读为1而不是0。

　　模数转换ADC和数模转换DAC。这也是两个比较简单的端口。这两个转换器都称为"完全"转换器，它们都拥有内部基准和时钟。AD670 ADC由于具有一个方向输入端和一个芯片使能输入端，所以和选通约定（$\overline{R/W}$和$\overline{\text{DS}}$）相匹配。每次进行写操作（芯片有效，R/W为低电平）时开始转换，而读操作则读取结果。在写操作期间，ADC锁存两个数据位：$\overline{\text{BPO}}/\text{UPO}$和FMT。$\overline{\text{BPO}}/\text{UPO}$用于控制输入范围（高电平为双极性，低电平为单极性）；FMT控制数字输出格式（高电平为二进制补码，低电平为无符号二进制）。DONE输出表示ADC转换已经完成，考虑到在10 μs（最大）的转换时间里，执行一些空操作比置一个标志位有效更简单，所以在设计中忽略了DONE信号。与许多外围芯片一样，AD670有一个低速处理器接口。详细地讲，它要求在写操作期间$\overline{\text{CE}}$有效至少300 ns，读操作期间要求$\overline{\text{CE}}$信号有效后有250 ns的访问时间。回顾图11.4可以看出，在一个普通（无等待状态）总线周期内，AD670的低速处理器违反了68008的快速时序要求；但是一旦插入两个等待状态（电路为$80000及其以上的地址均产生两个等待状态）就没有问题了，写操作时$\overline{\text{DS}}$的宽度变为390 ns，而读操作时$\overline{\text{DS}}$的建立时间变为487 ns。

　　AD558 DAC也是一个完全转换器，它使用的是比较方便的+5 V单级供电电压，输出电压信号。它为只写转换器，所以将$\overline{\text{WR}}$选通信号作为其芯片使能输入，而译码地址则用于芯片选择。在没有插入等待状态的时候，时序也是不满足要求的，AD558在到达$\overline{\text{CE}}$下降沿之前需要200 ns的数据建立时间和最小为150 ns的$\overline{\text{CE}}$脉冲宽度。如果没有等待状态，允许使用的时间分别为180 ns和140 ns，插入两个等待状态之后，其相应的时间就充裕多了，分别增加到430 ns和390 ns。

　　串行和并行端口。Zilog 8530 SCC（串行端口）和8536 CIO（并行端口和定时器）为典型的大规模集成电路（LSI）外围支持芯片。这些芯片通常具有很大的灵活性和很多种工作模式。通过向其中一个或多个内部寄存器发送特定的字节，可以选择运行某种操作模式。很多这类芯片的复杂程度可以和微处理器相比（见图11.13），需要花大半天的时间去学习如何编程控制它们的运行情况。

　　尽管LSI外围芯片一般是针对某种专门的微处理器设计的，但是由于它们有很强的通用性，通常也可以与其他制造商的CPU配合使用。实际上，Zilog 85xx芯片就自称是"通用型"的、不依赖总线的外围设备。尽管如此，在68008环境下，在$\overline{\text{RD}}$选通上还存在很小的总线冲突，对此使用一个延迟的$\overline{\text{RD}}$选通信号来克服它。

　　首先看看8536并行端口/定时器。它使用了一对选通信号（$\overline{\text{RD}}$，$\overline{\text{WR}}$）、一个芯片使能输入$\overline{\text{CE}}$（通常我们利用I/O地址译码器使其有效）。此外，它还要求一个时钟输入，一方面用于为它的定时器提供一个时钟频率，另一方面用于控制内部逻辑。8536具有完整的中断响应电路，可以在一个中断应答周期内将一个向量写到数据线上。此类功能的实现需要用到菊花链式优先级别线（IEI输入，IEO输出）和$\overline{\text{INTACK}}$输入，$\overline{\text{INTACK}}$信号有效时表明可以写入向量，一般不需要用到；然而，$\overline{\text{INT}}$输出是需要用到的，它用于请求中断。在总线接口线中，除了数据线D0~D7之外，只剩下两根用于寻址内部寄存器的输入线（A0，A1）。将它们与低位地址线相连，使内部寄存器存放在从基址开始的CPU地址空间内。以我们设计的系统为例，内部寄存器所处的存储器地址为$84000~$84003。从地址定位看来，只有4个内部寄存器，但这是错误的，事实上有41个可写寄存器和48个可读寄存器！可以分两个步骤访问，首先将含有目标寄存器地址的字节写入位于基址BASE + 3（$85003）的"控制"寄存器中，然后读或写这个寄存器。并行端口数据寄存器的情况很特殊，它简化了寻址，所以可以直接对它们进行读/写（位于地址BASE，BASE + 1和BASE + 2）。

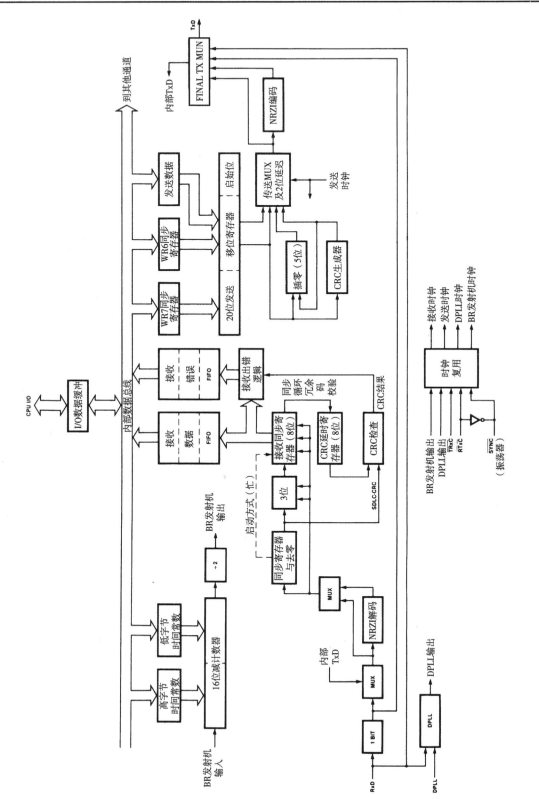

图 11.13　Zilog 8530 串行口框图

　　图 11.14 显示了 $\overline{RD}$ 选通信号的时序问题。8536 规定，在 $\overline{RD}$ 选通信号的前沿到来之前，A0~A1 需要至少有 80 ns 的建立时间，同时一般情况下它规定的响应速度非常慢，这时 8536 产生数据需耗时 255 ns，并且要求 $\overline{RD}$ 脉冲宽度（至少）为 390 ns。时至今日，这种缓慢的响应速度已是一个非常普遍的问题，可用插入等待状态的方法解决。但是等待状态不能解决地址建立时间过长的问题（参见图 11.4，图中显示了 $\overline{DS}$ 信号在地址有效 30 ns 后即可到）。为了解决这个问题，我们将 $\overline{RD}$ 信号延迟一个 CPU 时钟周期，采用为产生 $\overline{DTACK}$ 信号而设的移位寄存器电路就可以方便地实现这一点。这里，我们简单地将 $\overline{RD}$ 选通端和（反相的）移位寄存器的输出 Q_0 相与，其中 Q_0 在状态 S3~S4 的 CPU 时钟沿才被置为有效。这样就产生了延迟一个时钟周期（同时，作为普通的写周期 $\overline{DS}$ 信号）的 $\overline{RD}$ 选通信号，我们称之为 $\overline{DELRD}$。这给 8536 提供了 125 ns 额外的地址建立时间（也就是总共为 155 ns）。等待状态发生器仍会产生 2 个等待状态，使得整个周期时间足够长，以支持速度较慢的外设。

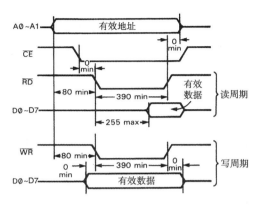

图 11.14　Zilog 8536 并口时序

　　幸运的是，$\overline{WR}$ 并不需要类似的电路，这是因为 68008 考虑周到地为写周期（看图 11.4 中写周期期间的延迟 $\overline{DS}$ 信号）提供了一个额外的建立时钟周期，而 8536 所要求的建立时间仍然是 80 ns（见图 11.14）。

　　8530 串行端口与 8536 并行端口的接口电路几乎是一样的。惟一的区别就是连至内部寄存器的地址线的命名不同。它使用 A0 驱动 A/$\overline{B}$（在双端口中选择 A 通道或 B 通道），A1 驱动 D/$\overline{C}$（选择数据或者控制寄存器）。这个芯片也含有很多寄存器，在两个通道中，每一个都有 16 个可写寄存器和 9 个可读寄存器，它们的访问方式和 8536 一样，分两个步骤进行。

　　8530 的输入时钟频率可以高达 6 MHz。我们选用 4 MHz，因为它允许异步波特率达到 9600。异步数据线 TxD 和 RxD 都是 TTL 逻辑电平，而不是双极性 RS-232（见 9.2.4 节和 10.5.1 节）。大多数 RS-232 驱动芯片（有代表性芯片是经典的 1488）要求双极性电源，但是在单极性 +5 V 系统中使用双极性输入会让整个系统停止运转。幸运的是，我们可以使用更灵巧的内置有快速电容式电压转换器的芯片，这种设计最早出现在 Maxim 生产的 MAX232 系列芯片（或 LTC 生产的 LT1080）中。注意，来自 8530 的漏极中断请求线和相应的日历时钟线是线或的，所以两者都产生 IPL1 级别的自动向量中断。处理这个级别的中断处理器，必须通过程序控制的读操作查询每个设备的状态寄存器，以区分中断源。以后对此会进行说明。

　　日历时钟。 最后一个外部设备是日历时钟，它也是 LSI 芯片，并有一些有趣的装置。其总线接口和 Zilog 部件很相似，它包含一对 Intel 风格的（$\overline{RD}$，$\overline{WR}$）选通端和 5 个内部寄存器寻址位。同样它也可能存在 $\overline{RD}$ 时序问题。我们说"可能"是因为数据表并不明确，它只规定了 $\overline{RD}$ 信号到来前地址建立的"典型"时间（100 ns），而没有给出一个最小值。我们已经有了 $\overline{DELRD}$ 选通端，现在就可以将它派上用场。ICM7170 是一种比较现代的，带有内置电池切换电路的日历时钟，如图所示，使用时只需要装上一节 3 V（锂）电池就行了。使用以前的日历时钟芯片时，我们总为在关机时需要按顺序置控制线无效而烦恼，现在 7170 会完成所有这些工作。当然，没有 +5 V 电压时，不能和该芯片进行对话。电池的作用只是保持时钟在休眠期间仍然计时，这样，当它被使能时就可以继续准确地工作。

电路电源

完成了电路设计之后，很容易忽略诸如电源和接地等细节问题，但这是绝对不能忽略的。我们在电路中使用"5 V 逻辑"，通常是指 5 V ± 5%（此例中 CPU 和某些外设要求 V_{CC} 在 +4.75 V 到 +5.25 V 之间）。进一步考虑，供电电压不应该有大的尖峰脉冲，最好能使用 0.1 μF 的含少量钽电解质的陶瓷电容来除去尖峰脉冲。"大的尖峰脉冲"的一种极端情况就是在电源供电时，由于 +5 V 电压调节器完全失控而引起猛烈的过电压现象。在这类情况下，应该在主板或供电电源上设置一个过压短路装置（见 6.2.3 节）。当考虑电源供电时，在微处理器电路板上很容易出现 1 A 甚至更高的直流漏电流，而在驱动插件的电路板插槽上可能出现高达几安的电流。所以要预先进行完善的计划，设计出稳定的印刷电路，同时使之具有足够大的电流承受能力。

正如 9.2.1 节中讨论过的，在 PC 板上和 PC 板间的地线十分重要，应该使之具有低自感系数。尽管在双面板中采用"网格"地线方式铺线已经能满足正常工作的要求（下一章将对此详细讲解），但最好的办法还是专门空出多层 PC 板中的一层给地线。最后，对于上电复位电路提出一点建议：图 11.10 中描述的简单的 RC（和二极管）电路具有很大的吸引力，问题是这样的电路可能并不响应那些足以干扰运行程序的短暂电压下降。如果微处理器电路是某个装置的一部分，结果就是装置开始不正常工作，此时令它恢复正常的惟一方法是关闭交流电源，然后再打开！这种现象已经在不少商业仪器设备上出现过，当然也在我们自己设计的这个电路中出现过。设置一个性能良好的监督电路是最好的解决方案，例如使用 Maxim 公司的 MAX690 系列。

解决了相对简单的硬件设计问题后，我们将进入真正艰难的部分——编写程序。

准备热身：煮鸡蛋程序

正如许多实际问题一样，信号均衡器的例子将是一件复杂的程序编制任务。接下来将详细介绍在设计一个基于微处理器的装置时所涉及的主要技术问题。要想独立设计这样的系统，仔细阅读以下内容必将对我们有很大帮助。

在深入讨论这些问题之前，让我们先看一个简单的通用微处理器电路程序的例子。生活中，电脑应该为我们分担一些不必要的苦差事。我们让它来做这件事——每天早上 8 点为我们煮一个鸡蛋！煮 5 分钟。

图 11.10 中，假设将固态继电器与咖啡杯的内置加热器连接，杯中有水和一个生鸡蛋。我们来看看程序 11.2 中的程序代码。

程序 11.2

```
        ;每天早上8点煮5分钟鸡蛋
        ;确保日历时钟的设置，电脑的运行
        CLR.B    $86000            ;对LED和交流继电器清零
        MOVE.B   #$OC,$87011       ;24小时时钟设置，没有中断

wake:   MOVE.B   $87001,D0         ;得到小时数
        CMP.B    D0,#8             ;到早上8点了吗？
        BNE      wake
        MOVE.B   #$FF,$86000       ;是。开始煮鸡蛋，打开所有发光二极管

cook:   MOVE.B   $87002,D0         ;得到分钟数
        CMP.B    D0,#5             ;煮了5分钟了吗？
        BNE      cook
        CLR.B    $86000            ;是。停止煮鸡蛋，关掉发光二极管

wait:   MOVE.B   $87001,D0         ;得到小时数
        CMP.B               D0,#8  ;到早上9点了吗？
```

```
BEQ     wait
BRA     wake                    ;是的。等待明天再煮鸡蛋吧!
```

为了让程序看起来更简单,我们假设电脑一直在运行,已经设置了日历时钟。在信号均衡器的例子中我们将介绍怎样处理这些令人厌倦但又非常重要的细节! 程序代码一开始先将发光二极管的端口清零,这是为了关闭加热器,当然同时也将日历时钟设置为 24 小时模式并且关闭中断。然后将进入一个循环("WAKE"),在该循环中不断地检测日历时钟的小时数,直到出现"8",此时将向发光二极管的端口传送一个全 1 字节,这样就打开了加热器,点亮了所有的发光二极管。

现在程序进入第二个循环("COOK"),这个循环用来不断地检测分钟位,直到出现"5",这时将传送一个零字节来关闭加热器(以及发光二极管)。最后,程序进入第 3 个循环("WAIT"),它将又开始不断地检测小时位,直到出现"8"才会停止。此时,程序将无条件地返回到第一个循环,等待第二天早上 8 点的到来!

我们写这个粗略但能用的程序是为了说明这有多么简单。不过,为了少占篇幅,我们设计的程序都还很粗略,因此大家不要照搬这个程序。如果扩充代码段,可以使定时器更聪明一些,例如用模数转换器的一个端口去感应水是否达到沸点,以确定煮鸡蛋实际所需的时间,甚至可以使加热器保持恒温,以节约能源! 另外,还允许我们通过 NMI 按钮设置唤醒时间或者煮鸡蛋的时间间隔等。一个数模转换器的端口可以以"步进数位"的形式显示这些时间,同时另外一个数模转换器的端口(连接到枕边的扬声器)能轻声告诉我们鸡蛋熟了,用温柔的关怀和美妙的音乐把我们从睡梦中唤醒……不过我们好像跑题了!

好了,现在是深入研究的时候了!

11.2.2　编制程序:任务的确定

倘若在编程之前我们尚未打算好想要做什么,这就很容易浪费很多时间,而且在过程中会让自己陷入完全迷惑的境地。当我们用汇编语言编写专用控制器的程序时,尤其容易发生这种情况,这是因为汇编语言的源代码本身不含清晰的模块,也没有高级语言的控制流。此外,为了优化实时性能,我们通常会借助于一些小诀窍和不透明的方式去解决问题。假如编程进行到一半我们还在考虑总体流程该是怎样的,那么目标代码的众多分支,主程序和中断服务程序间的关系,软件标志在不可预知的地方被改变,向外设传输的控制指令等,会让我们很快陷入无休止的打补丁工作中。正如粉刷一个房间,准备的时间也许超过了实际的工作时间,但这是非常值得的工作。

我们正在设计的信号均衡器就是一个很好的例子。它并不是一个很精密复杂的仪器,但从后面的中断处理流程图(见图 11.21)很容易看出有些过程还是相当复杂的,如标志位和信号的设置和读取、中断向量的实时变化以及整个控制流程等。因此,非常值得花时间去了解这个仪器是怎样工作的。

什么是信号均衡器

信号均衡器,有时也称为多通道计数器,是一种用于提高周期性模拟输入信号质量(即信噪比)的仪器设备。这个模拟信号会不可避免地受到非周期性噪声(或干扰信号)的干扰。这种功能是这样实现的:在每个周期多次测量信号的幅度,并将这些幅度的采样值存储到一组连续的二进制存储器中,然后将输入波形在随后其他周期的对应样值也按顺序加到相应的二进制存储器中。换句话说,就是将信号波形以周期为模累加起来。正如在 15.4.2 节中将要详细介绍的那样,这样可以提高二进制存储器中累加信号的信噪比,因为(周期性的)信号随时间线性增加,而(随机)噪声随着时间的平方根波动上升。我们将通过二进制存储器的每一次连续周期性累加称为一次"扫描"。一个典型的数据可能由几千次扫描得到。

一个性能好的信号均衡器会不间断地在CRT显示器上显示累加的波形（保存在大约1000个二进制存储器中），而且给我们一个很宽的选择范围，如每个二进制存储器持续时间的选择、触发方式的选择以及显示标度的选择等。在我们设计的电路中会出现上面谈到的许多功能特性，但不是所有的。为了能让这里举的例子更贴近本章的内容，我们精心挑选了一些有特色的功能实现，通过它们可以向大家展示一个完整软件的设计思路和一些有用的技巧，而决不会华而不实。

性能特性

由于接下来会解释的一些原因，我们选择使用带标有文字的开关的常规控制面板，而不使用流行的键盘以及CRT选项菜单。我们的信号均衡器因此就像一个普通的仪器，其控制器必须预先定义好功能和量程。当准备这个章节的时候，我们就是从决定设置的功能和量程着手的。

我们决定使用256个二进制存储器，包括一组可选择的每个二进制存储器的持续时间。信号均衡器适用于两种不同的周期性现象，一种是有固有周期的（如大海的涨潮期），另一种则是能够周期性地触发和驱动的（如神经冲动或谐振扫描等）。因此我们提供两种扫描方式，一种是触发式，即仪器在收到外部触发信号后进行扫描；另一种则是自动循环式，即周期性地循环扫描。我们提供两种方式终止信号均衡器，一组预先设置好的扫描总数，以及一个停止开关（开关按下后，下一次完整的扫描后结束）。我们的设计包括 X 方向和 Y 方向上的模拟输出（以及 Z 方向的增辉脉冲），这都是为了能在一个XY CRT上连续地显示均衡信号，并进行更新。我们提供一组显示标度（受两个因素控制）和一个灵敏的自动标度模式选择，在这种模式下，数据根据已经完成的扫描数目不断重新定标（使标准化）。最后，还有一些LED状态指示器（待命或正在扫描）以及逻辑电平输出，指示当前状态为"扫描中"还是"扫描结束"。下面是信号均衡器参数的详细说明：

模拟电压输入范围：±5 V

二进制存储器的个数：256

内部表示法：32 位带符号整数

每个二进制存储器的持续时间：100 μs ~ 1 s，按 1-2-5 的顺序

采样：有限积分（100 μs 采样的总和）

可编程的扫描次数：1 到 20 000，按顺序 1-2-5

扫描模式：等待触发或自动循环

显示方式：可选择标度或自动设置标度

显示标度：1~16 kΩ 输入范围，受两个因素控制

输入：模拟信号

输出：X，Y，Z（连到 CRT），SWEEP，END

其他控制：启动，停止，复位（重新启动）

图 11.15 显示了信号输入与输出微处理器的情况。对于所有的数字信号都使用了 8536 并行端口，并对其方向和极性做适当的设置。所有来自开关的数字输入都需要外加上拉电阻，且开关要接地。由于我们利用软件实现去抖动，故不需要去抖动电路。

模拟滤波器很重要，需要在此做一点说明。如果对有限带宽（最大频率用 f_{max} 表示）连续模拟波形的振幅进行周期性采样，那么只有在采样频率大于或等于信号最大频率的两倍，即 $2f_{max}$ 时，才能将输入信息存储。如果没有满足这个奈奎斯特准则，将会发生有趣的事情。如图 11.16 所示，会出现波形失真现象，这是由于欠采样造成的，在这种信号频率接近采样频率的情况下，在 0 频率附

近会出现虚假信号。为了避免此现象发生,必须采用截止频率为二分之一采样频率或更小的低通滤波器对输入波形进行滤波。

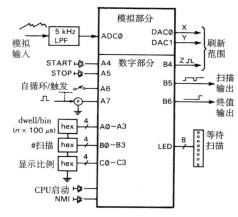

图 11.15　信号均衡器的控制以及输入输出。"LED"在图 11.10 中是
个指示端口,"A","B"和"C"对应 8536 的并行端口位

图 11.16　欠采样造成的图形失真

这些是十分简单的,但是如何控制信号均衡器中每个可调的二进制存储器所持续的时间及采样时间呢? 一个可行的方法就是在输入端设置一个低通滤波器(或许是一个时钟频率可调的开关电容滤波器)来和持续时间相匹配。这样做很有意义,因为如果选择的持续时间较长,那么高频信号对我们来说是没什么意义的。但是我们注意到一个简单的解决方法,如果在这段持续时间内对信号进行积分(或取平均),就会得到一个自动跟踪低通滤波器。因此,信号均衡器常常在输入端使用 V/F 转换器(里面本身具有积分器)。我们的解决方案和以上原理相同,以 10 kHz 频率对模拟输入信号进行采样(用一个频率为 5 kHz 的图形保真滤波器)。当持续时间延长时,通过加入适当数量的连续采样有效地进行积分。图 11.17 展示了前端控制面板的大致结构。

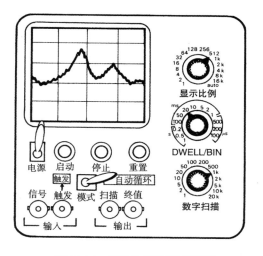

图 11.17　信号均衡器的面板图

未使用的特性

需要解释一下还有什么没考虑,为什么没有。由于以下几种原因,我们决定不使用现在流行的键盘/菜单。第一,我们经常会觉得使用键盘十分恼人,因为每种键盘有不同的工作方式,我们必须不断地学习如何使用它们。第二,它们使用起来很慢,仅仅改变标度都要通过打字才能实现! 最后,一个键盘/菜单的配置需要烦琐的句法分析和屏幕软件驱动程序,而没有任何教学意义。所以我们决定使用并行端口读取面板控制信号,虽然这限制了可选项而牺牲了灵活性,但却非常快捷和简单。

还有一些其他特性可能会使仪器的功能更强大，但是我们为了尽可能控制篇幅而舍弃了它们。我们本可以有第二个模拟输入通道（有两个模数转换器），每次扫描时二进制存储器的个数可变，多个数据存储器集通告当前二进制存储器个数的数字输出以及和二进制存储器个数相对应的模拟输出（为了控制模拟量的数量）。这些都是我们想要的增强性能，还有一个被疏忽的基本特性是将最终数据传输到微处理器，这最好由一个串口完成。

这个电路中所涉及到的功能性能可能还有一些其他的工作方式，例如含有模/数和数/模转换器的微处理器系统能够从嵌入式的模拟多路复用器中受益，这个多路复用器能将数模转换器的输出反馈到模数转换器。这样就能用软件测试所有的转换器，作为上电基本测试的一部分（同样包括存储器和端口测试等）。我们甚至能用模数转换器检测电源的供电电压。

习题 11.11 我们需要安排一个端口地址，使 CPU 能通过这个地址写入 MUX 选择指令。试通过在 ADC 的输出端连接模拟多路复用器来实现。

11.2.3 程序编写：详细介绍

概述

程序往往是非常复杂的。对时序有严格要求的汇编语言程序通常都是这样的。我们将向大家展示最终要在硬件上运行的机器代码原貌，而不是一堆不切实际的伪指令和助记符。如果不一层层地解释，我们是不可能明白这些代码的含义的。为了尽快开始，我们采取总分式的讲解，也就是说从确定核心任务入手，然后确定处理的顺序，以及主要程序模块间的通信协议等。完成这些后，进入下一阶段，画出每个独立程序模块的流程图。最后，写出实际汇编语言代码。

注意，以下这些材料是尽可能详细的。只想大致了解概要的读者只需浏览具体分析程序的部分，然后直接跳到 11.2.4 节或 11.2.5 节就可以了。

图 11.18 进行了一定的简化。在 RAM 中分配 3 个分组，一组由 256 个 32 位的长整型数据元素组成，用来存储各个二进制存储器的当前数据（DATA）；一组由 256 个 16 位（字）的整型数据元素组成，存储每个二进制存储器对应的扫描次数，用来将"自动定标模式"中的数据标准化（NORM）；还有一个 256 个字节的分组，用来存储不断发送到显示器（DISPLAY）的数据。我们的工作是：第一，将模数转换器中的新数据加入到数据（DATA）队列中，同时相应地更新 NORM 队列；第二，在 DISPLAY 队列中将长整型数据按字节划分（如果是自动定标模式，使用 NORM 队列；否则只需移位）；第三，连续显示那些字节。

以下介绍在上电后程序是如何运行的：当电源开关打开时，CPU 开始启动，并从 ROM（正如我们在 11.2.1 节中介绍的，它在内存底部的虚拟映射巧妙地向自身提供启动向量）开始运行。各种外围芯片必须初始化（通过向命令寄存器传输正确的字节），程序还要将队列、指针、初始值等进行初始化。像这样的一个仪器设备可工作于几种状态（等待开始、读取数据等）。我们从待命状态开始，等待某个人按下"启动"按钮。但是机器也不是完全死机状态，它同样在显示初始化为全 0 的数据。

当按下"启动"按钮后，程序将读取控制面板的其他部分，以得到操作参数。然后进入数据读取模式（按照控制面板指定的参数），同时显示正在进行的信号均衡情况。当完成指定的扫描次数，或者检测到"停止"按钮被按下后，程序将返回到待命状态。

定时：对比由中断驱动的任务与由程序设计的任务

最重要的工作就是要确保 A/D 转换器每隔 100 μs 进行一次变换，以及对变换的数据进行积分，然后加入到 DATA 阵列中。其次，就是要使显示屏以至少 40 Hz 的速度不断更新，以避免闪烁。重要性次之的是保持 DISPLAY 存储器与 DATA 阵列中的变化保持同步。

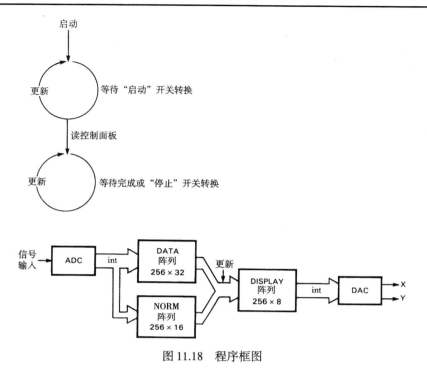

图 11.18　程序框图

最初,我们可能会认为最重要的任务应该放在主程序的循环中,然后不时地让一些中断分去一些时间来执行不那么重要的任务。这样想就错了!中断比正在运行的程序有更高的优先权,因此,最紧迫的工作应该在中断处理程序中完成,而次重要的工作应该在主程序中完成,即一旦有空余时间才进行这些工作。这样,显然假定了程序处理机能够快速地处理中断。正如我们将看到的,68008中大量的寄存器使它成为一个相当高效的中断处理器。68008 十分适合此工作。

正如已经在图 11.18 中显示的,每隔 100 μs,A/D 转换器的数据经过间隔为 100 μs 的中断进入DATA 阵列,这个时间间隔由 8536 中的可编程计数器产生。通过运行一个名为“update”的程序段(由于所有有效的数据采集都是在此程序段不断运行中进行的,因此必须检查有无中断程序设置的标志,用来提示何时中断完成),主程序只是忙于不断更新 DISPLAY 阵列。原先,我们也准备在主循环中完成显示屏的更新,但这样做有困难,在送 D/A 转换器显示输出每一对 XY 数据的同时,必须输送一个 Z 轴(轨迹加强)脉冲。我们已经在 10.5.2 节中说明了怎样产生一个软件脉冲,就是在端口位送入 1 后再送入 0。这些 Z 轴脉冲必须有相同的脉宽,否则显示时会出现有些地方亮,有些地方暗的问题。不过因为中断的不断出现,这种方法不能保证得到可靠的等脉宽软件脉冲。

习题 11.12　为什么不行?

一个解决方法就是关闭中断,产生脉冲,然后再打开中断。这个方法实在拙劣,因为这会给我们的主要任务,即周期性收集 ADC 采样信号带来很大延时。幸好,我们找到了更好的方法,把显示一个点作为中断处理程序的辅助任务。它每隔 100 μs 执行一次,因此完整的 256 点图每秒将被显示 40 次。更好的是,即使当主程序处于其他状态时(如“待命”,即等待“启动”),中断也将继续进行,因此显示屏不会中断显示。最后,还有一个惊人的意外收获,在启动 A/D 转换器之后,必须等 10 μs 才能读取转换结果,这个时间刚好送一对 XY 数据对到 D/A 转换器,换句话说,在中断处理程序中,完成显示更新根本不需要额外的执行时间!

□ 主程序：设置

我们已经做了很长时间的分析准备工作。下面让我们看一下程序执行的详细任务吧！首先,看看图 11.19 所示主程序的流程图。这个流程图与程序 11.3 的汇编代码十分相符。

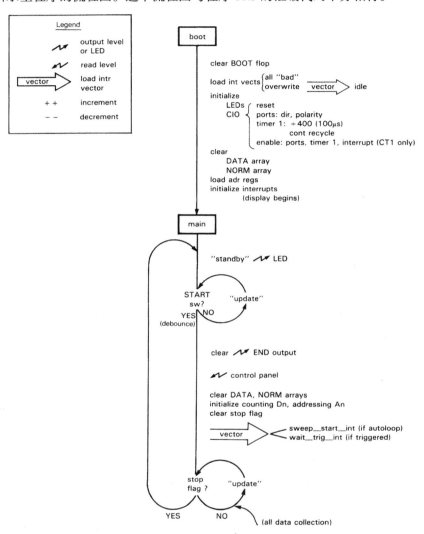

图 11.19　主程序流程图

程序清单从 RAM 地址定义（包括中断向量、变量以及阵列空间）和端口地址（和位地址）定义开始。这些定义在后面将被作为存储器中的操作数和端口地址指令使用,汇编程序以此来代替实际地址。即便结果是一样的,还是应该使用定义（而不是在代码中直接使用实际地址）。因为这样不仅能使随后的代码可读性更强,而且在随后的修正中更容易改变端口和位的分配。端口地址与原理图一致,包括外设的内部寄存器,可通过低位地址或两个字节的转移寻址。

程序清单同样说明了怎样使用 68008 中的寄存器。每一次中断,我们将从 A/D 转换器得到数据,将其加入当前的二进制存储器,并检测二进制存储或扫描次数是否已完成。我们本可以把指针和计数器存储在存储器中（当使用一个像 8086 一样的低性能处理器时必须这样做）,但是为了中断处理器的需要必须保留足够的寄存器,这样能使中断更加高效地进行。因此,我们分配了一系列的数据寄存器, D7用来寄存当前二进制存储器的累加, D6用来寄存每一个二进制存储器的持续时间, D5用来寄存每一·次扫描中二进制存储器的计数, D4用来寄存显示阵列的位移量, 还有一个暂存寄存器D3。同样, 还为3个阵列（NORM, A6; DATA, A5; DISPLAY, A4）以及最常用的端口［ADC0, A3; CIO（并行端口）, A2］保留了地址寄存器。只要中断被打开, 主程序绝对不能使用这些寄存器。

读者也许想知道, 用绝对寻址就可以完成的事情, 为什么还要浪费地址寄存器（具有面向阵列和自动增1的特性）去存储固定的端口地址。速度就是其中的原因。绝对寻址指令

```
MOVE.B ADC0,D0
```

其中, ADC0是一个长整型绝对地址（在这里是 \$80000）, 需要28个时钟周期（在处理器中需要3.5 μs）, 而指令

```
MOVE.B (A3),D0
```

中, 使用A3间接寻址, 只需要12个时钟周期。所用时间的不同完全是由于68008用4个时钟周期移动一个字节所带来的总线通信问题。第一条指令需要CPU取一个2字节的操作码, 4字节的地址扩展, 最后是数据字节, 一共是7个字节, 也就是28个时钟周期。第二条指令需要CPU取2字节的操作码, 然后是1字节的数据, 一共是3个字节, 也就是12个时钟周期。总的来说, 细总线设备（如68008, 它内部32位的体系结构在其8位的外部总线结构下肯定会很拥挤）最容易受到紧张的密集寻址的影响。

最后, 我们开始编写程序了！ROM的前8个字节是最重要的起始向量, 它们分别指向堆栈指针和程序的入口点。程序的入口点在后面的"真实"ROM中（应该是 \$40008）, 因此可以立即将BOOT位清零, 使得RAM取代启动所需的ROM虚像。现在, 可以将中断向量装载到低位RAM中, 在指定的区域中, 68008规定指定的存储单元（表11.5列出了所有的向量地址）: \$68（INT2）, \$74（INT5）以及 \$7C（NMI = INT7）。我们仅仅使用了INT5（来自并行端口芯片中的100 μs定时器）, 它与中断处理程序地址一起被载入。处理程序要完成许多不同的事情, 这完全取决于机器状态（待命、等待触发、开始新的扫描或者正在扫描中）, 因此我们将数据都写入一个总处理程序。它根据工作任务的不同设置了多个不同的入口。现在, 尚未准备好读取数据, 因此将idle_int入口点的地址装载到INT5向量存储单元中。最好将所有没用到的中断以及其他向量用一个bad_int向量载入, 以防出现一些故障（如, 以零作为除数或假中断等）; 将它们与一个指向程序段的指针一起装载, 则会在LED显示屏上闪现特别的东西（稍后会详细讨论）。

表 11.5　68000/8 向量表

向量编号	地址[a]（十六进制）	分配
0	{ 000	初始 SSP } 复位
	004	初始 PC }
2	008	总线错误
3	00C	地址错误
4	010	非法指令
5	014	被零除
6	018	CHK 指令
7	01C	TRAPV 指令
8	020	违反优先权
9	024	轨迹
10	028	1010 仿真程序
11	02C	1111 仿真程序
12~14	030~038	保留

（续表）

向量编号	地址ᵃ（十六进制）	分配
15	03C	未初始化的中断向量
16~23	040~05C	保留
24	060	伪中断
25ᵇ	064	1 级自动引导中断向量
26	068	2 级自动引导中断向量
27ᵇ	06C	3 级自动引导中断向量
28ᵇ	070	4 级自动引导中断向量
29	074	5 级自动引导中断向量
30ᵇ	078	6 级自动引导中断向量
31	07C	7 级自动引导中断向量
32~47	080~0BC	TRAP 向量
48~63	0C0~0FC	保留
64~255	100~3FC	用户（允许的）中断向量

a. 均为 4 个字节（长整型）的地址。b. 48 管脚的 68008 上没有，因为 $\overline{IPL0}$ 和 $\overline{IPL2}$ 连接到一个管脚上。

现在让我们进入冗长乏味但又十分必要的工作——端口初始化。我们必须彻底搞清楚要将哪个控制字以什么样的顺序写入哪个寄存器。这是为了随意驱使像 8536 这样高度灵活的外设所付出的代价。这将包括在简单的并行端口情况下，选择方向、极性、模式和中断；以及选择定时器的模、级联、触发模式和中断等。并行端口和定时器的全部初始化代码已经在程序 11.3 中给出。初始化启动了并行端口 A，B 和 C，将端口 B 的 4~6 位设置为输出，其他的都设置为输入（见图 11.15）。我们对定时器 0 初始化，将 4 MHz 的时钟频率进行 400 分频，然后不断触发，由此产生（在 INT5 上）每隔 100 μs 一次的中断。注意，我们已经将所有的开关输入都进行了转化，因此闭合开关（一般接地，这里上拉到 +5 V）时读取的是 1 而不是 0。对"停止"开关，我们从"1 秒钟捕获"的输入选择上受益匪浅。因为在突发的关机信号关机前，可以完成最后一次完整的扫描。

最后，将 RAM（用于子程序段）中的阵列清零，对寄存器初始化，开启中断，然后跳转到主程序段。

程序 11.3

```
;RAM 存储单元定义
   ;向量
init_stack_top    EQU    $000          ;初始 SSP
reset_vect        EQU    $004          ;启动向量
int5_vect         EQU    $074          ;五级中断
   ;参数
dwell_per_bin     EQU    $400          ;每一个二进制存储器的持续时间
num_sweeps        EQU    $402          ;通过 decode_table
auto_loop_flag    EQU    $404          ;1= 自动循环，0= 触发
   ;内部标志
stop_flag         EQU    $405          ;当扫描完成时由处理程序置位
   ;变量
led_store         EQU    $407          ;存储器中的 LED 映像
update_offset     EQU    $408          ;下一点的变址
   ;列
data_array        EQU    $1000         ;未标范围的数据（长整型）
norm_array        EQU    $1400         ;扫描 / 二进制存储器（字）
display_array     EQU    $1600         ;二进制位移量，已规定了范围（字节）

;端口定义
```

```
ADC0                EQU     $80000          ;保存在 A3 中
DAC0_OFFSET         EQU     $2000           ;来自 ADC0 的位移量（由 A3 指定）
DAC1_OFFSET         EQU     $3000
LED                 EQU     $86000
    ;并行端口地址
CIO_CNTRL           EQU     $84003          ;控制寄存器
CIO_PA_DATA         EQU     $84002          ;端口 A 的数据
CIO_PB_DATA         EQU     $84001          ;端口 B 的数据——保存在 A2 中
CIO_PC_DATA         EQU     $84000          ;端口 C 的数据
CIO_CNTRL_OFFSET    EQU     2               ;A2 中的地址索引
CIO_PA_OFFSET       EQU     1
CIO_PC_OFFSET       EQU     -1
    ;并行端口内部寄存器（通过 CIO_CNTRL 访问）
MAST_CNTRL          EQU     $00
MAST_CONFIG         EQU     $01
PA_CMDSTAT          EQU     $08
PA_MODE             EQU     $20
PA_POLARITY         EQU     $22
PA_DIRECTION        EQU     $23
PA_SPECIAL          EQU     $24
PB_CMDSTAT          EQU     $09
PB_MODE             EQU     $28
PB_POLARITY         EQU     $2A
PB_DIRECTION        EQU     $2B
PB_SPECIAL          EQU     $2C
PC_POLARITY         EQU     $05
PC_DIRECTION        EQU     $06
PC_SPECIAL          EQU     $07
    ;内部定时寄存器（通过 CIO_CNTRL 访问）
CT1_CMDSTAT         EQU     $0A
CT1_MODE            EQU     $1C
CT1_FROM_MSB        EQU     $26
CT1_FROM_LSB        EQU     $27
CT3_CMDSTAT         EQU     $0C
    ;并行端口位分配
    ;输入——端口 A
START_BIT           EQU     4               ;开始扫描
STOP_BIT            EQU     5               ;最后停止扫描
AUTO_LOOP           EQU     6               ;1= 自动循环，0= 触发
EXT_TRIGGER         EQU     7               ;如果不是自动循环则触发输入
    ;输出——端口 B
Z_BLANK             EQU     4               ;显示增辉范围
SWEEP_BIT           EQU     5               ;当扫描时为高电平
END                 EQU     6               ;最后一次扫描后为高电平
    ;LED 位分配
LED_STAND_BY        EQU     7
LED_SWEEP           EQU     6
BOOT_BIT            EQU     0               ;上升沿删除虚像 ROM
    ;日历时钟和串行端口
CAL_CNTRL           EQU     $87011          ;日历时钟控制寄存器
SCC                 EQU     $85000          ;串行端口基地址

;通用寄存器的使用，为了快速的中断处理
    ;数据寄存器
;D7- 每一次持续时间的当前累计值
;D6- 剩余的持续数（0 为终端计数）
```

```
;D5- 剩余的二进制存储器计数（0 为终端计数）
;D4- 每一次激发的 XY 显示值的变址（位移）
;D3- 积分寄存器；同时是 START 按钮的去抖动
    ;地址寄存器
;A6-NORM 阵列指针
;A5-DATA 阵列指针
;A4-DISPLAY 阵列的基指针
;A3- 指向 A/D 转换器；D/A 转换器的位移量
;A2- 指向端口 CIO_PB_DATA 端口；用于其他 CIO 端口的偏移量

;ROM 程序段从这里开始
    .ORG $40000                         ;汇编命令，定义 ROM 地址
    .long $2000                         ;初始化 SSP —— RAM 的顶端
    .long reset_entry                   ;启动向量，应该是 $40008

        ;下面是第一条可执行的语句
reset_entry:
    MOVE.B  #0, LED                     ;确保 LED 寄存器已清零，然后关闭
                                        ;既然已处在真正的 ROM 区，启动触发器

        ;现在对向量表初始化
    MOVE.W  #255, D0                    ;表的大小减 1
    MOVE.L  # bad_int, D1               ;要装载的向量
    MOVE.L  #0, A0                      ;第一个向量的存储单元

vect_init_loop:
    MOVE.L  D1, (A0)+                   ;装载向量
    DBF     D0,vect_init_loop           ;然后循环
        ;现在，用初始的处理程序入口装载 int5
    MOVE.L  #idle_int,int5_vect

        ;现在初始化端口
        ;首先是 LED 端口
    MOVE.B  #0,led_store                ;清除 LED 存储器映像
    BEST    #LED_STAND_BY, led_store        ;接着设置待命位
    MOVE.B  led_store, LED              ;传送到 LED 端口
    ;删除日历时钟和串行端口
CLR.B   CAL_CNTRL                       ;关闭日历中断
MOVE.B  #09,SCC
MOVE.B  #$C0, SCC                       ;关闭 SCC 中断
    ;并行端口（CIO）
MOVE.B  CIO_CNTRL, D0                   ;读取并迫使到 0 状态
MOVE.B  #MAST_CNTRL, CIO_CNTRL          ;准备复位
MOVE.B  #$01, CIO_CNTRL                 ;在复位状态
MOVE.B  #$00, CIO_CNTRL                 ;跳出复位状态
MOVE.B  #MAST_CNTRL, CIO_CNTRL          ;主中断控制
MOVE.B  #$00, CIO_CNTRL                 ;尚未启用
    ;端口 A
MOVE.B  #PA_DIRECTION, CIO_CNTRL        ;端口 A 的指令
MOVE.B  #$FF, CIO_CNTRL                 ;所有的输入
MOVE.B  #PA_POLARITY, CIO_CNTRL         ;端口 A 的极性
MOVE.B  #$7F, CIO_CNTRL                 ;所有的开关输入反向
MOVE.B  #PA_SPECIAL, CIO_CNTRL          ;端口 A 的模式
MOVE.B  #$20, CIO_CNTRL                 ;停止开关是 1 的捕获
MOVE.B  #PA_CMDSTAT, CIO_CNTRL
MOVE.B  #$E0, CIO_CNTRL                 ;关闭端口 A 的中断
    ;端口 B
```

```
        MOVE.B   #PB_DIRECTION, CIO_CNTRL        ;端口 B 的指令
        MOVE.B   #$0F, CIO_CNTRL                 ;高 4 位是输出
        MOVE.B   #PB_POLARITY, CIO_CNTRL         ;端口 B 的极性
        MOVE.B   #$0F, CIO_CNTRL                 ;输入反相
        MOVE.B   #PB_SPECIAL, CIO_CNTRL          ;端口 B 模式
        MOVE.B   #$00, CIO_CNTRL                 ;所有都不锁存
        MOVE.B   #PB_CMDSTAT, CIO_CNTRL
        MOVE.B   #$E0, CIO_CNTRL                 ;关闭端口 B 的中断
        MOVE.B   #$00, CIO_PB_DATA               ;将所有的输出清零
        ;端口 C
        MOVE.B   #PC_DIRECTION, CIO_CNTRL        ;端口 C 的指令
        MOVE.B   #$0F, CIO_CNTRL                 ;只有 4 位输入
        MOVE.B   #PC_POLARITY, CIO_CNTRL         ;端口 C 的极性
        MOVE.B   #$0F, CIO_CNTRL                 ;反相
        MOVE.B   #PC_SPECIAL, CIO_CNTRL          ;端口 C 模式
        MOVE.B   #$00,CIO_CNTRL                  ;所有都不锁存
        ;定时器
        MOVE.B   #CT1_FROM_MSB, CIO_CNTRL        ;计数模的 MSByte
        MOVE.B   #1, CIO_CNTRL                   ;400 的 MSByte
        MOVE.B   #CT1_FROM_LSB, CIO_CNTRL        ;模的 LSByte
        MOVE.B   #144, CIO_CNTRL                 ;400 的 LSByte
        MOVE.B   #CT1_MODE, CIO_CNTRL            ;定时模式
        MOVE.B   #$83, CIO_CNTRL                 ;连续的，没有输入 / 输出
        MOVE.B   #CT1_CMDSTAT, CIO_CNTRL         ;中断
        MOVE.B   #$20, CIO_CNTRL                 ;清除中断
        ;最后要做的
        MOVE.B   #MAST_CONFIG, CIO_CNTRL
        MOVE.B   #$D4, CIO_CNTRL                 ;开启端口 A,B,C 和定时器
        MOVE.B   #MAST_CNTRL, CIO_CNTRL
        MOVE.B   #$80, CIO_CNTRL                 ;打开芯片的中断
        MOVE.B   #CT1_CMDSTAT, CIO_CNTRL
        MOVE.B   #$23, CIO_CNTRL                 ;定时器 1 启动以及中断


        ;端口的初始化已经完成
        ;关于阵列，寄存器，指针等的设置
BSR     clear_arrays                             ;对 DATA 和 NORM 阵列清零
        MOVE.L   #display_array, A4              ;初始化屏幕数据指针
        MOVE.L   #ADC0, A3                       ;A/D 转换器指针
        MOVE.L   #CIO_PB_DATA, A2                ;端口 B 的指针
        CLR.B    D5                              ;剩余的扫描次数
        CLR.L    D4                              ;显示位移量
        CLR.W    update_offset                   ;更新 DISPLAY 阵列的变址


        AND.W    #$F8FF, SR                      ;打开中断
main_loop:
        BCLR     #LED_SWEEP, led_store
        BSET     #LED_STAND_BY, led_store
        MOVE.B   led_store, LED
        ;现在，等待"启动"开关
        ;开关必须保持一会儿开的状态，然后关闭
wait_for_zero:
        BSR      update                          ;更新屏幕，需时 40 μs
        BTST     #START_BIT, CIO_PA_DATA
        BNE      wait_for_zero                   ;循环直到"启动"开关打开
        MOVE.W   #1024, D3                       ;去抖动延时（刷新要用 D0~D2）
```

```
check_debounce:
        BSR     update                          ;循环时刷新屏幕（40 μs）
        BTST    #START_BIT, CIO_PA_DATA
        BNE     wait_for_zero                   ;若是抖动则重新开始
        DBF     D3, check_debounce              ;必须保持打开 1K 循环
        ;现在等待按钮被按下
wait_press:
        BSR     update                          ;边等待边刷新屏幕
        BTST    #START_BIT, CIO_PA_DATA
        BEQ     wait_press                      ;循环直到"启动"开关按下

        ;已经按下"启动"开关，现在读取控制面板
        BCLR    #END, CIO_PB_DATA               ;清除 END 输出信号
        MOVE.L  #decode_tbl, A0                 ;二进制存储器的时宽及扫描的表格
        MOVE.B  CIO_PA_DATA, D0                 ;读取自动循环和二进制存储器的时宽
        BTST    #AUTO_LOOP, D0                  ;自动循环的开关是否设置
        SNE     auto_loop_flag                  ;如果是这样设置标志
        AND.B   #$0F, D0                        ;屏蔽十六进制的转换
        ASL.W   #1, D0                          ;转换成一个字位移量
        MOVE.W  (A0,D0.W), dwell_per_bin        ;得到表格值，并保存

        MOVE.B  CIO_PB_DATA, D0                 ;读取扫描的十六进制转换
        AND.B   #$0F, D0                        ;屏蔽
        ASL.W   #1, D0
        MOVE.W  (A0,D0.W), num_sweeps           ;得到表格值，并保存

        ;最后，在数据采集之前的设置
        BSR     clear_arrays                    ;对 DATA 和 NORM 阵列清零
        MOVE.L  #norm_array, A6                 ;装入专用的寄存器
        MOVE.L  #data_array, A5
        CLR.L   D7                              ;对累加器清零
        MOVE.W  dwell_per_bin, D6
        CLR.B   D5                              ;对二进制存储器的计数器清零
        CLR.B   stop_flag                       ;也许执行这步指令太早了
        ;设置正在使用哪一个中断处理程序入口
        TST.B   auto_loop_flag                  ;检测自动循环
        BEQ     free_run_int
        MOVE.L  #wait_trig_int,int5_vect        ;触发状态中断处理程序入口
        BRA     update_loop
free_run_int:
        MOVE.L  #sweep_start_int, int5_vect     ;自动循环中断处理程序的入口
        ;进入"主"循环
update_loop:
        BSR     update                          ;刷新屏幕
        TST.B   stop_flag                       ;看中断处理程序是否已经完成
        BEQ     update_loop                     ;继续扫描
        BRA     main_loop                       ;扫描完成
        ;查表，进行十六进制的循环译码
        ;用于扫描次数和每个二进制存储器的时宽
decode_tbl:
        .word   1, 2, 5, 10, 20, 50, 100, 200, 500, 1000
        .word   2000, 5000, 10000, 20000, 30000, 0

        ;子程序
        ;"clear-arrays" ——清除 DATA 和 NORM 阵列
```

```
clear_arrays:
        CLR.L       D0                      ;清零
        MOVE.L      #data_array, A0         ;指针
        MOVE.L      #norm_array, A1
        MOVE.W      #$FF, D1                ;计数器
clr_loop:
        MOVE.L      D0, (A0)+
        MOVE.W      D0, (A1)+
        DBF         D1, clr_loop            ;原始的快速循环
        RTS

        ;"update" ——更新 DISPLAY 阵列中的数值
        ;检测控制面板的标度范围
        ;同时从存储器映像更新 LED 端口
        ;寄存器 D0 ——更新 D1 位移量——当前的数值
        ;D2 ——范围因数,存储 A0 的标准化值——阵列指针

update:
        MOVE.B      led_store, LED          ;刷新 LED
        MOVE.L      #data_array, A0         ;基于指针的原始数据
        MOVE.W      update_offset, D0       ;下一个刷新点的变址
        ASL.W       #2, D0                  ;变换为 long 型
        MOVE.L      (A0,D0.W), D1           ;得到数据
        ASR.L       #2, D0                  ;恢复整数位移量
        ;得到范围因数
        MOVE.B      CIO_PC_DATA, D2         ;读取转换器值
        AND.B       #$0F, D2                ;屏蔽十六进制值
        CMP.B       #$0F, D2                ;检测是自动定标吗
        BEQ         auto_scale
        ASR.W       D2, D1                  ;否则向右移 n 位
        BRA         comp_and_save           ;转换为二进制字节位移量
auto_scale:
        MOVE.L      #norm_array, A0
        ASL.W       #1, D0                  ;得到字偏移量
        MOVE.W      (A0,D0.W), D2           ;得到标准值
        ASR.W       #1, D0                  ;恢复整数偏移量
        ;除以 norm 后,再除以 dwell/bin
        TST.W       D2                      ;做除法之前的检测
        BEQ         comp_and_save           ;若数值总为 0 则不能除
        DIVS        D2, D1                  ;数据 / 标准
        MOVE.W      dwell_per_bin, D2
        BEQ         comp_and_save           ;数值总为 0
        DIVS        D2, D1
comp_and_save:
        BCHG        #7, D1                  ;补足显示字节的 MSB
        MOVE.L      #display_array, A0      ;基于指针的显示屏阵列
        MOVE.B      D1, (A0,D0.W)           ;存储阵列中的完成值
        ADDQ.B      #1, D0                  ;地址索引增量,以 256 为模
        MOVE.W      D0, update_offset       ;保存
        RTS

        ;中断处理程序
        ;进入每个定时器,一个信号(100 μs)
        ;总是刷新显示
        ;五个进入点
        ;"bad"- 显示 LED 移动位
        ;"idle"- 仅仅显示刷新
        ;"get_data"- 得到 A/D 转换器数据,检测最后一个二进制存储器或者最后一次扫描
```

```
          ;"sweep_start"-初始化，装载 get_data 向量
          ;"wait_trig"-如果是触发状态则为 sweep_start，其他则为 idle
bad_int:
          BCLR      #Z_BLANK, CIO_PB_DATA         ;关闭 Z 轴
          BCLR      #SWEEP_BIT, CIO_PB_DATA       ;SWEEP 输出
          BSET      #END, CIO_PB_DATA             ;设置 END 输出
              ;现在设置为"移动位"的状态
              ;然后永久循环
          MOVE.B    #$01, D0                      ;对 LED 值初始化
flsh_loop:
          MOVE.B    D0, LED                       ;传送到 LED
          ROL.B     #1, D0                        ;循环左移
          MOVE.L    #$8000, D1                    ;对延时计数器复位
flsh_delay:
          SUBQ.L    #1, D1
          BNE       flsh_delay                    ;产生一个延时
          BRA       flsh_loop

idle_int:
          MOVE.B    D4, DAC0_OFFSET(A3)           ;送 X 的位置值
          MOVE.B    (A4,D4.W), DAC1_OFFSET(A3)    ;送 Y 的位置值
          ADDQ.B    #1, D4                        ;变址增 1
          BRA       z_pulse                       ;产生一个增辉脉冲

wait_trig_int:
          BTST      #STOP_BIT, (A2)               ;检测"停止"开关
          BNE       stop_sweep
          BTST      #EXT_TRIGGER, (A2)            ;检测触发信号
          BEQ       idle_int

sweep_start_int:
          BSET      #LED_SWEEP, led_store         ;通过"update"显示
          BSET      #SWEEP_BIT, (A2)
          BCLR      #STOP_BIT, (A2)
          MOVE.L    #get_data_int, int5_vect      ;装载"getdata"向量

get_data_int:
          MOVE.B    #$03, (A3)                    ;启动 A/D 转换器（双极，2 的补码）
              ;更新显示
          MOVE.B    D4, DAC0_OFFSET(A3)           ;送 X
          MOVE.B    (A4, D4.W), DAC1_OFFSET(A3)   ;送 Y
          ADDQ.B    #1, D4                        ;变址值增 1
          NOP                                     ;消耗时间因此 A/D 转换能完成
              ;传送 XY 数据对
          MOVE.B    (A3), D3                      ;读取 A/D 转换器，这是必须做的
          EXT.W     D3                            ;将字节扩展为字
          EXT.L     D3                            ;将字扩展为 long 型
          ADD.L     ·D3, D7                       ;将数据加入累加器
          SUBQ.W    #1, D6                        ;二进制存储器延迟时间计数器减 1
          BNE       z_pulse                       ;仍然在此二进制存储器中
              ;下一个二进制存储器
          MOVE.W    dwell_per_bin, D6             ;二进制存储器延迟时间计数器复位
          ADD.L     D7, (A5)+                     ;将新值加入到二进制存储器中
          ADDQ.W    #1, (A6)+                     ;标准化量增 1
          CLR.L     D7                            ;累加器清零
```

```
        SUBQ.B    #1, D5                              ;剩余的二进制存储器计数器减 1
        BNE       z_pulse                             ;如果仍然在扫描
              ;结束此次扫描，二进制存储器延迟时间计数器已经为零
        MOVE.L    #data_array, (A5)                   ;阵列指针复位
        MOVE.L    #norm_array, (A6)
        BCLR      #LED_SWEEP, led_store               ;关闭扫描 LED
        BCLR      #SWEEP_BIT, (A2)                    ;扫描信号
        BTST      #STOP_BIT, (A2)                     ;检测手动终止
        BNE       stop_sweep
           ;现在检查是不是最后一次扫描
        MOVE.W    num_sweeps, D3
        BEQ       re_trigger                          ;已经为 0->永久运行
        SUBQ.W    #1, D3                              ;否则减 1 然后检测
        MOVE.W    D3, num_sweeps
        BEQ       stop_sweep
           ;现在检查是不是自动循环
re_trigger:
        TST.B     auto_loop_flag
        BNE       re_trig_auto                        ;自动循环，需要载入向量
        MOVE.L    #wait_trig_int, int5_vect           ;触发——载入向量
        BRA       z_pulse
re_trig_auto:
        MOVE.L    #sweep_start_int, int5_vect         ;入载自动循环向量
        BRA       z_pulse
           ;停止扫描，手动停止或者最后一次扫描完成
stop_sweep:
        BSET      #END, (A2)                          ;设置 END 输出信号
        MOVE.L    #idle_int, int5_vect                ;载入 idle 向量
        ST        stop_flag                           ;告诉主程序我们已经完成
           ;回到 Z 轴增辉脉冲
z_pulse:
        BSET      #Z_BLANK, (A2)                      ;启动增辉软件脉冲
        MOVE.B    #CT1_CMDSTAT, CIO_CNTRL_OFFSET(A2)
        MOVE.B    #$23, CIO_CNTRL_OFFSET(A2)
        BCLR      #Z_BLANK, (A2)                      ;结束增辉脉冲
        RTE                                           ;从异常返回
           ;程序结束
```

□ **主程序：主循环**

一旦完成了初始化工作，便进入了主循环。实际上它包括两个循环：一个是等待"启动"按钮按下的循环；一个是在中断控制下进行数据采集时不断进行的显示存储器更新循环。当中断程序完成最后一次扫描后，设置一个软"停止标志"，第二个主循环不断检测这个标志。这个标志通知主程序返回到第一个循环，处于等待状态，再一次等待"启动"。让我们看看流程图和程序代码。

主循环（见图 11.19）以设置 LED 为待命状态开始。然后等待"启动"按钮按下，即从打开状态到闭合状态。这比想像中的棘手，因为开关的去抖动不是由硬件完成的，因此结果看起来好像有很多个密集分布的开关信号，整个信号可能宽达 25 ms。这个时间有可能足够完成最短的扫描（例如扫描一次，每个二进制存储器的持续时间为 100 μs），然后又错误地开始，因为开关仍在不断进行从开到关的状态转换。因此，我们写了一段简单的去抖动程序，一直等待到开关在开状态下持续 50 ms（同时保持 update 程序运行），然后转换到关状态。现在我们已经得到了任务命令！程序对"结束"输出信号清零，然后读控制面板，同时使用其数值（设置软标志，如 auto_loop 以及参数，

如 dwell_per_bin 和 num_sweeps）。注意 decode_tbl 的使用（以及变址间接寻址），用来根据开关的
位置分配数值。

　　接下来程序对阵列 DATA 和 NORM 清零，对一些地址和数据寄存器初始化，以及对停止标志
位清零。最后一个步骤是改变 INT5 向量的位置（当前指向 idle_int 处理程序的入口），改为 wait_trigger
入口或 sweep_start 入口，具体改为哪个取决于面板控制模式被指定为触发模式还是自动循环模式。

　　主程序随后进入一个紧凑的循环，这个循环交替调用 update 程序（根据 DATA 存储器的情况
更新 DISPLAY 存储器）并检测 stop_flag 标志。当然，在这个循环中，所有活动都是通过中断进
行的。

□ 主循环：子程序

　　中断处理程序是所有程序中最复杂的。在研究中断处理程序之前，我们先看看被主程序调用的
两个子程序（见图 11.20）。clear_arrays 程序段将 DATA 和 NORM 清零，它不涉及 DISPLAY。因为
运行 update 程序时 DISPLAY 将快速复制 DATA 中的零。这个程序段参照控制面板上的当前 DISPLAY
参数刷新 DISPLAY 的值，并从 DATA 和 NORM 载入数据。同时还参照存储器字节 led_store 刷新
LED 端口。

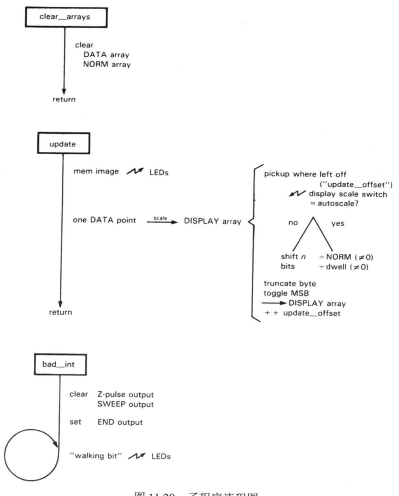

图 11.20　子程序流程图

　　首先，看看程序 11.3 中的 clear_arrays 子程序。指向两个阵列的指针在 A0 和 A1 中初始化，D0
中的 32 位全部清零。D1 为一个计数器，用阵列大小减 1 的值初始化。稍后将说明为什么要这样做。
循环通过间址（带有算后增量）将字型或长字型的 0 送入阵列中。记住，算后增量非常灵活，通过
准确的数值对地址寄存器增值。在这种情况下，对字操作加 2，对长字型操作加 4。DBF 指令设计
得非常有技巧，在此给出一定的解释：这实际上是状态码 cc = FALSE 的 DBcc 指令。DBcc Dn, label
通常检测两种情况。首先检测 cc 的情况（如先前操作设置的标志），倘若 cc = TRUE，则什么也不
用做（如运行下一条指令）；然而，倘若 cc = FALSE，则减少指定寄存器的值，然后转移到程序段
lable，除非寄存器值为 −1。通过设置 cc = F（通常为 false，见表 11.1）来迫使 DBcc 成为一个简单
的原始循环，因此通常对 D1 递减，循环，直到 D1 = −1 结束。

　　由于这个方法的使用，以及对计数器必须是长字型的规定，DBcc 指令是十分方便的，因为它
代替了两条指令（SUBQ, Bcc）的执行，并且速度很快。由于检测值为 −1，则计数器寄存器的初始
值要比想要的循环次数少 1，这就解释了初始化的问题。子程序通常以 RTS 结束（从子程序返回），
RTS 用来恢复 PC（程序计数器）的值，返回到调用程序。

　　注意，我们起初并不用保存任何寄存器的值。这是因为调用程序并没有在 D0~D1 或 A0~A1 中
留下任何有用数据。同样要注意，对阵列的清零用 MOVE 指令而没用 CLR 指令。结果证明 MOVE
指令的执行速度比 CLR 指令快，因为 68000 的特性决定，在执行 CLR 指令时 68000 要先读后写。设
计者这样做的目的是简化 CPU 的逻辑操作。

习题 11.13　用 SUBQ 和 Bcc 指令来代替 DBF 指令，重新写 clear_arrays 程序段。用 CLR 指令代
　　　　　　替 MOVE 指令再次重写程序。

　　update 程序是一个更繁忙的子程序。它的任务是保持 DISPLAY 存储器（也就是 LED）内容常
新，因此在主程序的两个循环中它被重复不断地调用。中断拥有最高优先级，因此中断服务按时完
成（每 100 μs），而其他时间内发挥作用的就是 update 程序了。它首先将 LED 的存储映像传输给物
理 LED 端口。即便如此简单的操作也包含一些精妙之处。一个很明显的问题是，当我们想对 LED
的一位置 1 或清零时，为什么不直接刷新 LED 呢？答案有两点。第一，我们不能只给 LED 端口写
入一个新的字节，因为那会影响所有位；或者要一个可读写的 LED 端口，或者保持 LED 的存储映
像，二者不可兼得。既然没有设置可读的 LED 端口，就用一个存储单元（led_store）保存最后发往
LED 端口的数据。第二，既然不得不使用存储单元，通过更新 LED 存储单元内的数据，并让 update
程序在合适的时间向面板上的 LED 输出数据，就可以节省中断处理程序内部的循环时间。当我们
读中断处理程序时，就会更明白这一点了！

习题 11.14　增加硬件（只需少量硬件）使 LED 端口可读。动脑筋保持增加的地址译码简单。

　　其余的 update 程序段用来刷新 DISPLAY 存储器。首先，从存储器取回要刷新的下一个点的偏
移量（从阵列开始到该点的点数）。这里最好使用一个专用的地址寄存器，当分配寄存器时，快速
中断处理程序优先级最高。）偏移量乘以 4（左移 2 位），因此可以在长整型的 DATA 阵列中用变址
寻址。DATA 值送到 D1 后，从面板读取当前的显示比例因子，同时得到一个 0 到 15 之间的数。值
15（$0F）表示自动定标，而其他值则表示使用 2 的指定幂作为标度。因此，或者做相应的选择，
或者转移到自动定标的程序段。

　　在自动定标时，需要将当前的（由 update_offset 指定）DATA 值除以当前的 NORM 值（告诉
我们在 DATA 值中包含多少次扫描），然后再除以每个二进制存储器的延迟时间（告诉我们每次扫
描中的采样次数）。在除法之前，一定要检测除数是否为 0。最后，无论采取选择定标还是自动定

标，必须将有符号的长整型数据结果转换为偏移二进制码字节。在自动定标情况下，最后结果的长整型数总在 –128 ~ +128 范围内。而在固定标度时，如果选择的标度比二进制存储器的最大值小，则会产生溢出。此时，最好的方法就是当有溢出时让显示器最上方的点滚动到底端。如果我们写下一些数字，做一些简单的演算，就会发现应该将它们截短至 8 位，然后补足 MSB。通过使用 BCHG（位转换）指令完成这件事。然后对 DISPLAY 阵列做一个字节长度的 MOVE。最后，对 update_offset 变址增 1 并保存，然后执行必不可少的 RTS 指令。

□ 中断处理程序

现在，让我们看看中断处理程序，这是整个程序的中心环节，共有 4 个定时器启动的中断入口。同时有一个 bad_int 处理程序用来处理假中断和所有错误向量（见表 11.5）。我们先拿 bad_int 程序热热身，之后再没有理由避开定时器中断处理程序了。

我们在前面介绍过，68008 本身通过编程可以同时识别中断以及表中列出的其他各种异常状态。在栈中存储当前的 PC 值和寄存器的状态后，程序会在向量存储单元找出和异常状态对应的程序地址，跳转到相应的程序段去执行。因此，当除以 0 时，CPU 将 PC 值和状态寄存器压入堆栈，然后跳转到相应指令，指令地址（32 位）存储在绝对存储单元 \$014~\$017 中。中断也一样，完全向量中断的向量存储在 \$100~\$3FF 存储区间内，而自动引导中断的向量存储在 \$064~\$07F 存储区间内。我们可以在中断处理程序中做任何想要做的事情，任务完成后执行 RTE 指令（从异常状态返回）。为了避免出现混乱，CPU 在处理中断程序时会禁止中断，执行完 RTE 指令后再开启这些中断。如果中断处理程序很长，并且我们希望在中断程序中重新启动中断（只响应优先级更高的），就要对状态寄存器写入相应的字节。

□ bad_int

在所举的示例中，图 11.20 和程序 11.3 显示了 bad.int 程序段的执行过程。bad_int 程序段的工作就是有序地关闭输出信号，然后让 LED 显示一个信号。程序的起始地址——当所有可重新分配的汇编代码互连后，连接程序就可以找到这个地址——被装载（在向上引导序列中由主程序控制）到保留的向量单元（RAM 区低位）中，所有这些保留向量单元在表中都可以找到。一个异常或伪中断（例如任何一个 5 级以外的中断）将使 CPU 按照上述的次序执行 bad_int 程序段。我们首先要关闭 Z 轴信号，因为如果运气不好，异常可能正好发生在 Z 轴软件脉冲中间，这会导致 XY 显示保持一个满亮度（在一个点上）。遇到这种情况时，也可以干脆中止 SWEEP 输出而保持 END 输出，因为无论此时做什么都无济于事了。

现在让我们来看一个有趣的现象！将 01_H 送到 LED，然后进入一个左环形移位的循环，这将花费很多时间，然后输出移位后的字节。产生的效果是一个令人眼花缭乱的"走马灯"。没有执行 RTE 指令，因此移位工作将无止境地进行。此时，操作员不得不使用完全复位使其重新工作！

习题 11.15 进行更巧妙的设计，在出错时让操作员知道到底出现了哪种异常状况。提示：此时只有少于 256 种可能的异常情况，有 8 个 LED 位。你能动脑筋写出代码段吗？

□ 定时器中断：4 个入口

趁热打铁，让我们立即研究一下中断程序！图 11.21 和程序 11.3 已给出了中断处理程序。根据机器所处的工作状态的不同，中断处理程序有 4 个入口，分别是 idle（闲暇状态）、wait_trig（等待触发状态）、sweep_start（开始扫描状态）和 get_data（获得数据状态）。程序巧妙地通过机器整体的状态来改变中断向量（地址为 \$074），将中断向量写入正确的入口地址。如果不想采集数据，我们可以进入 idle 程序的入口，它仅仅在屏幕上显示一个点，然后返回。如果从 get_data 程序的入口进入，程序将读取 ADC，检测最后一个二进制存储器或最后一次扫描（通过相应的程序），并刷新显示器。sweep_start 程序设置适当的 LED 和输出信号，然后进入 get_data 程序。最后 wait_trig 程序检测触发输入信号。一旦检测到便相应地进入 sweep_start 或 idle 程序。在中断处理程序中还有一些其他的标号（如 z_pulse），但它们不是接入点，而仅仅是循环或转移的目标点。

　　□ **定时器中断：idle**。既然中断处理程序这么重要，那么让我们详细了解一下处理程序。早在编写主程序时，就把向量设置为 idle 入口，这样等待开始的时候便可以进行屏幕显示。因此程序从 idle_int 开始执行。一切都很简单，因为我们之前已经保留了一些寄存器。D4 存储下一个待刷新的屏幕点的索引地址，因此我们将其传送到 X 轴坐标转换器 DAC0（用偏移地址间接寻址，比直接寻址快）。然后，把数据（使用 D4，从 A4，DISPLAY 的基指针，变址寻址）送到 Y 轴坐标转换器 DAC1。D4 中的值不断增长（但不检测是否到了数列的末尾），同时控制转移到 Z 轴软件脉冲发生器。

习题 11.16　DISPLAY 变址地址 D4 递增后，为什么不需要检查呢？

　　此刻 X 轴和 Y 轴的 DAC 已经设置（设置用时 1 μs），因此 Z 轴脉冲程序用 BSET（位设置）来设置并行端口 B 的 Z_BLANK 位（见定义，为第 4 位）。端口 B 为常用端口，地址随时保存在 A2 中。我们可以随后清除该位，但是会产生较短的脉冲（3 μs），使显示很昏暗（占空比为 3%）。无论如何，因所有中断都通过此程序返回，我们可以利用这个时机做些有益的工作，也就是告诉定时器现在可以终止中断请求了。向定时器 1 命令 / 状态寄存器写入数据分两个步骤（正如主程序中的初始化代码一样）。首先，将寄存器的内部地址（$0A）传送到芯片的控制寄存器（$83000），然后传送实际的控制字节（$20）。8536 将此控制字节作为终止定时器 1 中断请求的命令。现在，惟一要做的就是等待中断返回。因此，我们清除 Z 轴脉冲（用一条 BCLR 命令），同时执行 RTE 命令（从异常返回）。通过将难处理的中断应答程序放到 Z 轴循环中执行，我们已经设法将增辉脉冲延伸至 10 μs，每隔 100 μs 重复一次。既然必须响应中断，那么这是实现以上操作的好机会。下面，在 ADC 转换中输出 XY 轴数据对时，我们将看到一个相同情况的例子。

　　□ **定时器中断：get_data**。这是大多数情况下，即信号均衡器在扫描时使用的接入点。我们通过传送一个状态字节（$03）来启动 ADC。$03 具体指定双极二进制补码转换。如前面所述，为了获得最快的速度，通过 A3（保存 ADC 的地址）间接寻址。现在需要等待 10 μs 才能进行转换。这是一个绝好的时机来传送一个新的 XY 数据对到显示 DAC（用和 idle 中一样的程序段处理）。我们已提早 1 μs 做完此工作，因此要消耗一个空操作（NOP）的时间，然后再读取 ADC 转换器。注意，这样的操作要比使用一个可读的硬件状态位指示 ADC 转换完成优化很多！这正和我们在电路设计中讨论的一样。还要注意一个问题，如果使用一个更快的 CPU 时钟，那么一定要记得加入更多一些的空操作。

　　我们已经从 ADC 中读出一个补码字节，但是 DATA 阵列和二进制存储累加器（D7）使用长整型的补码。因此，要使用两次 EXT（即字符扩展）指令得到一个长整型数据。符号扩展就是简单向左复制 MSB，直至整个新字符被填满为止。符号扩展保留了有符号数的值（简单地填 0 则达不到这个目的）。将扩展的长整型数据累加到 D7 中。此时，dwell_per_bin 计数器（D5）减 1。如果 D5 中的值不为 0，则将通过 z_pulse 返回，如上所述。这个操作在处理程序中的处理时间为 32.3 μs，加上 CPU 中断处理的 9 μs 和执行 RTE 指令的 5 μs，总计时间达到 46.3 μs。可见，主程序将 CPU 一半以上的处理能力花在了简单的 DISPLAY 刷新上。

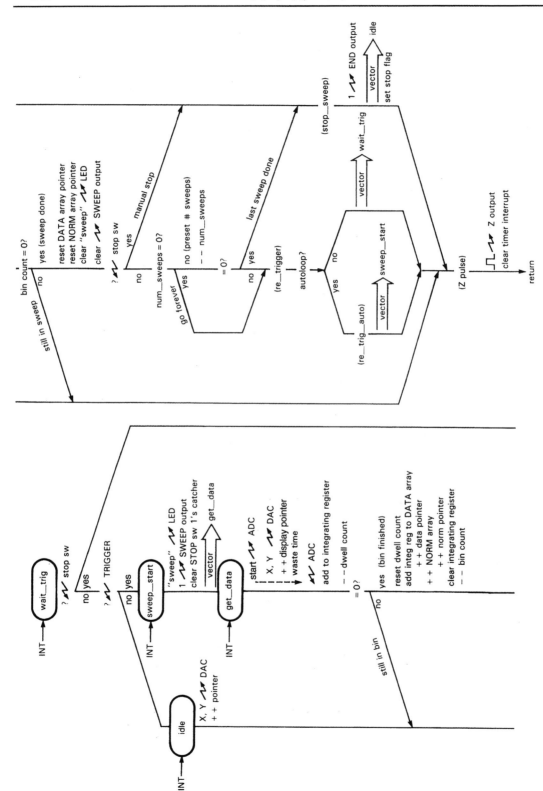

图 11.21　中断处理程序流程图

如果二进制存储累加已经完成，则处理器重置延迟时间计数器，将 D7 中累加得到的值送入
DATA 阵列（地址存在 A5 中），NORM 值加 1（通过 A6），将累加寄存器（D7）清零，延迟时间计
数器减 1，然后（如果非零，即扫描没有完成）跳到 z_pulse 程序段。注意自动递增寻址模式的运
用，在处理程序中所用的额外时间为 14.8 μs。

如果扫描完成，由剩余二进制存储器计数器 D5 中的值为 0 标识，此时处理程序将重置指针、
LED 以及输出信号，然后检查"停止"开关是否已经按下。通常我们在一次扫描最后（或开始）进
行检测，以保证所有数据都是按同样的扫描次数进行均衡化的。如果"停止"开关已经按下，则跳到
stop_sweep 程序段。此程序段将设置 END 输出和停止标志，然后将 idle 入口地址装载到 INT5 向量中。

如果"停止"按钮尚未按下，程序将检查是否要停止，因为控制面板所选择的扫描次数或许已
经完成（剩下的扫描次数保存在存储器变量 num_sweeps 中）。由于数值 0 意味着"不断地扫描"，所
以我们首先检测值是否为 0。如果 num_sweeps 为 0，则不考虑它而跳到 re_trigger 程序段，否则数
值减 1，然后再检测是否为 0。这时如果为 0，表示我们已经完成了最后一次程序预先设定的扫描，
因而跳到 stop_sweep 程序段，否则跳到 re_trigger 程序段。

re_trigger 程序段的任务是考虑怎样开始下一次扫描。如果读取控制面板后由主程序设定的变
量 autoloop 为有效，就将 sweep_start 程序段入口载入到 INT5 向量中，否则载入 wait_trig 程序段入
口。注意，在向量正被改变的过程中没有发生中断的危险，因为在中断处理过程中 CPU 已经关闭
了中断。我们并没有在处理程序中将它们打开，因此它们保持关闭状态。

□ **定时器中断：sweep_start 和 wait_trig。**如果下一次中断开始一次扫描或者我们正在等待一
个外部触发脉冲（至少脉宽 100 μs），那么这两个入口将被使用。当"启动"按钮被按下时主程序
会把相应的向量载入到 INT5 向量存储单元；当完成一次扫描但不是最后一次扫描（re_trigger）时，
中断处理器也会做一样的事情。查看流程图提醒自己，这个操作该在哪一时刻执行。

sweep_start 迅速启动扫描，而且非常简单。此程序段设置 SWEEPing LED 和输出信号，对锁
存"停止"开关位清零，载入 get_data 向量，然后转到 get_data 程序段，随后的中断接入点为 get_data。

如果下一次扫描是在触发信号收到后（并行端口 A 的第 7 位）才开始的，则 wait_trig 为程序接
入点。既然 STOP 应该优先于 START，先检测"停止"开关（将跳到 stop_sweep 程序段），然后便
是触发输入。如果没有触发信号，将跳到 idle 程序段，否则便开始执行 sweep_start 程序段。

□ 11.2.4　性能

我们可以设计一个基于微处理器的仪器设备，让高速硬件完成所有最重要的数据采集工作，
而微处理器仅仅起到设置、显示和数字读出的作用。在这种情况下，仪器设备将以硬件所允许的
最快速度运行，同时微处理器使其更方便、更灵活。当然，由于硬件的复杂性和损耗，会付出一
定的代价；也可以使用固定硬件体系结构，但会损失一些灵活性。如果简化硬件结构，而使用处
理器实时处理数据，正如在例子中的做法，便可以在减小硬件复杂性的同时保持灵活性，不过很
有可能是以牺牲速度为代价的。在许多情况下，速度并不是那么重要，因此如何取舍并不难。

在我们的例子中，基本采样速率和基于此的最大信道传输（二进制存储步进）速率受到处理器
速度的限制。每个中断服务必须在下一个到来之前完成。在设计这个实例的时候，审视需要完成的
任务，估计（凭直觉）大致需 100 μs。我们不能肯定这一点，但如果真的不够，可以容忍较慢的采
样速率。让我们来看一些数字。

68008的产品说明整整有100页，包括指令执行时间的表格（以时钟周期为单位），我们就是通过这些表格计算前面提到的那个速度的。这里有一些临界中断处理程序的时间（包括中断进入和返回）。

入口	时间（μs）
idle	37
get_data	46.3（二进制存储执行中）
	61（二进制存储结束）
	92（扫描结束，手动 STOP）
	105（扫描结束，软件设置结束）
	113（扫描结束，等待触发）
	114（扫描结束，自动循环）
sweep_start	61
wait_trig	46（无触发）
	69（触发）

大多数时间都少于100 μs，即所设计的信号均衡器的"心跳"，可见选取这个时间没问题。但是，有3种情况会导致大于100 μs的中断服务时间。第一种情况（扫描结束，软件设置停止）没什么影响，因为一旦所有的数据已经被采集完，不必在意额外的几微秒。同样，我们也不必在意第二种较坏的情形（等待一个外部触发信号），因为在每次扫描开始之前，响应触发信号总需要一定的时间。但是，最后一种不好的情况（扫描结束，自动循环）可能比较严重，因为在自动循环模式下，期望的整个周期为256乘以单个二进制存储器延迟时间。然而，这种情况也没有问题。原因如下：在自动循环模式下使用信号均衡器时，通常由均衡器触发外部仪器（这是我们之所以提供一个SWEEP输出信号的原因），因此，我们不必在意这个周期与我们所期望的有百分之一的差别。但是，如果我们执意要将执行时间控制在100 μs之内，则只要用一个运行在10 MHz的68008就行了，它将所有的时间乘以0.8，使得即使是最慢的时间都在100 μs之内（实际为91 μs）。如果真的用一个速度快的处理器，则要调整中断处理程序，使 ADC 仍然有足够的时间进行转换。

总的来说，我们猜测的68008将以10 kHz的采样速度运行是正确的。还有一个明显的事实是，如果不使用全硬件的数据采集系统，就不可能将此仪器设备的速度提升到20 kHz！

11.2.5　一些设计后的想法

在这个设计实例中，我们在设计硬件和完成软件两方面都做出了一系列选择。在很多情况下，本可以用不同的方法完成一项任务。但大多数时候，最好的选择是十分明显的，但有些情况下采用其他方法也同样奏效。此时，通常选择那些能清晰地阐明通常最有用做法的（避免花哨的技巧和硬件设计中的个人风格），以及能最大程度缩短汇编代码的方法。在实际生活中使用一些小窍门是允许的，那样可以充分利用硬件中的一些特殊性能，而且同样允许编写很长的代码。以下就列举了一些非常有效的非常规做法。

通过表格识读开关

程序通过一些行代码读取并测试控制面板的不同位，并依据结果设置软件参数，这是一个很好的方法。但是还有一个不错的选择，而且是一个相当容易进行修改的方法，使用一个小循环周期性地读取面板的存储位，而端口地址、位存储单元位置以及相应的软件变量均以列表形式定义。由于这样的安排需要更多的解释说明，在我们的例子中很可能意味着需要更多行的代码，因此我们选择较简单的用编程代码来识读开关。但是，如果有大量参数，特别是很有可能要改变输入位的分配和取值时，就应该考虑用表格驱动的方法。

□ **单步 Z 轴增辉**

我们使用并行端口"软件脉冲"来进行显示器增辉，以阐明这项重要的技术。应特别注意一点，当中断打开时不能得到可靠的软件脉冲。替代方法就是使用一个硬件脉冲发生器，例如一个单稳态集成电路（而不是一个并行端口位）。单稳态通常给我们的感觉并不好。但是，强大的 Zilog 8536 CIO 却扭转了我们的偏见，其嵌入式的单稳态触发器能用于驱动任何输出位。它的"单稳态"实际上是 3 个板载定时器之一，可以通过对定时器编程设置脉冲宽度（我们甚至可以将两个定时器级联，以得到更大的脉宽）。在实际应用中有闲置的定时器，因此这是一个理想的方法：通过单步使用 8536，减小了在中断处理器中的代码量，同时可以选择尽可能最长的 Z 轴增辉脉冲宽度。

□ **STOP 开关的 1 秒捕捉器**

为了识别 STOP 开关，可充分利用 8536 的特殊性能，即嵌入式"1 秒捕捉"触发器。8536 初始化后，任何输入端口位都能作为 1 秒捕捉器。然后，瞬时的开关闭合将对该位进行置位，并保持该位状态，直到 WRITE 程序对其进行复位。这在应用中非常合适！因为在一次扫描结束时，我们只关心上一次扫描完成时 STOP 按钮是否已经按下。完成一次扫描要花一段时间，而存储器的特性免去了不断读取"停止"开关的麻烦。因此，程序仅仅在一次扫描结束时才检测 STOP 位（见图 11.21）。

大多数并行端口芯片都没有输入锁存器，因此必须做一件这里回避了的麻烦事。以下就是要做的：首先，定义一个内部软件标志 stop_at_end，在程序中可以在定义完 stop_flag 后定义此标志。在进入数据采集循环前要确认已经将此标志清零；这一行指令最好放在读取控制面板指令后面。然后，在 update_loop 代码段中加一些指令，用来不停地检测 STOP_BIT 输入。如果 STOP 按钮按下了便置位 stop_at_end 标志。最后，修改中断处理程序中的代码，在每次扫描结束后检测 stop_at_end 标志，而不是检测 STOP 开关。

习题 11.17 根据上面的要求，对我们提供的源代码进行修改。

□ **中断处理程序：多入口与多标志对比**

在中断处理程序中，使用了多个接入点，4 个可能的机器状态（空闲、等待触发、开始扫描和得到数据），每个对应一个接入点。由于处理程序不是一个被调用的子程序，而是每次中断时的向量入口，因而程序通过在每次改变状态后装载与之一致的中断向量（在低位 RAM 中）来改变接入点。显然，还有一个可选择的方法就是设置一个处理程序接入点，在处理程序中编制一个标志检测代码段来告诉处理程序该做什么。程序段通过改变这个软件标志来告诉处理程序该做什么（而不是插入处理程序入口向量）。这个方案的优点是简单明了，但是由于每个入口都需要检测和转移分支，因而要花费长一点的执行时间。但是，区别不一定很明显。因此，如果我们更喜欢这种方法，完全可以使用标志去改变处理程序的功能状态。

□ **串行端口：数据转储与从动控制对比**

正如在 11.2.2 节中提到的，信号均衡器缺少将均衡处理的数据输出到外部电脑的重要功能！处理它的程序段并不是特别难，只是冗长乏味，同时包括一个类似处理 8536 的初始化程序以及一个语法分析和握手程序，以便数据接收器能触发和确认数据的传输。

假设串行端口已经准备好与电脑连接了，这样便可以使用同一个端口作为备用的控制面板端口，使外部电脑能设置参数和触发数据采集。为了达到这个目的，语法分析程序将查找某些特定字节，外部电脑写入这些字节以告知均衡器，电脑希望获得控制权。额外的字节将用来识别那些不受有限数目按键限制的控制面板参数（每个二进制存储器的保持时间、扫描次数等）。当然，软件应该能够在电脑不掌握控制权时，让面板开关接管整个设备。这是一箭双雕的做法，它既保留了前台面板开关的简洁明了，又获得了电脑控制的灵活性。

读取面板旋钮开关状态

在这个基于微处理器的设备中，没有使用复杂的旋钮，而选择了较为简单的开关，每个开关只驱动一个单独的并行端口位。许多设计者会在这方面偷一点懒，于是现在旋钮的使用越来越少，甚至有完全取消旋钮的趋势，而由一对"上"、"下"按钮来控制（例如一个微处理器控制的振荡器）。如果我们也使用上述方法，将会失去那种用旋钮控制的怀旧感觉。通过利用旋钮在屏幕上选择二进制存储器、显示地址和累加数，仪器会变得更加人性化。

在微处理器仪器中得到控制的最简单方法就是使用ADC输入进行电压转换，可利用一个连接在 +5 V（或者更好的参考电压）和地之间的面板电压计获得该电压。有一些价格适中，体积较小的8位ADC，芯片上还附带8输入的多路复用器和S/H。通常，会有一些输入端未被使用，那么可以用它们识读一些面板控制信号。实际上，我们甚至可以利用一个ADC输入端去读出 n 个状态位旋转开关的状态，只需沿着开关的接触点连成一个用 $n-1$ 个相同电阻构成的电阻分压器链，然后使用ADC读出电压值即可。

如果我们希望达到的模拟分辨率超出简单的8位ADC所能提供的极限，可以考虑用一个旋转编码器。这种编码器通常由一个比普通面板分压器小的控制底板组成，包括一对当旋钮旋转时提供正交脉冲（相位相差90°）的光学中断器。编码器通过正交脉冲来区分旋钮旋转方向（见图8.97）。与普通的分压器不同，一个旋转编码器没有端点限制，因而能旋转很多圈。像Bourns EN串口那样的典型单元，每次旋转能提供256个脉冲。

11.3　微处理器的配套芯片

在微处理器电路中，有22个集成电路，其中10个为强大的大规模集成电路（LSI）功能器件（CPU、存储器、并行和串行端口、日历时钟以及ADC/DAC转换器），而剩下的12个由普通门电路、触发器、缓冲器和锁存器组成。中小规模芯片联结成大芯片，因此有时候称为"粘合逻辑电路"。通过使用可编程逻辑器件，或在有大规模需求时为任务定制专用或半专用芯片的方法，都可以降低这部分电路的复杂性。然而，锁存器和三态缓冲器十分广泛地应用于各种微处理器系统中，因而有必要多了解一些这些器件的情况。此后，我们将详细讨论常用的大规模集成电路的配套芯片（串行和并行端口和转换器），然后以存储器的讨论来结束此章节。

11.3.1　中规模集成电路

锁存器和 D 寄存器

我们在8.6.1节中已经简单地提到过锁存器和寄存器。术语"锁存器"（latch）严格而言只特指透明的锁存器，当锁存器有效时它的输出与相应的输入一致。一个所谓的边沿触发锁存器严格说来应该称为 D 型寄存器，由普通时钟触发的 D 触发器阵列组成。当锁存总线数据时，这两种锁存器的区别主要在于它们具有不同的DATA时序和WRITE选通方式。具体来说，对于一些微处理机总线（例如IBM PC），在写选通信号的上升沿DATA不一定有效，但是在下降沿DATA肯定有效（而且保证在微小的建立时间内就已经有效了），如图10.6和图11.22所示。如果使用透明锁存器，在整个选通期间均有效,如图所示,输出将极有可能是瞬时过渡状态。对比而言,D 型寄存器(此情况下,由时钟信号的下降沿触发)在时钟边沿改变状态,而且保证不会发生瞬时波动。有一个重要的结论,就是自前一个 WRITE 信号以来尚未改变状态的输出位将不产生尖脉冲或者瞬态过程。这意味着,我们能安全地使用一个锁存字节的各种输出,为接下来的电路产生数据信号或选通信号。

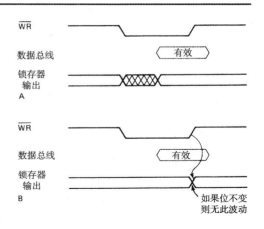

图 11.22　写周期时序:A. 透明锁存器;B.边沿触发 D 寄存器

在锁存器和寄存器之间进行选择时,注意透明锁存器能早一步提供有效的输出数据,这一点在有些时候是十分重要的。同样要注意到很多总线(如 68008)在整个选通期间都提供有效的数据输出,包括一些建立和保持时间。这样,如果有足够的建立时间,就能用时钟上升沿触发 D 寄存器。当然,在这样的总线上,透明锁存器将不会输出瞬时过渡状态。

D 寄存器和透明锁存器还有多种型号可供选用,诸如带"复位"输入功能、具有"弦侧"管脚结构(所有的输入在一端,输出在另一端)、反相输出、三态输出(对驱动总线有用)以及独立的输入使能等。后者能通过让写选通驱动输入时钟,或通过地址译码逻辑驱动输入使能来简化外部门电路。再看看表 8.9 所列的性能表。一些长期受欢迎的是八进制三态 '373(锁存器)和 '374(D 型),现在发展到 '573 和 '574,它们都是 20 管脚双列直插式封装。在同样的封装下,'273 就是 '374 加上一个复位输入端(但不是三态),'377 就是 '374 加上一个使能输入端(但也不是三态)。新型的 24 管脚的小型双列直插式封装保持了方便的 0.3 英尺宽,同时空出一些额外的管脚。然而,现代的 '821 系列包括 8 位至 9 位寄存器和锁存器,都有使能、复位输入以及三态输出,且都采用"弦侧"管脚结构。

可以注意到,在很多应用中,一些形如 20 或 24 管脚的窄芯片也许比流行的 40 管脚(0.6 英尺宽)的大规模集成电路并行端口芯片更好用。例如,在我们的微处理器设计中,在 LED 端口用了一个 '273 八进制寄存器,在 DIP 开关端口用了一个 '240 八进制缓冲器。这里的另一个选择就是像 Zilog 8536 这样的并行端口 LSI 芯片(而通常对于简单的系统会使用简单的 Intel 8255),但它要花费更多,占用更多空间,消耗更多功率,而且需要额外编程。实际上,LSI 芯片输出驱动能力也低一些(例如,8255 有 1.7 mA 的灌电流和可忽略的拉电流,而 'HCT273 有 8 mA 的拉/灌电流)。有一些 MSI 锁存器/寄存器芯片作为输出驱动的能力非常强大:'AC(T)系列灌/拉电流为 24 mA(纹波电流),而 'AS821 系列的拉电流为 24 mA,灌电流为 48 mA。另一方面,当我们需要高性能的操作模式(如中断、巧妙的输入输出模式等)或更多的编程灵活性时,LSI 芯片能充分发挥其优势!

缓冲器

在微处理器系统设计中被大量使用的另一个芯片是三态缓冲器。利用它可以将数据和地址信息输送到总线上。大多数时候,我们用简单的 DIP 开关输入将数据输送到 CPU。和锁存器的情况相同,有 8 位(或更多位)的 20 或 24 管脚的型号。双向功能有许多种,包括(如表 8.4 所示)输入滞后(为了抑制噪声)、反相输出、弦侧管脚结构以及双向的独立使能输入。同时还有带一个 DI-RECTION 输入和一个 ENABLE 输入(而不是一对使能输入)的特殊双向缓冲器,通常称为收发器,见表 8.5。图 11.23 给出了一个双向缓冲器,用来增强相对微弱(约 5 mA)的处理器数据总线信号,因此能驱动主板上所有芯片的配线和输入电容。在微处理器中，这样的缓冲器是必备的。此时，CPU主板输送到高电容状态系统总线（底板）的必须是相对高的电流。

　　大多数情况下，我们能找到具备所需功能以及三态输出缓冲器的 MSI 芯片。例如，可以把带有三态输出的计数器或锁存器，甚至 A/D 转换器直接连接到微处理器总线。在我们的例子中，A/D 转换器用的就是这种接法。在图 11.24 中显示了另一个总线缓冲的例子。一些微处理器（如 8086 和 8088）为了节约空间，将管脚复用，让数据线和低位地址线能分时使用同样的管脚。一个称为地址锁存使能（ALE）的输出，不仅用于指示有效地址，而且还用于启动一系列锁存器。然而，我们不必锁存 DATA，因为只有在 DATA 有效的情况下，有效的 $\overline{\text{RD}}$ 和 $\overline{\text{WR}}$ 才能选通。注意将 '245 收发器作为双向数据缓冲器的用法。

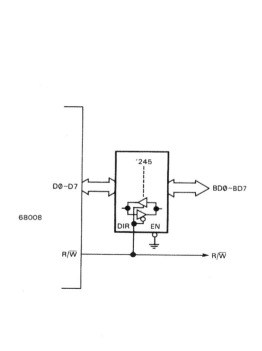

图 11.23　数据总线收发器

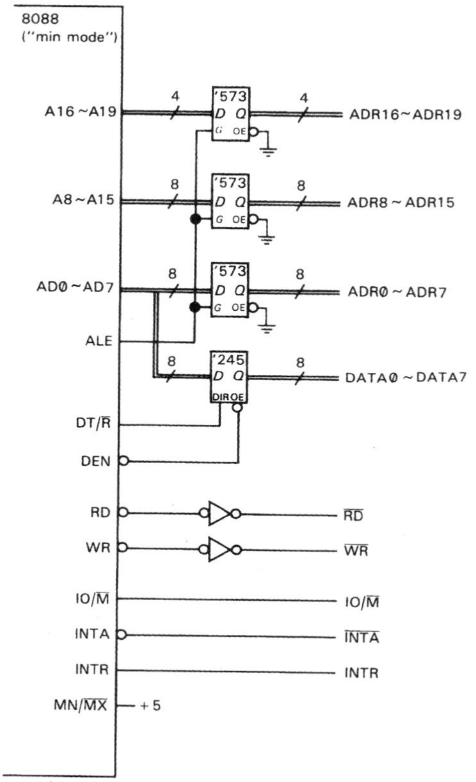

图 11.24　多路 DATA/ADR 复用总线

11.3.2　外围大规模集成电路芯片

一般特性

　　正如我们在前面所介绍的，支持微处理器的 LSI 芯片通常采用 NMOS 或 CMOS 技术，通常做成尺寸较大的 28 或 40 管脚芯片。为了设计得更灵活，通常给它们配备一些可编程改变的运行参数。虽然它们通常是为特定的微处理器设计的，但是其通用性使得不同厂商的芯片以及 CPU 之间有较好的兼容性。比如，在我们的例子里就采用了一个 Intersil 日历时钟和两个 Zilog 门，配合一个 Motorola CPU。在 LSI 外设刚被引入时，价格昂贵（如当时 8530 需要 25 美元），通常比 CPU 本身还贵，然而价格很快就大幅下跌，这正符合 IC 技术行业的特点（在这个世界上没有其他行业是这样的）。图 8.87 阐明了这个全球通行的"硅谷"准则。

这里略去了对 LSI 缺点的叙述，但应注意，许多 LSI 配套芯片是绝对不能少的。磁盘和录像控制器就是很好的例子。另一类使用广泛的配套芯片就是通用同步 / 异步接收器 / 发送器，简称 USART。

怎样使用 USART

USART 是一个微处理器控制的串行端口芯片，例如在我们的设计中的 Zilog 8530。性能好的 USART 包括一个可编程的波特率发生器，灵活的位格式控制（如位数和奇偶校验等），而最高性能的 USART 具有强大的同步操作模式（如 HDLC 和 SDLC），同时有可选择的调制方法（如 NRZ，FM 和 Manchester 等）、时钟恢复功能、错误检测功能等。大多数 USART 含有中断硬件，有些甚至支持通过 DMA 向 CPU 进行数据块传输。大多数 CPU 系列都有其对应的 USART，不过要使其与其他 USART 兼容并不难。例如，IBM 选择 National 8250 UART（异步方式），而不是 Intel 的 8251 USART，是为了能和 PC 机中的 Intel 8088 兼容。考虑到灵活性、实用性以及价格方面的因素，我们选择 Zilog 8530（同样在 Macintosh 计算机中使用）。同时，我们用它来阐明 USART 的接口连接和程序设置。

USART 通常用于与终端、调制解调器、硬件备份装置（打印机、绘图仪）或计算机之间的数据接收和传输。可见，这里的关键问题是不同设备间通信连接的兼容性和简易性。通常是按双向 RS-232 标准进行串行 ASCII 传输，正如 9.2.4 节和 10.5.1 节中所述。为了使用这种最简单的通信方式，使 USART 工作在异步模式，要在 START 位和 STOP 位之间插入 8 位字符串，在标准波特率下，作为 10 位字符串串行传输。这对 8530 来说易如反掌！

8530 采用 40 管脚封装（见图 11.25），它通过一组处理机接口线与 CPU 进行通信，同时独立地通过另一组通信接口线与外界进行通信。

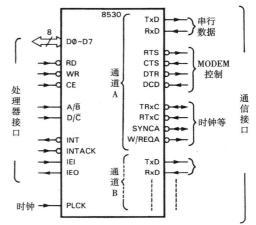

图 11.25　Zilog 8530 "串行通信控制器"（UART）信号图

处理机接口。8530 用 8 位双向数据线与 CPU 总线连接，同时连接到可编程 I/O 的通用选通信号（$\overline{RD}$，$\overline{WR}$）端和芯片使能信号（$\overline{CE}$）端。A/$\overline{B}$ 输入指示两个 USART 信道中的哪一个正在被访问。而 D/$\overline{C}$ 输入指示传送的是数据（D/$\overline{C}$ 高电平）还是控制/状态信息（D/$\overline{C}$ 低电平）。就 8536 而言，显然有一些复用的控制状态寄存器，通过一对相继的传送访问（回过头来看看 8536 初始程序段）。在通常的电路执行时，A/$\overline{B}$ 和 D/$\overline{C}$ 线直接连接到 CPU 的低位地址线，将它们映射到以 USART 的基址（由器件地址译码逻辑决定）为首地址的存储单元。最后，处理机接口包括 4 条中断线。

通信接口。每一个 USART 通道（由 A 和 B 标注）有发送和接收串行数据（TxD 和 RxD）和 "调制解调器控制" 握手信号线（RTS 和 CTS 等），正如我们在电脑机箱后看到的一样。另外，还有一些不那么常见的仅用于同步通信的时钟线（TRxC 和 RTxC）。最后，USART 需要一个外部晶振信号，晶振频率为 32 倍的最高波特率。

由于 USART 根本无法识别 RS-232 电平，因而必须使用 RS-232C 驱动和接收器。许多年来，典型的 RS-232 接口芯片有双极性 1488（4 个驱动器）和 1489（4 个接收器）。然而，在我们的微处理器设计中，使用了 CMOS MAX233（双驱动 + 接收器），因为它使用片载浮动式电容，能方便地进行电压转换和倍增，因而只需要提供单一的 +5 V 电压便可以工作了。注意，我们并没有使用调制解调器的控制线（RTS，CTS，DSR 和 DTR），它们使用嵌入到数据流中的"软"握手信号（Ctrl-S，Ctrl-Q），现在已经很少使用了。

软件。如我们在开始时所说，USART 操作模式由软件命令控制。在命令模式下（D/$\overline{C}$ 为低电平），传送到 USART 的字节将被 USART 译为控制命令，以设置操作模式。例如，我们可以设置同步或异步操作、STOP 位的数值和奇偶校验的方式等。过去那种简单的 USART，通过一个简单的控制寄存器很容易实现编程。高级芯片（如 8530）有许多寄存器，要达到博士的水平才能为它编程。遗憾的是，这种复杂性就是为获得强大的 LSI 微处理器配套芯片灵活性而付出的代价。

为了阐明问题，让我们看看对 8530 初始化的命令序列，使其在信道 A 异步串行通信，1200 的波特率，8 位字符长度，无奇偶校验位，一个停止位，同时关闭中断。完整的初始化有些曲折复杂，因此这里将展示完整的命令序列，但是只详细讲述一两个关键命令。表 11.6 列出了 8530 中可读和可写的寄存器，如同我们已经解释的，访问过程是，先作为命令（D/$\overline{C}$ 为低电平）写入寄存器号，然后对寄存器写（或者读）。利用传送/接收缓冲器（WR8 和 RR8）将省去以上两个过程，因为它们在每个传送字节中都会用到。这样，置 D/$\overline{C}$ 为高电平便可以完成一次简单的读或写。同样，缓冲器状态字节也需要简化的访问方式，因为我们有可能想读取每一个已传送或已接收字节的标志位。8530 允许读取 RR0 位作为简化的控制/状态读取操作（D/$\overline{C}$ 低电平）。下面，我们将通过简单的汇编语言程序了解以上具体运行过程。

表 11.6　ZILOG 8530 中的寄存器

寄存器	功能
读寄存器	
RR0	发送/接收缓冲器状态和外设状态
RR1	特殊接收情况的状态
RR2	未改变的中断向量（通道 A） 已改变的中断向量（通道 B）
RR3	中断待定位（通道 A）
RR8	接收缓冲器
RR10	多种状态
RR12	波特率发生器计数（低位字节）
RR13	波特率发生器计数（高位字节）
RR15	外部/状态中断信息
写寄存器	
WR0	初始信息和指针
WR1	中断和传输模式的定义
WR2	中断向量
WR3	接收参数和控制
WR4	各种参数和模式
WR5	传送参数和控制
WR6	同步字符串或 SDLC 地址空间
WR7	同步字符或 SDLC 标志
WR8	发送缓冲器
WR9	控制中断和复位
WR10	发送/接受控制位
WR11	时钟模式控制
WR12	波特率发生器计数（低位字节）
WR13	波特率发生器计数（高位字节）
WR14	各种控制位
WR15	外部/状态中断控制

每个寄存器的每一位都代表一定含义。例如，图 11.26 示出的 WR3 和 WR4，用来建立不同的通信方式。WR3 中影响异步操作的位有用于启动接收器的 D0，还有通过"调制解调器控制"信号 CTS 和 DCD 启动硬件联络（见下一节）的 D5，以及用来选择位/字符数目的最高两位，其余位都是与同步方式有关的位，我们将对 WR4 中的 D2 ~ D3 进行适当的设置，使它们无效。因此，我们将 (D7, D6) 设置为 (1, 1)，D5 设置为 0，D0 设置为 1 等。我们将十六进制字节 C1 传送到 WR3。对于 WR4，我们选择 × 16 的时钟模式（异步模式的最小因子——由于 USART 必须在每一位中间进行采样，因此输入时钟必须为波特率的整数倍），1 个停止位/字符（标准选择，除非是过时的 110 波特率电传打字电报标准），以及无奇偶校验。然后，我们要传送十六进制字节 44。注意，D4 和 D5 并没有影响，它们只对同步操作有用。同样，如果 D0（奇偶校验使能）为 0，则 D1（奇偶校验选择）不起作用。要注意，如果停止位/字符选择了 1（这只在异步模式下有效），便自动取消了同步模式，以及所有定义同步模式的控制寄存器位（如 WR3 的 D4 ~ D1 位）。

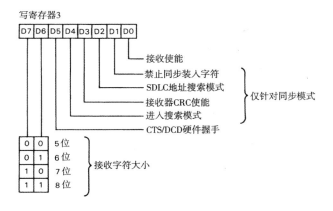

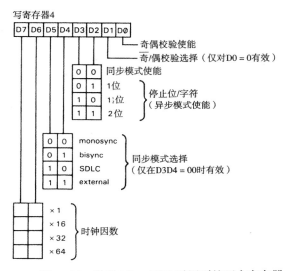

图 11.26　设置 Zilog 8530 时用到的两个寄存器

用类似的方式，对剩下的控制寄存器进行操作。这种工作很烦人，并且容易发生错误。表 11.7 列出了我们认为是正确的字节（已经通过实验确认）。注意，寄存器中标为 XX（"不确定"）的地方被忽略，是因为不使用中断模式或同步模式。WR9 负责整个芯片的复位，优先于其他任何命令。WR12 和 WR13 为波特率发生器设置 16 位除数，对于 8530，公式如下：

$$波特率 = f_{时钟} / [2（时钟模式）（除数 + 2）]$$

表 11.7　8530 串口初始化[a]

寄存器	字节[b]	结果
WR0	(reg pntr)	用来访问寄存器 WR1-WR15
WR1	00	中断无效
WR2	XX	中断向量（只要启动了）
WR3	C1	8 位 Rx 使能
WR4	44	×16 时钟，1 个停止位，无奇偶校验
WR5	68	8 位 Tx 使能
WR6	XX	同步字符串（只用于同步模式）
WR7	XX	同步字符串（只用于同步模式）
WR8	(xmit buf)	Tx 数据（通过 D/C̄ = 1 直接寻址）

（续表）

寄存器	字节[b]	结果
WR9	C0	复位
WR10	XX	多种同步模式选择
WR11	50	波特率发生器的 Tx, Rx 时钟
WR12	102_{10}	波特率发生器的除数，高位字节
WR13	00	波特率发生器的除数，低位字节
WR14	03	启动波特率发生器
WR15	XX	中断选择

a. 为异步模式，波特为1200，8位，无奇偶校验。　b. XX = "不确定"，除了 WR12 都为十六进制数。

因而，在 4 MHz 时钟频率和 × 16 的时钟模式下，产生波特率为 1200 就需要除数为 102_{10}（十进制）（实际上得到的波特率为 1201.92，这个数值已经足够接近了）。对于时钟频率的选择，我们可以选择波特率在 9600（除数应设置为 13）内的任何一个标准值。

　　要注意，通过设置初始化控制字节，还可以选择许多不同的操作模式。与所有的 USART 一样，在许多模式下，8530 也允许以最高可达 1 Mbps 的速率进行同步通信。这在两个处理机之间进行通信时尤其有用。由于 RAM 小的缘故，这个功能对于我们的设计没什么用，但如果要附加一个硬盘驱动器，它将十分有用。

　　要注意，正如用 8536 并行端口芯片一样，在传输任何串行数据之前，CPU 必须将正确的初始字写入 USART。由于此前在我们的例子中并未用到这种串行接口，因此省略了对它的初始化。程序 11.4 展示了在这种情况下如何进行初始化。这种复杂性（包括为了计算出关键字节而对数据进行解密）就是使用灵活的微处理器配套芯片的代价。

程序 11.4

```
        ;串行端口初始化
        ;串行端口地址
CTRL_A  EQU       $85001      ;通道 A 控制
CTRL_B  EQU       $85000      ;通道 B 控制
DATA_A  EQU       $85003      ;通道 A 数据
DATA_B  EQU       $85002      ;通道 B 数据
        ;端口 A 初始化（注意文中的注意事项）
        MOVA.L    #CTRL_A, A0       ;通用端口地址

        MOVE.B    #9, (A0)          ;第 1 个 WR9，用于芯片复位
        MOVE.B    #SC0, (A0)        ;两个通道复位

        MOVE.B    #4, (A0)
        MOVE.B    #S44, (A0)        ;设置 × 16 时钟，1 个终止位，无奇偶校验

        MOVE.B    #1, (A0)
        MOVE.B    #0, (A0)          ;取消中断

        MOVE.B    #3, (A0)
        MOVE.B    #SC1, (A0)        ;Rx  8 位 / 字符，Rx 有效

        MOVE.B    #5, (A0)
        MOVE.B    #S68, (A0)        ;Tx  8 位 / 字符，Tx 有效

        MOVE.B    #11, (A0)
        MOVE.B    #S50, (A0)        ;Tx,Rx 时钟来自波特率发生器
```

```
            MOVE.B    #12, (A0)
            MOVE.B    #102, (A0)            ;波特率除数，低位字节

            MOVE.B    #13, (A0)
            MOVE.B    #0, (A0)              ;波特率除数，高位字节

            MOVE.B    #14, (A0)
            MOVE.B    #S03, (A0)            ;启动波特率发生器
;所有未用到的 WR 寄存器都只影响同步模式操作
```

通过控制寄存器设置了USART操作模式之后，当D/C̄为高电平时，CPU通过读写操作从USART输入或输出实际数据。状态寄存器将会被访问（当D/C̄为低电平时），以判断何时 USART 有需要CPU 读取的数据（RR0 的 D0 位为 1），以及 USART 何时做好了从 CPU 接收数据的准备（RR0 的D2 位为 1）。此外，状态寄存器的其他一些位可告知是否有一个奇偶校验错误被发现，是否即将处理的数据已丢失等。通常我们会忽略后者的警示，硬着头皮往下走。具有和上述相同的寄存器存储映射的程序 11.5 就是一个例子。

程序 11.5

```
;传输程序
;在此进入，将要传输的数据放在 D0 中
trans:   BTST.B    #2, CTRL_A           ;Tx 缓冲器是否为 0？
         BEQ       trans                ;如果不是，继续检测
         MOVE.B    D0, DATA_A           ;如果是，传送字节
         RTS                            ;然后返回


;接收程序
;即将接收的数据放在 D0 中
recv:    BTST.B    #0, CTRL_A           ;Rx 字符是否存在？
         BEQ       recv                 ;如果不存在，继续检测
         MOVE.B    DATA_A, D0           ;如果存在，接收字节
         RTS                            ;然后返回
```

要注意，这是一些最简单的处理器类型，使用可编程I/O检测状态信息（见10.3.2节至10.3.4节）。CPU 仅用来循环查看状态标志。输入将从中断驱动程序中受益。8530 可以在任何一种指定的状态下执行中断。如果接上中断响应线（IEI，IEO 和 INTACK），甚至可以选择一个 8 位向量来响应中断。当然，这些都通过写初始控制字来确定。

并行 I/O 芯片

在微处理器例子中，已经举过一个多功能并行端口芯片（通常与一个或多个定时器联系在一起）的例子。我们把8536作为8530串口芯片的伴随芯片使用，它也使用类似的处理器接口和设置协议。性能好的并口芯片允许分别对每一位的用法和模式（锁存、漏极开路或反相等）进行编程。数据传输协议同样能被编程；例如，8536能使中断向量在任何一种输入模式下有效。我们也可以选择 4 种握手模式中的任意一种，下面将简单谈谈这个问题。

PIO 芯片，正如所有的 LSI 外设芯片一样，由 NMOS 或 CMOS 工艺制造而成。在新型设计中，人们更偏爱 CMOS 工艺。通常 CMOS 能输出几毫安电流，但是 NMOS 只能输出比 1 mA 小很多的电流。因此NMOS 通常与功率驱动芯片相连，用以驱动需要大电流的负载。不要试图直接用PIO输出打开继电器（参见 11.3.1 节关于 MSI 端口的讲解）。

图 11.27 展示了一种刷新 6 位显示器时可能会用到的电路。当然，我们必须写一个软件来不断地输出连续的数字值，并利用端口 A 的一个"移动位"在显示时关闭中断，以避免显示器出现闪

烁。在微处理器系统中，处理多位LED显示器的更简单方法是使用类似西门子公司"智能显示"系列中存储器映射型显示模块这样的设备，它们的电路结构与存储器到CPU的连接方式很相似（见图9.24）；由于它们锁存显示过的值，因而只需在想要改变显示时对它们进行写入。

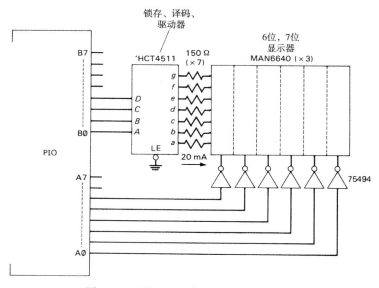

图 11.27　用 PIO 驱动一个复用型显示器

握手

握手过程需要更多一些的解释。假如有一个准备通过PIO端口向处理机传送数据字节的外设。我们想知道当先前的字节已经被处理机接收后，PIO端口什么时候准备好接收下一个字节。最自然的处理方法就是在PIO上设置一个"准备接收数据"（RFD）输出。对PIO写入一个字节后，此信号被PIO设置为无效；而在CPU接收了此字节后又恢复为有效。换句话说，任何时刻，只要RFD有效都可以传送数据。

图 11.28 是这个"互锁握手"的使用方法，实际上这是由8536提供的4种可能握手模式中的一种。在有数据输入的时候，外部设备一直保持数据被置为有效，但一直等到RFD为真时才置选通信号 $\overline{\text{ACKIN}}$（这是 Zilog 对这个管脚的命名）有效。如果发现 RFD 无效，则继续等待下一次 RFD 为真。对于数据输出也有类似的过程，通过 PIO 保持有效数据，然后将 $\overline{\text{DAV}}$ 设置为有效。外部设备将数据锁存，然后使确认信号 $\overline{\text{ACKIN}}$ 有效。这导致PIO同时使数据和DAV信号无效。当 $\overline{\text{DAV}}$ 无效后，外设置 $\overline{\text{ACKIN}}$ 信号无效，然后开始一个新的周期。注意，握手是完全互锁的，在处理过程中双方都等待另一方发出信号，以完成每一步。这种完全的互锁数据交换保证没有数据丢失。不管怎样，如果能将事情简化，那是再好不过的。因此，8536有一个"脉冲握手"模式，在这种模式下，置 $\overline{\text{ACKIN}}$ 无效，不需等待 $\overline{\text{DAV}}$ 无效的允许信号，而是当RFD或 $\overline{\text{DAV}}$ 为真时产生一个脉宽至少为 250 ns 的脉冲。

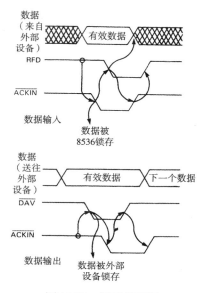

图 11.28　握手信号图

握手模式是在初始化时由传送的那些重要控制字节确定的。当选中握手模式后，4条C端口线中的一些或全部作为$\overline{ACKIN}$，$\overline{DAV}$以及RFD信号线。如果芯片未使用握手模式，端口C的4条线可以作为普通 I/O 位，与端口 A 和端口 B 一样。

警告：许多LSI外设芯片（特别是带时钟输入的）的一个通常缺陷是，它会在两次访问之间产生一个很长的延时。我们使用8530后的一个教训是，当使用一个运行在 10 MHz 频率的68000时，必须在连续的两个WRITE信号之间插入一些空操作指令。因为CPU发送连续字节的速度（0.8 μs）比 8530 的最小"有效访问恢复时间"1.7 μs 快。同样，要注意到特殊处理器接口定时的要求。例如，回想在微处理电路中，Zilog 外设有一个不同寻常的需求，就是从寻址到读选通信号上升沿之间需要 80 ns 的建立时间。这便迫使我们增加一些电路来产生一个$\overline{RD}$延时脉冲。这些我们从未在简单的MSI数字逻辑系统中遇到的特性，是由芯片的定时状态逻辑或NMOS技术的速度相对较慢，或者两者一起造成的。

惟一能克服LSI芯片的这一问题的方法就是认真设计，这便意味着我们要认真完整地学习产品说明，向其他使用者询问请教以及尽可能多地进行实验。如果我们在检测一个样品时发生了异常情况，不要期望它会在更严格的最终版本测试中消失。事实上，这就是我们要寻找的线索。通常，我们可以通过对环境进行人为的改变，更加完整地测试一个原型电路，如改变时钟频率和供电电压，甚至可以考虑改变温度（用一个加热器）。

微处理器总线 A/D 和 D/A 转换器

随着微处理器控制（相对于独立应用）数据采集的应用日益广泛，新的 A/D 和 D/A 转换器在设计时已考虑到了数据总线。例如，"可兼容微处理器" D/A 转换器，有字节宽度的数据输入路径和两倍的缓冲区。这样，在两个写周期，通过 8 位的总线锁存一个 12 位的数据，两倍的缓冲区保证12位的数据整体被同时传送到转换器中，以减小输出的瞬间波动。同样，微处理器可兼容的A/D 转换器具有三态输出驱动，它们由8位一组的方式构成。A/D 和 D/A 转换器都有我们熟悉的总线信号，如$\overline{RD}$，$\overline{WR}$ 和$\overline{CS}$。通常，只需要很少的设备进行地址译码，这些转换器就能直接和微处理器总线连接。我们不需要被普通的接口工具，如外部锁存器和三态驱动器弄得团团转，回顾一下同时带有 ADC 和 DAC 的微处理器电路，就会发现有多么简单。

作为例子，Analog Devices 公司的 AD7537 就是一个带 8 位装载的双 12 位 DAC（每 12 位数据分两个周期装入，采取 8 + 4 的形式），同时提供两个双缓冲器 12 位通道的同步更新（见图 11.29）。而AD7547有12位输入，用于16位总线。由同一个厂商制造的AD7572是一个无粘合的12位ADC，可以通过三态驱动选择 8 位或者 12 位并行输出。因而，它可以有效地应用于 8 位或 16 位的微处理器总线。一些总线可兼容的转换器甚至允许当字宽小于总线宽度时对其进行向左或向右调整。当选择一个总线兼容的转换器时，小心那些处理器接口定时不够灵活的设备（与转换速度无关），它们可能造成插入等待状态，进行延时选通等。例如，AD558，自带 8 位 ADC，但在$\overline{WR}$的下降沿有 200 ns 的最小数据建立时间，需要 68008 设置一个等待状态，否则，它是一个非常优秀的器件。

对于任何一个有 12 位或更高分辨率的 ADC 微处理器接口，应考虑用缓冲器（甚至用光隔离器）来保存系统总线上ADC芯片的输出，否则瞬时电流和微处理器的噪声将有可能降低分辨率。为了得到最高的分辨率（16位或更高），最好将转换器放置在装有数字电路的盒子的外面。为了说明可能发生的现象，我们提供一个为 IBM PC 设计的商用 16 位 ADC 板的例子。转换器模块设置在PC 板上。我们原本怀疑它是否能够达到16位分辨率，因此在购买之前询问过，如果一个固定电压加到主板的模拟输入端时将发生什么。制造商的技术支持部门向我们保证，结果"至多是两个相近的数字代码"。实际上，结果是在7个连续的数码之间跳转，相当于一个14位的转换器。在他们的建议下，我们将其送回进行测试，后来证实是噪声的原因。当我们问起这个问题时，得到的回答是"那个雇员已不在这里工作了"。他们告诉我们，所有的板子都是那样的，而且，更加让人失望的是，他们威胁说将会为测试板子收取"服务"费。

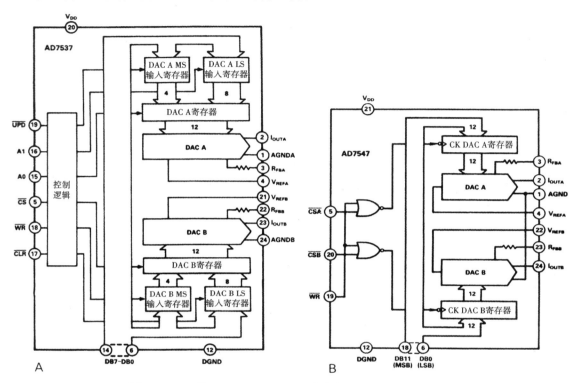

图 11.29   12 位双 DAC：A. 7537 8 位负载；B. 7547 12 位负载

11.3.3 存储器

对于一个商用微型计算机而言,增加存储器是一件非常容易的事情,所有我们需要做的就是决定买多少兆容量的以及买哪个厂家的产品。在一个专用微处理器的应用中，关于存储器的分配是设计过程的一部分，非易失性（永久性）ROM用来存储程序,可读写的随机存储器RAM用来暂时存放数据,并为堆栈和程序工作区间提供空间。只读程序存储器广泛应用于专用设备中，使得不必每次开机时都重新装载程序。

这一节将讨论不同种类的存储器：静态 RAM、动态 RAM、EPROM 以及 EEPROM。一旦掌握了它们的用处，就很容易做出选择。我们可以提前看看图 11.35 中对存储器家族的总结。

静态和动态 RAM

静态RAM,或称为SRAM,将数据位存储在一系列触发器阵列中。而动态RAM,或称为DRAM,将数据位存储在充电的电容器中。一旦一个数据位写入静态 RAM，将保存到重新写入或电源关断的时候。在动态 RAM 中，数据一般将在 1 s 内消失，除非被"刷新"。也就是说，一个动态 RAM 会不停地丢失数据，而要保存数据只有靠周期性地访问芯片内二维形式的存储单元。例如，我们必须在一个 256 Kb 的 RAM 中每隔 4 ms 对 256 行的每一行进行一次寻址。

是什么原因促使人们选择动态RAM呢？由于没有使用触发器，DRAM节约了空间，使得在一块芯片上能存储更多的数据，而且价格低廉。例如，当前流行的 32 K × 8（256 Kb）SRAM需要花费 $10，是当前 1 Mb 的 DRAM 价格的两倍。因而，如果使用动态RAM，可以只花一半的钱而用上 4 倍容量的存储器。

现在，我们有可能又会为人们会选择静态RAM而感到奇怪（人们就是这么善变）。SRAM的主要优点是简单，不必担心刷新时钟和定时的复杂性这种问题（更新周期与普通的存储器访问周期必须同步）。因而，对于一个只需要少量存储器芯片的小型系统，自然会选择SRAM。此外，当今绝大多数 SRAM 都是 CMOS 型的，非常适合于电池供电设备。实际上，当关闭主电源（用一个像MAX690一样的电源控制芯片）时，CMOS型的静态RAM由备用电池供电，可以用来取代非易失性的存储器ROM。SRAM的一个更重要的优点是可以达到非常高的处理速度（25 ns或更短）和方便的宽字节封装。让我们仔细了解一下 SRAM 和 DRAM。

静态 RAM。 在微处理器设计中，我们使用一个单独的 32K × 8 的 SRAM存储数据，并作为堆栈和工作空间（程序存储在EPROM中）。静态随机存储器使用起来非常容易：在执行读操作时，将地址、片选信号（$\overline{CS}$）和输出使能端（$\overline{OE}$）置为有效；随后，最多经过时间 t_{aa}（地址访问时间），所需访问的数据就会出现在三态数据线上。进行写操作时，首先要使地址、数据以及片选信号 $\overline{CS}$ 有效，然后（在经过地址建立时间即 t_{as} 后）提供一个写使能（$\overline{WE}$）脉冲，数据在 $\overline{WE}$ 脉冲下降沿被写入。图 11.30 显示了 120 ns 的 SRAM 的读写时序图，从此图可以看出存储器的"速度"即是从地址有效到数据有效（读操作）或是写周期完成（写操作）所经历的时间。对于 SRAM 而言，从一个存储器访问到下一个访问的时间（"周期时间"）等于访问时间。我们在后面将看到，动态随机存储器并不满足这一点。

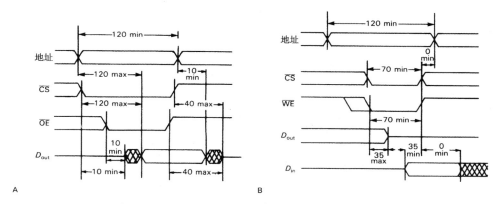

图 11.30 120 ns SRAM 的时序：A.读周期；B.写周期

静态随机存储器的容量从 1 Kb 到不超过 1 Mb 不等，字长分为 1 位、4 位和 8 位，速度范围，即存取时间从 150 ns 到 10 ns 左右不等。最近比较流行的几种类型包括价位不高的 8 K × 8 和 32 K × 8 CMOS SRAM，它们的存取时间为 80 ns，还有作为高速缓冲存储器的小容量高速（< 30 ns）COMS SRAM。封装形式有输入输出分离式封装、双端口封装和 SIP（单排）封装。

一般来说，没有必要以一种固定的方式将CPU的数据线和相应的存储器数据管脚连接起来，我们可以随心所欲地连接它们，因为我们写入的是什么，读出的还是什么！地址线同样也是如此。但是对只读存储器（ROM）就不能这么蛮干了。

习题 11.18　按上一段的说明，对于只读存储器为什么不能随意连接？

　　动态随机存储器DRAM。和静态随机存储器相比，动态随机存储器复杂得多。图11.31描述了一个普通周期。地址（例如1 M动态随机存储器中为20位）被分成两组并且复用到半数管脚上。先作为"行地址"，由"行地址选通端"（$\overline{RAS}$）选通，然后作为"列地址"，由"列地址选通端"（$\overline{CAS}$）选通。在置$\overline{CAS}$信号有效后，数据就会被写入（或读出，由输入的R/$\overline{W}$信号决定是读还是写）。在下一个存取周期到来之前，$\overline{RAS}$需要一段放电时间，因此整个周期时间要大于访问时间。例如，访问时间为100 ns的某个特定DRAM，其整个周期时间为200 ns。刷新周期与此类似，但是不需要置$\overline{CAS}$信号有效。实际上，假如我们能保证访问到所有要求访问的行地址组合，那么使用普通的存储器访问也可以进行非常准确和快速的刷新！

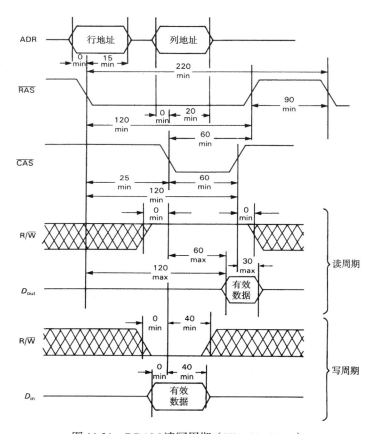

图 11.31　DRAM 读写周期（Hitachi 120 ns）

　　DRAM和SRAM一样，有1位、4位和8位几种字长，容量范围从64 Kb到4 Mb，速度从70 ns左右到150 ns不等。现在最常用的是大容量1位型，这是不无道理的。例如，假如要构建大型存储器阵列，比如字长为16位，总容量为4 Mb。我们可以选用1 M × 1或128 K × 8的1 Mb的DRAM，这时选用1位芯片更合算。其原因是：（a）每根数据线仅仅需要连至两个芯片（而不是16个），这样做将大大减少电容性负载；（b）由于数据管脚更少而不需要添加额外的地址管脚，使得芯片尺寸更小。另外，一般1位芯片更便宜。当然，以上基于所要构建的是一个大的存储系统。在构建一个简单的32K×8微处理器时，该结论并不适用。但是现在不断发展的高密度封装技术（如"ZIP"和"SIMM"）大大降低了减少芯片管脚数量的重要性。

在使用动态RAM时，有几种方法可以用来产生DRAM所需的复用地址信号、RAS信号、CAS信号和R/$\overline{W}$信号序列。因为DRAM总是以固定不变的方式连接在微处理器的总线上，当我们发现一个标志着DRAM存储空间（由高位地址线决定）中某个地址有效的$\overline{AS}$信号（或等效信号）时，就可以开始了。传统方法中，使用分立的中规模集成电路（MSI）器件来实现地址复用（几个'257四2输入MUX），使用一个移位寄存器来产生RAS，CAS和MUX控制信号，其中寄存器的移位频率由处理器频率经过倍频所得，或者更好的情况是由一个带分接头的延迟线产生以上3个信号。我们需要设置一些逻辑来定期介入只带行地址选通的刷新周期，其中使用一个计数器来产生连续的行地址。在这种方式下设计电路，至少需要10块芯片。

PAL提供了一种能取代"分立式"DRAM控制电路的极具吸引力的方法，通常只需用1~2块芯片就可以实现所需的全部逻辑功能。还有一种更简单的办法是使用专用的"DRAM支持"芯片，例如AM2968。这些芯片不仅能处理地址复用器和RAS/CAS的生成，还能处理刷新仲裁和生成行地址。它们甚至还包含用于驱动一个大型存储芯片阵列所需的强劲驱动器和阻尼电阻，对此稍后将详细讲解。这些DRAM控制芯片通常还需要能提供计时和误差检测/纠正功能的芯片的支持；这样一个小的芯片组就能构成DRAM设计的完整解决方案。

只能说这个方案是几乎完整的，因为DRAM存储器的真正麻烦是保证所有总线、选通端以及地址线不受噪声干扰。最根本的问题在于，通常分布在PC主板重要区域内的几十个MOS集成电路和错综复杂的布线。要驱动几十个芯片，必须有大电流的肖特基输出级，而导线过长、存在分布输入电容以及输出级边界时间过快，引发了严重的干扰噪声。在DRAM地址管脚上往往能出现高达 –2 V 的负尖峰！一般的解决方法（不一定完全成功）是在每个驱动器的输出端接上阻尼电阻，典型阻值为33 Ω左右。由于每根导线上很容易产生100 mA以上的瞬时电流，这样大的传输电流又会引起其他相关问题。设想有一个八进制驱动芯片，正巧芯片的大部分输出都是由高电平向低电平跳变，这样可能产生接近1 A的瞬时电流，使得接地端电压瞬间高于地，由此任何输出都会被视为低电平。这个问题绝非理论知识能够解释的，我们就遇到过因为此类电压瞬变而发生存储器错误的情况，这是由于CAS驱动器存在电流冲击脉冲，使得同一芯片上的RAS驱动器电流尖峰足够高，从而终结了这个存储周期！

DRAM存储器中的另一个噪声源就是存储芯片自己产生的很大的满幅瞬时电流，有些芯片制造商很诚实地将这个情况写进了产品说明书（见图11.32）。通常的解决办法是大范围旁路到低电感的地线层，目前比较普遍的做法是在每块存储芯片上接一个0.1 μF的陶瓷电容。

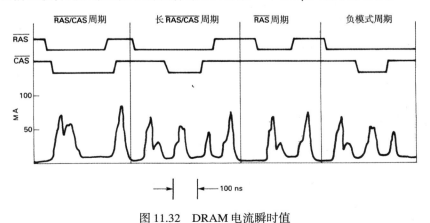

图 11.32 DRAM 电流瞬时值

我们已经知道，外接电阻的74F逻辑驱动器可以很好地配合DRAM工作。特殊的驱动器，如集成了阻尼电阻的Am2966，也能很好地配合DRAM工作。上面提到的Am2968 DRAM控制器声称可以驱动88个存储芯片而无需其他外部器件，且其最大负尖峰不超过 –0.5 V。比采用特定驱动器更重要的是使用低电感的地线层以及广泛使用V_+旁路电容。现在最好的印制电路板都有4层（或更多），其中有专门的层用于地线和V_+。而接地不足的2层板则很容易出问题，绕接板也不太好。

有一点很重要，要意识到噪声诱发型的存储错误可能对某些模式敏感，并且不能在一个简单的读/写存储器测试中显示出来。保守的设计和完备的存储测试（带有波形示波器检测）是保证存储器操作稳定可靠的最好途径。

只读存储器（ROM）

这是一种非易失性存储器，几乎在所有计算机系统中都需要用到它。举例来说，在微型计算机中至少需要几个非易失性存储器，以存放引导启动程序，而引导启动程序不仅包括堆栈分配、端口和中断初始化等信息，还包括允许处理器从磁盘读取操作系统代码。当计算机做了内存测试后进入DOS系统时，它就会运行ROM中的指令。计算机通常把一部分操作系统（通常是更具硬件特征的部分）存放在ROM中，称之为"ROM-BIOS"（基本I/O系统），它通过提供通用接口使操作系统运行起来相当方便。ROM被广泛用于查表，例如作为显示设备中的字形发生器。在一些极端的情况下，计算机甚至将整个操作系统以及编译和图形程序都存放在ROM中。例如，Macintosh把几乎所有的系统软件都存放在ROM中，从而空出256 Kb的RAM空间留给用户程序自由支配。然而，基于ROM方式的情况在微型计算机中并不多见，因为它的灵活性受到很大限制。不过，软件补丁和少量的升级程序也可以放到RAM中去。

在专用微控制器应用中，ROM的用途更广。在信号均衡器的例子中，整个独立程序都存放在ROM中，RAM仅仅被作为数组和临时存储器。最后，ROM有时也用在离散数字硬件中，例如，用于构建任意连续状态机或作为某些测量系统中使响应线性化的查找表。再来看看非易失性存储器提供的选择：紫外线可擦写EPROM、熔丝性ROM、掩膜可编程ROM和电可擦除EEPROM。

EPROM。EPROM是带有石英窗口的大芯片，是一种可擦写可编程的只读存储器。这是至今为止在计算机中最流行的非易失性存储器。它分为COMS和NMOS两种，由大型MOSFET（金属氧化物半导体场效应晶体管）门阵列组成。其中MOSFET带有浮动栅，浮动栅在"雪崩注入"时充电，"雪崩注入"是指当栅极的绝缘层被高于20 V的电压脉冲击穿时的现象。这种存储器通过在绝缘栅上保留无限小量的电荷（大约有1 000 000个电子）来存储数据，可以把这些栅看成恒值电容。将此电容看成相关MOSFET的栅，就可以读取该电容的状态。因为这个栅并不是电可存取的，如果想将它里面的数据擦除，只能将它暴露在强紫外线中10 ~ 30 min，使其由于光敏发生泄漏。因此使用时不能有选择性地擦写个别存储数据。

如今的EPROM的容量从2 K × 8到128 K × 8不等，价钱都为几美元。存取时间的典型值在150 ~ 300 ns之间，而Cypress等公司已经生产出存取时间短至25 ns的小容量EPROM。当对EPROM进行编程写入字节时，需要使用被提高的编程电压（通常是12.5 V或21 V）。在最早的算法中，每写入一个字节需要50 ms的编程时间（对2716来说需要100 s，而对于普通尺寸的32 K × 8 EPROM则需要半个小时）。因此，对大容量ROM的编程所需的时间非常长，这就促使设计者设计出更新的巧妙算法。在新算法中，每写入一个字节只需要一个持续1 ms的编程脉冲，通过在每次写操作之后读出的方式来检测结果。当所读出的字节正确时，输入一个最终的写脉冲，脉宽为以前脉宽的 3 倍。一般情况下，大多数字节只需编程一次，每个字节用时 4 ms，对于 32 K × 8 ROM 只需 2 min。

EPROM 非常适合用于原型设计，因为它在内容擦除之后还能重新使用，它们也适合小批量生产器件。有一种更便宜的不带窗口的 EPROM，称为"一次性编程"（OTP）EPROM。虽然它本不应该被称为 EPROM，但是工程师们还是沿用了这种叫法。EPROM 制造商比较保守，只保证 10 年的数据保存时间。这是假设最坏情况下（尤其是高温，这将导致漏电）的数字。事实上如果不是产品有缺陷，它们不会丢失数据。

EPROM 对可擦写和重新编程次数有所限制，制造商们大多不愿意公开这个数字，但是一般认为可擦写 / 编程 100 次左右。

□ **掩膜 ROM 和熔丝 ROM**。掩膜编程 ROM 是出厂时已将客户设置的位组合模式内置于其中的器件。生产商使用半导体技术将位规格定制在一张可用于芯片加工的金属掩膜上。此类产品适用于大规模生产，并不适于做试验。其典型的开工成本为 1000 美元到 3000 美元，如果一次性 ROM 定购量不超过 1000 个，生产商一般不会接这样的订单。如果是大批量生产，那么芯片的平均价格只有几美元。

很多单片微控制器都在芯片内部内置有容量为几千字节的 RAM 或 ROM，这样加工完毕的仪器就不需要再外接任何存储芯片了。在大多数微控制器系列中，都含有可外接 ROM 的微控制器版本，在某些情况下还含有一些带芯片内置 EPROM 的微处理器版本（见图 11.33）。我们的设计思想是在研究开发仪器时使用 EPROM（或外接的 ROM）写入代码，试验成功之后再大批量生产价格更便宜的掩膜可编程控制器。

熔丝型 ROM 是另外一种一次性可编程 ROM。它们在出厂时所有的位都置位，在编程时需要对它们进行电击，使某些位清零，直到写入所需信息为止。代表器件是 Harris 公司生产的 HM6617，这是一容量为 2 K × 8 的 CMOS PROM。熔丝型 PROM 也可以采用双极型（TTL）工艺来生产。

EEPROM。这类 ROM 可以在电路中进行选择性电擦除和重新编程，因此它们很适合用来存储那些在计算机或装置器件未使用前不能确定的配置信息、校验参数等。和 EPROM 一样，它们也采用 MOS 浮栅技术。

第一代 EEPROM 使用起来很困难，它要求很高的电压，编程时间长，与 EPROM 相似。现代的 EEPROM 可以在单极 +5 V 电源供电下运行，性能几乎和 SRAM 一样，换句话说，可以在一个总线写周期内对任何字节重新编程。EEPROM 使用内部电路对现有供电电压进行提升，以获得更高的编程电压，内部逻辑用来锁存数据，产生微秒级的程序序列，同时内部逻辑还用于在编程进程期间设置一个忙 $\overline{\text{BUSY}}$ 标志，或者设置一个基于"读"的补充"数据"来指示"写"操作正在进行中。一些 EEPROM 支持 "RDY/$\overline{\text{BUSY}}$"（准备就绪 / 忙）和"$\overline{\text{DATA}}$-polling"（数据查询）两种工作方式。这些 ROM 的连线很简单，只需要按照连接 SRAM 的方式连线就可以，另外使用 $\overline{\text{BUSY}}$ 线来产生中断（或是读取查询，或是使用 DATA 作为一个状态标志），见图 11.34。使用 $\overline{\text{DATA}}$ 信号查询的优点在于它可以无需改动电路（当然，必须修改读出检测程序，直到读出的数据与写入的内容相符为止），直接使用标准 SRAM 插槽。一般不会对 EEPROM 进行频繁写入，所以实际上很少使用 RDY/$\overline{\text{BUSY}}$ 的中断功能。

CMOS EEPROM 现有的容量分别为 2 K × 8，8 K × 8 和 32 K × 8 几种，价格在 10 ~ 50 美元左右，其存取时间（200 ~ 300 ns）和运行速度（使用内部"优化"算法时约为 2 ms 每字节）都和标准 EPROM 差不多。和 EPROM 一样，EEPROM 所能承受的读 / 写次数也是有限的。虽然生产商没有给出实际数字，在 25℃ 的运行温度下，一般可以认为在 100 000 次左右。

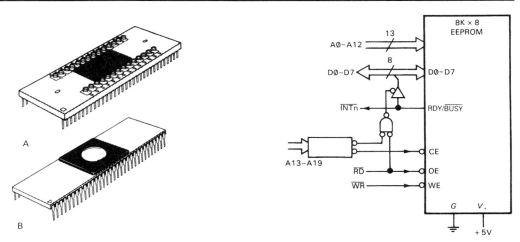

图 11.33　微控制器/EPROM 结合体：A. 带背插式 EPROM 的　　　图 11.34　EEPROM
　　　　　　8 位微控制器；B. 带片载 EPROM 的 8 位微控制器

　　注意，虽然 EEPROM 允许在电路中改编程序，但是它们脱离电路时，在 EPROM 型程序编程器中也可以被编程。这一点使得它们很适合用于固件开发，因为在擦除改编程序时，使用方便快捷的电擦写方式无需等待很长时间。

　　有两种型号的 EEPROM 非常有意思。一种是 National 或 Xicor 等公司生产的小型 8 管脚迷你 DIP 封装的 EEPROM，它们的存储容量从 16 × 16 到 2 K × 8 位不等。这种 EEPROM 使用串行存取，有一个时钟输入和一条数据线。如果没有微处理器访问它们，这些存储器用起来并不方便，但在带有微处理器的仪器应用中，使用它们来存储一些配置参数等非常好。Xicor 公司还生产了"EEPOT"，它是一种用于定位"数字清除器"的电可擦除存储器，芯片中含有一个由 99 个等值电阻组成的带有抽头的电阻串，其中抽头的位置可通过数字方法进行设置，并存储在芯片内部的非易失性存储器中。它可以应用在仪器的自动校验或遥控校验中，而不必进行机械调节。

　　快闪存储器（flash）是一种新近发展的 EEPROM，它结合了 EPROM 的高密度性能和 EEPROM 的在线可编程能力。然而，使用 flash EEPROM 时，一般做不到像常规的 EEPROM 那样有选择地擦除单个字节。目前 Intel 公司生产的 flash 只允许整体擦除，而 Seeq 公司的产品则允许以页面（512 字节）为单位擦除或整体擦除。并且，大多数 flash EEPROM 在擦除/写入期间，都要求为其供应一个额外的转化后为 +12 V 的电压，与只需单一 +5 V 供电的常规 EEPROM，选择 flash EEPROM 需要付出很高的代价。flash EEPROM 所能承受的编程次数为 100 ～ 10 000 次。

非易失性随机存储器

　　ＥＰＲＯＭ 很适合作为非易失性只读存储器，但是经常需要用到非易失性读/写存储器。EEPROM 可以做到这一点，但是它的写周期时间（10 ms）太长（而且可读/写次数有限）。要想得到 RAM 的读/写速度（约 100 ns）而可读/写次数又不受限，有两个办法，可使用带后备电池的 CMOS 静态 RAM，或者使用 Xicor 公司生产的与众不同的"NOVRAM"，它在同一片芯片上集成了 SRAM 和 EEPROM。

　　先前介绍过带后备电池的 SRAM。通过不懈努力，它在两方面做得最好，价格便宜，在拥有 ROM 的非易失性同时还具有 RAM 的读/写速度。当然，使用 CMOS RAM 时必须使用规定的微功率关机电流。一些生产商生产的"非易失性 RAM"是将锂电池、关机逻辑电路和 CMOS RAM 一起进行 DIP 封装形成。如 Dallas 半导体公司的 8 K × 8 DS1225 和 32 K × 8 DS1230。它们也生产一系列包含电池和逻辑电路的"智能插件",能使普通的 CMOS RAM 成为非易失性 RAM。注意,采用这种方法构造的非易失性 RAM 并不是真正非易失性的,电池寿命(也就是数据寿命)只有 10 年左右。和普通的 SRAM 一样,存储器的可读/写次数无限。

Xicor 公司生产的 NOVRAM(非易失性 RAM)将普通的静态 RAM 和几个片载"隐蔽" EEPROM 结合起来。当输入一个 $\overline{\text{STORE}}$ 信号时,它将用一个完整的写周期(10 ms)将 SRAM 上的信息保存到 EEPROM 中。取回数据的速度快得多,为 1 μs 左右。使用电源监视芯片时,如 MAX690 系列,在 +5 V 电压降低太多之前它会发出警告,提醒保存 SRAM 中的内容并留下充裕的操作时间。NOVRAM 规定可以承受 10 000 次存盘操作,和普通的 SRAM 一样,它的可读/写次数无限。

在这两种非易失性 RAM 中,一般而言,带电池后备的 SRAM 更可取一些。可以使用能找到的任何具有零电流关机模式的 SRAM。那就意味着可以使用最新生产的大容量 RAM,如果需要,也可以购买使用具有快速存取时间的存储器。虽然电池的寿命有限,但是在许多情况下已经够长了。如果保存时间短(一天或更少),可以使用一个大容量双层电容来代替锂电池。Panasonic 和 Sohio 等公司都生产这种电容,这些公司还供应容量高达 1 F 的封装很小的电容。

存储器总结

图 11.35 中归纳了各种类型存储器的主要特征。在图中所示的类型中,推荐在构建大型存储器阵列时使用字长为 1 位的 DRAM,在构建小型微处理器存储器阵列时使用字长为 8 位的 SRAM,EPROM 用于存储只读参数或程序,而 EEPROM(如果速度不是很重要)或带电池后备的 SRAM(全速读/写)则可作为非易失性读/写存储器。

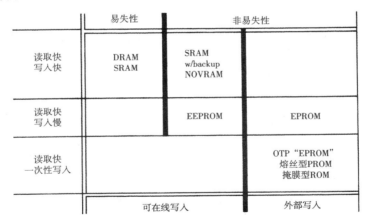

图 11.35　存储器类型

11.3.4　其他微处理器

和达尔文进化过程一样,微处理器也朝着几个不同的方向发展。在生存竞争中,一些适应能力较差的产品濒临绝种。下面举例说明微处理器发展方向的不同。微处理器可分为具有独立 I/O 指令的微处理器和要求"内存映射 I/O"的微处理器,两者的区别在于,后者仅仅把外设寄存器看成存储器中独立的区域(相应的实例分别为 8086 系列和 68000 系列)。也有的分类是由于某些机器使用存储器代替寄存器进行算术操作。还有一种分类的产生牵涉到插脚引线的使用:一些 CPU 对管脚进行复用,从而在封装约束下允许一定灵活性。然后还有关于字长(4位、8位、16位或32位)、堆栈以及指令系统的简捷性(或者丰富性)等问题。每个微处理器家族都有自己的汇编语言,这对初学者来说是另一个绊脚石。微处理器一般基于 CMOS 技术，但也有一些是基于 NMOS 或双极逻辑技术的。

涉及到各自所针对的应用领域，微处理器的区别更大。一种极端是"单片"处理器芯片，内部集成有 RAM 和 ROM、并行端口、通用异步收发机 UART 和定时器，甚至还有模/数转换器，各种设备接口应有尽有。与此相对的另一个极端是，强大的 32 位 CPU，如 80486，68040 和 AM29000，拥有大型计算机在计算方面的强大优势，但是它们需要大量的硬件和软件支持，以便能够充分利用其优点。"高度集成"芯片则试图求得一个平衡点，例如，H16 就是一个芯片内带有 2 个通用异步收发机 UART、定时器和 DMA 通道的 CMOS 68000。

在这一章中都使用 68008 作为实例，但并不希望大家因此就错误地认为别的微处理器不如 68008 有用。表 11.8 中列举了当前最流行的几种微处理器。不要认为该表中罗列出了所有微处理器。

11.3.5 仿真器、开发系统、逻辑分析器和评估板

如何对设计出的器件需用到的程序进行编写、连接和调试，并将其装入 ROM 中？这是一个很大的问题，尤其对于刚刚接触微处理器的人来说更是如此。有几种有效的解决方法，既可采用简单的与操作系统无关的"烧入调试"，也可以利用复杂的开发系统和高级语言仿真器。本章将讲述这几种有效的方法，以及在含有微处理器的装置中如何利用它们。

"烧入调试"

这个有趣的术语描述了一种基于处理器的最简单的硬件代码开发方法。它的过程如下：首先在通用计算机（如桌面个人电脑）中使用汇编器或编译器来产生可烧进 EPROM 的可执行代码。如果所使用仪器中的目标处理器不同于用于开发的计算机处理器，就需要使用一个"交叉汇编器"，否则只需使用 PC 机中的"本地汇编器"。现在可以向 EPROM 中写入代码（这就是"烧入"），并将它装备在仪器上进行测试（即"调试"）。调试过程包括查看由错误代码（或错误硬件）引起的故障、修改错误或插入诊断测试，并如此反复调试。整个故障检测过程蕴含着许多智慧。例如，只要在实验程序中做出正确的定义声明，就可以使用设备中的 LED 指示器或别的端口来帮助我们查看程序进程。不要忘记使用电子行业的传统工具：逻辑探针、示波器以及（如果已经别无选择了）逻辑分析器（下面将对它进行讲述）。

ROM 代用品。上面讲述的烧入调试是一个缓慢的过程。尽管有时候有足够的时间进行这项工作，但是将 EPROM 不停地周转于紫外线擦除器及 ROM 编程器之间，会使人很快失去耐心。此时有几种捷径可走：（a）使用 EEPROM 代替 EPROM。这样做虽然不能加快编程速度，但是至少不用在擦除工作上浪费时间。（b）在开发期间，使用带电池后备的（永久性）CMOS RAM 来代替 EPROM。CMOS RAM 在速度上和常规的 RAM 一样快，并且它的管脚和 EPROM 管脚兼容，可以直接将存储有试验代码的 CMOS RAM 直接插入目标仪器中。Dallas，Thomson 和一些别的公司都生产这种带电池后备的 RAM，当然也可以自己设计制造。（c）使用"ROM 仿真器"。它是一个尾端带有一根电线和一个 28 管脚 DIP 插头的盒子。将插头插入仪器的 EPROM 插座中，就开始了 ROM 仿真。在这个小盒子中包含有一个通过串行接口从 PC 机上下载的双端口 RAM。在 3 种方法中，使用 ROM 仿真器速度最快，因为在软件发生变化时并不需要插上或拔下存储芯片，只需要将新的代码下载到仿真器中，而仿真器是直接在目标仪器上的。ROM 仿真器也称为"存储器仿真器"或"只读存储器仿真器"（后一种叫法源自 Onset 电脑公司、N.Falmouth 公司和 MA 公司）。

表 11.8 微 处 理 器

型号	寄存器大小(位)	总线宽度(位)	地址空间	最快指令a(μs)	时钟频率(MHz)	CMOS?	队列?	段?	MMU?	虚拟内存?	高速缓存?	FPU?	流水线式?	说明
传统8位														
6502	8	8	64 kB			A	-	-	-	-	-	-	-	Apple II; 65C802 = 升级型
6800	8	8	64 kB			-	-	-	-	-	-	-	-	
8085	8	8	64 kB	0.8	10	A	-	-	-	-	-	-	-	取代了8080
Z80	8/16	8	64 kB	0.5	8	A	-	-	-	-	-	-	-	
6809	8/16	8	64 kB			A	-	-	-	-	-	-	-	流行的CP/M μP
高集成8位														
50740, 65C124			64 kB			•	-	-	-	-	-	-	-	6502指令集
6801, 6301, 68HC11			64 kB			A	-	•	•	-	-	-	-	6800指令集
64180, Z180	8	8	1 MB		10	•	-	•	•	-	-	-	-	Z80指令集，片上外设
Z280	8/16	16	16 MB		25	•	-	•	•	-	-	•	E	Z80指令集
传统16位														
8088	16	8	1 MB			A	•	•	-	-	-	E	-	
8086	16	16	1 MB	0.3	10	A	•	•	-	-	-	E	-	
Z8000	16	16	8 MB	0.3	10	-	•	•	E	-	-	E	-	快速中断
F9450	16	16	4 MB	0.2	20			•	•	-	-	•	-	MIL std 1750A
高级16位														
65C816	16	16	16 MB	0.13	8	•	-	-	-	E	-	-	-	ApplellGS，具有6502子集
80286	16/32	16	16 MB	0.16	12.5	-	•	•	•	•	-	E	-	Harris 80C286, 20 MHz
V20,V30	16	8/16	1 MB		10	•	•	•	-	-	-	E	-	具有8080子集；CMOS
V60	32	16	4 GB		16	•		•	•	•	-	•	-	1.5 MIPS平均；CMOS
RTX2000	16	16	1 MB	0.1	10	•		•						Forth, 10 MIPS
高集成16位														
80188	16	8	1 MB			A	•	•	-	-	-	E	-	
80186	16	16	1 MB			A	•	•	-	-	-	E	-	常用来作为控制器
V40,V50	16	8/16	1 MB		8	•	•	•	-	-	-	E	-	8086指令集控制器
传统32位														
68008	32	8	4 MB			-	•	-	-	-	-	-	•	
68000	32	16	8 MB			-	•	-	-	-	-	-	•	
68010	32	16	16 MB			-	•	-	-	-	-	-	•	
68012	32	16	4 MB			-	•	-	-	-	-	-	•	
32008	32	8	16 MB		10	-	•	-	-	-	-	E	•	
32C016	32	16	16 MB		10	•	•	-	-	-	-	E	•	
32C032	32	32	16 MB		10	•	•	-	E	-	-	E	•	
高级32位														
V70	32	32	4 GB		20	•		•		•	•	•	•	2.5 MIPS平均，CMOS
32332	32	32	4 GB	0.2	15	•	•	•	E	•	-	E	•	前32位数据+地址；NMOS
68020	32	32	4 GB	0.08	25	•	•	-	E	•	-	E	•	5 MIPS
80386	32	32	4 GB	0.03	33	•	•	•	•	•	E	E	•	具有8086子集（SX=16位总线）
WE32100	32	32	4 GB	0.13	18	•	•	•	E	•	-	E	•	AT&T "3B"计算机；平均4 MIPS
Clipper	32	32	4 GB	0.03	33	•	•	•	E	•	•	•	•	RISC(Harv arch)平均5 MIPS(C100)
Z80000	32	32	4 GB	0.08	25	•	•	•	•	•	•	-	•	5 MIPS平均（具有Z8000子集）
68030	32	32	4 GB	0.06	30	•	•	-	•	•	•	E	•	具有数据高速缓存，速度是68020的两倍
32C532	32	32	4 GB	0.06	30	•	•	-	•	•	•	E	•	UNIX最优性能，10 MIPS
T414	32	32	4 GB	0.05	20	•	-	-	-	-	E	E	•	传送机，4多处理链接
86C010	32	32	64 MB	0.08	12	•	-	-	E	E	E	E	•	Acorn RISC（44条指令）
80960	32	32	4 GB	0.06	16	•	•	-	-	-	•	-	•	RISC, 多任务, 8 MIPS, 0.5K高速缓存
68040	32	32	4 GB	0.06	33	•	•	-	•	•	•	•	•	17 MIPS，3 Mflops，8K高速缓存
80486	32	32	4 GB	0.03	33	•	•	•	•	•	•	•	•	20 MIPS，8 Mflops，8K高速缓存
29000	32	32	4 GB	0.04	25	•	•	-	•	•	•	E	•	RISC, 17 MIPS
88000	32	32	4 GB			•	•	-	E	E	E	•	•	RISC
T800	32	32	4 GB	0.05	20	•	-	-	-	-	E	•	•	传送机
86900	32	32	4 GB	0.07	17	•	-	-	-	-	E	E	•	Sun μP（107条指令）SPARC
WE32200a	32	32	4 GB	0.13	30	•	•	•	•	•	-	E	•	8 MIPS平均（28 MHz）
SPARC	32	32	4 GB	0.05	33	•	•	-	-	-	•	-	•	Cypress Fujitsu等，大于20 MIPS

a. AT&T 可能会停止 OEM 销售，A 表示有 CMOS 版本；E 表示有外部芯片可以提供该功能。

监控 ROM。如果目标仪器中含有串行接口，那么编制一个简单的"监控" ROM 能够简化软件开发工作。监控 ROM 的作用不是运行该仪器，而仅仅是为端口和目标仪器中的存储器提供一个通信连接。通过最简单的监控器可以将代码装入 RAM 并运行程序。由于能将 PC 机上的试验程序直接导入目标仪器的存储器中，因此加速了软件开发进程。只要再多费一点功夫，就可以在监控器中添加其他的功能，如检查 RAM 中指定区域的内容。借助在 RAM 指定的区域中设置一些数据，然后跳回到监控器（PC 机可以通过该监控器来检查这些 RAM 中的指定区域），检测程序能展示 RAM 内部的变化。在诊断试验程序时，我们也可以利用这项功能在程序中设置"程序中断点"：当程序执行遇到断点时，指定的寄存器或存储器区域的内容将被复制到一段未使用的 RAM 区域中，PC 机将通过监控器顺序读取这个区域中的内容。这类工具使我们能够很快找出程序中的错误源，缩短开发时间。

电路内部的仿真器

使用前面详细讲述过的烧入调试方法一般可以完成任务，但它并不是一种理想的方法。一方面，它要求使用目标仪器中的资源，如串行接口；另一个更重要的问题是，它没有提供硬件级错误检测方法。为了理解后一点，我们可以假设存在一台仪器，由于它向 EPROM 进行非法写入操作而出现错误。此时我们已经知道了出问题的大致原因，但又无法通过设置软件断点来检测具体硬件问题。例如，发生地址寄存器被写满之类的小错误，当真正开始调试时，出现了系统性事故，此时单纯检查软件代码根本发现不了错误所在。我们需要的是一个设置"硬件中断点"的方法。

解决办法就是采用一个电路内部仿真器（ICE），它是一个硬件箱或者插件，有一根末端带有和 CPU 管脚相同插头的电缆，并在目标系统中实现微处理器仿真。这种电路内部仿真器能够执行目标系统存储器（EPROM 或 RAM）中的代码，或者是能够执行我们下载到该仿真器中的代码。无论是哪种，它都清楚地知道 CPU 中发生的一切——它可以监视寄存器中的内容，并设置硬件中断点。比如，为了解决前面假设的问题，可以用它来检查一个对存储空间中 EPROM 区域进行的写周期，列出在指定的 EPROM 写操作之前的寄存器转储信息和最后执行的 100 条指令清单。

电路内部仿真器是开发代码的最好方式，它的速度最快并且功能很强大，缺点是价格高（几千美元，有时更贵），而且每种型号的微处理器都要配备不同的仿真器。相比之下，ROM 仿真器则是完全通用的，但它的功能不够强大。

开发系统

"开发系统"是交叉编译器、EPROM 熔固器和硬件电路内部仿真器的总称。开发系统传统上被封装成一个独立系统，令人印象深刻，但是近来的趋势是将它封装成 PC 机插件，以此控制一个带有额外电路的电路箱。无论是哪种封装形式，如果我们从事基于特定微处理器的仪器开发工作，都要投资购置一个开发系统。开发系统一般由我们正在使用的微处理器的生产商提供。另外，也有一些公司生产能兼容其他类型处理器的"通用仿真器"。Hewlett-Packard, Tektronix, Microcosm 和 Applied Microsystems 公司都生产开发系统。

逻辑分析器

逻辑分析器是数字硬件开发中的"超级示波器"。在 Tracy Kidder 所著的 *Soul of a New Machine* 一书中，逻辑分析器是一个很重要的角色。这种绝妙的设备外形和复杂的示波器相似，但是它拥有几十个通道、大量的存储器和复杂的"字识别"触发器，并且能够对正在执行的指令进行反汇编并将它们显示在屏幕上。逻辑分析器有两种工作模式：状态分析和时序分析。下面讲解如何使用它们。

状态分析。在状态分析模式下，需要提供给逻辑分析器一个与电路时钟（一般是CPU时钟）同步的时钟信号，将逻辑分析器的导线（从"箱"中引出）连至数据总线和地址总线，以及其他我们感兴趣的信号上。好的逻辑分析器能够处理60个或80个通道，时钟频率达到25 MHz甚至更高。然后设置好触发来捕捉所感兴趣的软件过程：字识别器分为0识别、1识别和X（无限定）识别，其中的0，1和X都是地址位或数据位，我们可以根据触发需要来选择字识别器类型。好的逻辑分析器允许将布尔逻辑表示的字识别器输出和状态表达式结合起来使用，例如使用一个子程序触发第10个通道。

逻辑分析器在所等待的触发到来之后，就将所有输入线上的状态连续地记录下来。我们可以将它们以数字波形的形式或由1和0（或者十进制，十六进制）组成的数据串形式显示出来，将反编译代码注释在它们旁边。我们可以查询所记录的状态序列（典型值是4K或更多）。并且，最重要的是，我们可以"回顾"在触发之前的情况，通常情况下这样就可以得知发生故障的原因。

时序分析。在时序分析模式下，逻辑分析器在一个高速异步时钟下运行，典型时钟频率是100 MHz，记录少量输入线（一般为16）的逻辑状态。触发逻辑更简单一些，通常只使用单个字识别器。分析器等待触发条件，得到满足后就开始快速采样并将采样结果存放在存储器中。在时序模式下可以观察到在状态分析模式下可能遗漏的瞬态脉冲干扰和其他一些波形失常现象。我们也可以调至"干扰检测"模式，在此模式下分析器对10 ns采样时间内的两个边沿进行检查。

交叉触发。功能强大的"交叉触发"技术可以将状态分析和时序分析结合起来。在这种结合模式下，状态分析可以协助时序分析，反之亦然。因此，可以使用状态触发逻辑来捕捉某些指定的软件循环中发生的错误，而利用时序逻辑来存储触发字到来之后的短脉冲冲击，这样就可以检测到平时很少发生的短时逻辑干扰。

具有交叉触发功能的逻辑分析器可进行分屏显示，所以在状态显示中当屏幕显示内容向上滚动的同时可以观察到快速时序波形。Gould，Hewlett-Packard，Philips 和 Tektronix 都是些名气比较大的逻辑分析器生产商。

评估板

在 20 世纪 70 年代，诸如 6800 和 Z80 的 8 位微处理器开始得到普及，生产商对每种新生产的微处理器都提供一个评估板。这些主板都带有一个小键盘、十六进制显示器、RAM、监控EPROM、几个并行和串行接口以及一个为添加自定义电路而设置的面包板区域。我们可以手动编制一些小程序，使用键盘将其输入并得到结果。从某方面说，这是一种学习微处理器的使用诀窍的简单方法。

现在的情况比以前复杂得多，面包板也已经基本上绝迹了。然而，对于某些特殊的处理器，仍然有评估板。比如，大型单进程集成电路IC处理器或复杂的视频处理器。这些评估板本身含有处理器，周围都连接有"粘合"逻辑、模拟信号器件，很多时候还有一个用于控制的微处理器。在个人电脑中，这些评估板经常做成插件的形式，并带有驱动软件。由于许多新生产的专用处理器的复杂性，使用评估板可以节省许多时间，具有重大意义。

第12章 电气结构

在完成电路设计，进行产品测试之前还需要进行如下决策：设备是置于机架顶部、机壳里还是特殊类型的底盘里？电路本身是通过母板直接进行连接，还是绕线连接，或直接采用印制电路板？电路板间的连接是采用焊片、扁平带状电缆，还是采用边缘连接器？单块电路板应该放入卡槽内，插入母板还是采用其他方法？是否值得采用印制电路母板，还是直接使用手工布线连接？电路板上存在哪些调试措施，是在前面板上还是在后面板上？诸如此类的问题对成品的外观、可靠性以及工作性能都至关重要，而不仅仅涉及产品成本、结构和测试性能。本章将试图讨论这些重要问题并给出相关建议，这都是在电子学课程里容易忽略，而在电路设计中经常要涉及的问题。本章将首先论述电路结构问题，关注其连接问题、控制问题以及外壳问题。

鉴于本章并不涉及电路设计理论，读者可根据需要选读。

12.1 基本方法

12.1.1 面包板

"面包板"这个与众不同的名字似乎起源于早期在实验室里利用各种平板进行的无线电安装，它采用了电子管、线圈和电容等器件，相互间的连线都固定在板的顶层。后来出现的更为小巧精致的收音机（专为营业厅身着职业装的女性而设计），则在每个元件附近都设计了小孔，以便于器件间的连线隐藏在线路板的底面。到目前为止，为构建电路实验而采用的实验板仍然称为面包板。

现在已不再使用木制面包板，而是使用具有成排小孔以便于IC和其他器件插装的简易塑料板，另外，板上还留有电源分配的排孔。比较典型的面包板包括AP和Global Specialties公司生产的实验面包板，以及其他公司生产的更为复杂精致的电路实验板，比如E&L仪器公司。通常这些实验板只用于电路测试，而不作为长期使用的电路板。

12.1.2 印制电路原型板

如果要设计长期使用的电路，最好的方法是使用一种特殊的面包板，该板上包含了许多印制电路模型，并为IC器件和其他器件预留了未相互连接的焊盘。每个元件的焊点都与邻近2至3个未决定用途的焊点相连，可以根据需要焊接不同长度的电路连线。通常板周围会有一些用于电源和地的额外连线。这类生产厂家有道格拉斯电子，Artronics，Vector，Triad和Radio Shack等，通常这类实验板采用金手指连接结构，以方便与PC插槽连接。

目前存在多种连接器标准，最常见的是每边22管脚，管脚间距0.156 in（常见的管脚间距尺寸还有0.125 in和0.1 in）的实验板，与此相匹配的是44芯PC插槽。各种尺寸的原型实验板可以兼容12个、36个或更多的IC，甚至还有能够包括100个以上IC的计算机兼容的实验板，可以直接插入小型计算机主机中。这些实验板中有单面板，也有带过孔的双面板，图12.1就是一种可以插入44芯并具有导槽插座的小型印制电路样板（Douglas Electronics 11-DE-3）。

另一种深受喜爱的面包板是所谓的Perfboard板，它是一种由绝缘材料制成，有规则间隔插孔（常见间隔为3/16 in）的实验板，适用于间隔很小的金属插脚。在进行电路连接时，可以在任何需要的位置插入器件，然后利用连线进行焊接来完成电路。Perfboard 板的使用情况很好，但不太适合具有紧密插脚的 IC 器件（管脚间隔 0.1 in），如图 12.2 所示。

图 12.1 "焊接型面包板"适用于小型电路，特别是既有分立器件又有 IC 器件的电路。图示实验线路板上含有 12 管脚双列直插封装以及地线和电源线。该板的连接器是标准的，可以直接插入卡槽或配套的接插件中。该电路使用了多种元件，包括单圈和多圈微调电容、电感、晶体、开关、微型继电器、逻辑状态指示器以及晶体管和 IC 器件

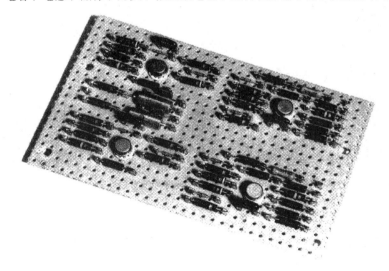

图 12.2 Perfboard尽管不太适合IC器件，但却非常适合构建由分立器件组成的原型电路，其管脚直接压入板上的安装孔内，并在底面进行焊接

12.1.3 绕线镶嵌板

绕线镶嵌板是印制电路实验板的一种变形，附带 IC 插座，且插脚的长度在 0.3~0.6 in 之间，如图 12.3 所示。这些管脚的连接部分是方形的，边长 0.025 in，通常由镀金或锡的硬金属制成。一般

情况下无需焊接，只用一种电子绕线工具（或采用廉价的"手工绕线器"）将 1 in 的裸线紧紧绕在脚上即可。绕线过程非常简单迅速，只须将剥头的导线一端穿入绕线工具，并把工具置于绕线脚上方，然后一拉就完成了。绕线工具使用规格为 26 或 30 的具有绝缘包皮的镀银铜线。有很多种专门用于剥去细导线绝缘层而不产生划痕的工具。导线在绕接过程中会形成很多气密冷焊点。因此，绕线连接和良好的焊接一样都是非常可靠的，而且绕接过程非常迅速简单。对于逻辑电路而言，只有少量分立器件，绕接可能是设计复杂电路的一种最好的实验方法了。由于绕接板主要考虑的是 IC 器件，所以对于由大量电阻、电容组成的线性电路而言不太合适，此时就应该考虑前面所述的焊接模型电路实验板了。

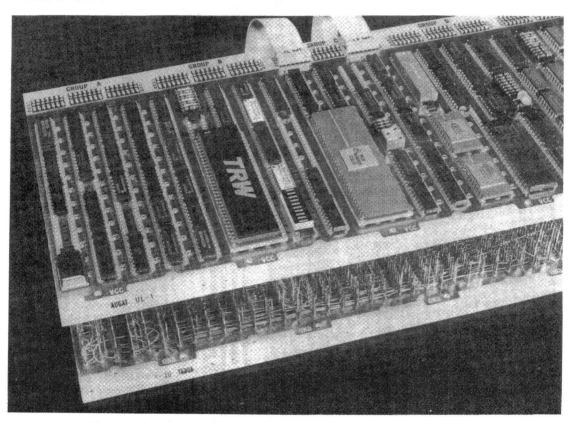

图 12.3　　大型绕接板及镜像示意图。该微型计算机电路采用机器连接
（"CAD/CAM"，见 12.2.5 节）。该通用板可适应各种型号的芯片和
带"插头"的元件，并且还能通过 14 脚扁平带状电缆进行外部连接

　　在绕接板上使用分立器件也是可能的，此时需要将这些元件插入 IC 插槽的小"头"上，然后进行常规插脚绕接。有些绕接板还提供另外的分立器件焊盘。一种较好的绕接板是将插脚置于元件面（一般插脚都在底面上）。虽然这种类型的绕接板密度不高（每平方英寸的 IC 较少），但非常适合分立器件，而且由于元件和绕接脚都在板子的同一面，相邻电路的间隔也可以比较小。实际上这种不带插槽的电路板非常适用于线性或数字电路。图 12.4 是一个例子。图 12.5 中将绕接板模型电路和最终使用的印制电路板进行了对比。印制电路板比较适于批量生产，电性能也更好，而且也不像绕接板那么杂乱。下面来讨论印制电路板的相关问题。

图 12.4 绕接板能够提供简单快速的电路连接，尤其适用于数字 IC 电路。
该板使用印制电路模式将绕接脚引到安装元件边缘，而不是底面

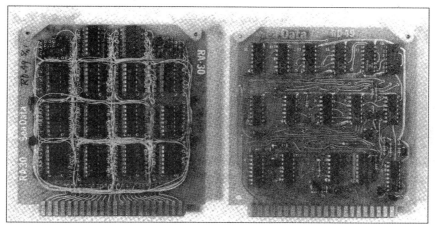

图 12.5 绕接模型板及其印制电路。比较而言，印制电路板并不
杂乱，非常适于批量生产，而且还可以防止接线差错

12.2 印制电路

12.2.1 印制电路板生产

批量生产电子电路的最好方法就是使用印制电路，它是一种由附着在稳定绝缘材料薄片表面的铜线来构成电路通路的方法。虽然早期印制电路的可靠性很差（广告里曾经强调，没有印制电路的手工电视机才是高质量的），但目前印制板材料和工艺已非常完善，印制电路板也几乎没有任何问题了。事实上，印制电路板是一种最可靠的生产技术，一般用于可靠性要求很高的计算机、太空船和军用电子设备。

胶片制作

印制电路板的生产首先要生成一组符合实际大小的透明胶片，胶片上不透明的图形表示电路连线和"焊点"（见图12.6）。这项工作涉及很多规则和技巧，其中最基本的思想是，如何在印制电路板上通过布线把所需的电路全部连接起来。12.2.5节对此进行了简短说明。一般情况下，通过计算机控制的绘图仪或激光绘图仪，在CAD系统产生的描述电路控制下直接制作透明胶片。但是对于简单电路也可以选择手工方式，在空白聚酯薄膜胶片上粘贴不导电的绝缘线和图形。此时，带状聚酯薄膜图形通常是实际大小的两倍，然后利用该图形制作符合实际大小的胶片。

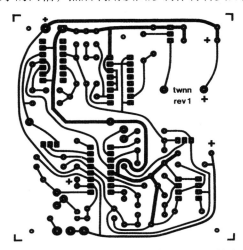

图 12.6　简单的单面印制电路板。该图示意了一个两倍大小的手绘带状
聚酯薄膜电路板。电路板尺寸3.25 in × 3.5 in，包括4片IC，24
个电阻，11个电容，5个二极管，1个微调电容和1个蜂鸣器

无论透明胶片中透明部分比例如何，其结果都表示一系列走线分布。最简单的电路板，也许只需单面板就能完成所需的连接（也许需要一些跳线来辅助），这时单面板上的电路连线均集中在底面（通常也称为"焊接面"，顶面称为"元件面"）。大多数情况下，需要两面走线才能完成电路连接。这类**双面板**通常都使用**过孔**来辅助电路连接（连接电路板两面的导电小焊孔）。当线路复杂时，这种类型的板子则非常适用，因为线路无法连通时可以通过过孔在另外一面进行，显然单面板没有这个优势。过孔带来的另一个好处是通过过孔进一步确保了元件引线的良好焊接。

复杂的数字电路通常使用多层印制电路板，其内层分别用于连接地和电源，有时也用于走信号线。4层和6层板是常见的多层板，特殊情况下使用的多层板可达40层！

生产

印制电路板通常采用双面覆铜材料，比如常见的1/16 in FR-4环氧树脂玻璃纤维板。生产的第一步是通过模板或自动钻孔机，根据光电绘图仪或聚酯薄膜模型正片的实际大小进行钻孔，然后经过一系列复杂的多步镀铜工艺，产生从印制电路板的一面到另一面的连续导电通路。

随后是在印制电路板的两面涂上保护材料，欲保留的铜箔除外。具体步骤如下：（a）涂上感光薄膜（通常是一层薄薄的带粘性的"干膜"）；（b）曝光，获得印制电路板实际大小的正片；（c）对胶片进行化学作用（如常规摄影里的化学处理），使感光部分定影。这个过程类似摄影中的"定影"，以去掉不需要的部分，最后得到关于电路的准确模型。此时保护层掩盖了最终将被去掉的铜箔部分。随后将印制电路板进行浸焊，这样做的目的是为了给印制电路板镀上一层焊锡（一种锡/铅合金），所有要保留的箔片部分都镀锡，包括过孔内部。

　　然后采用化学方法去掉保护层，露出不需要的铜箔，进行铜侵蚀复合处理。最后剩下的就是镀焊的铜箔模型了。这个过程中的一个重要步骤是所谓的"回流焊"，即对印制电路板加热，让镀焊薄膜流动。这样能有效防止细小金属裂缝的产生（侵蚀过程中产生的金属缝隙）。回流焊也适合于器件安装完成的电路板，以提高印制电路板成品的焊接质量。

　　生产印制电路板的下一个步骤是印制电路板插脚镀金。印制电路板的最后一个步骤是在整块印制电路板上涂上"阻焊"薄膜，焊点除外。这样，在以后的焊接操作中可以大大减少近间距电路的"焊桥"现象，同时也可以起到防潮和防擦伤的作用。阻焊膜材料可采用丝网印刷方法（"湿膜"），或采用制作箔片电路模型的"保护层"方法（"干膜"）。阻焊膜一般是深绿色的，很难去掉。接下来在工厂里可以采用手工方法焊接元件，或采用机器设备，如波动焊接机，在几秒钟时间里自动焊接所有焊点。

　　也可以采用另一种更为简单的印制电路板生产工艺，特别是在不需要过孔的小型生产条件或单面板情况下。这种方法首先涂上光阻材料，然后根据实际大小的模型负片（而不是正片）进行感光，需要保留的铜箔部分的胶片是透明的。在形成保护层后，就可以溶解掉不需要的铜箔部分。这样印制电路板就有了覆盖于保留铜面上的坚韧的保护层，因而可以直接在侵蚀复合物下感光，从而省略了上述镀焊步骤。在侵蚀掉多余的铜箔之后，用溶剂清洗掉剩下的保护层，得到需要的铜箔。这时候最好采用"无电镀"的浸锡工艺，以保证铜箔上面覆盖一层不受侵蚀的金属。和前面所述工艺一样，随后需要进行电路板插脚的镀金工艺。该印制电路板生产工艺的最后一步是在实际线路图指导下进行手工钻孔。每个环形衬垫中心都有一个小孔，以辅助在成品印制电路板上进行钻孔。

□ 12.2.2　印制电路板设计

　　在印制电路板设计和元件安装过程中，以及在印制电路板的使用过程中，会涉及到很多重要的问题。本节将逐一讨论这些问题。

□ 印制电路板设计

　　制作印制电路板，首先必须把原理图转换为相应的印制板图。一般来说，最终形成电路板的方法有两种：（a）根据手工绘制原理图，用铅笔、纸和橡皮来绘制互连电路，然后使用绝缘带，在空白聚脂胶片上精确地绘制印制电路板图；（b）将手工绘制的原理图转换为一种连接"网表"，然后利用计算机辅助设计技术绘制印制电路，直接生成印制板图。更好的做法是直接在图形工作站上采用基于 CAD 的图形输入板或鼠标绘制电原理图，以代替手工绘制的原理图。

　　基于 CAD 的电路图和印制板图有很多优点，包括网表、文档资料的自动生成、依据设计和布线规则的错误检查和修改，以及具有精确焊点和复杂电路连接的多层板生产等。对复杂和高密度的印制电路板生产而言，它确实是一种不错的选择。为清楚起见，本文还是从简单的手工方法开始，简略说明印制电路板设计过程。一旦了解了手工印制电路板的设计过程，就会明白如何使用复杂的基于计算机 CAD 的制作过程了。而且，对于简单电路来说，手工方法是可行的，比 CAD 方法更便宜（有时速度更快）。手工方法特别适合在实验室里使用的低密度印制电路板。本文将在 12.2.5 节中详细论述高密度数字多层板批量生产所必需的 CAD 方法。

　　从原理图设计开始到印制电路板的最终完成有很多步骤。首先从简图开始，用铅笔画出器件和电路连接草图，然后汇总成为最后的设计图。根据设计图就可以制作包括精确"焊点"和带状互连线的聚酯薄膜图。由于 IC 和晶体管焊盘以及带状电缆、连接器都有标准间隔和尺寸，因此可以使用预先定制的模型。铅笔草图一般都是两倍于实际大小，以便于提高精确度（而且由于尺寸较大，看起来也轻松）。当完成聚酯薄膜图（双面板有两面）后，就可以缩微到实际大小，这样印制电路板就制作成功了。然后可以把元件"安装"到印制板上，开启电源，寻找错误，修正生产用聚酯薄膜图。下面几节提供了上述过程的细节和注意事项。

□ 初始草图

建议用铅笔在细的方格纸上进行初始设计，用两种颜色分别表示印制电路板的顶面和底面（假设是双面板）。一般可以用黑色铅笔画底面，用绿色或红色铅笔画顶面（元件面）。不可避免地要进行大量的擦除工作，所以最好使用特殊的绘图纸。由于绘制比例是 $2:1$，即 0.2 in 方格对应 0.1 in 的实际尺寸，因此必须注意 IC 插脚间隔、晶体管插脚、连接器等尺寸。绘制过程中绘图视角应为元件面，这样元件面的版图看起来就如同最后的产品模型，而底面的版图就像用 X 光视线从下面看到的成品板。在进行版图设计时，可用第三种颜色的铅笔标出元件轮廓。所有工作都是徒手绘制，不要在元件轮廓上浪费时间，只需利用网格线引导，绘制 IC 和元件插脚引线就可以了。

最好在便笺上绘制一些试验草图，特别是对一些要求长线最短化或电容耦合的特殊电路。需要进行一些实验才能设计出好的电路。实验通常针对 2 个到 3 个运算放大器组成的电路模块，或是输入、输出电路。然后在方格牛皮纸上把这些电路模块组合起来，并进行必要的调整。不要害怕大量的擦除修改工作。

□ 板图尺寸和注意事项

尽量保证所有 IC 指向一个方向。同样，电阻也应排列整齐，避免交错。通常信号线宽 0.030 in 或 0.040 in，电源线则应更宽，如 0.05 in 或 0.062 in。地线最宽，可以达到 0.1 ~ 0.2 in，有时会更宽；通常可以通过使用多根线来增大线宽。另外应尽量多地使用旁路电容，一般每 2 个到 4 个 IC 需要一个 0.1 μF 电容。在擦除修改时，尽量同时去掉杂乱的互连，不要忘记元件在板上是跨接的。

尺寸和间距：实际印制电路板的电阻孔距推荐值为 0.4 in（1/4 W 电阻），电阻间距为 0.1 in 或 0.15 in。最好使用引线间隔为 0.2 in 的 CK05 和 CK06 型陶瓷电容，或者 0.3 in 的"DIP"型电容，如 AVX 的 MD01 或 Kemet 的 C630C104M5U；与其他电容或电阻的间隔也是 0.1 in。应该在 IC 周围留下必要的空间，距离下一个 IC 焊点至少 0.2 in，距离最近的电阻或电容焊点至少 0.15 in。印制线之间必须保留 0.030 in 的距离，在距离印制电路板边缘 0.25 in 以内不要放置任何元件，以留出空间给印制电路板的推杆、提示和支架等。如果没有必要，应避免在一块 IC 焊点 0.1 in 区域内布线。在一个标准双列直插式 IC 的纵向焊点间（0.3 in），一般可放置 6 条印制线。

目前的印制电路板设计倾向于较上述建议更高的密度：线更细，间距更小；上述建议称为"15-15"的设计规则，表示最小线宽 0.015 in，导线最小距离 0.015 in。印制电路板生产厂家认为，15-15 规则太松散了，12-12 规则才是标准的；12-12 规则允许邻近 IC 焊点 0.1 in 中心处布一条线（焊点直径不超过 0.064 in）。高密度板通常使用 10-10 规则或 8-8 规则，这种规则可在邻近 IC 焊点之间（最大焊点直径分别为 0.050 in 和 0.060 in）挤出两条线！偶尔可以见到设计更为大胆的印制电路板，只有 0.006 in 或者更细的线；这种印制电路板的设计者宁愿增加电路密度，也不想采用较小的过孔和其他折中处理，那样会降低产品合格率和印制电路板的稳定性。

□ 印制电路板互连

对于大多数印制电路板而言，最好的方法是采用插板方式进行连接，有多种插板规格，最常用的插板连接装置用插脚间距来衡量，它们分别是 0.156 in，0.125 in 和 0.100 in。一般在板卡的一端放置连接器，并通过这个连接器给板卡提供电源和信号。板卡插入卡槽后一般采用机械方式固定插卡，由机器支持和插入。

通常在板卡的另一端也有一个连接器,以代替扁平电缆进行板内和板外信号的传递。另外一种传递信号的方法是使用双列直插扁平带状电缆,这种电缆可以直接与板上IC插座相连。可以购买到多种长度的电缆,也可自己动手进行制作:扁平电缆、DIP插头以及相应的压接工具。扁平电缆可以使用中心距为 0.1 in 的单排或双排插脚。

对于简单印制电路板,最好的连接方法是使用焊接方式,或采用螺钉固定的屏蔽带。在连接印制电路板时应该避免使用独立的大焊点。

图 12.7 给出了各种印制电路板连接技术。

图 12.7　该数字记录器印制电路板展示了一些连接技术。排线通过直插连接器
　　　　　与一排绕接型插脚连接,其他信号则由"大规模接线端"带状连接器
　　　　　和一个双列直插式带状连接器导出。图中还包含一条夹在"测试点"
　　　　　接线端上的测试线。另外还显示了印制电路板的散热器(左上)、逻辑
　　　　　状态指示器(右上)、微型单圈微调电容和单列直插(SIP)电阻网络

□ 其他

含有过孔的印制电路板,可以利用过孔连接电路板反面的地。不要过多使用过孔来达到走线的目的,因为没有安装元件的过孔容易出错。双面板的连线一般为一面横向,另外一面纵向。

基本的走线方法是,对于手工走线,使用平滑曲线,采用45°转角而不是直角。线穿入焊点时,和焊点中心引线一样,不要采用斜角插入方式。也不要在印制电路板上安装过重的元件(限于几盎司之内),因为设备在其寿命期里有可能会从6英尺高的地方落下砸在硬地面上。在元件面应该为二极管和电解电容标明极性,标明IC数量和插脚1的位置(如果有空间)。如果有空间,最好标明测试点、微调电容功能(如"ZERO ADJ")、输入和输出、指示灯功能等。

□ 布线

一般情况建议使用带有照明"看版台"的精确方格尺寸的聚脂薄膜。不要采用廉价的方格塑料胶片,它既不精确,尺寸也不稳定;一张精确方格胶片至少售价20美元。应准确地在空白聚脂薄膜上贴好IC焊点。在走线时用铅笔草图辅助定位。应经常洗手以免聚脂薄膜上的油墨扩散,并用

酒精擦拭可能有油的地方。用锋利小刀剪切走线和轮廓，注意不要割穿聚脂薄膜。位置确定后要确保走线紧密，否则会引起薄膜翘起。在焊点接触的地方允许重叠。较大的走线宽度（0.062 in 或更宽）要穿过走线紧密的区域时，可以采用较宽的弯形或环行走线。当聚脂薄膜走线完成后，对照草图用红色铅笔检查图上的每一个连接。待一切完成后，用无法擦拭的标签笔密封聚脂薄膜上的缝隙。

很多厂家生产预制的印制电路模型。表 12.1 显示了一些推荐类型。Bishop Graphics 目录（5388 Sterling Center Drive, Westlake Village, CA 91359）可以提供更多关于印制电路板设计和制作的信息。

12.2.3 印制电路板器件安装

印制电路板完成后工作还没有结束。还有其他一些工作要做，例如是否使用 IC 插座，器件安装结束后是否还要补焊和修整管脚。下面逐一介绍。

插座

为方便故障检修，很多地方都使用 IC 插座。但是如果不小心，插座也可能引出更多的麻烦。一般来说，在样板设计阶段，使用插座是一个不错的考虑，通过替换 IC，可以发现问题是由设计错误引起的，还是元件本身的问题。特别是价格昂贵的 IC 器件更应该使用 IC 插座，如 D/A 转换器或微处理器等，因为在实验过程中，这些 IC 存在多次更换的可能性，也比较容易损坏。

表 12.1 印制电路图形样本

样本[a]	Bishop	Datak
小衬垫（0.150" OD）	D203	JD-145
中衬垫（0.187" OD）	D104	JD-146
大衬垫（0.250" OD）	D108	JD-150
巨大衬垫（0.300" OD）	D293	JD-343
0.150" 热释放，正	5272	JDS-532
0.150" 热释放，负	5278	—
0.187" 热释放，正	5232	—
0.187" 热释放，负	5238	—
16 脚 DIP	6109	JD-64
16 脚 DIP	6946	JD-179
20 脚 DIP	6999	JD-575
20 脚 DIP	—	JD-585
28 脚 DIP	6904	JDS-398
28 脚 DIP	—	JDS-591
TO-5 晶体管	6077	—
TO-18 晶体管	6274	JD-88
TO-92 晶体管	—	JD-91
0.100" 连接衬垫	5004	JD-145
0.100" 边沿连接条	6714	JD-123
0.156" 边沿连接条	6722	JD-121
0.031" 黑磁带	201-031-11	—
0.040" 黑磁带	201-040-11	—
0.050" 黑磁带	201-050-11	—
0.062" 黑磁带	201-062-11	—
0.100" 黑磁带	201-100-11	—
0.200" 黑磁带	201-200-11	—
0.062" 通用拐角	CU601	—
0.100" 通用拐角	CU607	—
0.200" 通用拐角	CU609	—

a. 对于 2∶1 工艺原图。

存在的问题是，很长时间后，设计较差的插座，可靠性也较差。非焊接的电气连接点必须保证气密密封性，就像机械式的金属连接一样。比如，印制电路板连接器的可靠性相对较差，于是生产厂家就开始尝试这些方法：每个信号脚均有两次连接机会，插座和插脚镀金，并进行良好的机械设计，以确保插脚上有坚固的触点压力。气密性差的触点在一段时间后（大约一年）就会出现故障。有时由于工作疏忽也会发生这些现象，比如印制电路板在插入元件后忘记焊接。结果会让人非常恼火，开始时工作得很好，数月（或数年）后由于锈蚀，工作便时好时坏。另外，如果插座里的 IC 过重（24 脚以上器件），则可能出现这样的问题：在持续震荡或冲击下可能会掉出插座。

一般来说，针孔型 IC 插座的可靠性较好，虽然其价格较其他类型插座要高一些。

焊接和清洗

常规程序是插入元件后，翻转印制电路板，托住元件，使其保持固定状态，用恒温烙铁进行焊接。使用专用工具可以很方便地插入 IC（强烈推荐），电阻管脚也最好使用管脚弯形器，以防止在插入过程中银层被划去。建议使用可调整的"翻动式"印制电路板支架，这种支架可将元件在焊接过程中固定。焊接完毕后，过长的引线需修剪整齐。

接下来是一个非常重要的步骤：清洗印制电路板上多余的焊剂。如果没有进行清洗，在没有特殊保护措施下，印制电路板在几年内就会变得非常糟糕。清洗的一般规则如下：

1. 清洗；
2. 快速清洗。随着时间的增加，清洗会更加困难；
3. 可以使用溶剂，如氟利昂、酒精或其他有机溶剂，在小刷子的帮助下清洗板子并去掉顽固的多余锡珠。

专业印制电路板生产厂采用蒸汽去污剂来清洁**印制电路板**。来自沸腾溶剂池中的蒸汽凝结在悬浮的印制电路板上，熔化焊剂，并流回池中。这种方法效果很好，主要是因为热清洁溶剂持续蒸馏浸泡印制电路板。由于有机溶剂对人体健康有害，人们已经尝试用水基清洁处理。如水基"皂化剂"乳化松香清洁方法，或使用一种水溶性焊剂（不是普通焊剂，普通焊剂用不溶解的木料松香制成）。使用水基清洁方法是一种非常正确的方法。如果不小心在印制电路板上残留了腐蚀物，迟早会损坏印制电路板。如果自己动手，建议使用有机溶剂清洁；注意尽量避免吸入焊剂或粘到手上。

清洗印制电路板时，仅仅去掉松香残留物是不够的，必须同时去掉离子"活性物"。清洗不完全，则危害更大，因为它可以从焊接处释放活性物，并在整块印制电路板上扩散。同时注意焊剂有很多侵蚀等级。一般使用"RA"焊剂（松香，活性），在电子焊接中它是活性最大的焊锡，即使出现表面氧化，仍然可以很好地焊接；焊接后应彻底清除 RA 焊剂。另一种方法是使用"RMA"焊剂（松香，中度活性），活性较低，通常专门用于政府采购项目或不能清洗的地方。

12.2.4　印制电路板的进一步考虑

由于表面氧化的原因，印制电路板的可焊度会随时间的推移而降低，因此最好在印制电路板制成后尽快安装元件。由于同样的原因，没有安装元器件的印制电路板应保存在塑料袋里，与腐蚀性气体相隔离。1/16 in 的 FR-4 型板材制成的电路板是比较好的一种印制电路板（有时称为"环氧玻璃纤维"），有 2 盎司的铜箔。通常印制电路附和在胶合材料上，会产生吸潮现象，所以会引起漏电。印制电路板材料的另一个问题是"hook"现象，即材料在不同频率下表现出的介电常数不同，结果是产生的杂散电容可能使放大器无法获得平坦的频率响应。示波器的制造商对这种效应非常清楚。

工作电流较大的印制电路板应加宽，以防止过热和漏电现象的发生。下述表格可作为一种粗略的参考，适用于 2 盎司的印制电路铜板，表中给出了一定电流下温度每上升 10℃ 或 30℃ 时导体的大致宽度。对于其他箔片厚度，可以按相应的比例确定。

	0.5 A	1.0 A	2.0 A
上升 10℃	0.004"	0.008"	0.020"
上升 30℃	0.002"	0.004"	0.010"

	5.0 A	10.0 A	20.0 A
上升 10℃	0.070"	0.170"	0.425"
上升 30℃	0.030"	0.080"	0.200"

高电压工作时，印制电路板需要更宽的线间距——5 V/mil（0.001"）是一个较好的准则。另外，布线时还要尽量避免锐角和过孔，最好是圆弧形布线。

工具

这里首先列出工作中最常用的工具及型号：

长嘴钳	Erem 11d, Utica 321-4$\frac{1}{2}$ C.K 3772H, Xcelite 72CG
剪刀	Erem 90E, C. K 3786HF
烙铁	Weller WCTP-N, Ungar "Ungarmatic"

焊锡	Ersin Multicore 22ga, Sn63 alloy, RA flux
IC 起拔器	Solder Removal 880
弯形器	Production Devices PD801
溶剂	Menda 613
吸锡器	Edsyn Soldapullt DS017

印制电路板最有效的清洗方法是一种可控的真空去锡平台。与简单的用弹簧作为推力的活塞相比，即使是塞满焊锡的过孔，这种去锡台也非常有效，而且不易损坏铜箔焊点。但是这种去锡台也存在一个缺点，即很容易被锡阻塞。下面是生产这种去锡台的厂家，包括 Edsyn，OK，Pace，Ungar 和 Weller。Contact East 目录（335 Willow Street South, N. Andover, MA 01845）和 Marshall Claude Michael 目录（9674 Telstar Avenue, El Monte, CA 91731）中有很多有用的诀窍。

12.2.5 高级技术

以手工方式绘制原理图，然后转换为印制电路板图，再针对聚脂薄膜走线，这些传统的印制电路板设计方法，在 20 世纪 70 年代中期几乎是世界通用的。到目前为止，如果不想在印制电路板元件密度方面打破新记录，这种方法对于简单的印制电路板设计而言仍然是很有意义的。只需一些电路模型、不透明的走线、方格台和一些空白聚脂薄膜，就可以开始制作了。不需要购买价格昂贵的 CAD 软件（也不必学习如何使用软件），不需要支付绘图费用，等等。

但是，一旦想要制作高密度印制电路板，面对 50 个或上百个 IC，即使按照 10-10 设计规则，通常也需要 4 层或 6 层。因此即使费尽力气，就算使用 4 倍大小的聚脂薄膜，也很难达到所要求的精度要求。而且，在设计电路时设计师必须非常专注，设计完成后往往需要一个月的恢复期。第一块印制电路板不一定没有错误，任何要对聚脂薄膜所做的重大更改都是非常麻烦的一件事情，通常要拔起很多地方的接线，然后重新定位，常常还会引起新的错误。

CAD/CAM

上述问题的解决办法就是采用 CAD/CAM（计算机辅助设计/计算机辅助制造）技术。这些软件的功能非常强大，而且随着桌面工作站的出现，兆级内存，眼花缭乱的图形，数十 MIPS（每秒百万条指令）的处理速率，已不需要特殊硬件的支持。Valid Logic, Mentor Graphics 和 Daisy Systems 等公司生产的印制电路 CAD 流行软件，价格并不便宜，但还不至于会涨价。下面简单叙述 CAD/CAM 印制电路板设计方法。

□ **电路图输入**。首先，直接把电路图"输入"到图形工作站中。使用"器件库"里的标准电子符号绘制和编辑框图。和文字处理一样，可以打开旧文档，选取想要再次使用的部分。在进行布线的时候可以使用鼠标（或操纵杆、光标运动球和图形输入板）来回移动，光标也会跟随移动。然后给信号命名，给 IC 零件编号，等等。好的 CAD 系统可以查询 IC 器件并分配插脚编号。好的 CAD 系统支持**分层设计**。例如，顶层中的模块电路用大单元表示，每一个大单元打开则显示子单元，最后显示最低层电路。在设计的任何一个阶段都可以获得精美的激光打印图。关于原理图的更多考虑事项参见附录 E。

□ **检验和模拟**。电路图输出包括一组图形（见图 12.8）和**网表**，网表是每个信号的简单列表，给出了每个焊盘（元件脚）的连接。

这一阶段，在原理图设计上花费的时间较长，以确保原理图是符合要求的。好的 CAD 系统可以标记明显的错误，来帮助解决问题，比如标记输出点与地短路，或者与另一个输出点短路。系统可以用来对数字电路进行仿真，但是必须提供描述机器状态的测试"向量"，并且说明电路中每个芯片的功能，而所有这些说明都没有包含在库中。由于微处理器这类复杂的芯片要求很多说明，有些 CAD 系统就提供了可以插入这种芯片的插座，然后用芯片本身来作为硬件模型。

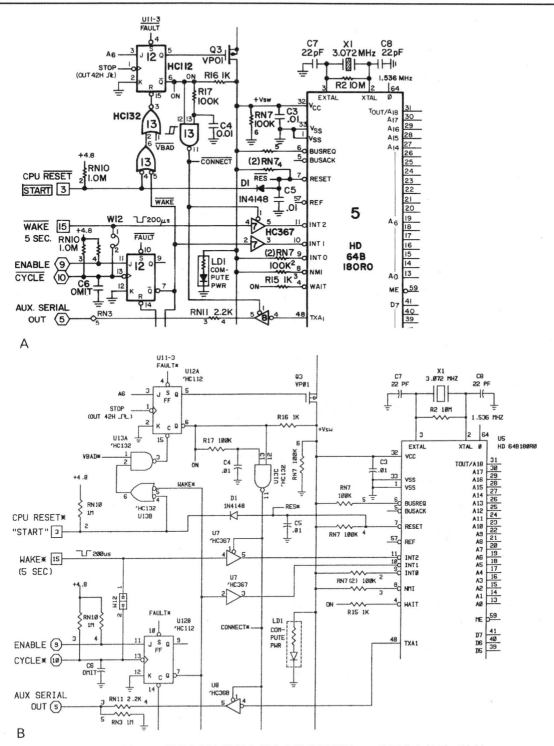

图 12.8　图 12.11 所示印制电路板中部分电路的原理图；A. 绘图台上的手工绘制
结果；B. 机器绘制结果，采用 Case Technologies 公司的原理图输入软件

CAD系统同样可以提供大量的信息，以说明（a）所有已命名的信号，以及与其相连的管脚（"焊盘"）；（b）每个器件的管脚，以及与其相连的其他焊盘。一些好的系统甚至可以提醒设计者是否违反数字输出负载标准。

□ **器件放置及布线**。原理图输入结束后就要开始进行元件放置和布线了。CAD/CAM系统的一个最大优点是，它可以根据原理图自动生成网表——如果原理图正确，那么最后的印制电路也将是正确的。虽然某些CAD系统声称可以提供近乎完美的器件放置技巧，但最好还是采用手工放置。和原理图输入一样，也可以用鼠标、操纵杆或图形输入板来完成。首先是设计印制电路板外框（和前述印制电路板设计一样），然后就可以在给定区域里放置器件了。由于器件库里含有器件尺寸和管脚资料，所以只须考虑典型的IC和器件形状。好的CAD系统会标记出错信息，以便于检查器件间距是否合理。

元件放置结束后就可以开始布线了。常规方法是显示所谓的"鼠窝"，即带有全部管脚连接关系的印制电路板。此时，器件的放置非常紊乱。利用颜色可以区分各种连接，比如有选择地打开电源和地的连接。

早期CAD软件在这一点上几乎不能提供什么帮助，每一根线的连接都要手工完成。当前的CAD系统则提供了**自动布线**功能，可以辅助寻找连接路径。注意不要违背设计规则，这个规则不仅包括线宽和线间距，而且包括诸如最大"过孔"数目等参数。最好的CAD设备可以完成全自动布线，只是没有手工布线那么合理。比如，过孔位置可能距离器件焊盘非常近，却又符合所有的规则。这时就需要人工干预了：把过孔从焊盘附近移开一点，把连线推开或拉近一点，以便于生产和焊接。此类工作通常需要好几个小时（见图12.9）。

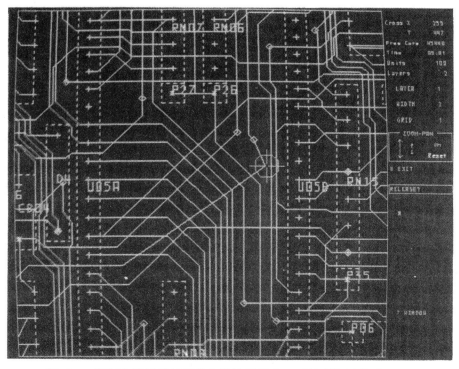

图12.9　印制电路板设计系统电路连线的人工"整理"过程（Racal-
Redac）。光标由"图形输入板"输入笔操纵，光标处是正在修改
的电路。不同颜色和亮度表示不同的层、元件轮廓、图标符号等

复杂的数字电路,通常可以通过重新分配芯片内部门电路或芯片间门电路来简化布线关系。例如,八进制寄存器的单字节宽度数据总线,最初分配到相应寄存器的连线可能存在交叉现象,因此只需重新排列寄存器连接顺序,就可以得到无交叉的线路连接。好的CAD系统能够自动完成这项工作,甚至通过修改网表来更新原理图。

最后一项工作是检查线路连接是否违反规则,同时检查线路连接关系是否与原理图完全一致。这一步非常重要,因为你可能对线路网表进行了手工更改。另外,所有CAD系统都会利用丰富的色彩显示任何指定的元件、布线及标记。

□ **绘图机和钻孔带**。如果一切顺利,就可以进入印制电路板设计的最后一个环节了:生成满足印制电路板生产要求的机器可识别的印制电路板说明。要做到这一点,需要提供两组信息:可以用来控制绘图仪进行准确工作的磁带;可以给出印制电路板上所有孔尺寸及其精确位置的钻孔带。磁带通常采用以绘图仪商标命名的Gerber格式,根据磁带上的命令,移动相应设备就能够完成任务了(新型的绘图仪使用激光扫描,几分钟就可以曝光完毕,并生成很大的胶片,而早期的Gerber机则需要几个小时)。有些印制电路板制造商要求提供已完成的Gerber图(见图12.10),但有些厂家则要求提供Gerber磁带。相当多的印制电路板厂家不要钻孔带,而宁愿对绘制结果进行手工操作。无论你相信与否,钻孔带只是纸带,而不是磁带。

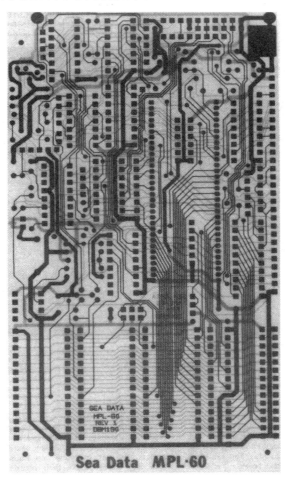

图 12.10 图 12.11 所示双面板走线图。该图中上下两层走线是叠加在一起的

　　印制电路板生产。不必自己生产印制电路板，只要寻找印制电路板专业厂家即可（见图12.11）。有些厂家专门生产各种型号的小批量印制电路板，有些厂家则只生产大批量的。首先要找出哪些公司做得很好，这可不像听起来那么轻松。不能只与厂家电话联系，因为他们可能知道如何制作好的印制电路板，但结果却并非如此。你可以尝试这些方法：（a）注意观察印制电路板上的生产厂家标记（大公司售出的设备或计算机里的印制电路板通常也是从外面的印制电路板厂家购买的）——IBM 和 Apple 这种公司就非常重视他们的供应商；（b）向其他人咨询制作印制电路板的厂家；（c）参观印制电路板厂家，感觉员工的生产环境是否洁净，员工的工作是否勤劳、睿智和自豪，是否充满高昂士气，当然也可以要求观看印制电路板；（d）最后，如果认识印制电路板测试厂家的工作人员，最好能够诱导他说出制作优良印制电路板的厂家，这些人确实知道，但他们不一定会说！

图 12.11　微处理器印制电路板成品，双面板，采用12-12规则设计。更高
的器件密度可以通过更紧密的设计规则达到，或者使用多层板

　　下一步就可以询问价格和交货期了。你应该对下列问题有所准备，每一个印制电路板厂家都会问到这些问题：

1. 印制电路板尺寸；
2. 层数；
3. 设计规则（如最小导线宽度和间距）；
4. 连接器是否需要镀金；
5. 印制电路板外形尺寸是否有特殊要求；
6. 是否做阻焊？干法还是湿法，是否覆盖过孔；
7. 印制电路板和铜箔厚度；
8. 孔的数量；
9. 孔的大小；
10. 是否要求丝网印制，双面还是单面；
11. 有无其他特殊要求，比如"裸铜上做阻焊"；

协议达成后，还必须提供下列资料：

1. 实际大小的负片（如，不透明物体表示铜箔）；
2. 阻焊模型；
3. 丝网模型；
4. 钻孔图；
5. 机械图（精确的外框尺寸，特殊排列的孔）；
6. 钻孔带（一条纸带，通常是可选的）；
7. 附加说明和注意事项。

最后一条是很重要的。应严格说明最小线径，最小导体间距，最小环孔尺寸，孔的直径公差，镀铜的最小厚度，印制电路板允许的最多维修次数，等等。工厂一般都会补充一些标准参数（如IPC-600标准），但最好还是以书面形式表达，以免拿到不满意的印制电路板。而且，可能还有一些特殊要求，例如过孔焊盘尺寸较小且不通用，相应的最小环孔规格就小。

测试。新设计的印制电路板，**总要先进行原型验证**。在安装完器件之后，可以在印制电路板上进行电路测试。有些故障是可以预料的，如：（a）电路设计错误；（b）电路图输入错误（本来早就应该发现的）；（c）布线错误（同样也是早该发现的）；（d）由于生产、调整等造成的印制电路板问题，通常表现为短路或断路；（e）元器件问题或焊接故障。

在排除故障的过程中有时需要修改电路，一般是先用小刀切断现有铜箔，然后焊接导线形成新的连接。但对多层板而言，这种方法不适用，而只能在被修改的IC（或器件）管脚上做文章。一种可行的方法是重叠两个IC插座，再从上面一层中删掉错误连接的管脚。

在电路测试过程中，务必在原理图上进行标记，以便日后修正原理图。利用CAD进行第二次设计是非常简单而快速的，但必须谨慎小心，因为此时可能已进入产品的生产阶段，任何印制电路板错误都会导致每一块印制电路板的修改：割线、飞线，而且还要注意保护板上其他连线（热熔胶枪是一个不错的选择）的完整。这些线路补丁的正规术语为"ECO"，也可称为"飞线"，它是engineering change order（工程修改命令）的简称。

印制电路板生产过程中有很多容易出错的地方（详见 Coombs 手册）。高密度印制电路板（见图 12.12）上的一个微小差错都会引起某些地方的短路或断路。电子行业里的一条公认理论是，改正错误的成本会随着生产过程的不断深入而成倍增加。电路连接错误修正对印制电路板生产厂家而言是很简单的一件事情，留到电路检测阶段则需花费很多时间，而产品一旦运到现场，修正的代价就更高了。因此，最好的办法是让印制电路板生产厂家对其所有产品进行测试。通常几乎所有厂家都不会通过空白印制电路板与**网表**的对照来进行电路板测试，而是通过插在印制电路板上的一种类似"钉子床"的特殊装置来完成，该装置根据钻孔带制作，具有与焊点相连的成排插脚。而且他们也仅测试部分印制电路板，并假定印制电路板具有一致性。细心的读者会发现这里存在问题，但是可以放心，不管怎样，这种方法通常还是比较有效的。

□ **基于 CAD 的绕线连接**。原理图输出网表包含有印制电路板生产所必需的所有信息。很多CAD 系统都提供一种与自动绕线连接兼容的输出格式。通过选择标准绕接板上的器件，CAD 系统会构建一个特殊的"路由"表。每一栏表示了相互连接的两只管脚坐标，以及绕线时距离底板的高度。如果把这些信息提供给相应的生产厂家，如 DataCon 公司，他们就可以生产这种机器绕接的印制电路板了。当然这需要时间，一般是几周的时间。费用大约是每根连线6美分，每片集成电路2美元。和印制电路板一样，绕接板的生产也可能存在错误，一般来说，大约每块印制电路板上都会有 1 个至 2 个问题，通常是外表看不出来的断路现象。

图 12.12　依据 10-10 准则设计的 4 层印制电路板，采用表帖器件（SMD），
高密度，焊点间距 0.050 in。图中清晰地显示了 SMD 器件和传统
的双列直插式器件。印制电路板的连接器焊盘中心距离是 0.1 in

绕接板存在一个严重问题："为什么这么麻烦？"如果你的目的是制作印制电路板，而且最终还要在印制电路板上走线，那么最好直接进行印制电路板设计。而且，由于引线电感、地连线长度以及地平面感应系数的不同，绕接板与印制电路板在电路工作时会有所不同，特别是对 74F, 74AS 和 74AC（T）等高速逻辑器件，或宽总线结构的存储阵列而言，这种差异会更加明显。因此最好的办法还是自己动手设计印制电路板，一般来说，多层印制电路板性能要大大优于绕接板性能。

当然，如果生产数量很少，想避免与印制电路板生产有关的一次性开销，并且绕接板作为最终产品形式是可以接受的，则可以选择绕接板。但切记不要忽视了下面所述的另一种方法。

□ **基于 CAD 的 Multiwire。** Multiwire 是印制电路板生产公司 Kollmorgen 的一种特殊产品，是含标准焊盘、IC 插孔、电源和地的印制电路板，但板上器件焊点间信号的连线不是依靠印制线，而是依靠印制电路板上用机器安装的 #34（或 #38）绝缘导线。

Multiwire 具有完整的接地性能和良好的信号传递性能，以及在后续生产过程中轻松的电路修改性能。由于 Multiwire 连线可以相互交叉，因此可以实现很高密度的元器件分布，有时甚至可以与 10 层印制电路板相比拟。Kollmorgen 声称 Multiwire 是一个比多层印制电路板更廉价的方案，特别适合小批量生产和电路设计工作。

□ **基于 CAD 的 ASIC。** 在结束印制电路板说明时，还要指出的一点是不要指望手工设计定制或半定制 IC（见图 12.13）这些"通用"或"专用集成电路"。这里，CAD 再一次作为设计工具，保证设计和仿真工作的顺利完成，以确保芯片的正常工作。随着设计水平的进一步提高，ASIC 会逐步成为产品的主流。本地硅片制造厂商会迅速在你设计的印制电路板上布满标准 IC。而且到那时，ASCI 价格会更低，性能会更好。

图 12.13　在芯片设计阶段，CAD/CAM 是一种必需的工具，而不是奢侈品

12.3　仪器结构

12.3.1　电路板安装

　　无论是印制电路、绕接板还是电路实验板，都必须安装在某种特殊的封闭空间里，并与电源、面板控制器、连接器以及其他电路连接。我们将介绍几种常见的电路板安装结构，结构内部不仅整洁，而且电路板测试和维修很方便。本节首先介绍电路板的安装方法，然后介绍机壳、前面板、后面板和电源等配套设施。

电路板安装问题

　　如果设备简单，比如只有一块电路板，那么可以采用印制电路板、绕接板或电路实验板等。这种情况下，可以在电路板转角附近钻孔，然后元件面朝上，用螺丝将电路板固定在相应的安装平台上；也可以通过端连接器的扁平电缆连接各印制电路板，或干脆采用焊接方式直接焊接。若使用直插式连接器，其固定也没有问题，因此就没有必要再使用额外的连接器支架。无论采用何种连接方法，都要保证印制电路板元件面朝上，以便于印制电路板的调整和维修。

　　如果系统比较复杂，包括多块印制电路板，那么最好使用插槽结构的机箱。按照说明，将电路板沿插槽小心地插进，并与母板上相应的连接器相连。这种机箱在插槽宽度、间距、插板编号等方面有很大的灵活性。一种常见连接器宽 4.50 in，44 芯（每边 22 芯）。还有一些其他规格的插板，管脚间距较小（仅 0.1 in），甚至有些插板上含有多组连接器，如 "2-part" 连接器。广泛使用的一种连接器是所谓的 VME 连接器，它有 64 个或 96 个插脚。板间距 0.6 in，如果有必要，也可调整为 0.5 in；如果空间允许，也可以使用 0.75 in 的间距，甚至还可以使用绕接板和大尺寸元件。最好先查阅产品目录来观察可提供的插卡间距。安装时可以用塑料插板导轨或金属凹槽来调整插板位置，并用各种弹射装置来辅助插板的拔插。

　　有些机箱上还提供各种不同类型的适宜装置，比如与插板平行的法兰。你甚至可以发现还有这样一种机箱，除足够的插卡空间外，还预留了电源、面板控制板的安装空间。

　　值得注意的一点是，插卡式电路板设备是一种高度模块化且易于维修的设备。但是，这种设备也会给弱信号电路（1 mV 以下）和高频电路（几兆赫以上）带来困难。其原因在于，印制电路板的边缘连接器，一般都无法提供一个相当稳定的、低电感的接地系统。低电平模拟电路与数字电路相互连接是非常危险的。如果底板还是手工布线，那么问题更加糟糕，因为底板地取决于连接器之间的连线。一种典型的故障现象是毫伏级的 60 Hz 或 120 Hz 串扰和"噪声"，有时还会耦合已隔离的射频信号。如果插入金属插座的印制电路板上存在大面积裸地，那么当按压插板时将会出现不同现象的故障。

我们在很多场合都遇到了上述问题，这里提供一些建议。首先，最好避免小型电路板的相互连接，而将所有关键电路设计在一块大型电路板上，并具有统一地。板上相互独立的各部分电路可以考虑使用同轴线或双绞线连接；其次，如果确实使用了多块印制电路板的互连结构，那么最好使用地线较宽的印制电路母板，而不是手工连线的母板，以获得更好的地特性。对射频系统而言，可以使用有弹性的镀金连接器，以提供连续且可靠的地连接；再次，使用同轴线或双绞线，并辅以不同的输入方式（如差分输入，见图 7.70），通常是处理微伏级弱信号的最好方法，否则容易产生地环路噪声和干扰。最后，除上面介绍的各种接地方法外，在地电流必须流过的地方，应尽量采用宽的地连接以减少与机壳、连接器之间的接地电感。不要过分担心数字或射频电路中的"接地环路"，那是微伏级音频电路中存在的问题。有关接地的更多方法参见 7.5.2 节。

底板

连接器的种类很多，有些带有接线焊片，有些带有绕接脚，还有些连接器带有直接插入印制电路板的插脚。很多情况下，最好使用带有焊片的连接器，在插板互连时对连接器插脚进行端到端的连接。将与连接器尺寸差不多的平行导线像电缆那样接在一起，看起来会非常漂亮。还有些情况下最好是在底板上使用绕线连接方式，特别是在底板插脚之间连接关系复杂，而与设备其他连接点之间几乎没有什么连接关系的时候，或者是在底座连接不需要屏蔽的情况下。

有时为了安装插件插座，也需要设计专门的印制电路板作为设备底板。比如，总线系统中非常流行的母板（在计算机系统中几乎是通用的）。另外，如果是大量生产的设备，也应该考虑使用母板。双面母板可以获得地优势（较低的电感和信号线耦合），而且适合布线复杂的连接系统。总线系统中的底板通常比较简单，只要将所有插板连接到相应的总线插脚上即可。实际系统中有时会看到穿透母板的绕接插脚，如果想在母板上进行总线和电源连接，留下非总线插脚给用户进行配置，这种底板非常方便。图 12.14 就是一个简单的印制电路母板。

图 12.14 一种能够提供板间互连的简单"母板"。它可以降低手工接线工作量，减少出现错误的可能性，并提供良好的电性能。在大型系统中，母板及其连接器通常安装在后面板上

12.3.2 机壳

根据不同的设计意图，电子设备可以安装在普通机壳里，或者安装在标准的19 in宽的标准机架里（用螺钉直接安装在支架边缘），也可以先安装在一个小型机壳里，再插入到更大的如"箱"、"柜"等后背具有标准直流电源连接器的机壳或独立的机壳中。

普通机壳和带安装背板的机壳都有多种规格形式。最常用的是一种17 in宽，高度可选（1.75的倍数）并且深度也可选的机壳，后面板上可以安装法兰，也可以安装17.5 in间隔的滑道（满足19 in宽机架要求）。这样就可以通过一些配件很方便地完成机壳形式的转换：从普通形式转换为带背板的形式，或相反。要注意的是，在转换机壳过程中有时需要去掉外面的机壳，以适合有背板机壳的需要，有时又需要保持原样。

在各种仪器装置目录里，核/原子测量仪器常用NIM型装置，CAMAC用于计算机接口，有些生产厂商也提供了各种型号的安装设备，如Tektronix的TM500系列，Vector的EFP等。以上各种形式的空机壳都有，而且适合母板上采用的直流电源。

12.3.3 提示

这里并不打算列出大量生产的各种机箱名称或类型，只是简单地提供一些关于设备结构的建议。这些建议和本章所列的图形将有助于合理选择电子附件并安装。

一般来说，指示器、仪表、显示器、键盘以及控制装置、频繁使用的连接器等，都使用前面板。较少用到的调节器和不经常使用的连接器，以及大型连接器、电源线的保险丝等，都放在后面板上（见图12.15）。

图 12.15　设备的电源散热片、较少调节的控制装置和连接器使用
后面板。前面板分别接入在插板盒里安装的9个电路板

前面板外观设计的常规方法是在油漆或氧化处理后的铝表面上进行丝印。虽然结果看起来还不错，但是在频繁的操作过程中容易受到侵蚀（尽管干净的外涂层有些帮助作用）。如果仔细观察 Fluke，Tektronix 或 Hewlett-Packard 的最新设备，会发现它们使用了一种替代产品——Lexan 胶合面板，它既漂亮又非常坚固。其过程是这样的：先在不光滑织纹的 0.010 in 的 Lexan 薄膜后面，进行丝印制作，然后喷上一层坚固的胶合剂。可以使用不同颜色的字母和图形，也可以定制已上过色的窗口和剪切块。很多标签服务商都提供这种自定义的薄膜面板盖；只需给他们提供"图形"（通常是实际大小的正面或背面）软件，也可以是激光打印结果。

在考虑设备安装时，最重要的事情就是电路板的连接和控制。应该可以很容易地更换仪器设备中的元件。这意味着简洁的连接电缆，从而可以方便地拆卸模块单元而无需动用焊接工具；此外还要求合理的布局，以便于插板在设备运行过程中可以进行测试。比如，盒中插件可以采用垂直安装方式，为了得到它们，先移去机架顶层面板，然后利用一些拔插工具以保证接触到电路板。如果采用水平安装方式，可以先移开前面板。无论采用何种安装方式，都不要采用"叠层"安装方式，图 12.16 显示的是一个简洁的前面板连接电缆式可拆卸结构机箱。

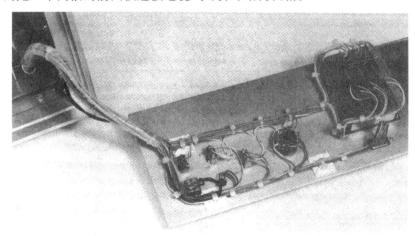

图 12.16　一种确保控制面板良好拆卸特性的安装方法。把所有接线捆在一起，以保证面板与设备完整地分离。该例中，在面板滑入带槽的机箱中。注意，线匣及含自我胶合特性支架的使用能够保持接线的整洁

12.3.4　冷却

功耗在几瓦以上的设备通常就需要通风冷却装置了。而功耗在 10 瓦以上的小型设备，或 25 瓦以上的大型设备，就要考虑风扇。要注意的一点是，掀开顶盖后，仪器设备在适宜的温度下能够正常工作，但当和其他发热设备处于同一机架里（环境温度可能达到 50℃），并盖上外盖时，过热的环境可能导致元件过早失效，而无法正常工作。

对于中、低功率设备，一般来说简单的风冷就可以了。这种情况下可以在主要的发热元件（功率电阻和晶体管）位置上打孔。最好的办法是将大功率器件安装在后面板上，并垂直排列散热片（见 6.2.1 节）。如果电路板是垂直安装的，最好也能考虑风冷措施，虽然此时电路板的散热问题可以忽略。如果简单的风冷不能解决问题，就要考虑风扇的使用了。

简单的"Muffin 型"文氏管风扇，其流量大小约为每分钟 100 立方尺（CFM），在气流未受阻碍的情况下，可以对 100 瓦以上的设备进行冷却。其计算公式如下：

$$空气温度升高（℃）= \frac{1.6 \times P（瓦）}{气流流量（CFM）}$$

如果能够牺牲少量气流流量，就可以降低文氏风扇的使用噪声，许多制造商都能提供这类型号的文氏风扇。表12.2列出了部分低噪声文氏风扇的型号。值得注意的是，背压显著降低了风扇的工作气流流量。图12.17给出了背压和气流流量的关系曲线。

表 12.2　文氏管风扇

生产商	标准型 4.7″ 见方 105–120 CFM	静型 4.7″ 见方 70 CFM	超静型 4.7″ 见方 50 CFM	小型 3.1″ 见方 35 CFM
Rotron	MU2A1	WR2H1	WR2A1	SU2A1
IMC	4715FS-12T-B50	4715FS-12T-B20	4715FS-12T-B00	3115FS-12T-B30
Pamotor	4600X	-	4800X	8500D
Torin	A30108	A30390	A30769	A30473

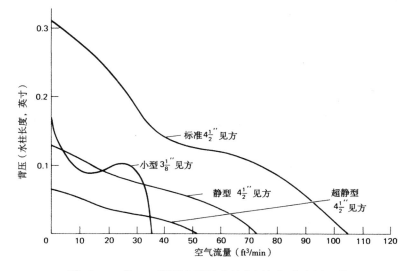

图 12.17　表 12.2 所列文氏风扇的背压与气流流量函数

现在的生产厂商除了销售传统的交流风扇外，还销售无刷直流风扇。低电压直流风扇（通常是 12 V 或 24 V）更容易根据设备内部实际温度来控制风扇速度。比如利用温度传感器进行速度反馈控制（也可以使用 Control Resources 制造的"智能风扇"控制器），或者购买内置"热速控制器"的风扇（如 Rotron 的"ThermaPro-V"系列）。另一种非常不错的方法是使用变速风扇，因为大多数条件下风扇噪声会大大低于全速时的噪声，设备在最高环境温度运行时才需要全速。

设计强迫通风冷却设备时，应尽量让空气从机箱的一端进入，在器件周围流过后从远端流出。例如，在内部空间水平分割的设备里，可以考虑在后面板的底部打进风孔，并在设备前部打出风孔，然后在设备顶部偏后的位置上安装风扇，以强迫气流穿过设备的所有部分。值得注意的是电路板会阻碍气流流动，因此要仔细设计。如果气流的阻抗很大（高背压时），则离心式风扇比螺旋式风扇要好。因为当背压达到 0.3 in 水柱时，后者的叶片将会停转，使风扇完全失效。最后，在任何冷却措施下，保守设计都不失为一个好方法；当电子设备发热时，其失效率的上升是惊人的。图 12.18 描述了一个在冷却措施和电路板布局上非常成功的设计实例。

图 12.18　　设备支撑和互连技术示意图（盒式磁带机读出器）。大部分电子元件安装
　　　　　　在一个插件盒里（有手工绕接底板和多端连接），与磁带驱动器相连的电
　　　　　　子元件在靠近驱动马达的两块印制电路板上。调整和测试点在每块板的
　　　　　　边缘。注意该磁带机的冷却通道：空气从插件盒后面吸入，在插板间流动，
　　　　　　然后流过中心部分和后面的电源部分，最后从后板右边的排气扇排出

12.3.5　关于电子器件的注意事项

可靠性差的器件

　　在设计过程中，一般应该注意下列系统中最不可靠的元器件（按不可靠程度排列）：

1. 连接器和电缆；
2. 开关；
3. 电位器和微调电容。

射频线路滤波器

　　前面已提到，在交流电源输入端使用射频滤波器是一个很好的措施。很多公司都生产这种射频滤波器，比如 Corcom，Cornell-Dubilier 和 Sprague。它是以简单模块的形式提供的，带有焊接端，有些型号的滤波器还内嵌在交流插座里，以便于安装在机壳上，与标准 IEC 电源线匹配。这些滤波器可以非常有效地抑制电源线上的射频信号（也可以防止设备本身的射频信号发射），而且滤波器也能在一定程度上降低线路的瞬时变化。比如，Corcom 的 3R1 型滤波器（额定值 3 A，115 V）对 200 kHz 信号有 50 dB 抑制，对 0.5 MHz 信号有 70 dB 以上的抑制（见 6.3.1 节和表 6.3）。

我们建议使用完整的"电源输入模块"，它可以安装在后面板上，包括 3 芯 IEC 电源插座、射频信号滤波器、保险丝、电压选择器和电源开关。其代表性的型号参见 Corcom，Curtis，Delta，Power Dynamics 和 Schaffner 公司的有关目录。

瞬态抑制器

交流电源线上偶尔会产生 1~5 kV 的尖峰信号，要防止这种尖峰造成破坏（甚至是损坏），电源线瞬态抑制器也是一个很好的方法。瞬态抑制器的使用方法非常简单，只需串接在电源保险丝的后面就可以了；其工作原理类似于双向齐纳二极管，能够承受巨大的峰值电流。瞬态抑制器的封装形式近似圆形陶瓷电容或功率二极管，比如体积小并且价格便宜的 GE V130LA10A（约 1 美元），在 185 V 时开始导电，可以承受 4000 A 的峰值电流（更多细节见 6.3.1 节和表 6.2）。

保险丝

电源保险丝是电源供电设备所必需的装置之一，无一例外。正如 6.3.1 节所述，墙壁插座里的保险丝是为防止火灾而设计的，其额定电流一般是 15 A 或 20 A，无法对设备故障起保护作用，如果发生电源电容故障，可能导致 10 A 电流变化（电源变压器里将产生超过 1 kW 的热量）。必须注意的是，电源引线应该接到保险丝支架的里端，这样在更换保险丝时才不会碰到带电的那一端。尽量使用慢熔式保险丝，其额定功率设置在最大电流的 50%~100%。

信号切换原则

如果可能，要尽量避免使用逻辑信号和模拟信号进行面板控制，以降低信号发生交叉耦合并导致信号恶化的可能性。最好是采用直流信号来控制面板开关等，并利用板上电路处理信号的切换。这个原则在噪声环境、高速信号环境或者低电平信号环境里尤其重要，因为直流控制信号可以被彻底隔离，而快速变化的信号则不行。例如，通过开关控制选择器门电路（多工器）采用跟踪逻辑信号的方式；在面板控制频率参数时，使用压控振荡器而不是 RC 振荡器。依照该原则选择器件，还能获得更高的可靠性，装配也可能更简单（比如电缆不必屏蔽）。

12.3.6　器件采购

有时要想获得构建电子设备的器件还真是一件困难的事情。多数大的电子分销商都已经放弃了柜台交易的销售方式，这就使得购买者不可能直接到商场里购买。幸运的是，大部分分销商仍然接受电话定货，在预定售货部柜台现金交易。购买时一定要明确了解所需器件的编号和生产厂商（对 IC 而言，还必须了解编号、前缀、后缀和全称）。

很多分销商都不情愿做零售交易，因此每个器件都必须购买 5 个到 10 个。而且，一个指定的分销商通常只负责销售所需器件的一部分，这样你面对的就是一件很琐碎的事情了。面向用户的电子商场（Radio Shack 等）会在柜台上出售小数量的器件，但其种类有限。器件分销系统似乎指向的都是工业用户，并根据其需要进行定货。分销商对电子生产厂家非常热情，还经常拜访生产厂家，给他们一些目录和参考手册，并提供有竞争力的报价。

在购买 IC 时必须注意一些特殊事项。很多 IC 在生产过程中都没有经过 100% 的测试，而是进行抽样测试，如果样品失效率超过标准，则整批都不合格。所以有时著名厂商生产的芯片可能也无法使用。一般来说可以认为有0.1%的芯片是次品。这并不算太严重，如果想要进一步降低废品率，就要对芯片进行测试。另外，所有的生产厂商都对其LSI芯片进行测试，部分厂商（如AMD）甚至对其芯片进行100%的测试。

如果次品到了造假者手里，问题就严重了。标签机非常廉价，所以假冒伪劣IC简直太常见了。我们的经验是实力强的分销商很可靠，至少在他们授权分销的商品上，他们是可靠的。令人惊奇的是，大多数邮购机构通常以很优惠的价格销售质量很好的商品，但却存在风险。没有日期的IC是值得怀疑的对象。由于在电路中找出伪劣IC是一件费时又费力的事情，所以建议你在合格的分销商那里购买需要的IC器件，尽管价格较高。我们成功交易过的两个邮购商是Digi-Key和Microprocessors Unlimited。

第13章　高频和高速技术

13.1　高频放大器

本章将讨论高频和射频技术，以及数字等效电路和高速开关电路等。在通信、广播和射频实验室测量（共振、等离子、离子加速器等）领域，高频技术有着广泛的应用。而在计算机和其他数字应用中使用的快速数字装置中，高速转换技术是基本技术。高频和高速技术是普通线性和数字技术的扩展，应用于极间电容、存储电压和短波效应控制电路状态的领域。因此相关的电路技术从较低频率的电路技术中完全独立出来，并以带状线、波导、类似耿氏二极管的装置、速调管和行波管的形式出现。为了说明一种可能的想法，现在市场上有数字IC（计算器等），其工作脉冲重复频率为3 GHz或更高，以及工作频率超过100 GHz的线性电路单元（放大器等）。

本章首先论述的是高频晶体管放大器，然后是简单晶体管和FET模型，并举例说明。接下来论述射频技术，以及通信原理和方法，包括调制和检测。最后将详细论述高速转换技术。由于这些问题具有专业性，因此第一遍阅读时可以忽略。

13.1.1　高频晶体管放大器

前面论述的放大器（如阻性负载的共发射极放大器）表明，随着信号频率的上升，增益会逐渐下降，主要原因在于负载电容和结电容的影响。图13.1是一个最简单的放大器（后面会讨论复杂的放大器）。C_L表示从集电极到地的等效电容，并与放大器集电极负载电阻R_L形成一个低通滤波器，滤波器的时间常数为$R_L C_L$。等效电路中的电容C_L是集电极到发射极、集电极到基极之间的电容，以及负载电容的等效电容。信号频率达到$f \approx 1/R_L C_L$时，放大器增益开始迅速下降。

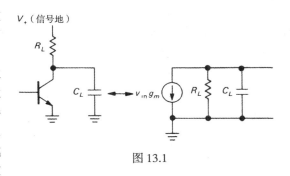

图 13.1

降低负载电容效应

最简单的方法就是减小时间常数$R_L C_L$。例如：

1. 选择一个极间电容低（结电容或引线电容）的晶体管（或FET），通常称之为RF晶体管或开关晶体管。
2. 利用射极跟随器隔离负载，从而降低集电极容性负载。
3. 减小R_L。如果保持集电极电流I_C不变，减小$g_m R_L$，将导致增益下降。对晶体管而言，g_m为$1/r_e$，对于发射极旁路的放大器来说，等于I_C（mA）/25。如果降低R_L且要保持增益为常量，就必须同时提高集电极电流，以保持电压V_+为常量。因此，

$$f_{\max} \approx 1/R_L C_L \propto I_C/C_L$$

这说明高频电路中通常都有相当高的电流。

□ 13.1.2　高频放大器交流模型

负载电容不是在高频段影响放大器增益的惟一因素。正如前面所提到的（见第 2 章的密勒效应），输出端到输入端的反馈电容（C_{cb}）可以控制高频下降系数，特别是在输入信号源阻抗不太低的时候。为了确定放大器增益的下降点并做适当处理，这里有必要介绍一种相当简单的晶体管和 FET 的交流模型。现在我们用高频放大器实例来进行说明。

□ 交流模型

虽然图 13.2 所示共发射极（或共源）模型是最简单的电路形式，但它们在评估高速电路性能时却非常有效。这两种模型都很直接。在双极型晶体管模型中，C_{ie}（也称为 C_{ib} 或 C_{be}；注意输入和输出电容的另一种命名）是输入结电容，r_b 是基极等效阻抗，C_{cb} 是反馈（密勒）电容，C_{ce} 是从集电极到发射极的电容。电流源模型表示晶体管在信号频率处的增益。FET 模型与之类似，但有不同的电容名称，并且其输入阻抗无穷大。

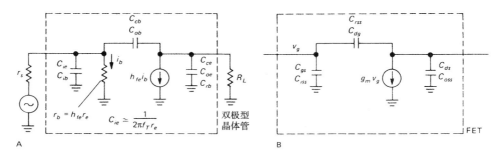

图 13.2　双极型晶体管和 FET 高频等效电路

□ 集电极电压和电流对晶体管电容的效应

反馈电容和输出电容（C_{cb}，C_{rss} 和 C_{ce}）一般由晶体管引线小电容和半导体结点大电容组成。后者的作用类似于反向偏置的二极管，随着反向偏置的增加，电容逐渐降低，如图 13.3 所示（这个特性称为压敏电容，即"变容器"）。电容随着电压的改变而改变，大约为 $C = k(V - V_d)^n$，晶体管的 n 值为 –1/2 到 1/3，V_d 是内置电压，约为 0.6 V。

输入电容是 C_{ie}，它是正向偏置结点。在这种情况下，随着基极电流的上升，有效电容急剧增加。因为 V 接近 V_d，所以对晶体管手册里确定的 C_{ie} 值大小是没有什么意义的。但是，随着 I_E 的上升，有效 C_{ie} 上升（从而降低 r_e），结果是时间常数 r_bC_{ie} 大致保持不变。因此，在特定频率下，晶体管的增益主要取决于 C_{ie} 上的电流损耗和实际基极驱动电流之间的比值，而与集电极电流关系不大。晶体管厂商通常指定电流增益下降为 1 时的频率参数 f_T，而不指定 C。f_T 的公式为：

$$f_T = \frac{1}{2\pi C_{ie} r_e}$$

或等效为

$$C_{ie} = \frac{1}{2\pi f_T r_e}$$

上式为特定集电极电流下的 C_{ie} 和 r_e 值。射频用晶体管的 f_T 值范围为 500 MHz ~ 10 GHz，而"一般用途"晶体管的 f_T 值范围为 50 ~ 250 MHz。图 13.4 显示了各种典型晶体管 f_T 值随集电极电流变化的曲线。

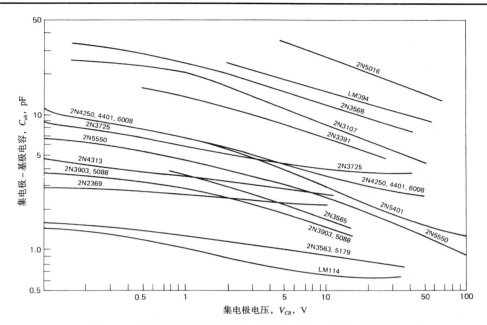

图 13.3　双极型晶体管集电极－基极电容与电压的关系曲线

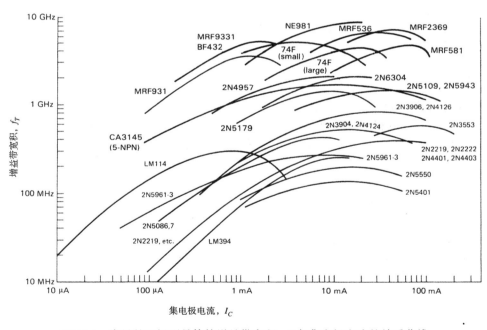

图 13.4　常见的双极型晶体管增益带宽积、f_T 与集电极电流的关系曲线

□ 13.1.3　高频计算举例

现在把前述模型应用到高频宽带放大器的设计中。先给出驱动电路，因此驱动级阻抗或源阻抗已知。驱动级负载问题将导致放大器性能严重降低。这个性能问题在实际电路设计中非常典型，我们将在这里通过改变电路参数和工作点来提高性能。图13.5给出了部分电路。该电路是一个直流反馈的完整放大器电路，以保证其静态工作点稳定在 $1/2\ V_{cc}$；其偏压不像图中显示得那么稳定。由

于只对高频特性感兴趣，所以不必进一步关心偏压实现问题。注意差模输入级只有很小的共模信号，大约为0.25 V左右，通过发射极电流源的作用限制在负方向上。

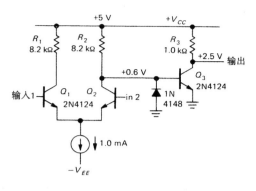

图 13.5

□ **高频滚降特性分析**

可以计算差分电路的增益和输出阻抗，以便详细分析输出下降特性。放大器Q_3的增益分析包括以下几个部分：

1. 确定源阻抗为零时的低频信号增益，并确定3 dB点。由于输出电容和反馈电容与负载阻抗的作用，会产生衰减：

$$f_{-3\,\text{dB}} = \frac{1}{2\pi R_L (C_L + C_{cb})}$$

2. 确定输入阻抗、基极等效输入阻抗（r_b 和 C_{ie}）和有效反馈电容（$G_V C_{cb}$）。

3. 根据源输入负载计算3 dB点；并与第1步计算的"输出3 dB点"相比较，观察高频放大器的瓶颈在哪里。

4. 如果有必要，可以通过控制高频下降系数来改善放大器性能。

注意，反馈电容C_{cb}以输出和输入两种形式出现，计算时存在一个电压增益（密勒效应）倍数。下面以图13.6为例来分析这个简单的电路。2N4124的参数如下：当电压为2.5 V时，$C_{cb} = 2.4$ pF，$h_{fe} \approx 250$，$f_T = 300$ MHz。

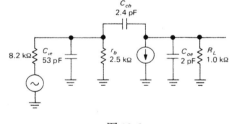

图 13.6

1. 假设Q_3受电压源驱动，当集电极电流为2.5 mA时，$r_e = 10\ \Omega$，其低频电压增益为100。输出电容确定的3 dB点大约在40 MHz（2.4 pF电容并联2 pF电容，1.0 kΩ负载电阻）。注意该式中忽略了负载电容和杂散电容。

2. 输入阻抗大约为2.5 kΩ（$h_{fe} r_e$），与密勒电容（240 pF）及53 pF的电容C_{ie}并联，用前面的公式计算。

3. 根据输入电容计算得到的3 dB点大约在280 kHz（$R = 8.2$ kΩ，与2.5 kΩ并联；$C = 240$ pF + 53 pF），由于密勒效应，电容为$C_{cb} G_V$，表现为很高的基极输入阻抗。注意，由于前级低输入阻抗的影响，差分级输出近似**空载**，因此实际低频增益将小于100。在具体估计这个效应时，低频实际增益为$100 \times 2.5/(2.5 + 8.2)$，约23。

前级负载过重及很低的3 dB下降频率，造成电路特性很差，这反映了高频放大器设计中存在的实际问题。在实际设计中，可以通过降低集电极阻抗来提高放大器性能，也可以利用不同的放大器参数来减小或消除输入电容（f_T）和反馈电容（$C_{cb} G_V$，密勒效应）的影响，从而改善放大器性能。

13.1.4 高频放大器连接方式

如前例所示，密勒效应可以控制放大器的高频性能，如果该放大器有较高的源阻抗，在那个例子中，与40 MHz信号的3 dB点对应的输出时间常数和300 MHz的截止频率f_T，会淹没在280 kHz的3 dB点输入时间常数中。

密勒效应的 3 种解决方法

除了减小集电极阻抗这种强制性方法外，还有其他一些旨在减小驱动（源）阻抗或减小反馈电容或两者都同时减小的手段，如图 13.7 所示。其偏压和电源可忽略（例如只画出信号通路）。

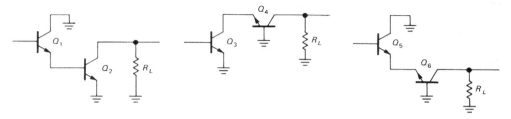

图 13.7 高频放大器简图：A. 带射极跟随器的共发射极放大器；B. 级联的
共射–共基极放大器；C. 带射极跟随器的共基极放大器（差分放大）

在电路 A 中，射极跟随器减小了共发射极放大器的输入阻抗。这样就大大降低了由 f_T 和 $C_{cb}G_V$ 造成的高频性能的恶化。电路 B 是共射–共基放大器，共发射极电路驱动共基极放大器，以消除 $C_{cb}G_V$ 密勒效应（Q_4 基极电压固定，Q_4 发射极电流通过 R_L 到 Q_3 集电极）。电路 C 的射极跟随器输出驱动共基极电路，在消除密勒效应的同时降低驱动阻抗；这个电路与差分放大电路类似，都有不平衡的集电极电阻，且一端接地。

其他技术

除上述电路外，还有两种其他方法来解决输入和反馈电容问题，即：（a）单独使用基极接地的简单放大电路，如果驱动阻抗足够低；（b）在共发射极（或其他）放大器的输入或输出端使用可调电路，以"调谐"极间电容效应。注意这种调谐放大器的响应带宽较窄，只在很小范围内有放大作用（根据应用要求，这可能还是一个优点）。此外，中和也是很必要的。本章的后半部分将论述窄带调谐放大器。一种中和方法是，使用几微亨的"峰值"电感，与集电极负载电阻串联，以消除某些电容效应，并获得正常高频下降点以上的频率增益（见图 13.8）。

为了评估包括跟随器和基极接地电路的高频性能，可以采用图 13.9 所示的晶体管交流模型来进行分析。注意，在射极跟随器模型里，阻抗取决于源和负载阻抗（电抗和电阻两部分）。在下面的例子中，将利用这些模型。

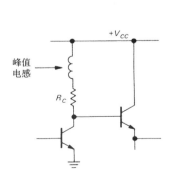

图 13.8

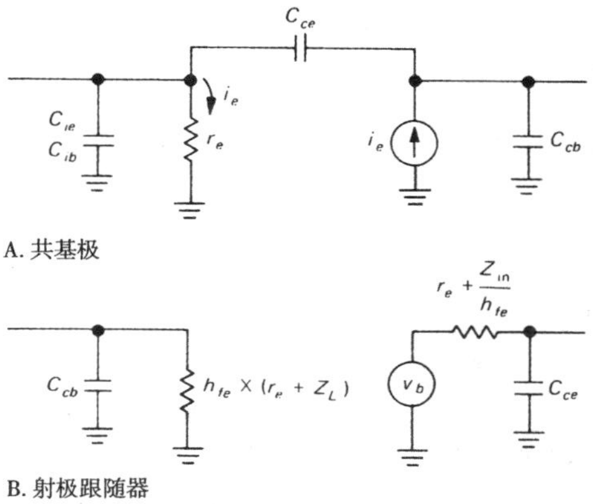

图 13.9

□ 13.1.5　宽带设计举例

　　下面举例说明宽带放大器的设计，考虑图 13.10 中的电路，其中电路参数几乎消除了所有密勒效应导致的下降。电路中射极跟随器（高输入阻抗）连接至差分放大器输出端，这样，射极跟随器就将输出与级联的差分放大器隔离开来。该电路构建在性能优良的高频晶体管基础上，如 2N5179，其截止频率 f_T 为 1000 MHz（当 f_T 为 100 MHz 时，h_{fe} =10），2 V 电压时电容 C_{cb} 为 0.5 pF。结电容、杂散电容以及分压电阻的近似等效电路如图 13.11 所示。

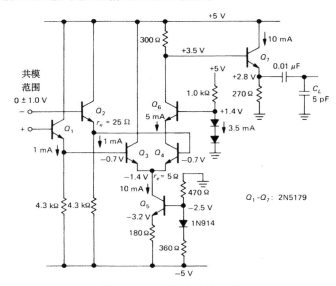

图 13.10　宽带差分放大器

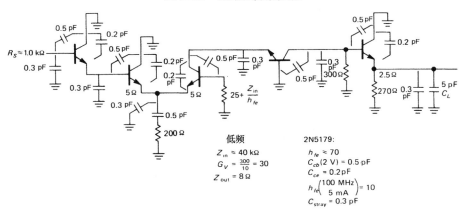

图 13.11　图 13.10 电路的交流等效电路

　　为了确定该放大器的高频下降点，必须全面检查每一级电路，用近似等效电路替换的方法分析各种 RC。通常情况下，某级电路设定了整个电路的最低值，可以凭直觉猜测。这种情况下的系统性能由 Q_7 基极的有限驱动阻抗（300 Ω）及 Q_7 基极负载电容 C_L 确定（记住，h_{fe} 会下降到约 1/f，因此在很高的频率下，射极跟随器的隔离效果大大降低了）。

　　寻找 3 dB 点的最简单方法是这样的：将射极跟随器 Q_7 等效为基极阻抗，已知负载电容、结电容、线电容（相应的电容 C_{cb} = 0.5 pF，C_{ce} = 0.2 pF，C_{stray} = 0.3 pF）。由于基极输入阻抗取决于 h_{fe}，所以必须利用频率函数进行计算（假设高频时 $h_{fe} \approx 1/f$）；在这里不选择太高的频率，而假设 3 dB

点就在几百兆赫附近。图 13.12 简要说明了这个过程。在 100 MHz，200 MHz 和 400 MHz，选取负载阻抗与晶体管放大系数（β 值）相乘（Q_7，假设 $h_{fe} \approx 1/f$），结合其他已在基极出现的阻抗，然后计算总阻抗值，以获得相关的输出幅频特性。可以看到，输出幅度的 3 dB 点在 180 MHz 附近。

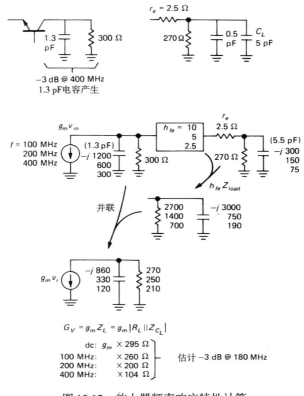

图 13.12　放大器频率响应特性计算

现在，使用上述方法来估计电路的 3 dB 点。我们来讨论电路的其余部分，看其他电路的 RC 在这个特殊频率处是否产生了严重衰减。例如，Q_4 集电极电路的 3 dB 点在 1000 MHz 左右，**计算时晶体管 β 值取 180 MHz 时的对应值**（$h_{fe} \approx 5$）；换句话说，电路级联部分不会使电路的整体性能恶化。

同样的方法可以相当简单地证实其他部分电路的 3 dB 点不会低于 180 MHz。对于输入级，必须假设驱动（源）阻抗值。比如假设 $Z_s = 1000\ \Omega$（对视频电路来说相当高了），源阻抗与输入电容（1.0 kΩ，0.8 pF）相并联，导致 3 dB 点将在 200 MHz 处，因为源阻抗一般都小于 1 kΩ，所以整个放大电路的性能带宽会超过 200 MHz。但源阻抗等于或超过 1 kΩ 时系统性能就会下降。这一点对我们的分析非常重要。

☐ 13.1.6　改进的交流模型

☐ 基极扩散电阻

值得注意的是，前面使用的电路模型过分简单化了，它们忽略了一些重要的影响因子，如基极电阻 r_b'。高频晶体管通常用参数 $r_b' C_{cb}$ 作为"集电极–基极时间常数"。2N5179 的典型值为 3.5 ps，隐含大约 7 Ω 的基极扩散电阻。在分析放大器的高频性能时，有必要在计算中考虑这些影响因子。本例不会影响前面得出的相关结论。

集电极旁路效应

放大器频率特性分析的另一种简化方法是假设每一级下降特性都是相对独立的，与其他电路无关。凭直觉很容易发现一定存在着交互作用，比如密勒效应本身就是高频负反馈的一种形式。由于它是对输出**电压**进行取样，因此在环路增益很高时可以降低晶体管的输出阻抗，特别是更高频率的输出阻抗（当然，这也会降低电压增益）。由于集电极负载电阻 R_L 和 C_L 的并联将导致输出阻抗的降低和频率响应带宽的增加。因此，通过提高 G_t 或 C_{cb} 来降低密勒效应滚降频率，就会由于集电极和负载电容的作用而使滚降变慢，这就是"集电极旁路效应"。

□ 13.1.7　分流级联对

典型的宽带低增益放大电路如图 13.13 所示，采用了分流级联对措施，目的在于获得增益很低的放大器（如 10 dB），但在很宽的频率范围内都有平坦的频率响应特性。这听起来很像是负反馈电路的一种应用。但是，由于高环路增益反馈通路相移不受控的原因，负反馈电路在射频段可能会出现一些问题。分流级联对技术通过多个反馈通路克服了这个难题，其中每个反馈通路的环路增益都相当低。

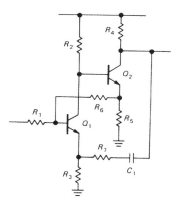

在上述电路里，由于发射极反馈电阻的存在，Q_1 和 Q_2 都是低增益电压放大器。R_6 是 Q_1 的反馈电阻，由于 Q_2 的射极跟随器的环路隔离作用，其反馈作用相对独立。一旦确定 Q_1 的电压增益（R_6/R_1），可以通过选择 R_4 来设置 Q_2 的开环增益（R_4/R_5）。最后，Q_1 发射极的反馈可以用来降低整个电路的增益，以达到设计要求。

图 13.13　分流级联对电路

由于分流级联对设计简单，而且相当稳定，所以它是一个非常有效的放大器电路。用这种方法很容易设计 300 MHz 带宽的放大器。每级放大器可以获得 10 ~ 20 dB 的增益，如果有必要，可以进行级联以获得更高的增益。

13.2.3 节将讨论调谐放大器（窄带）的设计技术，并与已经详细论述的宽带放大器设计进行比较。常规信号一般都被限制在一个窄的频率范围内，因此调谐放大器具有非常大的实用价值。

□ 13.1.8　放大器模块

前面所述射频放大器的设计表明，任何在高频上的设计都是非常困难的，要经过大量计算和详细设计。可喜的是，很多供应商都提供放大器模块，几乎可以满足任何要求。事实上，几乎每一种射频元件都有**模块**，包括振荡器、混频器、调制器、压控衰减器、功率合成器、分路器、环形器、耦合器和定向耦合器等。我们将在 13.2.4 节对此详细说明。

图 13.14 所示是一种最基本的射频放大器，它是一个具有宽带增益的薄膜混合电路，采用 4 管脚晶体管封装形式，也可采用表面贴装形式。其中输入和输出管脚的阻抗为 50 Ω，其余的两只管脚分别为地和电源。各种不同类型的放大器，有些是低噪声放大器，有些则是大功率放大器，或大动态范围放大器。放大器可以设计在非常宽的频率范围工作，或工作在通信中的一个专门频段。比如 Avantek 的 UTO-514 在 30 ~ 200 MHz 频率范围有 15 dB 增益，噪声系数为 2 dB（最大），增益平稳度为 ±0.75 dB。采用 4 芯 TO-8 晶体管封装。

高性能的 Avantek 公司 UTO 系列和 Watkins-Johnson 公司 A 系列放大器模块包括几乎上百种型号，带宽一直到 2 GHz。我们还发现既便宜又方便的 Avantek 公司 GPD 系列（或 Watkins-Johnson 的 EA 系列）放大器模块。如 GPD-201，频率范围为 5 ~ 200 MHz，增益为 30 dB（最小），噪声系数为 3.5 dB（典型值），价格为 29 美元。

A

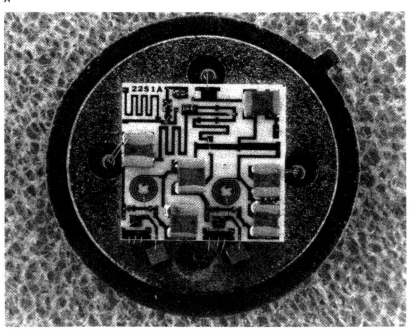

B

图 13.14　A. 10 ~ 200 MHz 可级联放大器；B. 基于陶瓷衬底的混合结构
技术，图中显示了片状电容、薄膜电感器和电阻、晶体管和引线

　　这些放大器模块可以独立使用，也可以级联，通常是作为传输通道的一部分（见13.5.1节）。厂商一般考虑得很周全，为了更方便地在实际中应用，他们对放大器模块进行了完整的封装。一般封装在一个小金属盒里，尺寸约为 2 in × 2 in × 1 in，带有 SMA 型输入和输出射频同轴连接器。可以选择这些标准的放大器，如果愿意，也可以自行级联这些放大器。如果自己制作，Avantek 甚至还出售封装装置和印制电路板（可支持 4 个放大器模块）（见图 13.15）。

　　为了更详细地描述放大器，我们查阅了大量的 Avantek 产品目录，得到以下信息：AMG-1020，低噪声放大器，增益为 34 dB，工作在 50 ~ 1000 MHz 频段，噪声系数为 2.7 dB；UTC20-211 具有更宽的工作带宽，频段范围为 10 ~ 2000 MHz，噪声系数为 5 dB，增益为 26 dB。另外，还有能够提供 18 GHz 的使用 GaAsFET（和 HEMT）技术的宽带放大器。

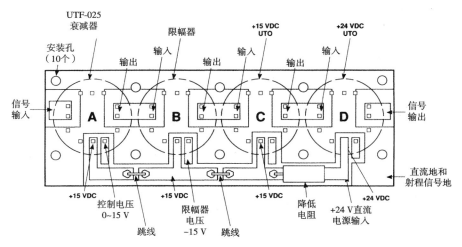

图 13.15　RF 器件微带（带状线）电路板

　　窄带放大器可以优化噪声性能指标。此类放大器在通频带内的性能极好。例如，卫星接收机所采用的 Avantek 的 AM-4285 放大器，增益为 50 dB（±0.5 dB），频带宽度为 3.7 ~ 4.2 GHz，噪声系数为 1.5 dB（T_N = 120°K）。AM-7724 放大器工作在 7.25 ~ 7.75 GHz 频带，增益为 35 dB（±0.25 dB），噪声系数为 1.8 dB。

　　用户通过安装和调谐，完全可能进一步提高放大器性能。比如，射电天文学家在其工作的 L 频段（1~2 GHz）利用 GaAs FET 放大器可以获得 0.7 dB 噪声系数；在液氮温度下工作时，噪声系数为 0.15 dB（相应的噪声温度为 50°K 和 10°K，见 7.3.2 节）。现在的放大器设计利用了高电子迁移率 FET（HEMT）技术，可以在 8.5 GHz 频率时达到 8°K 的噪声温度。该项技术的研制者是著名的国家射电天文观测台的 Sandy Weinreb（Charlottesville，VA）。Berkshire Technologies 公司可以设计这种性能优异的放大器，他们的冷却放大器在 L 频带已达到 5°K 的噪声温度，在 8.5 GHz 时的噪声温度可达到 15°K。

　　为了测量微波放大器中的噪声系数（噪声温度），必须运用热负载或冷负载方法。关于这个问题的描述可以参考前面的 7.4.2 节。

　　这些放大器模块以及其他射频模块的商业竞争也非常激烈。如完整的放大器的大供应商就有 Aertech/TRW，Avantek，Aydin Vector，Hewlett-Packard，Narda，Scientific Communications 和 Watkins-Johnson。实际上，在设计射频系统时，最好选择可以提供查阅的模块（见图 13.16）。将它们用螺丝钉固定在一个平板上，并用同轴电缆进行连接，这样就可以开始工作了。

宽带运算放大器

　　大多数人都认为运算放大器是一种低频放大器，其工作频率不超过 100 kHz 或 1 MHz。普通运算放大器也确实如此，其典型的 f_T 值在 1 ~ 5 MHz 的范围内（见表 4.1）。然而，还有一类精确运算放大器，如表 7.3 所示，其增益带宽积可一直到 100 MHz 左右。事实上，如果可以容忍 10 mV 左右输入失调电压，甚至可以获得 f_T 值为 1 GHz 左右的运算放大器。与“视频放大器”IC 不同（单端、固定增益），这些是真正的运算放大器（使用外部反馈来确定增益及其他性能参数），可以在 100 MHz 或更高频率上作为闭环放大器使用。这些宽带运算放大器很多都运用垂直 PNP 来获得好的性能。在实际工作中，与正常运算放大器相比，这些运算放大器存在偏差，比如不对称的输入阻抗或**电流反馈**等。这些器件的样本参见表 13.2。

表 13.1 射频晶体管

型号	管壳	P_{diss} T_C=25°C (W)	V_{CEO} (V)	V_{CBO}^a (V)	I_C max (A)	h_{FE} typ	@ I_C (mA)	C_{cb} @10V (pF)	f_T (MHz)	@ I_C (mA)	功率增益 (dB)	@ f (MHz)	输出功率 (W)	@ f (MHz)	功率
2N3375	TO-60	12	40	65	1.5	10^m	250	12	550	120	6	175	10	100	低价，易于安装
2N3553	TO-39	7	40	65	1.0	10^m	250	7	600	100	15	175	7	100	低价，流行
2N3866	TO-39	5	30	55	0.4	50	50	3	900	40	15	400	1^m	400	振荡器
2N4427	TO-39	2	20	40	0.4	50	100	4	800	50	15	175	1^m	175	
2N5016	TO-60	30	30	65	4.5	10^m	500	25	600	500	8	400	30	100	
2N5109	TO-39	2.5	20	40	0.4	60	50	3	1500	70	15	200	–	200	低噪声，流行
2N5179	TO-72	12	20	20	0.05	70	3	0.7	1500	10	20	200	0.02	500	低噪声，$r_b C_c$ = 7 ps
2N5994	strip	35	30	65	5	–	–	70	–	–	10	100	35	175	VHF功率
2N6267	strip	20	50	50	1.5	–	–	13	–	–	10	2000	10	2000	微波功率
2N6603	strip	0.5	15	25	0.03	80	15	0.5	5500	10	16	1000	–	–	微波小信号
2N6679	strip	0.9	20	30	0.07	100	15	0.3	–	–	11	4000	0.07	4000	
MRF931	strip	0.05	5	10	0.005	70	0.25	0.4^b	3000	1	12	1000	–	–	电池供电，遥测
NE981	strip	0.3	6	10	0.03	100	10	0.4	7000	20	14	1000	0.01	7000	NEC
MRF571	strip	1	10	20	0.07	100	30	0.7	8000	50	15	1000	0.1	1000	低噪声，low cost
MRF941	strip	0.4	10	20	0.05	100	5	0.2	8000	15	13	2000	–	–	低噪声
MRF951	strip	1	10	20	0.1	100	5	0.3	7500	30	13	2000	–	–	低噪声
MRF9331	strip	0.05	8	15	0.001	80	0.5	0.2^b	5000	1	20	1000	–	–	微功率
AT41485	strip	0.5	12	20	0.06	150	10	0.2	8000	25	12	2000	0.1	2000	Avantek，低噪声
AT42085	strip	0.5	12	20	0.08	150	35	0.3	8000	35	10	4000	0.1	4000	Avantek，低噪声
AT64020	strip	3	20	40	0.2	50	100	–	–	–	10	2000	0.5	4000	Avantek

a. 当集电极电压升高时，由于基极反偏，V_{CBO} 是反向截止电压。　b. V_{CB} = 1 V。　m. 最小值。

表 13.2 宽带运算放大器

型号	Mfg[a]	V_{os} max (mV)	I_{in} max (μA)[b]	电源 V_s max (V)	电源 I_s typ (mA)	电流反馈[b]	外部补偿 可能	外部补偿 必需	是DIP封装吗?	输入电容 (pF)	e_n[c]	带宽 −3dB $G=1$ (MHz)	带宽 −3dB $G=10$ (MHz)	大信号[d] (MHz)	转换速率 (V/μs)	建立时间 to 1% (ns)	小信号上升时间 (ns)	输出电流 (mA)	V_{out}(peak) 50Ω (V)	V_{out}(peak) 150Ω (V)	视频负载[e]	A类输出?	电流限制?	注释
AH0010	OE	20	20[t]	±18	5	–	–	–	•	–	–	30	–	24	1500	100[k]	–	100	5	10	3	–	–	缓冲区
CLC110	CL	8	50	±7	15	–	–	–	•	1.6	–	730	–	–	800	5	0.4	70	3	4	2	–	–	缓冲区
CLC400	CL	6	25	±7	15	25	–	–	•	0.5	2.7[f]	200	50	–	700	10	1.6	70	3	4	2	–	–	15 ns内 0.1%
SL541	PL	5	25	+12,−6	16	–	–	–	–	–	–	150	100	–	175	50	–	6.5	–	–	–	•	–	
VA707	VT	6	1.1	±6	7	–	–	–	•	3	12[n]	–	20	5.6	105	150[k]	9	±50	±2.7	±4	5	–	•	分解, $G_v>12$[p]
MSK737	KE	11	0.25	±18	37	–	–	–	–	–	65[g]	200	50	80[i]	2800	35	–	±120	±6	±12	10	–	–	精度, 低 I_b
MSK738	KE	0.1	0.06	±18	37	–	–	–	–	3	4[g]	200	50	200[i]	3200	25	2.5	±120	±6	±12	10	–	–	精度, 低 I_b
MSK739	KE	0.03[t]	75pA[j]	±18	25	–	–	–	–	3	–	200	–	30	5500	8	–	±120	±6	±12	10	–	–	精度, FET
AD844A	AD	0.4	0.3	±18	7	0.3	•	–	•	2	2	67	43	10	2000	70[k]	–	±50	±2.5	±7.5	5	–	•	
AD846A	AD	0.2	0.5	±18	5	15	•	–	•	2	2	46	31	40[i]	450	50	–	50	5	10	3	–	•	80 ns内 0.1%
1467	TP	0.1	25	±16	35	–	•	–	•	2	–	150	60	10	300	10	40	±10	–	–	–	•	–	精度
EL2003	EL	40	25	±15	10	–	–	–	•	–	–	110	–	10[i]	1000	–	–	–	–	12	2	–	•	缓冲区
EL2020C	EL	10	15	±18	9	40	–	•	–	–	7	60	40	30[i]	500	50	6	±30	±1.5	±5	3	–	–	数据表很好
EL2022	EL	2.5	20	±20	18	15	–	•	–	1.3	2	165	78	–	1900	22[k]	2.1	±100	±5	±11	5	–	E	数据表很好
SL2541	PL	10[t]	20	+12,−5	25	–	–	•	–	3.5	–	800[h]	220	40	1400	30	1.6	15	–	–	–	•	–	
CA3450	RC	15	0.35	±7	30	–	–	–	•	–	–	200	–	10[i]	400	35	–	75	±4	–	6	•	–	
AD5539S	AD	3	13	±8	14	–	–	•	–	–	4[g]	220	82	–	600	12	–	15	–	+2.3	1	–	–	分解, $G_v>5$[r]
LM6364	NS	6	5	±18	5	–	–	–	•	3	8	–	20	4.5	300	100[k]	–	±30	±1.5	±5	3	–	–	
AD9610	AD	1	50	±18	21	15	–	–	–	2	0.7[o]	100	95	–	3500	18[k]	3.5	±50	±2.5	±8	5	–	–	
AD9611	AD	3	5	±6	74	5	–	–	–	3	1	280	270	210	1900	13	1.4	±50	±2.5	±3	5	–	–	
9826	OE	20	50	±15	15	–	–	–	•	2	20	200	10	30	1000	10	–	100	±2.5	±7.5	–	•	–	混合
SL9999	PL	15	18	+12,−5	35	–	–	–	•	–	–	400	200	–	1300	24	–	±50[l]	–	–	–	–	–	"A/D 驱动器"

a. 见表4.1的表注。　b. 输入电流（μA），如果是电流反馈类型。　c. 10 kHz时为 $nV\sqrt{Hz}$。　d. 全转差输出。　e. 150 Ω负载的数目（双端图像）。　f. E代表外部。　g. 1 kHz时。

h. $G_v=+2$，输入入50Ω。　i. ±3 V输出。　j. 典型值，全温度下。　k. 0.1%。　l. 可编程。　m. 最小值/最大值。　n. μV rms，10 Hz～100 kHz。　o. 大于5 MHz。　p. $G=1$时为VA706。

$G>3$时为VA708。　q. 0.5 MHz。　r. $G=1$时为6361，$G>25$时为6365。　t. 典型值。

图 13.16　带连接器、印制板插脚或表面贴装管脚的射频模块

13.2　射频电路元件

13.2.1　传输线

　　进一步论述通信电路以前,有必要先对传输线进行简单的说明。在第9章进行数字信号通信时已经遇到过这个问题,在那里介绍了特性阻抗法和线路终端法。传输线在射频电路里发挥着至关重要的作用,通过它们把信号从电路中的一个地方传递到另一个地方,并最终到达天线系统。传输线与一般信号传递理论(见第1章)的最大不同之处在于,与电路输入阻抗相比,后者要求较小阻抗的理想信号源。当然,与驱动电路的源阻抗相比,负载在输入端的等效阻抗应该相当大。对传输线而言,该规则变化为:负载阻抗(或源阻抗)应等于传输线的特性阻抗,此时这条传输线是"匹配的"。

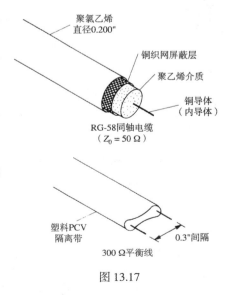

图 13.17

　　中频信号的传输线(至 1000 MHz)有两种类型:平行双导线和同轴线。前者较为典型的是廉价的300 Ω的用于把信号从电视天线传输到接收机的"对称双导线";后者则广泛应用于带同轴电缆接插件的地方,其长度较短,目的是为了设备间信号的传输(见图 13.17)。

　　在超高频电路里,还有一种带状线技术,它使用平行双导线作为实际电路的一部分,而在更高的"微波"频段(至2 GHz),常规集中参数电路元件和传输线则分别被空腔和波导技术所代替。除了极高频率外，对大多数射频应用来说，我们所熟悉的同轴电缆可能是最好的选择。与平行双导线相比，恰当匹配的同轴线有完全屏蔽的优点，不会发散或拾取外部信号。

特性阻抗和匹配

无论是什么形式的传输线都存在"特性阻抗" Z_0，它表示电波传播过程中电压和电流的比值。对于无损耗传输线，Z_0 是纯电阻，其值是 L/C 的平方根，其中 L 是单位长度电感，C 是单位长度电容。典型的同轴电缆特性阻抗值在 $50 \sim 100\ \Omega$ 之间，平行双导线的特性阻抗值在 $300 \sim 1000\ \Omega$ 之间。

在高频信号处理电路中，负载和传输线特性阻抗之间的匹配是一个非常重要的概念。这主要表现在以下几个方面：（a）传输线终端负载等于传输线特性阻抗，可以将信号无反射地传输到终端；（b）线上任何一点的输入阻抗，在任何频率下都等于特性阻抗（见图 13.18）。

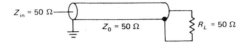

图 13.18 无反射，所有功率都被负载吸收

令人感到惊奇的是，对于低频信号而言，可以把一段同轴线认为是一个小电容，通常具有很高的容性阻抗。另外，在低频信号部分（波长远大于电缆长度）也不必匹配，只要能处理线上电容（30 pF/ 英尺）即可。如果电缆端接纯电阻，那么在所有频率上它都是纯电阻。

传输线失配

传输线失配也有一些有趣而且有时也非常有用的特性。终端短路的传输线会在传输线上产生相位相反的反射波，该反射波的延迟时间由传输线路的长度决定（由于传输介质的原因，同轴传输线上的电波传播速度大约是光波的2/3）。由于短路，电波产生的完全反相的反射波必然会在电路末端产生电压零点。同理，电缆开路时会产生幅度不变的同相反射信号（与入射信号相比）。

短路电缆的上述特性有时被用于产生短脉冲。阶跃信号通过与电缆特性阻抗 Z_0 相等的电阻送到终端短路的电缆中，将产生如图 13.19 所示的脉冲，其脉冲宽度等于信号在电缆中的传输时间。

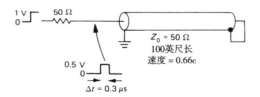

图 13.19 终端短路传输线脉冲产生器

即使电缆终端负载是不等于特性阻抗 Z_0 的电阻 R，也会产生反射，尽管幅度较低。如果负载电阻小于特性阻抗，反射波将会反相；反之就会得到同相波。反射波和入射波幅度之比是：

$$A_r/A_i = (R - Z_0)/(R + Z_0)$$

传输线频域特性

在频域中，如果线上衰减可以忽略，远端匹配的传输线看上去类似一个数值为特性阻抗 Z_0 的纯电阻负载。这时输入的所有信号都被吸收了，而且所有功率都消耗在匹配电阻上。上述情况的发生与电缆长度和电波波长无关。如果传输线路失配，情况就会比较有趣了。在一定线长下，反射波将以一定的相位返回到输入端，此相位与信号频率有关，而且输入端的输入阻抗取决于传输线失配程度和传输线长度。

例如，远端负载阻抗为 Z_{load} 的四分之一波长奇数倍的传输线，其输入阻抗 $Z_{in} = Z_0^2/Z_{load}$。如果负载是纯电阻，则输入电阻也是。另外，半波长整数倍传输线的输入阻抗等于其终端阻抗（见图 13.20）。

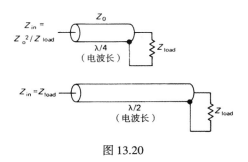

图 13.20

传输线上出现反射信号并不一定就是坏事。当单一频率信号工作时，通过传输线调谐电路来驱动失配的传输线，仅仅忽略传输线上的较大损耗（对正向传输信号功率而言，其电压和电流很高）。但是失配的传输线在不同频率上有不同的性能（著名的"Smith 圆图"可以用来确定传输线阻抗和驻波比，即反射波幅度的度量），不太适合宽带信号或多频信号的应用。一般来说，尽量使传输线负载等于其特性阻抗，至少在接收端。

□ 13.2.2　短线、巴仑线和变压器

利用传输线的失配特性，或以非常规方式使用传输线，还可以得到传输线的另一些有趣的应用。其中最简单的就是四分之一波长器，它满足关系式：$Z_{in} = Z_0^2/Z_{load}$。变形后可以得到 $Z_0 = (Z_{in} \cdot Z_{load})^{1/2}$。换句话说，通过选择匹配器的特性阻抗，四分之一波长匹配器可用来匹配任何两个阻抗。

同理，通过一节短的传输线（简称"短线"）可以调谐失配负载，只需简单地将短线串联或并联在失配的传输线上，并选择短线长度和终端形式（开或闭）以及在传输线上的具体位置即可。在这类应用中，短线是作为一个电路元件来工作的，而不再是一段传输线了。当波长很短时，利用传输线作为电路元件是很常见的一件事情（见图 13.21）。

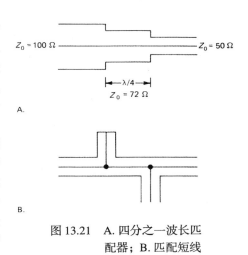

图 13.21　A. 四分之一波长匹配器；B. 匹配短线

传输线（或一些互连线圈组成的变压器）可以构成一个称为"巴仑线"的器件，用来匹配非平衡线（同轴）和平衡负载（如天线）。有些简单的方法可以用来进行阻抗的固定变换（如 1∶1，4∶1）。用传输线制成的最好的电路元件是宽带传输线变压器。这些器件仅包括缠绕在铁氧体磁心上的几圈小型同轴线或双绞线，并进行适当的连接。它们避免了传统变压器的高频限制（由"寄生"电容和电感谐振产生），由于线圈的使用，绕接电容和电感形成传输线结构，不会产生谐振。它们能够提供具有良好宽带性能的各种阻抗变换（如在 0.1 ~ 500 MHz 频段，损耗小于 1 dB），这种特性是简单耦合线圈制成的变压器所没有的。Vari-L Co 和 Mini-Circuits 及其他一些公司都提供传输线变压器模块。图 13.22 显示了几种巴仑线和传输线变压器的例子。

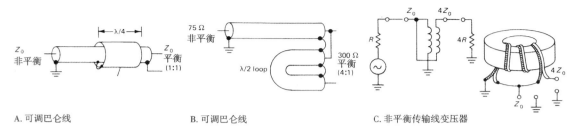

A. 可调巴仑线　　　　　　　　　B. 可调巴仑线　　　　　　　　C. 非平衡传输线变压器

图 13.22　传输线变压器

13.2.3　调谐放大器

通信或其他应用中的射频电路，其工作频率限制在一个很小的范围内，可以将可调谐 LC 电路作为集电极或漏极负载。这种方法有以下几个优点：（a）单级增益高，因为在任意静态电流时负载在信号频率（$G_v = g_m Z_{load}$）处都会呈现出很高的阻抗；（b）消除了不希望有的电容负载效应，因为输出端寄生电容已作为 LC 调谐电容的一部分；（c）简化了级间耦合，因为 LC 电路可以采用变压器耦合等网络（或者甚至可以配置成一个调谐匹配网络，如常用的 π 形网络）来达到任何需要的阻抗变换；（d）由于调谐电路的频率选择性，所以可消除频带外的干扰和噪声。

调谐射频电路举例

在简单论述通信电路时，可以看到射频调谐放大器电路中的相关器件。关于这一点，仅简单介绍几个调谐振荡器和调谐放大器的例子。图 13.23 是一个典型的调谐放大器。在输入端未调谐情况下，双栅极耗尽型 FET 是用来消除密勒效应的。工作时一个栅极（低栅）直流接地，电流为 I_{DSS}。并联的 LC 调谐回路设置放大器的中心频率，并通过 Q_2 缓冲输出。由于漏极存在 +10 V 电压，输出射极跟随器要求一个更高的电压。这类电路谐振时的电压非常高，其值受电路 Q 值和输出负载的限制。

图 13.24 所示的电路采用精心设计和调谐的 LC 电路来设置振荡器中心频率。这个电路就是所谓的 VFO（压频振荡器）电路，用来作为某些发射机和接收机的可调元件，还可以作为可变频率的射频信号源。在该电路中，JFET 用来提供必要的功率增益，通过 L_1 实现信号源的正向反馈耦合。通路中线圈圈数比电感少，主要提供电压增益，以便振荡。增加一个容值随电压变化的变容二极管（见图 5.44），就可以得到所谓的压控振荡器。注意电源线上使用的穿芯电容和去耦射频扼流圈，这在射频电路中几乎都是通用的。

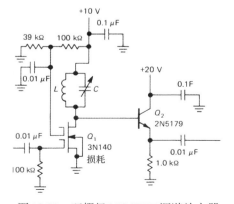

图 13.23　双栅极 MOSFET 调谐放大器

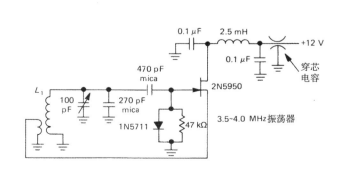

图 13.24　JFET LC 振荡器

图 13.25 所示电路是一个 200 MHz 的共发射极晶体管放大器。这个电路通过增加反向电流，消除了输出到输入的容性耦合信号，从而达到中和目的。该电路中的 C_N 是中和电容，受集电极通路信号激励，其相位与集电极信号反相。这个电路与输出负载的匹配是通过储能电路（集电极 LC 电路）上的抽头来实现的，方法简单但不太灵活。

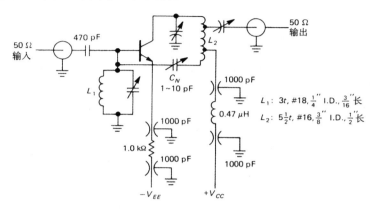

图 13.25　带中和电路的 200 MHz 射频调谐放大器

最后一个电路是如图 13.26 所示的 25 kW 射频放大器，采用零偏压栅极接地的三极管。大功率放大器仍然使用真空电子管，因为没有固态装置可以与其性能相匹配（例如，8973 功率三极管能在 50 MHz 频率上输出 1.5 MW）。栅极接地电路不要求中和。输出电路是常用的 π 型网络，由 C_8，C_9，L_4 和 C_{10} 构成，其值由所需的谐振频率、阻抗变换和负载的 Q 值来决定（Q 值或品质因数是谐振尖锐程度的一种度量，见 1.6.5 节）。输出射频扼流圈用来抑制输出直流电压。

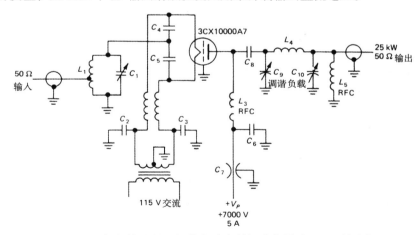

图 13.26　栅极接地的三极管大功率射频放大器（25 kW 输出）

13.2.4　射频电路元件

射频电路中含有一些特殊的专用电路元件，而在低频电路里不存在对应元件。在继续讨论射频通信电路之前，我们先讨论其中一部分，这些元件在射频信号的产生和检测领域得到广泛应用。

振荡器

如果高稳定度不很重要，利用刚才讨论的那种简单 LC 振荡器就可以产生一定频率的射频信号，而且通过改变 C 或 L（后者有时称为“导磁调谐振荡器”或 PTO），可获得 10 倍（或更多）频程的频率可调范围。如果能够精心设计并注意细节，此种可变频率振荡器VFO的频率漂移在几个小时的测量里也只有几ppm，这种特性对接收机和非精确发射机而言是相当令人满意的。LC振荡器的频率范围可以从音频一直变化到数百兆赫。

　　和我们在13.1.8节里所提到的放大器模块一样，市场上也已有性能优良的振荡器组件出售。可调振荡器组件使用变容二极管，根据外部电压值来调整LC振荡器的工作频率。数千兆赫频率的可调振荡器一般都使用一种称为钇铁石榴石的材料（YIG）作为磁性可调谐振腔，YIG调谐振荡器能够提供很高的频谱纯度和调谐线性。在千兆赫的频率范围，稳定度高而又廉价的振荡器新技术是在GaAs FET（或双极型）振荡器中采用一种特殊介质的球形谐振器作为反馈元件。采用这种"介质稳定"技术的振荡器非常简单，而且稳定，噪声低。

　　一般来说高稳定度振荡器最好采用石英晶体来设置工作频率。现有的普通晶体，用户可以得到几ppm的频率稳定度，且温度系数小于1 ppm/°C。温度补偿晶体振荡器（TCXO）使用温度系数受控的电容来补偿晶体频率的变化，可以在0°C ~ 50°C的温度范围（或更宽温度范围）内获得1 ppm以下的频率稳定性。为了进一步优化振荡器性能，晶体振荡器可以置于恒温槽中，这样时间和温度的稳定性可以提高到10^9数量级。甚至所谓的原子振荡器（铷、铯）也可以作为基本的振荡元件，通过必要的频率调节措施来适应特殊的原子跃迁频率，实现高稳定的石英晶体振荡器。

　　频率范围为10 kHz ~ 100 MHz的上述各种晶体振荡器都可以在市场上买到，甚至更小的带逻辑输出的DIP和晶体管（TO-5）振荡器也能买到。通常频率调节范围是很微小的，因此在定购振荡器或晶体时必须确定频率。

　　为了同时获得可调节性和高稳定性，频率合成器是最好的选择。它运用一些技巧，根据独立的稳定频率源生成需要的任何频率，比较典型的是10 MHz晶体振荡器。铷标准驱动的合成器（几个元件稳定性为10^{12}）就是一种很好的信号源。

混频器 / 调制器

　　两个模拟信号的乘积电路被应用到各种射频领域，比如调制器、混频器、同步检测器和相位检测器。正如将要看到的，最简单的一种调制形式是调幅（AM），它根据调制信号的变化来改变高频载波信号幅度。显然乘法器在这里发挥了作用。如果输入信号其中之一是直流电压信号，这个电路也可看成可变增益控制电路。目前有很多便捷的集成电路可以完成这项工作，比如MC1495和MC1496。

　　混频器是根据两个输入信号在和频或差频上形成一个输出信号的电路。下列三角关系：

$$\cos\omega_1 t \cos\omega_2 t$$
$$= \frac{1}{2}\cos(\omega_1+\omega_2)t + \frac{1}{2}\cos(\omega_1-\omega_2)t$$

明确说明该四象限乘法器实际上是一个混频器，可输出任何两种极性输入信号的乘积。如果两个输入信号的频率是f_1和f_2，就会得到差频及和频信号：f_1+f_2和f_1-f_2。频率为f_0的信号，与零频率附近的一定带宽信号混合后（最高频率f_{max}），可以在f_0两边产生对称的信号频谱，从f_0-f_{max}延伸到f_0+f_{max}（见13.3.2节）。

　　混合两个信号不一定形成一个精确的模拟积。事实上，任何两个信号的非线性组合都会产生和频以及差频。举例来说，"平方"这个非线性运算应用于两个信号的和：

$$(\cos\omega_1 t + \cos\omega_2 t)^2$$
$$= 1 + \frac{1}{2}\cos 2\omega_1 t + \frac{1}{2}\cos 2\omega_2 t$$
$$+ \cos(\omega_1+\omega_2)t + \cos(\omega_1-\omega_2)t$$

实际上，把两个小信号应用于正向偏置二极管，就可以得到这类非线性。值得注意的是除和频和差频信号外，还可以得到单个信号的谐波。"平衡混频器"只有和频和差频输出信号，而没有输入信号本身及其谐波成分。四象限乘法器是一个平衡混频器，而非线性二极管却不是。

　　一般来说，混频器有如下实现方法：（a）简单的非线性晶体管或二极管电路，一般使用肖特基二极管；（b）双栅极 FET，各个栅极分别接入输入信号；（c）乘法器芯片，如 MC1495，MC1496，SL640 或 AD630；（d）变压器和二极管阵列构造的平衡混频器，也有封装好的"双平衡混频器"，比如 Watkins-Johnson 的 M1 系列就是典型的双平衡混频器，工作频率可到 4000 MHz，信号隔离度为 20 ~ 50 dB，另外 Mini-Circuits Lab 的 SBL-1 混频器（1 ~ 500 MHz）价格也很低。混频器广泛应用于各种频率射频信号的产生，该过程中仅信号频率上下移动，而频谱结构不发生任何改变。后面还将进一步介绍有关情况。

　　上面的方程表明，简单的平方律混频器在和频和差频上都将产生同等幅度的输出信号。在通信应用中（如"超外差"接收机），混频器常用来移动频谱，有时还希望抑制混频器部分产物。我们将在 13.3.3 节中介绍如何构造这样一个镜像干扰抑制混频器。

倍频器

　　非线性电路一般用来生成输入信号频率的倍频信号。特别是在超过性能优良的振荡器频率范围，而又要求高稳定度的高频信号时，这种方法尤为方便。其中最常用的一种方法是把放大器设置在高度非线性区域里工作，然后使用 LC 谐振输出电路，并将其谐振频率调整到输入信号的一定倍数上，这个过程可用双极型晶体管、FET 甚至隧道二极管来完成。通过把输入信号连接到两个输入端，形成输入信号的平方，诸如 1496 之类的倍频器可以在较低的射频信号上充当一个有效二倍器。正弦波的平方只包括二次谐波频率信号。使用平衡混频器的倍频器可以在市场上买到，它们的频带非常宽（如 Watkins-Johnson 的 FD25，其输入频率为 5 ~ 2400 MHz），既能够对输入信号本身，又能对不希望的谐波信号进行良好的抑制（典型值为 30 dB）。其他诸如 SNAP 二极管和变容二极管这类特殊器件也能用来作为倍频器。典型的倍频电路应包括调谐输出电路或调谐放大器，这是因为一般情况下多种输入信号的谐波成分都会在非线性过程中产生。

衰减器、混合器和环形器

　　还有几种用来控制射频信号幅度和方向的有意义的器件，它们一般都是串接在具有固定阻抗（通常为 50 Ω）电路中的宽带传输线（或波导）元件，在市场上很容易买到。

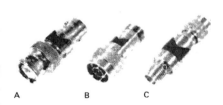

　　最简单的是降低信号幅度的衰减器，它有一个很大的调节装置，以实现精确步进的信号衰减。电压控制衰减器是一种能够控制一个输入信号电流的平衡混频器。在安装 50 Ω 射频系统时，固定衰减器能够（见图 13.27）很方便地用来降低组件之间的信号幅度等级，也可以减轻任何可能出现的阻抗失配程度。

图 13.27　固定衰减器：A. BNC；
B. N 型；C. SMA

　　混合器（又称"环形波导"，魔 T，3 dB 耦合器或 iso-T）是一个 4 端口智能传输线装置。任何馈入端口的信号都会从两个最近的端口输出，并产生特殊的相移（一般为 0° 或 180°）。一端接匹配负载的混合器就形成了 3 端口的"功率分配器/合成器"。分配器/合成器可以级联成多端口分配器/合成器。与混合器类似的是定向耦合器，它是一个 3 端口器件，能够把传输信号的一部分耦合到第三个端口。最理想的情况是在第三个端口没有反射输出信号。

这类器件里最不可思议的就是环形器和隔离器。它们使用奇特的铁氧体材料在磁场中实现不可能的事情：单方向传输信号。隔离器有两个端口，只允许单方向的信号传输。环形器有 3 个或更多端口，任何端口的输入信号都只能成功地传输到下一个端口。

滤波器

可以看到，频率选择性是射频电路设计中的一项重要指标。便捷的 LC 调谐放大器提供了很好的选择性，通过 LC 电路的 Q 值来调整电路峰值响应。Q 值大小取决于电路电感、电容、负载以及相关电路的损耗。Q 值可以很容易地达到数百以上。在很高的频率上，带状线技术代替了 LC 集总电路，在微波频率上则使用空腔谐振器，但其基本思路是一样的。如果需要，调谐电路也可用来抑制某些特殊的频率信号。

如果有必要，需要设计这样一种超级窄带带通滤波器，其带内几乎没有任何衰减，而在频带范围以外衰减则急剧增加。压电晶体谐振器（陶瓷或石英水晶）或机械谐振器可以用来制作这种优良的带通滤波器。市场上可以买到中心频率为 1 ~ 50 MHz 的 8 极点或 16 极点晶体滤波器，带宽范围从几赫到几千赫。在确定接收机选择性和产生某些种类的调制信号时，这些滤波器非常重要。近年来，表面声波（SAW）滤波器也得到广泛应用，它们具有平坦的通带特性，而且边缘陡峭，价格也非常便宜。这种特性一般称为"品质因数"，如 –3 ~ –40 dB 带宽的比率，其值仅为 1.1。SAW 滤波器的典型应用是在电视接收机和电缆系统中限制接收通带。

当然，在不需要这种窄带的情况下，滤波器也可以采用多个 LC 谐振电路来设计。附录 H 给出了几个低通和高通 LC 滤波器的例子。

检测器

提取射频调制信号中所包含信息的最后一个步骤就是检测，它是从"载波"中检取调制信号的过程。根据调制形式（AM，FM 和 SSB 等）有多种信号检测方法，下面将详细说明这个问题，包括通信的基本概念。

13.2.5　信号幅度或功率检测

我们将会看到，AM 信号的检测就是与调制载波射频信号瞬时幅度成比例的电压信号生成过程。它也广泛应用在其他很多领域中，如射电天文学、实验室射频信号测量、信号发生器、滤波器设计和监视等。成功测量射频信号幅度或功率是非常重要的一项工作。在论述通信技术之前，我们先来观察下列电路和方法。

整流

1.7.6 节已经说明了如何利用简单的二极管来产生一个与信号幅度成比例的输出电压。由于二极管存在约 0.6 V 的导通电压，我们也讨论了采用另一个二极管进行补偿的方法。4.5.5 节说明了如何通过运算放大器反馈通路上的二极管，来防止二极管的非线性和偏差，从而构成一种精密的整流（或绝对值）电路。

但上述几种电路都存在问题。简单的二极管检波器具有工作频率范围大的优点（如果二极管选择合理，工作频率可以上升到千兆赫），但在低电平时却会出现非线性。肖特基（"热载流子"）二极管的使用多少有些帮助，因为它们的正向压降较低。在整流之前适当地放大信号电平，可以起到改善作用（例如，Avantek 的 UTD1000 放大器／二极管"电平检测器"就采用了这种技术），但是放大器的饱和度限制了它的动态范围（UTD-1000 的范围为 30 dB，工作频率为 10 ~ 1000 MHz）。和大多数运算放大器电路一样，整流器只在频率相当低时才有很高的线性。可以使用高速运算放大器（见 13.1.8 节）来改善这种情况，但最高工作频率仍然限制在 10 MHz 以下。

同步检测

在动态范围、精度和速度等方面得到综合考虑的一种方法就是**同步检测**,也称为过零检测,如图 13.28 所示。这种方法通过半周期轮流工作的同步转换输出通道来实现整流输出。显然该方法需要一个具有与被检测信号相同频率的载波参考信号,它可以由外部电路提供,也可以在内部用锁相环产生(见 9.5.1 节)。同步检测至少在几兆赫以下的频段内可以很好地工作,它最大的缺点就是需要相干基准信号。在 15.4.4 节中可以看到这类电路,用来**检测相位**。

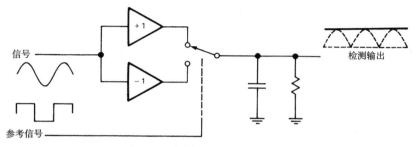

图 13.28 同步("过零")检测器

电流源驱动

解决整流器二极管非线性的另一种方法是采用电流源而不是电压源作为整流电路的驱动,这样可以获得阻性输出负载,以产生成比例的输出电压,如图 13.29 所示。图 13.30 是一种电压控制晶体管电流源的实现方案,其性能如图 13.31 所示。可以这样来理解这个电路:没有输入信号,放大器输出在整流网络中起去耦合作用,它会产生相当高的电压增益(带电流源负载),因此只需要很小的输入信号就可以使二极管导通。此时电压增益会下降到 $G_V = R_L/(R_E + r_e)$(其中,$G_V \approx 3$),以防止饱和。该电路如果采用宽带放大器和高速二极管设计,就可以工作到 100 MHz 以上。

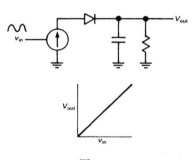

图 13.29

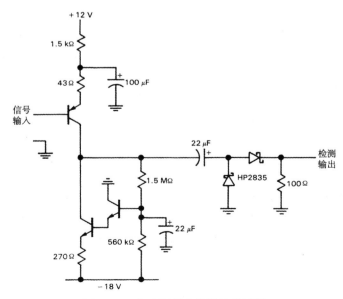

图 13.30 电流源的宽带线性检测器

检测二极管补偿

图 13.32 是 Hewlett-Packard（HP Journal，10/80）推出的一种电路，它使用了匹配的肖特基二极管，经过巧妙的设计，让每个二极管都看到相同的信号。检测后信号（低频）经过的是运算放大器，因此其带宽仅受限于二极管。这个电路的设计者很值得称赞。

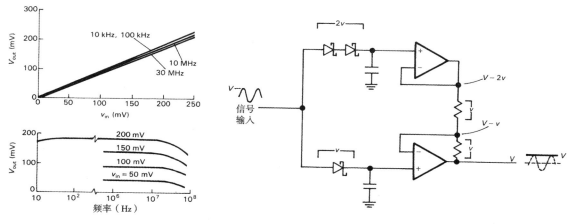

图 13.31　宽带检测器性能曲线　　　　　图 13.32　标有电压和压降的自补偿二极管检测器

幅度跟踪检测器

图 13.33 是另一种聪明的电路：用一个本地生成的信号来减小二极管非线性和偏置，首先要在对称电路里进行检测，消除未知电流。反馈调节本地低频信号幅度，直到整流输出平衡。零信号的频率是很低的，因而其幅度可以用带运算放大器的精密整流器来精确测量。该电路在几毫伏以下和几千兆赫以上时，也能很好地工作，并有非常好的线性。

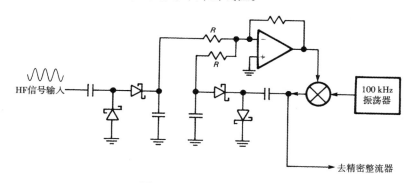

图 13.33　幅度跟踪检测器

功率测量

上述方法都是用来测量高频信号的**幅度**的。在很多情况下用户也很想知道信号的**功率**。当然，对于正弦波而言，这两者之间存在关系：$P = V_{rms}^2 / R_{load}$，由此可以很容易地把幅度测量转换为功率测量。然而，对于非正弦波，功率测量只能使用实际电压平方的平均值。在射频测量里，就需要一个"平方律检测器"。

功率测量有很多种方法。中低频信号最好采用"函数模块"，如 Analog Devices 的单片 rms-to-dc 转换器 AD637。这些器件在反馈环路内部使用二极管指数特性来形成输入信号平方，然后经过低通滤波，馈入模拟平方根电路。这些电路可以获得优良的线性、动态范围以及很好的带宽。例如，AD637 有 8 MHz 带宽，0.02% 的非线性和 60 dB 的动态范围，它甚至还有一个对数（dB）输出。

对于几兆赫以上的频率信号，由于运算放大器环路带宽不合理，这些平方/平方根的转换方法就失效了。然而还可以用其他的方法。图 13.34 就是一个使用**反向二极管**的简单平方律检测电路，该二极管是一个零正向压降的隧道二极管（见 1.2.6 节）。我们是从 Haystack Observatory 的射电天文学家那里得到这个电路的，其超常的功率线性令人感到惊讶（见图 13.35）。

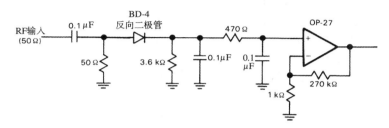

图 13.34　反向二极管平方律检测器

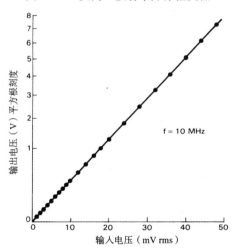

图 13.35　平方律检测器性能曲线

　　一种相当古典的平方律技术是如图 13.36 所示的**热辐射测量**方法，其中输入信号（也可能是放大了的信号）用来给电阻加热，然后测量该电阻的温度。由于加热器功率与 V^2 成比例，因此这种方法是符合平方律的。热辐射测量模件有 Linear Technology 的 LT1088，它使用电阻加热器对，并耦合到测温二极管。输入信号施加在一个加热器上，反馈信号施加在参考加热器上，从而使二极管保持相同的温度。参考加热器的驱动电压就是输出（见图 13.36）。

　　热辐射测量技术有固定的宽带和精确的平方关系，但动态范围有限，原因在于极小单位的热量难以测量，而且该热量也容易散失。例如 LT1088，工作频率范围可以从直流到 300 MHz，但仅有 25 dB 的动态范围。仔细设计的热辐射测量计还可以进一步扩展带宽和动态范围。Hewlett-Packard 的热辐射功率测量计 432-438 系列，使用一套可互换的热辐射功率传感器，可以适应 100 kHz ～ 50 GHz 的频率范围；并且覆盖了 +44 dBm（25 W）到 –70 dBm（100 pW），总共 114 dB 的范围，但是任何一个热辐射测量计的总容纳范围最多只有 50 dB。

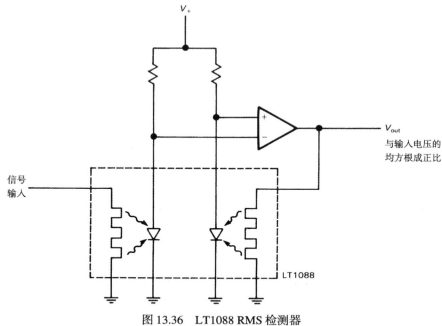

图 13.36　LT1088 RMS 检测器

13.3　射频通信：AM

由于射频技术在通信领域得到广泛应用,所以理解信号的调制和解调非常重要,例如如何利用射频信号把信号从一个地方传递到另一个地方。

13.3.1　通信基本概念

在通信理论中,我们总会说到通信"信道",它是指承载传输信息的意思。例如,信道可以是电缆,也可以是光纤回路。在射频通信里,信道是电磁频谱,粗略地划分,是从几千赫的超低频（VLF）,几兆赫的短波,几十兆赫的特高频（VHF）,超高频（UHF）,一直扩展到几百兆赫,从1 GHz 开始就进入微波范围了。

语音信号通过射频"载波"的调制,就可以在射频信道上发送了。究竟为什么要这样而不是直接传送语音信号,理解这一点非常重要。基本原因有两个。首先,如果信息是在其自然频率段进行无线电波传送（这样就是VLF频谱部分）,任何两个信号都可能相互交迭,并产生干扰;而如果在分开的频谱段上对载波进行编码,就可以实现"频分",实现多信道同时存在。第二,有些波长信号比其他波长信号更容易生成和传播,例如,5～30 MHz 的信号,经过合适尺寸的天线和电离层的多次反射,可以周游世界。因此,HF（短波）用于地平线上的通信,而微波则用于视频传播和雷达。

载波调制的方法很多。一般来说,所有调制方法都有一个共同的特性,就是已调制信号占用的带宽至少等于调制信号的带宽,比如发送信息的带宽。因此,一个高保真度的音频传输占用20～40 kHz 频谱。一个完美的未调制载波是零带宽的且不装载任何信息。低信息量信号的传送,如电报,占用相当窄的频谱（可能为50～100 Hz）,而电视画面则需要几兆赫。在结束前应该指出的是,如果有足够高的信噪比（SNR）,指定带宽的信道可以发送更多信息。这种"频率压缩"技术利用了"信道容量"等于带宽乘以系数 $\log_2(1 + \text{SNR})$ 的优点。

13.3.2　幅度调制

幅度调制（AM）是最简单的一种调制形式，我们先来看看它的频谱和检测方法。想像一个简单的载波 $\cos \omega_c t$，通过调制频率低得多的信号 $\cos \omega_m t$ 来实现幅度变化，方式如下：

$$信号 = (1 + m \cos \omega_m t) \cos \omega_c t$$

其中 m 为"调制指数"，小于或等于 1。将上式展开，得：

$$信号 = \cos \omega_c t + \tfrac{1}{2} m \cos(\omega_c + \omega_m)t$$
$$+ \tfrac{1}{2} m \cos(\omega_c - \omega_m)t$$

假设已调信号在载波频率 ω_c 和任何分立的边带频率 ω_m 上有功率。图 13.37 显示了信号及其频谱。这种情况下调制度（m）为 50%，两个"边带"各占载波功率的 1/16。

如果调制信号是复杂信号 $f(t)$，如语音信号，则调幅波由下式给出：

$$信号 = [A + f(t)] \cos \omega_c t$$

其中常数 A 足够大，使 $A + f(t)$ 不会为负。最后得到如图 13.38 所示的以载波为中心的对称边带频谱。

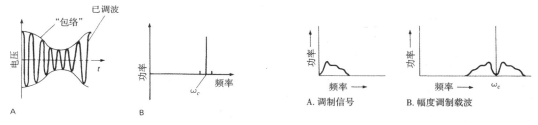

图 13.37　幅度调制　　　　　　　图 13.38　语音调制信号及 AM 频谱

AM 产生和检测

幅度调制射频信号的产生很容易。任何以线性方式用电压控制信号幅度的技术都可以实现 AM。常用的方法包括，变化射频放大器供电电压（如果调制在输出级进行），使用诸如 1496 之类的倍频器芯片。如果调制是在低电平时完成的，则随后所有的放大都必须是线性的。注意在 AM 中调制波形必须是上偏置的，以保证它不会出现负值，见图 13.39。

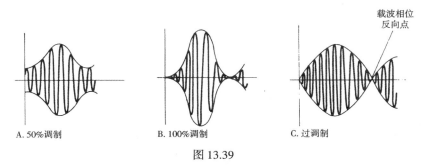

图 13.39

最简单的 AM 接收机包括几级射频调谐放大以及随后的二极管检测等（见图 13.40）。放大器为检测器放大输入信号（可能是微伏），并提供信号的选择性。后者只是射频信号的整流，以通过低通滤波器恢复、平滑信号"包络"。低通滤波器的作用是滤去射频，并无衰减地通过音频信号。可以看到这个简单的电路还有很多需要改进的地方，它只是一个美其名曰的晶体检波接收机。

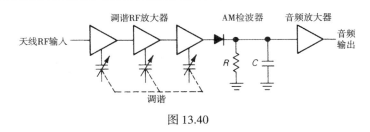

图 13.40

13.3.3 超外差接收机

仅包含一套射频调谐放大器的接收机是不受欢迎的，这有几个原因。首先，单个放大器必须调谐到相同的频率，这需要很多配合，或者需要 LC 调谐电路具有极好的同步统调特性。第二，整机的频率选择性是由单个放大器的合成响应来决定的，所以通带形状取决于单个放大器调谐的精确度；准确调谐在实际中是不可能实现的，所以单个放大器不可能具有理想的尖锐响应。另外，因为接收信号可能位于放大器调谐范围内的任何频率，因此不可能利用晶体滤波器来产生边缘陡峭、通带平坦的理想通带特性。

解决这些问题的一个很好方案就是所谓的超外差接收机，如图 13.41 所示。输入信号首先经过单级调谐射频放大器放大，然后与可调的本地振荡器（LO）进行混频，产生固定中频（IF）信号，比如 455 kHz 信号。此后，接收机就可以由一套固定调谐的 IF 放大器来组成，包括选择性元件，如晶体或机械滤波器、末端的检波器和音频放大器。因为不同的输入频率混频后都要求送入相同的 IF 通道，因此要通过改变 LO 频率来调谐接收机。输入射频放大器必须与 LO 同时调谐，但定位不是很关键。它的主要目的是：（a）在混频之前用低放大倍数放大器来增加灵敏度；（b）镜像频率抑制，比 LO 高 455 kHz 的输入信号将被抑制（记住混频器产生和频和差频信号）。换句话说，超外差接收机使用混频器和本地振荡器，把不同频率输入信号转换为固定中频，其中大部分增益和选择都在这里实现。

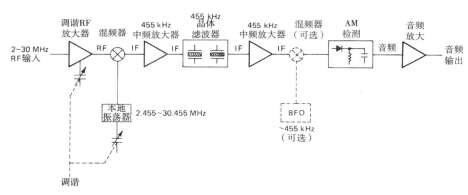

图 13.41 超外差接收机

超外差混频器

超外差接收机通常还可以增加一些其他功能。比如本例中显示的一个拍频振荡器（BFO）；它可以用于非 AM 调制信号的检测（电报、抑制载波电话、频移键控等），甚至也可以用于“过零”或“同步”检测器中的 AM 检测。接收机通常有多个混频级（被称为“多次变换”接收机）。较高的第一中频 IF，可以提高镜频抑制（镜像是远离实际接收信号两倍 IF 频率的信号）。较低的第二中频 IF 可以更方便地使用锐截止晶体滤波器，有时第三中频 IF 可以使用音频陷波滤波器、低频陶瓷滤波器或机械滤波器，以及“乘积检波器”。

近年来比较常用的一种方案是，在平衡混频器前端进行上变频变换，利用晶体滤波器进行滤波，得到高中频信号，而后直接进行检测，无需进一步混频。这种变换方法在强干扰信号条件下可以获得更好的性能，如果能够提供具有良好噪声性能的 VHF 晶体滤波器和轻度失真的宽带平衡混频器，这种方法是很实用的。

镜像抑制混频器

超外差式接收机要求有射频调谐放大器来抑制镜像信号，两次中频变换把这个镜像频带与所需的带内射频信号分开。射频放大器必须有足够的选择性来抑制镜像信号（它对镜像频率信号的响应必须大大低于带内信号的响应），而且必须经过调谐，以使通带保持一个远离 LO 的固定频率（IF），因为 LO 的调节是用来调谐接收机的。

不使用射频调谐放大器的另一种抑制镜像频率响应的方法如图 13.42 所示。该镜像抑制混频器，由正交的本地振荡器驱动（"正交"是指 90° 相位差），然后合成 IF 输出信号，并将某通路里的信号再一次相移 90°。这一对 90° 相移信号相加后能够构成一个边带信号，并导致镜像频带的抵消。在具体实现时一般使用"4 端口正交混合电路"来进行相位移动。在任何情况下，不用的输出端口要接阻性负载。如果利用标准宽带元件来实现镜像滤波，可以在 1 到 2 个倍频程范围内，得到 20 dB 的镜像边带抑制。有时要求能够在不同频率上快速移动（称为"频率速变"），这就不需要射频调谐放大器了，这种情况下特别需要镜像抑制混频器。

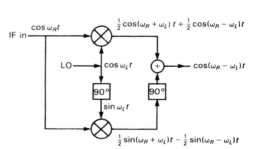

图 13.42　镜像干扰抑制混频器

有趣的是，正如 13.2.4 节讨论过的，混频器可以看成是调制器，反之亦然。描述词语的选择取决于是把低频"基带"信息转化为高频（这里称之为"调制器"），还是把已调的射频信号转化为基带信号（或中频带上），并在基带上把它解调为原始调制信号（这里称为"混频器"）。如果把过程反过来，所谓的镜频干扰就成为另一个边带。我们所讨论的两种镜频抑制方法（射频滤波器和镜频抑制混频器）其实是两种典型的单边带调制方法，即滤波器法和相位变换法。在阅读了后面的章节之后，会更深地体会到这两种方法的意义（没有体会也不要担心，我们会试图解释它们的一致性）。

13.4　高级调制技术

☐ 13.4.1　单边带

粗略地观察 AM 信号的频谱，就会发现存在很多明显可以改进的地方。大部分功率都消耗在载波里（准确地说，100% 调制下是 67%），而它不承载任何信息。AM 最多只有 33% 的效率，这只发生在调制度为 100% 时。与普通调幅信号相比，话音信号一般都有很大的峰值幅度和均值幅度比，所以话音信号的 AM 调制指数一般都低于 100%（虽然话音波形"压缩"可以用来得到更多的功率进入边带）。而且，对称边带承载的是同一信息，也导致信号占用两倍于实际需要的带宽。

用一点技巧就可以消除载波影响，平衡混频器可以完成这项工作，注意 $\cos A \cos B = 1/2\cos(A+B) + 1/2\cos(A-B)$，这样就产生了所谓的"双边带抑制载波"调制，简称 DSBSC。如果音频信号与载波直接相乘，也可以得到 DSBSC，此时也无需先进行偏置设置，使音频波形始终为正。然后使用晶体滤波器或使用"相位调整"技术，来消除其中一个边带。这个剩余的"单边带"（SSB）信号就会形成相当有效的话音通信模式，业余无线电爱好者和商业用户把这种信号广泛应用于远距离高频电话信道。不通话时没有传输信号，当接收 SSB 时，需要一个 BFO 和乘积检波器来重新插入失去的载波，如最后一个框图所示。

□ 调制频谱

图 13.43 是各种话音调制方式，如 AM，DSBSC 和 SSB 的典型频谱。当发射 SSB 时，可以使用两个边带中的任何一个。注意 SSB 只是包含了搬移到载波频率 f_c 附近的音频频谱。当接收 SSB 时，BFO 和混频器又把频谱向下搬移，还原为原始音频信息。如果 BFO 失调，则所有音频信号都会产生相应的失调量。这就要求用于单边带接收机的 LO 和 BFO 必须具有良好的稳定度。

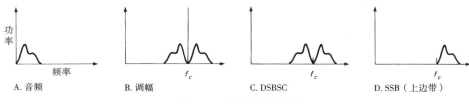

图 13.43 . 抑制载波频谱

注意，混频器（或调制器）始终都可以看成是一种频率转换器，特别是当它与恰当的滤波器一起滤除不需要的输出信号时。当作为调制器时，低频带的信号通过载波频率向上移动，形成一个围绕中心频率 f_c 的频带；当作为混频器时，f_c 附近的信号通过高频 LO 的作用，向下移动到音频（"边带"）或围绕中心频率 IF 的频带。

□ 13.4.2 频率调制

除了 AM，DSBSC 和 SSB 等载波幅度调制外，还可以通过调制载波信号频率或相位来发送信息：

$$信号 = \cos[\omega_c t + k\!\int f(t)dt]$$
频率调制（FM）
$$信号 = \cos[\omega_c t + kf(t)]$$
相位调制（PM）

频率调制和相位调制是紧密相关的，有时也合称为"角度调制"。调频技术已用于 88～108 MHz 频带 VHF 广播，而 AM 则用于 0.54～1.6 MHz 频带广播。使用过 FM 接收机的人可能已经注意到 FM 接收过程中的静噪特性。正是这个特性（随着信道 SNR 的增加，恢复信号的 SNR 也急剧上升）使宽带 FM 比 AM 的传输质量更高。

FM 的一些特性如下：与调制频率相比，当频偏 $kf(t)/2\pi$ 较大时，可以使用宽带调频，如同 FM 广播一样。调制指数 m_f 等于频偏与调制频率之比。由于在适当条件下，FM 的频偏每增加一倍，接收 SNR 就会增加 6 dB，所以宽带 FM 是很有优势的。其代价是增加了信道带宽，宽带 FM 信号会占用大约 $2f_{\text{dev}}$ 带宽，这里 f_{dev} 是载波峰值频偏。88～108 MHz 的调频广播使用 75 kHz 的峰值频偏 f_{dev}，也就是说，每个广播台大约使用 150 kHz 的频带。这就说明了宽带 FM 为什么不使用 AM 频带（0.54～1.6 MHz），因为如果这样，在任何广播区域里只能容纳 6 个广播台。

FM 频谱

正弦载波频率调制的频谱如图 13.44 所示。在载波频率的倍频处还存在很多边带，其幅度由贝塞尔函数确定。重要边带的数目大约等于调制指数。对窄带 FM（调制指数<1）而言，载波两边各

只有一个分量。表面上看这似乎与AM一样，但是在考虑边带相位时就会得到恒定幅度的波形和不断变化的频率（FM），而不是恒定频率（AM）。对宽带FM而言，载波幅度可能很小，相应的效率很高，因为大多数传送功率都给了边带信息。

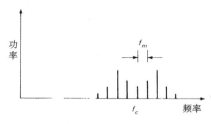

图 13.44　宽带 FM 频谱

□ 产生和检测

通过改变振荡器调谐电路的元素，很容易进行频率调制；最为理想的器件是变容二极管（压变电容二极管，见 5.3.7 节）。另一种方法是先对调制信号进行积分，然后用这个结果进行相位调制。这两种情况下的调制频偏都很低，需要利用倍频来增加调制指数。这种方法很成功，因为频率偏移率不会因倍频而改变，但绝对频偏会随着载波的倍频而加倍。

检测 FM 也可以使用两级变频的普通超外差式接收机。首先，IF 放大器的最后一级是"限幅器"，以输出恒定幅度。其次，后继检测器（称为"鉴频器"）将频偏转化为信号幅度。下面是几种常用的检测方法：

1. "斜率鉴频器"，它只是一个并联的 *LC* 回路，仅利用 *LC* 谐振回路的 IF 频率一边进行工作；因此，它表现为响应随频率上升而升高的曲线，从而把 FM 转换为 AM。标准的包络检波器再把 AM 转换为音频信号。还有一些改进的斜率鉴频器，比如平衡 *LC* 电路对，可以同步调谐到 IF 中心频率的任意一个边带。

2. 如图 13.45 所示的 Foster-Seely 鉴频器，或其变化形式"比例鉴频器"，使用单调谐回路，将二极管巧妙安排，以给出 IF 通带上幅度与频率的线性关系曲线。这些鉴频器的特性都要优于简单的斜率鉴频器（见图 13.45）。

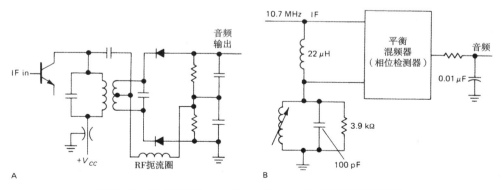

图 13.45　FM 鉴频器：A. Foster-Seeley；B. 平衡正交鉴频器

3. "锁相环"（PLL）。正如 9.5.5 节讨论的，这是一个通过改变压控振荡器振荡频率来匹配输入信号频率的装置。如果输入 IF 信号，就会在 PLL 上产生线性变化的控制电压，这就是音频输出信号。

4. 平均电路，这个电路根据 IF 信号频率的不同而转化为不同频率的脉冲串。求取这个脉冲串的平均值，可以获得一个与 IF 频率成比例的输出信号，如迭加直流的音频输出信号。

5. "平衡正交鉴频器"，它是相位检测器（见 9.5.1 节和 9.5.5 节）和相移网络的合成。当 IF 信号通过网络时，会产生一个随 FM 信号频率线性变化的相移。通过比较相移信号和原始信号的相位，可以输出所需的音频信号（见图 13.45）。

需要指出的是，与 AM 相比，如果信道能够提供足够的 SNR，FM 就能提供无噪接收，而 AM 干扰抑制只能随着信号功率的增加而逐步改善。FM 的这个性能很有意义，为此可以在 FM 进行检测之前先通过限幅电路。上述分析表明，FM 系统对干扰和噪声不敏感，因为这些干扰和噪声只出现在传输信号的幅度变化时。

□ 13.4.3　频移键控

通常数字信号（无线电传打字机、无线电报）的传输是根据 1 和 0 数字序列，在两个间隔紧密的频率上，通过不同频率连续载波的切换来进行传输的，典型移动值为 850 Hz。使用频移键控（FSK），而不是关断调制，在传播条件发生变化而产生大信号衰落的情况下，FSK 是非常有效的一种调制方式。当解调 FSK 时，只需使用差分放大器，并观察音频检波滤波器对的输出即可。可以认为 FSK 就是数字 FM。窄带 FSK 用于防止两个信号频率之间的选择性衰减。当然，频移也不能减小到键控信号本身的带宽以下，如信号波特率（每秒钟传送的符号位数）或普通无线电电传打字机的 100 Hz。

□ 13.4.4　脉冲调制技术

很多方法都可以将模拟信号作为脉冲信号进行传输。香农采样原理阐明了模拟信号数字传输的可能性，根据这个原理，可按两倍于最高频率的速率对带宽受限信号的幅度进行采样而不失真。因此，幅度波形的传输，无论是数字方法或是其他方法，可以使用时间间隔为 $1/2 f_{max}$ 的采样方案，而不再是连续调制。图 13.46 给出了几种方法。

在脉冲幅度调制（PAM）中，脉冲幅度等于对应区间内传输信号的幅度。对于时分多路信号在一个信息信道上的传输，这种方法是非常有效的，因为采样**间隔时间**可以用来传送另一路信号的采样（当然带宽会增加）。在脉冲宽度调制（PWM）中，固定幅度脉冲的宽度与瞬时信号幅度成比例。在脉冲位置调制（PPM）中，相对于标准定时，固定宽度和幅度的脉冲根据信号幅度大小，被延迟或提前。

□ 脉冲编码调制

最后，我们再来看看脉冲编码调制（PCM）。脉冲编码调制是将信号的瞬时幅度变换为二进制码并以串行比特流的方式进行传输。例如，采用 4 位二进制码来表示 16 级量化电平。在有噪信道上要求无误码传输时，PCM 具有优势。只要 1 和 0 可明确识别，就可以正确恢复原始信号。PCM 在中继链路上特别有用，如洲际电话信道，信号必须通过多个基站，逐级放大，用任何线性调制方法

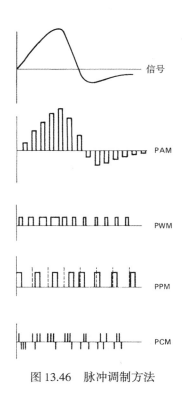

图 13.46　脉冲调制方法

（AM，FM 或 SSB），传输中累积的噪声都无法消除，但是通过使用 PCM 技术，数字码可以在每个基站再生，因此可以认为信号在每个基站都是重新开始传输的。

PCM（称为 PCM 编码）不是简单的二进制序列，而是采样信号的量化编码结果。例如，前例也可采用 16 种不同的单音来表示采样信号幅度。由于它的无误码特性，航天器中遥测图像一般都使用 PCM 编码。另外，PCM 也可用于数字语音的压缩和存储，对每个立体声通道 44 100 次/秒的采样，并进行 16 比特的量化编码。在 PCM 应用中，一般都必须选择较低的比特率，以保证识别中较低的错误概率。这样就限制了给定信道上的传输速度，使其大大低于直接模拟调制的速度。

13.5　射频电路技巧

这一章将关注射频电路相关技术及发展状况。由于篇幅所限，不可能像前面其他章节那样对电路设计及结构进行详细讨论，而且也不可能指望在一本书里能够比较全面地介绍电子学的所有内容。我们将在本章介绍一些射频电路的常用技术方法。这些方法旨在减小杂散电感和电容，处理电路尺寸大小与波长可比拟时产生的电路问题。在本书里并未将这些方法总结成若干条理论，而仅作为电路技巧来考虑。

□ 13.5.1　电路结构

射频"扼流圈"是一种小电感，电感量从微亨到毫亨，在射频电路中广泛用来作为信号阻塞元件。比如当电压源通过穿芯电容进入屏蔽盒时，串联射频扼流圈。另一种情况是在晶体管或 FET 引线上使用铁氧体磁珠。射频"扼流圈"的使用原因是在受到引线自身形成的谐振电路（谐振在 UHF 频率段）的激励时，射频电路很容易产生寄生振荡。在基极或集电极引线上串联磁珠，可以增加有耗级联电感，以达到阻止振荡的目的。

电感在射频电路设计中起到重要作用，在电路里可以看到各种类型的线圈、可调谐电感和变压器，比如接收机电路里随处可见的 IF 变压器。同样，容值很小的空气可变电容也很常见。

正如前面所述，射频电路通常置于屏蔽盒中，并在电路模块之间用地隔离，以防止耦合。双面印制电路板电路很常见，其中一面作为地。另外，电路也可以设计在屏蔽层或其他类型的地平面附近。射频接地不只是一种形式，必须焊接相应的屏蔽层，而且用螺丝与安装隔板或盖板紧密相连。

设计高频电路时，最基本的一个原则是元件引线长度应尽量短。也就是说，要尽量剪短电阻和电容的管脚再焊接，并保证焊接后无法看见管脚，当然此时元件会非常热，但仍可以工作。在 VHF 和 UHF 频率段，通常使用陶瓷电容直接焊到印制电路板上，根本就没有管脚。使用普通电容时，要注意其内部串联电感会导致自谐振效应，其频率有时会在兆赫左右。使用较宽的带状电缆或金属带状电缆，而不是普通导线，可以减少电感，在 UHF 上非常适用。在这些频率上，需要了解带状线技术和微带线技术，因为每个管脚本身就是一条传输线，需要阻抗匹配。事实上，金属片可以作为调谐电路的一部分。以下是 440 MHz 电路中的电感说明（见 ARRL 手册）："L_1–L_3，包括 $-2\frac{5}{8} \times \frac{1}{4}$ 英寸的黄铜线，一端焊接到屏蔽盒，另一端焊接到电容。输入和输出接头长是 0.5 in，从接地端算起。"当然，在微波频率，所有这些技术都让位给波导和空腔电路，并采用比较特殊的器件，如环形器和"魔 T"等（见图 13.47）。

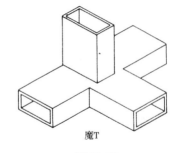

魔 T

图 13.47

　　与实验密切相关的射频电路测试装置一定会让初学者感到惊讶。比如广泛使用的扫频仪（在一定频率范围内反复扫描的一种射频信号源）、SWR桥和频谱分析仪等。在这些频率上进行的电路设计，还需要大量进行实验不断验证和修改，才能取得最后成功。

□ 13.5.2　射频放大器

　　通常在射频频率上使用我们非常熟悉的双极型晶体管和FET场效应管，尽管它们的特性有所差别。工作在VHF以上的晶体管封装就很奇特，扁平的连接线从管子中心引出，可以直接和带状线或印制电路板相连，如图13.48所示。还有一些器件和电路根本就不能工作在低频段，比如下面讨论的器件。

　　参数放大器。参数放大器通过改变调谐电路的参数进行放大，一般用于低噪声放大器。想像一下摆锤的运动，在一条长线上悬挂一个重物，通过在谐振频率上轻轻推动重物就可以建立摆锤的运动。普通放大器与此类似，它用晶体管或其他有源器件来提供"推力"。但另外一种完全不同的方法也能建立摆锤的运动，即在自然谐振频率上上下拉动带子两次，这相当于改变了摆锤的长度参数。可以根据图13.49来试一下。钟摆与Adler参数放大器非常类似。在参数放大器中，用"泵"信号驱动变容二极管，可以改变谐振电路的参数。

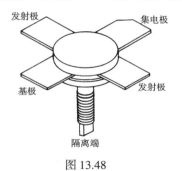

图 13.48

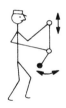

图 13.49　与参数放大器相似的摆锤运动

　　微波激射器。也称受激辐射微波放大器，是受激辐射微波放大器的首字母缩写词。这些器件基本上都是原子或分子放大器，需要很高的制作和使用技巧，但噪声相当低。

　　GaAs FET。简单微波放大器的最新器件，其性能与参数放大器类似。现在市场上的GaAs FET在10 GHz时还具有28 dB的增益和2 dB的噪声系数。HEMT（高电子迁移率晶体管）是最新的低噪声GaAs FET，噪声系数非常低，在淬火实验放大器中，8.5 GHz频带上的噪声系数也只有0.12 dB $(T_N = 8°K)$。

　　速调管和行波管（TWT）。速调管和行波管是适用于微波频率的真空管放大器，充分利用了管内电子转移的高效率特点。反射式速调管是它们的一种变换形式，通过电子束反弹机理形成振荡器。目前的速调管可以在2000 MHz频率上，连续产生0.5 MW的射频输出。

　　磁控管。磁控管是一种由许多小的空腔谐振器组成的大功率振荡管，广泛用于雷达设备和微波炉的核心部件，其内部强磁场保证了电子的运动。

　　耿氏二极管、雪崩二极管和PIN二极管。这些器件广泛用于UHF和微波频率设备中。耿氏二极管低功率振荡器可以工作在5～100 GHz的频率范围内，产生100 mW左右的输出功率。雪崩二极管与速调管类似，在几千兆赫频率上可以产生几瓦的功率。PIN二极管的工作原理类似于压敏电阻，作为波导短路器件，可以作为微波信号的开关。PIN二极管可以作为较低射频上的集中参数衰减器或开关元件。该领域的领头羊是Unitrode公司（Lexington，MA），他们的PIN二极管设计师手册和目录具有很大的参考价值。

变容二极管和 SNAP 二极管。变容二极管是一个反偏的二极管，可以用在调谐电路中，有目的地改变电容，也可用于参数放大器。由于它们是非线性器件，所以也可用于谐波电路，如倍频器电路。由于 SNAP 二极管具有皮秒以下的上升时间，所以它也广泛应用于谐波电路中。

肖特基二极管和负阻特性二极管。前面已经谈到肖特基二极管在高速电路中的应用。除此以外，肖特基二极管还和负阻特性二极管一样，经常用来作为混频器。负阻特性二极管是隧道二极管的一种变形。负阻特性二极管的一个典型应用（平方律检测器）见 13.2.5 节。

13.6　高速开关

限制线性放大器高频性能的主要参数，如结电容、密勒效应、杂散电容以及源和负载电阻的有限性，同样限制了它们在高速数字电路中的应用。这些问题并不直接影响设计，因为在数字 IC 设计中，这些问题已经解决，一般来说，仅在使用分立晶体管设计高速 TTL 电路时可能会遇到一些问题。

尽管如此，还是有很多地方会涉及到高速转换电路的设计问题。例如，在逻辑驱动外部高压或高电流负载（或反极性负载）时，如果设计不仔细，很难保持高速度。另外，在使用未封装的数字逻辑器件时，一切都必须靠自己。

本节首先介绍可计算高速转换电路的一种简单晶体管模型，并将该模型应用于电路实例，以此说明晶体管的选择是多么重要。最后通过一个完整的高速电路设计过程说明晶体管高速电路设计技巧。

13.6.1　晶体管模型

图 13.50 是一个高速脉冲信号驱动下的饱和晶体管开关电路，其源信号的上升和下降时间非常短。其中 R_s 代表源阻抗，r_b' 是本征晶体管基极扩散电阻（大约 $5\ \Omega$），C_{cb} 是非常重要的反馈电容，R_C 是负载电阻，C_L 是并联的负载电容。假设 R_C 是戴维南负载等效电阻，V_{CC} 是等效负载电压。还可以包括有限负载效应。另外，C_{cb} 是密勒电容，集电极到发射极电容已包含在 C_L 中，C_{be} 被忽略。

图 13.51 是上述电路在受到负脉冲激励时所产生的典型输出波形。上升时间 t_r 通常定义为从终值电压的 10% 变化到 90% 所经历的时间，相应的下降时间 t_f 也采用类似定义。特别需要注意的是相对较长的存储时间 t_s，这是晶体管脱离饱和区所需的时间，与此对应的是较短的延迟时间 t_d，它使晶体管进入完全导通状态。这些值的定义都遵循 10% 到 90% 的原则。对于数字电路而言，更为有用的是传播时间 t_{PLH} 和 t_{PHL}，它们定义了信号从输入到输出通过逻辑门的限制时间，分别是上升时间和下降时间。其他常用符号，如 t_{pdl} 或 t_{pr}，就是我们所说的 t_{PLH}。

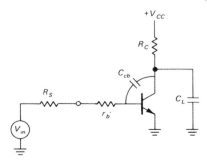

图 13.50

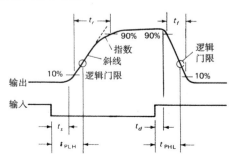

图 13.51　晶体管的开关波形参数

现在通过上述电路模型来估计给定电路的上升和下降时间。在此过程中就会明白输出波形上升部分呈指数形式的原因。

□ 上升时间估计

输入信号降低至门限以下 t_s 时间以后，集电极电压开始升高。升高的速度受两个因数的影响：（a）R_C 与 C_{cb} 和 C_L 一起确定的时间常数，导致输出电压呈指数规律上升至 V_{CC}；（b）当集电极电压的上升速度足够高，通过 C_{cb} 的电流将通过源阻抗（$R_s + r_b'$）产生前向基极偏置，使基极导通，从而通过负反馈效应降低输出电压的上升时间。后一种情况会形成一个积分器，产生逐渐升高的集电极波形。一般来说，根据电路参数和晶体管参数，集电极波形以指数形式缓慢上升的过程如前所示。

图 13.52 中的示波器波形说明了这个问题。如果不用 NPN 晶体管，而改用 N 沟道增强型金属氧化物半导体场效应晶体管（MOSFET），其工作特性也类似，但较大的栅极开启电压使输出波形非常清晰。此外，MOSFET 没有存储时间和延迟时间效应，也没有直流输入电流，这些特点都会使问题得到简化。图 13.53 就是这样一个电路，其中我们有意夸大了信号源阻抗。注意漏极开关时反馈电容是如何阻止开启门限附近的栅极电压的。同时还要注意当 R_D 很大时漏极输出的指数型上升电压波形。

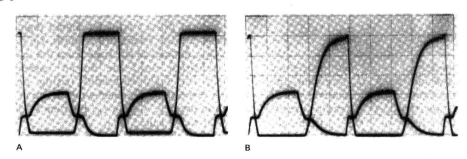

图 13.52　栅极电压和漏极电压受动态密勒效应影响的转换波形，源阻抗被放大为 100 kΩ。
纵向坐标：2 V/刻度；信号频率：6 kHz；A. 10 kΩ 漏极电阻；B. 200 kΩ 漏极电阻

简单估计电路特性的方法如下：

1. 根据下式，计算积分限幅器集电极电压上升速率

$$\frac{dV_c}{dt} = \frac{V_{\mathrm{BE}} - V_{\mathrm{in}}(\mathrm{LOW})}{C_{cb}(R_S + r_b')}$$

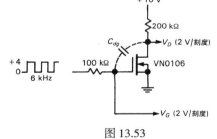

图 13.53

2. 根据下式，确定输出波形从斜线改变为指数形式时对应的集电极电压 V_X

$$V_X = V_{CC} - \left(\frac{V_{\mathrm{BE}} - V_{\mathrm{in}}(\mathrm{LOW})}{R_S + r_b'} + C_L \frac{dV_C}{dt} \right) R_c$$

这样就可以确定集电极波形的上升时间。如果 V_X 为负，说明整个集电极处于指数上升区间：输出受容性负载控制，且基极未被反馈电容导通。r_b' 一般可以忽略。

习题 13.1 推导前述公式。提示：在第二个公式中，使基极进入导通状态所需的等效反馈电流由集电极上拉电流提供，且该电流小于电容负载上所需的充电电流。

□ 下降时间估计

在输入电压升高后，经过短暂时间延迟，集电极电压开始下降，直到饱和。很容易发现集电极电流可以由下列公式得到：

$$I_C = \left(\frac{V_{\text{in}}(\text{HIGH}) - V_{\textbf{BE}}}{R_S + r_b'} + C_{cb} \frac{dV_c}{dt} \right) h_{fe}$$

$$= \frac{V_{cc} - V_c}{R_c} - (C_L + C_{cb}) \frac{dV_c}{dt}$$

其中第一行是净基极电流的 h_{fe} 倍，第二行中集电极电流通过 R_c 得到，该电流小于集电极上电容所需的驱动电流。记住 dV_c/dt 是负的。这样上述公式变形后可得：

$$-\frac{dV_c}{dt} = \frac{1}{C_L + (h_{fe} + 1)C_{cb}} \times$$

$$\left(\frac{V_{\text{in}}(\text{HIGH}) - V_{BE}}{R_S + r_b'} h_{fe} - \frac{V_{cc} - V_c}{R_c} \right)$$

括号里的第一项可作为 $h_{fe}i_{\text{drive}}$ 识别，第二项是 $i_{\text{pull-up}}$。现在可以做几个实验，看看哪类上升时间和下降时间可以预测，又是哪个电容起支配作用的。但是首先要知道延迟和存储时间。

□ 延迟和存储时间

一般来说，延迟时间是一个常数，时间非常短，主要影响基极电压上升到 V_{BE} 的时间。其值约为：

$$T_d \approx (R_s + r_b)(C_{cb} + C_{be})$$

当电路高速运转时，晶体管的状态转换时间也就变得很重要了。

存储时间则是另一个问题。饱和晶体管在基区充满电荷时，即使驱动信号消失，甚至为负时，它也要求相当长的一段时间才能由集电极注入少数载流子。晶体管的存储时间差别很大，可以通过在饱和状态下减小基极过载程度，并在关断晶体管时使基极反偏的手段来缩短存储时间。关于存储时间 t_s 的下述等式可以证明这个观点：

$$t_s = K \ln \frac{I_B(\text{ON}) - I_B(\text{OFF})}{\frac{I_C}{h_{FE}} - I_B(\text{OFF})}$$

其中 $I_b(\text{OFF})$ 是"放电"时的反向基极电流，为负。常数 K 包含了"少数载流子生存时间"项，如果采用掺金技术可以极大地降低。然而，这种掺杂会同时减小 h_{FE} 并增加泄漏电流。这说明 TTL 器件具有良好的速度性能，但击穿电压很低（仅 7 V）。

存储时间可达数百纳秒，一般情况下其典型值大于延迟时间。例如，在标准测试条件下，通用器件 2N3904 的最大延迟时间为 35 ns，而存储时间为 200 ns，其中基极驱动是依靠两个二极管上的压降来完成的。

存储时间严重限制了高速开关电路性能的提高，目前可以采取多种措施提高电路速度。一种方法是避免器件同时饱和现象的发生。从基极到集电极的肖特基箝位二极管可以在集电极接近饱和时导通，对基极电流进行分流，从而阻止晶体管饱和，实现存储时间的缩短。在 TTL 逻辑器件中，肖特基系列使用这项措施。除此之外，基极驱动电阻上并联的"加速"电容（25～100 pF）也是减少存储时间的一种不错手段，它通过提供电流脉冲来消除基极电荷，而且在晶体管开启时还能增加基极驱动电流。图 13.54 说明了上述两种电路方法。

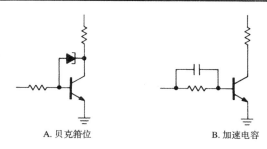

A. 贝克箝位   B. 加速电容

图 13.54　减少存储时间的措施

13.6.2　仿真建模工具

显然，用分立元件设计高频放大器和高速转换电路是一件很复杂的事情，特别是要全面考虑寄生电容和电感效应的时候。简化模型为我们提供了很好的电路指导，但要想获得千兆赫频率范围放大器的最高性能，仅凭这些还不够。传统方法需要更复杂的电路模型，必然带来大量计算，并增加电路复杂性。

令人高兴的是计算机辅助仿真建模的成熟，特别是一个被称为"SPICE"的商业软件的扩展。SPICE使用著名的元件模型库为实验电路建立模型，在此基础上可以预测放大增益、失真、噪声和频率响应等。也可以让它显示电路中任何一点的电压和电流波形，利用计算机化的示波器即可！因此可以随便摆弄电路，尝试加速电容、研究元件特性和电路补偿等。事实上，通过常规的最坏情况分析或更加复杂的"Monte Carlo"统计处理，一个好的仿真软件甚至可以让你看到元件值的误差效应。有些建模程序甚至还可以进行"敏感性"分析，指出最能影响电路性能的元件。

计算机辅助建模程序价格不高，可在普通台式机和大型机上运行（如 Intusoft 的 IsSpice，或者 Microsim 的 PSpice）。很多软件还接受"网表"信息作为原理图设计产生结果（见12.2.5节）。这些软件并不仅限于高频设计，也可用于诸如运算放大器、数字电路和IC内部结构的模型电路。尽管SPICE在电路模型上占据主导地位，但其他很多模型软件在特殊应用领域里也非常具有竞争力。

13.7　高速开关电路举例

本节将在前面论述的方法的基础上，举例分析几个简单电路的性能。

□ 13.7.1　高压驱动器

首先观察图13.55。该电路利用TTL逻辑产生100 V脉冲，以激励压电晶体。TTL输出，也就是基极驱动信号，如图所示。在计算中，我们忽略了 r_b'，因为它与源阻抗相比很小。

□ 上升时间

首先来计算积分限幅器的集电极电压上升速度：

$$\frac{dV_c}{dt} = \frac{V_{\mathrm{BE}} - V_{\mathrm{in}}(\mathrm{LOW})}{C_{cb}R_S} \approx 450 \text{ V}/\mu\text{s}$$

由此，预测的上升时间为

$$t_r = \frac{0.8V_{cc}}{dV_c/dt} \approx 180 \text{ ns}$$

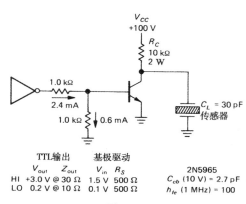

TTL输出		基极驱动	
V_{out}	Z_{out}	V_{in}	R_S
HI +3.0 V @ 30 Ω		1.5 V 500 Ω	
LO 0.2 V @ 10 Ω		0.1 V 500 Ω	

2N5965
C_{cb} (10 V) = 2.7 pF
h_{te} (1 MHz) = 100

图 13.55

现在确定积分限幅器中集电极电压上升转折点，即从斜线到指数变化的转折点：

$$V_X = V_{CC}$$
$$- R_C \left(\frac{V_{\text{BE}} - V_{\text{in}}(\text{LOW})}{R_S} + C_L \frac{dV_C}{dt} \right)$$
$$\approx -50\ \text{V}$$

这就是说整个集电极电压波形均呈指数上升，在给定源阻抗情况下，利用不充分的反馈电流（$C_{cb}dV_C/dt$）来阻止基极进入完全导通状态。集电极时间常数为 $R_C(C_L + C_{cb})$，约 0.33 μs，上升时间（10% 到 90%）约占 2.2 个时间常数或 0.73 μs。很显然，集电极电阻和负载电容一起在上升时间中起支配作用。

下降时间

为了更好地分析下降时间，我们使用前面导出的公式：

$$-\frac{dV_c}{dt} = \frac{1}{C_L + (h_{fe}+1)C_{cb}}$$
$$\times \left\{ h_{fe} \left(\frac{V_{\text{in}}(\text{HIGH}) - V_{\text{BE}}}{R_S} \right) - \frac{V_{CC} - V_C}{R_C} \right\}$$
$$\approx 530\ \text{V/μs}$$
$$t_f = \frac{0.8V_{CC}}{dV_C/dt} \approx 0.15\ \text{μs}$$

式中最后一项取决于 V_c，但与括号里的第一项相比可以忽略。如果没有忽略，就必须根据集电极电压值来估计，以获得较好的下降波形图。此时应该注意，我们计算的下降时间对应 3 MHz 频率，因此 $h_{fe} = 100$ 值也比较真实（$f_T = 300$）。如果上升或下降时间的计算所对应的频率比原先假定的高很多，那就有必要回头重新计算传输时间，并使用该传输时间估算新的 h_{fe}。一般来说经过两次迭代就可以得到令人满意的答案了。

□ 转换波形

上述电路的集电极波形如图 13.56 所示。负载电容和集电极电阻确定的时间常数决定了上升波形，而下降波形则由反馈电容和源阻抗决定。换个角度看，集电极电压以一定的速率下降，这样通过反馈电容的电流几乎足以消除基极驱动电流并使基极脱离完全导通。注意该电路已假定 TTL 输出波形要比电路输出快得多。典型的上升和下降时间近似值为 5 ns。

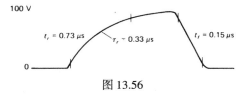

图 13.56

□ 13.7.2 集电极开路总线驱动器

假设集电极开路 TTL 总线将由 NMOS 电路来驱动。这可以通过插入 NPN 变换电路来实现，如图 13.57 所示。由于工作在 +5 V 下的 NMOS 器件负载能力较差（见 9.1.9 节），基极电阻应比较大。我们在这里选择了两种常见的晶体管，来说明参数 C_{cb} 可能产生的影响。

和前面一样，可以通过计算得到集电极积分限幅器的上升时间：

	2N5137	2N4124
dV_c/dt	8.5/μs	76 V/μs
t_r	470 ns	53 ns

指数变化交叉点的位置计算如下：

	2N5137	2N4124
V_X	4.4 V	1.1 V
时间常数	66 ns	52 ns

下降波形为：

	2N5137	2N4124
dV_C/dt	−11 V/μs	−78 V/μs
t_f	360 ns	51 ns

□ 晶体管选择

在图 13.58 所示的曲线中，由于反馈电容的影响，造成 2N5137 的性能恶化。该例中过高的源阻抗值也是电路性能恶化的原因之一。2N4124 的传输时间可能还比较乐观，因为它们对应的是 10 MHz 时的频率响应，这时的 h_{fe} 比假设值低。

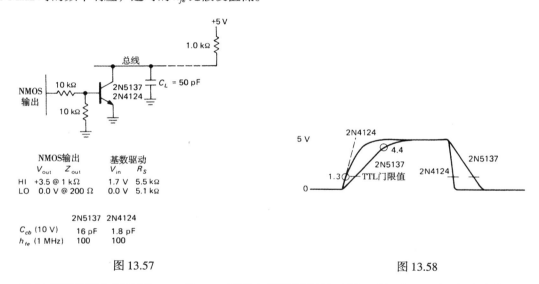

图 13.57　　　　　　　　　　　　　　　　图 13.58

现在来看看该电路达到 1.3 V 的 TTL 门限电压所需要的时间，系统中 TTL 门由总线信号驱动。忽略存储和延迟时间，达到 TTL 门限电压的时间如下：

	2N5137		2N4124	
	计算值	平均值	计算值	平均值
上升(t_{PLH})	150 ns	130 ns	17 ns	30 ns
下降(t_{PHL})	340 ns	360 ns	47 ns	52 ns

除 2N4124 电路的上升时间外，电路上升和下降时间的测量结果与前面简单模型预测结果相当吻合。上升时间偏小的可能解释是：计算使用的是 10 MHz 对应的 h_{fe} 值，而 17 ns 上升时间意味着更高的频率，因此有更低的 h_{fe} 值。同样，时间测量中晶体管在 10 V 时 C_{cb} = 2.2 pF，在 2 V 时 C_{cb} = 3 pF。奇怪的是，2N5137 的 C_{cb} 值比手册上的标称值小得多，因此我们增加了一个外部小电容来升高到规定值。该值与原始数据手册的不一致，可能意味着生产过程中参数值的改变。

习题 13.2　验证 dV_C/dt（上升和下降）和 V_X 的计算结果。

□ **上拉**

注意，尽管输出转换速率（2N4124电路）几乎一致，但高电平状
态下达到TTL门限的时间要比低电平状态下回到高电平状态的时间长
得多。这是因为TTL门限电压并不是处在 +5 V 和接地之间的对称位
置上，集电极电压的下降幅度较大。正是这个原因，TTL总线常常采
用 +3 V 电源，或在 +5 V 电源线上串接二极管，或使用上拉电阻，如
图 13.59 所示。

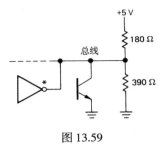

图 13.59

习题 13.3　采用 2N4124 驱动 $C_L = 100$ pF 的总线时，试计算上升和下降时间，以及传播延迟。说
明计算过程。

□ 13.7.3　举例：光电倍增器前置放大器

我们将在第15章讨论一种称为光电倍增器（PMT）的设备，它广泛应用在光检测器中，同时
具有高灵敏度和高速特性。光电倍增器在非光对象直接测量领域里也得到广泛应用，比如高能粒
子检测器，它使用了电荷敏感的高速识别器，以充分利用光电倍增器的优良特性，其工作原理是
在粒子受到轰击时，其中一种晶体会发生闪光现象，若超过光子检测门限，该电路就会产生输出
脉冲。

图 13.60 就是一种高速光电倍增器的前置放大器和鉴别器电路，能够说明本章论述的高频和
高速转换技术。光电倍增器输出电荷负脉冲，脉冲宽度约为 10 ~ 20 ns。脉冲大小反映了被测光子
的光量子，由于光电倍增器自身的噪声也会产生很多小脉冲，所以必须利用鉴别器来抑制这些小
脉冲。

□ **电路说明**

首先信号输入 Q_A-Q_C 组成的反相放大器，其中 C_1 和 R_1 构成电流反馈。Q_A 是输入射极跟随器，
利用其低输出阻抗驱动一个具有电压增益的负载 Q_B，以减少电容反馈（C_{cb}）。反相放大器的输出采
用射极跟随器 Q_C，在允许 Q_B 有相当增益的同时，提供低输出阻抗。此时对应于PMT的负电荷输入
信号，得到一个小的正脉冲输出。直流负反馈结构的 Q_C 可以产生约 2 V_{BE} 的稳定输出，这个鉴别前
的光电倍增器输出可用低输出阻抗的 A 类射极跟随器 Q_1 进行"监视"。

差分放大器 Q_2 和 Q_3 构成一个完整的鉴别器，其鉴别门限由 R_{22} 通过 Q_E 确定的参考电压设置，
以跟踪输入放大器的 $2V_{BE}$ 静态工作点。上述晶体管 Q_A-Q_E 位于一个芯片内部（CA3046），因而具有
完全相同的温度。Q_4 与 Q_3 形成反相级联放大器，以满足高速和高电平变化的要求。最后电路通过
射极跟随器输出。

该电路中有几个特殊的地方。为了获取良好的高速性能，晶体管静态电流设置得相当高，差分
对 Q_2Q_3 有 11 mA 的发射极电流，Q_5 空闲状态下有 20 mA 电流，输出晶体管在驱动 50 Ω 负载时可
以提供 120 mA 电流。另一方面，放大器 Q_4 的基极旁路到电源 V_+ 而不是地，因为其输入信号的参
考电压由 R_{17} 确定。由于 Q_E 作为参考门限，比较器电路的发射极镜像电流源非常有效。另外，D_1 和
D_2 用来改进该电路的过载性能。虽然电路稍显复杂，但箝位二极管 D_1 在被击穿时旁路到地，以防
输入过载。

□ **性能**

图 13.61 给出了与输入脉冲相对应的输出脉冲图形和时间关系。输入过载时输出脉冲被延展，
但整体性能非常好。采用普通光电倍增器前置放大器标准得到测量结果。

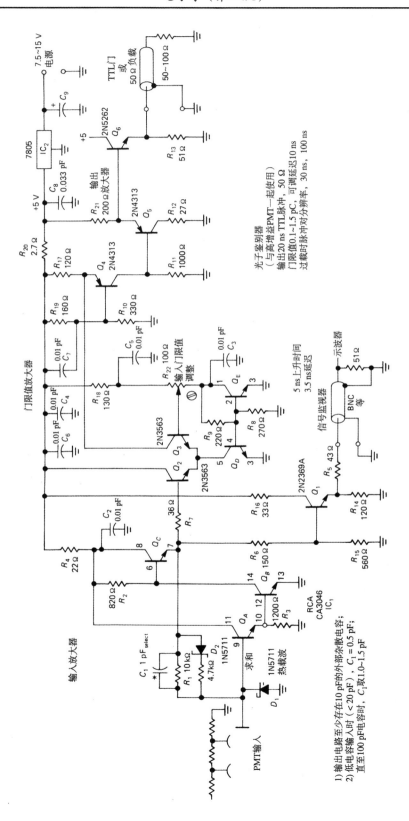

图 13.60　利用光电倍增器进行光子计数的高速电荷敏感放大器

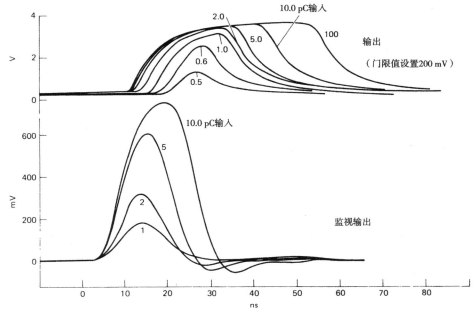

图 13.61　光子计数放大器脉冲响应

13.8　电路示例

13.8.1　电路集锦

图 13.62 是一些宽带电路的实例。

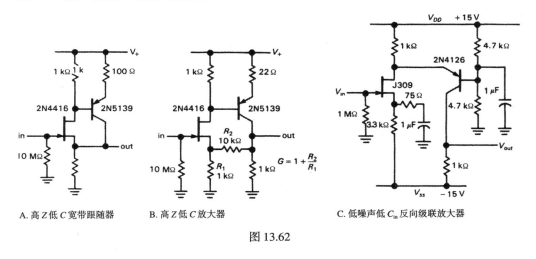

A. 高 Z 低 C 宽带跟随器　　　　B. 高 Z 低 C 放大器　　　　C. 低噪声低 C_{in} 反向级联放大器

图 13.62

13.9　补充题

1. 在简单总结 13.1.5 节的基础上，详细分析图 13.10 所示高频电路工作原理。

（a）首先反复计算图 13.12 所示的驱动器输出下降特性。仔细计算阻抗。

（b）注意前级的高频下降值要比输出驱动级在 180 MHz 时的对应值高很多。特别要检查下列情况：Q_1 输出（发射极）驱动容性负载（见图 13.11）；Q_2 输出驱动差异很小的容性负载（因为 Q_4 的集电极未接地）；Q_3 和 Q_4 发射极驱动容性负载；Q_4 集电极驱动容性负载。

2. 观察同轴电缆的等效阻抗
 （a）远端开路，四分之一波长；
 （b）远端短路，四分之一波长；
 （c）远端开路，半波长；
 （d）远端短路，半波长；
 注意（d）的结论是波导扼流圈的基础。

3. 仔细计算图 13.55 中高压转换电路的上升和下降时间是否如 13.7.1 节所述，其中 $V_{BE} = 0.7 \text{ V}$。

4. 计算图 13.57 中 TTL 总线驱动器电路的上升和下降时间是否如 13.7.1 节所述，其中 $V_{BE} = 0.7 \text{ V}$。

5. 设计一个视频放大器，增益为 +5，转折点在 20 MHz 以上。输入阻抗 75 Ω，在 75 Ω 负载上能够产生 1 Vpp 的输出电压。获得同相增益的一种好方法是采用如图 13.63 所示的共基极输入、射极跟随器输出电路。如果愿意，为该电路设计合适的工作电流、电阻和偏置元件。当然，也可以使用差分放大级联射极跟随器电路。注意增益必须是同相的，否则图像会颠倒。

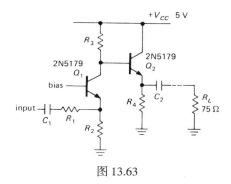

图 13.63

第14章 低功耗设计

14.1 引言

便携式仪表、海底测量数据记录仪、电话线供电数据调制解调器，都仅仅是低功耗电子设计所涉及的一部分内容。在本书中可以找到与此相关的电路，即整流电路、线性电路、数字电路（几乎都是 CMOS），以及后面还要涉及的复杂微处理器电路。尽管在前面章节里已经涉及到功率和速度的平衡问题（例如在比较逻辑器件的章节里），但由于低功耗仪器设计中所采用的特殊技术以及诸多注意事项，它仍然有必要自成一章。

本章首先要讨论低功率应用问题。它并非野外移动设备的专利，实际上在很多应用场合，虽然交流电源也非常方便，但电池更方便，性能更好。接下来本章还回顾了在低功耗电子设备中意义重大的电源种类，首先是广泛应用的非充电电池（如碱性电池、汞电池和锂电池等），其次是与其密切相关的可充电电池（如镍镉电池和铅酸电池等）。仪器设备对电池电源的容量、放电性能、温度效应、放电速率和存储条件等性能要求的不断提高，迫使电池厂商不断改进技术，提供更新的产品。

电池并非可供考虑的惟一电源形式，所以接下来还要讨论一些特殊的黑色塑料外壳的"墙式"电源。这些变化形式多样的电源相当便宜，而且很容易购买，可以作为简单的电源变换设备，或直接作为未经稳压的直流电源使用。在一些特殊的场合，太阳能电池也非常适用，所以有必要对其进行深入的讨论。最后，还要提到一些利用信号能量作为电源的设计实例，例如电话线中的直流电流，或者温度调节器和门铃中的脉冲电流等，都可以直接激励低功耗设备。

本章还将详细讨论反映整流器和基准电源最新进展的低功耗设计技术，以及线性电路（由分立器件和运算放大器构成）设计技术、数字电路设计技术以及微处理器和存储器技术。另外，本章也讨论了常规设计中不常见的特殊电源，如短时导通的开关电源（采用微处理器技术的数据记录仪，供电时间是 20 ms ~ 60 s）。

最后，本章还讨论了电源的封装问题——包括那些广泛使用的末端与电池相连的小型塑料仪器外壳。低功耗仪器的封装比传统仪器容易得多，因为它们通常重量轻，产生的热量少，而且不需要电源线、电源滤波器和保险丝。微功率设计的种类很多，也非常有趣，对厌倦常规设计的电子工程师而言是一个崭新的挑战。

初次阅读本书的读者也可以跳过本章。

14.1.1 低功耗应用

有多种原因促使我们进行低功耗设计，具体来说包括以下几个原因。

轻便

如果设备本身需要有与墙壁上电源插座相连的电源线，就不能随身携带了，例如计算器、手表、助听器、随身听、调频收音机和数字万用表等。另外，传统的便携式工具，例如用于研究兽群迁徙和生理特性的小型发射机也是如此。由于电池寿命有限，因而必须控制设备功耗，以达到较长电池使用寿命的目的。万用表在 9 V 电池下工作 1000 小时所释放的能量，超过了 4 个 D 型电池工作 100 小时所释放的能量。用来研究动物迁徙的便携式发射机，如果换上一组新电池只能工作两天，那么它就毫无用处。因此，在便携式仪器的设计过程中，低功耗电路越来越重要。特殊应用场合的小型设备，例如手表，其电池容量非常小，也必须进行低功耗设计。

隔离

使用交流电源的仪表不太适合某些高压测量场所。例如粒子加速器，需要在 100 kV 终端上对微安级充电粒子束电流进行测量。我们无法通过升压手段进行测量，因为高压变压器会产生极强的 60 Hz 电流，并通过变压器耦合到高压源，另外电晕放电或高压泄漏产生的杂散电流也限制了测量手段的应用。如果你想利用高压端精密电阻连接的差分放大器设计一种交流供电仪器来测量电流，那么仪器电源就必须采用一种特殊的 100 kV 隔离变压器，使测试电路（例如运算放大器）电压为 100 kV。然而，这种变压器几乎无法获得。但此时却可以利用电池，这样电路本身就将电源地和大地进行了很好的隔离。

在上面的例子中，交流供电还会产生另外一个问题：测量电路中的 60 Hz 纹波干扰问题，因为 60 Hz 电流会通过电源变压器产生容性耦合和泄漏。因此，电源变压器需要特殊设计，以保证内部线圈的低电容耦合和低电流泄漏。60 Hz 纹波耦合问题也常出现在常规低电平信号处理电路中，例如弱音频信号电路。尽管通过仔细设计可以解决这些问题，但是电池供电的前置放大电路的隔离作用仍具有很大优势。

低功耗

拨码终端、调制解调器和电话线供电远距离数据采集系统等都是通过电话线上的直流电流进行供电的设备（电话线的开路电压约为 50 V，接入 600 Ω 负载阻抗时，直流电压低于 6 V，这时电话工作于"摘机"状态，电话线路接通）。同样，加热系统中的智能温度调节器，在继电器没有被低电流交流开关信号接通前（通常将 24 V 的交流变压器与数百欧阻抗的继电器线圈串联），通常采用 NiCd 可充电电池为电路供电。

这种利用交流信号为电路供电的方法，也同样适用于门铃电路和低电压交流继电器电路。另一个利用交流信号供电的例子是"工业传感器电流环路"，其直流电流为 4～20 mA（有时是 10～50 mA），用于测量两线系统中模拟传感器的参数。该标准模块可以产生 5~10 V 电压，远距离仪器的供电问题由此得以解决。

上述电路利用非常简单的方法产生了几伏的毫安级电流源，相对比较复杂的低功耗电路而言，优势明显。对需要隔离的交流电源而言，对于同一种仪器，信号电流驱动的低功耗设计显得更有吸引力。

最后介绍的一种毫瓦级电源是太阳能电池功率计。机械手表和廉价的便携式计算器都采用这种电源形式，而且它还另外具有两个优势：（a）密封性好；（b）价格便宜。

无交流电源

在无法获得交流电源的情况下，电池是一种非常重要的供电手段。例如，在海洋图形学研究过程中，可能要求在海底某个位置上放置一组能够连续工作 6 个月的传感器，用以探测洋流、沉淀物、盐分、温度和压力等，同时完成其他基本研究工作（如难以接近的位置上的污染物测量）。在这些例子里通常需要利用电池组进行工作，有时时间会长达一年以上。因此，必须进行细致的低功耗设计。

另外，还有一些可以获得交流电源但很不方便的例子，例如家庭烟雾探测器、墙壁上的挂钟等。

散热

建立在 ECL 或肖特基技术基础上的数字电路，功耗很容易上升到 10 W 以上。一个系统如果有好几块这样的电路板，就需要考虑散热问题。另外，相对于原来的肖特基器件，新型 CMOS 逻辑器件（例如 74ACxx 和 74ACTxx 系列）的静态功率和动态功率均大幅度降低（见图 8.18 和图 9.2），这意味着可以采用小功率电源进行供电，不再需要考虑散热和长期运行的可靠性问题。

　　低功耗设计同样适合线性电路的设计。其实，在任何时候，都应考虑低功耗设计，甚至是在能量供给充足的情况下。

不间断电源

　　瞬间电源中断经常会使以微处理器为核心的仪器，如计算机等重新初始化。一个比较好的解决方案是使用 UPS 不间断电源，利用电池以 DC/AC 的形式提供 115 V/60 Hz 的输出，并在电源中断的数微秒内完成自动切换。UPS 的功率可达数千瓦。大型 UPS 比较昂贵，而且体积庞大，但也有小型 UPS。通过 14.2.1 节所述铅酸电池的驱动，可以为 1 kW 以下的交流系统提供服务。小型 UPS 变换器或备份直流电池（如图 1.83 所示）非常适合真正的低功耗系统，而且异常方便，这已成为低功耗电路设计中非常有力的手段。

14.2　电源

14.2.1　电池类型

　　Duracell 的"电池手册"列出了 133 种电池产品，并对锌碳电池、碱锰电池、锂电池、汞电池、银电池、锌电池和镍镉电池等进行了详细描述。它甚至还对电池进行了更细微的划分，例如各种类型的锂电池：Li/FeS$_2$，Li/MnO$_2$，Li/SO$_2$，Li/SOC1$_2$ 和"固态锂"等。你也可以从其他厂商那里购买到密封的铅酸电池和胶状电池。对于那些非常规的电路应用场合，还需要考虑燃料电池或放射性电池。那么这些电池的共同特性是什么？在手持设备电路设计中又该如何选择？

　　电池可划分为**一次性电池**和**可充电电池**两类。一次性电池只存在单一的放电周期，也就是说它们是不可再充电的。相对于一次性电池而言，可充电电池（如前面提到的镍镉电池、铅酸电池和胶状电池等）具有可再充电特性，典型的充电次数为 200 ~ 1000 次。一次性电池通常可根据以下参数进行选择，如价格、能量密度、周期、放电过程中的电压持续时间、峰值电流、温度范围和有效性等。一旦选择了合适的电池，就必须确保电池（或电池组）有充足的能量来保证工作的顺利进行。

　　幸运的是，在实际应用中，如果依照这里给出的建议进行选择，可以比较容易地剔除大部分不合适的电池：**尽量不选用难以购买的电池**。这些被剔除的电池除购买困难外，通常技术也比较落后。比较好的选择是在五金店或照相机店购买电池，即使它比最适宜的品种略差一点。在消费类电子设备中，特别推荐使用普通的容易购买的电池，避免使用非常昂贵的电池。还记得上文提到的那些烟雾探测器吗？它们使用 11.2 V 的汞电池。

□　一次性电池

　　现在开始比较详细地讨论一次性电池。表 14.1 比较了各种一次性电池的特性，表 14.2 和图 14.1 则给出了最常用电池的典型特性。

表 14.1　常用电池类型

类型	优点	缺点
锌碳（LeClanche 型）（标准的"干电池"）	价格便宜 方便可得 较差的低温特性	最低的能量密度（1~2 Wh/in³） 倾斜的放电曲线 较差的大电流输出特性 内阻抗随放电而增加
锌碳（锌氯化物）	比碱性电池更便宜 在大电流工作及低温时的特性比 LeClanche 类型的强	低能量密度（2~2.5 Wh/in³） 倾斜的放电曲线

类型	优点	缺点
碱性锰 （"碱性"干电池）	价格适中 在大电池与低温度工作时的特性比锌-氯化物 电池的强 随放电能保持低内阻抗 中等的能量密度（3.5 Wh/in³）方便可得	倾斜的放电曲线
汞电池	较大的能量密度（7 Wh/in³） 平坦的放电曲线 高温工作特性好 较低的存储期 较低及不变的内阻抗 开路电压 1.35 V ± 1%	价格昂贵 在低温（小于 0°C） 时的特性较差
银氧化物电池	大能量密度（6 Wh/in³） 平坦的放电曲线 在高、低温时工作特性均可（至 –20°C） 极长的存储期	价格昂贵
锂卤氧化物电池	高能量密度（8 Wh/in³） 每单位重量的能量密度最高 平坦的放电曲线 在高、低温（至 –55°C）时的工作特性极好 超常的存储保持期（5~10 年，即使环境温度为 70°C） 重量轻，较高的电池电压（3.0 V）	价格昂贵
锂固态电池	高能量密度（5~8 Wh/in³） 极优秀的温度特性（–40°C 至 120°C） 令人难以置信的存储期（大于 20 年，即使温度为 70°C）	价格昂贵仅输出低电流

旧式"干电池"的外壳采用了 LeClanche。内部结构的设计也非常原始，一根碳棒伸入二氧化锰、碳、氨和氯化锌电解液的混合物中，利用柱形糊状物质进行隔离，剩下的是镀锌外壳。干电池顶端用蜡和沥青密封，在需要承受过大压力的场合，这种设计比较正确。这类电池可能是能够买到的最便宜的电池，但也省不了多少钱。该类电池在使用过程中，电压下降，阻抗逐步上升；如果在大电流场合使用，还会进一步造成电池容量的大幅度下降。

"大容量"干电池也是一样，但氯化锌成分更高，结构设计也略有不同，以适应更大的电源容量。虽然它们的总能量仅比 LeClanche 电池稍高一点，但是这些电池在大电流情况下仍然能够较好地工作。例如，一个 LeClanche D 型电池可以对 150 Ω 负载提供 4.2 Ah 的能量，对 15 Ω 负载提供 1.2 Ah 的能量，对 1.5 Ω 负载提供 0.15 Ah 的能量；而氯化锌电池提供的能量则分别为 5.6 Ah，5.4 Ah 和 1.4 Ah。另外，低温情况下氯化锌电池的能量下降也比较小。

碱式锰电池，通常称为"碱性电池"，即使是在大电流、低温环境下也有较好的性能。与锌碳电池不同，它是内外结构，中间是锌粉构成的负极和钾混合物电解液，外围是二氧化锰和碳构成的正极。与上述电池相比，碱性电池可以产生 10 Ah/150 Ω，8 Ah/15 Ω 和 4 Ah/1.5 Ω 的能量。另外，由于其特殊的化学特性，碱性电池在放电过程中可以维持较低的阻抗，且阻抗增加也很小。碱性电池的另一个特点是有较长的保存周期，即使是在低温情况下也能较好地工作。图 14.1 表明，可以很容易地根据电池放电电压曲线对电池进行估计。图 14.2 比较了这 3 种"干电池"的性能。

汞电池、氧化银电池和锂电池是真正高品质的电池，与碱性电池和锌碳电池相比，性能更好。汞电池采用锌汞混合物作为阳极，采用氧化汞和碳棒作为阴极，中间充满氢氧化钠或氢氧化钾电解物。汞电池的开路电压很稳定，即使是在放电时也能保持电压不变，见表 14.1。而且汞电池还有很好的高温特性，即使是在 60°C 时也能正常工作，但当温度降到 –10°C 以下时，性能下降严重。

表 14.2　电 池 特 性

类型	R_{int} (Ω)	V_{oc} (V)	容量 a 连续，至 1 V/节 (mAh)	@ (mA)	(mAh)	@ (mA)	尺寸 (in)	重量 (gm)	封装 b	注释
9V "1604"										
Le Clanche	35	9	300	1	160	10	0.65x1x1.9	35	S	
重负载	35	9	400	1	180	10	"	40	S	
碱性	2	9	500	1	470	10	"	55	S	280 mAh@100mA
锂	18	9	1000	25	950	80	"	38	S	柯达锂二氯化锰
1.5 V 金属型										
D	0.1	1.5	10000	10	8000	100	1.3Dx2.2L	125	B	4000 mAh @ 1A
C	0.2	1.5	4500	10	3200	100	1.0Dx1.8L	64	B	
AA	0.4	1.5	1400	10	1000	100	0.55Dx1.9L	22	B	
AAA	0.6	1.5	600	10	400	100	0.4Dx1.7L	12	B	
汞										
625	—	1.35	250c	1	250c	10	0.62Dx0.24L	4	B	
675	10	1.35	190c	0.2	—	—	0.64Dx0.21L	2.6	B	
431	—	11.2	1000c	25			1.0Dx2.9L	115	S	
银										
76	10	1.55	180	1	—		0.46Dx0.21L	2.2	B	
锂卤氧化物										
D	—	3.9	14000d	175	10500d	350	1.3Dx2.3L	113	B,T	SOCl₂/BrCl
D	—	3.95	14000d	175	12000d	1000	"	110	B,T	SO₂Cl₂/Cl₂
D	—	3.5	9500d	175	8500d	1000	"	120	B,T	SOCl₂
锂固态	—	4.0	350d	1μA	175d	0.1	1.2Dx0.23L	16	T	高阻抗
镍镉电池										
D	0.009	1.3	4000c	800	3500c	4000	1.3Dx2.3L	130	B	Saft/Powersonic
9V	0.84	8.1	100c	10			0.65x1x1.9	35	S	
铅酸化物										
D	0.006	2.0	2500e	25	2000e	1000	1.3Dx2.6L	180	T	

a. 参见图 14.1 可得放电曲线。b. B 为扣式；S 为紧压钩式；T 为焊接接头。c. 至 0.9 V/电池。d. 至 2.5 V/电池。e. 至 1.75 V/电池。

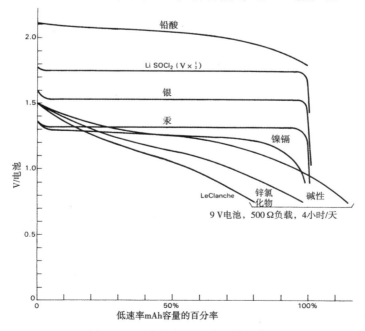

图 14.1　一次性电池的放电特性曲线

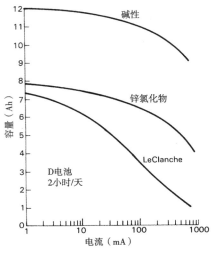

A. D电池容量与负载电流曲线

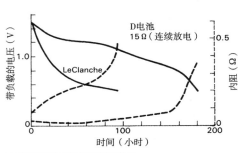

B. D电池电压与放电期间的内阻

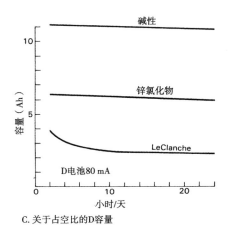

C. 关于占空比的D容量

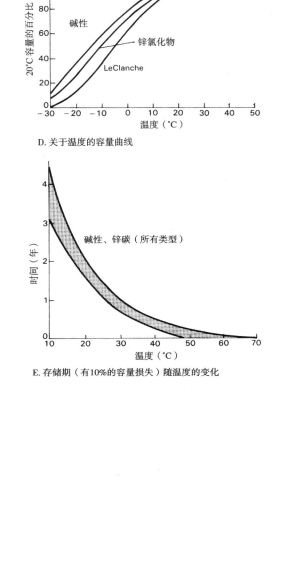

D. 关于温度的容量曲线

E. 存储期（有10%的容量损失）随温度的变化

图 14.2 锌"干电池"特性比较

氧化银电池与汞电池的特性非常相似，只是其中的氧化汞被氧化银所替代。它有非常平坦的放电特性和较高的开路电压（1.6 V），低温特性也得到改善（–20℃）。

锂电池是一种最新的商用电池，由不同的化学成分构成，有很高的能量密度。在高、低温度下都有很好的特性，而且在所有温度条件下都有很长的寿命。举例来说，在大小和重量相似的情况下，一个 D 尺寸的 Li/SOCl₂ 电池可以释放超过 3 倍碱性 D 电池的能量（当为 3.5 V 终端电压时，输出能量超过 10 Ah）。锂电池可以工作在 –50℃ ~ 70℃（见图 14.3）的环境下，当在 –40℃ 时，其他类型电池均已停止工作了。室温情况下锂电池的寿命可达 5 ~ 20 年，也可以在 70℃ 温度下保存 1~2 年，这是其他电池无法比拟的。锂电池有平坦的放电曲线，其寿命和稳定的电压特性（3 ~ 3.5 V）使其成为电路板上 CMOS 存储、备份电路的理想电源。

每种锂系统都有自己的化学特性。例如，Li/SOCl₂ 电池就有一种电极钝化趋势，会极大提高电池内部阻抗，在大电流下会出现瞬间爆发现象。二氧化硫锂电池也隐含着爆炸的可能性。

□ 可充电电池

电子设备中的电池可以选择：（a）镍镉电池；（b）铅酸密封电池。它们都比一次性电池的能量低（见表 14.2），但都是可充电的。镍镉电池通常可以提供 1.2 V 电压和 100 mAh~5 Ah 的能量，而且工作温度范围为 –20℃ ~ +45℃；铅酸电池的每个单元可以提供 2 V 电压，设计容量 1~20 Ah，工作温度范围为 –65℃ ~ +65℃。两种类型的电池都具有相对平坦的放电曲线。铅酸电池有很低的自放电率，据称在经过一年的室温存储之后，依然能够保持三分之二的容量；镍镉电池则相对较差，一般会在四个月后损失一半的能量（确实可信，如图 14.4 所示）。镍镉 D 型电池可以提供 5 Ah（1.2 V 电压）的能量，铅酸电池可以提供 2.5 Ah（2 V 电压）的能量，而碱性电池则能提供 10 Ah 的能量（1.5 V 电压）。

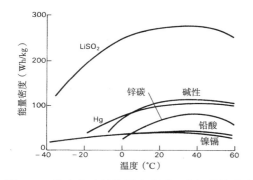

图 14.3　基本电池的能量密度随温度的特性曲线

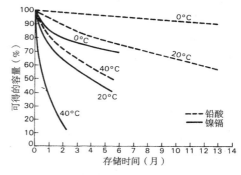

图 14.4　可充电电池充电保持曲线

据称，镍镉电池和密封铅酸电池的充放电次数为 250 ~ 1000（如果每次只有部分能量被放掉，充放电次数会更大；如果进行快速充放电，则充放电次数会减小）。如果保证恒定的充电电流，镍镉电池的使用寿命可以超过 2 ~ 4 年，铅酸电池的寿命则是 5 ~ 10 年。

值得指出的是，这些可充电电池都是密封的，不会流出那些神秘可怕的化学药品。特别地，虽然"铅酸"电池这个名字使人联想到粗糙的能够腐蚀终端并有渗漏的汽车电池，但密封型电池仍然是干净的电池，能在任何地方使用，不会渗出任何液体，而且具有良好特性。经验表明，在电子仪器的设计中可以放心地使用铅酸电池，不用害怕电路板溶解到白色污染物中，也不用担心昂贵的仪器底板会布满肮脏、难闻的汁状液体。

可充电电池会因为错误使用而缩短寿命。镍镉电池和铅酸电池的充电程序是不同的，一般用"安时"这个指标来衡量充电速度。举例来说，"C/10"表明充电电流等于完全充满时能量的十分之一。对于镍镉 D 电池而言，这个值是 500 mA。

□ **镍镉电池**。镍镉电池必须以恒定电流进行充电，并使充电电流维持在C/10。因为充放电的低效率，要保证电池完全充满，需要14小时。因此，可以认为电池的充电量是140%。

虽然可以用C/10的电流对镍镉电池进行过充电，但最好还是切换到点滴式充电方式，典型的点滴式充电电流是C/30到C/50。比较有趣的是，镍镉电池存在"记忆"效应，所以点滴式充电方式可能无法充满一个已完全放电的电池；推荐的最小充电电流是C/20。

有时不可能花一整天时间对镍镉电池进行充电，镍镉电池也允许"高速"充电，充电电流为C/10到C/3，但不能太频繁地使用，3天是这种充电方式的极限。有时镍镉电池会出现漏气现象，与正常情况不同，在C/10的充电速度下，氧气可能会在电池里再结合。特殊设计的"快速充电"镍镉电池在特殊的充电器里以C/1到C/3的速度进行充电，此充电器依靠探测电池温度来确定电池是否被充满（一旦被充满，电池内部的化学反应将使温度迅速上升）。与铅酸电池不同，镍镉电池被充满时，仅靠终端电压的变化是不能准确判断充电过程是否结束的，因为终端电压会受充电次数、温度和充电电流的影响。镍镉电池不能采用恒压源进行充电，也不可能"浮"在一个固定电压上。

一些厂家的小型镍镉充电器很容易购买，有些厂家恰好就是电池制造商。它们适用于几乎所有标准规格电池（D，C和AA电池，9 V）。

镍镉电池也有它自己内在的缺点。大家都有可能突然发现可充电计算器突然坏了。图14.5中的曲线表明，镍镉电池存在明显的"记忆"效应，在经过长时间充电后的第一次放电过程中，镍镉电池的电量是贫乏的。它们也不能容忍反极性，因此，如果一系列串联电池完全放电，将会导致第一个放电电池的严重损坏。同样，镍镉电池也不能并联。人们提出了多种多样的解决方案，例如周期性的"深度放电"方法，通过跨接在镍镉电池上的电解电容进行放电的"休克疗法"等。尽管我们比较习惯休克疗法，但是周期性的深度放电对维持镍镉电池正常工作状态也非常重要。

□ **铅酸电池**。这些通用电池可以用限流恒压源、恒流源或介于恒压源和恒流源之间的特殊电源进行充电。利用恒压源进行充电时，可以采用固定充电电压（每节电池的典型充电电压在2.3 V和2.6 V之间），刚开始充电时，电池会消耗大量电流（达到2C），但会随着充电过程的进行而逐步下降，最终达到正常水平，并维持到电池充电过程结束。较高的充电电压会加快充电速度，但也会增加充电电流，降低电池寿命。一个简单的例子是使用三端稳压器317作为限流的恒压源。电池的充电电压基本维持在2.3～2.4 V之间（相应的充电电流为C/1000到C/500），过度的电压波动会降低铅酸电池的寿命，如图14.6所示。充电时的电压波动有轻微的温度依赖性，在极限温度条件下，可以 –4 mV/°C 大小进行调整。

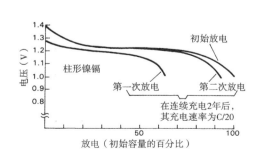

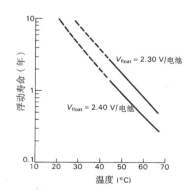

图14.5 通过"深度放电"而恢复到正常的镍镉电池　　图14.6 过度的浮动电压会降低铅酸电池的使用寿命

利用恒流源进行充电时（并不常用），需要恒定的电流，其典型值为C/5到C/20；随着充电过程的进行，电池电压会逐渐上升，当充电快要结束时，电压会急剧上升。这时（2.5 V/节的终端指示电压）就需要降低充电电流，典型值为 C/500，直到完全充满。如果充电电流为 C/500，密封铅酸电池的寿命将可达 8~10 年。

　　一种较好的铅酸电池充电方法是所谓的两步充电法（如图14.7所示）：在充电初期采用点滴式，通过恒定的大电流 I_{max} 开始充电，直至电池达到过充电电压 V_{OC}。然后保持电压并监视充电电流，直至达到"过充转移电流" I_{OCT}。最后得到一个低于 V_{OC} 的恒定的浮动电压 V_F。对于 12 V/2.5 Ah 的铅酸电池，典型的充电参数值是 $I_{max} = 0.5$ A，$V_{OC} = 14.8$ V，$I_{OCT} = 0.05$ A，$V_F = 14.0$ V。虽然该过程听起来比较复杂，但是这个方法却可以保证铅酸电池的无损快速充电。Unitrode公司生产了一种比较完善的IC充电器件UC3906，集成了两步充电的几乎所有技术。该器件内部还含有检测铅酸电池内部温度特性的内部参考电压，外部只需 1 个 PNP 晶体管和 4 个可设定参数的电阻。

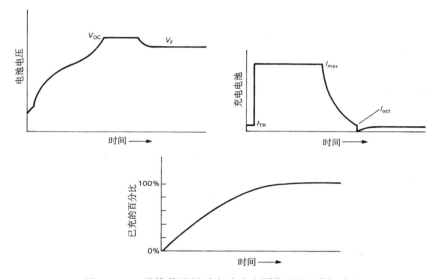

图 14.7　一种推荐的铅酸电池充电周期（"两步"法）

电池和使用建议

　　我们曾经说过，在进行仪表设计时，最好使用常见且稳定可靠的电池。目录上列出的第一种电池是称为 NEDA 1604 的 9 V "晶体管"电池（1604，LeClanche 电池；1604D，大负载电池；1604A，碱性电池；1604M，汞电池；1604LC，锂电池；1604NC，镍镉电池）。你可以在世界上任何一间杂货店里（或户外市场上）买到这种 9 V 碱性电池，运算放大器在 ±9V 电源下能够很好地工作，如果利用电阻分压器和跟随器产生中点"地"，它甚至也可以作为 ±4.5 V 电源使用（如图14.8所示，将在 14.3.3 节进一步讨论）。在很多制造商手里可以买到各种 9 V 电池的小型塑料电池盒，而且价格非常诱人。因为电性能的改善，最好使用碱性电池，而不是锌碳电池。柯达公司新推出的"超能" 9 V 锂电池看起来非常不错，具有 1000 mAh 容量，也有很长的保存周期（保存 10 年后还剩下 80% 的能量），放电曲线也很平坦（见图14.9）；最好是将 3 节电池（而不是两节）一起使用，这样其终端电压才能和碱性电池一样接近 9 V。我们对其初期样品进行了测试，发现它有很高的内阻。

　　我们所熟悉的 AA，C 和 D 型碱性电池与 500 mAh 的 1604A 电池相比，内阻小，容量大（分别是 1604A 电池的 3，9 和 20 倍），而且容易购买。但碱性电池有时也不方便，其串联电压存在不稳定性，有时也不太可靠。你也许已经注意到了，暗淡的手电筒在轻轻晃动以后会变得更亮。问题在于电池电极上逐渐变白的混合物（官方术语称之为"盐"）。

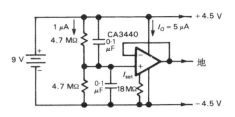

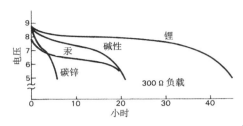

图 14.8　由单一的电源创立一个分立电池　　　　图 14.9　9 V 电池放电曲线；"锂"电池是 3 节柯达超寿命电池

　　标准镍镉电池很容易购买（尽管不是在每家店中都能买到），例如 9 V 的 AA，C 和 D 型电池，特别适合可充电电池的应用场合。但只能使用其中能量的 25% ~ 50%，而且电池电压也下降了（只有 1.2 V，而碱性电池有 1.5 V）。

　　标准锂电池也很容易购买，每节锂电池提供 3 V 或更高的电压。锂电池的使用寿命一般都很长，因此生产厂家将各电池焊接在一起，以保证连接的可靠性。扁平的钮扣形式锂电池经常出现在 CMOS 电路的存储器备份电路和时钟电路中。柯达公司的 9 V 锂电池采用了镀金凸点，连接非常可靠。另外还要注意的是前面提到的关于锂电池的爆炸说明。

　　在任何一个小城镇的大多数照相机店中，都可以买到汞电池、银电池和锂电池。它们大多是钮扣形式，非常适合用于照相机、计算器和手表。例如，常见的 625 型钮扣汞电池，几乎和外套钮扣一样大，能够提供 250 mAh 的能量。小型的 76 型氧化银电池非常有趣，被称为相同直径、两倍高度的 3 V 锂电池（NEDA 5008L）的后继者，可以替代一对 1.5 V 电池。在该电压下，CMOS 逻辑器件、低电压集成运算放大器 LM10、TI 公司 "LinCMOS" 系列通用运算放大器（TLC251-254 系列）和比较器（TLC372/4，TLC339/393 和 TLC3702/4）都可以直接工作。

　　如果应用电路要求密封铅酸电池的可充电特性和较高的峰值电流，或者要求特殊的一次性电池，那就必须和电池制造厂商或其经销商商量。可以尝试生产铅酸电池的这些公司：Gates，Powersonic 和 Yuasa 公司。Duracell 和 Eveready 公司占据了一次性电池的市场。这些公司都能提供众多的电池手册，且库存丰富。

　　在后面的几节里将讨论另外一类电源，如插在墙上的便携式电源、太阳能电池，以及低功耗仪器使用的信号电源等。值得注意的是，这些电源都可以用来为充电电池充电。例如，一种非常流行的电热壶，在夜间停止加热的时候，可以利用交流变压器上 24 V 信号为镍镉电池进行充电，以确保时钟电路在整个白天都能正常工作，如图 14.10 所示。

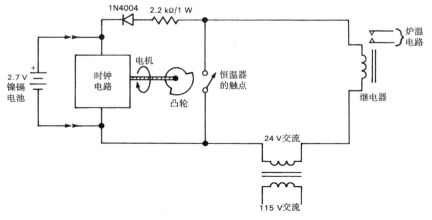

图 14.10　滞后恒温器

关于一次性电池的各种建议，我们在表 14.3 里进行了归纳总结。

表 14.3　常用电池特性

特性：	9 V 碱性电池	1.5 V 碱性电池	汞类型	银类型	锂类型
价格便宜	·	·	–	–	–
可得便利性	·	·	–	–	–
宽温度范围	–	–	–	·	·
可靠的接触	–	–	·	·	·
大电流输出特性	·	–	·	·	·
长保质期	–	·	–	·	·
小型化	–	·	·	·	·
应用：					
线性电路	·	–	–	–	–
低电压 CMOS	–	·	·	·	·
4000 - 系列 CMOS	·	–	·	·	·
CMOS 备份	–	–	–	·	·

14.2.2　插在墙上的便携式电源

计算器、调制解调器、磁带记录仪、电话拨号器、小型测量仪等越来越多的低功耗设备，都开始使用这种熟悉的插在墙上的黑色外壳电源，如图 14.11 所示。尽管它们通常都贴有对应配套设备的说明标签，但无论数量多少，它们都很容易购买。

图 14.11　墙上插入式电源设备（图片由 Ault 公司提供）

插在墙上的便携式电源是小型仪器的理想电源，与电池相比，它们可以提供更多的能量，而且不存在充电问题。与内置式分立器件电源或电源模块相比，它们一般都比较便宜，而且热源和高压部分均置于仪器外部，节省空间。另外，在市场上购买这些电源时也必须注意它们是否符合 UL 和 CSA 安全认证标准。

这种便携式电源有三大优点：简单的降压变压器、已滤波但未稳压的直流电源，以及稳压后的电源（线性电源或开关电源）。这类电源有各种电压和电流规格，甚至包括常用的 +5 V/1 A 和 ±15 V/250 mA 组合电源。它们一般都采用 IC 稳压器件，具有限流、过热保护和过压保护功能。市场上购买的便携式电源大都是三端插头，具有多种输出连接形式，体积较大的还要置于工作台上，外接交流电源线。值得注意的是，目前尚没有连接器和输出电压标准，事实上连标准极性也不存在，所以在拔插仪表电源时要特别小心！

Ault公司生产各种型号的高质量便携式电源。价格低廉的进口电源，可以咨询Condor公司，或翻阅 Multi Products International 公司的产品目录。也可以通过参考目录寻找公司地址或其他生产厂家。

□ 14.2.3 太阳能电池

长期工作在户外的仪表，如果电源能量要求不高，铅酸电池或镍镉电池加硅太阳能电池的组合是一种较好的选择。例如，一个用来进行海洋测量并定期传送测量数据的浮标，如果平均功耗达到 1 W，那么将无法使用一次性电池（需要 500 个碱性电池才能保证一年的正常工作时间）。而太阳光在穿越大气层之后，能够产生 1 kW/ft² 的能量，扣除太阳能电池效率因子（正确负载下大约只有 10% 的效率）、中北纬度光照强度因子和天气季节因子（冬天的平均值是 100 W/m²，而夏天则是 250 W/m²），高质量太阳能电池在 7 月份可以产生 25 W/ft² 的能量，在 1 月份也可产生 10 W/ft² 的能量。遇到强太阳光时，这样的太阳能模块能够在相匹配的负载上产生 100 W 的能量。

利用可充电电池组存储太阳能电池所产生的能量，可以获得几乎连续的功率，这种情况下铅酸电池因其寿命和温度范围上的优势，要优于镍镉电池。如果进一步考虑铅酸电池 70% ~ 80% 的效率，每天最终能够获得的平均能量大约是 8 ~ 20 W/m²，前者是冬天能获得的能量，后者是夏天获得的能量。

那些仅需阳光就能正常工作的低功耗仪器甚至可以省略电池，例如现在随处可见的太阳能液晶显示计算器。

□ VI 特性

硅太阳能电池的伏安特性非常简单而有效。其开路电压几乎与光照强度无关，平均每个电池单元产生的电压为 0.5 V，其 $V–I$ 特性类似于被移位的二极管曲线（见图 14.12）。典型的太阳能板由 36 个电池单元级联而成，能够提供约 18 V 的开路电压。随着负载电流的不断增加，终端电压能够始终维持常量，这样，在负载阻抗进一步降低时，太阳能模块可以认为是一个严格的恒流源。太阳能模块的最大电流与光照强度呈线性关系，特性曲线如图 14.13 所示。因为太阳能电池的开路电压随温度升高而降低，所以天气变冷时其工作状态更佳，如图 14.14 所示。

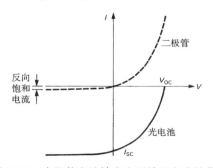

图 14.12　太阳能电池输出电压关于电流的曲线，类似于被移位的二极管 $V–I$ 曲线

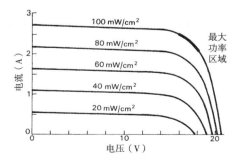

图 14.13　关于辐照的太阳能电池输出

在一定光照强度下，只要太阳能电池工作点上 $V-I$ 乘积最大，输出能量就最大，也就是说，绘于同一坐标轴的太阳能电池工作曲线簇，当其接近弯曲部分时，具有最大输出能量。但是曲线弯曲

部分对应的负载阻抗随光照强度变化较快，无法维持一
个最佳负载（负载阻抗随光照强度的增加而下降，从另
外一个角度上看，恒定电压下负载吸收电流的大小与光
照强度成正比）。然而，在低功耗场合，一般来说，负载
能够获取最大能量并不是最主要的因素，最重要的是正
常光照强度情况下负载能否获得能量。太阳能计算器就
是这样，除非光强度很弱，否则其 CMOS 电路都能获
取微弱电流。74C/4000B "高压" CMOS 器件的电压范围
很宽（达 3 ~ 18 V），而太阳能电池开路电压的大小与光
照强度无关，因此可以直接用来给 CMOS 电路供电，而

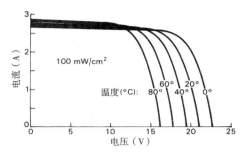

图 14.14　随温度变化的太阳能电池输出

无需使用稳压器件，当然滤波电容是必不可少的。典型的电源模块，如 Solarex SX-2，利用太阳光
可以提供 290 mA/8.5 V 的电压，以及 11 V 的开路电压；如果是高电压 CMOS 器件，可以直接使用
这个未稳压电源，或者稳压后为 +5 V 逻辑器件供电。

在使用可充电电池作为能量储备的场合，必须注意太阳能电池 V-I 特性与铅酸电池充电需求的
匹配。太阳能电池给已完全放电的电池提供恒定充电电流，其电压会随充电电池电压的增加而 "漂
移"，直至充电结束时达到电池恒定电压。开路电压的温度系数（−0.5%/℃）和推荐的铅酸电池 "电
压漂移" 温度系数（−0.18%/℃）能够很好地匹配。因此，一些厂商干脆直接生产能够对铅酸电池
进行充电的太阳能模块，如 Arco M65（2.9 A @14.5 V）。太阳能电池和铅酸电池之间更常见的匹
配方法是采用专门设计的稳压电路。许多太阳能模块都采用这种工作模式，提供 20 V 开路电压，并
对 12 V 电池进行充电。稳压器能够从充电状态自动切换到温度补偿电压漂移状态，如果电池电压
太低，它还能自动切断负载。这些系统可以支持 12 V 电压整倍数的系统，如 24 V，36 V 和 48 V
等，而且还能支持 60 Hz 逆变器（产生交流信号）、直流电冰箱和阁楼通风机等。

太阳能电池及系统领域里比较著名的公司有 Arco Solar，Mobil Solar，Solarex 和 Solavolt。

14.2.4　信号电流

切记电流信号存在着给小功率仪表供电的可能性。图 14.15 给出了 4 种常见的供电方式：（a）挂
机状态下电话线路中的直流电流信号；（b）无激励信号时线圈中的交流或直流电压信号；（c）工业
传感器电流环路中 4 ~ 20 mA 直流信号；（d）RS-232C 串行接口上的双极性 "握手" 信号（RTS，
DSR 等）。在前两个方案中，信号是间断的，在电话摘机或线圈处于仪器充电状态时，这种信号就
会消失。如果需要连续电源，就要考虑可充电电池，并在供电的同时对可充电电池进行充电。如果
是很低的电流负载，还可以采用大容量 "双层" 电容器（容量达 5 F）供电方法，例如 CMOS 存储
保持电路。

每种电源在电压兼容和最大电流等参数上都有严格限制。以下是这些电源的部分特性以及使用
方法。

□ 电话线电源

根据电话机和电信局局端设备的工作状态，电话线路可能处于不同状态。在电话呼叫的不同
进程中，局端设备（或功能相同的管理中心）通过电话线路提供各种不同的直流和交流电压信号，
如图 14.16 所示。例如，在空闲模式下，局端设备发出 −48 V（±6 V）直流信号，电话线路中 "振
铃" 阻抗约为 500 ~ 2500 Ω，到地的 "继电器触点" 阻抗为 0 ~ 710 Ω。除此之外，局端设备和用
户之间还存在高达 1300 Ω 的外部线路阻抗。摘机时，局端设备进入拨号状态，发出拨号音，并通

过 200 Ω（±50 Ω）串联负载，产生 –43 ~ –79 V 的直流信号。尽管局端设备的电压极性会有所不同，但通话状态下的直流电压和源阻抗都是相同的。当然，在通话状态下，话音信号是迭加在直流信号上的，这才是电话的真正功能！

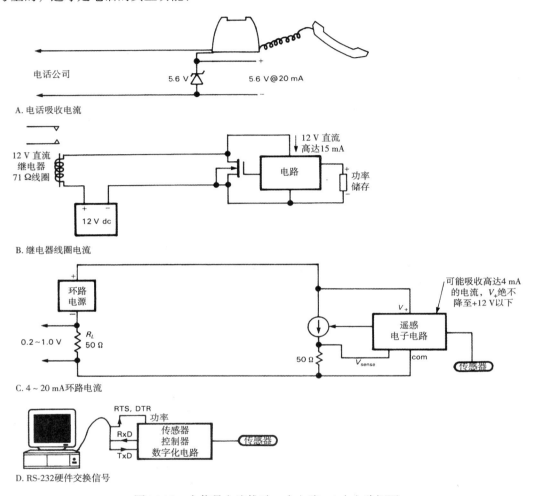

图 14.15　由信号电流推动一个电路：4 个电路框图

电话的另外两种状态是振铃和摘机。振铃时，局端设备产生频率为 20 Hz，电压为 86 ± 2 Vrms 的信号，并迭加在 –48 V 直流偏置上，一起作为交流振铃信号送往"振铃"端。标准的振铃参数是：间隔 6 s 后连续响 2 s。在测试模式下，局端设备利用各种不同的交流和直流信号来检测电话网络是否处于正常状态。挂机时，它们能够在任意终端（振铃、继电器触点、地）上产生 –165 ~ +202 V 的直流电压信号和高达 45 Vrms 的交流电压信号；在摘机状态下，即使负载阻抗低至 10 Ω，直流电压也可达 54 V。电话公司也同时指出，电话线上可能出现雷电产生的"浪涌电压"，典型值为数千伏，相当于数百安的电源，电话线上的设备一般都连接有瞬时抑制器，以抗击这种脉冲的袭击。除此之外，电话公司还指出，电话线附近的雷电也可能会产生 10 kV/1000 A 的"非常高的浪涌电压"，必须确保没有人员受到伤害，即使仪器被烧焦。同样也要求设备不会爆炸、着火或触电伤人。

电话线上允许接入的负载称为"振铃等效值"（REN）。电话的典型 REN 为 1.0 A，对应于（a）挂机直流阻抗 50 MΩ，交流阻抗位于阻抗 – 频率特性曲线的上方（确保频率为 4 Hz ~ 3.2 kHz 时，

|Z| > 125 k，尽管一定频率和电压时该值会低得多）；（b）摘机直流特性必须满足图 14.17 中可接受区域要求；（c）200 Hz ~ 3.2 kHz 频率范围内的摘机阻抗约为 600 Ω（根据 600 Ω 信号源的反射情况而定：200 Hz ~ 3.2 kHz 时至少为 3.5 dB，500 Hz ~ 2.5 kHz 时至少为 7 dB）。电话线上负载与地之间呈直流隔离状态（挂机时为 50 MΩ，摘机时为 250 kΩ）。可允许的总 REN 值达 5.0 A，也就是说，负载阻抗可以低至上述值的 1/5。一般来说，电话公司都要求被告知电话线上的总 REN 值。

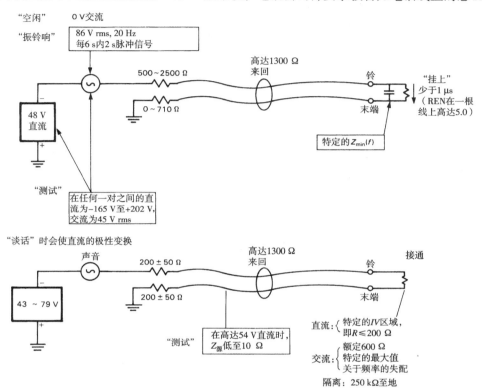

图 14.16　电话工作与测试状态

上面数据表明，处于挂机状态的用户是不消耗电流的，50 MΩ 的最小直流桥式电阻（REN 值为 1.0 A）意味着在 50 MΩ 负载上产生的电流约为 1 μA。不仅如此，如果仔细设计并选择器件，还可以将 CMOS 电路的准静态电流（数字或模拟）维持在微安级水平，直到摘机时情况才会发生变化。小型钽电解电容（或容值为 5 F 的小封装双层存储保持电容）可以在拨号情况下保持电路能量的正常供给。摘机通话时，必须确保在 26 mA 最小电流时有 6 V 的直流信号（数秒后达 7.8 V）（见图 14.17），它足以支持许多微功耗电路的正常工作，这也确实可以和 9 V 电池相媲美。如图 14.18 所示，利用类似 LP2950 这样的微功耗低压差稳压器件（80 μA 静态电流，100 mA 负载上 0.4 V 压降），可以给数字电路提供标准 5 V 电压。如果能够确定拨号周期，就可以使用额外的电流为可充电电池充电。例如，如果每天摘机 1 小时，那么连续消耗的电流差不多是 1 mA。

警告：任何与电话系统直接相关的装置，在设计之前必须确定相关规范符合 FCC 规则，包括试验和论证程序。不要假设本章所引述的规范完全正确。

□ 继电器电路

市面上常见的一种电热壶会在夜间停止加热，并在用户醒来前 1.5 小时自动打开电源，在继电器没有闭合的时候，小功率交流电源可以为电路提供能量。典型的机械控制继电器通过 24 V 额定交流信号，可以在线圈上产生 100 mA 以上电流，而在继电器常开时会消耗正常线圈电流的 10%。注意电路中一定要有可充电电池，否则在变压器断开之后电源就会消失。

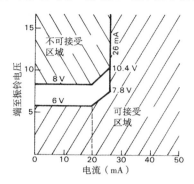

图 14.17   电话"摘机"时允许的负载条件。非阴影区域表示摘机 1 s 后允许出现的数值

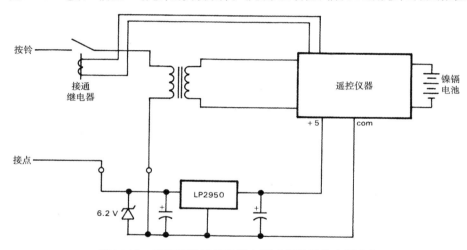

图 14.18   调整后的摘机信号电源（保护元件未画出）

工业电流环

工业上广泛存在一种电流环路标准，根据这个标准，远端传感器（如热电偶，见 15.2.1 节）将其测量结果转换成模拟电流并通过电流环路传送回来。环路直流基准通常由接收端提供，如图 14.15C 所示。常见的电流环路标准有两个，4～20 mA 满刻度范围标准和 10～50 mA 满刻度范围标准。其中 4～20 mA 标准更常见，它使用 24 V 直流偏置（尽管此值在某些时候偏高）。因为方便的缘故，经常利用该信号为远端电子设备供电。为了达到供电目的，可以使用部分环路偏置电压。市场上提供的商用电流环模块通常标明了数据接收者的最大负载电阻 R 和最小直流偏压 V_s，以确保 $(V_s - 12\ \text{V})/R_s$ 等于满刻度电流值。换句话说，即使远端探测模块电压降到 12 V，模块仍然能够提供满刻度环路电流。当然，必须确保模块在最小环路电流时仍然能够正常工作。要考虑最坏情况，即必须保证在 4 mA 电流时环路至少能够提供 12 V 的供电电压，稍大一点也无妨。这时如果能够精心设计低功耗电路，该电源甚至能够支持相当复杂的电路。

RS-232 串口信号

根据 RS-232C/D 标准，双极性数据和控制信号必须具备一定的驱动能力（见 10.5.1 节）。因此控制信号（甚至是数据信号！）可以用来支持低功耗电路的正常工作。标准输出信号能够在 3～7 kΩ

负载上维持 ±5 ~ ±15 V 的电平。RS-232 驱动器的典型输出电阻为数百欧，输出电流为 5 ~ 15 mA。要更好地利用该信号电源，必须实时监测控制线状态。如果可行，甚至可以考虑使用一对控制线，以获得两个独立的电源（最小 ±5 V）。切记，控制信号是高电平有效的（如 RTS，DTR 等），这一点和数据信号相反。

通常都是采用交流电源为计算机及外围设备供电，所以无需从 25 针 D 型连接器获取电源。然而，对于简单的串口电路来说，它真是一个非常好的选择。市场上提供的商用网络接口和调制解调器都采用这种方式。

14.3　电源开关和微功耗稳压器

14.3.1　电源开关

如果设计对象偶尔工作在满负荷状态下，其他大部分时间处于关断或小电流待机状态，就可以将常见的微处理器、稳压器和其他一些电源器件纳入微功耗设计范畴。例如，海洋学数据观测器在 6 个月的周期里通常只进行每小时 10 秒的观测实验（温度、压力、盐度和洋流），只有实时时钟和模拟信号调整电路需要连续工作，其他设备（如微处理机、数据记录仪等）除了实际数据记录时间外，基本都处于关闭状态。

即使非常仔细地进行微功耗设计，有时也会被迫使用一些大功率器件，例如高速传感器或大电流激励器等。另外也可能使用特殊的 LSI 数字集成电路、运算放大电路、滤波电路，以及其他一些非微功耗电路。此时就必须在电路不工作时关断电源。

利用普通器件和通用设计技术进行电路设计时，"电源开关"可能是最简单的微功耗设计技术。但必须保证电路"醒来"后能够正常工作（通常采用线性电路设计技术以避免干扰记忆状态，例如促使其进入饱和状态等。完全关断微处理器电路将导致"冷启动"）。当然，如果要彻底关断电路，还需要采用普通的断电方式。

实现电源开关的措施有许多种（如图 14.19 所示）：

1. 如果开关器件的工作电流不到 5 mA，可以考虑直接利用 CMOS 逻辑输出。HC/HCT 系列器件产生 5 mA 电流时仅有 0.5 V 压降；如果电流更大，就要考虑并联方式。AC/ACT CMOS 可以工作在 24 mA 电流下。

2. 饱和状态下的功率晶体管可以作为开关使用（不是跟随器），它能有效降低正向电压。但是需要较大的基极驱动电流才能保证其进入饱和状态，这是该电路的一个缺点，尽管它可能比电源开关电路的控制电流小。

3. 使用功率 MOSFET。和双极型晶体管一样，功率 MOSFET 也可以作为开关器件，而不是跟随器（P 沟道用于正电源）。另外，MOSFET 器件很容易驱动，而且在任何时候都没有栅极电流。

4. 很多低功耗稳压器都有"关断"端口，它在等待模式下具有很低的静态电流（见 14.3.2 节）。通过该端口对该器件发布命令，可以很容易地实现电源开关功能。

5. 机械继电器或锁存继电器也是一种不错的选择，它们通常采用小型金属 DIP 封装，具有零压降、高过载能力和双极性（或交流）电压切换等特点。另外，这类继电器不需要状态保持电流，但一定要采用二极管保护电路，以防止继电器驱动电路受到感应脉冲的影响（见图 1.95）。

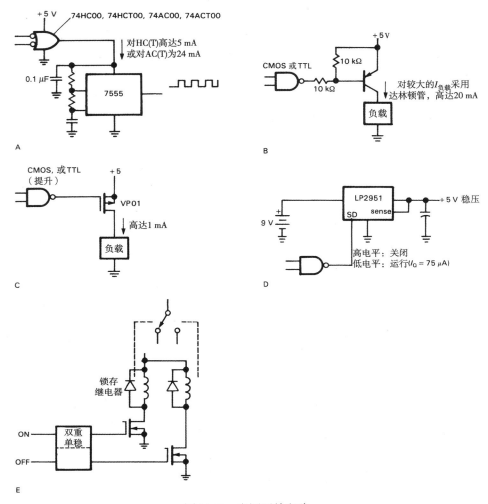

图 14.19 电源开关电路

限流电路

电源开关电路中对浪涌电流的限制非常重要，这主要有两个原因：从电池到负载的切换过程中会产生电流尖峰，即使是在小型机械继电器电路中产生的电流尖峰也会损坏开关，熔断保险丝。另外，在大电流开关过程中产生的电池电压瞬间崩溃，也会导致易失性存储器件和其他处于睡眠状态的器件丢失存储信息（见图 14.20）。

图 14.21 介绍了几种限流电路。图 14.21A 利用二极管稳压电路来消除开关过程中产生的电压瞬时失效现象；图 14.21B 所示限流稳压器也是一个不错的选择；图 14.21C 将开关置于稳压器之后，这不是很好，因为开关电阻 R_{ON} 会降低电源的稳定性。另一种方法是采用如图 14.21D 所示的限流开关电路，该电路的限流能力达 150 mA，可以防止 V_{batt} 的崩溃。

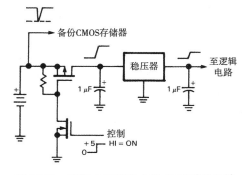

图 14.20 浪涌电流导致电池电压瞬时失效

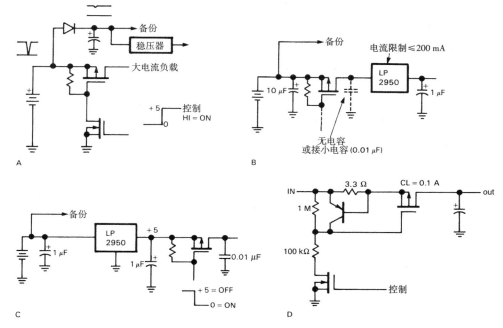

图 14.21　消除浪涌电流的 4 种电路

14.3.2　微功耗稳压器

目前还很难找到有较大输出能力的微安级静态电流稳压 IC, 只有少量器件可供选择, 如 Intersil 7663/4, 或干脆自己动手设计! 幸运的是情况正在好转。下面是目前比较常用的一些器件:

ICL7663/4, MAX663/4/6（Intersil, 后来 Maxim 及其他公司也在生产）　多端口正电压或负稳压器, 工作电压范围为 1.5 ~ 16 V, 最大静态电流为 10 μA。这类器件的缺点是: 由于伺服放大器和大量滤波电容的使用, 稳压速度较慢, 仅适合毫安级负载电流（作为 CMOS 器件, 在输入电压很高时, 缺乏灵活性）。例如, +9 V 输入电压时典型输出阻抗是 70 Ω。

LP2950/1（National）　正稳压器, 如三端口、+5 V 稳压器 2950, 八端口可变稳压器 2951。该器件的静态电流在零负载时为 80 μA, 100 mA 负载时上升到 8 mA。这些稳压器使用 PNP 晶体管来降低压差（100 μA 时最大压差为 80 mV, 100 mA 时最大压差为 450 mV）, 并保证在输入电压低于压差时静态电流不会出现激增现象。该器件的后一种特性非常适合电池供电仪器, 因为它在电池电压降低情况下也能连续工作。2951 还有关断输入端口和压差检测端口。

LT1020（Linear Technology）　多端口正稳压器, 具有 40 μA 静态电流, 2.5 ~ 35 V 输出电压, 125 mA 最大输出电流。其内部 PNP 晶体管保证了低压差特性（典型值为 100 μA 时 20 mV, 125 mA 时 500 mV）。它也有关断输入端口和压差检测端口。

TL580C（Texas Instruments）　低功耗双正开关稳压器, 输出电压范围为 2.5 ~ 24 V, 静态电流为 140 μA。和所有开关稳压器一样, 能够在很宽的电池电压范围内获得高效率（达到 80%）, 并且稳压后的输出电压具有很强的灵活性。

MAX630 系列（Maxim）　具有广泛适应性的低功耗开关稳压器。MAX630 是一个可调（2 ~ 18 V）的步进式正稳压器（即 $V_{out} > V_{in}$）, MAX634 则是一个反向开关（正进, 负出）。MAX631-3 是固定电压（5 V, 12 V, 15 V）的正向步进开关, 恰好与 MAX635-7 相反。MAX638 是一个可调的正向降压开关（$V_{out} < V_{in}$）。该系列器件都支持数百毫安的输出电流, 静态电流为 100 μA, 效率为 80%。

MAX644 系列（Maxim）　微功耗电源开关稳压器，将电池或可充电电池电压稳定在 +5 V 输出电压。设计中使用了两级开关升压变换技术：一部分电路连续工作，产生 +5 V 低电流输出信号（< 0.5 mA）；同时也产生 +12 V 直流电压信号开关 MOSFET，以产生 +5 V 的大电流输出（达 50 mA）。等待模式下的静态电流是 80 μA。MAX644 设计的正常输入电压为 1.5 V，工作时输入电压可降到 0.9 V。

另外还有一些静态电流为毫安级的 "低功耗" 稳压器件，如 78L05，LM330，LM317L 和 LM2930/1 等，非常适用于那些使用外部电源的仪器，例如太阳能电池或电话保持电路等。同时也不要忽略低功耗电压参考器件（如果它的电压特性能够满足要求），例如 PMI 公司的 REF-43 就是一种性能优良的三端稳压器，其最大静态电流为 250 μA，参考电压为 2.5 V。

表 14.4 列出了大多数市场上可以采购到的低功耗稳压器件。

表 14.4　低功耗稳压器

类型	Mfg[a]	Pins	I_Q 典型值 (μA)	Pol	V_{out} (V)	V_{in} (V)	下降 V (V)	下降 @ I (mA)	关闭	温度系数 典型值 (ppm/°C)	说明
ICL7663	IL+	8	4	+	1.5~16	1.5~16	0.8	20[b]	•	200	改进的 MAX663，7663S
MAX664	MA+	8	6	−	1.3~16	2~16.5	0.2	20[b]	•	100	也可用 ICL7664
MAX666	MA	8	6	+	1.3~16	2~16	0.9	40	•	100	MAX663 + 下降检测器
LT1020	LT	14	40[c]	+	0~35	5~36	0.5	125	—	1%	下降检测器
LP2950	NS	3	75[c]	+	5	5~30	0.45	100	—	20	下降 I_Q = 110 μA
LP2951	NS	8	75[c]	+	1.2~29	2~30	0.45	100	•	20	
MAX630	MA	8	70	+	V_{in} ~ 18	2~16.5	-	375	•	-	开关步进输出
MAX635-7	MA	8	80	±	−5,−12,−15	+2~16.5	-	375	•	-	开关逆变器
MAX634	MA	8	100	±	~ -20	2~16.5	-	375	•	-	开关逆变器
MAX631-3	MA	8	135	+	5,12,15	1.5~V_{out}	-	325	•	-	开关升压器
MAX638	MA	8	135	+	< V_{in}	2~16.5	-	375	•	-	开关降压器
TL580C	TI	8	140	+	2.5~24	2.4~30	-	100	•	-	
LM10	NS+	8	300	+	1~40	1.1~40	0.4	20	—	30	
LM2931	NS+	5	400	+	1.2~25	~26V	0.2	150	•		TO -220
LM2931-5	NS+	3	400	+	5	5.2~26	0.2	150	—		TO -92; 2931CT 是可调整的
TL750L05	TI	3	1000	+	5	5.2~26	0.6[d]	150	—		TO -92; TL751 有关闭电路
LM317L	NS+	3	2500[e]	+	1.2~37	~40V	2	100	—	0.7%	TO -92
LM337L	NS+	3	2200[e]	−	1.2~37	~−40V	2	100	—	0.7%	TO -92
78Lxx	FS+	3	3000	+	5,12,15	~30V	2	100	—		TO -92
79Lxx	FS+	3	2000	−	−5,−12,−15	~ −35V	2	100	—		TO -92; 也可用 LM320L
LM330	NS+	3	3000[c]	+	5	5.3~26	0.6	150	—		TO -220
LM2930	NS+	3	4000	+	5	5.3~26	0.6	150	—		TO -220; 也可用 LM2935

a. 参见表 4.1 的表注。　b. 对于 V_{in} = 9 V。　c. 无负载。　d. 在整个温度范围。　e. I_L（最少）。

负电源

虽然 LT1020 能够提供双极性电压，但几乎所有的线性低功耗稳压器都是正极性的，只有 ICL7664/MAX664 是例外。如果需要负电源，可以尝试下列方法：（a）电容电压转换器，如 7662；（b）互补功率 MOS 管等分立器件构成的电容电压转换器；（c）利用 7555（CMOS 555）CMOS 振荡器或方波驱动 CMOS 逻辑门电路，实现电压转换；（d）电感能量存储开关电源；（e）利用正电源和运算放大器在地和信号峰值电压之间形成的参考地。下面依次进行讨论。

1. 7662（及其早期产品 7660）是 Intersil 公司生产的 CMOS 集成电路，并广泛使用在可充电电源电路中（见 6.6.3 节）。它包括振荡器和 CMOS 开关（见图 6.58）等几个部分，通过外部电容，可以在 $+V_{supply}$ 条件下产生 $-V_{supply}$ 或 $+2V_{supply}$ 输出。和大多数 CMOS 器件一样，它的电源电压是受限的。7662 的电源电压范围是 4.5 ~ 20 V（7660 是 1.5 ~ 10 V），而且是未稳压电压，但负载过大，超过几毫安时电压会急剧下降。尽管存在这些缺点，这类器件在某些特殊环境下还是非常适用的，例如线路板上为 RS-232C 驱动器芯片供电，否则就只能使用 +5 V 单电源。MAX680 和 LT1026 是双电源电容电压转换器，利用 +5 V 电源（见图 6.60）产生 ±10 V 输出（电流达 10 mA）。另外还有一些集成了电压转换器和 RS-232 驱动器/接收器的单片 IC，如 LTl080 和 MAX230-239 系列。如果电路中存在 RS-232 通信接口，就可以利用其中一个 RS-232 驱动器 IC 产生的双电压来为其他电路供电。

2. 如果需要一个很高的负电压，也可以在电容转换器电路中（见图 14.22）通过分立 MOS 管获得。这类例子的理想电流只有几毫安，最大 30 mA。

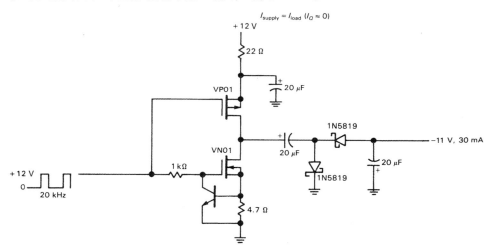

图 14.22　分立快速电容负电压转换电路

3. 图 14.23 是一个非常简单的负电压产生电路，它利用 CMOS 7555 定时器，突破了电压范围限制。7555 的正电源电压范围为 +2 ~ +18 V，并产生 –15 V 电压。当然，通过倍压器（见 1.7.4 节），几乎不用调整就能产生更高电压。如果电路中含有 COMS 逻辑器件，也可以使用 CMOS 逻辑门电路的输出代替 7555。如果是高性能 CMOS 器件，例如 HC/ HCT 或 AC/ACT，就只能获得 5 V 的电压，而更老一些的器件，如 4000 或 74 C 系列，可以在更低的电流下获得 15 V 的电压。

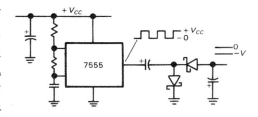

图 14.23　利用正方波信号的负电压产生器

4. 在第 5 章中曾经谈到，利用感性器件存储能量，可以设计开关电源，并输出高于或低于输入信号的电压，甚至也可以输出负电压，整个电源的效率大约是 75%，并与输入电压无关。这一点在微功耗设计中非常重要，因为此时未稳压的直流电压可由电池供电，而电池电压在使用过程中会下降。微功耗电路的开关电源可以保持很高的效率，甚至是在没有负载的情况下，这一点与普通大电流开关不同。微功耗电路通过关闭振荡器，使输出电压下降，当电压降低至某个特定值时，发出充电脉冲，并进入休眠状态。图 14.24 就是一个由 MAX631 构成的 +5 V 电源。

5. 一般不会单独使用负电源，即使是在双极性输出运算放大器电路中也是如此。例如，利用单个 +9 V 电池，通过运算放大器电路在 +4.5 V 处产生参考地（可以使用电阻分压器和微功耗的运算放大器来实现），以获得双电源电压。注意该电路的实现细节。

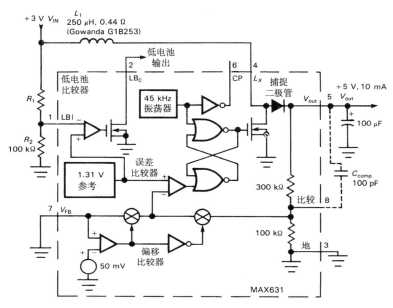

图 14.24　低功率 5 V 开关稳压器（效率 = 74%）（节选自 Maxim MAX631 手册）

14.3.3　参考地

第 3 章的运算放大器基本上都采用对称电源，如 ±15 V，这样在处理微弱信号时就显得非常灵活。在 4.6.2 节中曾经提到，利用单电源也可以产生参考电压，并代替地电位，以获得标准的双极性电源。例如电池供电电路，为简单起见，最好还是使用单个 9 V 电池。

最简单的模拟参考电位产生方法是通过电阻分压器对电池电压进行分压，然后用微功耗运算放大器设计的跟随器产生低阻抗的公共参考点。在外界看来，公共点是"地"，而电池两端则悬空，如图 14.8 所示。

上述电路选择的是 3440 CMOS 可编程运算放大器，静态电流约为 5 μA。分压器采用大电阻来保证电路的低耗流，旁路电容则提供很低的信号阻抗，使电路不容易产生干扰噪声，或受到其他信号的干扰。3440 是一个不错的选择，因为即使是在 1 μA 时也能提供良好的灌电流或拉电流。这些特性不是所有运算放大器都具有的，大多数运算放大器处于微功率时，这个性能已经很差了。例如 LM346，工作电流为 5 μA 时只能提供 0.1 mA 的拉电流，虽然它此时还能灌入 20 mA 电流（见图 14.32）。

注意，参考电压并不一定是电池电压的一半，非对称分压结果也许更好，这样能保证系统具有最大输出信号幅度（参见 14.4.3 节的一个例子）。在电路中，最好是将参考点电压设置为一个固定值，并由微功耗电压基准精确确定，这样输出幅度就是相对于公共电压参考点的稳压电源电压差。

输出阻抗

有些情况下参考地的产生根本就不需要运算放大器。例如，如果参考电压只是作用于运算放大器的输入端（在常见的电源分压式电路中它可能是接地的），只需要一个高阻抗的电阻分压器就够了。为了维持电路中信号处理的低阻特性，可以对电阻分压器进行旁路。

更常见的情况是，包括直流和处理信号的参考地都必须呈现为低阻。举例来说，一些 IC 可能会把它作为反向输入端；另外，低通滤波器、偏置网络和负载也可能将其作为公共点。仔细观察任何一种分压式供电电路，都会找到直流和信号电流在公共地的流入和流出点。在上例中，就必须确保产生参考地的运算放大器具有足够的输入输出能力，并满足电路需求。微功耗运算放大器有相当高的开环输出阻抗（见图 7.16），因此，当频率很高时（此时环路增益不高），参考地的阻抗可能上升到数千欧。一种简单的措施是对参考地进行旁路（见图 14.25A），但这又很容易导致振荡，而这一切都源于反馈回路中滤波电容和运算放大器高输出阻抗产生的迟滞相移。图 14.25B 给出了相应的解决方法：位于反馈回路外部的能够提高直流阻抗的数百欧的去耦电阻。利用这两个器件，图 14.25C 巧妙地实现了上述目的，不仅具有直流反馈特性（通过 R_2），而且非常稳定。

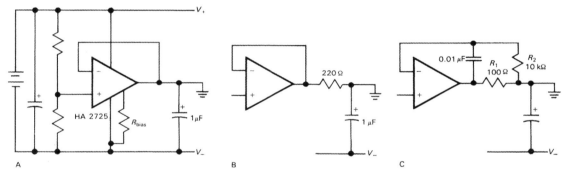

图 14.25　旁路式电源分压器

无论采取何种措施，都必须对电路的稳定情况和瞬时负载条件进行测量。一种较好的瞬时负载特性测试方法是观察低频输入方波信号的输出电压。一些运算放大器（例如 HA2725 和 MC3476）能够直接驱动大容性负载，不存在稳定性问题。显然，在这种情况下外部电容被映射为内部补偿电容，消除了振荡极点。然而在更多的情况下，必须处理不同相位滞后产生的新问题。

必须注意旁路电容的选择，参考地的负载产生的电流尖脉冲，如果采用较大的旁路电容，能够得到有效抑制，但和小电容相比，它有较长的恢复时间，如图 14.26 所示。高增益低速电路的情况会更糟，指数形式的缓慢恢复时间代替了输出端的无害小尖脉冲。

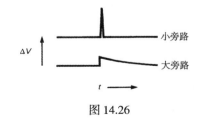

图 14.26

在参考地的设计中，千万不要忽略其他 IC 产生的电压参考输出。例如，LM322 定时器会产生一个稳定的 3.15 V 电压输出。其他通过外部提供参考电压的芯片，例如 A/D 转换器、V/F 转换器（例如 331，其电压参考为 1.89 V）以及具有 200 mV 内部参考电压放大器的 LM10，另外还有其他一些不太著名的运算放大器。图 14.27 给出了几种缓冲电压参考电路。

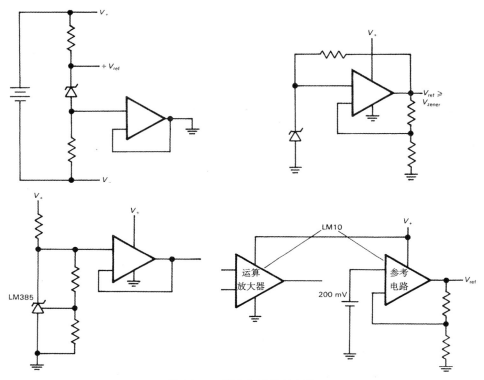

图 14.27　缓冲电压参考电路

14.3.4　微功耗电压参考和温度传感器

相对来说，大多数齐纳和带隙电压参考的功耗都较大，不太适合微功耗电路。如表6.7所示，大部分三端电压参考器件的工作电流是毫安级，大部分两端齐纳电压参考器件的工作电流也非常相似。

幸运的是，也存在一些适合于微功耗电路的电压参考。LM385 系列就包含一种可编程两端口带隙电压参考（1.24 V 和5.30 V）和两种固定电压参考（LM385-1.2，1.235 V 和LM385-2.5，2.50 V）。固定电压参考模型的工作电流可以低至 10 μA，且对应40 μA 和 100 μA 工作电流的动态阻抗仅为1 Ω。可编程电压参考的最小电流依电压而定，从 10 μA 到 50 μA 不等。该系列电压参考器件的温度系数均可低至 30 ppm/°C。ICL7663/4 稳压器（见 14.3.2 节）可以作为三端电压参考器件使用，其典型静态电流为 4 μA，动态输出阻抗为2 Ω。ICL8069 是一种二端带隙参考，工作电流不到 50 μA（此时动态阻抗为 1 Ω），温度系数为 50 ppm/°C。AD589 有相似的工作特性，但温度系数得到进一步改善（降到 10 ppm/°C 以下）。Linear Technology 公司生产的LT1004类似于LM385-1.2，而LT1034则是一种双两端电压参考（1.2 V 和 7.0 V），1.2 V 参考电压的最小工作电流是 20 μA，温度系数是20 ppm/°C；7 V 参考电压的最小工作电流是 100 μA，但噪声要低于带隙电压参考。

在微功耗电路中，为了获得更好的温度特性，可以求助于LM368之类的三端电压参考器件，它有 5 V，6.2 V 和 10 V 三种电压参考标准（0.05% 精度），一般消耗 300 μA 电流，在整个频率范围内都有很低的输出阻抗，且温度系数可低至 10 ppm/°C。一种更好的电压参考器件是 REF-43，它采用三端封装，参考电压值为 2.5 V，精度为 0.05%，最大温度系数为 3 ppm/°C。另外，它的输出阻抗也很低（$Z_{out} = 0.1\ \Omega$），稳压特性（2 ppm/V_{in}，最大）也不错，输出电流为 10 mA，最大静态电流为 250 μA。

表 14.5 列出了目前常见的几种微功耗电压参考器件。

表 14.5　微功耗电压参考器件

类型	Mfg[a]	价格	带隙/齐纳	管脚	调整	电压 (V)	Acc'y (%)	温度系数（最大）(ppm/°C)	最小电源电压 (V)	电源电流 (μA)	输出电池电流 (mA)	噪声 典型值 10Hz~10kHz (μV,rms)	偏移 典型值 (ppm/1kh)	V_{out} 典型值 (Ω)	@ I_{ref} (μA)	说明
TSC04A	TS	2	B	2	–	1.26	2	50	–	15	–	–	–	0.3	1000	
TSC05A	TS	2	B	2	–	2.5	3	50	–	20	–	–	–	0.3	1000	
REF25	FE	2	B	2	–	2.5	–	55[t]	–	60	–	–	–	1.5	–	
REF43F	PM	3	B	8	•	2.5	0.05	10	4.5	350	10	5[f]	–	0.03	–	2ppm/V_{in}, max
REF50	FE	2	B	2	–	5.0	–	55[t]	–	60	–	–	–	1.5	–	
LM385	NS	2	B	3	•	1.2-5.3	–	30	–	9	–	50[c]	20	0.4	100[c]	
LM385-1.2	NS	2	B	2	–	1.2	1	30	–	10	–	60	20	1	40	LT1004-1.2
LM385-2.5	NS	2	B	2	–	2.5	1	30	–	20	–	120	20	1	100	LT1004-2.5
AD589M	AD	2	B	2	–	1.24	2	10	–	50	–	5	–	0.6	500	MP5010
LT1034	LT	2	B	2	–	1.22	1	20	–	20	–	4[d]	20	0.3	100	双参考值
"	LT	2	Z	2	–	7	3	40[t]	–	100	–	–	20	–	–	
LP2950ACZ	NS	3	B	3	–	5.0	0.5	100	5.4	120	100	430[e]	–	0.02	100	稳压器
ICL7663/4S	IL+	3	B	8	•	1.5-10	–	100[t]	1.5	10	40	–	–	2	–	MAX663/4
ICL8069	IL	2	B	2	–	1.23	2	50	–	50	–	5	1	1	50	
TSC9491A	TS	2	B	2	–	1.22	2	50	–	50	–	–	–	2	–	

a. 参见表 4.1 的表注。 b.（对两项参考值）最小的工作电流；最大静态电流（对三项参考值）。
c. 在参考电压 V_{ref} 处。 d. 范围：0.1～10 Hz。 e. 1 μF 旁路，10 Hz～100 kHz。 f. 0.1 Hz～1 kHz 最大值。 t. 典型值。

最后，我们介绍几种将温度转换成电流或电压参数的微功耗集成电路。AD590 和 AD592 是二端电流源，工作电压范围为 4 ~ 30 V，工作电流为 1 μA/°K（即 298.2 μA/°C）。LM334 的工作特性相似，但可以通过编程管脚设定转换因子，其工作电流为 1 μA ~ 10 mA。LM34（华氏温度）和 LM35（摄氏温度）是电压输出三端温度传感器，0°F/0°C 时对应的输出电压为 0 V，并分别具有 10 mV/°F 或 10 mV/°C 的温度系数，另外它们的静态工作电流也只有 100 μA。LM335 是二端的齐纳 IC，击穿电压为 10 mV/°K（0°C 时是 2.982 V），工作电流为 400 μA。其他相关信息可参见 15.1.1 节。

14.4　线性微功耗设计技术

前面已经就微功耗仪器所涉及的电源、电源开关、稳压器和电压参考技术进行了讨论。现在，在本书的剩余章节里我们将进一步讨论线性电路和数字电路本身的设计问题。首先需要讨论的是分立线性电路（高增益低功耗音频放大器），然后是低功耗运算放大器设计技术、数字微处理器设计技术，最后是低功耗器件封装技术。

14.4.1　微功耗线性设计

总的来说，低功耗线性设计意味着低集电极（漏极）电流，以及高集电极（漏极）电阻。结果，密勒效应和 RC 滚降因子等电容效应起决定性作用。这就需要借助射频领域里广泛使用的无线电设计技术，例如级联技术（见 2.4.5 节）、射极跟随器技术和串并联技术（见 13.1.7 节）。即使是在频率很低时，RF 晶体管（1 GHz 以上的截止频率 f_T）也是一个很好的选择，因为它们有极低的反馈电容 C_{ob}。例如，MRF931 晶体管，当 $V_{CE} = 1$ V 时，$C_{ob} = 0.35$ pF，并且能够工作在 1 V 和 0.1 mA 条件下（当 $I_C = 1$ mA，$V_{CE} = 1$ V 时，$f_T = 3$ GHz）。尽管测量结果非常令人满意，但如果可能，最好还是选择低工作频率，例如微处理器或其他 CMOS 数字电路的时钟频率。

低功耗器件工作时，其不利因素是：噪声产生机率增加（由于高信号源阻抗）、驱动能力降低（低电流、高阻抗），以及相对高的晶体管噪声电压 e_n（源自内部电阻 r_e 的约翰逊噪声，见 7.3.3 节）。后一问题增加了低功耗电压参考的困难，一定要注意噪声特性。另外，即使使用了射极跟随器，输出阻抗也可能相当大（$I_C = 1$ μA 时，$r_e = 25$ kΩ）。

一般来说，必须考虑低电压工作情况，因为要达到相同的工作电流，必须降低集电极电阻。另外，在集电极电流相同时，功率损耗与电源电压成正比。

14.4.2　分立器件线性设计举例

假设需要设计一个电池供电的低噪声、低静态电流、高增益的音频放大器（至少 80 dB）。由于信号电平变化范围很宽，该放大器最好能够进行增益切换，以满足信号电平范围（如 60 dB）要求。另外，为确保 9 V 碱性电池（500 mAh）的使用寿命，放大器的最大耗流不能超过 20 μA（这样才能保证 3 年的使用寿命）；考虑到电池还要给其他电路供电，放大器电流设计指标确定为 10 μA。

首先必须清楚，现有低功耗运算放大器不能满足所有性能指标要求。CA3440 是一种不错的芯片，工作电流为 10 μA，最低直流增益为 80 dB，增益带宽积为 300 kHz，也就是说，在放大 20 kHz 信号时只能获得 15 倍（24 dB）的放大倍数。在后面章节里将讨论低功耗运算放大器设计以及它的局限性。现在需要了解的是运算放大器的设计指标（直流耦合、精度、增益补偿）和实际要求的差异，利用分立器件设计技术可以设计出性能更好的放大器。

首先来观察 4.8.3 节中的串联反馈电路。设计的第一级电路如图 14.28 所示，采用了超 β 低噪声晶体管对，总集电极电流为 5 μA，设计增益（R_2/R_3）为 200（46 dB）。图中省略了偏置电路，

Q_1 的静态电流由 V_{BE} 和 R_1 确定，一旦 Q_2 的静态电流选定，集电极电压就决定于 R_2。由于集电极电流较低，晶体管发射结电阻 r_e 很高，分别是 12 kΩ 和 8 kΩ。

这两级电路具有 10 μA 静态电流，90 dB 信号增益，也许应该在输出端增加射极跟随器。前面曾经提到，在低电流高阻电路中，电容效应会恶化。下面来探讨电容影响电路性能的原因。

为了评估密勒效应，需要了解两级晶体管间的电压增益分配情况。Q_2 的 r_e = 8 kΩ，因此它的电压增益大约是 85；第一级由于发射极反馈，电压增益大约只有 2.4。第二级的高增益表明密勒效应控制了整个放大器的滚降特性。事实上，当 V_{cb} = 2 V 时，2N5087 的 C_{cb} = 6.5 pF，相当于基极存在一个 550 pF 的对地电容。密勒电容的电抗在频率为 1 kHz 时为 R_1，若不是全局负反馈，

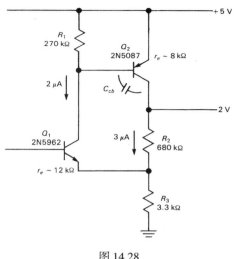

图 14.28

信号在该频率上会产生 3 dB 的增益下降。引入反馈后，增益下降点提高到 4.4 kHz 处，但对音频放大器来说仍然太低，理想值应该达到或超过 20 kHz。

要彻底解决这个问题，必须注意电容 C_{cb}，它是引起增益下降的元凶（密勒效应），因此必须选用低 C_{cb} 晶体管。PNP 型晶体管 2N4957 就是一种比较恰当的选择，作为低噪声、高增益 UHF 放大器，它在 2 V 时的 C_{cb} = 0.6 pF。图 14.29 给出了一个完整的音频放大器电路，两个级联的串联反馈电路，最终通过射极跟随器输出。第二级电路中较大的发射极电阻提供了恰当的偏置，以便与前一级电路直接耦合。增益控制电路由 4066B CMOS 开关矩阵实现，具有很低的噪声特性和良好的内部开关隔离特性。在这样的高增益放大电路中，必须考虑电源电路的去耦问题。在所有开关闭合情况下，该音频放大器具有 90 dB 增益（根据各种不同的开关组合，增益可降到 30 dB）、27 kHz 带宽、输入噪声电压密度为 12 nV/$\sqrt{\text{Hz}}$，音频放大器源阻抗为 50 kΩ 时，噪声系数是 1.1 dB。这个设计和最初考虑的 CMOS CA3440 电路相比，就大不一样了，CMOS CA3440 的噪声系数是 20 dB（e_n = 110 nV/$\sqrt{\text{Hz}}$）。即使是 PMI 公司的双极型放大器 OP-90，在 20 μA 电流、带宽增益积为 25 kHz（20 kHz 时只允许 2 dB 的增益）时，e_n = 40 nV/$\sqrt{\text{Hz}}$。可见，分立器件设计技术在本例中的应用非常成功。

一般认为，在音频领域使用 UHF 晶体管是非常荒谬的一件事情，但上述例子表明，这很有意义。RF 数据手册里中可以找到很多类似器件，例如 MRF9331，即使在电压为 0 V 时，C_{cb} = 0.25 pF，而且 1 mA 电流时的 f_T = 5 GHz。这些器件可以在低电压和低电流条件下工作，非常适合电池供电。在 MRF9331 的实测中发现，V_{CE} = 1.5 V，电流为 10 nA 时，h_{FE} = 30；若电流变为 1 μA，则 h_{FE} = 60。

14.4.3　微功耗运算放大器

普通的线性设计技术如果能够满足性能指标要求，设计人员一般都不再利用分立的低功耗放大管来设计微功耗放大器。近年来，双极型线性 IC 性能以及 CMOS IC 制造工艺的稳步提高，进一步促进了微功耗运算放大器在设计中的使用。但是，在具体应用微功耗运算放大器时，也同样存在着设计上的限制，必须进行权衡和折中。首先让我们来看看其中的一些问题。

其他情况都差不多，降低运算放大器的工作电流将导致截止频率 f_T 和电平变化速率的降低，输出阻抗 Z_{out}、交越失真和输入噪声电压 e_n 的增加。大多数情况下，输出驱动电流 I_{out} 也会降低。除了

这些不利因素外，微功耗运算放大器的折中设计还可能导致其他电路缺陷，如低频振荡（汽船声）、延迟、输入漂移补偿电路稳压范围不足等。

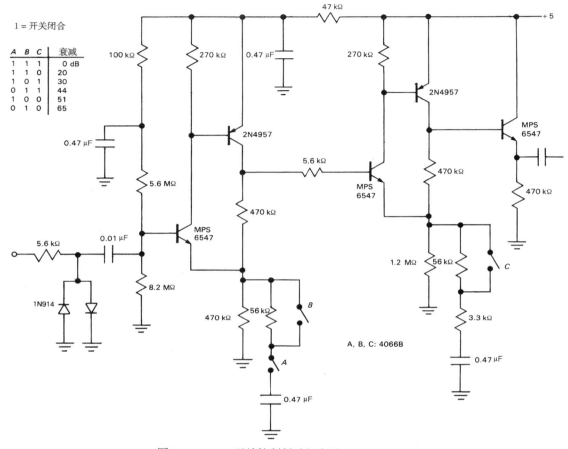

图 14.29　FET 开关控制低功耗高增益音频放大器

微功耗设计往往还意味着电池供电电路的设计，通常是单端直流电源（而且还可能是未稳压电源）。采用单端、低电压电池供电，会限制运算放大器的输出幅度，为了保证小信号动态范围和精度，很有必要采用比传统 ±15 V 电源电路更小的 V_{os}。例如，单 9 V 电池供电情况下（接近电池寿命时电压降为 7 V），当信号电压幅度仅为 2 V 时，运算放大器的最大电压幅度被限制在 3 V；然而当采用 ±15 V 电源时，输出峰－峰值可达 26 V。该例表明，如果想在电池供电电路中维持相同的精度，就必须将运算放大器的输入失调降低 10 倍以上。

可编程运算放大器和微功耗运算放大器

适合微功耗设计的运算放大器有两类：**可编程运算放大器**和**微功耗运算放大器**。

可编程运算放大器（见 4.4.3 节）与普通运算放大器类似，但增加了设置 IC 的内部工作电流的可编程管脚。可编程运算放大器通常采用各种比例的镜像电流来设置内部各级放大器工作电流，因此总的静态工作电流将是可编程电流 I_{set} 的整数倍。可编程管脚通常直接驱动镜像电流，因此设置电流 I_Q 的常规方法就是在可编程管脚和电源（通常是 V_-）之间跨接电阻。这样，静态电流会降到毫安级以下（例如，$I_Q = 1\ \mu A$ 时，4250 可编程运算放大器的 SR = 0.005 V/μs，$f_T = 0.01$ MHz），尽管它同时会降低信号动态范围。目前流行的可编程运算放大器有 LM346 和 4250（都是双极型器件）以及 CMOS 器件 CA3440。

　　微功耗运算放大器是一种简单的运算放大器，内部静态工作电流很低，也没有可编程管脚。例如精密运算放大器 OP-20（45 μA）、OP-90（最大 12 μA），以及 TI 的 "LinCMOS" 系列运算放大器中的 TLC27L2（20 μA）。另外根据管脚的连接方式：V_+，V_- 或断开，可以调节工作电流。例如 TLC271 和 ICL7612，都可以采用这种方式，可选择的工作电流是 10 μA，100 μA 和 1 mA 三种。

运算放大器设计举例：stuck-node 跟踪器

　　首先我们举一个简单的微功耗运算放大器设计实例。电路板经常会发生短路现象，我们称之为 stuck-node，其原因可能是电路板上线路本身，也可能是某些器件（例如数字三态驱动器）的输出维持在固定状态上。这时很难确定，此时无论从何处观察，这根线的对地电压都是 0 V。

　　但是，有一种技术非常有效，就是利用一个非常敏感的电压表沿着 stuck-node 测量压降。印刷电路板上的信号线规格一般是 0.012 英寸宽、0.0013 英寸厚（每平方英尺 1 盎司），折合成阻抗是 44 mΩ/in。所以，如果是器件原因导致该印制线与地短路，输入 10 mA 直流诊断电流时，就会在印制线短路方向上产生 440 μV/in 的电压降。

　　现在我们来具体设计这个 stuck-node 跟踪器。显然，它应该利用电池供电，以便能够在测试电路板上随处移动。另外它还必须足够灵敏，能够在零点附近测量到 ± 100 μV 的压降，当然距离越大压降也越大。理想情况下，它应该采用非线性刻度，这样即使有几十毫伏的电压降也不会发生满偏现象。如果采用低功耗设计，可以省掉 ON/OFF 开关，9 V 电池或 AA 型电池的泄漏电流小于 20 μA 时，有正常的使用寿命（500 mAh 和 1400 mAh）。

　　电池供电，最简单的方法是利用高增益同相放大器驱动零中心点电压计，如图 14.30 所示。由于输入和输出都是双极型器件，所以最好使用一对 AA 电池，来产生运算放大器所需的 ±1.5 V 未稳压电源。背对背肖特基二极管可以在输出幅度过大时降低增益，避免过载。图 14.31 给出了放大器随 V_{in} 变化的响应曲线。注意电路中的输入保护电阻，它用来避免输入电压大于 ±1.5 V。输入端的 10 kΩ 电阻用来确保没有输入信号时测试电路输出电平为零。

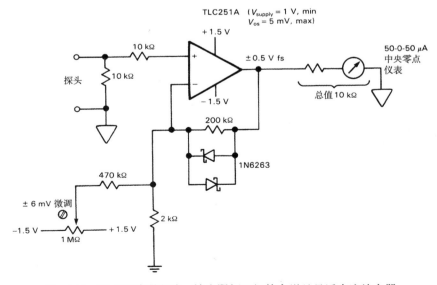

图 14.30　节点跟踪器电路：输出限幅二极管高增益悬浮直流放大器

在电路电源为 ±1.5 V，微功耗电流要求下，stuck-node 跟踪器设计最主要的困难是获取不到 100 μV 的输入失调电压，TLC251A 的工作电压可以低至 1 V，并且其 CMOS 输出能够提供有效的电压幅度。TLC251A 的工作电流可在 10 μA，150 μA 和 1 mA 中选择，显然，我们一般都会选择 10 μA（将管脚 8 与 V_+ 相连）。这种选择会降低信号电平的变换速率和带宽，但在这里我们并不关心这个问题，另外低电流的选择也提高了输入失调漂移（0.7 μV/℃）。原始的输入失调电压是 5 mV，显然必须要对其进行修正。跟踪器说明书是这样描述的："零电压值范围会随偏置选择的不同而不同……低电压偏置或 TLC251 在 4 V 以下时，无法在所有测量单位上都准确校零"。

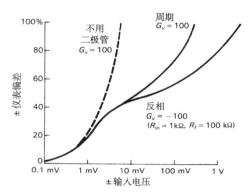

图 14.31   具有非线性反馈的节点跟踪器可获得较大的动态范围

如果常规失调调整电路无效，那就只有自己动手设计了！这里我们先对给出的电路进行分析。显然该电路能够可靠工作，能在反相输入端产生 5 mV 以上的电压信号。另外，它仅增加了 3 μA 的电流。但这只是一种折中，因为失调电压的补偿依赖于电池电压，而该电压恰恰又没有经过稳压。失调电流与电池电压成正比，因此在最坏情况下（初始输入误差已达 5 mV），电池电压变化 1%，失调电压就会变化 50 μV。

这个问题很难圆满解决，但是 PMI 公司的 OP-90 却提供了一个比较完美的解决方案。这是一个微功耗运算放大器，工作电流是 12 μA，即使工作电压降至 ±0.8 V 时仍然能够正常工作。OP-90 中最高等级的器件是 OP-90E，未进行失调控制时的最大 V_{os} = 150 μV，尽管它是双极型晶体管，输出的负端可以是负电源电压，正端可以是二极管压降，这已经非常不错了！在这个电路中，基于更多考虑，采用了较低等级的 OP-90G（0.5 mV），并从外部进行失调控制。使用固定偏置微功耗运算放大器而不是可编程运算放大器的一个重要原因是，它可以确保失调电压的良好稳压。

各种微功耗运算放大器

第一个可编程运算放大器（实际上是第一个低功耗运算放大器）是 Union Carbide 公司在 1967 年生产的双极型 4250，后来 Union Carbide 公司把线性产品的生产线卖给了 Solitron 公司。1970 年，4250 的售价是 42.50 美元。后来，4250 很快就得以普及，一直到现在，它可以使用可充电电池。4250 的工作电流可以低至微安，并使用 2 V 工作电压。现在 4250 以其价格和性能上的优势而成为一种全能器件。

4250 采用的特殊设计技巧，也使得它在低电流时会出现一些问题。它的偏置电路也很有趣，如果到地的输出负载电流很大（与一对 h_{FE} 的乘积 I_{set} 相比），可以给给输出驱动器提供额外的电流。这本来是用于提高负载驱动能力的，但如果过分使用，也会产生事与愿违的结果：驱动器会从其他运算放大器分流，最终导致运算放大器停止工作，待补偿电容充电结束后，重新开始工作，如此循环，从而出现几百赫的低频振荡信号。

这个问题在四双极型晶体管的 LM346 中得到解决。LM346 不再是"摩托船"了，但在低电流下却表现出糟糕的输出电流驱动能力，如图 14.32 所示。除此之外可以认为 346 是一种性能非常优良的运算放大器，1 + 3 结构运算放大器，一对可编程输入管脚。

超低电流双极型可编程运算放大器存在的一个问题是输入偏置电流的下降速度要低于供电电流下降速度（输入级 β 值在低集电极电流时会下降）；以 LM346 为例，当运算放大器的工作电流为 35 μA 时，有很大的 I_b，达 100 nA。这个问题变得非常严重，因为大多数双极型可编程运算放大器的输入级都未使用达林顿管或超 β 晶体管。最新的可编程运算放大器强化了 MOSFET 设计，例如 Intersil 公司的 ICL761x 系列、TI 公司的 "LinCMOS" TLC250/270 系列和 RCA 公司的 CA3440。这些器件的偏置电流都在皮安级，当共模信号降至负电源电压时仍然能够正常工作。ICL7612 在处理超过幅度范围的共模输入信号时，有一些新的特点。MOSFET 的输出幅度可达电源电压；761x 系列的输出可以在信号幅度两端处于饱和状态，而 TLC250/270 系列则只能在负端达到饱和。只有 3440 是连续可编程的（其他器件则仅提供 3 种电流选择），并在极低的工作电流方面是无可置疑的冠军。尽管它在速度上并不是最优的，但在纳安电流下也能正常运行：100 nA 电流时，3440 的转换速率是 0.0004 V/μs，f_T 是 200 Hz！然而，由于其 MOS 结构特性，它仍然具有良好的输出驱动能力（2 V 时，输出驱动电流为 ±1 mA）。因此在微功耗电路设计中，3440 是一个非常好的选择。

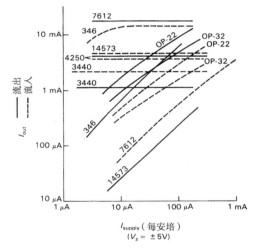

图 14.32　不同可编程运算放大器关于电源电流的输出驱动能力（流出与流入）

　　TI 公司的 LinCMOS 系列产品（TLC250/270 系列）有一些非常好的特性，包括（如 3440）低电流下的良好驱动能力。它使用掺磷多晶硅栅极技术产生极低的失调漂移量（0.1 μV/月），以克服常规金属栅极 MOSFET 运算放大器和比较器在这方面的缺点。TI 公司有一种非常成功的产品，遗憾的是，线性数据手册上关于它的信息却很少，但这也十分符合该公司一贯的作风。

　　大多数 CMOS 运算放大器（包含上面提到的）都存在一个共同的问题，那就是总电源电压受限（见 4.6.2 节），其典型值是 16 V（例如，最大值为 ±8 V），这不是什么好事情。CMOS 运算放大器的优点在于它们在很低的电压下仍然可以正常工作（761x 在 2 V，TLC250 在 1 V，3440 在 4 V 下都可以正常工作）。

　　我们已将所了解的微功耗运算放大器和可编程运算放大器归纳在表 14.6 和表 14.7 中。如果和表 3.1 进行比较，就会发现微功耗设计是一个非常特殊的课题。

微功耗设计实例：集成节拍器

　　图 14.33 是一个产生滴答声的微功耗电路，该滴答声的频率与胶片放大镜头的光照强度成正比。由此可以根据滴答声来确定放大物的曝光时间，即使镜头亮度发生变化（可能是因为电源电压的变化、荧光灯镜头变热等），胶片也会得到均匀曝光。低功耗电路的设计目标包括以下内容：9 V 电池供电（要求简单、便宜），无 ON/OFF 开关（人们也许会忘掉关掉），并且还应该具有电池检测指示功能（利用 LED 指示灯）。

表 14.6　微功耗运算放大器

型号	Mfg[a]	电源电流 每安培 ($V_s=\pm5V$) typ (μA)	外壳包装 每安培 1 2 4	FET[b]	从共模到差模 两极限值	总的电源电压 最小值 (V)	总的电源电压 最大值 (V)	典型值 V_{os} (mV)	典型值 I_b (nA)	e_n@10Hz 典型值 (nV/√Hz)	转换速率 典型值 (V/μs)
CA3420	RC	400	• - -	M	N	2	20	2	0.05pA	350	0.5
AD821B	AD	400[m]	• • •	J	N	4	36	0.1	0.01	90	3
OP-97E	PM	380	• - -	-	-	4.5	40	0.01	0.03	17	0.2
LT1012C	LT+	380	• - -	-	-	4	40	0.01	0.03	17	0.2
LT1013C	LT	370	• • •	-	N	4	40	0.06	15	24	0.4
358/324	NS+	350	- • •	-	N	3	32	2	45	-	0.5
TSC911A	TS	350	• • •	M	N	4	16	0.005	0.07[m]	11[e]	2.5
TSC918	TS	300	• - -	M	N	4.5	16	0.005[m]	0.1[m]	4[e]	0.2
ALD1701	AL	300	• - -	M	B	2	12	2	0.001	-	1
LM10	NS+	270	• - -	-	N	1.1	40	0.3	10	50	0.1
312	NS+	240	• - -	-	-	4	40	2	1.5	45	0.1
MC34181	MO	210	• • •	J	-	3	36	0.5	0.003	65	10
OP-80E	PM	200[m]	• - -	M	N	4.5	16	1[m]	10fa	70[f]	0.2[m]
HA5151	HA	200	• • •	-	-	2	40	2	70	15[f]	4.5
TL031	TI	190	• • •	J	P	10	36	0.5	0.002	61	2.9
MC33171	MO	180	• • •	-	N	3	40	2	20	32[f]	2.1
OP-21	PM	170	• • •	-	-	5	36	0.04	50	20	0.3
TL061	TI+	170	• • •	J	-	4	30	3	0.03	85	3.5
MAX432	MA	170	• - -	M	N	6	32	0.001	0.01	1.2[e]	0.13
TLC25M2A	TI	150	- • •	M	N	1	16	5[m]	0.001	38[f]	0.6
LF441	NS	150	• • •	J	P[g]	6	36	0.3	0.01	50	1
AD548C	AD	150	• • •	J	-	9	36	0.25[m]	0.005	35[f]	1.8
TSC900	TS	140	• - -	M	N	4.5	16	0.005[m]	0.07[m]	4[e]	0.2
ICL7621	IL	100	• • •	M	-	2	18	5[m]	0.001	100[f]	0.2
LT1006	LT	90	• - -	-	N	4	40	0.03	10	24	-
TL022	TI	65	- • •	-	-	4	36	1	100	50[f]	0.5
HA5141A	HA	45	• • •	-	N	2	40	0.5	45	35	1.5
OP-20	PM	40	• • •	-	N	4	36	0.06	15	60	0.03
LT1078A	LT	40	- • •	-	N	2.2	44	0.03	6	29	0.07
LP324	NS	20	- - •	-	N	3	32	1	1	-	0.05
TLC1078C	TI	15	- • •	M	N	1.4	16	0.18	0.7pA	68[f]	0.05
LT1178A	LT	15	- • •	-	N	2	44	0.03	3	50	0.03
OP-90	PM	12	- • •	-	N	1.6	36	0.05	4	35[h]	0.01
TLC25L2A	TI	10	- • •	M	N	1	16	5[m]	0.001	70[f]	0.04

a. 见表 4.1 的表注。　b. J-JFET; M-MOSFET。
c. 输入运算共模范围：B 表示至两极限值，N 表示至负端极限值，P 表示至正端极限值。
d. 当电流流出时，为零值。　e. μV pp，0~10 Hz（典型值）。　f. 在 1 kHz 处。
g. 降低的 SR 与 f_T。　h. 在 30 Hz 处。　m. 最小值/最大值。

型号	f_r特征频率 (kHz)	G_{OL}增益 (dB)	输出电流 流出 (mA)	吸收 (mA)	输出两端极限值的 ΔV V_+ (V)	V_- (V)	说明
CA3420	500	100	1.5	1.5	0.1	0.1	低 I_b
AD821B	1300	120	10	10	0	0	精确的，单电源地
OP-97E	900	126	10	10	1	1	低功率 OP-77
LT1012C	1000	126	10	10	1	1	高精度，低噪声，低 I_b
LT1013C	1000	137	20	20	1	0	经改进的 358/324
358/324	500	115	20	20	1.5	0.5^d	常用的单电源
TSC911A	1500	120	3.5	3.5	0.7	0	斩波器，内插座
TSC918	700	130	-	-	1	0	斩波器，价格适中
ALD1701	1000	108	0.5	0.5	0	0	输入，输出至两端极限值
LM10	300	120	20	20	0.01	0.01	输出至两端极限值，内部参考值
312	400	110	5	5	1	1	原始低 I_b 精度
MC34181	4000	88	8	11	1	0.5	快速，低失真
OP-80E	300	100	10	10	1.5	0	超低 I_b，在 85℃ 仅为 5 pA（最大值）
HA5151	1300	100	3	3	1	0.7^d	快速
TL031	1000	83	8	20	1	1.1	改进了的 TL061
MC33171	1800	114	4	15	1	1	
OP-21	600	120	-	-	1	1	高精度，低噪声
TL061	1000	80	15	15	1.5	1.5	快速
MAX432	125	150	0.2	3	0	0	斩波器；低时钟的噪声；C_{int}
TLC25M2A	700	106	10	3	1.5	0	LinCMOS 序列
LF441	1000	100	4	6	2	2	常用的 JFET
AD548C	1000	100^m	5	5	2	2	改进的 LF441；双重 = 648
TSC900	700	130	2.5	2.5	1.5	0	斩波器电路
ICL7621	500	102	20	0.6	0	0	输出至两端极限值
LT1006	-	126	20	20	1	0	高精度
TL022	500	80	2	2	2	2	
HA5141A	400	100	3	0.8	1	0.5^d	快速
OP-20	100	120	0.5	0.5	0.5	0.5	高精度
LT1078A	200	120	10	10	1	0	高精度，推荐使用
LP324	100	100	10	5	1.5	0.5^d	常用的双极性
TLC1078C	110	118	15	15	1	0	LinCMOS，低漂移
LT1178A	60	117	5	5	1	0	高精度，推荐使用
OP-90	20	122	5	5	1	0.7^d	高精度，推荐使用
TLC25L2A	100	110	10	3	1.5	0	

表 14.7　可编程的运算放大器

型号	Mfg[a]	电源电流 最小值(μA)	电源电流 最大值(μA)	外壳包装 1	2	4	从共模到差模两端的极限值[b]	[c]	最小值(V)	总电源电压 最大值(V)	I_s 每安培[d] (μA)	I_{set}[d] (μA)	V_{os} 典型值(mV)	I_b 典型值(nA)	在10Hz处的 e_n 典型值(nV/√Hz)	转换速率 典型值(V/μs)	f_T 典型值(kHz)	G_{OL} (dB)	输出电流 流出(mA)	流入(mA)	偏离两端极限值的输出 ΔV V_+(V)	V_-(V)	说明
OP-22	PM	1	400	•	-	-	-	N	3	30	10 / 100	1 / 10	0.1	3 / 20	90 / 40	0.008 / 0.08	20 / 200	125	0.7 / 5	0.4 / 2	0.8	0.8	
OP-32	PM	1	2000	•	-	-	-	N	3	30	10 / 100	0.6 / 6	0.1	2 / 15	120 / 50	0.03 / 0.3	100 / 1000	125	0.4 / 2	0.2 / 1	0.8	0.8	
XR094	XR	-	7000	-	-	•	J	-	-	36	10 / 100	2.3 / 23	3	0.08	18[ef]	0.1 / 1	20[g] / 200	105	-	-	1.5	1.5	较差的数据特性；I_{set} 源
TLC251B	TI	10	1000	•	•	•	M	N	1	16	10 / 150	-	2[m]	0.001	70[f] / 38[f]	0.04 / 0.6	100 / 700		10	3	1.5	0	TLC 25xx, 27xx 系列
346	NS+	4	1000	•	-	-	-	-	3	40	10 / 100	0.3 / 3	0.5	3 / 20	150 / 70	0.01 / 0.1	30 / 300	120	0.5 / 5	20 / 20	1	1	3＋1；I_{set} 源
SL562	PL	10	3000	•	-	-	-	-	3	20	10 / 100	0.4 / 4	1	2 / 10	35[f]	0.01 / 0.3	50 / 400	90	-	-	0.8	0.8	I_{set} 源
HA2725	HA	1	1500	•	-	•	-	-	2.4	36	10 / 100	1 / 9	2	2 / 8	150 / 125	0.05 / 0.5	60 / 600	92	1 / 5	1 / 5	1	1	
CA3078A	RC	0.1	1000	•	-	-	-	-	1.5	30	10 / 100	1 / 10	0.7 / 1.3	6 / 60	60 / 25	0.3[i] / 1.5[i]	1000[i] / 10000[i]	100	10	10	0.7	0.7	外接补偿电路；I_{set} 源
CA3440A	RC	0.02	10	•	-	-	M	N	4	15	10 / 100	1 / 10	2	0.01	250	0.03 / 0.3	50 / 300	100	1	2	2	2	最低的 I_{supply}
MC3476	MO	0.1	1000	•	-	-	-	-	12	36	10 / 100	1 / 10	2	1 / 10	-	0.07 / 0.6	200 / 700	110 / 125	- / 5	- / 5	2	2	
XR4202	XR	-	-	-	-	•	-	-	3	36	10 / 100	0.3 / 3	0.5	200[m] / 100[j]	300[j] / 100[j]	0.006 / 0.06	15 / 150	80	-	-	1.4	1.4	较差的数据特性
4250	all	0.5	300	•	-	-	-	-	2	36	10 / 100	1.6 / 16	3[m]	6 / 40	60	0.03 / 0.3	80 / 250	105	5	5	1	1	豆形软拐弯形；第一个可编程的运放
ICL7612	IL	10	1000	•	•	•	M	B	2	16	10 / 100	-	2[m]	0.001	100[f]	0.02 / 0.2	40 / 500	102	20 / 20	0.07 / 0.7	0	0	76xx 系列
MC14573	MO	4	1500	-	-	•	M	N	3	15	10 / 100	5 / 50	8	0.001	1200 / 1600	0.2 / 2	800 / 2000	95 / 80	0.02 / 0.2	5 / 5	0.2	0.1	

a. 参见表 4.1 的表注。 b. J:JFET; M:MOSFET。 c. 输入运算共模范围：B 表示至正极限值，N 表示至负极限值。 d. 两个 I_s 值对应的具体规定值。I_{set} 一般是流入的，除非已做说明。
e. I_s＝1.5 mA 时，每安培。 f. 在 1 kHz 处。 g. 假定 ∝ I_{so}。 i. 未补偿/去补偿。 j. 100 Hz～10 kHz。 m. 最小值/最大值。

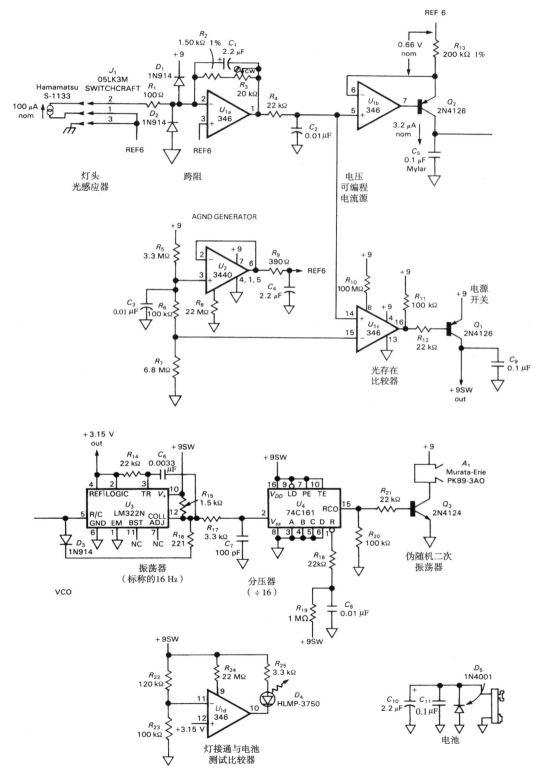

图 14.33　微功耗集成光暗房定时器电路

　　因为只有将电池泄漏电流控制在 20 μA 以下，才能保证 9 V 电池拥有两年以上的使用寿命（500 mAh，参见表 14.2），而且由于 LED 和压电发声器也都需要数毫安电流，因此代替 ON/OFF 开关的惟一方法就只能是电源开关了（见 14.5.3 节），系统只有在镜头检测到光线的存在时才会开启电源。这是可编程运算放大器的最佳应用，可以通过可编程管脚开关电源。下面具体分析这些电路。

　　如果需要使用两个独立电源，又不想使用两组电池，则可以使用微功耗跟随器 U_2 在 +6 V 电位上产生一个"地"（称为 REF6）。分压器（暂且忽略 R_6）的耗流是 1 μA，通过偏置电阻 R_8，3440 上的工作电流为 2.5 μA（$I_Q = 10 I_{set}$）。3440 是一个不错的选择，由于它的 CMOS 结构，可以忽略输入电流（最大为 50 pA）的影响，3440 即使是微安级静态电流，也能够保持数毫安的输出驱动能力。事实上，在电流很低时，它们仍然能够正常工作；选择 22 MΩ 电阻是因为该值是最大的标准阻值，而且产生的电流值也在预算范围内！注意，分压器上的滤波电容是用来抑制无用信号干扰的（小心其兆欧级的阻抗）；输出端 2.2 μF 的电容器可以保证高频率信号的低输出阻抗，尽管此时 U_2 已没什么增益（$I_Q = 2.5$ μA 时，$f_T = 0.01$ MHz）；去耦电阻 R_9 是为了防止 U_2 的振荡信号串入容性负载（见 7.1.7 节）。另外，U_2 总是处于工作状态。

　　光检测器是一个能在短路负载（通过 U_{1a} 虚地产生）上产生电流的光电二极管，其电流标称值为 100 μA，但实际电流与镜头光照强度成正比。要产生与该电流成比例的精确频率，需要借助电容和阻尼振荡器。但即使是有了这些条件，它也无法工作，因为作为电流源的光电二极管上的电压几乎为零（0.1 V，甚至更低）。另外，整个电路还需要一套校准措施，例如正常光照下的特定镜头，可以通过调整 1 s 内节拍器滴答次数来进行校准（也许是 50 μA 或者 200 μA，而不是标称的 100 μA）。最后，还需要设计一套开关电源的方法，以便在检测到光线时打开电源。

　　由于上述电路的需要，我们首先需要进行电源阻抗变化（电流源到电压源），R_3 实现了 15 : 1 的增益调节范围。C_1 用来平滑以 120 Hz 频率闪烁的荧光光源，光电二极管作为 REF6 的参考，使其值保持在 U_1 的共模范围内。校准后的 U_{1a} 输出电压值通常是 0.66 V（1 s 滴答声），低于 REF6，且与光照强度成正比。U_{1a} 的输出分别驱动两个目标：控制电源开关的比较器 U_{1c} 和驱动阻尼振荡器的电流源 U_{1b}，其中振荡器的分频输出就是节拍器的输出。

　　比较器 U_{1c} 只是 U_1 的一部分（U_{1a}，U_{1b} 和 U_{1c}），且连续工作，偏置电阻 R_{10} 设定了它的工作电流约为 9 μA。开启电源的设计阈值是 U_{1a} 输出低于 REF6，因此通过 U_2 分压器上的 R_6，获得一个参考电压，大约比 REF6 低 0.1 V。比较器 U_{1c} 的输出使 Q_1 饱和导通，+9 V 电源开关就被打开。这样，每当打开放大镜头时，就会产生 +9SW 输出。

　　电流源 U_{1b} 也处于连续工作状态。标准的运算放大器加 PNP 晶体管电路结构（见 4.2.4 节），使输入信号是比 REF6 低的普通 0.66 V 微弱信号时，也能够输出 3.2 μA 电流，对 C_5 进行充电。注意，未直接使用光电流的一个优点是，我们可以采用常规刻度值，此时 3.2 μA 电流流入 0.1 μF 电容（即 $dV/dt = I/C = 32$ V/s）会在 322 中产生 16 Hz 信号（322 通过一个精确的内部参考使触发点确定在 2.0 V）。这样，外围电阻、电容和二极管等和这个看起来有些笨拙的芯片一起构成了阻尼振荡器。

　　322 输出端的 3.3 kΩ 电阻和 100 pF 电容能够有效解决双晶体管电路中存在的尖峰脉冲问题（555 电路也存在同样问题，可以采用相同的解决办法）。用这个可以抗尖峰的输出去驱动一个 16 分频的 CMOS 电路，以 1/16 s 的时间间隔发出滴答声，同时使 Q_3 饱和，驱动压电发声器 A_1。$R_{19} - C_8$ 使分频器在每次曝光时清零，因此第一个嘀嘀声出现在首个"伪秒"结束的时候。

　　346 的最后一个单元是作为"镜头打开"和"电池正常"指示的比较器 U_{1d}。当 +9SW 电源出现时 346 才会开始工作，而且通过 R_{24} 还可以设置静态电流。D_4 是一个 2 mA 耗流的高效 LED，如果

分压器 $R_{22} - R_{23}$ 上产生的电压在 3.15 V 以上（稳定的参考电压由 322 提供），LED 就会在镜头开启时发光。如果电池具有 7.0 V 以上电压，就说明电池未完全消耗，仍然还在使用寿命之内，前面所述一切均成立。

由于电源开关的缘故，电路中只有 U_{1a-c} 和 U_2 是连续工作的，其总耗流约为 12 μA。U_{1c} 感应到镜头上的光电流时，会自动打开 +9SW，并为 322（2.5 mA）、LED（2 mA）和压电发声器（平均电流 0.5 mA）供电。待机状态下的电池使用寿命大概是 5 年，而连续工作时的寿命只有 100 小时。假设平均每次曝光时间是 15 s，则总共能曝光 24 000 次。

在电路设计过程中，3440 的选择是因其良好的驱动能力和低 I_Q 时的低输入电流，346 的选择则是因其良好的整体特性，四单元运算放大器组合封装以及低廉的价格。选择 322 是因为它具有内部电压参考，在定时电容被一个与电源无关的外部电流驱动时，无需使用稳压电源（而 555 等需要）。参考电压输出还可以作为"电池不足"指示，这是 322 的另一个优点。

为了使镜头亮度获得最大动态范围，可以将参考地电位 REF6 设置为 +6 V（非对称结构电路，其值尽可能高）。由于电容 C_5 的充电电压会超出反向端 2 V，如果此时通过 R_{13} 设置的可编程电压为 4 V（标称值的 6 倍），那么电流源将会出错，电路也会停止工作。在电压动态范围的低端，U_{1a} 和 U_{1b} 会产生正常亮度 1/6 的电压失调偏差。因此，参考地电位（6 V）和可编程电压（0.66 V）构成了 1/6 到 6 倍标称值的动态范围，这要大于任何光源的波动范围。例如，室温下荧光灯头所产生的光强大约是全部的 1/3。16 Hz 频率的选择是因为 16 分频信号能够直接驱动压电发声器，而无需单稳电路。

注意电路中所采用的各种保护措施：R_1 用于防止来自充电电容 C_1 的非正常尖脉冲对光电二极管的损害，箝位二极管 D_1 和 D_2 则用于防止非正常输入信号对 U_{1a} 的损害。+9SW 关闭时，通过 R_{18} 将 U_4 锁定，防止对 C_8 进行持续充电。尽管这些预防措施在大多数情况下是不必要的，但仍需采用，因为任何微小失误都可能会导致商品所有盈利消失殆尽（还包括名声！）。

各式微功耗运算放大器使用策略

如图 14.34 所示，可以很方便地将可编程管脚作为电源开关。这种方法比控制运算放大器的供电电源还要简单，例如节拍器中对大电流负载实施的措施。大多数可编程运算放大器（如 3440，4250）正常工作时的灌电流为 I_{set}，如图所示，因此可以放心使用。在运算放大器的正电源上使用高阻值上拉电阻，可以消除泄漏电流，并确保电源的完全关断。

某些运算放大器是"准可编程的"，允许在若干固定电流值间进行切换（典型电流值是 10 μA，100 μA 或 1 mA）。ICL7612 和 TLC251/271 就属于这类运算放大器。TLC250/270 系列是一种包含"低"（10 μA）、"中"（150 μA）、"高"（1 mA）三种静态电流的多种封装形式的运算放大器，分别在型号的数字部分中表示，如 TLC27L2，TLC27M4 和 TLC274（分别表示双低、四中和四高）。

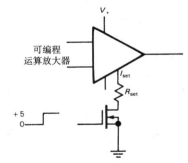

图 14.34　利用可编程管脚作
为降低功率控制器

若将 CMOS 运算放大器作为比较器，需密切注视长时间差分输入下栅极钠离子迁移效应所导致的 V_{os} 时间漂移特性。由于反馈将导致零差分输入电压，因此在作为运算放大器使用时，这些缺点将不再存在。LinCMOS TLC270，由于采用了掺磷多晶硅栅，也不存在这些缺点。

高电源电压、非零输入时，一些 CMOS 运算放大器的输入电流会显著增加，例如，$V_{in} = +2$ V，$V_{supply} = ±9$ V 时，TI 公司 LinCMOS 的 I_{in} 就可能会增大到 20 nA。另外需要记住，所有 FET 运算放大器（包括 JFET 和 MOSFET）都显示了明显的输入电流温度特性，典型情况下，温度每升高 10℃，电流就会增加 1 倍。而与双极型运算放大器相比，高温下的 FET 运算放大器通常具有更高的输入电流，如图 3.30 所示。

令人遗憾的是，大多数微功耗运算放大器都具有内部单位增益补偿电路。处于低静态电流时，因适应各种电平转换速率和带宽信号的需要，最好是在高增益 G_V 电路中使用反补偿或不补偿的微功耗运算放大器。PMI 公司的 OP-32 就是这样的运算放大器，与采用单位增益补偿的 4250 和 346 相比，具有更高的转换速率和 f_T。

14.4.4   微功耗比较器

同样，速度和功耗的折中也会限制微功耗运算放大器作为比较器的使用性能。一般而言，在常规的比较器和运算放大器中，比较器的速度比同等功率运算放大器更高。这是因为比较器没有采取负反馈以及影响速度的频率补偿措施。当然，如果忽略速度参数，运算放大器的工作通常都非常良好，节拍器就是一个典型的例子。

和运算放大器一样，低功耗比较器也有两种类型，即**可编程静态电流比较器**和**固定静态电流比较器**。LP365 是一种可编程比较器，它封装了 4 个可编程双极型比较器，只有 10 μA 耗流，可以在 4 ~ 36 V 电压下工作，并且含有独立的射极输出级（类似 311），因此在驱动逻辑器件时，可以与负电压信号比较。LP339 是一种四比较器封装的固定静态电流比较器，是通用低功耗器件 LM339 准比较器（200 μA）的低功耗版本（15 μA）。TI 的 339/393 CMOS 器件（TLC339/393）的静态电流更低，并表现出更好的速度/功率性能；另外，它们还提供了有效的上拉电阻，如 TLC3702/4，因此无需再使用消耗额外电流的外部上拉电阻。

LT1040 是一种不常使用的微功耗比较器，在 1 Hz 的外部脉冲触发下，开启内部电源并产生 0.1 μA 的平均静态电流。当然，也可以使用内部振荡器触发方式，但电流会增加 0.5 μA。如果是监视缓慢变化的物理量，1 s 时间就足够了，例如容器中液面的变化。LT1040 是 CMOS 双比较器，具有锁存输出。除此之外，它还提供"脉冲电源"输出脚，在转换时间段里有 80 μs 有效期，可以用来驱动开关电源的输入电阻网络（例如桥式电路单臂上的热敏电阻）。微安级振荡器一般很难设计，因此这种芯片（也包括 LT1041）可以简单地作为低频微功耗振荡器使用（见下一节）。不过要注意的是它不太稳定。

如果只是偶尔需要进行有限次的快速比较，那么可以利用常规比较器来实现电源开关。例如，在音频范围内，通过发射短促的声音信号，可以利用回声测量声音的往返时间。通过比较往返次数的差异，甚至能够进行速度的测量。这里，速度是一个非常关键的参数，利用 CMOS 逻辑器件可以完成这项工作，但可能需要全功率比较器（见表 9.3）。当然，电源开关电路是必不可少的，因为需要确定开始测量的时间。

大多数常见低功耗比较器都列于表 14.8 中。

14.4.5   微功耗定时器和振荡器

采用电池作为电源的仪表，通常都需要产生例如 1 小时的时间间隔，偶尔利用各种传感器、电源开关式微处理器以及电源开关式通信装置（或数据记录）进行测量。这样的系统需要预置"唤醒"时间，而对 RC 电路而言，1 小时实在是太长了，所以需要借助快速振荡器和分频器（最好是可编程的，以便预置工作时间间隔）。这样，整个系统中只有定时器是持续工作的，必须要求它具有低电流特性。那么该如何选择呢？

表 14.8 低功耗比较器

类型	Mfg^a	个数/封装	总电源 最小值(V)	最大值(V)	I_s/单位 典型值(μA)	CM to V_	V_{os} max(mV)	I_b max(nA)	时延 典型值,@V_s=5V L→H(μs)	H→L(μs)	输出^b	发射极^c	I_sink 典型值 (mA)	@(V)
CMP-04F	PM	4	3	36	200	•	1	100	1.4	0.7	OC	–	12	1
CMP-404E	PM	4	3	36	55	•	1	50	3	4	OC	–	15	1
LP311	NS	1	3	36	150	–	7.5	25	1.2	1.2	OC	•	25	0.4
LM339	NS	4	2	36	200	•	5	250	1.3	0.75	OC	–	12	1
LP339	NS	4	2	36	15	•	5	25	13	7	OC	–	5	1
TLC339	TI	4	3	16	10	•	5	5pA^t	2.5	2.1	OD	–	10	0.5
LP365^d	NS	4	3	36	50	•	6	20	2	4	OC	–	2	1
"					5		6	5	20	40			0.2	1
TLC372C	TI	2	2	18	100	•	10	1pA^t	0.65	0.65	OD	–	10	1
TLC374C	TI	4	2	18	100	•	10	1pA^t	0.9	0.9	OD	e	10	1
LM393	NS	2	2	36	200	•	5	250	1.3	0.75	OC	–	12	1
TLC393	TI	2	3	16	10	•	5	5pA^t	2.5	2.1	OD	–	10	0.5
LT1017	LT	2	1.1	40	30	•	1	15	18	25	TTL	–	10	0.15
LT1018	LT	2	1.1	40	110	•	1	75	6	6	TTL	–	10	0.15
LT1040	LT	2	2.8	16	0.1f_s^f	g	0.5	0.3^t	-	-	TTL	–	1.6	0.25
TLC3702	TI	2	3	16	10	•	5	5pA^t	2.7	2.3	CMOS	–	10	0.5
TLC3704	TI	4	3	16	10	•	5	5pA^t	2.7	2.3	CMOS	–	10	0.5
ICL7642C^h	IL	4	2	16	10	•	10	0.05	150	300	CMOS	–	0.1	1
MC14574^i	MO	4	3	15	45	•	30	0.05	10	5	CMOS	–	5	0.4
MC14578	MO	1	3.5	14	10^m	–	50	1pA	-	-	CMOS	–	1	0.5

a. 参见表 4.1 的表注。　　b. CMOS 代表 CMOS 输出，变化至两端值；OC 代表开路 NPN 集电极，OD 代表开路，n 代表沟道漏极。TTL 代表 TTL 有源提升输出，由此负载可以回归到更正的电源。　　c. "开路发射极"管脚。　　d. 监测工作电流；对所有 4 个部分的单一监测脚。e. 所有 4 个部分相共。　　f. 抽样比较器。　　g. 共模范围扩展至两端电源值。　　h. COMS 微功耗运算放大器作为比较器，将 I_Q 设置成 10 μs。i. 监测工作电流；对每对的监测脚。　　t. 典型值。

CMOS 阻尼振荡器

首先要注意的是，常规 4000 系列 CMOS 阻尼振荡器工作在普通电压下，会消耗相当大的电流（见图 8.90），其原因在于输入信号的满幅度变化（阻尼），在半周期里就已接近 CMOS 门限值。处于 5 V 工作电压时，平均电流约为 50 μA（电压越高，增加越快），且和振荡频率无关。即使替换为 74HC 或 74AC 高速器件，这一问题也无法得到解决。不过，如果振荡器采用 3 V 电源，例如锂电池，其工作电流就在微安范围。图 14.35 就是这样一种微功耗振荡器，它还给出了不同电源电压时的电流情况。如果换为 74HC 逻辑器件，还可以得到具有低抖动特性的振荡器，尽管这种振荡器的电压稳定性很差（电压从 1.0 V 变到 1.6 V，频率会发生大约 10% 的变化）。

□ IC 振荡器

　　□ Intersil ICM7242。是一个内含 8 位分频器的 CMOS RC 振荡器，工作电压为 2~16 V，其中 5 V 电压时的电流是 100 μA，但低电压供电时电流也无法得到进一步降低。该器件的典型温度系数是 250 ppm/°C。

　　□ Intersil/Maxim ICM7240/50/60。和 ICL7242 类似，都带有数字可编程分频器，而且耗流也相似。

　　□ Intersil ICM7207/A。是带分频器的 CMOS 晶体振荡器，采用 6.5536 MHz 或 5.24288 MHz 晶体，分别产生 100 Hz/10 Hz 或 10 Hz/1 Hz 振荡信号。这些芯片在 5 V 电压时的耗流约为 260 μA，3 V 电压时降到 80 μA。器件数据表明，较低频率时它们的最低工作电压可达 1 V 以下，且仅有微安级电流。

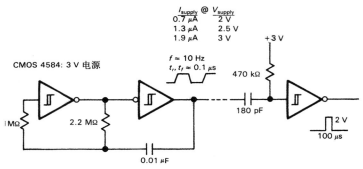

图 14.35   微功耗 CMOS 阻尼振荡器

□ **Intersil ICM7555/6 及其他**。这些器件都是 CMOS 555 的改进型（更低的耗流、更高的工作频率和更小的瞬时电流），5 V 电压时瞬时电流是 60 μA，在采用较大定时电阻时，它作为振荡器的工作电流。该类器件的典型温度系数是 150 ppm/°C。7556 内含两个 7555。National 公司的类似器件 LMC555，其工作电流是 100 μA，温度系数是 75 ppm/°C。表 5.3 给出了 TI，Advanced Linear Devices 公司和 Exar 公司的其他 555 系列产品。

□ **运算放大器**。由微功耗运算放大器构成的阻尼振荡器，如图 5.29 所示，具有非常好的低频振荡特性。为了获得低电源电压时振荡器的低温特性和稳定特性，它利用了 CMOS 运算放大器输出电压的满幅度输出。7611/2 是比较典型的代表。

□ **LT1040**。是 Linear Technology 公司内部集成微功耗振荡器的电源开关比较器（低频电流仅为 0.3 μA），而且电源电流和振荡频率呈线性关系：$I(\mu A) = f(Hz)/10$。该振荡器不是特别稳定（0.2%/°C，10%/V），但低频功耗却相当低。

□ **COPS 定时器**。COP498 是 National 公司 COPS 系列微控制器的一种，具有串行"MICROWIRE™"接口。COP498 内含 20 μA(max)/2.4 V 的 32.768 kHz 晶振电路，通过串口编程，能够产生 1 Hz/16 Hz 的唤醒脉冲。可调式晶体的温度稳定性在几个 ppm/°C 水平上。

□ **日历式时钟**。NSC 公司的 MM58174/274 是典型的微处理器时间保持芯片。电脑断电时，它们依靠备用电池工作，以保持时间和日期信息的准确性，并通过计算机数据总线，如 I/O 口，进行数据读取/设置。2.2 V 电压时，58174 的空闲模式电流是 10 μA。和 COPS 一样，它也需要通过总线设置中断周期，产生周期中断，但仅限于 5 V 模式（1mA 电流）。其他通用日历时钟芯片包括 National 公司的 DP8570，Intersil 公司的 ICM7170，Motorola 公司的 MC146818 以及 Oki 公司的 MSM5832 等，其中某些芯片允许采用高频率晶振（如 1 MHz 以上），以获得更好的温度稳定性。Epson 就生产了一种集成晶振（RTC58321）的日历芯片。

□ **手表电路**。在模拟显示手表中，低压 CMOS 芯片可以用来控制步进马达。例如非连续的 ICM7245，仅需 32.768 kHz 晶振、1.5 V 工作电压（单电池即可）和 0.4 μA 耗流就可以构成各种不同电路，产生 1 Hz，0.1 Hz 或 0.05 Hz 输出信号。因为该电路的设计目的是时间保持，所以具有很好的稳定性，典型值超过 0.1 ppm。National 公司的 MM5368 是一种小型 DIP 封装的 32 kHz 振荡器，最大耗流为 50 μA/3 V，可以产生 1 Hz，10 Hz 和 50/60 Hz 的输出。该公司的 MM53107 使用 1 MHz 晶体，可以获得 75 μA/3 V 的耗流，最大振荡频率约为 30 Hz。

□ **可编程单结晶体管**。单结晶体管（UJT）是一种三端（发射极、基极 1 和基极 2）负阻器件，在 20 世纪 60 年代的触发电路和自由振荡器中非常流行。UJT 射极 – 基极 1 完全导通的条件是，确保射极电压高于精确触发电压，例如 $V_t = \eta V_{BB} + 0.6$，即二极管压降与内部基极电压 η（内部平衡系数，典型值为 0.6 左右）倍之和；UJT 的导通将持续到射极电流降到一定值（如"谷值电流"）以下。图 14.36A 就是一个典型的 UJT 振荡器，其基极 1 上的正尖峰信号用来开启 NPN 晶体管，使其产生满幅度逻辑信号。很少看到 UJT 应用在其他场合，因为运算放大器和 7555 等 IC 能够更好地完成工作。不过，也有一种不太常见的**可编程** UJT 器件，其触发参数（η、峰值电流和谷值电流）可以通过外部分频器设置。特别值得注意的是，2N6028 的峰值电流只有 0.1 µA，作为振荡器，其工作电流也不到 1 µA。图 14.36B 是一个 CMOS 输出满幅度的 10 Hz 振荡器，工作电流是 1 µA；回头再看图 6.57，我们在微功耗 DC-DC 转换器中就使用了 PUJT 器件。

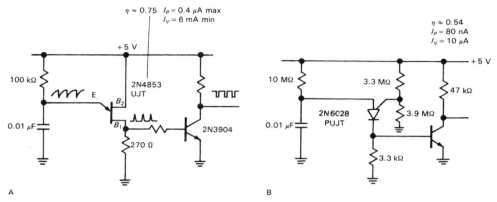

图 14.36　单结晶体管阻尼振荡器

14.5　微功耗数字设计

初看起来，低功耗数字设计非常简单：直接采用 CMOS 器件即可，包括微处理器和存储器准确吗？也许对，但并不完全。CMOS 当然是选择对象之一，尽管在电源开关电路中也采用双极型逻辑器件。但问题是现在 CMOS 器件也有很多种，存在很多缺陷，但不能解决包括低功耗在内的所有问题。本章的最后一节将回顾 CMOS 器件的特性，并讨论如何利用它们实现电池电源所必需的低功耗。

14.5.1　CMOS

第 9 章末尾曾经讨论过，CMOS 种类很多，使用原则取决于应用场合。另外，我们还在表 9.1 中做了总结。

4000B/74C 系列

这是原始的常规金属栅 CMOS 器件 B 系列的改进型，数据参数表明其工作电压是 3 ~ 15 V。3 V 电压已处于工作电压边缘，输出阻抗高，抗噪特性差，速度也低。实际的最低工作电压是 5 V。在电源电压范围的高端，电源开关会产生相当大的 A 类电流，而且电源电流尖峰还会造成死机。这类 CMOS 器件的驱动能力很差：5 V 电压下的驱动能力只有 1 mA，有时甚至不到 1 mA。74C 和 4000B 的电气特性相似，包括电源电压范围，但功能和管脚与 74 TTL 相同。Fairchild 公司生产了一种 Isoplanar C 系列的改进型器件，在相同电压范围内有更快的速度，Philips/Signetics 公司的 LOCMOS 也有这种特性。这是 CMOS 系列中仅有的大电源电压工作范围器件，可以直接工作在 9 V 电池下。

74HC 和 74AC 系列

多晶硅栅极"高速" CMOS（HC 等于 74LS 的速度，AC 等于 74F/74AS 的速度）器件的标称工作电压范围是 2 ~ 6 V（或 1.5 ~ 5 V），但实际上均超过了这一限制。这些设备相当耐用，有很好的输入保护措施和 SCR 缓冲。它们具有标准的 CMOS 门限值（如 V_{DD} 的一半）和输出幅度。HC 系列包括许多目前广泛使用的 4000B 系列器件功能，以及常见的 74LS 器件功能（如 74HC4046）。

74HCT 和 74ACT 系列

这是 HC 和 AC 系列的变化类型，具有 TTL 输入阈值，可以在电路中与现有双极型 TTL 器件兼容。一般在微功耗电路中不存在双极型 TTL 器件，所以必须选择具有更好抗噪特性的 HC/AC 器件。HCT 和 ACT 器件的工作电压为 5 V±10%。

低门限值

下面将提到，CMOS 的动态功耗和电源电压的平方成正比。这成为低电压工作的强大动力，也是微瓦级手表振荡器/分频器采用这类芯片的主要原因。这些非同寻常的芯片非常有用，而且使用广泛，价格低廉。

M²L（Mickey Mouse 逻辑）

千万不要忽略分立器件产生和变换逻辑电平的可能性。图 14.37 就是这样一个电路，非常适合不同电源电压之间的接口。甚至还可以通过增加二极管或并联晶体管的方法，临时搭建门电路。

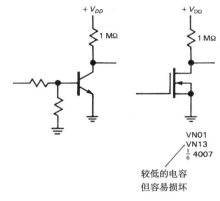

图 14.37

器件选择

如果不考虑速度和驱动能力问题，为了采用未稳压电源或高电压电源，就可以选择 4000B/74C 系列器件；否则就选择 HC（或 AC）系列，但要注意其有限的电压范围。由于电容耦合（传输线上的效应）、反射以及电源的瞬时特性，AC 和 ACT 系列器件产生的问题很多，因为它要求快速电平变换和稳定的输出驱动能力。因此，除非绝对必要，否则不考虑这些器件。一般来说，要避免使用具有 TTL 阈值（HCT 和 ACT）的器件，除非是与双极型 TTL 器件接口，或与具有 TTL 电平的 NMOS 大规模集成电路接口。

14.5.2 CMOS 低功耗保持

CMOS 器件的低电流特性可以通过多种手段获得。此外，提高对 CMOS 器件缺陷的认识也很有必要。

常规设计

1. **尽量减少高频电路**。CMOS 器件没有静态电流（除了泄漏电流），但在开关过程中需要对内部（或负载）电容进行充电。电容的存储能量是 $1/2CV^2$，然后会通过阻性放电回路释放。一定开关频率 f 下的耗散功率为 $P = V_{DD}^2 fC$。所以 CMOS 的耗散功率和开关频率成正比，见图 14.38（与图 8.18 相比较）。在最高工作频率时，与同等级双极型 TTL 逻辑器件相比，CMOS 会产生更大的功耗。数据参数手册中有效电容 C 通常就是指"功率耗散电容"。在上述公式的实际运用中，必须加上负载电容 C_L。

2. **保持电路中 V_{DD} 和 V_{SS} 电压的一致**。否则，将有电流流过输入保护二极管。更糟糕的是，它可能导致芯片进入 SCR 锁存状态（参见下面有关器件缺陷的描述）。

3. **确保逻辑输出满足 CMOS 幅度要求**。各种器件的输出，如双极型 TTL、振荡器和 NMOS 芯片等，都会在电路中来回反射，产生 A 类电流，并导致抗干扰能力的降低。

4. **不要有悬空的输入端**。输入端悬空是低功耗工作的大敌，因为当"浮动"的悬空输入接近逻辑阈值时，可能会产生相当大的 A 类电流（甚至振荡）。将未使用的输入端接地（或 V_{DD}，这样可以避免许多不必要的麻烦）。

5. **合理设计负载，以保证正常状态下的低耗流**。采用上拉电阻、下拉电阻、LED 显示以及输出驱动器等手段，可以保证正常状态下的最小电流。例如，使用 NPN 而不是 PNP 三极管作为高电压负载的开关，可以在大多数时间里保持低电流。

6. **避免缓慢变化信号**。A 类电流仍然是罪魁祸首。驱动 CMOS 施密特触发器的正弦输入信号会导致大电流的产生。

7. **在 V_{DD} 上设置电流敏感电阻**。某些故障，特别是静态故障，都会导致 CMOS 芯片产生过大的静态电流，这样通过每块板的 V_{DD} 上串联的 10 Ω 电阻，就可以轻松地发现这些故障。若在每个芯片上都放置这样的电阻（一般无需旁路），就可以快速定位，找出已损坏的芯片，如图 14.39 所示。

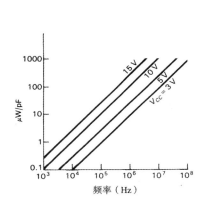

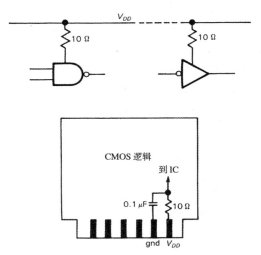

图 14.38　CMOS 器件动态功耗　　　　　　图 14.39　电源电流感应（"电流间谍"）

8. **静态电流屏蔽**。典型的 HC 或 4000B 系列 CMOS 逻辑芯片静态电流为 0.04 μA，最大不超过 5 μA。大多数情况下，静态电流为最大值的可能性很小，不过偶尔也会达到。如果开关频率很低（动态电流就低），只需消耗很低的静态电流，这时就需要考虑输入芯片的屏蔽。建议使用如前所述的串联小电阻，它可以使这项工作变得非常简单。我们已经观察到 CMOS LSI 芯片（如大容量的存储器）的典型静态电流和厂商在说明书中提到的最大泄漏电流非常接近。

9. **电源超时开关**。确保在设备没有使用时电源处于关断状态，可以节约大量能量。图 14.40 就是这样一个简单的 CMOS 超时电路，它使仪表在开机 1 小时后自动切断 9 V 电源。该电路可以用于手持式设备，如万用表。它采用 4536 振荡/分频/单稳态芯片对控制仪表电源的触发器进行复位。该电路的工作电压为 3 V，耗电低于 5 μA。单稳输出的采用是为了避免逻辑竞争和小脉冲。"8-bypass"通过将延迟时间缩短到 15 s 而用于电路测试。MOS 开关则为低静态电源提供简单的接口。

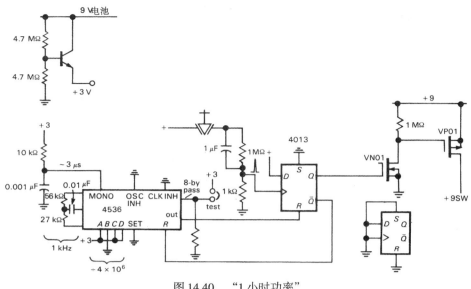

图 14.40 "1 小时功率"

CMOS 缺陷和故障

CMOS电路在某些情况下会表现出一些非常奇怪的现象，而且故障方式也很怪异，有些故障还会导致耗散功率的急剧增加。

1. SCR。这是低功耗电路的一个主要威胁。硅衬底和CMOS电路基本元素一起会形成PN结，并最终形成SCR寄生电路，该电路在一定触发条件下会完全导通（见图14.41）。通过输入保护（或输出保护）二极管（见图3.50），流进电路内部的20 ~ 200 mA（对于新型CMOS系列，该值更大）典型电流将使SCR寄生电路进入工作状态。这种情况一旦发生，就会在电源和地之间形成1 V左右的电压，并保持电源–电源的导通，这种情况经常会损坏IC，甚至电源！为了避免SCR现象的发生，在外部输入端、容易过载的输入端、输出端以及由不同电源供电的信号电路之间，最好都设计串行的限流电阻。不匹配的负载使驱动电流返回CMOS输出端，也是产生SCR现象的潜在因素。例如，驱动运算放大器（双极性电源）进行求和运算的电流型CMOS D/A 转换器（工作电压为5 V）看上去非常合理，但在上电的一瞬间，运算放大器的输入端可能会有电流流入，从而导致DAC发生SCR现象。解决这个问题的一个办法是在输入点和地之间增加一个肖特基二极管（最新设计的D/A 转换器都能避免这个问题）。另外一个可以观察到SCR现象的地方是在功率MOSFET管大感性负载的切换过程中，巨大的反馈电容将在栅极驱动级（即CMOS逻辑输出）上产生很高的动态电流。把电路板插入电源插槽，由于信号线可能先于电源接通，就有可能产生SCR现象，这可能是一种最简单的产生方法了（任何电路进行热插拔都是不明智的）。在进行CMOS电路设计时，一定要仔细研究相关器件厂家关于SCR的说明。新型多晶硅栅CMOS电路就包括大量有效的保护电路，一些制造商甚至宣称他们的HC/HCT 或者AC/ACT 产品不会被触发而产生SCR现象。

2. 信号耦合。由于CMOS具有很高的内阻，使其很容易受附近高速信号的容性耦合干扰，并产生毛刺。例如，高阻抗的上拉电阻或下拉电阻会通过线间电容耦合附近传输线上的高速信号，产生毛刺。要避免这个现象，可以使用0.001 μF的滤波电容。一般来说，与面板的连线通常会由于耦合而产生一系列问题。如果电容更大，甚至可能会耦合到输出端，尤其是

5 V 工作电压下的 4000B/74C 系列。极端情况下（例如，利用同一电缆上的延迟作为逻辑电平去开启高电压）会因足够的耦合量而引起 SCR。

3. **时钟**。在第 9 章中曾提到过，CMOS 4000B/74C 的高输出阻抗 Z_{out} 在同步系统中会遇到一些麻烦，特别是当时钟线承载大容性负载时，会导致时钟和数据的相对延迟。CMOS 器件相对于离散的逻辑门限值使这一问题更加恶化。在一个未稳压的电池电源系统里，确保整个电路在其电压范围内都能可靠工作是非常重要的。有意思的是，提高 V_{DD} 会使问题变得更糟，那时数据延时和传送时间都变短了。这是采用电池的 CMOS 系统使用稳压的一个重要依据。

4. **故障模式**。输入端发生的故障将导致输入端与 V_{SS} 或 V_{DD} 之间产生一定的泄漏（或短路）电流。输出端故障则将产生额外静态电流。它有时会使驱动器开路，使其既不能产生输出信号，也不能接收信号，而只是存在一定的静态电流。上文提到的 V_{DD} 端的电流感应电阻可以轻松地解决这个问题。但是使用这个方法也很容易被愚弄，因为判别输入端是否损坏的一个方法就是正常芯片在驱动一个已损坏芯片时的非零静态电流。

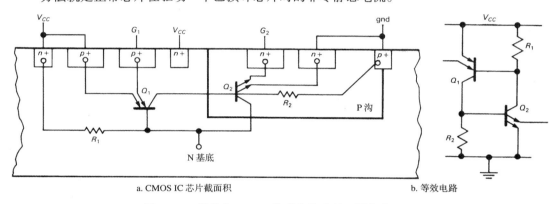

图 14.41 潜伏在 CMOS 集成电路中的 4 层寄生 SCR

一个已经受到损坏的 CMOS 芯片也许只能工作在低速（驱动器故障）或高频（输入级故障，无直流连接和容性耦合）情况下。而当没有输入信号连接的时候，也会出现类似现象：由于信号边缘容性耦合的缘故，电路可以高速"工作"，如图 14.42 所示。

下拉可以揭示这个问题，它可以防止产生输入在传输门限值附近波动的现象。正如 8.8.3 节谈到的，忘记与 V_{DD} 相连会产生一些奇怪的现象，因为芯片可能会通过逻辑输入而接至电源（通过输入保护二极管），如果此时所有逻辑输入同时为低，那么电源就会消失。

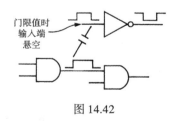

图 14.42

14.5.3 微功耗微处理器及其外围器件

许多标准微处理器都采用了多种 CMOS 技术。初看起来，低功耗微处理器电路设计非常容易。但实际上大多数 CMOS 微处理器都只是简单地在管脚上采用相应的 NMOS 技术，并不能完全适应电池供电，例如低时钟工作。还有一些器件，如 68020，功耗已接近 1 W，甚至已无法工作在低功耗状态下。

通常 CMOS 功耗与时钟频率成正比，因此我们关心的第一个问题就是当时钟电路停止工作时器件的功耗究竟为多少。如果芯片使用 CMOS 技术的目的在于获得优良的电气性能，而不是低功耗，就很有可能包含非 CMOS 回路，从而导致相当大的静态功耗。要特别注意那些以怪异方式使用时钟的芯片，例如与微处理器兼容的三 16 位计数器（增加了控制端口的 6 字节三态端口）。时钟停止时的电流是 10 μA，然而令人费解的是它不与处理器通信时也需要时钟。器件数据资料上并未说明该时钟是否用于同步输入，而且它的频率至少是最大计数频率的 3 倍，因此还必须提供一个高速时钟才能保证它的正常工作，这使功耗大大增加。

我们关心的第二个问题是合理工作状态下时钟频率可以降低到什么程度。某些处理器拥有动态寄存器，要求相当高的最小工作时钟。而且在采用低速时钟后，一些处理器（尤其是下文讨论的控制器）的响应速度非常慢，有时中断响应的延迟会达到 10 ms。

计算机与控制器

根据其用途，微处理器大致可以分为两类。一类是面向计算的处理器，它至少含有 64 K 地址空间，每条指令所占的时钟周期也很少（从而保证高速），但它往往需要外设，以完成端口扩展、定时和转换等功能。另外一类微处理器是面向控制的处理器，通常用于指定设备，地址空间较小（典型值是 2 K 或者 4 K），每条指令的执行需要多个时钟周期。从另一个角度上讲，它往往需要大量内置并行端口、中断管脚，以及内部时钟发生器。通常它们都配有定时器和 UART，甚至还有 A/D 转换器和非易失性 RAM。

示例

80C85，80C86 和 80C88 都是目前流行的 NMOS 计算处理器。80C85 在时钟停止工作时的耗流是 2 mA，6 MHz 时钟消耗的功率是 10 mA。电源开关非常适合这些处理器的电源管理，以实现低功耗目标。80C86 和 80C88（Harris，Intel）要好一些，静态电流下降到约 0.1 mA，最大 0.5 mA。利用这些特性，可以通过控制时钟频率而有效地节省电源，并维持寄存器和程序计数器内容。

在已停止的处理器上恢复输入时钟需要一点技巧。为了维持电路的低功耗，应该关闭晶体振荡器而不仅仅是控制它的输出（同步电路可参见 8.4.4 节）。然而，由于晶体振荡器的高 Q 值，它无法在瞬间完成启动，一般来说兆赫级振荡器的启动时间大约是 5 ~ 20 ms，32 kHz 晶体振荡器的启动时间是 1 s（$Q = 100\,000$）。因此，要恢复时钟信号，可以采取等候策略，直到振荡器完全恢复，才将信号输出到微处理器，或者也可以在这段不稳定时间里将处理器复位。第一种办法通常来说更好一些，因为你肯定不希望每次唤醒处理器时都要重新启动。Harris 的 82C85 是一个适用于 80C86/88 处理器的低功率时钟发生器，在软件控制下支持内置时钟停止、晶体振荡器停振（约 25 μA）以及其他一些低频电路的工作。

80C31/51 是目前非常流行的控制型处理器，适合电池供电。这类处理器拥有多达 32 个可编程 I/O 脚、两个 16 位定时器、128 B 的片内 RAM（可将端口作为地址总线，寻址 64 KB 外部存储器；80C51 还有 4 KB 的可编程掩膜 ROM）、5 个中断源和一个可编程串口。它们可以在低功耗的空闲模式下正常工作（1 MHz 时工作电流小于 1 mA），此时，中断、串口和定时器连续运行，而处理器时钟停止工作，所有寄存器和片内 RAM 中的数据均可保持。它们也可以置于零电流的"掉电"模式，完全苏醒需要复位，但片内 RAM 内容可以保存。

146805E2 也是一种类似的控制器，通过中断可以将其从零电流模式下唤醒。该控制器内部电路在振荡器启动后才重新开始工作。器件性能参数表明，$f_{clk} = 1$ MHz，$V_{DD} = 3$ V 时，该器件的典型启动时间为 30 ms（最大 300 ms）。显然这不适合控制器频繁启动的场合，如每秒 10 次，但非常适合每分钟苏醒 1 次的应用场合。根据端口、内存配置和 ROM 的不同，146805 也略有差异。我们将在下一节用它来举例。

表 14.9 列出了到本书出版时常用的大多数微功耗微处理器。

表 14.9　CMOS 微处理理控制器

型号	Mfg[a]	字长(位)	总线宽度(位)	地址总线(位)	管脚	NMOS	在 f_clk=0内				内置RAM(字)	内置EPROM(字)	定时器	中断	并行端口	串行端口	振荡停止	说明
							备份	目处计数器	内置振荡器	电流								
78C05	NE	8	8	16	64	-	•	-	•	0	128	-	•	2	•	•	-	•	SPI端口
80C35	IN	8	8	12	40	•	•	-	•	0	64	-	2	•	•	•	-	•	8048系列(8051系列性能更优)
80C39	IN	8	8	12	40	•	•	-	•	0	128	-	2	2	•	•	-	•	
80C31	IN	8	8	16	40	•	•	-	•	0	128	-	2	2	•	•	-	•	内波特率产生; 8051系列
70C42	TI	8	-	int	40/44	-	•	-	•	0	256	4k	2	6	•	•	-	•	
146805E3	MO	8	8	16	40	-	•	-	•	0	112	-	•	6	•	-	-	•	
68HC704P3	MO	8	-	int	28	-	•	-	•	0	128	2k	1	6	•	-	-	•	
1468705G2	MO	8	-	int	40	-	•	-	•	0	112	2k	1	6	•	-	-	•	
HD63P05Y0	HI	8	-	int	64	•	•	-	•	0	256	8k	•	6	•	-	-	•	可以采用 RC 振荡器
HD6301V1	HI	8	8	16	40	•	•	-	•	0	128	-	1	6	•	•	-	•	背负式 EPROM
HD63P01M1	HI	8	-	int	40	-	•	-	•	0	128	8k	1	6	•	•	-	•	一个完整系列
HD6305Y2	HI	8	8	14	64	-	•	-	•	0	256	-	1	5	•	•	-	•	背负式 EPROM
HD6303R	HI	8	8	16	40	-	•	-	•	0	128	-	1	6	•	•	-	•	许多 I/O
HD6303Y	HI	8	8	16	64	•	•	-	•	0	256	-	2	8	•	•	-	•	
HD647180	HI	8	-	int	84	-	•	-	•	0	512	16k	2	8	•	2	-	•	3 V 类型可得
COP8788	NS	8	-	int	40/44	-	•	-	•	0	192	4k	2	13	12	•	-	•	DMA (动态存储分配)
16C54	GI	8/12	-	int	18	-	•	-	•	0	32	512	1	-	12	-	-	•	有 A/D 转换; 8 位内置 Harvard 结构
16C55	GI	8/12	-	int	28	-	•	-	•	0	32	512	1	1	20	-	-	•	12 位内置 Harvard 结构
87C51	IN	8	8	int	40	•	•	-	•	0	128	4k	2	5	32	•	-	•	""
68HC11A8	MO	8	8	int	48/52	-	•	•	•	0	256	512[b]	4	2	28/32	2	2	•	大多数常用控制器的 CMOS 版本
80C196	IN	16	8/16	0/16	48/68	-	•	•	•	0	232	8k	2	8	8	•	2	•	6801+91 指令; A/D, SD1
16003	NS	16	16	16	68	-	•	-	•	0	256	-	8	8	8	-	-	•	8096 的双倍特性
16084MH	NS	16	16	int	68	-	•	-	•	0	256	8k	8	8	8	-	-	•	完整系列
78P312	NE	16	8/16	int	64	-	•	-	•	0	256	8k	4	15	32	2	2	•	A/D 的系列; 新系列, 惟一的指令全集

a. 参见表 4.1 的表注。　b. EEPROM。

电源开关

当然，如果能够控制电源开关时间，任何一个微处理器都可以工作在很低的平均功率上。实际上 NMOS 比 CMOS 简单，因为像 $\overline{WR}$ 之类的输入即使是在电源关闭的情况下也可以保持高电平（而CMOS 在使用过程中会通过输入保护二极管开启芯片电源），这样可以防止虚假写周期的产生。因此，CMOS 器件必须使用外部逻辑电路完成电源的顺序关闭。另外还要解决的一个问题就是上文提到的时钟启动问题，这可以通过外部延时逻辑或 82C85 这类芯片实现。

通常在每次重启时都不希望重新冷启动软件。解决这个问题的最好办法是让 CPU 在每次重启时读取"上电标志"寄存器（CMOS 型，连续有效）。这样仅在第一次启动时为冷启动，以后上电标志触发器都被置位了。

使用带有电源开关的 NMOS 处理器时，应该在处理器休眠期间，将边缘触发中断请求保存在外部 CMOS 逻辑中，并在处理器重启时提供该项服务。使用 CMOS 处理器时也可以采取同样策略，但它们在休眠或关闭模式下会丢失边沿触发中断请求信号。

开启 NMOS 处理器时需要消耗 100 mA 以上电流，因此必须在 5 V 栅极驱动电压下开启电阻 R_{ON}小于 3 Ω 的 MOSFET 器件。

CMOS 外围器件

许多微功耗外围芯片都只是简单照搬 NMOS 器件中的 CMOS 部分，如 81C55 和 82C55 并口。器件资料也通常都和原来的 NMOS 一样，仅有一些细微变化。但即使是这样，数据资料也时常有错！例如，数据资料显示：0.4 V 时输出灌电流为 2 mA，2.4 V 时拉电流为 100 μA，而实际上 P 沟道驱动器在 2.4 V 时的拉电流是 2 mA。同样，输入门限值也时常出错。

CMOS 电路中另一个值得关注的问题是来自三态总线的悬空输入信号的功耗问题。Harris 和Intel 公司设计了一种"总线保持"电路，通过在输入端引入微弱的正反馈来防止悬空输入信号产生A 类电流。

要密切关注 CMOS 外围电路在一定时钟频率下的静态电流问题。例如，通用串口 65C51 和82C52，在推荐振荡频率下的耗流为 2 mA（65C51：1.84 MHz@1.4mA/MHz）。可以设想在晶振停止时，假如有命令发出，UART 将不能接收数据。其他 CMOS 外围器件的静态电流约为 1 ~ 5 mA，例如 A/D 转换器、调制解调器、视频驱动器、EEPROM 和键盘编码器等。这些器件构成的复杂系统可能消耗 25 ~ 50 mA 的静态电流，若使用 9 V 电池，则仅有 10 小时寿命。若系统允许，那最好不过，但若不行，就必须考虑电源开关。这时必须小心处理输入和输出信号。例如，A/D 的三态总线驱动器电平会因 A/D 未上电而被拉低（这种情况下就应该使用独立的 CMOS 三态总线驱动器）。

RS-232 驱动器是传统的大功率器件：典型的 1488 四驱动器需要 ±20 mA 的静态电流，还不包括负载电流；1489 四接收器的耗流是 15 mA。现在，一些 RS-232 芯片也具有低功耗特性，以下就是一些较好的选择。

Motorola MC145406。这是一种三 CMOS 驱动器 / 接收器，工作电压范围为 ±5 V ~ ±13 V，平均功耗小于 15 mW。CMOS 输出驱动器可以输出满幅度信号，所以即使使用 ±5 V 电源，也可以达到 RS-232 幅度要求。具体设计中可以采取多种措施保证 CMOS 的最高工作电压达到 26 V，使接收器正确接收 20 V 波动的输入信号。

LT1032。这是一种四双极性 RS-232 驱动器，工作电压范围为 ±5 V ~ ±15 V，静态工作电流为 0.5 mA。利用控制管脚将驱动器关断（零电流）后，输出高阻状态。

LT1039。这是一种三双极性驱动器/接收器，工作电压范围为 ±5 V ~ ±15 V，静态电流为 4 mA。和 LT1032 一样，它也包含电源关断管脚，另外，它还具有一种特殊功能控制线，在芯片其他单元关断时，允许其中一个接收器仍保持正常工作，这样可以在收到某些特殊数据后激活芯片上其他单元的工作。芯片关断时输出也处于高阻状态。

MAX230~239/ICL232 系列；LT1080/1。这些器件分别由 Maxim, Intersil 和 Linear Technology 公司生产，具有双驱动器 / 接收器功能，内置电压转换器，可以工作在单 5 V 电源下，并产生 ±9 V 输出信号，静态电流为 5 mA。除 MAX233 和 MAX235（有内置电容）外，这些器件均需外接钽电容（4 个）实现电压转换；±9 V 输出供给低电流负载。这些芯片的电压转换单元都是独立的，如 MAX680 和 LT1026 中单 5 V 电压到双 ±10 V 的电压转换器，都可以用来给其他 RS-232 芯片供电。

DS14C88/89。这是 National 公司的类似双极性工作方式的 CMOS 芯片。14C88 驱动器的工作电压为 ±4.5 V ~ ±12 V，产生正常的 CMOS 幅度信号。采用 ±5 V 供电时，四驱动器的最大耗流为 30 μA（无负载），而单 +5 V 电源情况下接收器的最大耗流为 0.9 mA。National 也生产 CMOS RS-422 芯片 DS26C31~32。

14.5.4　微处理器设计举例：温度记录仪

下面我们把前面所有想法综合在一起，用一个例子进行说明。假设要设计一个电池供电的小型数据记录仪，每分钟监测环境温度一次，并将日平均气温存入 RAM，最后通过串行通信口读出。该仪器可以放置在任何地方，每年去两次，把数据读到手提电脑中，也可以偷偷懒，把所有数据一次性全都取回家。

该温度测试仪将使用三节碱性 C 型电池，最短寿命 1 年。为降低功耗，拟采用 CMOS 外围器件和具有关断功能的 CMOS 微控制器。在不采集数据的时候关断 CPU 和前端电路，并由小功率时钟芯片来唤醒。由于串口只是偶尔使用，同样采用电源开关电路。显然我们所设计的电路并不惟一，顺着这个思路我们还将讨论一些候选方案。

CPU

图 14.43 就是我们所设计的电路。首先，我们选择了 Motorola 的 MC146805 CMOS 控制器，工作电压为 3 V，包括进入等待模式（微功耗、晶振和定时器运行），或停止模式（零功耗，晶振停止，通过中断或复位开启）的相关电路。后缀为 E2 的版本采用外部 ROM 和 RAM，但片内有 112 B 的 RAM。

若采用 5 V 电源和 5 MHz 时钟，CPU 的典型工作电流为 7 mA，而等待模式下电流为 1 mA，停止模式下为 5 μA。由于每分钟里采集数据的时间只有几毫秒，而从停止模式中唤醒（取决于晶振开启）需要 30 ms，因此，为降低功耗，采用外部中断唤醒模式。若采用等待状态下的 CPU 定时器中断模式，平均耗流至少是 1 mA，C 型电池的使用时间约为半年。当然，使用 D 型电池可以使时间延长至一年。另一种延长时间的办法就是降低晶振工作频率（例如 1 MHz），这样将大大降低等待模式下的电流。此外，也可以选择 3 V 工作电压，这样，等待模式下的电流大约降低到 150 μA（1 MHz）。上面任何一种方案都是可行的。在本例中，我们采用电源开关，因为它同时阐明了其他应用技术，同时也可以很方便地通过日历芯片进行定时。

日历芯片

我们所需要的日历芯片不仅要能在低功耗下保持时间（这是所有日历芯片都能做到的），而且还要能够产生中断信号。由于日历芯片主要用于交流电源计算机，在 CPU 运行时功耗是不成问题的，因此许多芯片都不具备低功耗（备用电池）模式中断能力。我们先来看看 ICM7170，这是 Intersil 公司的一种很不错的日历芯片，在低功耗模式下可以中断，但它在单电源模式下的功率管理策略非常棘手。更常见的一种芯片是 National 公司的 MM58274，但它不支持低功耗中断。最后我们选择了 Motorola 公司的 MC146818，这也是一种非常受欢迎的芯片，至少还有其他两家公司也在生产同一种芯片，用来和 MC146805 CPU 配合使用。它可以工作在全电源电压状态，并维持低电流（32 kHz 外部晶振，典型值为 50 μA）。

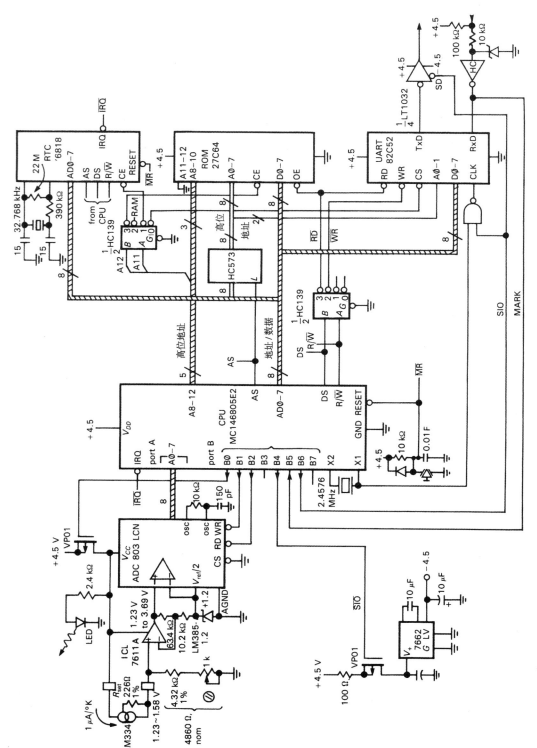

图 14.43　通用微功耗微处理器示例

Motorola 偏爱使用内存映射的 I/O 方式,MC146805 也不例外。因此这里不存在 Intel 所擅长的 I/O 选通脉冲,只需要对部分存储器空间进行译码就可以作为 "I/O 空间"。即使系统只有少量 I/O 器件,也需要繁琐的译码电路,如 10.3.2 节所述。这里,我们把 UART 放在外部存储器的低端（CPU 占用底部 80_H 字节,用于内存和端口）,日历时钟地址为 80_H,采用 HC139 译码器启动存储器（如下所述）。

存储器

对于 EPROM,我们采用标准的 27C64,存储空间为 8K × 8,通过如图所示 11 根地址线对低端 1/4 地址单元寻址（地址空间的高端已分配给 I/O）。小一些的 ROM 更好,不过厂家已经停产了,他们只生产大容量 ROM。未选通时,27C64 的最大耗流是 $100\,\mu A$（$I_{DD} = 100\,\mu A$）。实际上,它的静态电流还不到 $10\,\mu A$。注意来自 CPU 复用总线的低位地址锁存信号,以及 Motorola 读写信号（$R/\overline{W}$,DS）与 Intel（$\overline{RD}$,$\overline{WR}$）信号之间的转换,这种转换只利用 'HC139 译码器的一半资源（另一半仍可用为地址译码）。

外扩的 CMOS RAM（可选,未给出）位于 ROM 地址空间的低端,见图 14.44,它采用地址复用技术。另外还要说明的是,也可以采用容量更小的 RAM,但芯片生产商不合作。

串行通信

要实施串行通信,我们需要 UART 和双极性 RS-232 驱动器 / 接收器模块。因为串口只是偶尔使用（读取和初始化）,最好工作在关断模式下,利用 CPU 检测是否需要进行数据通信,检测周期可以设置为每分钟 1 次。我们可以选用常见的 NMOS UART 模块,如 8251,其电源开关受 CPU 输出控制。这个方案不错,不过还要小心,掉电模式下 UART 不能承载总线。解决这个问题的一个办法是在总线和电源开关控制的 UART 之间使用 HC 三态总线缓冲器,掉电期间它们处于高阻状态,如图 14.45 所示。

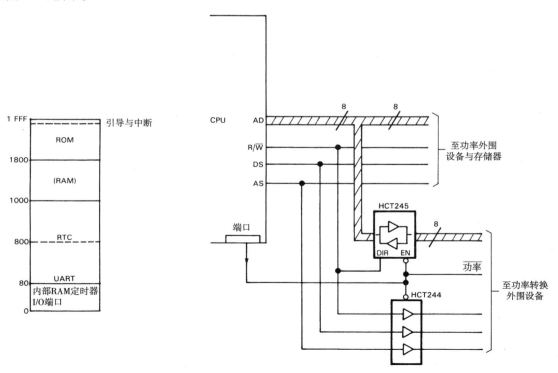

图 14.44　微处理器的存储器映射　　　　图 14.45　来自一个功率转换外围设备的去耦数据总线

本例中采用了一个很简单的解决方案，即选用 CMOS UART，并连续供电，但只在需要进行串行通信时才激活晶振，这种电路的典型静态电流值一般小于 20 μA。为简单起见，大多数 RS-232 接口都供电。驱动器是低功耗关断控制的一部分，其关断时的静态电流约为 1 μA（典型值）或 10 μA（最大值）。负电源由 7662 电压转换器产生，转换器电源开关受 CPU 端口控制，尽管它的静态电流 $I_Q = 20$ μA（典型值），最大值 $I_Q = 150$ μA，也有足够理由相信利用电源开关可以保证每年正常运行 10 分钟。注意电路中 100 Ω 的限流电阻，在第一次上电时它是短路的。对于 RS-232 接收器，我们采用肖特基控制的 HC 逻辑反相器和限流器作为双极性输入。

这样只剩下接收器是连续工作的，以便需要串口通信时能随时检测到，这也利用了 RS-232 休眠状态（至少是 -3 V 标志）下反相器输出为高的特点（注意输入端的上拉电阻）。这也是反相器输出除直接驱动 UART 外，还接到 CPU 的原因。当然，CPU 要在每分钟的短时间间隔里（< 1 s）识别出这个信号。这样在实际操作中，连接串口之后用户只需要耐心等待。

前端电路

在前端电路选用了 LM334 电流型温度传感器。它两端的电流大小与热力学温度成正比，且比例系数由电阻 R_{set} 惟一确定：$I(\mu A) = 227\,T/R_{set}$。这里，$T$ 是开尔文度，R_{set} 的单位是 Ω。LM334 的电压范围为 1 ~ 40 V，初始精度为 6%。A/D 转换器则采用价格便宜的 AD803（不到 5 美元），具有内部时钟发生器、三态输出、单 5 V 电源等模块。同时它还提供差分输入，并可通过相关电路设置量程。由于它有 1 mA 的耗流，所以我们也采用电源开关，通过 CPU 端口进行控制。

本例中 R_{set} 为 226 Ω，即电路具有 1 μA/°K 的温度系数。-20°C ~ +50°C 是比较合理的温度范围，相应的输出电流范围是 254 ~ 324 μA，这个值还必须与 A/D 的输入范围相匹配。若使用外部参考电源 V_{ref}，那么这个特殊 A/D 的满程范围就是 $2V_{ref}$。另外，差分输入还允许输入端存在一定的失调。我们采取一种简单的设计，电压失调为 V_{ref}，这样，模拟输入信号范围为 V_{ref} ~ $3V_{ref}$。如果采用 +4.5 V 电源，则可以考虑 1.23 V 的电压带隙参考，于是我们选择低功耗 LM385-1.2。它使模拟输入电压在 1.23 ~ 3.69 V 之间变化。剩下的问题就简单了，主要是选择合适的电阻，使传感器的低端输出电压为 1.23 V，然后增加一级差分放大器，选择合适的直流增益，使传感器的高端输出为 3.69 V。这个电阻的计算结果是 4.84 kΩ，如图所示的放大器增益 G_V 为 7.26。负载电阻需要 ±10% 的调整范围，以容纳初始误差（LM334，6%；LM385，2%；运算放大器失调，1%）。注意输入端那个特殊电路，它使直流放大器的零点等于电压参考值。

习题 14.1　根据图 14.43 中的电阻值计算温度范围来检验上述算法。

注意 A/D 接口电路使用了并口，而不是更加通用的 CPU 数据总线，其原因在于，未加电时 A/D 会以另外的方式承载总线。该电路的速度并不是一个很重要的参数（所以电路中 CPU 振荡器的开启时间非常长，为 250 ms），而且端口也未完全使用。

功耗

我们在表 14.10 中比较了 3 种不同工作状态下模块的耗流情况。注意静态电流典型值和最大值之间的差异。如果 IC 电流是典型值，则平均耗流（假设每分钟的唤醒时间为 500 ms）仅为 168 μA，使用碱性 C 型电池，可以维持 3 年（4500 mAh）。恶劣情况下的平均耗流为 680 μA，只能维持 9 个月，处于数据记录仪要求的边缘。最坏情况意味着每个 IC 都处于极限电流，这有两种解决方案：（a）使用更大容量的电池，以确保最坏情况下的电池寿命；（b）筛选控制电池寿命的 IC（测量 I_Q），例如 CPU，这种方法在大多数情况下都不建议采用；（c）不采取任何措施，因为大多数 IC 的电流都要低于最大耗流值。

编程

可以直接对 ROM 进行编程，也可以采用第 11 章里讨论过的固件编程模型，除此之外还有一些其他的方法。

开启电源时，必须保证被开启设备有足够的时间进入正常运行状态。例如晶振，需要数十毫秒的延迟时间。电路中 7662 电压转换器的大电容需要几毫秒的充电时间。如果被开启器件连接在并口线上（如 A/D），则并口线必须或者被置为低，或者在器件关断之前被编程为输入状态。如果三态驱动器是用来隔离总线的，那么在器件断电前必须首先置为高阻状态。

> **习题 14.2**　绘制温度记录仪流程图。在进入休眠状态之前对并口进行正确的操作。别忘了初始化时钟芯片和 UART。每次苏醒时都一定要检查串口。

表 14.10　温度记录仪电流流出量

器件	空闲 典型值 (μA)	空闲 最大值 (μA)	数据入 (μA)	数据入 最大值 (μA)	串行通信 典型值 (μA)	串行通信 最大值 (μA)
CPU	10	175	4000	7500	4000	7500
ROM[b]	10	100	2500	5000	2500	5000
(RAM)	2	10	2500	5000	2500	5000
Sensor ckt	0	0	350	350	0	0
A/D	0	0	1100	1800	0	0
LED	0	0	1000	1000	0	0
UART	20	100[c]	20	100[c]	2500	3000
RS-232[d]	1	10	1	10	1600	2000
7662	0	0	0	0	20	150
Discrete	0	10	0	10	0	10
RTC	25	100	25	100	25	100
Totals	68 μA	505 μA	12 mA	21 mA	13 mA	23 mA

a. V_{batt} = 4.5 V，f_{CPU} = 2.5 MHz。
b. 假定 50% 的 ROM，50% 的 RAM 接入。
c. 没有将 I_Q(max) 规定给 82C52；该值适合于所用的 82C51。
d. 假定 50% 标记，5 kΩ 负载阻抗。

其他典型电路设计

一开始我们就说过，采用 3 V 而不是 4.5 V 电压（电池电压会随着时间的推移而逐步降低，所以最好根据 +4.5 V 电压，采用微功耗低耗流的稳压器件，如 LP2951 或 ICL7663），可以使 CPU 工作在等待模式而不是停止模式。等待模式时（3 V，1 MHz 时钟，最大电流为 200 μA），内部振荡器连续工作，支持中断和内部定时器。因此，外部日历时钟便可由简单的低功耗 32 kHz 振荡器和分频器（例如，价格便宜的小型 DIP 封装 MM5368）代替，产生 1 pps 的中断信号；内部定时器通过可编程的时间间隔来唤醒 CPU，完成前面提到的所有工作。注意，在本设计中，电池能量基本上都消耗在时钟芯片上，这是一个相对比较复杂、昂贵的芯片。

> **习题 14.3**　设计一个工作在等待模式下的改进型温度记录仪。

近年来新推出的一些新型芯片可以简化 RS-232 的设计。RS-232 驱动 / 接收器芯片 LT1080 和 MAX230 系列都包含片内电压转换器。一些模式下的典型控制电流 I_Q 只有 1 μA，最大值为 10 μA。可以用单片 MAX235 替换 7662、LT1032 及其外围分离的电源开关电路。不过，MAX235 接收部分在电源关断时也会处于休眠状态，无法替代 'HC04 接收器。一些 RS-232 驱动 / 接收器在微功率电源关断期间仍然能够维持接收器的工作，如 LT1039，但它也未给出具体解决方案，因为即使在休眠状态下也要求连续的双极性电源，这就要求 7662 必须连续工作。

在讨论串口方案时，值得注意的一点是，可以考虑用 CPU 的一对接口线来实现数据传送和接收，而彻底删除 UART。当然，要实现这个"软件 UART"，必须编写相关程序来发送和接收串行数据。通常的步骤是使用内部 CPU 定时器，并设置恰当的波特率。发送功能比较容易实现，只需在确定的时间里产生 1 或 0 信号即可。接收功能的实现则有很大的挑战性，它需要采用比输入数据频率更高的采样频率（一般是传输速率的 8 倍），使采样点尽量能够位于数据的中央。软件 UART 广泛使用在小系统中，因为它能减少芯片使用数量，降低成本。

若不直接输出 RS-232 信号，也可以考虑与电话线相连的电源开关控制调制解调器。National 公司的 74HC943 就非常合适，它的工作电压为 5 V，静态电流是 8 mA。图 14.46 中的被动式"铃流检测"回路可以代替图 14.43 中的反向"标志检测"回路。如果能使铃流检测器再触发一个中断则更好，因为没人愿意在打电话时等一分钟才听到回话。本设计中的标志电平（–3 V 以上）就可以用来触发中断。

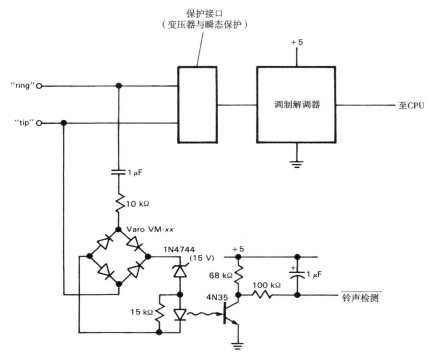

图 14.46　电话铃声检测电路

习题 14.4　说明如何利用标志产生中断触发信号，并通过软件编程清除该中断信号。

只要使用了 CMOS 三态驱动器来隔离电源关断器件，A/D 前端信号就可以直接与 CPU 总线相连，见图 14.45。如果使用高性能 UART（85C30，见图 11.13）来代替这里所使用的 85C52，还可以使用同样的功耗降低策略。

建议最大限度地利用最低功耗元件和电源开关等，从微功耗设计中获得最大利益。该电路若使用 AA 电池，可能要比 C 型电池更成功。但额外的努力或消耗并不值得，因为在实际应用中降低 20% 的体积和重量并不重要。实际上，进一步简化设计也许更有意义，例如控制 A/D 前端的电源开关，同时控制 7662，或者干脆让它连续工作。

14.6　电路示例

14.6.1　电路集锦

图 14.47 展示了一些可供借鉴的微功耗电路实例。

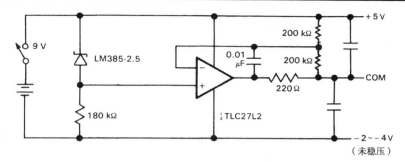

A. +5 V 与 –2 V ~ –4 V 来自 9 V 电池

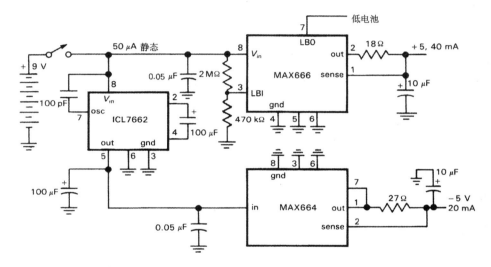

B. ±5 V 的电源来自单一的 9 V 电池

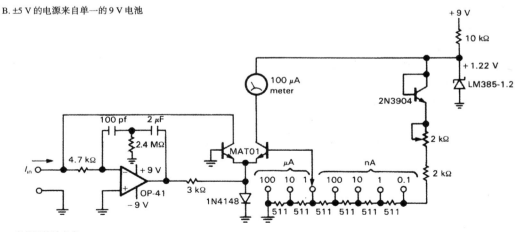

C. 宽范围的纳安表

图 14.47　微功耗电路

第15章 测量与信号处理

15.1 概述

在工业过程或科学实验中，数据采集和处理可能是电子领域里最有趣或最有用的一种技术。总的来讲，**传感器**能将诸如温度、光强等物理量转换成电压或其他电量作用于电子线路，经模数转换器量化，再送入计算机进行分析。如果我们需要的信号被噪声或干扰淹没了，则可以通过强有力的"窄带"技术，例如采样保持、取信号均值、多信道加权、相关性、频谱分析等重新得到理想的信号。最后，通过一台小型计算机或特殊微处理器"在线控制"，这些物理量的测量结果可以用来控制实验或过程本身。

本章将从被测物理量的取样和常用传感器开始。在这个领域里还有很多创新空间，我们在此仅讨论典型的传感器。本章部分内容详细描述了这些测量传感器出现的特殊问题和可能用到的电路。我们将尽力覆盖最常见的问题，涉及到超高阻抗传感器（微电极或离子探针的阻值会有几百兆欧）、低级别低阻抗传感器（热电偶、变形测量仪、磁性拾音器）和高阻抗交流传感器（电容式传感器）等。

本章随后讨论测量标准（频率、时间、电压和阻抗的标准）和精密测量技术，然后将对"噪声中的信号提取技术"进行详细描述。这些功能强大的技术对从未涉及这一领域的人来说是神秘的。最后，我们将从频谱分析和傅里叶技术的角度对全章进行总结。主要对电子电路设计感兴趣的读者可以忽略这一章不读。

15.2 测量传感器

在有些情况下，被测物理量本身就是电量，例如神经冲动（电压）、海水传导率（阻抗）、带电粒子流量（电流）等。这时，相对来说可以直接应用测量技术，而大多数情况下测量对象电信号的收集和处理是一件很困难的事情。此时可能遇到高阻（例如微电极）或小信号（例如放射性衰变产生的电流）等情况。

更多的情况下，必须采用某种传感器将一些物理量转变为可量化的电量。例如温度、光强、磁场、变形、加速度和声强等。在后面章节里我们会详细讨论更常用的输入传感器，讨论其测量对象和精度等问题。我们还会更深入讨论一些更常见物理量的测量，例如热与光，但本书仅涉及可测量部分。

15.2.1 温度

温度传感器在于多种参数的平衡，包括温度范围、精度、重复性、通用曲线图表、尺寸和价格等。

热电偶

两种不同金属的接合处会产生一个小电压（低源阻抗），典型值是毫伏级，系数是 $50\,\mu V/^\circ C$。这个结点就是一个**热电偶**，在测量大范围温度时非常有用。通过使用不同的合金，可以跨越

–270℃ ~ +2500℃ 的温度范围，并能达到合适的精度（0.5℃ ~ 2℃）。在清楚不同合金的热电特性基础上，相同合金的不同形式的热电偶探针可以互换，而不影响量程。

　　经典的热电偶电路如图 15.1 所示。图中所选金属由 J 型热电偶组成（表 15.1 列出标准合金类型及其特性）。热电偶是一个由两种不同金属焊接而成的小结点（人们已经知道将电线扭在一起可以构成，但时间不能太久）。参考结点是绝对必要的，否则就必须在不同金属的连接端附加不同的热电偶。电路中非控制部分产生的额外热电压会导致测量结果不稳定和不精确。即使存在一对热电偶结点，还要在导线连接终端处排列额外的热电偶，这些热电偶几乎不会导致任何问题的产生，因为这些结点处的温度是相同的。

　　热电偶电路给出依赖于两个结点温度的电压。粗略地讲，这个电压是和两个结点的**温差**成比例的。我们想要的是传感结点的温度，对于参考结点的问题有两种解决方法：（a）比较经典的方法是固定参考结点处的温度，通常是 0℃。过去常用冰水，现在仍可以这样，也可以买一个稳定的小低温试验箱。如果测量高温，即使让参考结点处于室温，产生的微弱误差也是可以忽略的。（b）一种更"现代"的技术手段是搭建一个补偿环路，来校正参考结点温度漂移带来的影响。

　　图 15.2 表明了上述补偿环路是如何工作的。其基本思想是利用一个温度传感芯片和一个电路，该电路能够补偿实际参考结点温度和标准 0℃ 之间的偏移。AD590（参考后面 IC 温度传感器的有关章节）可以产生依赖于热力学温度变化的微安级电流。R_1 的选择依赖于热电系数，在这个电路中它将 1 μA/℃ 转换为 51.5 μV/℃（见表 15.1），而 AD580 则与 R_2 和 R_3 一起进行温度补偿：减去 AD590 在 0℃（273.15 K）时产生的 273 μA 的固定偏差。这样，在参考结点温度为 0℃ 时，温度补偿系数为零，不需要补偿；然而当参考结点温度为某个固定值时，需在该结点的净输出电压上增加 51.5 μV/℃ 的温度补偿（室温下 J 型结点的热电系数）。

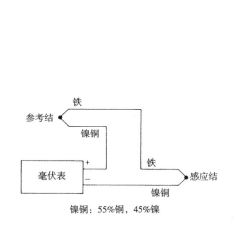

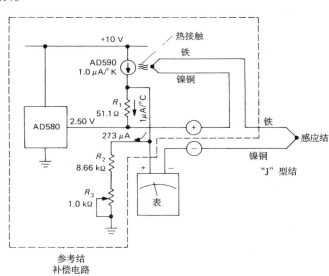

图 15.1　经典的热电偶电路　　　　　　　　　　图 15.2　热电偶参考结补偿

　　这个测量电路是值得回味的。热电偶的电路问题源于其极低的输出电压（51.5 μV/℃ 左右），而且常常伴有较大的共模交流干扰和射频干扰。放大器必须在 60 Hz 处拥有很强的共模抑制和稳定的差分增益。除此之外，因为热电偶导线本身存在一定大小的阻抗（例如 5 in 的 30 标准 K 型结点的阻值为 30 Ω），所以为避免负载变化而产生的测量误差，要求电路输入阻抗也必须较高（10 kΩ 或更高）。

表 15.1 热 电 偶

型号	合金	最高温度[a] (°C)	温度系数 @20°C (μV/°C)	输出电压[b] 100°C (mV)	400°C (mV)	1000°C (mV)	30 标准铅电阻[c] (Ω)
J	铁 / 康铜[d]	760	51.45	5.268	21.846	–	3.6
K	镍铬[e] / 镍铝[f]	1370	40.28	4.095	16.395	41.269	6.0
T	铜 / 镍铜[d]	400	40.28	4.277	20.869	–	3.0
E	镍铬[e] / 镍铜[d]	1000	60.48	6.317	28.943	76.358	7.2
S	铂 / 90% 铂, 10%Rh	1750	5.88	0.645	3.260	9.585	1.9
R	铂 / 87% 铂, 13%Rh	1750	5.80	0.647	3.407	10.503	1.9
B	94% 铂, 6%Rh / 70% 铂, 30%Rh	1800	0.00	0.033	0.786	4.833	1.9

a. 在接近最高温度下超长时间工作，热电偶的寿命会被缩短。　b. 0°C时的参考结。

c. 每两个脚；对于 24 标准，值乘以 0.25。

d. 55% 铝，45% 镍。　e. 90% 镍，10% 铬。　f. 96% 镍，2% 锰，2% 铝。

图 15.3 所示电路是一个好的解决方案。它是一个标准的差分放大器，其 T 形反馈回路可以提供高电压增益（此例中为 200），且输入阻抗足够大，因而源负载阻抗变化不会导致测量误差的产生。电路采用高精度运算放大器，漂移量小于 1 μV/°C，可以确保远小于 50 μV/°C 的测量误差。电路中输入旁路电容能很好地抑制 60 Hz 共模干扰和其他射频干扰（热电偶及其长连接线如同无线电天线）。因为热电偶响应速度很低，在电路中可以通过如图所示的反馈电阻间的电容来限制带宽，减小响应时间。若电路存在强烈的射频干扰，则需考虑屏蔽输入导线，并在输入旁路电容前加射频扼流圈。

值得注意的是，与输入端热电偶电压补偿常规方法（见图 15.2）不同，图 15.3 所示的参考结点温度补偿是在**输出**端进行的，这样能够保持输入端的差分特性，以获得差分放大器共模抑制强的优点。放大器电压增益约为 200，要求电路在输出端施加 200 × 51.5 μV/°C 或 10.3 mV/°C 的电压补偿量。注意，OP-97E 运算放大器 0.1 nA（最大值）的输入失调电流将产生 25 μV 的输入误差，连同 25 μV（最大值）的 V_{os}，该电路可以将其调制到 0。另外，电路也可以采用斩波稳定型运算放大器，如 7652（V_{os} = 5 μV，I_{os} = 40 pA，均为最大值）。

为了在输入端提供一个直流偏置通路，也可以采用如图 7.32 所示的仪器放大器来代替上面给出的差分放大器。

使用热电偶时必须了解 Analog Devices 公司"冷结点补偿热电偶放大器"的工作原理，如 AD594（J 型）或 AD595（K 型）。这些单片器件几乎集成了所有需要的功能模块（包括一个参考冰点），在给定热电偶输入情况下产生一个与温度成比例的输出电压或可编程的断路点。其精度在室温下可以达到 ±1°C（未调整），在 –25°C ~ +75°C 温度范围内会增加到 ±3°C。Linear 公司生产的"小功率热电偶冷结点补偿器"LT1025 需要与外部精确运算放大器一起使用。它包括表 15.1 中所有热电偶（除了 B 型）所需的补偿，且有二阶曲率修正，以保证更宽温度范围内的精度。最好的 LT1025A 在室温下能精确到 ±0.5°C，在 –25°C ~ +80°C 范围内能精确到 ±2°C。

目前市场上已能购买到各种利用热电偶设计生产的智能温度测量仪器。这些仪器含有计算电路，可将热电压转化为温度。例如，由 Analog Devices 公司和 Omega 工程公司生产的数字温度计在 –200°C ~ +1000°C 的温度范围内精度可以达到 0.4°C，在高达 +2300°C 的温度下，精度也能达到 1°C。

与其他温度测量方法相比，热电偶具有体积小、温度范围大的特点，尤其适合高温测量场合。

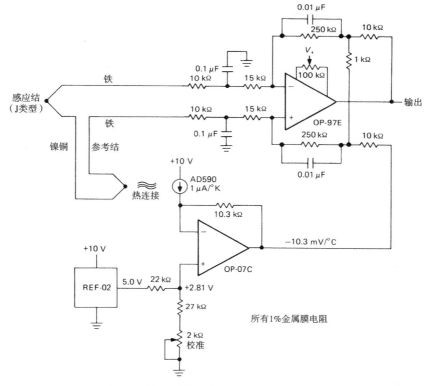

图 15.3 输出端带补偿的平衡热电偶放大器

热敏电阻

热敏电阻是一种负温度系数的半导体器件,其典型值约在 –4%/°C 左右。各种封装形式的热敏电阻,从细小的玻璃珠到装甲探针,应有尽有。用于精确温度测量的热敏电阻(也可用于电路中作为温度补偿器件)在室温下的典型阻值为几千欧,且严格满足(0.1°C ~ 0.2°C)标准曲线。热敏电阻的大温度系数特性使它们易于使用、价廉并且稳定。对于在 –50°C ~ +300°C 范围内的温度测量和控制,热敏电阻是不错的选择。使用热敏电阻传感器单元来设计一个简单有效的"比例温度控制"电路,相对来说比较容易,其设计可参考 RCA 应用说明 ICAN-6158,或 Plessey SL445A 应用手册。

由于阻抗随温度变化大,所以热敏电阻对电路要求不高。一些简单的产生输出电压的方法如图 15.4 所示。图 15.4A 所示电路是根据热敏电阻阻值呈指数变化而设计的一个扩展热敏电阻低温范围的例子,图 15.4B 所示电路中电压随温度变化的线性更好一些。图 15.5 给出了两种配置下阻抗随温度变化的曲线:10 kΩ 热敏电阻(Fenwal UUA41J1)和同样大小的热敏电阻与 10 kΩ 电阻串联。串联电阻方案在 –10°C ~ +50°C 温度范围内线性控制在 3% 内,温度范围为 0°C ~ 40°C 时,线性变化不超过 1%。在图 15.4B 所示电路中,电阻 R 上的压降几乎是线性的。

图 15.4C 和图 15.4D 给出了这个线性化方案的细节,它采用 Yellow Springs Instrument 公司的合成匹配线性热敏电阻(和相应的电阻对)。温度范围为 0°C ~ 100°C 时,这两种方案都可以获得 0.2% 的线性度。YSI 公司也生产了带有 3 个热敏电阻(和 3 个电阻)的模块,且线性更好。图 15.4E 是经典的惠斯通电桥电路,当 $R_T/R_2 = R_1/R_3$ 时电桥平衡。由于该电路是比例测量,所以零点不随电源电压的变化而变化。电桥电路和高增益放大器的组合尤其适于检测相对于参考温度的微弱变化;当失衡时,对于小的变化,输出电压是线性的。所有热敏电阻电路都要注意热敏电阻本身热效应的

影响。一个典型的小热敏电阻探针可能有 1 mW/℃ 的耗散常数，这意味着如果希望读数精度在 1℃以内，I^2R 应严格控制在 1 mW 以下。

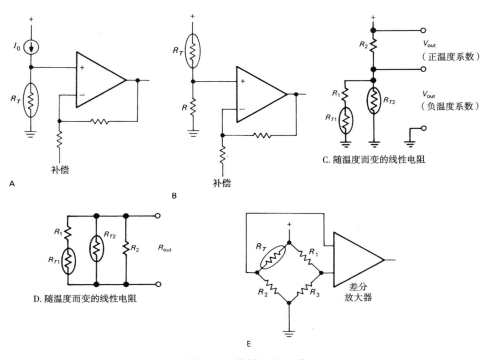

图 15.4　热敏电阻电路

符合热敏电阻曲线的"智能"温度测量仪器已经商用化。这些仪器内部含有计算单元，能将阻抗读数直接转换为温度。例如 Omega 模块 5800 型数字温度计可以在 4 位 LED 显示器上，以摄氏度或华氏度单位显示温度，温度范围是 –30℃ ~ +100℃。测量温度范围内的精度是 0.5℃，分辨率是 0.1℃。

与其他温度测量方法相比，热敏电阻方法相对简单，精度也较高，但容易受到自热效应影响，且易受损，温度范围较窄。

铂电阻温度计

这些设备非常简单，由纯铂线组成，温度系数约在 +0.4%/℃ 左右。铂金温度计的时间稳定性极好，且非常接近（0.02℃ ~ 0.2℃）标准曲线，其温度测量范围为 –200℃ ~ +1000℃，但价格稍高。

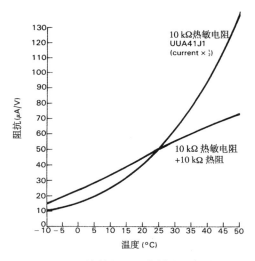

图 15.5　热敏电阻和热敏电阻加电阻
　　　　　对的电阻与温度的关系曲线

IC 温度传感器

6.4.2 节已经讨论过，能带隙电压参考可用于产生与热力学温度成比例的温度传感输出电压，同时具有稳定的零温度系数参考输出电压。例如 REF-02，提供温度系数为 +2.1 mV/℃ 的输出。如果对这个输出电压信号进行可控增益放大并校准，可以在 –55℃ ~ +125℃ 温度范围内得到大约 0.5℃

的精度。LM335是一个类似齐纳二极管的两端温度传感器，电压变化率为 10 mV/°K。例如，在 25°C（298.2°K）时，它等价于一个 2.982 V 的齐纳管（见图 15.6）。它的初始精度为 ±1°C，还可以再进行外部校准。简单的点校准措施可将 –55°C ~ +125°C 范围内的精度提高到 ±0.5°C。经过校准后，测试温度的精度可以达到 0.1°C 以内，在温度范围的两端精度预计会增加到 ±0.5°C（见图 15.7）。

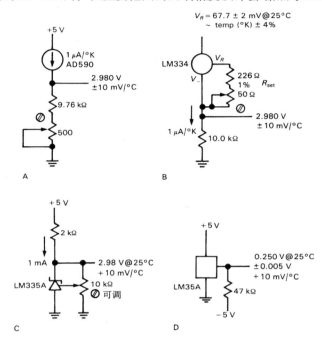

图 15.6 IC温度传感器。在 25°C 下的电压。方法 A 与方法 B 会
引起在每 33 ppm/°C 电阻温度系数下附加 1% 的误差

LM35 也能提供 +10 mV/°C 的电压输出，不过它更像三端器件（而不是二端齐纳管器件），通过 LM35 的第三个管脚为器件提供 +4 ~ +30 V 的电源，由于存在内部调零电路，所以 0°C 时输出电压为 0 V。若要工作在 0°C 或 0°C 以下，必须采用如图所示的下拉电阻。最好的器件 LM35A 的最大误差为 0.5°C，且不能被修正。LM34A 的工作原理与 LM35 类似，温度单位为华氏（0°F 时为 0 V）。

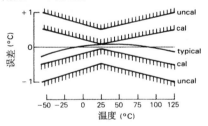

图 15.7 LM335 温度误差

另一种 IC 温度传感器是类似两端恒流器件的 AD590，它通过微安级电流来对应热力学温度；例如，在 25°C（298.2°K）时，它相当于一个 298.2 μA（±0.5 μA）的恒流源。通过这个简单的器件可在 –55°C ~ +150°C 温度范围内得到 1°C 的精度（最好情况下）。简洁的外围电路使该器件非常具有吸引力。塑封 AD592 在较小温度范围内（–25°C ~ +105°C）有相似的性能。LM344 电流源 IC（见 6.5.3 节）也有正比于绝对温度的输出信号，依照公式 $I_{out}(\mu A) = 227T(°K)/R_{set}(\Omega)$ 来设定电阻（见图 15.6）。这个公式包括施加 V_- 时约 5% 的电流校正量。

石英温度计

利用石英晶体的共振频率随温度变化的特性可以制作精确的、重复性很好的温度计。通常石英晶体振荡器的设计原则是尽可能低的温度系数，但现在可选择系数大的晶片，利用频率测量的高精度特点。一个商用化的典型例子是 Hewlett-Packard 公司的 2804A，这是微处理器控制的温度计，在

-50°C ~ +150°C 温度范围内，绝对精度是 0.04°C（温度范围增大，精度将下降），温度分辨率为 0.0001°C。为了达到这种性能，仪器给出了传感器在使用过程中的温度校准数据。

高温计和温度记录器

在经典的高温计中实施的是一个有趣的非接触式无触点温度测量方法。透过望远镜观察白炽物体，并将其发光的颜色和高温计中灯丝的颜色进行比较；灯丝的电流可以调整，直到其亮度与被测物体相同。整个过程都通过红色滤光片，然后得到测量温度。对于温度非常高的、难以接近（像高温炉或真空中）的或是氧化及还原环境中的物体（不能使用热电偶），这是一种测量温度的便利方法。典型的光学高温计的测量温度范围是 750°C ~ 3000°C，低端精度为 4°C，高端精度为 20°C。

优质红外探测器的发展将这种测量技术扩展至常温，也扩大了使用范围。例如，Omega 公司提供了一系列温度范围为 -30°C ~ +5400°C 的数字红外高温计。通过测量红外辐射强度，可能只需几个红外波长，就可以高精度地测量偏远物体的温度。最近这种"温度记录器"在很多不同领域得到普及，在医学领域中可探测肿瘤，在能源领域中对能源探测也具有很大辅助作用。

低温测量

低温系统在精确测量时会出现特殊问题。关键是与热力学温度零度（0°K = -273.15°C）间的距离。测量普通合成碳电阻阻值（其阻值在低温时将激增）和一些盐物质的顺磁性程度，是两种常用的测量方法。这里不介绍这些非常特殊的测量技术。

测量允许控制

调整某些目标量，并利用好的测量技术来精确地控制这些物理量，这就是测量允许控制的基本概念。例如，热敏电阻就是一种控制淋浴温度或炉温的好方法。

15.2.2   光强度

弱光强度的测量、定时和成像是一个已经发展得很成熟的领域，这得益于不依赖传统电路技术的放大方法。光电倍增器、沟道平面增强器、CCD（电荷耦合装置）和 ISIT（增强硅增强靶）都属于高性能光学探测器件。我们将从最简单的检测器（光电二极管和光电三极管）开始讨论这个奇妙的世界。

光电二极管和光电三极管

二极管 PN 结如同一个光电探测器，光产生电子-空穴对，因此有电流通过外电路。作为光电探测器的二极管（光电二极管和 PIN 二极管）均采用透明封装，以高速、高效、低噪声和低漏电流为设计目标。最简单的工作模式是将光电二极管直接和阻性负载或电流/电压转换器连接，如图 15.8 所示。如果 PN 结反偏（光电流相同时），则反应速度更快，如图 15.9 所示。作为低阻抗负载，高速 PIN 二极管的响应时间为纳秒级或更低（1 GHz 的带宽）。需要注意的是，好的 PIN 二极管的漏电流非常低，以至于负载阻抗小于 100 MΩ 时，负载阻抗的约翰逊噪声占主导，这表明速度/噪声存在一个平衡。另一个需要注意的问题是放大器输入失调电压产生的偏差和低光亮时光电二极管"暗电阻"偏置电压导致的误差。

在光强的地方，光电二极管是非常好的光探测器，但在光弱时输出信号会特别小。典型的灵敏度在 1 μA/μW（入射光）数量级上。每秒 1000 个光子的光流量，对于裸眼来说非常明显，但通过 PIN 二极管只能产生 4×10^{-16} A 的光电流，与漏电流和噪声相比，完全无法探测到。无硅光电探测器则在光子量级上非常敏感（参见后面有关光电倍增器的章节）。但是，光电三极管这种器件，在光强差不多的情况下会有比**光电二极管**高很多的输出电流，但这是以速度为代价的。光电三极管的工作原理与普通三极管相同，由集电结上产生的光电流提供基极电流。

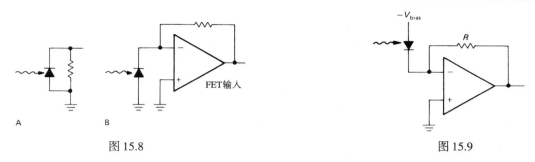

图 15.8　　　　　　　　　　　　　　　　　　　　图 15.9

便宜的光电三极管，如 MRD701，在 1 mW/cm² 照度下能够输出毫安级电流，且上升和下降时间仅为几十微秒。而光达林顿管，例如 MRD711 的光电流就要高出 50 倍以上，但上升时间需要 100 μs 甚至更多。注意，不管怎样，光电三极管或光达林顿管的额外电流增益不会改善对极低光强的探测能力（探测灵敏度），因为探测灵敏度最终是由探测器二极管的暗电流决定的。

利用 UDT，Siemens 和 Hamamatsu 公司的光电二极管，我们可以获得理想的结果。在 Hamamatsu 公司的目录中列出了多种令人印象深刻的探测器，包括硅 PN 结二极管、硅 PIN 二极管、GaAs（包括扩散和肖特基两种）和 GaP 光电二极管以及雪崩探测器。目录里还列出了各种尺寸和形状的单片探测器以及光电二极管线性阵列。UDT 公司还生产集成了 MBC 连接器的一系列探测器。

光电倍增器

对于低亮度探测与测量（偶尔可以达到纳秒级分辨率），最好的选择是光电倍增器。这种灵敏器件允许单个光子（光的最小单位）从光敏碱金属的光电阴极激发电子。然后光电倍增器通过将电子加速到连续表面（倍增器电极）上（从这个连续表面上容易激发额外的电子），来放大这个微弱的光电流，图 15.10 显示了该过程。通过"电子倍增"效应，能对最初的光电流进行放大，而且噪声极低。典型的做法是，用一个分压器，将约 100 V 的电压送至连续的倍增器电极，每级增益为 10，总的增益为 10⁶。这些电流最终到达阳极，阳极的电位通常与地电位接近（参见图 15.11），且电流足够大，以至于后级放大器的噪声可以忽略。

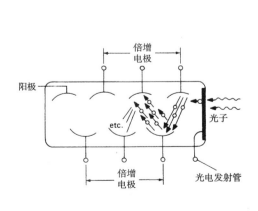

图 15.10　光电倍增器倍增过程

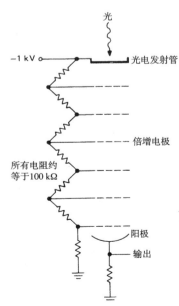

图 15.11　光电倍增器偏置

最高效的光电阴极材料的量子效率超过 25%，而且具有高增益，单个光电子的活动很容易看到。光强低时可以在 PMT（光电倍增管）后面增加电荷累积脉冲放大器、鉴别器（详见图 13.60）和计数器。当光照较强时，单个光电子的计数速度太快，所以应该测量阳极电流这个宏观量，而不再测量光子数目。PMT 的典型灵敏度为 1 A/μW，但我们可能从没有遇到过如此高的电流，最大 PMT 阳极电流限制在 1 mA 或更小。应该注意的是光子计数的实际限制，例如每秒 100 万个，对应大约 2 pW 的入射功率！

灵活的电子仪器可以工作在脉冲计数和输出电流测量两种模式下。PAR 的手持式"量子光度计"就是一个例子，它内置高压电源、脉冲和电流器件，有 11 个脉冲计数（10 pps 到 1 000 000 pps，满量程）和 11 种阳极电流读数（10 nA ~ 1 mA，满量程）。

即使在全黑状态下，从光电倍增器也会得到一个小的阳极电流。这是光电阴极和倍增器电极热激发电子造成的，可通过将 PMT 冷却至 −25℃ 附近来减小这种效应。在室温下，一个敏感的双碱阴极 PMT 暗电流计数典型值是在每平方厘米阴极面积上每秒 30 个。阴极面积较小的 PMT 在经过冷却后暗电流可小于每秒 1 个。需要指出的是，加电 PMT 绝对不能暴露在常光下；日光下的 PMT，即使没有供电，也可能需要 24 小时或更长时间来"冷却"，以达到正常的暗电流水平。在某些应用中（例如荧光测量），PMT 有限次地暴露在光亮中。此时可以通过禁止前级倍增器电极上的加速电压来降低超载恢复时间（某些厂家在其 PMT 组件中增加了这项功能）。

与光电二极管相比，PMT 在高速操作（典型的上升时间为 2 ns）时，具有高效的特点，尽管 PMT 容量大，但因为其增益随电源电压指数增长，所以需要稳定的高压电源。

需要强调的是，在光强极低时，PMT 的典型阳极电流为 1 μA 或更少，很容易发现人类肉眼发现不了的光。光电倍增器不仅直接用于天文学（光子计）和生物学（如生物体发光度、荧光度）中检测光线强弱，而且还与闪烁器结合，作为粒子探测器和 X 射线 / 伽马射线探测器。光电倍增器在光谱仪中得到广泛应用，结合棱镜、光栅、干涉计，可以实现精确的光谱测量。比较著名的 PMT 生产厂家有 RCA，Hamamatsu，EMI 和 EG&G。

CCD、增强器、SIT、ISIT 和图像分析器

高新技术的最新发展使我们可以在光亮度级上进行图像处理。例如，通过光电倍增器，即使是在低亮度水平上也可以以同等灵敏度构成图像。这些最近的研究成果是很令人吃惊的。我们可以坐在近乎全黑的房间里，观察电视监控器中显示的房间里的所有物体（尽管存在大量"雪花"）。

这一切的关键都在于图像增强器，它是一种非常奇妙的器件，能够输出增亮的输入图像复制品。从普通硅目标摄像机（TV 照相机）或 CCD 阵列这些二维光敏感设备开始，可以积累图像，并通过电子束扫描或类似模拟移位寄存器工作原理，对图像移位，最后用电子方式读出数据。从这一点上看，我们所拥有的其实是一个灵敏度远低于单个光子级的电视照相机，它是光电二极管的二维模拟。要产生这个"奇迹"，我们可以简单地在前一级增加图像增强器。图 15.12 给出了这个过程的示意图。

增强器有两类。第一代增强器由敏感的光电阴极表面以及其后的荧光屏组成，光电倍增器中使用的就是这种光电阴极表面，它具有电子聚焦功能。这样，来自阴极的光电子被高压加速后带有足够大的能量，它们轰击荧光屏，产生明亮的闪光。通过这种增强器，可以得到分辨率在 50 线 /mm、大约 50 倍的单级光放大。常见的型号级联了 2、3 或 4 级这种光放大器，以获得整体上约 10^6 甚至更大的放大倍数。增强器的输入和输出可能就是本身具有感光层或荧光层，或表面再涂附密集光导纤维束层的简单玻璃表面。采用光纤材料的好处在于可以与弯曲显像管表面匹配非常平滑的输入 /输出表面，且简化了外部的光学系统，级联这些器件时只需简单连接，而不再需要任何形式的透镜。

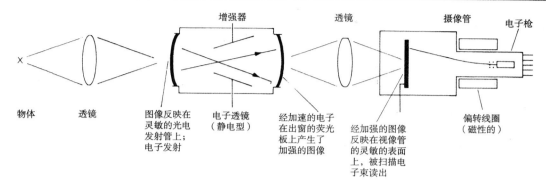

图 15.12　具有单级增强器的摄像管

第二代增强器使用"微通道表层"技术，可以获得更大的单级光放大量，而且在极低的光亮级时由于"离子效应"(指阳离子由荧光屏上激发，返回阴极，形成大的光斑)小，也能得到很好的效果。在这些"微通道表层"增强器中，阴极和荧光屏之间是一束内层涂附电极倍增表面的精微空心管。阴极光电子进入这些通道后，激发次级光电子，光放大量大约为 10 000(见图 15.13)。我们可以获得约 20 线/mm 的分辨率，而且通过专门的配置("J-通道"、"C-通道"或"V 型通道")，几乎可以完全消除"离子效应"。这样，图像增强器可以获得与光电倍增器相同的效率(20%~30%)。使用近似无噪的电子倍增器可将光放大到摄像机或 CCD 能识别的程度。

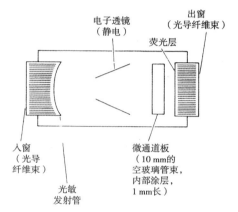

图 15.13　静电聚焦的通道板增强器

在一个单一管中合成硅靶摄像机的这种增强器称为"SIT"(silicon intensifier target，硅靶增强视像管)。前级含有倍增器的 SIT(见图 15.14)称为 ISIT，这就是让我们能够在黑暗中看见东西的那种装置。天文学家和夜间作战者经常使用这种装置。

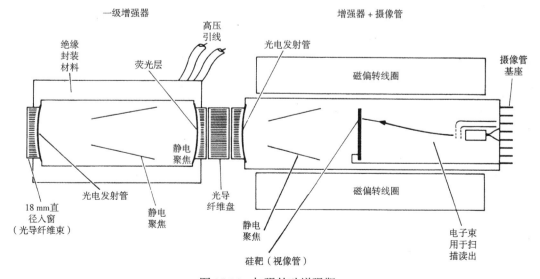

图 15.14　加强的硅增强靶

一种更有趣的图像增强器称为图像分析器，其性能超过了上面描述的器件。它由敏感的光电阴极区和常用的光电倍增器电极链组成。其间是一个小孔和一些偏转电极，这样，光电阴极上的任何斑点都可以通过倍增器电极系统变成电子倍增的有效区。我们可以简单地将图像分析器理解为一个带有电子可移动光电阴极区的光电倍增器。它具有传统 PMT 的效率和增益，但与倍增型摄像机、CCD 和 SIT（都是图像综合设备）不同，它不能在读数间隙的整个区域积累图像。

当然，使用 CCD 探测器阵列时不需要增强。我们可以从 EGG Reticon，Kodak，TI，Tektronix，Thomson 和 Toshiba 等公司购买。作为一维线性阵列，它们包含多达 4096 个单元，或作为二维面积阵列包括 256K（512 × 512）或更多单元（在图像中称为"像素"）；Toshiba 公司的一种单片区域探测器超过 200 万像素。通常线性阵列可以作为手持式光谱探测器，当然，面探测器用于全二维图像，例如电视摄像机。

所有 CCD 都是光集成器件，在每个像素点上累积电荷，直到阵列被读取。在读数过程中，CCD 随着图像的形成成为一个模拟移位寄存器，在单个输出端输出连续的模拟波形。

15.2.3　应变和位移

在物理变量测量领域里，例如位置和力，自有一套测试方法，而且任何一种测量任务的完成都需要了解应变仪或 LVDT 等类似测量仪。这些测量的关键在于位移测量。

有几种测量位置的方法，如位移法（位置的改变）和应变法（相对伸长）。

LVDT。 LVDT（线性变量微分变压器）是一种常用的方法，其测量原理已不言自明。变压器采用可移动铁心，用交流信号激励一组线圈，并在次级绕组上测量感应电动势。次级是中心抽头（或采用两组独立线圈）且关于主级对称排列，如图 15.15 所示。LVDT 有多种不同规格，满量程位移为 0.005 ~ 25 in，激励频率为 50 Hz ~ 30 kHz，精度是 1% ~ 0.1% 或更好。这个领域的领先者是 Schaevitz 公司，公司产品目录列举了可供选择的多种规格的线性和角度（"RVDT"）变换器、采用 LVDT 传感器（例如压力、力和加速度等）的测量变换器，以及 LVDT 电子读出器等。如果选择 LVDT 相关产品建立自己的专用仪器，就要使用专门设计的特殊 IC。例如，Signetics 公司的单片集成电路 NE5520/1 "LVDT 信号调节器"可提供正弦激励信号，甚至还包括同步解调器，它输出的电压信号正比于 LVDT 位移。Analog Devices 的 2S54/6 是一种具有较好的线性度（0.01%）且内嵌 A/D 转换器，提供直接数字输出（分别为 14 位和 16 位）的 LVDT 同步解调器。

应变仪。 应变仪通过 4 片金属薄膜电阻阵列的变形来测量伸长或弯曲。电阻阵列已经安装调试完成，有 1/64 英寸到几英寸的各种规格，每个支路的阻抗大约为 350 Ω。从电子学上讲，它们等效于惠斯通电桥；在其中两个端口加入直流信号，观察另外两个端口的电压差值，如 7.2.1 节所讨论的。应变仪的输出电压都非常小，在满量程变形时每伏激励下的典型输出值约为 2 mV，量程内精度从 1% 到 0.1% 不等（见图 15.15D）。

微弱的相对伸展不易测量，应变仪规范太苛刻，并且不可靠。电桥元件温度系数的细小差别影响温度灵敏度，这就限制了应变仪的性能。因为自体发热效应的产生，即使是在受控温度环境里，这也是个问题。例如，在 350 Ω 电桥上，10 V 直流激励会在传感器上产生 300 mW 的耗散功率，当温度上升 10℃（或更多）时，在满量程范围内有 0.1% ~ 0.5% 的真实信号测量误差。

近年来，半导体应变仪开始流行起来。它们的输出是金属膜变化量的 10 倍，阻抗为几千欧。通常它必须使用电流源而不是电压源激励，以减小温度变化带来的影响。

电容式换能器。 敏感位移测量可以简单地通过换能器来实现，换能器可以由两个相互接近的分隔圆盘组成，也可以将一个圆盘挂在另外一对圆盘之间。通过谐振电路的电容器部分，或使用高频交流电桥,可以感应或控制位置的微小变化。电容器麦克风利用这个原理将声音压力信号或速度信号转换为音频信号。

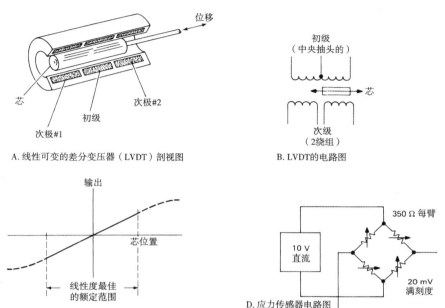

A. 线性可变的差分变压器（LVDT）剖视图

B. LVDT的电路图

C. LVDT的输出位移变化的曲线

D. 应力传感器电路图

图 15.15　位移传感器

内置电容器麦克风的放大器说明了一些有趣的电路设计思想,它们在实践中非常重要,因为多数最好的录音麦克风都是容性位置传感器,这些传感器通过在一个十分接近固定圆盘的位置上支撑金属镀层的塑料薄片而构成。通过大电阻以 50~100 V 的偏压对电容器进行充电,我们可以观察到振动膜在声场移动时的电压变化。

电容器麦克风有非常高的源阻抗（典型的麦克风传感器在频率为 20 Hz 时有 20 pF 的电容或 400 MΩ 的阻抗）,这意味着如果麦克风传感器没有前置放大器,信号根本就不能在电缆中传播。图 15.16 给出了两种缓冲麦克风传感器电压信号的方案,其中典型的节目源信号感应电压范围为 1~100 mV。在第一个电路中,低噪声 FET 运算放大器提供 20 dB 的增益和低输出阻抗来驱动单端屏蔽电缆。由于放大器必须尽量接近麦克风传感器（几英寸内）,所以可通过麦克风电缆提供电源（如传感器的偏置电压及运算放大器电源等）,在图 15.16A 方案中是通过另外的方式进行的。注意,麦克风传感器“悬空”的目的在于简化运算放大器的偏置电路。R_1 和 C_1 是偏置电源滤波器,必须保证在所有音频范围内 R_2 相对于麦克风传感器而言是高阻抗。R_5 和 C_4 组成射频滤波器,滤除非平衡线路带来的可能射频干扰。

这个电路还存在另外一些缺点。它要求4线电缆,而不是符合工业标准的屏蔽线对。此外,“悬空”的传感器会产生一些机械问题。这些缺点在图 15.16B 所示的第二个电路中得到修正,其中传感器偏置通过 200 Ω 的平衡式音频线路同时进行传输。传感器一端接地,另一端与一个P沟道JFET管连接,该JFET管作为源极跟随器来驱动一个小型音频变压器。通过电缆传输后在远端恢复成单端输出模式,电压偏置通过变压器中心抽头提供。有人可能会抱怨添加变压器是个坏主意,但实际上它们的表现却是相当不错的。

□ **角度**。将角度转换为高精度的电信号是可行的。例如,LVDT 可以应用在角度测量方面,此外还有我们非常熟悉的分解器。两种方案都采用交流激励,可以很容易地将角度测量精确到“分”

上，再仔细一些，还可以将测量角度的精度提高到"秒"级。其他一些技术，例如使用光束照射具有灰度编码辐射条纹的玻璃圆盘，也可以用来测量角度。

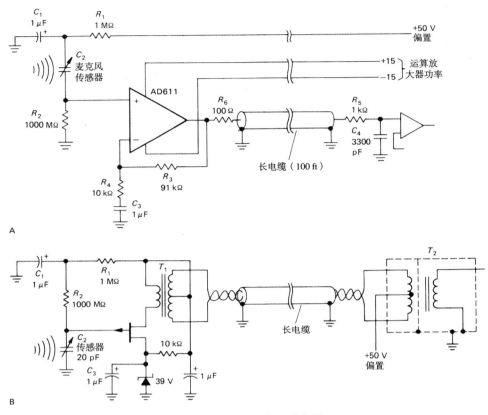

图 15.16　电容麦克风放大器

　　□ **干涉测量法**。更高精度的位置测量可以通过镜面反射激光束在被测物体上产生的干涉条纹数目来确定。这种方法的精度由光波长决定，所以必须尽量采用优于半微米（1 μm 即 1/1000 mm，1/25 000 in）的光波。Hewlett-Packard 公司的 5527A 是一种商用激光测量仪器，标称分辨率可以达到 1 μin 以下。目前激光干涉计系统主要应用于勘测、平直度测量和一些研究性实验室项目。

　　最高精度的距离测量任务已经由国家标准局的 Deslattes 用干涉测量方法完成。Deslattes 是一种用于物理量精密测量的智能仪器，通常在进行间隔测量时精度可以达到毫埃级，在角度测量时精度可以达到毫秒级。

　　□ **石英晶体振荡器**。石英晶体的变形会导致其谐振频率的变化，利用这个特性可以实现一种微小位置变化或压力变化的精确测量方法。目前石英晶体振荡器压力传感器提供现有可用的最高分辨率（将在后面讨论）。

15.2.4　加速度、压力、力和周转率（速度）

　　前面提到的技术手段允许我们进行加速度、压力和力的测量。加速计由附加应变仪的检测块，或能够感应检测块位置变化的电容感知传感器组成。在简单测量检测块位移并提供输出信号的加速度计中，有很多种方法来防止系统振荡。作为选择，反馈技术可以用来防止检测块相对于加速度计的移位，施加的反馈力大小就是加速度计的输出信号。

　　LVDT、应变仪、电容式换能器、石英晶体振荡器以及一些特殊设备，如布尔登压力计（它是一种特殊的石英空管，膨胀时就会伸直）都可以用来进行压力测量。LVDT 传感器的满量程范围为 1~ 100 000 psi（或更多）。石英晶体振荡器型测量仪有最高的分辨率和精度，例如 Paroscientific 公司的这类产品有 0.01% 的精度和 0.001% 的稳定度。Hewlett-Packard 生产的一种石英压力计，满量程可达 11 000 psi，标称分辨率可达 0.01 psi。

　　尽管有多种位移测量技术，但通常我们还是使用 LVDT 传感器来测量力或重力。通用系列传感器的满量程为 10 克到 250 吨，精度为 0.1%。在实验室高精度小压力的测量中，我们会使用石英光纤转矩平衡仪、静电平衡仪以及其他类似的仪器。Goodkind 和 Warburton 研制的一种灵巧重力计就属于这类仪器，它有一个悬浮在恒磁场中，重量近似为零的超导球体，通过静电感应和浮力盘等方式进行平衡。这种仪器可以测量重力场十亿分之一的变化，而且通过测量上方气团对局部重力的影响，很容易看出大气压力压强的变化。

磁速度传感器

　　我们已经讨论过的位置传感器也能用于速度测量，速度其实就是位置的时间导数。不过，根据线圈切割磁场产生的感应电压正比于环线磁通变化率的现象，也可以直接进行速度测量。一些速度测量的专用小配件都由内嵌可移动磁棒的长线圈组成。

　　更加普遍的是运用于音频工业的磁速度传感器，如麦克风（或扬声器）、拾音器和模拟磁带录音机等。通常这些器件产生的信号非常小（典型值仅有几毫伏），给电路设计带来独特而有趣的挑战。为了得到高质量的声音，我们必须将噪声和干扰抑制在 60 dB 以下，例如微伏级水平。由于这些信号在录音室和广播站里要传送很远的距离，因此问题变得非常严重。

　　图 15.17 给出了麦克风和留声机中小信号的通常处理方式。反过来看，动态麦克风就是扬声器，线圈在声压的推动下在磁场中移动。这些传感器的典型输出阻抗为 200 Ω，静音信号和音乐大厅信号的幅度分别为 50 μV 到 5 mV（均方根）。对于任何长度的连接电缆，都使用平衡式屏蔽双绞线和终端来满足工业标准的 Cannon XLR 3 端音频连接器。

　　前面已经提到，输出阻抗约 50 kΩ 的终端在进行远距离传输时可以采用高质量的音频匹配变压器。这种 1~100 mV（均方根）的信号需要使用如图所示的低噪声前置放大器。尽管前置放大器能够提供 40 dB 的前端增益，但是为了获得良好的过载性能，最好将增益保持在 20 dB 水平上。这尤其适合于流行音乐，因为歌手常常近距离地对着麦克风叫喊。

　　平衡式 200 Ω 麦克风电缆凭借其良好的共模抑制特性能够很好地消除干扰信号。在这类应用中，优质音频传感器通常在绕组间进行静电屏蔽，以进一步降低射频敏感性。如果在发射站附近，这个方法尚不能很好地抑制射频干扰，这时我们可以在前置放大器输入端增加低通滤波器。在输入端串联一个 1 kΩ 电阻或小型射频扼流圈，然后在"地"与输入端之间加一个 100 pF 的电容，通常就可以解决这个难题。

　　因为拾音器到放大器的电缆通常很短，因此不要求平衡连接。标准做法是使用简单的单芯屏蔽线，终端与"地"之间连接 47 kΩ 的匹配电阻，这正是拾音器获得正确频率响应所要求的电阻值（见图 15.17B）。前面我们已经讨论过输入滤波器在降低射频干扰方面的有效性问题，因为市区内存在共模干扰，音频设备输入端的射频信号会出现一些严重的问题。例如，射频干扰导致的音频放大器非线性会引起整流时的干扰和失真。在设计射频滤波器时，需确保负载电容小（包括电缆电容在内，最大值为 300 pF），否则拾音器的频率响应会发生畸变。为了保持低噪声特性，串联阻抗应该小于数百欧。大电感也能在电路中安全地使用，现代拾音器中电感的典型值为 0.5 H。图 15.17 的放大器电路给出了美国录音中用到的标准 RIAA 响应。

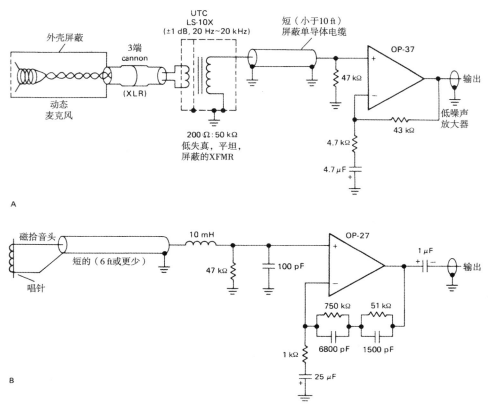

图 15.17   动态麦克风与话音拾音器放大电路

15.2.5   磁场

精确的磁场测量在物理学和地质探矿中非常重要, 其中广泛采用磁场测量仪器(磁共振、磁电管和磁聚焦电子器件等)。对于 1% 的测量精度要求, 一个霍尔效应探针就足够了。霍尔效应是指磁场中的载流子导体(通常是半导体)能产生横向电压的现象, 商用霍尔效应磁力计满量程范围大约从 1 高斯到 10 千高斯。下面给出量程的概念, 地球磁场大约是 0.5 高斯, 而一个磁力强的永久磁铁的磁场是几千高斯。霍尔磁力计便宜、简单、小巧并且工作可靠。例如, TI 公司的 TL173 就是一个采用三端 TO-92 塑料封装的线性霍尔效应传感器。当采用 +12 V 供电电源时, 输出 1.5 mV/高斯的直流电压。Sprague 公司也推出一系列线性霍尔传感器(UG3500/3600 系列)。霍尔效应也可以用来制作无触点键盘和开关面板, 这部分内容在 9.1.4 节里已讨论过。

折叠线圈法在过去得到广泛使用, 它是指多匝线圈以某个恒定速度在磁场中旋转, 或将其简单地抽出, 然后分别测量感应交流电压或电流。折叠线圈法本身很简单, 有纯电磁理论的简洁性, 但略显笨重, 看起来有些过时。

在需要进行微弱磁场测量时, 可以采用奇异的 SQUID(超导量子干涉装置)方法, 这是一种巧妙的超导结排列, 可以很容易地测量小到一个量子的磁通量(0.2 微高斯 /cm²)。SQUID 可以用来测量当我们喝水时体内磁场的建立和变化, 或其他任何有意义的磁场。这些奇妙的器件要求低温态硬件和液态氦等昂贵的投资, 不会在普通项目中考虑。

精确测量高至数千高斯的磁场, 最好的办法是使用 NMR(核磁共振)磁力计, 它利用了在外部磁场中进行的核自旋运动(通常是氢)。这是物理学家的磁力计, 毫不费力就能产生百万分之一或更好的磁场精度值。它以频率形式输出，可以采用所有频率或时间测量的精度概念来描述（以后还将涉及这个问题）。

饱和式磁力计和饱和电抗器等器件也提供了其他种类的磁场测量手段。它们通过交流场去激发一种铁氧体片，可以观察到被环境场改变的结果。

15.2.6　真空计

在一些重要的场合，如晶体管和 IC 制造、薄膜蒸发、冻干咖啡制造等，真空测量非常重要。幸运的是，真空测量没有难倒我们。这里介绍的进行真空测量的基本器件是 Bayard/Alpert 电离压力（真空）计，它看起来像个真空管（见图 15.18）。热灯丝发射出电子，最终在阳极聚集。沿着电子束从残留气体分子上散开的路径，产生阳离子，最终聚集在"地"附近的中心线电极上。离子电流严格与气体分子密度（也就是压强）成比例。电离压力（真空）计适用于 $10^{-3} \sim 10^{-11}$ 毫米汞柱（1 毫米汞柱就是 1 托；大气压强是 760 毫米汞柱）的压强范围。需要高度注意才能保持 10^{-10} 毫米汞柱的真空，即便是房间周边的指纹也会毁掉我们的努力。

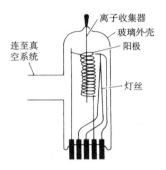

图 15.18　电离测量装置

一般意义上的真空测量（1 毫米汞柱到 1 微米汞柱，通过机械低真空泵就可以得到），测量装置通常选择附在一个小发热器的热电偶上，控制发热器上的电流，然后利用热电偶进行温度测量。残留气体则负责对该装置进行冷却，降低热电偶的输出电压。我们经常使用热电偶气压计，以便知道什么时候打开高真空（扩散或离子）泵是安全的。Granville-Phillips 生产了一种工作原理相似的改进型热损耗计，称为 convectron 测量计，可以测量从 1 微米汞柱到大气压强的整个范围。

15.2.7　粒子检测器

检测、辨识、波谱学以及充电粒子、能量光子（X 射线，伽马射线）成像一起构成核物理、粒子物理及众多利用放射能领域（医学上的射线跟踪、相对论、工业检查等）的基础。我们首先讨论 X 射线和伽马射线检测器，然后是带电粒子检测器。

X 射线和伽马射线检测器

过去一流的铀勘探者往往是一群手持滴答作响的盖革计数器在沙漠不断探寻的头发斑白的人。现在检测器情况有了相当的提高。这些检测器的共同特性是利用光子能量来电离某原子，并通过光电效应释放出电子，最后根据特定的检测器对电子进行专门处理。

电离室、比例计数器和盖革计数器。这些检测器通常由圆柱形容器构成，典型规格是几英寸，一根细线穿过它的中央。容器内填充气体或气体混合物。在一边有个很薄的"窗口"，它由某些材料制成，这些材料要便于让 X 射线方便地透过（塑料，铍等）。中央线保持高电位，与一些电子器件连接。检测器的典型结构如图 15.19 所示。

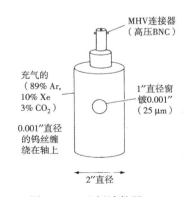

图 15.19　比例计数器

当 X 射线进入时，会通过喷射的光电子来电离气体原子，直至能量消耗殆尽而停止。每产生一个电子 – 离子对，光电子约消耗 20 V 的能量，所以，当光电子消失后，气体中总自由电荷数正比于X射线的初始能量。电离室中电荷被收集后经电荷敏感集成放大器放大，如同光电倍增器一样。这样，输出脉冲数与X射线能量成比例。比例计数器以相同方式工作，只是中央线由高压控制，这样被它吸引的电子可以导致更多的电离，产生更大的信号。这个电荷倍增效应使比例计数器即使在X射线能量很低的情况下也能正常工作（低至1 kV以下，此时电离计数器一般是不能工作的）。在盖革计数器中，中心线在足够高的电压下，无论初始电离量多大，都会产生一个固定大小的输出脉冲。这个大的输出脉冲虽好，但失去了关于X射线能量的全部信息。

在15.4.5节中，将讨论一种称为脉高分析仪的设备，可以将高度不一的脉冲输入流转换为柱状图输出。如果脉冲高度是粒子能量的一种测量方法，我们就会放弃能量谱。因此，有了比例计数器（但不是盖革计数器），就能进行X射线能量谱分析了。

这些填充气体的计数器可以测量1~100 keV范围内的能量大小。比例计数器在5.9 keV（一个由铁55衰变提供的常用X射线标度能量）时大约有15%的能量分辨率。这些设备比较便宜，体积可大可小，但对直流电源有苛刻要求（倍增率与瞬时电压呈指数关系），此外速度不能太高（实际最大计数率在25 000次/秒左右）。

闪烁器。闪烁器通常将光电子，Compton电子或电子-正电子对的能量转换为光脉冲，该光脉冲可以被相连的光电倍增器检测到。一种常用闪烁器是掺铊的碘化钠晶体。与比例计数器相比，输出脉冲正比于输入X射线（或伽马射线）的能量，这意味着在脉冲高度分析仪的帮助下（见15.4.5节）可以进行光谱分析（详见15.4.5节）。典型地，碘化钠晶体在1.3 MeV（一个由钴60衰变提供的常用伽马射线标度能量）时能够达到约6%的能量分辨率，且适用于10 keV到更多GeV的能量范围。光脉冲长度大约在1 μs左右，因而要求这些检测器的速度相当高。碘化钠晶体有多种规格，最大可以达到几英寸，但是它们吸水，所以需要密封。通常这些碘化钠晶体使用金属封装以避免光的影响，而金属封装上带有用薄铝或铍制的窗口并嵌入光电倍增管。

有机塑料闪烁器材料也很常用，而且价廉。它与碘化钠相比，分辨率差得多，主要用在能量大于1 MeV的情况。它们的光脉冲非常短，大约是10 ns。液态闪烁"鸡尾酒"也用于生物研究。在这类应用中，被检测的放射性材料与闪烁鸡尾酒相混合，而且整个工作都是在具有光电倍增器的暗室中进行的。我们在生物实验室会看到这些将整个过程自动化的漂亮仪器，一个接一个的瓶子通过计数室，然后记录结果。

固态检测器。像电子学其他领域一样，在X射线和伽马射线检测中，大分辨率来自于硅锗技术的提高。"固态"检测器的工作原理与经典电离室相同，不过检测器里填充的是不导电的本征半导体。大约使用1000 V的应用电压对电离作用进行扫描，并产生相应的电荷脉冲。在硅中，每生成一个电子-离子对，每个电子仅消耗大约2 eV的能量，所以和气体填充比例检测器相比，相同的X射线能量能产生更多的离子，进行更好的统计，得到更好的能量分辨率。"固态"检测器的其他细微影响也对性能的提高起到了改善作用。

根据半导体材料和使其绝缘的掺杂量的多少，产生了多种固态检测器，如硅（锂）、锗（锂）、本征锗或IG。它们均工作在液氮温度（-196℃）下，而且浮动锂型固态检测器还必须一直保持低温（一旦变暖，它就会腐烂，和同样情况下的鲜鱼一样）。典型硅（锂）型固态检测器的直径从4 ~ 16 mm不等，适用于能量从1 ~ 50 keV的X射线。锗（锂）和IG检测器则适用于更高能量范围：10 keV ~ 10 MeV。高质量的硅（锂）检测器在5.9 keV时具有150 eV的能量分辨率（2.5%，与比例计数器相比高6到8倍），锗检测器在1.3 MeV时能量分辨率约为1.8 keV（0.14%）。

为了说明它的高分辨率，我们用2 MeV的质子轰击大小随机的一块不锈钢，然后测量产生的X射线谱，这个过程称为PIXE（质子导致的X射线发射），这是一种功能很强的确定空间分辨率的衡量元素分布技术。图15.20显示了能量谱分布（由脉高分析仪给出），对每个元素而言有两条可见的X射线，至少对硅（锂）检测器而言是这样的。我们还可以看到铁、铬和镍等。如果扩展图表的低端部分，还可以看到几个其他元素。若采用比例计数器，则只能得到模糊的显示图形。

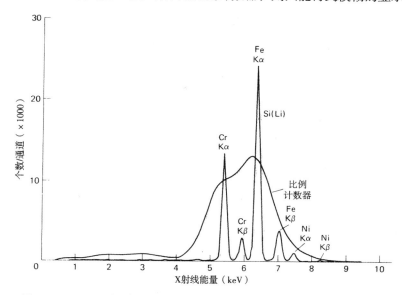

图 15.20　通过比例计数器和 Si（Li）检测器观测到的不锈钢 X 射线谱

图15.21显示了伽马检测器之间的比较情况。这次采用的是碘化钠闪烁器与锗（锂）之间的对比情况。和前面一样，固态检测器在分辨率上表现了极好的性能。

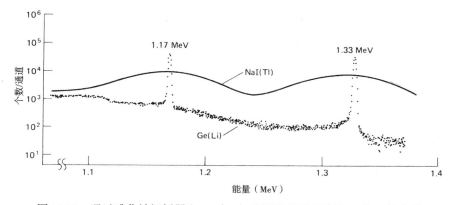

图 15.21　通过碘化钠闪烁器和 Ge（Li）检测器观测到的钴 60 伽马射线谱

虽然固态检测器在所有 X 射线和伽马射线检测器中分辨率性能最好，但它们也普遍存在有效面积小、体积大、笨重（见图15.22）、检测速度慢（50 μs 或更长的恢复时间）、价格昂贵和维护费用高（除非我们愿意成为液氮的专职看护者）等缺点。

带电粒子检测器

前面已经讨论的检测器均采用能量光子（X 射线和伽马射线），而不是粒子。粒子检测器多少有些不同的特点；另外，带电粒子会根据其电荷、质量和能量的大小，在电磁场中发生偏转，从而使其更易于测量粒子能量。

表面势垒检测器。这些锗和硅检测器是锗（锂）和硅（锂）检测器的模拟。它们不需要冷却，这样就极大地简化了封装。表面势垒检测器的直径从 3 mm 到 50 mm 不等。适用于 1 MeV 到几百 MeV 的粒子能量范围，对 5.5 MeV 阿尔法粒子（一个由镅 241 衰变提供的常用阿尔法射线标度能量）的能量分辨率为 0.2% ~ 1%。

□ **Cerenkov检测器**。在高能状态下，即使是一个很重的带电粒子（1 GeV 或以上）也可以在材料媒质里避开光，而引起一种"可见的音爆"——Cerenkov辐射。它们广泛应用于高能物理实验中。

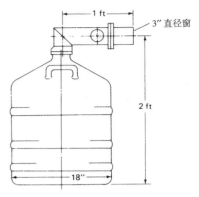

图 15.22　Ge（Li）低温恒温器

□ **电离室**。前面描述的与X射线检测有关的典型气体填充电离室也能应用于能量带电粒子检测器。最简单的电离室由沿氩气室长度展开的单收集线组成。根据粒子能量的大小，电离室规格可以从英寸到英尺；其他变化包括使用多收集线或收集盘片以及其他类型的填充气体。

□ **电子流室**。电子流室是电离室的电子等价物。能量电子一旦进入装有液态氩的盒子，就会在那里产生带电粒子流，这些粒子流随后被带电盘收集。高能物理中称这些装置为"热量计"。

□ **闪烁室**。在充满气态或液态形式的氩或氙的容器内，沿电离路径上会产生富含紫外线的闪烁现象，通过光电倍增器可以检测到，该方法可用于检测带电粒子，同样有很好的能量分辨率。闪烁室方法的速度很快，相比之下，电离室和电子流室的反应就显得有些"从容不迫"了。

□ **漂流室**。这是最近一段时间风靡高能物理领域的测量方法，其优点在于高速在线计算。漂流室原理非常简单：一个在大气压强下充满气体的盒子（典型气体是氩气和乙烷的混合物），且有几百根通电导线呈十字交叉排列。一旦带电粒子进入这个充满电场的盒子，就会电离气体，并通过线阵列进行扫描。跟踪所有线上信号幅度与时间之间的关系（计算机计算），从而推断粒子轨迹。根据给定的磁场，也能获得动量值。

漂流室已成为高能物理通用的成像带电粒子检测器。对于体积庞大的设备，它能获得 0.2 mm 或更高的空间分辨率。

15.2.8　生物和化学电压探针

在生物化学科学中，存在许多测量技巧，例如具有指定离子电极的电化学法、电泳法、伏安法和极谱法，另外还存在另外一些测量技巧，如套色法、IR 和可见光谱法、NMR 法、质谱法、X 射线光谱法、核四倍光谱法和ESCA 等。我们无法在本书中全面列举说明这些复杂的技术。其实，本章前面描述的那些直接物理测量是非常基础的技术，而本节讨论的技术则不是。

为了解释生化测量中出现的特殊问题，在此只描述一类最简单的测量：微电极上电势的测定（用来探测生物系统里的神经和肌肉信号）、指定离子电极上的电势测定（用来测量溶液中特定离子的浓度）和伏安法电化学探针上电势的测定。如果想从测量中得到一些有意义的结果，一般情况下要面对一些有趣的电子方面的挑战。

微电极

为了观察神经或细胞内部的电压，就要利用顶端直径只有几百埃（1埃为 10^{-8} cm，约为氢原子大小）的电极进行标准实验。这个实验很简单，只需提取一个玻璃毛细管，然后在其中填入导电溶液。我们会因为有一个好的探测器而高兴，但也会面对因电极源阻抗为 100 MΩ 甚至更大而产生的有趣的电路问题。电路的干扰噪声、电缆和寄生（杂散）电容产生的高频衰减等，都会给粗心者带来麻烦。

为了看到神经或肌肉信号，相应的检测装置要有相当好的高频性能，至少要到几千赫（对于第13章的内容来说，这实在不算高频）。放大器必须有很高的输入阻抗，最好还有很低的输入噪声。此外，还必须具有很高的共模抑制性能。

图15.23所示电路给出了一个很好的解决方案。实测点附近参考电极的使用使干扰信号不会产生差分信号。借助低噪声 FET 缓冲运算放大器 IC_1 和 IC_2 来缓冲输入信号，输入信号要尽可能接近微电极；同时自举保护电极，以减小电缆电容的影响。注意，这些防护装置是采取屏蔽措施的。使用 FET 放大器的目的是获得高输入阻抗和低输入电流噪声；图中 IC 的选择依据是低输入噪声电压（最大峰-峰值为 2.5 μV，频率范围为 0.1~10 Hz），经常会有问题出现在 FET 或 MOSFET 放大器上。将一对缓冲信号送往低噪声电压、低漂移运算放大器构成的标准差分放大器上，借助 IC_6 加入 100 mV 偏移量，该偏移量是稳定可调的输出电压信号。

我们有一个差分增益为 10、噪声性能适中、共模抑制能力强并且输入电流低（<1 pA）的放大器。但是，即使采取了输入保护措施，输入缓冲器和微电极顶端的残留输入电容也会导致不良的速度性能。例如，利用 100 MΩ 源阻抗驱动 20 pF 电容，其高频 3 dB 点是 80 Hz。这可以通过实施正反馈来进行有效的补偿，本例就是由 IC_3 和 IC_4 通过 C_1 和 C_2 进行反馈的。在实际电路中，为了获得理想的高频性能（或瞬态反应），需要调整放大器 IC_3 和 IC_4 的电压增益。

指定离子电极

指定离子电极的典型例子是 pH 计，它测量参考电极和薄壁玻璃电极（氢离子在其上可以扩散）之间的电压。现在我们又要处理很高的源阻抗了，因为不需要经常考虑频率响应问题，所以这里的问题不像微电极中那么严重。

大约可以使用 20 种以上的指定离子电极系统，例如测量 K^+、Na^+、NH_4^+、CN^-、Hg^{++}、SCN^-、Br^-、Cl^-、F^-、I^-、Ca^{++} 或 Cu^{++} 的活动。总的来说，系统有两个电极，一个是参考电极，通常采用表面镀银的氯化银并浸入氯化钾浓缩溶液（通过多孔塞或凝胶与我们想要测量的溶液相通）；一个是离子电极，通常是将一个电极插入我们感兴趣的离子浓缩溶液，且采用离子选择性透过膜隔离被检测的溶液。该薄膜一般是离子选择性玻璃或是含有可移动离子运输有机分子的有机液体。我们的任务是测量 0~2 V 之间的电压信号，测量精度为毫伏，拉电流小于 100 pA。如果系统电压测量的温度系数为每摄氏度几个百分点的电压变化，情况就会很复杂，这时可以试着自动取消热敏电阻驱动的补偿电路。从被测离子活动性到浓度的转变，需要注意样本中离子强度和指定离子电极对其他现有离子的交叉灵敏度。在任何情况下，化学家们建议：在这个测量过程中，测量前后必须采用标准溶液进行校准才能得到最好效果。如果细心，在中等浓度的溶液里可以达到 0.1 ppm 浓度，且达到约 1% 的测量精度。

电化学测量

在电化学领域，通过测量给定电压下的电极电流（反应速率），可以对离子浓度进行非常精细的分析测量。变换电压产生相应反应，导致阶跃或峰值信号的产生。循环伏安计、极谱法、阳极抽膜伏安计（ASV）等都是用来描述各种分析测量方法的。在这些技术中，最敏感的是 ASV，它采用一种可更新的滴汞（hdm）式电极，将其用较高电压电镀一下，然后反转电流并剥落这些元素。这项技术被认为和其他元素跟踪技术，如中子反应、光谱学、X 射线和离子微探针等具有同等重要的作用，可以在十亿分之几的级别上检测类似铅、镉一类的元素。

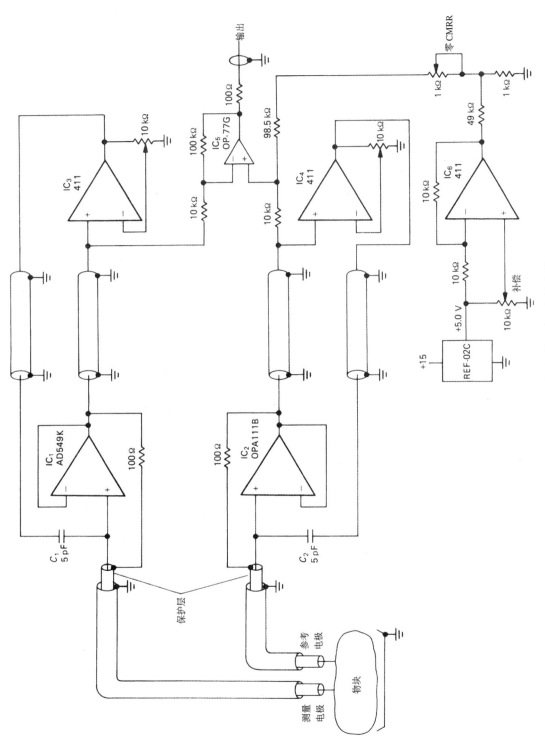

图 15.23　采用保护与参考通道来补偿显微电极放大器

固定系统电压情况下的小电流测量技术称为"箍压"技术，在神经和细胞生理学中得到了广泛应用。神经膜具有压敏通道，通过这个通道，特定离子会发生扩散现象，生理学家非常喜欢测量通道打开的临界电压。现在又一次用到了箍压技术，但这次是用在微电极上。

电化学实验中会使用相同的技术，但被测电流不是微安级而是安培级。同样，我们力图通过供给适当的电压产生特殊的反应。

图 15.24 给出了一个静态电位（或电压箍位）电路。它由输入电流电极（计数器电极）、公共返回电极（工作电极）和工作电极（参考电极）附近测量溶液电压的小探针组成。通过改变计数器电极上的电流，IC_1 力图将参考电极和工作电极之间的电压稳定在 V_{ref} 上（在测量膜电势时，前两个电极在细胞内，工作电极在外面）。IC_2 置工作电极以虚地，并将电流转换为输出电压。常见分析测量过程中的电压范围为 ± 1 V，电流范围为 1 nA ~ 1 mA，而 1 mA ~ 10 A 的电流则主要应用于预备性的电化学中。

为了对电压信号进行扫描，最好将参考电压 V_{ref} 换成斜坡发生器。为了进行低电流薄膜测量，需要对输入引线进行地屏蔽，而且需要如图 15.23 所示使用保护措施和电容正反馈，以保持在某些频率点上的准确响应。

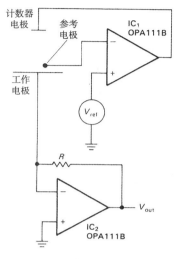

图 15.24　静态电位电化学电路（电压箍位）

15.3　精度标准和精度测量

在第 7 章中曾经讨论了高精度仪器中小信号放大器保证尽量小的电压失调和漂移的措施。那时只讨论了电压和电流幅度连续变化的模拟器件。由于多种原因，使得对频率、周期和时间间隔等类数字物理量的测量结果，比模拟测量结果精确得多。在后续的章节里，我们将提高测量精度标准（时间、电压和阻抗），并且使用这些标准作为参考标准来进行高精度模拟测量。我们将用大量篇幅讨论时间 / 频率测量，在第 7 章中已经对精确模拟电路进行了详细描述。

☐ 15.3.1　频率标准

首先让我们看看能得到的高稳定性频率标准，然后再讨论如何设置和保持这些频率。

☐ 石英晶体振荡器

在 5.3.1 节到 5.3.8 节中，从最简单的 RC 阻尼振荡器到基于铷、铯的原子标准，我们简要描述了频率标准的稳定性。如果要求严格定时，必须考虑石英晶体振荡器，任何频率稳定性低于石英晶体振荡器的物质不予考虑。幸运的是，最便宜的晶体振荡器只要几美元，且稳定性为百万分之几。大约花 50 美元，就可以买一个很好的 TCXO（温度补偿晶体振荡器），在 0℃ ~ 50℃ 之间的频率稳定度为百万分之一。如果需要更好的稳定性能，就需要借助恒温晶体了，其标价从 200 美元到 1000 多美元不等。一旦谈到十亿分之几的稳定性，就需要考虑"老化"问题，即晶体振荡器以差不多恒定速率在频率上的漂移趋势。Hewlett-Packard 公司的 105B 是高稳晶体振荡器的代表，在整个温度范围内，其稳定性优于十亿分之二，且老化速率每天小于十亿分之零点五。

不带补偿的晶体振荡器或 TCXO 通常都是小型设备的合理选择。更稳定的恒温振荡器常常采用支架固定安装方式。

□ 原子标准

现在普遍采用的 3 种原子标准分别是铷、铯和氢。铷的微波吸收为 6 834 682 608 Hz，铯的为 9 192 631 770 Hz，氢为 1 420 405 751.768 Hz。上述任何一个频率标准都要比一个好的晶振复杂，并且昂贵得多。

□ **铷**。铷标准包括一个含铷蒸气的玻璃灯泡，将其放在有玻璃窗的微波腔中加热。利用铷灯照射整个腔体，并通过光电池检测发射光。同时，另外一个参考稳定晶体振荡器的已调微波信号也被引入到腔体内。通过发射光锁定检测技术（见 15.4.4 节），可以将微波信号精确控制在铷的谐振频率上，因为发生微波共振时铷气体的光吸收会发生改变。于是晶体振荡频率（以众所周知的方式）与铷谐振频率相关，直接生成标准频率，如 10 MHz（实际上还有几种其他因素，只是我们忽略了）。

尽管铷标准显示出一种老化趋势，但它的稳定性要好于恒温晶振。商用铷标准的稳定性在整个温度范围内可以达到 10^{11} 分之几，长期稳定度也可以达到每月 10^{11} 分之一。铷标准在实验室情况下有意义，我们会在气象台和其他需要很高精度观测结果的场合发现它们。需要指出的是，铷标准就像一个晶振，必须进行校准，因为一旦共振腔内条件发生改变，会对频率造成十亿分之几的影响。

□ **铯**。铯标准实际上是一个小的原子束实验室，铯原子从炉中发射到真空室中，在被热线电离检测器检测之前要通过旋转选择磁铁和振荡电场。和铷标准一样，参考稳定晶振的微波信号，通过相位敏感检测器的反馈会被锁定到谐振频率上，实际输出频率则是从外部晶体上综合得到的。

铯标准体积大，且昂贵。但它们是主要的频率标准，且无需校准。事实上，国际公认的铯定义是：铯-133 原子基态的两个精细级之间的转换引起的放射正好是 9192631770 个辐射响应周期的持续时间。铯钟通常用来保持一个国家的官方时间并校准发送时间。铯钟通常也用来校准时间，甚至是官方时间；但即使是商用铯标准也会存在例外，例如 Hewlett-Packard 公司的 5061B，它的长期稳定度和可重复性为 $3/10^{12}$（价格为 32 500 美元）。

□ **氢**。中性氢原子在 1420 MHz 附近有个非常精细的共振点，与其他原子标准形成对比，可以用它设计实用的振荡器。与铯标准相比，是将产生的原子束通过磁场状态选择器，然后进入微波腔中的一个涂有特氟隆的石英球，原子在这个"储藏球"里反弹约 1 s，且发出足够的射频能量，以保持腔内的振荡。使用 PLL 和混频器，很容易锁定晶体振荡器。我们称之为**氢微波激射器**。

氢微波激射器的短时稳定度很高（几个小时），稳定度为 $1/10^{15}$。它们还没到取代铯标准成为主要定时设备的时候，主要是因为腔体的频率牵引效应问题还没有得到解决，另外，储藏球壁表面特性的改变而导致的长期漂移也是一个问题。史密森天文台（剑桥，MA）的 R.Vessot 是氢时钟的权威，其定时器卖到 50 万美元。

□ **甲烷激光**。第四种原子标准使用了红外波长，即稳定甲烷氦/氖激光。它具有和其他原子标准可比的频率稳定性，但它的频率是 8.85×10^{13} Hz（波长为 3.39 μm），这不是一个可用的射频标准。

□ **近期发展**。关于稳定频率标准的研究最近包括两个有希望的领域："离子捕获"和低温氢微波激射器。如果一切正常，最终的稳定度可以达到 10^{18} 分之几的水平。

□ 时钟校准

除非是铯频率标准，否则必须使用一个稳定校准信号，以保持振荡器频率。另外，也可能希望保持精确的绝对时间，让它以正确速率运行，然后设定时钟。有几种办法可以帮助我们保持时间。在美国东海岸及附近区域，我们可以收到 Loran-C，一个 100 kHz 的导航信号，通过它可以确定频率和时间。Loran-C 是由铯时钟产生的，且和海军天文台的铯原子束微波激射器进行比较，每月都会公布校正结果。另一个时间服务是科罗拉多的国家标准与技术局（以前的国家标准局）提供的几乎在全美都能收到的 60 kHz WWVB 信号。对于这些低频发射信号，如果是在"地波"（几百英里）传播范围内，可以将时间同步到 1 μs 甚至更精确的程度上。电离层的影响（日夜变换、日光和风等）会使通过"天波"进行发射的同步精度下降（10 ~ 50 μs）。更近期的 Omega 网络以很低的频率（大约 10 kHz）发射信号，以保证任何地方都能收到，但精度只有约 10 μs。与地球相对位置固定不变的静止气象卫星（称为 GOES）发射的是超高频时钟信号（约 469 MHz），如果在它们的覆盖范围里（全北美和南美），就可以将时间同步在毫秒级。

在收到上述信号之一时，可以将我们的振荡器频率与之相比较。目前有一些很好的商用小设备可以帮助我们解决麻烦，甚至可以产生很好的图形结果。假设确定时钟时间是一件比较困难的事情，最可靠的方式是将它（或一些便携时钟）送到标准源上，设置完后再带回。到家后，观察 Loran-C，确定从发射端到我们之间的时间延迟，并保存结果！既然我们和发射器之间不会再造出一座新的山，那么现在就可以确定时间了。

最近的全球定位系统（GPS 或 NAVSTAR）是一个由 21 颗卫星组成的星群，在 12 小时的高偏角轨道内运行，含有原子钟设备。全天候运行时，可以通过一个具有门把手状灵巧天线的 L 波段（1.2 GHz 和 1.6 GHz）GPS 接收机，在全球范围内确定时间（20 ns 内）和地理位置（10 m 内）。目前，已经使用不完整的 GPS 系统在世界范围内进行时钟同步（优于 50 ns）。完整的 GPS 系统最终可能将时间精度提高到 2 ns 级水平上。

15.3.2　频率、周期和时间间隔测量

采用精确参考晶振和少量数字器件，可以使高精度频率和周期测量变得相对简单。

频率

图 15.25 是一个频率计数器的基本电路。施密特鉴相器将模拟输入信号转换为逻辑电平，采用精度为 1 s 的石英振荡器的输出选通脉冲实现控制。频率就是脉冲的个数，由多位 BCD 计数器对脉冲计数。在计数间隔，最好锁存计数结果，然后将计数器复位。

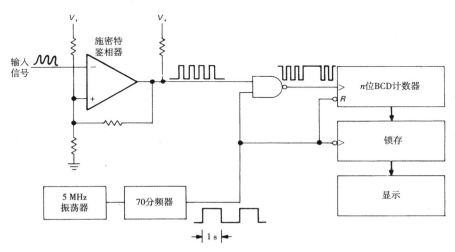

图 15.25　频率计数器

在实际应用中，可以采用时钟电路，这样可以选择或长或短的时间间隔，例如 0.1 s，1 s 和 10 s 等。另外，在两次测量之间，也可以除去 1 s 的间隔。频率计数器的其他特征包括：一个可以选择触发点位置的具有迟滞特性的可调前置放大器，其输入有可能来自鉴相器，并在前面板输出，这样

就可以在示波器上观察到触发点位置的变化；BCD 输出读数可以送进计算机或记录器；当精度标准许可时，也可以作为外部振荡器使用；手动启 / 停输入用于单次计数（求和）。

□ **微波计数**。目前数字集成电路可以支持高达 3 GHz 的频率测量。特别是 GigaBit Logic 公司生产的一系列相当快的 GsAs 纹波计数器，可以保证 3 GHz 的时钟频率。在更高的频率，可以使用外差技术将微波输入信号与可直接计数的频率混合，或者可以使用所谓的转换振荡器技术，这样就可以锁定 VCO 的 n 次谐波相位，然后将 VCO 的测量频率乘以 n 就得到了。

□ **±1 计数非单值性**。由于 ±1 计数误差，这种简单频率计数方案的一个缺点就是低频测量时无法达到很高的精度。例如，如果要在 1 s 内测量一个 10 Hz 左右的信号，结果可能只有 10% 的精度，因为结果可能是 9,10 或 11。最好采用更长的时间来测量，也许需要一整天时间才能达到百万分之一的精度。但如果是测量 1 MHz 的信号，则只需 1 s。有几种办法可以解决这个问题：周期（或倒数）计数、内插法和锁相环频率倍增技术。下一节里先讨论前面两种，它们不是直接频率测量技术。

图 15.26 给出了锁相环"精度倍增"技术原理。标准锁相环用来合成频率为输入信号频率 1000 倍的信号，然后进行如前描述的计数。这种技术的精度受锁相环相位检测器的相位抖动和补偿参数限制。例如，一个 100 Hz 的信号，倍增 1000 倍，然后持续计数 1 s，相位检测器的抖动是 1% 个周期（3.6° 或 100 μs），测量精度将是 1/10 000，分辨率是 1/100 000。

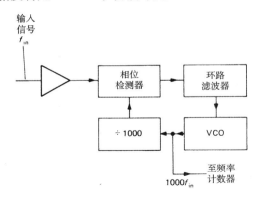

图 15.26   用于低频计数的锁相环分辨率倍增方法

现在讨论上面提到的另外两种提高频率测量精度的方法：周期测量法和内插时间间隔测量法。

周期（倒数计数）法

在进行低频信号测量时，用输入信号或它的分频信号作为门控时钟，是解决分辨率的一个好办法。图 15.27 给出了这种周期计数器的原理示意图。实际测量周期数选项通常是 10 的幂（1、10 或 100 等），而且一般需要测量多个周期，这样测量时间的计算会比较方便，典型时间值是 1 s，参照 7 个主要数据给出测量结果。当然，结果是以时间为单位给出的，而不是频率，所以还必须通过求倒数来获得信号频率。幸运的是，我们不必知道怎样变换，因为现代计数器都使用专用微处理器来实现周期到频率的转换。

注意，周期测量精度严格依赖于稳定触发和较高的信噪比。图 15.28 表明了这个问题。

倒数计数器的主要优点是在给定时间长度里可以得到一个不依赖于输入信号频率的恒定的频率分辨率：$\Delta f / f$。图 15.29 中的曲线比较了 10 MHz 时钟在 1 s 内频率和频率倒数（周期）测量的分辨率。因为选择与平均周期数最接近的 10 的整数幂的缘故，实际周期曲线应该是有些锯齿状的。智能微处理计数器能够**连续**调整门控时间（例如 Hewlett-Packard 公司的低功耗计数器

5315A），可以消除这个限制，它们知道有多少个周期被平均，并除以相应的结果。如果输入频率大于时钟频率，它们会要求从周期模式转换成频率模式，使得在任何输入频率时都能得到最适宜的分辨率。

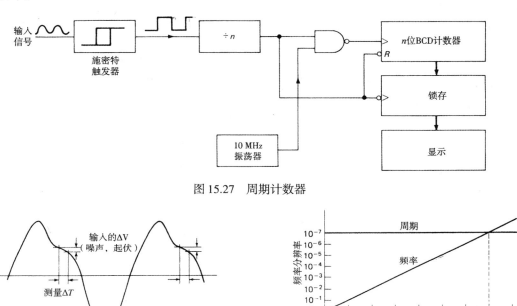

图 15.27　周期计数器

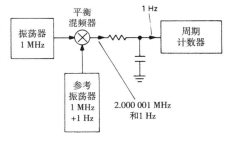

图 15.28

图 15.29　频率与周期计数的小数分辨率

倒数计数器的第二个优点是在发生门控选通时能够从外部控制时间。如果想测量突发单音信号的频率，这是一个很大的优势。例如，如果计数器内部选通时间与突发信号不一致，频率计数器则可能无法给出正确结果。这时可以选择外部选通测量，对突发信号的各个不同点进行一组测量，并获得一般分辨率意义下的测量值。

我们可能想知道在计数时间 T 内是否可以获得超过"测不准原理"规定的相对误差 $\Delta f/f \approx 1/f_{clock}T$（周期测量）或 $1/f_{input}T$（频率计数）的分辨率限制，答案是肯定的。实际上，现在已经发明了一些绝妙的方法，我们将在后面讨论（时间间隔测量）并只表明其可行性。图 15.30 给出了在 1 s 测量时间里测量 1 MHz 振荡器，并获得 $1/10^{12}$ 分辨率的一种方法。未知振荡器和稳定的 1.0 MHz 参考信号混频（如 1.000 001 MHz，由锁相环合成）。混频器输出的信号包括频率和频率差信号。经过低通滤波后，可以得到两个振荡器的差值信号，频率为 1 Hz，这样用周期计数器就很容易进行测量，1 s 内精度可以达到 $1/10^6$。换句话说，1 s 内测量 1 MHz 信号可以精确到 1 μHz。

这种计数方案的前提是有很好的信噪比，而实际上要考虑低频噪声、滤波器稳定时间等，所以在 1 s 时间里最多只能做到 $1/10^{10}$ 的精度。不过，这还是比简单频率（或周期）计数好多了。另外，除非参考振荡器也能精确到1/10¹²（在现有技术下可以做到，但很不容易），否则它的精度会低于分辨率。我们也可以考虑用这个方案来比较两个振荡器的相关频率。

时间间隔测量

在周期计数器电路上进行小小的改变，就可以测量两个事件之间的时间间隔。图15.31给出了实现原理。实际上增加如第二个电路所示的同步器会更好，可以防止小脉冲的产生。使振荡器运行在最高频率上，就可以获得最好的分辨率。商用计数器一般使用本机振荡器，其参考频率可高达500 MHz，锁相来自5 MHz或10 MHz的稳定晶振。由于采用500 MHz的参考时钟，所以可以获得2 ns的分辨率。

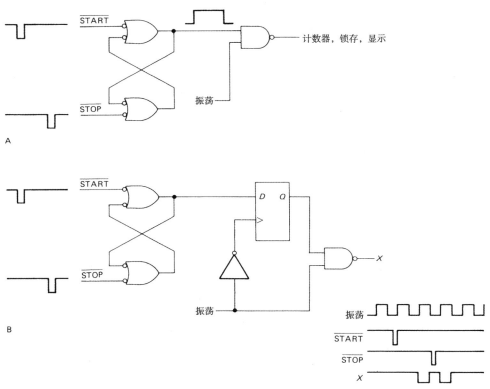

图 15.31　时间间隔测量

前面的讨论表明，进行时间间隔测量时，有几种方法可以超越倒数频率分辨率的限制，其本质都是获得输入信号相对于参考信号过零点的位置信息。前面给出的振荡器比较方案也利用了这种信息，只是用得更加精妙而已。使用这些方案，必须保证信号很干净，噪声很低。商用仪器中有两种内插方法：线性内插法和游标内插法。

□ **线性内插法**。假定要测量图15.32所示开始和停止脉冲的时间间隔。首先测量如图所示时间间隔 T 内的时钟脉冲数 n（通过同步器可以开始或停止各自输入信号后的第一个时钟脉冲）。为了进一步提高测量分辨率，需要知道时间间隔 T_0 和 T_1，即每个输入脉冲的发生到下个时钟脉冲来临之间的时间间隔。假设系统时钟已经运行在可能的最高计数速率下，必须要扩展那些未知间隔并测量它们。这里是双斜率准则下的一种变形，在这些时间间隔里将电荷集中到电容上，然后以很小的速度（1/1000倍的充电速率）进行放电，这样可以将未知时间间隔扩展1000倍。在这些扩展时间间隔里，对系统时钟进行计数，得到结果 n_0 和 n_1。于是未知时间间隔长度为 $\tau = T_{clock} \times (n + n_0 / 1000 - n_1 / 1000)$，可以看到，分辨率明显提高了。这个方法的最终精度受限于系统时钟精度和内插器精度。这类仪器的一个典型例子是 Hewlett-Packard 的 5334B 计数器，显示频率或时间的位数达 9 位每秒。

□ **游标内插法**。游标内插法是一种在时钟周期里找到输入脉冲的数字技术。图 15.33 是这种方法的原理图。它共有 3 种时钟：连续运行的主参考时钟，周期是 T_0，为 5 ns；输入 START 脉冲触发第二个振荡器，其周期是参考时钟周期乘以一个系数 $1 + 1/n$（在该例中设置 $n = 16$）；输入 STOP 脉冲触发第三个振荡器，其周期和另外一个触发振荡器相同。快速电路开始寻找被触发的振荡器和主时钟的一致性，同时，在一致性判断结束之前进行各自计数（n_1，n_2）。具体算法在图中给出；最终结果确定在 START 和 STOP（启停）信号之间，$1/n$ 主时钟脉冲内。

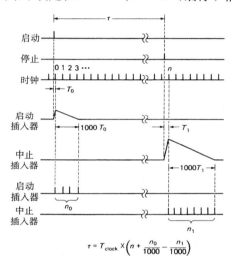

图 15.32　线性插值法（时间间隔测量）

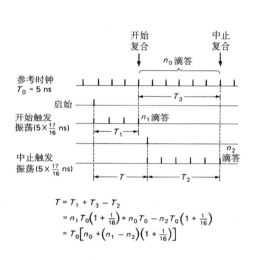

图 15.33　游标内插法（时间间隔测量）

Hewlett-Packard 的 5370B 使用了这项技术，其中 $T_0 = 5$ ns，$n = 256$。结果可以达到 20 ps 的时间间隔分辨率。这个技术可以用于周期测量，因为周期就是输入信号在一个循环时间间隔内的时间长度。当采用这种方法时，前面提到的计数器在 1 s 内可以给出 11 位的频率分辨率！

□ **时间间隔平均**。第三种提高时间间隔测量分辨率的方法就是简单地多次重复测量取平均值的算法，± 1 计数非单值性会得到平均，将结果转化为实际时间间隔，但假设前提是开始时脉冲重复率与主时钟不一致。一些计数器包含一个"抖动时钟"，以确保这种现象不会发生。

频谱分析

必须提到的一种频率测量技术是频谱分析，即在频域里观察信号。频谱分析仪可以测量频率（实际上，在同时存在其他强信号时，可以利用它有效地测量弱信号频率），但是除此之外，它们还能做得更多。我们将在 15.5.1 节进一步讨论。

□ ## 15.3.3　电压和阻抗标准与测量

前面曾经提到的类似标准和测量中没有涉及到精度等方面内容。本节将有机会提到百万分之一的精度。这就是电压和阻抗标准，如果需要，还可以由此确定电流标准。

传统的电压标准是韦斯顿电池，一个通常只用来作为参考的可再生输出电压的电化学装置（电流不大于 10 μA，更适宜的装置其电流几乎为零）。20℃ 时其端电压为 1.018 636 V。但是，韦斯顿电池是一种非常容易受影响的器件。由于韦斯顿电池的温度系数大（40 μV/℃，比好的 IC 电压参考大很多）以及对温度变化的过分敏感性（电池的单个分支有约 350 μV/℃ 的温度系数），必须保证其工作时的精确温度。通常标准电池都保留在国家标准技术局，以便需要时对二级标准进行比较。现在已经出现了非常稳定的、输出电压可控的固态参考标准。它们可以将苛刻的标准电池测量转换成方便的实际测量标准。校准后标准的稳定度可以达到 10 ppm/ 月和 30 ppm/ 年。

使用精密分压器（著名的 Kelvin-Varley 分压器）可以进行精确的电压测量。这种分压器的线性范围为 0.1 ppm，用于产生未知电压的一个部分，然后和电压标准进行比较。在电压测量中，要使用精确的过零检波器和对线圈电阻进行补偿的仪器。通过常规校准后可以获得百万分之几的测量精度。

近年来基于超导约瑟夫森结点的测量已经取代标准电池成为新的电压标准，小心操作测量电压可以达到 $1/10^{10}$ 的精度。测量方法非常简单，只需要在知道普朗克常数 h 和电子电荷 e 的情况下测量频率。尽管约瑟夫森结点技术作为电压标准一直被认为太复杂，但现在情况正在逐步改变：NIST（以前的 NBS）开发了包含 19 000 级结点的商用芯片，测量电压可以达到甚至超过 10 V。苛刻的电压标准用户可以拥有自己的精确约瑟夫森标准，但这需要花费 100 000 美元。如果在高温超导性方面得到突破，约瑟夫森电压参考标准就可以在每个实验室里使用了。

和电压标准一样，阻抗标准也细心地保存在 NIST 内。利用这些标准，并结合惠斯通电桥电路，可以校准二级标准，并维持百万分之几的精度。

必须指出，由于某些局限性，这些测量不可能和时间测量达到同样高的精度。这些测量依赖于介质的物理特性，如电化学电动势、击穿电压和阻抗，这些物理特性都会随着温度和时间的改变而改变。干扰效应，例如约翰逊噪声和 $1/f$ 噪声、泄漏电流和热电动势（热电偶效应），都会使测量复杂化。要获得与精妙的时间和频率测量相媲美的精确电压测量，需要在 1 V 电压时有 1 pV 的测量精度。对这个问题的讨论不是为了批评上述测量方法，而只是为了表明时间 / 频率域中已经达到难以置信的精度。事实上，应该尽可能地选择时间 / 频率域变换测量，而不是电压 / 阻抗测量。

15.4　限制带宽技术

15.4.1　信噪比问题

到目前为止，我们一直在讨论各种可被检测的物理量、测量方法以及如何进行折中。但这些被测信号往往淹没在噪声和干扰中，无法通过示波器进行观察。即使外部噪声不是问题，信号本身的统计特性也可能增加检测难度，例如，对弱源进行核蜕变计数时，每分钟只能检测到几次。另外，即使信号是可检测的，我们也会尽力改善被测信号强度，以获得更精确的测量结果。在上述情况下，必须采取一些措施来提高信噪比；这些措施可以归纳为限制检测带宽，在保护有用信号的同时通过降低接收带宽达到减小噪声总量的目的。

限制测量带宽的第一个选择是在输出端增加低通滤波器，对噪声信号进行平均。在有些情况下这个措施是有效的，但大多数情况下由于下列原因的存在，其作用微弱。首先，信号本身包含有高频成分，或集中在某高频附近；第二，即使信号本身确实是缓慢变化或静止的，我们还是要处理具有 $1/f$ 分布特性的噪声信号，所以，当压缩带宽时无法获得较高的增益，因此，电子和物理系统是断续的、不稳定的。

实际上，一些基本的限制带宽技术已广泛使用。例如信号平均、瞬时平均、脉冲串积分器、多通道计数、脉冲高度分析、锁存检测以及相位检测等。所有这些方法能够实施的前提是该信号具有重复性,但这通常不是问题,因为总有办法使得非周期信号呈现出周期性。现在让我们来看看这是如何实现的。

15.4.2　信号平均和多通道计数

通过对时间周期信号累积求和,可以极大地提高信号信噪比。这种处理方式通常称为"信号平均",且常用于模拟信号。首先考虑一种由脉冲信号组成的人工信号,其速率正比于随时间变化的波形幅度。首先研究这个例子的原因在于其计算简单。实际上,它不仅适合于上述人工信号,还适用于脉冲计数电子器件,如粒子探测器或光电倍增器的应用场合。

多通道计数器

这里首先讨论多通道计数技术,是因为它是信号处理技术的代表,而且具有容易理解和量化的特点。多通道计数器(MCS)包含一组存储寄存器(典型值是1024或更多),每个寄存器可以存储多达上百万个数据单元(20位二进制数或24位BCD码)。MCS接收脉冲(或后面将会讨论的连续电压)信号作为输入信号,另外也可以接收通道前移信号(脉冲信号),或者并行多位通道地址信号。每当有脉冲信号输入,MCS就会对正在被寻址的存储通道计数器加1。另外它还包含地址复位端口,允许进行复位(清零)、清空存储器等操作。

要使用MCS,需要一个具有一定时间间隔的周期信号。假设观察对象本身就是周期性的(周期为T),尽管大多数情况下这种假设不成立(通常在实验中需要将非周期信号转换成周期信号),但在实际生活中仍然存在这种具有严格周期现象的例子,例如脉冲星的光输出。假定输入信号由脉冲串组成,该脉冲串与含有强烈背景噪声的信号速率成比例,例如具有随机分布特性的脉冲信号(仍然以脉冲星为例,其实际接收信号是夜空中传播的光线)。通过给通道前移输入和复位输入端发送定时脉冲信号,每隔T秒就对1024个通道进行周期性扫描。在扫描过程中对附加输入信号(信号加背景噪声)进行累计计数并存储。由于通道扫描时间恰好设置为信号周期,因此随着时间推移,信号会在相同子通道上增加相同计数值,而噪声则会在所有通道上增加计数值。这样,信号计数值会在每次扫描后增加,累计量也越来越大。

信噪比计算

首先让我们来观察通道扫描结果。假设每次扫描时每个通道上的背景噪声产生的脉冲数平均值是n_b,有用信号幅值产生的脉冲数是n_s(见图15.34)。如果$n_s \ll n_b$,则意味着此时通道信噪比较差,这同时也意味着每次扫描时大部分计数值的增加产生于背景噪声,而不是信号本身。现在,如果将存储器中的计数器值绘成图表,会发现通过背景噪声上的脉冲突起可以辨识信号。如果认为通道中信号所致的信号计数值与背景噪声所致的计数值之比就是信噪比,那就错了。因为噪声产生的平均值差别很大,所以偏离计数均值的**平均波动**才是更能说明问题的物理量。

因此,用$n_s \ll \sqrt{n_b}$表示的弱输入信噪比信号实际上意味着在一次扫描过程中,从随机噪声产生的脉冲波动曲线中识别有用信号是不可能的。为计算方便,假设$n_s = 10$,$n_b = 1000$。这样,一次扫描中清零MCS要求每个通道具有大约1000次计数能力,在出现信号峰值时还需要再增加10次左右的计数值。由于通道波动值大约为31(1000的平方根),因此仅仅实施单次扫描,实际信号就会完全被淹没在噪声中。但在扫描1000次后,每个通道平均计数值变为1 000 000左右,波动量变为1000,信号峰值所在通道还有10 000(1000次扫描×10次计数/扫描),此时信噪比为10。换句话说,信号已从背景中显现出来。

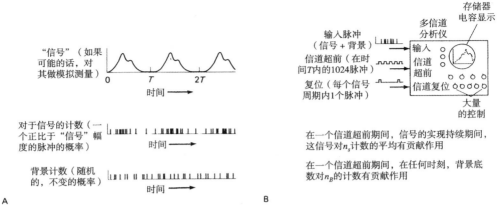

图 15.34　多通道信号平均（脉冲输入）

例：Mössbauer 谐振

　　图 15.35 给出了 Mössbauer 谐振的分析结果，在这个例子中，Mössbauer 谐振信号包含 6 个凹陷点，它是由富含铁 -57 的箔片穿过钴 -57 放射源产生伽马射线时产生的。这里 $n_b = 0.4$，$n_s = 0.1$，接近弱信噪比情况。即使在 10 或 100 次扫描后，Mössbauer 信号还是淹没在噪声中。只有在进行了大约 1000 次扫描以后信号才开始显现出来。图 15.35 显示了 1000，10 000 和 100 000 次扫描后的曲线结果，各曲线采用不同比例，以保持信号大小相同。注意背景噪声的平稳性将引起"基线"的上升和信噪比随时间的提高。

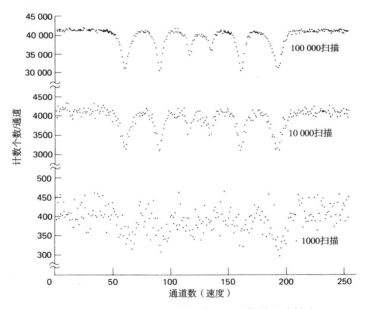

图 15.35　Mössbauer 吸收频谱，显示信号平均效应

　　很容易看出信号幅度和背景噪声之比随时间 t 的推移而增加的原因。信号幅度随时间成比例增加；虽然背景噪声平均值（"基线"）也随时间 t 成比例增加，但其计数结果的增加量只正比于时间的平方根。因此，随着时间 t 的增加，信号和背景噪声计数值增加量之比近似为 t 的平方根的关系。换句话说，信噪比与时间 t 的平方根成正比。

模拟信号的多通道分析（信号平均）

通过在输入端使用电压－频率转换器，我们可以对模拟信号进行类似分析。商用 MCS 经常能提供一些具有模拟或脉冲输入模式选择的电子设备。这时我们就会经常接触到信号平均器或瞬时平均器等配件。TMC 公司则称它们为 "CAT"（瞬时平均计算机），而且经过一段时间后这个名称固定了下来。

通过使用一组积分器存放累积结果，可以实现一个完整的模拟 MCS。脉冲串积分器就是一个简单的例子，它是一个可调整的单通道模拟信号平均器。随着过去十年里数字存储器价格的大幅度下调，除一些特定应用场合外，已不再使用这类模拟信号平均器了。

限制带宽多通道分析

在开始讨论时提到过，SNR 的降低和有效测量带宽的减小是等效的。在下面例子中不难看到这种等效性。假设在输入端加上另一个信号（干扰信号），但其周期 T' 与有用信号周期 T 有些差异。多次扫描后，干扰信号也开始累积，产生麻烦。但随着时间的推移，它的 "突起" 会沿着通道逐渐漂移，最后在所有通道中产生计数增量。

这里是有用信号和干扰信号之间的频率偏差 $1/T - 1/T'$。

习题 15.1　推导上述结果。

换句话说，通过一段时间 t 的数据积累后（如前面给出的等式），干扰信号已经均匀扩散到所有通道。或者说测量带宽减少到大约 $\Delta f = 1/t$。通过长时间测量的方法，可以减小带宽，排除附近的干扰信号。实际上，因为噪声在频率上呈均匀分布，所以我们也排除了大多数噪声。从这个观点上看，多通道分析的结果就是减小接收带宽，在接收有用信号功率的同时，降低噪声功率。

再让我们看看具体计算过程。在时间 t 后，带宽降低至 $\Delta f = 1/t$。如果噪声功率密度是 p_n W/Hz，而且有用信号能量 P_s 在测量带宽范围内，则经过时间 t 后的信噪比为 $\mathrm{SNR} = 10 \log(P_s t / p_n)$。

信号幅度与时间 t 的平方根成比例关系（t 每增加一倍，SNR 提高 3 dB），与前面考虑每个通道的计数量与其波动的分析结果一样。

15.4.3　信号周期化

前面提到的几乎所有信号平均方案都要求信号具有周期性，以降低噪声的影响，提高信噪比。因为大多数测量不包含周期性分量，因此需要强迫信号具有重复性。根据具体测量，有多种实施方法。下面仅给出几个简单的例子，并不试图确定任何规则。

一个依赖外部参数的可测量物理量是很容易周期化的——只要修改外部参数即可。在 NMR（核磁共振）中，共振频率随施加场的变化而线性变化，因此标准操作是在一个附加的小磁线圈中对电流进行调制。在 Mössbauer 的研究中可以改变源速率。四极矩谐振中则可以扫描振荡器。

在其他情况下，一种效果可能有自己定义明确的瞬态，但允许外部触发。一个典型的例子是神经纤维中的去偏极脉冲。为了产生一个干净的脉冲波形曲线，可以简单地利用外部电压脉冲来触发神经纤维，同时开始 MCS 扫描（或者先进行 MCS 扫描，然后再用一个延迟脉冲触发神经纤维）；在这种情况下，要选一个足够长的周期，以保证神经纤维在下一个触发脉冲到来前得到充分恢复。最后这种情况表明了可重复性作为信号平均要素的重要性；如果实验过程中发生青蛙腿抽搐和断气现象，那意味着我们的实验也结束了，信噪比是多少呢！

需要指出的是，某些情况下测量对象本身含有内在的周期性，这时是最难处理的，因为我们必须精确地知道周期。图 15.36 中的 "光变曲线"（亮度随时间的变化曲线）就是一个例子。通过 60 英寸望远镜焦点处放置的光电倍增器输出端 MCS，与脉冲星的旋转同步，可以得到如图 15.36 所示的曲线。但即使是这种规格的望远镜，要产生如图所示的干净曲线大约需要500万次扫描，因为完整的脉冲星期间探测到的光子平均数约为1。这样短的周期，对MCS通道前移电路提如此高精度的要求，在本例中要求时钟稳定度达十亿分之一，而且需要对时钟速率进行频率调整，以补偿地球运动。

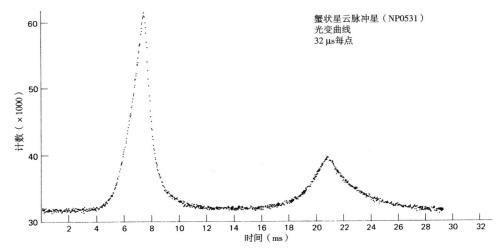

图15.36　蟹状星云脉冲星亮度作为时间的函数（光变曲线）

　　值得一提的是，信号平均的本质就是减小带宽，通过长时间运行实验而得。这种方法的底线是实验的总时间，扫描频率和调制时间都不重要，只要我们能够保证它远离出现在直流附近的$1/f$噪声即可。我们还可以通过调制，简单地把被测信号从直流搬移到调制频率上。长数据累积效应会使数据集中到以调制频率f_{mod}为中心的地方，而等效带宽变为$\Delta f = 1/T$。

15.4.4　锁定检测

　　这是一种非常巧妙的方法，为了更清楚地理解该检测方法的原理，我们首先回顾一下在9.5.1节中采用的相位检测器。

相位检测器

　　在9.5.1节中讨论了相位检测器，它的输出电压正比于两个数字（逻辑电平）信号的相位差。为了进行锁定检测，需要了解线性相位检测器的工作原理，因为我们处理的几乎都是模拟电压信号。

　　图15.37所示是基本相位检测电路。首先，模拟信号通过一个线性放大器，其增益由方波"参考"信号通过FET开关控制。输出信号通过低通RC滤波器进行滤波。现在让我们看看可以对它做些什么。

　　□ 相位检测器输出。为了分析相位检测器的工作原理，首先假设相位检测器的输入信号为$E_s \cos(\omega t + \phi)$，参考信号是方波信号，在$\sin \omega t$的零点处转换（例如$t = 0$，$\pi/\omega$，$2\pi/\omega$等）。进一步假设低通滤波器的平均输出电压是$V_{out}$，该低通滤波器的时间常数大于一个信号周期：$\tau = RC \gg T = 2\pi/\omega$

　　这样，低通滤波器的输出为

$$\langle E_s \cos(\omega t + \phi)\rangle|_0^{\pi/\omega} - \langle E_s \cos(\omega t + \phi)\rangle|_{\pi/\omega}^{2\pi/\omega}$$

其中括号表示数据平均，减号的产生源于参考电压V_{ref}每隔半个周期的翻转。作为练习，我们可以证明：

$$\langle V_{out}\rangle = -(2E_s/\pi)\sin \phi$$

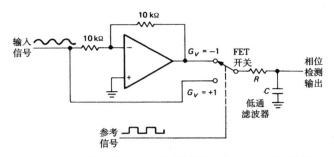

图 15.37　用于线性输入信号的相位检测器，该方案已用于单片 AD630

习题 15.2　通过直接积分运算获得上述平均运算结果。

上述结果表明，**和参考信号具有相同频率的输入信号经过平均输出**，得到的信号正比于正弦信号幅度及相对相位的正弦量。

在进行讨论以前，还需要得到另外一个结果：当输入信号频率接近（但不等于）参考信号时，输出电压为多少？这个问题的回答很简单，在不同频率处，前面等式中的物理量 ϕ 现在缓慢改变：

$$\cos(\omega + \Delta\omega)t = \cos(\omega t + \phi)$$

这里 $\phi = t\Delta\omega$。假设输出信号是缓慢变化的正弦信号：

$$V_{\text{out}} = (2E_s/\pi)\sin(\Delta\omega)t$$

它将通过低通滤波器，如果 $\Delta\omega < 1/\tau = 1/RC$，信号就不会有变化，但如果 $\Delta\omega > 1/\tau$，信号就会大大衰减。

锁定方法

所谓的锁定（或相位敏感）放大器是非常敏感的。首先，如前面讨论过的，将一个弱信号周期化，典型频率约为 100 Hz。被噪声污染的弱信号，放大后与调制信号一起进行相位检测。参见图 15.38。我们需要两个"检测点"进行实验，一个用于相位检测的快速调制，另一个通过信号特性进行慢扫描（例如 NMR，快调制是微弱的 100 Hz 磁场调制，而慢调制则是在整个谐振期间内的持续 10 分钟的频率扫描）。移相器调整后给出最大输出信号，低通滤波器时间常数设置得足够长，以实现好的信噪比。衰减系数用于设置低通滤波器带宽，因此 1 Hz 低通滤波器只能响应淹没在杂散信号和噪声信号中的 1 Hz 以内的信号。带宽还决定了调整"慢调制"的速度，因为对信号的扫描速度必须低于滤波器的反应速度。通常人们使用的时间常数从不到 1 秒到几十秒不等，且经常利用一种切换机制调整检测点进行更慢的调制。

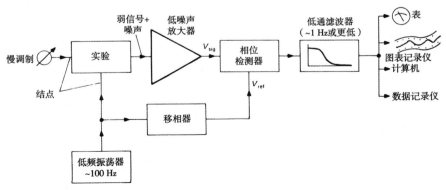

图 15.38　锁定（同步）检测

　　注意，锁定检测实际上是限制带宽的过程，这个带宽是由检波后的低通滤波器来设置的。信号平均的结果就是将信号转移到快速调制频率的附近，而不是直流上，以去除1/f噪音（闪烁噪声、漂移噪声等）。

两种快速调制方式

　　有一些快速调制的方式，根据搜索到信号的特点（例如，在NMR中随磁场线性变化的区域），调制信号可以是微弱的正弦波或者是很强的方波，如图15.39所示。在第一种情况下，相位敏感检测器的输出信号正比于线性斜率（即它的导数）；而在第二种情况下，相位敏感检测器的输出信号则正比于线性本身。这就是所有简单NMR谐振线输出类似图15.40所示色散曲线的原因。

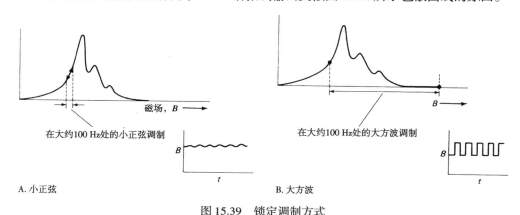

图 15.39　锁定调制方式

　　对于大相移的方波调制，有一种更巧妙的抑制调制反馈的方式，它在很多情况下都是一个严重的问题。图15.41给出了调制波形。高或低于中心值的偏移量都会毁掉这个信号，导致调制波形倍频信号的开/关调制。这只是一种在特殊情况下才使用的方式，不要被它的魅力所迷惑！

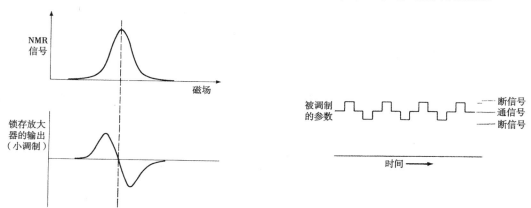

图 15.40　由锁定检测而形成的直线形微分法　　　　图 15.41　用于抑制调制直通的调制方法

　　大幅值方波调制是红外线天文学中很惹人喜欢的信号调制方式，如望远镜的辅助镜就被用来将前后的图像转换为红外源。它在射电天文学中的应用也很普遍，被称为Dicke交换。

　　商用锁定放大器包括可变频率调制源和跟踪滤波器、可切换时间常数的检波后滤波器、优良的低噪声宽动态范围放大器（如果没有噪声问题，也可以不用锁定检测）和出色的线性相位检测器。我们同样也可以使用外部调制源。放大器有一个旋钮，用来调整相移，保证将检测信号最大化。整个测试所需设备都被集中到一个灵活的机柜里，用专门的仪表来读取输出信号。一般来说，这些设备价值数千美元，由这些公司生产制造：EG&G Princeton Applied Research，Ithaco 和 Stanford Research Systems。插件板元件采用 Evans Electronics 公司的产品。

为了阐述锁定检测器的作用，我们通常为学生设立一项演示实验。我们使用"锁定"来调制一盏用于面板指示的 LED，调制频率大约是 1 kHz。灯上的电流非常小，我们很难在普通室内灯光下看到 LED 在发光。六英尺远的光三极管接收 LED 的光，其输出送入锁定装置。室内的灯光熄灭后，来自光三极管的微弱调制频率信号（混有噪声）使锁定检测器很容易在数秒后检测到它。这时，我们重新打开房间的灯光（荧光），在同一个点上，从光三极管出来的信号变成巨大而杂乱的 120 Hz 波形，振幅上升 50 dB 以上。这种情况从示波器上看是令人绝望的，但锁定检测器却可以在这里泰然自若地、冷静地在同一水平上检测同一个 LED 信号。我们可以这样来检测它的工作是否正常：伸手放到 LED 和检测器之间。这个实验结果给人印象非常深刻。

15.4.5　脉冲高度分析

脉冲高度分析仪（PHA）是多信道测量准则的简单扩展，它是核物理学和辐射物理学研究中非常重要的仪器。脉冲高度分析的原理很简单：峰值检测 A/D 转换电路将各种振幅脉冲输入转换为相应的通道地址，通道地址与实际的脉冲高度有关。随后多通道计数器对选定地址的内容进行累加，其结果就是各种脉冲高度的柱状分布图。

脉冲高度分析仪的广泛使用源于以下事实：很多带电粒子、X 射线和伽玛射线检测仪的输出脉冲大小和探测到的射线能量成比例（例如，在 15.2.7 节里讨论过的比例计数器、固态检测仪、表面障碍检测仪和闪烁器等）。因此，脉冲高度分析仪可以将检测器的输出转换成能量谱线。

通常将脉冲高度分析仪设计为专用硬件设备，由数量繁多的 IC 器件和分立器件组成。目前标准的脉冲高度分析仪使用通用微型计算机，对快速脉冲输入 ADC 的结果进行处理。这样，我们可以构建各种有效的计算程序，如降低背景噪声、能量校准和线路识别以及磁盘、磁带存储和实验的在线控制等。有一种仪器能够在二维光栅里扫描测量目标的质子波束、探测已发射的 X 射线，并存储样本中每种元素的分布图。所有这些结果都可以让我们观察到 X 射线的频谱和图像。这些操作都是由脉冲高度分析仪完成的，实际上这已经在不知不觉中起到了电脑的作用。

脉冲高度分析仪的 ADC 前端有一个非常精妙的电路。由于从输入射线的光滑连续区中提取多线程会产生很严重的后果，所以我们无法获得通道宽度的具体表达式。因此，尽管逐次逼近型 A/D 转换器的转换速度很快，但是很明显，我们不能使用它。所有 PHA 都使用所谓的 Wilkinson 转换器，一种单斜率转换器。借助输入脉冲给电容充电，该电容随后通过一个恒定电流进行放电，此时高速计数器（典型值为 200 MHz）开始地址迭加计算。这种分析仪的缺点是容易造成测量死区，该死区的大小依赖于上一个脉冲的高度，但各个通道绝对平等。

大部分脉冲高度分析仪都提供输入，所以可以用来作为多通道计数器。一些著名的脉冲高度分析仪公司有 Canberra，EG&G，Nuclear Data 和 TracorNorthern。

15.4.6　时间幅度转换器

在核物理中，了解短生命周期粒子的衰减时间分布是很重要的一个课题。其实，如果在脉冲高度分析仪前级设置一个时间幅度转换器（TAC），就可以很容易地测出它们的衰减时间。在收到一个输入脉冲时，TAC开始一个斜线过程，当它再次收到输入脉冲时停止该过程，并产生正比于脉冲时间间隔的输出脉冲。整个过程可以在皮秒时间级上完成。图15.42显示了一个由学生设计的测量μ介子生命周期的方法，他测出了从捕获发光物中宇宙射线μ介子开始到其衰减的时间。每个事件都会产生一瞬间的光，而TAC则被用来将时间间隔转换为脉冲。在该学生设计的装置中，宇宙射线μ介子的衰减平均时间是1分钟，他用了18天的时间计算出它的生命周期是$2.198 \pm 0.02\,\mu s$（观测数据是$2.197\,134 \pm 0.000\,08\,\mu s$）。注意对数曲线描述的数据其实是指数数据，系统计数偏差是$n^{1/2}$。图中描述的衰减来自于表达式：$n(t) = n_0 \exp(-t/\tau)$。

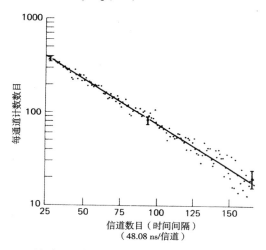

图 15.42　时间间隔谱法测量 μ 介子的生命周期（TAC + PHA）

15.5　频谱分析和傅里叶变换

15.5.1　频谱分析仪

频谱分析仪是一种在射频领域方面相当实用的仪器。该设备在xy两个方向上进行显示，y坐标代表信号强度（一般是对数显示，以dB为单位），而x坐标代表频率。换句话说，频谱分析器可以在**频域观察信号**，并根据输入信号频率来描述信号。我们可以把它想象成对输入信号进行傅里叶分解的过程，或把它作为在频域范围内对高性能（宽动态范围、稳定而灵敏）量程的响应。频谱分析仪的这种能力非常方便，如分析调制信号、寻找互调产物或互调失真、分析噪声和漂移或试图在强信号中测量微弱信号频率等。

频谱分析仪有两种基本类型：扫频调谐方式和实时方式。扫频分析仪是最常见的一种类型，其工作原理如图15.43所示。它其实就是一个配置了斜坡扫描式本机振荡器（LO）的超外差式接收机。因为LO在其频率范围内进行扫描，所以不同输入频率信号在混频后才相继通过IF放大器和滤波器。假设频谱分析仪的中频是200 MHz，本机振荡器LO的扫描范围是200～300 MHz。当LO的频率是210 MHz时，10 MHz的输入信号通过检测器，并在允许范围内产生垂直偏转。同样，410 MHz的信号（镜像信号）也能通过，为了避免这种现象，在输入端加了低通滤波器。任何时候，输入频率低于200 MHz的信号都会被LO探测到。

实时频谱分析仪在下列性能上具有更大的灵活性：扫描范围、中心频率、滤波器带宽和显示量程等。频谱仪的典型输入频率范围从赫到千兆赫，带宽选择范围从赫到兆赫。常用的频率范围为 10 MHz ~ 22 GHz，分辨带宽为 10 Hz ~ 3 MHz。此外，精密复杂的频谱分析仪也有一些便利设置，如绝对幅度校准、防止扫描过程颤动的频谱存储、便于比较和归一化的额外存储以及数据信息屏幕显示等。奇特的频谱分析仪还能分析相位频率关系，产生频率标记，并通过 IEEE-488 总线运行下列程序：跟踪振荡器（用于提高动态范围）、频域内精确频率测量、生成用于系统仿真的追踪噪声电压及信号平均等。

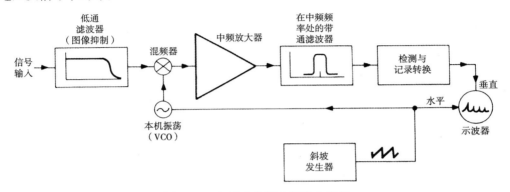

图 15.43　扫描本机振荡频谱分析仪

必须注意，这种扫描式频谱分析仪在一个时刻只能分析一个频率，然后通过在整个时间段内扫描生成完整的信号谱。这实在是一个缺点，因为我们无法观察到任何突发事件。此外，当在很窄的频率范围内进行扫描时，扫描速率也必须保持得很低。最后一点是，任何一次处理都只用到输入信号的一小部分。

扫描频谱分析仪的这些缺点在实时谱分析仪上得到了修正。当然，修正的办法很多，其中最笨的一种就是用一组窄带滤波器同时监视一系列频率。最近，基于数字傅里叶分析（尤其是著名的快速傅里叶变换 FFT）的精密分析仪开始流行。这些仪器通过快速模拟-数字转换器把模拟输入信号（混合后）转换为数字信号。然后，专用电脑就会利用 FFT，生成数字频谱。这种方法能够同时监视所有频率信号，因此实时频谱分析仪具有高灵敏度和高速的特点，而且还能够分析瞬变过程。这种实时频谱分析仪尤其适用于低频信号。此外，它还能显示出信号之间的相关性。既然是以数字形式输出测量数据，那么利用平均信号的所有能量就是很自然的事情了，这也是一些商用仪器的特点之一。

需要注意的是，这些数字频谱分析仪受到计算速度的限制，与射频模拟型频谱分析仪（扫频式 LO 或者滤波器组）相比，带宽要窄得多。例如，通用的 HP 3561A，其频率范围为 125 μHz ~ 100 kHz。当然，只要用外差技术将频带降低，就可以用它来监视中心频率更高的 100 kHz 带宽信号。

智能实时频谱分析仪也可以采用所谓的线性调频脉冲或 z 变换来实现。在这种方案中，色散滤波器（其延迟时间与频率成比例）取代了扫频式 LO 分析仪的 IF 带通滤波器（见图 15.43）。通过将LO 扫频速率与滤波器的色散特性匹配，可以得到相当于扫描分析仪的输出，称为频率-时间线性扫描。与扫频式 LO 频谱分析仪对比，这种设计方案是在整个频带内不停地收集信号。另一个有趣的实时频谱分析技术是 Bragg 单元（或声光谱计），这里用 IF 信号在透明的晶体中产生声波。这些变形使光束分散，当光强随位置变化时生成实时频谱显示。光电检测器阵列完成分析仪的输出工作。Bragg 单元频谱计用于射电天文学。通常，一个典型的 Bragg 单元有 2 GHz 的瞬时带宽，可分析 16 000 个

125 kHz 带宽的频道。当选择频谱分析仪时，一定要在带宽、分辨率、线性度和动态范围这几方面仔细权衡。

图 15.44 所示射频频谱是研究对象为 1 MHz 以上的人们非常钟爱的一类频谱分析仪。对于前四个显示频谱，图 15.44A 是一个纯正弦波振荡信号；图 15.44B 是失真的正弦信号；图 15.44C 信号含有噪声边带；图 15.44D 所示信号的频率不太稳定（漂移或残留 FM）。我们还可以测量如图 15.44E 所示放大器互调（制）分量，二阶、三阶和四阶互调频率在放大器的输出端清晰可见，该放大器是由双频纯正弦信号来驱动的，信号频率分别为 f_1 和 f_2。最后，在图 15.44F 中，我们可以看到双平衡混频器的输出信号（$f_{LO} \pm 2f_{sig}$，$f_{LO} \pm 3f_{sig}$），如 LO 和输入信号的馈通、失真等。最终信号的频谱实际显示了混频器性能，其显示依赖于垂直方向的量程。频谱分析仪的动态范围相当大（内部产生的失真抑制通常达到 70 dB 以上，跟踪预选器可以将其抑制到 100 dB 以上），由此可见，即使是一个很好的电路也会有缺点。

图 15.44G 则显示了扫描式分析仪进行快速 LO 扫描时发生的情况。即，在信号通过带宽为 Δf 的滤波器时，若时间小于 $\Delta t \approx 1/f$，那么频带就会展宽，其值大约是 $\Delta f' = 1/\Delta t$。

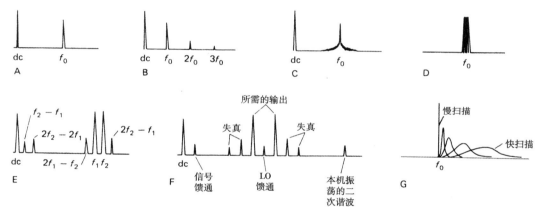

图 15.44　频谱分析仪显示

15.5.2　离线频谱分析

用于数字数据的快速傅里叶变换为信号分析提供了一种强有力的手段，尤其适用于淹没在干扰信号或噪音中的具有强烈周期性的弱信号的识别，以及震动或振荡模式的识别。例如，利用 FFT 搜寻脉冲星、分析音频信号、提高天文图像（斑点图像）的分辨率以及对外星智能的探索（SETI）等。最后一个实验是，利用与直径为 84 in 的接收碟相连的砷化镓 FET 放大器驱动一个外差式接收机，将带宽为 400 kHz 的信号处理成 8 000 000 个带宽为 0.05 Hz 的瞬时通道。数字频谱分析仪有 20 000 个 IC 和 500 000 个焊点（全部为手工），可以在 20 s 的时间里探测低于接收噪声 60 dB 的窄带信号。这意味着它可以响应整个地球上低于 1 nW 的辐射流。

15.6　电路示例

15.6.1　电路集锦

图 15.45 是我们收集的一些在测量和控制方面非常实用的典型电路。

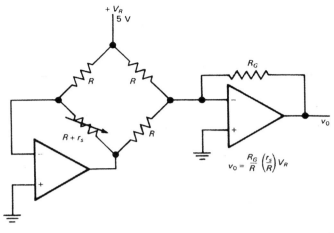

A. 使桥臂的响应线性化具有最低 V_{os} 效应。注意，许多桥臂
　（如半导体应变仪）具有 R 的较高 TC 值

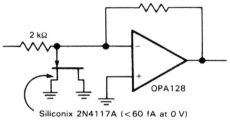

C. 具有较低漏电流的充电放大器输入保护

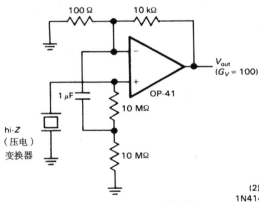

B. 高输入阻抗 Z_{in} 的自举放大器用于压电传感器

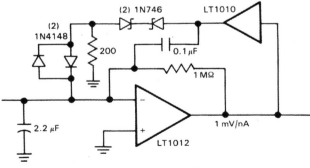

D. I/V 转换器，灵敏至 35 pA，并能保持求和结
　受控于 ±150 mA

图 15.45　电路集锦

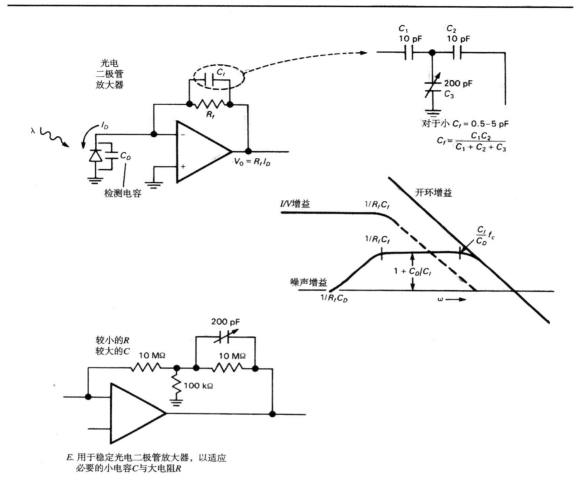

$$C_f = \frac{C_1 C_2}{C_1 + C_2 + C_3}$$

E. 用于稳定光电二极管放大器，以适应必要的小电容C与大电阻R

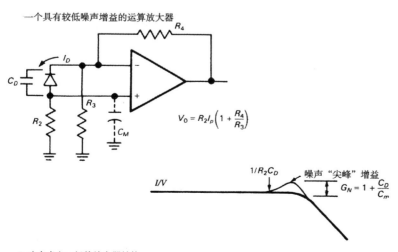

一个具有较低噪声增益的运算放大器

$$V_0 = R_2 I_P \left(1 + \frac{R_4}{R_3}\right)$$

$$G_N = 1 + \frac{C_D}{C_m}$$

F. 改变光电二极管放大器结构

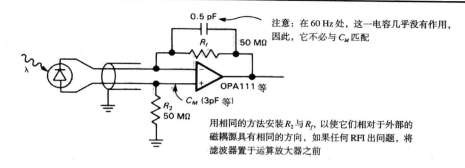

注意: 在 60 Hz 处, 这一电容几乎没有作用, 因此, 它不必与 C_M 匹配

用相同的方法安装 R_2 与 R_f, 以使它们相对于外部的磁耦源具有相同的方向, 如果任何 RFI 出问题, 将滤波器置于运算放大器之前

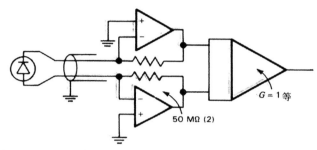

G. 长探测器电缆的平衡光电二极管放大器

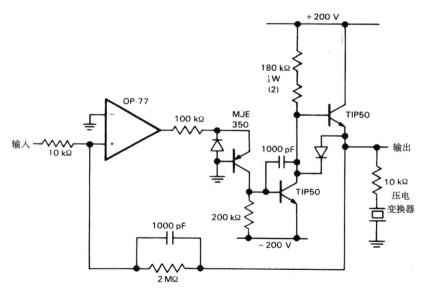

H. ±200 V 的精确运算放大器

附录 A 示 波 器

示波器是最有用且最通用的测试仪器。正如我们通常所用的,它能将电路中电压随时间变化的函数形式显示出来,在波形的某一特殊点触发,从而得到稳定的显示。我们已经画了一个框图(见图 A.1)和典型面板(见图 A.2)来帮助解释示波器的工作过程。下面将要描述的示波器一般称为直流耦合双踪触发示波器。此外,还有很多特殊用途的示波器,例如用于电视维修之类的示波器,还有一些老式示波器,已不具有电路测试所需的特性。

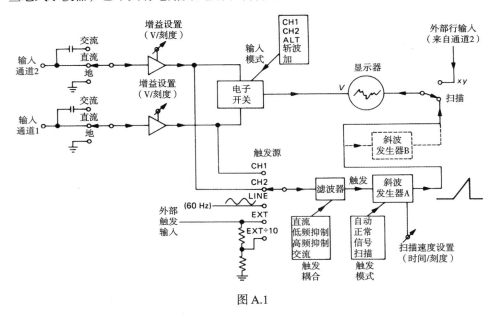

图 A.1

垂直扫描

从信号输入示波器开始,大多数示波器都有两个通道来输入信号,这是非常有用的,因为通常需要观察两个信号之间的关系。每个通道都有一个校准的增益开关,可以设置屏幕上每刻度对应的电压值。同时还有一个与增益开关同轴的可变增益调节器,如果想将一个信号显示在某一刻度范围内,就可以使用这个调节器。注意,当测量电压时,一定要保证可变增益调节器位于校准的位置。这一点常易被遗忘。如果可变增益调节器离开了校准位置,在性能较好的示波器上会有一个指示灯进行提示。

示波器是直流耦合的,它有一个基本特点:在屏幕上所看到的显示包含了直流分量及信号电压。但有时也许想观察的是一个加于大直流电压上的小信号,在这种情况下可以把输入切换到交流耦合上,对输入信号进行容性耦合,时间常数大约为0.1 s。大多数示波器还会有一个已接地的输入点,可以让我们看到零电压值在屏幕上的位置(在接地点,信号并不是直接与地短接的,而是与输入接地的示波器断开)。正如任何高质量电压测量仪器都应该具备的,示波器的输入通常是高阻抗的(相当于1 MΩ与20 pF的并联)。1 MΩ的输入阻抗是一个准确而且通用的值,因此可以使用高阻抗衰减探针（在后面会描述）；然而，并联的电容值却不是标准值，当更换探针时会产生一些不便。

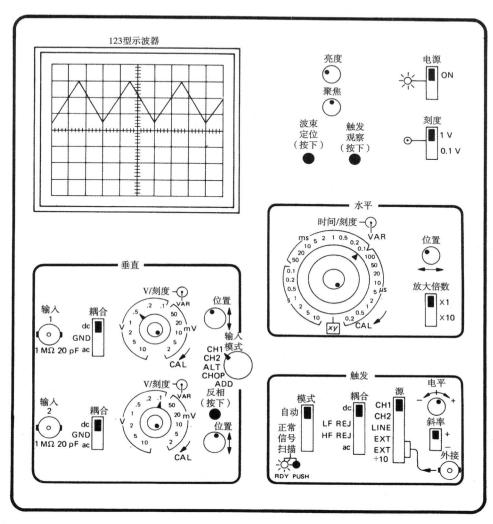

图 A.2

垂直扫描信号放大器包含一个垂直扫描位置（POSITION）控制，至少有一个通道带有反相（INVERT）控制，还有一个输入模式（INPUT MODE）开关。后者可以让我们在屏幕上看到任一通道或者两个通道的和（或者是它们的差，如果其中一个通道被反相），或者两者都可以看到。有两种方法可以将两者都显示出来：一是通过交替装置（ALTERNATE），即靠连续扫描轨迹来显示交替的输入；二是通过斩波（CHOPPED），即轨迹在两个信号之间快速跳跃（0.1~1 MHz）。除了慢速变化的信号，一般使用交替模式较好。通常为了准确起见，要用两种模式来观察信号。

水平扫描

垂直扫描信号作用于电子的垂直偏转运动，它使光点在屏幕上上下移动。而水平扫描信号是由内部的斜波发生器产生的，它使电子与时间成比例偏转。类似于垂直扫描放大器，水平扫描也有一个时间刻度开关和一个可变的同轴调节器,使用时的注意事项与前面所提到的一样。绝大部分示波器还会有一个10倍的放大器（10 × MAGNIFIER）,可允许将一个输入信道用于水平偏转（这样可以得到一个很有意思但无实际用途的"Lissajous图形",这种图形在很多科普书和科幻电影里都出现过）。

触发

现在来看看示波器中最复杂的部分:触发。已经有了垂直和水平扫描信号来生成一幅电压时间关系图。然而,如果水平扫描信号每次扫描得到的不是输入信号在其波形中同一位置的点（假设信号是周期的）,那么显示出来的就会是一片混乱,即输入波形与它自身在不同时间内波形的迭加。触发电路允许选择扫描的起点电平（LEVEL）和斜率（SLOPE）（即正或负）。在示波器的面板上可以看到几个关于触发源和触发模式的选择。在标准（NORMAL）模式下,当所选触发源经过所设定的触发点时开始扫描,沿着设定的方向（斜率）运动。在实际应用中,常常要调整起点电平才能得到稳定的波形显示。在自动（AUTO）模式下,如果没有信号,扫描将会自由运动,这一点非常好,因为如果信号值在某些时候降得很低,屏幕上也不至于完全没有波形显示,也不会误以为信号已经消失。如果要观察的是很多不同的信号,又不想每次设置触发模式,那么用自动模式是最好的选择。单扫描（SINGLE SWEEP）模式是用于非周期信号的。线（LINE）触发源在交流电源线上触发扫描。如果想观察一个电路中的交流声波或纹波,这种模式是最方便的。外部（EXTERNAL）触发输入适用于以下情况:如果已经有了一个干净信号,而它的变化速率与想观察的带噪声信号的相同,这时就可以把干净信号作为外部触发源。通常,如果用一个测试信号来驱动某一电路,或者在某一数字电路中用一时钟信号来使电路工作同步,就可以使用外部触发输入。当观察复合信号时,各种各样的耦合模式都是很有用的。例如,我们可能想观察一个含有一些尖峰的音频信号,频率为几千赫。当调至高频抑制（HF REJ）位置时,在触发电路前加一个低通滤波器,以避免在尖峰信号处也产生触发。如果恰好感兴趣的是尖峰信号,就可以选择低频抑制（LF REJ）模式。

现在有很多示波器都有波束定位器（BEAM FINDER）和触发观察（TRIGGER VIEW）控制。当失去信号轨迹时,可以使用波束定位器,这一装置对初学者来说是很方便的。触发观察能显示触发信号,当使用外部触发源时,这一功能是非常便利的。

初学者的注意事项

对初学者来说,有时候可能会在示波器上什么波形也得不到。这时,首先打开示波器电源,将触发设置为自动模式,直流耦合,通道1。设置扫描速度为1 ms/刻度,CAL,放大器处于关闭状态（即1倍）。将垂直扫描输入接地,增大强度,反复调整垂直位置控制旋钮直至出现一条水平线（如果连这条线也得不到,就使用波束定位器）。注意,有的示波器（例如,很流行的Tektronix 400系列）除非触发电平调至合适位置,否则在自动模式下根本不会扫描。当调出水平线以后,就可以输入所要观察的信号了。当垂直增益过高、扫描速率过快或过慢、触发设置不对时,要学会迅速分辨并调整。

探针

对一个被测电路而言,示波器的输入电容是非常高的,特别是经屏蔽的连接电缆也包括在内时。对于灵敏电路来说,合成的输入阻抗值（1 MΩ与大约100 pF电容相并联）通常都过低,并通过电压分压器形成负载。更糟糕的是，电容还会干扰某些电路的正常工作，甚至会引起振荡。在这种情况下，示波器作为测量仪器，显然就不符合"测量仪器必须不影响测量结果"的原则了。

一般的解决办法是使用高阻抗探针。常用的 10 倍探针如图 A.3 所示。在直流下，它仅仅相当于一个 10 倍分压器。如果将 C_1 调整至 C_2 和 C_3 并联电容值的 1/9，此电路就会在任何频率下都相当于一个 10 倍分压器，其输入阻抗为 10 MΩ 并联几皮法的电容。在实际应用中，可以通过观察 1 kHz 的方波来调整探针，所有的示波器在 CALIB 模式或探针调整（PROBE ADJ）模式下都可以输出这种清晰方波，此时调整探针上的电容使方波的波形规整，没有过调节量即可。有时可以有一些其他的灵活办法来调整探针，如将探针扭曲，然后用另一根线绑定。这样做有一个缺点，在观察毫伏级信号时使用 10 倍探针会比较困难。在这种情况下，最好使用 1 倍探针，即一个一般的探针（如地线夹子，有凸边的把手等）。一般 10 倍探针是连接示波器的标准探针，1 倍探针只用于某些特殊情况。有些探针的顶部有一个可调开关，可以选择是 10 倍的还是 1 倍的。

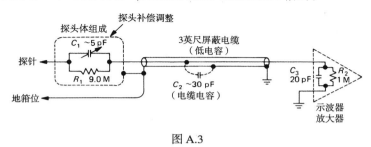

图 A.3

接地

正如绝大部分测量仪器一样，示波器的输入端是与仪表接地端（输入 BNC 连接器的外部连接）相对的，而接地端同时与机壳相接。借助于三相电源线，它可以反过来与交流电源的接地线连接。这就意味着无法测量一个电路中任意两点之间的电压，而只能测量与公共地相对的信号电压。

这里要注意一点：如果试图将示波器探针的地线夹子连到电路中对地有某个电压值的点，就会因为将这一点短路到地而造成被测电路的混乱。并且，这样做对于不带变压器的电子产品电路来说更危险，例如电视机。如果确实需要测两点之间的电压信号，可以抬高示波器"地"线的电位，使示波器悬空（不提倡这种方法，除非确实知道自己要干什么）；或者将一个输入通道反相，然后将开关调至通道相加（ADD）状态（一些插入模块的附加模式可以看做直接的差分测量）。

关于接地的问题，还有一点需要注意：当要测量的是弱信号或高频信号时，一定要保证示波器的地与被测电路的地是相同的。最好的方法就是将探针的地线直接连到电路的接地点上，然后用探针测一下接地点，以检查是否已经接好了。这种方法有一个问题，一般探针的地线夹子可能早就丢了，所以需要把探针等附件放在抽屉内妥善保存。

示波器的其他特性

很多示波器都有一个延时扫描装置，可以观察到某些时候出现在触发点之后的一段波形。可以用多转旋钮与辅助扫描速度开关来精确调整延时。有一种延时模式称为 A INTENSIFIED BY B（由 B 加强 A 模式），可以让我们很清楚地得到初始扫描速度下的整个波形，并且被延迟的那一部分被高亮度显示，这在开始尤为方便。带有延时扫描模式的示波器有时会具有混合扫描功能，即首先以某一速率进行跟踪扫描，然后在设定的延时后跳转至第二扫描速率（通常比第一个扫描速率快）。还可选择在选定延时之后立即开始延时扫描，还是在延时以后的下一个触发点处开始。因为有两套触发控制装置，所以两个触发点可以分别设置（不要把"延时扫描"和"信号延时"混淆了。所有好的示波器在信号通道上都会有一个延时，因此会产生延时触发，这样得到的波形看起来会有一点时间上的延迟）。现在很多示波器都有一个触发截止（TRIGGER HOLDOFF）控制，它能在每次扫描之后的一个可调间隙内禁止触发，这在观察复杂信号时很有用。例如，观察一个由0和1组成的复杂序列数字波形，如果没有这个截止控制，就得不到稳定的波形（除非用一个扫描速率的微调器来调节，这就意味着不能得到校准扫描）。有的示波器还会有一个存储器，用于观察整个非周期的波形，还有的示波器接受插入式模块。这样几乎任何事都可以做了。例如，可以同时显示8路复杂波形、进行频谱分析、在波形上精确地测量（数字）电压和时间等。新一代数字存储模拟示波器正在逐步通用起来，它能让我们观察一个很短的波形，甚至让我们看到触发之前的波形。

附录 B　数学工具回顾

在帮助我们理解本书的过程中，一些代数与三角学的知识是必不可少的。此外，尽管不是完全必需的，但具有一定的处理复数和导数（微积分学的一部分）的能力也是很有帮助的。本附录只是简短概括了一些复数和微分学的基本知识，它并不能替代相应的课本教材。要想进一步学习微积分，推荐使用，由 D.Kleppner 和 N.Ramsey 所著的 *Quick Calculus*（John Wiley & Sons, 1972）。

复数

复数的标准形式如下：

$$N = a + bi$$

其中 a，b 为实数，i（在本书的其余部分使用符号 j，以避免与小信号电流的符号混淆）为 -1 的平方根，a 称为实部，b 称为虚部。黑体字或带波浪下划线的字母一般表示复数。

复数可以和实数一样进行加减乘除运算：

$$(a + bi) + (c + di)$$
$$= (a + c) + (b + d)i$$
$$(a + bi) - (c + di) = (a - c) + (b - d)i$$
$$(a + bi)(c + di)$$
$$= (ac - bd) + (bc + ad)i$$
$$\frac{a + bi}{c + di} = \frac{(a + bi)(c - di)}{(c + di)(c - di)}$$
$$= \frac{ac + bd}{c^2 + d^2} + \frac{bc - ad}{c^2 + d^2}i$$

以上公式都是根据一般的算术规则推导的，也就是说把 i 视为一个与虚部相乘的数，在运算中只需要注意其平方等于 -1 即可。在做除法时，将分子分母同乘以分母的共轭复数（即将原复数的虚部变号）。共轭复数一般加上星号来表示。如果

$$N = a + bi$$

则有 $N^* = a - bi$。

复数的模为

$$|\mathbf{N}| = |a + bi| = [(a + bi)(a - bi)]^{\frac{1}{2}}$$
$$即 \qquad = (a^2 + b^2)^{\frac{1}{2}}$$

$$|\mathbf{N}| = (\mathbf{N}\mathbf{N}^*)^{\frac{1}{2}}$$

即乘以其共轭复数然后再开方。两个复数乘积（或商）的模就等于其模的乘积（或商）。

复数的实部有时可写为 $N = Re(N)$，虚部可写为 $N = \mathcal{I}m(N)$。如果复数的形式为 $a + bi$，则实部和虚部就为 a 和 b。如果复数的形式比较复杂，需要进行一些乘除法运算，计算起来可能就会比较麻烦。

复数有时可以在复平面上给出，看起来与一般 xy 平面上的图形类似，只不过其横坐标为复数的实部，纵坐标为虚部，如图 B.1 所示。因此，有时候复数也可以像写 xy 坐标那样表示为：

$$a + bi \leftrightarrow (a, b)$$

复数还可以写成极坐标形式，即"模、幅角"，如图B.2所示。例如，复数 $a + bi$ 可写成极坐标
形式：

$$a + bi = (R, \theta)$$

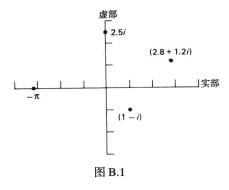

图 B.1

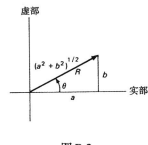

图 B.2

其中

$$R = (a^2 + b^2)^{1/2} \text{ 和 } \theta = \tan^{-1}(b/a)$$

若采用下式，通常也可用另一种方式来表示复数：

$$e^{ix} = \cos x + i \sin x$$

（通过用泰勒级数展开 e 的幂函数，很容易推导出上式，即欧拉方程。）这样，可以得到以下几个
等式：

$$\mathbf{N} = a + bi = Re^{i\theta}$$
$$R = |\mathbf{N}| = (\mathbf{NN^*})^{\frac{1}{2}} = (a^2 + b^2)^{\frac{1}{2}}$$
$$\theta = \tan^{-1}(b/a)$$

其中模 R 和幅角 θ 就是图中复平面里所示的极坐标。复数的这种极坐标表示在做复数乘法或除法时
是非常方便的。只需要将它们的模相乘或相除，然后将幅角相加或相减即可：

$$(ae^{ib})(ce^{id}) = ace^{i(b+d)}$$

最后，将极坐标形式转化为直角坐标形式，只需要通过欧拉方程即可：

$$ae^{ib} = a \cos b + ia \sin b$$

即

$$\mathcal{R}e(ae^{ib}) = a \cos b$$
$$\mathcal{I}m(ae^{ib}) = a \sin b$$

如果将一个复数乘以一个复指数，只需要做必要的乘法，其结果如下：

$$\mathbf{N} = a + bi$$
$$\mathbf{N}e^{ix} = (a + bi)(\cos x + i \sin x)$$
$$= (a \cos x - b \sin x)$$
$$\quad + i(b \cos x + a \sin x)$$

微分（微积分）

首先从函数 $f(x)$ 讲起，设 y 值由函数 $y = f(x)$ 给出。其中函数 $f(x)$ 必须为单值函数，即每一个 x 都只有惟一的 y 值与其对应，曲线 $f(x)$ 如图 B.3 所示。y 关于 x 的导数写为 dy/dx，是图形中 y 对应于 x 点处的斜率。如果取图形曲线上某点的切线，它的斜率就是该点的导数 dy/dx。因为它在每一个点处有不同的值，所以导数本身也是一个函数。在图 B.3 中，点 $(1, 1)$ 处的斜率为 2，而零点处的斜率为 0（读者很快就会明白如何求导数）。

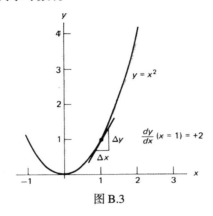

图 B.3

在数学上，导数就是当 x 的小变化量（Δx）趋于 0 时，y 的变化量（Δy）与 x 的变化量（Δx）的比值的极限值。

这里可引入一首曾在哈佛大学流传的诗歌（由 Tom Lehrer 与 Lewis Branscomb 所作）：

取 x 的一个函数，并称之为 y，

取任一所需的小 x，

使其变化一丁点，称之为 Δx，

接着，要求的是相应变化 Δy，

然后，取商 $\Delta y / \Delta x$，

现在小心翼翼地使 Δx 趋近于 0，并取商的极限，

极限值就是 dy/dx。

微分学是比较简单的，许多常用函数的导数在标准表格里都已列出。下面列举了一些导数公式（其中 u 和 v 都是 x 的函数）：

一些常用导数

$$\frac{d}{dx}x^n = nx^{n-1}$$

$$\frac{d}{dx}\sin x = \cos x$$

$$\frac{d}{dx}e^x = e^x$$

$$\frac{d}{dx}au(x) = a\frac{d}{dx}u(x) \quad (a = 常数)$$

$$\frac{d}{dx}(u + v) = \frac{du}{dx} + \frac{dv}{dx}$$

$$\frac{d}{dx}\left(\frac{u}{v}\right) = \frac{v\frac{du}{dx} - u\frac{dv}{dx}}{v^2}$$

$$\frac{d}{dx}\left\{u[v(x)]\right\} = \frac{du}{dv}\frac{dv}{dx}$$

最后一个公式是很有用的，称为微分链规则。

　　一旦对函数求了微分，通常都希望得到其在某一点上的导数值。如果想找出某一函数的最大值或最小值，可以设置导数为 0 的点，即为极值点，然后求出相应的 x。以下列举了一些例子：

$$\frac{d}{dx}x^2 = 2x \quad \left(\text{图 B.3:} \begin{array}{l} x=1 \text{ 时斜率为 } 2 \\ x=0 \text{ 时斜率为 } 0 \end{array}\right)$$

$$\frac{d}{dx}xe^x = xe^x + e^x \quad \text{（乘积规则）}$$

$$\frac{d}{dx}\sin(ax) = a\cos(ax) \quad \text{（微分链规则）}$$

$$\frac{d}{dx}a^x = \frac{d}{dx}(e^{x\log a}) = a^x\log a \quad \text{（微分链规则）}$$

$$\frac{d}{dx}\left(\frac{1}{x^{\frac{1}{2}}}\right) = -\frac{1}{2}x^{-\frac{3}{2}}$$

附录 C　5% 精密电阻的色标

精度在2% ~ 20%之间的低功率碳合成轴心线镀膜电阻有一套标准的阻值与用来标识其阻值的标准色带标志。尽管对于初学者来说这可能看起来过于复杂，但是这些色标在实际应用中却很有用。不需要电路说明书，通过它就可以直接看出实际电路中的电阻值为多少。选择标准电阻时都需要考虑其误差容限。当电阻阻值允许误差10%时，应选择误差容限为2%和5%的电阻；当允许误差20%时，则应选误差容限为10%和20%的电阻。因此，有很多阻值可以用色标来描述，但是实际中又是无法得到的。

色圈电阻值由两位数和一个乘数位来表示，这几个数值是按顺序用不同颜色的色标从电阻一端开始标识出来的，如图 C.1 所示。第 4 条色标标识的是误差容限带，第 5 条用于其他参数（例如黄色或橙色色带用来表示 MIL 定义的可靠性大小）。

数字	颜色	倍数	零的数目
	银色	0.01	–2
	金色	0.1	–1
0	黑色	1	0
1	褐色	10	1
2	红色	100	2
3	橙色	1k	3
4	黄色	10k	4
5	绿色	100k	5
6	蓝色	1 M	6
7	紫色	10 M	7
8	灰色		
9	白色		

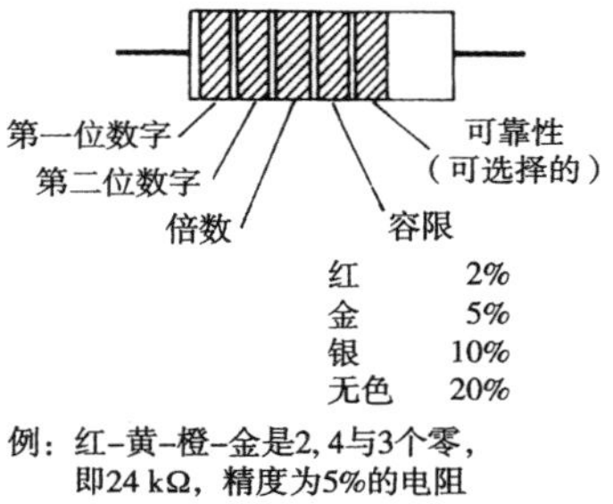
第一位数字
第二位数字
倍数
容限
可靠性
（可选择的）
红　2%
金　5%
银　10%
无色　20%
例：红–黄–橙–金是2, 4与3个零，
即24 kΩ，精度为5%的电阻

图 C.1

下表所列的是前两位数的标准值（表中细体字只表示 2% 和 5% 的电阻）：

10	16	**27**	43	**68**
11	**18**	30	**47**	75
12	20	**33**	51	**82**
13	**22**	36	**56**	91
15	24	**39**	62	**100**

碳合成电阻的价格从每个 3 美分（1000 个一批）到 15 美分（25 个一批）不等。批发商一般不愿意零售 25 ~ 50 个以下的同一阻值的电阻，因此购买分类盒（Stackpole 或 Ohmite 制造）是一种合理的选择。

附录 D 1% 精密电阻

大量用于工业中的误差容限为 0.5% 和 1% 的金属镀膜精密电阻具有很吸引人的低价格。特别是 RN55D 和 RN60D 电阻，通常能以每个 5 美分的价格买到（一批 100 个），而且如果大批购买一系列不同阻值的电阻，厂商也许还会愿意打折扣。RN55D 电阻的体积和普通 1/4 W 碳膜电阻的体积相同（虽然它们用在军用方面的额定值为 1/10 W 或 1/8 W，70℃ 的环境温度），RN60D 和普通 1/2 W 电阻的大小相同。RN55D 的温度系数为 100 ppm/℃，同样尺寸的 RN55C 为 50 ppm/℃。

金属镀膜电阻用其本身上面所标的四位数码来标识，而不是用普通的色带标识标准。前三位数表示一个数值，最后一位表示乘数中零的个数。例如，1693 表示阻值为 169 kΩ，而 1000 则表示 100 Ω 的电阻（注意，前面提到的色带也是一样的道理，但是只有三位是表示数字的。很多电容的值也是用同样的数字标准来标识的）。如果电阻值太小以至于用这种方法描述不出来，就在其中加入 R 来表示小数点。例如，49R9 就是 49.9 Ω 的电阻，10R0 表示 10.0 Ω。

标准阻值范围从 10.0 Ω ~ 301 kΩ，大约有 2% 的误差。当然，有的公司提供类似的（非军用）电阻，其阻值范围从 4.99 Ω ~ 2.00 MΩ。下表给出了一些标准阻值。

100	140	196	274	383	536	750
102	143	200	280	392	549	768
105	147	205	287	402	562	787
107	150	210	294	412	576	806
110	154	215	301	422	590	825
113	158	221	309	432	604	845
115	162	226	316	442	619	866
118	165	232	324	453	634	887
121	169	237	332	464	649	909
124	174	243	340	475	665	931
127	178	249	348	487	681	953
130	182	255	357	499	698	976
133	187	261	365	511	715	
137	191	267	374	523	732	

1% 精密电阻通常用于稳定性和精度要求较高的电路，一个小的微调电阻可以串联在电路中，以设置精确的阻值。但是要注意，1% 精密电阻只在规定的一系列条件下才能确保其阻值的变化在 1% 内。精度对环境参数的要求是很高的，温度的变化、过高的湿度以及全额定功率工作都会导致其精度超过 1%。特别是当电阻工作在满负荷时，阻值随时间的漂移能达到 0.5%。对精度和稳定性有严格要求的电路（等于或高于 0.1%）必须使用精密绕线电阻或其他专用金属电阻（例如 Mepco 5023Z）。这一建议对碳膜合成电阻也同样适用。如果有必要，还必须重视制造商的规定特性说明。

表 D.1

特性	碳合成 (RCR-07)	金属膜		
		标准 (RN-55D)	精度 (Mepco 5023Z)	小型 (Mepco 5063J)
负载寿命 1000 hrs @85°C	10%	0.5%	0.01%	0.15%
湿度 Mil std 202	15%	0.5%	0.04%	1%
温度范围 −65°C ～ +150°C	4%	0.25%	0.005%	0.25%
低温运行 −65°C	3%	0.25%	0.01%	0.25%
短期过载	2.5%	0.25%	0.01%	0.25%
焊接 @ 350°C	3%	0.25%	0.01%	0.25%
冲击 50 G, 11 ms	2%	0.25%	0.01%	0.25%
振动 10 ～ 2000 Hz	2%	0.25%	0.01%	0.25%
存储 1年	–	–	0.003%	–
可用容限	5%, 10%	0.1%~1%	0.025%~1%	1%, 5%
可用温度系数 ppm/°C	5000	25~100	5~25	100
电压系数	–	5 ppm/V	0.1 ppm/V	–
热电阻势	–	–	2 μV/°C	–
绝缘电阻	–	–	10 000 MΩ	1000 MΩ

附录 E 怎样画电路原理图

一个画得好的电路原理图能使我们容易懂得电路工作原理，并且有助于故障的排除；而一个画得不好的原理图则只会增加让人疑惑。只要牢记一些作图规则和建议，就可以画出一张好的原理图，并且费时不多。在本附录中将注意事项分为三类：一般原则、作图规则以及技巧提示。同时还给出了一些错误范例以示区别，要尽量避免。

一般原则

1. 原理图必须是明确的。因此，管脚数、元件值和极性等，都应该很清楚地标示出来，以避免混淆。
2. 好的原理图应该能将电路的功能明确清楚地表述出来。因此，在图中应明确划分功能区，不要怕在图纸上留空白，更不要试图将整个图纸填得满满的。画功能子单元有好几种常规方法。例如，不要像图 E.1 所示的那样画差分放大器，因为其功能单元不易分辨出来。同样，通常都把触发器的时钟和输入端画在左边，将图的上部和下部都留出来，把输出端画在右边。

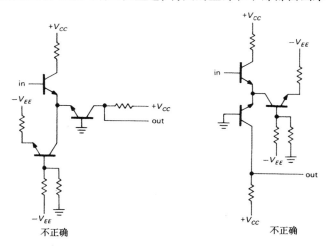

图 E.1

作图规则

1. 导线的连接用一个粗黑点表示，导线交叉但不连接，就没有黑点（不要用一个小半圆形来表示，这早都过时不用了）。
2. 四根导线不能连于同一点，即导线不能交叉并连接。
3. 用同样的符号表示同样的器件。例如，不要用两种不同的方法来画触发器（例外的情况是，表示电平逻辑符号用两种方式显示于每个门）。
4. 导线和元件要水平或垂直排列，除非另有特定的理由。
5. 管脚数要标在符号的外面，信号名称要标在其里面。
6. 所有元件都必须标上数值和类型，最好也能给它们编号，如 R_7 或 IC_3。

技巧提示

1. 标称值必须紧邻元件符号，每一个元件的符号、标号、类型和数值必须形成一个清楚的区域。

2. 一般情况下信号都是从左向右传递的。当然，如果这样会影响整个图的清晰度，也不要过于被这一规则所限制。

3. 将正的供电电压放在图纸顶部，负的置于底部。因此，NPN 晶体管的发射极画在下面，而 PNP 晶体管的则画在上面。

4. 不要试图将所有线都画在电源端附近或在公共地端附近，只在需要的地方标上接地符号或其他如 $+V_{CC}$ 这样的符号即可。

5. 将信号、功能单元及波形标示出来是很有用的，在逻辑图里将信号线标注出来也非常重要，例如 RESET 或 CLK 信号。

6. 连接元件时将导线画得离元件远一点是很有帮助的。图 E.2 就是一个画晶体管的例子。

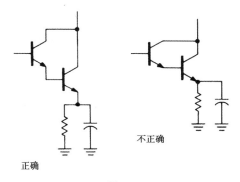

图 E.2

7. 在电路符号周围留一定的空间，比如，画导线或元件时不要太靠近运算放大器的符号。这样能使电路图显得整洁，并且留的空间还便于标上标号和管脚等。

8. 给那些不是很清楚的框图标上标号，如比较器或运放，移位寄存器或记数器等。不要害怕使用新标号。

9. 用小矩形、椭圆形或圆形来表示直插式连接、接线插脚等。要注意一致性。

10. 通过开关的信号路径必须很清晰。不要让读者跟着导线满图纸找信号是如何切换的。

11. 运算放大器和逻辑器件一般都被假设已经接上电源了。尽管如此，如果是一些比较特殊的连接（如一个运放是由单电源驱动的，其 V_- 接地）及不用的输入端，还是应该特别标出。

12. 将图中的 IC 芯片数、类型和供电连接（例如，接 V_{CC} 和接地的管脚数）都列在一张表里也是非常有用的。

13. 在图纸的底部留出地方来写标题，包括电路名称、仪器名称、作图者、设计者、校对者、日期和部件号。还要留出修正区、列出修正数、日期和主题。

14. 提倡在粗糙图纸上（不能复制的蓝色图纸，每英寸 4 到 8 条线）随手画出原理图。因为这样作图比较迅速，并且效果也很不错。使用黑色铅笔或墨水，避免使用圆珠笔。

我们画了一个粗略的例子，如图 E.3 所示，以此来对比展示针对同一电路的糟糕的原理图和优秀的原理图。其中，前者几乎违反了所有规则，很难看懂。看看我们能找出其中有多少错误。所有这些错误都可能在非常专业的原理图中见过。

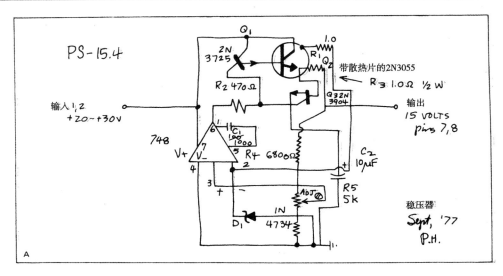

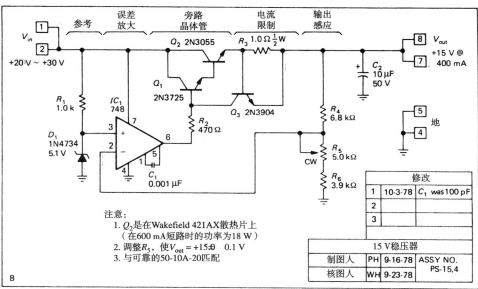

图 E.3

附录 F 负 载 线

绘制负载线的方法一般都会出现在电子类教科书的前几章中。之所以在前面一直没有讨论它，是因为在晶体管设计中它没有什么用处，在真空管电路设计中也是一样。尽管如此，在解决一些非线性器件（例如隧道二极管）的问题时，负载线还是很有用的，并且无论如何，它都是一个很有用的概念工具。

让我们从一个例子开始。设想希望知道一个二极管两端的电压，如图 F.1 所示。假设知道了二极管的伏安特性（V-I）曲线（当然，它可能会有一些工业生产上的偏差，会随着环境温度而变化），相应所需做的就会非常简单。问题是如何计算出静态工作点。

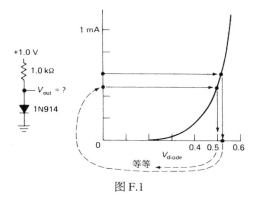

图 F.1

一种方法是大致猜测一下电流值，假设为 0.6 mA，然后利用该曲线得到电阻上的压降，由这个压降又可以得出一个新的电流值（在这个例子中是 0.48 mA）。这种迭代的方法如图 F.1 所示。在几次迭代之后，就可以得出答案，但是会有一定的误差。

用负载线方法也可以立即解决这一类问题。设想以任何一个器件代替二极管连入电路，当然，1.0 kΩ 的电阻仍然是其负载。现在，在 V-I 图中做出电阻电流与器件电压的关系曲线。这是很容易做出的，在零电压点电流为 V_+/R（满电压加于电阻上），在电压为 V_+ 处电流为零，将这两点用直线连接即可。然后，在同一图中画上二极管的 V-I 曲线。两条曲线的交点即为静态工作点，如图 F.2 所示。

负载线也可以用于三端器件（例如电子管或晶体管），此时只需画出该器件的一系列曲线即可。图 F.3 显示了负载线应用于一个耗尽型场效应管的情形，其中给出了场效应管在一系列栅源电压下的特性曲线。可以根据给定的输入沿着负载线找出最接近输入值的点，然后延伸到电压轴，很快便能读出输出是多少。在本例中已经做了这一工作，可以直接看出当栅源电压（输入）在 0 ~ –2 V 之间变化时漏源电压（输出）为多少。

虽然这种负载线的方法非常好，但在晶体管和场效应管的设计中仍然用处不大，它是由以下几个原因造成的。第一，给出的半导体器件的曲线都只是典型值，出厂偏差往往大到 5 倍左右。试想一下如果所有曲线都收缩了 4 倍，这个负载线方法还有什么用！另一个原因是，对于一个固有的对数器件，例如二极管，一条线性负载线图形只在很小的范围内是准确的。最后，在整本书里使用的非作图方法对于解决固态器件设计来说已经足够使用了。特别是，这些方法着重使用的是一些很确定的参数（r_e，I_C关于V_{BE}和T等），而不像负载线法那样都根据的是一些易变的数据（h_{FE}，V_P等）。负载线法只会给我们一个错误的安全感，因为厂家只给出了特性曲线的典型值，而不包括出厂偏差。

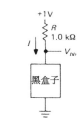

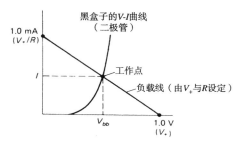

图 F.2

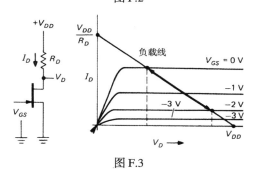

图 F.3

当然，对于理解非线性器件的电路特性，负载线是非常有用的。隧道二极管的例子阐明了一些很有意思的问题。让我们来分析图 F.4 中的电路。注意，在这个例子中 V_{in} 代替了前一例子中的电源电压。因此，一个信号的波动将会产生一系列相互平行的负载线（见图 F.5A），与器件的 V-I 曲线相交。图中所示的值是对于 100 Ω 的负载电阻来说的。可以看到，当输入信号的波动引起负载线经过隧道二极管曲线的负阻抗部分时，输出将会变化得很快。通过读出不同 V_{in}（负载线）对应的 V_{out} 值（延伸到 x 轴），就可以得到二极管的传输特性。该电路当输入电压在 0.2 V 附近时会有一定的电压增益。

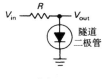

图 F.4

当负载线变得比二极管曲线的中部还平时,就会出现一个有趣的现象。这种情况发生在负载电阻值超出二极管负阻抗的模的时候。这样就有可能出现两个交点,如图 F.6 所示。一个逐步增加的输入信号将会使负载线上升直至交叉点越过一个更高的 V_{out} 值。再将信号减小,负载线的交点又会跳回。如图所示,整个传输特性图会有迟滞现象。隧道二极管因这一特性被用做快速开关器件(触发器)。

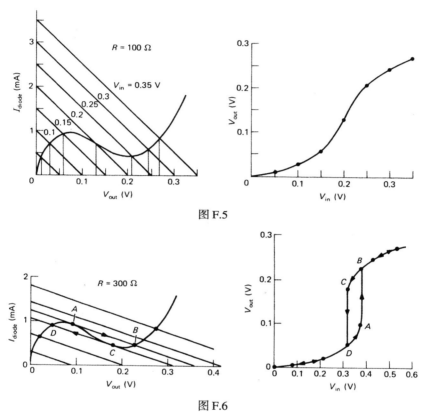

图 F.5

图 F.6

附录 G　晶体管的饱和

通过一个简单的模型可以看到双极型晶体管饱和电压这一定义的由来。首先,双极型晶体管的集电结可以看成是一个大的二极管,具有很高的 I_S,因此当电流给定时,其导通电压比发射结电压低。这样,当集 – 射极的电压很小时(一般为 0.25 V 或更低),基极电流就会被集电结二极管分走一部分(见图 G.1),从而降低 h_{FE} 的有效值,在这种情况下就必须提供相对大的基极电流来使集电极电流接近发射极电流,如图 G.2 中所测量的数据所示。

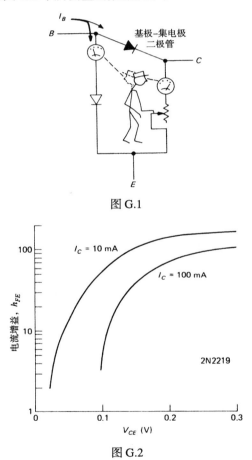

图 G.1

图 G.2

当基极电流和集电极电流为某一特定值时,集电极饱和电压 V_{CE}(sat)受温度的影响不大,这是因为两个二极管的温度系数相互抵消了(见图 G.3)。这一特性是相当好的,因为一个饱和晶体管常用于切换大电流,这将导致晶体管变热(例如,当饱和电压为 0.5 V 时,10 A 电流的功率就为 5 W,足以使一个小功率晶体管的结温升至 100℃ 以上)。

在饱和开关应用中,要提供充分的基极电流(一般为集电极电流的 1/10 或 1/20),使 V_{CE}(sat)的值在 0.05 ~ 0.2 V 之间。如果负载有时要求更高的集电极电流,晶体管就会退出饱和状态,其功耗将急剧增加。图 G.4 中的测量数据表明，晶体管何时处于饱和状态是很难精确定义的，可以依据一个粗略的标准来判断，如 $I_C = 10I_B$。

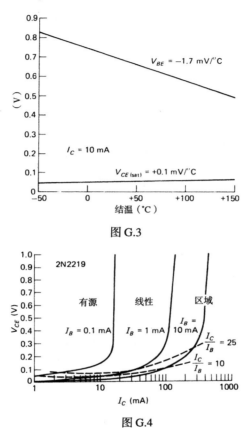

图 G.3

图 G.4

附录 H *LC* 巴特沃兹滤波器

正如第4章中所讨论的,有源滤波器用于低频段非常便利,但在射频段则有点不实用。这是因为它们要求运算放大器有较高的转换速率与工作带宽。在 100 kHz 以上(通常在较低的频率段)的工作频率范围内,最好的解决方法是设计一个只用电感与电容的无源滤波器(当然,在 UHF 或微波频率段,这些由集总参数元件组成的滤波器已被微波带状线与谐振腔滤波器所替代)。

已有多种探讨有源滤波器的方法以及可能具有 *LC* 滤波特性的有源滤波器。例如,可以设计经典的巴特沃兹,切比雪夫与贝塞尔滤波器,每一种都具有低通、带通、高通与带阻这几类。结果证明巴特沃兹滤波器尤其容易设计。此处只能用较短的篇幅来提交有关巴特沃兹低通、高通滤波器设计的所有基本信息,甚至还可以给出几个示例。当然,在给读者推荐的参考书目中所列的由 Zverev 编写的优秀手册中,可得到所需的更详细信息。

表H.1给出了不同阶数的低通滤波器的电感与电容的归一化值。根据此表,实际的电路元件值可由如下频率与阻抗换算式来确定:

低通换算式:

$$L_n(\text{实际}) = \frac{R_L L_n(\text{表中的值})}{\omega}$$

$$C_n(\text{实际}) = \frac{C_n(\text{表中的值})}{\omega R_L}$$

式中 R_L 是负载阻抗,ω 是角频率($\omega = 2\pi f$)。

通常有两种最常见的情形:(a)源阻抗与负载阻抗相等;(b)源阻抗与负载阻抗二者之一较大。表 H.1 给出了对应这两种情形的 2 极点至 8 极点低通滤波器的归一化值。

表 H.1 巴特沃兹低通滤波器[a]($R_L = 1\ \Omega$)

π T	R_s $1/R_s$	C_1 L_1	L_2 C_2	C_3 L_3	L_4 C_4	C_5 L_5	L_6 C_6	C_7 L_7	L_8 C_8
$n = 2$	1	1.4142	1.4142						
	∞	1.4142	0.7071						
$n = 3$	1	1.0	2.0	1.0					
	∞	1.5	1.3333	0.5					
$n = 4$	1	0.7654	1.8478	1.8478	0.7654				
	∞	1.5307	1.5772	1.0824	0.3827				
$n = 5$	1	0.6180	1.6180	2.0	1.6180	0.6180			
	∞	1.5451	1.6944	1.3820	0.8944	0.3090			
$n = 6$	1	0.5176	1.4142	1.9319	1.9319	1.4142	0.5176		
	∞	1.5529	1.7593	1.5529	1.2016	0.7579	0.2588		
$n = 7$	1	0.4450	1.2470	1.8019	2.0	1.8019	1.2470	0.4450	
	∞	1.5576	1.7988	1.6588	1.3972	1.0550	0.6560	0.2225	
$n = 8$	1	0.3902	1.1111	1.6629	1.9616	1.9616	1.6629	1.1111	0.3902
	∞	1.5607	1.8246	1.7287	1.5283	1.2588	0.9371	0.5776	0.1951

a 基于 1 Ω 负载电阻与 1 弧度 / 秒的截止频率(−3 dB)的 L_n,C_n 值,参见文中关于换算的准则。

为了使用该表,首先要根据巴特沃兹响应图(在5.15节与5.2.2节中已描述)来确定所需极点数。然后,利用上述方程式来确定滤波器结构(T 或 π 型,参见图 H.1)与对应的电路元件值。对于（a）情形，T 型或 π 型电路结构均可；π 型结构更常用，因为它需要较少的电感。对于（b）情形，采用 *T*(π)电路结构。

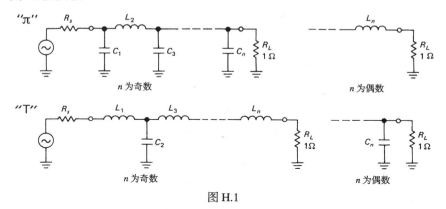

图 H.1

为了设计高通滤波器，需遵循已总结的步骤，以确定用哪一种滤波器结构以及需要多少个极点。接着，做一个通用的低通至高通的变换，如图 H.2 所示；它只简单地包含了由电容替代电感或电感替代电容的过程。实际的元件值由表 H.1 中的归一化值，再根据如下的频率与阻抗换算式来确定：

高通换算式：

$$L_n(\text{实际}) = \frac{R_L}{\omega C_n(\text{表中的值})}$$

$$C_n(\text{实际}) = \frac{1}{R_L \omega L_n(\text{表中的值})}$$

以下将用几个例子来阐述如何使用该表设计低通和高通滤波器。

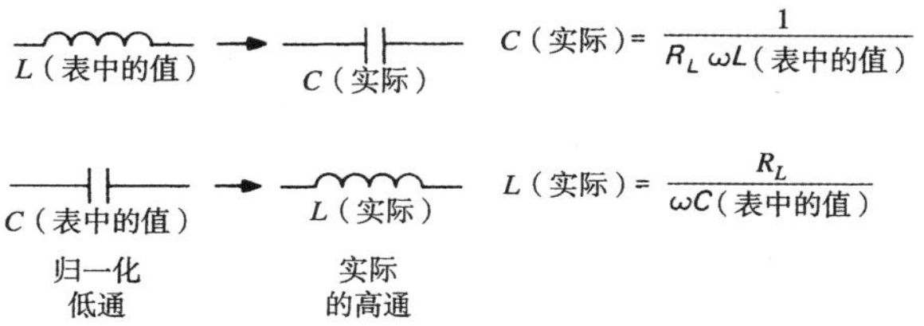

图 H.2

例Ⅰ　对于源阻抗与负载阻抗为 75 Ω 的情形，设计一个 5 极点的低通滤波器，其截止频率（–3 dB）为 1 MHz。

选用 π 型电路结构来减少所需的电感数目。根据换算式，得到：

$$C_1 = C_5 = \frac{0.618}{2\pi \times 10^6 \times 75} = 1310 \text{ pF}$$

$$L_2 = L_4 = \frac{75 \times 1.618}{2\pi \times 10^6} = 19.3 \text{ μH}$$

$$C_3 = \frac{2}{2\pi \times 10^6 \times 75} = 4240 \text{ pF}$$

这种设计好的完整滤波器如图 H.3 所示，注意，具有相等源阻抗与负载阻抗的所有滤波器都将是对称的。

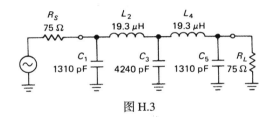

图 H.3

例 II 对于源阻抗为 $50\ \Omega$，负载阻抗为 $10\ \text{k}\Omega$ 的情形，设计一个 3 极点的低通滤波器，截止频率为 $100\ \text{kHz}$。

因为 $R_S \ll R_L$，故使用 T 型电路结构。对于 $R_L = 10\ \text{k}\Omega$，根据换算式得到：

$$L_1 = \frac{10^4 \times 1.5}{2\pi \times 10^5} = 23.9\ \text{mH}$$

$$C_2 = \frac{1.3333}{2\pi \times 10^5 \times 10^4} = 212\ \text{pF}$$

$$L_3 = \frac{10^4 \times 0.5}{2\pi \times 10^5} = 7.96\ \text{mH}$$

这种设计好的完整滤波器如图 H.4 所示。

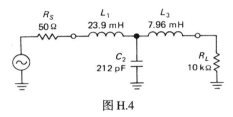

图 H.4

例 III 对于零源阻抗（电压源）与 $75\ \Omega$ 负载阻抗的情形，设计一个 4 极点低通滤波器，截止频率为 $10\ \text{MHz}$。

像在前例中一样，因为 $R_S \ll R_L$，故选用 T 型电路结构。

由换算式可得：

$$L_1 = \frac{75 \times 1.5307}{2\pi \times 10^7} = 1.83\ \mu\text{H}$$

$$C_2 = \frac{1.5772}{2\pi \times 10^7 \times 75} = 335\ \text{pF}$$

$$L_3 = \frac{75 \times 1.0824}{2\pi \times 10^7} = 1.29\ \mu\text{H}$$

$$C_4 = \frac{0.3827}{2\pi \times 10^7 \times 75} = 81.2\ \text{pF}$$

一个完整的滤波器如图 H.5 所示。

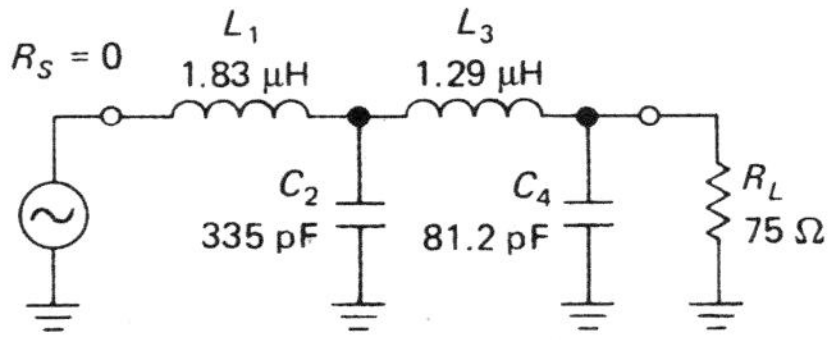

图 H.5

例 IV　对于电流源驱动与负载电阻为 1 kΩ 的情形, 设计一个 2 极点低通滤波器, 截止频率为 10 kHz。选用 π 型电路结构, 因为 $R_S \gg R_L$。

由换算式可得:

$$C_1 = \frac{1.4142}{2\pi \times 10^4 \times 10^3} = 0.0225 \ \mu\text{F}$$

$$L_2 = \frac{10^3 \times 0.7071}{2\pi \times 10^4} = 11.3 \ \text{mH}$$

一个完整的滤波器如图 H.6 所示。

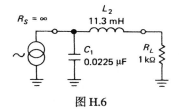

图 H.6

例 V　对于源阻抗与负载阻抗均为 52 Ω 的情形, 设计一个 3 极点高通滤波器, 截止频率为 6 MHz。先选用 T 型电路结构, 然后将电感转换成电容, 或反之进行, 从而得到:

$$C_1 = C_3 = \frac{1}{52 \times 2\pi \times 6 \times 10^6 \times 1.0} = 510 \ \text{pF}$$

$$L_2 = \frac{52}{2\pi \times 6 \times 10^6 \times 2.0} = 0.690 \ \mu\text{H}$$

一个完整的滤波器如图 H.7 所示。

最后要强调的是, 无源滤波器的设计工作是非常复杂多变的。这里所涉及到的巴特沃兹滤波器表格只是非常肤浅的一点内容。

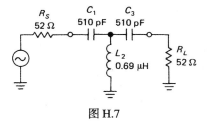

图 H.7

附录 I　电子期刊和杂志

　　本附录精选了一些很有价值的期刊杂志。它们中的绝大部分都提供了非常丰富的最新芯片、仪器、计算机等的广告、特性说明及优点。这些广告包含了大量新产品的信息，与一般报纸杂志的恼人广告不一样。杂志的最后一般都有一张读者信息卡，在上面选出相应感兴趣的广告，更多相关信息就会在几周内邮寄给读者。这一服务系统的运行一直是相当可靠的。

电子期刊

EDN; Electronic Design; Electronics; Electronic Products。如果想要跟上最新的器件和设计思想，至少要订阅这几种杂志中的一种。其中的广告和文章一样是非常重要的。

EE Times; Electronic News。关于电子工业的报纸。

Electronics and Wireless World。对业余爱好者和专家同样适用的电子杂志，英国出版，非常流行。

Ham Radio。适用于无线电业余爱好者的技术杂志。

Journal of Solid State Circuits (IEEE)。电路设计及最新 IC。

QST。来自官方 ARRL 的无线电爱好者杂志。

Spectrum (IEEE)。通用的电子期刊，IEEE 出版。广泛搜集了覆盖领域很广的优秀技术文章。

计算机杂志期刊

Byte。最早的发行量巨大的个人电脑杂志，是关于计算机应用的优秀指南。

Computer Design。大型计算机系统数字硬件和软件技术的权威杂志。

Computers in Physics。其内容在期刊名字上已经说明了。

Dr. Dobbs Journal。程序员的杂志，着重于软件系统和设计。

MacWorld; MacUser。面向终端用户的硬件和软件的评估，产品评价。

PC Magazine。对 PC 用户非常有用的杂志。

PC Tech Journal。PC 计算业的半技术性杂志。

PC Week; Infoworld; Macintosh Today。具有最新消息的交易周报。

其他杂志期刊

Measurement and Control News。包括生物医学和化学仪器。

Nuclear Instruments and Methods; Review of Scientific Instruments。科学仪器设备。

附录 J   IC 前缀

我们通常会遇到这样的问题,当需要更换一块集成电路时,在某块芯片外壳上读到了关于它的一些型号数据。例如,在芯片上是这样标的:

DM8095N

7410 NS

芯片为 16 针的双列直插式封装。那么,它到底是一块什么功能的芯片呢?7410 听起来多么熟悉,因此,我们按照名称订购了几片。一周以后却发现寄来的芯片是 14 针的双列直插式封装!其实,我们早都应当知道这一事实。在这个后悔莫及的时刻,我们才意识到一周前要的是什么,但现在得到的只是一块封装了几个备用与非门的芯片。

在这种情况下,我们所需要的是一个关于 IC 前缀的主目录清单,从中可以快速辨明生产厂商。在本附录中,我们尽量将这些混乱的产品信息有序地陈列出来。当然,我们不敢说这一清单是完全准确和完善的,因为 IC 产品每天都在不断地增加和更新。上面所列的那块神秘芯片是 National Semiconductor 公司 8095 六片三态 TTL 缓冲器,顺便提一句,它是在 1974 年的第 10 周生产的。

前缀

各种各样的半导体制造商都会在集成电路的标号前使用不同的前缀,即使是同种芯片,由不同厂家生产,其前缀也会不同。例如,在前面的例子中,DM 表示这是由 National Semiconductor 公司生产的数字单片集成电路(NS logo 表示的也是同一种意义)。以下是现在所流行的绝大部分 IC 前缀的清单:

前缀	制造商
ACF, AY, GIC, GP, SPR	General Instrument (GI)
AD, CAV, HAS, HDM	Analog Devices
ADC, DM, DS, LF LFT, LH, LM, NH	National Semiconductor (NSC)
AH	Optical Electronics Inc.
Am	Advanced Micro Devices (AMD)
AM	Datel
AN	Panasonic
Bt	Brooktree
BX, CX	Sony
C, I, i	Intel
CA, CD, CDP	GE/RCA
CA, TDC, MPY, THC, TMC	TRW
CM, HV	Supertex
CLC	Comlinear
CMP, DAC, MAT, OP, PM, REF, SSS	Precision Monolithics

CY	Cypress
D, DF, DG, SI	Siliconix
DS	Dallas Semiconductor
EF, ET, MK, SFC, TDF, TS,	Thomson/Mostek
EP, EPM, PL	Altera
F, μA, μL, Unx	Fairchild/NSC
FSS, ZLD	Ferranti
GA	Gazelle
GAL	Lattice
GEL	GE
HA, HI	Harris
HA, HD, HG, HL, HM, HN	Hitachi
HADC, HDAC	Honeywell
HEP, MC, MCC, MCM, MEC, MM, MWM	Motorola
ICH, ICL, ICM, IM	GE/Intersil
IDT	Integrated Device Technology Siemens
IMS	Inmos
INA, ISO, OPA, PWR	Burr-Brown
IR	Sharp
ITT, MIC	ITT
KA	Samsung
L	SGS
L, LD	Siliconix, Siltronics
L, UC	Unitrode
LA, LC	Sanyo
LS	LSI Computer Systems
LT, LTC, LTZ	Linear Technology Corp.
M	Mitsubishi
MA	Analog Systems, Marconi
MAX	Maxim
MB	Fujitsu
MCS	MOS Technology
MIL	Microsystems International
ML, MN, SL, SP, TAB	Plessey
ML, MT	Mitel
MM	Teledyne-Amelco, Monolithic Memories

MN	Micro Networks
MP	Micro Power Systems
MSM	Oki
N, NE, PLS, S, SE, SP	Signetics
*nn*G	Gigabit Logic
NC	Nitron
PA	Apex
PAL	AMD/MMI
R	Rockwell
R, Ray, RC, RM	Raytheon
RD, RF, RM, RT, RU	EG&G Reticon
S	AMI
SFC	ESMF
SG	Silicon General
SN, TL, TLC, TMS	Texas Instruments (TI)
SS	Silicon Systems
T, TA, TC, TD TMM, TMP	Toshiba
OM, PCD, PCF, SAA, SAB, SAF, SCB, SCN, TAA, TBA, TCA, TDA, TEA, U	AEG, Amperex, SGS, Siemens, Signetics, Telefunken
TML	Telmos
TP	Teledyne Philbrick
TPQ, UCN, UCS, UDN, UDS, UHP, ULN, ULS	Sprague
TSC	Teledyne Semiconductor
μPB, μPC, μPD	NEC
V	Amtel
VA, VC	VTC
VT	VLSI Technology Inc. (VTI)
X	Xicor
XC	Xilinx
XR	Exar
Z	Zilog
ZN	Ferranti
5082-*nnnn*	Hewlett-Packard (HP)

后缀

后缀字母是用来表示封装类型和温度范围的。共有3种标准温度范围：军用（−55℃~+125℃）、工业用（−25℃~+85℃）和商用（0℃~+70℃）。商用标准对于一般的室内环境已经足够了。每个厂商还有自己的一套后缀，并且会经常修正。因此在购买之前一定要注意查看正确的后缀，或者咨询一下经销商。

日期码

绝大部分集成电路和晶体管，以及很多其他的电子元件都会用一个简单的4位数码标出生产日期，其中前两位表示年，后两位表示这一年的第几个星期。在前面的例子中，7410表示是1974年3月的第二个星期出厂的。出厂日期有时是很有用的，例如，它可以用来估算元件的确定寿命（例如电解电容）。但是，那些寿命最短的元件（电池）通常都被特意编码了，因此一般无法算出出厂日期。如果购买了一批集成电路，其报废率非常高（绝大部分厂家在每一批芯片中都只会检测一个样品，出厂废品率在0.01%~0.1%之间为正常值。买到这类IC芯片时，它将不会满足所需特性要求），那么更换的时候就要避免又换成了同一日期码的产品。日期码还能帮我们估算商用电子仪器的生产日期。又因为芯片不会变质，即使使用过期芯片也没有什么关系。

附录 K 数据手册

这个附录给出了3份由器件制造商印刷的数据手册。这里选择的器件是典型或常用的，特别是数据手册易于理解且清晰明了的器件。

随后的页面中给出了如下器件的数据手册：

2N4400-4401　通用信号放大晶体管（摘自 *Motorola Semiconductor Library*, Vol.1 1974，由 Motorola Semiconductor Products 公司授权）

LF411-412　通用 JFET 运算放大器序列（摘自 *National Semiconductor Linear Data Book*, Vol.1, 1988，由 National Semiconductor 公司授权）

LM317　通用正输出三端可调稳压器（摘自 *National Semiconductor Linear Data Book*, 1978，由 National Semiconductor 公司授权）

2N4400

2N4401

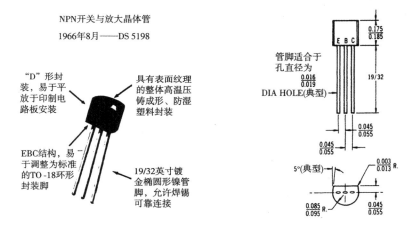

NPN开关与放大晶体管
1966年8月——DS 5198

"D"形封装，易于平放于印制电路板安装

具有表面纹理的整体高温压铸成形、防湿塑料封装

EBC结构，易于调整为标准的TO-18环形封装脚

19/32英寸镀金椭圆形镍管脚，允许焊锡可靠连接

管脚适合于孔直径为 0.016 / 0.019 DIA HOLE(典型)

NPN 环形硅晶体管

用于通用开关与放大电路，以及与 PNP 型晶体管 2N4402 和 2N4403 组成的互补电路中。

● 击穿电压高—— BV_{CEO} = 最小 40 V

● 电流动态范围为 0.1 ~ 500 mA

● 饱和压降小，$V_{CE(sat)}$ = 最大 0.4 V @ I_c = 150 mA

● 完全的开关管和放大器特性

● 整体注射成形的单块封装

最大额定值

名称	符号	额定值	单位
集电极 – 发射极电压	V_{CEO}	40	Vdc
集电极 – 基极电压	V_{CB}	60	Vdc
发射极 – 基极电压	V_{EB}	6	Vdc
集电极电流——持续	I_C	600	mAdc
总器件耗散功率，$T_A = 25°C$	P_D	310	mW
25°C 以上减载		2.81	mW/°C
工作与存储结温范围	T_J, T_{stg}	$-55 \sim 135$	°C

热性能

特性	符号	最大值	单位
结到金属壳的热阻	θ_{JC}	0.137	°C/mW
结到环境的热阻	θ_{JA}	0.357	°C/mW

电特性（除非特别注明，$T_A = 25°C$）

特性名称	图号	符号	最小值	最大值	单位
截止特性					
集电极 – 发射极击穿电压					
（$I_C = 1$ mAdc, $I_B = 0$）		$BV_{CEO}*$	40	—	Vdc
集电极 – 基极击穿电压					
（$I_C = 0.1$ mAdc, $I_E = 0$）		BV_{CBO}	60	—	Vdc
发射极 – 基极击穿电压					
（$I_E = 0.1$ mAdc, $I_C = 0$）		BV_{EBO}	6	—	Vdc
集电极截止电流					
（$V_{CE} = 35$ Vdc, V_{EB}(off) $= 0.4$ Vdc）		I_{CEX}	—	0.1	µAdc
基极截止电流					
（$V_{CE} = 35$ Vdc, V_{EB}(off) $= 0.4$ Vdc）		I_{BL}	—	0.1	µAdc
导通特性					
直流电流增益					
（$I_C = 0.1$ mAdc, $V_{CE} = 1$ Vdc） 2N4401	15	h_{FE}	20	—	—
（$I_C = 1$ mAdc, $V_{CE} = 1$ Vdc） 2N4400			20	—	
2N4401			40	—	
（$I_C = 10$ mAdc, $V_{CE} = 1$ Vdc） 2N4400			40	—	
2N4401			80	—	
（$I_C = 150$ mAdc, $V_{CE} = 1$ Vdc ）* 2N4400			50	150	
2N4401			100	300	
（$I_C = 500$ mAdc, $V_{CE} = 1$ Vdc ）* 2N4400			20	—	
2N4401			40	—	
集电极 – 发射极饱和压降 *					
（$I_C = 150$ mAdc, $I_B = 15$ mAdc）	16,17,18	$V_{CE(sat)}$			Vdc
（$I_C = 500$ mAdc, $I_B = 50$ mAdc）			—	0.4	
				0.75	
基极 – 发射极饱和压降 *	17,18	$V_{BE(sat)}$			Vdc
（$I_C = 150$ mAdc, $I_B = 15$ mAdc）			0.75	0.95	
（$I_C = 500$ mAdc, $I_B = 50$ mAdc）				1.2	
小信号特性					
电流增益 – 带宽乘积		t_T			MHz
（$I_C = 20$ mAdc, $V_{CE} = 10$ Vdc, $f = 100$ MHz） 2N4400			200	—	
2N4401			250	—	
集电极 – 基极电容	3	C_{cb}			pF
（$V_{CB} = 5$ Vdc, $I_E = 0, f = 100$ kHz, 发射极被保护）			—	6.5	
发射极 – 基极电容	3	C_{eb}			pF
（$V_{BE} = 0.5$ Vdc, $I_C = 0, f = 100$ kHz, 集电极被保护）			—	30	

输入电阻 ($I_C = 1$ mAdc, $V_{CE} = 10$ Vdc, $f = 1$ kHz)		12	h_{ie}			Ω
	2N4400			500 Ω	7.5 kΩ	
	2N4401			1.0 kΩ	15 kΩ	
电压反馈比 ($I_C = 1$ mAdc, $V_{CE} = 10$ Vdc, $f = 1$ kHz)		13	h_{ire}			$\times 10^{-4}$
				0.1	8	
小信号电流增益 ($I_C = 1$ mAdc, $V_{CE} = 10$ Vdc, $f = 1$ kHz)		11	h_{ife}			—
	2N4400			20	250	
	2N4401			40	500	
输出电导 ($I_C = 1$ mAdc, $V_{CE} = 10$ Vdc, $f = 1$ kHz)		14	h_{ioe}			$\mu\mho$
				1	30	
开关特性						
延时	$V_{CC} = 30$ Vdc, $V_{EB(off)} = 2$ Vdc	1,5	t_d	—	15	ns
上升时间	$I_C = 150$ mAdc, $I_{B1} = 15$ mAdc	1,5,6	t_r	—	20	ns
存储时间	$V_{CC} = 30$ Vdc, $I_C = 150$ mAdc	2,7	t_s	—	225	ns
下降时间	$I_{B1} = I_{B2} = 15$ mAdc	2,8	t_f	—	30	ns

* 脉宽测试：脉冲宽度 ≤ 300 μs，占空比 ≤ 2%。

开关时间等效测试电路

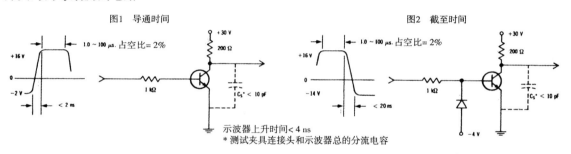

图1　导通时间

图2　截至时间

示波器上升时间 < 4 ns
* 测试夹具连接头和示波器总的分流电容

暂态特性

—— 25°C — — — 100°C

图3 电容

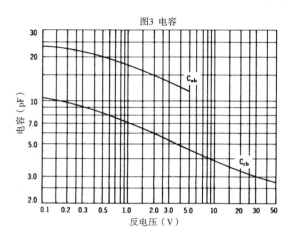

图4 电荷数据

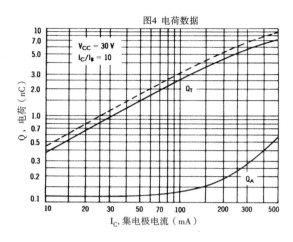

图5 导通时间

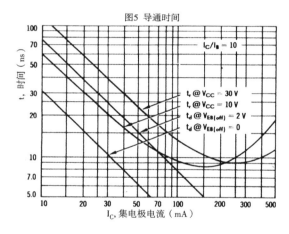

图6 上升与下降时间

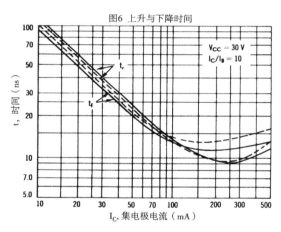

图7 存储时间

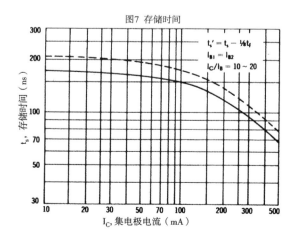

图8 下降时间

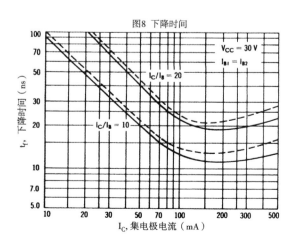

小信号特性
噪声曲线
$$V_{CE} = 10 \text{ Vdc}, \ T_A = 25°C$$

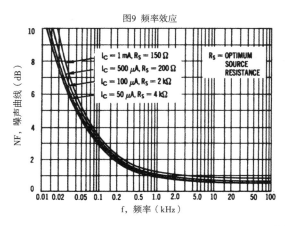

图9　频率效应

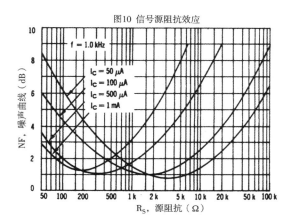

图10　信号源阻抗效应

h 参数
$$V_{CE} = 10 \text{ Vdc}, \ f = 1 \text{ kHz}, \ T_A = 25°C$$

这些曲线阐述了该序列晶体管的h_{fe}和其他"h"参数之间的关系。为了获得这些曲线，从2N4400和2N4401曲线中选择了其中较高增益和较低增益单位的曲线，每幅图的曲线都是如此得到的。

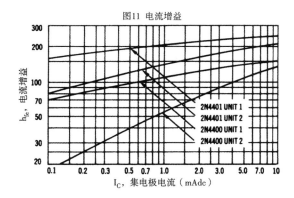

图11　电流增益

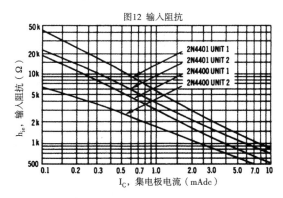

图12　输入阻抗

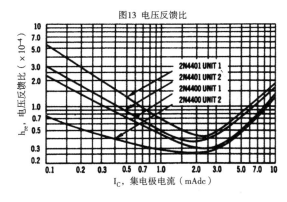

图13　电压反馈比

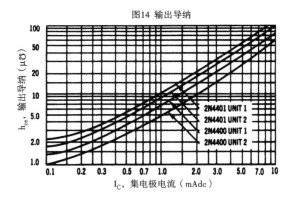

图14　输出导纳

静态特性

图15 直流电流增益

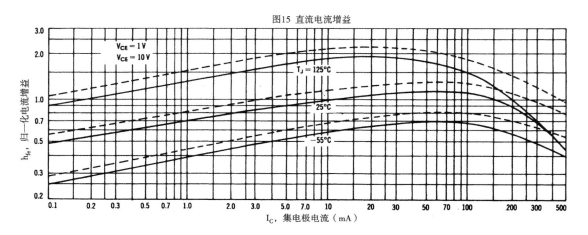

图16 集电极饱和区域

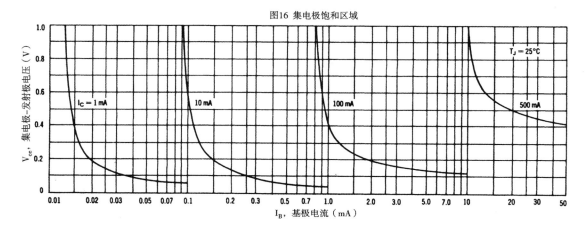

图17 "导通"电压

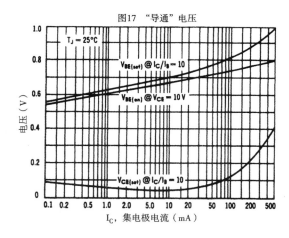

图18 温度系数

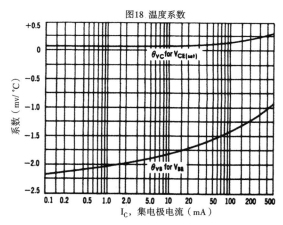

LF411A/LF411 低失调、低漂移结型场效应晶体管输入运算放大器

概述

这些器件是低成本、高速结型场效应晶体管（JFET）输入运算放大器，具有很低的输入失调电压和保证的输入失调电压漂移。它们需要的电源电流低，但仍能保持大的增益带宽乘积和快的转换速率。另外，匹配良好的高压 JFET 输入器件可提供极低的输入偏流和失调电流。LF411 的封装管脚与 LM741 兼容，因而设计者可立即对现有设计总性能进行改进。

这些放大器可用在高速积分器、快速 D/A 转换器、取样和保持电路中，还可以用在需要低输入失调电压和漂移、低输入偏流、高输入阻抗、高转换速率以及宽频带等许多其他电路中。

特点

- 内部微调失调电压　　　　　　　　　　0.5 mV（最大值）
- 输入失调电压漂移　　　　　　　　　　10 μV/℃（最大值）
- 低输出偏流　　　　　　　　　　　　　50 pA
- 低输入噪声电流　　　　　　　0.01 pA/$\sqrt{\text{Hz}}$
- 宽的增益带宽　　　　　　　　　3 MHz（最小值）
- 高的转换速率　　　　　　　　　10 V/μs（最小值）
- 低电源电流　　　　　　　　　　　　　1.8 mA
- 高的输入阻抗　　　　　　　　　　　　$10^{12}\ \Omega$
- 低的总谐波失真 $A_v = 10,$　　　　　　　< 0.02%
  $R_L = 10\ \text{k}\Omega, V_O = 20\ \text{Vp-p, BW} = 20\ \text{Hz} \sim 20\ \text{kHz}$
- 低的 1/f 噪声拐点频率　　　　　　　　50 Hz
- 快的稳定到 0.01% 的时间　　　　　　　2 μs

典型电路连接

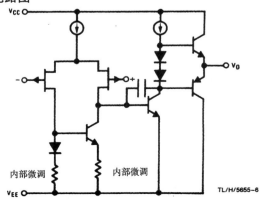

TL/H/5655-1

编号说明

LF411XYZ
X: 电气级别
Y: 温度范围
　"M"：军用
　"C"：民用
Z: 封装类型
　"H" 或 "N"

接线图

金属壳封装

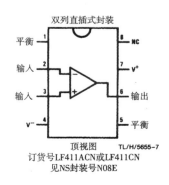

TL/H/5655-5

顶视图
注：管脚4与外壳连接
订货号LF411AMH, LF411MH,
LF411ACH或LF411CH 见NS封装号H08B

简化电路图

内部微调　　内部微调

TL/H/5655-6

双列直插式封装

平衡	1		8	NC
输入	2		7	V⁺
输入	3		6	输出
V⁻	4		5	平衡

顶视图　TL/H/5655-7
订货号LF411ACN或LF411CN
见NS封装号N08E

绝对最大额定值

如果需要符合军用或航空航天规范的器件，请与 National Semiconductor 公司销售或经销商联系供货和索取说明书（注8）。

	LF411A	LF411
电源电压	±22 V	±18 V
差分输入电压	±38 V	±30 V
输入电压范围（注1）	±19 V	±15 V
输出短路时间	连续	连续

	H 封装	N 封装
功耗（注2和注9）	670 mW	670 mW
$T_j$max	150°C	115°C
θ_jA	225°C/W（静止空气）	120°C/W
	160°C/W（400 LF/最小空气流动）	
θ_jC	25°C/W（静止空气）	
工作温度	（注3）	（注3）
存储温度范围	$-65°C \leqslant T_A \leqslant 150°C$	$-65°C \leqslant T_A \leqslant 150°C$
引线温度		
（焊接，10 s）	260°C	260°C
ESD 额定值待定		

直流电特性（注4）

符号	参数	条件		LF411A 最小值	典型值	最大值	LF411 最小值	典型值	最大值	单位
V_{OS}	输入失调电压	$R_S = 10\ k\Omega,\ T_A = 25°C$			0.3	0.5		0.8	2.0	mV
$\Delta V_{OS}/\Delta T$	输入失调电压的平均TC	$R_S = 10\ k\Omega$（注5）			7	10		7	20（注5）	μV/°C
I_{OS}	输入失调电流	$V_S = \pm15\ V$（注4，注6）	$T_j = 25°C$		25	100		25	100	pA
			$T_j = 70°C$		2			2		nA
			$T_j = 125°C$		25			25		nA
I_B	输入偏流	$V_S = \pm15\ V$（注4，注6）	$T_j = 25°C$		50	200		50	200	pA
			$T_j = 70°C$		4			4		nA
			$T_j = 125°C$		50			50		nA
R_{IN}	输入电阻	$T_j = 25°C$			10^{12}			10^{12}		Ω
A_{VOL}	大信号电压增益	$V_S = \pm15\ V$, $V_S = \pm10\ V$,		50	200		25	200		V/mV
		$R_L = 2\ k$, $T_A = 25°C$ 过温		25	200		15	200		V/mV
V_O	输出电压摆幅	$V_S = \pm15\ V$, $R_L = 10\ k\Omega$		±12	±13.5		±12	±13.5		V
V_{CM}	输入共模电压范围			±16	±19.5		±11	±14.5		V
					−16.5			−11.5		V
CMRR	共模抑制比	$R_S \leqslant 10\ k\Omega$		80	100		70	100		dB
PSRR	电源电压抑制比	（注7）		80	100		70	100		dB
I_S	电源电流				1.8	2.8		1.8	3.4	mA

交流电特性（注4）

符号	参数	条件	LF411A 最小值	典型值	最大值	LF411 最小值	典型值	最大值	单位
SR	转换速率	$V_S = \pm15\ V$, $T_A = 25°C$	10	15		8	15		V/μS
GBW	增益带宽乘积	$V_S = \pm15\ V$, $T_A = 25°C$	3	4		2.7	4		MHz
e_n	等效输入噪声电压	$T_A = 25°C$, $R_S = 100\ \Omega$, $f = 1\ kHz$		25			25		nV/$\sqrt{Hz}$
i_n	等效输入噪声电流	$T_A = 25°C$, $f = 1\ kHz$		0.01			0.01		pA/$\sqrt{Hz}$

注 1：除非另有规定，绝对最大负输入电压应等于负电源电压。

注 2：在高温下工作时，这些器件必须根据热阻 $\theta_j A$ 降低额定值。

注 3：这些器件在温度范围 $0°C \leqslant T_A \leqslant 70°C$（民用）和 $-55°C \leqslant T_A \leqslant 125°C$（军用）内均可有效工作。在器件编号的封装类型之前标有温度范围。"C"指民用温度范围，"M"指军用温度范围，但只有在"H"外壳中才有军用温度范围。

注 4：除非另有规定，这些规定对所有温度范围都适用。但对 LF411A $V_S = \pm 20$ V，LF411 $V_S = \pm 15$ V 才适用。是在 $V_{CM} = 0$ 下测量的 V_{OS}，I_B，I_{OS}。

注 5：此规范对 LF411A 进行 100% 测试，而对 LF411 只进行取样测试，至少保证 90% 单元符合此规范。

注 6：输入偏流是结漏，结温 T_j 每升高 10°C，约增大 1 倍。由于有限的产品测试时间，所得输入偏流与结温有关。在正常工作中由于内部功耗 P_D 的原因，结温升高超过环境温度。$T_j = T_A + \theta_{jA} P_D$，式中 θ_{jA} 是从结至环境的热阻。若要输入偏流保持到最小，建议采用散热片。

注 7：按惯例，电源摆幅增加或减小，同时测量电源电压抑制比。对 LF411，电压摆幅从 ± 15 V 至 ± 5 V，而对 LF411A 为 ± 20 V 至 ± 5 V。

注 8：对 LF411AMH 军用规范，参见 RETS411AX，对 LF411MH 军用规范，参见 RETS411X。

注 9：根据封装特性确定最大功耗，部件接近最大功耗工作时，可使部件超过保用极限工作。

典型特性曲线

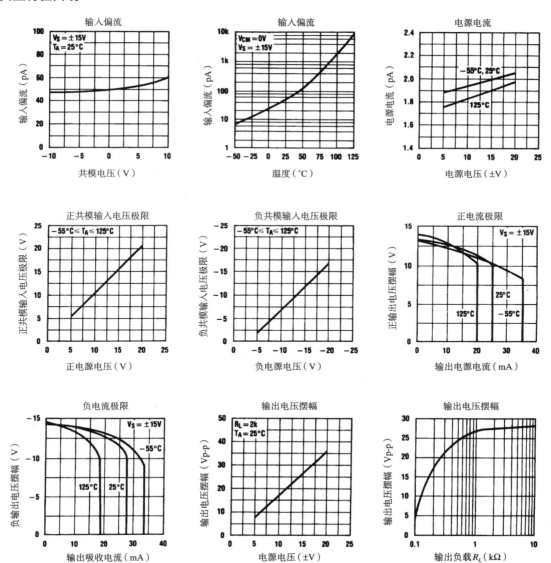

典型特性曲线（续）

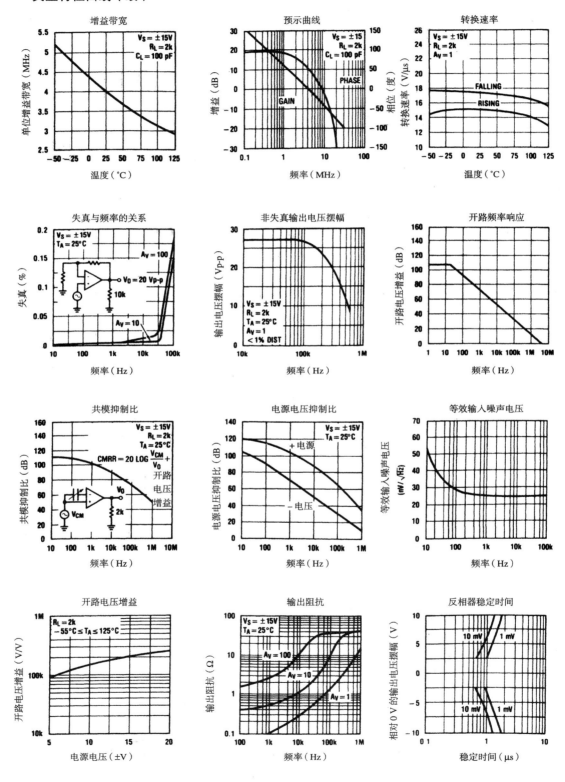

脉冲响应 $R_L = 2$ kΩ, $C_L = 10$ pF

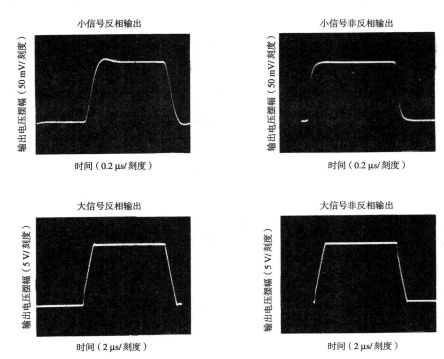

电流极限（$R_L = 100\,\Omega$）

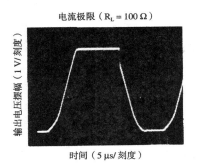

应用提示

LF411 系列内部微调 JFET 输入运算放大器（BI-FETII™ 工艺)提供极低的输入失调电压和保证的输入失调电压漂移。这些 JFET 具有大的栅–源和栅–漏反向击穿电压，输入端上不需要箝位电路。因此，容易获得大的差分输入电压，而输入电流不会有大的增加。最大差分输入电压与电源电压无关。然而，任何一个输入电压都不允许超过负电源，因为这会使大电流流过而由此造成插件的毁坏。

两个输入中的任何一个若超过负共模限制，将迫使输出高态，而可能引起输出倒相。若两个输入都超过负共模限制，将迫使放大器输出到高态。无论哪一种情况都不会发生锁定，因为输入上升回到共模范围内，从而激励输入极，因此也使放大器进入正常工作模式。单个输入超过正共模极限，不会改变输出相位；然而，若两个输入都超过此极限，可能迫使放大器输出到高态。

放大器将以等于正电源电压的共模输入电压工作；然而，在此条件下，增益带宽和转换速率可能下降。当负共模电压摆幅在负电源的 3 V 范围内，输入失调电压可能增加。

　　LF411由齐纳基准基极偏置，允许电路在±4.5 V电源上正常工作。电源电压达不到这些值时，可能会使增益带宽和转换速率下降。

　　LF411在整个温度范围内可将2 kΩ电阻驱动到±10 V。若迫使放大器驱动较大的负载电流，则会在负电压摆幅上增加输入失调电压，而最终在正和负的摆幅上达到有效电流极限。

　　应采取措施，保证集成电路的电源极性决不反向，或者保证不把插件反相插在插座内，否则，集成电路内的正向二极管将通过无限制的电流冲击，这可能使内部导体熔断而由此造成插件的毁坏。

　　因为这些放大器是JFET而不是MOSFET输入运算放大器，它们不需要特殊处理。

　　和大多数放大器一样，应注意引线编排、元件放置和电源去耦，以保证稳定性。例如，从输出到输入的电阻器应靠近输入放置，让从输入至地的电容减至最小，从而使"干扰"减至最少，反馈极点频率增至最大。

　　当放大器周围的反馈是电阻性时，便产生反馈极点。由器件输入（通常为反向输入）至交流地的并联电阻和电容调节该极点频率。在许多情况中，该极点频率远比预计的闭路增益3 dB频率高，因此对稳定界限的影响可忽略不计。然而，若反馈极点低于约6倍的预计3 dB频率，则应在运算放大器输出至输入间设置一个导通电容器。附加电容器的电容值应使此电容器和与它并联的电阻的RC时间常数等于原反馈极点的时间常数。

典型应用

详细电路图

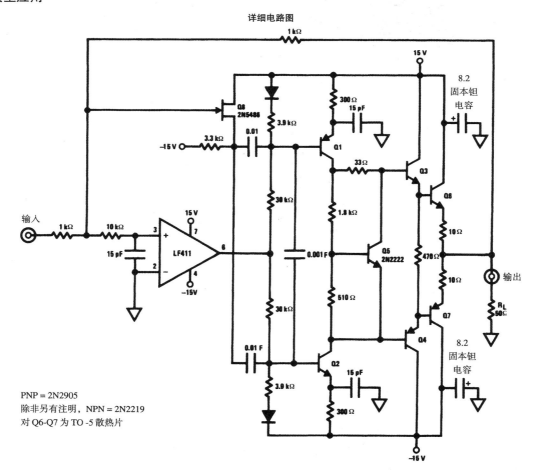

PNP = 2N2905
除非另有注明，NPN = 2N2219
对Q6-Q7为TO -5散热片

典型应用（续）

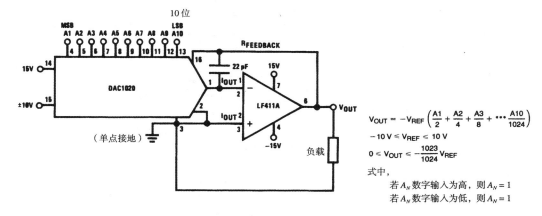

$$V_{OUT} = -V_{REF}\left(\frac{A1}{2} + \frac{A2}{4} + \frac{A3}{8} + \cdots \frac{A10}{1024}\right)$$

$$-10\ V \leq V_{REF} \leq 10\ V$$

$$0 \leq V_{OUT} \leq -\frac{1023}{1024}V_{REF}$$

式中，

若 A_N 数字输入为高，则 $A_N = 1$

若 A_N 数字输入为低，则 $A_N = 1$

带有缓冲输出的单电源模拟开关

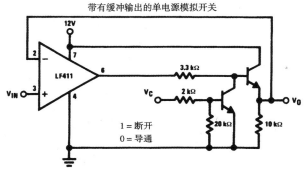

详细电路图

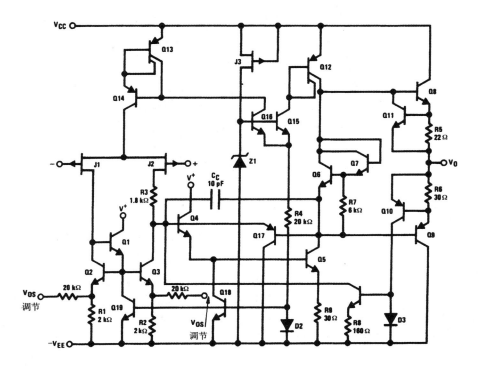

物理尺寸英寸（毫米）

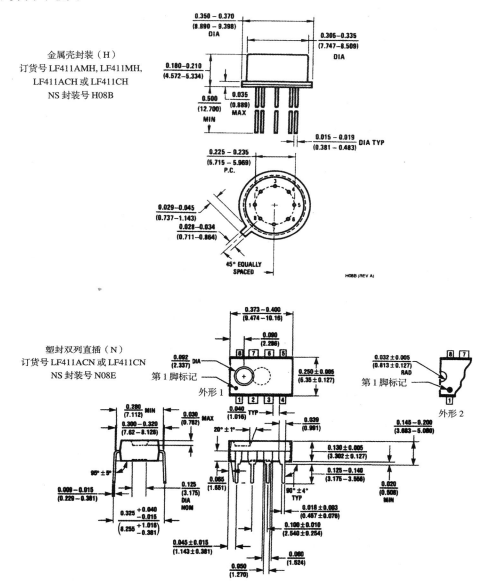

金属壳封装（H）
订货号 LF411AMH, LF411MH,
LF411ACH 或 LF411CH
NS 封装号 H08B

塑封双列直插（N）
订货号 LF411ACN 或 LF411CN
NS 封装号 N08E

第 1 脚标记
外形 1

第 1 脚标记
外形 2

生命维持政策

    在没有 National Semiconductor 公司总裁的正式书面批准的条件下，其产品不允许用做生命维持设备或系统的关键器件。适用范围：

1. 生命维持器件或系统是指如下器件或系统：（a）用于外科植入人体的，或（b）支持或维持生命的，按照标记中正常的指令使用，如果出现失败，预期可能会对用户产生严重的伤害。
2. 关键器件是指生命支持器件或系统的任何器件，这些器件的失败可能会导致生命支持器件或系统失败，或影响其安全性或效率。

LM117/LM217/LM317 3端可调稳压器

概述

LM117/LM217/LM317是3端可调稳压器，可以在1.2~37 V输出范围内提供超过1.5 A的电流。LM117系列特别容易使用，而且只需要两个外接电阻器，以设定输出电压。此外，线路电压和负载调整率都优于标准固定稳压器。LM117封装在易于安装和处理的标准晶体管封装中。

除了比固定稳压器具有更高的性能外，LM117系列还提供了只在集成电路中可提供的全超载保护。在这个芯片上还包括了电流限制、热超载保护和安全区保护。即使调节端没有连接，所有超载保护电路也都完全保留其功能。

特点

- 可调输出低至1.2 V
- 典型的线路电压调整率0.01%/V
- 限流对温度恒定
- 输入端不需要太高的冗余电压
- 80 dB 纹波抑制
- 保证1.5 A 输出电流
- 典型的负载调整率0.1%
- 100% 电老化
- 标准3端晶体管封装

通常不需要接电容器，除非器件位在距离输入滤波电容器超过6英寸处，在这种情况下则需要一个输入旁路。可以增加一只任选的输出电容器，以改进瞬时响应。调节端可以被旁路，以获得很高的波纹抑制比，而用标准3端稳压器难以获得。

除了取代固定稳压器之外，LM117还用于各种其他应用中。因为这种稳压器是"浮置的"，而且仅看到输入对输出的电压差，只要最大输入输出电压差不被超过，即避免使输出端短路，就可以稳定数百伏的电源电压。

同样，也可制作一个特别简便可调的开关稳压器，一个可设定输出的稳压器，或在调节管脚和输出之间连接一个固定电阻器，LM117就可以当做精密电流稳流器使用。把调节端箝位至地，设定输出至1.2 V，此时大多数负载吸取小电流，用这种方法可以实现具有电子关闭功能的电源。

LM117K，LM217K 和 LM317K 封装在标准 TO-3 晶体管封装内，而 LM117H，LM217H 和 LM317H 封装在固态 Kovar 合金基的 TO-5 晶体管封装内。LM117 额定工作温度在 –55°C ~ 150°C，LM217 在 –25°C ~ 150°C，而 LM317 则在 0°C ~ +125°C 之间。LM317T 和 LM317MP 分别以 TO-220 塑料封装和 TO-202 塑料封装形式提供。

对于需要超过 3A 和 5A 的更大输出电流的应用，见 LM150系列和LM138系列数据手册。对于负补偿，见LM137系列数据表。

LM117 系列封装和功率容量

器件	封装	额定功耗	设计负载电流
LM117	TO-3	20 W	1.5 A
LM217	TO-39	2 W	0.5 A
LM317			
LM317T	TO-220	15 W	1.5 A
LM317M	TO-202	7.5 W	0.5 A

典型应用

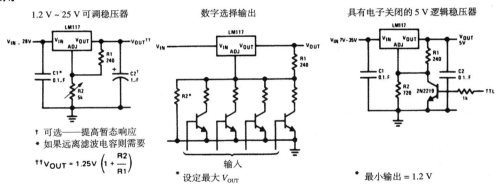

1.2 V ~ 25 V 可调稳压器　　　　数字选择输出　　　　具有电子关闭的 5 V 逻辑稳压器

† 可选——提高暂态响应
* 如果远离滤波电容则需要

†† $V_{OUT} = 1.25V \left(1 + \dfrac{R2}{R1}\right)$

* 设定最大 V_{OUT}

* 最小输出 = 1.2 V

绝对最大额定值

功耗	内部限制
输入输出电压差	40 V
工作温度范围	
LM117	−55℃ ~ +150℃
LM217	−25℃ ~ +150℃
LM317	0℃ ~ +125℃
存储温度	−65℃ ~ +150℃
引线温度（焊接，10 s）	300℃

电特性（注1）

参数	条件	LM117A			LM117			单位
		最小值	典型值	最大值	最小值	典型值	最大值	
线路电压调整率	$T_A = 25℃$, $3V \leqslant V_{IN} - V_{OUT} \leqslant 40$ V（注2）		0.01	0.02		0.01	0.04	%/V
负载调整率	$T_A = 25℃$, 10 mA $\leqslant I_{OUT} \leqslant I_{MAX}$							
	$V_{OUT} \leqslant 5$ V，（注2）		5	15		5	25	mV
	$V_{OUT} > 5$ V，（注2）		0.1	0.3		0.1	0.5	%
调节管脚电流			50	100		50	100	μA
调节管脚电流变化	10 mA $\leqslant I_L \leqslant I_{MAX}$		0.2	5		0.2	5	μA
	2.5 V $\leqslant (V_{IN} - V_{OUT}) \leqslant 40$ V							
参考电压	3 V $\leqslant (V_{IN} - V_{OUT}) \leqslant 40$ V（注3）		1.25	1.30	1.20	1.25	1.30	V
	10 mA $\leqslant I_{OUT} \leqslant I_{MAX}$, $P \leqslant P_{MAX}$	1.20						
线路电压调整率	3 V $\leqslant (V_{IN} - V_{OUT}) \leqslant 40$ V（注2）		0.02	0.05		0.02	0.07	%/V
负载调整率	10 mA $\leqslant I_{OUT} \leqslant I_{MAX}$（注2）							
	$V_{OUT} \leqslant 5$ V		20	50		20	70	mV
	$V_{OUT} > 5$ V		0.3	1		0.3	1.5	%
温度稳定性	$T_{MIN} \leqslant T_j \leqslant T_{MAX}$		1			1		
最小负载电流	$V_{IN} - V_{OUT} = 40$ V		3.5	5		3.5	10	mA
电流限制	$V_{IN} - V_{OUT} \leqslant 15$ V							
	K 和 T 封装	1.5	2.2		1.5	2.2		A
	H 和 P 封装	0.5	0.8		0.5	0.8		A
	$V_{IN} - V_{OUT} = 40$ V							
	K 和 T 封装		0.4			0.4		A
	H 和 P 封装		0.07			0.07		A
RMS 输出噪声，V_{OUT}%	$T_A = 25℃$, 10 Hz $\leqslant f \leqslant 10$ kHz		0.003			0.003		%
纹波抑制比	$V_{OUT} = 10$ V, $f = 120$ Hz		65			65		dB
	$C_{ADJ} = 10$ μF	66	80		66	80		dB
长期稳定性	$T_A = 125℃$		0.3	1		0.3	1	%
结至外壳热阻	H 封装		12	15		12	15	℃/W
	P 封装		2.3	3		2.3	3	℃/W
	K 封装		5			5		℃/W
	T 封装		12			12		℃/W

注1：除非另有规定，这些规范适用范围：对 LM117 为 −55℃ $\leqslant T_j \leqslant$ +150℃，对 LM217 为 −25℃ $\leqslant T_j \leqslant$ +150℃，对 LM317 为 0℃ $\leqslant T_j \leqslant$ +125℃；$(V_{IN} - V_{OUT})$ = 5 V，对 TO-5 封装 I_{OUT} = 0.1 A，对 TO-3 和 TO-220 封装 I_{OUT} = 0.5 A。对 TO-3 和 TO-220 封装，I_{MAX} 是 1.5 A，对 TO-5 封装，I_{MAX} 是 0.5 A。

注2：调整率是在恒定结温下采用低占空因素脉冲测试技术测量的。应该单独考虑由热效应引起的输出电压变化。

注3：所选择的器件具有较小的可容忍参考电压。

典型特性曲线（K 和 T 封装）

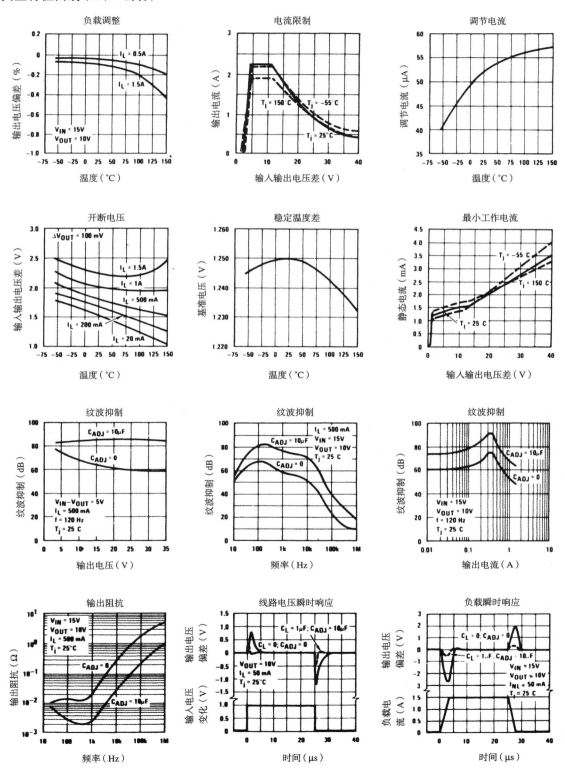

应用提示

在工作中，LM117 在输出和调节端之间形成标称 1.25 基准电压 V_{REF}。这个基准电压加在设定电阻器 R_1 上，而且，由于该电压是恒定的，所以就有恒定电流 I_1 流过输出设定电阻器 R_2，得出一个输出电压：

$$V_{OUT} = V_{REF}\left(1 + \frac{R2}{R1}\right) + I_{ADJ}R2$$

由于从调节端来的 100 μA 电流代表着一个误差项，所以 LM117 设计成使 I_{ADJ} 减小并使之随线路电压和负载的变化非常恒定。为了做到这一点，所有静态工作电流都返回到输出端，使所需负载电流最小。如果输出端没有足够的负载，输出将会升高。

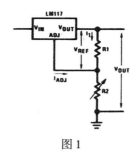

图 1

外接电容器

建议采用输入旁路电容器。在输入端接一个 0.1 μF 圆片电容器或 1 μF 固体钽电容器，输入旁路几乎对所有应用都适合。当采用调节或输出电容器时，该期间对缺少输入旁路更为敏感，但上述电容值将会消除产生这种问题的可能性。

调节端可以被旁路到 LM117 的"地"上，以改进波纹抑制。该旁路电容器在输出电容增加，可以阻止纹波电压被放大。采用一个 10 μF 旁路电容器，在任何输出电平上都可以得到 80 dB 的纹波抑制。容量增至 10 μF 以上并不能显著改进 120 Hz 频率以上的波纹抑制。如果采用旁路电容器，则有时需要含有保护二极管，以防止该电容器通过内部低电流通路放电并损坏器件。

一般来说，要采用的电容器最佳类型为固体钽电容器。固体钽电容器甚至在高频下也具有低的阻抗。根据电容器的结构，在高频下大约 25 μF 的铝电解电容器相当于 1 μF 的固体钽电容器。陶瓷电容器的高频性能也很好，但某些型号在频率 0.5 MHz 左右电容量大为降低。由于这个原因，0.01 μF 圆片电容器作为旁路，似乎可能比 0.1 μF 圆片电容器工作得更好。

虽然 LM117 不用输出电容器是可以稳定工作的。但像任何反馈电路一样，外接电容的某些值可能引起过度的减幅振荡。这种振荡发生在 500 pF 和 5000 pF 电容值之间，输出端上的 1 μF 固体钽（或 25 μF 铝电解）电容器将阻塞这种效应，并保证稳定。

负载调整率

LM117 可以提供极好的负载调整率，但为获得最佳性能需要若干预防措施。连接在调节端和输出端之间的电流设定电阻器（通常为 240 Ω）应直接接到稳压器的输出端（外壳）而不是靠近负载。这将消除线路电压从有效地与基准电压串联的电位上的下降和调整率的降低。例如，在稳压器和负载之间有 0.05 Ω 电阻的 15 V 稳压器，将产生一个由 $0.05\ \Omega \times I_L$ 的线路电压而引起的负载调整率。如果设定电阻器连接靠近负载，则有效线路电阻将是 $0.05\ \Omega(1 + R_2/R_1)$，或者是在这种情况下的负载调整率将差 11.5 倍。

图 2 示出了稳压器和 240 Ω 设定电阻器之间的电阻影响。

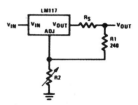

图 2 输出引线具有线路电阻的稳压器

对于 TO-3 封装，用两根分离的引线连接到外壳，容易减少从外壳到设定电阻器的电阻。然而对 TO-5 封装，应留心减少输出引线的长度，R_2 的地可以返回到靠近负载的地，以提高外接地线检测并改进负载调整率。

保护二极管

任何集成电路稳压器采用外接电容器时，往往需要加接保护三极管，以防止电容器通过低电流点放电而进入稳压器。大多数 10 μF 电容器具有足够低的内串联电阻，在短路时足以提供 20 A 的尖峰脉冲。虽然这种冲击电流是短暂的，但有足够的能量损坏集成电路的部件。

当输出电容器连接到稳压器而输入是短接时，输出电容器将放电而进入稳压器的输出端。这个放电电流取决于电容器的电容值、稳压器的输出电压以及 V_{IN} 的降低速率。在 LM117 中，是通过一个大的半导体结放电，它能经受 15 A 冲击电流而不出现问题。这在其他类型的正电压稳压器上是做不到的。对于 25 μF 或电容量更小的输出电容器，不需要采用二极管。

调整端的旁路电容可以通过一个低电流结放电。泄放发生在输入或输出短路的时候。LM117 内部有一个 50 Ω 的电阻限制峰值泄放电流。对于 25 V 或较小的输出电压以及 10 μF 的电容，不需要保护。图 3 示出了 LM117 在输出电压大于 25 V 和输出电容较高时采用保护二极管的电路。

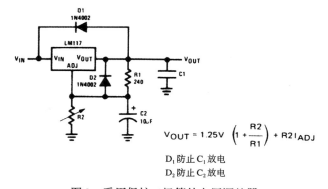

$$V_{OUT} = 1.25V \left(1 + \frac{R2}{R1}\right) + R2 I_{ADJ}$$

D_1 防止 C_1 放电
D_2 防止 C_2 放电

图 3 采用保护二极管的电压调整器

原理图

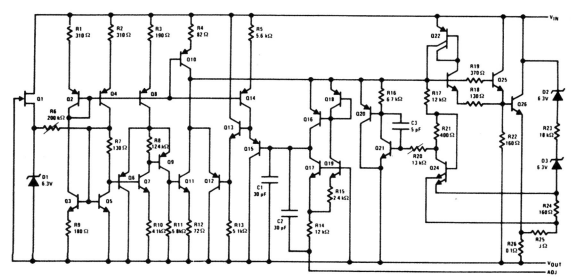

典型应用（续）

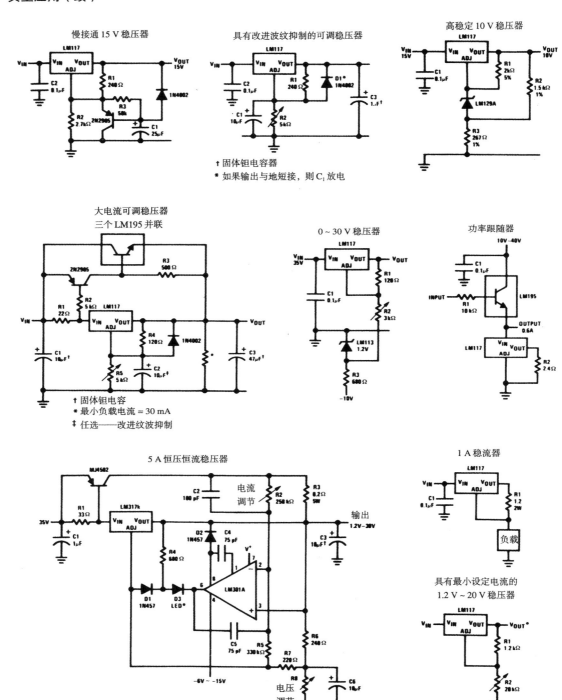

慢接通 15 V 稳压器

具有改进波纹抑制的可调稳压器

高稳定 10 V 稳压器

† 固体钽电容器

* 如果输出与地短接，则 C₁ 放电

大电流可调稳压器
三个 LM195 并联

0 ~ 30 V 稳压器

功率跟随器

† 固体钽电容

* 最小负载电流 = 30 mA

‡ 任选——改进纹波抑制

5 A 恒压恒流稳压器

1 A 稳流器

具有最小设定电流的
1.2 V ~ 20 V 稳压器

† 固体钽电容

* 恒流工作状态的指示灯

* 最小负载电流 ≈ 4 mA

典型应用（续）

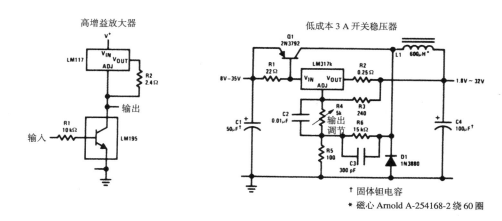

高增益放大器

低成本 3 A 开关稳压器

† 固体钽电容
* 磁心 Arnold A-254168-2 绕 60 圈

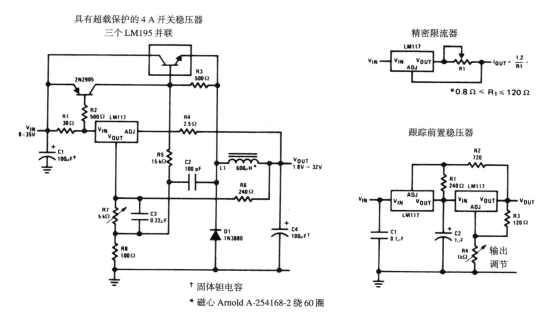

具有超载保护的 4 A 开关稳压器
三个 LM195 并联

精密限流器
$I_{OUT} = \frac{1.2}{R_1}$

*0.8 Ω ≤ R₁ ≤ 120 Ω

跟踪前置稳压器

† 固体钽电容
* 磁心 Arnold A-254168-2 绕 60 圈

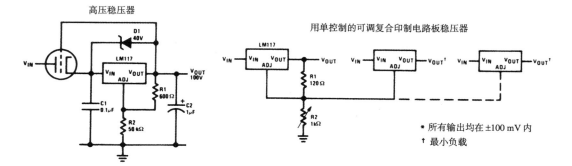

高压稳压器

用单控制的可调复合印制电路板稳压器

* 所有输出均在 ±100 mV 内
† 最小负载

典型应用（续）

交流稳压器

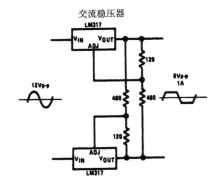

可调 4 A 稳压器

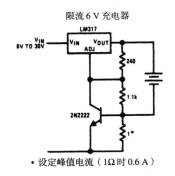

12 V 电池充电器

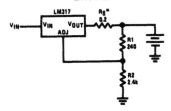

- 设定充电器的输出阻抗：$Z_{OUT} = R_S \left(1 + \dfrac{R2}{R1}\right)$

  采用 R_S 可以对已充电电池慢速充电

50 mA 恒流电池充电器

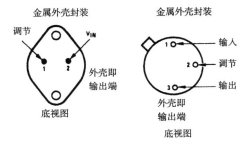

限流 6 V 充电器

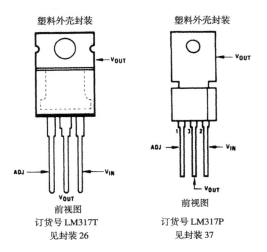

- 设定峰值电流（1Ω时 0.6 A）

接线图

金属外壳封装

调节 V_{IN}

外壳即
输出端

底视图

订货号 LM117K,
LM217K 或 LM317K
见封装 18

金属外壳封装

1 输入
2 调节
3 输出

外壳即
输出端
底视图

订货号 LM117H,
LM217H 或 LM317H
见封装 9

塑料外壳封装

V_{OUT}

ADJ V_{IN}

V_{OUT}

前视图
订货号 LM317T
见封装 26

塑料外壳封装

V_{OUT}

ADJ V_{IN}

V_{OUT}

前视图
订货号 LM317P
见封装 37

参 考 书 目

通用资料

手册

Fink, D. G., and Christiansen, D., eds. 1982. *Electronic engineers' handbook*. New York: McGraw-Hill.
百科全书式的知识汇编。

Fink, D. G., and Beaty, H. W., eds. 1986. *Standard handbook for electrical engineers*. New York: McGraw-Hill.
关于电子工程专题的指导性文集

Giacoletto, L. J., ed. 1977. *Electronics designers' handbook*. New York: McGraw-Hill.
极其优秀的指导性文集与数据资料。

Jordan, E., ed. 1985. *Reference data for engineers: radio, electronics, computer, and communications*. Indianapolis: Howard W. Sams & Co.
通用的工程数据资料。

主要手册目录

EEM: Electronic engineers master catalog. Garden City, NY: Hearst Business Communications, Inc.
一本有数千页的数据手册，并附有对应公司及代理与当地商家的地址。该手册每年都修订更新，非常有用。

IC master. Garden City, NY: Hearst Business Communications, Inc.
一本综合性的精选指南，也是一本具有上千页的数据手册，每年出版，非常有用。

书目

Bracewell, R. N. 1986. *The Fourier transform and its applications*. New York: McGraw-Hill.
本领域内的一本经典书。

Brigham, E. O. 1973. *The fast Fourier transform*. Englewood Cliffs, NJ: Prentice-Hall.
一本可读性较强的书籍。

Higgins, R. J. 1983. *Electronics with digital and analog integrated circuits*. Englewood Cliffs, NJ: Prentice-Hall.
根据该书作者的观点，这是一本与 Horowitz 与 Hill 的"电子学"完全不同的书籍。

Lathi, B. P. 1987. *Signals and systems*. Carmichael, CA: Berkeley-Cambridge Press.
关于网络理论、变换方法与通信理论的专业书籍。

Mead, C., and Conway, L. 1980. *Introduction to VLSI systems*. Reading, MA: Addison-Wesley.
关于器件物理学与电路设计的经典书籍。

Millman, J., and Grabel, A. 1987. *Microelectronics*. New York: McGraw-Hill.
强力推荐的一本综合性参考书籍。

Savant, C. J., Jr., Roden, M. S., and Carpenter, G. L. 1987. *Electronic circuit design*. Menlo Park, CA: Benjamin/Cummings.
一本关于电子电路导论的好书。

Senturia, S. D., and Wedlock, B. D. 1975. *Electronic circuits and applications*. New York: Wiley.
工程导论优秀教材。

Siebert, W. M. 1986. *Circuits, signals, and systems*. Cambridge, MA: MIT Press.
关于网络理论、变换方法与信号处理的书籍。

Smith, R. J. 1984. *Circuits, devices, and systems*. New York: Wiley.
内容广泛的工程导论教材。

Tietze, U., and Schenk, C. 1978. *Advanced electronic circuits*. Berlin: Springer Verlag.
一本极好的综合性参考书。

第 1 章

Holbrook, J. G. 1966. *Laplace transforms for electronic engineers*. New York: Pergamon Press.
适合学习 s 平面。该书已绝版。

Johnson, D. E., Hilburn, J. L., and Johnson, J. R. 1986. *Basic electric circuit analysis*. Englewood Cliffs, NJ: Prentice Hall.
无源电路分析。

Purcell, E. M. 1985. *Electricity and magnetism (Berkeley physics course, vol. 2)*. New York: McGraw-Hill.
优秀的电磁学理论教材，包含相应的电导通与用复数分析交流电路的章节。

第 2 章

Ebers, J. J., and Moll, J. L. 1954. Large-signal behavior of junction transistors. *Proc. I.R.E.* **42**:1761-1772.
该文提出了 Ebers-Moll 方程。

Grove, A. S. 1967. *Physics and technology of semiconductor devices*. New York: Wiley.
双极型晶体管与场效应管的制成与工作原理。

Schilling, D. L., and Belove, C. 1979. *Electronic circuits: discrete and integrated*. New York: McGraw-Hill.
关于晶体管 h 参数分析的传统书籍。

Searle, C. L., Boothroyd, A. R., Angelo, E. J., Jr., Gray, P. E., and Pederson, D. O. 1966. *Elementary circuit properties of transistors (semiconductor electronics education committee, vol. 3)*. New York: Wiley.
晶体管物理学。

Sze, S. M. 1981. *Physics of semiconductor devices*. New York: Wiley.

"Discrete products databook" and "Transistor databook."
两本软封面的晶体管数据手册，不定期出版，书中列有了所有晶体管厂商的产品，尤其是 GE，Motorola, National 与 TI 等公司的产品。该数据手册对于电路设计是非常必要的。

第 3 章

Muller, R. S., and Kamins, T. I. 1986. *Device electronics for integrated circuits*. New York: Wiley.
叙述集成电路内部的晶体管特性。

Richman, P. 1973. *MOS field-effect transistors and integrated circuits*. New York: Van Nostrand Reinhold.
一本值得推荐的好书。

Tsividis, Y. P. 1987. *Operation and modeling of the MOS transistor*. New York: McGraw-Hill.
参见在第 2 章参考书目中列出的 Grove, A. S.,条目。

"FET databook," "Power MOSFET databook."
FET 说明书及其应用注意事项的软封皮集。每几年出版一次，书中内容由所有 FET 制造商提供，尤其是 GE（Intersil，RCA）, Hitachi, IR, Motorola, National, Siemens 和 TI。这些数据及技术说明书对于电路设计是必备的。

第 4 章

Frederiksen, T. M. 1984. *Intuitive IC op-amps*. Santa Clara, CA: National Semiconductor Corp.
在各个层次上对 IC 运算放大器进行了精辟的分析。

Graeme, J. G. 1987. *Applications of operational amplifiers: third generation techniques*. New York: McGraw-Hill.
Burr-Brown 系列之一。

Jung, W. G. 1986. *IC op-amp cookbook*. Indianapolis: Howard W. Sams & Co.
书中包含大量电路以及相关的解释。参见 Jung 所著 *Audio IC op-amp applications*。

Meyer, R. G., ed. 1978. *Integrated circuit operational amplifiers*. New York: IEEE.
有选择地影印了部分内容，有点过时。

Rosenstark, S. 1986. *Feedback amplifier principles*. New York: Macmillan.
分立元件电路的设计原理。

Smith, J. I. 1971. *Modern operational circuit design*. New York: Wiley.
很不错的书籍，现已绝版。

Soclof, S. 1985. *Analog integrated circuits*. Englewood Cliffs, NJ: Prentice-Hall.
线性集成电路设计。

Stout, D. F., and Kaufman, M. 1976. *Handbook of operational amplifier circuit design*. New York: McGraw-Hill.
介绍详细的设计过程。可参阅他们的另一本著作：*Handbook of microcircuit design and application*。

Wait, J. V., Huelsman, L. P., and Korn, G. A. 1989. *Introduction to operational amplifier theory and applications*. New York: McGraw-Hill.

"Linear databook," "Analog databook," and "Op-amp databook."
这三本书收集了关于线性集成电路的技术说明以及应用注意事项。它们几乎是每两年出版一次。书中的内容由所有线性集成电路的制造厂商，尤其是 Analog Devices, Burr-Brown, GE (Intersil, RCA),

Linear Technology, Maxim, Motorola, National, Precision Monolithics 与 TI 这些公司提供，这些数据资料说明对电路设计是尤为重要的。

第5章

Bingham, J. A. C. 1988. *Theory and practice of modem design*. New York: Wiley.
一本较好的工程指导书，包括滤波器与振荡器。

Clarke, K. K., and Hess, D. T. 1971. *Communication circuits: analysis and design*. Reading, MA: Addison-Wesley.
对振荡器进行了非常合理的阐述。

Hilbum, J. L., and Johnson, D. E. 1982. *Manual of active filter design*. New York: McGraw-Hill.

Jung, W. C. 1983. *IC timer handbook*. Indianapolis: Howard W. Sams & Co.
该手册全部是关于 555 的内容。

Lancaster, D. 1979. *Active filter cookbook*. Indianapolis: Howard W. Sams & Co.
具有详细的设计过程，易读懂。

Loy, N. J. 1988. *An engineer's guide to FIR digital filters*. Englewood Cliffs, NJ: Prentice-Hall.
设计过程及其讨论细节。

Parzen, B. 1983. *Design of crystal and other harmonic oscillators*. New York: Wiley.
分立元件振荡器电路

Zverev, A. I. 1967. *Handbook of filter synthesis*. New York: Wiley.
用于无源 *LC* 与晶体滤波器设计的大量表格。

读者也可参阅第 4 章参考书目中所列的 Graeme, J, G..条目。

第6章

Hnatek, E. R. 1981. *Design of solid-state power supplies*. New York: Van Nostrand Reinhold.
开关电源。

Pressman, A. I. 1977. *Switching and linear power supply, power converter design*. Rochelle Park, NJ: Hayden Book Co.
该书已绝版。

"Voltage regulator databook," and "Power databook."
这两本书是关于稳压器、电源部分的技术说明与应用注意事项的专集。不定期地出版。书中内容主要由 Apex, Motorola, National, TI 与 Unitrode 等公司提供，列于第 4 章参考书目中的 "Linear databooks" 也包含了调压器的技术数据说明，对于电路设计非常必要。

第7章

Buckingham, M. J. 1983. *Noise in electronic devices and systems*. New York: Wiley.

Morrison, R. 1986. *Grounding and shielding techniques in instrumentation*. New York: Wiley.

Motchenbacher, C. D., and Fitchen, F. C. 1973. *Low-noise electronic design*. New York: Wiley.
推荐在低噪声放大器设计时采用该书。

Netzer, Y. 1981. The design of low-noise amplifiers. *Proc. IEEE* **69**:728-741.
非常优秀的综述评论

Ott, H. 1988. *Noise reduction techniques in electronic systems*. New York: Wiley.
屏蔽与低噪声设计。

Sheingold, D. H., ed. 1976. *Nonlinear circuits handbook*. Norwood, MA: Analog Devices.
强力推荐。

Van Duzer, T. 1981. *Principles of superconductive devices and circuits*. New York: Elsevier.
传统的超导及应用概述。

Wong, Y. J., and Ott, W. E.1976. *Function circuits: design and applications*. New York: McGraw-Hill.
Nonlinear circuits and op-amp exotica.
非线性电路与一些特殊的运算放大器产品，现已绝版。

"Data acquisition databook" and "Linear databook."
这两本书是与精度设计相关的技术说明与应用注意事项的专集，每几年出版一次，书中内容由许多半导体厂商提供，尤其是由 Analog Devices, Burr-Brown, Linear Technology, Maxim, National, Precision Monolithics 与 Teledyne Semiconductor 公司提供。

第 8 章

Blakeslee, T. R. 1979. *Digital design with standard MSI and LSI*. New York: Wiley.
实用逻辑设计的最新方法，包括两章的内容来讨论"不可回避的问题"。

Hill, F J., and Peterson, G. R. 1981. *Introduction to switching theory and logical design*. New York: Wiley.
经典的逻辑设计教程。

Lancaster, D. 1979. *TTL cookbook*. Indianapolis: Howard W. Sams & Co.
实用电路，值得阅读。

Lancaster, D. 1988. *CMOS cookbook*. Indianapolis: Howard W. Sams & Co. Good reading,
该书值得阅读，并侧重实际的应用，包括了广泛使用的 M^2L（Mickey Mouse logic，即米奇鼠逻辑）技巧。

Wickles, W. E. 1968. *Logic design with integrated circuits*. New York: Wiley.
虽已过时，但仍是一本不错的书。

"TTL databook," "Logic databook," and "CMOS databook."
这三本书是技术说明与相应应用的软封面专集，大约每两年出版一次。书中内容由大多数半导体制造商，尤其是由 AMD/MMI，GE (RCA)，Motorola, National, Signetecs 与 TI 等公司提供，也可参阅 "Programmable logic databooks"（或类似标题的资料），它是由 Altera, AMD/MMI, Cypress, Gazelle, Lattice, National, VTI 与 Xicor 公司提供的，这些数据手册对于电路设计尤为必要。

第 9 章

Best, R. E. 1984. *Phase-locked loops*. New York: McGraw-Hill.
电路中的高级技术。

Davies, A. C. 1969. Digital generation of low-frequency sine waves. *IEEE Trans. Instr. Meas.* **18**:97.
数字正弦波的产生。

Gardner, F. M. 1979. *Phaselock techniques*. New York: Wiley.
一本经典的 PLL 书，重点放在基本原理上。

Hnatek, E. R. 1988. *A user's handbook of D/A and A/D converters*. New York: Wiley.
应用。

Jung, W. G. 1978. *IC converter handbook*. Indianapolis: Howard W. Sams & Co.
采用现代转换器集成电路。

Sheingold, D. H., ed. 1976. *Nonlinear circuits handbook*. Norwood, MA: Analog Devices.

Sheingold, D. H., ed. 1980. *Transducer interfacing handbook*. Norwood, MA: Analog Devices.

Sheingold, D. H., ed. 1986. *Analog-digital conversion handbook*. Englewood Cliffs, NJ: Prentice-Hall.
A/D 变换技术大全，使用的是模拟器件。

Yariv 1976. *Introduction to optical electronics*. New York: Rinehart & Winston.
光电物理学、激光与检测。

"Conversion products databooks," "Data acquisition databook."
这两本书是数据及应用注意事项的软封面专集,定期出版。书中的数据资料内容由一些半导体厂商提供，尤其是这些公司：Analog Devices, Analogic, Brooktree, Burr-Brown, Crystal, Datel, Hybrid Systems, Teledyne Semiconductor 和 Telmos。这些数据资料对电路设计是必备的。

"Interface databook."
数据资料及应用注意事项的软封面专集,隔年出版一次。其内容主要由 Motorola, National, Sprague 与 TI 公司提供。

第 10 章

Eggebrecht, L. C. 1986. *Interfacing to the IBM personal computer*. Indianapolis: Howard W. Sams & Co.
由 PC 系统结构与设计团队的负责人提供。

Osborne, A. 1987. *An introduction to microcomputers. Vol. 1: Basic concepts*. Berkeley, CA: Osborne/McGraw-Hill.

Sargent, M., III, and Shoemaker, R. L. 1986. *The IBM PC from the inside out*. Reading, MA: Addison-Wesley.
计算机编程及硬件的详细指导书。

Sloan, M. E. 1980. *Introduction to minicomputers and microcomputers*. Reading, MA: Addison-Wesley.
侧重计算方法，面向软件。

Sloan, M. E. 1983. *Computer hardware and organization*. Chicago: Science Research Assoc.

Tanenbaum, A. S. 1984. *Structured computer organization*. Englewood Cliffs, NJ: Prentice-Hall.
讲了大型计算机、微型机以及具体到每一位的知识。

读者也可参阅第5章的参考书目中所列 Bingham, J. A. C. 条目，其中提供了关于 8086/8088 芯片的
手册与数据资料（包括 Intel MCS-86 用户手册，iAPX 86, 88 用户手册和 8086 系列用户手册等）。

第 11 章

Cramer, W., and Kane, G. 1986. *68000 microprocessor handbook*. New York: McGraw-Hill.
68000 硬件知识导论。

Eccles, W. J. 1985. *Microcomputer systems — a 16-bit approach*. Reading, MA: Addison-Wesley.
用 68000 讲解硬件与软件知识。

Hancock, L., and Krieger, M. 1982. *The C primer*. New York: McGraw-Hill.
适合初学者的导论。

Hansen, A. 1986. *Proficient C*. Bellevue, WA: Microsoft Press.
IBM PC 上的 Microsoft C。

Harbison, S. P., and Steele, G. L., Jr., 1987. *C: a reference manual*. Englewood Cliffs, NJ: Prentice-Hall.
可读性和针对性很强，包括 ANSI 扩展。

Motorola, Inc. 1986. *M68000 programmer's reference manual*. Englewood Cliffs, NJ: Prentice-Hall.
编写 68000 代码的必备参考书。

Peatman, J. B. 1977. *Microcomputer-based design*. New York: McGraw-Hill.
微处理器应用概论。

Peatman, J. B. 1987. *Design with micro-controllers*. New York: McGraw-Hill.

读者也可以参阅 68000/68008 的手册与数据资料（Motorola M68000 系列参考手册，P/N FR 68K/D）。

第 12 章

Coombs, C. F, Jr., ed. 1988. *Printed circuits handbook*. New York: McGraw-Hill.
汇集了关于 PC 板设计、制造与应用的大量信息。

"Technical manual and catalog." Westlake Village, CA: Bishop Graphics, Inc.
关于 PC 设计的产品目录与资料。频繁修订。

第 13 章

Carson, R. S. 1982. *High-frequency amplifiers*. New York: Wiley.
高频晶体管放大器。

DeMaw, D. 1982. *Practical RF design manual*. Englewood Cliffs, NJ: Prentice Hall.
实用的射频设计。

Edwards, T. C. 1981. *Foundations for microstrip circuit design*. New York: Wiley.

Gonzalez, GH. 1984. *Microwave transistor amplifier analysis and design*. Englewood Cliffs, NJ: Prentice-Hall.
振荡器与放大器的小信号 *s* 参数设计。

Hayward, W. H. 1982. *Introduction to radio frequency design*. Englewood Cliffs, NJ: Prentice-Hall.
关于接收机系统的设计技巧。

Matick, R. E. 1969. *Transmission lines for digital and communication networks*. New York: McGraw-Hill.

Milligan, T. 1985. *Modern antenna design*. New York: McGraw-Hill.
汇集了关于各种天线的知识。

Rohde, U. L. 1983. *Digital PLL frequency synthesizers*. Englewood Cliffs, NJ: Prentice-Hall.
电路理论以及许多详细电路。

Rohde, U. L. and Bucher, T. N. 1988. *Communications receivers*. New York: McGraw-Hill.
汇集了关于接收机、混频器、调制与检测的知识。

Skolnik, M. I., ed. 1979. *Radar handbook*. New York: McGraw-Hill.
汇集了关于雷达的知识。

Unitrode Corp. 1984. *Pin diode designers' handbook and catalog*. Lexington, MA: Unitrode Corporation.
理论，数据手册及应用。

Viterbi, A. J. 1966. *Principles of coherent communication*. New York: McGraw-Hill.
经典著作，调制理论；已绝版。

Weinreb, S. 1980. Low-noise cooled GASFET amplifiers. *IEEE Trans. Microwave Theory and Techniques*.
MIT-28, 10:1041-1054.
低噪声微波放大器理论及实践，由世界级专家撰写。

"The radio amateur's handbook." Newington, CT: American Radio Relay League.
每年出版。这是一本供无线电业余爱好者使用的标准手册。

"RF transistor data book."
该书是相应数据资料以及应用注意事项的专集，不定期出版，其内容由射频晶体管制造厂商提供，尤其包括了 Avantek，GE (RCA),Mini-circuits，Mitsubishi，Motorola，Siliconix 和 TRW 等公司。

第 14 章

Meindl, J. D. 1969. *Micropower circuits*. New York: Wiley. Dated, but good for discrete design.
虽然有些过时，但仍很适应于分立电路设计。

读者还可以参阅 Linear Technology，Maxim 和 National 公司提供的应用注意事项。Duracell, Electrochem, Eveready (Union Carbide), Gates, Kodak, Power Conversion, Power Sonic, Saft, Tadiran和 Yuasa以及其他一些公司可提供内容详细的数据手册和应用注意事项。要得到关于太阳能电池的信息，可联系一些制造商，Arco Solar, Solarex 和 Solavolt。

第 15 章

Ferbal, T., ed. 1987. *Experimental techniques in high energy physics*. Reading, MA: Addison-Wesley.

Meade, M. L. 1983. *Lock-in amplifiers: principles and applications*. London: P. Peregrinus Ltd.
锁定同步放大器是如何工作的以及如何进行设计。

Radeka, V. 1988. Low-noise techniques in detectors. *Ann. Rev. Nucl. and Part. Physics*, **38**:217-277.
放大器设计，信号处理以及电荷测量中的基本限制。

Wobschall, D. 1987. *Circuit design for electronic instrumentation*. New York: McGraw-Hill.
传感器及相关的电子电路。

"Temperature measurement handbook." Stamford, CT: Omega Engineering Corp.
每年修订。热电偶，热敏电阻，高温计（表），电阻温度计。

Hewlett-Packard application notes: AP52-2 ("Timekeeping and frequency calibration"), API50 ("Spectrum analyzer basics"), and AP200 ("Fundamentals of quartz oscillators").
原样得自 Hewlett-Pack 公司（Palo Alto, CA）。

读者还可以参阅 Hewlett-Packard，EG&G Princeton Applied Research，Fluke/Philips 以及 Tektronix 公司每年的产品目录。

中英文术语对照表[1]

ABEL	高级布尔表达语言	adder	加法器
absolute address mode	绝对地址模式	address	地址
absolute temperature sensor	绝对温度传感器	access time calculation	访问时间计算
absolute-value circuit	绝对值电路	bus lines	总线
ac amplifier	交流放大器	comparator	比较器
ac line filters	交流电源线滤波器	contiguous	相邻地址
fuse mandatory	保险丝规格	decoding	译码
hot terminal	热终端	direct	直接寻址
AC logic	交流逻辑	incomplete decoding	不完全译码
ac power source	交流电源	indirect	间接寻址
ac relay	交流继电器	internal registers of chips	芯片的内部寄存器
accelerometer	加速计	multiplexing in DRAMs	动态随机存取存储
accumulator bin	蓄电池		器中的多址技术
acoustical coupler	音频耦合器	registers	寄存器
acousto-optic spectrometer (AOS)	声 – 光谱仪	segment register	段寄存器
clamp	箝位电路装置	address bits ignored	忽略的地址位
rectifier	整流器	address latch enable (ALE)	地址锁存器使能
active filter	有源滤波器	address modes	寻址模式
adaptive equalizer	自适应均衡器	absolute	绝对寻址模式
A/D converter	A/D 转换器	autoincrement	地址自动增量
ADC (A/D converter)	A/D 转换器	direct	直接寻址
aperture interval	孔径间隔	indirect	间接寻址
charge-balancing	充电 – 平衡	indirect with offset	带偏移量间接寻址
CMOS IC design example	CMOS 集成电路	paged	页地址
	设计实例	postincrement	寻址后地址增量
combined with DAC	内嵌 DAC	preincrement	寻址前地址增量
delta-sigma	Δ-Σ	admittance	准许接入
experience with 16-bit	16 位变换	AGC	自动增益控制
flash	闪烁	air cooling	风冷
high resolution	高分辨率	aliasing	混迭
integrating	集成	alkaline battery	碱性电池
microprocessor compatible	微处理器兼容性	ALS logic	ALS 逻辑
parallel encoder	并行编码器	AM homodyne detection	AM 调制检波
in pulse-height analyzer	脉冲–高度分析仪	amperage	电流安培数
subsystem	子系统	amplifier	放大器
switched-capacitor	开关电容器	cascode	共发 – 共基放大器
tracking	跟踪		（共源–共栅放大器）
video	视频	charge	电荷放大器

---

① 选自英文版索引条目。——编者注

CMOS linear	CMOS 线性放大器	single-ended	单端放大器
common-base	共基放大器	summing	求和放大器
common-emitter	共射放大器	switchable gain	可变换增益放大器
differential	差分放大器	thermal stability in	放大器热稳定性
emitter follower	射极跟随器	transconductance	跨导
equalization	均衡放大器	transimpedance	跨阻抗
FET	场效应管放大器	transresistance	跨电阻
GaAsFET	砷化镓场效应管放大器	tuned	调谐放大器
		variable gain	可变增益放大器
GPD	GPD 放大器	voltage	电压放大器
grounded base	基极接地放大器	voltage-controlled	压控放大器
grounded emitter	发射极接地放大器	wideband	宽带放大器
high-frequency	高频放大器	amplitude	幅度
high frequency configurations	高频结构特性	amplitude modulation	幅度调制检波
high voltage	高电压放大器	detection	
input impedance	放大器输入阻抗	analog display wristwatch	模拟显示腕表
instrumentation	仪器仪表放大器	analog modeling tools	模拟建模工具
inverting	反相放大器	analog switch	模拟开关
isolation	隔离放大器	analog-to-digital converter	模－数转换器
laboratory	实验室放大器	analysis state	状态分析
logarithmic	对数放大器	analyzer logic	分析仪逻辑
low distortion	低失真放大器	AND gate	与门
low drift	低漂移放大器	AND-OR-INVERT (AOI) gate	与或非（AOI）门
low-noise	低噪声放大器	anodic stripping voltametry	阳极电压表
magnetic	磁性放大器	antialiasing filter	抗混迭滤波器
micropower	微功率放大器	antistatic	抗静电
modular	模块放大器	APL	应用程序语言
with negative feedback	负反馈放大器	arbitrary phase sinewave	随机相位正弦波
noise	噪声放大器	arithmetic logic unit	算术逻辑单元
noninverting	同相放大器	array initialize	阵列初始化
nonlinear	非线性放大器	LED	LED 指示灯
nulling	调零放大器	ASCII	美国信息交换标准代码
operational	运算放大器		
output impedance	放大器输出阻抗	communication interface	通信接口
parametric	参数放大器	ASICs(application-specific ICs)	专用集成电路
photodiode	光电二极管	assembly language	汇编语言
photomultiplier	光学乘法器	assertion-level logic	逻辑声明
piezo	压电放大器	asynchronous	异步
power	功率放大器	serial communication	串行通信
precision	精密放大器	transmission	传输
programmable-gain	可编程增益放大器	atomic beam	原子束
push-pull	推挽放大器	atomic standards	原子标准
radiofrequency	射频放大器	attenuation	衰减
servo	伺服放大器	attenuator	衰减器
shunt-series pair	并联–串联对放大器	autocorrelation	自相关

autoformer	自耦变压器	BCD	BCD 码
autoincrement addressing mode	自动增量地址模式	beat-frequency oscillator (BFO)	拍频振荡器
autorouting	自动选定	bed of nails	拖尾
autoscale	自动调整	Bell 103	Bell 103 协议
autovector	自动向量	Bell 212A	Bell 212A 协议
interrupt	中断	benchtop cabinet	台面机壳
auto-zero	自动调零	Bessel filter	贝塞尔滤波器
avalanche injection	雪崩注入	CMOS linear amplifier	CMOS线性放大器
back annotation	反向注释	bias	偏置
back diode	反向二极管	bias current	偏置电流
back pressure	反向压力	common emitter amplifier	共发射极放大器
backplane	基架	grounded emitter amplifier	发射极接地放大器
backup battery	后备电池	bifurcated contact	分叉连接
balanced mixer	平衡混频器	Bin (for PC cards)	插槽（PC 卡）
balanced quadrature detector	平衡正交检波器	bin signal averaging	插槽信号平均
balun	平衡–不平衡变换器	binary offset	二进制偏移量
bandgap	带隙	biologically-significant time	有生物学意义的时刻
temperature sensor	温度传感器	biquad filter	双二阶滤波器
bandpass filter	带通滤波器	Blackman's Impedance relation	Blackman 阻抗关系
bare PC board testing	裸机测试	bleeder resistor	漏电阻
barrel shifter	桶形移位	block transfer	阻塞变换
barrier strip terminals	阻带终端	blocking capacitor	级间耦合电容
base-emitter breakdown	基–射极雪崩	blower	风枪
base spreading resistance	基极扩散电阻	Bode plot	波特图
alkaline	碱性电池	bolometer	测辐射热计
charger	充电器	peaking	峰值
charging	充电	boxcar integrator	脉冲信号积分器
dry cell	干电池	breadboard	面包板
energy density	能量密度	breakdown	击穿
heavy-duty	重负荷	base-emitter	基极–发射极
lead-acid	铅酸电池	collector-emitter	集电极–发射极
lithium	锂电池	brick-wall filter	砖–墙式滤波器
low-voltage alarm	低压告警	bridge	桥式
mercury	水银电池	bridged differentiator	桥式微分器
nickel-cadmium (Nicad)	镍镉电池	broadside pinout	横列指向
passivation	钝化	brushless dc fans	无刷直流电机
photovoltaic	光电	bidirectional	双向缓冲器
secondary	次级	unity gain	单位增益
self-discharge	自行放电	buried gate	内置栅极
silver oxide	银氧化物	arbitration	仲裁
split supply with	双电流供电	bidirectional	双向总线
switchover	切换	driver	总线驱动器
two-step charge	两步充电	EISA	EISA 总线
baud rate	波特率	error	误码
frequency generator	频率产生器	GPIB	通用接口总线

HPIB	惠普接口总线	of shielded cable	屏蔽电缆的电容
ISA	ISA 总线	transistor	晶体管
master	主机总线	logic load	逻辑负载电容
Micro Channel	微通道	capacitive	容性
Multibus	多总线	coupling	容性耦合
multiplexed DATA/ADR	数据／地址复用	loading	容性加载
NuBus	NuBus 总线	logic load	容性逻辑负载
PC/XT	PC/XT 总线	capacitor	电容
PS/2 bus	PS/2 总线	blocking	隔直电容
Q-bus	Q 总线	bypass	旁路电容
request	总线请求	compensation	补偿电容
SCSI	SCSI 总线	coupling	耦合电容
termination	终端	dielectric absorption	电介质吸收电容
terminators	终端负载	discharge	放电电容
time-out	超时	feedthrough	馈入电容
Butterworth filter	巴特沃兹滤波器	flying	快速电容
bypass capacitor	旁路电容	in frequency domain	在频域内的电容
byte-wide pinout	字节宽度管脚	leakage compensation	泄漏补偿
cable between instruments	仪器仪表间连接电缆	low leakage	低泄漏
coax	同轴电缆	memory effect	记忆效应
coax driver	同轴驱动器	neutralizing	中和
current-sinking driver	灌电流驱动器	reactance (graph)	电抗（曲线）
differential drive	差分驱动器	timing	定时
ECL driver	ECL 驱动器	transducer	转换器
mass termination	主站终端	variable	变量
ribbon	带状电缆	capacitors (box)	电容（盒）
trapezoidal drive	梯形驱动	card	板卡
twisted pair	双绞电缆	connections between	板间连接
cable diagrams RS-232	电缆规格 RS-232	edge connector	底边连接
CAD (Computer-Aided Design)	计算机辅助设计	prototype	设计原型
calendar clock	日历钟	carrier	载波
capacitance	电容	CAS	纵行地址选通
causes dynamic current	电容引起的动态电流	cascaded RC filter	级联 *RC* 滤波器
		CCD	电压耦合元件
of coaxial cable	同轴电缆电容	center-tapped rectifier	带中心抽头的整流器
of diode junction	二极管结电容	centrifugal blower	离心式风扇
elimination by tuned circuit	通过调谐电路消除电容	Cerenkov detector	Cerenkov 检波器
		Cesium frequency standard	铯原子频率标准
feedback	电容反馈	channel	信道
of FET	FET 结电容	channel plate	电路通道板
interelectrode	极间电容	character buffer	字符缓冲器
inter-winding	线圈绕组电容	character generator	字符发生器
junction	结电容	character-serial interface	字符串行接口
MOSFET gate	MOSFET栅极电容	coupled device (CCD)	耦合器件(电荷耦合器件)
power disslpation	电容的功率耗散		

chassis	底座	column address strobe (CAS)	列地址选通脉冲
Chebyshev filter	切比雪夫滤波器	combinational logic	组合逻辑
checksum	校验和	common-base amplifier	共基放大器
choke	扼流圈	common-emitter amplifier	共发射极放大器
chopper amplifier	斩波放大器	common-mode	共模
saturation	饱和	interference cancellation	共模干扰消除
chopper stabilized op-amp	斩波稳定运算放大器	rejection ratio (CMRR)	共模抑制比
circuitboard	电路板	communication	通信
circuit density	线路密度	power-switched	功率转换
circulator	环形器	commutating auto-zero (CAZ)	自动调零转换
with voltage divider	带分压器的环形电路	with active pullup	带有效上拉电阻
class A amplifier	A 类放大器		的自动调零转换
class A current	A 类电流	differential amplifier as	差分放大器用于
in low-power oscillator	在小功率振荡器		自动调零转换
	中的 A 类电流	input properties	输入特性
feedthrough	馈通	power-switched	功率转换
real-time	实时	single supply	单电源供电
clocked latch	时钟锁存器	dominant-pole	自动调零转换主
closed-loop gain	闭环增益		要极点
CMOS	CMOS 互补型金属	of feedback amplifiers	反馈放大器的自
	氧化物半导体		动调零转换
latchup	锁存	pole-zero	零极点
PLD	可编程逻辑器件	thermocouple	热电偶
power consumption faults	功率耗散过失	compiler	编译器
powered by photovoltaics	由光电信号供电	complement	补码
powered via input	借助输入供电	block diagram	方框图
protection network	保护网络	portable	便携
quiescent current	静态电流	computer-atded engineering(CAE)	计算机辅助工程
relaxation oscillator	阻尼振荡器	condenser	电容器
CMOS logic	互补型金属氧化物	conditional instruction	条件指令
	半导体逻辑	conductance	电导率
families	系列	conductor widths, PC board	导线宽度 PC 板卡
keeping low power	低功率	gas-tight	气密
coax connector	同轴连接器	soldered	焊接
converter	转换器	isolated	绝缘
gray	格雷码	mass termination	主终端设备
machine	编码机制	pin	管脚
pulse	脉冲编码	contact pressure	接头压力
cold boot	冷启动	switch table	转换表
cold switching	冷交换	control-Q handshake	Q 控制握手
collector	集电极	convective cooling	对流冷却
bootstrapping load resistor	自举负载电阻	converter errors	转换器误差
to emitter breakdown voltage	至发射极击穿电压	counter	计数器
color code	彩色条码	cascading	级联计数器
Colpitts oscillator	考毕兹振荡器	with display	带显示的计数器

divide-by-n	模 n 计数器	current-sensing resistor	电流传感电阻
divide-by-2	模 2 计数器	current sink	灌电流
instruction	指令	current source	电流源
jam-load	阻塞加载	bipolarity	双极性电流源
ripple	纹波	in differential amplifier	差分放大器中的
with three-state outputs	带有三态输出		电流源
hybrid	混合	improved with feedback	通过反馈改善的
coupling capacitive	容性耦合		电流源
clock frequency	容性耦合时钟频率	oscillation in	在电流源中的振荡
register	容性耦合寄存器	current-spy resistor	电流检测电阻
crate	栅格	current transients	瞬态电流
cross-assembler, microprocessor	交互组合器微处理器	cutoff frequency	截止频率
cross-coupled input stage	交互耦合输入级	double buffered	双重缓冲
cross regulation	交叉调节	glitches	毛刺
cross-triggering	交叉触发	guidelines for choosing	指针选择
crossover distortion	交越失真	microprocessor compatible	微处理器兼容
crosstalk	串音	output glitches minimized	输出毛刺最小化
crowbar	消弧	scaled current sources	比例电流源
overvoltage	过压	damaged input, causes leakage	损坏的输入引起漏
crystal	晶体		电流
integral	集成	damping resistors	阻尼电阻
tuning fork	音叉	Darlington	达林顿
crystal oscillator	晶体振荡器	saturation voltage	饱和电压
temperature stability in	晶振的温度稳定性	superbeta	超电流放大系数
dynamic	动态	2's complement code	2 的补码
gain	增益	data-acquisition system (DAS)	数据采集系统
hogging	挠度	data logger	数据记录仪
impact ionization	碰撞电离	data sheets	数据手册
mirror	镜像	voltage regulator	稳压器
quiescent	静态	date code	日期码
rail-to-rail	端至端	dc-ac converter	直流－交流转换器
regulator	调节器	dc offset of FET follower	FET 跟随器的直流
relay	中继电路，继电器		补偿
sinking cable driver	灌电流电缆驱动器	dc restoration	直流恢复
spikes	尖峰	debouncing software	反跳软件
static drain	静态损耗	debugging	调试
transfer ratio (CTR)	转移系数	decibels (dB)	分贝
transients	瞬态	decoder	解码器
current limit	限流	decoding	解码
current mirror	电流镜像	memory mapped for I/O	内存映射 I/O
active load	电流镜像的有源负载	decompensated op amp	无补偿运放
current ratios in	电流镜像的电流比	dedicated controller	专用控制器
limitations of	电流镜像极限	equalizer	均衡器
current monitor	电流监视器	fall-through	直通
current regulator	电流调节器	ripple-through	纹波直通

tapped	带抽头的	sequential	连续
delta-sigma ADC	Δ-∑ ADC	thresholds	门限值
demultiplexer	多路输出选择器	unused inputs	无用输入
denormalized number	非规则数	digital-to-analog converter	数／模转换器
desensitivity	灵敏度的倒数	diode	二极管
balanced quadrature	平衡正交	adjustable	可调整的二极管
homodyne	零差	for base bias	二极管用于基极
square-law	平方律		偏压
development microprocessor	开发微处理器	catch	捕获
dibit	二位组，双比特位	compensated zener	带补偿的齐纳二
dielectric absorption	电介质吸收		极管
differential amplifier	差分放大器	current regulator	电流调节器
applications of	差分放大器的应用	damper	衰减器
base bias path	差分放大器基极	drop cancellation	压降对消
	偏置通路	fast recovery	快速恢复二极管
CMRR	差分放大器共模	light-emitting	光发射二极管
	抑制比	low-leakage	低漏电流
current source biasing	差分放大器电流	nonlinear circuits	非线性电路
	源偏置	programmable zener	可编程齐纳管
gain of	差分放大器的增益	tunnel	隧道二极管
long-tailed pair	长拖尾对	varactor	变容二极管
phase splitter	分相器	zener	齐纳管
pseudo	伪码	direct memory access	直接内存访问
as single-ended amplifier	差分放大器作为	directional coupler	定向耦合器
	单端放大器	display	显示，显示器
differential drivers	差分驱动器	multiplexed	多元显示
differential input voltage	差分输入电压	refresh	刷新显示
differentiator	微分器	rollover	转滚法
digital design micropower	数字设计微功耗	screen	显示屏
digital logic	数字逻辑	smart	灵活显示
capacitive loads	电容负载	split screen	分开显示
combinational	组合数字逻辑	walking bit	步长显示
current transients	电流瞬态	disassembly	反汇编
driving cables	驱动电缆	distortion, caused by changing	输入阻抗变化引起
driving external loads with	驱动外部负载	input impedance	的失真
driving inputs of	驱动输入	divide, test for zero	分离，零测试
dynamic current	动态电流	divide-by-n	n 分频
dynamic incompatibility	动态不兼容性	dominant-pole compensation	主极点补偿
ground noise	接地噪声	double-layer capacitor	双层电容
input characteristics	输入特性	double sideband	双边带
input protection	输入保护	double-sided PC board	双边 PC 板
interconnecting	互连	double transition	双转换
latchup	锁定	doubler	加倍装置
multiple transitions	多重转移	flying capacitor	快速电容
output characteristics	输出特性	drain	漏极

address multiplexing	地址多路复用技术	electroless plating	化学镀层
current transients	电流瞬态	electronic engineer's master(EEM)	电子工程控制
noise-induced errors	噪声感应误差	electronic trimpot (EEPOT)	电子可调分压器
precharge time	预充电时间	electrostatic discharge (ESD)	静电放电
refresh cycle	刷新周期	elliptic filter	椭圆形滤波器
support chips	支持芯片	emitter	发射极
undershoot and ringing	负脉冲和振铃	impedance	阻抗
differential	微分	intrinsic resistance	本征电阻
differential current sinking	差分灌电流	emitter-ballasting resistor	射极稳定电阻
serial data	串行数据	emitter follower	射极跟随器
DTE	DTE 数据终端设备	base-emitter breakdown	基极－射极击穿
DTL	DTL 二极管晶体逻辑（电路）	capacitively coupled	电容耦合
		push-pull	推挽式
dual-gate FET	双门 FET	short circuit protection	短路保护
dual-readout connector	双读出连接器	with split supply	带双电源供电的射极跟随器
dual-slope ADC	双斜率 ADC		
dual-tracking voltage regulator	双踪稳压器	as voltage regulator	射极跟随器作为稳压器
duty-cycle	占空比		
dwell time	停留时间	emitter resistor as feedback	发射极反馈电阻
dynamic current	动态电流	thermal stability	热稳定性
registers	寄存器	in-circuit	在电路
dynamic gate current	动态门电流	enable	使能
dynamic impedance	动态阻抗	enclosure	界限
dynamic memory refresh	动态存储器刷新	instrument	工具
dynamic RAM	动态 RAM	modular	模块的
dynamic range	动态范围	priority	优先级
floating-point number	浮点数	endurance	持续时间
Early effect	厄雷效应	unlimited	无限制的持续时间
Ebers-Moll equation	Ebers-Moll 方程	enhancement	增强
cable driver	电缆驱动器	envelope	包络
oscillator	振荡器	emulators for debugging	用于调试的仿真器
ECO (engineering change order)	工程变换顺序	endurance	持续时间
edge-sensitive interrupt	边沿灵敏中断	smart programming algorithms	灵活程序设计算法
edge-triggered latch	边沿触发锁存	equalization amplifier	均衡放大器
editor	编辑器	error budget	误差预算
effective capacitance	有效电容	Ethernet	以太网
addressing modes	寻址模式	evaluation boards	评估板
instruction set	指令集	event software	事件软件
access recovery time	存取访问恢复时间	event counter	事件计数器
initialization	初始值	exception	异常
interface to microprocessor	微处理器接口	interrupt	中断
one's catching input	捕获输入	excluded state	排斥状态
pulsed handshake	脉冲握手	exclusive-OR gate	异或门
timer as one-shot	仅一次的定时器	execution speed software	执行速度软件
electrical leakage	漏电	execution time instruction	执行时间指令

expansion	扩展	self-biasing	自偏压
F connector	F 连接器	subthreshold region	亚门限值区域
F logic	F 逻辑	threshold voltage	门限值电压
failure, pattern sensitive	故障，模式敏感	transconductance	跨导
failure modes	故障模式	variable resistor	可变电阻器
farad	法拉	fiber optics	光纤
fast edges, increase coupling	快速边沿增加耦合度	fiberglass	玻璃纤维
fast Fourier transform (FFT)	快速傅里叶变换	filter	滤波器
fast-recovery rectifier	快恢回复整流二极管	active	有源滤波器
Fastbus	快速总线	all-pass	全通滤波器
effect on input impedance	对输入阻抗的影响	anti-aliasing	抗混迭滤波器
effects on amplifier	对放大器的影响	bandpass	带通滤波器
gain equation	增益方程	Bessel	贝塞尔滤波器
feedback amplifier, noise	反馈放大器噪声	biquad	双二阶滤波器
FET (field-effect transistor)	场效应晶体管	breakpoint	断点滤波器
analog switch	模拟变换	bridged differentiator	桥式微分器
charge injection	电荷注入	ceramic	陶瓷滤波器
CMOS linear switch	CMOS 线性变换	comb	梳状滤波器
current-regulator diode	稳流二极管	commutating	整流滤波器
depletion	耗尽	component tolerance	分量容限滤波器
dual-gate	双门	constant bandwidth	常数带宽滤波器
dynamic gate current	动态门电流	constant-Q	常量 Q
enhancement-mode	增强模式	dc-accurate	直流精确度
follower	跟随器	digital low pass	数字低通滤波器
gate conduction	栅极导通	finite impulse response (FIR)	有限冲击响应滤
gate current	栅极电流		波器
high-impedance amplifier	高阻抗放大器	Gaussian	高斯滤波器
insulated gate	绝缘栅极	high pass	高通滤波器
junction	FET 结	high-Q	高品质因数滤波器
leakage cancellation	漏电流抵消	inductorless	无感应滤波器
linear region	线性区域	infinite impulse response (IIR)	无限冲击响应滤
linearization of resistance	阻抗的线性化		波器
load line	负载线	integrating	积分滤波器
logic switch	逻辑转换	as integrator	滤波器作为积分器
matched	匹配	linear-phase	线性相位滤波器
microphone preamp	麦克风前置放大器	noise bandwidth	噪声带宽滤波器
Miller effect in	内在密勒效应	nonrecursive	无递归滤波器
multiplexer	多路复用器	parameters of	滤波器参数
peak detector	峰值检测器	phase shift in	滤波器相移
pinch-off voltage	夹断电压	phase-sequence	滤波器相序
polarities	极性	piezoelectric	压电滤波器
power switch	电源转换	pi-section	π 形滤波器
replacement for BJT	BJT 的替代	recursive	递归滤波器
sample-and-hold	采样保持	RF (radiofrequency)	射频滤波器
"saturation" region	"饱和"区	sensitivity	灵敏度

state-variable	可变状态滤波器	bootstrapped	自举跟随器
surface acoustic wave (SAW)	声表面波滤波器	dc offset of	跟随器的直流补偿
switched-capacitor	开关电容滤波器	emitter	射极跟随器
time-domain comparison	时域比较	oscillation in	跟随器振荡
trap	陷波电路	free-running oscillator	自由振荡器
tunable	可调滤波器	frequency	频率
filter capacitor	滤波电容	agility	频率捷变
finite impulse response filter(FIR)	有限冲击响应滤波器	angular	角频率
		compensation	频率补偿
firmware	固件	compression	频率压缩
first-in/first-out (FIFO)	先入 / 先出	counter	频率计数器
first-order loop	一阶环	cutoff	截止频率
CMOS equivalent	等价 CMOS	deviation	频率漂移
CMOS higher frequency than	CMOS 高频	domain	频率范围
flag	标志	doubler	倍频器
with interrupt handler	中断控制标志	image	图像
power-on	上电	modulation (FM)	调频
flash ADC	快速模 / 数转换器	multiplexing	多路技术
flash EEPROM	快速 EEPROM	Nyquist	奈奎斯特频率
flat ribbon cable	带状电缆	resonant	谐振频率
flicker	闪烁	response	频率响应
flicker noise	闪烁噪声	shift keying (FSK)	移相键控
flip-flop (FF)	触发器	standards	频率标准
clocked	时钟触发器	synthesizer	频率合成器
D-type	D 触发器	translation	频率转换
edge-triggered	边沿触发	unity-gain	单位增益
JK	JK 触发器	to voltage converter (F/V)	频率电压转换器
master-slave	主从触发器	frequency-shift keying	频移键控
floating gate	悬空门	full duplex modem	全双工通信调制解调器
floating input	悬空输入		
floating-point	浮点	full-wave rectifier	全波整流器
format table	格式表	function code	函数代码
number	浮点数	function generator	函数发生器
processor (FPU)	浮点数处理机	fuzz	杂乱噪声
flow chart	流程图	gain	增益
fluctuation-dissipation theorem	起伏耗散定理	closed-loop	闭环增益
flux-gate magnetometer	磁通门磁力计	current	电流增益
flyback	回扫	of emitter follower	射随器增益
flying capacitor	快速电容器	with feedback	反馈增益
FM, demodulation	FM，解调	open-loop	开环增益
PLL demodulation	锁相环同步解调	power	功率增益
foldback current limiting	递减电流限制	of transconductance amplifier	跨导放大器增益
folded architecture	折叠结构	gain control	增益控制
follower	跟随器	gas-tight connection	封闭连接
active load for	跟随器的有源负载	charge coupling	电荷耦合

discrete	离散	Hall effect	霍尔效应
interchangeability	交替性	interrupt	中断控制器
NAND	与非门	line	线处理机
NOR	或非门	handling precautions, MOSFET	处理报警 MOSFET
NOT	非门	handshake	握手
OR	或门	interlocked	互锁
transmission	发射	modem	调制解调器
wired-AND	线与	timing diagram	时序图
wired-OR	线或	handshake signals	握手信号
XOR	异或	hardware breakpoint	硬件断点
gate charge	门电荷	Hartley oscillator	哈特莱振荡器
Gaussian distribution	高斯分布	Hayes modem	哈特莱调制解调器
Gaussian filter	高斯滤波器	heterodyne	外差
Gaussian noise	高斯噪声	high frequency Miller effect	高频密勒效应
Geiger counter	盖革计数器	high-integration microprocessors	高集成微处理器
general-purpose register	通用寄存器	high-level language	高级语言
generic array logic (GAL)	通用阵列逻辑	high-pass filter	高通滤波器
ghost memory images	内存映象备份	high-speed CMOS	高速 CMOS
glitch	毛刺	piezo driver	压电驱动
in analog switch	在模拟开关中的毛刺	hold time	保持时间
detection	毛刺检测	homodyne detection	零差检测
dynamic	动态毛刺	host adapter	主机适配器
minimized in D/A output	D/A 输出最小化	hot-carrier diode	热载体二极管
static	静态毛刺	Howland current source	Howland 电流源
global positioning system (GPS)	全球定位系统	hybrid	混合结构
GOES satellite	GOES 卫星	coupler	耦合器
GPIB bus	GPIB 总线	quadrature	正交
GPS satellite	全球定位通信卫星	hydrogen maser	氢微波激射器
blunders	故障	hysteresis	磁滞作用
bounce	跳动	date code	数据编码
center-pin	中央管脚	failure rate	故障率
comer-pin	角脚	idle mode	空闲状态模式
frame	帧	image dissector	图像解析器
transient	瞬态	impedance	阻抗
virtual	虚拟地	of emitter follower	射随器阻抗
ground loop noise	接地环路噪声	incremental	增量阻抗
ground-sensing inputs	接地测向输入	internal	内阻
grounded-emitter amplifier	发射极接地放大器	loading effect of	阻抗加载效应
feedback in	反馈	matched	匹配阻抗
grounding	接地	negative	负阻
guard	防护装置	small signal	小信号阻抗
guard electrode	防护电极	incomplete address decoding	不完全地址解码
gyrator	回转器	indicator LED	LED 指示器
half-wave rectifier	半波整流器	indirect address	间接寻址
		inductance in digital logic	数字逻辑感应系数

inductive kick	感应冲击	dedicated line	专用线
inductive load	电感负载	edge-sensitive	边沿敏感
inductor	电感	level-sensitive	电平敏感
active	有源电感	nonmaskable (NMI)	非淹没的
limitations of	对电感的限制	from phone ring detect	话音监测
peaking	尖脉冲	priority	优先级
reactance (graph)	电抗（图标）	request, by timer	时钟请求
reactance of	电感电抗	shared lines	共享线路
variable	可变电感	timekeeping	保持时间
leakage	漏电流	vector	矢量
power through protection diodes	保护二极管功率	intrinsic standoff ratio	本征变位比
protection diodes	保护二极管	inverter	反相器
shut-down	停止	instrument	仪器设备
of emitter follower	射随器电感	memory-mapped	内存映射
in feedback amplifier	反馈放大器电感	jump table	转移表
of grounded emitter amplifier	共射极放大器电感	junction	连接
of inverting amplifier	反相放大器电感	Karnaugh map	卡诺图
of noninverting amplifier	同相放大器电感	Kelvin-Varley divider	Kelvin-Varley 划分
of RF amplifier	射频放大器电感	Kermit	Kermit 文件传输协议
ground-sensing	接地测向输入	Hall effect	霍尔效应
swing rail-to-rail	端到端波动	Kirchhoff's laws	Kirchhoff 定律
inrush current	突入电流	klystron	速调管
execution time	执行时间	kynar insulation	kynar 隔离
instrument	仪器	laboratory power supply	电源
cabinet	仪器外壳	LAN	局域网
instrumentation amplifier	检测仪表放大器	large-scale integration	大规模集成
insulating layer gate	绝缘层门	laser diode	激光二极管
insulating washer	绝缘垫圈	edge-triggered	边沿触发
integrated circuit	集成电路	three-state	三态
integrating filter	积分滤波器	LCD display	液晶显示器
precision	精度	leading edge	脉冲前沿
switched-capacitor	开关电容	leakage	泄漏
character serial	字符序列	learning curve	学习曲线
interfacing between digital logic	数字逻辑接口	least significant bit (LSB)	最低有效位
interference	干扰	LED	发光二极管
interferometer	干涉计	array	阵列
interlocked handshake	互锁与握手	display driver IC	显示驱动芯片
intermittent failure, due to	由于连接器原因导	drive with HC logic	用 HC 逻辑驱动
connector	致的间歇故障	level-sensitive interrupt	电平敏感中断
intermodulation	互调	level shifter	电平开关
interpreter	解译器	level translator	电平转换器
acknowledge	应答	leveling	电平测量
autovector	自动向量	light curve	光变曲线
cycle	周期	limiter	限制器
daisy-chain	菊花环	line handler	线性处理器

line-operated ac fans	直流线性操作	magnetometer	磁力计
linear FET, region of	线性 FET 区域	magnetron	磁电管
linear interpolation	线性插值	magnitude comparator	幅值比较仪
linear-phase filter	线性相位滤波器	majority logic	多数逻辑
load	负载	mantissa	尾数
current mirror	镜像电流源	mark	标注
inductive	感应的	maser	微波激射器
lock-in amplifier	同步放大器	mask	屏蔽
lockup	锁住	masked ROM	掩模 ROM
log on	登陆	medium-scale integration (MSI)	中规模集成电路
logarithmic	对数的	access time	访问时间
analyzer	分析仪	address decoding	地址解码
component tables	元素表	byte-wide	字节宽度
families	系列	cycle time	时间周期
family characteristics	系列特性	EEPROM	电可擦除只读存储器
generic array (GAL)	通用阵列		
inputs source current	输入拉电流	map	映射
low threshold	低门限	noise induced errors	感应噪声误差
minimization	最低限额	phantom	仿真
random	随机的	shadow	影像
redundant	冗余的	wait state	等待状态
sequential	顺序的	memory-mapped I/O	存储映射 I/O
state machine idiosyncrasies	状态机特性	meshed gate	有孔的门
tables of devices	设备表	metal-gate CMOS logic	金属门 CMOS 逻辑
threshold scatter	门限值散射	metastable	亚稳的
lookup table	查找表	metronome	节拍器
oscillator	振荡器	Micro Channel bus	微通道总线
conditional	有条件的	microcontroller	微控制器
second-order	二阶	microelectrode	微电极
low-distortion oscillator	低失真振荡器	microphone	扩音器
low-dropout voltage regulator	低压差稳压器	microphonics	微噪效应
low-leakage diode	低泄漏二极管	temperature sensor	温度传感器
low-level analog signals	低电平模拟信号	voltage reference	参考电压
low-noise	低噪声	voltage regulator	稳压器
power supply	电源	micropower comparator	微功耗比较器
low-pass filter	低通滤波器	micropower design	微功耗设计
low power	低电压	microsequencer	微序列器
achieving with CMOS	通过 CMOS 实现	mixer	混频器
comparators	比较器	quadrature detector	正交检测混频器
low-threshold	低门限值	modem	调制解调器
LSI (large scale integration ICs)	LSI 大规模集成电路	control handshaking	控制握手
macrocell	宏单元	full duplex	全双工通信
magnetic	磁性的	null	无效
coupling	耦合	power-switched	功率转换
shielding	屏蔽的	modular enclosures	模界限

modular jack	模插口插座	nuclear magnetic resonance (NMR)	核磁共振
double sideband	双边带调制	null modem	零调制解调器
pulse code (PCM)	脉冲编码调制	criterion	规范
pulse-width (PWM)	脉冲宽度调制	offset trim	偏移补偿
single-sideband (SSB)	单边带调制	offset voltage	偏移电压
monitor program	监控程序	one-shot	一次触发
monostable multivibrator	单稳多谐振荡器	autozeroing	自动调零放大器
replace with timer	用计时器代替	bias current	偏流
retriggerable	可重新触发的	bootstrapped follower	自举跟随器
charge transfer	电荷转移	capacitive load	电容负载
logic switch	逻辑交换	chopper-stabilized	斩波放大器稳定
offset drift	漂移	common-mode input range	共模输入范围
parallel connected	并联	crossover distortion	交越失真
power switch	功率转换	data sheet	数据记录表
safe operating area (SOA)	安全工作区	decompensated	去补偿放大器
motherboard	母板	differential amplifier	差分放大器
mouse	鼠标	differential input range	差分输入范围
averager	中和器	differential input voltage of	差分输入电压
multipin connector	多管脚连接器	distortion	失真
multiple conversion	多重转换	driving logic from	逻辑驱动
multiplexed	复用	feedback at dc	直流反馈
multiplexer (MUX)	多路复用器	follower	跟随器
analog	模拟	frequency compensation	频率补偿
differential	差分	gain error	增益误差
four-quadrant	四象限	gain of	增益
multiplier-accumulator (MAC)	乘累加器	golden rules	黄金规则
multitasking	多任务处理	logarithmic amplifier	对数放大器
muon	介子	low-distortion	低失真
negatlve-impedance converter (NIC)	负阻抗转换器	low-noise	低噪声
negative-true	负真	low-power	低功耗
netlist	网络列表	low-voltage	低电压
node minimization	节点最小化	noise voltage	噪声电压
in chopper amplifiers	斩波放大器	noninverting amplifier	同相放大器
laboratory source	库资源	offset current	偏移电流
measurement of	测量	offset drift	偏移漂移
in memory circuits	存储电路	offset trim	偏移调整
prevent with cold switching	防止冷交换	offset voltage	偏移电压
noise bandwidth	噪声带宽	optional inverter	可选反相器
noise current	噪声电流	photometer	光度计
noise immunity	噪声抗扰	popular	通用
NOP, as I/O delay solution	利用或非进行 I/O 延迟	power booster	功率增强器
		rectifier	整流器
NOR gate	或非门	relaxation oscillator	阻尼振荡器
Norton equivalent circuit	诺顿等效电路	saturation	饱和度
notch filter	陷波滤波器	settling time	建立时间

supply voltage	电源电压	paper tape	纸带
transimpedance	跨阻抗	parallel circuit	并联电路
ultra-low-noise	超低噪声	parallel encoder	并行编码器
opcode	伪码	parallel port	并行端口
open circuit	开路	parasitic coupling	寄生耦合
open collector	集电极开路	parasitic oscillation	寄生振荡
open drain	漏极开路	parasitic SCR	寄生 SCR
open-loop gain	开环增益	parity	奇偶
organic solvent	有机溶剂	passband	通频带
oscillation	振荡	passive components	无源元件
parasitic	寄生振荡	passive device	无源器件
baud rate	波特率	desoldering	卸焊
beat-frequency (BFO)	拍频	prototypes	原型
blocking	模块化	trace resistance	跟踪电阻
calibration	定标	conductor width guidelines	导线宽度导向规则
distortion	失真	graphic patterns	绘图格式
double transitions	双跳变	peak detector	峰值检波器
free-running	自由运行模式	peak-to-peak amplitude	峰 – 峰值
frequency stability	频率稳定性	peaking inductor	峰值电感
low-distortion	低失真	peripheral	外围设备
low-noise	低噪声	internal registers	内部寄存器
micropower	微功耗	splitter	分相器
quartz crystal	石英晶体	phase locked loop (PLL)	锁相环
saturation in	饱和度	phase-sequence filter	相位序列滤波器
sawtooth	锯齿	phase-shift keying	相移键控
sinewave	正弦波	phasor diagrams	矢量图
temperature-compensated	温度补偿	phoneNET	电话网
temperature-stabilized	温度稳定	photoconduction in EPROM	EPROM的光电导性
tracking	跟踪	photometer	光度计
triangle wave	三角波	photomultiplier	光电倍增器
trigonometric function	三角函数	photopositive	正趋光性
tuning-fork	音叉	photoresist	光阻材料
variable frequency (VFO)	变频振荡	phototransistor	光电晶体管
voltage-controlled	压控振荡	photovoltaic cell	光电池
oscilloscope	示波器	pickup and differential ampli-fiers	检波与微分放大器
probe	探针	piezo amplifier	压电放大器
overcompensation	过补偿	pinch-off voltage	夹断电压
overshoot	过冲	pink noise	粉红噪声
overtone crystal	谐波晶体	pole-zero compensation	零 – 极点补偿
overvoltage crowbar	过压保护	polysilicon-gate CMOS logic	多晶硅门CMOS逻辑
pads	衰减器	position-independent code	位置无关码
glitch	毛刺	positive true	正真值
accessibility	利用度	factor	功率因数
cold switching	冷交换	measurement	测量
Wire-Wrap	线包	power-dissipation capacitance	功率耗散电容

power entry module	功率入口模块	headroom	进位空间
power-on reset	启动复位	high-current	高电流
power-on test	上电测试	low-dropout	低压差
power spectrum of	伪随机噪声功率谱	reject rate	抑制率
pseudorandom		relabeler	重标识器
power supply rejection ratio(PSRR)	电源抑制比	relative address	相对地址
power-switched circuits	电源转换电路	resistance	电阻
programming issues	编程问题	incremental	增量电阻
sensor circuits	传感器电路	active	有效电阻
pressure transducer	压力传感器	array	阵列电阻
priority encoder	优先编码器	bleeder	泄放电阻
signal averager	信号均衡器	built-in	内置电阻
program debugging	调试程序	carbon	碳棒电阻
programmable-array logic (PAL)	可编程逻辑阵列	color code	色码电阻
programmable-gain amplifier	可编程增益放大器	composition	合成电阻
programmable logic (PLD)	程序逻辑	current-sensing	电流感应电阻
programmed data transfer	程序数据转换器	damping	阻尼电阻
proportional counter	比例计数器	emitter-ballasting	射极镇流电阻
proximity switch	接近开关	metal-film	金属薄膜电阻
pseudo-differential amplifier	伪随机差分放大器	characteristics	阻抗特性
pseudo-op	伪码运算	positive tempco types	正温度型
pseudo-random noise	伪随机噪声	pulldown	下拉电阻
pullup resistor	上拉电阻	pullup	上拉电阻
pulse	脉冲	specifications	规格
code modulation (PCM)	脉冲编码调制	voltage coefficient	电压系数
with digital timer	数字定时器脉冲	resonant circuit	谐振电路
quadrature	脉冲积分	retriggerable monostable	单稳态
pulse generator	脉冲产生器	return difference	回差
pulse-height analyzer (PHA)	脉冲高度分析器	circuit elements	电路元件
pulsed power output	脉冲功率输出	ribbon cable	带状电缆
push-pull	推挽式	ring detect	环检测
quality factor (Q)	品质因数	ringer equivalence number (REN)	测距等效数
quieting	静噪	rotary encoder	旋转的编码器
ramp generator	斜坡发生器	row address strobe (RAS)	行地址选通
random-access memory	随机存取内存	breakout box	接口箱
rate multiplier	比例乘法器	cable diagrams	电缆图
ratio detector	比率检波器	detecting input connection	检测输入连接
ratiometric	比率制	driver	驱动器
reactance	电抗	saturation	饱和度
active	有效	schematic	示意图
bridge	电桥	second breakdown	二次击穿
dynamic memory	动态存储器	second-order loop	二阶环路
general-purpose	通用	segment registers	段寄存器
connection paths	连接通路	velocity	周转率
current limit	限电流	sequential logic	时序逻辑

serial communication	串行通信	start bit	起始位
serial data port	串行数据口	start-up vector	启动向量
timing waveform	时序波形	start-up time	启动时间
series damping resistors	串联阻尼电阻	state anaylsis	状态分析
series-feedback pair	串联反馈对	state machine	状态机
shadow memory	影像存储器	status flag	状态标记
magnetic	磁性屏蔽	step function	阶跃函数
shift register	移位寄存器	stopband	抑制频带
bidirectional	双向	storage time	存储时间
shot noise	散粒噪声	strain gauge	变形测量器
shunt feedback	分路反馈	streaming tape	流动带
sign extend	扩展符号	subroutine	子程序
sign magnitude	符号量	subthreshold region	亚门限值区域
normal-mode	正常模式	summing amplifier	求和放大器
regeneration	信号重构	summing junction	求和点
signal-to-noise ratio (SNR)	信噪比	superbeta transistor	超β放大系数晶体管
low-level analog	低电平模拟	superheterodyne	超外差
signed number	有符号数	suppressor	干扰抑制器
silicon controlled rectifier (SCR)	可控硅整流器	surface-barrier detector	表面势垒探测器
silicon-gate CMOS logic	硅门 CMOS 逻辑	surface mount devices (SMD)	表面安装器件
single-chip microprocessors	单个芯片微处理器	surge suppressor	浪涌抑制器
single sideband (SSB)	单边带	susceptance	电纳
single-slope ADC	单斜率模/数转换器	contact material	接点材料
skirt	边沿	crosstalk	交调失真，串音
slope detector	斜率检波器	debounce	去抖
solar cell	太阳能电池	debouncer	去抖器件
breadboard	面包板	diode bridge	二极管电桥
bridge	桥	driven by op-amp	由运放驱动
mask	焊接面罩	glitch	毛刺
solenoid driver	螺线管驱动器	omitting	省略
solid-state particle detector	固态粒子检测器	proximity	近似值
solid-state relay	固态中继	self-wiping	自擦拭
source follower	源极跟随器	series-shunt	串并
source impedance	源阻抗	thumbwheel	拇指开关
spectrum analyzer	频谱分析仪	switching waveforms	转换波形
speech synthesis	语音合成	synchronizer	同步装置
speed/power tradeoff	加速/功率平衡	synchronous	同步
"speedup" capacitor	加速电容	synthesizer	合成器
suppressor	干扰抑制器	of base current	基极电流
spikes	测试信号	of offset voltage	偏移电压
split power supply	双电源供电	temperature-cormpensated oscillator	具有温度补偿的振荡器
spooling	电子欺骗	temperature-compensation	温度补偿
spurious memory	寄生内存	temperature sensor	温度传感器
square-law detector	平方率检波器	thermal shutdown	热断路
square-law nonlinearity	平方率非线性		

thermistor	热敏电阻	follower	跟随器
thermocouple	热电偶	high electron mobility (HEMT)	高电子移动性
three-way switch	三向开关	high-frequency model	高频模型
ripple-through	纹波传送	intrinsic emitter resistance	发射极固有电阻
time-interval measurement	时间间隔测量	low-capacitance	低容量
time-out power switching	超时能量转换	low-noise	低噪声
time-to-amplitude converter (TAC)	时间幅度转换器	matched biasing	晶体管匹配偏置
timed wake-up	定时激活	Miller effect in	密勒效应
timing diagram handshake	时序图握手	noise comparison	噪声比较
tip and ring	终端接口处理机和振铃	quiescent point	静态点
		rules of thumb	拇指规则
title block	工程图明细表	series	级数
toggle	双稳电路	stored charge in	存储电荷
token-ring network	令牌环网络	superbeta	超 β 电流放大系数
totem-pole	接线柱	temperature dependence in	温度依赖性
trailing edge	后沿	mismatched	失调
transparent latch	透明锁存	quarter-wave section	四分之一波节
transconductance	跨导	transparent latch	透明锁定
transducer	传感器	transresistance amplifier	跨阻放大器
magnetic field	磁场传感器	trap filter	陷波滤波器
particle	粒子传感器	trapezoidal driver	梯形驱动
radiation	辐射传感器	traveling-wave tube (TWT)	行波管
strain	应力传感器	trigonometric-function generator	三角函数发生器
temperature	温度传感器	trimmer	微调电容
transfer function	传递函数	noise immunity	抗噪性
transform, Fourier	傅里叶变换	tuned circuit	调谐电路
balun	不平衡变压器	tuning fork crystal	音叉型晶体
flyback	回扫	tunnel diode	隧道二极管
heating in	加热	twisted pair	双绞线
leakage current	漏电流	uncompensated op-amp	无补偿运算放大器
rating of	变压器额定值	undersampling	低采样
toroidal	环形变压器	unijunction transistor	单结晶体管
transmission line	传输线	unity-gain frequency	单位增益频率
transient suppressors	瞬态抑制器	unregulated supply	未稳压电源
transimpedance amplifier	跨阻放大器	unreliable components	不可靠元件
active region	有源区，放大区	unsigned integer	无符号整数
base-emitter breakdown	基极–发射极击穿	unused inputs	未用的输入
base spreading resistance	基极分布电阻	vacuum gauge	真空计
bipolar	双极型晶体管	valley current	谷值电流
cascode connection	共射–共基连接	varactor diode	变容二极管
collector as current source	集电极电流源	Variac	自耦变压器
dissipation	耗散	VCO (voltage controlled oscillator)	压控振荡器
emitter follower	射极跟随器	vellum	描图纸
emitter impedance of	射极电阻	velocity sensor	速度传感器
field effect	场效应晶体管	vending machine	自动售货机

vernier interpolation	游标调变	water velocity sensor	水速传感器
vertical MOS	垂直 MOS	wave soldering	波焊接
very large-scale integration (VLSI)	超大规模集成电路	wet mask	湿屏蔽
via	通路	Wheatstone bridge	惠斯通电桥
pixel clock	像素时钟	Wilkinson converter	Wilkinson 转换器
virtual ground	虚拟地	Wilson mirror	Wilson 镜像电流
virtual memory	虚拟内存	winchester disk	温彻斯特硬盘
pinch-off	夹断电压	window discrlmanator	窗判别式
Thevenin equivalent of	戴维南等效电路	backplane	底板
voltage doubler	倍压器	socket	插座
flying capacitor	快速电容	recognizer	识别程序
voltage inverter	电压转换器	worst-case	最坏工作条件
bandgap	能带隙	x-ray detector	X 射线检测器
temperature stabilized	稳定的温度	Z-axis	Z 轴
voltage regulator	稳压器	zener diode	齐纳二极管
adjustable	可调稳压器	dissipation in	齐纳二极管耗散
dual tracking	双踪稳压器	with follower	带跟随器的齐纳二极管
emitter follower as	射随器稳压器		
low-dropout	低压差稳压器	ripple reduction	纹波抑制
processor-oriented	导向处理器	zero-crossing detector	过零检测器
PWM	脉冲宽度调制	zero current	零电流
zener	齐纳二极管稳压器	zero-voltage switching	零电压转换
wake-up	唤醒模式		